U0241265

拉汉—汉拉植物病原生物名称

Scientific Names of Plant Pathogens

"十一五"国家重点图书

拉汉—汉拉植物病原生物名称

Scientific Names of Plant Pathogens

许志刚　主编

中国农业出版社

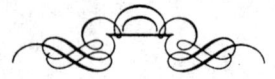

内 容 提 要

　　本书收集国内外植物病原生物名称约
1 500个属, 20 000多个种, 包括了主要的病原
真菌(菌物)、细菌、病毒、线虫和寄生性植物有
效的正式学名, 并译出其汉语名称。正文由拉
汉—汉拉两种编排方式组成, 分别按拉丁文字
母和拼音序排列; 书末附有各类植物病原生物
主要属的简要分类表, 以便初学者了解其梗概;
此外, 还附有主要参考文献和一些目前可用的
互联网站地址, 供读者在进一步学习时参考
使用。

　　本书可供生物学及农业、林业科技工作者
和编译人员使用。

编委会名单及分工

主　　编　许志刚
副　主　编　李怀方
编　审　组　张中义　张天宇　曹若彬　刘维志
　　　　　　许志刚　李怀方　周而勋

编写组分工（按姓氏拼音为序）

曹若彬［浙江大学农学院，教授］
❏ 高等真菌(核菌、腔菌、层菌等)

范在丰［中国农业大学，教授］
❏ 植物病毒

胡白石［南京农业大学，副教授］
❏ 寄生性植物、细菌

李怀方［中国农业大学，教授］
❏ 植物病毒

刘维志［沈阳农业大学，教授］
❏ 植物线虫

许志刚[南京农业大学,教授]
　　❏ 原核生物

张　宏[云南省林业种苗站,工程师]
　　❏ 接合菌

张　猛[河南农业大学,副教授]
　　❏ 半知菌

张　陶[昆明食用菌研究所,研究员]
　　❏ 鞭毛菌

张天宇[山东农业大学,教授]
　　❏ 半知菌

张中义[云南农业大学,教授]
　　❏ 低等真菌

周而勋[华南农业大学,教授]
　　❏ 高等真菌(冬孢菌、盘菌、半子囊菌)

审　　校　戚佩坤[华南农业大学,教授]
　　　　　周雪平[浙江大学,教授]

序

　　《拉汉—汉拉植物病原生物名称》是我国植物病理学界的有关真菌、细菌、病毒、线虫等方面专家历时六年完成的我国第一本综合性植物病原学名工具书。

　　该书收集了2004年(部分内容至2005年底)前已发表的有关植物病原名称共20 000多条,其中真菌界的病原真菌和原生生物界的根肿菌等11 000多条,藻物界的卵菌1 000多条;细菌界病原2 000多条,病毒界病原2 500条;动物界约3 000条,植物界的寄生性植物约300条。涵盖了生物所属的全部七个界,可谓病原学名之综合。

　　为了在有限的篇幅内包含尽可能多的内容,编者们对学名、异名、译名进行了精挑细选,查考核对,其中异名选取最常用的不超过3个;命名人以姓表示,也不超过3个,中译名则注意了忠实拉丁原义的学术名称和常用俗名的结合,便于读者理解病原和病害的关系;属名后附有病原类别缩写的标示,可使初学者更容易区分不同类别的病原。

　　该书同时具有内容新颖全面,查考严谨有据,方便检索使用的特点,是可供从事生物学及农业、林业、植物检疫等科技工作者备用的一册好工具书。

中国科学院院士、中国农业大学教授

2006.4.18

前言 ▮▮▮

    这是一本工具书，是供从事生物学（含农业、林业、动植物检验检疫等）科技工作者和新闻出版工作者在阅读生物类科技文献或撰写科技文稿时备用的一册工具书。

    地球上生物的种类繁多，根据 2005 年的资料，目前可概分为真核生物域、原核生物域和无胞生物域三大域（Domain），共七个界。真核生物域包括动物界（Animalia）、植物界（Plantae）、真菌界（Fungi）、藻物界（Chròmista）和原生生物界（Protista）；原核生物域的细菌界（Bacteria），以及无胞生物域的病毒界（Vira）。在七个界中都有不少物种能够侵染植物而成为植物病原生物。人们为了认识与研究这些不同的生物，必须给每一种生物取一个名称，即一物只能有一名。由于不同的国家、不同的民族，都有不同的语言与文字，同一种生物在不同的国家里往往又有不同的名称。古今中外，就有不少同物异名和同名异物的存在。为了便于相互交流，各国科技工作者要求有共同的语言和名称来称呼这些不同的生物种。为此，国际科技界成立了若干个国际的分类和命名委员会，来统一命名这些地球生物（Geobiota）。在细胞生物的六个界中，每种生物的名称都按林奈氏的拉丁双名法来命名，即由拉丁化的属名与种加词（俗称种名），加上定名人三部分组成，属名与种加词要用斜体书写；非细胞的病毒界的生物名称，目前采用主要寄主通俗名称（多为英文）、危害的主要症状和病毒一词三部分来组成，但没有定名人和定名的年份；为了提示某种病毒属于哪一属，在后面再加一个属名；近年也有拉丁化的趋势，正式命名的病毒种名和属名，均用斜体书写。

    随着国际生物学科（包括农业、林业、园林花卉业等）的发展及国际贸易和科技交流的日益频繁，以及动植物检疫工作的需要，人们愈来愈强烈地意识到在新的形势下，需要有一本能够较全面、准确地反映近年来所有植物病原生物名称的工具书，以便科研、教学、生产、新闻出版、国际贸易等各相关部门的人员参考应用。

在新中国成立以后的半个多世纪里，一些科技先行者已在真菌、细菌、病毒和线虫等专业领域里出版了一些专业的名称和名词之类的工具书，如《孢子植物名词及名称》、《细菌名称》、《植物病毒名称及其归属》、《拉汉英昆虫、蜱螨、蜘蛛、线虫名称》、《拉汉英农业害虫名称》和《拉汉英种子植物名称》等等。编者在学习与工作过程中，尤其是在阅读外文文献时，常常遇到一些生僻的拉丁名，因无法知其生物类别和确切的中文译名而感到困惑，或中文译名很不确切，不得不同时查找好几本不同的工具书才得知一二，由此深感这类专业工具书的匮乏。在中国植物病理学会 1998 年的年会上，编者们决定共同编写一本综合的拉汉、汉拉均可互查的植物病原生物名称，供同行们使用。编者们分别收集本人熟悉的学科内较重要的植物病原生物名称，按拉丁文的原意，翻译成规范的中文名称，再经汇总校对，同时对原已翻译沿用的一些中文名称加以清理，包括更正和修订，历经 6 年；力求使用统一和规范的译名，为生物工作者和有关的科技工作人员提供统一的和规范的科学名称。

在本书编辑过程中，编者发现一些属名和种名的中文译名相同，易造成混淆者，或"种加词"有固定中文译名，而出现较大不一致者，在征求专家意见的基础上，对一些译名作了调整或改译，可能与以前出版的中文书刊沿用的名称有所不同，但为了如实反映拉丁文的原意，特做少量更正。如：*Haplosporella* 过去译为"大单胞属"，现译为"小单胞属"；*Aureobasidium* 与 *Napicladium* 中文名称都译为"短梗霉属"，前者并非担子菌，现译为"金担霉属"，而 *Napicladium* 仍沿用"短梗霉属"；*Xanthomonas campestris* 改译为"油菜黄单胞菌"（原义为"田野黄单胞菌"，曾译为"野油菜黄单胞菌"）等。对于丛梗孢目的半知菌通常采用"××孢属"的"××孢菌"或"××霉菌"（如青霉菌等）；而核菌纲的子囊菌才称"××壳"，如 *Shearia* 过去译为"弹孢壳属"，现改译为"弹壳孢属"；*Sirosphaera* 过去译为"陷球壳属"，现改译为"陷球壳孢属"；*Ephelis* 是 *Balansia*（瘤座菌）或 *Epichloë*（香柱菌）的无性态，以前译为柱香菌、毡孢霉，现译为柱香孢；*Aphelenchus* 原译为"真滑刃线虫属"，现译为"滑刃线虫属"，因为在加不同的前缀后都称为"××滑刃线虫属"；而 *Aphelenchoides* 原译为"滑刃线虫属"，现改译为"拟滑刃线虫属"；等等。许多译名非常形象而幽雅，虽不反映拉丁词意，但已沿用多年，约定俗成，就不作变动，如粒线虫、根结线虫、大白菜软腐病菌等等。关于种加词中后缀"××-cola"的译名，我们一律译为"××-生"，而不用"栖、居"等。

"种"（species, sp.）下的分类单元有亚种（subspecies, subsp.）、变种（variety, var.）、致病变种（pathovar, pv.）和专化型或变型（formae specialis, f. sp., f.）等，本书尽量收集并保留这些名称。命名人和命名年份在细胞生物的命名时一般比较重视，但在病毒名称的命名中目前不予考虑。本书在收录细菌的名称时，一些物种名称的命名人有多个，如果再列出原定名人，一个正式名称中可能有 10 多人的姓氏要列出，显得喧宾夺主，如：西瓜果斑病菌是 *Acidovorax avenae* （Manns） subsp. *citrulli* (Schaad et al. 1978) Willems, Falsen, Pot, Jantzen, Hoste, Vandamme, Gillis, Kersters, Delley, 1992。为节约篇幅，本书原则上只收录两名，其余的均省略并以 et al. 代替；定名年份则一概省略。

在防治植物病害过程中，经常要用其他微生物作为生物防治的材料，本书也收集了一些作为生防用的微生物名称，如虫霉、木霉等拮抗菌。因习惯上把葡萄毛毡病也放在病害之中，故特收录了个别害螨的名称。

由于一种病原物可能侵染多种植物，引起多种病害，如许多种植物病毒的症状都是花叶，许多种真菌病害的症状都是斑点，水稻烂秧病的病原菌有十多种，因此"××病菌"的称呼并不准确；但考虑到不少病害名称已有较为固定的习惯称呼，如麦类赤霉病菌、稻瘟病菌等，因此，在这些病原物的正式译名后，仍附有这些病原的俗称，以供查阅时参考。

在编写过程中，主要参考了以下几方面的材料：一是国内的重要学术刊物，如《植物病理学报》、《菌物学报》、《病毒学报》等期刊；二是国内已出版的《中国植物志》、《中国真菌志》、《拉汉英种子植物名称》、《孢子植物名词及名称》、《细菌名称》、《拉汉英昆虫、蜱螨、蜘蛛、线虫名称》和《植物病毒名称及其归属》等重要专著；三是在 Internet 等国际互联网站上刊登的有关数据库和名录。编者们很想把有关名称尽量收全、译准、校好，编得十全十美，但因内容涉及面太广，全部收集则篇幅太大，例如真菌 *Cercospora* 属内有近 3 000 个种，而 *Puccinia* 属内有 5 068 个种（记录），我们暂时只能以常见的和重要的植物病原为主要对象加以收录，更多的种名可通过网站查阅。由于各学科新属新种的描述和命名永无止境，新的分类系统将不断发表，新名称也就将不断出现。有的新名称尚有争议，如细菌中 *Brenneria* 和 *Pectobacterium* 属下的一些种，本书仍归在 *Erwinia*

中，把新名称作为异名列出，以便于检索，待以后修订时再考虑增补。本名称所采用的正式名称是截至 2004 年底的合法名称，在 2004 年以后出现的名称（病毒和细菌部分）虽也尽量收录，但难免不全，挂一漏万，且由于时间和我们知识有限，在有些译名和同物异名的处理上难免仍有问题。敬请读者在使用过程中，对所发现的问题或错误随时指出，以便再版时更正。

我们要特别感谢中国科学院院士、微生物学报主编、中国农业大学教授李季伦先生热心地为本书作序；中国工程院院士、中国农业大学教授曾士迈先生对本书的编辑非常关心，他在 2000 年就提出："名称"既要有科学性，中译名要确切，又要有广泛的适用性，要有病害名称，要把本书的读者定位在基层技术员，让他们感到有用。在我们完稿以后，又热情帮助推荐给出版社出版。

我们非常感谢华南农业大学的戚佩坤教授和浙江大学生物技术研究所的周雪平教授，他们热心地为本书审稿，指出了许多不足和需要改正的地方；中国林业科学研究院的杨宝君研究员、华南农业大学的谢辉教授等对病原线虫的汉译方式提出了很好的意见，通过这些审校，才使得本书日趋完善。

在本书的编撰、录入和审校过程中，农业部的杨扬同志、浙江大学的楼兵干副教授和云南农业大学姬广海副教授等都热情地给予帮助，付出了辛勤的劳动，特表诚挚的谢意！

许志刚　谨识

2006.2.8

编辑说明

本书共收集 2004 年前已发表的植物病原生物约 1 500 个属 20 000 多个种，其中病原真菌 11 000 多条，包含壶菌门、接合菌门、子囊菌门、担子菌门和半知菌门，以及新归属于原生生物界的根肿菌门；藻物界的卵菌门 1 000 条；细菌界（含植原体和螺原体）2 000 条；病毒界（含类病毒）2 500 条；动物界约 3 000 条，包括寄生线虫和螨等；植物界的寄生性植物约 300 条。为便于读者了解某种病原生物归属于哪一类生物，我们在所有属名的后面加注了生物界的代号：［A］代表动物界，线虫虽属于动物界，本书特以［N］来表示，［B］代表细菌界，［C］代表藻物界，［F］代表真菌界，［P］代表植物界，［T］代表原生生物界，［V］代表病毒界。

1. 本书正文共分为两部分：第一部分为拉汉名称，第二部分为汉拉名称。读者可以直接从拉丁学名查到病原物名称；也可从病原物中文名称查到其拉丁学名，即有拉汉、汉拉互查的功能。

2. 由于不少生物种有很多异名，有的多达 20 多个，为节省篇幅，本书仅列出 2~3 个最常见的异名，凡现用的正式拉丁学名，一律用斜体印刷并译出中文名称；凡非正式名称（异名或曾用名）一律用正体印刷，也不注出中文名称，而是见其正式学名。如：Pythium circumdans 见 *Pythium debaryanum*，即表示 Pythium circumdans 为异名，*Pythium debaryanum* 为正式名称。

3. *Candidatus* 为原核生物中一部分已经鉴定确认但是目前还无法离体培养的病原生物设定的"候补"代号，如 *Candidatus* Phytoplasma ziziphi Jung et al. 称为"枣植原体［枣疯病菌］"，*Candidatus* 可简写为"*Ca.*"。一些引起丛枝类型症状的病原物，大多数属于植原体，虽没有通过鉴定确认和命名，这里也予以收录，但不用斜体，以示区别，如：Sweet potato

witches broom phytoplasma 等。

4. 极少数的属、种暂缺定名人，为了便于读者使用，予以保留。

5. 条目按拉丁文和汉语拼音字母 ABC…顺序排列，同音字按笔画数排列，少的在前，多的在后；笔画相同的按起笔笔形点、横、竖、撇、捺排列。

6. 为便于读者使用，在正文书眉上设立每页的第一个和最后一个词条的词头。

目 录 ‖‖

序

前言

编辑说明

植物病原生物拉汉名称

Scientific Names of Plant Pathogens

Scientific Names of Plant Pathogens

A

abaca bunchy top virus 见 *Banana bunchy top virus Babuvirus*

abaca mosaic virus 见 *Sugarcane mosaic virus Potyvirus*

Abelia latent virus Tymovirus（AbeLV）六道木（属）潜病毒

Abortiporus Murr. 残孔菌属[F]

Abortiporus biennis（Bull. ex Fr.）Sing 二年残孔菌

abutilon mosaic virus A West Indies virus 见 *Abutilon mosaic virus Begomovirus*（AbMV）

abutilon mosaic Brazil virus 见 *Abutilon mosaic virus Begomovirus*（AbMV）

Abutilon mosaic virus Begomovirus（AbMV） 苘麻花叶病毒

Abutilon yellows virus Crinivirus（AbYV） 苘麻（属）黄化病毒

Acalypha yellow mosaic virus Begomovirus（AYMV） 铁苋菜黄花叶病毒

Acarocybe Syd. 色孢属[F]

Acarocybe hansfordii Syd. 汉斯色孢

Acarocybella Ellis 顶棒孔孢属[F]

Acarocybella jasiminicola（Hansf.）Ellis 茉莉生顶棒孔孢

Acervulopsora 见 *Maravalia*

Acetobacter Beijerinck 醋杆菌属[B]

Acetobacter aceti（Pasteur）Beijerinck 醋化醋杆菌[菠萝酸果病菌]

Acetobacter pasteurianus（Hansen）Beijerinck et Folpmers 巴氏醋杆菌

Achlya Nees 绵霉属[C]

Achlya americana Humphrey 美洲绵霉[稻苗绵腐病菌]

Achlya decorata Peters 白蜡树绵霉[白蜡树腐败病菌]

Achlya flagellata Coker 鞭绵霉[稻苗绵腐病菌]

Achlya flagellata var. *yezoensis* Ito et Nagali 鞭绵霉北海道变种[稻苗绵腐病菌]

Achlya hoferi Harz 霍费绵霉[莎草腐败病菌]

Achlya klebsiana Pieters 异丝绵霉[稻苗绵腐病菌]

Achlya megasperma Humphrey 大孢绵霉[稻苗绵腐病菌]

Achlya oryzae 见 *Achlya klebsiana*

Achlya prolifera 见 *Achlya flagellata*

Achlya racemosa Hildebrand 总状绵霉[稻苗绵腐病菌]

Achlyogeton Schenk 绵壶菌属[F]

Achlyogeton entophytum Schenk 绵壶菌[刚毛藻绵腐病菌]

Achrotelium Syd. 无色锈菌属[F]

Achrotelium ichnocarpi Syd. 无色锈菌

Aciculosporium take 见 *Balansia take*

Acidovorax Willems，Falsen et al. 噬酸菌属[B]

Acidovorax anthurii Gardan et al. 花烛噬酸菌[花烛叶斑病菌]

Acidovorax avenae（Manns）Willems et al. 燕麦噬酸菌

Acidovorax avenae subsp. *avenae* Willems et al. 燕麦噬酸菌燕麦亚种[燕麦叶斑病菌]

Acidovorax avenae subsp. *cattleyae*（Pavarino）Willems et al. 燕麦噬酸菌卡特莱兰亚种[卡特莱兰褐斑病菌]

Acidovorax avenae subsp. *citrulli*（Schaad et al.）Willems et al. 燕麦噬酸菌西瓜亚种[西瓜果斑病菌]

Acidovorax defluvii Schulze et al. 德甫氏噬酸菌

Acidovorax delafieldii （Davis）Willems et al. 德拉氏噬酸菌

Acidovorax facilis （Schatz et Bovell）Willems et al. 敏捷噬酸菌

Acidovorax konjaci （Goto）Willems et al. 魔芋噬酸菌［魔芋软腐病菌］

Acidovorax temperans Willems et al. 温和噬酸菌

Acidovorax valerianellae Gardan et al. 缬草噬酸菌［缬草叶斑病菌］

Aconitum latent virus Carlavirus 乌头潜隐病毒

Acremoniella Sacc. 小枝顶孢属［F］

Acremoniella fusca Kunze var. *minor* Corda 棕小枝顶孢

Acremonium Link 枝顶孢属［F］

Acremonium butyri （Beyma）Gams 酪枝顶孢

Acremonium cerealis （Karst.）Gams 禾枝顶孢

Acremonium furcatum Moreau ex Gams 叉枝顶孢

Acremonium fusidioides （Nicot）Gams 拟纺锤枝顶孢

Acremonium kiliense Grutz 基林枝顶孢

Acremonium luzulae （Fuckel）Lindq. 地杨梅枝顶孢

Acremonium murorum （Corda）Gams 墙枝顶孢

Acremonium rutilum Gams 红枝顶孢

Acremonium strictum Gams 直立枝顶孢

Acroconidiella Lindq. et Alippi 小顶分孢属［F］

Acroconidiella tropaeoli （Bond.）Linedg et Alippi 旱金莲小顶分孢

Acroconidiellina Ellis 亚小顶分孢属［F］

Acroconidiellina arecae （Berk. et Br.）Ellis 槟榔亚小顶分孢

Acrocylindrium Bonord. 顶柱霉属［F］

Acrocylindrium oryzae Saw. 稻顶柱霉

Acrodictys Ellis 顶格孢属［F］

Acrodictys bambusicola Ellis 竹生密格孢

Acrodictys deightonii Ellis 德通氏密格孢

Acrodictys dennisii Ellis 密格孢

Acrodictys erecta （Ell. et Everh.）Ellis 直立密格孢

Acrodictys fimicola Ellis 粪生密格孢

Acrodontium de Hoog 端单孢属［F］

Acrodontium crateriforma （Beyma）de Hoog 量杯端单孢

Acrogenospora M. B. Ellis et Halst. 顶环单孢属［F］

Acrogenospora sphaerocephala （Berk. et Br.）Ellis 圆头顶环单孢

Acrophragmis Kiffer et Reisinger 顶环多孢属［F］

Acrophragmis coronata Kiffer et Reisinger 冠顶环多孢

Acrostalagmus Corda 笋顶孢属［F］

Acrostalagmus albus Preuss 白笋顶孢

Acrostalagmus albus var. *varius* Jens. 白笋顶孢易变变种

Acrostalagmus cinnabarinus Corda 朱红笋顶孢

Acrostalagmus cinnabarinus var. *nana* Oudem 朱红笋顶孢矮小变种

Acrostaurus Deighton et Piroz. 端星孢属［F］

Acrostraurus terneri Deighton et Piroz 端星孢

Acrozostron caudaventer 见 *Discocriconemella caudaventer*

Acrozostron hengsungicum 见 *Discocriconemella hengsungica*

Acrozostron macramphidia 见 *Criconemoides macramphidia*

Acrozostron pannosum 见 *Discocriconemella pannosa*

Acrozostron retroversum 见 *Discocriconemella retroversa*

Actinocladium Ehrenb. 星枝孢属［F］

Actinocladium rhodosporum Ehrenb.　暗红射棒孢

Actinonema Fr.　放线孢属[F]

Actinonema rosae（Lib）Fr.　月季放线孢［月季黑斑病菌］

Actinospora Ingold　星孢属[F]

Actinospora megalospora Ingold　巨星孢

Actinothyrium Kunze　射线盾壳孢属[F]

Actinothyrium cubense Berk. et Curtis　古巴射线盾壳孢

Actinothyrium graminis Kunze ex Fr.　禾草射线盾壳孢

Acumispora Matsush.　尖孢属[F]

Acumispora biseptata Matsush.　双隔尖孢

Acumispora phragmospora Matsush.　多胞尖孢

Acumispora uniseptata Matsush.　单隔尖孢

Aecidium Pers.　锈孢锈菌属[F]

Aecidium acanthopanacis Diet.　五加锈孢锈菌

Aecidium actinidiae Syd.　猕猴桃锈孢锈菌

Aecidium adenocauli Syd.　腺梗菜锈孢锈菌

Aecidium adenophorae Jacz.　沙参锈孢锈菌

Aecidium ailanthi J. Y. Zhuang　臭椿锈孢锈菌

Aecidium ainsliaeae Diet.　兔儿风锈孢锈菌

Aecidium ajugae Syd.　筋骨草锈孢锈菌

Aecidium akebiae Henn.　木通锈孢锈菌

Aecidium alangii Hirats. et Yosh.　八角枫锈孢锈菌

Aecidium alaternii Maire　鼠李锈孢锈菌

Aecidium anningense Tai　安宁锈孢锈菌

Aecidium araliae Saw.　楤木锈孢锈菌

Aecidium argentatum Schultz　见 *Puccinia argentata*

Aecidium asterum 见 *Puccinia dioicae*

Aecidium atractylidis 见 *Puccinia aomoriensis*

Aecidium barleriae Doidge　假杜鹃锈孢锈菌

Aecidium berberidis Pers.　小檗锈孢锈菌

Aecidium bigeloviae 见 *Puccinia stipae*

Aecidium blumeae Henn.　艾纳香锈孢锈菌

Aecidium bothriospermi Henn.　斑种草锈孢锈菌

Aecidium bupleuri-sachalinensis 见 *Puccinia miyoshiana*

Aecidium callicarpicola J. Y. Zhuang　紫珠生锈孢锈菌

Aecidium callistephi Miyabe　翠菊锈孢锈菌

Aecidium calystegiae Desm.　打碗花锈孢锈菌

Aecidium campylotropidis Tai　杭子梢锈孢锈菌

Aecidium cardiandrae Diet.　人心药锈孢锈菌

Aecidium cardui Syd.　飞廉锈孢锈菌

Aecidium caulophylli Körn.　威岩仙锈孢锈菌

Aecidium cimicifugatum Schw.　升麻锈孢锈菌

Aecidium cinnamomi Racib.　樟锈孢锈菌

Aecidium circaeae Ces. et Mont.　露珠草锈孢锈菌

Aecidium clematidis Barcl.　铁线莲锈孢锈菌

Aecidium clerodendri Henn.　臭牡丹锈孢锈菌

Aecidium compositarum Mart.　菊科锈孢锈菌

Aecidium cornutum 见 *Gymnosporangium cornutum*

Aecidium corydalinum Syd.　紫堇锈孢锈菌

Aecidium cunnighamianum Barcl.　坎宁安锈孢锈菌

Aecidium deutziae Diet.　溲疏锈孢锈菌

Aecidium dichrocephalae Henn.　鱼眼草锈孢锈菌

Aecidium dispori Diet.　万寿竹锈孢锈菌

Aecidium dodartiae Tranz.　斗达草锈孢锈菌

Aecidium elaeagni Diet.　胡颓子锈孢锈菌

Aecidium elaeagni-umbellatae Diet.　木半

A

夏锈孢锈菌

Aecidium enkianthi Diet.　吊钟花锈孢锈菌

Aecidium eritrichii Henn.　无缘草锈孢锈菌

Aecidium euphorbiae Gmel.　大戟锈孢锈菌

Aecidium eurotiae Ell. et Ev.　驼绒藜锈
孢锈菌

Aecidium evodiae J. Y. Zhuang　吴茱萸锈
孢锈菌

Aecidium fatsiae Syd.　通脱木锈孢锈菌

Aecidium foetidum Diet.　果实锈孢锈菌

Aecidium formosanum Syd.　台湾锈孢锈菌

Aecidium fraxini-bungeanae Diet.　小叶
白蜡树锈孢锈菌

Aecidium galii Alb. et Schw.　猪殃殃锈
孢锈菌

Aecidium girardiniae Syd.　蝎子草锈孢
锈菌

Aecidium graebmerianum Henn.　手参锈
孢锈菌

Aecidium hamamelidis Diet.　金缕梅锈孢
锈菌

Aecidium holboelliae Y. C. Wang et Zhuang
鹰爪枫锈孢锈菌

Aecidium hostae Diet.　玉簪锈孢锈菌

Aecidium hydrangeae Pat.　绣球锈孢锈菌

Aecidium hydrangiicola Henn.　绣球生锈
孢锈菌

Aecidium incrassatum Syd.　增厚锈孢锈菌

Aecidium innatum Syd. et Butl.　底生锈
孢锈菌

Aecidium isopyri Schröt.　小乌头锈孢锈菌

Aecidium justiciae Henn.　爵床锈孢锈菌

Aecidium kaernbachii Henn.　牵牛锈孢锈
菌

Aecidium klugkistianum Diet.　女贞锈孢
锈菌

Aecidium lactucae-debilis Syd.　剪刀股锈
孢锈菌

Aecidium ligulariae Thüm.　橐吾锈孢锈菌

Aecidium ligustri 见 *Puccinia isiacae*

Aecidium ligustricola Cumm.　女贞生
锈孢锈菌

Aecidium lilii-cordifolii Diet.　心形百合
锈孢锈菌

Aecidium litseae Pat. 见 *Puccinia litseae*

Aecidium litseae-populifoliae J. Y. Zhuang
杨叶木姜子锈孢锈菌

Aecidium lycopi Gerard.　地笋锈孢锈菌

Aecidium lysimachiae-japonicae Diet.　小
茄锈孢锈菌

Aecidium machili 见 *Monosporidium
machili*

Aecidium majanthae 见 *Puccinia sessilis*

Aecidium mariani-raciborskii Siem.　玛丽
安锈孢锈菌

Aecidium meliosmae Keissl.　泡花树锈孢
锈菌

Aecidium meliosmae-myrianthae Henn. et
Shirai　泡吹锈孢锈菌

Aecidium meliosmae-pungentis Henn.　笔
罗子锈孢锈菌

Aecidium metaplexis Wang et Li　萝藦锈
孢锈菌

Aecidium mori Barcl.　桑锈孢锈菌[桑赤
锈病菌]

Aecidium nanocnides Diet.　花点草锈孢
锈菌

Aecidium neolitseae Wang et Zhuang　新
木姜锈孢锈菌

Aecidium niitakense Hirats.　高山锈孢锈
菌

Aecidium nitrariae 见 *Puccinia aeluropo-
dis*

Aecidium ornithogaleum Bub.　万年青锈
孢锈菌

Aecidium osmanthi Syd. et Butl.　木樨锈
孢锈菌

Aecidium oxalidis Thüm.　酢浆草锈孢锈
菌

Aecidium oxytropidis Thüm.　棘豆锈孢
锈菌

Aecidium paederiae Diet.　牛皮冻锈孢锈菌

Aecidium paeoniae **Körn.** 芍药锈孢锈菌

Aecidium patriniae 见 *Puccinia hemerocallidis*

Aecidium peracarpae **Diet.** 肉荚草锈孢锈菌

Aecidium periclymeni 见 *Puccinia festucae*

Aecidium pertyae **Henn.** 帚菊锈孢锈菌

Aecidium philadelphi **Diet.** 山菊花锈孢锈菌

Aecidium phyllanthi **Henn.** 叶下珠锈孢锈菌

Aecidium plantaginis **Diet.** 车前锈孢锈菌

Aecidium plectranthi **Barcl.** 香茶菜锈孢锈菌

Aecidium plectroniae 见 *Puccinia versicolor*

Aecidium polygoni-cuspidati **Diet.** 虎杖锈孢锈菌

Aecidium pourthiaeae **Syd.** 石楠锈孢锈菌

Aecidium prolixum **Syd.** 远伸锈孢锈菌

Aecidium pulcherrinum **Rav.** 勾儿茶锈孢锈菌

Aecidium pulsatillae **Tranz.** 白头翁锈孢锈菌

Aecidium pyrolatum **Schm.** 雪松-苹果锈孢锈菌

Aecidium qinghaiense **J. Y. Zhuang** 青海锈孢锈菌

Aecidium quintum **Syd.** 巨叶胡颓子锈孢锈菌

Aecidium ranumculacearum **DC.** 日本毛茛锈孢锈菌

Aecidium raphiolepidis **Syd.** 石斑木锈孢锈菌

Aecidium rhamni-japonici **Diet.** 日本鼠李锈孢锈菌

Aecidium rubellum 见 *Puccinia longinqua*

Aecidium rubiae **Diet.** 茜草锈孢锈菌

Aecidium sageretiae **Henn.** 雀梅藤锈孢锈菌

Aecidium sambuci **Schw.** 接骨木锈孢锈菌

Aecidium saussureae-affinis **Diet.** 泥胡菜锈孢锈菌

Aecidium scutellariae-indicae **Diet.** 韩信草锈孢锈菌

Aecidium sedi **Jacz.** 景天锈孢锈菌

Aecidium sedi-aizoontis 见 *Puccinia stipae-sibiricae*

Aecidium semiaquilegiae **Diet.** 天葵锈孢锈菌

Aecidium senecionis-scandentis **Saw.** 千里光锈孢锈菌

Aecidium shansiense **Petr.** 山西锈孢锈菌

Aecidium shiraianum **Syd.** 白井锈孢锈菌

Aecidium siegesbeckiae **Syd.** 豨莶锈孢锈菌

Aecidium sino-rhododendri **Wils.** 杜鹃锈孢锈菌

Aecidium smilacis-chinae **Saw.** 菝葜锈孢锈菌

Aecidium solani-argentei 见 *Didymopsora solani-argentei*

Aecidium sommerfeltii **Johans.** 黄唐松草锈孢锈菌

Aecidium sophorae **Kus.** 槐锈孢锈菌

Aecidium staphyleae **Miura** 省沽油锈孢锈菌

Aecidium strobilanthicola **Saw.** 马兰生锈孢锈菌

Aecidium tandonii 见 *Puccinia kusanoi*

Aecidium tithymali **Arth.** 多变大戟锈孢锈菌

Aecidium tussilaginis **Pers.** 款冬锈孢锈菌

Aecidium urceolatum **Cooke** 唐松草锈孢锈菌

Aecidium viburni **Henn. et Shirai** 荚蒾锈孢锈菌

Aecidium vincetoxici **Henn. et Shirai** 合掌消锈孢锈菌

Aecidium zanthoxyli-schinifolii **Diet.** 花椒锈孢锈菌

Aegerita Persoon 虫座孢属[F]

Aegerita duthei Berk. 白蚁虫座孢

Aegerita webberi Fawcett 韦伯虫座孢

Aeginetia L. 野菰属(列当科)[P]

Aeginetia acaulis (Roxb.)Walp. 短梗野菰

Aeginetia indica Roxb. 印度野菰

Aeginetia sinensis Beck 中国野菰

Aenigmenschus Ley, Coomans et Geraert 类剑线虫属[N]

Aenigmenschus floreanae Ley, Coomans et Geraert 弗洛瑞类剑线虫

aesculus line pattern virus 见 *Strawberry latent ringspot virus Sadwavirus*

Afenestrata Baldwin et Bell 无膜孔(异皮)线虫属[N]

Afenestrata africana (Luć, Germani et Netscher)Baldwin et al. 非洲无膜孔线虫

Afenestrata axonopi Souza 草坪无膜孔线虫

Afenestrata koreana Volvas, Lamberti et Choo 韩国无膜孔线虫

Afenestrata orientalis Kazacheko 东方无膜孔线虫

Afenestrata sacchari Kaushal et Swarup 甘蔗无膜孔线虫

African cassava mosaic virus Begomovirus (ACMV) 非洲木薯花叶病毒

Afrina Brzeski 锉皮线虫属[N]

Afrina hyparrheniae 见 *Anguina hyparrheniae*

Afrina spermophaga (Steiner)Brzeski 牧草锉皮线虫

Afrina tumefaciens (Cobb)Brzeski 青齿草锉皮线虫

Agapanthus X virus 见 *Nerine virus X Potexvirus*

Agaricodochium Liu, Wei et Fan 蘑菇座属[F]

Agaricodochium camelliae Liu, Wei et Fan 茶蘑菇座菌

Ageratum enation virus Begomovirus 藿香蓟(属)耳突病毒

Ageratum yellow vein China virus Begomovirus 藿香蓟(属)黄脉中国病毒

Ageratum yellow vein Sri Lanka virus Begomovirus 藿香蓟(属)黄脉斯里兰卡病毒

Ageratum yellow vein Taiwan virus Begomovirus 藿香蓟(属)黄脉(中国)台湾病毒

Ageratum yellow vein virus Begomovirus (AYVV) 藿香蓟(属)黄脉病毒

Aglaonema bacilliform virus Badnavirus (ABV) 广东万年青杆状病毒

Aglenchus Siddiqi et Khan 粗纹膜垫线虫属[N]

Aglenchus agricola (de Man)Meyl 土壤粗纹膜垫线虫

Aglenchus dakotensis Geraert et Raski 达科他粗纹膜垫线虫

Aglenchus fragariae Szezygiel 草莓粗纹膜垫线虫

Aglenchus lycopersicus 见 *Coslenchus lycopersicus*

Aglenchus machadoi Andrassy 马沙杜粗纹膜垫线虫

Aglenchus paragricola (Paetzold)Meyl 异土壤粗纹膜垫线虫

Aglenchus siddiqii Khan, Khan et Bilqeens 西迪奎粗纹膜垫线虫

Aglenchus thornei (Andrassy)Meyl 索氏粗纹膜垫线虫

Agmodorus Siddiqi 短针近矛线虫属[N]

Agmodorus brevicercus Siddiqi 短针近矛线虫

Agmodorus clavatus Siddiqi 棒状近矛线虫

Agrobacterium Conn 土壤杆菌属[B]

Agrobacterium atlanticum Rüger et Höfle 大西洋土壤杆菌

Agrobacterium ferrugineum（ex Ahrens et Rheinheimer）**Rüger et Höfle** 锈色土壤杆菌

Agrobacterium gelatinovorum（ex Ahrens）**Rüger et Höfle** 噬明胶土壤杆菌

Agrobacterium larrymoorei **Bouzar et Jones** 垂叶榕土壤杆菌[垂叶榕癌肿病菌]

Agrobacterium radiobacter（Beijerinck，Van et Delden）**Conn** 放射形土壤杆菌

Agrobacterium rhizogenes（Riker et al.）**Conn** 发根土壤杆菌[桃发根病菌]

Agrobacterium rubi（Hildebrand）**Starr et Weiss** 悬钩子土壤杆菌[悬钩子茎瘤病菌]

Agrobacterium tumefaciens（Smith Townsend）**Conn** 根癌土壤杆菌[桃、梨冠瘿病菌]

Agrobacterium vitis **Ophel，Kerr** 葡萄土壤杆菌[葡萄根癌病菌]

Agropyron green mosaic virus 见 *Agropyron mosaic virus Rymovirus*（AgMV）

Agropyron mosaic virus Rymovirus（AgMV） 冰草（属）花叶病毒

Agropyron streak mosaic virus 见 *Agropyron mosaic virus Rymovirus*（AgMV）

Agropyron yellow mosaic virus 见 *Agropyron mosaic virus Rymovirus*（AgMV）

Agyriella **Sacc.** 小瘤瓶孢属[F]

Agyriella nitida（Lib.）**Sacc.** 亮小瘤瓶孢

Agyriellopsis **Höhn.** 瘤裂壳孢属[F]

Agyriellopsis caeruleoatra **Höhn.** 兰黑瘤裂壳孢

Ahlum waterborne virus Carmovirus（AWBV） 阿赫卢姆水传病毒

Ahmadia **Syd.** 艾氏盘孢属[F]

Ahmadia pantatropidis **Syd.** 朱砂莲艾氏盘孢

Ajrekarella **Kamat et Kalani** 基毛盘孢属[F]

Ajrekarella polychaetriae **Kamat et Kalani** 多基毛盘孢

Akanthomyces **Lebert** 阿坎苏虫霉属[F]

Akanthomyces aculeata **Lebert** 棘皮阿坎苏虫霉

Alatospora **Ingold** 翅孢属[F]

Alatospora acuminata **Ingold** 尖翅孢

Albosynnema **Morris** 白束梗孢属[F]

Albosynnema elegans **Morris** 丽白束梗孢

Albotricha **Raitv.** 白毛盘菌属[F]

Albotricha longispora **Raitv.** 长孢白毛盘菌

Albugo（Pers.）**Roussel** 白锈属[C]

Albugo achyranthis（Henn.）**Miyabe** 牛膝白锈菌

Albugo aechmantherae **Z. Y. Zhang et Wang** 尖蕊花白锈菌[尖蕊花白锈病菌]

Albugo amaranthi 见 *Albugo bliti*

Albugo austro-africana **Syd.** 澳非白锈菌[番杏白锈病菌]

Albugo bliti（Bivona-Bernardi）**Kuntze** 苋白锈菌[苋白锈病菌]

Albugo candida（Gmelin；Persoon）**Kuntze** 白锈菌[十字花科蔬菜白锈病菌]

Albugo candida f. sp. *candida*（Pers.）**Kuntze** 白锈菌原变型

Albugo candida f. sp. *lepidii-perfoliati* **Săvul. et Rayss** 白锈菌独行菜变型

Albugo candida var. *ellipsoidea* **Săvul.** 白锈菌椭圆变种

Albugo candida var. *macrospora* **Togashi** 白锈菌大孢变种

Albugo candida var. *microspora* **Togashi et Shibas.** 白锈菌小孢变种

Albugo capparidis（de Bary）**Ciferri** 白花菜白锈菌[刺山柑白锈病菌]

Albugo caryophyllacearum **Kuntze** 石竹白锈菌

Albugo centaurii（Homsf.）**Ciferri et Biga** 百金花白锈菌

Albugo chardoni **Weston** 卡氏白锈菌[白花菜白锈病菌]

Albugo chardiniae Bremer et Petrak 卡丁
菊白锈菌

Albugo cladothricis 见 *Albugo bliti*

Albugo cruciferarum Gray 十字花科白
锈菌

Albugo cynoglossi (Unamuno) Ciferri et
Biga 琉璃草白锈菌[紫草白锈病菌]

Albugo eomeconis Z. Y. Zhang et Wang
血水草白锈菌[血水草白锈病菌]

Albugo eurotiae Tranzschel 优若藜白锈
菌[驼绒藜白锈病菌]

Albugo evansi Syd . 伊氏白锈菌[玄参
科白锈病菌]

Albugo evolvuli (Damle) Safeeulla et Thi-
rumalachar 土丁桂白锈菌

Albugo evolvuli var. *merremiae* Safeeulla et
Thirumalachar 土丁桂白锈菌鱼黄草
变种[鱼黄草白锈病菌]

Albugo evolvuli var. *mysorensis* Safeeulla
土丁桂白锈菌迈索尔变种[土丁桂白锈
病菌]

Albugo froelichiae 见 *Albugo bliti*

Albugo gomphrenae (Spegazzini) Ciferri et
Biga 千日红白锈菌

Albugo hydrocotyles Petrak 天胡荽白锈
菌[天胡荽白锈病菌]

Albugo hyoscyami Z. Y. Zhang, Wang et
Fu 天仙子白锈菌[天仙子白锈病菌]

Albugo intermediatus (Damle) Zhang 居
间白锈菌[十字花科蔬菜白锈病菌]

Albugo ipomoeae-aquaticae Sawada 蕹菜
白锈菌[蕹菜白锈病菌]

Albugo ipomoeae-hardwickii Sawada 哈
氏番薯白锈菌[番薯白锈病菌]

Albugo ipomoeae-panduranae (Schwein-
itz)Swingle 旋花白锈菌[甘薯白锈病
菌]

Albugo ipomoeae-panduranea var. *tiliace-
ae* Ciferri et Biga 花白锈菌提里变种
[椴薯白锈病菌]

Albugo ipomoeae-panduratae var. *ipo-*

moeae-panduratae Swingle 旋花白锈菌
原变种

Albugo ipomoeae-pescaprae Ciferri 二叶
红薯白锈菌[厚藤白锈菌]

Albugo keeneri Solhein et Gilberston 肯勒
白锈菌[紫堇白锈病菌]

Albugo lepidii Rao 独行菜白锈菌[独行
菜白锈病菌]

Albugo lepigoni 见 *Albugo caryophyl-
lacearum*

Albugo leucotricha 见 *Podosphaera leu-
cotricha*

Albugo macrospora (Togashi)Ito 大孢白
锈菌[十字花科蔬菜、油菜白锈病菌]

Albugo mangenoti 见 *Albugo candida*

Albugo mauginii (Parisi) Ciferri et Biga
莫景白锈菌[蝶形花科植物白锈病菌]

Albugo mesembryanthemi Baker 花蔓草
白锈菌[花蔓草白锈病菌]

Albugo minor (Spegazzini) Ciferri 细小
白锈菌[番薯白锈病菌]

Albugo molluginis Ito 粟米草白锈菌[粟
米草白锈病菌]

Albugo mors-uvae (Schwein.) Kuntze 见
Sphaerotheca mors-uvae

Albugo mysorensis (Thirum. et Safee.)
Vasudeva 迈索尔白锈菌[番杏白锈病
菌]

Albugo occidentalis Wilson 西方白锈菌
[菠菜白锈病菌]

Albugo pestignidis Gharse 虎掌藤白锈菌
[虎掌藤白锈病菌]

Albugo pileae Tao et Qin 冷水花白锈菌
[冷水花白锈病菌]

Albugo platensis (Spegazzini) Swingle 板
状白锈菌[紫茉莉白锈病菌]

Albugo ploygoni Jiang et P. K. Chi 何首
乌白锈菌[何首乌白锈病菌]

Albugo portulacae (de Candolle) Kuntze
马齿苋白锈菌[马齿苋白锈病菌]

Albugo portulacearum 见 *Albugo portula-*

cae

***Albugo pratapi* Damle** 草丛白锈菌[旋花白锈病菌]

Albugo pulverulentus (Berk. et Curtis) **Kuntze** 粉状白锈菌

Albugo quadrata (Kalchbrenner et Cooke) **Kuntze** 四方形白锈菌[爵床白锈病菌]

Albugo resedae (Rayss)**Ciferri et Biga** 木樨草白锈菌[木樨草白锈病菌]

***Albugo solivae* Schröt.** 裸柱菊白锈菌[裸柱菊白锈病菌]

Albugo solivarum 见 *Albugo solivae*

Albugo spinulosa 见 *Albugo tragopogi*

Albugo spinulosus 见 *Albugo tragopogi*

Albugo swertiae (Berlese et Komarov)**Wilson** 獐牙菜白锈菌[獐牙菜白锈病菌]

Albugo thlaspeos 见 *Albugo candida*

Albugo tragopogi (Persoon) **Schröt.** 婆罗门参白锈菌[向日葵白锈病菌]

***Albugo tragopogi* var. *ambrosiae* Novotelnova** 婆罗门参白锈菌豚草变种[豚草白锈病菌]

***Albugo tragopogi* var. *cirsii* Ciferri et Biga** 婆罗门参白锈菌蓟变种[田蓟白锈菌]

***Albugo tragopogi* var. *helianthi* Novotelnova** 婆罗门参白锈菌向日葵变种[向日葵白锈病菌]

***Albugo tragopogi* var. *inulae* Ciferri et Biga** 婆罗门参白锈菌旋覆花变种[旋覆花白锈病菌]

***Albugo tragopogi* var. *pyrethrici ferri* Biga** 婆罗门参白锈菌匹菊变种[天名精白锈病菌]

Albugo tragopogi* var. *tragopogi (DC.) **Gray** 婆罗门参白锈菌原变种[鼠麹草、风毛菊白锈病菌]

Albugo tragopogi* var. *xerantheremiannui (Săvulescu)**Biga** 婆罗门参白锈菌灰毛菊变种[灰毛菊白锈病菌]

Albugo tragopogonis 见 *Albugo trangopo-gi*

Albugo tragopogonis var. cirsii 见 *Albugo tragopogi* var. *cirsii*

Albugo tragopogonis var. inulae 见 *Albugo tragopogi* var. *inulae*

Albugo tragopogonis var. pyrethri 见 *Albugo tragopogi* var. *pyrethrici ferri*

Albugo tragopogonis var. tragopogonis 见 *Albugo tragopogi* var. *tragopogi*

Albugo tragopogonis var. xeranthemiannui 见 *Albugo tragopogi* var. *xeranthere-miannui*

***Albugo trianthemae* Wilson** 拟马齿苋白锈菌[番杏白锈病菌]

***Albugo tropica* Lagerheim** 热带白锈菌[胡椒白锈病菌]

Albugo wasabiae 见 *Albugo candida*

***Alcaligenes* Castellani et Chalmes** 产碱菌属[B]

Alcaligenes bookeri (Ford)**Bergey et al.** 布氏产碱菌

***Aleurisma* Link** 粉落霉属[F]

Aleurisma carnis (Brooks et Hansf.)**Bisby** 肉粉落霉

***Aleurisma keratinophilum* Frey** 嗜角朊粉落霉

Alfalfa cryptic virus 1 Alphacryptovirus (ACV-1) 苜蓿隐潜1号病毒

Alfalfa cryptic virus 2 Betacryptovirus (ACV-2) 苜蓿隐潜2号病毒

alfalfa latent virus 见 *Pea streak virus Carlavirus*

alfalfa Michigan virus 见 *Bean leafroll virus*

Alfalfa mosaic virus Alfamovirus (AMV) 苜蓿花叶病毒

alfalfa temperate virus 见 *Alfalfa cryptic virus 1 Alphacryptovirus*

Alfamovirus 苜蓿花叶病毒属[V]

***Allantophomoides* Wei et Zhang** 类腊肠茎点霉属[F]

Allantophomoides carotae **Wei et Zhang**
胡萝卜类腊肠茎点霉

Allantophomopsis **Petr.**　拟腊肠茎点霉
属[F]

Allantophomopsis cytispora **Carris**　新月
拟腊肠茎点霉

Allantophomopsis lycopodina **Carris**　石
松拟腊肠茎点霉

Allexivirus　青葱 X 病毒属[V]

Alligator weed stunting virus Closterovirus
（AWSV）　空心苋矮化病毒

allium virus 1 见 *Onion yellow dwarf vi-*
rus Potyvirus

Allodus 见 *Puccinia*

Allopuccinia 见 *Sorataea*

Allopuccinia diluta 见 *Sorataea amiciae*

Allotelium 见　*Diorchidium*

Allotrichodorus **Rodriguez**　异毛刺线虫属
[N]

Allotrichodorus guttatus **Rodriguez，Sher**
et Siddiqi　橡胶树异毛刺线虫

Allotrichodorus longispiculis **Rashid et al.**
长刺异毛刺线虫

Allotrichodorus westindicus **Rashid et al.**
西印度异毛刺线虫

Alphacryptovirus　α 隐潜病毒属[V]

Alpinia mosaic virus Potyvirus　山姜（属）
花叶病毒

alsike clover mosaic virus 见 *Clover*
yellow vein virus Potyvirus

Alsike clover vein mosaic virus　瑞士三叶
草脉花叶病毒

alstroemeria *Carlavirus* 见 *Lily symptom-*
less virus Carlavirus

Alstroemeria mosaic virus Potyvirus
（AlMV）　六出花（属）花叶病毒

Alstroemeria streak virus Potyvirus
（ALSV）　六出花（属）线条病毒

Alstroemeria virus Ilarvirus（AlV）　六出
花（属）病毒

Alternanthera mosaic virus Potexvirus

（AltMV）　莲子草花叶病毒

Alternaria **Nees**　链格孢属［交链孢属］
[F]

Alternaria abutilonis（Speg.）**Schwarze**
苘麻链格孢

Alternaria achyranthi **Zhang et Zhang**　牛
膝链格孢

Alternaria agerati **Saw.**　藿香蓟链格孢

Alternaria ageratum 见 *Alternaria agerati*

Alternaria ailanthi **T. Y. Zhang et Guo**　臭
椿链格孢

Alternaria alocasiae **T. Y. Zhang et Gao**
海芋链格孢

Alternaria alternata（Fr. ；Fr. ）**Keissler**
链格孢［互隔链格孢］

Alternaria amaranthi（Peck）**Ven Hook**
苋链格孢

Alternaria amorphophalli **Rao**　魔芋链格
孢

Alternaria armeniacae **T. Y. Zhang et al.**
杏链格孢

Alternaria atrans **Gibson**　黑链格孢［大豆
黑斑病菌］

Alternaria azukiae（Hara）**T. Y. Zhang et**
Guo　豆链格孢

Alternaria bannaensis **Chen et T. Y. Zhang**
版纳链格孢

Alternaria basellae **T. Y. Zhang**　落葵链格
孢

Alternaria bataticola（Ikota）**Yamamoto**
甘薯生链格孢［甘薯黑星病菌］

Alternaria betulae **T. Y. Zhang**　桦链格孢

Alternaria brassicae（Berk. ）**Sacc.**
链格孢［十字花科蔬菜黑斑病菌］

Alternaria brassicae var. *macrospora*
Sacc.　芸薹链格孢大孢变种

Alternaria brassicae var. *phaseoli* **Brun**
芸薹链格孢菜豆变种

Alternaria brassicicola（Schw. ）**Wiltshire**
芸薹生链格孢

Alternaria broussonetiae　**T. Y. Zhang，**

Chen et Gao　构链格孢

Alternaria brunnea Sawada ex Zhang　棕色链格孢

Alternaria bulbotrichum（Cooke）P. K. Chi，Bai et Zhu　球根链格孢

Alternaria calycanthi（Cav.）Joly　洋蜡梅链格孢［蜡梅黑斑病菌］

Alternaria capsici-annui Săvul. et Sandu.　辣椒链格孢

Alternaria caricae T. Y. Zhang　番木瓜链格孢

Alternaria catalpae（Ell. et Mart.）Joly　梓链格孢

Alternaria cathami Chowdh.　红花链格孢

Alternaria catharanthicola T. Y. Zhang　长春花生链格孢

Alternaria celosiae（Tassi）Săvul.　青葙链格孢

Alternaria cerasi Poteb.　樱桃链格孢

Alternaria chartarum Ell. et Pierce　纸链格孢

Alternaria cheiranthi（Lib.）Wiltsh.　桂竹香链格孢

Alternaria chenopodiicola T. Y. Zhang et al.　藜生链格孢

Alternaria citri Ell. et Pierce　柑橘链格孢［柑橘黑腐病菌］

Alternaria citrimaculans Simmons　橘斑链格孢

Alternaria clerodendri T. Y. Zhang et al.　臭牡丹链格孢

Alternaria coicis T. Y. Zhang　薏苡链格孢

Alternaria compacta（Cooke）McClellan　密实链格孢

Alternaria crassa（Sacc.）Rands　粗链格孢

Alternaria cucumerina（Ell. et Ev.）Elliott　瓜链格孢

Alternaria cylindrostra T. Y. Zhang　柱喙链格孢

Alternaria daturicola T. Y. Zhang，Zhao et Zhang　曼陀罗生链格孢

Alternaria dauci（Kühn）Groves et Skolko　胡萝卜链格孢

Alternaria daucicola T. Y. Zhang　胡萝卜生链格孢

Alternaria dianthi Stevens et Hall.　香石竹链格孢［香石竹黑斑病菌］

Alternaria dianthicola Neergaard　石竹生链格孢

Alternaria dioscoreae Rao　薯蓣链格孢

Alternaria eleuthrines T. Y. Zhang　红葱链格孢

Alternaria ellisii Pandotra et Ganguly　埃里链格孢

Alternaria erythrinae Agostini　刺桐链格孢

Alternaria euphorbiae（Bathol）Aragaki et Uchida　大戟链格孢

Alternaria fasciculata（Cooke et Ell）Jones et Grout　簇生链格孢

Alternaria fici Farneti　无花果链格孢

Alternaria forsythiae Harter　连翘链格孢

Alternaria gaisen Nagano.　盖森链格孢［梨黑斑链格孢］

Alternaria gossypina（Thüm.）Hopk.　棉链格孢

Alternaria guangxiensis Chen et Zhang　广西链格孢［西番莲黑斑病菌］

Alternaria helianthi（Hansf.）Tubaki et Nishihara　向日葵链格孢［向日葵黑斑病菌］

Alternaria humicola Oudem.　腐质链格孢

Alternaria iridicola（Ell. et Ev.）Elliott　鸢尾生链格孢

Alternaria japonica Yoshii　日本链格孢

Alternaria kansuiae T. Y. Zhang et Zhang　甘遂链格孢

Alternaria kikuchiana Tanaka　菊池链格

孢

Alternaria latispora T. Y. Zhang et Zhang
宽孢链格孢[蓖麻叶斑病菌]

Alternaria leucanthemi Nelen 白花菊链格孢

Alternaria ligustici T. Y. Zhang et Zhang
川芎链格孢

Alternaria liriodendri T. Y. Zhang et Zhang 鹅掌楸链格孢

Alternaria longipes (Ell. et Ev.) **Mason.**
长柄链格孢[烟草赤星病菌]

Alternaria longirostrata T. Y. Zhang et Zhang 长喙链格孢

Alternaria longissima Deighton et MacGarvie 长极链格孢

Alternaria macrospora Zimm. 大孢链格孢

Alternaria mali Roberts 苹果链格孢[苹果轮斑病菌]

Alternaria malvae Roumeguere et Letendre
锦葵链格孢

Alternaria manihotis T. Y. Zhang 木薯链格孢

Alternaria melongenae Rangaswami et Sombandam 茄斑链格孢

Alternaria napiformis Purkayastha et Mallik 芜菁链格孢

Alternaria negundinicola (Ell. et Barth.)
Joly 梣生链格孢

Alternaria nelumbii (Ell. et Ev.) **Enlows et Rand** 莲链格孢[荷花黑斑病菌]

Alternaria nelumbiicola Ell. et Ev. ex T. Y. Zhang 莲生链格孢

Alternaria nigricans (Peglion)Neergaad
变黑链格孢

Alternaria obpyriformis T. Y. Zhang 倒梨形链格孢

Alternaria oryzae Hara. 稻链格孢

Alternaria palandui Ayyangar 梵葱链格孢

Alternaria panax Whetz. 人参链格孢[人参黑斑病菌]

Alternaria papaveris (Bres.) **M. B. Ellis**
罂粟链格孢

Alternaria papaveris-somniferi Sawada
罂子粟链格孢

Alternaria pelargonii Ell. et Ev. 天竺葵链格孢[天竺葵黑斑病菌]

Alternaria peponicola Simmons 西葫芦生链格孢

Alternaria pharbitidis T. Y. Zhang et Chen
牵牛链格孢

Alternaria platycodonis T. Y. Zhang 桔梗链格孢

Alternaria pluriseptata 见 *Alternaria peponicola*

Alternaria polytricha (Cooke) **Simmons**
多毛链格孢

Alternaria pomicola Horne 苹果生链格孢

Alternaria populi T. Y. Zhang 杨链格孢

Alternaria porri (Ellis) **Ciferri** 葱链格孢[葱类紫斑病菌]

Alternaria prunicola Yang, Zhang et Zhang 李生链格孢

Alternaria querci T. Y. Zhang, Zhang et Chen 栎链格孢

Alternaria radicina Meier et al. 根生链格孢

Alternaria raphani Groves et Skolko 萝卜链格孢

Alternaria rhoicola Zhang et Zhang 青麸杨生链格孢

Alternaria ricini (Yoshii et Takim.)
Hansf. 蓖麻链格孢

Alternaria rosa-sinensis Gao et Zhang 朱槿链格孢

Alternaria rosicola (Rao) T. Y. Zhang et Guo 蔷薇生链格孢

Alternaria sanguisorbae Gao et Zhang 地榆链格孢

Alternaria saponarie (Peck) **Neerg.** 石竹链格孢

Alternaria saposhnikoviae Zhang et Zhang 防风链格孢

Alternaria sesami（Kawamura）**Mohanty et Behera** 芝麻链格孢

Alternaria sesamicola **Kawam.** 芝麻生链格孢

Alternaria setariae **T. Y. Zhang** 粟链格孢

Alternaria shaanxiensis **T. Y. Zhang et Zhang** 陕西链格孢

Alternaria solani（Ellis et Martin）**Sorauer** 茄链格孢［番茄早疫病菌］

Alternaria sonchi **Davis ex Elliott** 苦苣菜链格孢

Alternaria spinaciae **Allesch et Noack** 菠菜链格孢

Alternaria tagetica **Shome et Mustafee** 万寿菊链格孢

Alternaria tamaricis **Zhang** 柽柳链格孢

Alternaria tamijana **Rajderkar** 塔米链格孢

Alternaria tenuissima（Fr.）**Wiltshire** 细极链格孢

Alternaria tenuissima var. *alliicola* **Zhang** 细极链格孢蒜生变种

Alternaria tenuissima var. *catharanthi* **Zhang et Lin** 细极链格孢长春花变种

Alternaria tenuissima var. *magnoliicola* **Zhang et Ma** 细极链格孢玉兰变种

Alternaria tenuissima var. *toonae* **Zhang** 细极链格孢香椿变种

Alternaria tenuissima var. *trachelospermi* **Zhang，Lin et Chen** 细极链格孢络石变种

Alternaria tenuissima var. *trachelospermicola* **Zhang，Lin et Chen** 细极链格孢络石生变种

Alternaria thalictriicola **Guo** 唐松草生链格孢

Alternaria tomato（Cooke）**Jones** 番茄链格孢

Alternaria trachelospermi **Zhang，Lin et Chen** 络石链格孢

Alternaria triticicola **Rao** 小麦生链格孢

Alternaria triticimaculans **Simmons et al.** 麦斑链格孢

Alternaria triticina **Prasada et Prabhu** 小麦链格孢［小麦链格孢叶枯病菌，小麦叶疫病菌］

Alternaria tropaeolicola **T. Y. Zhang** 旱金莲生链格孢

Alternaria typhonii **Zhang et Zhang** 独角莲链格孢

Alternaria vignae **Sawada** 豇豆链格孢

Alternaria viticola **Brun** 葡萄生链格孢［葡萄穗轴褐枯病菌］

Alternaria vitis **Cavara** 葡萄链格孢

Alternaria vulgaris **T. Y. Zhang** 杏叶斑链格孢

Alternaria zinniae **Ellis** 百日菊链格孢［百日菊黑斑病菌］

Althea rosea enation virus（AREV） 见 *Hollyhock leaf crumple virus Begomovirus*

Alveolaria **Lagerh.** 蜂窝锈菌属［F］

Alveolaria cordiae **Lagerh.** 破布木蜂窝锈菌

Amaranthus leaf mottle virus Potyvirus （AmLMV） 苋（属）叶斑驳病毒

Amaranthus mosaic virus Potyvirus （AmMV） 苋（属）花叶病毒

Amaryllis latent virus Alphacryptovirus 朱顶兰潜隐病毒

amaryllis mosaic virus 见 *Hippeastrum mosaic virus Potyvirus*

Amaryllis virus（AmaV） 朱顶兰（属）病毒

Amastigis **Clem. et Shear** 并柱霉属［F］

Amastigis artermisiae **Sawada** 蒿并柱霉

Amazon lily mosaic virus Potyvirus（ALiMV） 亚马孙百合花叶病毒

Amazonia **Theiss.** 双孢煲属［F］

A

Amazonia celastri **Hu et Song** 南蛇藤双孢炱

Amazonia peregrina (Syd.) **Syd.** 外来双孢炱

Amblyosporium **Fresen.** 桶孢属[F]

Amblyosporium echinulatum **Oudem.** 刺桶孢

American hop latent virus Carlavirus (AHLV) 美洲啤酒花潜病毒

American plum line pattern virus Ilarvirus (APLPV) 美洲李线纹病毒

American wheat striate mosaic virus 见 *Wheat American striate mosaic virus Cytorhabdovirus*

Ameris 见 *Phragmidium*

Amerosporium **Speg.** 壳单孢属[F]

Amerosporium sinensis **Teng** 中国壳单孢

Amoebochytrium **Zopf** 变形壶菌属[F]

Amoebochytrium rhizidioides **Zopf** 变形壶菌[胶毛藻壶病菌]

Ampelomyces **Ces. ex Schlecht** 白粉寄生孢属[F]

Ampelomyces quisqualis **Ces.** 白粉寄生孢

Amphicypellus **Ingold** 槽壶菌属[F]

Amphicypellus elegans **Ingold** 雅致槽壶菌[三角藻壶病菌]

Amphisbaenema lamellatum 见 *Criconemoides lamellatus*

Amphisphaerella (Sacc.) **Kirschst.** 小圆孔壳属[F]

Amphisphaerella xylostei (Pers.) **de Rulamort** 忍冬小圆孔壳

Amphisphaeria **Ces. et de Not.** 圆孔壳属[F]

Amphisphaeria populi **Tracy et Earle** 杨圆孔壳

Amphisphaeria stellata **Pat.** 星形圆孔壳

Amplimerlinius **Siddiqi** 宽节纹线虫属[N]

Amplimerlinius clavicaudatus (Choi et Geraert) **Siddiqi** 棒尾宽节纹线虫

Amplimerlinius globigerus **Siddiqi** 具球宽节纹线虫

Amplimerlinius intermedius (Bravo) **Siddiqi** 间型宽节纹线虫

Amplimerlinius macrurus (Goodey) **Siddiqi** 长尾宽节纹线虫

Amplimerlinius magnicauda 见 *Pratylenchoides magnicauda*

Amplimerlinius nectolineatus **Siddiqi** 束线宽节纹线虫

Amplimerlinius sheri (Robbins) **Siddiqi** 谢氏宽节纹线虫

Amplimerlinius socialis (Andrassy) **Siddiqi** 群居宽节纹线虫

Amplimerlinius viciae (Salt.) **Siddiqi** 巢菜宽节纹线虫

Amylomyces rouxii 见 *Rhizopus arrhizus*

Anaphelenchus isomerus 见 *Aphelenchus isomerus*

Ancylistes **Pfitzer** 新月霉属[F]

Ancylistes closterii **Pfitz.** 新月霉[新月藻新月霉病菌]

Ancylistes miurii **Skvortsov** 三浦新月霉

Ancylistes netrii **Couch** 梭接藻新月霉[梭接藻新月霉病菌]

Ancylospora **Saw.** 曲孢属[F]

Ancylospora costi **Saw.** 闭鞘姜曲孢

Andean potato calico strain of tobacco ringspot virus 见 *Potato black ringspot virus Nepovirus*

Andean potato latent virus Tymovirus (APLV) 安第斯马铃薯潜病毒

Andean potato mottle virus Comovirus (APMoV) 安第斯马铃薯斑驳病毒

Aneilema mosaic virus Potyvirus (AneMV) 安尼米墨草(属)花叶病毒

anemone mosaic virus 见 *Turnip mosaic virus Potyvirus* (TuMV)

anemone necrosis virus 见 *Tobacco ringspot virus Nepovirus* (TRSV)

Angiopsora divina 见 *Dasturella divina*

Angiopsora 见 *Physopella*

Anguillulina annulata 见 *Tylenchorhynchus annulatus*

Anguillulina robusta 见 *Rotylenchus robustus*

Anguina Scopoli 粒线虫属[鳗线虫属][N]

Anguina agropyronifloris Norton 冰草粒线虫

Anguina agrostis（Steib.）Filipjev 剪股颖粒线虫

Anguina amsinckiae（Filipjev et Schuurmans Stekhoven）Thorne 阿姆辛基粒线虫

Anguina australis Steiner 澳大利亚粒线虫

Anguina balsamophila（Thorne）Filipjev 喜香胶叶瘿粒线虫

Anguina calamagrostis Wu 拂子矛粒线虫

Anguina caricis Soloveva et Krall 苔粒线虫

Anguina cecidoplastes（Goodey）Filipjev 须芒草粒线虫

Anguina chartolepidis Poghossian 丽纹粒线虫

Anguina ferulae Ivanova 阿魏粒线虫

Anguina funesta Price，Fisher et Kerr 黑麦草粒线虫

Anguina graminis Filipjev 禾草粒线虫

Anguina graminophila（Goodey）Thorne 嗜禾草粒线虫

Anguina graminophilus 见 *Ditylenchus graminophilus*

Anguina hyparrheniae Corbett 红苞茅粒线虫

Anguina klebahni Goffart 报春花粒线虫

Anguina kopetdaghica Kirjanova et Schagalina 科佩特粒线虫

Anguina maxae Yokoo et Choi 洋艾粒线虫

Anguina microlaenae（Fawcett）Steiner 小苏蕨粒线虫

Anguina millefolii（Low）Filipjev 欧蓍草叶瘿粒线虫

Anguina mobilis Chit et Fisher 疏松粒线虫

Anguina moxae 见 *Subanguina moxae*

Anguina pacificae Cid del Prado Vera et Maggenti 太平洋粒线虫

Anguina pharangii Chizhov 法瑞格粒线虫

Anguina picridis（Kirjanova）Kirjanova 苦菜粒线虫

Anguina plantaginis Hirschmann 车前粒线虫

Anguina polygoni Poghossian 蓼粒线虫

Anguina poophila Kirjanova 草甸粒线虫

Anguina pustulicola（Thorne）Goodey 小瘤粒线虫

Anguina radicicola（Greeff）Teploukhova 根瘿粒线虫

Anguina spermophaga Steiner 牧草粒线虫

Anguina tridomina Kirjanova 三宿粒线虫

Anguina tritici（Steinbuch）Chitwood 小麦粒瘿线虫

Anguina tumefaciens 见 *Afrina tumefaciens*

Anguinidae Nicoll 粒线虫科[N]

Angusia 见 *Maravalia*

Anisogramma Muller 异线壳属[F]

Anisogramma anomala（Peck）Muller 棘皮异线壳菌[榛子枯萎病菌]

Anisolpidium Karling 异壶菌属[C]

Anisolpidium ectocarpi Karling 异壶菌[水蕴藻异壶病菌]

Anisolpidium sphacellarum（Kny）Karling 黑顶藻异壶菌[黑顶藻异壶病菌]

Anjermozaick virus 见 *Carnation ringspot virus Dianthovirus*

Anomoporia Pouzar. 变孔菌属[F]

Anomoporia albolutescens（Rom.）Pouzar. 白黄变孔菌

Anomoporia bombycina （Fr.）**Pouzar.**
柔丝变孔菌

Anthina **Fr.** 花核霉属［F］

Anthina brunnea **Saw.** 褐色花核霉

Anthina citri **Saw.** 柑橘花核霉

Anthomyces **Diet.** 花锈菌属［F］

Anthomyces brasiliensis **Diet.** 巴西花锈
菌

Anthomycetella **Syd. ex Syd.** 小花锈菌
属［F］

Anthomycetella canarii **Syd.** 橄榄小花锈
菌

Anthoxan latent blanching virus Hordeivirus（ALBV）黄花茅（属）潜白化病毒

Anthoxan mosaic virus Potyvirus（Ant-MV）黄花茅（属）花叶病毒

Anthracoidea **Bref.** 炭黑粉菌属［F］

Anthracoidea angulata（Syd.）**Boidol et Poelt** 角孢炭黑粉菌

Anthracoidea caricis（Pers. ; Pers.）**Bref.**
苔炭黑粉菌

Anthracoidea caryophylleae **Kukk.** 石竹
苔炭黑粉菌

Anthracoidea eleocharidis **Kukk.** 柄囊苔
炭黑粉菌

Anthracoidea elynae（Syd.）**Kukk.** 嵩草
炭黑粉菌

Anthracoidea filifoliae **Guo** 细叶嵩草炭
黑粉菌

Anthracoidea intercedens **Nannf.** 居间炭
黑粉菌

Anthracoidea karii（Liro）**Nannf.** 卡里
炭黑粉菌

Anthracoidea lindeberigiae（Kukk.）
Kukk. 林氏炭黑粉菌

Anthracoidea microspora **Guo** 小孢炭黑
粉菌

Anthracoidea misandrae **Kukk.** 米萨苔
炭黑粉菌

Anthracoidea nepalensis **Kak. et Ono** 尼
泊尔炭黑粉菌

Anthracoidea paniceae **Kukk.** 黍状苔炭
黑粉菌

Anthracoidea siderosticta **Kukk.** 宽叶苔
炭黑粉菌

Anthracoidea smithii **Kukk.** 史密斯炭黑
粉菌

Anthracoidea subinclusa（Köm.）**Bref.**
圆孢炭黑粉菌

Anthracoidea suedae 见 *Cintractia axicola*

Anthracoidea vankyi **Nannf.** 范基炭黑粉
菌

Anthriscus latent virus Carlavirus（Ant-LV）峨参（属）潜隐病毒

Anthriscus yellows virus Waikavirus（AYV）峨参（属）黄化病毒

Antrodia **Donk.** 薄孔菌属［F］

Antrodia albida（Fr.）**Donk.** 白薄孔菌

Antrodia malicola（Berk. et Curt.）**Donk**
苹果薄孔菌

Antrodia serialis（Fr.）**Donk.** 狭檐薄孔
菌

Antrodia variiformis（PK.）**Donk.** 褐檐
薄孔菌

Aorolaimus **Sher** 剑咽（畸唇）线虫属［N］

Aorolaimus christie **Fortuner** 克里斯蒂剑
咽线虫

Aorolaimus helicus **Sher** 盘旋剑咽线虫

Apatococcus **Brand.** 拟色球藻属（虚幻球
藻）［P］

Apatococcus lobatus（Chodat）**Petersen** 裂
片拟色球藻［夏橙绿斑病原］

Apatococcus vulgaris 见 *Apatococcus lobatus*

Aphanocladium **Gams** 蛛网枝霉属［F］

Aphanocladium aranearum var. *sinense*
Chen 蛛网枝霉中国变种［蘑菇蛛网枝
霉病菌］

Aphanomyces **de Bary** 丝囊霉属［C］

Aphanomyces acinetophagus **Bartsch et Wolf** 定生丝囊霉［葡萄烂根腐病菌］

Aphanomyces astaci **Schikora** 变形藻丝

囊霉[变形藻丝囊霉病菌]

Aphanomyces brassicae Singh et Pavgi 芸薹丝囊霉[芸薹根腐病菌]

Aphanomyces cladogamus Drechsler 枝育丝囊霉[雨久花丝囊霉根腐病菌]

Aphanomyces cochlioides Drechsler 螺壳状丝束霉[甜菜猝倒病菌]

Aphanomyces euteiches Drechsler 根腐丝囊霉[蚕豆、苜蓿、番茄等丝囊霉根腐病菌]

Aphanomyces euteiches f. sp. *phaseoli* Pfender et Hagedorn 菜豆丝囊霉[菜豆、豌豆根腐病菌]

Aphanomyces euteiches f. sp. *pisi* Pfender et Hagedorn 豌豆丝囊霉[豌豆根腐病菌]

Aphanomyces gordejevii Skvortsov 无隔藻丝囊霉

Aphanomyces iridis Iohitani et Kodama 鸢尾丝囊霉[鸢尾根腐病菌]

Aphanomyces parasiticus Coker 寄生丝囊霉[水稻种子黑腐病菌]

Aphanomyces phycophilus de Bary 嗜藻丝囊霉[嗜藻丝囊霉病菌]

Aphanomyces raphani Kendrick 萝卜丝囊霉[萝卜黑根黑心病菌]

Aphanomycopsis Scherff. 拟丝囊霉属[C]

Aphanomycopsis bacillariacearum Scheff. 拟丝囊霉[羽纹藻、硅藻拟丝囊霉病菌]

Aphanomycopsis cryptica Canter 隐藏拟丝囊霉[甲角藻拟丝囊病菌]

Aphanomycopsis desmidiella Canter 梭接藻拟丝囊霉[梭接藻拟丝囊霉病菌]

Aphanomycopsis perdiniella Boltovskoy et Arambarri 多甲藻拟丝囊霉[多甲藻拟丝囊霉病菌]

Aphelenchoides Fischer 拟滑刃线虫属[N]

Aphelenchoides absari Husain et Khan 阿布萨拟滑刃线虫

Aphelenchoides abyssinicus (Filipjev) Filipjev 深居拟滑刃线虫

Aphelenchoides acroposthoin Steiner 顶鞘拟滑刃线虫

Aphelenchoides africanus Dassonville et Heyns 非洲拟滑刃线虫

Aphelenchoides agarici Seth et Sharama 伞菌拟滑刃线虫

Aphelenchoides aligarhiensis Siddiqi, Husain et Khan 阿利加尔拟滑刃线虫

Aphelenchoides alni 见 *Ektaphelenchus alni*

Aphelenchoides amitini (Fuchs) Goodey 阿米登拟滑刃线虫

Aphelenchoides andrassyi Husain et Khan 恩氏拟滑刃线虫

Aphelenchoides angusticaudatus Eroshenko 窄尾拟滑刃线虫

Aphelenchoides appendurus Singh 附器拟滑刃线虫

Aphelenchoides arachidis Bos 花生拟滑刃线虫

Aphelenchoides arcticus Sanwal 北方拟滑刃线虫

Aphelenchoides asterocaudatus Das 星尾拟滑刃线虫

Aphelenchoides asteromucronatus Eroshenko 星尖拟滑刃线虫

Aphelenchoides besseyi Christie 贝西拟滑刃线虫[水稻干尖线虫]

Aphelenchoides bicaudatus (Imamura) Filipjev et Schuurmans Stekhoven 双尾拟滑刃线虫

Aphelenchoides bimucronatus Nesterov 双尖拟滑刃线虫

Aphelenchoides blastophthorus Franklin 毁芽拟滑刃线虫

Aphelenchoides brachycephalus Thorne 短头拟滑刃线虫

Aphelenchoides brassicae Edward et Misra 甘蓝拟滑刃线虫

Aphelenchoides brevicaudatus Das 短尾拟滑刃线虫

Aphelenchoides brevionchus Das 短突起拟滑刃线虫

Aphelenchoides brevistylus Jain et Singh 短针拟滑刃线虫

Aphelenchoides breviuteralis Eroshenko 短子宫拟滑刃线虫

Aphelenchoides caprifici (Gasparrini) Filipjev 卷曲拟滑刃线虫

Aphelenchoides capsuloplanus (Haque) Andrassy 迅速拟滑刃线虫

Aphelenchoides centralis Thorne et Malek 中心拟滑刃线虫

Aphelenchoides chalonus (Chawla et al.) Chawla et Khan 柔软拟滑刃线虫

Aphelenchoides chamelocephalus (Steiner) Filipjev 缠头拟滑刃线虫

Aphelenchoides chauhani Tundon et Singh 乔哈尼拟滑刃线虫

Aphelenchoides chinensis Husain et Khan 中华拟滑刃线虫

Aphelenchoides chitwoodi 见 *Bursaphelenchus chitwoodi*

Aphelenchoides cibolensis Riffle 锡博尔拟滑刃线虫

Aphelenchoides citri Andrassy 柑橘拟滑刃线虫

Aphelenchoides clarolineatus Baranovskaya 亮线拟滑刃线虫

Aphelenchoides clarus Thorne et Malek 清亮拟滑刃线虫

Aphelenchoides cocophilus 见 *Rhadinaphelenchus cocophilus*

Aphelenchoides coffeae (Zimmermann) Filipjev 咖啡拟滑刃线虫

Aphelenchoides composticola Franklin 蘑菇拟滑刃线虫

Aphelenchoides confusus Thorne et Malek 扰乱拟滑刃线虫

Aphelenchoides conimucronatus Bessarabova 细尖拟滑刃线虫

Aphelenchoides conjunctus (Fuchs) Filipjev 结合拟滑刃线虫

Aphelenchoides conurus 见 *Bursaphelenchus conurus*

Aphelenchoides crenati Rühm 见 *Bursaphelenchus crenati*

Aphelenchoides curiolis Gritsenko 弯刺拟滑刃线虫

Aphelenchoides curvidentis (Fuchs) Filipjev 弯齿拟滑刃线虫

Aphelenchoides cyrtus Paesler 弓形拟滑刃线虫

Aphelenchoides dactylocercus Hooper 指尾拟滑刃线虫

Aphelenchoides daubichaensis Eroshenko 陶比恰拟滑刃线虫

Aphelenchoides deiversus Paesler 分叉拟滑刃线虫

Aphelenchoides delhiensis Chawla, Bhamburkar Khan et Prasad 德里拟滑刃线虫

Aphelenchoides demani (Goodey) 见 *Aphelenchus demani*

Aphelenchoides dubius (Fuchs) Filipjev 可疑拟滑刃线虫

Aphelenchoides echinocaudatus Haque 刺尾拟滑刃线虫

Aphelenchoides editocaputis Shavrov 高头拟滑刃线虫

Aphelenchoides eggersi 见 *Bursaphelenchus eggersi*

Aphelenchoides eidmanni 见 *Bursaphelenchus eidmanni*

Aphelenchoides elmiraensis van der Linde 艾尔米尔拟滑刃线虫

Aphelenchoides elongates Schuurmans Stekhoven 长形拟滑刃线虫

Aphelenchoides eltayeli Zeidan et Geraert 埃塔耶尔拟滑刃线虫

Aphelenchoides emiliae Romaniko 一点红拟滑刃线虫

Aphelenchoides ensete Swart, Bogale et

Tiedt 芭蕉拟滑刃线虫

Aphelenchoides eradicatus **Eroshenko** 叉棘拟滑刃线虫

Aphelenchoides eremus 见 *Bursaphelenchus eremus*

Aphelenchoides eucarpus 见 *Bursaphelenchus eucarpus*

Aphelenchoides ferrandini **Meyl** 费仁丁拟滑刃线虫

Aphelenchoides fluviatilis **Andrassy** 河流拟滑刃线虫

Aphelenchoides fragariae（Ritzema-Bos）**Christie** 草莓拟滑刃线虫（草莓芽叶线虫）

Aphelenchoides franklini **Singh** 佛氏拟滑刃线虫

Aphelenchoides fraudulentus 见 *Bursaphelenchus fraudulentus*

Aphelenchoides gallagheri **Massey** 加氏拟滑刃线虫

Aphelenchoides goeldii（Steiner）**Filipjev** 高氏拟滑刃线虫

Aphelenchoides goldeni **Suryawanshi** 戈氏拟滑刃线虫

Aphelenchoides goodeyi **Siddiqi et Franklin** 古氏拟滑刃线虫

Aphelenchoides graminis **Baranovskaya et Haque** 禾草拟滑刃线虫

Aphelenchoides gynotylurus **Timm et Franklin** 雌钝尾拟滑刃线虫

Aphelenchoides hainanensis（Rühm）**Goodey** 海南拟滑刃线虫

Aphelenchoides hamatus **Thorne et Malek** 具钩拟滑刃线虫

Aphelenchoides haquei **Maslen** 哈克拟滑刃线虫

Aphelenchoides helicosoma **Maslon** 绕体拟滑刃线虫

Aphelenchoides helicus **Heyns** 螺旋拟滑刃线虫

Aphelenchoides helophilus（de Man）**Goodcy** 沼泽拟滑刃线虫

Aphelenchoides hessei（Rühm）**Filipjev** 赫氏拟滑刃线虫

Aphelenchoides heterophallus **Steiner** 异鬼笔拟滑刃线虫

Aphelenchoides hodsoni **Goodey** 霍氏拟滑刃线虫

Aphelenchoides hunti **Steiner** 亨氏拟滑刃线虫

Aphelenchoides hyderabadensis **Das** 海德拉巴拟滑刃线虫

Aphelenchoides hylurgi **Massey** 海卢尔拟滑刃线虫

Aphelenchoides idius **Rühm** 显粒拟滑刃线虫

Aphelenchoides incurvus 见 *Bursaphelenchus incurvus*

Aphelenchoides indicus **Chawla，Bhamburkar，et al.** 印度拟滑刃线虫

Aphelenchoides indius 见 *Bursaphelenchus idius*

Aphelenchoides involutus **Minagawa** 内卷拟滑刃线虫

Aphelenchoides jacobi **Husain et Khan** 雅氏拟滑刃线虫

Aphelenchoides jodhpurensis **Tikyani，et al.** 乔德普尔拟滑刃线虫

Aphelenchoides jonesi **Singh** 琼氏拟滑刃线虫

Aphelenchoides kuehnii **Fischer** 库氏拟滑刃线虫

Aphelenchoides kungradensis **Karimova** 孔格勒拟滑刃线虫

Aphelenchoides lagenoferrus **Baranovskaya** 铁葫芦拟滑刃线虫

Aphelenchoides lanceolatus **Tandon et Singh** 矛形拟滑刃线虫

Aphelenchoides latus **Thorne** 边侧拟滑刃线虫

Aphelenchoides lichenicola **Siddiqi et Hawksworth** 地衣拟滑刃线虫

A

Aphelenchoides ligniperdae (Fuchs) Fillipjev 毁木拟滑刃线虫

Aphelenchoides lignophilus 见 *Bursaphelenchus lignophilus*

Aphelenchoides lilium Yokoo 百合拟滑刃线虫

Aphelenchoides limberi Steiner 林伯拟滑刃线虫

Aphelenchoides linfordi Christie 林氏拟滑刃线虫

Aphelenchoides longicaudatus (Cobb) Goodey 长尾拟滑刃线虫

Aphelenchoides longicollis Fillipjev 长颈拟滑刃线虫

Aphelenchoides longiurus Das 长腹拟滑刃线虫

Aphelenchoides longiuteralis Eroshenko 长宫拟滑刃线虫

Aphelenchoides loofi Kumar 卢氏拟滑刃线虫

Aphelenchoides lucknowensis Tandon et Singh 勒克瑙拟滑刃线虫

Aphelenchoides macrobulbosus Rühm 大球拟滑刃线虫

Aphelenchoides macrogaster (Fuchs) Filipjev 大胃拟滑刃线虫

Aphelenchoides macromucrons Slankis 大尖拟滑刃线虫

Aphelenchoides macronucleatus Baranovskaya 大核拟滑刃线虫

Aphelenchoides mali (Fuchs) Goodey 苹果拟滑刃线虫

Aphelenchoides malpighius (Fuchs) Goodey 金虎尾拟滑刃线虫

Aphelenchoides marinus Timm et Franklin 海洋拟滑刃线虫

Aphelenchoides martinii Rühm 马氏拟滑刃线虫

Aphelenchoides megadorus Allen 大囊拟滑刃线虫

Aphelenchoides menthae Lisetzkaya 薄荷拟滑刃线虫

Aphelenchoides minimus Meyl 最小拟滑刃线虫

Aphelenchoides minor (Cobb) Steiner et Buhrer 较小拟滑刃线虫

Aphelenchoides minutus (Fuchs) Filipjev 微小拟滑刃线虫

Aphelenchoides montanus Singh 高山拟滑刃线虫

Aphelenchoides moro (Fuchs) Goodey 摩洛拟滑刃线虫

Aphelenchoides mucronatus Paesler 尖突拟滑刃线虫

Aphelenchoides myceliophagus Seth et Sharma 食菌拟滑刃线虫

Aphelenchoides naticochensis (Steiner) Filipjev 纳提柯查拟滑刃线虫

Aphelenchoides nechaleos Hooper et Ibrahim 尼卡罗拟滑刃线虫

Aphelenchoides neocomposticola Seth et Sharma 类蘑菇拟滑刃线虫

Aphelenchoides nonveilleri Andrassy 农维勒拟滑刃线虫

Aphelenchoides nuesslini 见 *Bursaphelenchus nuesslini*

Aphelenchoides oahueensis 见 *Seinura oahueensis*

Aphelenchoides obtusicaudatus Eroshenko 圆尾拟滑刃线虫

Aphelenchoides obtusus Thorne et Malek 钝拟滑刃线虫

Aphelenchoides olesistus (Ritzema-Bos) Steiner 破坏拟滑刃线虫

Aphelenchoides olesistus var. *longicollis* (Schwartz) Goodey 破坏拟滑刃线虫长颈变种

Aphelenchoides oliverirae Christie 齐墩果拟滑刃线虫

Aphelenchoides oregonensis Steiner 俄勒冈拟滑刃线虫

Aphelenchoides orientalis Eroshenko 东

方拟滑刃线虫
Aphelenchoides ormerodis（Ritzema-Bos）
Steiner 奥梅拟滑刃线虫
Aphelenchoides oryzae 见 *Aphelenchoides besseyi*
Aphelenchoides oswegoensis **van der Linde**
奥斯维格拟滑刃线虫
Aphelenchoides oxurus 见 *Seinura oxura*
Aphelenchoides panaxi **Skarbilovich et Potekhina** 人参拟滑刃线虫
Aphelenchoides panaxofolia **Liu，Wu，et al.** 西洋参叶线虫[拟滑刃线虫]
Aphelenchoides pannocaudatus（Massey）
Hirling 毛状尾拟滑刃线虫
Aphelenchoides papillatus（Fuchs）**Goodey** 具乳突拟滑刃线虫
Aphelenchoides parabicaudatus **Shavrov**
异双尾拟滑刃线虫
Aphelenchoides paranechaleos **Hooper et Ibrahim** 异尼卡罗拟滑刃线虫
Aphelenchoides parasaprophilus **Sanwal**
异腐生拟滑刃线虫
Aphelenchoides parascalacautus **Chawla，et al.** 异梯尾拟滑刃线虫
Aphelenchoides parasexlineatus **Kulinich**
异六纹拟滑刃线虫
Aphelenchoides parasubtenuis **Shavrov**
异微细拟滑刃线虫
Aphelenchoides parietinus 见 *Aphelenchus parietinus*
Aphelenchoides penardi（Steiner）**Filipjev**
佩纳得拟滑刃线虫
Aphelenchoides petersi **Tandon et Singh**
彼氏拟滑刃线虫
Aphelenchoides pini 见 *Laimaphelenchus pini*
Aphelenchoides piniperdae 见 *Bursaphelenchus piniperdae*
Aphelenchoides pissodis notati（Fuchs）
Filipjev 变色拟滑刃线虫
Aphelenchoides pissodis-piceae（Fuchs）

Filipjev 云杉变色拟滑刃线虫
Aphelenchoides platycephalus **Eroshenko**
扁头拟滑刃线虫
Aphelenchoides pseudolesistus **Goodey** 假蕨类拟滑刃线虫
Aphelenchoides pusillus（Thorne）**Filipjev**
极小拟滑刃线虫
Aphelenchoides pygmaeus（Fuchs）**Filipjev** 短小拟滑刃线虫
Aphelenchoides rarus **Eroshenko** 稀少拟滑刃线虫
Aphelenchoides resinosi **Kaisa，et al.** 树脂拟滑刃线虫
Aphelenchoides retusus（Cobb）**Goodey**
迟钝拟滑刃线虫
Aphelenchoides rhenanus（Fuchs）**Filipjev**
米因拟滑刃线虫
Aphelenchoides rhytium **Massey** 皱纹拟滑刃线虫
Aphelenchoides ribes（Taylor）**Goodey**
茶藨子拟滑刃线虫
Aphelenchoides richardsoni **Grewal，et al.**
理查森拟滑刃线虫
Aphelenchoides richtersi（Steiner）**Filipjev**
富吉拟滑刃线虫
Aphelenchoides ritzemabosi（Schwartz）
Steiner et Buhrer 菊叶芽拟滑刃线虫
Aphelenchoides robustus **Gagarin** 强壮拟滑刃线虫
Aphelenchoides rosei **Dmitrenko** 玫瑰拟滑刃线虫
Aphelenchoides rutgersi **Hooper et Myers**
拉氏拟滑刃线虫
Aphelenchoides sacchari **Hooper** 甘蔗拟滑刃线虫
Aphelenchoides sachsi **Rühm** 萨氏拟滑刃线虫
Aphelenchoides sanwali **Chaturvedi et Khera** 桑沃拟滑刃线虫
Aphelenchoides saprophilus **Franklin** 腐生拟滑刃线虫

Aphelenchoides scalacaudatus Sudakova 梯尾拟滑刃线虫

Aphelenchoides seiachicus Nesterov 塞奇拟滑刃线虫

Aphelenchoides sexdentati Rühm 六齿拟滑刃线虫

Aphelenchoides sexlineatus Eroshenko 六纹拟滑刃线虫

Aphelenchoides shamimi Khera 沙米姆拟滑刃线虫

Aphelenchoides siddiqii Fortuner 西氏拟滑刃线虫

Aphelenchoides silvester Andrassy 森林拟滑刃线虫

Aphelenchoides sinensis（Wu et Hoeppli）Andrassy 中国拟滑刃线虫

Aphelenchoides singhi Das 辛氏拟滑刃线虫

Aphelenchoides solani 见 *Aphelenchus solani*

Aphelenchoides spasskii Eroshenko 斯帕斯克拟滑刃线虫

Aphelenchoides speciosus Andrassy 美丽拟滑刃线虫

Aphelenchoides sphaerocephalus Goodey 球头拟滑刃线虫

Aphelenchoides spicomucronatus Truskova 钉尖拟滑刃线虫

Aphelenchoides spinocaudatus Skarbilovich 针尾拟滑刃线虫

Aphelenchoides spinosus Paesler 多棘拟滑刃线虫

Aphelenchoides stammeri Korner 斯达默拟滑刃线虫

Aphelenchoides steineri 见 *Bursaphelenchus steineri*

Aphelenchoides submersus Truskova 水生拟滑刃线虫

Aphelenchoides subparietinus Sanwal 次墙草拟滑刃线虫

Aphelenchoides subtenuis（Cobb）Steiner et Buhrer 微细拟滑刃线虫

Aphelenchoides suipingensis Feng et Li 遂平拟滑刃线虫

Aphelenchoides swarupi Seth et Sharma 斯瓦鲁普拟滑刃线虫

Aphelenchoides sychnus 见 *Bursaphelenchus sychnus*

Aphelenchoides tagetae Steiner 万寿菊拟滑刃线虫

Aphelenchoides talonus 见 *Bursaphelenchus talonus*

Aphelenchoides taraii Edward et Misra 塔雷拟滑刃线虫

Aphelenchoides tenuicaudatus（de Man）Christie et Arndt 窄尾拟滑刃线虫

Aphelenchoides tenuidens 见 *Ektaphelenchus tenuidens*

Aphelenchoides teres（Schneider）Filipjev 华美拟滑刃线虫

Aphelenchoides trivialis Franklin et Siddiqi 三纹拟滑刃线虫

Aphelenchoides tsalolikhini Ryss 察洛里克辛拟滑刃线虫

Aphelenchoides tumulicaudatus Truskova 坡形尾拟滑刃线虫

Aphelenchoides tuzeti B'Chir 图佐特拟滑刃线虫

Aphelenchoides uncinatus（Fuchs）Filipjev 钩状拟滑刃线虫

Aphelenchoides unisexus Jain et Singh 单性拟滑刃线虫

Aphelenchoides varicaudatus Ibrahim et Hooper 变尾拟滑刃线虫

Aphelenchoides vaughani Masler 沃氏拟滑刃线虫

Aphelenchoides vigor Thorne et Malek 健壮拟滑刃线虫

Aphelenchoides viktoris（Fuchs）Goodey 维克多拟滑刃线虫

Aphelenchoides wallacei Singh 华氏拟滑刃线虫

Aphelenchoides winchesi (Goodey) **Filipjev**
温氏拟滑刃线虫
Aphelenchoides winchesi* var. *diversus
Paesler 温氏拟滑刃线虫叉尾变种
Aphelenchoides winchesi* var. *filicaudatus
Christie 温氏拟滑刃线虫丝尾变种
Aphelenchoides xerokarterus 见 *Bursaphelenchus xerokarterus*
Aphelenchoides xylophilus 见 *Bursaphelenchus xylophilus*
Aphelenchoides zeravschanicus **Tulaganov**
卡尼克拟滑刃线虫
Aphelenchulus **Cobb** 小滑刃线虫属[N]
Aphelenchulus mollis **Cobb** 柔软小滑刃线虫
Aphelenchus **Bastian** 滑刃线虫属[N]
Aphelenchus abyssnicus 见 *Aphelenchoides abyssinicus*
***Aphelenchus agricola* de Man** 田野滑刃线虫
***Aphelenchus avenae* Bastian** 燕麦滑刃线虫
***Aphelenchus avenae* f. sp. *bicaudatus* Adilova**
燕麦滑刃线虫双尾型
Aphelenchus avenae f. tricaudata 见 *Aphelenchus avenae*
***Aphelenchus avenae* f. sp. *tricaudatus* Krall**
燕麦滑刃线虫三尾型
***Aphelenchus bastiani* Shavrov** 巴氏滑刃线虫
Aphelenchus bicaudatus 见 *Aphelenchoides bicaudatus*
Aphelenchus chamelocephalus 见 *Aphelenchoides chamelocephalus*
Aphelenchus cocophilus 见 *Rhadinaphelenchus cocophilus*
Aphelenchus coffeae 见 *Aphelenchoides coffeae*
Aphelenchus coprifici 见 *Aphelenchoides caprifici*
***Aphelenchus demani* Goodey** 德氏滑刃线虫

虫
***Aphelenchus eremitus* Thorne** 孤独滑刃线虫
Aphelenchus fragariae 见 *Aphelenchoides fragariae*
Aphelenchus goeldii 见 *Aphelenchoides goeldii*
Aphelenchus hatnanensis 见 *Aphelenchoides hainanensis*
Aphelenchus helophilus 见 *Aphelenchoides helophilus*
Aphelenchus hessei 见 *Aphelenchoides hessei*
***Aphelenchus isomerus* Anderson et Hooper**
同形滑刃线虫
***Aphelenchus kralli* Samibaeva** 克拉尔滑刃线虫
Aphelenchus longicaudatus 见 *Aphelenchoides longicaudatus*
Aphelenchus minor 见 *Aphelenchoides minor*
***Aphelenchus mycogenes* Schwartz** 噬菌滑刃线虫
Aphelenchus naticochensis 见 *Aphelenchoides naticochensis*
Aphelenchus olesistus 见 *Aphelenchoides olesistus*
Aphelenchus olesistus var. longicollis 见 *Aphelenchoides olesistus*
Aphelenchus ormerodis 见 *Aphelenchoides ormerodis*
***Aphelenchus paramonovi* Nesterov et Lisetskaya** 帕拉莫诺夫滑刃线虫
***Aphelenchus parietinus* Bastian** 墙草滑刃线虫
***Aphelenchus parietinus* var. *microtubifer* Micoletzky** 墙草滑刃线虫小管变种
***Aphelenchus parietinus* var. *sinensis* Wu et Hoeppli** 墙草滑刃线虫中国变种
***Aphelenchus parietinus* var. *tubifer* Micoletzky** 墙草滑刃线虫管状变种

Aphelenchus penardi 见 *Aphelenchoides penardi*

Aphelenchus phyllophagus Stewart 食叶滑刃线虫

Aphelenchus pseudolesistus 见 *Aphelenchoides pseudolesistus*

Aphelenchus pseudoparietinus Micoletzky 假墙草滑刃线虫

Aphelenchus pseudoparietinus var. microtubifer Micoletzky 假墙草滑刃线虫小管变种

Aphelenchus pseudoparietinus var. tubifer Micolerzky 假墙草滑刃线虫管状变种

Aphelenchus pusillus 见 *Aphelenchoides pusillus*

Aphelenchus pyri (Cobbold) 梨滑刃线虫

Aphelenchus radicicolus (Cobb) **Steiner** 根滑刃线虫

Aphelenchus retusus 见 *Aphelenchoides retusus*

Aphelenchus ribes 见 *Aphelenchoides ribes*

Aphelenchus richtersi 见 *Aphelenchoides richtersi*

Aphelenchus ritzemabosi 见 *Aphelenchoides ritzemabosi*

Aphelenchus saccharae Akhtar 甘蔗滑刃线虫

Aphelenchus solani (Steiner) **Goodey** 茄滑刃线虫

Aphelenchus sparsus Thorne et Malek 裂片滑刃线虫

Aphelenchus steueri 见 *Helicotylenchus steueri*

Aphelenchus subtenuis 见 *Aphelenchoides subtenuis*

Aphelenchus tenuicaudatus 见 *Aphelenchoides tenuicaudatus*

Aphelenchus teres 见 *Aphelenchoides teres*

Aphelenchus winchesi 见 *Aphelenchoides winchesi*

Apiospora Sacc. 梨孢壳属[F]

Apiospora shiraiana Hara 白井梨孢壳菌

Apiospora striola Sacc. 条纹梨孢壳菌

Apiosporina Höhn. 小梨壳属[F]

Apiosporina morbosa Arx 李小梨壳[李黑节病菌]

Apiosporina morbosum 见 *Plowrightia morbosum*

Apiosporium Kunze 梨形孢属[F]

Apiosporium salicinum (Pers.) **Kunze** 柳梨形孢

apium virus 1 见 *Celery mosaic virus Potyvirus*

Aplopsora Mains 裸栅锈菌属[F]

Aplopsora lonicera Tranz. 忍冬裸栅锈菌

Aplopsora nyssae Mains 蓝果树裸栅锈菌

Appendiculella Höhn. 附丝壳属[F]

Appendiculella altingiae Hu et Song 蕈树附丝壳

Appendiculella arisanensis (Yam.) Hansf. 阿里山附丝壳

Appendiculella calostroma Desm. 美座附丝壳

Appendiculella caseariicola Hu 嘉赐树生附丝壳

Appendiculella castanopsifoliae (Yam.) Hansf. 杏叶柯附丝壳

Appendiculella cunninghamiae Hu 杉木附丝壳

Appendiculella engelhardtiae (Yamam.) Hansf. 黄杞附丝壳

Appendiculella engelhardtiicola Hu 黄杞生附丝壳

Appendiculella illicii Song 八角附丝壳

Appendiculella kiraiensis (Yam.) Hansf. 梭孢附丝壳

Appendiculella konishii (Yam.) Hansf. 栲叶柯附丝壳

Appendiculella lithocarpicola (Yam.) Hansf. 柯生附丝壳

Appendiculella malloti Song et Hu 野桐

附丝壳

Appendiculella michelicola Yang　含笑生
附丝壳

Appendiculella neolitseae Song　新木姜子
附丝壳

Appendiculella photinicola （Yamam.）
Hansf.　石楠生附丝壳

Appendiculella sinsuiensis（Yam.）Hansf.
大孢附丝壳［辛苏附丝壳］

Appendiculella stachyuri Hu et Song　旌
节花附丝壳

Appendiculella stranvaesiicola （Yam.）
Hansf.　红果树生附丝壳

Appendiculella styracicola（Yam.）Hansf.　安息香生附丝壳

Appendiculella wuyiensis Hu et Song　武
夷附丝壳

Apple chat fruit phytoplasma　苹果小果植
原体

Apple chlorotic leaf spot virus Trichovirus
（ACLSV）　苹果褪绿叶斑病毒

Apple dimple fruit viroid Apscaviroid
（ADFVd）　苹果凹果类病毒

Apple fruit crinkle viroid（AFCVd）　苹
果皱果类病毒

Apple latent spherical virus Cheravirus
苹果潜隐球状病毒

apple latent virus 2　见 *Sowbane mosaic virus Sobemovirus*（SoMV）

apple latent virus type 1　见 *Apple chlorotic leaf spot virus Trichovirus*

Apple mosaic virus Ilarvirus（ApMV）
苹果花叶病毒

Apple necrosis virus Ilarvirus（ApNV）
苹果坏死病毒

Apple proliferation phytoplasma　见 *Candidatus* Phytoplasma mali

Apple rubbery wood phytoplasma　苹果胶
木病植原体

Apple scar skin viroid Apscaviroid（ASSVd）　苹果锈果类病毒

apple spy epinasty and decline virus　见
Apple stem pitting virus Foveavirus

Apple stem grooving virus Capillovirus
（ASGV）　苹果茎沟病毒

Apple stem pitting virus Foveavirus
（ASPV）　苹果茎痘病毒

apple union necrosis virus　见 *Tomato ringspot virus Nepovirus*（ToRSV）

Apra Henn. et Freire　长孢锈菌属［F］

Apra bispora Henn. et Freire　双长孢锈菌

Apratylenchoides Sher　异短体线虫属［N］

Apratylenchoides belli Sher　贝氏异短体
线虫

Apratylenchoides homoglands Siddiqi et
al.　同腺异短体线虫

Apricot chlorotic leafroll phytoplasma　杏
褪绿卷叶植原体

Aquilegia necrotic mosaic virus Caulimovirus（ANMV）　耧斗菜（属）坏死花叶
病毒

Aquilegia necrotic ringspot virus Potyvirus
（AqNRSV）　耧斗菜（属）坏死环斑病
毒

Arabis mosaic large virus satellite RNA　南
芥菜花叶病毒大卫星 RNA

Arabis mosaic small virus satellite RNA
南芥菜花叶病毒小卫星 RNA

Arabis mosaic virus Nepovirus（ArMV）
南芥菜花叶病毒

Arabis mosaic virus satellite RNA　南芥菜
花叶病毒卫星 RNA

Arach yellow leaf phytoplasma　槟榔黄叶
病植原体

Araujia mosaic virus Potyvirus（ArjMV）
萝藦花叶病毒

Arceuthobium Bieb.　油杉寄生属（矮槲寄
生，桑寄生科）［P］

Arceuthobium abietinum Engelm. ex Munz
松香油杉寄生

Arceuthobium abietis-religiosae Heil　墨
西哥冷杉油杉寄生

Arceuthobium americanum Nutt. ex En-
gelmann.　美洲油杉寄生

Arceuthobium aureum Hawksw. et Wiens
金色油杉寄生

Arceuthobium californicum Hawksw. et
Wiens　加州油杉寄生［糖松矮槲寄生］

Arceuthobium campylopodum Engelm.
秕子梢油杉寄生

Arceuthobium chinense Lec.　中华油杉寄
生

Arceuthobium cubense Leiva et Bisse　古巴
油杉寄生

Arceuthobium cyanocarpum（Nels ex
Rydb.）Nels.　蓝果油杉寄生

Arceuthobium divaricatum Engelm.　分叉
油杉寄生

Arceuthobium douglasii Engelm.　道格拉
斯氏油杉寄生

Arceuthobium gilli Hawksw. et Wiens　伞
形油杉寄生

Arceuthobium hawksworthii Wiens et Shaw
哈克斯油杉寄生［加勒比松油杉寄生］

Arceuthobium laricis（Piper）John　落叶
松油杉寄生

Arceuthobium microcarpum（Engelm.）
Hawksw. et Wiens　微果油杉寄生西方
云杉槲寄生

Arceuthobium minutissimum Hooker　喜马
拉雅油杉寄生

Arceuthobium monticola Hawksworth, Wiens
et Nickrent　西方白松油杉寄生

Arceuthobium nigrum Hawksworth et
Wiens　黑油杉寄生

Arceuthobium oxycedri（DC.）Bieb.　圆
柏油杉寄生

Arceuthobium pendens Hawksw. et Wiens.
悬垂油杉寄生

Arceuthobium pini Hawksw. et Wiens　高
山松油杉寄生

Arceuthobium pini var. *sichuanense* Kiu
高山松油杉寄生四川变种［云杉寄生］

Arceuthobium pusillum Peck　微小油杉寄
生

Arceuthobium rubrum Hawksw. et Wiens
赤油杉寄生

Arceuthobium strictum Hawksw. et Wiens
纹状油杉寄生

Arceuthobium tibetense Kiu　冷杉油杉寄
生（西藏油杉寄生）

Arceuthobium tsugense（Rosend.）Jones
铁杉油杉寄生

Arceuthobium vaginatum（Willd.）Presl.
鞘形油杉寄生

Arceuthobium verticilliflorum Durango
轮花油杉寄生

Argentine plantago virus　见 *Papaya mosa-
ic virus Potexvirus*

Argomycetella　见 *Uromyces*

Armatella Theiss. et Syd.　明孢炱属［F］

Armatella formosana Yam.　台湾明孢炱

Armatella katumotoi Hosagoudar　胜本明
孢炱

Armatella litseae（Henn.）Theiss. et Syd.
木姜子明孢炱

Armatella litseae var. *boninensis* Katumo-
to et Harada　木姜子明孢炱对称变种

Armatella longispora Yam.　长孢明孢炱

Armillaria（Fr.）Staude　蜜环菌属［F］

Armillaria aurantia（Schaeff.）Quel.　橘
黄蜜环菌［树根朽病菌］

Armillaria luteo-virens（Alb. et Schw.）
Sacc.　黄绿蜜环菌［草坪蘑菇圈病菌，
草坪仙人圈病菌］

Armillaria mellea（Vahl.）Fr.　蜜环菌

Armillariella（P. Karst.）P. Karst.　假
蜜环菌属［F］

Armillariella mellea（Vahl. ex Fr.）
Karst.　假蜜环菌［树木根朽病菌］

Armillariella tabescens（Scop. ex Fr.）
Singer　发光假蜜环菌［果树根朽病菌］

Arracacha latent virus Carlavirus（ALV）
滇芎（属）潜病毒

Arracacha virus A Nepovirus（AVA） 滇
芎（属）A 病毒

Arracacha virus B Cheravirus 滇芎（属）
B 病毒

Arracacha virus B *Nepovirus* 见 *Arra-
cacha virus B Cheravirus*

Arracacha virus Y Potyvirus（AVY） 滇
芎（属）Y 病毒

arrhenatherum blue dwarf virus 见 *Oat
sterile dwarf virus Fijivirus*

Arthrobacter Conn et Dimmick 节杆菌属[B]

Arthrobacter ilicis （Mandel）**Collins，et
al.** 美国冬青节杆菌[美国冬青叶疫病
菌]

Arthrobotrys Corda 节丛孢属[F]

Arthrobotrys alaskana Von Oorschot 模
糊节丛孢

Arthrobotrys amerospora Schenck，Kendr.
et Pramer 单孢节丛孢

Arthrobotrys anchonia Drechsler 交叉节
丛孢

Arthrobotrys anomala Barron et Davidson
异形节丛孢

Arthrobotrys apscheronika Mekhtieva 阿
赛尼卡节丛孢

Arthrobotrys arthrobotryoides（Berl)
Lindou 葡萄串状节丛孢

Arthrobotrys azerbaidzhanica （Mekhtieva）
Von Oorschot 阿塞拜疆节丛孢

Arthrobotrys botryospora Barron 葡萄孢
节丛孢

Arthrobotrys brochopage （ Drechs.）
Schenck，Kendrick et Pramer 环捕节
丛孢

Arthrobotrys cladodes Drechsler 叶状枝
节丛孢

Arthrobotrys cladodes var. *cladodes*
Drechsler 叶状枝节丛孢原变种

Arthrobotrys cladodes var. *macroides*
Drechsler 叶状枝节丛孢大孢变种

Arthrobotrys conoides Drechsler 圆锥节
丛孢

Arthrobotrys cystosporia （Dudd.）**Ma-
khtieva** 囊孢节丛孢

Arthrobotrys dactyloides Drechsler 指状
节丛孢

Arthrobotrys dendroides Kuth. et Webster
树状节丛孢

Arthrobotrys drechs var. *macroides* Drech-
sler 叶状节丛孢大孢变种

Arthrobotrys ellipsospora Tubaki et
Yamanaka 椭圆节丛孢

Arthrobotrys entomopage Drechsler 虫生
节丛孢

Arthrobotrys ferox Onofri et Tosi 凶猛
节丛孢

Arthrobotrys flagrans Sidorova，Gorlen-
Ko et Nalepina 鞭式节丛孢

Arthrobotrys foliicola Mats 叶生节丛孢

Arthrobotrys guizhouensis Zhang 贵州节
丛孢

Arthrobotrys hertziana Scholler et Rubner
赫氏节丛孢

Arthrobotrys javanica （Rifai et Cooke）
Jarowaja 爪哇节丛孢

Arthrobotrys megaspora （Boedijn）**Oos-
chot** 巨孢节丛孢

Arthrobotrys musiformis Drechsler 弯孢
节丛孢

Arthrobotrys obovata Zhang et Liu 倒卵
形节丛孢

Arthrobotrys oligospora Fresen. 少孢节
丛孢

Arthrobotrys oligospora var. *microspora*
（Sopronov）**Ooschot** 少孢节丛孢小孢
变种

Arthrobotrys oligospora var. *sarmatica*
Ooschot 少孢节丛孢沙玛特变种

Arthrobotrys oviformis Sopronov 卵形节
丛孢

Arthrobotrys paucispora Jarowaja 稀孢
节丛孢

Arthrobotrys perpasta（Cooke）**Jarowaja** 极少节丛孢

Arthrobotrys polycephala（Drechs.）**Rifai** 多头节丛孢

Arthrobotrys pyriformis （ Juniper ） **Schenck，Kendrick et Pramer** 梨形节丛孢

Arthrobotrys robusta **Duddington** 粗壮节丛孢

Arthrobotrys shahriar （Mekhtieva）**Li， Zhang et Liu** 莎氏节丛孢

Arthrobotrys stilbacea **Meyer** 束梗节丛孢

Arthrobotrys straminicola **Pitoplichko** 藁秆生节丛孢

Arthrobotrys superba **Corda** 多孢节丛孢

Arthrobotrys venusta **Zhang** 秀丽节丛孢

Arthrobotrys vermicola（Cooke et Satch.） **Rifai** 蠕虫生节丛孢

Arthrobotryum **Ces.** 笔束霉属[F]

Arthrobotryum robustum **Cooke et Ell.** 粗壮笔束霉

Arthrocladiella **Vassilk.** 节丝壳属[F]

Arthrocladiella mougeotii（Lév.）**Vassilk.** 穆氏节丝壳

Arthrocladiella mougeotii var. *polysporae* **Zhao** 多孢穆氏节丝壳

Arthuria **Jacks.** 拟金锈菌属[F]

Arthuria catenulata **Jacks. et Holw.** 拟金锈菌

Arthuria glochidii **Gokh.，Patil et Thirum.** 算盘子拟金锈菌

Arthuriomyces **Cumm. et Hirats.** 阿苏锈菌属[F]

Arthuriomyces peckianus（Howe）**Cumm. et Hirats.** 悬钩子阿苏锈菌[悬钩子橙锈病菌]

Artichoke Aegean ringspot virus Nepovirus （AARSV） 朝鲜蓟爱琴海环斑病毒

Artichoke Californian latent virus 见 *Artichoke latent virus Potyvirus*

Artichoke curly dwarf virus Potexvirus （ACDV） 朝鲜蓟卷缩病毒

Artichoke Italian latent virus Nepovirus （AILV） 朝鲜蓟意大利潜病毒

Artichoke latent virus M Carlavirus（ArLVM） 朝鲜蓟潜 M 病毒

Artichoke latent virus Potyvirus（ArLV） 朝鲜蓟潜病毒

Artichoke latent virus S Carlavirus（ArLVS） 朝鲜蓟潜 S 病毒

Artichoke mottled crinkle virus Tombusvirus（AMCV） 朝鲜蓟斑驳皱缩病毒

Artichoke vein banding virus Cheravirus （AVBV） 朝鲜蓟脉带病毒

Artichoke yellow band virus 见 *Pepper ringspot virus Tobravirus*

Artichoke yellow ringspot virus Nepovirus （AYRSV） 朝鲜蓟黄环斑病毒

Aschersonia **Mont.** 座壳孢属[F]

Aschersonia aleyrodis **Webb.** 粉虱座壳孢

Aschersonia badia **Pat.** 集座壳孢

Aschersonia formosensis **Saw.** 台湾座壳孢

Aschersonia goldiana **Sacc. et Ell.** 戈尔德座壳孢

Aschersonia kawakamii **Saw.** 川上座壳孢

Aschersonia marginata **Ell. et Ev.** 缘座壳孢

Aschersonia placenta **Berk. et Br.** 扁座壳孢

Aschersonia suzukii **Miyabe et Saw.** 铃木座壳孢

Aschersonia tamurai **Henn.** 田村座壳孢

Asclepias virus Rhabdovirus（AsV） 马利筋（属）病毒

Ascobolus **Pers.** 粪盘菌属［F]

Ascobolus carbonarius **Karst.** 炭色粪盘菌

Ascobolus castaneus **Teng** 栗褐粪盘菌

Ascobolus citrinus **Schwz.** 柠檬黄粪盘菌

Ascobolus glaber **Pers.** 平滑粪盘菌

Ascobolus strobilinus **Schw.** 球果状粪盘菌

Ascobolus vinosus **Berk.** 葡酒色粪盘菌

Ascobolus violaceus **Boud.** 堇菜色粪盘菌

A

Ascochyta Lib.　壳二胞属［F］

Ascochyta abelmoschi Harter　黄葵壳二胞［红麻灰霉病菌］

Ascochyta abutilonis Chochr.　苘麻壳二胞

Ascochyta acanthopanacis (Syd.) **P. K. Chi**　五加壳二胞

Ascochyta aconititana Melnik　乌头壳二胞

Ascochyta actinidiae Tobisch　猕猴桃壳二胞

Ascochyta adenophorae Melnik　沙参壳二胞

Ascochyta alerianae Sacc. et Fautr.　缬草壳二胞

Ascochyta alhagi (Lobata) **Melnik**　骆驼刺壳二胞

Ascochyta alismatis Trail　泽泻壳二胞

Ascochyta althaeina Sacc.　蜀葵壳二胞

Ascochyta anemones Kabát et Bubák　银莲花壳二胞

Ascochyta arachidis Woronichin　落花生壳二胞

Ascochyta araliae Bai　楤木壳二胞

Ascochyta aristolochiae Sacc.　马兜铃壳二胞

Ascochyta asclepiadis Ell. et Ev.　萝藦壳二胞

Ascochyta asteris (Bers.) **Gloy.**　紫菀壳二胞［翠菊轮纹病菌］

Ascochyta betae (Chochr.) **P. K. Chi**　甜菜壳二胞

Ascochyta boehmeriae Woronich.　苎麻壳二胞［苎麻褐斑病菌］

Ascochyta boltshauseri Sacc.　大孢壳二胞

Ascochyta bupleuri Thümen　柴胡壳二胞

Ascochyta calystegiae Sacc.　打碗花壳二胞

Ascochyta capsici Bond. -Mont.　辣椒壳二胞

Ascochyta carpogema Sacc.　牵牛壳二胞

Ascochyta carthami Chochriakov　红花壳二胞

Ascochyta catalpae Tassi　梓壳二胞

Ascochyta celosiae (Thüm.) **P. K. Chi**　青葙壳二胞

Ascochyta chenopodii Rostr　藜壳二胞

Ascochyta cirsii Diedicke　蓟壳二胞

Ascochyta citri Penz.　柑橘壳二胞

Ascochyta citrullina Smith　西瓜壳二胞［瓜类蔓枯病菌］

Ascochyta compositarum Davis　菊科壳二胞

Ascochyta corchori Hara　黄麻壳二胞

Ascochyta coryli Sacc. et Speg.　榛壳二胞

Ascochyta crataegi Fuckel　山楂壳二胞

Ascochyta crataegicola Allesch　山楂生壳二胞

Ascochyta cucumis Fautr. et Roum.　黄瓜壳二胞

Ascochyta cycadina Scalia　苏铁壳二胞

Ascochyta daturae Sacc.　曼陀罗壳二胞

Ascochyta desmodii (Ellis et Everhart) **P. K. Chi et Jiang**　山马蝗壳二胞

Ascochyta dianthi Berk.　石竹壳二胞

Ascochyta dichrocephalae Saw.　鱼眼草壳二胞

Ascochyta dioscoreae Syd.　薯蓣壳二胞

Ascochyta eriobotryae Vogl.　枇杷壳二胞

Ascochyta eugeniae (Young) **P. K. Chi**　丁子香壳二胞

Ascochyta fabae Speg.　蚕豆壳二胞

Ascochyta fagopyri Bres.　荞麦壳二胞

Ascochyta fagopyri var. *tulensis* Bond.　图尔荞麦壳二胞

Ascochyta gardeniae P. K. Chi　栀子壳二胞

Ascochyta glycines Miura　见 *Ascochyta sojae* Miura

Ascochyta gossypii Syd .　棉壳二胞［棉茎枯病菌］

Ascochyta graminicola Sacc.　禾生壳二胞［小麦褐斑病菌］

Ascochyta hibisci-cannabini Chochriakov　洋麻壳二胞

Ascochyta humuli Kab. et Bub.　葎草壳二胞

Ascochyta hydnocarpi S. M. Lin et P. K. Chi　大风子壳二孢

Ascochyta hyoscyamicola P. K. Chi　莨菪（天仙子）生壳二孢

Ascochyta impatientis Bresadola　凤仙花壳二孢

Ascochyta imperfecta Peck　不全壳二孢［豆科牧草轮纹病菌］

Ascochyta iridis Oudem.　鸢尾壳二孢

Ascochyta kleinii Bubák　克莱因壳二孢

Ascochyta lactucae Rostr.　山莴苣壳二孢

Ascochyta lappae Kab. et Bub.　牛蒡壳二孢

Ascochyta lathyri Trail　香豌豆壳二孢

Ascochyta leptospora（Trail）Hara　小孢壳二孢

Ascochyta levistici（Lebedeva）Melnik　欧当归壳二孢

Ascochyta ligulariae Saw.　橐吾壳二孢

Ascochyta lobikii Melnik　芦荟壳二孢

Ascochyta lophanthi var. *osmophila* Davis　漆竹壳二孢

Ascochyta lycii Rostrup　枸杞壳二孢

Ascochyta lycopersici Brunaud　番茄壳二孢

Ascochyta maackiae Sun et Bai　朝鲜槐壳二孢

Ascochyta mali Ell. et Ev.　苹果壳二孢

Ascochyta malvae Died.　锦葵壳二孢

Ascochyta malvicola Sacc.　锦葵生壳二孢

Ascochyta melongenae Padman　茄壳二孢

Ascochyta molleriana Wint　地黄壳二孢［地黄轮纹病菌］

Ascochyta mori Maire　桑壳二孢

Ascochyta moricola Ber　桑生壳二孢

Ascochyta morifolia Saw.　桑叶壳二孢

Ascochyta nicandrae Sun et Bai　假酸浆壳二孢

Ascochyta nicotianae Pass.　烟草壳二孢

Ascochyta oleracea Ellis　花椰菜壳二孢

Ascochyta onobrychidis Bondartseva-Monteverde　驴食豆壳二孢

Ascochyta oryzae Catt　稻壳二孢

Ascochyta osmophila（Davis）Lu et Bai　淡竹壳二孢

Ascochyta paulowniae Sacc. et Brunchorst　泡桐壳二孢

Ascochyta perillae P. K. Chi　紫苏壳二孢

Ascochyta phaseolorum Sacc.　菜豆壳二孢［菜豆轮纹病菌］

Ascochyta phellodendri Kab. et Bub.　黄檗壳二孢

Ascochyta phomoides Sacc.　白芷壳二孢

Ascochyta physalina Sacc.　酸浆壳二孢

Ascochyta phytolaccae Sacc. et Scalia　商陆壳二孢

Ascochyta pinodes（Berk. et Blox）Jones　豆类壳二孢［豌豆褐斑病菌］

Ascochyta piricola Sacc.　梨生壳二孢

Ascochyta pirina Pegl　梨壳二孢［梨白纹病菌］

Ascochyta pisi Lib.　豌豆壳二孢［豌豆褐斑病菌］

Ascochyta pisi var. *fabae* Sprag　蚕豆荚壳二孢

Ascochyta plantaginis Sacc. et Speg.　车前壳二孢

Ascochyta polygoni Rabenh.　蓼壳二孢

Ascochyta polygonicola Kabát et Bubák　蓼生壳二孢

Ascochyta populi Delacr.　杨壳二孢

Ascochyta populicola Kab. et Bub.　杨生壳二孢

Ascochyta prasadii Shukla et Pathak　大麻壳二孢

Ascochyta primulae Trail　报春花壳二孢

Ascochyta pruni Kab. et Bub.　李壳二孢［榆叶梅褐斑病菌］

Ascochyta prunicola P. K. Chi　李生壳二孢［梨、杏叶轮纹病菌］

Ascochyta psoraleae P. K. Chi　补骨脂壳二孢

Ascochyta punctata Naum.　灰斑壳二孢

Ascochyta quercus **Sacc. et Shaw** 栎壳二孢

Ascochyta rhamni **Cooke et Shaw** 鼠李壳二孢

Ascochyta rheae （Cooke）**Grove** 丛枝芒麻壳二孢

Ascochyta rhei **Ell. et Ev.** 大黄壳二孢

Ascochyta ricinicola **P. K. Chi** 蓖麻生壳二孢

Ascochyta rosicola **Sacc.** 蔷薇生壳二孢

Ascochyta salicicola **Passerini** 柳生壳二孢

Ascochyta sambucella **Bubák et Krieger** 接骨木壳二孢

Ascochyta scrophularine **Kab. et Bub.** 玄参壳二孢

Ascochyta sesami **Miura** 芝麻壳二孢［芝麻褐斑病菌］

Ascochyta sesamicola **P. K. Chi** 芝麻生壳二孢

Ascochyta sidae **Saw.** 黄花稔壳二孢

Ascochyta siraitia **Chao et P. K. Chi** 罗汉果壳二孢

Ascochyta sojae **Miura** 大豆壳二孢［大豆轮纹病菌］

Ascochyta solanicola **Oudem.** 茄生壳二孢

Ascochyta sophorae **Allescher** 槐壳二孢

Ascochyta sorghi **Sacc.** 高粱壳二孢［高粱粗斑病菌］

Ascochyta sphaerophysae **Barbier** 苦马豆壳二孢

Ascochyta spinaciae **Bond. -Mont.** 菠菜壳二孢

Ascochyta telephii **Vest** 景天壳二孢

Ascochyta tenerrima **Sacc. et Roum** 柔弱壳二孢

Ascochyta thalictri （Westendorp）**Petrak** 唐松草壳二孢

Ascochyta trigonellae **Traverso et Spesssa** 胡卢巴壳二孢

Ascochyta ulmi （West）**Kleber** 榆壳二孢

Ascochyta urenae **Saw.** 梵天花壳二孢

Ascochyta valerianae **Smith et Ramsbottom** 缬草壳二孢

Ascochyta viburni （Roumeguère）**Sacc.** 荚蒾壳二孢

Ascochyta viciae **Lib.** 蚕豆壳二孢

Ascochyta vitalbae **Bresadola et Hariot** 铁线莲壳二孢

Ascochyta wisconsiana **Davie** 威州壳二孢

Ascochyta woronowiana **Siemaszko** 沃罗诺壳二孢

Ascochyta zanthoxyli **Sun et Bai** 花椒壳二孢

Ascochyta zingiber **Saw.** 襄荷壳二孢

Ascochyta zingibericola **Punit.** 姜生壳二孢

Ascochyta zinniae **Allescher** 百日菊壳二孢

Ascochyta ziziphi **Hara** 枣壳二孢

Ascophora nucum 见 *Mucor nucum*

ash mosaic virus 见 *Cherry leaf roll virus Nepovirus*

ash ring and line pattern virus 见 *Arabis mosaic virus Nepovirus*

Ash witches broom phytoplasma 梣丛枝病植原体

Ashbya **Guill.** 阿舒囊霉属［F］

Ashbya gossypii （Ashby et Now.）**Guill.** 棉铃阿舒囊霉

asparagus latent virus 见 *Asparagus virus 2 Ilarvirus*

asparagus stunt virus 见 *Tobacco streak virus Ilarvirus* （TSV）

Asparagus virus 1 Potyvirus （AV‐1） 天门冬（属）1号病毒

Asparagus virus 2 Ilarvirus （AV‐2） 天门冬（属）2号病毒

Asparagus virus 3 Potexvirus （AV‐3） 天门冬（属）3号病毒

asparagus virus B 见 *Asparagus virus 1 Potyvirus*

asparagus virus C 见 *Asparagus virus 2 Ilarvirus*

Aspergillus (Mich) **Link** 曲霉属[F]

Aspergillus aculeatus **Lizuka** 棘孢曲霉

Aspergillus aencus **Sappa** 铜色曲霉

Aspergillus albidus **Eich.** 浅白曲霉

Aspergillus allahabadii **Mehr. et Agnih.** 阿拉曲霉

Aspergillus alliaceus **Thom et Church** 洋葱曲霉

Aspergillus ambiguus **Sappa** 含糊曲霉

Aspergillus amstelodami （Mang.） **Thom. et Church** 阿姆斯特丹曲霉

Aspergillus arenarius **Raper et Fenn.** 砂曲霉

Aspergillus asperescens **Stolk** 糙孢曲霉

Aspergillus athecius **Raper et Fenn.** 无壳曲霉

Aspergillus atro-violaceus **Moss.** 紫黑曲霉

Aspergillus aurantiobrunneus （Atk. et al.） **Raper et Fenn.** 黄褐曲霉

Aspergillus aureolatus **Munt-Coet. et Bata** 具黄曲霉

Aspergillus aureolus **Fenn et Raper** 浅黄曲霉

Aspergillus auricomus （Gueg.） **Saito** 金头曲霉

Aspergillus avenaceus **Smith** 燕麦状曲霉

Aspergillus awamori **Nakaz.** 泡盛曲霉

Aspergillus biplanus **Raper et Fenn.** 两型曲霉

Aspergillus brevipes **Smith** 短柄曲霉

Aspergillus brunneouniseriatus **Singh et Bakshi** 褐单梗曲霉

Aspergillus caesiellus **Saito** 浅蓝灰曲霉

Aspergillus caespitosus **Raper et Thom** 丛簇曲霉

Aspergillus candidus **Link** 亮白曲霉

Aspergillus carbonarius （Bain） **Thom** 炭黑曲霉

Aspergillus carneus **Blochw.** 肉色曲霉

Aspergillus carnoyi （Biourge） **Thom et Raper** 卡诺曲霉

Aspergillus cervinus （Mass） **Neill** 鹿皮色曲霉

Aspergillus chevalieri （Mang.） **Thom et Church** 谢瓦曲霉

Aspergillus chrysellus **Kwon et Fenn.** 金落曲霉

Aspergillus citrisporus **Höhn** 柠檬孢曲霉

Aspergillus clavato-favus **Raper et Fenn.** 棒黄曲霉

Aspergillus clavats-nanica **Bat. et al.** 矮棒曲霉

Aspergillus clavatus **Desm.** 棒曲霉

Aspergillus conicus **Blochw.** 圆锥曲霉

Aspergillus conjunctus **Kwon et Fenn.** 锥接曲霉

Aspergillus cremeus **Kwon et Fenn.** 淡黄曲霉

Aspergillus cristatus **Raper et Fenn.** 冠突曲霉

Aspergillus crustosus **Raper et Fenn.** 皮落曲霉

Aspergillus crystallinus **Kwon et Fenn.** 黄晶曲霉

Aspergillus deflectus **Fenn. et Raper** 弯头曲霉

Aspergillus diversus **Raper et Fenn.** 异孢曲霉

Aspergillus duricaulis **Raper et Fenn.** 硬柄曲霉

Aspergillus eburneo-cremeus **Sappa** 象牙黄曲霉

Aspergillus echinulatus （Delacr.） **Thom et Church** 刺孢曲霉

Aspergillus elegans **Gasp.** 雅致曲霉

Aspergillus ellkipticus **Raper et Fenn.** 椭圆曲霉

Aspergillus ficuum （Reich） **Henn.** 无花

果曲霉

Aspergillus flaschentraegeri Stolk 费莱曲霉

Aspergillus flavipes (Bain. et Sart.) Thom et Church 黄柄曲霉

Aspergillus flavo-furcatis Bat. et Maia 黄叉曲霉

Aspergillus flavus Link 黄曲霉

Aspergillus flavus Link var. *columnaris* Link 柱黄曲霉

Aspergillus fruticulosis Raper et Fenn. 簇实曲霉

Aspergillus fumigatus Fres. 烟曲霉

Aspergillus giganto-sulphureus Saitl 硫色巨大曲霉

Aspergillus glaucus Link 灰绿曲霉

Aspergillus gracilis Bain. 细曲霉

Aspergillus granulosus Raper et Fenn. 粒落曲霉

Aspergillus gymnosardae Yukawa 鲣曲霉

Aspergillus halophilicus Christ. et al. 喜盐曲霉

Aspergillus heteromorphus Bat. et Maia 异形曲霉

Aspergillus heterothallicus Kwon et al. 异宗曲霉

Aspergillus janus Raper et Thom 两形头曲霉

Aspergillus lutescens (Bain.) Thom et Church 变黄曲霉

Aspergillus malodoratus Kwon et Fenn. 恶气曲霉

Aspergillus manginii (Mang) Thom et Raper 芒氏曲霉

Aspergillus medius Meissn. 中型曲霉

Aspergillus melleus Yukawa 蜂蜜曲霉

Aspergillus microcysticus Sappa 小头曲霉

Aspergillus microsporus Böke 小孢曲霉

Aspergillus montevidensis Tal. et Mack. 蒙地曲霉

Aspergillus multicolor Sappa 多色曲霉

Aspergillus mutabilis Bain. et Sart. 突变曲霉

Aspergillus nanus Mont. 矮曲霉

Aspergillus nidulans (Eid.) Wint. 构巢曲霉

Aspergillus nidulans Wint. var. *acristatus* Fenn. et Raper 构巢曲霉无冠变种

Aspergillus niger Tieghy 黑曲霉[花生冠腐病菌,剑麻茎腐病菌]

Aspergillus niveo-glaucus Thom et Raper 雪灰曲霉

Aspergillus niveus Blochw. 雪白曲霉

Aspergillus nutans Mclenn. et Duck. 点垂曲霉

Aspergillus ochraceus With. 赭曲霉

Aspergillus olivaceus Delac. 橄榄色曲霉

Aspergillus ornatus Raper et al. 华丽曲霉

Aspergillus oryzae (Ahlb.) Cohn 米曲霉

Aspergillus ostianus Wehmer 孔曲霉

Aspergillus panamensis Raper et Thom 巴拿马曲霉

Aspergillus paradoxus Fenn. et Raper 奇怪曲霉

Aspergillus parasiticus Speare 寄生曲霉

Aspergillus parvathecius Raper et Fenn. 小壳曲霉

Aspergillus parvulus Smith 稍小曲霉

Aspergillus penicilloides Mukerji et Rao 青霉状曲霉

Aspergillus peyronelii Sappa 佩罗曲霉

Aspergillus phaeocephalus Dur. et Mont. 褐头曲霉

Aspergillus phoenicis (Corda) Thom et Currie 海枣曲霉

Aspergillus proliferans Smith 多育曲霉

Aspergillus pseudoglaucus Blochw 假灰绿曲霉

Aspergillus pulverulentus (McAlp.)

Thom 粉状曲霉

Aspergillus pulvinus Kwon et Fenn. 垫落曲霉

Aspergillus puniccus Kwon et Fenn. 红紫曲霉

Aspergillus quadricinctus Vuill 四绕曲霉

Aspergillus quadrilineatus Thom et Raper 四脊曲霉

Aspergillus recurvatus Raper et Fenn. 下弯曲霉

Aspergillus repens de Bary 匍匐曲霉

Aspergillus restrictus Smith 局限曲霉

Aspergillus ruber Thom et Church 赤曲霉

Aspergillus sclerotiorum Huber 菌核曲霉

Aspergillus sojae Sakag. et Yamada 大豆曲霉

Aspergillus sparsus Raper et Thom 稀疏曲霉

Aspergillus speluneus Raper et Fenn. 蟋蟀曲霉

Aspergillus spinulosus Warc. 小刺曲霉

Aspergillus stramenius Nov. et Raper 宽脊曲霉

Aspergillus striatus Rai, Tewari et Mukerji 条纹曲霉

Aspergillus stromatoides Raper et Fenn. 垫状曲霉

Aspergillus subolivaccus Fenn. et Raper 近绿曲霉

Aspergillus subsessilis Raper et Fenn. 近无柄曲霉

Aspergillus sulphureus (Fres.) Thom et Church 硫色曲霉

Aspergillus sydowii (Bain. et Sart.) Thom et Church 聚多曲霉

Aspergillus tamarii Kita 溜曲霉

Aspergillus terreus Thom 土曲霉

Aspergillus terreus var. *aureus* Thom et Raper 土曲霉金色变种

Aspergillus terricola March. 土栖曲霉

Aspergillus tonophilus Ohts. 高渗曲霉

Aspergillus uiticolum Rod 蔓生曲霉

Aspergillus umbrosus Bain. et Sart. 嗜阴曲霉

Aspergillus unguis (Emile-Weil et Gaud.) Thom et Raper 爪甲曲霉

Aspergillus unilateralis Throw. 单侧曲霉

Aspergillus ustus (Bain.) Thom et Church 焦曲霉

Aspergillus varians Wehmer 变异曲霉

Aspergillus variecolor Berk. et Br. 两型壳曲霉[粪色曲霉]

Aspergillus versicolor (Vuill.) Tirab. 杂色曲霉

Aspergillus violaceus Fenn. et Raper 堇紫曲霉

Aspergillus viride-nutans Duck. et Throw. 绿垂曲霉

Aspergillus viticolum Red. 蔓生曲霉

Aspergillus wentii Wehmer 温特曲霉

Asporomyces Chaborski 无孢酵母属[F]

Asporomyces asporus Chab. 无孢酵母

Asporomyces uvae Mark et McCl. 肉果无孢酵母

Aster chlorotic stunt virus Carlavirus (ACSV) 翠菊褪绿矮化病毒

aster ringspot virus 见 *Tobacco rattle virus Tobravirus* (TRV)

Asteridiella McAlp. 小光壳炱属[F]

Asteridiella aberrans (Stev.) Hansf. 奇异小光壳炱

Asteridiella adinandricola Hu 杨桐树生小光壳炱

Asteridiella americana Hansf. 美洲小光壳炱

Asteridiella arachnoidea (Speg.) Hansf. 蛛丝状小光壳炱

Asteridiella aucubae (Henn.) Hansf. 桃叶珊瑚小光壳炱

Asteridiella blumeicola Hu 艾纳香生小光壳炱

Asteridiella calva var. *minar* **Hansf.** 秃小光壳炱

Asteridiella castanopsis（Hansf.）**Hansf.** 栲小光壳炱

Asteridiella cecropiicola **Hansf.** 惜古比生小光壳炱

Asteridiella confragosa（Syd.）**Hansf.** 不平小光壳炱

Asteridiella cratoxylicola **Hu** 黄牛木生小光壳炱

Asteridiella cyclobalanopsicola（Yam.）**Hansf.** 槠生小光壳炱

Asteridiella cyclopoda（Stev.）**Hansf.** 圆脚小光壳炱

Asteridiella deightonii（Hansf.）**Hansf.** 戴托里小光壳炱

Asteridiella engelhardtiicola **Hu** 黄杞树生小光壳炱

Asteridiella entebbeensis（Hansf. et Stev.）**Hansf.** 恩德培小光壳炱

Asteridiella euryae **Song et Hu** 柃木小光壳炱

Asteridiella fagaricola（Speg.）**Hansf.** 崖椒生小光壳炱

Asteridiella fraserana（Syd.）**Hansf.** 弗雷沙小光壳炱

Asteridiella gaylussaciae var. *craibiodendri* **Jiang** 拟石珠小光壳炱假木荷变种

Asteridiella glabra（B. et C.）**Hansf.** 平滑小光壳炱

Asteridiella glabra var. *coffeae*（Roger）**Hansf.** 平滑小光壳炱咖啡变种

Asteridiella glabra var. *isertiae*（Stev.）**Hansf.** 平滑小光壳炱依沙提变种

Asteridiella gymnosporiae（Dyd.）**Hansf.** 裸实小光壳炱

Asteridiella hansfordii（Stev.）**Hansf.** 汉斯福小光壳炱

Asteridiella hydrangeae（Yam.）**Hansf.** 绣球花小光壳炱

Asteridiella ilicii **Chen** *et al.* 八角小光壳炱

Asteridiella kadsuricola **Hu et Yang** 南五味子生小光壳炱

Asteridiella knemae（Hansf.）**Hansf.** 红光树小光壳炱

Asteridiella malloticola（Yam.）**Hansf.** 野桐小光壳炱

Asteridiella manca（Ell. et Mart.）**Hansf.** 不全小光壳炱

Asteridiella melastomatacearum（Speg.）**Hansf.** 野牡丹小光壳炱

Asteridiella meliosmae **Kar. et Maity** 泡花树小光壳炱

Asteridiella meliosmicola **Hu** 泡花树生小光壳炱

Asteridiella myricicola **Hansf.** 杨梅生小光壳炱

Asteridiella pavoniae（Cil.）**Hansf.** 波瓦小光壳炱

Asteridiella pilya（Sacc.）**Hansf.** 松果小光壳炱

Asteridiella pithecellobii（Yam.）**Hansf.** 猴耳环小光壳炱

Asteridiella prunicola（Speg.）**Hansf.** 李生小光壳炱

Asteridiella pygei **Hansf.** 臀形小光壳炱

Asteridiella quercina（Hansf.）**Hansf.** 栎小光壳炱

Asteridiella rhaphiolepis（Yam.）**Hansf.** 石斑木小光壳炱

Asteridiella rosae **Hansf.** 蔷薇小光壳炱

Asteridiella sapotacearum **Hansf.** 山榄小光壳炱

Asteridiella scabra（Doidge）**Hansf.** 粗糙小光壳炱

Asteridiella stachyuri **Ouyang et Song** 旌节花小光壳炱

Asteridiella subapoda（Syd.）**Hansf.** 近无柄小光壳炱

Asteridiella syzygii **Hansf.** 蒲桃小光壳炱

Asteridiella tapisciicola **Hu** 银鹊树生小光壳炱

Asteridiella thwaitesii （Berk. et Hansf.） **Hansf.** 思韦茨小光壳炱

Asteridiella trematis （Speg.） **Hansf.** 山黄麻小光壳炱

Asteridiella turpiniicola **Hosagoudar** 山香圆生小光壳炱

Asteridiella vacciniicola **Hansf.** 乌饭树小光壳炱

Asteridiella verrucosa （Pat.） **Hansf.** 多瘤小光壳炱

Asteridiella viburni （Stev.） **Hansf.** 荚蒾小光壳炱

Asteridiella werdermannii （Hansf.） **Hansf.** 韦德曼小光壳炱

Asterina **Lev.** 星盾炱属[F]

Asterina aporosae **Hansf.** 银柴星盾炱

Asterina aquilariae **Ouyang et Song** 沉香星盾炱

Asterina artabotrydis **Hansf.** 鹰爪花星盾炱

Asterina bryniae **Syd.** 黑面神星盾炱

Asterina cansjericola **Hansf.** 山柑生星盾炱

Asterina capparidis **Syd.** 槌果藤星盾炱

Asterina caseariae **Yam.** 嘉赐树星盾炱

Asterina castanopsis **Song et Ouyang** 栲星盾炱

Asterina chlorophorae **Hansf.** 绿柄星盾炱

Asterina cinnamomi **Syd.** 樟星盾炱

Asterina cipadessae **Yates** 浆果楝星盾炱

Asterina claviflori **Kar. et Maity** 棒花星盾炱

Asterina dallasica **Petr.** 达拉斯星盾炱

Asterina ditissima **Syd.** 富有星盾炱

Asterina drimycarpi **Kar. et Maity** 辛果漆星盾炱

Asterina durantae **Saw. et Yam.** 假连翘星盾炱

Asterina elaeagni （Syd.） **Syd. et Petr.** 胡颓子星盾炱

Asterina elaeocarpi-kobanmochii **Yam.** 薯豆星盾炱

Asterina erythropali **Hansf.** 赤苍藤星盾炱

Asterina eugeniae-formosanae **Yam.** 台湾番樱桃星盾炱

Asterina evodiicola **Yam.** 吴茱萸生星盾炱

Asterina formosana **Yam.** 台湾星盾炱

Asterina garciniicola **Ouyang et Song** 藤黄生星盾炱

Asterina helicleris **Ouyang et Hu** 山芝麻星盾炱

Asterina heterostemmae **Yam.** 醉魂藤星盾炱

Asterina horsfieldiae **Hansf.** 风吹楠星盾炱

Asterina hydrangeae **Song et Ouyang** 绣球花星盾炱

Asterina jambolanae **Kar et Maity.** 詹博拉星盾炱

Asterina jasmini **Hansf.** 茉莉星盾炱

Asterina kusukusuensis **Yam.** 黄花稔星盾炱

Asterina machili **Katumoto** 润楠星盾炱

Asterina mahoniae **Keissl** 十大功劳星盾炱

Asterina malaisiae **Syd.** 牛筋藤星盾炱

Asterina malloti **Saw. et Yam.** 野桐星盾炱

Asterina microspora **Yam.** 小孢星盾炱

Asterina mischocarpi **Ouyang et Hu** 柄果木星盾炱

Asterina natsiati **Kar. et Maity** 薄核藤星盾炱

Asterina piperina **Syd.** 胡椒星盾炱

Asterina scrobiculata **Yam.** 窝孔星盾炱

Asterina scruposa **Syd.** 粗糙星盾炱

Asterina stuhlmanni 见 *Asterinella stuhlmanni*

Asterina theae **Yam** 茶星盾炱

Asterina toddalae **Kar. et Ghosh** 飞龙掌血星盾炱

Asterina tragiae **Hughes** 刺痒藤星盾炱

Asterinella **Sacc.** 小星盾炱属[F]

Asterinella stuhlmanni （Henn.） **Theiss.**

凤梨小星盾炱

***Asteroaphelenchoides* Drozdovski**   星拟滑
刃线虫属[N]

Asteroaphelenchoides besseyi   见 *Aphelen-
choides besseyi*

***Asterosporium* Kunze**   星盘孢属[F]

***Asterosporium hoffmanii* Fr.**   霍夫曼星
盘孢

Asystasia gangetica mottle virus Potyvirus
（AGMoV）   紫花地丁斑驳病毒

Asystasia golden mosaic virus Begomovirus
（AGMV）   紫花地丁金色花叶病毒

***Atalodera* Wouts et Sher**   丽皮线虫属[N]

***Atalodera festucae* Baldwin, et al.**   羊
茅丽皮线虫

***Atalodera gibbosa* Souza et Huang**   囊状
丽皮线虫

***Atalodera lonicerae*（Wouts）Luc, et al.**
忍冬丽皮线虫

***Atalodera trilineata* Baldwin, et al.**   三纹
丽皮线虫

***Atalodera ucri* Wouts et Sher**   乌克尔丽皮
线虫

***Atelocauda* Arth. et Cumm.**   顶尾锈菌属[F]

***Atelocauda incrustans* Arth. et Cumm.**
硬壳顶尾锈菌

***Atetylenchus* Khan**   异头垫刃线虫属[N]

***Atetylenchus abulbosus*（Thorne）Khan**
无球异头垫刃线虫

***Atetylenchus secalis* Krall et Shagalina**   黑
麦异头垫刃线虫

***Athelia* Pers.**   阿太菌属[F]

***Athelia rolfsii*（Curzi.）Tu et Kimbrough**
白绢阿太菌[白绢病菌]

***Atlantadorus*（Siddiqi）**   见 *Paratrichodorus*

Atlantadorus anemones   见 *Paratrichodor-
us anemones*

***Atlantadorus atlanticus*（Allen）Siddiqi**
大西洋亚特兰大线虫

Atlantadorus pachydermus   见 *Paratri-
chodorus pachydermus*

Atlantadorus porosus   见 *Paratrichodorus
porosus*

***Atropa belladonna virus Nucleorhabdovir-
us***（AtBV）   颠茄病毒

atropa mild mosaic virus   见 *Henbane mo-
saic virus Potyvirus*

***Atropellis* Lohman et al.**   僵皮盘菌属[F]

***Atropellis pinicola* Zaller et Goodding**   松
生松枝溃疡病菌

***Atropellis piniphila*（Weir）Lohman et
Cash**   嗜松枝干溃疡病菌

***Atylenchus* Cobb**   异垫刃线虫属[N]

***Atylenchus decalineatus* Cobb**   十纹异垫
刃线虫

Aucuba bacilliform virus Radnavirus
（AuBV）   桃叶珊瑚杆状病毒

Aucuba ringspot virus Badnavirus（Au-
RSV）   桃叶珊瑚（属）环斑病毒

Aulosphora indica   见 *Hemicycliophora
indica*

Aulosphora penetrans   见 *Hemicycliopho-
ra penetrans*

***Aureobasidium* Viala et Boyer**   金担霉属[F]

***Aureobasidium pullulans*（de Bary）Arn.**
出芽金担霉

Aureogenus magnivena virus   见 *Clover
wound tumor virus Phytoreovirus*

Aureusvirus   绿萝病毒属[V]

***Auricularia* Bull. ex Mer.**   木耳属[F]

***Auricularia auricula*（L. ex Hook）Un-
derw.**   木耳

***Auricularia polytricha*（Mont.）Sacc.**
毛木耳

***Auriporia* Ryvarden**   黄孔菌属[F]

***Auriporia pileala* Parm.**   有盖黄孔菌

Australian grapevine viroid Apscaviroid
（AGVd）   澳洲葡萄类病毒

Australian wheat striate mosaic virus   见
Chloris striate mosaic virus Mastrevirus

***Autoicomyces* Thaxt.**   自蔽虫囊菌属[单
主菌属][F]

Autoicomyces chinensis Ye et Shen　中华自蔽虫囊菌[中华单主菌]

Avenavirus　燕麦病毒属[V]

Avocado cryptic virus 3 Alphacryptovirus（AvoCV-3）　鳄梨隐潜 3 号病毒

Avocado sunblotch viroid Avsunviroid（ASBVd）　鳄梨日斑类病毒

Avsunviroid　鳄梨日斑类病毒属[V]

Azorhizobium Dreyfus et al.　固氮根瘤菌属[B]

Azorhizobium caulinodans Dreyfus et al.　茎瘤固氮根瘤菌（田菁固氮根瘤菌）

Azotobacter Beijerinck　固氮菌属[B]

azuki bean mosaic virus 见 *Bean common mosaic virus Potyvirus*

B

babaco yellow mosaic virus 见 *Papaya mosaic virus Potexvirus*

Babuvirus　香蕉束顶病毒属[V]

Bacillus Cohn　芽孢杆菌属[B]

Bacillus brevis Migula　短小芽孢杆菌

Bacillus cereus Frankland et Frankland　蜡状芽孢杆菌

Bacillus larvae White　幼虫芽孢杆菌

Bacillus macerans Schardinger　解离芽孢杆菌

Bacillus matthiolae Stapp　紫罗兰芽孢杆菌

Bacillus megaterium de Bary　巨大芽孢杆菌

Bacillus megaterium pv. *cerealis* Hosford　巨大芽孢杆菌禾谷变种[小麦白斑病菌]

Bacillus melonis Giddings　甜瓜芽孢杆菌

Bacillus pumilus Meyer et Gotthelli　幼桃芽孢杆菌[幼桃疱斑病菌]

Bacillus subtilis（Ehrenberg）Cohn　枯草芽孢杆菌

Bacillus thuringiensis Berliner　苏云金芽孢杆菌

Badera filipjevi 见 *Heterodera filipjevi*

Badnavirus　杆状 DNA 病毒属[V]

Baeodromus Arth.　棕粉锈菌属[F]

Baeodromus eupatorii（Arth.）Arth.　泽兰棕粉锈菌

Baeodromus holwayi Arth.　何氏棕粉锈菌

Baeodromus urticae Tranz.　荨麻棕粉锈菌

Bajra streak virus Mastrevirus（BaSV）　珍珠粟线条病毒

Bakernema Wu　贝克线虫属[N]

Bakernema inaequale（Taylor）Mehta et Raski　不等贝克线虫

Bakernema variabilis 见 *Criconemella variabile*

Balanophora Forst.　蛇菰属（蛇菰科）[P]

Balanophora cryptocaudex Chang et Tam　隐轴蛇菰

Balanophora dioica Br.　粗穗蛇菰

Balanophora elongata Bl.　长枝蛇菰

Balanophora fargesii（Van Tiegh.）Harms.　川藏蛇菰

Balanophora fungosa Forst　卵穗蛇菰

Balanophora harlandii Hook.　红冬蛇菰

Balanophora henryi Hemsl.　宜昌蛇菰[亨氏蛇菰]

Balanophora indica Wall.　印度蛇菰

Balanophora involucrata Hook.　筒鞘蛇

Balanophora involucrata var. *rubra* Hook.
筒靴蛇菰红色变种

Balanophora japonica Makino 日本蛇菰

Balanophora kainantensis Masam. 海南
蛇菰

Balanophora laxiflora Hemsl. 疏花蛇菰

Balanophora mutinoides Hayata 红烛蛇
菰

Balanophora polyandra Griff. 多蕊蛇菰

Balanophora rugosa Tam 皱球蛇菰

Balanophora simaoensis Chang et Tam
思矛蛇菰

Balanophora spicata Hayata 穗花蛇菰

Balanophora splendida Tam et Fang 彩
丽蛇菰

Balanophora subcupularia Tam 杯茎蛇
菰

Balanophora tobiracola Makino 鸟缧生
蛇菰

Balansia Speg. 瘤座菌属[F]

Balansia oryzae（Syd.）Naras. et Thirum.
稻瘤座菌[稻一柱香病菌]

Balansia take（Miyake）Hara 竹瘤座菌
[竹丛枝病菌]

Balladyna Racib. 刺炱属[F]

Balladyna gardeniae Racib. 栀子刺炱

Balladyna lelebae Yamam. 孝竹刺炱

Bamboo mosaic virus Potexvirus（BaMV）
竹花叶病毒

Bamboo mosaic virus satellite RNA 竹花
叶病毒卫星 RNA

bamia leaf-crinkle virus 见 *Okra leaf curl
virus Begomovirus*

Banana bract mosaic virus Potyvirus
（BBrMV） 香蕉苞片花叶病毒

Banana bunchy top virus Babuvirus
（BBTV） 香蕉束顶病毒

banana infectious chlorosis virus 见 *Cucumber
mosaic virus Cucumovirus*（CMV）

Banana mild mosaic virus 香蕉温和花叶
病毒

banana *Potyvirus* 见 *Banana bract mosa-
ic virus Potyvirus*

Banana streak virus Badnavirus（BSV）
香蕉线条病毒

Barclayella 见 *Chrysomyxa*

Barley dubia virus Tenuivirus（BDV） 大
麦杜比亚病毒

barley false stripe virus 见 *Barley stripe
mosaic virus Hordeivirus*

Barley mild mosaic virus Bymovirus
（BaMMV） 大麦轻型花叶病毒

Barley mild mottle virus（BaMMoV） 大
麦轻型斑驳病毒

barley mild stripe virus 见 *Barley stripe
mosaic virus Hordeivirus*

Barley mosaic virus 大麦花叶病毒

Barley striate mosaic virus（BSaMV） 大
麦条点花叶病毒

Barley stripe mosaic virus Hordeivirus
（BSMV） 大麦条纹花叶病毒

Barley virus B1 Potexvirus（BarV-B1）
大麦 B1 病毒

Barley yellow dwarf satellite virus 大麦
黄矮病毒卫星

Barley yellow dwarf virus -GPV（BYDV-
GPV） 大麦黄矮 GPV 病毒

Barley yellow dwarf virus -MAV Luteovirus
（BYDV-MAV） 大麦黄矮 MAV 病毒

*Barley yellow dwarf virus -PAV Luteovir-
us*（BYDV-PAV） 大麦黄矮 PAV 病毒

Barley yellow dwarf virus -RMV（BYDV-
RMV） 大麦黄矮 RMV 病毒

Barley yellow dwarf virus-SGV（BYDV-
SGV） 大麦黄矮 SGV 病毒

Barley yellow dwarf virus Luteovirus
（BYDV） 大麦黄矮病毒

Barley yellow mosaic virus Bymovirus
（BaYMV） 大麦黄花叶病毒

barley yellow mosaic virus mechanically
transmissible strain 见 *Barley mild mo-*

saic virus *Bymovirus*

Barley yellow streak mosaic virus　大麦
黄线条花叶病毒

Barley yellow striate mosaic virus Cytorhabdovirus（BYSMV）　大麦黄条点
花叶病毒

barley yellow stripe virus　见 *Barley stripe
mosaic virus Hordeivirus*

Barnavirus　杆状 RNA 病毒属[V]

Barney Patch virus　见 *Beet soil -borne virus Pomovirus*

barrel cactus virus　见 *Cactus virus X Potexvirus*

Basidiobolus Eidam　蛙粪霉属[F]

Basidiobolus haptosporus Drechsler　固孢
蛙粪霉

Basidiobolus magnus Drechsler　大孢蛙粪
霉

Basidiophora Roze et Cornu　圆霜霉属[C]

Basidiophora butleri（Weston）**Thirum. et
Whithead**　巴特勒圆霜霉[画眉草霜霉
病菌]

Basidiophora entospora Roze et Cornu　内
孢圆霜霉[一年蓬霜霉病菌]

**Basidiophora kellermanii var. paupereula
Gilbertson**　凯勒曼圆霜霉贫弱变种

Basiria Siddiqi　基（巴兹尔）线虫属[N]

Basiria gracilis（Thorne）**Siddiqi**　纤细基
线虫

Basiria graminophila Siddiqi　禾草基线虫

Basiria tumida（Colbran）**Geraert**　尾粗
巴兹尔线虫

Basiroides Thorne et Malek　拟基线虫属
[N]

Basiroides citri Maqbool，Fatima et Shahina　柑橘拟基线虫

Basiroides conurus Thorne et Malek　圆锥
拟基线虫

Basiroides longimatricalis　见 *Ditylenchus
longimatricalis*

Basiroides obliquus Thorne et Malek　歪

斜拟基线虫

Basiroides tumidus　见 *Basiria tumida*

Basirolaimus Shamsi　基唇线虫属[N]

Basirolaiimus sacchari Shamsi　甘蔗基唇
线虫

Basirolaimus aegypti　见 *Hoplolaimus aegypti*

Basirolaimus cephalus　见 *Hoplolaimus
cephalus*

Basirolaimus chambus　见 *Hoplolaimus
chambus*

Basirolaimus citri Khan　柑橘基唇线虫

Basirolaimus clarissimus　见 *Hoplolaimus
clarissimus*

Basirolaimus columbus　见 *Hoplolaimus
columbus*

Basirolaimus indicus　见 *Hoplolaimus
indicus*

Basirolaimus seinhorsti　见 *Hoplolaimus
seinhorsti*

Basirolaimus seshadrii　见 *Hoplolaimus
seshadrii*

BaYMV-Streatley strain　见 *Barley mild
mosaic virus Bymovirus*

bean angular mosaic virus　见 *Cowpea
mild mottle virus Carlavirus*

Bean calico mosaic virus Begomovirus
（BCaMV）　菜豆花斑花叶病毒

bean chlorotic mottle virus　见 *Abutilon
mosaic virus Begomovirus*（AbMV）

Bean common mosaic necrosis virus Potyvirus（BCMNV）　菜豆普通花叶坏死
病毒

Bean common mosaic virus Potyvirus（BCMV）菜豆普通花叶病毒

bean common mosaic virus - serotype A　见
Bean common mosaic necrosis virus Potyvirus

bean common mosaic virus -serotype B　见
Bean common mosaic virus Potyvirus

bean curly dwarf mosaic virus　见 *Quail*

pea mosaic virus Comovirus（QPMV）

Bean distortion dwarf virus Begomovirus
（BDDV） 菜豆畸矮病毒

bean dwarf mosaic virus 见 *Abutilon mosaic virus Begomovirus*（AbMV）

Bean dwarf mosaic virus Begomovirus
（BDMV） 菜豆矮花叶病毒

Bean golden mosaic Brazil virus Begomovirus（BGMV-Br） 菜豆金色花叶巴西病毒

Bean golden mosaic Puerto Rico virus Begomovirus（BGMV-PR） 菜豆金色花叶波多黎各病毒

Bean golden mosaic virus Begomovirus
（BGMV） 菜豆金色花叶病毒

Bean golden yellow mosial virus Begomovirus（BGYMV） 菜豆金黄花叶病毒

Bean leafroll virus Luteovirus（BLRV）
菜豆卷叶病毒

bean lima golden mosaic virus 见 *Limabean golden mosaic virus Begomovirus*

Bean mild mosaic virus Carmovirus（BMMV） 菜豆轻型花叶病毒

bean mosaic virus 见 *Bean common mosaic virus Potyvirus*

bean mosaico-em-desenho 见 *Bean rugose mosaic virus Comovirus*

Bean necrosis mosaic virus（BNMV） 菜豆坏死花叶病毒

Bean pod mottle virus Comovirus（BPMV）
菜豆荚斑驳病毒

bean ringspot virus 见 *Tomato black ring virus Nepovirus*（TBRV）

Bean rugose mosaic virus Comovirus
（BRMV） 菜豆粗缩花叶病毒

Bean southern mosaic virus Sobemovirus
（BSMV） 南方菜豆花叶病毒

bean stipple streak virus 见 *Tobacco necrosis virus Necrovirus*（TNV）

bean strain of tobacco mosaic virus 见
Sunn-hemp mosaic virus Tobamovirus

bean summer death virus 见 *Tobacco yellow dwarf virus Mastrevirus*

bean urd leaf crinkle virus 见 *Urd bean leaf crinkle virus*

bean virus 2 见 *Bean yellow mosaic virus Potyvirus*

bean western mosaic virus 见 *Bean common mosaic virus Potyvirus*

Bean yellow dwarf virus Mastrevirus
（BeYDV） 菜豆黄矮病毒

Bean yellow mosaic virus Potyvirus
（BYMV） 菜豆黄花叶病毒

bean yellow stipple virus 见 *Cowpea chlorotic mottle virus Bromovirus*

Bean yellow vein banding virus Umbravirus
（BYVBV） 菜豆黄色脉带病毒

bearded iris mosaic virus 见 *Iris severe mosaic virus Potyvirus*

Beauveria Vuill. 白僵菌属［F］

Beauveria bassiana（Bals.）**Vuill.** 球胞白僵菌

Beauveria tenella（Delacr.）**Siem** 纤细白僵菌

Beet black scorch virus Necrovirus 甜菜黑色焦枯病毒

Beet chlorosis virus Polerovirus 甜菜褪绿病毒

beet cryptic virus 见 *Beet cryptic virus 2 Alphacryptovirus*

Beet cryptic virus 1 Alphacryptovirus
（BCV-1） 甜菜隐潜 1 号病毒

Beet cryptic virus 2 Alphacryptovirus
（BCV-2） 甜菜隐潜 2 号病毒

Beet cryptic virus 3 Alphacryptovirus
（BCV-3） 甜菜隐潜 3 号病毒

Beet culry top - California/Logan Curtovirus（BCTV-Cal） 甜菜曲顶加州/洛根病毒

Beet curly top Iran/CFH virus 见 *Beet severe curly top virus Curtovirus*

Beet curly top virus Curtovirus（BCTV）

B

甜菜曲顶病毒

Beet curly top Worland virus 见 *Beet mild curly top virus Curtovirus*

Beet distortion mosaic virus 甜菜畸形花叶病毒

beet leaf crinkle virus 见 *Beet leaf curl virus Nucleorhabdovirus*

Beet leaf curl virus Nucleorhabdovirus （BLCV） 甜菜卷叶病毒

Beet mild curly top virus Curtovirus 甜菜温和曲顶病毒

beet mild yellowing virus 见 *Beet western yellows virus Polerovirus*

Beet mild yellowing virus Polerovirus （BMYV） 甜菜轻型黄化病毒

Beet mosaic virus Potyvirus （BtMV） 甜菜花叶病毒

Beet necrotic yellow vein virus Benyvirus （BNYVV） 甜菜坏死黄脉病毒

Beet pseudoyellows virus Crinivirus （BPYV） 甜菜伪黄化病毒

Beet ringspot virus Nepovirus （BRSV） 甜菜环斑病毒

Beet severe curly top virus Curtovirus （BSCTV） 甜菜重曲顶病毒

Beet soil-borne mosaic virus Benyvirus （BSBMV） 甜菜土传花叶病毒

Beet soil-borne virus Pomovirus （BSBV） 甜菜土传病毒

beet temperate virus 见 *Beet virus 1 Alphacryptovirus*

Beet virus Q Pomovirus （BVQ） 甜菜Q病毒

beea virus 3 见 *Beet leaf curl virus Nucleorhabdovirus*

Beet western yellows satellite virus 甜菜西方黄化病毒卫星

Beet western yellows ST- 9associated RNA virus 甜菜西方黄化 ST-9 伴随 RNA 病毒

Beet western yellows virus Polerovirus （BWYV） 甜菜西方黄化病毒

Beet yellow net virus Luteovirus （BYNV） 甜菜黄网病毒

Beet yellow stunt virus Closterovirus （BYSV） 甜菜黄矮病毒

beet yellow vein virus 见 *Beet necrotic yellow vein virus Benyvirus*

Beet yellows virus Closterovirus （BYV） 甜菜黄化病毒

Begomovirus 菜豆金色花叶病毒属[V]

Bell pepper mottle virus （BPMoV） 甜椒(灯笼椒)斑驳病毒

belladonna mosaic virus 见 *Tobacco rattle virus Tobravirus* （TRV）

Belladonna mottle virus Tymovirus （BeMV） 颠茄斑驳病毒

Bellodera utahensis 见 *Cryphodera utahensis*

Belonolaimus Steiner 刺线虫属[N]

Belonolaimus gracilis Steiner 细小刺线虫

Belonolaimus lolii Siviour 黑麦刺线虫

Benyvirus 甜菜坏死黄脉病毒属[V]

Bermuda grass etched-line virus Marafivirus （BELV） 狗牙根蚀线病毒

Bermuda grass mottle virus （BgMoV） 狗牙根斑驳病毒

Bermuda grass white leaf phytoplasma 见 *Candidatus* Phytoplasma cynodentis

berteroa ringspot virus 见 *Cherry leaf roll virus Nepovirus*

Betacryptovirus β隐潜病毒属[V]

Bhendi yellow vein mosaic virus Begomovirus （BYVMV） 黄秋葵黄脉花叶病毒

Bidens mosaic virus Potyvirus （BiMV） 鬼针草(属)花叶病毒

Bidens mottle virus Potyvirus （BiMoV） 鬼针草(属)斑驳病毒

Bidera Krall et Krall 双皮线虫属[N]

Bidera arenaria 见 *Heterodera arenaria*

Bidera avenae（Filipjev）**Krall** 燕麦双皮线虫

Bidera bifenestra 见 *Heterodera bifenestra*

Bidera hordecalis（Anderson）**Krall** 大麦双皮线虫

Bidera iri 见 *Heterodera iri*

Bidera latipons（Franklin） 见 *Heterodera latipons*

Bidera longicaudata 见 *Heterodera longicaudata*

Bidera meni 见 *Heterodera mani*

Bidera turcomanica 见 *Heterodera turcomanica*

Bidera ustinovi 见 *Heterodera ustinovi*

Bifusella v. **Höhn.** 小双梭孢盘菌属［F］

Bifusella camelliae **Hou** 茶小双梭孢盘菌

Bifusella cunninghamiicola **Korf et Ogimi** 杉生小双梭孢盘菌

Bifusella linearis **Höhn.** 线状小双梭孢盘菌

Bifusella tsugae **Cao et Hou** 铁杉小双梭孢盘菌

Bipolaris **Shoem.** 平脐蠕孢属［F］

Bipolaris australiensis（Ellis）**Tsuda et Uerama** 澳大利亚平脐蠕孢

Bipolaris australis **Alcorn** 澳洲平脐蠕孢

Bipolaris bicolor（Mitra）**Shoem.** 双色平脐蠕孢

Bipolaris buchloes（Lefebvre et Johnson）**Shoem.** 野牛草平脐蠕孢

Bipolaris chinensis **Sun et Zhang** 中国平脐蠕孢

Bipolaris coffeana **Sivanesan** 咖啡平脐蠕孢

Bipolaris coicis（Nisikado）**Shoem.** 薏苡平脐蠕孢［薏苡叶枯病菌］

Bipolaris crustacea（Henn.）**Alcorn** 坚壁平脐蠕孢

Bipolaris cylindrica **Alcorn** 柱平脐蠕孢

Bipolaris cynodontis（Marig）**Shoem.** 狗牙根平脐蠕孢

Bipolaris dracaenae **Zhu，Sun et Zhang** 龙血树平脐蠕孢

Bipolaris eleusinea **Peng et Lu** 蟋蟀草平脐蠕孢

Bipolaris hawaiiensis（M. B. Ellis）**Uchida et Aragaki** 夏威夷平脐蠕孢

Bipolaris heveae（Petch）**Arx** 橡胶树平脐蠕孢［橡胶树麻点病菌］

Bipolaris homomorphus（Luttr. et Rogerson）**Subram. et al.** 同形平脐蠕孢

Bipolaris kusanoi（Nishikado et Miyake）**Shoem.** 草野平脐蠕孢

Bipolaris leersiae（Ark.）**Shoem.** 假稻平脐蠕孢

Bipolaris maydis **Shoem.** 玉蜀黍平脐蠕孢［玉米小斑病菌，玉米南方叶斑病菌］

Bipolaris micropus（Drechsler）**Shoem.** 千金子平脐蠕孢

Bipolaris neergaardii（Danquah）**Alcorn** 倪氏平脐蠕孢

Bipolaris nicotiae（Mouchacca）**Alcorn** 尼科平脐蠕孢

Bipolaris nodulosa（Sacc.）**Shoem.** 多节平脐蠕孢

Bipolaris oryzae（Breda de Haan）**Shoem.** 稻平脐蠕孢［稻胡麻叶斑病菌］

Bipolaris panici-miliacei（Nisi-Kado）**Shoem.** 稷平脐蠕孢

Bipolaris peregianensis **Alcorn** 拍利金平脐蠕孢

Bipolaris poae-pratensis **Deng et Zhang** 早熟禾平脐蠕孢

Bipolaris potulacae（Rader）**Alcorn** 马齿苋平脐蠕孢

Bipolaris ravenelii（Curt.）**Shoem.** 鼠尾粟平脐蠕孢

Bipolaris rostrata（Drechs.）**Shoem.** 嘴（喙）突平脐蠕孢

Bipolaris sacchari（Butl. et Hafiz）**Shoem.**

甘蔗平脐蠕孢[甘蔗眼点病菌]

Bipolaris salviniae (Muchovej) **Alcorn.**
鼠尾草平脐蠕孢

***Bipolaris secalis* Sisterna** 黑麦平脐蠕孢

Bipolaris setariae (Saw.) **Shoem.** 狗尾
草平脐蠕孢

***Bipolaris shaansiensis* Sun et Zhang** 陕西
平脐蠕孢

***Bipolaris sorghicola* Alcorn** 高粱生平脐
蠕孢

Bipolaris sorokiniana (Sacc.) **Shoem.**
麦根腐平脐蠕孢[小麦根腐病菌、亚麻
根腐病菌]

Bipolaris specifera (Bainier) **Subram.**
穗状平脐蠕孢

Bipolaris stenospila (Drechs.) **Shoem.**
狭斑平脐蠕孢

***Bipolaris triticicola* Sivanesan** 小麦生平
脐蠕孢

Bipolaris uroghloae (Putterill) **Shoem.**
长孢平脐蠕孢

Bipolaris victoriae (Meehan et Murphy)
Shoem. 维多利亚平脐蠕孢

Bipolaris yamadai (Nisikado) **Shoem.**
山田平脐蠕孢

***Bipolaris zeae* Sivenesan** 玉米平脐蠕孢

Bipolaris zeicola (Stout) **Shoem.** 玉米生
平脐蠕孢[玉米圆斑病菌]

Bipolaris zizaniae (Nisikado) **Shoem.** 菱
白平脐蠕孢

birch line pattern virus 见 *Apple mosaic
virus Ilarvirus*

birch ring and line pattern virus 见 *Cherry leaf roll virus Nepovirus*

birch ringspot virus 见 *Apple mosaic virus Ilarvirus*

***Bitylenchus* Filipjev** 双垫刃线虫属[N]

Bitylenchus aerolatus (Tobar Jimenez)
Siddiqi 侧网纹双垫刃线虫

Bitylenchus canalis (Thorne et Malek)
Siddiqi 导管双垫刃线虫

Bitylenchus dubius 见 *Tylenchorhynchus dubius*

Bitylenchus maximus 见 *Tylenchorhynchus maximus*

***Bitylenchus pratenus* Gomez-Barcina, Siddiqi et Castillo** 草地双垫刃线虫

***Bjerkandera* Karst.** 黑管菌属(烟色黑管
菌属)[F]

Bjerkandera adusta (Willd.; Fr.) **Karst.**
黑管菌[烟色黑管菌]

Bjerkandera fumosa (Pers.; Fr.) **Karst.**
亚黑管菌[亚烟色黑管菌]

black locust true mosaic virus 见 *Peanut
stunt virus Cucumovirus*

Black locust witches broom phytoplasma
刺槐丛枝病植原体

black raspberry mild mosaic virus 见
Black raspberry necrosis virus

Black raspberry necrosis virus (BRNV)
黑悬钩子坏死病毒

blackberry Himalaya mosaic virus 见 *Tomato
ringspot virus Nepovirus* (ToRSV)

***Blackcurrant reversion virus* Nepovirus**
(BRAV) 黑醋栗返祖病毒

blackeye cowpea mosaic virus 见 *Bean
common mosaic virus Potyvirus*

blackgram leaf crinkle virus 见 *Urd bean
leaf crinkle virus*

***Blackgram mottle virus* Carmovirus** (BMoV) 黑绿豆斑驳病毒

***Blandicephalanema* Mehta et Raski** 无
饰线虫属[N]

Blandicephalanema cactum (Andrassy)
Ebsary 仙人掌无饰线虫

***Blastodendrion* Cif. et Red** 芽枝酵母属
[F]

***Blastodendrion autreum* Cif et Red** 金黄
芽枝酵母

Blastodendrion brasiliensis (Splend.) **Conant et How.** 巴西芽枝酵母

***Blastodendrion globosum* Zach** 球形芽枝

酵母

Blastodendrion intermedium **Cif. et Ashf.**
间型芽枝酵母

Blastomyces **Costantin et Rolland**　芽酵
母属[F]

Blastomyces brasiliensis （Splend.）**Conant
et How.** 巴西芽酵母

Blastospora **Diet.** 芽孢锈菌属[F]

Blastospora itoana **Togashi et Onuma**　伊
藤芽孢锈菌

Blastospora smilacis **Diet.**　菝葜芽孢锈菌

Blueberry leaf mottle virus Nepovirus
（BlMoV）越桔（乌饭树）叶斑驳病毒

Blueberry mosaic viroid（BMVd）越桔
（乌饭树）花叶类病毒

Blueberry mosaic viroid-like RNA（BIM-
Vd-RNA）越桔（乌饭树）花叶类病毒
样 RNA

blueberry necrotic ringspot virus 见 *Tobacco
ringspot virus Nepovirus*（TRSV）

Blueberry necrotic shock virus Ilarvirus
（BNSV）越桔（乌饭树）骤坏死病毒

Blueberry red ringspot virus Soymovirus
（BRRV）越桔（乌饭树）红环斑病毒

Blueberry scorch virus Carlavirus（BlScV）
越桔（乌饭树）焦枯病毒

Blueberry shock virus Ilarvirus（BlShV）
越桔（乌饭树）休克病毒

Blueberry shoestring virus Sobemovirus
（BSSV）越桔（乌饭树）带化病毒

Blumeria **Golovin ex Speer**　布氏白粉菌属
[F]

Blumeria graminis（DC.）**Speer**　禾谷布
氏白粉菌

Boletus **Dill. ex Fr.**　牛肝菌属[F]

Boletus badius 见 *Polyporus badius*

Boletus biennis 见 *Abortiporus biennis*

Boletus squamosus 见 *Polyporus squamo-
sus*

Boletus varius 见 *Polyporus varius*

Boletus virus **X** *Potexvirus*（BolVX）牛肝

菌 X 病毒

Boschniakia **Mey. ex Bongard**　草苁蓉属
（列当科）[P]

Boschniakia himalaica **Hook. et Thoms.**
喜玛拉雅草苁蓉（丁座草）

Boschniakia rossica （Cham. et. Schltdl.）
Fedt. et Flerov.　俄罗斯草苁蓉

Botryodiplodia（Sacc.）**Sacc.**　球色单隔孢
属[F]

Botryodiplodia aesculina **Pass.**　七叶树球
色单隔孢

Botryodiplodia mali **Brun**　苹果球色单隔
孢

Botryodiplodia palmarum （Cooke）**Petr.
et Syd.**　掌状球色单隔孢

Botryodiplodia pruni **McAlp.**　李球色单
隔孢

Botryodiplodia theobromae **Pat.**　可可球
色单隔孢[柑橘焦腐病菌]

Botryodiplodia tubericola（Ell. et Ev.）**Petr.**
芋生球色单隔孢

Botryorhiza **Whet. et Olive**　穗根锈菌
属[F]

Botryorhiza hippocrateae **Whet. et Olive**
穗根锈菌

Botryosphaeria **Ces. et de Not.**　葡萄座
腔菌属[F]

Botryosphaeria abrupta **Berk. et Curt.**
离生葡萄座腔菌[刺槐干腐病菌]

Botryosphaeria berengeriana **de Not.**　贝
氏葡萄座腔菌[苹果干腐病菌]

Botryosphaeria berengeriana **f. sp.** *persi-
cae* **Koganezawa**　贝氏葡萄座腔菌桃专
化型[桃干腐、轮纹病菌]

Botryosphaeria berengeriana **f. sp.** *piricola*
Koganezawa et Sakuma　贝氏葡萄座腔
菌梨专化型[梨轮纹病菌，梨疣皮病菌]

Botryosphaeria disrupta （Berk. et Curt.）
Arx et Müller　不裂葡萄座腔菌

Botryosphaeria dothidea 见 *Botryospha-
eria berengeriana*

Botryosphaeria fuliginosa （Moug. et Nestl.）Ell. et Ev. 煤色葡萄座腔菌

Botryosphaeria inflata Coug. et Nestl. 膨大葡萄座腔菌

Botryosphaeria laricina （Swada）Zhong 落叶松葡萄座腔菌［落叶松枯梢病菌］

Botryosphaeria obtusa （Schw.）Shoem. 钝葡萄座腔菌

Botryosphaeria rhodina （Berk. et Curt.）Arx 玫瑰葡萄座腔菌

Botryosphaeria ribis 见 *Botryosphaeria berengeriana*

Botryosphaeria stevensii Shoem. 史蒂芬葡萄座腔菌［苹果壳色单隔孢溃疡病菌］

Botryosphaeria viburni Cooke 荚蒾葡萄座腔菌

Botryosporium Corda 葡孢霉属［F］

Botryosporium hughesii Vincent et Blackwell 休斯葡孢霉

Botryosporium longibrachiatum （Oudem.）Maire 长枝葡孢霉

Botryosporium madrasense Rag-hukumar 马德葡孢霉

Botryosporium pulchrum Corda 绚丽葡孢霉

Botryotinia Whetz. 葡萄孢盘菌属［F］

Botryotinia arachidis Hanz. 花生葡萄孢盘菌

Botryotinia convoluta （Drayton）Whetz. 卷旋葡萄孢盘菌［鸢尾基腐病菌］

Botryotinia draytoni （Buddin et Wakef.）Seaver 唐菖蒲葡萄孢盘菌［唐菖蒲球腐病菌］

Botryotinia fabae Lu et Wu 蚕豆葡萄孢盘菌

Botryotinia fritillarii-pallidiflori Chen et Li 伊贝母葡萄孢盘菌

Botryotinia fuckeliana （de Bary）Whetz. 富氏葡萄孢盘菌［核果腐烂病菌］

Botryotinia moricola Yamam 桑生葡萄孢盘菌

Botryotinia narcissicola （Greg.）Buchw. 水仙生葡萄孢盘菌［水仙基腐病菌］

Botryotinia polyblastis （Greg.）Buchw. 水仙葡萄孢盘菌［水仙褐斑病菌］

Botryotinia porri （Beyma）Whetz. 大蒜葡萄孢盘菌［大蒜盲种病菌］

Botryotinia ricini （Godfrey）Whetz. 蓖麻葡萄孢盘菌

Botryotinia spermophila Noble 三叶草葡萄孢盘菌

Botrytis Pers. ex Fr. 葡萄孢属［F］

Botrytis allii Munn 葱腐葡萄孢［葱类颈腐病菌］

Botrytis arborescens 见 *Peronospora arborescens*

Botrytis byssoidea Walker 葱细丝葡萄孢

Botrytis cinerea Pers. ex Fr. 灰葡萄孢［灰霉病菌］

Botrytis crystallina （Bon）Sacc. 晶葡萄孢

Botrytis densa Ditm. 密集葡萄孢

Botrytis deptadens Cooke 无花果葡萄孢

Botrytis destructor 见 *Peronospora destructor*

Botrytis elliptica （Berk.）Cooke 椭圆葡萄孢

Botrytis fabae Sardina 蚕豆葡萄孢［蚕豆赤斑病菌］

Botrytis farinosa 见 *Peronospora farinosa*

Botrytis geminata 见 *Bremia lactucae*

Botrytis gladiolorum Timm. 唐菖蒲球腐葡萄孢［唐菖蒲灰霉病菌］

Botrytis infestans 见 *Phytophthora infestans*

Botrytis liliorum Hino 百合葡萄孢

Botrytis paeoniae Oudem. 牡丹葡萄孢［芍药（牡丹）灰霉病菌］

Botrytis parasitica Cav. 寄生葡萄孢

Botrytis polyblastis Dowson 水仙葡萄孢［水仙火疫病菌］

Botrytis pulla Fr. 近黑葡萄孢

Botrytis pyramidalis（Bon）**Sacc.** 金字塔形葡萄孢

Botrytis sonchicola 见 *Bremia sonchicola*

Botrytis squamosa **Walker** 葱鳞葡萄孢

Botrytis stellata 见 *Bremia lactucae*

Botrytis terrestris **Jens** 土栖葡萄孢

Botrytis tulipae **Lind** 郁金香葡萄孢［郁金香枯萎病菌］

Botrytis urticae 见 *Pseudoperonospora urticae*

Botrytis vicia 见 *Peronospora viciae*

Botrytis viticola 见 *Plasmopara viticola*

bottlegourd Indian mosaic virus 见 *Cucumber green mottle mosaic virus Tobamovirus*

Boubovia **Svrcek** 布博维盘菌属［F］

Boubovia micholsonii（Massee）**Spooner et Yao** 米氏布博维盘菌

boussingaultia mosaic virus 见 *Papaya mosaic virus Potexvirus*

Brachypodium yellow streak virus（BraYSV）短柄草黄色线条病毒

Brachysporium **Sacc.** 短蠕孢属［F］

Brachysporium arecae（Berk. et Br.）**Sacc.** 槟榔短蠕孢

Brachysporium oligocarpum **Corda** 少孢短蠕孢

Brachysporium oryzae **Ito. et Ishiy.** 稻短蠕孢

Brachysporium phragmitis **Miyake** 芦苇短蠕孢

Brachysporium senegalense **Speg.** 塞内加尔短蠕孢

Brachysporium trifolii **Kauffm.** 三叶草（车轴草）短蠕孢

Brachysporium vesiculosum（Thüm.）**Sacc.** 囊状短蠕孢

Bradyrhizobium **Jordan** 慢生根瘤菌属［B］

Bradyrhizoboum japonicum（Buchanan）**Jordan** 大豆慢生根瘤菌［大豆根瘤菌］

Bramble yellow mosaic virus Potyvirus（BrmYMV） 欧洲黑莓黄花叶病毒

brassica virus 3 见 *Cauliflower mosaic Virus Caulimovirus*

Brazilian coleus viroid（BCVd） 巴西五彩苏类病毒

Brazilian wheat spike virus Tenuivirus（BWSpV） 巴西小麦穗病毒

Bremia **Regel** 盘梗霉属［C］

Bremia betae **Bai et Cheng** 甜菜盘梗霉

Bremia centaureae **Syd.** 矢车菊盘梗霉

Bremia cirsii（Jaczewski ex Uljanish）**Tao et Yu** 蓟盘梗霉［蓟霜霉病菌］

Bremia elliptica 见 *Bremia lactucae*

Bremia gangliformis 见 Bremia lactucae

Bremia ganglioniformis 见 *Bremia lactucae*

Bremia gemminata 见 *Bremia lactucae*

Bremia graminicola **Naumov** 禾生盘梗霉［荩草霜霉病菌］

Bremia graminicola var. *graminicola* 禾生盘梗霉原变种

Bremia graminicola var. *indica* **Patel** 禾生盘梗霉印度变种

Bremia lactucae **Regel** 莴苣盘梗霉

Bremia lactucae f. sp. *carthami* **Milovtz.** 莴苣盘梗霉红花变型

Bremia lactucae f. sp. *centaureae* **Skidmore et Ingram** 莴苣盘梗霉矢车菊变型［矢车菊霜霉病菌］

Bremia lactucae f. sp. *chinensis* **Ling et Tai** 莴苣盘梗霉中华变型［华苣霜霉病菌］

Bremia lactucae f. sp. *crepidis* **Skidmore et Ingram** 莴苣盘梗霉还阳参变型［还阳参霜霉病菌］

Bremia lactucae f. sp. *dimorphothecae-aurantiacae* **Săvul. et Vánky** 莴苣盘梗霉澳洲异蕊芥变型

Bremia lactucae f. sp. *dimorphothecae-pluvialis* **Săvul et Vánky** 莴苣盘梗霉异蕊芥变型

Bremia lactucae f. sp. *hieracii* **Skidmore et Ingram** 莴苣盘梗霉山柳菊变型［山柳

菊霜霉病菌]

Bremia lactucae f. sp. *lactucae* Regel 莴苣盘梗霉原变型[莴苣霜霉病菌]

Bremia lactucae f. sp. *lapsane* Skidmore et Ingram 莴苣盘梗霉稻槎菜变型[稻槎菜霜霉病菌]

Bremia lactucae f. sp. *leontodi* Skidmore et D. S. Ingram 莴苣盘梗霉火线草变型

Bremia lactucae f. sp. *mulgedii* Benua 莴苣盘梗霉山莴苣变型[山莴苣霜霉病菌]

Bremia lactucae f. sp. *picridis* Skidmore et Ingram 莴苣盘梗霉马醉木变型[马醉木霜霉病菌]

Bremia lactucae f. sp. *saussureae* Saw. 莴苣盘梗霉泥湖菜变型[风毛菊霜霉病菌]

Bremia lactucae f. sp. *senecionis* Skidmore et Ingram 莴苣盘梗霉千里光变型[千里光霜霉病菌]

Bremia lactucae f. sp. *sonchi* Skidmore et D. S. Ingram 莴苣盘霜霉苦苣菜变型

Bremia lactucae f. sp. *sonchicola* Ling et Tai 莴苣盘梗霉苦荬菜生变型[苦荬菜霜霉病菌]

Bremia lactucae var. *arctii* Novotelnova et Pystina 莴苣盘梗霉牛蒡变种[牛蒡霜霉病菌]

Bremia lactucae var. *cardui* Uljan. 莴苣盘梗霉飞廉变种[飞廉霜霉病菌]

Bremia lactucae var. *cirsii* Jacz. ex Uljan. 莴苣盘梗霉蓟变种

Bremia lactucae var. *lactucae* Regel 莴苣盘梗霉原变种

Bremia lactucae var. *picridis-hieracioidis* Novotelnova et Pystina 莴苣盘梗霉毛莲菜变种

Bremia lactucae var. *pterothecae* Uljan. 莴苣盘梗霉翅山茶变种

Bremia lactucae var. *taraxaci* Skidmore et Ingram 莴苣盘梗霉蒲公英变种[蒲公英霜霉病菌]

Bremia lactucae var. *willemetiae* Uljan. 莴苣盘梗霉威廉变种

Bremia lactucae var. *xeranthemi* Uljan. 莴苣盘梗霉旱花变种[旱花霜霉病菌]

Bremia lagoseridis Yu et Tao 兔苣盘梗霉

Bremia lapsanae Syd. 稻槎菜盘梗霉

Bremia leibnitziae Tao et Qin 大丁草盘梗霉[大丁草霜霉病菌]

Bremia microspora Sawada 小孢盘梗霉[苦荬菜霜霉病菌]

Bremia moehringiae Liu et Pai 莫石竹盘梗霉

Bremia ovata Sawada 卵苣盘梗霉[盘梗霉、黄鹌菜霜霉病菌]

Bremia picridis 见 *Bremia lactucae* var. *picridis-hieracioidis*

Bremia picridis-hieracioidis 见 *Bremia lactucae* var. *picridis-hieracioidis*

Bremia saussureae Sawada 泥湖菜盘梗霉[风毛菊霜霉病菌]

Bremia sonchi 见 *Bremia sonchicola*

Bremia sonchicola (Schlechtendal) Sawada 苦苣菜生盘梗霉[苦苣菜霜霉病菌]

Bremia stellata 见 *Bremia lactucae*

Bremia taraxaci 见 *Bremia lactucae* var. *taraxaci*

Bremia tulasnei (Hoffm.) Syd. 图拉盘梗霉[欧洲千里光霜霉病菌]

Bremia xanthii 见 *Plasmopara angustiterminalis*

Bremiella Wilson 拟盘梗霉属[C]

Bremiella artemisiae-annuae 见 *Paraperonospora artemisiae-annuae*

Bremiella baudysii (Skalicky) Constantinescu et Negrean 包德拟盘梗霉[伞形科植物霜霉病菌]

Bremiella chrysanthemi-coronarii 见 *Paraperonospora artemisae-annuae*

Bremiella megasperma (Berlese) Wilson 拟盘梗霉[堇菜霜霉病菌]

Bremiella multiformis 见 *Paraperonospo-*

ra multiformis

Bremiella oenantheae Tao et Qin 水芹拟盘梗霉[水芹霜霉病菌]

Brenneria Hauben et al. 布伦尼菌属[B]

Brenneria alni（Surico et al.）**Hauben et al.** 见 *Erwinia alni*

Brenneria nigrifluens（Wilson et al.）**Hauben** et al. 见 *Erwinia alni*

Brenneria paradisiaca（Fernandez-Borrero and Lopez-Duque）**Hauben et al.** 见 *Erwinia paradisiaca*

Brenneria quercina（Hildebrand and Schroth）**Hauben et al.** 见 *Erwinia quercina*

Brenneria rubrifaciens（Wilson et al.）**Hauben et al.** 见 *Erwinia rubrifaciens*

Brenneria salicis（Day）**Hauben et al.** 见 *Erwinia salicis*

Brinjal mild mosaic virus Potyvirus（BrMMV） 茄子轻型花叶病毒

brinjal mosaic virus 见 *Potato virus Y Potyvirus*（PVY）

Broad bean B virus 蚕豆 B 病毒

broad bean Evesham stain virus 见 *Broad bean stain virus Comovirus*

broad bean F1 virus 见 *Broad bean stain virus Comovirus*

broad bean mild mosaic virus 见 *Clover yellow mosaic virus Potexvirus*；*Clover yellow vein virus Potyvirus*

Broad bean mottle virus Bromovirus（BBMV） 蚕豆斑驳病毒

Broad bean necrosis virus Pomovirus（BBNV） 蚕豆坏死病毒

Broad bean severe chlorosis virus Closterovirus（BBSCV） 蚕豆重型褪绿病毒

Broad bean stain virus Comovirus（BBSV） 蚕豆染色病毒

Broad bean true mosaic virus Comovirus（BBTMV） 蚕豆真花叶病毒

Broad bean virus V Potyvirus（BBW） 蚕豆 V 病毒

Broad bean wilt virus 1 Fabavirus（BBWV-1） 蚕豆萎蔫 1 号病毒

Broad bean wilt virus 2 Fabavirus（BBWV-2） 蚕豆萎蔫 2 号病毒

Broad bean wilt virus Fabavirus（BBWV） 蚕豆萎蔫病毒

broad bean yellow band virus 见 *Pea early browning virus Tobravirus*

Broad bean yellow ringspot virus（BBYRV） 蚕豆黄环斑病毒

Broad bean yellow vein virus Cytorhabdovirus（BBYVV） 蚕豆黄脉病毒

broccoli mosaic virus 见 *Cauliflower mosaic virus Caulimovirus*

Broccoli necrotic yellows virus Cytorhabdovirus（BNYV） 分枝花椰菜坏死黄化病毒

Brome mosaic virus Bromovirus（BMV） 雀麦花叶病毒

brome stem leaf mottle virus 见 *Cocksfoot mild mosaic virus Sobemovirus*

Brome streak mosaic virus Rymovirus（BStMV） 雀麦线条花叶病毒

Brome streak virus Tritimovirus（BStV） 雀麦条纹病毒

Brome（*Bromus*）***striate mosaic virus***（BrSMV） 雀麦（属）条点花叶病毒

Bromoviridae 雀麦花叶病毒科[V]

Bromovirus 雀麦花叶病毒属[V]

Bromus striate mosaic virus Mastrevirus（BrSMV） 雀麦条纹花叶病毒

bromus striate virus 见 *Paspalum striate mosaic virus Geminivirus*

brown line disease virus 见 *Apple stem grooving virus Capillovirus*

Bryonia mottle virus Potyvirus（BryMoV） 泻根（属）斑驳病毒

bryony white mosaic virus 见 *White bryony mosaic virus Carlavirus*

Bubakia 见 *Phakopsora*

Buckleya Torr. 米面蓊属（檀香科）[P]

Buckleya graebneriana Diels 线苞米面蓊

Buckleya henryi Diels 亨氏米面蓊

Buckleya lanceolate Miq. 披针米面蓊

Bulbomicrosphaera Wang 球叉丝壳属[F]

Bulbomicrosphaera magnoliae Wang 木兰球叉丝壳

Bulbouncinula Zheng et Chen 球钩丝壳属[F]

Bulbouncinula bulbosa (Tai et Wei) Zheng et Chen 球钩丝壳

Bullaria 见 *Puccinia*

Bunyaviridae 布尼亚病毒科[V]

Burdock mosaic virus (BuMV) 牛蒡花叶病毒

Burdock mottle virus (BuMoV) 牛蒡斑驳病毒

Burdock stunt viroid (BuSVd) 牛蒡矮化类病毒

Burdock virus (BuV) 牛蒡病毒

Burdock yellow mosaic virus Potexvirus (BuYMV) 牛蒡黄花叶病毒

Burdock yellows virus Closterovirus (BuYV) 牛蒡黄化病毒

Burkholderia Yabuuchi, Kosako, Oyaizu et al. 伯克氏菌属[B]

Burkholderia andropogonis (Smith) Gillis et al. 须芒草伯克氏菌[高粱条纹病菌]

Burkholderia caryophylli (Burkholder) Yabuuchi et al. 石竹伯克氏菌[石竹萎蔫病菌]

Burkholderia cepacia (ex Burkholder) Yabuuchi et al. 洋葱伯克氏菌[洋葱酸腐病菌]

Burkholderia gladioli (Severini) Yabuuchi et al. 唐菖蒲伯克氏菌[唐菖蒲球茎疮痂疫病菌]

Burkholderia gladioli pv. *agaricicola* (Lincoln. et al.) Yabuuchi et al. 唐菖蒲伯克氏菌伞菌致病变种[蘑菇菌斑病菌]

Burkholderia gladioli pv. *alliicola* (Burkholder) Yabuuchi et al. 唐菖蒲伯克氏菌葱致病变种[葱头腐烂病菌]

Burkholderia gladioli pv. *gladioli* (Severini) Yabuuchi et al. 唐菖蒲伯克氏菌唐菖蒲致病变种[唐菖蒲叶斑病菌]

Burkholderia glumae (Kurita Tabei) Urakami et al. 颖壳伯克氏菌[水稻颖枯病菌]

Burkholderia graminis Viallard et al. 禾草伯克氏菌

Burkholderia kirkii Oevelen, Wachter et al. 可克伯克氏菌[九节草内生菌]

Burkholderia pickettii 见 *Ralstonia pickettii*

Burkholderia plantarii (Azegami) Urakami et al. 苗床伯克氏菌

Burkholderia sacchari Brämer et al. 甘蔗伯克氏菌

Burkholderia solanacearum 见 *Ralstonia solanacearum*

Burkholderia sordidicola Lim, Baik, Han, Kim, Bae 白腐菌伯克氏菌[白腐菌寄生菌]

Burkholderia stabilis Vandamme et al. 稳定伯克氏菌

Burrillia Setch. 裸球孢黑粉菌属[F]

Burrillia ajrekari Thirum. 雨久花裸球孢黑粉菌

Burrillia decipiens (Wint.) Clint. 迷惑裸球孢黑粉菌

Burrillia limosellae (Kunze) Lindr. 水茫草裸球孢黑粉菌

Burrillia pustulata Setch. 泡状裸球孢黑粉菌

Bursaphelenchus Fuchs 伞滑刃线虫属[N]

Bursaphelenchus bakeri Rühm 贝氏伞滑刃线虫

Bursaphelenchus borealis Korenchenko 北方伞滑刃线虫

Bursaphelenchus chitwoodi (Rühm) Goodey 奇氏伞滑刃线虫

Bursaphelenchus cocophilus（Cobb）**Baujard** 椰子红环腐线虫

Bursaphelenchus conjunctus 见 *Aphelenchoides conjunctus*

Bursaphelenchus conurus（Steiner）**Goodey** 圆锥伞滑刃线虫

Bursaphelenchus corneolus **Massey** 小角伞滑刃线虫

Bursaphelenchus crenati（Rühm）**Goodey** 刻痕伞滑刃线虫

Bursaphelenchus digitulus **Loof** 指状伞滑刃线虫

Bursaphelenchus eggersi（Rühm）**Goodey** 埃氏伞滑刃线虫

Bursaphelenchus eidmanni（Rühm）**Goodey** 艾氏伞滑刃线虫

Bursaphelenchus elytrus **Massey** 翅鞘伞滑刃线虫

Bursaphelenchus eremus（Rühm）**Goodey** 荒漠伞滑刃线虫

Bursaphelenchus eroshenkii **Kolosova** 叶氏伞滑刃线虫

Bursaphelenchus eucarpus（Rühm）**Goodey** 真节伞滑刃线虫

Bursaphelenchus fraudulentus（Rühm）**Goodey** 假节伞滑刃线虫

Bursaphelenchus fungivorus **Franklin et Hooper** 食菌伞滑刃线虫

Bursaphelenchus georgicus **Maglakelidze** 乔治亚伞滑刃线虫

Bursaphelenchus glochis **Brzeski et Baujard** 具突伞滑刃线虫

Bursaphelenchus gonzalezi **Loof** 冈氏伞滑刃线虫

Bursaphelenchus hellenicus **Skarmoutsos, et al.** 丽伞滑刃线虫

Bursaphelenchus hofmanni **Braasch** 霍氏伞滑刃线虫

Bursaphelenchus hunanensis **Yin, Fang et Tarjan** 湖南伞滑刃线虫

Bursaphelenchus hunti（Steiner）**Giblin et Kaya** 亨特伞滑刃线虫

Bursaphelenchus idius（Rühm）**Goodey** 显粒伞滑刃线虫

Bursaphelenchus incurvus（Rühm）**Goodey** 弯曲伞滑刃线虫

Bursaphelenchus kevini **Giblin, et al.** 凯氏伞滑刃线虫

Bursaphelenchus kolymensis **Korenchenko** 科丽姆伞滑刃线虫

Bursaphelenchus leoni **Baujard** 莱氏伞滑刃线虫

Bursaphelenchus lignophilus（Korner）**Meyl** 木居伞滑刃线虫

Bursaphelenchus mucronatus **Mamiya et Enda** 尖尾伞滑刃线虫

Bursaphelenchus naujaci **Baujard** 瑙杰克伞滑刃线虫

Bursaphelenchus newmexicanus **Massey** 新墨西哥伞滑刃线虫

Bursaphelenchus nuesslini（Rühm）**Goodey** 尼斯林伞滑刃线虫

Bursaphelenchus pinasteri **Baujard** 小松伞滑刃线虫

Bursaphelenchus piniperdae **Fuchs** 松伞滑刃线虫

Bursaphelenchus populneus **Maglakelidze** 白杨伞滑刃线虫

Bursaphelenchus ruehmi **Baker** 鲁氏伞滑刃线虫

Bursaphelenchus sachsi（Rühm）**Goodey** 萨氏伞滑刃线虫

Bursaphelenchus seani **Giblin et Kaya** 肖恩伞滑刃线虫

Bursaphelenchus steineri（Rühm）**Goodey** 斯氏伞滑刃线虫

Bursaphelenchus sutoricus **Devdariani** 鞋形伞滑刃线虫

Bursaphelenchus sychnus（Rühm）**Goodey** 丛林伞滑刃线虫

Bursaphelenchus talonus（Thorne）**Goodey**

贫瘠伞滑刃线虫
Bursaphelenchus tbilisensis **Maglakelidze** 第比利斯伞滑刃线虫
Bursaphelenchus teratospicularis **Kakuliya et Devdariani** 畸刺伞滑刃线虫
Bursaphelenchus trinunculus **Mawwey** 三叉尾伞滑刃线虫
Bursaphelenchus tusciae **Ambrogioni et Palmisano** 图斯卡尼伞滑刃线虫
Bursaphelenchus varicauda **Thong et Webster** 异尾伞滑刃线虫
Bursaphelenchus wilfordi **Massey** 威氏

伞滑刃线虫
Bursaphelenchus xerokarterus （Rühm） **Goodey** 旱生伞滑刃线虫
Bursaphelenchus xylophilus （Steiner et Buhrer） **Nickle** 嗜木质伞滑刃线虫［松材线虫］
Butterbur mosaic virus Carlavirus （ButMV） 蜂斗菜（属）花叶病毒
Butterbur virus Nucleorhabdovirus （ButV） 蜂斗菜病毒
Bymovirus 大麦黄花叶病毒属［V］

C

Caballeroides **Chaturvedi et Khera** 拟针球线虫属［N］
Caballeroides olitorius **Chaturvedi et Khera** 蔬菜拟针球线虫
cabbage A virus 见 *Turnip mosaic virus Potyvirus* （TuMV）
cabbage black ring virus 见 *Turnip mosaic virus Potyvirus* （TuMV）
cabbage black ringspot virus 见 *Turnip mosaic virus Potyvirus* （TuMV）
Cabbage leaf curl virus Begomovirus 甘蓝曲叶病毒
Cabbage leaf curl Jamaica virus Begomovirus 甘蓝曲叶牙买加病毒
cabbage mosaic virus 见 *Cauliflower mosaic virus Caulimovirus*
cabbage ring necrosis virus 见 *Turnip mosaic virus Potyvirus* （TuMV）
cabbage virus B 见 *Cauliflower mosaic virus Caulimovirus*
cabuya necrotic streak mosaic virus 见

Furcraea necrotic streak virus Dianthovirus
cacao mottle leaf virus 见 *Cacao swollen shoot virus Badnavirus*
Cacao necrosis virus Nepovirus （CNV） 可可坏死病毒
Cacao swollen shoot virus Badnavirus （CSSV） 可可肿枝病毒
Cacao yellow mosaic virus Tymovirus （CYMV） 可可黄花叶病毒
Cacao yellow mottle virus Badnavirus （CYMoV） 可可黄斑驳病毒
Cacopaurus epacris 见 *Gracilacus epacris*
Cactodera **Krall et Krall** 棘皮线虫属［N］
Cactodera acnidae （Schuster et Brezina） **Wouts** 水麻棘皮线虫
Cactodera amaranthi （Stoyanov） **Krall et Krall** 苋棘皮线虫
Cactodera aquatica （Kirjanova） **Krall** 水生棘皮线虫
Cactodera betulae （Hirschmann et Riggs）

Krall 桦树棘皮线虫

Cactodera cacti（Filipjev et al. ）**Krall** 仙人掌棘皮线虫

Cactodera chaubattia（Gupta et Edward）**Stone** 丘巴特棘皮线虫

Cactodera eremica **Baldwin et Bell** 沙漠棘皮线虫

Cactodera estonica（Kirjanova et Krak）**Krall** 爱沙尼亚棘皮线虫

Cactodera evansi **Prado et Rowe** 伊文思棘皮线虫

Cactodera johanseni **Sharma et al.** 约翰森棘皮线虫

Cactodera milleri **Graney et Bird** 米勒氏棘皮线虫

Cactodera salina **Baldwin, Mundo, et Mc-Clure** 盐田棘皮线虫

Cactodera thornei（Golden et Raski）**Krall** 索氏棘皮线虫

Cactodera weissi（Steiner）**Krall et Krall** 韦氏棘皮线虫

cactus Saguaro virus 见 *Saguaro cactus virus Carmovirus*

Cactus virus 2 Carlavirus（CV-2） 仙人掌2号病毒

Cactus virus X Potexvirus（CVX） 仙人掌 X 病毒

cactus zygocactus virus 见 *Zygocactus Montana virus X Potexvirus*

Caeoma **Link** 裸孢锈菌属[F]

Caeoma cheoanum **Cumm.** 悬钩子裸孢锈菌

Caeoma colchici 见 *Urocystis colchici*

Caeoma deformans（Berk. et Br. ）**Tub.** 畸形裸孢锈菌

Caeoma destruens 见 *Sporisorium destruens*

Caeoma hypodytes 见 *Ustilago hypodytes*

Caeoma laricis（West. ）**Hart.** 落叶松裸孢锈菌

Caeoma longissimum 见 *Ustilago filiformis*

Caeoma makinoi **Kus.** 牧野裸孢锈菌

［梅、杏锈病菌］

Caeoma pinitorquum **A. Braun** 松裸孢锈菌

Caeoma portuacearum 见 *Albugo portulacae*

Caeoma radiatum **Shirai** 辐线裸孢锈菌

Caeoma rosae-bracteatae **Saw.** 苞蔷薇裸孢锈菌

Caeoma syntherismae 见 *Ustilago syntherismae*

Caeoma trichophorum 见 *Ustilago trichophora*

Caeoma utriculosum 见 *Sphacelotheca hydropiperis*

Caeoma warburgianum **Henn.** 木香裸孢锈菌

Caeoma zeae 见 *Ustilago maydis*

Calanthe mild mosaic virus Potyvirus（CalMMV） 虾脊兰轻型花叶病毒

Calanthe mosaic virus（CalMV） 虾脊兰（属）花叶病毒

Calliospora 见 *Uropyxis*

Callistephus chinensis chlorosis virus Nucleorhabdovirus（CCCV） 翠菊褪绿病毒

Calonectria **de Not.** 丽赤壳属[F]

Calonectria bambusae（Hara）**Höhn.** 箣竹丽赤壳

Calonectria graminicola 见 *Monographella nivalis*

Calonectria nivalis 见 *Monographella nivalis*

Calopogonium yellow vein virus Tymovirus（CalYVV） 毛蔓豆黄脉病毒

Calyptospora 见 *Pucciniastrum*

Camarosporium **Schulz** 壳格孢属[F]

Camarosporium persicae **Maubl.** 桃壳格孢[桃枝壳格孢癌肿病菌]

camellia colour-breaking virus 见 *Camellia yellow mottle virus Varicosavirus*

camellia infectious variegation virus 见 *Camellia yellow mottle virus Varicosavirus*

camellia leaf yellow mottle virus 见 *Camellia yellow mottle virus Varicosavirus*

camellia variegation virus 见 *Camellia*

yellow mottle virus Varicosavirus

Camellia yellow mottle virus Varicosavirus
(CYMoV) 山茶黄斑驳病毒

Canadian poplar mosaic virus 见 *Poplar mosaic virus Carlavirus*

Canary reed mosaic virus Potyvirus
(CRMV) 藕草(草芦)花叶病毒

Canavalia maritima mosaic virus Potyvirus
(CnMMV) 海刀豆花叶病毒

Candida Berkh. 假丝酵母属[F]

Candida aaseri Dietrichs. ex Uden et Buckl. 阿塞假丝酵母

Candida albicans Berkh. 白假丝酵母

Candida aquatica Jones et Slooff 水生假丝酵母

Candida beechii Buckl. et v. Uden 比奇假丝酵母

Candida berthetii Boidin et al. 伯塞特假丝酵母

Candida blankii Buckl. et v. Uden 布兰克假丝酵母

Candida bogoriensis Dein. 茂物假丝酵母

Candida boidinii Ramir. 博伊丁假丝酵母

Candida brumptii Langer. et Guerra 布伦假丝酵母

Candida buffonii (Ramir.) **v. Uden et Buckl.** 巴方假丝酵母

Candida cacaoi Buckl. et v. Uden 可可假丝酵母

Candida catenulata Didd. et Lodd. 链状假丝酵母

Candida ciferrii Krieg. 西弗假丝酵母

Candida claussenii Lodd. et Kreger 克劳森假丝酵母

Candida conglobata (Red.) **Uden et Buckl.** 球聚假丝酵母

Candida curiosa Komag. et Nakase 短卵假丝酵母

Candida curvata (Didd. et Lodd.) **Lodder et Kreger** 弯假丝酵母

Candida diddensii (Phaff et al.) **Fell et Mey.** 迪丹斯假丝酵母

Candida diffluens Ruin. 流散假丝酵母

Candida diversa Ohara et al. ex Uden et al. 叉开假丝酵母

Candida foliarum Ruin. 叶生假丝酵母

Candida freyschussii Buckl. et v. Uden 弗里斯假丝酵母

Candida friedrichii v. Uden et Wind. 弗里德假丝酵母

Candida glaebosa Komag. et Nakase 团假丝酵母

Candida guilliermondii (Cast.) **Lang et Guerra** 季也蒙假丝酵母

Candida guilliermondii var. membranaefaciens Lodder et Kreger 季也蒙假丝酵母膜醭变种

Candida humicola (Dasz.) **Didd. et Lodd.** 土生假丝酵母

Candida ingens Walt et v. Kerk. 极大假丝酵母

Candida intermedia (Cif. et Ashf.) **Lang et Guerra** 间型假丝酵母

Candida japonica Didd. et Lodd. 日本假丝酵母

Candida javanica Ruin. 爪哇假丝酵母

Candida kefyr (Beijer.) **v. Uden et Buckl.** 乳酒假丝酵母

Candida klusei (Cast.) **Berkh.** 克鲁斯假丝酵母

Candida lambica (Lindn. et Gen.) **v. Uden et Buckl.** 郎比可假丝酵母

Candida lipolytica (Harr.) **Didd. et Lodd.** 解脂假丝酵母

Candida lusitaniae v. Uden et Carmo-Sousa 葡萄牙假丝酵母

Candida macedoniensis (Cast. et Chalm.) **Berkh.** 马其顿假丝酵母

Candida marina Uden et Zob. 海生假丝酵母

Candida maritima (Siepm.) **Uden et Buckl.** 滨海假丝酵母

Candida melibiosi Lodd. et Kreger　蜜二糖假丝酵母

Candida melibiosica Buckl. et Uden　口津假丝酵母

Candida melinii Didd. et Lodd.　梅林假丝酵母

Candida membranefaciens（Lodd. et Rij）Wick. et Burt.　膜醭假丝酵母

Candida mesenterica（Geig.）Didd. et Lodd.　管道假丝酵母

Candida mogii Vidal-Leir　莫格假丝酵母

Candida muscorum Menna　泥炭苔假丝酵母

Candida mycoderma（Reess）Lodd. et Kreger　糙醭假丝酵母

Candida norvegensis（Dietrichs.）Uden et Farinha ex Uden et al.　挪威假丝酵母

Candida obtusa（Dietrichs.）Uden et Sousa ex Uden et Buckl.　钝圆假丝酵母

Candida oregonensis Phaff et Sousa　俄勒冈假丝酵母

Candida paprapsilosis（Ashf.）Langer. et Talice　近平滑假丝酵母

Candida pulcherrima（Lindn.）Windish　铁红假丝酵母

Candida ravautii Langer. et Guera　雷沃特假丝酵母

Candida reukaufii（Grüss）Didd. et Lodd.　拉考夫假丝酵母

Candida rhagii（Didd. et Lodd.）Jurz. Kühl. et Kreger　鹬虻假丝酵母

Candida rugosa（Anders.）Didd. et Lodd.　皱落假丝酵母

Candida sake（Saito et Ota）Uden et Buckl.　清酒假丝酵母

Candida salmanticensis（Maria）Uden et Buckl.　萨地假丝酵母

Candida salmonicola Komag. et Nakase　鲑鱼生假丝酵母

Candida shehatae Buckl. et Uden　休哈塔假丝酵母

Candida silvae Leiria et Uden　马肠假丝酵母

Candida slooffii Uden et Sousa　斯卢费假丝酵母

Candida solani Lodd. et Kreger　马铃薯假丝酵母

Candida sorbosa Hedr. et Burke ex Uden et Buckl.　蝇粪假丝酵母

Candida stellatoidea（Jones et Martin）Lang. et Guerra　星形假丝酵母

Candida suaveolens（Lindn.）Cif.　果香假丝酵母

Candida tenuis Didd. et Lodd.　纤细假丝酵母

Candida tropicalis（Cast.）Berkh.　热带假丝酵母

Candida tropicalis var. *lambica*（Harr.）Didd. et Lodd.　热带假丝酵母郎比可变种

Candida utilis（Henneb.）Lodd. et Kreger　产朊假丝酵母

Candida valida（Leberle）Uden et Buckl.　粗壮假丝酵母

Candida vartiovarai（Capr.）Uden et Buckl.　瓦尔假丝酵母

Candida veronae Flor. ex Uden et Buckl.　葡酒假丝酵母

Candida vini（Desm. ex Lodd.）Uden et Buckl.　酸酒假丝酵母

Candida viswanathii Sandhu et Randh.　维斯假丝酵母

Candida vulgaris Berka　普通假丝酵母

Candida zeylanoides（Cast.）Langer. et Guerra　涎沫假丝酵母

Candidatus Burkholderia calva Oevelen et al.　光秃九节布克氏菌［九节叶瘤内生菌］

Candidatus Burkholderia nigropunctata Oevelen et al.　黑斑九节布克氏菌［非洲九节叶瘤内生菌］

Candidatus Liberibacter Jagoueix et al.　韧皮层杆菌属［B］

Candidatus Liberibacter africanus Jagoueix et al. 非洲韧皮层杆菌［非洲柑橘青果病菌］

Candidatus Liberibacter africanus subsp. capensis Garnier et al. 非洲韧皮层杆菌好望角亚种

Candidatus Liberibacter americanus Teixeira et al. 美洲韧皮层杆菌［美洲柑橘黄龙病菌］

Candidatus Liberibacter asiaticus Jagoueix et al. 亚洲韧皮层杆菌［亚洲柑橘黄龙病菌］

Candidatus Liberobacter 见 *Candidatus* Liberibacter

Candidatus Liberobacter africanum 见 *Candidatus* Liberibacter africanus

Candidatus Liberobacter asiaticum 见 *Candidatus* Liberibacter asiaticus

Candidatus Phlomobacter Zreik et al. 韧皮部杆菌属［B］

Candidatus Phlomobacter fragariae Zreik et al. 草莓韧皮部杆菌［草莓叶缘褪色病菌］

Candidatus Phytoplasma Firrao et al. 植原体属［B］

Candidatus Phytoplasma allocasuarinae Marcone et al. 异木麻黄黄化植原体

Candidatus Phytoplasma asteris Lee et al. 紫菀黄化植原体

Candidatus Phytoplasma aurantifolia Zreik et al. 来檬金黄叶植原体

Candidatus Phytoplasma australasia White et al. 大洋洲植原体

Candidatus Phytoplasma australiense Davis et al. 澳洲植原体

Candidatus Phytoplasma brasiliense Montano et al. 巴西植原体

Candidatus Phytoplasma castaneae Jung et al. 日本栗植原体［日本栗丛枝病菌］

Candidatus Phytoplasma cynodontis Marcone et al. 狗牙根植原体

Candidatus Phytoplasma fraxini Griffiths et al. 梣植原体［白蜡树丛枝病菌］

Candidatus Phytoplasma japonicum Sawayanagi et al. 日本植原体

Candidatus Phytoplasma mali Seemüller et Schneider 苹果植原体

Candidatus Phytoplasma oryzae Jung et al. 稻植原体［水稻黄化萎缩病菌］

Candidatus Phytoplasma phoenicium Verdin et al. 巴旦杏植原体［扁桃丛枝病菌］

Candidatus Phytoplasma pini Schneider et al. 松植原体

Candidatus Phytoplasma prunorum Seemüller et Schneider 李属植原体

Candidatus Phytoplasma pyri Seemüller et Schneider 梨植原体

Candidatus Phytoplasma rhamni Marcone et al. 鼠李植原体

Candidatus Phytoplasma spartii Marcone et al. 鹰爪豆植原体

Candidatus Phytoplasma trifolii Hiruki et Wang 三叶草植原体

Candidatus Phytoplasma ulmi Lee，Martini，Marcone，Zhu 榆植原体［榆黄化丛枝病菌］

Candidatus Phytoplasma ziziphi Jung et al. 枣植原体［枣疯病菌］

Candidatus Xiphinematobacter Vandekerckhove et al. 剑线虫杆菌属［B］

Candidatus Xiphinematobacter americani Vandekerckhove et al. 美洲剑线虫杆菌

Candidatus Xiphinematobacter brevicolli Vandekerckhove et al. 短剑线虫杆菌

Candidatus Xiphinematobacter rivesi Vandekerckhove et al. 里夫斯剑线虫杆菌

canna mosaic virus 见 *Bean yellow mosaic virus Potyvirus*

canna mottle virus 见 *Canna yellow mottle virus Badnavirus*

Canna yellow mottle virus Badnavirus （CaYMV） 美人蕉（属）黄斑驳病毒

Canteriomyces **Sparrow**　坎特壶菌属[F]

Canteriomyces stigeoclonii **Sparrow**　毛枝藻坎特壶菌[毛枝藻、竹枝藻壶病菌]

Caper latent virus Carlavirus（CapLV）山柑（属）潜病毒

caper vein banding virus　见 *Caper latent virus Carlavirus*（CapLV）

Caper vein yellowing virus Nucleorhabdovirus（CapVYV）　山柑脉黄病毒

Capillovirus　发样病毒属[V]

Capnodaria（Sacc.）**Theiss.**　槌壳炱属[F]

Capnodaria citri **Berk. et Desm.**　柑橘槌壳炱[柑橘煤病菌]

Capnodaria theae **Hara.**　茶槌壳炱

Capnodium **Mont.**　煤炱属[F]

Capnodium citri **Berk. et Desm.**　柑橘煤炱

Capnodium elaeophilum **Prill.**　油橄榄煤炱

Capnodium footii **Berk. et Desm.**　富特煤炱[茶煤病菌]

Capnodium salicinum **Mont.**　柳煤炱[柳煤病菌]

Capnodium tanaka **Shirai et Hara**　田中煤炱[油茶煤病菌、柑橘煤污病菌]

Capnodium walteri **Sacc.**　沃尔特煤炱

Capnophaeum **Speg.**　刺壳炱属[F]

Capnophaeum fuliginodes（Rehm.）**Yamam.**　烟色刺壳炱

Capnophaeum ischurochloae **Saw. et Yam.**　箭竹刺壳炱[狭穗箭竹煤污病菌]

capsicum mosaic virus　见 *Pepper mild mottle virus Tobamovirus*

capsicum yellows virus　见 *Potato leafroll virus Polerovirus*

Caraway latent virus Carlavirus（CawLV）香菜潜病毒

Cardamine chloROTic fleck virus Carmovirus（CCFV）　碎米荠（属）褪绿斑病毒

Cardamine latent virus Carlavirus（CaLV）碎米荠（属）潜病毒

Cardamine yellow mosaic virus　见 *Turnip yellow mosaic virus Tymovirus*

（TYMV）

Cardamom mosaic virus Macluravirus（CdMV）　豆蔻花叶病毒

Carlavirus　香石竹潜隐病毒属[V]

Carmovirus　香石竹斑驳病毒属[V]

Carnation bacilliform virus Nucleorhabdovirus（CBV）　香石竹杆状病毒

Carnation cryptic virus 1 Alphacryptovirus（CCV‑1）　香石竹潜1号病毒

Carnation cryptic virus 2 Alphacryptovirus（CCV-2）　香石竹潜2号病毒

Carnation etched ring virus Caulimovirus（CERV）　香石竹蚀环病毒

Carnation Italian ringspot virus Tombusvirus（CIRV）　香石竹意大利环斑病毒

Carnation latent virus Carlavirus（CLV）香石竹潜病毒

Carnation mottle virus Carmovirus（CarMV）　香石竹斑驳病毒

Carnation necrotic fleck virus Closterovirus（CNFV）　香石竹坏死斑点病毒

Carnation ringspot virus Dianthovirus（CRSV）　香石竹环斑病毒

carnation streak virus　见 *Carnation necrotic fleck virus Closterovirus*

Carnation stunt associated viroid（CarSaVd）　香石竹矮化伴随类病毒

Carnation vein mottle virus Potyvirus（CVMOV）　香石竹脉斑驳病毒

Carnation virus（CarV）　香石竹病毒

Carnation virus Rhabdovirus　香石竹弹状病毒

carnation yellow fleck virus　见 *Carnation necrotic fleck virus Closterovirus*

Carnation yellow stripe virus Necrovirus（CYSV）　香石竹黄条病毒

Carrot latent virus Nucleorhabdovirus（CtLV）　胡萝卜潜病毒

Carrot mosaic virus Potyvirus（CtMV）胡萝卜花叶病毒

carrot motley dwarf virus　见 *Carrot mot-*

tle virus Umbravirus；*Carrot red leaf virus*

Carrot mottle mimic virus Umbravirus (CMoMV)　胡萝卜拟斑驳病毒

Carrot mottle virus Umbravirus (CMoV)　胡萝卜斑驳病毒

Carrot red leaf virus (CtRLV)　胡萝卜红叶病毒

Carrot temperate virus 1 Alphacryptovirus (CTeV-1)　胡萝卜和性1号病毒

Carrot temperate virus 2 Alphacryptovirus (CTeV-2)　胡萝卜和性2号病毒

Carrot temperate virus 3 Alphacryptovirus (CTeV-3)　胡萝卜和性3号病毒

Carrot temperate virus 4 Alphacryptovirus (CTeV-4)　胡萝卜和性4号病毒

carrot temperate virus 5　见 *Carrot temperate virus 2 Alphacryptovirus*

Carrot thin leaf virus Potyvirus (CTLV)　胡萝卜细叶病毒

Carrot virus (CtV)　胡萝卜病毒

Carrot virus Y Potyvirus　胡萝卜Y病毒

Carrot yellow leaf virus Closterovirus (CYLV)　胡萝卜黄叶病毒

Cassava African mosaic virus Begomovirus (CsAMV)　非洲木薯花叶病毒

Cassava American latent virus Nepovirus (CsALV)　美洲木薯潜病毒

Cassava bacilliform virus (CsBV)　木薯杆状病毒

Cassava brown streak virus Ipomovirus　木薯褐条病毒

Cassava brown streak-associated virus Carlavirus (CBSaV)　木薯褐色线条伴随病毒

Cassava Caribbean mosaic virus Potexvirus (CsCaMV)　木薯加勒比海花叶病毒

Cassava Colombian symptomless virus Potexvirus (CsCoSLV)　木薯哥伦比亚无症病毒

Cassava common mosaic virus Potexvirus

(CsCMV)　木薯普通花叶病毒

Cassava green mottle virus Nepovirus (CsGMV)　木薯绿斑驳病毒

Cassava Indian mosaic virus Begomovirus　木薯印度花叶病毒

Cassava Ivorian bacilliform virus Ourmiavirus (CIBV)　木薯象牙海岸杆状病毒

cassava latent virus　见 *Cassava African mosaic virus Begomovirus*

cassava mosaic virus　见 *Cassava African mosaic virus Begomovirus*

Cassava symptomless virus Nucleorhabdovirus (CsSLV)　木薯无症病毒

Cassava vein mosaic virus Soymovirus (CsVMV)　木薯脉花叶病毒

Cassava vein mosaic-like viruses　见 *Cassava vein mosaic virus* (CsVMV)

Cassava vein mottle virus Caulimovirus (CsVMoV)　木薯脉斑驳病毒

Cassava virus C Ourmiavirus (CsVC)　木薯C病毒

Cassava virus X Potexvirus (CsVX)　木薯X病毒

Cassia Australian yellow blotch virus Bromovirus (CAYBV)　决明澳洲黄斑病毒

Cassia Brazilian yellow blotch virus Bromovirus (CBYBV)　决明巴西黄斑病毒

Cassia mild mosaic virus Carlavirus (CasMMV)　决明(属)轻型花叶病毒

Cassia mosaic virus　决明(属)花叶病毒

cassia mottle virus　见 *Cassia mild mosaic virus Carlavirus*

Cassia ringspot virus　决明(属)环斑病毒

Cassia severe mosaic virus Closterovirus (CasSMV)　决明(属)重型花叶病毒

Cassia yellow blotch virus Bromovirus (CYBV)　决明(属)黄斑病毒

Cassia yellow spot virus Potyvirus (CasYSV)　决明(属)黄点病毒

Cassytha L.　无根藤属(樟科)[P]

Cassytha americana Nees　美洲无根藤

Cassytha filiformis Linn.　无根藤

Cassytha glabella Br.　无毛无根藤

Cassytha mellantha　黑毛无根藤

Cassytha paniculata Taihoa　小穗无根藤

Cassytha pubescens R. Br.　柔毛无根藤

Cassytha racemosa f. sp. *pilosa*　疏毛无根藤

Cassytha racemosa f. sp. *racemosa*　密毛无根藤

Castorbean diplodia　见 *Diplodia ricini*

Catalpa chlorotic leaf spot virus　见 *Broad bean wilt virus Fabavirus*

Catenaria Sorokin　链枝菌属[F]

Catenaria anguillulae Sorokin　线虫形链枝菌

Catenaria auxiliaris（Kühn）**Tribe**　辅助链枝菌

Catenaria vermicola Birchfield　蠕虫生链枝菌

Catenochytridium Berdan　串珠壶菌属[F]

Catenochytridium carolinianum Berdan　变囊串珠壶菌[禾本科叶瘿病菌]

Catenulopsora　见 *Cerotelium*

cat's ear yellow spot virus　见 *Hypochoeris mosaic virus Furovirus*

Cauliflower mosaic virus Caulimovirus（CaMV）　花椰菜花叶病毒

Caulimoviridae　花椰菜花叶病毒科[V]

Caulimovirus　花椰菜花叶病毒属[V]

Cavemovirus　木薯脉花叶病毒属[V]

Celery latent virus Potyvirus（CeLV）　芹菜潜病毒

Celery mosaic virus Potyvirus（CeMV）　芹菜花叶病毒

celery ringspot virus　见 *Celery mosaic virus Potyvirus*

Celery vein mosaic virus（CeVMV）　芹菜脉花叶病毒

Celery virus T Cytorhabdovirus（CeVT）　芹菜 T 病毒

celery western mosaic virus　见 *Celery mosaic virus Potyvirus*

Celery yellow mosaic virus Potyvirus（CeYMV）　芹菜黄花叶病毒

Celery yellow net virus Sequivirus　芹菜黄网病毒

Celery yellow spot virus Luteovirus（CeYSV）　芹菜黄斑病毒

celery yellow vein virus　见 *Tomato black ring virus Nepovirus*（TBRV）

Cenangium Fr.　薄盘属[F]

Cenangium abietis（Pers.）**Duby**　冷杉薄盘菌

Cenangium ferruginosum Fr.　铁锈薄盘菌[松烂皮病菌]

Centrosema mosaic virus Potexvirus（CenMV）　距瓣豆（属）花叶病毒

Cephaleuros Kunze　头孢藻属（橘色藻科）[P]

Cephaleuros karstenii Schmidle　卡氏头孢藻

Cephaleuros lagerheimii Schmidle　拉氏头孢藻

Cephaleuros minimus Kursten　极小头孢藻

Cephaleuros parasiticus Karsten　寄生头孢藻[茶红锈藻、荔枝藻斑病菌]

Cephaleuros virescens Kunze　变绿头孢藻[红锈藻、茶藻斑病菌]

Cephalosporium Corda　头孢属[F]

Cephalosporium acremonium Corda　顶头孢

Cephalosporium asperum March　粗糙头孢

Cephalosporium coremioides Raillo　束梗头孢

Cephalosporium curtipes Sacc.　短梗头孢

Cephalosporium gramineum Nisikado et Ikata　禾条斑头孢[麦类条斑病菌]

Cephalosporium lamellaecola Smith　菌褶生头孢[蘑菇褶霉病菌]

Cephalosporium lecanii Zimm.　蜡蚧头孢

Cephalosporium maydis Samra, Sabet et Hingorani　玉米头孢[玉米晚枯病菌]

Cephalosporium puerariae Saw.　葛头孢

Cephalosporium roseagriseum Saks. 灰红头孢

Cephalosporium roseum Oudem. 粉红头孢

Cephalosporium sacchari Butler et Hafiz Khan 甘蔗头孢霉[甘蔗凋萎病菌]

Cephalosporium zonatum Saw. 环带头孢

Cephalothecium Corda 复端孢属[F]

Cephalothecium candidum Bon. 白复端孢

Cephalotrichum Link 细基束梗孢属[F]

Cephalotrichum stemonitis (Pers.) Link 细基束梗孢

Cerasuvirus maculans virus 见 *Cherry mottle leaf virus Trichovirus*

Ceratobasidium Rogers 角(喙)担菌属[F]

Ceratobasidium cereale Murray et Burpee 禾谷角担菌[早熟禾黄色斑块病菌]

Ceratobasidium cornigerum (Bourd.) Rogers. 兰生角担菌

Ceratobasidium stevensii (Burt.) Ven. 史蒂芬角担菌

Ceratobium mosaic virus Potyvirus (CerMV) 角藻花叶病毒

Ceratocystis Ell. et Halst. 长喙壳属[F]

Ceratocystis adiposa (Butl.) Moreau 多脂长喙壳

Ceratocystis coerulescens 见 *Ceratocystis virescens*

Ceratocystis fagacearum (Bretz.) Hunt. 山毛榉长喙壳[栎枯萎病菌]

Ceratocystis fimbriata Ell. et Halst. 甘薯长喙壳[甘薯黑斑病菌]

Ceratocystis fimbriata f. sp. *platani* May et Palmer 悬铃木长喙壳[法国梧桐溃疡病菌]

Ceratocystis paradoxa (Dade) Moreau 奇异长喙壳[甘蔗凤梨病菌、椰子泻血病菌]

Ceratocystis piceae (Münch) Bakshi 云杉长喙壳[蓝变病菌]

Ceratocystis pini (Münch) Moreau 松长喙壳[松青变病菌]

Ceratocystis radicicola (Bliss) Moreau 根生长喙壳

Ceratocystis ulmi (Buism.) Moreau 榆长喙壳[榆枯萎病菌]

Ceratocystis virescens (Davidson) Moreau 变绿长喙壳[槭树边材条纹病菌]

Ceratocystis wageneri Goheen et Cobb 瓦泥长喙壳[针叶松黑根病菌]

Ceratosphaeria Niessl. 喙球菌属[F]

Ceratosphaeria grisea 见 *Magnaporthe grisea*

Ceratosphaeria phyllostachydis Liao 刚竹喙球菌[竹枯梢病菌]

Ceratosphaeria phyllostachys Zhang 竹喙球菌

Ceratostomella Sacc. 小长喙壳属[F]

Ceratostomella fimbriata 见 *Ceratocystis fimbriata*

Ceratostomella paradoxa 见 *Ceratocystis paradoxa*

Ceratostomella ulmi 见 *Ceratocystis ulmi*

Cercoseptoria Petr. 盘尾孢属[F]

Cercoseptoria leucosceptri (Kissl.) Petr. 白杖木盘尾孢

Cercoseptoria smithii Petr. 间型盘尾孢

Cercospora Fres. 尾孢属[F]

Cercospora abelmoschi Ell. et Ev. 秋葵尾孢[苘麻叶霉(霉斑)病菌]

Cercospora acaciae-confusae Saw. 相思树尾孢

Cercospora acalyphae Peck 铁苋菜尾孢

Cercospora acericola Guo et Jiang 槭生尾孢

Cercospora acerina Hart. 槭尾孢

Cercospora achyranthis Syd. 牛膝尾孢

Cercospora actinidiae Liu et Guo 猕猴桃尾孢

Cercospora actinostemmae Saw. 合子草尾孢

Cercospora ageraticola Goh et Hsieh 藿香蓟生尾孢

Cercospora ageratoides Ell. et Ev. 藿香
蓟尾孢

Cercospora alangii Y. L. Guo 八角枫尾
孢

Cercospora aleuritidis Miyake 油桐尾孢

Cercospora alismaticola Jiang et P. K. Chi
泽泻生尾孢

Cercospora allophyli Saw. 异水患尾孢

Cercospora alocasiae Saw. 海芋尾孢

Cercospora alpine-katsumadae S. Chen et
P. K. Chi 草豆蔻尾孢

Cercospora alternanthraenidiflorae Saw.
节花虾钳菜尾孢

Cercospora althaeina Sacc. 蜀葵尾孢[蜀
葵灰斑病菌]

Cercospora amorphophalli Henn. 魔芋
尾孢

Cercospora andrographicola Chen et
P. K. Chi 穿心莲生尾孢

Cercospora andropogonis Ou. 须芒草尾
孢[高粱黄斑病菌]

Cercospora anethi Sacc. 莳萝尾孢

Cercospora angulata Wint. 角斑尾孢

Cercospora anisomelicola Saw. 马衣叶生
尾孢

Cercospora antirrhini Muller et Chupp
金鱼草尾孢[金鱼草尾孢病菌]

Cercospora apii Fres. 芹菜尾孢[芹菜灰
斑病菌]

Cercospora apii var. *angelicae* Sacc. et
Scalia 当归尾孢

Cercospora arachidicola Hori 落花生尾
孢[花生褐斑病菌]

Cercospora araliae Henn. 楤木尾孢

Cercospora araliae-cordatae Hori 土当归
尾孢

Cercospora arcti-ambrosiae Halst. 牛蒡
尾孢

Cercospora aricola Sacc. 天南星生尾孢

Cercospora arisaemae Tai 天南星尾孢

Cercospora arracacina Chupp 滇芎尾孢

Cercospora artemisiae Y. Guo et Y Jiang
蒿尾孢

Cercospora asclepiadis Ell. 马利筋尾孢

Cercospora asparagi Sacc. 石刁柏尾孢
[芦笋叶斑病菌]

Cercospora astragali Woron. 黄芪尾孢
[黄芪褐斑病菌]

Cercospora atractylidis Pai et Chi 苍术
尾孢

Cercospora atrides Syd. 深褐尾孢

Cercospora atrofiliformis Yen et al. 黑
线尾孢[甘蔗黑条病菌]

Cercospora atro-marginalis Atk. 黑缘尾孢

Cercospora atropae Kvashn. 颠茄尾孢

Cercospora austrinae Chupp et Viégas 葛
尾孢

Cercospora averrhoae Petch 杨桃尾孢

Cercospora avicennae Chupp 鞭尾孢

Cercospora bacilligera (Berk. et Br.)
Fresb 棒尾孢

Cercospora bakeri Syd. 贝克尾孢

Cercospora bakeriana Sacc. 黄蝴蝶尾孢

Cercospora begoniae Hori 秋海棠尾孢
[秋海棠灰斑病菌]

Cercospora bellynckii (West.) Niessl.
牛皮消尾孢

Cercospora bertrandii Chupp 菠菜尾孢

Cercospora beticola Sacc. 甜菜生尾孢
[甜菜褐斑病菌]

Cercospora bidentis Tharp. 鬼针草尾孢

Cercospora bischofiae Yamam. 重阳木
尾孢

Cercospora bixae Alleseh. et Noack. 红
木尾孢

Cercospora blumeae Thüm 见霜黄尾孢

Cercospora blumeae-balsamiferae Saw.
艾纳香尾孢

Cercospora boehmeriae Peck 苎麻尾孢

Cercospora bombacis T. Goh et W. Hsieh
木棉尾孢

Cercospora brachiata Ell. et Ev. 苋尾孢

Cercospora brachypus Ell. et Ev.　细窄尾孢

Cercospora brassicicola Henn.　芸薹生尾孢

Cercospora broussonetiae Chupp et Linder.　构尾孢

Cercospora brunkii Ell. et Gall.　天竺葵尾孢［天竺葵褐斑病菌］

Cercospora buddlejae Yamam.　醉鱼草尾孢

Cercospora caladii Cooke　芋尾孢

Cercospora calendulae Sacc.　金盏花尾孢

Cercospora callicarpae Cooke　紫珠尾孢

Cercospora campanumoeae Saw.　金钱豹尾孢

Cercospora campisilii Speg.　水金凤尾孢

Cercospora camptothecae Tai　喜树尾孢

Cercospora canavaliae Syd.　刀豆尾孢

Cercospora canavaliicola Saw. et Kats.　刀豆生尾孢

Cercospora canescens Ell. et Mart.　变灰尾孢［豆类褐斑（红斑）病菌］

Cercospora cannabina Wakef.　大麻尾孢

Cercospora cannabis Hara et Fukui　大麻透尾孢

Cercospora cannae J. Bai, X. Lui et Y. Guo　美人蕉尾孢

Cercospora cantonensis P. K. Chi　广东尾孢

Cercospora cantuariensis Salm. et Worm.　坎地尾孢［啤酒花灰斑病菌］

Cercospora capsici Heald et Wolf　辣椒尾孢［辣椒褐斑病菌］

Cercospora caracallae (Speg.) Chupp　菜豆明尾孢

Cercospora cardaminae Losa Españo　碎米荠尾孢

Cercospora cardiospermi Petch　倒地铃尾孢

Cercospora carotae (Pass.) Solh.　胡萝卜尾孢

Cercospora carthami (Syd.) Sund. et Ramakr.　红花尾孢

Cercospora cassiocarpa Chupp　决明尾孢

Cercospora castilloae Saw.　美洲胶树尾孢

Cercospora catalpae Wint.　梓尾孢

Cercospora catappae P. Henn.　榄仁树尾孢

Cercospora catenospora Atk.　链尾孢

Cercospora celastricola Govindu et Thirum　南蛇藤生尾孢

Cercospora celosiae Syd.　青葙尾孢

Cercospora cephalanthi Ell. et Trab.　风箱树尾孢

Cercospora ceratoniae Pat. et Trab.　角豆树尾孢

Cercospora chengtuensis Tai.　成都尾孢

Cercospora cheonis Chupp et Linder.　密束梗尾孢

Cercospora chinensis Tai.　中华尾孢

Cercospora chionaothi Ell. et Ev.　流苏树尾孢

Cercospora chionea Ell. et Ev.　紫荆尾孢

Cercospora chrysanthemi Heald et Wolf.　菊尾孢［菊花灰斑病菌］

Cercospora cimicifugae Pai et Chi　升麻尾孢

Cercospora cinnamomi Saw. et Kats.　樟尾孢

Cercospora circumscissa Sacc.　核果尾孢［核果类果树穿孔病菌］

Cercospora cirsii Ell. et Ev.　蓟尾孢

Cercospora citrullina Cooke　瓜类尾孢

Cercospora cladosporioides Sacc.　芽孢状尾孢

Cercospora cladrastidis Jacz.　朝鲜槐尾孢

Cercospora clerodendri Miyake.　臭牡丹尾孢

Cercospora cocculi Syd.　木放己尾孢

Cercospora coffeicola Berk. et Cooke　咖啡生尾孢

Cercospora commelinicola Chupp ex U. Braun　鸭跖草生尾孢

Cercospora concors (Casp.) Sacc.　绒层

尾孢

Cercospora consociata Wint. 梗匀尾孢

Cercospora corchori Saw. 黄麻尾孢

Cercospora coriariae Chupp 马桑尾孢

Cercospora cornicola Tracy et Earle. 椋木生尾孢

Cercospora corylina Ray. 榛尾孢

Cercospora costaricensis Syd. 科地尾孢

Cercospora costina Syd. 闭鞘姜尾孢

Cercospora cotizensis Mull. et Chupp 科蒂兹尾孢

Cercospora crotalariae Sacc. 野百合（猪屎豆）尾孢

Cercospora cruciferarum Ell. et Ev. 十字花科尾孢

Cercospora cruenta Sacc. 见 *Pseudocercospora cruenta*（Sacc.）

Cercospora cryptomeriae Shirai. 柳杉尾孢

Cercospora crytostegiae Yamam. 胶藤尾孢

Cercospora cydoniae Ell. et Ev. 榲桲尾孢

Cercospora cylindrata Chupp et Ev. 筒尾孢

Cercospora cynarae Y. Guo et Y. Jiang 菜蓟尾孢

Cercospora cyperi Saw. 莎草尾孢

Cercospora daturicola（Speg.）Ray. 曼陀罗生尾孢

Cercospora davisii Ell. et Ev. 戴维斯尾孢

Cercospora depazeoides Sacc. 毛接骨木尾孢

Cercospora destructiva Rav. 坏损尾孢

Cercospora dianellae Saw. et Kats. 山菅兰尾孢

Cercospora dianthi Muller et Chupp 石竹尾孢

Cercospora dichrocephalae Yamam. 鱼眼草尾孢

Cercospora digitalis P. K. Chi et Pai 毛地黄尾孢

Cercospora dioscoreae Ell. et Mart. 薯蓣尾孢

Cercospora diospyri-erianthae Saw. 乌材柿尾孢

Cercospora diospyri-morrisianae Saw. 罗浮柿尾孢

Cercospora dolichi Ell. et Ev. 镰扁豆尾孢

Cercospora dryopteridis Y. Guo 鳞毛蕨尾孢

Cercospora dubia（Riess）Wint. 可疑尾孢

Cercospora duddiae Welles 蒜尾孢［洋葱、大葱灰斑病菌］

Cercospora elephantopi Ell. et Ev. 地胆草尾孢

Cercospora elongata Peck 长尾孢

Cercospora epicoccoides Cooke et Mass. 附球状尾孢

Cercospora erechtitis Atk. 菊芹尾孢

Cercospora eriobotryae（Enj.）Saw. 枇杷尾孢［枇杷褐斑病菌］

Cercospora eugeniae（Rangel.）Chupp 丁子香尾孢

Cercospora euonymigena Y. Guo et Y. Jiang 卫矛生尾孢

Cercospora euphorbiae Kell. et Swingle. 大戟尾孢

Cercospora evodiae Syd. 吴茱萸尾孢

Cercospora fabae Fautr. 蚕豆尾孢［蚕豆轮纹病菌］

Cercospora fagarae Yamam. 枝梗尾孢

Cercospora fagopyri Nakata et Takim. 荞麦尾孢

Cercospora fatouae Henn. 水蛇麻尾孢

Cercospora fengshanensis Lin et Yen 凤山尾孢

Cercospora ferruginea Fuck. 铁锈色尾孢

Cercospora fici Heald et Wolf. 无花果尾孢

Cercospora flagellaris Ell. et W. Martin 商陆尾孢

Cercospora foeniculi Magn. 茴香尾孢

Cercospora formosana Yamam. 马缨丹尾孢

Cercospora fukushiana（Matsuura）Yamam.

福士尾孢

Cercospora fuligena Rold. 煤污尾孢

Cercospora fusimaculans Atk. 梭斑尾孢

Cercospora genkwa Syd. 芫花尾孢

Cercospora gerberae Chupp et Viégas 扶朗花尾孢

Cercospora glansulosa Ell. et Kell. 臭椿尾孢

Cercospora glauca Syd. 灰斑尾孢

Cercospora glochidionis Saw. 算盘子尾孢

Cercospora glothidiicola Tracy et Earle 田菁生尾孢

Cercospora glycyrrhizae (Săvulescu et Sandu-Ville) Chupp 甘草尾孢

Cercospora gomphrenae W. W. Ray 千日红尾孢

Cercospora gossypina Cooke 棉尾孢

Cercospora gotoana Togashi 后藤尾孢

Cercospora grandissima Rangel 大尾孢

Cercospora granuliformis Ell. et Holw. 粒状尾孢

Cercospora gynurae Saw. et Kats. 土三七尾孢

Cercospora hamamelidis (Peck) Ell. et Ev. 金缕梅尾孢

Cercospora helianthi Ell. et Ev. 向日葵尾孢

Cercospora helianthicola Chupp et Vieg. 向日葵生尾孢

Cercospora hemerocallidis Tehon. 萱草尾孢 [黄花菜灰斑病菌]

Cercospora henningsii Allesch. 木薯尾孢

Cercospora hibiscicola Hara 木槿生尾孢

Cercospora hibiscina Ell. et Ev. 木槿尾孢

Cercospora hostae Hori ex Katsuki 玉簪尾孢

Cercospora houttuyniicola T. Goh et W. Hsieh 鱼腥草生尾孢

Cercospora hoveniae Viégas et Chupp 拐枣尾孢

Cercospora humuligena X. Liu, Y Guo et L. Xu 葎草生尾孢

Cercospora hydrangeae Ell. et Ev. 绣球花尾孢

Cercospora imperatae (Syd.) Saw. 白茅尾孢

Cercospora instabilis Rangel. 糊隔尾孢

Cercospora ipomoeae Wint. 甘薯尾孢

Cercospora iteae Saw. et Kats. 鼠箭尾孢

Cercospora iteodaphnes (Thüm.) Sacc 京梨尾孢

Cercospora ixorae Solh. 龙船花尾孢

Cercospora jasminicola Mull. et Chupp 茉莉生尾孢

Cercospora jatrophicola (Speg.) Chupp 麻风树生尾孢

Cercospora juncicola Chupp 灯心草生尾孢

Cercospora jussiaeae-repentis Saw. 水龙尾孢

Cercospora justiciae Tai 爵床尾孢

Cercospora justiciaecola Tai 爵床生尾孢

Cercospora kaki Ell. et Ev. 柿尾孢

Cercospora kashotoensis Yamam. 卡地尾孢

Cercospora kikuchii Matsum. et Tomoy. 菊池尾孢 [大豆紫斑病菌]

Cercospora koepkei Krüg. 散梗尾孢

Cercospora labiatarum Chupp et Mull. 唇形科尾孢

Cercospora lactucae-sativae Saw. 莴苣尾孢

Cercospora latens Ell. et Ev. 胡枝子尾孢

Cercospora lathyrina Ell. et Ev. 山鯬豆尾孢

Cercospora leguminum Chupp et Linder. 豆科尾孢

Cercospora leonuri Stev. et Solh. 益母草尾孢

Cercospora ligustri Roum. 女贞尾孢

Cercospora ligustricola Tai 女贞生尾孢

Cercospora lindericola Yam. 钓樟生尾孢

Cercospora lingii F. L. Tai 月见草宽尾孢

Cercospora liquidambaris Cooke et Ell.
枫香树尾孢

Cercospora liriopes Tai　麦冬尾孢

Cercospora longipes E. Butler　甘蔗尾孢

Cercospora longissima Sacc.　极长尾孢
［莴苣尾孢叶斑病菌］

Cercospora lonicericola Yam.　忍冬生尾孢

Cercospora luffae Hara　丝瓜尾孢

Cercospora lycii Ell. et Halst.　枸杞尾孢
［枸杞灰斑病菌］

Cercospora lythracearum Heald et Wolf
千屈菜科尾孢［紫薇褐斑病菌］

Cercospora macarangae H. et P. Syd.
血桐尾孢

Cercospora macclatchieana Sacc. et Syd.
君迁子尾孢

Cercospora malayensis Stev. et Solh.　马
来尾孢［红麻斑点病菌］

Cercospora mali Ell. et Ev.　苹果尾孢

Cercospora malloti Ell. et Ev.　野桐尾孢

Cercospora malvarum Sacc.　锦葵尾孢

Cercospora malvicola Ell. et Mart.　锦葵
生尾孢

Cercospora mamaonis Viégas et Chupp　番
木瓜生尾孢

Cercospora mangiferae Koord.　杧果尾孢

Cercospora manihobae Viégas　木薯尾孢

Cercospora marrubii Tharp.　欧夏至草尾孢

Cercospora medicaginis Ell. et Ev.　苜蓿
尾孢［豆科牧草尾孢叶斑病菌］

Cercospora megalopotamica Speg.　大河
尾孢

Cercospora mehran S. Khan et M. Kamal
木菠萝尾孢

Cercospora melanolepidis Saw.　暗鳞木
尾孢

Cercospora melastomobia Yam.　野牡丹
尾孢

Cercospora meliae Ell. et Ev.　楝尾孢

Cercospora melongenae Welles.　茄尾孢

Cercospora melothriae Saw　马㼎儿尾孢

Cercospora menispermi Ell. et Ev.　蝙蝠
葛尾孢

Cercospora menthicola Tehon　薄荷生尾孢

Cercospora micromera Syd.　小节尾孢

Cercospora mirabilis Tharp　紫茉莉尾孢

Cercospora miscanthi Saw.　芒尾孢

Cercospora missouriensis Wint.　密苏里
尾孢

Cercospora miurae Syd.　三浦尾孢

Cercospora miyakei Henn.　三宅尾孢

Cercospora mori Hara　桑尾孢

Cercospora moricola Cooke　桑生尾孢

Cercospora musae Zimm.　见 *Pseudocer-
cospora musae* (Zimm) Deighton

Cercospora musaecola Saw.　芭蕉生尾孢

Cercospora mysorensis Thirum. et Chupp
买索尔尾孢

Cercospora nasturtii Pass.　水田芥尾孢

Cercospora negundinis Ell. et Ev.　梣叶
槭尾孢

Cercospora neriella Sacc.　欧夹竹桃尾孢

Cercospora nerii-indici Yamam.　夹竹桃
尾孢［夹竹桃灰斑病菌］

Cercospora newtonensis Deight.　纽地尾孢

Cercospora nicandrae Chupp　假酸浆尾孢

Cercospora nicotianae Ell. et Ev.　烟草
尾孢［烟草蛙眼病菌］

Cercospora nigricans Cooke　黑尾孢

Cercospora nilghirensis Govindu et Thirum
假蓬尾孢

Cercospora nymphaeacea Cooke et Ell.
睡莲尾孢［睡莲褐斑病菌］

Cercospora nyssae-sylvaticae H. Green
紫树尾孢

Cercospora obtegens Syd.　面蛛尾孢

Cercospora ocimicola Petr. et Cif.　罗勒
生尾孢

Cercospora oenotherae Ell. et Ev.　月见
草尾孢

Cercospora olivascens Sacc.　马兜铃尾孢

Cercospora omphakodes Ell.　福禄考尾

孢[福禄考叶斑病菌]

Cercospora oryzae Miyake　稻尾孢

Cercospora osmanthicola P. K. Chi et Pai
木樨生尾孢[桂花褐斑病菌]

Cercospora pachirae Chupp et Mull.　鸡
矢藤尾孢

Cercospora pachyderma Syd.　厚皮尾孢

Cercospora pachypus Ell. et Kell.　褐柄
尾孢

Cercospora pachyrhizi Saw. et Kats.　豆
薯尾孢

Cercospora paederiae Tai　牛皮冻尾孢

Cercospora paeoniae Tehon. et Dan.　芍
药尾孢[芍药(牡丹)轮斑病菌]

Cercospora panacicola P. K. Chi et Pai
人参生尾孢

Cercospora papaveri Nakata　罂粟尾孢

Cercospora papavericola P. K. Chi et Pai
罂粟生尾孢

Cercospora papayae Hansf.　番木瓜尾孢
[番木瓜灰褐斑病菌]

Cercospora papillosa Atk.　美女樱尾孢

Cercospora passifloricola Chupp　西番莲
生尾孢

Cercospora paulowniae Hori　泡桐尾孢

Cercospora pegani Liu et Guo　骆驼蓬尾孢

Cercospora penicillata（Ces.）Fres.　画笔
尾孢

Cercospora penzigii Sacc.　蟹橙尾孢

Cercospora periclymeni Wint.　忍冬尾孢

Cercospora perillae Nakata　紫苏尾孢

Cercospora persicariae Yamam.　火炭母
尾孢

Cercospora personata（Berk.）Ell. et Ev.
球座尾孢

Cercospora phellodendri Chi et Pai　黄檗
尾孢

Cercospora phyllanthi Chupp　叶下珠尾孢

Cercospora physalidicola Ell.　酸浆生尾孢

Cercospora physalidis Ell.　酸浆尾孢

Cercospora pileae Tai　冷水花尾孢

Cercospora pingtungensis Lin et Yen　屏
东尾孢

Cercospora pini-densiflorae Hori et Nam-
bu　赤松尾孢

Cercospora piperis-betle Saw. et Kats.
蒌叶尾孢

Cercospora piricola Saw.　梨生尾孢

Cercospora pisi-sativae Stevens.　豌豆尾孢

Cercospora pistaciae Chupp　黄连木尾孢

Cercospora pistiae Nag Raj，Govindu et
Thirum.　大藻尾孢

Cercospora plantaginis Sacc.　车前尾孢

Cercospora polliae Saw.　杜若尾孢

Cercospora polygonacea Ell.　蓼尾孢

Cercospora polygoni-multiflori S. Chen et
Chi　何首乌尾孢

Cercospora polygonorum Cooke　色柱尾孢

Cercospora populicola Tharp.　杨生尾孢

Cercospora potentillae Chupp et Greene
委陵菜尾孢

Cercospora profusa Syd.　宽柱尾孢

Cercospora prunicola Ell. et Ev.　樱花生
尾孢

Cercospora prunina J. Yen　李生尾孢

Cercospora psychotriae Chupp et Vieg.
九节木尾孢

Cercospora puderi Ben Davis　普德尔尾孢

Cercospora pueraricola Yamam.　葛生尾孢

Cercospora pulcherrimae Tharp　一品红
尾孢

Cercospora punctiformis Sacc. et Roum.
点形尾孢

Cercospora punicae Henn.　石榴尾孢

Cercospora ratibidae Ellis et Barth　风毛
菊尾孢

Cercospora rhamni Fuck.　鼠李尾孢

Cercospora rhinacanthi Höhn.　灵芝(草)
尾孢

Cercospora rhododendri Em. et al.　杜鹃
尾孢[杜鹃褐斑病菌]

Cercospora rhois Saw. et Kats.　漆树尾孢

Cercospora ribis Earle　茶藨子尾孢

Cercospora ricinella Sacc. et Berl.　葛麻尾孢

Cercospora roesleri（Catt.）Sacc.　座束梗尾孢

Cercospora rosae（Fuck.）Höhn　蔷薇尾孢

Cercospora rosicola Pass.　蔷薇生尾孢

Cercospora rubro-tincta Ell. et Ev.　变红尾孢

Cercospora sagittariae Ell. et Kell.　慈姑尾孢

Cercospora salicina Ell. et Ev.　柳尾孢

Cercospora salviicola Tharp　鼠尾草生尾孢

Cercospora sambuci Y. Guo et Y. Jiang　接骨木尾孢

Cercospora sapindicola Tai　无患子生尾孢

Cercospora saururi Ell. et Ev.　三白草尾孢

Cercospora sawadae Yamam.　泽田尾孢

Cercospora schefflericola Xi, Chi et Jiang　鹅掌柴生尾孢

Cercospora scopariae Thirum.　野甘草尾孢

Cercospora scrophulariae（Moesz）Chupp　玄参尾孢

Cercospora scrophularicola P. K. Chi　玄参生尾孢

Cercospora selini-gmelini（Sacc. et Scalia）Chupp　蛇床尾孢

Cercospora senecionicola J. Davis　千里光生尾孢

Cercospora sesami Zimm.　芝麻尾孢

Cercospora setariae Atk.　粟尾孢［粟灰斑病菌］

Cercospora sidaecola Ell. et Ev.　黄花稔生尾孢

Cercospora siegesbeckiae Katsuki　豨莶尾孢

Cercospora siphocampyli Chupp et Viégas　美洲山梗菜尾孢

Cercospora snelliana Reichert　斯内尔尾孢

Cercospora sojina Hara.　大豆尾孢［大豆灰斑（蛙眼）病菌］

Cercospora solanacea Sacc. et Berl.　土烟叶尾孢

Cercospora solani-melongenae Chupp　茄斑尾孢

Cercospora solani-torvi Frag. et Cif.　水茄尾孢［茄子褐色圆星病菌］

Cercospora sonchi Chupp　苦苣菜尾孢

Cercospora sophorae Saw. et Kats.　槐尾孢

Cercospora sorghi Ell. et Ev.　高粱尾孢［高粱紫斑病菌］

Cercospora spegazzinii Sacc.　朴叶尾孢

Cercospora sphaerii-formis Cooke　球形尾孢

Cercospora spilosticta Syd.　污斑尾孢

Cercospora spiraeae Thüm.　绣线菊尾孢

Cercospora spiraeicola Mull et Chupp　绣线菊生尾孢

Cercospora stachydis Ell. et Ev.　水苏尾孢

Cercospora stachytarphetae Ell. et Ev.　假马鞭尾孢

Cercospora stachyuricola Liu et Guo　旌节花尾孢

Cercospora stahlianthi Z. Jiang et Chi　土田七尾孢

Cercospora stephaniae Saw. et Kats.　千金藤尾孢

Cercospora stillingiae Ell. et Ev.　草乌白窄尾孢

Cercospora stizolobii Syd.　黎豆尾孢

Cercospora strobilanthidis Chidd.　马兰尾孢

Cercospora subsessilis Syd.　短梗尾孢

Cercospora symploci Saw.　山矾尾孢

Cercospora szechuanensis Tai　四川尾孢

Cercospora taiwanensis Matsum. et Yamam.　台湾尾孢

Cercospora tectoniae Stev.　柚木尾孢

Cercospora ternateae Petch　蝶豆尾孢

Cercospora theae（Cav.）Breda　茶尾孢

Cercospora thladianthae Saw.　赤瓟尾孢

Cercospora thunbergiana Yen　山牵牛尾孢

Cercospora timorensis Cooke 帝汶尾孢

Cercospora tinea Sacc. 欧洲莢莲尾孢

Cercospora tremae Saw. 山黄麻尾孢

Cercospora trilobi Chupp 木防己尾孢

Cercospora truncata Ell. et Ev. 截形尾孢

Cercospora tuberculans Ell. et Ev. 结节尾孢

Cercospora tussilaginis Y. Guo et Y. Jiang 款冬尾孢

Cercospora ubi Racib. 参薯尾孢

Cercospora unamunoi Castell. 密梗尾孢

Cercospora urariae Saw. 兔尾草尾孢

Cercospora vaginae Krüg. 蔗鞘尾孢

Cercospora vanierae Chupp et Linder 柘尾孢

Cercospora variicolor Wint. 黑座尾孢

Cercospora verniciferae Chupp et Viégas 盐肤木尾孢

Cercospora vexillatae J. Yen 野豇豆尾孢

Cercospora viburnicola W. Ray 莢蒾生尾孢

Cercospora viburni-cylindrici Tai 水红木尾孢

Cercospora vignae Rac. 豇豆尾孢[豇豆煤斑病菌]

Cercospora violae Sacc. 堇菜尾孢

Cercospora viticis Ell. et Ev. 牡荆尾孢

Cercospora volkameriae Speg. 海州常山尾孢

Cercospora yerbae Speg. 冬青尾孢

Cercospora zanthoxyli Cooke 花椒尾孢

Cercospora zebrina Pass. 条斑尾孢

Cercospora zinniae Ell. et Mart. 百日草尾孢[百日草灰斑病菌]

Cercospora ziziphi Petch 枣尾孢

Cercospora zonata Wint. 轮纹尾孢

Cercosporella Sacc. 小尾孢属[F]

Cercosporella albo-maculans (Ell. et Ev.) Sacc. 白斑小尾孢[白菜白斑病菌]

Cercosporella boehmeriae Saw 苎麻小尾孢

Cercosporella brassicae (Fautr. et Roum) Höhn. 芸薹小尾孢

Cercosporella cana Sacc. 白色小尾孢

Cercosporella euonymi Erikss. 卫矛小尾孢

Cercosporella gossypii Speg. 棉小尾孢

Cercosporella herpotrichoides Fron. 卷毛小尾孢

Cercosporella indigoferae Miura 槐蓝小尾孢

Cercosporella persicae Sacc. 桃小尾孢[桃叶白霉病菌]

Cercosporella theae Patch. 茶小尾孢

Cercosporella virgaureae (Thüm.) Lindau. 一枝黄花小尾孢

Cercosporidium Earle 短胖孢属[F]

Cercosporidium artemisiae Saw. 艾蒿短胖孢

Cercosporidium bambusicolum Saw. 竹生短胖孢

Cercosporidium bellynckii (Westend.) Liu et Guo 牛皮消短胖孢

Cercosporidium bolleanum (deThuem.) Liu et Guo 无花果短胖孢

Cercosporidium campi-silii (Speg.) Liu et Guo 水金凤短胖孢

Cercosporidium depressum (Berk. et Br.) Deight. 扁平短胖孢

Cercosporidium dubium (Riess) Liu et Guo 藜短胖孢

Cercosporidium flemingiae Liu et Guo 千斤拔短胖孢

Cercosporidium gotoanum (Togashi) Liu et Guo 珍珠梅短胖孢

Cercosporidium graminis (Fuckel) Deight. 禾短胖孢

Cercosporidium hennighsii (Allesch.) Deight 木薯短胖孢

Cercosporidium miurae (H. et Sydow) Liu et Guo 三浦短胖孢

Cercosporidium paridis (Eriks.) Liu et Guo 重楼短胖孢

Cercosporidium punctum (Lacroix) Deight

茴香短胖孢

Cercosporidium simulans （M. B. Ellis et Kell.）**Liu et Guo**　两型豆短胖孢

Cercosporidium sojinum （Hara）**Liu et Guo**　大豆褐斑短胖孢

Cercosporidium stephaniae **Saw.**　青藤短胖孢

cereal African streak virus　见 *Maize streak virus Mastrevirus*（MSV）

Cereal chlorotic mottle virus Nucleorhabdovirus（CCMoV）　禾谷绿斑驳病毒

Cereal flame chlorosis virus　禾谷火焰状褪绿病毒

cereal mosaic virus　见 *Winter wheat Russian mosaic virus Nucleorhabdovirus*

Cereal northern mosaic virus Cytorhabdovirus　禾谷北方花叶病毒

cereal striate mosaic virus　见 *Barley yellow striate mosaic virus Cytorhabdovirus*

Cereal tillering virus （CerTV）　禾谷细蘗病毒

cereal yellow dwarf virus　见 *Barley yellow dwarf virus Luteovirus*

Cereal yellow dwarf virus-RPV Polerovirus（CYDV-RPV）　禾谷黄矮 RPV 病毒

Cerebella **Ces.**　脑形霉属[F]

Cerebella cynodontis **Syd.**　狗牙根脑形霉

Cerebella paspali **Cooke et Mass.**　雀稗脑形霉

Ceriporia **Donk**　蜡质菌属[F]

Ceriporia tarda （Berk.）**Ginns.**　迟缓蜡质菌

Ceriporiopsis **Domanski**　拟蜡菌属[F]

Ceriporiopsis aneirina （Sommerf.；Fr.）**Dom.**　干拟蜡菌

Ceriporiopsis cremea （Parm.）**Ryv.**　奶油黄拟蜡菌

Ceriporiopsis subvermispora （Pilat）**Gilb. et Ryv.**　虫拟蜡菌

Ceropsora **Bakshi et Singh**　蜡壳锈菌属[F]

Ceropsora piceae （Barcl.）**Bakshi et Singh**　蜡壳锈菌

Cerotelium **Arth.**　蜡锈菌属[F]

Cerotelium fici （Cast.）**Arth.**　无花果蜡锈菌

Cerotelium gossypii **Arth.**　棉蜡锈菌

Cerotelium hashiokae **Hirats.**　桥冈蜡锈菌

Cerradoa 见 *Edythea*

Cerrena **Mich.**　齿毛菌属（下皮黑孔菌属）[F]

Cerrena unicolor （Bull.；Fr.）**Murr.**　一色齿毛菌

Cestrum virus Caulimovirus（CV）　夜香树（属）病毒

Cestrum yellow leaf curling virus Caulimovirus（CmYLCV）　夜香树黄化曲叶病毒

Chaconia **Juel**　共基锈菌属[F]

Chaconia alutacea **Juel**　棕色共基锈菌

Chaconia ingae （Syd.）**Cumm.**　音加共基锈菌

Chaetomium **Kunze ex Fr.**　毛壳属[F]

Chaetomium bostrychodes **Zopf**　旋丝毛壳

Chaetoscorias **Yam.**　刺隔孢炱属[F]

Chaetoscorias vulgare **Yam.**　普通刺隔孢炱

Chaetosphaeria **Tul.**　刺球菌属[F]

Chaetosphaeria citricola **Saw. et Yam.**　柑橘生刺球菌

Chaetostroma **Corda**　刺座孢属[F]

Chaetostroma purpureo-nigra **Teng.**　紫黑刺座孢

Chaetothyrium **Speg.**　刺盾炱属[F]

Chaetothyrium citricola **Saw.**　柑橘生刺盾炱

Chaetothyrium colchicum **Woron.**　秋水仙刺盾炱

Chaetothyrium echinulatum **Yamam.**　小刺盾炱

Chaetothyrium musae **Lin et Yen**　香蕉刺盾炱

Chaetothyrium sawadai **Yamam.**　泽田刺

盾炱

Chaetothyrium sinense Teng   中国刺盾炱

Chaetothyrium spinigerum （Höhn.）
Yamam.   针刺盾炱

Chaetothyrium theae（Saw.）**Hara**   茶刺
盾炱

champa mosaic virus 见 *Frangipani mosaic virus Tobamovirus*

Chara australis virus Furovirus（ChaAV）
南方轮藻病毒

Chara corallina virus Tobamovirus
（ChaCV） 珊瑚轮藻病毒

Chardoniella Kern   假柄柱锈菌属[F]

Chardoniella gynoxidis Kern   假柄柱锈菌

Chayote mosaic virus Tymovirus（ChMV）
佛手瓜花叶病毒

Chayote yellow mosaic virus Begomovirus
佛手瓜花叶 DNA 病毒

chenopodium dark green epinasty virus 见
Apple stem grooving virus Capillovirus

chenopodium mosaic virus 见 *Sowbane mosaic virus Sobemovirus*（SoMV）

Chenopodium necrosis virus Necrovirus
（ChNV） 藜属坏死病毒

chenopodium seed-borne mosaic virus 见 *Sowbane mosaic virus Sobemovirus*（SoMV）

chenopodium star mottle virus 见 *Sowbane mosaic virus Sobemovirus*（SoMV）

Cheravirus   樱桃锉叶病毒属[V]

cherry chlorotic ringspot virus 见 *Prune dwarf virus Ilarvirus*

Cherry green ring mottle virus Foveavirus
（CGRMV） 樱桃绿环斑驳病毒

Cherry leaf roll virus Nepovirus（CLRV）
樱桃卷叶病毒

Cherry mottle leaf virus Trichovirus（CMLV） 樱桃叶斑驳病毒

Cherry necrotic rusty mottle virus Foveavirus   樱桃坏死锈斑驳病毒

Cherry rasp leaf virus Cheravirus
（CRLV） 樱桃锉叶病毒

Cherry rasp leaf virus Nepovirus 见 *Cherry rasp leaf virus Cheravirus*（CRLV）

Cherry raspberry leaf virus（CRbLV）
樱桃悬钩子叶病毒

Cherry rosette virus Nepovirus（CRV）
樱桃丛簇病毒

cherry rugose mosaic virus 见 *Prunus necrotic ringspot virus Ilarvirus*

Cherry virus A Capillovirus（CheVA） 樱
桃 A 病毒

Chestnut yellows phytoplasma   板栗黄化
病植原体

Chickpea bushy dwarf virus Potyvirus
（CpBDV） 鹰嘴豆丛矮病毒

Chickpea chlorotic dwarf virus Mastrevirus（CpCDV） 鹰嘴豆褪绿矮缩病毒

Chickpea distortion mosaic virus Potyvirus
（CpDMV） 鹰嘴豆畸形花叶病毒

Chickpea filiform virus Potyvirus（CpFV）
鹰嘴豆丝状病毒

Chickpea stunt disease associated virus
（CpSDaV） 鹰嘴豆矮化伴随病毒

Chickpea stunt virus（CpSV） 鹰嘴豆矮
化病毒

chicory blotch virus 见 *Chicory yellow blotch virus Carlavirus*

Chicory virus X Potexvirus（ChVX） 菊
苣 X 病毒

Chicory yellow blotch virus Carlavirus
（ChYBV） 菊苣黄斑病毒

**Chicory yellow mottle virus large satellite
RNA** 菊苣黄斑驳病毒大卫星 RNA

Chicory yellow mottle virus Nepovirus
（ChYMV） 菊苣黄斑驳病毒

Chicory yellow mottle virus satellite RNA
菊苣黄斑驳病毒卫星 RNA

chicory yellows virus 见 *Chicory yellow blotch virus Carlavirus*

Chilli leaf curl virus Begomovirus   辣椒
曲叶病毒

chilli mottle virus 见 *Pepper Indian mot-*

tle virus Potyvirus；*Pepper mottle Potyvirus*

Chilli veinal mottle virus Potyvirus（ChiVMV）辣椒脉斑驳病毒

chiloensis vein banding virus 见 *Strawberry vein banding virus Caulimovirus*

Chinese chive dwarf virus（CCDV）韭菜矮缩病毒

Chinese wheat mosaic virus Furovirus 中国小麦花叶病毒

Chinese yam necrotic mosaic virus（ChYN-MV）中国薯蓣坏死花叶病毒

Chino del tomate virus Begomovirus（CdTV）番茄皱叶病毒

Chitinoaphelenchus cocophilus 见 *Rhadinaphelenchus cocophilus*

Chitinotylenchus paragracilis 见 *Ditylenchus paragracillis*

Chitonomyces **Peyritsch** 外胞虫囊菌属［F］

Chloris striate mosaic virus Mastrevirus（CSMV）虎尾草条点花叶病毒

Chlorocyphella **Speg.** 杯壳孢属［F］

Chlorocyphella aeruginascens（Karst.）**Keissl.** 黄绿杯壳孢

Chloroscypha **Seaver** 绿胶杯菌属［F］

Chloroscypha cedrina **Seaver** 铅笔柏绿胶杯菌

Chloroscypha chloromella **Seaver** 北美红杉绿胶杯菌

Chloroscypha fitzroyae **Butin** 智利柏绿胶杯菌

Chloroscypha jacksoni **Seaver** 北美崖柏绿胶杯菌

Chloroscypha jucksonii **Seaver** 欧洲刺柏绿胶杯菌

Chloroscypha platycladus **Dai** 侧柏绿胶杯菌

Chlorosplenium **Fr.** 绿盘菌属［F］

Chlorosplenium aeruginascens（Nyl.）**Karst.** 小孢绿盘菌

Chlorosplenium aeruginosum（Oed.）**de**

Not. 绿盘菌

Chnoopsora 见 *Melampsora*

Choanephora **Curr.** 笄霉属［F］

Choanephora americana **Moeller** 美洲笄霉［万寿果花腐病菌］

Choanephora cucurbitarum（Berk. et Raven.）**Thaxter** 瓜笄霉［茄花腐豌豆荚腐病菌］

Choanephora infundibulifera（Curr.）**Saccardo** 漏斗笄霉［朱槿花腐病菌］

Choanephora manshurica 见 *Choanephora cucurbitarum*

Choanephora trispora **Thaxter** 三孢笄霉［甘薯腐烂病菌］

Chondrilia juncea stunting virus Nucleorhabdovirus（QSV）狭叶粉苞苣矮化病毒

Chondroplea **Kleb** 疡壳孢属［F］

Chondroplea populea（Sacc.）**Kleb.** 杨疡壳孢菌［杨树溃疡病菌］

Chondrostereum **Pouzar** 软韧革菌属［F］

Chondrostereum purpureum（Pers et Fr.）**Pouzar** 紫软韧革菌［苹果银叶病菌］

Christisonia **Gardn.** 假野菰属(列当科)［P］

Christisonia hookeri **Clarke** 假野菰

Christisonia sinensis 见 *Christisonia hookeri*

chrysanthemum aspermy virus 见 *Tomato aspermy virus Cucumovirus*（TAV）

Chrysanthemum chlorotic mottle viroid Pelamoviroid（CChMVd）菊花褪绿斑驳类病毒

chrysanthemum dwarf mottle virus 见 *Chrysanthemum virus B Carlavirus*

Chrysanthemum frutescens virus Nucleorhabdovirus（CFV）木茼蒿病毒

chrysanthemum mild mosaic virus 见 *Chrysanthemum virus B Carlavirus*

chrysanthemum mild mottle virus 见 *Tomato aspermy virus Cucumovirus*（TAV）

chrysanthemum mosaic virus 见 *Tomato aspermy virus Cucumovirus*（TAV） chrysanthemum necrotic mottle virus 见 *Chrysanthemum virus B Carlavirus*

Chrysanthemum spot virus Potyvirus (ChSV) 菊斑点病毒

Chrysanthemum stem necrosis virus Tospovirus (CSNV) 菊茎坏死病毒

Chrysanthemum stunt viroid Pospiviroid (CSVd) 菊矮化类病毒

Chrysanthemum vein chlorosis virus Nucleorhabdovirus (CVCV) 菊脉褪绿病毒

chrysanthemum vein mottle virus 见 *Chrysanthemum virus B Carlavirus*

Chrysanthemum virus B Carlavirus (CVB) 菊 B 病毒

chrysanthemum virus Q 见 *Chrysanthemum virus B Carlavirus*

***Chrysella* Syd.** 金柄锈菌属[F]

***Chrysella mikaniae* Syd.** 米甘草(薇甘菊)金柄锈菌

***Chrysocelis* Lagerh. et Diet.** 黄锈菌属[F]

***Chrysocelis lupini* Lagerh et Diet.** 羽扇豆黄锈菌

***Chrysocyclus* Syd.** 金环锈菌属[F]

Chrysocyclus cestri (Diet. et Henn.) **Syd.** 夜香树金环锈菌

***Chrysomyxa* Ung.** 金锈菌属[F]

Chrysomyxa abietis (Wallr.) **Ung.** 冷杉金锈菌

***Chrysomyxa arctostaphyli* Diet.** 熊果金锈菌[云杉帚锈病菌]

***Chrysomyxa bambusae* Teng** 竹金锈菌[竹锈病菌]

Chrysomyxa deformans (Diet.) **Jacz.** 畸形金锈菌

***Chrysomyxa dietelii* Syd.** 迪特尔金锈菌

***Chrysomyxa expansa* Diet.** 展金锈菌

Chrysomyxa keteleeriae (Tai) **Wang et Peterson** 油杉金锈菌

***Chrysomyxa ledi* de Bary** 云杉金锈菌

Chrysomyxa piceae 见 *Ceropsora piceae*

Chrysomyxa pyrolae (DC.) **Rostr.** 鹿蹄草金锈菌

***Chrysomyxa qilianensis* Wang，Wu et Li** 祁连金锈菌

***Chrysomyxa rhododendri* de Bary** 杜鹃金锈菌

Chrysomyxa succinea (Sacc.) **Tranz.** 琥珀金锈菌

***Chrysomyxa taihaensis* Hirats. et Hash.** 乌饭树金锈菌

***Chrysomyxa tsugae-yunnanensis* Teng** 云南铁杉金锈菌

***Chrysomyxa weirii* Jacks.** 韦尔金锈菌

***Chrysopsora* Lagerh.** 金孢锈菌属[F]

***Chrysopsora gynoxidis* Lagerh.** 金孢锈菌

***Chytridium* Braun** 壶菌属[F]

***Chytridium acuminatum* Braun** 鞘藻壶菌[鞘藻肿胀病菌]

***Chytridium antithamnii* Cohn** 对枝藻壶菌[对枝藻壶病菌]

***Chytridium appressum* Sparrow** 伏生壶菌[直链藻肿胀病菌]

***Chytridium braunii* Dang.** 布伦壶菌[梨囊藻壶菌、肿胀病菌]

***Chytridium brebissonii* Dang.** 布比壶菌[鞘毛藻壶菌病,肿胀病菌]

***Chytridium brevipes* A. Braun** 短梗壶菌[鞘藻短壶菌]

***Chytridium cocconeidis* Canter** 卵形藻壶菌

***Chytridium codicola* Zeller** 海松生壶菌[海松肿胀病菌]

Chytridium coleochaetes 见 *Olpidium coleochaetes*

***Chytridium curvatum* Sparrow** 弯壶菌[毛枝藻肿胀病菌]

***Chytridium deltanum* Masters** 三角形壶菌[卵囊藻壶菌病菌]

Chytridium destruens 见 *Olpidium destruens*

***Chytridium elodeae* Dang.** 伊乐藻壶菌

***Chytridium epithemiae* Nowak.** 饰囊壶菌[窗纹藻壶菌病菌]

***Chytridium euglenae* A. Braun** 虫藻壶菌

Chytridium hydrodictyi 见 *Phlyctidium hydrodictyi*

Chytridium inflatum Sparrow 膨大壶菌［刚毛藻壶病菌］

Chytridium lagenaria Schenk 绿藻壶菌［绿藻壶病菌］

Chytridium melosirae 见 *Chytridium lagenaria*

Chytridium mesocarpi Fisch. 转板藻壶菌［转板藻壶病菌］

Chytridium neochlamydococci Kobayashi et Ook 雪衣藻壶菌［雪衣藻壶病菌］

Chytridium oedogonii Couch 鞘藻壶菌［鞘藻壶病菌］

Chytridium olla Braun 壶菌［鞘藻壶病菌］

Chytridium oocystidis Hub.-Pest. 卵孢藻壶菌［卵孢藻壶病菌］

Chytridium ottariense Roane 奥特壶菌［团藻壶病菌］

Chytridium pandorinae Wille 实球藻壶菌［实球藻壶病菌］

Chytridium piriforme Reinsch 梨形壶菌［无柄无隔藻、双生无隔藻壶菌］

Chytridium polysiphoniar Cohn 多管藻壶菌［多管藻肿胀病菌］

Chytridium pusillum Sorokrn 细小壶菌［藻类壶病菌］

Chytridium quadricorne Rosen 四角壶菌［鞘藻壶病菌］

Chytridium simplex Dang. 单式壶菌［隐藻壶病菌］

Chytridium surirellae Friedmann 双菱藻壶菌

Chytridium tumefaciens 见 *Olpidium tumefaciens*

Chytridium volvocinum 见 *Phytophthora drechsleri*

Chytridium vorax 见 *Rhizophlyctis vorax*

Chytridium zygnematis Rosen 双星藻壶菌［十字双星藻、星芒双星藻肿胀病菌］

Chytrium xylophilum 见 *Rhizidium xylophilum*

Ciboria Fuck. 杯盘菌属［F］

Ciboria amentacea (Balbis ex Fr.) **Fuck.** 革带状杯盘菌［柔荑花杯盘菌］

Ciboria americana Durand 美洲杯盘菌

Ciboria batschiana (Zopf) **Buchw.** 栎杯盘菌

Ciboria bolaris (Batsch: Fr.) **Fuckel** 保拉杯盘菌

Ciboria carunculoides (Siegl. et Jenk.) **Whetz. et Wolf** 肉阜状杯盘菌

Ciboria guizhouensis Zhuang 贵州杯盘菌

Ciboria peckiana Korf 佩克尔杯盘菌

Ciboria pseudotuberosa Rehm 块状杯盘菌

Ciboria shiraiana (Henn.) **Whetz.** 白井杯盘菌［桑实杯盘菌］

Ciboria sydowiana Rehm 聚多杯盘菌

Ciborinia Whetz. 叶杯菌属［F］

Ciborinia allii Köhn 葱叶杯菌

Ciborinia camelliae Kohn 山茶叶杯菌［山茶花腐病菌］

Cicinobolus Ehrenb. 白粉寄生菌属［F］

Cicinobolus bremiphagus Naum. 盘梗白粉寄生菌

Cicinobolus cesatii de Bary 西萨氏白粉菌寄生菌

Cicinobolus kusanoi Henn. 草野白粉寄生菌

Cintractia Cornu 核黑粉菌属［F］

Cintractia affinis Peck 相似核黑粉菌

Cintractia albida 见 *Cintractia scleriae*

Cintractia amazonica Syd. 亚马逊核黑粉菌

Cintractia angulata 见 *Anthracoidea angulata*

Cintractia arctica 见 *Orphanomyces arcticus*

Cintractia atratae Savile 变黑核黑粉菌

Cintractia axicola (Berk.) **Cornu** 飘拂草核黑粉菌

Cintractia bambusae 见 *Ustilago shiraiana*

Cintractia calderi Savile 卡尔核黑粉菌

Cintractia cancellata **Lindr.** 方格核黑粉菌

Cintractia cariciphila（Speg.）**Cif.** 木瓜核黑粉菌

Cintractia caricis 见 *Anthracoidea caricis*

Cintractia carpophyla（Schum.）**Lindr.** 心皮核黑粉菌

Cintractia carpophyla（Schum.）**Lindr.** var. *elyane*（Syd.）**Savile** 心皮核黑粉菌嵩草变种

Cintractia carpophyla（Schum.）**Lindr.** var. *verrucosa* **Savile** 心皮核黑粉菌多疣变种

Cintractia chaconensis 见 *Cintractia limitata*

Cintractia chinensis 见 *Anthracoidea elynae*

Cintractia clintonii **Cif.** 克林顿核黑粉菌

Cintractia congensis 见 *Cintractia limitata*

Cintractia cyperi **Clint.** 莎草核黑粉菌

Cintractia densa 见 *Sporisorium lepturi*

Cintractia disciformis **Lindr.** 碟状核黑粉菌

Cintractia distans 见 *Cintractia limitata*

Cintractia elynae 见 *Anthracoidea elynae*

Cintractia exsertum 见 *Sporisorium exsertum*

Cintractia farlowii **Clint.** 法洛核黑粉菌

Cintractia fimbristylis-kagiensis 见 *Cintractia axicola*

Cintractia fimbristylis-miliaceae（Henn.）**Ito** 飘拂草粒核黑粉菌

Cintractia fischeri（Karst.）**Lindr.** 山萝卜核黑粉菌

Cintractia glareosa **Lindr.** 砂砾核黑粉菌

Cintractia hyperborean 见 *Anthracoidea elynae*

Cintractia junci（Schw.）**Trel.** 灯心草核黑粉菌

Cintractia leucoderma（Berk.）**Henn.** 白皮核黑粉菌

Cintractia lidii **Lindr.** 李德核黑粉菌

Cintractia limitata **Clint.** 莎草穗核黑粉菌

Cintractia lindeberigiae 见 *Anthracoidea lindeberigiae*

Cintractia luzulae（Sacc.）**Clint.** 地杨梅核黑粉菌

Cintractia mariscana 见 *Cintractia limitata*

Cintractia merrillii 见 *Farysia butleri*

Cintractia minor（Clint.）**Jacks.** 较小核黑粉菌

Cintractia pachyderma **Syd.** 厚皮核黑粉菌

Cintractia peribebuyensis 见 *Cintractia axicola*

Cintractia pilulifera 见 *Cintractia axicola*

Cintractia pulchra **Ito** 美丽核黑粉菌

Cintractia scabra **Syd.** 糙核黑粉菌

Cintractia schoenus **Cunn.** 签草核黑粉菌

Cintractia scirpi（Kühn）**Schellenb.** 蔗草核黑粉菌

Cintractia scleriae（DC.）**Ling** 刺子莞黑粉菌

Cintractia spadicea **Lindr.** 枣红核黑粉菌

Cintractia striata **Clint. et Zund.** 条纹核黑粉菌

Cintractia subglobosa **Ito** 近球形核黑粉菌

Cintractia subinclusa 见 *Anthracoidea subinclusa*

Cintractia suedae 见 *Cintractia axicola*

Cintractia togocnsis 见 *Cintractia limitata*

Cintractiella **Boed.** 柱堆黑粉菌属［F］

Cintractiella lamii **Boed.** 柱堆黑粉菌

Cintractiomyxa **Golovin** 粘核黑粉菌属［F］

Cionothrix **Arth.** 弯毛柱锈菌属［F］

Cionothrix praelonga（Wint.）**Arth.** 弯毛柱锈菌

Circoviridae 环状 DNA 病毒科［V］

Circular satellite RNAs 环状卫星 RNA

Cistanche **Hoffmg. et Link** 肉苁蓉属（列当科）［P］

Cistanche deserticola **Ma** 漠生肉苁蓉

Cistanche lanzhouensis **Zhang** 兰州肉苁蓉

Cistanche salsa（Mey.）**Beck.** 盐生肉苁蓉

Cistanche sinensis **Beck.** 中国肉苁蓉

Cistanche tubulosa (Schenk.) **Wight.** 管花肉苁蓉

citrange stunt virus 见 *Citrus tatter leaf virus Capillovirus*

Citromyces **Wehmer** 橘霉属[F]

Citromyces matritensis (Maria) **Maria** 马地橘霉

Citrus bent leaf viroid Apscaviroid (CBLVd) 柑橘曲叶类病毒

Citrus cachexia viroid (CCVd) 柑橘恶病变类病毒

citrus crinkly leaf virus 见 *Citrus leaf rugose virus Ilarvirus*

Citrus enation-woody gall virus Luteovirus (CEWGV) 柑橘耳突 - 木质部瘿病毒

Citrus exocortis viroid Pospiviroid (CEVd) 柑橘裂皮类病毒

Citrus greening phytoplasma 柑橘绿化病植原体

Citrus leaf rugose virus Ilarvirus (CiL-RV) 柑橘皱叶病毒

Citrus leprosis virus Nucleorhabdovirus (CiLV) 柑橘粗糙病毒

Citrus mosaic virus Badnavirus (CMBV) 柑橘花叶病毒

Citrus psorosis virus Ophiovirus (CPsV) 柑橘鳞皮病毒

citrus psorosis virus complex 见 *Citrus leaf rugose Ilarvirus*; *Citrus variegation Ilarvirus*; *Citrus ringspot virus*

citrus quick decline virus 见 *Citrus tristeza virus Closterovirus*

Citrus ringspot virus 柑橘环斑病毒

Citrus tatter leaf virus Capillovirus (CiTLV) 柑橘碎叶病毒

Citrus tristeza virus Closterovirus (CTV) 柑橘速衰病毒

Citrus variable viroid (CVVd) 柑橘畸变类病毒

Citrus variegation virus Ilarvirus (CVV) 柑橘杂色病毒

Citrus viroid Ⅲ *Apscaviroid* (CVd-Ⅲ) 柑橘 3 号类病毒

Citrus viroid Ⅳ *Cocadviroid* (CVd-Ⅳ) 柑橘 4 号类病毒

Cladochytrium **Nowak.** 歧壶菌属[F]

Cladochytrium brevierei **Har. et Pat.** 短歧壶菌[小米草歧壶病菌]

Cladochytrium butomi **Büsgen** 花蔺歧壶菌[花蔺歧壶病菌]

Cladochytrium elegans **Nowak.** 雅致歧壶菌[优美胶毛藻歧壶病菌]

Cladochytrium flammulae **Büsgen** 毛茛歧壶菌[毛茛肿胀病菌]

Cladochytrium graminis **Büsgen** 禾歧壶菌[禾草肿胀病菌]

Cladochytrium iridis **de Bary** 鸢尾歧壶菌[鸢尾肿胀病菌]

Cladochytrium kriegerianum (Magn.) **Fischer** 克里歧壶菌[葛缕子肿胀病菌]

Cladochytrium nowakowskii **Sparrow** 罗氏歧壶菌[鞘藻歧壶病菌]

Cladochytrium replicatum **Karling** 外曲歧壶菌[硬毛缩箸歧壶病菌]

Cladochytrium tenue **Nowak** 歧壶菌[鸢尾肿胀病菌]

Cladosporium **Link** 枝孢属[F]

Cladosporium acaciicola **M. B. Ellis.** 金合欢生枝孢

Cladosporium aecidiicola **Thüm.** 锈子器生枝孢

Cladosporium allii (Ell. et Mart) **Kirk et Cromptom** 葱枝孢[大蒜霉斑病菌]

Cladosporium allii-cepae (Ranojivic) **M. B. Ellis** 洋葱枝孢

Cladosporium alpiniae **Zhang et Zhang** 山姜枝孢

Cladosporium anomalum **Berkeley et Curtis** 异形枝孢

Cladosporium aphidis **Thuemen** 蚜虫枝孢

Cladosporium aphidis var. *muscae* **Briard et Hariot** 蚜虫枝孢蝇变种

Cladosporium apicale Berkeley et Brown
顶生枝孢

Cladosporium araliae Saw.　楤木枝孢

Cladosporium aristolochiae Zhang et
Zhang　马兜铃枝孢

Cladosporium artemisiae Greene　嵩枝孢

Cladosporium arundinis (Corda) Sacc.
芦苇枝孢

Cladosporium astericola Davis　紫菀生枝
孢

Cladosporium asterinae Deighton　星盾炱
枝孢

Cladosporium astrodeum Cesati　直生枝孢

Cladosporium balladynae Deighton　刺炱
枝孢

Cladosporium bantianum (Sacc.) Borelli
斑替枝孢

Cladosporium bisporum Matsushima　二
孢枝孢

Cladosporium brassicae (Ell. et Barth) Ell.
芸薹枝孢

Cladosporium brassicicola Sawada　芸薹
生枝孢

Cladosporium britannicum M. B. Ell.　不列
颠枝孢

Cladosporium brunneium Corda　褐色枝孢

Cladosporium brunneolum Sacc.　棕色枝孢

Cladosporium caesalpiniae Sawada　云实
枝孢［苏木枝孢］

Cladosporium capsici (Marchal et Steyaert)
Kovacevski　辣椒枝孢

Cladosporium caricinum Zhang et Chi　番
木瓜枝孢

Cladosporium cariciolum Corda　番木瓜生
枝孢

Cladosporium carpophilum Thüm.　嗜果
枝孢［桃疮痂病菌］

Cladosporium carrionii Trejos　卡氏枝孢

Cladosporium chlorocephalum (Fresen.)
Masom et M. B. Ellis　绿头枝孢

Cladosporium circaeae Qing et Zhang　露
珠草枝孢

Cladosporium citri Fawcett　柑橘枝孢

Cladosporium cladosporioides (Fresen.)
de Vries　枝状枝孢

Cladosporium colocasiae Sawada　芋枝孢
［芋污叶病菌］

Cladosporium colocasiicola Sawada　芋生
枝孢

Cladosporium confusum Matsushima　紊
乱枝孢

Cladosporium corchori Zhang et Zhang
黄麻枝孢

Cladosporium coreopsidis Greene　金鸡菊
枝孢

Cladosporium cucumerinum J. B. Ellis et
Arthur　黄瓜枝孢［黄瓜黑星病菌］

Cladosporium cycadis Marcolongo　苏铁
枝孢

Cladosporium cyclaminis Massey et Tilford
仙客来枝孢

Cladosporium cyrtomii Zhang, Peng et
Zhang　贯众枝孢

Cladosporium daphniphylli Sawada　虎皮
楠枝孢

Cladosporium delectum Cooke et J. B. Ellis
选择枝孢

Cladosporium delicatulum Cooke　皱枝孢

Cladosporium densum Sacc.　密集枝孢

Cladosporium dianellicola Zhang et Cui
山菅兰生枝孢

Cladosporium digitalicola Zhang, Zhang et
Pu　毛地黄生枝孢

Cladosporium echinulatum (Berk.) de
Vries　石竹枝孢

Cladosporium edgeworthiae Zhang et
Zhang　结香枝孢

Cladosporium effusum Berkeley et Curtis
散生枝孢

Cladosporium elatum (Harz) Nannfeldt
伸长枝孢

Cladosporium elegans Penz.　雅致枝孢

Cladosporium entoxylinum Corda　木内枝孢

Cladosporium epiphyllum var. *acerinum*
（Pers.）Sacc.　叶生枝孢槭变种

Cladosporium eriobotrys Passerini et Belli
枇杷枝孢

Cladosporium eucalypti Tassi　桉枝孢

Cladosporium forsytiae Zhang et Zhang
连翘枝孢

Cladosporium fulvum Cooke　黄枝孢

Cladosporium funiculosum Yamamoto　绳
状枝孢

Cladosporium gossypiicola Pidoplochko et
Deniak　棉生枝孢

Cladosporium graminum Link　禾枝孢

Cladosporium herbarum var. *ceralium*
Sacc.　多主枝孢五谷变种

Cladosporium herbarum var. *fimicolum*
Marchand　多主枝孢粪变种

Cladosporium herbarum var. *herbarum*
Link：Fries　多主枝孢草本变种

Cladosporium herbarum var. *lablab* Sacc.
多主枝孢扁豆变种［扁豆荚腐病菌］

Cladosporium hibisci Reichiert　木槿枝孢

Cladosporium hydrangeae Zhang et Li　绣
球枝孢

Cladosporium indigoferae Sawada　木兰
枝孢

Cladosporium iridis（Fautr. et Roum.）de
Vries　鸢尾枝孢

Cladosporium lactucicola Cui et Zhang
莴苣生枝孢

Cladosporium lathyri Zhang et Liu　香豌
豆枝孢

Cladosporium lonicerae Saw.　忍冬枝孢

Cladosporium lonicericola He et Zhang
忍冬生枝孢

Cladosporium lychnidis Zhang et Liu　剪
秋罗枝孢

Cladosporium machili Sawada　润楠枝孢

Cladosporium macrocarpum Preuss　大果
枝孢

Cladosporium malorum Ruehle　仁果枝孢

Cladosporium martianoffianum Thuemen
马丁枝孢

Cladosporium metaplexis Zhang et Wang
萝摩枝孢

Cladosporium micropermum Berkeley et
Curtis　小子枝孢

Cladosporium miyakei Sacc. et Trott.　三
宅枝孢

Cladosporium mori（Yendo）Zhang et
Zhang　桑枝孢

Cladosporium musae Mason　芭蕉枝孢

Cladosporium neocheiropteridis Liu et
Zhang　扇蕨枝孢

Cladosporium neottopteridis Liu et He　巢
蕨枝孢

Cladosporium nerii Gonzalez et Frag.　夹
竹桃枝孢

Cladosporium nervale Ellis et Dearness
细脉枝孢

Cladosporium nigrellum Bell. et Ev.　变
黑枝孢

Cladosporium nodulosum Corda　多节枝孢

Cladosporium obtectum Rabenhorst　覆盖
枝孢

Cladosporium olivaceum（Corda）Bo-
nonden　橄榄色枝孢

Cladosporium ophiopogonis Zhang et
Zhang　沿阶草枝孢

Cladosporium orchidis Ellis et Ellis　兰科
枝孢

Cladosporium oryzae Sacc. et Syd.　稻枝孢

Cladosporium paeoniae Pass.　牡丹枝孢
［牡丹叶霉（红斑）病菌］

Cladosporium pallidum（Oudemans）
Zhang et Zhang　苍白枝孢

Cladosporium parasiticum Sorokin　寄生
枝孢

Cladosporium phlei（Gregory）de Vries
梯牧草枝孢

Cladosporium piperatum Ell. et Ev.　胡椒

枝孢

Cladosporium pisi Cugini et Macchiati 豌豆枝孢

Cladosporium platycodonis Zhang et Zhang 桔梗枝孢

Cladosporium polygonaticola Zhang et Zhang 黄精生枝孢

Cladosporium porophorum Matsushima 带孔枝孢

Cladosporium psidiicola Yen 番石榴枝孢

Cladosporium qinghaiensis Zhang et Zhang 青海枝孢

Cladosporium resinae (Linday) de Vries 树脂枝孢

Cladosporium rhodomyrti Saw. 桃金娘枝孢

Cladosporium roesleri Catt. 葡萄粉斑枝孢

Cladosporium salicis Moesz et Smarods 柳枝孢

Cladosporium salicis-sitchensis Dearness et Barth 锡特柳枝孢

Cladosporium sambuci Brunaud 接骨木枝孢

Cladosporium sclerotiophilum Sawada 嗜菌核枝孢

Cladosporium smilacis (Schweinitz) Fries 菝葜枝孢

Cladosporium solanicola Viegas 茄生枝孢

Cladosporium sphaerospermum Penzig 球孢枝孢

Cladosporium spongiosum Berkeley et Curtis 多孔枝孢

Cladosporium staurophorum (Kendrik) Ellis 横带枝孢

Cladosporium stenosporum Berkeley et Curtis 狭孢枝孢

Cladosporium stercoris Spegazzini 粪生枝孢

Cladosporium subtile Rabenhorst 细枝孢

Cladosporium tectonae Saw. 柚木枝孢

Cladosporium tectonicola He et Zhang 柚

木生枝孢

Cladosporium tenuissimum Cooke 极细枝孢

Cladosporium terrestre Ackinson 土生枝孢

Cladosporium teucrii Liu. et Zhang 香科枝孢

Cladosporium uredinicola Spegazzini 夏孢子生枝孢

Cladosporium uvarum McAlp 葡萄状枝孢

Cladosporium variabile (Cooke) de Vries 变异枝孢[菠菜斑点病菌]

Cladosporium variospermum (Link) Hughes 多变枝孢

Cladosporium venturicides Sacc. 黑星状枝孢

Cladosporium vignae Cardner 豇豆枝孢

Cladosporium viride (Fresen.) Zhang et Zhang 绿色枝孢

Cladosporium wikstroemiae (Sawada) Zhang et Zhang 荛花枝孢

Cladosporium zeae Peck 玉蜀黍枝孢

Cladosporium zizyphi Karsten et Roumeguere 枣枝孢

Cladotrichum Corda 毛枝孢属[F]

Cladotrichum cookei Sacc. 密隔毛枝孢

Clasterosporium Schweinitz 刀孢属[F]

Clasterosporium camelliae Mass. 山茶刀孢

Clastarosporium carcinum Schw. 苔草刀孢

Clasterosporium carpophilum (Lév.) Ade 嗜果刀孢[李褐斑病菌]

Clasterosporium degenerans Syd. 黄斑刀孢

Clasterosporium eriobotryae Hara 枇杷刀孢

Clasterosporium mori Syd. 桑刀孢[桑污叶病菌]

Clasterosporium paeoniae Pass. 牡丹刀孢

Clathrococcum Höhn. 隔球孢属[F]

Clathrococcum nipponicum Hiura 东洋隔球孢

Clavibacter Davis, Gillaspie et al. 棒形杆菌属[B]

Clavibacter iranicus (ex Scharif) Davis 见

Rathayibacter iranicus

Clavibacter michiganense（Smith）**Davis, Gillaspie，Vidaver et al.** 密执安棒形杆菌

Clavibacter michiganensis subsp. *insidiosus*（McCulloch）**Davis et al.** 密执安棒形杆菌诡谲亚种[苜蓿萎蔫病菌]

Clavibacter michiganensis subsp. *michiganensis*（Smith）**Davis et al.** 密执安棒形杆菌密执安亚种[番茄细菌性溃疡病菌]

Clavibacter michiganensis subsp. *nebraskensis*（Vidaver）**Davis et al.** 密执安棒形杆菌内州亚种[玉米内洲（高氏）细菌性萎蔫病菌]

Clavibacter michiganensis subsp. *sepedonicus*（Spieckermann）**Davis et al.** 密执安棒形杆菌环腐亚种[马铃薯环腐病菌]

Clavibacter michiganensis subsp. *tessellarius*（Carson）**Davis，Gillaspie et al.** 密执安棒形杆菌棋盘状亚种[小麦花叶病菌]

Clavibacter rathayi Davis 见 *Rathayibacter rathayi*

Clavibacter toxicus Riley 见 *Rathayibacter toxicus*

Clavibacter tritici Davis 见 *Rathayibacter tritici*

Clavibacter xyli Davis et al. 木质部棒形杆菌

Clavibacter xyli subsp. *cynodonitis* **Davis, Gillaspie，Vidaver et al.** 木质部棒形杆菌狗牙根亚种[狗牙根矮化病菌]

Clavibacter xyli subsp. *xyli* **Davis, Gillaspie，et al.** 木质部棒形杆菌木质亚种[甘蔗宿根苗矮化病菌]

Claviceps Tul. 麦角菌属[F]

Claviceps miscanthi Saw. 芒麦角菌

Claviceps nigricans Tul. 黑麦角菌

Claviceps paspali Stev. et Hall 雀稗麦角菌

Claviceps purpurea（Fr.）**Tul.** 紫麦角菌[麦角病菌]

Claviceps wilsonii Cooke 威尔生麦角菌

Cleptomyces Arth. 拟毡锈菌属[F]

Cleptomyces lagerheimianus（Diet.）**Arth.** 拉氏拟毡锈菌

Climacocystis Kotlaba et Pouzar 梯间囊孔菌属[F]

Climacocystis borealis（Fr.）**Kotl. et Pouz.** 北方梯间囊孔菌

Clitocybe（Fr.）**Kumm.** 杯伞属[F]

Clitocybe tabescens 见 *Armillariella tabescens*

Clitoria mosaic virus Potexvirus（CtrMV）蝶豆（属）花叶病毒

Clitoria virus Y Potyvirus 蝶豆 Y 病毒

Clitoria yellow mosaic virus Potyvirus（CtYMV）蝶豆（属）黄花叶病毒

Clitoria yellow vein virus Tymovirus（CYVV）蝶豆（属）黄脉病毒

Closteroviridae 长线形病毒科[V]

Closterovirus 长线形病毒属[V]

Clostridium Prazmowski 梭菌属[B]

Clostridium puniceum Lund.，Brocklehurst et al. 紫色梭菌

clover Alsike vein mosaic virus 见 *Alsike clover vein mosaic virus*

clover big vein virus 见 *Clover wound tumor virus Phytoreovirus*

clover blotch virus 见 *Peanut stunt virus Cucumovirus*

clover Crimson latent virus 见 *Crimson clover latent virus Nepovirus*

clover enation mosaic virus 见 *Clover enation virus Nucleorhabdovirus*

Clover enation virus Nucleorhabdovirus（CIEV）三叶草耳突病毒

Clover mild mosaic virus 三叶草轻型花叶病毒

clover mosaic virus 见 *White clover mosaic virus Potexvirus*

Clover phyllody phytoplasma 三叶草变叶病植原体

clover primary leaf necrosis virus 见 *Red clover necrotic mosaic virus Dianthovirus*

clover red mosaic virus 见 *Red clover mosaic virus Nucleorhabdovirus*

clover red mottle virus 见 *Red clover mottle virus Comovirus*

clover red necrotic mosaic virus 见 *Red clover necrotic mosaic virus Dianthovirus*

clover stunt virus 见 *Subterranean clover stunt virus Nanovirus*

clover subterranean stunt virus 见 *Subterranean clover stunt virus Nanovirus*

clover sweet necrotic mosaic virus 见 *Sweet clover necrotic mosaic virus Dianthovirus*

Clover wound tumor virus Phytoreovirus 三叶草伤瘤病毒

Clover yellow mosaic virus Potexvirus (ClYMV) 三叶草黄花叶病毒

Clover yellow vein virus Potyvirus (ClYVV) 三叶草黄脉病毒

Clover yellows virus Closterovirus (CYV) 三叶草黄化病毒

Clypeosphaeria Fuck. 盾壳菌属[F]

Clypeosphaeria hottai 见 *Coccochorina hottai*

Coccochorina Hara 球皮座囊菌属[F]

Coccochorina hottai Hara. 球皮座囊菌

Coccomyces de Not. 齿裂菌属[F]

Coccomyces circinatus Lin et Xiang 卷丝齿裂菌

Coccomyces coronatus (Schum.) de Not. 冠状齿裂菌

Coccomyces crateriformis Lin et Li 杯状齿裂菌

Coccomyces cyclobalanopsis Lin et Li 青冈齿裂菌

Coccomyces delta (Kunze) Sacc. 三角形齿裂菌

Coccomyces dentatus (Kunze et Schmidt) Sacc. 齿裂菌

Coccomyces dimorphus Liang, Tang et Lin 异囊齿裂菌

Coccomyces fujianensis Lin et Xiang 福建齿裂菌

Coccomyces guizhouensis Lin et Hu 贵州齿裂菌

Coccomyces hiemalis Higg. 冬齿裂菌

Coccomyces huangshanensis Lin et Li 黄山齿裂菌

Coccomyces keteleeriae Lin 油杉齿裂菌

Coccomyces leptideus (Fr. ;Fr.) Erikss. 小齿裂菌

Coccomyces limitatus (Berk. et Curt.) Sacc. 显缘齿裂菌

Coccomyces magnus Lin et Li 大齿裂菌

Coccomyces mucronatus Korf et Zhuang 尖丝齿裂菌

Coccomyces multangularis Lin et Li 多角齿裂菌

Coccomyces sinensis Lin et Li 中国齿裂菌

Cochliobolus Drechsler 旋孢腔菌属[F]

Cochliobolus carbonum Nelson 煤旋孢腔菌[玉米圆斑病菌]

Cochliobolus heterostrophus Drechsler 异旋孢腔菌[玉米小斑病菌]

Cochliobolus miyabeanus (Ito et Kurib.) Drechsler 宫部旋孢腔菌[稻胡麻斑病菌]

Cochliobolus sativus (Ito et Kurib.) Drechsler 禾旋孢腔菌[麦根腐病菌]

Cochliobolus setariae (Ito et Kurib.) Drechsler 狗尾草旋孢腔菌[粟胡麻斑病菌]

Cochliobolus stenospilum (Drechs.) Malsun. et Yamam. 狭斑旋孢腔菌[甘蔗褐条病菌]

Cocksfoot mild mosaic virus Sobemovirus (CMMV) 鸭茅轻型花叶病毒

cocksfoot mosaic virus 见 *Cocksfoot streak virus Potyvirus*

Cocksfoot mottle virus Sobemovirus
（CoMV） 鸭茅斑驳病毒

cocksfoot necrosis and mosaic virus 见 *Cocksfoot mild mosaic virus Sobemovirus*

cocksfoot necrotic mosaic virus 见 *Cocksfoot mottle virus Sobemovirus*

Cocksfoot streak virus Potyvirus（CSV）
鸭茅线条病毒

Cocksfoot virus Alphacryptovirus（CoV）
鸭茅病毒

Cocoa necrosis virus Nepovirus（CONV）
可可坏死病毒

Cocoa swollen shoot virus S Nepovirus
（CSSC‑S） 可可肿枝 S 病毒

Coconut cadang-cadang viroid Cocadviroid
（CCCVd） 椰子死亡类病毒

Coconut foliar decay virus Nanovirus
（CFDV） 椰子叶衰病毒

Coconut lethal yellowing phytoplasma 椰子致死黄化植原体

Coconut tinangaja viroid Cocadviroid
（CTiVd） 椰子败生类病毒

Coenomyces Deckenb. 多壶菌属［F］

Coenomyces consuens Deckenb. 多壶菌
［蓝绿藻多壶病菌］

coffee Negro mosaic virus 见 *Negro coffee mosaic virus Potexvirus*

Coffee ringspot virus Nucleorhabdovirus
（CoRSV） 咖啡环斑病毒

coffee senna ringspot mosaic virus 见 *Cassia ringspot virus*

Cole latent virus Carlavirus（CoLV） 芸薹（属）潜病毒

Coleopuccinia Pat. 鞘柄锈菌属［F］

Coleopuccinia kunmignensis Tai 昆明鞘柄锈菌

Coleopuccinia simplex Diet. 简单鞘柄锈菌

Coleopuccinia sinensis Pat. 中国鞘柄锈菌

Coleopucciniella 见 *Gymnosporangium*

Coleosporium Lév. 鞘锈菌属［F］

Coleosporium aconiti Thüm. 乌头鞘锈菌

Coleosporium anceps Diet. et Holw. 双边鞘锈菌

Coleosporium arundinae Syd. 竹叶兰鞘锈菌

Coleosporium asterum（Diet.）Syd. 紫菀鞘锈菌［翠菊锈病菌］

Coleosporium bletiae Diet. 白芨鞘锈菌

Coleosporium cacaliae Otth 兔儿伞鞘锈菌

Coleosporium campanulae（Pers.）Lév. 风铃草鞘锈菌

Coleosporium campanumoeae Diet. 金钱豹鞘锈菌

Coleosporium carpesii Sacc. 金挖耳鞘锈菌

Coleosporium cheoanum Cumm. 薄顶鞘锈菌

Coleosporium choerospondiatis Wang et Zhuang 羊矢果鞘锈菌

Coleosporium cimicifugatum Thüm. 升麻鞘锈菌

Coleosporium clematidis Barcl. 铁线莲鞘锈菌

Coleosporium clematidis-apiifoliae Diet. 女萎鞘锈菌

Coleosporium clerodendri Diet. 臭牡丹鞘锈菌

Coleosporium cletiae Diet. 纤细鞘锈菌

Coleosporium crowellii Cumm. 多色鞘锈菌

Coleosporium elephantopodis Thüm. 地胆草鞘锈菌

Coleosporium erigerontis Syd. 飞蓬鞘锈菌

Coleosporium eupatorii Arth. 泽兰鞘锈菌

Coleosporium euphrasiae（Schum.）Wint. 小米草鞘锈菌

Coleosporium evodiae Diet. 吴茱萸鞘锈菌

Coleosporium fauriae Syd. 虎耳草鞘锈菌

Coleosporium flaccidum Alb. 柔鞘锈菌

Coleosporium geranii Pat. 老鹳草鞘锈菌

Coleosporium himalayense Durr. 喜马拉雅鞘锈菌

Coleosporium horianum Henn. 羊乳鞘锈

菌［党参锈病菌］

Coleosporium idei Hirats. 石斑木鞘锈菌

Coleosporium incompletum Cumm. 不完全鞘锈菌

Coleosporium inulae（Kunze）Rabenh. 旋覆花鞘锈菌

Coleosporium knoxiae Syd. 诺斯氏草鞘锈菌

Coleosporium kusanoi Diet. 草野鞘锈菌

Coleosporium leptodermidis（Barcl.）Syd. 薄皮木鞘锈菌

Coleosporium ligulariae Thüm. 橐吾鞘锈菌

Coleosporium melampyri Tul. 山罗花鞘锈菌

Coleosporium myripnoidis Wang et Zhuang 蚂蚱腿子鞘锈菌

Coleosporium paederiae Diet. 牛皮冻鞘锈菌

Coleosporium pedicularidis Tai 马先蒿鞘锈菌

Coleosporium perillae Syd. 紫苏鞘锈菌

Coleosporium petasitis（DC.）Lév. 蜂斗叶鞘锈菌

Coleosporium phellodendri Kom. 黄檗鞘锈菌

Coleosporium phlomidis Cao et Li 糙苏鞘锈菌

Coleosporium pinicola（Arth.）Arth. 松生鞘锈菌

Coleosporium pini-pumilae Azbu. 偃松鞘锈菌

Coleosporium plectranthi Barcl. 香茶菜鞘锈菌

Coleosporium pulsatillae（Str.）Lév. 白头翁鞘锈菌

Coleosporium reichel Diet. 雷氏鞘锈菌

Coleosporium rubiicola Cumm. 茜草生鞘锈菌

Coleosporium salviae Diet. 鼠尾草鞘锈菌

Coleosporium saussureae Thüm. 风毛菊鞘锈菌

Coleosporium senecionis（Pers.）Fr. 千里光鞘锈菌

Coleosporium serratulae Wang et Li 麻花头鞘锈菌

Coleosporium solidaginis（Schw.）Thüm. 一枝黄花鞘锈菌

Coleosporium sonchi-arvensis Lév. 苣荬菜鞘锈菌

Coleosporium synuricola Xue et Shao 山牛蒡鞘锈菌

Coleosporium vernoniae Berk. et Cooke 斑鸠菊鞘锈菌

Coleosporium violae Cumm. 堇菜鞘锈菌

Coleosporium zanthoxyli Diet. et Syd. 花椒鞘锈菌

Coleus blumei viroid（CbVd） 五彩苏类病毒

Coleus blumei viroid 1 Coleviroid（CbVd-1） 五彩苏1号类病毒

Coleus blumei viroid 2 Coleviroid（CbVd-2） 五彩苏2号类病毒

Coleus blumei viroid 3 Coleviroid（CbVd-3） 五彩苏3号类病毒

Coleus mosaic virus 见 *Cucumber mosaic virus Cucumovirus*（CMV）

Coleviroid 锦紫苏类病毒属［V］

Colletogloeum Patrak 黏盘孢属［F］

Colletogloeum atrocarpi Singh 波罗蜜黏盘孢

Colletogloeum obtusum Sutton 钝头黏盘孢

Colletogloeum sisoo（Syd.）Sutton 黄檀黏盘孢

Colletotrichum Corda 炭疽菌属［F］

Colletotrichum acutatum Simmons 尖孢炭疽菌

Colletotrichum camelliae Mass. 山茶炭疽菌［茶云纹叶枯病菌］

Colletotrichum capsici（Syd.）Butl. et Bisby 辣椒炭疽菌

Colletotrichum caudatum（Sacc.）PK.

尾状炭疽菌

Colletotrichum circinans（Berk.）**Vogl.**
葱炭疽菌

Colletotrichum coccodes（Wallr.）**Hughes**
毛核炭疽菌

Colletotrichum coffeanum Noack　咖啡炭
疽菌

Colletotrichum corchori Ikata et Tanaka
黄麻炭疽菌

Colletotrichum crassipes（Speg.）**Arx**　粗
柄炭疽菌

Colletotrichum dematium（Pers.）**Grove**
束状炭疽菌［棉花印度炭疽病菌、红麻
印度炭疽病菌］

Colletotrichum falcatum Went.　镰孢炭
疽菌［甘蔗赤腐病菌］

Colletotrichum fuscum Laub.　褐炭疽菌

Colletotrichum gloeosporioides（Penz.）
Sacc.　胶孢炭疽菌［苹果、柑橘、杜果炭
疽病菌］

Colletotrichum gloeosporioides f. sp. *cus-
cutae* Zhang　胶孢炭疽菌菟丝子专化型
［鲁保1号，New-76］

Colletotrichum graminicola（Ces.）**Wilson**
禾生炭疽菌［小麦炭疽病菌］

Colletotrichum higginsianum Sacc.　希金
斯炭疽菌［白菜炭疽病菌］

Colletotrichum hydrangeae Saw.　八仙花
炭疽菌

Colletotrichum kahawae Waller et Bridge
咖啡浆果炭疽病菌

Colletotrichum lilii Plakidas　百合炭疽菌

Colletotrichum lindemuthianum（Sacc. et
Magn）**Br. et Cav.**　菜豆炭疽病菌

Colletotrichum lini（Wester.）**Tochinai**
亚麻炭疽菌

Colletotrichum musae（Bark. et Curt.）
Arx　芭蕉炭疽菌［香蕉炭疽病菌］

Colletotrichum nicotianae Averna-Sacca
烟草炭疽菌

Colletotrichum orbiculare（Berk. et

Mont.）**Arx**　瓜炭疽菌

Colletotrichum panacicola Uyeda et Takin
人参生炭疽菌

Colletotrichum pekinensis Rats.　北京炭
疽菌［青麻炭疽病菌］

Colletotrichum phyllachoroides（Ell. et
Ev.）**Arx**　拟黑痣炭疽菌

Colletotrichum piri Noack f. sp. *tieoliense*
Bub.　梨炭疽菌［梨叶炭疽病菌］

Colletotrichum sublinelum Henn.　亚线孢
炭疽菌

Colletotrichum trichellum（Fr. ex Fr.）
Duke　常春藤炭疽菌

Colletotrichum truncatum（Schw.）**Andrus
et Noore**　平头炭疽菌

Colmanara mottle virus（ColMV）　杂交
兰属斑驳病毒

Colocasia Badnavirus　见 *Dasheen bacilli-
form virus Badnavirus*

*Colocasia bobone disease virus Nucleorhab-
dovirus*（CBDV）　芋（属）瘦小病毒

Colombian datura virus Potyvirus（CDV）
哥伦比亚曼陀罗病毒

Colomerus Newkrik et Keifer　缺节瘿螨属
［A］

Colomerus vitis Pagenstecher　葡萄缺节瘿
螨［葡萄锈壁虱，葡萄毛毡病原］

Columnea latent viroid Pospiviroid（CLVd）
金鱼花（属）潜隐类病毒

Comamonas De Vos et al.　丛毛单胞菌属［B］

Commelina diffusa virus Potyvirus（Com-
DV）　铺散鸭跖草病毒

Commelina mosaic virus Potyvirus（Com-
MV）　鸭跖草（属）花叶病毒

Commelina virus X Potexvirus（ComVX）
鸭跖草（属）X病毒

Commelina yellow mottle virus Badnavirus
（ComYMV）　鸭跖草黄斑驳病毒

common pea mosaic virus 见 *Pea mosaic
virus Potyvirus*

Comoviridae　豇豆花叶病毒科［V］

Comovirus 豇豆花叶病毒属[V]

Completoria Lohde 蕨霉属[F]

Completoria complens Lohde 蕨霉[蕨类蕨霉病菌]

Conidiobolus Brefeld 耳霉属[F]

Conidiobolus coronatus (Constantin) **Batko** 冠耳霉

Conidiobolus incongruus Drechsler 异孢耳霉

Conidiobolus megalotocus Drechsler 大育耳霉

Conidiobolus mycophagus Srinivasan et Thirumalachar 噬菌耳霉

Conidiobolus obscurus (Hall et Dunn) **Remaudière et Keller** 暗孢耳霉

Conidiobolus osmodes Drechsler 有味耳霉

Conidiobolus polytocus Drechsler 多育耳霉

Conidiobolus pseudococci (Speare) **Tyrrell et MacLeod** 粉蚧耳霉

Conidiobolus stromoideus Srinivasan et Thirumalachar 垫状耳霉

Conidiobolus thromboides Drechsler 块状耳霉

Coniella Höhn 垫壳孢属[F]

Coniella castaneicola (Ell. et Ev.) **Sutton** 栗生垫壳孢

Coniella diplodiella Petr. et Syd. 色二孢生垫壳孢[葡萄白腐病菌]

Coniella granati (Sacc.)**Petr. et Syd.** 颗粒垫壳孢[石榴干腐病菌]

Coniochaeta (Sacc.) **Cooke** 锥毛壳属[F]

Coniochaeta haloxylonis (Kravtz.) **Yuan et Zhao** 梭(形)锥毛壳

Coniochaeta ligniaria (Grev.) **Cooke** 木生锥毛壳

Coniochaeta pulveracea (Ehrh.) **Munk.** 粉被锥毛壳

Coniochaeta sordaria (Fr.) **Petrak.** 毛锥毛壳

Coniosporium Link 假黑粉霉属[F]

Coniosporium arundinis (Corda) **Sacc.** 芦苇假黑粉霉

Coniosporium bambusae (Thüm. et Bolle.) **Sacc.** 箣竹假黑粉霉

Coniosporium brevipes Corda 短柄假黑粉霉

Coniosporium culmigenum (Berk.) **Sacc.** 秆假黑粉霉

Coniosporium olivaceum Link 青褐假黑粉霉

Coniosporium rhizophilum (Preuss) **Sacc.** 嗜根假黑粉霉

Coniosporium saccardianum Teng 萨卡度假黑粉霉[竹叶点假黑粉病菌]

Coniosporium shiraianum (Syd.) **Bub.** 白井假黑粉霉[竹秆假黑粉病菌]

Coniosporium spondiadis Keissl. 槟榔青假黑粉霉

Coniostelium 见 *Prospodium*

Coniothecium Corda 镶孢霉属[F]

Coniothecium album Miura 白背镶孢霉

Coniothecium chomatosporum Corda 冢镶孢霉[苹果粗皮病菌]

Coniothecium citri McAlp. 柑橘镶孢霉

Coniothecium effusum Corda 散生镶孢霉

Coniothecium intricatum Pock 缠结镶孢霉[梨粗皮病菌]

Coniothyrium Corda 盾壳霉属[F]

Coniothyrium agaves (Mont.) **Sacc.** 龙舌兰盾壳霉

Coniothyrium ahmadii Sutton 艾荷盾壳霉

Coniothyrium aleuritis Teng 油桐盾壳霉

Coniothyrium anomale Miyake 异常盾壳霉

Coniothyrium brevisporum Miyake 短孢盾壳霉

Coniothyrium celtidicola Miura 朴生盾壳霉

Coniothyrium concentricum（Desm）**Sacc.**
同心盾壳霉[丝兰盾壳霉]

Coniothyrium diplodiella（Speg.）**Sacc.**
白腐盾壳霉[葡萄白腐病菌]

Coniothyrium dumeei **Br. et Cav.**　杜梅盾
壳霉

Coniothyrium eucalypticola **Sutton**　桉生
盾壳霉

Coniothyrium fraxini **Miura**　梣盾壳霉

Coniothyrium fuckelii **Sacc.**　蔷薇盾壳霉

Coniothyrium fuscidulum **Sacc.**　褐色盾
壳霉[桑盾壳霉]

Coniothyrium japonicum **Miyake**　日本盾
壳霉

Coniothyrium kraunhiae **Miyake**　紫藤盾
壳霉

Coniothyrium mizogamii **Togashi**　马甲子
盾壳霉

Coniothyrium nakatae **Hara**　中田盾壳霉
[桃叶斑病菌]

Coniothyrium oryzae **Cavara**　稻盾壳霉

Coniothyrium oryzaevorum **Hara**　噬稻盾
壳霉

Coniothyrium palmarum **Corda**　棕榈盾壳
霉

Coniothyrium paulense **Henn.**　波地盾壳
霉

Coniothyrium piricola **Poteb.**　梨生盾壳
霉[梨叶白斑病菌、苹果白斑病菌]

Coniothyrium populicola **Miura**　杨生盾
壳霉

Coniothyrium pyrinum（Sacc.）**Sheld.**
仁果盾壳霉

Coniothyrium querciunm **Sacc.**　栎盾壳霉

Coniothyrium rhamni **Miyake**　鼠李盾壳
霉

Coniothyrium sacchari（Mass.）**Prill. et
Delacr.**　甘蔗盾壳霉

Coniothyrium spiraeae **Miyake**　绣线菊盾
壳霉

Coniothyrium terricola **Gilm. et Abbott**

土生盾壳霉

Coniothyrium tiliae **Miyake**　椴盾壳霉

Coniothyrium tirolensis **Bub.**　蒂地盾壳
霉[苹果白星病菌]

Coniothyrium vitivora **Miura**　葡萄盾壳霉

Corbulopsora **Cumm.**　栅被锈菌属[F]

Corbulopsora clemensiae **Cumm.**　枝条栅
被锈菌

Corbulopsora cumminsii **Thirum.**　苦茗栅
被锈菌

Corbulopsora gravida **Cumm.**　重型栅被
锈菌

Cordana **Preuss**　暗双孢属[F]

Cordana musae（Zimm.）**Hohn.**　香蕉暗
双孢[香蕉叶斑病菌,香蕉叶灰纹病菌]

Cordyceps（Fr.）**Link.**　虫草属[F]

Cordyceps aspera **Pat.**　粗糙虫草

Cordyceps hawkesii **Gray**　霍克斯虫草

Cordyceps kyushuensis **Kob.**　九州虫草

Cordyceps liangshanensis **Zang, Lin et Hu**
凉山虫草

Cordyceps martialis **Speg.**　珊瑚虫草

Cordyceps militaris（L.）**Link**　蛹虫草

Cordyceps myrmecophila **Ces.**　蚁虫草

Cordyceps nutans **Pat.**　下垂虫草

Cordyceps ophioglossoides（Ehrenb.）
Link　大团囊虫草

Cordyceps ramosa **Teng**　分枝虫草

Cordyceps shanxiensis **Lin, Rong et Jin**
山西虫草

Cordyceps sinensis（Berk.）**Sacc.**　中国
虫草[冬虫夏草]

Cordyceps sobolifera（Hill）**Berk. et Br.**
蝉蛹虫草[蝉花]

Cordyceps sphecocephala（Kl.）**Mass**　蜂
头虫草

Cordyceps taishanensis **Liu, Ynan et Cao**
泰山虫草

Coremyces **Thaxt.**　翅托虫囊菌属（帚虫
囊菌属）[F]

Coremyces chinensis **Thaxt.**　中华翅托虫

襄菌

Coriander feathery red vein virus Nucleorhabdovirus（CFRVV） 芫荽（属）羽状红脉病毒

Coriolus Quel. 革盖菌属[F]

Coriolus hirsutus（Wulf. ex Fr.）**Pat.** 毛革盖菌

Coriolus versicola（L. ex Fr.）**Quél.** 彩绒革盖菌

Coriolus zonalus 见 *Trametes ochracea*

Corticium Pers. ex Fr 伏革菌属[F]

Corticium centrifugum 见 *Athelia rolfsii*

Corticium fuciforme（McAlp.）**Wakef.** 藻状伏革菌[剪股颖红丝病菌]

***Corticium invisum* Petch** 可恶伏革菌[茶黑腐病菌]

***Corticium penicillatum* Petch** 毛笔状伏革菌[椰子线疫病菌]

Corticium rofsii 见 *Athelia rolfsii*

***Corticium salmonicolor* Berk. et Br.** 鲑色伏革菌[苹果、柑橘赤衣病菌、杧果绯腐病菌]

Corticium sasakii 见 *Thanatephorus cucumeris*

Corticium solani 见 *Thanatephorus cucumeris*

Corynebacteium michiganense pv. iranicum 见 *Rathayibacter iranicus*

Corynebacteium michiganensis subsp. nebraskensis 见 *Clavibacter michiganensis* subsp. *nebraskensis*

***Corynebacterium* Lehmann et Neumann** 棒状杆菌属[B]

Corynebacterium betae Keyworth，Howell et Dowson 见 *Curtobacterium flaccumfaciens* pv. *betae*

Corynebacterium beticola Abdou 见 *Pantoea agglomerans*

Corynebacterium fascians（Tilford）**Dowson** 见 *Rhodococcus fascians*

Corynebacterium flaccumfaciens pv. betae

Dye et Kemp 见 *Curtobacterium flaccumfaciens* pv. *betae*

Corynebacterium flaccumfaciens pv. flaccumfaciens（Hedges） 见 *Curtobacterium flaccumfaciens* pv. *flaccumfaciens*

Corynebacterium flaccumfaciens pv. oortii（Saaltink et al.） 见 *Curtobacteium flaccumfaciens* pv. *oortii*

Corynebacterium flaccumfaciens pv. poinsettiae（Starr et Pirone） 见 *Curtobacterium flaccumfaciens* pv. *poinsettiae*

Corynebacterium illicis Mandel，Gubaetlitsky 见 *Arthrobacter ilicis*

Corynebacterium insidiosum（McCulloch）**Jenson** 见 *Clavibacter michiganensis* subsp. *insidiosus*

Corynebacterium iranicum Scharif 见 *Rathayibacter iranicus*

Corynebacterium michiganense（Smith）见 *Clavibacter michiganensis* subsp. *michiganensis*

Corynebacterium michiganense pv. insidiosum（McCulloch）见 *Clavibacter michiganensis* subsp. *insidiosus*

Corynebacterium michiganense pv. iranicum（Scharif）见 *Rathayibacter iranicus*

Corynebacterium michiganense pv. michiganensis（Smith）见 *Clavibacter michiganensis* subsp. *michiganensis*

Corynebacterium michiganense pv. nebraskense（Vidaver et Mandel）见 *Clavibacter michiganensis* subsp. *nebraskensis*

Corynebacterium michiganense pv. rathayi 见 *Rathayibacter rathayi*

Corynebacterium michiganense pv. sepedonicum 见 *Clavibacter michiganensis* subsp. *sepedonicus*

Corynebacterium michiganense pv. tritici（Hutchinson）**Dye et Kemp** 见 *Rathayibacter tritici*

Corynebacterium michiganense subsp. insidiosum（McCulloch）**Carson et Vidaver** 见 *Clavibacter michiganensis* subsp. *insidiosus*

Corynebacterium michiganense subsp. michiganense（Smith）**Jenson** 见 *Clavibacter michiganensis* subsp. *michiganensis*

Corynebacterium michiganense subsp. nebraskense 见 *Clavibacter michiganensis* subsp. *nebraskensis*

Corynebacterium michiganense subsp. sepedonicum 见 *Clavibaeter michiganense* subsp. *sepedonicus*

Corynebacterium michiganense subsp. tessellarius 见 *Clavibacter michiganensis* subsp. *tessellarius*

Corynebacterium nebraskense Vidaver et Mandel 见 *Clavibacter michiganensis* subsp. *nebraskensis*

Corynebacterium oortii Saaltink et Maas Geesteranus 见 *Curtobacterium flaccumfaciens* pv. *oortii*

Corynebacterium poinsettiae（Starr et Pirone）见 *Curtobacterium flaccumfaciens* pv. *poinsettiae*

Corynebacterium rathayi（Smith）**Dowson** 见 *Rathayibacter rathayi*

Corynebacterium sepedonicum（Spieckermann et Kotthoff）见 *Clavibacter michiganensis* subsp. *sepedonicus*

Corynebacterium tritici（Hutchinson）**Burkholder** 见 *Rathayibacter tritici*

Corynespora **Guss.**　棒孢属［F］

Corynespora cassicola 见 *Corynespora mazei*

Corynespora citricola **Ellis**　橘生棒孢

Corynespora mazei **Gussow**　多主棒孢［红麻茎枯病菌］

Corynespora pruni（Berk. et Curt.）**M. B. Ellis**　李棒孢

Coryneum **Nees ex Schw.**　棒盘孢属［F］

Coryneum beyerinckii **Oudem.**　桃棒盘孢

Coryneum camelliae **Mass.**　山茶棒盘孢

Coryneum castaneicola **Berk. et Curt.**　栗生棒盘孢

Coryneum crataegicola **Miura**　山楂生棒盘孢

Coryneum depressum **Schmidt et Stendel**　平凹棒盘孢

Coryneum foliiolum **Fuck.**　叶生棒盘孢［李叶斑病菌］

Coryneum intermedium **Sacc.**　间型棒盘孢

Coryneum kunzei **var. castaneae Sacc. et Roum.**　栗棒盘孢

Coryneum microstictum **Berk. et Br.**　小斑棒盘孢

Coryneum populinum **Bres.**　杨棒盘孢

Coryneum psidii **Sutton**　番石榴棒盘孢

Coryneum pyricola **Anmad**　梨生棒盘孢

Coryneum rosaecola **Miura**　蔷薇生棒盘孢

Coslenchus **Siddiqi**　隐矛线虫属［纵纹盖垫刃属］［N］

Coslenchus cocophilus **Andrassy**　椰子隐矛线虫

Coslenchus lycopersicus（Husain et Khan）**Siddiqi**　番茄隐矛线虫

Cotton anthocyanosis virus Luteovirus（CAV）　棉花色素（花青素）病毒

Cotton leaf crumple virus Begomovirus（CLCrV）　棉花皱叶病毒

Cotton leaf curl Alabad virus Begomovirus　棉花曲叶阿拉巴病毒

Cotton leaf curl Gezira virus Begomovirus　棉花曲叶杰济拉病毒

Cotton leaf curl Kokhran virus Begomovirus　棉花曲叶柯克兰病毒

Cotton leaf curl Multan virus Begomovirus　棉花曲叶木尔坦病毒

Cotton leaf curl Rajasthan virus Begomovirus　棉花曲叶拉贾斯坦病毒

Cotton leaf curl virus Begomovirus（CLCuV）　棉曲叶病毒

Cotton leaf curl virus - Pakistan 1 Begomovirus (CLCuV-Pkl) 棉花曲叶巴基斯坦1号病毒

Cotton leaf curl virus - Pakistan 2 Begomovirus (CLCuV-Pk2) 棉花曲叶巴基斯坦2号病毒

couch grass streak mosaic virus 见 *Agropyron mosaic virus Rymovirus* (AgMV)

Cowparsnip mosaic virus Nucleorhabdovirus (CPaMV) 白芷花叶病毒

Cowpea aphid-borne mosaic virus Potyvirus (CABMV) 豇豆蚜传花叶病毒

cowpea banding mosaic virus 见 *Cucumber mosaic virus Cucumovirus* (CMV)

Cowpea chlorotic mottle virus Bromovirus (CCMV) 豇豆褪绿斑驳病毒

cowpea chlorotic spot virus 见 *Sunn-hemp mosaic virus Tobamovirus*

Cowpea golden mosaic virus Begomovirus (CpGMV) 豇豆金色花叶病毒

Cowpea green vein banding virus Potyvirus (CGVBV) 豇豆绿脉带病毒

Cowpea mild mottle virus Carlavirus (CpMMV) 豇豆轻斑驳病毒

Cowpea Moroccan aphid-borne mosaic virus 见 *Cowpea aphid-borne mosaic virus Potyvirus*

Cowpea mosaic virus Comovirus (CpMV) 豇豆花叶病毒

Cowpea mottle virus Carmovirus (CPMoV) 豇豆斑驳病毒

cowpea ringspot virus 见 *Cucumber mosaic virus Cucumovirus* (CMV)

Cowpea rugose mosaic virus Potyvirus (CpRMV) 豇豆皱缩花叶病毒

Cowpea severe mosaic virus Comovirus (CpSMV) 豇豆重花叶病毒

cowpea strain of tobacco mosaic virus 见 *Sunn-hemp mosaic virus Tobamovirus*

Cowpea stunt virus Luteovirus (CpSV) 豇豆矮化病毒

cowpea vein-banding mosaic virus 见 *Bean common mosaic virus Potyvirus*

Cowpea virus(CpV) 豇豆病毒

cowpea yellow mosaic virus 见 *Cowpea mosaic virus Comovirus*

Cricenema informe 见 *Criconemoides informis*

***Cricodorylaimus* Wasim, Ahmod et Sturhan** 环矛线虫属[N]

***Cricodorylaimus africanus* Wasim, Ahmod et Sturhan** 非洲环矛线虫

***Criconema* Hofm. et Menzel** 环线虫属 [N]

Criconema aculeata (Schneider) **de Coninck** 针尾环线虫

***Criconema acuticaudatum* Loof, Wouts et Yeates** 尖尾环线虫

***Criconema alpinum* Loof, Wouts et Yeates** 苔原环线虫

***Criconema alticolum* Colbran** 长柱环线虫

Criconema annulifer (de Man) **Micoletzky** 多环环线虫

***Criconema annulifer* f. *sp. hygrophilum* Andrassy** 多环环线虫湿地型

Criconema anura 见 *Criconemoides anura*

Criconema aquaticum (Micoletzky) **Micoletzky** 水生环线虫

***Criconema aquitanense* Fies** 阿基坦环线虫

***Criconema aucklandicum* Loof, Woutss et Yeates** 奥克兰环线虫

***Criconema australe* Colbra** 南方环线虫

***Criconema bakeri* Wu** 贝克环线虫

Criconema beljaevae 见 *Criconemoides beljaevae*

***Criconema boagi* Zell** 博氏环线虫

Criconema boettgeri (Meyl) **de Grisse et Loof** 博特环线虫

Criconema brevicaudatum 见 *Criconemoides brevicaudatus*

Criconema carolinae Berg 卡罗来纳环线虫

Criconema celetum Wu 隐蔽环线虫

Criconema certesi Raski et Valenzuela 塞氏环线虫

Criconema chrisbarnardi Heyns 克氏环线虫

Criconema civellae 见 *Ogma civellae*

Criconema cobbi de Coninck 科氏环线虫

Criconema cobbi f. sp. *duplex* de Coninck 科氏环线虫双倍型

Criconema cobbi f. sp. *multiplex* de Coninck 科氏环线虫多倍型

Criconema cobbi f. sp. *typical* (Micoletzky) Taylor 科氏环线虫原型

Criconema coffeae 见 *Ogma coffeae*

Criconema congolense 见 *Criconemoides congolense*

Criconema coronatum (Schuurmans et al.) de Coninck 具冠环线虫

Criconema cristulatum Loof, et al. 头毛环线虫

Criconema crotaloides 见 *Criconemoides crotaloides*

Criconema cylindricum 见 *Criconemoides cylindricum*

Criconema decalineatum Chitwood 十纹环线虫

Criconema demani 见 *Criconemoides demani*

Criconema duodevigintilineatum Andrassy 十二纹环线虫

Criconema elegantulum 见 *Criconemoides elegantulum*

Criconema eurysoma Golden et Friedman 宽体环线虫

Criconema fimbriatum 见 *Ogma fimbriatum*

Criconema fotedari Mahajan et Bijral 福氏环线虫

Criconema gariepense Berg 加瑞普环线虫

Criconema georgiensis Kirjanova 乔治亚环线虫

Criconema goffarti 见 *Criconemoides goffarti*

Criconema gracilie Mehta et Raski 细小环线虫

Criconema graminicola Loof, Wouts et Yeates 禾环线虫

Criconema guernei 见 *Hoplolaimus guernei*

Criconema heideri 见 *Criconemoides heideri*

Criconema hungaricum Andrassy 匈牙利环线虫

Criconema imbricatum Colbran 覆瓦状环线虫

Criconema inaequale 见 *Bakernema inaequale*

Criconema indigenae Berg et Meyer 本地环线虫

Criconema jessiensis Berg 捷西环线虫

Criconema kirjanovae Krall 基氏环线虫

Criconema komabaeensis 见 *Criconemoides komabaeensis*

Criconema laterale Khan et Siddiqi 侧环线虫

Criconema lentiforme 见 *Ogma lentiforme*

Criconema lepidotum Skuarva 有鳞环线虫

Criconema limitaneum 见 *Discocriconemella limitanea*

Criconema lineatum Loof, Wouts, Yeates 线形环线虫

Criconema longula 见 *Criconemoides longulus*

Criconema magnum Loof, Wouts, Yeates 大环线虫

Criconema mangiferum Edward et Misra 杧果环线虫

Criconema menzeli (Setfanski) Taylor 门

氏环线虫

Criconema microdorum 见 *Criconemoides microdorus*

Criconema minor（Schneider）**de Coninck** 较小环线虫

Criconema minutum（Kirjanova）**Chitwood** 微小环线虫

Criconema morgense 见 *Criconemoides morgensis*

Criconema multisquamatum（Kirjanova）**Chitwood** 多鳞环线虫

Criconema murrayi（Southern）**Taylor** 默氏环线虫

Criconema mutabilis（Taylor）**Raski et Luc** 可变环线虫

Criconema navarinoense Raski et Valenzuela 那瓦瑞诺环线虫

Criconema nepalense Khan，Singh，et Lal 尼泊尔环线虫

Criconema octangulare（Cobb）**Taylor** 八角环线虫

Criconema orellanai Raski et Valenzuela 奥瑞兰环线虫

Criconema osorneonse Raski et Valenzuela 奥索恩环线虫

Criconema palmatum Siddiqi et Southey 棕榈环线虫

Criconema pauciannulatum Berg 稀纹环线虫

Criconema paxi（Schneider）**de Coninck** 帕氏环线虫

Criconema pectinatum Colbran 梳状环线虫

Criconema peruensis（Cobb）**de Coninck** 秘鲁环线虫

Criconema proclivis Hoffmann 前坡环线虫

Criconema proteae Berg et Meyer 原环线虫

Criconema pruni 见 *Macroposthonia pruni*

Criconema pullum 见 *Criconemoides pullus*

Criconema punici 见 *Crossonema punici*

Criconema quadeicorne 见 *Criconemella resticum*

Criconema quadricorne 见 *Criconemoides quadricornis*

Criconema querci 见 *Ogma querci*

Criconema rhombosquamatum Mehta et Raski 菱鳞环线虫

Criconema robusta Wang et Wu 粗壮环线虫

Criconema rusticum 见 *Criconemoides rusticum*

Criconema schuurmansstekhoveni de Coninck 斯氏环线虫

Criconema serratum 见 *Ogma serratum*

Criconema seymouri Wu 西氏环线虫

Criconema simlaensis Jairajpuri 西姆拉环线虫

Criconema simples Marais et Berg 单环线虫

Criconema sirgeli Berg et Meyer 西尔吉尔环线虫

Criconema southerni（Schneider）**de Coninck** 萨氏环线虫

Criconema spasskii Nesterov et Lisetskaya 斯帕斯克环线虫

Criconema sphagni 见 *Criconemoides sphagni*

Criconema spinalineatum Chitwood 棘纹环线虫

Criconema squamifer（Heyns）**Loof et de Grisse** 鳞纹环线虫

Criconema squamosum（Cobb）**Taylor** 披鳞环线虫

Criconema stygia 见 *Criconemoides stygia*

Criconema sulcatum 见 *Criconemoides sulcatum*

Criconema taylori Jairajpuri 泰氏环线虫

Criconema **tenuiannulatum** 见 *Criconemoides tenuiannulatus*

Criconema **tenuicaudatum** Siddiqi 细尾环线虫

Criconema **tenuicute** 见 *Criconemoides tenuicute*

Criconema **tessellatum** Berg 花纹环线虫

Criconema **tokobaevi** Girtsenko 托氏环线虫

Criconema **triconodon** (Schuurmans et al.) de Coninck 三锥环线虫

Criconema **tripum** (Schuurmans et al.) de Coninck 游走环线虫

Criconema **tulaganovi** 见 *Criconemoides tulaganovi*

Criconema **tylenchiformis** (Daday) Micoletzky 垫刃型环线虫

Criconema **undulatum** Loof，Wouts et Yeates 波状环线虫

Criconema **varigatum** Khan，Singh et Lal 多样环线虫

Criconema **vishwanatum** 见 *Ogma civellae*

Criconema **zernovi** (Kirjanova) Chitwood 塞氏环线虫

Criconemella de Grisse et Loof 小环线虫属[N]

Criconemella **alticola** (Ivanova) Ebsary 高地小环线虫

Criconemella **anastomoides** Maqbool et Shahina 合口小环线虫

Criconemella **annulatum** (Cobb) Luc et Raski 饰环小环线虫

Criconemella **avicenniae** Nicholas et Stewart 榄雌小环线虫

Criconemella **azania** (Van Den Berg) Luc et Raski 阿扎尼亚小环线虫

Criconemella **brevicauda** Berg et Spaull 短尾小环线虫

Criconemella **canadensis** Ebsary 加拿大小环线虫

Criconemella **cardamomi** Sharma et Edward 小豆蔻小环线虫

Criconemella **curvata** 见 *Criconemoides curvatus*

Criconemella **degressei** Lubbers et Zell 渐小环线虫

Criconemella **ferniae** (Luc) Luc et Raski 弗尼亚小环线虫

Criconemella **goodeyi** (de Guiran) de Grisse et Loof 古氏小环线虫

Criconemella **hawangiensis** Choi et Geraert 海王小环线虫

Criconemella **heliophilus** Ivanova et Shagalina 沼泽小环线虫

Criconemella **incisa** (Raski et Golden) Luc et Raski 刻纹小环线虫

Criconemella **informe** (Micoletzky) Luc et Raski 畸形小环线虫

Criconemella **kamali** (de Grisse et Loof) Khan 卡迈勒小环线虫

Criconemella **lineolata** (Maas et al.) Ebsary 纵沟小环线虫

Criconemella **macrodolens** Dhanachand et Romabati 大头小环线虫

Criconemella **macrodora** (Taylor) Luć et Raski 大囊小环线虫

Criconemella **macrodorum** 见 *Criconemoides macrodorum*

Criconemella **magnilobata** (Darekar et Khan) Raski et Luć 大栉小环线虫

Criconemella **medani** 见 *Macroposthonia medani Criconemella*

Criconemella **meridiana** Mehta，Raski，Valenzuela 中环小环线虫

Criconemella **multiannulata** Doucet 多环小环线虫

Criconemella **myungsugae** Choi et Geraert 姆苏克小环线虫

Criconemella **neoaxestus** 见 *Criconemoides neoaxestus*

Criconemella **obtusicaudata** 见 *Criconemoides obtusicaudatus*

Criconemella obtusicaudatum （Heyns）**Ebsary** 钝尾小环线虫

Criconemella onoensis （Luć）**Ebsary** 俄尼小环线虫

Criconemella onostris （Phukan et Sanwal）**Ebsary** 刻线小环线虫

Criconemella ornata （Raski）**Luć et Raski** 装饰小环线虫

Criconemella ovospermata **Mohilal et Dhanachand** 卵形精囊小环线虫

Criconemella paradenoudeni **Raski，Geraert，Sharma** 异德氏小环线虫

Criconemella paragoodeyi **Choi，Geraert** 异古氏小环线虫

Criconemella paralineolata **Raski，Geraert et Sharma** 拟纵沟小环线虫

Criconemella parareedi （Ebsary）**Ebsary** 异里氏小环线虫

Criconemella parva （Raski）**de Grisse，Loof** 微细小环线虫

Criconemella parvula （Siddiqi）**de Grisse et Loof** 细小小环线虫

Criconemella peleretsi **Sakae et Geraert** 派米伦兹小环线虫

Criconemella pilosum **Berg** 毛状小环线虫

Criconemella profuses （Wang et Wu） 丰富小环线虫

Criconemella pruni 见 *Macroposthonia pruni*

Criconemella pseudohercyniense（De Grisse，Koen）**Luć et Raski** 假赫西恩小环线虫

Criconemella raskiensis （De Grisse）**Luć et Raski** 拉氏小环线虫

Criconemella resticum （Khan，et al. ）**Luć et Raski** 乡居小环线虫

Criconemella ripariensis **Eroshenko et Volkova** 河岸小环线虫

Criconemella ritteri （Doucet）**Raski et Luć** 里特小环线虫

Criconemella rosmarini **Castillo，Siddiqi et Barcina** 迷迭香小环线虫

Criconemella rustica（Micol. ）**Luć et Raski** 乡村小环线虫

Criconemella sigillaria **Eroshenko et Volkova** 封印木小环线虫

Criconemella sphaerocephala （Taylor）**Luć et Raski** 球头小环线虫

Criconemella sphaerocephaloides （de Grisse）**Ebsary** 类球头小环线虫

Criconemella talensis **Chaves** 塔拉小环线虫

Criconemella teres （Raski）**Luć，Raski** 光滑小环线虫

Criconemella tescorum （de Guiran）**Ebsary** 四锥小环线虫

Criconemella variabile （Raski et Golden）**Raski et Luć** 可变小环线虫

Criconemella xenoplax （Raski）**de Grisse et Loof** 薄叶小环线虫

Criconemella zavadskii （Tulaganov）**de Grisse et Loof** 萨氏小环线虫

Criconemoides **Taylor** 轮（拟环）线虫属 [N]

Criconemoides aberrans **Jairajpuri et Siddiqi** 异常轮线虫

Criconemoides adamsi （Diab et Jenk. ）**Tarjan** 亚氏轮线虫

Criconemoides afghanicus **Shahina et Maqbool** 阿富汗轮线虫

Criconemoides amorphus **Loof et de Grisse** 变形轮线虫

Criconemoides annulatiformis （de Grisse et Loof ）**Luć** 环形轮线虫

Criconemoides annulatus 见 *Criconemella annulatum*

Criconemoides annulifer 见 *Criconema annulifer*

Criconemoides antipolitana de Guiran 粗糙轮线虫

Criconemoides anura （Kirjanova）**Raski**

无尾轮线虫
Criconemoides arcanum **Raski et Golden**
隐轮线虫
Criconemoides axestis **Fassuliotis et Wil-
liamson** 不光轮线虫
Criconemoides baforti（de Grisse）**Luć**
贝佛特轮线虫
Criconemoides bakeri **Wu** 贝克轮线虫
Criconemoides basili **Jairajpuri** 巴氏轮线
虫
Criconemoides beljaevae（Kirjanova）**Ras-
ki** 贝氏轮线虫
Criconemoides boettgeri 见 *Criconema
boettgeri*
Criconemoides brevicaudatus （Siddiqi）
Raski et Golden 短尾轮线虫
Criconemoides brevistylus **Singh et Khera**
短针轮线虫
Criconemoides caelatus **Raski et Golden**
浮雕轮线虫
Criconemoides californicum **Diab et Jenk.**
加利福尼亚轮线虫
Criconemoides calvus **Raski et Golden** 光
滑轮线虫
Criconemoides chamoliensis **Rahaman，Ah-
mad et Jairajpuri** 恰莫尔轮线虫
Criconemoides citri **Steiner** 柑橘轮线虫
Criconemoides citricola **Siddiqi** 柑橘生轮
线虫
Criconemoides cocophillus 见 *Hemicyclio-
phora cocophillus*
Criconemoides colbrani **Luc** 科氏轮线虫
Criconemoides comlexa **Jairajpuri** 复合
轮线虫
Criconemoides complexus 见 *Criconemella
informe*
Criconemoides congolense（Schunrmans et
al.）**Goodey** 刚果轮线虫
Criconemoides corbetti（de Grisse）**Luc**
科比特轮线虫
Criconemoides crassianulatus **de Guiran**

重环轮线虫
Criconemoides crenatus **Loof** 钝齿状轮线
虫
Criconemoides crotaloides（Cobb）**Taylor**
小铃轮线虫
Criconemoides curvatus **Raski** 弯曲轮线
虫
Criconemoides cylindricum （Kirjanova）
Raski 柱形轮线虫
Criconemoides decipiens **Loof et Barooti**
疑轮线虫
Criconemoides deconinki **de Grisse** 德氏
轮线虫
Criconemoides demani（Micoletzky）**Taylor**
德曼轮线虫
Criconemoides denoudeni（de Grisse）**Luc**
德脑顿轮线虫
Criconemoides dherdei（de Grisse）**Luc** 德
赫德轮线虫
Criconemoides discolabium 见 *Discocri-
conemella discolabia*
Criconemoides discus **Thorne et Malek** 圆
盘轮线虫
Criconemoides dividus **Raskii et Riffle** 分
叉轮线虫
Criconemoides dorsoflexus **Boonduang et
Ratanaprapa** 弯背轮线虫
Criconemoides dubius（de Grisse）**Luc** 不
定轮线虫
Criconemoides duplicivestitus **Andrassy**
双皮轮线虫
Criconemoides echinopanaxi **Mukhina** 刺
五加轮线虫
Criconemoides elegantulum（Gunhold）**Oo-
stenbrink** 华丽轮线虫
Criconemoides eroshenkoi （Eroshenko）
Siddiqi 伊氏轮线虫
Criconemoides featherensis **Banna et Gard-
ner** 具毛轮线虫
Criconemoides ferniae 见 *Criconemella
ferniae*

Criconemoides fimbriatus Thorne et Malek 毛缘轮线虫

Criconemoides flandriensis de Grisse 佛兰德轮线虫

Criconemoides gaddi Loos 加氏轮线虫

Criconemoides georgii Prasad, Khan, Mathur 乔氏轮线虫

Criconemoides glabrannulatus 见 *Discocriconemella glabrannulata*

Criconemoides goffarti （Volz） Oostenbrink 高氏轮线虫

Criconemoides goodeyi Jairajpuri 古德伊轮线虫

Criconemoides grassator Adams et Lapp 惰轮线虫

Criconemoides heideri（Stfanski） Taylor 海德轮线虫

Criconemoides helicus Eroshenko et Nguent Vu Tkhan 卷曲轮线虫

Criconemoides hemisphaericaudatus Wu 半球尾轮线虫

Criconemoides hercyniense Kischke 赫西恩轮线虫

Criconemoides humilis Raski et Riffle 短小轮线虫

Criconemoides hygrophilum Goodey 湿地轮线虫

Criconemoides incisus 见 *Criconemella incisa*

Criconemoides incrassatus Raski et Golden 厚皮轮线虫

Criconemoides informis（Micoletzky） Taylor 畸形轮线虫

Criconemoides insigne Siddiqi 异常轮线虫

Criconemoides inusitatus Hoffmann 特殊轮线虫

Criconemoides irregularis de Grisse 不整轮线虫

Criconemoides jiniperi Edward et Misra 桧树轮线虫

Criconemoides kamaliei Khan 卡迈勒轮线虫

Criconemoides kashmirensis Mahajan et Bijral 克什米尔轮线虫

Criconemoides kirjanovae Andrassy 基氏轮线虫

Criconemoides komabaeensis （Imamura） Tayor 库玛巴轮线虫

Criconemoides kovacsi Andrassy 科瓦克斯轮线虫

Criconemoides lamellatus Raski et Golden 小叶轮线虫

Criconemoides lamottei 见 *Discocriconemella lamottei*

Criconemoides laterale（Khan et Siddiqi） Raski et Golden 侧轮线虫

Criconemoides limitaneus 见 *Discocriconemella limitanea*

Criconemoides lobatum Raski 栉轮线虫

Criconemoides loffi（de Grisse） 卢氏轮线虫

Criconemoides longulus （Gunhold） Oostenbrink 长轮线虫

Criconemoides macramphidia （de Grisse） Luc 大侧器轮线虫

Criconemoides macrodora 见 *Criconemella macrodora*

Criconemoides macrodorum Taylor 大囊轮线虫

Criconemoides macrolobata Jairajpuri et Siddiqi 大栉轮线虫

Criconemoides magnoliae Edward et Misra 木兰轮线虫

Criconemoides maritims de Grisse 海滨轮线虫

Criconemoides mauritiensis 见 *Discocriconemella mauritiensis*

Criconemoides michieli Edward, Misra et Singh 含笑轮线虫

Criconemoides microdorus （de Grisse） de Grisse 小囊轮线虫

Criconemoides microserratus **Raski et Golden** 小锯齿轮线虫

Criconemoides mongolense **Andrassy** 蒙古轮线虫

Criconemoides montserrati **Arias，Delgado et al.** 高锯齿轮线虫

Criconemoides morgensis（Hofmanner）**Taylor** 摩根轮线虫

Criconemoides mutabilis **Taylor** 可变轮线虫

Criconemoides nainitalensis **Edward et Misra** 奈尼塔尔轮线虫

Criconemoides neoaxestus **Jairajpuri et Siddiqi** 近轴轮线虫

Criconemoides oblonglineatus **Razzhivin** 长纹轮线虫

Criconemoides obtusicaudatus（Heyns）**Heyns** 钝尾轮线虫

Criconemoides obtusus（Colbran）**Siddiqi et Goodey** 钝轮线虫

Criconemoides onoensis 见 *Criconemella onoensis*

Criconemoides oostenbrinki **Loof** 奥氏轮线虫

Criconemoides ornativulvatus **Berg et Queneherve** 丽轮线虫

Criconemoides ornatus 见 *Criconemella ornata*

Criconemoides pacificus 见 *Nothocriconemella pacifica*

Criconemoides palustris **Luc** 沼泽轮线虫

Criconemoides paraguayensis（Andrassy）**Luc** 巴拉圭轮线虫

Criconemoides parakouensis **Germani et Luc** 帕拉库轮线虫

Criconemoides parvula 见 *Criconemella parvula*

Criconemoides parvum 见 *Criconemella parva*

Criconemoides pauperus（de Grisse）**Luc** 微小轮线虫

Criconemoides permistus **Raski et Golden** 混杂轮线虫

Criconemoides peruensiformis（de Grisse）**Luc** 秘鲁型轮线虫

Criconemoides peruensis 见 *Criconema peruensis*

Criconemoides petasus **Wu** 具伞轮线虫

Criconemoides pleriannulatus **Ebsary** 全环轮线虫

Criconemoides princeps **Andrassy** 冠首轮线虫

Criconemoides profuses 见 *Criconemella profuses*

Criconemoides pruni 见 *Macroposthonia pruni*

Criconemoides pseudohercyniensis **de Grisse et Koen** 假赫西恩轮线虫

Criconemoides pseudosolivagus **de Grisse** 假孤游轮线虫

Criconemoides pullus（Kirjanova）**Raski** 幼小轮线虫

Criconemoides punicus **Deswal et Bajaj** 石榴轮线虫

Criconemoides quadeicorne 见 *Criconemella resticum*

Criconemoides quadricornis（Kirjanova）**Raski** 四角轮线虫

Criconemoides quasidemani **Wu** 类捷曼轮线虫

Criconemoides raskiensis 见 *Criconemella raskiensis*

Criconemoides raskii **Goodey** 拉氏轮线虫

Criconemoides ravidus **Raski et Golden** 暗色轮线虫

Criconemoides reedi **Diab et Jenk.** 里氏轮线虫

Criconemoides rihandi **Edwar，Misra et Singh** 里汉德轮线虫

Criconemoides rosae **Loof** 玫瑰轮线虫

Criconemoides rotundicauda **Loof** 圆尾轮线虫

Criconemoides rotundicaudata **Wu** 小圆尾轮线虫

Criconemoides rotundicaudatus 见 *Criconemella annulatum*

Criconemoides rusticum（Micoletzky）**Taylor** 乡居轮线虫

Criconemoides sabulosus **Eroshenko** 沙地轮线虫

Criconemoides sagaensis **Yokoo** 佐贺轮线虫

Criconemoides serratum（Khan et Siddiqi）**Raski et Golden** 锯齿轮线虫

Criconemoides siddiqi **Khan** 西氏轮线虫

Criconemoides similis（Cobb） 相似轮线虫

Criconemoides sinensis（Rahm）**Goodey** 中国轮线虫

Criconemoides solitarius（de Grisse）**Luc** 独居轮线虫

Criconemoides solivagus **Andrassy** 孤游轮线虫

Criconemoides sphaerocephaloides 见 *Criconemella sphaerocephaloides*

Criconemoides sphaerocephalus 见 *Criconemella sphaerocephala*

Criconemoides sphagni（Micoletzky）**Taylor** 泥炭藓轮线虫

Criconemoides stygia（Schncider）**Andrassy** 冥轮线虫

Criconemoides sulcatum（Golden et Friedman）**Raski et Golden** 具沟轮线虫

Criconemoides taylori 见 *Criconemella annulatum*

Criconemoides tenuiannulatus（Tulaganov）**Raski et Golden** 细纹轮线虫

Criconemoides tenuicute（Kirjanova）**Raski** 薄皮轮线虫

Criconemoides teratolabium **Chang** 畸唇轮线虫

Criconemoides teres 见 *Criconemella teres*

Criconemoides tescorum 见 *Criconemella tescorum*

Criconemoides tribulis **Raski et Golden** 三尖轮线虫

Criconemoides tulaganovi（Kirjanova）**Raski** 图氏轮线虫

Criconemoides vadensis **Loof** 瓦德轮线虫

Criconemoides vernus **Raski et Golden** 春季轮线虫

Criconemoides xenoplax 见 *Criconemella xenoplax*

Criconemoides xiamensis **Tang** 厦门轮线虫

Criconemoides yapoensis **Luc** 亚坡轮线虫

Criconemoides zavadskii 见 *Criconemella zavadskii*

Crimson clover latent virus Nepovirus（CCLV） 绛三叶草潜病毒

Crinipellis **Singer** 毛皮伞菌属[F]

Crinipellis perniciosa（Stahel）**Singer** 恶性毛皮伞[可可丛枝病菌]

Crinivirus 毛形病毒属[V]

Crinum mosaic virus Potyvirus（CriMV） 文殊兰（属）花叶病毒

Crinum virus（CriV） 文殊兰（属）病毒

Croatian clover mosaic virus 见 *Bean yellow mosaic virus Potyvirus*

Croatian clover virus Potyvirus（CroCV） 克罗地亚三叶草病毒

Cronartium **Fr.** 柱锈菌属[F]

Cronartium antidesmaedioicae（Racib.）**Syd.** 五月茶柱锈菌

Cronartium asclepiadeum 见 *Cronartium flaccidum*

Cronartium capparidis **Hobs.** 白花菜柱锈菌

Cronartium coleosporioides **Arth.** 油松疱锈病菌

Cronartium comandrae **Peck** 具缨柱锈菌[北美松疱锈病菌]

Cronartium conigenum **Hedg. et Hunt** 松

球果柱锈菌
Cronartium delavayi Pat.　德拉瓦柱锈菌
Cronartium erigerontis Syd.　飞蓬柱锈菌
Cronartium flaccidum（Alb. et Schw.）
　Wint.　松芍柱锈菌
Cronartium fusiforme Hedg. et Hunt ex
　Cumminsex　纺锤柱锈菌［松纺锤瘤锈
　菌］
Cronartium gentianeum Thüm.　龙胆柱锈
　菌
Cronartium keteleeriae　见　*Chrysomyxa*
　keteleeriae
Cronartium praelongum　见　*Cionothrix*
　praelonga
Cronartium quercuum（Berk.）**Miyabe et**
　Shirai　栎柱锈菌
Cronartium ribicola Fisch.　茶藨子柱锈
　菌［松疱锈病菌］
Cronartium verruciforme　见　*Dietelia ver-*
　ruciformis
Crossonema Mehta et Raski　栉线虫属
　［N］
Crossonema（Seriespinula）见　*Ogma cobbi*
Crossonema abies　见　*Neocrossonema abies*
Crossonema aculeatum　见　*Criconema ac-*
　uleata
Crossonema aquitanense　见　*Criconema*
　aquitanense
Crossonema boettgeri　见　*Criconema boett-*
　geri
Crossonema chrisbarnardi　见　*Criconema*
　chrisbarnardi
Crossonema civellae　见　*Ogma civellae*
Crossonema cobbi　见　*Criconema cobbi*
Crossonema coronatum　见　*Criconema cor-*
　onatum
Crossonema fimbriatum　见　*Ogma fimbri-*
　atum
Crossonema georgiensus　见　*Criconema*
　georgiensis
Crossonema hungaricum　见　*Criconema*

hungaricum
Crossonema menzeli　见　*Criconema menzeli*
Crossonema multisquamatum　见　*Cricone-*
　ma multisquamatum
Crossonema pectinatum　见　*Criconema pec-*
　tinatum
Crossonema plamatum　见　*Criconema pal-*
　matum
Crossonema proclive　见　*Criconema proc-*
　livis
Crossonema punici（Edward et al.）**Ma-**
　hajan et Bijral　石榴栉线虫
Crossonema querci　见　*Ogma querci*
Crossonema seymouri　见　*Criconema sey-*
　mouri
Crossonema taylori　见　*Criconema taylori*
Crossonema tenuicaudatum　见　*Criconema*
　tenuicaudatum
Crossopsora Syd.　桶孢锈菌属［F］
Crossopsora antidesmaedioicae（Syd.）
　Arth. et Cumm.　五月茶桶孢锈菌
Crossopsora malloti（Racib.）**Cumm.**　野
　桐桶孢锈菌
Crossopsora premnae（Petch）**Syd.**　腐蜱
　桶孢锈菌
Crossopsora sawadae（Syd.）**Arth. et**
　Cumm.　泽田桶孢锈菌
Crotalaria mosaic virus（CrotMV）　猪屎
　豆（属）花叶病毒
Crotalaria mucronata mosaic virus　见　*Sunn-*
　hemp mosaic virus Tobamovirus
Crotalaria spectabilis yellow mosaic virus
　Potexvirus（CSYMV）　大托叶猪屎豆
　黄花叶病毒
Crotalaria yellow mosaic virus（CroYMV）
　猪屎豆（属）黄花叶病毒
Croton vein yellowing virus Nucleorhab-
　dovirus（CrVYV）　巴豆（属）脉黄化病
　毒
croton virus Rhabdovirus　见　*Croton vein*
　yellowing virus Nucleorhabdovirus

Croton yellow vein mosaic virus Begomovirus（CYVMV） 巴豆（属）黄脉花叶病毒

Cryphodera Colbaran 隐皮线虫属[N]

Cryphodera brinkmani Karssen et Aelst 布林克曼隐皮线虫

Cryphodera coxi（Wouts）Luc，Taylor et Cadet 考氏隐皮线虫

Cryphodera eucalypti Colbran 桉树隐皮线虫

Cryphodera nothophagi（Wouts）Luc，Taylor et Cadet 假山毛榉隐皮线虫

Cryphodera podocarpi（Wouts）Luc，Taylor et Cadet 罗汉松隐皮线虫

Cryphodera utahensis Baldwin，et al. 犹他隐皮线虫

Cryphonectria（Sacc.）Sacc. 隐丛赤壳属[F]

Cryphonectria cubensis（Bruner）Hodges 古巴隐丛赤壳[桉树溃疡病菌]

Cryphonectria parasitica 见 *Endothia parasitica*

Cryptaphelenchoides macrobulbosus 见 *Aphelenchoides macrobulbosus*

Cryptaphelenchus latus 见 *Aphelenchoides latus*

Cryptaphelenchus minutus 见 *Aphelenchoides minutus*

Cryptaphelenchus pygmaeus 见 *Aphelenchoides pygmaeus*

Cryptaphelenchus viktoris 见 *Aphelenchoides viktoris*

Cryptodiaporthe populea（Sacc.）Butin. 杨隐间座壳[杨树大斑溃疡病菌]

Cryptodiaporthe Patrak 隐间座壳属[F]

Cryptosphaeria Grev. 隐球壳属[F]

Cryptosphaeria populina（Pers.）Wint. 杨隐球壳

Cryptosporella Sacc. 小隐孢壳属[F]

Cryptosporella umbrina（Jenk.）Jenk. et Wehm. 掩荫小隐孢壳[月季枝枯溃疡病菌]

Cryptosporella viticola（Red.）Shear 葡萄生小隐孢壳

Cryptosporiopsis Bub. et kabat 拟隐壳孢属[F]

Cryptosporiopsis abietina Petrak 冷杉拟隐壳孢

Cryptosporiopsis corticola（Edgerton）Nannfeldt 树皮生拟隐壳孢

Cryptosporiopsis malicorticis（Corxl）Nonnfeldt 腐皮拟隐壳孢

Cryptosporiopsis scutellata（Otth）Petrak 盾拟隐壳孢

Cryptostictis Fuck. 隐点霉属[F]

Cryptostictis eucalypti Pat. 桉树隐点霉

Cryptovalsa Ces. et de Not. 隐腐皮壳属[F]

Cryptovalsa laricina Yuan 落叶松隐腐皮壳

Cryptuphelenchus malpighius 见 *Aphelenchoides malpighius*

Ctenoderma 见 *Skierka*

Cucumber Bulgarian latent virus Tombusvirus 黄瓜保加利亚潜隐病毒

Cucumber chlorotic spot virus Closterovirus（CCSV） 黄瓜褪绿斑病毒

Cucumber cryptic virus Alphacryptovirus（CuCV） 黄瓜隐潜病毒

cucumber fruit streak virus 见 *Cucumber leaf spot virus*

Cucumber fruit mottle mosaic virus Tobamovirus（CFMMV） 黄瓜斑驳花叶病毒

cucumber green mottle mosaic virus strain C 见 *Kyuri green mottle mosaic virus Tobamovirus*

Cucumber green mottle mosaic virus Tobamovirus（CGMMV） 黄瓜绿斑驳花叶病毒

Cucumber leaf spot virus（CLSV） *Aureusvirus* 黄瓜叶斑病毒

Cucumber mosaic virus Cucumovirus
(CMV) 黄瓜花叶病毒

Cucumber mosaic satellite virus 黄瓜花
叶病毒卫星

Cucumber mosaic virus satellite RNA 黄
瓜花叶病毒卫星 RNA

Cucumber necrosis virus Tombusvirus
(CuNV) 黄瓜坏死病毒

Cucumber pale fruit viroid (CPFVd) 黄
瓜白果类病毒

Cucumber soil-borne virus Carmovirus
(CuSBV) 黄瓜土传病毒

cucumber systemic necrosis virus 见 *To-
bacco necrosis virus Necrovirus* (TNV)

Cucumber toad-skin virus Rhabdovirus
(CuTSV) 黄瓜蟾皮病毒

Cucumber vein yellowing virus Ipomovirus
(CVYV) 黄瓜脉黄病毒

cucumber virus 1 见 *Cucumber mosaic vi-
rus Cucumovirus* (CMV)

cucumber virus 2,3,4 见 *Cucumber green
mottle mosaic virus Tobamovirus*

cucumber wild mosaic virus 见 *Wild cu-
cumber mosaic virus Tymovirus*

cucumber yellows virus 见 *Beet pseudo-
yellows virus Closterovirus*

Cucumovirus 黄瓜花叶病毒属[V]

*Cucurbit aphid-borne yellows virus Polero-
virus* (CABYV) 南瓜蚜传黄化病毒

Cucurbit leaf curl virus Begomovirus 南
瓜曲叶病毒

cucurbit ring mosaic virus 见 *Squash mo-
saic virus Comovirus*

*Cucurbit yellow stunting disorder virus
Crinivirus* (CYSDV) 南瓜黄色矮化失
调病毒

Cumminsiella Arth. 拟柄锈菌属[F]

Cumminsiella mirabilissima (Peck) **Nan-
nf.** 紫茉莉拟柄锈菌

Cumminsina Petr. 卡明斯锈菌属[F]

Cumminsina clavispora Petr. 棒状孢卡

明斯锈菌

Cunninghamia infunbulifera 见 *Choane-
phora infundibulifera*

Curtobacterium Yamada et Komagata 短
小杆菌属[B]

Curtobacterium flaccumfaciens pv. *betae*
(Keyworth) **Collins et Jones** 萎蔫短小
杆菌甜菜致病变种[甜菜银叶病菌]

Curtobacterium flaccumfaciens pv. *flac-
cumfaciens* (Hedges) **Collins Jones** 萎
蔫短小杆菌萎蔫致病变种[菜豆萎蔫病
菌]

Curtobacterium flaccumfaciens pv. *oortii*
(Saaltink) **Collins et Jones** 萎蔫短小杆
菌奥氏致病变种[郁金香黄色疱斑病
菌]

Curtobacterium flaccumfaciens pv. *poin-
settiae* (Starr et Pirone) **Collins et Jones**
萎蔫短小杆菌一品红变种[一品红叶斑
病菌]

Curtobacterium flaccumfaciens (Hedges)
Collins et Jones 萎蔫短小杆菌[菜豆细
菌性萎蔫病菌]

Curtobacterium herbarum **Behrendt et al.**
草本短小杆菌

Curtobacterium plantarum **Dunleavy** 茎
基短小杆菌

Curtovirus 曲顶病毒属[V]

Curvidigitus Sawada 弯指孢属[F]

Curvidigitus daphniphylli Saw. 虎皮楠
弯指孢

Curvularia Boedijn 弯孢属[F]

Curvularia affinis Boedijn 近缘弯孢

Curvularia akaii Tsuda et Ueyama 赤井
弯孢

Curvularia andropogonis (Zimm.) Boedijn
须芒草弯孢[香茅草枯病菌]

Curvularia borreruae (Viegas) **M. B. Ellis**
波利亚单弯孢

Curvularia brachyspora Boedijn 短孢弯
孢

Curvularia caryopsida（Sacc.）**Teng** 高
梁弯孢

Curvularia catenulata **Reddy et Bilgrami**
串弯孢

Curvularia clavata **Jain** 棒弯孢

Curvularia coicis（Nishikado）**Zhang,
Zhang et Sun** 薏苡弯孢

Curvularia comoriensis **Bouriguet et Jauf-
fret** 科摩罗弯孢

Curvularia crassiseptum **Zhang et Zhang**
厚隔弯孢

Curvularia crassiseptum var. *lactucae*
Zhang et Zhang 厚隔弯孢莴苣变种

Curvularia curcurliginis **Zhang et Zhang**
仙茅弯孢

Curvularia cylindrica **Zhang et Zhang** 柱
弯孢

Curvularia cymbopogonis（Dodge）**Groves
et Skolko** 香茅弯孢

Curvularia eragrostidis（Henn.）**Meyer**
画眉草弯孢

Curvularia fallax **Boedijn** 假弯孢

Curvularia geniculata（Tracy et Earle）
Boedijn 膝曲弯孢［结缕草叶枯病菌］

Curvularia graminis **Zhang et Zhang** 禾
弯孢

Curvularia harveyi **Shipton** 哈维弯孢

Curvularia heteropogonicola **Alcorn.**
黄茅生弯孢

Curvularia heteropogonis（Sivar.）**Alcorn.**
黄茅弯孢

Curvularia inaequalis（Shear）**Boedijn** 不
等弯孢

Curvularia intermedia **Boedijn** 间型弯孢

Curvularia intersiminata（Berk. et Pav.）
Gilman 土壤弯孢

Curvularia lunata（Wakker）**Boedijn** 新
月弯孢［唐菖蒲弯孢霉叶斑病菌、玉米
弯孢霉叶斑病菌］

Curvularia lunata var. *aeria*（Lima et
Vasconc.）**M. B. Ellis** 新月弯孢空气
变种

Curvularia macroclavata **Zhang et Zhang**
大棒弯孢

Curvularia maculans（Bancr.）**Boedijn**
斑点弯孢

Curvularia matsushimae **Zhang** 松岛弯孢

Curvularia oryzae **Bugn.** 稻弯孢

Curvularia ovoidea（Hiroe et Watan.）
Muntanola 卵形弯孢

Curvularia oxalis **M. Zhang et TY. Zhang**
酢浆草弯孢

Curvularia pallescens **Boedijn** 苍白弯孢

Curvularia penniseti（Mitra）**Boedijn** 狼
尾草弯孢

Curvularia prasadii **Mathur** 普瑞斯弯孢

Curvularia protuberata **Nelson et Hodges**
管弯孢

Curvularia pseudorobusta **Zhang et Zhang**
拟粗壮弯孢

Curvularia senegalensis（Speg.）**Subram.**
塞内加尔弯孢

Curvularia sichuanensis **Zhang et Zhang**
四川弯孢

Curvularia stapeliae **Hughes et du Plessis**
豹皮花弯孢

Curvularia trifolii **Boedijn** 三叶草（车轴
草）弯孢

Curvularia trifolii f. sp. *gladioli* **Parmelee
et Luttrel.** 三叶草（车轴草）弯孢唐菖
蒲变型

Curvularia tuberculata **Jain** 小瘤弯孢

Curvularia uncinata **Bugn.** 钩弯孢

Curvularia verruciformis var. *cucurbita*
Zhang et Zhang 瘤弯孢南瓜变种

Curvularia verruculosa **Tandor et Bilgrami**
糙壁弯孢

Cuscuta **L.** 菟丝子属（菟丝子科）[P]

Cuscuta approximata **Bab.** 细茎菟丝子

Cuscuta aupulata **Engelm.** 林花菟丝子

Cuscuta australis **Br.** 澳洲菟丝子［南方
菟丝子］

Cuscuta campestris Yunck 田野菟丝子
Cuscuta chinensis Lam. 中华菟丝子
Cuscuta cupalata Engelm. 杯花菟丝子
Cuscuta epilinum Weihe. 亚麻菟丝子
Cuscuta europaea L. 欧洲菟丝子
Cuscuta japonica Choisy 日本菟丝子[金
灯藤]
Cuscuta japonica var. *fissistyla* Elgelm
日本菟丝子川西变种
Cuscuta japonica var. *formosana*（Haya-
ta）Yuncker 日本菟丝子台湾变种
Cuscuta japonica var. *japonica* Choisy
日本菟丝子原变种
Cuscuta lupuliformis Krocker 啤酒花菟
丝子
Cuscuta monogyna Vahl. 单柱菟丝子
Cuscuta pentagona Engelm 五角菟丝子
Cuscuta reflexa Roxb. 大花菟丝子（云
南菟丝子）
Cuscuta reflexa var. *anguina*（Edgworth）
Clarke 大花菟丝子短柱头变种
Cuscuta reflexa var. *reflexa* Roxb. 大
花菟丝子原变种
Cycas necrotic stunt virus Nepovirus
（CNSV） 苏铁（属）坏死矮化病毒
Cylindrocarpon Wollenw. 柱孢属[F]
Cylindrocarpon ehrenbergii Wollenw. 埃
伦柱孢
Cylindrocarpon magnusiana Wollenw.
马格柱孢
Cylindrocarpon mali（Allesh. ）Wollenw.
苹果柱孢
Cylindrocarpon panacicola（Zinss.）Zhao
人参柱孢[人参锈腐病菌]
Cylindrocladiella Boesew. 小柱枝孢属
[F]
Cylindrocladiella tenuis Zhang et Chi 细
小柱枝孢[番茄枝根腐病菌]
Cylindrocladium Morgan 柱枝孢属[F]
Cylindrocladium litchii P. K. Chi 荔枝柱
枝孢[荔枝果腐病菌]

Cylindrocladium parasiticum Crous et al.
寄生柱枝孢[花生黑腐病菌]
Cylindrocladium scoparium Morgon 桃柱
枝孢[桃溃疡病菌]
Cylindrophora albedinis Killian et Maire 见
Fusarium oxysporum f. sp. *albedinis*
Cylindrosporium Grev. 柱盘孢属[F]
Cylindrosporium chrysanthemi Ell. et
Dearn. 菊花柱盘孢[菊花叶枯病菌]
Cylindrosporium convolvuli Miura 旋花
柱盘孢
Cylindrosporium dioscoreae Miyabe et Ito
薯蓣柱盘孢
Cylindrosporium eleocharidis Lentz. 荸
荠柱盘孢[荸荠秆枯病菌]
Cylindrosporium frigidum（Sacc. ）Vass.
寒荒柱盘孢
Cylindrosporium humuli Ell. et Ev. 葎草
柱盘孢
Cylindrosporium komarowii Jacz. 黄精
柱盘孢
Cylindrosporium neesii Corda 涅斯柱盘
孢
Cylindrosporium padi Karst. 稠李柱盘
孢
Cylindrosporium prunitomentosi Miura
山樱桃柱盘孢[樱桃叶斑病菌]
Cylindrosporium ulmi（Fr. ）Vass. 榆柱
盘孢
Cylindrosporium vicii Miura 蚕豆柱盘孢
Cylindrotylenchus Yang 柱垫刃线虫属
[N]
Cylindrotylenchus pini Yang 松柱垫刃线
虫
Cymadothea Wolf. 煤烟座囊菌属[F]
Cymadothea trifolii（Fr. ）Wolf 三叶草
煤烟菌[三叶草黑斑病菌]
Cymbidium mosaic virus Potexvirus（Cym-
MV） 兰（属）花叶病毒
Cymbidium ringspot satellite virus 兰
（属）环斑病毒卫星

Cymbidium ringspot virus Tombusvirus
（CymRSV） 兰（属）环斑病毒

Cymbidium virus（CymV） 兰花（属）病毒

Cynara virus（CraV） 菜蓟（属）病毒

Cynipanguina Maggenti，Hart et Paxman
叶瘿线虫属[N]

Cynipanguina danthoniae **Maggenti，Hartet et Paxman** 扁芒草叶瘿线虫

Cynodon chlorotic streak virus Nucleorhabdovirus（CynCSV） 狗牙根（属）褪绿线条病毒

Cynodon mosaic virus Carlavirus（CynMV） 狗牙根（属）花叶病毒

Cynosurus mottle virus Sobemovirus
（CnMoV） 洋狗尾草（属）斑驳病毒

Cyphomandra virus 见 *Tamarillo mosaic virus Potyvirus*

Cypripedium calceolus virus Potyvirus
（CypCV） 兜兰病毒

Cypripedium chlorotic streak virus Potyvirus（CypCSV） 兜兰褪绿条纹病毒

Cypripedium virus Y Potyvirus 兜兰 Y 病毒

Cystingophora 见 *Ravenelia*

Cystomyces Syd. 囊孢锈菌属[F]

Cystomyces costaricensis **Syd.** 哥斯达黎加囊孢锈菌

Cystopage **Drechsler** 泡囊虫霉属[F]

Cystopage cladospora **Drechsler** 枝孢泡囊虫霉

Cystopage intercalaris **Drechsler** 间生泡囊虫霉

Cystopage lateralis **Drechsler** 侧生泡囊虫霉

Cystopsora 见 *Zaghouania*

Cystopus Lév. 孢囊属[C]

Cystopus amaranthi 见 *Albugo bliti*

Cystopus argentinus 见 *Albugo caryophyllacearum*

Cystopus austro-africanus 见 *Albugo austro-africana*

Cystopus bliti 见 *Albugo bliti*

Cystopus bliti **f. sp. bliti**（Biv.）**de Bary** 苋孢囊原变型

Cystopus brasiliensis **Speg.** 巴西孢囊

Cystopus candidus **f. sp. alyssi-alyssoides Săvul. et Rayss** 白色孢囊欧洲庭荠变型

Cystopus candidus **f. sp. brassicae-nigrae Săvul. et Rayss** 白色孢囊黑芥变型

Cystopus candidus **f. sp. candidus**（Pers.）**Lév** 白色孢囊原变型

Cystopus candidus **f. sp. capsellae Săvul. et Rayss** 白色孢囊荠变型

Cystopus candidus **f. sp. coronopi-procumbentis Săvul. et Rayss** 白色孢囊臭荠变型

Cystopus candidus **f. sp. hesperidis Săvul. et Rayss** 白色孢囊香花变型

Cystopus candidus **f. sp. lepidii-perfoliati Săvul. et Rayss** 白色孢囊抱茎独行菜变型

Cystopus candidus **f. sp. microspora Togasi，Sibas et Sugano** 白色孢囊小孢变型

Cystopus candidus **f. sp. sinapidis-arvensis Săvul. et Rayss** 白色孢囊野欧白芥变型

Cystopus candidus **f. sp. syreniae-sessiliflorae Săvul. et Rayss** 白色孢囊菱果芥变型

Cystopus candidus 见 *Albugo candida*

Cystopus capparidis 见 *Albugo capparidis*

Cystopus centaurii 见 *Albugo centaurii*

Cystopus chardoni 见 *Albugo chardoni*

Cystopus convolvulacearum 见 *Albugo ipomoeae-panduranae*

Cystopus convolvulacearum **var. convolvulacearum Speg.** 旋花孢囊原变种

Cystopus convolvulacearum **var. minor** 见 *Albugo minor*（Spegazzini）**Ciferri**

Cystopus cubicus de Bary 见 *Albugo tragopogi*

Cystopus cubicus **Lév.** 立体孢囊

Cystopus cynoglossi Unamuno 天鹅舌孢
囊

Cystopus euphorbiae Cooke et Massee 大
戟孢囊

Cystopus euphorbiae-prunifoliae 李紫色
大戟孢囊

Cystopus euphorbiae-prunifoliae f. sp.
ceratocarpi Sǎvul. et Rayss 李紫色大
戟角果孢囊变型

Cystopus eurotiae 见 *Albugo eurotiae*

Cystopus evansi 见 *Albugo evansi*

Cystopus evolvuli 见 *Albugo evolvuli*

Cystopus gomphrenae 见 *Albugo gomphrenae*

Cystopus intermediates 见 *Albugo inter-
mediatus*

Cystopus ipomoeae-panduratae 见 *Albugo
ipomoeae-panduratae*

Cystopus lepigoni 见 *Albugo caryophyl-
lacearum*

Cystopus mikaniae Speg. 假泽兰孢囊

Cystopus minor 见 *Albugo minor*

Cystopus molluginicola Ramakr. et Ra-
makr. 粟米草生孢囊

Cystopus mysorensis 见 *Albugo mysorensis*

Cystopus occidentalis 见 *Albugo occiden-
talis*

Cystopus platensis 见 *Albugo platensis*

Cystopus portulacae 见 *Albugo portulacae*

Cystopus pulverulentus Berk. et M. A.
Curtis 斑形孢囊

Cystopus quadratus 见 *Albugo quadrata*

Cystopus resedae 见 *Albugo resedae*

Cystopus sacchari Butler 甘蔗孢囊

Cystopus salsolae Syd. 猪毛菜孢囊

Cystopus solivae 见 *Albugo solivae*

Cystopus solivarum 见 *Albugo solivae*

Cystopus sphaericus Bonord. 球孢孢囊

Cystopus spinulosus 见 *Albugo tragopogi*

Cystopus swertiae 见 *Albugo swertiae*

Cystopus tragopogi f. sp. *tragopogi* 婆
罗门参孢囊原变型

Cystopus tragopogi f. sp. *xeranthemi-an-
nui* Sǎvul. et Rayss 婆罗门参孢囊灰毛
菊变种

Cystopus tragopogonis 见 *Albugo tragopo-
gi*

Cystopus trianthemae 见 *Albugo trianthe-
mae*

Cystopus tropicus 见 *Albugo tropica*

Cystotheca Berk. et Curtis 离壁壳属[F]

Cystotheca lanestris (Harkn.) Miyabe
绵毛离壁壳

Cystotheca tenuis 见 *Cystotheca lanestris*

Cystotheca wrightii Berk. et Curt. 赖氏
离壁壳

Cytorhabdovirus 细胞质弹状病毒属[V]

Cytospora Ehrenb. 壳囊孢属[F]

Cytospora ambiens Sacc. 迂回壳囊孢

Cytospora carphosperma Sacc. 草籽壳
囊孢

Cytospora chrysosperma (Pers.) Fr. 金
黄壳囊孢[杨树溃疡病菌]

Cytospora curreyi Sacc. 柯里壳囊孢[冷
杉壳囊孢]

Cytospora juglandis (DC.) Sacc. 胡桃
壳囊孢

Cytospora microspora (Corda) Rabenh.
小孢壳囊孢

Cytospora sacchari Butl. 甘蔗壳囊孢

Cytospora sophorae Bres. 刺槐壳囊孢

Cytospora vitis Mont. 葡萄壳囊孢

Cyttaria Berk. 瘿果盘菌属[F]

Cyttaria darwini Berk. 瘿果盘菌

Cyttaria gunnii Berk. 黄瘿果盘菌

D

Dactylaria Sacc. 顶辐孢霉属[F]

Dactylaria candidula （Höhn）**Bhat et Kendrick** 白顶辐霉

Dactylaria chrysosperma（Sacc.）**Bhat et Kendrick** 金孢顶辐霉

Dactylaria clavat **Matsushima** 棒顶辐霉

Dactylaria dimorpha **Matsushima** 复形顶辐霉

Dactylaria dioscoreas **Ellis** 薯蓣顶辐霉

Dactylaria echinophila **Massal.** 棘孢顶辐霉

Dactylaria fusarioidea **Matsushima** 镰孢顶辐霉

Dactylaria fusiformis **Shearer et Crane** 梭孢顶辐霉

Dactylaria higginsii （Luttrell）**Ellis** 希金斯顶辐霉

Dactylaria junci **Ellis** 灯心草顶辐霉

Dactylaria naviculiformis **Matsushima** 船状顶辐霉

Dactylaria obtriangularia **Matsushima** 倒三角顶辐霉

Dactylaria pseudoampulliformis **Matsushima** 拟瓶顶辐霉

Dactylaria purpurella （Sacc.）**Sacc.** 淡紫顶辐霉

Dactylaria quadriguttata **Matsushima** 四滴顶辐霉

Dactylaria subuliphora **Matsushima** 钻梗顶辐霉

Dactylella **Grove** 隔指孢属[F]

Dactylella alaskana **Matsushima** 阿拉斯加隔指孢

Dactylella anisomeres **Drecrsler** 不等隔指孢

Dactylella arcuata **Scheuer et Webster** 弯孢隔指孢

Dactylella arnaudii **Yadav** 阿氏隔指孢

Dactylella arrhenopa （Drechsler）**Zhang, Liu et Guo** 强壮隔指孢

Dactylella astheyopaga **Dyechsler** 弱捕隔指孢

Dactylella atractoides **Drechsler** 箭孢隔指孢

Dactylella attenuata **Liu，Zhang et Gao** 细隔指孢

Dactylella beijingensis **Liu，Snen et Qiu** 北京隔指孢

Dactylella bembicodes **Drechsler** 本贝隔指孢

Dactylella brochopaga **Drechsler** 环捕隔指孢

Dactylella clavata **Gao，Sun et Liu** 棒孢隔指孢

Dactylella copepodii **Barron** 桡足虫隔指孢

Dactylella cylindrospora （Cooke）**Rubner** 柱孢隔指孢

Dactylella ellipsospora **Grove** 椭圆孢隔指孢

Dactylella formosana **Lion et Tzean** 台湾隔指孢

Dactylella haptospora （Drechsler）**Zhang, Liu et Gao** 附孢隔指孢

Dactylella helminthodes **Drechsler** 蠕形隔指孢

Dactylella heptameres Drechsler　七胞隔
指孢

Dactylella implexa（Berk. et Br.）**Sacc.**
缠结隔指孢

Dactylella intermedia Li et Liu　中间隔指
孢

Dactylella iridis（Watanabe）**Zhang，Liu
et Gao**　百合隔指孢

Dactylella leptospora Drechsler　小孢隔
指孢

Dactylella lobata Duddington　裂片隔指
孢

Dactylella lysipaga Drechsler　离舟隔指
孢

Dactylella minut Grove　微小隔指孢

Dactylella multiformis Dowsett　多型隔
指孢

Dactylella musiformis（Drechsler）**Mat-
sushima**　蕉形隔指孢

Dactylella oviparasitica Stirling et Mankau
卵寄生隔指孢

Dactylella oxyspora（Sacc. et Marck）
Matsushima　尖孢隔指孢

Dactylella passalopaga Drechsler　钉捕
隔指孢

Dactylella polyctona（Drechsler）**Zhang，
Liu et Gao**　多害隔指孢

Dactylella pulchra（Linder）**de Hoog et
van Oorschot**　美好隔指孢

Dactylella ramosa Matsushima　分枝隔指
孢

Dactylella rhombospora Grove　菱形孢隔
指孢

Dactylella rhopalota Drechsler　锥形隔指
孢

Dactylella spermatophaga Drechsler　噬
精隔指孢

Dactylella stenocrepis Drechsler　窄靴隔
指孢

Dactylella stenomeces Drechsler　丝孢隔
指孢

Dactylella strobilodes Drechsler　松果隔
指孢

Dactylella submersa（Ingold）**Nilsson**　水
生隔指孢

Dactylella subtilis（Oudem.）**Zhang，Liu
et Gao**　枯草隔指孢

Dactylella tenuifusaria Liu，**Zhang et Gao**
细镰孢隔指孢

Dactylella tenuis Drechsler　细孢隔指孢

Dactylella tylopaga Drechsler　瘤捕隔指
孢

Dactylella yunnanensis Zhang，**Liu et Gao**
云南隔指孢

Dactylium Nees　指孢霉属[F]

Dactylium dendroides Fries　树状指孢霉
［蘑菇指孢霉软腐病菌］

Dadalea albida　见 *Antrodia albida*

Daedalea Pers. ex Fr.　迷孔菌属[F]

Daedalea biennis　见 *Abortiporus biennis*

Daedalea confragosa　见 *Daedaleopsis con-
fragosa*

Daedalea quercina（L.：Fr.）**Fr.**　栎迷
孔菌

Daedalea unicolor　见 *Cerrena unicolor*

Daedaleopsis Schröt. et Donk　拟迷孔菌
属[F]

Daedaleopsis confragosa Schröt.　粗糙拟
迷孔菌

Dahlia mosaic virus Caulimovirus（DMV）
大丽花花叶病毒

dahlia oakleaf virus　见 *Tomato spotted
wilt virus Tospovirus*

dahlia ringspot virus　见 *Tomato spotted
wilt virus Tospovirus*

dahlia virus 1　见 *Dahlia mosaic virus
Caulimovirus*

dahlia yellow ringspot virus　见 *Tomato
spotted wilt virus Tospovirus*

daikon mosaic virus　见 *Turnip mosaic vi-
rus Potyvirus*（TuMV）

Dandelion latent virus Carlavirus（DaLV）

蒲公英潜病毒

Dandelion virus Carlavirus（DaV） 蒲公英病毒

Dandelion yellow mosaic virus Sequivirus（DaYMV） 蒲公英黄花叶病毒

Dangeardia Schröd. 胶壶菌属［F］

Dangeardia mammillata Schröd. 乳突胶壶菌［实球藻、空球藻胶壶病菌］

Danish plum line pattern virus 见 *Prunus necrotic ringspot virus Ilarvirus*

daphne chlorotic mosaic virus Y 见 *Daphne virus Y Potyvirus*

daphne latent virus X virus 见 *Daphne virus X Potexvirus*

daphne leaf distortion virus S 见 *Daphne virus S Carlavirus*

Daphne virus S Carlavirus（DVS） 瑞香（属）S病毒

Daphne virus X Potexvirus（DVX） 瑞香（属）X病毒

Daphne virus Y Potyvirus（DVY） 瑞香（属）Y病毒

Dapple apple viroid（DAVd） 苹果花斑类病毒

Darluca Castagne 锈寄生孢属［F］

Darluca filum（Biv.）Cast. 丝状锈寄生孢

Dasheen bacilliform virus Badnavirus 芋杆状病毒

Dasheen mosaic virus Potyvirus（DsMV） 芋花叶病毒

Dasturella Mundk. et Khesw. 垫锈菌属［F］

Dasturella divina（Syd.）Mundk. et Khesw. 垫锈菌

Dasyseypha willkommii 见 *Lachnellula willkommii*

Dasyspora Berk. et Curt. 粗毛孢锈菌属［F］

Dasyspora foveolata 见 *Dasyspora gregaria*

Dasyspora gregaria（Kunze）Henn. 粗毛孢锈菌

datura 437 virus 见 *Potato virus Y Potyvirus*（PVY）

Datura Colombian virus Potyvirus 曼陀罗哥伦比亚病毒

Datura distortion mosaic virus Potyvirus（DDMV） 曼陀罗（属）扭曲花叶病毒

Datura innoxia Hungarian mosaic virus Potyvirus 毛曼陀罗匈牙利病毒

Datura mosaic virus Potyvirus（DTMV） 曼陀罗（属）花叶病毒

Datura necrosis virus Potyvirus（DNV） 曼陀罗坏死病毒

datura quercina virus 见 *Tobacco streak virus Ilarvirus*（TSV）

Datura shoestring virus Potyvirus（DSSV） 曼陀罗带化病毒

Datura strtate mosaic virus（DSMV） 曼陀罗（属）条点花叶病毒

Datura yellow vein virus Nucleorhabdovirus（DYVV） 曼陀罗（属）黄脉病毒

Datura virus Rhabdovirus 曼陀罗（属）病毒

datura Z virus 见 *Tobacco etch virus Potyvirus*

Debaryomyces Klöck. 德巴利酵母属［F］

Debaryomyces caucasicus Phillipp. 高加索德巴利酵母

Debaryomyces disporus Dekk. 双胞德巴利酵母

Debaryomyces genevensis Zend. 日内瓦德巴利酵母

Debaryomyces globosus Klöck. 球形德巴利酵母

Debaryomyces guilliermondii Dekk. 季也蒙德巴利酵母

Debaryomyces hansenii（Zopf）Lodd. et Kreger 汉逊德巴利酵母

Debaryomyces hudeloi Fons. 赫德尔德巴利酵母

Debaryomyces kloeckeri **Guill. et Peju** 克
洛德巴利酵母

Debaryomyces konokotinae **Kudr.** 柯诺
德巴利酵母

Debaryomyces kursanovi **Kudr.** 顾尔德
巴利酵母

Debaryomyces mandshuricus **Nagan.** 东
北德巴利酵母

Debaryomyces membranaefaciens **Nagan.**
膜醭德巴利酵母

Debaryomyces mucosus **Hufschm. et al.**
黏质德巴利酵母

Debaryomyces nicotianae **Giov.** 烟草德
巴利酵母

Debaryomyces rosei （Guill.） **Kudr.** 罗斯
德巴利酵母

Debaryomyces subglobosus （Zach） **Lodd.
et Kreger** 类球形德巴利酵母

Debaryomyces tyrocola **Konok.** 干酪德
巴利酵母

Debaryomyces vini **Zimm.** 葡萄酒德巴
利酵母

Deightoniella **Hughes** 小窦氏霉属［F］

Deightoniella papuana **Schaw** 巴布亚小
窦氏霉

Deightoniella torulosa （Syd.） **Ellis** 簇生
小窦氏霉

Delacroixia **Sacc. et Syd.** 德拉霉属［F］

Dematium **Pers.** 暗色孢属［F］

Dematium pullulans **de Bary** 芽暗色孢

*Dendrobium leaf streak virus Nucleorhab-
dovirus* （DLSV） 石斛（属）叶线条病毒

dendrobium mosaic virus 见 *Clover yellow
vein virus Potyvirus*

*Dendrobium vein necrosis virus Clostero-
virus* （DVNV） 石斛（属）脉坏死病毒

dendrobium virus 见 *Orchid fleck virus*

Dendrodochium **Bonorden** 多枝瘤座霉属
［F］

Dendrodochium hymenuloides **Sacc.** 桑红
多枝瘤座霉

Dendrodochium lycopersici **Em. Marchal**
番茄多枝瘤座霉

Dendroecia 见 *Ravenelia*

Dendrophoma **Sacc.** 树疱霉属［F］

Dendrophoma convallariae **Cav.** 铃兰树
疱霉

Dendrophoma obscurans （Ell. et Ev.）
Anders. 昏暗树疱霉

Dendrophoma pleurospora **Sacc.** 多孢树
疱霉［侧生树疱霉］

Dendrophthoe **Mart.** 五蕊寄生属（桑寄
生科）［P］

Dendrophthoe pentandra （Linn.） **Miq.**
五蕊寄生

Dendrotrophe **Miq.** 寄生藤属（檀香科）
［P］

Dendrotrophe buxifolia （Bl.） **Miq.** 黄
杨叶寄生藤

Dendrotrophe frutescens （Champ.） **Dan-
ser** 灌木状寄生藤

Dendrotrophe granulata （Hook. et Tho-
mas） **Henry et Roy** 疣枝状寄生藤

Dendrotrophe heterantha （Wall. ex DC）
Henry et Roy 异花寄生藤

Dendrotrophe polyneura （Hu） **Tao** 多脉
寄生藤

Dendrotrophe umbellata （Blume.） **Miq.**
伞花寄生藤

Dendryphion **Wallr.** 树孢属［F］

Dendryphion penicillatum （Corda） **Fr.**
青霉状树孢

Dermatosorus **Saw.** 皮堆黑粉菌属［F］

Dermatosorus eleocharidis **Saw.** 荸荠皮
堆黑粉菌

Desmea **Fr.** 皮盘菌属［F］

Desmea alni （Fuck.） **Rehm** 桤皮盘菌

Desmella **Syd.** 束柄锈菌属［F］

Desmella aneimiae **Syd.** 密穗蕨束柄锈
菌

Desmodium mosaic virus Potyvirus （DesMV）
山蚂蝗（属）花叶病毒

desmodium virus 见 *Bean pod mottle virus Comovirus*

Desmodium yellow mottle virus Tymovirus （DYMV） 山蚂蝗（属）黄斑驳病毒

Desmotelium 见 *Chaconia*

Deuterophoma tracheiphila 见 *Phoma tracheiphila*

Diabole Arth. 对孢锈菌属[F]

Diabole cubensis（Arth.）Arth. 古巴对孢锈菌

Dianthovirus 香石竹环斑病毒属[V]

Diaporthe Nits. 间座壳属[F]

Diaporthe ambigua（Sacc.）Nits 含糊间座壳[梨枝枯病菌]

Diaporthe batatatis Harter et Field 甘薯间座壳

Diaporthe citri（Fawcett）Wolf 柑橘间座壳[柑橘树脂病菌]

Diaporthe citricola Rehm 柑橘生间座壳

Diaporthe eres Nits. 甜樱间座壳

Diaporthe helianthi Muntanola-Cvetkovic et al. 向日葵间座壳[向日葵茎溃疡病菌]

Diaporthe mali 见 *Diaporthe pomigena*

Diaporthe medusaea 见 *Diaporthe citri*

Diaporthe nomurai Hara. 桑间座壳[桑干枯病菌]

Diaporthe perniciosa Marchal 苹果果腐病菌

Diaporthe phaseolorum（Cooke et Ell.）Sacc. 菜豆间座壳

Diaporthe phaseolorum var. *caulivora* Athow et Caldewell 大豆北方茎溃疡病菌

Diaporthe phaseolorum var. *meridionalis* Fernandez 大豆南方茎溃疡病菌

Diaporthe pomi 见 *Diaporthe pomigena*

Diaporthe pomigena（Schw.）Miura 苹果间座壳[苹果黑点病菌]

Diaporthe sojae Lehman 大豆间座壳[大豆黑点病菌]

Diaporthe terebinthi Fabre 黄连木间座壳

Diaporthe vaccinii Shear 越桔间座壳[越桔果腐病菌]

Diaporthe vexans Gratz 坏损间座壳[茄褐纹病菌]

Dibotryon morbosum 见 *Plowrightia morbosum*

Dicaeoma 见 *Puccinia*

Dicephalospora Spooner 二头孢盘菌属[F]

Dicephalospora calochroa（Syd.）Spooner 美莲草二头孢盘菌

Dicephalospora rufocornea Spooner 红二头孢盘菌

Dicheirinia Arth. 伴孢疣锈菌属[F]

Dicheirinia canariensis Urr. 加那利伴孢疣锈菌

Dicheirinia manaosensis（Henn.）Cumm. 曼瑙伴孢疣锈菌

Dicheirinia trispora Cumm. 三孢伴孢疣锈菌

Dicheirinia viennotii Hugu. 维也纳特伴孢疣锈菌

Dicliptera yellow mottle virus Begomovirus 狗肝菜黄斑驳病毒

Dictyuchus Leitg. 网囊霉属[C]

Dictyuchus magnusii Lindstedt 马格网囊霉[茶菱绵腐病菌]

Dictyuchus monosporus Leitgeb 单孢网囊霉[风信子、稻苗绵腐病菌]

Didymella Sacc. 亚隔孢壳属[F]

Didymella ligulicola（Baker et al.）Arx 橐吾生亚隔孢壳[菊花黑枯疫病菌]

Didymella lycopersici Kleb. 番茄亚隔孢壳[番茄茎腐病菌]

Didymellina Höhnel 小隔孢壳属[F]

Didymellina macrospora Kleb. 大孢小隔孢壳[鸢尾褐斑病菌]

Didymobotryum Sacc. 束双孢属[F]

Didymobotryum kusanoi Henn. 草野束

双孢

Didymopsora Diet. 双孢柱锈菌属[F]

Didymopsora solani-argentei（Henn.）Diet. 双孢柱锈菌

Didymopsorella Thirum. 胶双胞锈菌属[F]

Didymopsorella lemanensis（Doidge）Hirats. 利马胶双胞锈菌

Didymopsorella toddaliae（Petch）Thirum. 飞龙掌血胶双胞锈菌

Dieffenbachia stunt virus（DhSV） 花叶万年青（属）矮化病毒

Diehliomyces Gilkey 地氏裸囊菌属（带赫氏菌属）[F]

Diehliomyces microsporus（Diehl. et Lambert）Gilkey 假香膏菌[胡桃肉状菌、蘑菇胡桃肉状菌]

Dietelia Henn. 被链孢锈菌属[F]

Dietelia canvaliae（Arth.）Syd. 刀豆被链孢锈菌

Dietelia verruciformis（Henn.）Henn. 疣状被链孢锈菌

Digitaria didactyla striate mosaic virus 见 *Digitaria striate mosaic virus Mastrevirus*

Digitaria streak virus Mastrevirus（DSV） 马唐（属）线条病毒

Digitaria striate mosaic virus Mastrevirus（DiSMV） 马唐（属）条点花叶病毒

Digitaria striate virus Nucleorhabdovirus（DiSV） 马唐（属）条点病毒

Dilophospora Desm. 双极毛孢属[F]

Dilophospora alopecuri（Fr.）Fries 看麦娘双极毛孢[小麦卷曲病菌]

Diodea vein chlorosis virus Closterovirus（DVCV） 钮扣草脉褪绿病毒

Diorchidiella Lindq. 小伴孢锈菌属[F]

Diorchidiella australis（Speg.）Lindq. 南方小伴孢锈菌

Diorchidium Kalchbr. 伴孢锈菌属[F]

Diorchidium australe 见 *Diorchidiella australis*

Diorchidium levigatum 见 *Puccinia flaccida*

Diorchidium lophatheri 见 *Puccinia lophatheri*

Diorchidium orientale 见 *Puccinia orientalis*

Diorchidium palladium 见 *Sphenospora pallida*

Diorchidium tetraspora Cumm. 四孢伴孢锈菌

Diorchidium woodii Kalch. et Cooke 木料伴孢锈菌

Dioscorea alata ring mottle virus（DARMV） 参薯环斑驳病毒

dioscorea alata ringspot virus 见 *Beet mosaic virus Potyvirus*

Dioscorea alata virus Potyvirus（DAV） 参薯病毒

Dioscorea bacilliform virus Badnavirus（DBV） 薯蓣（属）杆状病毒

Dioscorea dumentorum virus Potyvirus（DDV） 黄药

Dioscorea green banding virus Potyvirus（DGBMV） 薯蓣（属）绿带病毒

Dioscorea latent virus Potexvirus（DLV） 薯蓣（属）潜病毒

Dioscorea trifida virus Potyvirus（DTV） 三浅裂薯蓣病毒

dioscorea *virus Badnavirus* 见 *Yam internal brown spot virus Badnavirus*

dipladenia mosaic virus 见 *Bean yellow mosaic virus Potyvirus*

Dipladenia mosaic virus Potyvirus（DipMV） 双腺藤花叶病毒

Diplodia Fr. 壳色单隔孢属[F]

Diplodia agaves Niessl. 龙舌兰壳色单隔孢

Diplodia castaneae Sacc. 栗壳色单隔孢

Diplodia catalpae Speg. 梓壳色单隔孢

Diplodia corchori Syd. 黄麻壳色单隔孢

［黄麻黑枯（茎腐）病菌］

Diplodia coryphae Cooke 顶壳色单隔孢

Diplodia frumenti Ell. et Ev. 干腐壳色单隔孢［玉米干腐病菌］

Diplodia gossypina Cooke 棉壳色单隔孢［棉花黑果病菌］

Diplodia jiniperi Westend 桧壳色单隔孢

Diplodia ligustri Westend 女贞壳色单隔孢

Diplodia macrospora Earle 见 *Stenocarpella macrospora* (Earle) Sutton

Diplodia manihoti Sacc. 木薯壳色单隔孢

Diplodia mori Westend. 桑壳色单隔孢

Diplodia moricola Cooke et Ell. 桑生壳色单隔孢

Diplodia morina Syd. 桑枝壳色单隔孢

Diplodia natalensis Evans 见 *Botryodiplodia theobromae*

Diplodia oryzae miyake 稻壳色单隔孢

Diplodia persicae Sacc. 桃壳色单隔孢

Diplodia pittosporum (Cel.) Sacc. 海桐花壳色单隔孢

Diplodia ramulicola Desm. 枝生壳色单隔孢

Diplodia ricini Sacc. et Roum. 蓖麻壳色单隔孢

Diplodia salicina Lév. 柳壳色单隔孢

Diplodia seminula Pat. 报春花壳色单隔孢

Diplodia sophorae Speg. et Sacc. 刺槐壳色单隔孢

Diplodia spiraeina Sacc. 绣线菊壳色单隔孢

Diplodia thujae Westend 侧柏壳色单隔孢

Diplodia viticola Desm. 葡萄生壳色单隔孢

Diplodia zeae (Schw.) Lév. 见 *Stenocarpella maydis* (Berk.) Sutton

Diplodia zeae-maydis Mechtijeva 见 *Stenocarpella maydis* (Berk.) Sutton

Diplodiella (Karst.) Sacc. 小壳色单隔孢属［F］

Diplodiella oospora (Berk.) Sacc. 卵小壳色单隔孢

Diplodiella oryzae Miyake 稻小壳色单隔孢

Diplodina Westend 壳明单隔孢属［F］

Diplodina acerina (Pass.) Sutton 槭壳明单隔孢

Diplodina aesculi (Sacc.) Sutton 七叶树壳明单隔孢

Diplodina destructiva (Plour) Petr. 损害壳明单隔孢

Diplodina microsperma (Johnst.) Sutton 小孢壳明单隔孢

Diplomitoporus Domanski 二丝孔菌属［F］

Diplomitoporus lenis Gilbn. 柔二丝孔菌

Diplomitoporus lindbladii Gilbn. et Ryv. 迷宫二丝孔菌

Diplophlyctis Schröt. 双囊菌属［F］

Diplophlyctis intestina (Schenk) Schröter 双囊菌［轮藻双囊病菌］

Dipyxis Cumm. et Baxt. 肾夏孢锈菌属［F］

Dipyxis mexicana Cumm. et Baxt. 墨西哥肾夏孢锈菌

Discella Berk. et Broome 裂壳孢属［F］

Discella carbonacea (Fr.) Berk. et Br. 黑盘裂壳孢

Discocriconema glabrannulata 见 *Criconemella azania*

Discocriconemella de Griss et Loof 小盘环线虫属［N］

Discocriconemella addisababa Abebe et Geraert 阿氏小盘环线虫

Discocriconemella ananas 见 *Nothocriconemella ananas*

Discocriconemella aquatica Dhanachand et Renuballa 水栖小盘环线虫

Discocriconemella baforti 见 *Cricone-*

moides baforti

Discocriconemella barberi **Chawla et Samathanam** 奇异小盘环线虫

Discocriconemella caudaventer **Orton Williams** 腹尾小盘环线虫

Discocriconemella cephalobus **Gambhir et Dhanachand** 裂头小盘环线虫

Discocriconemella colbrani（Luc）**Loof et de Grisse** 科氏小盘环线虫

Discocriconemella degrissei **Loof et Sharma** 德氏小盘环线虫

Discocriconemella discolabia （Diab et Jenk.）**de Grisse** 盘唇小盘环线虫

Discocriconemella elettariae **Sharma et Edward** 小豆蔻小盘环线虫

Discocriconemella glabrannulata **de Grisse** 滑纹小盘环线虫

Discocriconemella gufraensis **Berg et Quencherve** 格夫拉小盘环线虫

Discocriconemella hengsungica **Choi et Geraert** 罕宋克小盘环线虫

Discocriconemella inaratus **Hoffmann** 荒地小盘环线虫

Discocriconemella lamottei（Luc）**Ebsary** 拉莫梯小盘环线虫

Discocriconemella limitanea （Luc） **de Grisse et Loof** 镶边小盘环线虫

Discocriconemella macramphidia 见 *Criconemoides macramphidia*

Discocriconemella mauritiensis（Williams）**de Grisse et Loof** 毛里求斯小盘环线虫

Discocriconemella morelensis **Prado Vera et Loof** 莫雷利小盘环线虫

Discocriconemella oryzae **Rahman** 水稻小盘环线虫

Discocriconemella pannosa **Sauer et Winoto** 毛状小盘环线虫

Discocriconemella perseae **Prado Vera et Loof** 鳄梨小盘环线虫

Discocriconemella recensi **Khan, et al.** 里森斯小盘环线虫

Discocriconemella repleta **Pinochet et Raski** 全小盘环线虫

Discocriconemella retroversa **Sauer et Winoto** 回转小盘环线虫

Discocriconemella serrata **Dhanachand et Romabati** 锯齿状小盘环线虫

Discocriconemella spermata **Mohilal et Dhanachand** 具精囊小盘环线虫

Discocriconemella sphaerocephaloides 见 *Criconemella sphaerocephaloides*

Discocriconemella surinamensis **de Grisse et Maas** 苏里南小盘环线虫

Discocriconemella theobromae （Chawla et Samathanam）**Raski et Luc** 可可小盘环线虫

Discocriconemella uruguayensis **Vovlas et Lamberti** 乌拉圭小盘环线虫

Discosia **Lib.** 双毛壳孢属［F］

Discosia artocreas（Tode）**Fr.** 双毛壳孢［苹果双毛壳孢褐星病菌］

Discosia maculaecola **Ger.** 斑生毛壳孢［苹果褐星病菌］

Discospora 见 *Pileolaria*

Discosporium **Höhn.** 盘孢属［F］

Discosporium populeum（Sacc.）**Sutton** 杨盘孢

Discosporium tremuloides（Ell. et Ev.）**Sutton** 颤杨盘孢

Discula **Sacc.** 座盘孢属［F］

Discula betulina（Westend）**Arx** 桦座盘孢

Discula kirinensis **Miura** 吉林座盘孢

Discula microsperma（Berk. et Br.）**Sacc.** 小孢座盘孢

Discula platani（Peck）**Sacc.** 悬铃木座盘孢

Ditylenchus **Filipjev** 茎线虫属［N］

Ditylenchus abieticola 见 *Neoditylenchus abieticola*

Ditylenchus acutatus **Brzeski** 尖茎线虫

Ditylenchus acutus（Khan）**Fortuner** 锐利茎线虫

Ditylenchus adasi （Syker） **Fortuner et Maggenti** 阿达士茎线虫

Ditylenchus africanus **Wendt，Swart，Vrain et Webster** 非洲茎线虫

Ditylenchus allii （Beijerinck） **Filipjev et al.** 葱茎线虫

Ditylenchus allocotus **Filipjev et Stekhoven** 异常茎线虫

Ditylenchus amsinckiae 见 *Anguina amsinckiae*

Ditylenchus anchilisposomus （Tarjan） **Fortuner** 近滑茎线虫

Ditylenchus angustus （Butler） **Filipjev** 窄小茎线虫［水稻茎线虫］

Ditylenchus annulatus 见 *Tylenchorhynchus annulatus*

Ditylenchus australiae **Brzeski** 澳大利亚茎线虫

Ditylenchus apus **Brzeski** 畸形茎线虫

Ditylenchus arboricola （Cobb） **Filipjev et al.** 树木茎线虫

Ditylenchus askenasyi （Butschli） **Goodey** 阿斯克茎线虫

Ditylenchus ausafi **Husain et Khan** 奥萨夫茎线虫

Ditylenchus autographi **Rühm Y** 纹夜蛾茎线虫

Ditylenchus bacillifer （Micoletzky） **Filipjev** 柱形茎线虫

Ditylenchus balsamophila 见 *Anguina balsamophila*

Ditylenchus beljaevae **Karimova** 贝氏茎线虫

Ditylenchus boevii （Izatullaeva） **Sher** 布维茎线虫

Ditylenchus brassicae **Husain et Khan** 芥菜茎线虫

Ditylenchus brenani （Goodey） **Goodey** 布氏茎线虫

Ditylenchus brevicauda （Micoletzky） **Filipjev** 短尾茎线虫

Ditylenchus cafeicola （Schuurmans Stekhoven） **Andrassy** 咖啡茎线虫

Ditylenchus caudatus **Thorne et Malek** 具尾茎线虫

Ditylenchus clarus **Thorne et Malek** 清亮茎线虫

Ditylenchus communis （Steiner et Scott） **Kirjanova** 普通茎线虫

Ditylenchus convallariae **Sturhan et Friedman** 铃兰茎线虫

Ditylenchus cyperi **Husain et Khan** 莎草茎线虫

Ditylenchus damnatus （Messey） **Fortuncr** 征服茎线虫

Ditylenchus darbouxi （Cotte） **Filipjev** 达布克斯茎线虫

Ditylenchus deiridus **Thorne et Malek** 偏峰茎线虫

Ditylenchus dendrophilus （Marcinoky） **Filipjev et al.** 丛林茎线虫

Ditylenchus destructor **Thorne** 毁坏茎线虫［马铃薯茎线虫，马铃薯腐烂茎线虫］

Ditylenchus devastatrix （Kühn） **Filipjev et al.** 破坏茎线虫

Ditylenchus dipsaci （Kühn） **Filipjev** 起绒草茎线虫［鳞球茎茎线虫，甘薯茎线虫］

Ditylenchus dipsaci var. *allocotus* （Steiner） **Filipjev et Stekhoven** 起绒草茎线虫异常变种

Ditylenchus dipsaci var. *narcissi* **Filipjev et Stekhoven** 起绒草茎线虫水仙变种

Ditylenchus dipsaci-falcariae **Poghossian** 镰形起绒草茎线虫

Ditylenchus dipsacoideus （Andrassy） **Andrassy** 起绒草生茎线虫

Ditylenchus drepanocercus **Goodey** 镰尾茎线虫

Ditylenchus dryadis **Anderson et Mulvey** 仙女茎线虫

Ditylenchus durus （Cobb） **Filipjev** 硬茎

线虫

Ditylenchus emus Khan, Chawla et Prasad 内茎线虫

Ditylenchus equalis Heyns 相等茎线虫

Ditylenchus eremus Rühm 沙漠茎线虫

Ditylenchus eurycephalus (de Man) Filipjev 宽头茎线虫

Ditylenchus exilis Brzeski 细小茎线虫

Ditylenchus fiagellicauda Geraert et Raski 鞭尾茎线虫

Ditylenchus filenchus Brzeski 丝矛茎线虫

Ditylenchus filicauda Geraert et Raski 丝尾茎线虫

Ditylenchus filimus Anderson 丝形茎线虫

Ditylenchus fragariae Kirjanova 草莓茎线虫

Ditylenchus galeopsidis Teploukhova 鼬瓣花茎线虫

Ditylenchus gallica 见 *Neoditylenchus gallica*

Ditylenchus geraerti (Paramonov) Bello et Geraert 杰氏茎线虫

Ditylenchus glischrus Rühm 贪婪茎线虫

Ditylenchus graminophilus (Goodey) Filipjev 喜禾草茎线虫

Ditylenchus humuli Skarbilovich 短小茎线虫

Ditylenchus indicus (Sethi et Swarup) Fortuner 印度茎线虫

Ditylenchus inobservabilis (Kirjanova) Kirjanova 忽视茎线虫

Ditylenchus intermedius (de Man) Filipjev 间型茎线虫

Ditylenchus istatae Samibaeva 烟草茎线虫

Ditylenchus karakalpakensis Erzhanov 卡拉卡尔帕克茎线虫

Ditylenchus kischklae (Meyl) Loof 基希克拉茎线虫

Ditylenchus leptosoma Geraert et Choi 细体茎线虫

Ditylenchus longicauda Geraert et Choi 长尾茎线虫

Ditylenchus longimatricalis (Kazachenko) Brzeski 长宫茎线虫

Ditylenchus lutonensis (Siddiqi) Fortunner 卢顿茎线虫

Ditylenchus major (Fuchs) Filipjev 较大茎线虫

Ditylenchus manus Siddiqi 稀少茎线虫

Ditylenchus medicaginis Wasilewska 苜蓿茎线虫

Ditylenchus microdens Thorne et Malek 小齿茎线虫

Ditylenchus minutus Husain et Khan 微小茎线虫

Ditylenchus mirus Siddiqi 奇异茎线虫

Ditylenchus misellus Andrassy 贫瘠茎线虫

Ditylenchus myceliophagus Goodey 食菌茎线虫

Ditylenchus nanus Siddiqi 短小茎线虫

Ditylenchus nortoni (Slmiligy) Bello et Geraert 诺顿茎线虫

Ditylenchus obesus Thorne et Malek 肥壮茎线虫

Ditylenchus oryzae (Mathur) Fortuner 稻茎线虫

Ditylenchus ortus (Fuchs) Filipjev et al. 直体茎线虫

Ditylenchus panurgus Rühm 毛地蜂茎线虫

Ditylenchus paragracillis (Micoletzky) Sher 异细小茎线虫

Ditylenchus parvus Zell 细微茎线虫

Ditylenchus phloxidis Kirjanova 福禄考茎线虫

Ditylenchus phyllobius 见 *Nothanguina phyllobius*

Ditylenchus pinophilus (Thorne) Filipjev 嗜松茎线虫

Ditylenchus pityokteinophilus **Rühm** 钩小蠹茎线虫

Ditylenchus procerus （Bally et Reydon） **Filipjev** 伸出茎线虫

Ditylenchus protensus **Brzeski** 延伸茎线虫

Ditylenchus pumilus **Karimova** 小茎线虫

Ditylenchus pustulicola 见 *Anguina pustulicola*

Ditylenchus putrefaciens （Kühn） **Filipjev et al.** 腐败茎线虫

Ditylenchus radicicola 见 *Anguina radicicola*

Ditylenchus rarus **Meyl** 稀有茎线虫

Ditylenchus sapari **Atakhanov** 萨帕茎线虫

Ditylenchus sedates （Kirjanova） **Sher** 二分茎线虫

Ditylenchus sibiricus **German** 盖膜茎线虫

Ditylenchus silvaticus **Brzeski** 树林茎线虫

Ditylenchus solani **Husain et Khan** 茄茎线虫

Ditylenchus sonchophila **Kirjanova** 苦菜茎线虫

Ditylenchus sorghii **Verma** 高粱茎线虫

Ditylenchus striatus 见 *Neotylenchus striatus*

Ditylenchus sycobius （Cotte） **Filipjev** 无花果茎线虫

Ditylenchus taleolus （Kirjanova） **Kirjanova** 小棍茎线虫

Ditylenchus tenuidens **Gritsenko** 细瘦茎线虫

Ditylenchus tericolus **Brzeski** 圆柱形茎线虫

Ditylenchus tobaensis **Kirjanova** 多巴茎线虫

Ditylenchus trifolii **Skarbiovich** 三叶草（车轴草）茎线虫

Ditylenchus triformis **Hirschmann et Sasser** 三形茎线虫

Ditylenchus tulaganovi **Karimova** 图氏茎线虫

Ditylenchus valvenus **Thorne et Malek** 瓣膜茎线虫

Diuris virus Y Potyvirus 豹兰 Y 病毒

Doassansia Cornu 实球黑粉菌属［F］

Doassansia alismatis **Cornu** 泽泻实球黑粉菌

Doassansia alpina **Lavr.** 高山实球黑粉菌

Doassansia borealis **Lindr.** 北方实球黑粉菌

Doassansia callitriches **Jacks. et Linder** 水马齿实球黑粉菌

Doassansia disticha **Ito** 双列实球黑粉菌

Doassansia eichhorniae **Cif.** 大水萍实球黑粉菌

Doassansia furva **Davis** 暗实球黑粉菌

Doassansia gossypii **Lagerh.** 棉实球黑粉菌

Doassansia horiana 见 *Doassansiopsis horiana*

Doassansia hottoniae （Rostr.） **de Toni** 赫顿草实球黑粉菌

Doassansia hygrophilae **Thirum.** 水蓑衣实球黑粉菌

Doassansia nymphaeae **Syd.** 睡莲实球黑粉菌

Doassansia obscura **Setch.** 不显实球黑粉菌

Doassansia occulta （Hoffm.） **Cornu** 隐蔽实球黑粉菌

Doassansia opaca **Setch.** 暗淡实球黑粉菌［慈姑叶黑粉菌］

Doassansia peplidis **Bub.** 荸艾实球黑粉菌

Doassansia punctiformis （Niessl） **Schröt.** 斑点实球黑粉菌

Doassansia putkonenii **Lindr.** 普特实球黑粉菌

Doassansia ranunculina **Davis** 毛茛实球

黑粉菌

Doassansia sagittariae（West.）**Fisch.** 慈姑实球黑粉菌［慈姑黑粉菌］

Doassansia utricullariae **Henn.** 狸藻实球黑粉菌

Doassansiopsis（Setch.）**Diet.** 虚球黑粉菌属［F］

Doassansiopsis horiana（Henn.）**Shen** 慈姑虚球黑粉菌［慈姑黑粉病菌］

dock mosaic virus 见 *Dock mottling mosaic virus Potyvirus*

Dock mottling mosaic virus Potyvirus（DMMV） 酸模斑驳花叶病毒

Dodonaea yellows -associated virus 车桑子（属）黄化伴随病毒

Dogwood mosaic virus Nepovirus（DgMV） 梾木花叶病毒

Dogwood witches' broom phytoplasma 山茱萸丛枝病植原体

Dolichodera **Mulvey et Ebsary** 长形胞囊线虫属［N］

Dolichodera andinus（Golden，et al.）**Wouts** 安第斯长形胞囊线虫

Dolichodera fluvialis **Mulvey et Ebsary** 溪流长形胞囊线虫

Dolichodorus **Cobb** 锥线虫属［N］

Dolichodorus aestuarius **Chow et Taylor** 河口锥线虫

Dolichodorus brevistilus **Heyns et Harris** 短柱锥线虫

Dolichodorus cobbi **Golden，Handoo et Wehunt** 柯氏锥线虫

Dolichodorus grandaspicatus **Robbins** 大矛锥线虫

Dolichodorus heterocephalus **Cobb** 异头锥线虫

Dolichodorus marylandicus **Lewis et Golden** 马里兰锥线虫

Dolichodorus minor **Loof et Sharma** 较小锥线虫

Dolichodorus obtusus **Allen** 钝锥线虫

Dolichodorus profundus **Luc** 深居锥线虫

Dolichodorus silvestris **Gillespie et Adams** 森林锥线虫

Dolichodorus similes **Golden** 相似锥线虫

Dolichorhynchus **Mulk et Jairajpuri** 长咽线虫属［N］

Dolichorhynchus judithae（Andrassy）**Mulk et Siddiqi** 朱迪思长咽线虫

Dolichorhynchus lamelliferus（de Man）**Mulk et Siddiqi** 具叶片长咽线虫

Dolichorhynchus microphasmis（Loof）**Mulk et Siddiqi** 小尾觉器长咽线虫

Dolichorhynchus phaseoli（Sethi et Swarup）**Mulk et Jairajpuri** 菜豆长咽线虫

dolichos enation mosaic virus 见 *Sunnhemp mosaic virus Tobamovirus*

Dolichos yellow mosaic virus Begomovirus（DoYMV） 扁豆（属）黄花叶病毒

Dorylaimoides **Thorne et Swanger** 拟矛线虫属［N］

Dorylaimoides ariasae **Loof** 阿瑞亚斯拟矛线虫

Dorylaimoides musasus **Gambhir，Anandi et Dhanachand** 芭蕉拟矛线虫

Dorylaimoides teres **Thorne et Swanger** 华美拟矛线虫

Dorylaimus **Dujardin** 矛线虫属［N］

Dorylaimus fodori **Andrassy** 福道尔矛线虫

Dothichiza **Lib. ex Roum.** 疡壳菌属［F］

Dothichiza populea 见 *Chondroplea populea*

Dothidea **Fr.** 座囊菌属［F］

Dothidea berberidis 见 *Plowrightia berberidis*

Dothidea hippophaeos 见 *Plowrightia hippophaeos*

Dothidea insculpta 见 *Plowrightia insculpta*

Dothidea tetraspora **Berk. et Br.** 四孢座囊菌

Dothidea tetraspora var. *citricola* Sacc.
柑橘生四孢座囊菌

Dothidella Sperg. 小座囊菌属[F]

Dothidella mezerei（Fr.）Theiss et Syd.
樱楮小座囊菌

Dothiora Fr. 穴壳菌属[F]

Dothiora pyrenophora 见 *Dothiora sorbi*

Dothiora sorbi（Wahl. : Fr.）**Fr.** 花楸
穴壳菌

Dothiorella Sacc. 小穴壳菌属[F]

Dothiorella cycadis（Keissl.）**Petr.** 苏铁
小穴壳菌

Dothiorella gregaria Sacc. 聚生小穴壳
菌[杨树溃疡病菌]

Dothiorella phaseoli（Maubl）Pat. et Syd.
菜豆小穴壳菌

Dothiorella philippinensis Pat. 菲律宾
小穴壳菌

Drechmeria Gams et Jansson 掘氏霉属
[F]

Drechmeria coniospora Gams et Jansson
圆锥掘氏霉

Drechslera Ito 内脐蠕孢属（德氏霉属）
[F]

Drechslera andersenii Lam 拟棒内脐蠕孢

Drechslera avenacea（Curtis ex Cooke）
Shoem. 燕麦内脐蠕孢

Drechslera avenicola Sun et Zhang 燕麦
生内脐蠕孢

Drechslera bromi（Died.）**Shoem.** 雀麦
内脐蠕孢

Drechslera carbonum（Ullstrup）**Sivan.**
炭色内脐蠕孢

Drechslera dictyoides（Drechsler）**Shoem.**
大麦网斑内脐蠕孢

Drechslera erythrospila （Drechsler）
Shoem. 赤斑内脐蠕孢

Drechslera graminea（Rabenh. ex Schl.）
Shoem. 禾内脐蠕孢[大麦条纹病菌]

Drechslera linicola **Shoem.** 亚麻生内脐
蠕孢

Drechslera phlei（Graham）**Shoem.** 黑麦
草内脐蠕孢

Drechslera sivanesanii Mano et Reddy 席
氏内脐蠕孢

Drechslera teres（Sacc.）**Shoem.** 大麦网
斑内脐蠕孢[大麦网斑病菌]

Drechslera tetrarrhenae Paul 蒭草内脐
蠕孢

Drechslera tritici-repentis（Died.）**Shoem.**
小麦内脐蠕孢

Dulcamara virus A Carlavirus（DuVA）
欧白英 A 病毒

Dulcamara virus B Carlavirus（DuVB）
欧白英 B 病毒

Dulcamaru mottle virus Tymovirus
（DuMV） 欧白英斑驳病毒

Dumontinia L. M. Köhn 杜蒙盘菌属[F]

Dumontinia tuberosa（Bull. : Fr.）**Köhn**
块状杜蒙盘菌

Dutch plum line pattern virus 见 *Apple
mosaic virus Ilarvirus*

E

Earlea 见 *Phragmidium*

East African cassava mosaic virus Bego- *movirus*（EACMV） 东非木薯花叶病毒

East African cassava mosaic virus Came-

roon Begomovirus 东非木薯花叶喀麦
隆病毒

*East African cassava mosaic virus Malawi
Begomovirus* 东非木薯花叶马拉维病
毒

*East African cassava mosaic virus Zanzi-
bar Begomovirus* 东非木薯花叶桑给
巴尔病毒

Eastern vein banding virus 见 *Strawberry
vein banding virus Caulimovirus*

echino chloahoja blanca virus 见 *Rice hoja
blanca virus Tenuivirus*

Echinobotryum Corda 棘瓶孢属[F]

Echinobotryum atrum Corda 黑棘瓶孢

Echinochloa hoja blanca virus Tenuivirus
（EHBV）稗草白叶病毒

Echinochloa ragged stunt virus Oryzavirus
（ERSV）稗草（属）齿叶矮缩病毒

Echtes Ackerbohnen mosaik virus 见
Broad bean true mosaic virus Comovirus

Eclipta yellow vein virus Begomovirus
（EYVV）鳢肠（属）黄脉病毒

Ecphyadophora de Man 异腔线虫属[N]

Ecphyadophora caelata Raski et Geraert
加州异腔线虫

Ecphyadophora elongate（Maqbool et
Shahina）Geraert et Raski 长异腔线虫

Ectrogella Zopf 外壶菌属 [C]

Ectrogella bacillariacearum Zopf 外壶菌
[羽纹藻、针杆藻、异极藻外壶病菌]

Edythea Jacks. 聚柄锈菌属[F]

Edythea quitensis（Lagerh.）**Jacks. et
Holw.** 奎特聚柄锈菌

Eggplant green mosaic virus Potyvirus
（EGMV）茄绿花叶病毒

Eggplant latent viroid（ELVd）茄潜隐
类病毒

Eggplant leaf mottle virus（ELMV）茄
叶斑驳病毒

Eggplant mild mottle virus Carlavirus
（EMMV）茄轻型斑驳病毒

Eggplant mosaic virus Tymovirus（EMV）
茄花叶病毒

*Eggplant mottled crinkle virus Tombusvir-
us*（EMCV）茄斑驳皱缩病毒

eggplant mottled dwarf virus 见 *Pittospo-
rum vein yellowing virus*

*Eggplant mottled dwarf virus Nucle-
orhabdovirus*（EMDV）茄斑驳矮缩病
毒

Eggplant severe mottle virus Potyvirus
（ESMoV）茄重型斑驳病毒

Eggplant yellow mosaic virus Begomovirus
（EYMV）茄黄花叶病毒

Ektaphelenchus Fuchs 外滑刃线虫属
[N]

Ektaphelenchoides Baujard 外拟滑刃线
虫属[N]

Ektaphelenchoides musae Baujard 芭蕉
外拟滑刃线虫

Ektaphelenchoides pini（Massey）**Baujard**
松外拟滑刃线虫

Ektaphelenchus alni（Steiner）**Rühm** 赤
杨外滑刃线虫

Ektaphelenchus amitini 见 *Aphelenchoides
amitini*

Ektaphelenchus brachycephalus 见 *Aphe-
lenchoides brachycephalus*

Ektaphelenchus stammeri 见 *Aphelench-
oides stammeri*

Ektaphelenchus tenuidens（Thorne）
Thorne 瘦小外滑刃线虫

Elaeodema Syd. 油盘孢属[F]

Elaeodema cinnamomi Syd. 樟油盘孢

Elaeodema cinnamomi f. sp. *brunnea*
Keissl. 褐色樟油盘孢

Elaeodema floricola Keissl. 花生油盘孢
[花生、肉桂粉实病菌]

Elaphomyces Nees ex Fr. 大团囊菌属
[F]

Elaphomyces cervinus（Pers.）**Schröt.**
鹿皮色大团囊菌

Elaphomyces granulatus **Fr.**   粒状大团囊菌

Elder ring mosaic virus（ERMV）接骨木环花叶病毒

Elder vein clearing virus（EVCV）接骨木脉明病毒

Elderberry latent virus Carmovirus（ElLV）蓝筛朴潜病毒

Elderberry symptomless virus Carlavirus（ElSLV）蓝筛朴无症病毒

elderberry vein clearing virus 见 *Sambucus vein clearing virus Nucleorhabdovirus*

Elderberry virus A Carlavirus   蓝筛朴 A 病毒

eleusine mosaic virus 见 *Finger millet mosaic virus Nucleorhabdovirus*

Eleutheromyces **Fuckel**   伞壳孢属［F］

Eleutheromyces subulatus（Tode）**Wint.** 钻形伞壳孢

Ellendale mandarin decline virus 见 *Citrus tristeza viru Closterovirus*

Elm mottle virus Ilarvirus（EMoV）榆斑驳病毒

Elm phloem necrosis phytoplasma 榆树韧皮部坏死植原体

Elsinoë **Racib.**   痂囊腔菌属［F］

Elsinoë ampelina（de Bary）**Shear** 藤蔓痂囊腔菌［葡萄黑痘病菌］

Elsinoë australis **Bitanc. et Jenk.**   南方痂囊腔菌［柑橘南方疮痂病菌］

Elsinoë batatas **Jenk. et Vieg.**   甘薯痂囊腔菌［甘薯疮痂病菌］

Elsinoë canavaliae **Racib.**   刀豆痂囊腔菌

Elsinoë cinnamomi **Pollack et Jenk.**   樟痂囊腔菌

Elsinoë dolichi **Jenk. et al.**   扁豆痂囊腔菌

Elsinoë eunonymi-japonici **Jenk.**   正木痂囊腔菌

Elsinoë fawcettii **Bitanc. et Jenk.**   柑橘痂囊腔菌［柑橘疮痂病菌］

Elsinoë glycines **Jenk.**   大豆痂囊腔菌［大豆疮痂病菌］

Elsinoë hederae **Bitanc. et Jenk.**   常春藤痂囊腔菌

Elsinoë ilicis **Plak**   冬青痂囊腔菌

Elsinoë leucospila **Bitanc. et Jenk.**   白斑痂囊腔菌［茶疮痂病菌］

Elsinoë magnoliae **Miller et Jenk.**   玉兰痂囊腔菌

Elsinoë mangilata **Bitanc. et Jenk.**   杧果痂囊腔菌

Elsinoë oleae **Jenk.**   油橄榄痂囊腔菌

Elsinoë phaseoli **Jenk.**   菜豆痂囊腔菌

Elsinoë piri **Jenk.**   梨痂囊腔菌［梨疮痂病菌］

Elsinoë plantaginis **Jenk. et Bitan**   车前痂囊腔菌

Elsinoë randii **Jenk. et Bitanc.**   山黄皮痂囊腔菌

Elsinoë ribis **Jenk. et Bitanc.**   茶藨子痂囊腔菌

Elsinoë ricini **Jenk. et Bitanc.**   蓖麻痂囊腔菌

Elsinoë rosarum **Jenk. et Bitanc.**   玫瑰痂囊腔菌

Elsinoë sacchari（Lo）**Bitanc. et Jenk.** 甘蔗痂囊腔菌［甘蔗疮痂病菌］

Elsinoë veneta（Speg.）**Jenk.**   兰痂囊腔菌［悬钩子疮痂病菌］

Elsinoë viticola **Rac.**   葡萄生痂囊腔菌

Elsinoë zizyphi **Thirum. et Naras.**   枣痂囊腔菌

Elytranthe **Bl.**   大苞鞘花属（桑寄生科）［P］

Elytranthe albida **Bl.**   大苞鞘花

Elytranthe bibracteolata 见 *Macrosolen bibracteolatus*

Elytranthe cochinchinensis 见 *Macrosolen cochinchinensis*

Elytranthe fordii 见 *Macrosolen cochinchinensis*

Elytranthe parasitica（Linn.）**Danser**　墨脱大苞鞘花

Embellisia **Simmons**　埃里格孢属［F］

Embellisia abundans **Simmons**　多产埃里格孢

Embellisia allii（Campanile）**Simmons**　葱埃里格孢

Embellisia astragali **Zhang , Hou et Zhao**　黄芪埃里格孢

Embellisia chlamydospora（Hoes et al.）**Simmons**　厚垣埃里格孢

Embellisia conoidea **Simmons**　圆锥埃里格孢

Embellisia didymospora **Munt. et Cret**　双胞埃里格孢

Embellisia hyacinthi **de Hoog et Muller**　风信子埃里格孢

Embellisia indefessa **Simmons**　不疲埃里格孢

Embellisia oxalidicola **Simmons**　酢浆草埃里格孢

Embellisia phragmospora（Van Emden）**Simmons**　多孢埃里格孢

Embellisia planifunda **Simmons**　平基埃里格孢

Embellisia telluster **Simmons**　土壤埃里格孢

Embellisia tumida **Simmons**　膨胀埃里格孢

Embellisia verruculosa **Simmons**　密疣埃里格孢

Enamovirus　耳突花叶病毒属［V］

enation pea mosaic virus　见 *Pea enation mosaic virus Enamovirus*

Endive necrotic mosaic virus Potyvirus（ENMV）苣荬菜坏死花叶病毒

Endoblastomyces **Odinzowa**　芽生多孢酵母属［F］

Endoblastomyces thermophilus **Odinz.**　嗜热芽生多孢酵母

Endochytrium **Sparrow**　内囊壶菌属［F］

Endochytrium ramosum **Sparrow**　分枝内囊壶菌［刚毛藻壶病菌］

Endocronartium **Hirats.**　内柱锈菌属［F］

Endocronartium harknessii（Moore）**Hirats.**　哈克内柱锈菌［西方松瘤锈病菌］

Endodesmidium **Canter**　鼓藻壶菌属［F］

Endodesmidium formosum **Canter**　美丽鼓藻壶菌［鼓藻畸形病菌］

Endophylloides 见 *Dietelia*

Endophyllum **Lév.**　内锈菌属［F］

Endophyllum emasculatum **Arth. et Cumm.**　柔弱内锈菌

Endophyllum euphorbiae-silvaticae（DC.）**Wint.**　大戟内锈菌

Endophyllum giffithiae（Henn.）**Kacib.**　鸡爪簕内锈菌

Endophyllum macheshwarii **Singh et Jalan**　五味子内锈菌

Endophyllum paederiae 见 *Puccinia zoysiae*

Endophyllum sempervivi（Alb. et Schw.）**de Bary**　长生草内锈菌

Endornavirus　内源 RNA 病毒属［V］

Endothia **Fr.**　内座壳属［F］

Endothia parasitica（Murr.）**Ander. et Ander**　寄生内座壳［栗干枯、疫病菌］

Endothia radicalis（Schw.）**de Not.**　根内座壳

Endoxylina **Rom.**　平座壳属［F］

Endoxylina citricola **Ou**　柑橘生平座壳

Enterobacter **Hormaeche et Edwards**　肠杆菌属［B］

Enterobacter agglomerans 见 *Pantoea agglomeran*

Enterobacter agglomrerans pv. millettiae 见 *Pantoea agglomerans* pv. *millettiae*

Enterobacter cancerogenus（Urosev.）**Dickey et al.**　生癌肠杆菌［杨树枯萎病菌、玉米基腐病菌］

Enterobacter cloeaca（Jordon）**Hormaece**

et al. 阴沟肠杆菌[洋葱心腐病菌]

Enterobacter dissolvens（Rosen）**Brenner, McWhorter et al.** 溶解肠杆菌

Enterobacter nimipressuralis （Carter）**Brenner et al.** 超压肠杆菌[英国胡桃浅皮溃疡病菌]

Enterobacter pyrinus **Chung, Brenner, Steigerwalt et al.** 梨树肠杆菌[梨褐色叶斑病菌]

Enterobacteriaceae Rahn 肠杆菌科［B］

Entomophaga **Batko** 噬虫霉属[F]

Entomophaga aulicae（Reichardt ex Bail）**Humber** 灯蛾噬虫霉

Entomophaga conglomerata **Sorokin** 聚集噬虫霉

Entomophaga grylli（Fresenius）**Batko** 蝗噬虫霉

Entomophaga kansana（Hutchison）**Batko** 堪萨斯噬虫霉

Entomophthora **Fres.** 虫霉属[F]

Entomophthora culicis（Braun）**Fresenius** 库蚊虫霉

Entomophthora muscae（Cohn）**Winter** 蝇虫霉

Entomophthora planchoniana **Cornu** 普朗肯虫霉

Entomophthora vermicola **McCulloch** 蠕虫生虫霉

Entomosporium **Lév.** 虫形孢属[F]

Entomosporium eriobotryae **Takim** 枇杷虫形孢

Entomosporium maculatum **Lév.** 叶斑虫形孢[楹桲赤色叶斑病菌]

Entomosporium mespile（DC. ex Luby）**Sacc.** 山楂虫形孢

Entophlyctis **Fisch.** 内壶菌属[F]

Entophlyctis bulligera（Zopf）**Fischer** 粗根内壶菌[鞘藻内壶病菌]

Entophlyctis cienkewskiana（Zopf）**Fischer** 刚毛藻内壶菌[刚毛藻内壶病菌]

Entophlyctis vaucheriae（Fisch.）**Fischer** 无隔藻内壶菌[无隔藻内壶病菌]

Entorrhiza **Weber** 根肿黑粉菌属[F]

Entorrhiza caricicola **Ferd. et Winge** 番木瓜生根肿黑粉菌

Entorrhiza casparyana（Magn.）**Lagerh.** 灯心草根肿黑粉菌

Entorrhiza cypericola（Magn.）**de Toni** 莎草生根肿黑粉菌

Entorrhiza digitata **Lagerh.** 指形根肿黑粉菌

Entyloma **de Bary** 叶黑粉菌属[F]

Entyloma alopecuri 见 *Tilletia alopecuri*

Entyloma ambrosiae-maritimae **Rayss** 豚草叶黑粉菌

Entyloma antennariae **Lindr.** 蝶须叶黑粉菌

Entyloma argentinense（Speg.）**Cif.** 阿根廷叶黑粉菌

Entyloma aristolochiae **Sacc.** 马兜铃叶黑粉菌

Entyloma aschersonii（Ule）**Woron.** 阿谢叶黑粉菌

Entyloma asteris-alpini **Syd.** 鸡儿肠叶黑粉菌

Entyloma australe **Speg.** 南方叶黑粉菌

Entyloma brizae **Unam. et Cif.** 凌风草叶黑粉菌

Entyloma bupleuri **Lindr.** 紫胡叶黑粉菌

Entyloma calceolariae **Lagerh.** 蒲包花叶黑粉菌

Entyloma calendulae（Oudem.）**de Bary** 金盏花叶黑粉菌

Entyloma callitrichis **Lindr.** 水马齿叶黑粉菌

Entyloma caricinum **Rostr.** 苔叶黑粉菌

Entyloma catenulatum **Rortr.** 链状叶黑粉菌

Entyloma chelidonii **Cif.** 白屈菜叶黑粉菌

Entyloma chilense **Speg.** 智利叶黑粉菌

Entyloma chrysosplenii（Berk. et Br.）

Schröt. 猫眼草叶黑粉菌

Entyloma cichorii Wrobl. 菊苣叶黑粉菌

Entyloma circaeae Dearn. 露珠草叶黑粉菌

Entyloma compositarum Farl. 菊叶黑粉菌

Entyloma convolvuli Bres. 旋花叶黑粉菌

Entyloma dactylidis 见 *Entyloma oryzae*

Entyloma dahliae Syd. 大丽花叶黑粉菌

Entyloma davisii Cif. 戴维斯叶黑粉菌

Entyloma deschampsiae Lindr. 发草叶黑粉菌

Entyloma eleocharidis (Saw.) Ling 荸荠叶黑粉菌

Entyloma ellisii Halst. 菠菜叶黑粉菌

Entyloma erigerentis Syd. 飞蓬叶黑粉菌

Entyloma eryngii (Corda) de Bary 刺芹叶黑粉菌

Entyloma eryngii-dichostomi Maire 叉刺芹叶黑粉菌

Entyloma eschscholtziae Harkn. 花凌草叶黑粉菌

Entyloma farisii Cif. 法里斯叶黑粉菌

Entyloma feunichii Krieg. 福里叶黑粉菌

Entyloma fimbriata Fisch. 流苏状叶黑粉菌

Entyloma flavum Cif. 黄色叶黑粉菌

Entyloma floerkeae Holw. 费劳耳草叶黑粉菌

Entyloma fluitans Lindr. 飘浮叶黑粉菌

Entyloma fumariae Schröt. 荷包牡丹叶黑粉菌

Entyloma fusoum Schröt. 褐色叶黑粉菌

Entyloma gaillardiae Speg. 天人菊叶黑粉菌

Entyloma galinsogae Syd. 嘉凌梭叶黑粉菌

Entyloma glancii Dang. 格兰叶黑粉菌

Entyloma glyceriae Frag. 甜茅叶黑粉菌

Entyloma gratiolae (Davis) Cif. 水八角叶黑粉菌

Entyloma guaraniticum Speg. 鬼针草叶黑粉菌

Entyloma helosciadii Magn. 赫洛叶黑粉菌

Entyloma hieracii Syd. 山柳菊叶黑粉菌

Entyloma hydrocotylis Speg. 天胡荽叶黑粉菌

Entyloma linariae Schröt. 柳穿鱼叶黑粉菌

Entyloma lineatun (Cooke) Davis 条纹叶黑粉菌

Entyloma lini Oudem. 亚麻叶黑粉菌

Entyloma lobeliae Farl. 半边莲叶黑粉菌

Entyloma magnusii (Ule) Woron. 马格叶黑粉菌

Entyloma matricariae Rostr. 母菊叶黑粉菌

Entyloma meliloti McAlp. 草木樨叶黑粉菌

Entyloma menispermi Farl. et Trel. 蝙蝠葛叶黑粉菌

Entyloma microsporium (Ung.) Schröt. 小孢叶黑粉菌

Entyloma myosuri Syd. 鼠尾巴叶黑粉菌

Entyloma mysorensis Thirum. 迈索尔叶黑粉菌

Entyloma nigellae Cif. 黑种草叶黑粉菌

Entyloma nubilum Lindr. 云状叶黑粉菌

Entyloma nymphaeae (Cunn.) Setch. 睡莲叶黑粉菌

Entyloma nymphaeae var. *macrospora* Pavgi et Thirum. 睡莲叶黑粉菌大孢变种

Entyloma occultum Cif. 隐蔽叶黑粉菌

Entyloma oryzae Syd. 稻叶黑粉菌

Entyloma ossifragi Rostr. 骨碎叶黑粉菌

Entyloma paradoxum Syd. 奇异叶黑粉菌

Entyloma parietariae Rayss 墙草叶黑粉菌

Entyloma parthenii Syd. 银胶菊叶黑粉菌

Entyloma parvum Davis 小叶黑粉菌

Entyloma petuniae Speg. 矮牵牛叶黑粉菌

Entyloma plantaginis Blytt 车前草叶黑粉菌

Entyloma polysporum (Peck) Farl. 多孢叶黑粉菌

Entyloma primulae Mour. 报春花叶黑粉菌

Entyloma ranunculi (Bon.) Schröt. 宿毛茛叶黑粉菌

Entyloma ranunculorum Lindr. 毛茛叶黑粉菌

Entyloma rhagadioli Pass. 小疮菊叶黑粉菌

Entyloma schweinfurthii Henn. 斯氏叶黑粉菌

Entyloma scirpicola Thirum. et Dicks. 藨草生叶黑粉菌

Entyloma senecionis 见 *Entyloma compositarum*

Entyloma sidae-rhombifoliae Cif. 黄花稔叶黑粉菌

Entyloma spegazzinii Sacc. et Syd. 斯派格叶黑粉菌

Entyloma tanaceti Syd. 艾菊叶黑粉菌

Entyloma thalictri Schröt. 唐松草叶黑粉菌

Entyloma tragopogi Lagerh. 婆罗门叶黑粉菌

Entyloma ungerianum 见 *Entyloma microsporium*

Entyloma veronicicola Lindr. 婆婆纳生叶黑粉菌

Entyloma zinniae Syd. 百日草叶黑粉菌

Ephelis Fries 柱香孢属[F]

Ephelis japonica Henn. 日本柱香孢

Ephelis oryzae Syd. 稻柱香孢[稻—柱香病菌]

Ephippiodera Shagalina et Krall 鞍皮线虫属[N]

Ephippiodera latipons 见 *Heterodera latipons*

Ephippiodera turcomanica 见 *Heterodera turcomanica*

Epichloë (Fr.) Tul. 香柱菌属[F]

Epichloë bambusae Pat. 箣竹香柱菌

Epichloë cinerea Berk. et Br. 灰香柱菌

Epichloë sclerotica Pat. 硬香柱菌

Epichloë sporoboli Teng 鼠尾粟香柱菌

Epichloë typhina (Pers.) Tul. 梯牧草香柱菌[禾本科牧草香柱病菌]

Epicoccum Link 附球霉属[F]

Epicoccum andropogonis (Ces.) Schol-shwarz 须芒草附球霉

Epicoccum cocos Stevens 椰子附球霉[椰子叶斑病菌]

Epicoccum hyalopes Miyake 透梗附球霉

Epicoccum neglectum Desm. 见 *Epicoccum nigrum* Link

Epicoccum nigrum Link 黑附球霉

Epicoccum oryzae Ito et Iwad 稻附球霉

Epicoccum purpurascens Ehrenb. 见 *Epicoccum nigrum* Link

Epicoccum sinense Patr. 中国附球霉

Epicoccum tritici Henn. 小麦附球霉[小麦黑点病菌]

Epiphyllum bacilliform virus (EBV) 昙花(属)杆状病毒

Epirus cherry virus Ourmiavirus (EpCV) 伊皮鲁斯樱桃病毒

Erdbeer-Nekrose virus 见 *Strawberry vein banding virus Caulimovirus*

Eremascus Eidam 单囊霉属[F]

Eremascus albus Eidam 白单囊霉

Eriophyes von Siebold 瘿螨属[A]

Eriophyes alonis Keifer 芦荟瘿螨

Eriophyes chinensis Trotter 中国瘿螨

Eriophyes ficus Cotte 无花果瘿螨

Eriophyes georphyioui Keifer 石竹瘿螨

Eriophyes litchii Keifer 荔枝瘿螨[荔枝毛毡病菌]

Eriophyes medicaginis Keifer 紫苜蓿瘿螨

Eriophyes peucedani Canestrini 胡萝卜瘿螨

Eriophyes tritici Schevtcheko 小麦瘿螨

Eriophyes vitis Nal. 葡萄瘿螨

Eriosporangium 见 *Puccinia*

Erwinia Winslow et al. 欧文氏菌属[B]

Erwinia agglomerans 见 *Pantoea agglomerans*

Erwinia alni Surico et al. 桤木欧文氏菌[桤木皮溃疡病菌]

Erwinia amylovora (Burrill) Winslow et al. 噬淀粉欧文氏菌[梨火疫病菌]

Erwinia amylovora pv. *pyri* Tanii 噬淀粉欧文氏菌梨变种[梨枝枯病菌]

Erwinia ananas 见 *Pantoea ananatis*

Erwinia ananas pv. *ananas* 见 *Pantoea ananatis* pv. *ananas*

Erwinia ananas pv. *uredovora* 见 *Pantoea ananatis* pv. *uredovora*

Erwinia ananatis Serrano 见 *Pantoea ananatis*

Erwinia aphidicola Harada et al. 蚜生欧文氏菌

Erwinia aroideae 见 *Erwinia carotovora* pv. *aroideae*

Erwinia bussei (Migula) Magrou 布氏欧文氏菌[甜菜流胶病菌]

Erwinia cacticida Alcorn et al. 仙人掌欧文氏菌[仙人掌软腐病菌]

Erwinia cancerogena 见 *Enterobacter cancerogenus*

Erwinia carnegieana Standring 大仙人掌欧文氏菌[大仙人掌软腐病菌]

Erwinia carotovora (Jones) Bergey et al. 胡萝卜欧文氏菌[胡萝卜软腐病菌]

Erwinia carotovora pv. *aroideae* (Townsend) Bergey et al. 胡萝卜欧文氏菌海芋变种[海芋软腐病菌]

Erwinia carotovora subsp. *atroseptica* (van Hall) Dye 胡萝卜欧文氏菌黑茎亚种[马铃薯黑茎病菌]

Erwinia carotovora subsp. *betavasculorum* Thomson et al. 甜菜欧文氏菌[甜菜软腐病菌]

Erwinia carotovora subsp. *carotovora* (Jones) Bergey et al. 胡萝卜欧文氏菌胡萝卜亚种[胡萝卜、大白菜软腐病菌]

Erwinia carotovora subsp. *odorifera* Gallois et al. 胡萝卜欧文氏菌气味亚种

Erwinia carotovora subsp. *wasabiae* 见 *Erwinia wasabiae*

Erwinia chrysanthemi Burkholder et al. 菊欧文氏菌[菊基腐病菌]

Erwinia chrysanthemi pv. *chrysanthemi* Burkholder et al. 菊欧文氏菌菊变种

Erwinia chrysanthemi pv. *dianthi* Alivizatos 菊欧文氏菌石竹变种

Erwinia chrysanthemi pv. *dianthicola* (Hellmers) Dickey 菊欧文氏菌石竹生变种

Erwinia chrysanthemi pv. *dieffenbachiae* (McFadden) Dye 菊欧文氏菌万年青变种

Erwinia chrysanthemi pv. *paradisiaca* (Victoria) Dichey et Victiria 菊欧文氏菌假百合变种

Erwinia chrysanthemi pv. *parthenii* (Starr) Dye 菊欧文氏菌银胶菊变种

Erwinia chrysanthemi pv. *philodendra* (Miller) Thomson 菊欧文氏菌喜林芋变种

Erwinia chrysanthemi pv. *zeae* (Sabet) Victoria et al. 菊欧文氏菌玉米变种

Erwinia cypripedii (Hori) Bergey et al.

杓兰欧文氏菌[热带兰软腐病菌]

Erwinia dissolvens（Rosen） 见 *Enterobacter dissolvens*

Erwinia herbicola（Löhnis）**Dye** 草生欧文氏菌

Erwinia herbicola f. sp. gypsophilae 见 *Erwinia herbicola* pv. *gypsophilae*

Erwinia herbicola pv. *gypsophilae* Miller et al. 草生欧文氏菌丝石竹（满天星）变种

Erwinia herbicola pv. *millettiae* 见 *Pantoea agglomrerans* pv. *millettiae*

Erwinia mallotivora **Goto** 野梧桐欧文氏菌[野梧桐叶斑病菌]

Erwinia millettiae（Kawakami and Yoshida）见 *Pantoea agglomerans* pv. *millettiae*

Erwinia nigrifluens **Wilson，Starr et Erger** 流黑欧文氏菌[胡桃树皮溃疡病菌]

Erwinia nimipressuralis（Carter）见 *Enterobacter nimipressuralis*

Erwinia nulandii 见 *Erwinia persicina*

Erwinia papayae **Gardan Christen et al.** 番木瓜欧文氏菌[番木瓜溃疡病菌]

Erwinia paradisiaca **Fernandez-Borrero et Lopez-Duque** 假百合欧文氏菌

Erwinia persicina **Hao，Brenner et al.** 桃红色欧文氏菌

Erwinia persicinus 见 *Erwinia persicina*

Erwinia pirina 见 *Enterobacter pyrinus*

Erwinia proteamaculans 见 *Serratia proteamaculans*

Erwinia psidii **Neto，Robbs et Yamashiro** 番石榴欧文氏菌

Erwinia pyrifoliae **Kim et al.** 梨枯梢欧文氏菌[亚洲梨火疫病菌、梨黑色枝枯病菌梨枯梢病菌]

Erwinia quercina **Hildebrand et Schroth** 栎欧文氏菌[栎疫病菌]

Erwinia rhapontici（Millard）**Burkholder** 大黄欧文氏菌[大黄冠腐病菌]

Erwinia rubrifaciens **Wilson，Zeitoun et**

Fredrickson 生红欧文氏菌[胡桃韧皮部溃疡病菌]

Erwinia salicis（Day）**Chester** 柳欧文氏菌[柳水痕病菌]

Erwinia stewartii 见 *Pantoea stewartii* subsp. *stewartii*

Erwinia toletana **Rojas** 托莱塔欧文氏菌[油橄榄肿瘤伴生菌]

Erwinia tracheiphila（Smith）**Bergey et al.** 嗜管欧文氏菌[黄瓜萎蔫病菌]

Erwinia uredovora 见 *Pantoea ananatis* pv. *uredovora*

Erwinia wasabiae **Goto et Matsumoto** 山嵛菜欧文氏菌 [山嵛菜软腐病菌]

Erwinieae Winslow et al. 欧文氏菌科

Erynia（Nowak. ex Batko）**Remaudi. et Hennebert** 虫疫霉属[F]

Erynia chironomis（Fan et Li）**Fan et Li** 摇蚊虫疫霉

Erynia curvispora（Nowak.）**Remaud. et Hennebert** 弯孢虫疫霉

Erynia gigantea **Li，Chen et Xu** 巨孢虫疫霉

Erynia ovispora（Nowakowski）**Remaudière et Hennebert** 卵孢虫疫霉

Erysimum latent virus Tymovirus（ErLV）糖芥（属）潜病毒

Erysiphe **Hedw. ex Fr.** 白粉菌属[F]

Erysiphe abeliae **Zeng et Chen** 六道木白粉菌

Erysiphe acalyphae（Tai）**Zheng et Chen** 铁苋白粉菌

Erysiphe actinostemmatis **A. Braun** 盒子草白粉菌

Erysiphe adenophorae **Zheng et Chen** 沙参白粉菌

Erysiphe amphicarpacae 见 *Erysiphe glycines*

Erysiphe andina（Speg.）**A. Braun** 地锦白粉菌

Erysiphe aquilegiae **DC.** 楼斗菜白粉菌

Erysiphe aquilegiae var. *ranunculi* (Grev.) **Zheng et Chen** 毛茛耧斗菜白粉菌

Erysiphe arabidis **Zheng et Chen** 南芥白粉菌

Erysiphe arctii 见 *Erysiphe depressa*

Erysiphe artemisiae **Grev.** 蒿白粉菌

Erysiphe asperifoliorum 见 *Erysiphe cynoglosii*

Erysiphe aurea **Zheng et Chen** 金黄白粉菌

Erysiphe begoniae **Zheng et Chen** 秋海棠白粉菌

Erysiphe betae (Vanha) **Weltz.** 甜菜白粉菌

Erysiphe biocellala **Ehrenb.** 小二孢白粉菌

Erysiphe bunkiniana **Braun** 班氏白粉菌

Erysiphe cercidis **Xu** 紫荆白粉菌

Erysiphe cichoracearum **DC.** 菊科白粉菌

Erysiphe circumfuse 见 *Erysiphe cichoracearum*

Erysiphe cleomes **Li et Wang** 醉蝶花白粉菌

Erysiphe communis 见 *Erysiphe cruciferarum*

Erysiphe convolvuli **DC.** 旋花白粉菌

Erysiphe convolvuli var. *dichotoma* **Zheng et Chen** 双叉旋花白粉菌

Erysiphe coriariicola **Zheng et Chen** 马桑生白粉菌

Erysiphe cruchetiana var. *hyalina* **Zheng et Chen** 无色克鲁白粉菌

Erysiphe cruciferarum (Opiz) **Junell** 十字花科白粉菌

Erysiphe cucurbitacearum **Zheng et Chen** 葫芦科白粉菌

Erysiphe cynoglossi (Wallr.) **Braun** 琉璃草白粉菌

Erysiphe depressa (Wallr.) **Schlecht.** 扁壳白粉菌

Erysiphe elsholtziae 见 *Erysiphe hommae*

Erysiphe epinedii var. *brunnea* **Zheng et Chen** 褐丝淫羊藿白粉菌

Erysiphe fagacearum 见 *Erysiphe sikkimensis*

Erysiphe firmianae **Zheng et Chen** 梧桐白粉菌

Erysiphe galeopsidis **DC.** 鼬瓣白粉菌

Erysiphe galii **Blum.** 猪殃殃白粉菌

Erysiphe glycines **Tai** 大豆白粉菌

Erysiphe glycines var. *lespedezae* (Zheng et Baun) **Braun et Zheng** 胡枝子白粉菌

Erysiphe gracilis **Zheng et Chen** 细雅白粉菌

Erysiphe graminis 见 *Blumeria graminis*

Erysiphe heraclei **DC.** 独活白粉菌

Erysiphe hiratae 见 *Erysiphe gracilis*

Erysiphe hommae **A. Braun** 本间白粉菌

Erysiphe huayinensis **Zheng et Chen** 华阴白粉菌

Erysiphe hyoscyami **Zheng et Chen** 天仙子白粉菌

Erysiphe hyperici (Wallr.) **Blum.** 金丝桃白粉菌

Erysiphe knautiae **Duby** 瑠梯白粉菌

Erysiphe koelreuteriae (Miyake) **Tai** 栾树白粉菌

Erysiphe labiatarum 见 *Erysiphe galeopsidis*

Erysiphe lamprocarpa 见 *Erysiphe galeopsidis*

Erysiphe lespedazae 见 *Erysiphe glycines*

Erysiphe limonii **Junell** 补血草白粉菌

Erysiphe linkii 见 *Erysiphe artemisiae*

Erysiphe lycopsidis **Zheng et Chen** 狼紫草白粉菌

Erysiphe macleayae **Zheng et Chen** 博落回白粉菌

Erysiphe malloti **Chen et Gao** 野桐白粉

菌

Erysiphe martii 见 *Erysiphe galii*

Erysiphe montagnei 见 *Erysiphe depressa*

Erysiphe paeoniae Zheng et Chen 芍药白粉菌

Erysiphe panacis Bai et Liu 人参白粉菌

Erysiphe phygelli Wang et Zhang 南非金钟花白粉菌

Erysiphe pileae (Jacz) Bunk ex Braun. 冷水花白粉菌

Erysiphe pisi DC. 豌豆白粉菌

Erysiphe polygoni DC. 蓼白粉菌

Erysiphe puerariae Zheng et Chen 葛白粉菌

Erysiphe rabdosiae Zheng et Chen 香茶菜白粉菌

Erysiphe ranunculi 见 *Eryiphe aquilegiae var. ranunculi*

Erysiphe robusta Zheng et Chen 粗壮白粉菌

Erysiphe rorippae Chen et Zheng 蔊菜白粉菌

Erysiphe sambuci Ahmad 接骨木白粉菌

Erysiphe sambuci var. *crassitunicata* Zheng et Chen 原壁接骨木白粉菌

Erysiphe sedi A. Braun 景天白粉菌

Erysiphe sikkimensis Chona et al. 锡金白粉菌

Erysiphe sordida Junell 污色白粉菌

Erysiphe symplocicola Zheng et Chen 山矾生白粉菌

Erysiphe thermopsidis Zheng et Chen 黄华白粉菌

Erysiphe trifolii Grev. 三叶草(车轴草)白粉菌

Erysiphe umbelliferarum 见 *Erysiphe heraclei*

Erysiphe urticae (Wallr.) Blum. 荨麻白粉菌

Erysiphe valerianae (Jacz.) Blum. 缬草白粉菌

Erysiphe verbasci (Jacz.) Blum. 毛蕊花白粉菌

Erysiphe weigelae Chen et Luo 锦带花白粉菌

Erysiphopsis Hals. 拟白粉菌属[F]

Escherichia Castellani et Chalmers 埃希氏杆菌属[B]

Escherichia coli (Migula) Castellani et Chalmers 大肠埃希氏杆菌[大肠杆菌]

Esteya Liou et al. 埃丝特霉属[F]

Esteya vermicola Liou, Shih et Tzean 蠕虫生埃丝特霉

Eubostrichus guernei 见 *Hoplolaimus guernei*

Eucalyptus little leaf phytoplasma 桉树小叶病植原体

Eucharis mottle virus Nepovirus 油卡律属斑驳病毒

Eudarluca Speg. 锈寄生壳属[F]

Eudarluca australis Speg. 南方锈寄生壳

Eudarluca caricis (Biv.) Erikss 苔草锈寄生壳

euonymus chlorotic ringspot virus 见 *Tomato ringspot virus Nepovirus*

Euonymus fasciation virus Nucleorhabdovirus (EFV) 卫矛带化病毒

Euonymus mosaic virus Carlavirus (EuoMV) 卫矛(属)花叶病毒

euonymus ringspot virus 见 *Tomato ringspot virus Nepovirus* (ToRSV)

Euonymus virus Rhabdovirus (EuoV) 卫矛病毒

Eupatorium leaf curl virus Begomovirus 泽兰曲叶病毒

Eupatorium yellow vein virus Begomovirus (EpYVV) 泽兰(属)黄脉病毒

Euphorbia leaf curl virus Begomovirus (EuMV) 大戟(属)曲叶病毒

Euphorbia ringspot virus Potyvirus (EuRV) 大戟(属)环斑病毒

European maize dwarf virus 见 *Sugarcane*

mosaic virus *Potyvirus*

European plum line pattern virus 见 *Apple mosaic virus Ilarvirus*

European stone fruit yellows phytoplasma 见 *Candidatus* Phytoplasma prunorum

European wheat mosaic virus 见 *Soil-borne cereal mosaic virus Furovirus*

European wheat striate mosaic virus Tenuivirus（EWSMV） 欧洲小麦条点花叶病毒

Eurotium **Link** 散囊菌属［F］

Eurotium aridicola **Kong** 旱生散囊菌

Eurotium costiforme **Kong et Qi** 肋状散囊菌

Eurotium echinulatum **Delacr** 刺孢散囊菌

Eurotium fimimcola **Kong** 粪生散囊菌

Eurotium herbariorum（Wigg.）**Link** 蜡叶散囊菌

Eurotium herbariorum var. *minor* **Mang.** 蜡叶散囊菌较小变种

Eurotium parviverruculosum **Kong et Qi** 少疣散囊菌

Eurotium pseudoglaucum 见 *Eurotium repens* var. *pseudoglaucum*

Eurotium repens var. *pseudoglaucum* （Blochw.）**Kozak.** 匍匐散囊菌伪灰变种

Eurotium tonophilium **Ohtsuki** 高渗散囊菌

Eurotium tuberculatum **Qi et Sun** 瘤突散囊菌

Euryancale **Drechsler** 广角捕虫霉属［F］

Euryancale marsipospora **Drechsler** 袋孢广角捕虫霉

Eutypa **Tul.** 弯孢壳属［F］

Eutypa lata（Pers.；Fr.）**Tul. et Tul.** 侧弯孢壳［葡萄藤猝例病菌］

Eutypella（Nits.）**Sacc.** 弯孢聚壳属［F］

Eutypella citri **Sawada** 柑橘弯孢聚壳

Eutypella citricola **Speg.** 柑橘生弯孢聚

壳

Exobasidium **Woron.** 外担菌属［F］

Exobasidium camelliae **Shirai** 山茶外担菌［山茶饼病菌］

Exobasidium gracile（Shirai）**Syd.** 细丽外担菌［油茶饼病菌］

Exobasidium hemisphaericum **Shirai** 半球状外担菌

Exobasidium japonicum **Shirai** 日本外担菌

Exobasidium lauri **Geyl.** 月桂树外担菌

Exobasidium machili **Saw.** 润楠外担菌

Exobasidium pieridis **Henn.** 马醉木外担菌

Exobasidium pieridis-taiwanense **Saw.** 台湾马醉木外担菌

Exobasidium reticulatum **Ito et Saw.** 网状外担菌［茶网饼病菌］

Exobasidium rhododendri **Cram.** 杜鹃外担菌［杜鹃饼（瘿瘤）病菌］

Exobasidium sawadae **Yamada** 泽田外担菌

Exobasidium symploci-japonicae **Kus. et Tokub.** 日本山矾外担菌

Exobasidium vaccinii **Woron.** 乌饭树外担菌

Exobasidium vexans **Mass.** 坏损外担菌［茶饼病菌］

Exosporium **Link** 外孢霉属［F］

Exosporium palmivorum **Sacc.** 噬棕榈外孢霉

Exosporium stilbaceum（Moreau）**Ellis** 束梗外孢霉

Exosporium tiliae **Link ex Schlecht** 椴外孢霉

Exserohilum **Leonard et Suggs** 凸脐蠕孢属［F］

Exserohilum curvisporum **Sivan.**，**Abdullah et Abbas** 弯孢凸脐蠕孢

Exserohilum echinocloacola **Sun** 稗生凸脐蠕孢

Exserohilum frumentacei Leonard et Suggs 穆子凸脐蠕孢

Exserohilum fusiforme Alcorn 梭形凸脐蠕孢

Exserohilum gedarefense Alcorn 盖代凸脐蠕孢

Exserohilum heteromorphum Sun，Zhang，Zhou et Zhu 异形凸脐蠕孢

Exserohilum holmii Leonard et Suggs 环形凸脐蠕孢

Exserohilum longisporum Sun，Zhang，Zhu et Zhang 长孢凸脐蠕孢

Exserohilum monoceras (Drechsler) Leonard et Suggs 尖角凸脐蠕孢

Exserohilum pedicellatum (Henry) Leonard et Suggs 小柄凸脐蠕孢

Exserohilum phragmatis Wu 芦苇凸脐蠕孢

Exserohilum prolatum Leonard et Suggs 延伸凸脐蠕孢

Exserohilum rostratum (Drechs.) Leonard et Suggs 嘴突凸脐蠕孢

Exserohilum signoidae Sun 双弯凸脐蠕孢

Exserohilum turcicum (Pass.) Leonard et Suggs 大斑凸脐蠕孢[玉米大斑病菌，玉米北方叶斑病菌]

F

Faba bean necrotic yellows virus Nanovirus (FBNYV) 蚕豆坏死黄化病毒

Fabavirus 蚕豆病毒属[V]

Fabraea Sacc. 叶埋盘属[F]

Fabraea maculata (Lév.) Atk. 桃梨叶埋盘[梨叶烧病菌]

Farysia Racib. 丝黑粉菌属[F]

Farysia butleri (H. Syd. et Syd.) H. et P. Syd. 巴特勒丝黑粉菌

Farysia carisis-filicinae 见 *Farysia butleri*

Farysia emodensis 见 *Liroa emodensis*

Farysia endotricha (Berk.) Syd. 内毛丝黑粉菌

Farysia merrillii 见 *Farysia butleri*

Farysia nigra Cunn. 黑丝黑粉菌

Farysia olivacea 见 *Farysia butleri*

Farysia orientalis 见 *Farysia butleri*

Farysia pseudocyperi 见 *Farysia butleri*

Farysia subolivacea 见 *Farysia butleri*

Favolus Fr. 棱孔菌属[F]

Favolus mollis Lioyd 见 *Polyporus tenuiculus*

Favolus squamosus Berk. 宽鳞棱孔菌

Fern virus Potyvirus (FeV) 蕨类病毒

Festuca cryptic virus Alphacryptovirus (FCV) 羊茅(属)隐潜病毒

Festuca leaf streak virus Cytorhabdovirus (FLSV) 羊茅(属)叶线条病毒

festuca mottle virus 见 *Cocksfoot mild mosaic virus Sobemovirus*

Festuca necrosis virus Closterovirus (FNV) 羊茅(属)坏死病毒

Ficus carica virus 见 *Fig virus Potyvirus*

Fig deformation virus (FiDV) 无花果畸形病毒

Fig leaf chlorosis virus Potyvirus (FigL-CV) 无花果叶褪绿病毒

Fig virus Potyvirus (FiV) 无花果病毒

Fig virus S Carlavirus（FVS） 无花果 S
病毒

Figwort mosaic virus Caulimovirus（FMV）
玄参花叶病毒

figwort mottle virus 见 *Figwort mosaic
virus Caulimovirus*

Fiji disease virus Fijivirus（FDV） 斐济
病毒[甘蔗斐济病毒]

Fijivirus 斐济病毒属[V]

Filaree red leaf virus Luteovirus（FLRV）
牻牛儿苗（属）红叶病毒

Filenchus Andrassy 丝尾垫刃（丝矛）线
虫属[N]

Filenchus australis Xie et Feng 南方丝尾
垫刃线虫

Filenchus balcarceanus Torres et Geraert
鲍卡塞丝尾垫刃线虫

Filenchus capsici Xie et Feng 辣椒丝尾
垫刃线虫

Filenchus conicephalus 见 *Filenchus vul-
garis*

Filenchus cylindricus（Thorne et Malek）
Niblack et Bernard 圆筒形丝尾垫刃线
虫

Filenchus discrepans Andrassy 差异丝尾
垫刃线虫

Filenchus dorsalis Brzeski 弯背丝尾垫刃
线虫

Filenchus facultativus（Szczygiel）Raski et
Geraert 兼性丝尾垫刃线虫

Filenchus filipjevi Andrassey 费氏丝尾
垫刃线虫

Filenchus hamatus（Thome et Malek）
Raski et Geraert 钩状丝尾垫刃线虫

Filenchus heterocephalus Xie et Feng 异
头丝尾垫刃线虫

Filenchus hongkongensis Xie et Feng 香
港丝尾垫刃线虫

Filenchus minutus（Cobb）Siddiqi 微小
丝尾垫刃线虫

Filenchus montanus Xie et Feng 山地丝
尾垫刃线虫

Filenchus neonanus Raski et Geraert 新
矮丝尾垫刃线虫

Filenchus orbus Andrassy 圆形丝尾垫刃
线虫

Filenchus orientalis Xie et Feng 东方丝
尾垫刃线虫

Filenchus thornei 见 *Aglenchus thornei*

Filenchus uliginosus（Brzeski）Siddiqi
沼泽丝尾垫刃线虫

Filenchus vulgaris（Brzeski）Lownsbery
普通丝尾垫刃线虫

*Finger millet mosaic virus Nucleorhab-
dovirus*（FMMV） 指状粟花叶病毒

Firmicutes Gibbons et Murry 厚壁菌门
[B]

Flame chlorosis virus（FlCV） 禾谷火焰
状褪绿病毒

flat apple virus 见 *Cherry rasp leaf virus
Cheravirus*

flax crinkle virus 见 *Oat blue dwarf virus
Marafivirus*

Fleioblastus mosaic virus（FleMV） 苦竹
（属）花叶病毒

Flexiviridae 曲线形病毒科[V]

Folianthes leaf mosaic virus （FLMV）
晚香玉（属）花叶病毒

Fomes （Fr.）Fr. 层孔菌属[F]

Fomes annosus 见 *Heterobasidion anno-
sum*

Fomes cajanderi 见 *Fomitopsis cajanderi*

Fomes connatus（Weinm.）Gill. 合生层
孔菌

Fomes fomentarius（L. ex Fr.）Kickx
木蹄层孔菌[树木干腐病菌]

Fomes fraxineus 见 *Perenniporia frax-
inea*

Fomes fulvus（Scop.）Gill. 暗黄层孔菌

Fomes igniarius Gill. 发火层孔菌

Fomes laricis（Jacq.）Murr. 落叶松层孔
菌[落叶松红心腐病菌]

Fomes lignosus 见 *Rigidoporus microporus*

Fomes noxius **Corner** 有害层孔菌[白缘褐根腐菌]

Fomes officinalis 见 *Fomitopsis officinalis*

Fomes ohiensis 见 *Perenniporia ohiensis*

Fomes pini (Thore) **Karst.** 松层孔菌[松心腐菌]

Fomes pinicola 见 *Fomitopsis pinicola*

Fomes rimosus (Berk.) **Cooke** 裂纹层孔菌

Fomes robustus **Karst.** 粗壮层孔菌[白腐病菌]

Fomes rufolaccatus 见 *Fomitopsis rufolaccatus*

Fomitopsis **Karst.** 拟层孔菌属[F]

Fomitopsis albomarginata (Zipp. ex Lév.) **Imaz.** 白边拟层孔菌

Fomitopsis cajanderi (Karst.) **Kotl. et Pouz.** 粉肉拟层孔菌

Fomitopsis feei (Fr.) **Kreisel** 淡肉色拟层孔菌

Fomitopsis officinalis (Vill.；Fr.) **Bond. et Sing.** 苦白蹄拟层孔菌

Fomitopsis pinicola (Swartz.；Fr.) **Karst.** 红缘拟层孔菌[松生拟层孔菌]

Fomitopsis rufolaccatus (Bose) **Dhanda** 漆红拟层孔菌

Fopulus tremula virus (PTV) 欧洲山杨病毒

forsythia yellow net virus 见 *Arabis mosaic virus Nepovirus*

Foveavirus 凹陷病毒属[V]

Foxtail mosaic virus Potexvirus (FoMV) 狗尾草(属)花叶病毒

Fragaria chiloensis latent virus Ilarvirus (FCILV) 海滩草莓潜隐病毒

Fragaria chiloensis virus Ilarvirus (FraCV) 海滩草莓病毒

Frangipani mosaic virus Tobamovirus (FrMV) 鸡蛋花花叶病毒

Franzpetrakia **Thirum. et Pavgi** 皮特黑粉菌属[F]

Franzpetrakia microstegii **Thirum. et Pavgi** 荩竹皮特黑粉菌

Franzpetrakia okudairae (Miyabe) **Guo, Vánke et Mordue** 薏苡皮特黑粉菌

fraxinus Tobravirus 见 *Tobacco rattle virus Tobravirus* (TRV)

Freesia leaf necrosis virus Varicosavirus (FLNV) 香雪兰叶坏死病毒

Freesia mosaic virus Potyvirus (FreMV) 香雪兰花叶病毒

freesia streak virus 见 *Freesia mosaic virus Potyvirus*

Fritillaria mosaic virus (FriMV) 贝母属(百合科)植物花叶病毒

Fromeëlla **Cumm. et Hirats.** 小串锈菌属[F]

Fromeëlla tormentillae (Fuck.) **Cumm. et. Hirats.** 委陵菜小串锈菌

Frommea **Arth.** 串孢锈菌属[F]

Frommea duchesneae **Arth.** 蛇莓串孢锈菌

Fuchsia latent virus Carlavirus (FLV) 倒挂金钟(属)潜病毒

fuchsia S virus 见 *Fuchsia latent virus Carlavirus*

Fulvia **Ceferri** 褐孢霉属[F]

Fulvia fulva (Cooke) **Ciferri** 黄褐孢霉[番茄叶霉病菌]

Funalia **Pat.** 粗毛盖菌属[F]

Funalia trogii **Bond et Sing.** 特罗格粗毛盖菌

Furcouncinula **Chen et Gao** 顶叉丝壳属[F]

Furcouncinula wuyiensis **Chen et Gao** 武夷顶叉丝壳

Furcraea necrotic streak virus Dianthovirus (FNSV) 假龙舌兰(属)坏死线条病毒

Furia (Batko) **Humber**　虫瘴霉属[F]

Furia americana (Thaxter) **Humber**　美洲虫瘴霉

Furia creatonoti (Yen ex Humber) **Humber**　灰灯蛾虫瘴霉

Furia crustosa (MacLeod et Tyrrell) **Humber**　壳状虫瘴霉

Furia fujiana **Huang et Li**　福建虫瘴霉

Furia gloeospora (Vuillemin) **Li，Huang et Fan**　胶孢虫瘴霉

Furia ithacensis (Kramer) **Humber**　伊萨卡虫瘴霉

Furia pieris (Li et Humber) **Humber**　粉蝶虫瘴霉

Furia shandongensis **Wang，Lu et Li**　山东虫瘴霉

Furia triangularis (Villacarlos et Wilding) **Li，Fan et Huang**　三角突虫瘴霉

Furovirus　真菌传杆状病毒属[V]

Fusariella **Sacc.**　小镰孢属[F]

Fusariella atrovirens **Sacc.**　暗绿小镰孢

Fusariella obstipa (Pollack) **Hughes**　柄小镰孢

Fusarium **Link**　镰孢属[镰刀菌属][F]

Fusarium abenaceum var. *herbarum* (Corda) **Sacc.**　草类镰孢

Fusarium acridiorum (Treab.) **Brongn et Delacr.**　蚕豆褐斑镰孢

Fusarium anguioides **Sherb.**　蛇形镰孢

Fusarium angustum **Sherb.**　狭镰孢

Fusarium annuum **Leon.**　辣椒镰孢

Fusarium anthodphilum **A. Braun**　花腐镰孢

Fusarium aquaeductuum **Lagerh.**　水生镰孢

Fusarium aquaeductuum var. *medium* **Wollenw.**　中型水生镰孢

Fusarium argillaceum (Fr.) **Sacc.**　白垩色镰孢

Fusarium arthrosporioides **Sherb.**　节孢镰孢

Fusarium aurantiacum **Link**　橘色镰孢

Fusarium avenaceum (Fr.) **Sacc.**　燕麦镰孢[蚕豆茎基腐病菌]

Fusarium avenaceum var. *fabae* **Yu**　燕麦镰孢蚕豆变种[蚕豆镰孢萎蔫病菌]

Fusarium avenaceum var. *herbarum* **Sacc.**　燕麦镰孢草类变种

Fusarium bactridioides **Wollenw.**　杆孢状镰孢

Fusarium bambusicola **Hara.**　箣竹生镰孢

Fusarium bulbigenum **Cooke et Mass.**　球茎状镰孢[藕腐败病菌]

Fusarium bulbigenum var. *batatas* **Wollenw.**　球茎状镰孢甘薯变种

Fusarium bulbigenum var. *lycopersici* (Brushi) **Wollenw. et Reink.**　球茎状镰孢番茄变种

Fusarium bulbigenum var. *niveum* (Smith) **Wollenw.**　球茎状镰孢瓜蒌变种

Fusarium bulbigenum var. *tracheiphilum* (Smith) **Wollenw.**　球茎状镰孢萎蔫变种

Fusarium calmorum (Smith) **Sacc.**　翠菊黏团镰孢

Fusarium caraganse **Van.**　锦鸡儿镰孢

Fusarium caudatum **Wollenw.**　尾状镰孢

Fusarium cavispermum **Corda**　松穴子镰孢

Fusarium cerasi **Roll. et Ferry**　樱桃镰孢

Fusarium ciliatum **Link**　细长镰孢

Fusarium circinatum **Nirenberg et O'Donnell**　松树脂溃疡病菌

Fusarium coeruleum (Lib.) **Sacc.**　深蓝镰孢[马铃薯干腐病菌]

Fusarium concolor **Reink.**　同色镰孢

Fusarium conglutinans **Wollenw.**　黏团镰孢

Fusarium conglutinans var. *betae* **Stew.**　黏团镰孢甜菜变种

Fusarium conglutinans var. *callistephi*

Beach 黏团镰孢翠菊变种

Fusarium culmorum (Smith) **Sacc.** 黄色镰孢［亚麻苗枯病菌］

Fusarium dianthi **Prill et Delacr.** 石竹镰孢

Fusarium dimerum **Penz.** 双胞镰孢

Fusarium discolor **App. et Wollenw.** 变色镰孢

Fusarium diversisporum **Sherb.** 杂色镰孢

Fusarium equiseti (Corda) **Sacc.** 木贼镰孢

Fusarium equiseti var. *bullatum* **Wollenw.** 木贼镰孢泡状变种

Fusarium flavum (Fr.) **Wollenw.** 暗黄镰孢

Fusarium gibbosum **App. et Wollenw.** 膨孢镰孢

Fusarium graminearum **Schw.** 禾谷镰孢［麦类赤霉病菌］

Fusarium graminum **Corda** 禾赤镰孢

Fusarium heterosporium **Nees** 异孢镰孢

Fusarium javanicum **Koord.** 爪哇镰孢

Fusarium javanicum var. *radicicola* **Wollenw.** 爪哇镰孢根生变种

Fusarium kuehnii (Fuck.) **Sacc.** 屈恩镰孢

Fusarium lactis **Pir. et Rib** 乳酸镰孢

Fusarium larvarum **Fuck.** 蠕形镰孢

Fusarium lateritium **Nees** 砖红镰孢

Fusarium lateritium var. *mori* **Desm.** 砖红镰孢桑变种

Fusarium lini **Bolley** 亚麻镰孢［亚麻枯萎病菌］

Fusarium martii var. *phaseoli* **Burkh.** 马氏镰孢菜豆变种

Fusarium merismoides **Corda** 节状镰孢

Fusarium moniliforme **Sheld.** 串珠镰孢［棉花红腐病菌］

Fusarium moniliforme var. *minus* **Wollenw.** 串珠镰孢小孢变种

Fusarium moniliforme var. *oryzae* **Saccas** 稻恶苗病菌

Fusarium moniliforme var. *subglutinans* **Wollenw. et Reink.** 串珠镰孢亚黏团变种

Fusarium negundi **Sherb.** 合欢木镰孢

Fusarium neoceras **Wollenw. et Reink.** 幼角镰孢

Fusarium nivale (Fr.) **Ces.** ［雪腐镰孢］见 *Gerlachia nivale*

Fusarium nivale var. *oryzae* **Sacc.** 雪腐镰孢稻变种

Fusarium nivale var. *setariae* **Yu et Lou** 雪腐镰孢粟变种

Fusarium orthoceras **App. et Wollenw.** 直喙镰孢

Fusarium orthoceras var. *longius* (Sherb.) **Wollenw.** 直喙镰孢长型变种

Fusarium orthoceras var. *pisi* **Linf.** 直喙镰孢豌豆变种［豌豆枯萎病菌］

Fusarium oxysporum **Schlechtendabl** 尖镰孢

Fusarium oxysporum f. sp. *albedinis* (Killian et Maire) **Gordon** 椰枣失绿病菌

Fusarium oxysporum f. sp. *apii* **Snyder et Hansen** 尖镰孢芹菜专化型［芹菜枯萎病菌］

Fusarium oxysporum f. sp. *asparagi* **Cohen et Heald** 尖镰孢芦笋专化型［芦笋枯萎病菌］

Fusarium oxysporum f. sp. *batatas* (Welle.) **Syd. et al.** 尖镰孢甘薯专化型［甘薯蔓割病菌］

Fusarium oxysporum f. sp. *carthami* **Klis. et Houst.** 尖镰孢红花专化型［红花枯萎病菌］

Fusarium oxysporum f. sp. *cubense* (Smith) **Snyder et Hansen** 尖镰孢古巴专化型［香蕉(镰孢霉)枯萎病菌］

Fusarium oxysporum f. sp. *elaeidis* **Toovey** 尖镰孢油棕专化型(油棕枯萎病菌)

Fusarium oxysporum f. sp. *fabae* Yu et Fang 尖镰孢蚕豆专化型[蚕豆立枯病菌]

Fusarium oxysporum f. sp. *fragariae* Winks et Williams 尖镰孢草莓专化型[草莓枯萎病菌]

Fusarium oxysporum f. sp. *lili* Snyder et Hanson 尖镰孢百合专化型[百合基腐病菌]

Fusarium oxysporum f. sp. *lini* (Bolley) Snyder 尖镰孢亚麻专化型[亚麻枯萎病菌]

Fusarium oxysporum f. sp. *narcissi* Snyder et Hanson 尖镰孢水仙专化型[水仙基腐病菌]

Fusarium oxysporum f. sp. *vasinfectum* (Atk.) 尖镰孢萎蔫专化型[棉花枯萎病菌]

Fusarium oxysporum var. *aurantiacum* Wollenw. 尖镰孢金黄变种

Fusarium oxysporum var. *gladioli* Massey 尖镰孢唐菖蒲变种[唐菖蒲基腐病菌]

Fusarium oxysporum var. *lycopersici* (Sacc.) Snyser et Hansen 尖镰孢番茄变种[番茄枯萎病菌]

Fusarium oxysporum var. *nicotianae* (Johns.) Snyser et Hansen 尖镰孢烟草变种

Fusarium poae (Peck) Wollenw. 早熟禾镰孢

Fusarium redolens Wollenw. 芳香镰孢

Fusarium reticulatum Mont. 网状镰孢

Fusarium roseum Link 粉红镰孢

Fusarium sambucinum Fuck. 接骨木镰孢

Fusarium sarcochroum (Desm.) Sacc. 肤色镰孢

Fusarium saubinetii Mont. 索比内镰孢

Fusarium scirpi Lamb. et Fautr 藨草镰孢

Fusarium scirpi var. *acuminatum* (Ell. et Ev.) Wollenw. 藨草镰孢尖喙变种

Fusarium scirpi var. *compactum* Wollenw. 藨草镰孢紧密变种

Fusarium scirpi var. *cuadatum* Wollenw. 藨草镰孢喙尾变种

Fusarium scirpi var. *filiferum* (Preuss.) Wollenw. 藨草镰孢线形变种

Fusarium semitectum Berk. et Rav. 半裸镰孢

Fusarium semitectum var. *majus* Wollenw. 半裸镰孢大孢变种

Fusarium solani (Mart.) App. et Wollenw. 茄镰孢[蚕豆根腐病菌]

Fusarium solani f. sp. *glycines* Roy 茄镰孢大豆专化型[大豆猝死病菌]

Fusarium solani var. *cucurbitae* Snyder et Hansen 茄镰孢瓜类变种

Fusarium solani var. *eumartii* (App. et Wollenw.) Wollenw. 茄镰孢真马特变种

Fusarium solani var. *fabae* Yu et Fang 茄镰孢蚕豆变种

Fusarium solani var. *phaseoli* (Burk.) Snyder et Hansen 茄镰孢菜豆变种

Fusarium sporotrichioides Sherb. 拟枝孢镰孢

Fusarium tricinfectum (Corda) Sacc. 三线镰孢

Fusarium tucumaniae Aoki et al. 土库曼镰孢[南美大豆猝死病菌]

Fusarium vasinfectum Atk. 蚀脉镰孢[棉枯萎病菌]

Fusarium vasinfectum var. *sesami* Zapr. 蚀脉镰孢芝麻变种[芝麻枯萎病菌]

Fusarium vasinfectum var. *zonatum* (Sherb.) Wollenw. 蚀脉镰孢轮纹变种

Fusarium viguliforme O'Dnnel et Aoki 小枝形镰孢[北美大豆猝死病菌]

Fusicladium Bonorden 黑星孢属[F]

Fusicladium alopecuri Ell. et Ev. 看麦娘

黑星孢

Fusicladium carpophilum 见 *Cladosporium carpophilum*

Fusicladium cerasi (Rabenhorst) **Eriksson** 樱桃黑星孢

Fusicladium crataegi **Aderhold** 山楂黑星孢

Fusicladium dendriticum (wallr.) **Fuck** 树状黑星孢

Fusicladium depressum (Berk.) **Sacc.** 平压黑星孢

Fusicladium euonymi-japonici **Hori** 正木黑星孢

Fusicladium gardeniae **Chao et Chi** 栀子黑星孢

Fusicladium gnaphaliatum **Bonar** 鼠麹草黑星孢

Fusicladium junci **Sawada** 钱蒲(灯芯草)黑星孢

Fusicladium kaki **Hori et Yoshino** 柿黑星孢[柿黑星病菌]

Fusicladium levieri **Magnus** 柿黑斑黑星孢

Fusicladium pisicola **Linford** 豌豆生黑星孢

Fusicladium pyrorum 见 *Fusicladium vi-*

rescens Bon.

Fusicladium radiosum (Lib.) **Lind.** 放射黑星孢

Fusicladium saliciperdum (Allescher et Tubeuf) **Lind** 柳黑星孢

Fusicladium sorbinum (Sacc.) **Liu et Zhang** 山楸黑星孢

Fusicladium theae **Hara** 茶黑星孢

Fusicladium tremulae **Fr.** 山杨黑星孢

Fusicladium virescens **Bon.** 梨黑星孢[梨黑星病菌]

Fusicladium viticis **Ellis** 葡萄黑星孢

Fusicoccum **Corda** 壳梭孢属[F]

Fusicoccum aesculi. **Corda** 七叶树壳梭孢

Fusicoccum persicae **Ell. et Ev.** 桃壳梭孢[桃干枯病菌]

Fusicoccum pruni **Poteb.** 李壳梭孢

Fusicoccum viticis **M. B. Ellis** 葡萄黑星孢[葡萄黑星病菌]

Fusicoccum viticolum **Redd.** 葡萄生壳梭孢[葡萄蔓枯病菌]

Fusidium **Link** 梭链孢属[F]

Fusidium viride **Grove** 绿梭链孢

Fusoma **Corda** 假镰孢属[F]

Fusoma triseptatum **Sacc.** 三隔假镰孢

G

Gaeumannomyces **Arx et Olivier** 顶囊壳属[F]

Gaeumannomyces graminis (Sacc.) **Arx et Olivier** 禾顶囊壳[禾全蚀病菌]

Gaeumannomyces graminis var. *avenae* (Turner) **Dennis** 禾顶囊壳燕麦变种[燕麦全蚀病菌]

Gaeumannomyces graminis var. *graminis* **Trans.** 禾顶囊壳水稻变种[水稻全蚀病菌]

Gaeumannomyces graminis var. *maydis* **Yao, Wang et Zhu** 禾顶囊壳玉米变种[玉米全蚀病菌]

Gaeumannomyces graminis var. *tritici*

Walker 禾顶囊壳小麦变种[小麦全蚀病菌]

Galinsoga mosaic virus Carmovirus (GaMV) 牛膝菊(属)花叶病毒

Galloway 见 *Coleosporium*

Gambleola Mass. 柱双胞锈菌属[F]

Gambleola cornuta Mass. 柱双胞锈菌

Ganoderma Karst. 灵芝属[F]

Ganoderma applanatum (Pers.) Pat. 平盖灵芝[树舌]

Ganoderma australe (Fr.) Pat. 南方灵芝

Ganoderma japonicum (Fr.) Lloyd 紫灵芝

Ganoderma lucidum (Leyss. ex Fr.) Karst. 灵芝[光泽灵芝菌,椰子红根腐病菌]

Ganoderma phlippii (Bres. et Henn.) Bres. 橡胶灵芝

Ganoderma pseudoferreum (Wak.) Stein. 假铁色灵芝[橡胶树灵芝]

Ganoderma shangsiense Zhao 上思灵芝

Ganoderma theaecolum Zhao 茶灵芝

Ganoderma tsugae Murrill 松杉灵芝

Garland chrysanthemum temperate virus Alphacryptovirus (GCTV) 茼蒿和性潜隐病毒

Garlic common latent virus Carlavirus (GarCLV) 大蒜普通潜病毒

Garlic dwarf virus Fijivirus (GDV) 大蒜矮缩病毒

Garlic latent virus (GarLV) 大蒜潜隐病毒

Garlic mite-borne filamentous virus Allexivirus (GarMbFV) 大蒜螨传线状病毒

Garlic mite-borne latent virus Allexivirus (GarMbLV) 大蒜螨传潜隐病毒

Garlic mosaic virus Carlavirus (GarMV) 大蒜花叶病毒

Garlic virus A Allexivirus (GarV-A) 大蒜 A 病毒

Garlic virus B Allexivirus (GarV-B) 大蒜 B 病毒

Garlic virus C Allexivirus (GarV-C) 大蒜 C 病毒

Garlic virus D Allexivirus (GarV-D) 大蒜 D 病毒

Garlic virus X Allexivirus (GarV-X) 大蒜 X 病毒

Garlic yellow streak virus (GYSV) 大蒜黄线条病毒

Geminiviridae 双生(联体)病毒科[V]

Geminivirus 双生病毒属[V]

Gentiana latent virus Carlavirus (GenLV) 龙胆潜隐病毒

Gentiana virus Carlavirus (GenV) 龙胆(属)病毒

Gentrichum suaveolens (Krzem) Fang et al. 果香地霉

Geocenamus Thorne et Malek 乔森纳姆线虫属[N]

Geocenamus arcticus (Mulvey) Tarjan 北方乔森纳姆线虫

Geocenamus koreanus (Choi et Geraert) Brzeski 韩国乔森纳姆线虫

Geocenamus lenorus (Brown) Brzeski 软边乔森纳姆线虫

Geocenamus longus (Wu) Tarjan 长乔森纳姆线虫

Geocenamus myungsugae Choi et Geraert 明淑乔森纳姆线虫

Geocenamus nothus (Allen) Brzeski 伪乔森纳姆线虫

Geocenamus patternus Eroshenko et Volkova 典型乔森纳姆线虫

Geocenamus sobaekansis Choi et Geraert 小白乔森纳姆线虫

Geocenamus tenuidens Thorne et Malek 纤细乔森纳姆线虫

Geoglossum Pers. 地舌菌属[F]

Geoglossum elongatum Tai 长地舌菌

Geoglossum fallax Dur. 假地舌菌

G

Geoglossum glabrum **Pers.** 平滑地舌菌

Geoglossum glabrum var. *angustosporum*
Tai 平滑地舌菌窄孢变种

Geoglossum glutinosum **Pers.** 黏地舌菌

Geoglossum hirsutum **Pers.** 毛地舌菌

Geoglossum nigritum（Fr.）**Cooke** 黑地
舌菌

Geoglossum nigritum（Fr.）**Cooke** var.
cheoanum Tai 黑地舌菌长囊变种

Geoglossum ophioglossoides（L.）**Rehm**
瓶尔小草状地舌菌

Geoglossum paludosum **Dur.** 湿地地舌
菌

Geoglossum pusillum Tai 细小地舌菌

Geoglossum sinense Tai 中国地舌菌

Geoglossum subpumilum Imai 小地舌菌

Geoglossum umbratile **Sacc.** 荫蔽地舌菌

Geotrichum **Link** 地霉属［F］

Geotrichum asteroides（Cast）**Basg.** 星形
地霉

Geotrichum candidum **Link** 白地霉［柑
橘、荔枝酸腐病菌］

Geotrichum citri-aurantii（Ferr.）**Butler**
酸橙白地霉

Geotrichum ludwigii（Hansen）**Fang et al.**
大孢地霉

Geotrichum robustum **Fang et al.** 健强地
霉

Geotrichum rotundatum（Cast.）**Cif. et
Red.** 圆形地霉

geranium crinkle virus 见 *Pelargonium
leaf curl virus Tombusvirus*

gerbera latent virus 见 *Gerbera symptom-
less virus Nucleorhabdovirus*

*Gerbera symptomless virus Nucleorhab-
dovirus*（GeSLV） 扶郎花（属）无症病
毒

Gerlachia **Gams.** 格氏霉属［F］

Gerlachia nivale（Ces.）**Gams. et al.** 雪
腐格氏霉［小麦雪腐叶枯病菌］

Gerlachia oryzae（Hashioka et Yokogi）

Gams. 稻格氏霉［水稻云形病菌（叶灼
病菌）］

Gerwasia **Racib.** 卷丝锈菌属［F］

Gerwasia chinensis（Diet.）**Hirats.** 中华
卷丝锈菌

Gerwasia rosae Tai 蔷薇卷丝锈菌

Gerwasia rubi **Racib.** 悬钩子卷丝锈菌

Gibbago **Simmons** 顶苗格孢属［F］

Gibbago trianthemae **Simmons** 三枝顶苗
格孢

Gibberella **Sacc.** 赤霉属［F］

Gibberella baccata（Wallr.）**Sacc.** 浆果
赤霉

Gibberella baccata var. *moricola*（de
Not.）**Wollenw.** 桑生浆果赤霉

Gibberella cerealis **Pass.** 禾谷赤霉

Gibberella cyanea（Sollm.）**Wollenw.** 蓝
色赤霉

Gibberella fujikuroi（Saw.）**Wollenw.**
藤仓赤霉［稻恶苗病菌］

Gibberella moniliforme 见 *Gibberella fu-
jikuroi*

Gibberella moricola 见 *Gibberella baccata*
var. *moricola*

Gibberella pulicaris（Fr.）**Sacc.** 蚤状赤
霉

Gibberella saubinetii 见 *Gibberella zeae*

Gibberella zeae（Schw.）**Petch** 玉蜀黍赤
霉［玉米赤霉病菌］

Gibellina **Pass.** 绒座壳属［F］

Gibellina cerealis **Pass.** 禾谷绒座壳［小
麦秆枯病菌］

Ginger chlorotic fleck virus Sobemovirus
（GCFV） 姜褪绿斑点病毒

Ginger mosaic virus（GiMV） 姜花叶病
毒

gladiolus latent virus 见 *Narcissus latent
virus Macluravirus*

gladiolus mosaic virus 见 *Bean yellow mo-
saic virus Potyvirus*

gladiolus ringspot virus 见 *Narcissus latent*

virus Macluravirus

Gleadovia Gamble et Prain. 蔍寄生属（列当科）[P]

Gleadovia kwangtungense Hu 广东蔍寄生

Gleadovia lepoense Hu 雷波蔍寄生

Gleadovia mupinense Hu 宝兴蔍寄生

Gleadovia ruborum Gambl. et Prain 蔍寄生

Gleadovia yunnanense Hu 云南蔍寄生

Gliochadium catenulatum Gilm. et Abbott 链孢黏帚霉

Gliocladium Corda 黏帚霉属 [F]

Gliocladium deliquescens Sopp 融黏帚霉

Gliocladium fimbriatum Gilm. et Abbott 缨黏帚霉

Gliocladium mumicola Wei 梅生黏帚霉

Gliocladium penicilloides Corda 青霉状黏帚霉

Gliocladium roseum (Link) Bain 粉红黏帚霉

Gliocladium virens Mill. 绿黏帚霉

Gliomastix Guég. 黏鞭霉属[F]

Gliomastix convoluta (Harz) Mason 卷黏鞭霉

Gliomastix murorum (Corda) Hughes 墙黏鞭霉

Globodera (Skarbilovich) Behrens 球皮（胞囊）线虫属[N]

Globodera achillcae (Golden et Klindic) Behrens 蓍草球皮线虫

Globodera artemisiae (Eroshenko) Behrens 蒿球皮线虫

Globodera bravoae Franco et al. 丽球皮线虫

Globodera hypolysi Ogawa, Ohshima et Ichinohe 枸杞球皮线虫

Globodera leptonepia (Cobb et Taylor) Behrens 小球皮线虫

Globodera mali (Kirjanova et Borisenko) Behrens 苹果球皮线虫

Globodera millefolii (Kirjanova et Krall) Behrens 欧蓍草球皮线虫

Globodera mirabilis (Kirjanova) Mulvey et Stone 奇异球皮线虫

Globodera pallida (Stone) Behrens 苍白球皮线虫[马铃薯白球线虫]

Globodera pseudorostochiensis (Kirjanova) Mulvey et Stone 假罗斯托赫球皮线虫[假马铃薯金线虫]

Globodera rostochiensis (Wolleuweber) Behrens 罗斯托赫球皮线虫[马铃薯金线虫]

Globodera solanacearum (Miller et Gray) Behrens 茄球皮线虫

Globodera tabacum (Lownsbery et Lownsbery) Behrens 烟草球皮线虫

Globodera virginiae (Miller et Gray) Behrens 弗吉尼亚球皮线虫

Globodera zelandica Wouts 泽兰球皮线虫

Gloeocercospora Bain et Edg ex Deighton 胶尾孢属 [F]

Gloeocercospora sorghi Bain et Edg 高粱胶尾孢[高粱轮豹纹病菌]

Gloeodes Colby 黏壳孢属 [F]

Gloeodes pomigena (Schw.) Colby 仁果黏壳孢[苹果煤污、李果斑斑病菌]

Gloeoporus Mont. 胶孔菌属 [F]

Gloeoporus dichrous Bres. 二色胶孔菌

Gloeoporus taxicola Gilbn. et Ryv. 紫杉胶孔菌

Gloeosporium 见 *Colletotrichum* Corda

Gloeosporium alborubrum 见 *Colletotrichum coccodes*

Gloeosporium alni Ell. et Ev. 桤盘长孢

Gloeosporium amygdalinum 见 *Colletotrichum coccodes*

Gloeosporium betulinum 见 *Discula betulina*

Gloeosporium carthami (Fukui) Hori et Hemmi 红花盘长孢

Gloeosporium catechu 见 *Glomerella cingulata*

***Gloeosporium chrysanthemi* Hori** 菊盘长孢

***Gloeosporium citri* Massee** 见 *Colletotrichum gloeosporioides* Penz.

***Gloeosporium coffeicola* Tassi** 见 *Colletotrichum gloeosporioides* Penz.

***Gloeosporium eriobotryae* Speg.** 见 *Colletotrichum gloeosporioides* Penz.

***Gloeosporium foliicola* Nishida** 见 *Colletotrichum coccodes*

***Gloeosporium fructigenum* Berk.** 见 *Glomerella cingulata*

***Gloeosporium graminicola* Ell. et Ev.** 见 *Colletotrichum graminicola*（Ces.）Wilson

***Gloeosporium kaki* Ito** 见 *Colletotrichum gloeosporioides* Penz.

***Gloeosporium magnoliae* Pass.** 见 *Glomerella cingulata*

Gloeosporium malicorticis 见 *Cryptosporiopsis malicorticis*

***Gloeosporium mangiferae* Henn.** 见 *Colletotrichum coccodes* Hughes

***Gloeosporium melongenae* Sacc.** 见 *Colletotrichum coccodes* Hughes

***Gloeosporium musarum* Cooke et Massee** 见 *Colletotrichum musae*（Berk. et Curt.）v. Arx

***Glomerella* Schrenk et Spauld.** 小丛壳属［F］

***Glomerella cingulata*（Stonem.）Spauld. et Schrenk** 围小丛壳［苹果、柑橘炭疽病菌］

Glomerella fructigena 见 *Glomerella cingulata*（Stonem.）Spauld. et Schrenk

***Glomerella glycines*（Hori）Lehm. et Wolf** 大豆小丛壳［大豆炭疽病菌］

***Glomerella gossypii*（Southw.）Edg.** 棉小丛壳［棉炭疽病菌］

Glomerella lagenaria 见 *Glomerella lagenarium*

***Glomerella lagenarium*（Pass.）Stev.** 葫芦小丛壳［瓜类炭疽病菌］

***Glomerella lindemuthiana*（Sacc. et Magn.）Shear et Wood** 菜豆小丛壳［菜豆炭疽病菌］

***Glomerella lycopersici* Kr.** 番茄小丛壳［番茄炭疽病菌］

***Glomerella mume*（Hori）Hemmi** 梅小丛壳［梅炭疽病菌］

***Glomerella piperata*（Stonem.）Spaud. et Schrenk** 胡椒小丛壳

***Glomerella psidii*（Delacr.）Shel.** 番石榴小丛壳

***Glomerella ricini* Hemmi et Matsuo** 蓖麻小丛壳

***Glomerella rubi* Ell. et Ev.** 红小丛壳

***Glomerella rufomaculans* Berk.** 红斑小丛壳［仙客来炭疽病菌］

***Glomosporium* Koch.** 球孢黑粉菌属［F］

Gloriosa fleck virus Nucleorhabdovirus（G1FV）嘉兰（属）斑点病毒

Gloriosa stripe mosaic virus Potyvirus（GSMV）嘉兰（属）条纹花叶病毒

***Gluconobacter* Asai** 葡糖杆菌属［B］

***Gluconobacter oxydans*（Henneberg）de Ley** 氧化葡糖杆菌［菠萝红果病菌］

Glycine max SIRE1 virus Sirevirus 大豆塞尔病毒

Glycine mosaic virus Comovirus（GMV）大豆（属）花叶病毒

Glycine mottle virus Carmovirus（GMoV）大豆（属）斑驳病毒

***Gnomonia* Ces. et de Not.** 日规菌属［F］

***Gnomonia cerastis*（Riess）Wint.** 碱日规菌

***Gnomonia erythrostoma*（Pers.）Wint.** 红口日规菌［樱桃叶枯病菌］

***Gnomonia fructicola*（Arnaud）Full** 果生日规菌［草莓叶斑病菌］

Gnomonia iliau Lyon　甘蔗日规菌

Gnomonia leptostyla（Fr.）Ces. et de Not. 细柱日规菌［胡桃叶斑病菌］

Gnomonia oharana Nishik. et Matsum. 小原日规菌

Gnomonia oryzae Miyake　稻日规菌

Gnomonia platani Kleb.　悬铃木日规菌

Gnomonia quercina Kleb.　栎日规菌

Gnomonia tiliae Kleb.　椴日规菌［椴叶斑病菌］

Gnomonia ulmea（Sacc.）Thüm　榆日规菌［榆叶斑病菌］

Gnomonia veneta（Sacc. et Speg.）Kleb. 兰日规菌［悬铃木叶枯病菌］

Gnomoniella Sacc.　小日规菌属［F］

Gnomoniella coryli（Batsch）Sacc.　榛小日规菌［榛叶斑病菌］

Gnomoniella cyperi Dun. et Pon.　莎草小日规菌

Gomphrena bacilliform virus（GBV）　千日红（属）杆状病毒

Gomphrena virus Nucleorhabdovirus（GoV） 千日红弹状病毒

Gonimochaete Drechsler　造毛孢属［F］

Gonimochaete lignicola Barron　木生造毛孢

Gonimochaete pyriforme Barron　梨形造毛孢

Gonytrichum Nees et Nees　膝梗孢属［F］

Gonytrichum macrocladium（Sacc.）Hughes　巨枝膝梗孢

Goodeyus Chitwood　古德伊线虫属［N］

Goodeyus ulmi（Goodey）Chitwood　榆树古德伊线虫

Gooseberry vein banding associated virus Badnavirus　醋栗脉带伴随病毒

Gooseberry vein banding virus Tungrovirus 醋栗脉带病毒

Goplana Racib.　拟鞘锈菌属［F］

Goplana dioscoreae Cumm.　薯蓣拟鞘锈菌

Goplana micheliae Racib.　含笑拟鞘锈菌

Gottholdsteineria Andrassy　戈托斯坦纳线虫属［N］

Gottholdsteineria buxophila（Golden）Andrassy　黄杨戈托斯坦纳线虫

Gottholdsteineria pararobustus 见 *Hoplolaimus pararobustus*

Gottholdsteineria quarta 见 *Helicotylenchus quartus*

Gracilacus Raski　细小线虫属［N］

Gracilacus abietis（Eroshenko）Raski　冷杉细小线虫

Gracilacus colina Huang et Raski　科林细小线虫

Gracilacus elegans Raski　华丽细小线虫

Gracilacus epacris（Allen et Jensen）Raski 尖头细小线虫

Gracilacus goodeyi（Oostenbrink）Raski 古氏细小线虫

Gracilacus latescens Raski　隐细小线虫

Gracilacus marylandica（Jenk.）Raski 马里兰细小线虫

Gracilacus musae Shahina et Maqbool　芭蕉细小线虫

Gracilacus raskii Phukan et Sanwal　拉氏细小线虫

Gracilacus robusta（Wu）Raski　强壮细小线虫

Gracilacus sarissa 见 *Gracilacus straeleni*

Gracilacus steineri（Golden）Raski　斯氏细小线虫

Gracilacus straeleni（De Coninck）Raski 斯特林细小线虫

Gracilacus vera Brzeski　真实细小线虫

Gracilicutes Gibbons et Murry　薄壁菌门［B］

grapefruit stem pitting virus 见 *Citrus tristeza virus Closterovirus*

grapefruit stunt bush virus 见 *Citrus tristeza virus Closterovirus*

Grapevine ajinashika disease virus Luteo-

virus（GAV） 葡萄阿吉纳希克病毒

Grapevine Algerian latent virus Tombusvirus（GALV） 葡萄阿尔及利亚潜病毒

grapevine arricciamento virus 见 *Grapevine fanleaf virus Nepovirus*

Grapevine asteroid mosaic associated virus Marafivirus 葡萄星状花叶伴随病毒

Grapevine berry inner necrosis virus Trichovirus（GBINV） 葡萄浆果坏死病毒

Grapevine Bulgarian latent virus Nepovirus（GBLV） 葡萄保加利亚潜病毒

Grapevine chrome mosaic virus Nepovirus（GCMV） 葡萄铬黄花叶病毒

grapevine corky bark virus 见 *Grapevine stem pitting associated virus Closterovirus*

Grapevine corky bark-associated virus Closterovirus（GCBaV） 葡萄栓皮伴随病毒

grapevine court noue virus 见 *Grapevine fanleaf virus Nepovirus*

Grapevine fanleaf virus Nepovirus（GFLV） 葡萄扇叶病毒

Grapevine fanleaf virus satellite RNA 葡萄扇叶病毒卫星 RNA

Grapevine flavescence doree phytoplasma 葡萄金黄化植原体

Grapevine fleck virus Maculavirus 葡萄斑点病毒

grapevine infectious degeneration virus 见 *Grapevine fanleaf virus Nepovirus*

Grapevine leaf roll virus（GLRV） 葡萄卷叶病毒

Grapevine leaf roll-associated virus 1 Closteroviruses（GLRaV） 葡萄卷叶伴随病毒 1

Grapevine leaf roll-associated virus 2 Ampelovirus（GLRaV） 葡萄卷叶伴随病毒 2

Grapevine leaf roll-associated virus 3 Am-

pelovirus（GLRaV） 葡萄卷叶伴随病毒 3

Grapevine leaf roll-associated virus 5 Ampelovirus（GLRaV） 葡萄卷叶伴随病毒 5

Grapevine line pattern virus Ilarvirus 葡萄线纹病毒

grapevine marbrure virus 见 *Grapevine fleck virus*

grapevine phloem-limited isometric virus 见 *Grapevine fleck virus*

Grapevine red globe virus Maculavirus 葡萄红球病毒

grapevine Reisigkrankheit virus 见 *Grapevine fanleaf virus Nepovirus*

grapevine roncet virus 见 *Grapevine fanleaf virus Nepovirus*

Grapevine rupestris vein feathering virus Marafivirus 沙地葡萄羽脉病毒

Grapevine stem pitting associated virus Closterovirus（GSPaV） 葡萄茎痘伴随病毒

grapevine stem-pitting virus 见 *Grapevine stem pitting associated virus Closterovirus*

Grapevine stunt virus 葡萄矮化病毒

Grapevine Tunisian ringspot virus Nepovirus（GTRSV） 葡萄突尼斯环斑病毒

grapevine urticado virus 见 *Grapevine fanleaf virus Nepovirus*

grapevine virus A 见 *Grapevine stem pitting associated virus Closterovirus*

Grapevine virus A Vitivirus（GVA） 葡萄 A 病毒

Grapevine virus B Vitivirus（GVB） 葡萄 B 病毒

Grapevine virus C Vitivirus（GVC） 葡萄 C 病毒

Grapevine virus D Vitivirus（GVD） 葡萄 D 病毒

Grapevine yellow speckle viroid 1 Ap-

scaviroid（GYSVd - 1）　葡萄黄点 1 号
类病毒

Grapevine yellow speckle viroid 2 Ap-scaviroid（GYSVd-2）　葡萄黄点 2 号类
病毒

grapevine yellow vein virus　见 *Tomato ringspot virus Nepovirus*（ToRSV）

Graphiola **Poiteau**　粉座菌属［F］

Graphiola phoenicis（Moug.）**Poit.**　海枣
粉座菌

Graphium **Cord**　黏束孢属［F］

Graphium penicillioides **Corda**　青霉状黏
束孢

Graphium ulmi **Schwar**　榆黏束孢

grass mosaic virus　见 *Sugarcane mosaic virus Potyvirus*

Greeneria **Scribner et Viala**　盘梭孢属［F］

Greeneria uvicola（Berk. et Curt.）**Pu-nithalingam**　葡萄生盘梭孢

green-tomato atypical mosaic virus　见 *To-bacco mild green mosaic virus Tobamo-virus*

Gremmeniella **Morelet**　格瑞盘菌属［F］

Gremmeniella abietina（Lagerberg）**More-let**　冷杉格瑞盘菌［松树枯梢病菌］

Groundnut bud necrosis virus Tospovirus（GBNV）　花生芽坏死病毒

Groundnut chlorotic fan-spot virus Tospo-virus（GCFSV）　花生褪绿扇斑病毒

Groundnut chlorotic spot virus Potexvirus（GCSV）　花生褪绿斑病毒

groundnut crinkle virus　见 *Cowpea mild mottle virus Carlavirus*

Groundnut eyespot virus Potyvirus（GEV）
花生眼斑病毒

groundnut mottle virus　见 *Peanut mottle virus Potyvirus*

Groundnut ringspot virus Tospovirus（GRSV）
花生环斑病毒

Groundnut rosette assistor virus（GRAY）
花生丛簇协助病毒

Groundnut rosette satellite RNA　花生丛
簇病毒卫星 RNA

Groundnut rosette virus Umbravirus（GRV）
花生丛簇病毒

Groundnut yellow spot virus Tospovirus（GYSV）　花生黄斑病毒

Guar green sterile virus Potyvirus　瓜尔
豆绿色不孕病毒

Guar symptomless virus Potyvirus（GSLV）　瓜尔豆无症病毒

Guar top necrosis virus　瓜尔豆顶死病毒

Guignardia **Viala et Ravaz**　球座菌属［F］

Guignardia amomi **S. M. Lin et P. K. Chi**
砂仁球座菌

Guignardia araliae **Guter**　楤木球座菌

Guignardia arecae **Sacc.**　槟榔球座菌

Guignardia baccae（Cav.）**Jacz.**　浆果球
座菌［葡萄房枯病菌］

Guignardia bidwellii（Ell.）**Viala et Ra-vaz.**　葡萄球座菌［葡萄黑腐病菌］

Guignardia camelliae（Cooke）**Butler**　山
茶球座菌［茶叶枯病菌］

Guignardia citricarpa **Kiely**　柑橘球座菌
［柑橘黑斑病菌］

Guignardia coffeana（Noack）**Saw.**　咖啡
球座菌

Guignardia eugeniae **S. M. Lin et P. K. Chi**　丁香球座菌

Guignardia foeniculata（Mont.）**Arx et Mull.**　茴香球座菌

Guignardia laricina　见 *Botryosphaeria laricina*

Guignardia pruni-persicae **Saw.**　桃球座
菌

Guignardia punctoidea（Cooke）**Schröt.**
斑点球座菌

Guignardia rosae（Auersw.）**Petr.**　蔷薇
球座菌

Guignardia theae　见 *Guignardia camelliae*

Guignardia ulmariae **Miura**　榆球座菌

Guignardia vaccinii **Shear**　乌饭树球座菌

Guinea grass mosaic virus Potyvirus （GGMV） 大黍(羊草)花叶病毒

Gymnoconia Lagerh. 裸双胞锈菌属［F］

Gymnoconia alchemllae 见 *Joerstadia alchemllae*

Gymnoconia interstitialis （Schlecht.） Lagn. 石悬裸双胞锈菌

Gymnoconia nitens （Schw.） **Korn. et Thirum** 光亮裸双胞锈菌

Gymnoconia peckiana （Howe） **Trott.** 悬钩子裸双胞锈菌

Gymnoconia rosae （Barcl.） **Lindr.** 蔷薇裸双胞锈菌

Gymnopuccinia 见 *Didymopsorella*

Gymnosporangium Hedw. ex DC. 胶锈菌属［F］

Gymnosporangium asiaticum **Miyabe ex Yamada** 梨胶锈菌［梨锈菌］

Gymnosporangium aurantiacum 见 *Gymnosporangium cornutum*

Gymnosporangium chinensis 见 *Gymnosporangium asiaticum*

Gymnosporangium clavariiforme （Jacq. et Pers.）**DC.** 珊瑚形胶锈菌［山楂锈病菌］

Gymnosporangium clavipes （Cooke et Peck） **Cooke et Peck** 棒形胶锈菌［楄梓锈病菌］

Gymnosporangium confusum **Plowr.** 困惑胶锈菌

Gymnosporangium corniforme **Saw. ex Hirats** 角状胶锈菌

Gymnosporangium cornutum **Arth. ex Kern** 杜松胶锈菌

Gymnosporangium cunninghamianum **Barcl.** 坎宁安胶锈菌

Gymnosporangium formosanum **Hirats. et Hash.** 台湾胶锈菌

Gymnosporangium fuscum **Hedw.** 褐色胶锈菌［欧洲梨锈病菌］

Gymnosporangium gaeumannii **Zogg** 高又曼胶锈菌

Gymnosporangium globosum （Farlow） **Farlow** 球孢胶锈菌［美洲山楂锈病菌］

Gymnosporangium haraeanum 见 *Gymnosporangium asiaticum*

Gymnosporangium hemisphaericum **Hara** 半球状胶锈菌

Gymnosporangium japonicum **Syd.** 日本胶锈菌

Gymnosporangium juniperi 见 *Gymnosporangium cornutum*

Gymnosporangium juniperinum 见 *Gymnosporangium tremelloides*

Gymnosporangium juniperi-virginianae **Schwein** 雪松-苹果锈菌［美洲苹果锈病菌］

Gymnosporangium koreaense 见 *Gymnosporangium asiaticum*

Gymnosporangium nidus-avis **Thaxt.** 鸟巢状胶锈菌

Gymnosporangium nipponicum **Yamada** 东洋胶锈菌

Gymnosporangium sabinae 见 *Gymnosporangium fuscum*

Gymnosporangium shiraianun **Hara** 日本梨-桧柏胶锈菌

Gymnosporangium taianum **Kern** 干香柏胶锈菌

Gymnosporangium tremelloides **Hartig.** 桧胶锈菌

Gymnosporangium tsingchenensis **Wei** 青城山胶锈菌

Gymnosporangium yamadae **Miyabe ex Yamada** 山田胶锈菌［苹果-桧锈病菌］

Gymnotelium 见 *Gymnosporangium*

Gymnotylenchus **Siddiqi** 裸垫刃线虫属［N］

Gymnotylenchus dendrophilus （Rühm） **Sumenkova** 树木裸垫刃线虫

Gymnotylenchus zeae **Siddiqi** 玉米裸垫刃线虫

Gynura latent virus Carlavirus （GyLV） 三七草(属)潜病毒

H

Habenaria mosaic virus Potyvirus (HaMV) 玉凤花(属)花叶病毒

Hadronema Syd. 线孢霉属[F]

Hadronema orbiculare Syd. 圆线孢霉

Hadrotrichum Fuckel 粗毛座霉属 [F]

Hadrotrichum caespitulisum Sacc. 簇密粗毛座霉

Hadrotrichum phragmiticolum Teng 芦苇生粗毛座霉

Hadrotrichum phragmitis Fuck. 芦苇粗毛座霉

Halophytophthora Ho et Jong 海疫霉属 [F]

Halophytophthora epistomium (Fee et Master) Ho et Jong 顶孔海疫霉[秋茄树疫病菌]

Halophytophthora kandeliae Ho 秋茄树海疫霉

Hamaspora Köm. 戟孢锈菌属 [F]

Hamaspora acutissima Syd. 极尖戟孢锈菌[悬钩子锈病菌]

Hamaspora benguetensis Syd. 本地戟孢锈菌

Hamaspora hashiokae Hirats. 桥冈戟孢锈菌

Hamaspora longissima (Thüm.) **Körn.** 极长戟孢锈菌[悬钩子锈病菌]

Hamaspora sinica Tai et Cheo 中国戟孢锈菌

Hamaspora tairai Hirats. 平良戟孢锈菌

Hamaspora taiwaniana Hirats. et Hash. 台湾戟孢锈菌

Hansenula H. et P. Syd. 汉逊酵母属 [F]

Hansenula anomala (Hans.) **H. et P. Syd.** 异常汉逊酵母

Hansenula arabitolgenes Fang 产阿拉伯糖醇汉逊酵母

Hansenula beijerinckii Walt 伯杰汉逊酵母

Hansenula belgica (Lindn.) **H. et P. Syd.** 比利时汉逊酵母

Hansenula bimundalis Wickerh. et Santa Maria 异落汉逊酵母

Hansenula californica (Lodd.) **Wickerh.** 加州汉逊酵母

Hansenula canadensis Wickerh. 加拿大汉逊酵母

Hansenula capsulata Wickerh. 碎囊汉逊酵母

Hansenula ciferrii Lodd. 西弗汉逊酵母

Hansenula dimennae Wickerh. 迪门纳汉逊酵母

Hansenula fabianii Wickerh. 费比恩汉逊酵母

Hansenula fermentans Verona et Vall. 发酵性汉逊酵母

Hansenula glucozyma Wickerh. 葡糖酶汉逊酵母

Hansenula henricii Wickerh. 亨利汉逊酵母

Hansenula jadinii (Sart. et al.) **Wickerh.** 杰丁汉逊酵母

Hansenula kluyveri (Bedf.) **Kudr.** 克鲁维汉逊酵母

Hansenula lambica (Kuff.) **Dekk.** 郎比

可酒汉逊酵母

Hansenula minuta Wick. 小汉逊酵母

Hansenula nonfermentans Wickerh. 不发酵汉逊酵母

Hansenula petersonii Wickerh. 彼得森汉逊酵母

Hansenula polymorpha Morais et Maia 多形汉逊酵母

Hansenula saturnus (Klöck.) Syd. 土星汉逊酵母

Hansenula suaveolens Dekk. 甜香汉逊酵母

Hansenula subpelliculosa Bedf. 亚膜汉逊酵母

Hansenula wingei Wickerh. 温奇汉逊酵母

Hap trefoil virus 3 (HTV-3) 草原三叶草(车轴草)3号病毒

Hapalophragmiopsis 见 *Hapalophragmium*

Hapalophragmium Syd. 品字锈菌属 [F]

Hapalophragmium derridis Syd. 鱼藤品字锈菌

Hapalophragmium kawakamii Hirats. et Hash. 川上品字锈菌

Hapalophragmium ornatum Cumm. 纹饰品字锈菌

Haplopyxis 见 *Uromyces*

Haplosporella Speg. 小单孢属 [F]

Haplosporella ailanthi Ell. et Ev. 臭椿小单孢

Haplosporella amorphae (Ell. et Barth.) Togashi 紫穗槐小单孢

Haplosporella hibisci (Berk.) Pet. et Syd. 木槿小单孢

Haplosporella longipes Ell. et Barth. 长柄小单孢

Haplosporella mali (West.) Ell. et Barth. 苹果小单孢

Haplosporella malorum Sacc. 花红小单孢

Haplosporella minor Ell. et Barth. 小型小单孢

Haplosporella robiniae (Ell. et Barth.) Pet. et Syd. 刺槐小单孢

Haplosporella setoana Togashi et Mizok 濑户小单孢

Haptocara Drechsler 紧头霉属 [F]

Haptocara latirostrum Drechsler 宽喙紧头霉

Haptoglossa Drechsler 黏舌孢属 [F]

Haptoglossa humicola Barron 土生黏舌孢

Harpochytrium Lagerh. 肋壶菌属 [F]

Harpochytrium hedenii Wille 弯囊肋壶菌[双星藻肋壶病菌]

Harpochytrium hyalothecae Lagerh. 圆丝鼓藻肋壶菌[开裂圆丝鼓藻病菌]

Harposporium Lohde 钩丝孢属 [F]

Harposporium anguillulae Lohde 鳗形钩丝孢

Harposporium angustisporum Monson et Pikul 狭钩丝孢

Harposporium arcuatum Barron 弯钩丝孢

Harposporium arthrosporum Barron 节孢钩丝孢

Harposporium baculiforme Drechsler 棒状钩丝孢

Harposporium bystnatosporum Drechsler 栓钩丝孢

Harposporium cerberi Gams, Hodge et Viaene 桅蛇钩丝孢

Harposporium crassum Sheph. 厚钩丝孢

Harposporium cycloides Drechsler 环钩丝孢

Harposporium dicereum Drecnsler 双喙钩丝孢

Harposporium dicorymbum Drecnsler 双头钩丝孢

Harposporium drechsleri Barron 掘氏钩

丝孢

Harposporium helicoides Drechsler 螺旋钩丝孢

Harposporium janus Shimazu et Glocking 两栖钩丝孢

Harposporium leptospira Drechsler 细旋钩丝孢

Harposporium lilliputanum Dixon 极小钩丝孢

Harposporium microspirales Liu，Zhang et Gao 小旋孢钩丝孢

Harposporium oxycoracum Drechsler 尖钩钩丝孢

Harposporium reniforme Patil et Pendse 肾形钩丝孢

Harposporium rhynchosporum Barron 喙钩丝孢

Harposporium sicyodes Drechsler 葫芦钩丝孢

Harposporium sinense Zang 中华钩丝孢

Harposporium spirosporum Bayron 旋钩丝孢

Harposporium trigonosporum Barron et Szijarto 三棱钩丝孢

Hart's tongue fern mottle virus（HTF-MoV） 对开蕨斑驳病毒

Hart's tongue fern virus Tobravirus（HTFV） 对开蕨病毒

hassaku dwarf virus 见 *Citrus tristeza virus Closterovirus*

Hawaiian rubus leaf curl virus 夏威夷悬钩子曲叶病毒

hawthorn ring pattern mosaic virus 见 *Apple stem pitting virus Foveavirus*

Helenium virus S Carlavirus（HVS） 堆心菊（属）S病毒

Helenium virus Y Potyvirus（HVY） 堆心菊（属）Y病毒

helianthus mosaic virus 见 *Sunflower mosaic virus Potyvirus*

Helicia parasitica 见 *Helixanthera parasitica*

Helicobasidium Pat. 卷担菌属［F］

Helicobasidium albicans Saw. 白卷担菌

Helicobasidium cinereum Saw. 灰卷担菌

Helicobasidium compactum Boedijn 紧密卷担菌

Helicobasidium graminicolum Jacz. 禾生卷担菌

Helicobasidium mompa 见 *Helicobasidium purpureum*

Helicobasidium purpureum Pat. 紫卷担菌［紫纹羽病菌、柑橘褐色膏药病菌］

Helicobasidium tanakae Miyake 田中卷担菌［梨褐色膏药病菌］

Helicoceras Linder 卷角霉属［F］

Helicoceras oryzae Linder et Tullis 稻卷角霉

Helicotylenchus Steiner 螺旋线虫属［N］

Helicotylenchus abuharazi Zeidan et Geraert 阿布哈拉斯螺旋线虫

Helicotylenchus abunaamai Siddiqi 阿布那玛螺旋线虫

Helicotylenchus acunae Fernandez, et al. 阿库纳螺旋线虫

Helicotylenchus acutucaudatus Fernandez et al. 尖尾螺旋线虫

Helicotylenchus acutus Tebenkova 尖锐螺旋线虫

Helicotylenchus aerolatus Berg et Heyns 气生螺旋线虫

Helicotylenchus affinis（Luc）Fortuner 相关螺旋线虫

Helicotylenchus africanus（Micoletzky）Andrassy 非洲螺旋线虫

Helicotylenchus agricola Elmiligy 耕地螺旋线虫

Helicotylenchus alinae Khan et al. 无纵纹螺旋线虫

Helicotylenchus amabilis Volkova 娇美螺旋线虫

Helicotylenchus amplius Anderson et Eveleich 大螺旋线虫

Helicotylenchus angularis **Mukhina** 具角螺旋线虫

Helicotylenchus anhelicus **Sher** 不卷螺旋线虫

Helicotylenchus annobonensis （Gadae）**Siddiqi** 阿农巴螺旋线虫

Helicotylenchus apiculus **Roman** 尖螺旋线虫

Helicotylenchus aquili **Khan et Nanjappa** 迅速螺旋线虫

Helicotylenchus arachisi **Mulk et Jairajpuri** 落花生螺旋线虫

Helicotylenchus arliani **Khan，Singh et Lal** 阿尔兰螺旋线虫

Helicotylenchus assamensis **Saha et al** 阿萨姆螺旋线虫

Helicotylenchus astriatus **Khan et Nanjappa** 具星螺旋线虫

Helicotylenchus atlanticus **Fernandez et al.** 大西洋螺旋线虫

Helicotylenchus australis **Siddiqi** 南方螺旋线虫

Helicotylenchus babikeri **Zeidan et Geraert** 巴比克螺旋线虫

Helicotylenchus bambesae **Elmiligy** 竹螺旋线虫

Helicotylenchus belli **Sher** 贝氏螺旋线虫

Helicotylenchus bifurcatus **Fernandez et al.** 双叉螺旋线虫

Helicotylenchus bihari **Mulk et Jairajpuri** 比哈里螺旋线虫

Helicotylenchus borinquensis **Roman** 波林克螺旋线虫

Helicotylenchus bradys **Thorne et Malek** 缓慢螺旋线虫

Helicotylenchus brassicae **Rashid** 甘蓝螺旋线虫

Helicotylenchus brevis （Whitehead）**Fortuner** 短螺旋线虫

Helicotylenchus broadbalkiensis **Yuen** 布罗氏螺旋线虫

Helicotylenchus buxophilus 见 *Gottholdsteineria buxophila*

Helicotylenchus caipora **Monteiro et Mendonca** 孔洞螺旋线虫

Helicotylenchus cairnsi **Waseem** 凯氏螺旋线虫

Helicotylenchus californicus **Sher** 加利福尼亚螺旋线虫

Helicotylenchus canadensis **Waseem** 加拿大螺旋线虫

Helicotylenchus canalis **Sher** 导管螺旋线虫

Helicotylenchus caribensis **Roman** 加勒比螺旋线虫

Helicotylenchus caroliniensis **sher** 卡罗来纳螺旋线虫

Helicotylenchus caudatus **Sultan** 具尾螺旋线虫

Helicotylenchus cavenessi **Sher** 卡文斯螺旋线虫

Helicotylenchus cedreus **Volkova** 雪松螺旋线虫

Helicotylenchus certus **Eroshenko et al.** 有角螺旋线虫

Helicotylenchus clarkei **Sher** 克拉克氏螺旋线虫

Helicotylenchus coffae **Eroshenko et al.** 咖啡螺旋线虫

Helicotylenchus concavus **Roman** 凹面螺旋线虫

Helicotylenchus conicephalus **Siddiqi** 锥头螺旋线虫

Helicotylenchus conicus **Baidulova** 圆锥螺旋线虫

Helicotylenchus coomansi **Ali et Loof** 库氏螺旋线虫

Helicotylenchus cornurus **Anderson** 角尾螺旋线虫

Helicotylenchus craigi **Knobloch et Laughlin** 克来氏螺旋线虫

Helicotylenchus crassatus Anderson 厚螺旋线虫

Helicotylenchus crenacauda Sher 刻尾螺旋线虫

Helicotylenchus crenatus Das 刻痕螺旋线虫

Helicotylenchus curvatus Roman 弯曲螺旋线虫

Helicotylenchus curvicaudatus Fernandez et al. 弯尾螺旋线虫

Helicotylenchus cuspicautus Saha et al. 尖尾螺旋线虫

Helicotylenchus delhiensis Khan et Nanjappa 德里螺旋线虫

Helicotylenchus densibullatus Siddiqi 密泡螺旋线虫

Helicotylenchus depressus Yeates 消沉螺旋线虫

Helicotylenchus digitatus Siddiqi et Husain 似指螺旋线虫

Helicotylenchus digitiformis Ivanova 指形螺旋线虫

Helicotylenchus dignus Eroshenko et Nguen 合宜螺旋线虫

Helicotylenchus digonicus Perry 双角螺旋线虫

Helicotylenchus dihystera（Cobb）Sher 双宫螺旋线虫

Helicotylenchus dihysteroides Siddiqi 类双宫螺旋线虫

Helicotylenchus discocephalus Firoza et Maqbool 盘头螺旋线虫

Helicotylenchus distinctus Mohilal，Anandi et Dhanachand 特殊螺旋线虫

Helicotylenchus dolichodoryphorus Sher 长针螺旋线虫

Helicotylenchus dumicola Siddiqi 森林螺旋线虫

Helicotylenchus egyptiensis Tarjun 埃及螺旋线虫

Helicotylenchus elegans Roman 华美螺旋线虫

Helicotylenchus eletropicus Darekar et Khan 热沼螺旋线虫

Helicotylenchus elisensis（Carvalho）Carvalho 伊利斯螺旋线虫

Helicotylenchus erythrinae（Zimmermann）Golden 刺桐螺旋线虫

Helicotylenchus exallus Sher 异螺旋线虫

Helicotylenchus falcitus Eroshenko et al. 镰形螺旋线虫

Helicotylenchus fericulus Siddiqi 凶螺旋线虫

Helicotylenchus ferus Eroshenko et al. 野螺旋线虫

Helicotylenchus flatus Roman 平螺旋线虫

Helicotylenchus girus Saha，Chawla et Khan 吉尔螺旋线虫

Helicotylenchus glissus Thorne et Malek 格利斯螺旋线虫

Helicotylenchus goldeni Sultan et Jairajpuri 戈氏螺旋线虫

Helicotylenchus goodi Tikyani，Khera et Bhatnatar 古德螺旋线虫

Helicotylenchus graminophilus Fetedar et Mahajan 禾草螺旋线虫

Helicotylenchus gratus Patil et Khan 可喜螺旋线虫

Helicotylenchus haki Fetedar et Mahajan 哈克螺旋线虫

Helicotylenchus hazrabalensis Fotedar et Handoo 哈兹特巴尔螺旋线虫

Helicotylenchus helurensis Singh et Khera 贝卢兰螺旋线虫

Helicotylenchus holguinensis Sagitov et al. 奥尔金螺旋线虫

Helicotylenchus hoplocaudus Majreker 武尾螺旋线虫

Helicotylenchus hydrophilus Sher 水生螺旋线虫

Helicotylenchus impar Prasad et al. 等

螺旋线虫

Helicotylenchus imperialis Rashid et Khan
壮丽螺旋线虫

Helicotylenchus incisus Darekar et Khan
侧带螺旋线虫

Helicotylenchus indentatus Chaturvedi et
Khera　齿形螺旋线虫

Helicotylenchus indenticaudatus Mulk et
Jairajpuri　齿尾螺旋线虫

Helicotylenchus indicus Siddiqi　印度螺旋
线虫

Helicotylenchus inifatis Fernandez et al.
肥颈螺旋线虫

Helicotylenchus insignis Khan et Basir
非常螺旋线虫

Helicotylenchus intermedius（Luc）Siddiqi
et Husain　间型螺旋线虫

Helicotylenchus iperoiguensis（Carvalho）
Andrassy　伊波罗依格螺旋线虫

Helicotylenchus issykkulensis Sultanalieva
伊塞克螺旋线虫

Helicotylenchus jammuensis Fetedar et
Mahajan　查谟螺旋线虫

Helicotylenchus jojutlensis Zavaleta-Mejia
et Sasa Moss　佐朱特螺旋线虫

Helicotylenchus kashmirensis Fotedar et
Handoo　克什米尔螺旋线虫

Helicotylenchus khani（Khan et al.）For-
tuner　肯氏螺旋线虫

Helicotylenchus kherai Kumar　克氏螺旋
线虫

Helicotylenchus krugeri Berg et Heyns　克
鲁格螺旋线虫

Helicotylenchus labiatus Roman　具唇螺
旋线虫

Helicotylenchus labiodiscinus Sher　平盘
螺旋线虫

Helicotylenchus laevicaudatus Eroshenko
et al.　光尾螺旋线虫

Helicotylenchus leiocephalus Sher　平头
螺旋线虫

Helicotylenchus lemoni Firoza et Maqbool
柠檬螺旋线虫

Helicotylenchus limarius Eroshenko et al.
锉沟螺旋线虫

Helicotylenchus limatus Siddiqi　光螺旋
线虫

Helicotylenchus lissocaudatus Fernandez et
al.　滑尾螺旋线虫

Helicotylenchus lobus Sher　裂片螺旋线
虫

Helicotylenchus longicaudatus Sher　长尾
螺旋线虫

Helicotylenchus macrogaleatus Fernabdez
et al.　大盔螺旋线虫

Helicotylenchus macronatus Mulk et Jaira-
jpuri　大尾螺旋线虫

Helicotylenchus macrostylus Marais et
Queneherve　大针螺旋线虫

Helicotylenchus magnicephalus Phukan et
Sanwal　大头螺旋线虫

Helicotylenchus mangiferensis Elmiligy
杧果螺旋线虫

Helicotylenchus martini Sher　马氏螺旋
线虫

Helicotylenchus melon Firoza et Maqbool
甜瓜螺旋线虫

Helicotylenchus membranatus Xie et Feng
具膜螺旋线虫

Helicotylenchus microcephalus Sher　小头
螺旋线虫

Helicotylenchus microdorus Prasad et al.
小囊螺旋线虫

Helicotylenchus microlobus Perry，Darling
et Thorne　小裂片螺旋线虫

Helicotylenchus microtylus Firoza et Maq-
bool　小针螺旋线虫

Helicotylenchus minutus Berg et Cadet　小
螺旋线虫

Helicotylenchus minzi Sher　明茨螺旋线
虫

Helicotylenchus monstruosus Eroshenko

畸形螺旋线虫

Helicotylenchus montanus Tebehkova 高山螺旋线虫

Helicotylenchus morasii Darekar et Khan 莫拉西螺旋线虫

Helicotylenchus mucrogaleatus Fernandez et al. 尖头螺旋线虫

Helicotylenchus mucronatus Siddiqi 细尖螺旋线虫

Helicotylenchus multicinctus （Cobb）Golden 多带螺旋线虫

Helicotylenchus mundus Siddiqi 洁螺旋线虫

Helicotylenchus nannus Steiner 短螺旋线虫

Helicotylenchus neoformis Siddiqi et Husain 新型螺旋线虫

Helicotylenchus neopaxilli Inserra, Vovlas et Golden 新小柱螺旋线虫

Helicotylenchus nigeriensis Sher 尼日利亚螺旋线虫

Helicotylenchus nitens Siddiqi 透明螺旋线虫

Helicotylenchus notabilis Eroshenko et al. 重要螺旋线虫

Helicotylenchus obliquus Maqbool et Shahina 斜螺旋线虫

Helicotylenchus obtusicaudatus Darekar et Khan 钝尾螺旋线虫

Helicotylenchus oleae Inserra et Golden 齐墩果螺旋线虫

Helicotylenchus orientalis 见 *Rotylenchus orientalis*

Helicotylenchus orientalis 见 *Rotylenchus orientalis*

Helicotylenchus orthosomaticus Siddiqi 直体螺旋线虫

Helicotylenchus oryzae Fernandez et al. 水稻螺旋线虫

Helicotylenchus oscephalus Anderson 硬头螺旋线虫

Helicotylenchus parabelli Volkova 异贝氏螺旋线虫

Helicotylenchus paracanalis Sauer et Winoto 异导管螺旋线虫

Helicotylenchus paraconcavus Rashid et Khan 异凹面螺旋线虫

Helicotylenchus paracrenacauda Phukan et Sanwal 异刻尾螺旋线虫

Helicotylenchus paradihysteroides Darrkar et Khan 异类双宫螺旋线虫

Helicotylenchus paragirus Saha et al. 异吉尔螺旋线虫

Helicotylenchus paraplatyurus Siddiqi 异扁尾螺旋线虫

Helicotylenchus parapteracercus Sultan 异翅尾螺旋线虫

Helicotylenchus parvus Williams 微小螺旋线虫

Helicotylenchus paxilli Yuen 小柱螺旋线虫

Helicotylenchus persici Saxena et al. 桃树螺旋线虫

Helicotylenchus phalerus Anderson 有饰螺旋线虫

Helicotylenchus pisi Swarup et Sethi 豌豆螺旋线虫

Helicotylenchus planquettei Marais et Queneherve 普朗奎特螺旋线虫

Helicotylenchus platyurus Perry 扁尾螺旋线虫

Helicotylenchus plumariae Khan et Basir 李螺旋线虫

Helicotylenchus pricei Siddiqi 普瑞斯螺旋线虫

Helicotylenchus pseudodigonicus Szezygiel 假双角螺旋线虫

Helicotylenchus pseudopaxilli Fernandez et al. 假小柱螺旋线虫

Helicotylenchus pseudorobustus （Steiner）Golden 假强壮螺旋线虫

Helicotylenchus pteracercus Singh 翅尾

螺旋线虫

Helicotylenchus pteracercusoides Fotedar et Kaul　拟翅尾螺旋线虫

Helicotylenchus pumilus Perry　矮小螺旋线虫

Helicotylenchus punicae Swarup et Sethi　石榴螺旋线虫

Helicotylenchus quartus (Andrassy) Perry　四分螺旋线虫

Helicotylenchus regularis Phillips　正规螺旋线虫

Helicotylenchus retusus Siddiqi et Brown　网尾螺旋线虫

Helicotylenchus reversus Sultan　回转螺旋线虫

Helicotylenchus reynosus Razjivin et al.　瑞诺木螺旋线虫

Helicotylenchus rosei Zarina et Maqbool　玫瑰螺旋线虫

Helicotylenchus rotundicauda Sher　圆尾螺旋线虫

Helicotylenchus ryzhikovi Kulinich　瑞氏螺旋线虫

Helicotylenchus sacchari Razjivin　甘蔗螺旋线虫

Helicotylenchus sagitovi　见 *Rotylenchus orientalis*

Helicotylenchus salvaticus Lal　沙尔瓦特螺旋线虫

Helicotylenchus sandersae Ali et Loof　桑德斯螺旋线虫

Helicotylenchus saxeus Siddiqi　岩石螺旋线虫

Helicotylenchus scoticus Boag et Jairajpuri　苏格兰螺旋线虫

Helicotylenchus serenus Siddiqi　连接螺旋线虫

Helicotylenchus seshadrii Singh et Khera　塞沙德尔螺旋线虫

Helicotylenchus shakili Sutan　沙凯尔螺旋线虫

Helicotylenchus sharafati Mulk et Jairajpuri　沙拉法特螺旋线虫

Helicotylenchus sheri Jain，Upadhyay et Singh　希尔螺旋线虫

Helicotylenchus sieversii Razjivin　锡沃斯螺旋线虫

Helicotylenchus similis Fernandez et al.　相似螺旋线虫

Helicotylenchus solani Rashid　茄螺旋线虫

Helicotylenchus sparsus Fernandez et al.　稀少螺旋线虫

Helicotylenchus spicaudatus Tarjan　长尖尾螺旋线虫

Helicotylenchus spitsbergensis Loof　斯匹次卑尔根螺旋线虫

Helicotylenchus steineri Fodetar et Mahajan　斯氏螺旋线虫

Helicotylenchus steueri (Stefanski) Sher　斯图螺旋线虫

Helicotylenchus striatus Firroza et Maqbool　纵纹螺旋线虫

Helicotylenchus stylocercus Siddiqi et Pinochet　针尾螺旋线虫

Helicotylenchus subtropicalis Fernandez et al.　亚热带螺旋线虫

Helicotylenchus tangericus Sultan　触摸螺旋线虫

Helicotylenchus teleductus Anderson　全导管螺旋线虫

Helicotylenchus teres Gaur et Prasad　精美螺旋线虫

Helicotylenchus thornei Roman　索氏螺旋线虫

Helicotylenchus trapezoidicaudatus Fotedar et Kaul　梯尾螺旋线虫

Helicotylenchus trivandranus Mohandas　三雄螺旋线虫

Helicotylenchus tropicus Roman　热带螺旋线虫

Helicotylenchus truncates Roman　截形螺

旋线虫

Helicotylenchus tumidicaudatus **Phillips**
裂尾螺旋线虫

Helicotylenchus tunisiensis **Siddiqi**　突尼
斯螺旋线虫

Helicotylenchus unicum **Fernandez et al.**
单一螺旋线虫

Helicotylenchus urobelus **Anderson**　标枪
尾螺旋线虫

Helicotylenchus ussurensis **Eroshenko**　乌
苏里螺旋线虫

Helicotylenchus valecus **Sultan**　健壮螺旋
线虫

Helicotylenchus variabilis **Phillips**　可变
螺旋线虫

Helicotylenchus varicaudatus **Yuen**　异尾
螺旋线虫

Helicotylenchus variocaudatus（Luc）**For-
tuner**　弯尾螺旋线虫

Helicotylenchus ventroprojectus **Patil et
Khan**　凸腹螺旋线虫

Helicotylenchus verecundus **Zarina et Maq-
bool**　全能花螺旋线虫

Helicotylenchus verrucosus **Fernandez et
al.**　多疣螺旋线虫

Helicotylenchus vietnamiensis **Eroshenko et
al.**　越南螺旋线虫

Helicotylenchus vindex **Siddiqi**　温戴斯螺
旋线虫

Helicotylenchus vulgaris **Yuen**　普通螺旋
线虫

Helicotylenchus wajihi **Sultan**　韦杰赫螺
旋线虫

Helicotylenchus willmottae **Siddiqi**　韦尔
莫塔螺旋线虫

Helixanthera **Lour.**　离瓣寄生属（桑寄生
科）[P]

Helixanthera coccinea（Jack）**Danser**　景
洪离瓣寄生

Helixanthera guangxiensis **Kiu**　广西离
瓣寄生

Helixanthera longispicata　（Lecomate）
Danser　密花寄生

Helixanthera parasitica **Lour.**　离瓣寄生
［五瓣桑寄生］

Helixanthera pierrei **Danser**　密花离瓣寄
生

Helixanthera sampsoni（Hance）**Danser**
油茶离瓣寄生

Helixanthera scoriarum（Smith）**Danser**
滇西离瓣寄生

Helixanthera terrestris（Hook.）**Danser**
林地离瓣寄生

Helleborus mosaic virus Carlavirus（HeMV）
铁筷子(属)花叶病毒

Helminthosporium **Link ex Fr.**　长蠕孢属
［F］

Helminthosporium acaciae **M. B. Ellis**　金
合欢长蠕孢

Helminthosporium ahmadii **M. B. Ellis**
阿氏长蠕孢

Helminthosporium apicale **Vasant，Rao et
Dehoog**　顶生长蠕孢

Helminthosporium avenae 见 *Drechslera ave-
nacea*

Helminthosporium bauhiniae **M. B. Ellis**
羊蹄甲长蠕孢

Helminthosporium bigenum **Matsushima**
双因长蠕孢

Helminthosporium brassicolum 见 *Alter-
naria brassicicola*

Helminthosporium bromi 见 *Drechslera
bromi*

Helminthosporium cantonense **Sacc.**　广
州长蠕孢

Helminthosporium carbonum 见 *Drech-
slera carbonum*

Helminthosporium catenatum **Matsushima**
链长蠕孢

Helminthosporium chlorophorae **M. B. El-
lis**　绿带长蠕孢

Helminthosporium claviphorum **Matsush-**

ima 棒梗长蠕孢

Helminthosporium coicis 见 *Curvularia coicis*

Helminthosporium conidiophorella M. Zhang et T. Y. Zhang 小梗长蠕孢

Helminthosporium constrictae M. Zhang et T. Y. Zhang 隘缩长蠕孢

Helminthosporium corchori Saw. et Kats. 黄麻长蠕孢[黄麻叶斑病菌]

Helminthosporium corchorum Watan. et Hara 黄麻生长蠕孢[黄麻叶枯病菌]

Helminthosporium cubense Matsushima 古巴长蠕孢

Helminthosporium curvatum Corda 弯长蠕孢

Helminthosporium cylindrosporum Matsushima 柱形长蠕孢

Helminthosporium dalbergiae M. B. Ellis 黄檀长蠕孢

Helminthosporium dictyoides 见 *Drechslera dictyoides*

Helminthosporium dictyoseptatum Hughes 网隔长蠕孢

Helminthosporium dimorphosporum Hol.-Jech. 双形长蠕孢

Helminthosporium foveolatum Pat. 坑状长蠕孢

Helminthosporium graminum 见 *Drechslera graminea*

Helminthosporium guangxiensis M. Zhang et T. Y. Zhang 广西长蠕孢

Helminthosporium helianthi 见 *Alternaria helianthi*

Helminthosporium heveae 见 *Bipolaris heveae*

Helminthosporium heveas Petch 橡胶树长蠕孢

Helminthosporium ipomoeae Saw. et Kats. 甘薯长蠕孢

Helminthosporium lablabis Saw. et Kats. 扁豆长蠕孢

Helminthosporium leptochloae 见 *Bipolaris micropus* .

Helminthosporium ligustrum M. Zhang et T. Y. Zhang 小叶女贞长蠕孢

Helminthosporium marantae Saw. et Kats. 竹芋长蠕孢

Helminthosporium masseeanum Teng 梅西长蠕孢

Helminthosporium mauritianum Cooke 毛里求斯长蠕孢

Helminthosporium maydis 见 *Bipolaris maydis*

Helminthosporium microsorum Sacc. 小丛长蠕孢

Helminthosporium monoceras 见 *Exserohilum monoceras*

Helminthosporium multiseptum Zhang, Zhang et Wu 多隔长蠕孢

Helminthosporium nodulosum 见 *Bipolaris nodulosa*

Helminthosporium novae-zelandiae Hughes 新西兰长蠕孢

Helminthosporium obpyriformis M. Zhang et T. Y. Zhang 倒梨形长蠕孢

Helminthosporium oplismeni Saw. et Kats 球米草长蠕孢

Helminthosporium oryzae 见 *Bipolaris oryzae*

Helminthosporium ovoidea M. Zhang et T. Y. Zhang 卵形长蠕孢

Helminthosporium pallescens M. Zhang et T. Y. Zhang 苍白长蠕孢

Helminthosporium palmigenum Matsushima 棕榈长蠕孢

Helminthosporium panici-miliacei 见 *Bipolaris panici-miliacei*

Helminthosporium papaveris Saw. [罂粟长蠕孢]见 *Dendryphion penicillatum* (Corda) Fr.

Helminthosporium piperis Saw. et Kats. 胡椒长蠕孢

Helminthosporium pseudomicrosorum **M. Zhang et T. Y. Zhang** 拟小丛长蠕孢

Helminthosporium pseudorostrum **M. Zhang，Zhang et Wu** 假喙长蠕孢

Helminthosporium ravenelii 见 *Bipolaris ravenelii*

Helminthosporium rhododendri． **M. Zhang et T. Y. Zhang** 杜鹃长蠕孢

Helminthosporium rhodomyrti **Syd.** 桃金娘长蠕孢

Helminthosporium rostratum 见 *Exserohilum rostratum*

Helminthosporium sacchari 见 *Bipolaris sacchari*

Helminthosporium sapii **Miyake** 乌桕长蠕孢

Helminthosporium sativum 见 *Bipolaris sorokiniana*

Helminthosporium senseletii **Bhat** 链生长蠕孢

Helminthosporium sesami **Miyake** 芝麻长蠕孢

Helminthosporium setariae 见 *Bipolaris setariae*

Helminthosporium sichuanensis **M. Zhang，T. Y. Zhang et W. P. Wu** 四川长蠕孢

Helminthosporium solani **Durieu et Montagen** 茄长蠕孢[马铃薯银屑病菌]

Helminthosporium sorokinianum 见 *Bipolaris sorokiniana*

Helminthosporium teres 见 *Drechslera teres*

Helminthosporium tetramera 见 *Bipolaris specifera*

Helminthosporium torulosum （Syd.）**Ashby** 簇生长蠕孢

Helminthosporium triseptatum 见 *Marielliottia triseptata*

Helminthosporium tritici-vulgaris 见 *Drechslera tritici-repentis*

Helminthosporium turcicum 见 *Exserohilum tucicum*

Helminthosporium velutinum **Link ex Fries** 绒长蠕孢

Helminthosporium vignicola （Kawam.）**Olive** 豇豆生长蠕孢

Helminthosporium yamadai 见 *Bipolaris yamadaei*

Helminthosporium zizaniae 见 *Bipolaris zizaniae*

Helminthosporium zombaense **Sutton** 松巴长蠕孢

Helotium **Tode** 柔膜菌属[F]

Helotium buccinum （Pers.）**Fr.** 长黄柔膜菌

Helotium epiphyllum （Pers.）**Fr.** 叶生柔膜菌

Helotium friesii （Weinm.）**Sacc.** 乳黄柔膜菌

Helotium fructigenum （Bull.）**Karst.** 栎果柔膜菌

Helotium hariotii （Boud.）**Sacc.** 哈里奥柔膜菌

Helotium herbarum （Pers.）**Fr.** 蜡叶柔膜菌

Helotium hongkongense （Berk. et Curt.）**Sacc.** 香港柔膜菌

Helotium immutabile **Fuck.** 难变柔膜菌

Helotium pallescens （Pers.）**Fr.** 苍白柔膜菌

Helotium serotinum （Pers.）**Fr.** 橘色柔膜菌

Helotium subpallidum （Rehm）**Velen.** 小孢白柔膜菌

Helotium subserotinum **Henn. et Nym.** 黄柔膜菌

Helotium uralense **Naum.** 乌拉尔柔膜菌

Helotium yunnanense **Ou** 云南柔膜菌

Helvella **L.** 马鞍菌属[F]

Helvella acetabulum （L.）**Quél.** 碟状马鞍菌

Helvella adhaerens **Peck** 黏马鞍菌

Helvella albipes Fuck. 白柄马鞍菌

Helvella atra Oed. 黑马鞍菌

Helvella corium （Weberb.） Mass. 革马鞍菌

Helvella crispa Scop. ex Fr. 皱马鞍菌

Helvella elastica Bull. ex Fr. 弹性马鞍菌

Helvella ephippium Lév. 马鞍菌

Helvella esculenta Pers. 可食马鞍菌[鹿花菌]

Helvella fargessii Pat. 法吉斯马鞍菌

Helvella fusicarpa （Ger.） Durand 梭孢马鞍菌

Helvella galeriformis Liu et Cao 散形马鞍菌

Helvella glutinosa Liu et Cao 黏胶马鞍菌

Helvella helvellula Dur. et Mont. 小马鞍菌

Helvella infula Schaeff. ex Fr. 钩基马鞍菌

Helvella lactea Baud. 乳白马鞍菌

Helvella lacunosa Afzel. ex Fr. 多洼马鞍菌

Helvella leucomelaena （Pers.） Nannf. 黑白马鞍菌

Helvella macropus （Pers. ex Fr.） Karst. 粗柄马鞍菌

Helvella maculata Weber 斑点马鞍菌

Helvella mitra L. 帽状马鞍菌

Helvella nigrella （Seav.） Tai 黑褐马鞍菌

Helvella pallescens Schaeff. 苍白马鞍菌

Helvella phlebophora Pat. et Doass. 脉马鞍菌

Helvella pulla Holmsk. ex Fr. 烟棕马鞍菌

Helvella solitaria （Karst.） Karst. 独立马鞍菌

Helvella sulcata Afzel. ex Fr. 棱柄马鞍菌

Hemicriconemoides Chitwood et Birchfield 半轮线虫属[N]

Hemicriconemoides aberrans Phukan et Sanwal 异常半轮线虫

Hemicriconemoides affinis Germani et Luc 相关半轮线虫

Hemicriconemoides annulatus Pinochet et Raski 饰环半轮线虫

Hemicriconemoides biformis 见 *Hemicycliophora ferrisae*

Hemicriconemoides brachyurus （Loos） Chitwood et Birch 最短半轮线虫

Hemicriconemoides brevicaudatus Dasgupta, et al. 短尾半轮线虫

Hemicriconemoides californianus Pinochet et Raski 加利福尼亚半轮线虫

Hemicriconemoides camilliae Zhang 山茶半轮线虫

Hemicriconemoides chitwoodi Esser 奇氏半轮线虫

Hemicriconemoides cocophilus 见 *Hemicycliophora cocophillus*

Hemicriconemoides floridensis Chitwood et Birchfield 佛罗里达半轮线虫

Hemicriconemoides floridensis 见 *Hemicycliophora floridensis*

Hemicriconemoides fujianensis Zhang 福建半轮线虫

Hemicriconemoides gabrici （Yeates） Raski 加布瑞斯半轮线虫

Hemicriconemoides gaddi （Loos） Chitwood et Birchfield 加氏半轮线虫

Hemicriconemoides gaddi 见 *Criconemoides gaddi*

Hemicriconemoides kanayaensis Nakasono et Ichinohe 卡纳亚半轮线虫

Hemicriconemoides litchii Edward et Misra 荔枝半轮线虫

Hemicriconemoides mangiferae Siddiqi 杧果半轮线虫

Hemicriconemoides microdoratus Dasgupta

et al.   小矛半轮线虫

Hemicriconemoides minor Brzeski et Reay
较小半轮线虫

Hemicriconemoides minutus Esser   微小半
轮线虫

Hemicriconemoides minutus   见   *Hemicy-
cliophora minuta*

Hemicriconemoides nitidus Pinochet et
Raski   整洁半轮线虫

Hemicriconemoides obtusus   见   *Cricone-
moides obtusus*

Hemicriconemoides parataiwanensis De-
craemer et Geraert   似台湾半轮线虫

Hemicriconemoides parvus Dasgupta，et
al.   微细半轮线虫

Hemicriconemoides rotundus Ye et Siddiqi
圆半轮线虫

Hemicriconemoides sacchariae Heyns   甘
蔗半轮线虫

Hemicriconemoides sinensis Vovlas   中国
半轮线虫

Hemicriconemoides squamosum   见   *Cri-
conema squamosum*

Hemicriconemoides squamosus (Cobb) Sid-
diqi et Goodey   披鳞半轮线虫

Hemicriconemoides strictathecatus Esser
紧鞘半轮线虫

Hemicriconemoides taiwanensis Pinochet et
Raski   台湾半轮线虫

Hemicriconemoides varionodus Choi et
Geraert   变环半轮线虫

Hemicriconemoides wessoni Chitwood et
Birchfield   韦氏半轮线虫

Hemicycliophora de Man   鞘线虫属[N]

Hemicycliophora aberrans Thorne   异常
鞘线虫

Hemicycliophora andrassyi (Andrassy)
Brzeski   恩氏鞘线虫

Hemicycliophora aquaticum 见 *Criconema
aquaticum*

Hemicycliophora arcuata Thorne   弓形鞘
线虫

Hemicycliophora arenaria Raski   蚤缀鞘
线虫

Hemicycliophora belemnis Germani et Luc
标枪鞘线虫

Hemicycliophora biformis 见 *Hemicyclio-
phora ferrisae*

Hemicycliophora brachyurus (Loos)
Goodey   最短鞘线虫

Hemicycliophora brevis Thorne   短鞘线
虫

Hemicycliophora brzeski Barbez et Geraert
布氏鞘线虫

Hemicycliophora californica Brzeski   加
利福尼亚鞘线虫

Hemicycliophora chilensis (Andrassy)
Brzeski   智利鞘线虫

Hemicycliophora cocophillus (Loos)
Goodey   椰子鞘线虫

Hemicycliophora conida Thorne   小孢鞘
线虫

Hemicycliophora corbetti Siddiqi   科氏鞘
线虫

Hemicycliophora eucalypti Reay   桉树鞘
线虫

Hemicycliophora eugeniae Khan et Basir
番樱桃鞘线虫

Hemicycliophora ferrisae Brzeski   费氏
鞘线虫

Hemicycliophora floridensis (Chitwood et
Birchfield) Goodey   佛罗里达鞘线虫

Hemicycliophora fragilis Doucet   草莓鞘
线虫

Hemicycliophora gaddi 见 *Criconemoides
gaddi*

Hemicycliophora gracilis Thorne   细小鞘
线虫

Hemicycliophora indica Siddiqi   印度鞘
线虫

Hemicycliophora iranica Loof   伊朗鞘线
虫

Hemicycliophora juglandis Choi et Geraert 胡桃鞘线虫

Hemicycliophora koreana Choi et Geraert 朝鲜鞘线虫

Hemicycliophora minuta（Esser）Goodey 微小鞘线虫

Hemicycliophora musae Khan et Nanjappa 芭蕉鞘线虫

Hemicycliophora oryzae Waela et Berg 水稻鞘线虫

Hemicycliophora parajuglandis Choi et Geraert 似胡桃鞘线虫

Hemicycliophora parvana Tarjan 微细鞘线虫

Hemicycliophora penetrans Thorne 穿刺鞘线虫

Hemicycliophora pruni Kirjanova et Shagalina 李鞘线虫

Hemicycliophora quercea Mehta et Raski 栎树鞘线虫

Hemicycliophora raskii Brzeski 拉氏鞘线虫

Hemicycliophora robusta Loof 强壮鞘线虫

Hemicycliophora salicis Sofrigina 柳鞘线虫

Hemicycliophora shepherdi Wu 水牛果鞘线虫

Hemicycliophora thienemanni 见 *Hoplolaimus thienemanni*

Hemileia Berk. et Br. 驼孢锈菌属[F]

Hemileia gardeniae-floridae Saw. 栀子驼孢锈菌

Hemileia vastatrix Berk. et Br. 咖啡驼孢锈菌[咖啡锈病菌]

Hemileia wrightii Racib. 倒吊笔驼孢锈菌

Henbane mosaic virus *Potyvirus*（HMV）天仙子花叶病毒

Hendersonia Sacc. 壳蠕孢属[F]

Hendersonia acanthi Pat. 老鼠莉壳蠕孢

Hendersonia bicolor Pat. 二色壳蠕孢

Hendersonia botulispora Teng 腊肠状壳蠕孢

Hendersonia conorum Delacr. 球果壳蠕孢

Hendersonia handelii Keissl. 鹿药壳蠕孢

Hendersonia kwangsiensis Petr. 广西壳蠕孢

Hendersonia mali Thüm 苹果壳蠕孢[苹果黄斑病菌]

Hendersonia oryzae Miyake 稻壳蠕孢

Hendersonia paeoniae Allesllch. 芍药壳蠕孢

Hendersonia papillata Pat. 乳突壳蠕孢

Hendersonia piricola Sacc. 梨生壳蠕孢

Hendersonia rhododendri Thüm. 杜鹃壳蠕孢

Hendersonia sacchari Speg. 甘蔗壳蠕孢

Hendersonia sarmentorum Westend. 长匍枝壳蠕孢

Hendersonia thalictri Pat. 唐松草壳蠕孢

Hendersonia theae Hara. 茶壳蠕孢

Hendersonia vulgaris Desm. 普通壳蠕孢

Heracleum latent virus *Vitivirus*（HI-V）独活（属）潜病毒

Heracleum virus 6 *Closterovirus*（HV-6）独活（属）6号病毒

Herbaspirillum Baldani et al. 草本螺菌属[B]

Herbaspirillum rubrisubalbicans（Christopher）Baldani et al. 红条纹草螺菌[甘蔗斑驳条纹病菌]

Hericium Pers. ex Gray 猴头菌属[F]

Hericium erinaceus（Bull. ex Fr.）Pers. 猴头菌[猬状猴头菌]

Heteroanguina caricis 见 *Anguina caricis*

Heteroanguina ferulae 见 *Anguina ferulae*

Heteroanguina graminophila 见 *Anguina graminophila*

Heteroanguina graminophilus 见 *Ditylenchus graminophilus*

Heteroanguina polygoni 见 *Anguina polygoni*

Heterobasidion **Bref.**　异担子菌属[F]

Heterobasidion annosum（Fr.）**Bref.**　松根异担子菌[松根腐病菌]

Heterobasidion insulare（Murr.）**Ryv.**　岛生异担子菌

Heterochaete **Pat.**　刺皮菌属[F]

Heterochaete tenuioula **Pat.**　小刺皮菌

Heterodera **Schmidt**　异皮（胞囊）线虫属[N]

Heterodera achilleae 见 *Globodera achillcae*

Heterodera acnidae 见 *Cactodera acnidae*

Heterodera amaranthi 见 *Cactodera amaranthi*

Heterodera amygdali **Kirjanova et Ivanova**　扁桃异皮线虫

Heterodera aquatica 见 *Cactodera aquatica*

Heterodera arenaria **Kirjanova et Krall**　蚤缀异皮线虫

Heterodera artemisiae 见 *Globodera artemisiae*

Heterodera avenae **Wollenw.**　燕麦异皮线虫

Heterodera bergenia **Maqbool et Shahina**　岩白菜异皮线虫

Heterodera betae **Wouts，Bumpenborst et al.**　黄色甜菜异皮线虫

Heterodera betulae 见 *Cactodera betulae*

Heterodera bifenestra **Cooper**　双膜孔异皮线虫

Heterodera cacti 见 *Cactodera cacti*

Heterodera cajani **Koshy**　木豆异皮线虫

Heterodera canadensis **Mulvey**　加拿大异皮线虫

Heterodera cardiolata **Kirjanova et Ivanova**　百合异皮线虫

Heterodera carotae **Jones**　胡萝卜异皮线虫

Heterodera chaubattia 见 *Cactodera chaubattia*

Heterodera ciceri **Vovlas，Greco et Vito**　鹰嘴豆异皮线虫

Heterodera cruciferae **Franklin**　十字花科异皮线虫

Heterodera cynodontis **Shahina et Maqbool**　狗牙根异皮线虫

Heterodera cyperi **Golden，Rau et Cobb**　莎草异皮线虫

Heterodera daverti **Wouts et Sturhan**　达沃特异皮线虫

Heterodera delvii **Jairajpuri et al.**　龙爪稷异皮线虫

Heterodera elachista **Ohshima**　微褐藻异皮线虫

Heterodera estonica 见 *Cactodera estonica*

Heterodera exigua 见 *Meloidogyne exigua*

Heterodera fici **Kirjanova**　无花果异皮线虫

Heterodera filipjevi（Madzhidov）**Stone**　菲氏异皮线虫

Heterodera galeopsidis **Filipjev et al.**　鼬瓣花异皮线虫

Heterodera gambiensis **Merny et Netscher**　冈比亚异皮线虫

Heterodera glycines **Ichinohe**　大豆胞囊线虫

Heterodera goettingiana **Liebscher**　豌豆异皮线虫

Heterodera graduni **Kirjanova**　荞麦异皮线虫

Heterodera graminis **Stynes**　禾草异皮线虫

Heterodera graminophila **Golden et Birchfield**　芒稗异皮线虫

Heterodera hordecalis **Anderson**　大麦异皮线虫

Heterodera humuli **Filipjev**　啤酒花异皮

线虫

Heterodera incognita 见 *Meloidogyne incognita*

Heterodera indocyperi Husain et Khan 印度莎草异皮线虫

Heterodera iri Mathews 剪股颖异皮线虫

Heterodera javanica 见 *Meloidogyne javanica*

Heterodera kiryanovae 见 *Atetylenchus secalis*

Heterodera latipons Franklin 麦类胞囊（异皮）线虫

Heterodera leptonepia 见 *Globodera leptonepia*

Heterodera lespedezae Golden et Cobb 胡枝子异皮线虫

Heterodera leuceilyma Diedwardo et Perry 钝叶草异皮线虫

Heterodera limouli Cooper 利穆氏异皮线虫

Heterodera litoralis Wouts et Sturhan 来托拉尔异皮线虫

Heterodera longicaudata Seidel 长尾异皮线虫

Heterodera longicolla Golden et Dickerson 长颈异皮线虫

Heterodera major 见 *Heterodera schachtii*

Heterodera mali 见 *Globodera mali*

Heterodera mani Mathews 稀少异皮线虫

Heterodera medicaginis Kirjanova 紫花苜蓿异皮线虫

Heterodera mediterranea Vovlas et al. 地中海异皮线虫

Heterodera menthae Kirjanova et Narbaev 薄荷异皮线虫

Heterodera methwoldensis Cooper 梅思沃异皮线虫

Heterodera mexicana Campos 墨西哥异皮线虫

Heterodera millefolii 见 *Globodera millefolii*

Heterodera mirabilis 见 *Globodera mirabilis*

Heterodera mothi Khan et Husain 香附子异皮线虫

Heterodera oryzae Luc et Berdon 水稻异皮线虫

Heterodera oryzicola Rao et Jayaprakash 稻生异皮线虫

Heterodera oxiana Kirjanova 骆驼刺异皮线虫

Heterodera pakistanensis Maqbool et Shahina 巴基斯坦异皮线虫

Heterodera pallida 见 *Globodera pallida*

Heterodera paratrifolii Kirjanova 异三叶草异皮线虫

Heterodera phragmidis Kazachenko 芦苇异皮线虫

Heterodera plantaginis Narbaev et Sidikov 车前异皮线虫

Heterodera polygonum Cooper 蓼异皮线虫

Heterodera pratensis Gabler et al. 草地异皮线虫

Heterodera pseudorostochiensis 见 *Globodera pseudorostochiensis*

Heterodera punctata 见 *Punctodera punctata*

Heterodera radicicola 见 *Anguina radicicola*

Heterodera raskii Basnet et Jayaprakash 拉氏异皮线虫

Heterodera riparia Subbotin，Sturhan et al. 河岸异皮线虫

Heterodera rosii Duggan et Brennan 玫瑰异皮线虫

Heterodera rostochiensis 见 *Globodera rostochiensis*

Heterodera rumicis Poghossian 酸模异皮线虫

Heterodera sacchari Luc et Merny 甘蔗异皮线虫

Heterodera salixophila Kirjanova 柳树异皮线虫

Heterodera schachtii Schmidt 甜菜异皮线虫

Heterodera schachtii f. sp. *solani* Zimmermann 甜菜异皮线虫茄变型

Heterodera schachtii major Schmidt 大型甜菜异皮线虫

Heterodera schachtii minor Schmidt 小型甜菜异皮线虫［甜菜胞囊线虫］

Heterodera Schachtii var. galeopsidis 见 *Heterodera* galeopsidis

Heterodera scleranthii Kaktina 硬花草异皮线虫

Heterodera sinensis Chen et Zheng 中华异皮线虫

Heterodera skohensis Koushal et al. 斯科罕异皮线虫

Heterodera solanacearum 见 *Globodera solanacearum*

Heterodera sonchophila Kirjanova，Krall et al. 苦苣异皮线虫

Heterodera sorghi Jain et al. 蜀黍异皮线虫

Heterodera spinicauda Wouts et al. 尖尾异皮线虫

Heterodera swarupi Sharma，Siddiqi et al. 斯瓦鲁普异皮线虫

Heterodera tabacum 见 *Globodera tabacum*

Heterodera tadshikistanica Kirjanova et Ivanova 塔吉克异皮线虫

Heterodera thornei 见 *Cactodera thornei*

Heterodera trifolii Goffart 三叶草异皮线虫

Heterodera turcomanica Kirjanova et Schagalina 藜异皮线虫

Heterodera urticae Cooper 荨麻异皮线虫

Heterodera ustinovi Kirjanova 乌氏异皮线虫

Heterodera uzbekistanica Narbaev 乌兹别克异皮线虫

Heterodera vallicola Eroshenko et al. 谷地异皮线虫

Heterodera vialae 见 *Meloidogyne vialae*

Heterodera vigni Edward et Misra 豇豆异皮线虫

Heterodera virginiae 见 *Globodera virginiae*

Heterodera weissi 见 *Cactodera weissi*

Heterodera zeae Koshy et al. 玉米异皮线虫

Heteroderoides Kirjanova 拟异皮线虫属［N］

Heterosporium Kl. ex Cooke 瘤蠕孢属［F］

Heterosporium allii Ell. et Mart. 葱瘤蠕孢

Heterosporium dianellae Saw. 山菅兰瘤蠕孢

Heterosporium echinulatum (Berk.) Cooke 刺状瘤蠕孢［香石竹眼斑病菌］

Heterosporium gracile Sacc. 细丽瘤蠕孢

Heterosporium ornithogali Kl. 虎眼万年青瘤蠕孢

Heterosporium variabile 见 *Cladosporium variabile*

Hexagonia Poll ex Fr. 蜂窝菌属［F］

Hexagonia apiaria (Pers.) Fr. 毛蜂窝菌

Hexagonia heteropora (Mont.) Imaz 异孔蜂窝菌

Hexatylus abulbosus 见 *Neotylenchus abulbosus*

Hibiscus chlorotic ringspot virus Carmovirus (HCRSV) 木槿(属)褪绿环斑病毒

Hibiscus latent Fort Pierce virus Tobamovirus 木槿(属)潜隐皮尔斯堡病毒

Hibiscus latent ringspot virus Nepovirus (HLRSV) 木槿(属)潜隐环斑病毒

Hibiscus latent Singapore virus Tobamo-

virus 木槿（属）潜隐新加坡病毒

Hibiscus witches'-broom phytoplasma 见 *Candidatus* Phytoplasma brasiliense

Hibiscus yellow mosaic virus Tobamovirus （HYMV） 木槿（属）黄花叶病毒

hippeastrum latent virus 见 *Hibiscus latent ringspot virus Nepovirus*

Hippeastrum mosaic virus Potyvirus （HiMV） 朱顶红（属）花叶病毒

Hiratsukamyces Thirum.，Kern et Patil 平塚锈菌属［F］

Hiratsukamyces salacicola Thirum.，Kern et Patil 五层龙生平塚锈菌

Hirschioporus Donk 囊孔菌属［F］

Hirschioporus abietinus Donk 冷杉囊孔菌

Hirschioporus vellereus Teng 软线囊孔菌

Hirschmannia Luć et Goodey 赫希曼线虫属［N］

Hirschmannia behningi 见 *Hirschmanniella behningi*

Hirschmannia gracilis 见 *Hirschmanniella gracilis*

Hirschmannia spinicaudatus （Schuurmans et al.）Luć 刺尾赫希曼线虫

Hirschmannia zostericola 见 *Hirschmanniella zostericola*

Hirschmanniella Luć et Goodey 潜根线虫属［N］

Hirschmanniella anchoryzae Ebsary et Anderson 近稻潜根线虫

Hirschmanniella apapillata 见 *Hirschmanniella oryzae*

Hirschmanniella areolata Ebsary et Anderson 网纹潜根线虫

Hirschmanniella augusta Kapoor 重要潜根线虫

Hirschmanniella behningi （Micoletzky）Luć et Goodey 贝宁潜根线虫

Hirschmanniella belli Sher 贝氏潜根线虫

Hirschmanniella brassicae Duan，Liu et al. 芜菁潜根线虫

Hirschmanniella caudacrena Sher 刻尾潜根线虫

Hirschmanniella diversa Sher 分离潜根线虫

Hirschmanniella dubia Khan 不定潜根线虫

Hirschmanniella exacta Kakar Siddiqi 典型潜根线虫

Hirschmanniella exigua Khan 短小潜根线虫

Hirschmanniella gracilis （de Man）Luć et Goodey 纤细潜根线虫

Hirschmanniella imamuri Sher 伊玛姆潜根线虫

Hirschmanniella indica Ahmad 印度潜根线虫

Hirschmanniella loffi Sher 卢氏潜根线虫

Hirschmanniella mangaloriensis Mathur et Prasad 门格劳林潜根线虫

Hirschmanniella marina Sher 海草潜根线虫

Hirschmanniella mexicanus （Chitwood）Sher 墨西哥潜根线虫

Hirschmanniella microtyla Sher 小结潜根线虫

Hirschmanniella mucronata （Das）Luć et Goodey 尖细潜根线虫

Hirschmanniella nana Siddiqi 小潜根线虫

Hirschmanniella oryzae （Soltwedel）Luć et Goodey 水稻潜根线虫

Hirschmanniella pisquidensis Ebsar et Pharoah 佩斯库潜根线虫

Hirschmanniella spinicaudatus 见 *Hirschmannia spinicaudatus*

Hirschmanniella thornei Sher 索氏潜根线虫

Hirschmanniella zostericola（Allgen）**Lu ć et Goodey**　大叶藻生潜根线虫

Hirsutella **Pat.**　被毛孢属[F]

Hirsutella minnesotensis **Chen，Liu et Chen**　明尼苏达被毛孢

Hirsutella rhossiliensis **Minter-Brody**　洛氏被毛孢

hogweed 4 virus　见 *Parsnip leaf curl virus*

hogweed 6 virus　见 *Carrot yellow leaf virus Closterovirus*

Holcus lanatus yellowing virus Nucleorhabdovirus（HLYV）　绒毛草黄化病毒

Holcus streak virus Potyvirus（HSV）　绒毛草（属）线条病毒

holcus transitory mottle virus　见 *Cocksfoot mild mosaic virus Sobemovirus*

Holcus virus（HV）　绒毛草（属）病毒

Hollyhock leaf crumple virus Begomovirus　蜀葵皱叶病毒

Hollyhock leaf curl virus Begomovirus（HLCV）　蜀葵曲叶病毒

Holmes' ribgrass virus　见 *Ribgrass mosaic virus Tobamovirus*

Holwayella　见 *Chrysocyclus*

Honeysuckle latent virus Carlavirus（HnLV）　忍冬潜病毒

Honeysuckle yellow vein mosaic virus Begomovirus（HYVMV）　忍冬黄脉花叶病毒

Honeysuckle yellow vein virus Begomovirus　忍冬黄脉病毒

hop A virus　见 *Apple mosaic virus Ilarvirus*

Hop American latent virus Carlavirus　美洲啤酒花潜病毒

Hop latent virus Carlavirus（HpLV）　啤酒花潜病毒

Hop latent viroid Cocadviroid（ HpLVd）　啤酒花潜隐类病毒

Hop mosaic virus Carlavirus（HpMV）　啤酒花花叶病毒

Hop stunt viroid Hostuviroid（HSVd）　啤酒花矮化类病毒

Hop trefoil cryptic virus 1 Alphacryptovirus（HTCV‐1）　草原三叶草（车轴草）1 号病毒

Hop trefoil cryptic virus 2 Betacryptovirus（HTCV‐2）　草原三叶草（车轴草）2 号病毒

Hop trefoil cryptic virus 3 Alphacryptovirus（HTCV‐3）　草原三叶草 3 号病毒

hop *virus* B virus　见 *Prunus necrotic ringspot virus Ilarvirus*

hop *virus* C virus　见 *Prunus necrotic ringspot virus Ilarvirus*

Hoplolaimus **von Daday**　纽带线虫属[N]

Hoplolaimus abelmoschi **Tandon et Singh**　秋葵纽带线虫

Hoplolaimus aberrans　见 *Scutellonema aberrans*

Hoplolaimus aegypti **Shafiee et Koura**　埃及纽带线虫

Hoplolaimus angustalatus **Whitehead**　细小纽带线虫

Hoplolaimus annulifer　见 *Criconema annulifer*

Hoplolaimus aorolaimoides **Siddiqi**　类畸咽纽带线虫

Hoplolaimus aquaticum　见 *Criconema aquaticum*

Hoplolaimus arachidis **Maharaju et Das**　花生纽带线虫

Hoplolaimus bradys **Steiner et Lehew**　缓慢纽带线虫

Hoplolaimus californicus **Sher**　加利福尼亚纽带线虫

Hoplolaimus capensis **Berg et Heyns**　好望角纽带线虫

Hoplolaimus casparus **Berg et Heyns**　卡

斯珀纽带线虫

Hoplolaimus cephalus Mulk et Jairajpuri
具头纽带线虫

Hoplolaimus chambus Jairajpuri et Baqri
腔隙纽带线虫

Hoplolaimus clarissimus Fortuner   最亮
纽带线虫

Hoplolaimus columbus Sher   哥伦比亚纽
带线虫

Hoplolaimus concaudojavencus Golden et
Minton   幼稚尾纽带线虫

Hoplolaimus coronatus Cobb   饰冠纽带
线虫

Hoplolaimus diadematus Hunt et Freire
全束纽带线虫

Hoplolaimus dimorphicus Mulk et Jairaj-
puri   两型纽带线虫

Hoplolaimus dubius Chaturvedi et Khera
不定纽带线虫

Hoplolaimus galeatus (Cobb) Filipjev et
al.   帽状纽带线虫

Hoplolaimus gracilidens Sauer   纤细纽带
线虫

Hoplolaimus guernei (Certes) Menzel   格
恩纽带线虫

Hoplolaimus heideri 见 *Criconemoides hei-
deri*

Hoplolaimus imphalensis Khan et Khan
英帕尔纽带线虫

Hoplolaimus indicus Sher   印度纽带线虫

Hoplolaimus informis 见 *Criconemella in-
formis*

Hoplolaimus kittenbergeri Andrassy   基
坦伯格纽带线虫

Hoplolaimus leiomerus de Gurian   平滑纽
带线虫

Hoplolaimus magnistylus Robbing   大针
纽带线虫

Hoplolaimus menzeli 见 *Criconema menze-
li*

Hoplolaimus morgense 见 *Criconemoides*

morgensis

Hoplolaimus murrayi 见 *Criconema mur-
rayi*

Hoplolaimus octangulare 见 *Criconema oc-
tangulare*

Hoplolaimus pararobustus (Schuurmans
et al.) Sher   似强壮纽带线虫

Hoplolaimus proporicus Goodey   油椰纽
带线虫

Hoplolaimus puertoricensis Ramirez   波
多黎各纽带线虫

Hoplolaimus rusticus 见 *Criconemella rus-
tica*

Hoplolaimus seinhorsti Luc   塞氏纽带线
虫

Hoplolaimus seshadrii Mulk et Jairajpuri
塞沙德尔纽带线虫

Hoplolaimus sheri Suryawanshi   谢氏纽
带线虫

Hoplolaimus similis (Cobb) Micoletzky
相似纽带线虫

Hoplolaimus sinensis 见 *Criconemoides
sinensis*

Hoplolaimus singhi Das et Shivaswany   辛
氏纽带线虫

Hoplolaimus squamosum 见 *Criconema
squamosum*

Hoplolaimus steineri Kannan   斯氏纽带
线虫

Hoplolaimus stephanus Sher   具冠纽带线
虫

Hoplolaimus tabacum Firoza，Kosika et
Maqbool   烟草纽带线虫

Hoplolaimus thienemanni Schneider   泽氏
纽带线虫

Hoplolaimus tylenchiformis 见 *Criconema
tylenchiformis*

Hoplolaimus uniformis 见 *Rotylenchus ro-
bustus*

Hoplolaimus zavadskii 见 *Criconemella
zavadskii*

Hoplolainus heideri 见 *Criconemoides heideri*

Hordeivirus 大麦病毒属[V]

Hordeum mosaic virus Rymovirus (HoMV) 大麦（属）花叶病毒

hordeum nanescens virus 见 *Barley yellow dwarf virus Luteovirus*

Hormiscium Kunze 索链孢属[F]

Hormiscium handelii Bub. 杜鹃索链孢

Hormodendrum Bon. 单胞枝霉属[F]

Hormodendrum compactum Carrson 紧密单胞枝霉

Hormodendrum dermatitis (Kano) Conant 皮肤单胞枝霉

Hormodendrum mori Yendo 桑单胞枝霉[桑叶枯病菌]

horse chestnut yellow mosaic virus 见 *Apple mosaic virus Ilarvirus*

Horsegram yellow mosaic virus Begomovirus (HgYMV) 长豇豆黄花叶病毒

Horseradish curly top virus Curtovirus (HrCTV) 辣根曲顶病毒

Horseradish latent virus Caulimovirus (HrLV) 辣根潜病毒

horseradish mosaic virus 见 *Turnip mosaic virus Potyvirus* (TuMV)

Hosta virus X Potexvirus (HVX) 玉簪属（百合科）植物病毒

Hostuviroid 啤酒花矮化类病毒属[V]

Humulus japonicus latent virus Ilarvirus (HJLV) 葎草潜隐病毒

Hungarian chrome mosaic virus 见 *Grapevine chrome mosaic virus Nepovirus*

Hungarian datura innoxia virus Potyvirus (HDTV) 匈牙利毛曼陀罗病毒

Huntaphelenchoides fungivorus 见 *Bursaphelenchus fungivorus*

Huntaphelenchoides gonzalezi 见 *Bursaphelenchus gonzalezi*

Huntaphelenchoides hunti 见 *Aphelenchoides hunti*

Hyacinth mosaic virus Potyvirus (HyaMV) 风信子花叶病毒

Hyalopsora Magn. 明痂锈菌属[F]

Hyalopsora cheilanthis Arth. 皱缘明痂锈菌

Hyalopsora hakodatensis Hirats. 角孢明痂锈菌

Hyalopsora polypodii (Diet.) Magn. 水龙骨明痂锈菌

Hyalopsora yamadana Hirats. 山田明痂锈菌

Hyalostachybotrys Sriniv. 透孢穗霉属[F]

Hyalostachybotrys sacchari Sriniv. 甘蔗透孢穗霉

Hyalothyridium Tassi 透斑菌属[F]

Hyalothyridium nakatae Hara. 中田透斑菌

Hydrangea green petal phytoplasma 八仙花绿瓣病植原体

Hydrangea latent virus Carlavirus (HdLV) 绣球（属）潜病毒

Hydrangea mosaic virus Ilarvirus (HdMV) 绣球花叶病毒

Hydrangea ringspot virus Potexvirus (HdRSV) 绣球环斑病毒

Hymenella Fries 膜座霉属[F]

Hymenella nigra Saw. 黑膜座霉

Hymenochaete Lév. 刺革菌属[F]

Hymenochaete agglulinans Lév. 胶黏刺革菌

Hymenopsis Sacc. 拟膜菌属[F]

Hymenopsis cudraniae Mass. 拓拟膜菌

Hymenoscyphus Gray 膜盘菌属[F]

Hymenulla 见 *Hymenella*

hyoscyamus virus I; III 见 *Henbane mosaic virus Potyvirus*

Hyphochytrium Zopf 丝壶菌属[F]

Hyphochytrium catenoides Karling 串珠丝壶菌[玉米腐败病菌]

Hyphochytrium infestans Zopf 致病丝

壶菌

Hypocapnodium **Speg.** 亚煤炱属[F]

Hypocapnodium citri **Sawada** 柑橘亚煤炱

Hypocapnodium setosum（Zimm.）**Speg.**
刺亚煤炱

Hypochnus **Fr.** 白绢革菌属[F]

Hypochnus sasakii **Shirai** 见 *Thanatephorus cucumeris*

Hypochoeris mosaic virus Furovirus（HYMV） 猫儿菊（属）花叶病毒

Hypoderma **DC.** 皮下盘菌属[F]

Hypoderma commune（Fr.）**Duby** 皮下盘菌

Hypoderma cunninghamiae **Teng** 杉皮下盘菌

Hypoderma desmazieri **Duby** 杉木皮下盘菌

Hypoderma handelii **Petr.** 汉德尔皮下盘菌

Hypodermella **Tub.** 小皮下盘菌属[F]

Hypodermella laricix **Tub.** 落叶松小皮下盘菌

Hypomyces（Fr.）**Tul.** 菌寄生属[F]

Hypomyces aurantius（Pers.）**Tul.** 金黄菌寄生

Hypomyces chrysospermus **Tul.** 金孢菌寄生

Hypomyces hyalinus（Schw.）**Tul** 歪孢菌寄生

Hypomyces ipomoeae（Halst）**Wollenw.** 甘薯菌寄生

Hypomyces polyporinus **Peck** 多孔菌菌寄生

Hypomyces solani（Mart.）**Snyd.** 茄菌寄生

Hypomyces torminosus（Mont.）**Wint.** 黄棕菌寄生

Hypomyces viridis（Alb. et Schw. ex Fr.）**Tul.** 绿色菌寄生

Hyponectria **Sacc.** 亚赤壳属[F]

Hyponectria sinensis **Sacc.** 中国亚赤壳

Hypoxylon（Fr.）**Mill.** 炭团菌属[F]

Hypoxylon annulatum（Schwein.）**Mont.** 环纹炭团菌

Hypoxylon asarcodes（Theiss.）**Mill.** 瘦小炭团菌[灰皮炭团菌]

Hypoxylon coccineum **Sacc.** 绯红炭团菌

Hypoxylon deustum（Hoffm. ex Fr.）**Grev.** 焦色炭团菌

Hypoxylon fuscopurpureum（Schw.）**Berk.** 棕紫炭团菌

Hypoxylon mammatum（Wahl.）**Miller** 棘皮炭团菌[杨树炭团溃疡病菌]

Hypoxylon marginatum（Schwein.）**Berk.** 麻炭团菌

Hypoxylon mediterraneum（de Not.）**Ces. et de Not.** 地中海炭团菌

Hypoxylon microplacum（Berk. et Curtis）**Mill.** 小扁平炭团菌

Hypoxylon pruinatum 见 *Hypoxylon mammatum*

Hypoxylon punctulatum（Berk. et Ravenel）**Cooke** 斑点炭团菌

Hypoxylon serpens（Pers.）**Fr.** 匍匐炭团菌[麻饼炭团菌]

Hypsoperine **Sledge et Golden** 高臀线虫属[N]

Hypsoperine acronea 见 *Meloidogyne acronea*

Hypsoperine graminis 见 *Meloidogyne graminis*

Hypsoperine megriensis 见 *Meloidogyne megriensis*

Hypsoperine ottersoni 见 *Meloidogyne ottersoni*

Hypsoperine spartinae 见 *Meloidogyne spartinae*

I

Ibipora **Monteiro et Lordello**　土居线虫属
　[N]

Ibipora lolii（Siviour）**Siviour et Meleod**
　黑麦土居线虫

Idaeovirus　悬钩子病毒属[V]

Ilarvirus　等轴不稳环斑病毒属[V]

Impatiens latent Virus Carlavirus（ILV）
　凤仙花（属）潜病毒

Impatiens necrotic spot virus Tospovirus
　（INSV）　凤仙花（属）坏死斑病毒

Indian cassava mosaic virus Begomovirus
　（ICMV）　印度木薯花叶病毒

Indian citrus ringspot virus Mandarivirus
　印度柑橘环斑病毒

Indian peanut clump virus Pecluvirus
　（IPCV）　印度花生丛簇病毒

Indian pepper mottle virus Potyvirus（IP-
　MOV）　印度辣椒斑驳病毒

Indian tomato leaf curl virus Begomovirus
　（IToLCV）　印度番茄曲叶病毒

Indonesian soybean dwarf virus（ISDV）
　印度尼西亚大豆矮缩病毒

infectious chlorosis of Malvaceae　见 *Abuti-*
　lon mosaic virus Begomovirus（AbMV）

Inonotus **Kotlaba et Pouzar**　纤孔菌属[F]

Inonotus hispidus（Bull ex Fr.）**Karst.**
　粗毛纤孔菌

Inonotus weirii（Murrill）**Kotlaba et**
　Pouzar　韦尔纤孔菌[松干基褐腐病菌]

Interrotylenchus quartus　见 *Helicotylen-*
　chus quartus

Iota aculeatum　见 *Criconema aculeata*

Iota cobbi　见 *Ogma cobbi*

Iota crotaloides　见 *Criconemoides crotaloides*

Iota guernei　见 *Hoplolaimus guernei*

Iota menzeli　见 *Criconema menzeli*

Iota minor　见 *Criconema minor*

Iota murrayi　见 *Criconema murrayi*

Iota octangulare　见 *Criconema octangulare*

Iota paxi　见 *Criconema paxi*

Iota peruensis　见 *Criconema peruensis*

Iota similis　见 *Criconemoides similis*

Iota southerni　见 *Criconema southerni*

Iota squamosum　见 *Criconema squamosum*

Ipomea yellow vein virus Begomovirus　番
　薯属黄脉病毒

Ipomovirus　甘薯病毒属[V]

Iranian Shiraz maize mosaic virus　见
　Maize Iranian mosaic virus Nucle-
　orhabdovirus

Iranian wheat stripe virus Tenuivirus
　（IWSV）　伊朗小麦条纹病毒

Irenina **Stev.**　秃壳炱属[F]

Irenina cheoi **Hansf.**　无花果秃壳炱

Irenina manca（Ell. et Mart.）**Theiss. et**
　Syd.　不全秃壳炱

Irenina selaginellae **Saw. et Yam.**　卷柏
　秃壳炱

Irenopsis **Stev.**　针壳炱属[F]

Irenopsis aciculosa（Wint.）**Stev.**　尖针
　壳炱

Irenopsis benguetensis **Stev. et Rold.**　无
　花果针壳炱

Irenopsis byttneriicola **Deight.**　翅果藤生
　针壳炱

Irenopsis coronata（Speg.）**Stev. var.**

coronata 冠针壳炱原变种

Irenopsis coronata （Speg.）**Stev.** 冠针壳炱

***Irenopsis hiptages* Yam.** 飞鸢果针壳炱

***Irenopsis macarangae* Hansf.** 血桐针壳炱

Irenopsis molleriana （Wint.）**Stev.** 莫勒针壳炱

***Irenopsis paulensis* Hansf.** 保罗针壳炱

Irenopsis sidae （Rehm.）**Hughes** 黄花稔针壳炱

Irenopsis sidicola （Stev. et Tehon）**Hansf.** 黄花稔生针壳炱

***Irenopsis sloaneicola* Song，Li et Shen** 猴欢喜生针壳炱

***Irenopsis tjibodense* Hansf.** 珠博针壳炱

Irenopsis triumfettae （Stev.）**Hansf. et Deight.** 刺蒴麻针壳炱

***Irenopsis triumfettae* var. *vanderystii* Hansf. et Deight.** 刺蒴麻针壳炱范氏变种

Iresine viroid 1 Pospiviroid （IrVd-1） 血苋（属）1 号类病毒

Iris bont virus 见 *Narcissus latent virus Macluravirus*

Iris fulva mosaic virus Potyvirus （IFMV） 暗黄鸢尾花叶病毒

Iris germanica leaf stripe virus Nucleorhabdovirus （IGLSV） 德国鸢尾叶条纹病毒

iris grijs virus 见 *Iris severe mosaic virus Potyvirus*

Iris Japanese necrotic ring virus 日本鸢尾坏死环病毒

iris latent mosaic virus 见 *Iris mild mosaic virus Potyvirus*

Iris mild mosaic virus Potyvirus （IMMV） 鸢尾轻型花叶病毒

iris mild mosaic virus 见 *Narcissus latent virus Macluravirus*

iris mild yellow mosaic virus 见 *Narcissus latent virus Macluravirus*

iris mosaic virus 见 *Iris mild mosaic virus Potyvirus*

Iris severe mosaic virus Potyvirus （ISMV） 鸢尾重型花叶病毒

iris stripe virus 见 *Iris severe mosaic virus Potyvirus*

iris yellow mosaic virus 见 *Iris severe mosaic virus Potyvirus*

Iris yellow spot virus Tospovirus （IYSV） 鸢尾黄斑病毒

Isachne mosaic virus Potyvirus （IsaMV） 柳叶箬（属）花叶病毒

isanu mosaic virus 1 见 *Tropaeolum virus 1 Potyvirus* （TV-1）

isanu mosaic virus 2 见 *Tropaeolum virus 2 Potyvirus* （TV-2）

***Isaria* Hill.** 棒束孢属[F]

***Isaria cicadae* Miq.** 蝉棒束孢

***Isaria citrina* Pers.** 黄棒束孢

Isaria farinosa （Dicks.）**Fr.** 虫花棒束孢

***Isaria felina* DC.** 猫棒束孢

Isaria flabelliformis （Schw.）**Lloyd** 掌形棒束孢

***Isaria fumosa-rosea* Wize** 赤僵棒束孢

***Isaria geophila* Speg.** 适土棒束孢

***Isaria japonica* Yasuda** 日本棒束孢

***Isaria lanuginosa* Petch** 柔毛棒束孢

***Isaria mokanshani* Lioyd** 莫干山棒束孢

***Isaria ovi* Teng** 卵棒束孢

***Isaria sinclirii* Berk.** 辛克莱棒束孢

***Isariopsis* Fresen.** 拟棒束孢属[F]

Isariopsis alborosella （Desm.）**Sacc.** 粉拟棒束孢

***Isariopsis clavispora* Sacc.** 褐斑拟棒束孢

***Isariopsis griseola* Sacc.** 灰拟棒束孢[菜豆角斑病菌]

***Isariopsis sapindi* Saw.** 无患子拟棒束孢

***Itersonilia* Derx.** 锁霉属[F]

***Itersonilia perplexans* Derx.** 花枯锁霉[大理菊花枯病菌]

Ivotylenchulus mangenoti 见 *Trophotylenchulus mangenoti*

Ivy vein clearing virus Nucleorhabdovirus （IVCV） 常春藤脉明病毒

J

Jacksonia 见 *Dietelia*

Jacksoniella 见 *Dietelia*

Janthinobacterium De Ley et al. 紫色杆菌属[B]

Janthinobacterium agaricidamnosum Lincoln et al. 蘑菇紫色杆菌[蘑菇软腐病菌]

Japanese CV3 见 *Kyuri green mottle mosaic virus Tobamovirus*

Japanese iris necrotic ring virus Carmovirus 日本鸢尾坏死环病毒

Japanese yam mosaic virus Potyvirus 日本薯蓣花叶病毒

jasmine yellow blotch virus 见 *Arabis mosaic virus Nepovirus*

Jasmine yellow ring mosaic virus （JYRMV） 茉莉黄环花叶病毒

Jatropha mosaic virus Begomovirus （JMV） 麻风树（属）花叶病毒

Joerstadia Gjaer. et Cumm. 越锈菌属[F]

Joerstadia alchemllae （Sacc.） **Gjaer. et Cumm.** 羽衣草越锈菌

Joerstadia keniensis **Gjaer. et Cumm.** 肯尼亚越锈菌

Johnsongrass chlorotic stripe virus Carmovirus （JGCSV） 石茅高粱（约翰逊草）褪绿条纹病毒

Johnsongrass mosaic virus Potyvirus （JGMV） 石茅高粱（约翰逊草）花叶病毒

K

Kabatia Bubák 壳镰孢属[F]

Kabatia latemarensis Bub. 菜地壳镰孢

Kabatia lonicerae （Harkm） **Höhn.** 忍冬壳镰孢

Kabatia persica （petrak） **Sutton** 桃壳镰孢

Kabatiella Bubák. 球梗孢属[F]

Kabatiella caulivora （Kirch.） **Karak.** 三叶草（车轴草）球梗孢

Kabatiella lini （Laff.） **Karak.** 亚麻球梗孢[亚麻褐变病菌]

Kabatiella zeae Narita et Hirats 玉蜀黍球梗孢[玉米眼斑病菌、高粱北方炭疽病菌]

kalanchoe commelina yellow mottle 见 *Kalanchoe top-spotting Badnavirus*

kalanchoe 1 virus 见 *Kalanchoe latent virus Carlavirus*

Kalanchoe isometric virus 伽蓝菜（属）等

轴病毒

Kalanchoe latent virus Carlavirus（KLV）
伽蓝菜（属）潜病毒

Kalanchoe mosaic virus Potyvirus（KMV）
伽蓝菜（属）花叶病毒

Kalanchoe top-spotting virus Badnavirus
（KTSV）伽蓝菜顶端斑点病毒

Kamatomyces 见 *Masseeella*

Kartoffel-K-Virus 见 *Potato virus M Carlavirus*

Kartoffel-Rollmosaik-Virus 见 *Potato virus M Carlavirus*

Kawakamia carica 见 *Phytophthora palmivora*

Kawakamia cyperi 见 *Phytophthora cyperi*

Kawakania colocasiae 见 *Phytophthora colocasiae*

Kenaf vein-clearing virus Rhabdovirus
（KVCV）洋麻脉明病毒

Kennedya virus Y Potyvirus（KVY）肯尼迪豆 Y 病毒

Kennedya yellow mosaic virus Tymovirus
（KYMV）肯尼迪豆黄花叶病毒

Kernella **Thirum.** 柄柱锈菌属[F]

Kernella lauricola（Thirum.）**Thirum.**
月桂树生柄柱锈菌

Kernella lauricola var. **phoebae** Ge et Xu
月桂树生柄柱锈菌紫楠变种

Kernia lauricola 见 *Kernella lauricola*

Kernia 见 *Kernella*

Kernkampella **Rajen.** 间孢伞锈菌属[F]

Kernkampella appendiculata（Lagerh. et Diet.）**Laund.** 附属丝间孢伞锈菌

Kernkampella breynia-patentis（Mundk. et Thirum.）**Rajen.** 间孢伞锈菌

Klastospora 见 *Pucciniostele*

Klebahnia 见 *Uromyces*

Konjac mosaic virus Potyvirus（KoMV）
魔芋花叶病毒

Korthalsella **Van Tiegh** 栗寄生属（桑寄生科）[P]

Korthalsella japonica（Thunb.）**Engl.**
日本栗寄生

Korthalsella japonica var. **fasciculata**（Van Tiegh.）**Kiu** 日本栗寄生狭茎变种

Kuehneola **Magn.** 不眠多胞锈菌属[F]

Kuehneola callicarpae **Syd.** 紫珠不眠多胞锈菌

Kuehneola japonica **Diet.** 日本不眠多胞锈菌

Kuehneola malvicola **Arth.** 锦葵生不眠多胞锈菌

Kulkarniella 见 Monosporidium

Kunkelia 见 Gymnoconia

Kuntzeomyces **Henn. ex Sacc. et Syd.** 胶膜黑粉菌属[F]

Kweilingia **Teng** 桂林锈菌属[F]

Kweilingia americana **Buriticá et Hennen**
美洲桂林锈菌[美洲蜡皮菌]

Kwilingia bambusae **Teng** 竹桂林锈菌

Kyuri green mottle mosaic virus Tobamovirus 黄瓜绿色斑驳花叶病毒

Laboulbenia **Mont. et Robin** 虫囊菌属[F]

Laboulbenia europaea **Thaxt.** 欧洲虫囊菌

Laboulbenia fujianensis **Ye** 福建虫囊菌

Laboulbenia hainanensis Ye et Shen　海南虫囊菌

Laboulbenia hottentottae Thaxt.　负泥虫虫囊菌

Laboulbenia separata Thaxt.　分离虫囊菌

Laboulbenia thyrepteri Thaxt.　瘤壳虫囊菌

Laboulbenia thyrepteri var. *borneensis* Thaxt.　瘤壳虫囊菌婆罗洲变种

Laboulbenia vermiformis Balazuc　蠕形虫囊菌

Laboulbenia yurikoi Sugiyama et Majewski　平顶虫囊菌

Labridium Vestergr.　壳毛孢属[F]

Labridium rhododendri Wils.　杜鹃壳毛孢

Laburnum anagyroides virus 见 *Laburnum yellow vein virus Nucleorhabdovirus*

Laburnum yellow vein virus Nucleorhabdovirus（LaYVV）毒豆(属)黄脉病毒

Lachnellula Karsten　毛杯菌属[F]

Lachnellula laricis（Cooke）Dharne　落叶松毛杯菌

Lachnellula willkommii（Hart.）Dennis　韦氏毛杯菌[落叶松癌肿病菌]

Lachnum Retz.　粒毛盘菌属[F]

Lachnum tengii W. Y. Zhuang　邓氏粒毛盘菌

lactuca virus 1 见 *Lettuce mosaic virus Potyvirus*

Laelia red leaf spot virus Nucleorhabdovirus（LRLV）蕾丽兰(属)红叶斑病毒

Laetiporus Murr.　炮孔菌属[F]

Laetiporus sulphureus Murr　硫色炮孔菌

Lagena Vanterp. et Ledingham　拟链壶菌属[C]

Lagena radicicola Vanterpcol et Ledingham　拟链壶菌[小麦根腐病菌]

Lagenidium Schenk　链壶菌属[C]

Lagenidium canterae Karling　坎特链壶菌[角星鼓藻和鼓藻链壶病菌]

Lagenidium caudatum Barron　尾状链壶菌

Lagenidium enecans Zopf　管状链壶菌[舟形藻、辐节藻链壶病菌]

Lagenidium lundii Karling　伦迪链壶菌[角星鼓藻和鼓藻链壶病菌]

Lagenidium pygmaeum Zopf　矮小链壶菌[松芽腐病菌]

Lagenisma Drebes　类链壶菌属[C]

Lagenisma coscinodisci Drebes　圆筛藻类链壶菌[圆筛藻类链壶病菌]

Laimaphelenchus Fuchs　咽滑刃线虫属[N]

Laimaphelenchus moro 见 *Aphelenchoides moro*

Laimaphelenchus parvus 见 *Laimaphelenchus pini*

Laimaphelenchus pini Baujard　松咽滑刃线虫

Laimaphelenchus silvaticus Hirling　森林咽滑刃线虫

Laimaphelenchus ulmi Khan　榆咽滑刃线虫

Lambertella Höhnel　兰伯特盘菌属[F]

Lambertella aurantiaca Tewari et Pant　橘色兰伯特盘菌

Lambertella buchwaldii Tewari et Pant　布氏兰伯特盘菌

Lambertella copticola Korf　黄连生兰伯特盘菌

Lambertella corni-maris Höhn.　兰伯特盘菌

Lambertella fructicola Dumont　实生兰伯特盘菌

Lambertella guizhouensis W. Y. Zhuang　贵州兰伯特盘菌

Lambertella himalayensis Tewari et Pant　喜马兰伯特盘菌

Lambertella jasmini Seaver　茉莉兰伯特盘菌

Lambertella korfii W. Y. Zhuang 柯夫兰伯特盘菌

Lambertella rubi Korf 悬钩子兰伯特盘菌

Lambertella tengii W. Y. Zhuang 邓氏兰伯特盘菌

Lambertella tewai Dumont 台氏兰伯特盘菌

Lambertella torquata W. Y. Zhuang 环孢兰伯特盘菌

Lambertella verrucosispora W. Y. Zhuang 疣孢兰伯特盘菌

Lambertella xishuangbanna W. Y. Zhuang 西双版纳兰伯特盘菌

Lambertella zeylanica Dumont 锡兰兰伯特盘菌

Lamium mild mosaic virus Fabavirus (LMMV) 野芝麻(属)轻型花叶病毒

Lamium mild mottle virus Fabavirus 野芝麻(属)轻斑驳病毒

Lampteromyces Sing. 亮耳菌属[F]

Lampteromyces japonicus (Kawam.) Sing. 日本亮耳菌[一种杀线虫真菌]

Lanzia Sacc. 兰斯盘菌属[F]

Lanzia glandicola var. *cornicola* W. Y. Zhuang 栎实兰斯盘菌灯台树变种

Lanzia huangshanica f. sp. *aurantiaca* Zhuang 黄山兰斯盘菌橙色变型

Lanzia huangshanica f. sp. *huangshanica* W. Y. Zhuang 黄山兰斯盘菌原变型

Lanzia microserotina W. Y. Zhuang 小晚兰斯盘菌

Lanzia phaeoparaphysis W. Y. Zhuang 暗丝兰斯盘菌

Lanzia serotina (Pers. : Fr.) Korf et W. Y. Zhuang 晚生兰斯盘菌

Lasiobotrys Kunze 刺球座菌属[F]

Lasiobotrys affinis 见 *Lasiobotrys lonicerae*

Lasiobotrys lonicerae (Fr.) Kunze 忍冬刺球座菌

Lasiodiplodia M. B. Ellis et Everh 毛色二孢属[F]

Lasiodiplodia theobromee (Pat) Griff et Maubl. 可可毛色二孢[腰果花枝回枯病菌,杨树溃疡病菌]

Lathraea L. 齿鳞草属(列当科)[P]

Lathraea chinfushanica Hu et Tang 金佛山齿鳞草

Lathraea japonica Miq. 日本齿鳞草

Lato River virus Tombusvirus (LRV) 拉托河病毒

Latrostium Zopf 拟根丝壶菌属[F]

Latrostium comprimens Zopf 拟根丝壶菌[无隔藻拟根丝壶病菌]

Launaea arborescens stunt virus (LArSV) 乔木栓果菊矮化病毒

Launaea mosaic virus Potyvirus (LauMV) 栓果菊(属)花叶病毒

Leek white stripe virus Necrovirus (LWSV) 韭葱白条病毒

Leek yellow stripe virus Potyvirus (LYSV) 韭葱黄条病毒

Leek yellows virus (LYV) 韭葱黄化病毒

Legume yellows virus 见 *Bean leafroll virus*

Leifsonia Evtushenko et al. 赖夫生氏菌属[B]

Leifsonia poae Evtushenko et al. 早熟禾赖夫生氏菌

Leifsonia rubra Reddy et al. 变红赖夫生氏菌

Leifsonia xyli 见 *Clavibacter xyli*

Leifsonia xyli subsp. cynodontis 见 *Clavibacter xyli* pv. *cyanodontis*

Leifsonia xyli subsp. xyli 见 *Clavibacter xyli* pv. *xyli*

Leipotylenchus sbulbosus 见 *Atetylenchus abulbosus*

Leipotylenchus secalis 见 *Atetylenchus secalis*

Lelenchus discrepans 见 *Filenchus discrepans*

Lelenchus minutus 见 *Filenchus minutus*

Lemon scented thyme leaf chlorosis virus Nucleorhabdovirus（LSTCV） 柠檬味百里香叶褪绿病毒

Lenzites Fr. 革裥菌属[F]

Lenzites betulina（L.）Fr. 桦革裥菌[桦褐孔菌]

Lenzites japonica Berk. et Curt. 日本革裥菌[东方褐孔菌]

Lenzites juniperina Teng et Ling 桧革裥菌

Lenzites laricinus 见 *Trichaptum laricinum*

Lenzites schichiana（Teng et ling）Teng 合欢革裥菌

Lenzites trabea（Pers.）Fr. 紫纹革裥菌

Leonurus mosaic virus Begomovirus（Le-MV） 益母草（属）花叶病毒

Leotia Pers. 锤舌菌属[F]

Leotia atrovirens Pers. 黑绿锤舌菌

Leotia aurantipes（Imai）Tai 黄柄锤舌菌

Leotia castanea Teng 栗色锤舌菌

Leotia chlorocephala Schw. ex Dur. 绿头锤舌菌

Leotia gelatinosa Hill. 胶质锤舌菌

Leotia gracilis Tai 细丽锤舌菌

Leotia kunmingensis Tai 昆明锤舌菌

Leotia lubrica（Scop.）Pers. 润滑锤舌菌

Leotia marcida Pers. 凋萎锤舌菌

Leotia portentosa（Imai et Minak.）Tai 奇异锤舌菌

Leptomelanconium Petrak 线黑盘孢属[F]

Leptomelanconium allescheri（Schnabl）Petrak 线黑盘孢

Leptomelanconium australiense Sutton 澳洲线黑盘孢

Leptosphaerella（Sacc.）Hara 细球腔菌属[F]

Leptosphaerella nashi Hara. 纳雪细球腔菌

Leptosphaerella pomona Sacc. 苹果细球腔菌

Leptosphaerella pruni Woronichin 李细球腔菌

Leptosphaeria Ces. et de Not. 小球腔菌属[F]

Leptosphaeria abutilonis Chochrj. 苘麻小球腔菌

Leptosphaeria agaves Syd. et Butler 剑麻小球腔菌

Leptosphaeria alpiniae Maubl. 草豆蔻小球腔菌

Leptosphaeria aquilegiae Bres. 耧斗菜小球腔菌

Leptosphaeria avenaria Weber 燕麦小球腔菌

Leptosphaeria bambusae Roll. 箣竹小球腔菌

Leptosphaeria bataticola Chochrj. et Djur. 甘薯生小球腔菌

Leptosphaeria belamcandae Chang et Chi 射干小球腔菌

Leptosphaeria coicis Saw. 薏苡小球腔菌

Leptosphaeria coniothyrium（Fuckel）Sacc. 盾壳小球腔菌

Leptosphaeria culmicola（Fr.）Wint. 禾秆生小球腔菌

Leptosphaeria desmodii Lue et Chi 广金钱草小球腔菌

Leptosphaeria eranthemi Pat. 喜花草小球腔菌

Leptosphaeria eriobotryae Syd. et Butl. 枇杷小球腔菌

Leptosphaeria glandulosae Lobik 多腺小球腔菌

Leptosphaeria graminis（Fuckel）Wint. 禾小球腔菌

Leptosphaeria herpotrichoides de Not. 卷毛小球腔菌

Leptosphaeria korrae Walker et Smith 柯拉小球腔菌[结缕草坏死斑病菌]

Leptosphaeria libanotis (Fuckel) Niessl 胡萝卜褐腐病菌

Leptosphaeria maculans (Desm.) Ces. et de Not. 斑污小球腔菌[白菜黑胫病菌、十字花科蔬菜黑胫病菌]

Leptosphaeria mandshurica Miura 东北小球腔菌[苹果斑纹病菌]

Leptosphaeria michottii (West.) Sacc. 米科特小球腔菌

Leptosphaeria modesta (Desm.) Auersw. 平静小球腔菌[伞形科小球腔菌]

Leptosphaeria morindae Chang et Chi 巴戟天小球腔菌

Leptosphaeria musae Lin et Yen 香蕉小球腔菌[香蕉叶斑病菌]

Leptosphaeria musigena Lin et Yen 蕉生小球腔菌

Leptosphaeria napi (Fuckel) Wint. 芜菁小球腔菌[芜菁黑斑病菌]

Leptosphaeria narmari Walker et Smith 那麻利小球腔菌[结缕草坏死斑病菌]

Leptosphaeria nodorum Muller 颖枯小球腔菌[小麦颖枯病菌]

Leptosphaeria olericola Sacc. 甘蓝生小球腔菌

Leptosphaeria oryzaecola Hara. 稻生小球腔菌

Leptosphaeria oryzina Sacc. 稻小球腔菌

Leptosphaeria plumbaginis Pat. 白花丹小球腔菌

Leptosphaeria poae Niessl. 早熟禾小球腔菌

Leptosphaeria pomona Sacc. 苹果小球腔菌

Leptosphaeria pontiformis (Fuckel) Sacc. 舟形小球腔菌

Leptosphaeria pruni Woronichin 李小球腔菌[桃皮腐病菌]

Leptosphaeria puttemansii Maubl. 布塔曼小球腔菌

Leptosphaeria sacchari Breda 甘蔗小球腔菌[甘蔗鞘枯病菌]

Leptosphaeria salvinii Catt. 稻小球腔菌，鼠尾草小球腔菌

Leptosphaeria scabrispora Teng 瘤孢小球腔菌

Leptosphaeria scirpina Wint. 藨草小球腔菌

Leptosphaeria taiwanensis Yen et Chi 台湾小球腔菌[甘蔗叶条枯病菌]

Leptosphaeria theae Hara. 茶小球腔菌[茶灰斑病菌]

Leptosphaeria tigrisoides Hara. 虎斑小球腔菌

Leptosphaeria trachycarpi Hara. 粗果小球腔菌

Leptosphaeria tritici (Garov.) Pass. 小麦小球腔菌[小麦叶枯病菌]

Leptosphaeria typhae (Auersw.) Wint. 香蒲小球腔菌

Leptosphaeria typharum (Desm.) Karsten 香蒲生小球腔菌

Leptosphaeria zingiberi Hara. 姜小球腔菌

Leptosphaerulina McAlp. 小光壳属[F]

Leptosphaerulina arachidicola Yen et al. 花生小光壳[花生角斑病菌]

Leptosphaerulina platycodonis Lue et Chi 桔梗小光壳

Leptosphaerulina trifoli (Rost.) Petr. 三叶草(车轴草)小光壳

Leptostroma Fr. 半壳孢属[F]

Leptostroma lonicericolum Rabenh. 忍冬半壳孢

Leptostroma macrospore Teng 大孢半壳孢

Leptostromella (Sacc.) Sacc. 小半壳孢属[F]

Leptostromella hysteruides (Fr.) Sacc.

缝状小半壳孢

Leptothyrina **Höhn.** 拟细盾霉属[F]

Leptothyrina rubi（Duby）**Höhn.** 悬钩子拟细盾霉

Leptothyrium **Kunze** 细盾霉属[F]

Leptothyrium camelliae **Henn.** 山茶细盾霉

Leptothyrium glycosmidis **Keissl.** 酒饼叶细盾霉

Leptothyrium lunariae **Kunze** 眉月细盾霉

Leptothyrium passerinii **Thüm.** 帕塞林细盾霉

Leptothyrium polygonati **Tassi** 黄精细盾霉

Leptothyrium pomi（Mont. et Fr.）**Sacc.** 仁果细盾霉[杏蝇污病菌]

Leptothyrium quercinum（Lasch）**Sacc.** 栎细盾霉

Leptothyrium smilacis-chinae **Teng** 菝葜细盾霉

Lettuce big-vein associated virus Varicosavirus（LBVV） 莴苣巨脉伴随病毒

Lettuce chlorosis virus Crinivirus（LCV） 莴苣褪绿病毒

Lettuce infectious yellows virus Crinivirus（LIYV） 莴苣传染性黄化病毒

Lettuce mosaic virus Potyvirus（LMV） 莴苣花叶病毒

Lettuce necrosis virus 见 *Dandelion yellow mosaic virus Sequivirus*

Lettuce necrotic yellows virus Cytorhabdovirus（LNYV） 莴苣坏死黄化病毒

Lettuce ring necrosis virus Ophiovirus 莴苣环坏死病毒

Lettuce ringspot virus 见 *Tomato black ring virus Nepovirus*（TBRV）

Lettuce speckles mottle virus Umbravirus（LSMV） 莴苣小斑驳病毒

Leucostoma（Nitschke）**Hohnel** 白座壳属[F]

Leucostoma cincta（Fr.）**Höhn.** 苹果溃疡病菌

Leucostoma curreyi（Nits.）**Defago** 柯里白座壳

Leucostoma kuduerensis **Yuan** 库都尔白座壳

Leucostoma nivae **Höhn.** 杨树白座壳[杨树腐烂病菌]

Leucostoma persoonii 见 *Valsa leucostoma*

Leucotelium **Tranz.** 白双胞锈菌属[F]

Leucotelium pruni-persicae（Hori）**Tranz.** 桃白双胞锈菌[桃白锈病菌、梅锈病菌]

Leveillula **Arn.** 内丝白粉菌属[F]

Leveillula balsaminacearum **Golov.** 凤仙花科内丝白粉菌

Leveillula chenopodiacearum **Golov.** 藜科内丝白粉菌

Leveillula compositarum **Golov.** 菊科内丝白粉菌

Leveillula elaeagnacearum **Golov.** 胡颓子科内丝白粉菌

Leveillula leguminosarum **Golov.** 豆科内丝白粉菌

Leveillula linacearum **Golov.** 亚麻内丝白粉菌

Leveillula malvacearum **Golov.** 锦葵科内丝白粉菌[棉花白粉病菌]

Leveillula polygonacearum **Golov.** 蓼科内丝白粉菌

Leveillula ranunculacearum **Golov.** 毛茛科内丝白粉菌

Leveillula rutacearum **Golov.** 芸香科内丝白粉菌

Leveillula saxaouli（Sorok.）**Golov.** 猪毛菜内丝白粉菌[梭梭树白粉菌]

Leveillula scrophulariacearum **Golov.** 玄参科内丝白粉菌

Leveillula taurica（Lév）**Arn.** 鞑靼内丝白粉菌

Leveillula tropaeoli（Berger.）**Cif. et Camera** 旱金莲内丝白粉菌

Leveillula umbelliferarum **Golov.** 伞形科内丝白粉菌

Libertella **Desm.** 盘针孢属[F]

Libertella betulina **Desm.** 桦盘针孢

Libertella xalicis **Smith** 柳盘针孢

Ligniera **Maire et Tison** 异黏孢菌属[C]

Ligniera junci (Schwartz)**Maire et Tison** 根生异黏孢菌[沼泽植物根腐病菌]

Ligniera pilorum **Fron et Gaillate** 毛异黏孢菌[早熟禾根腐病菌]

Lilac chlorotic leafspot virus Capillovirus (LiCLV) 丁香褪绿叶斑病毒

Lilac mottle virus Carlavirus (LiMoV) 丁香斑驳病毒

Lilac ring mottle virus Ilarvirus (LiRMoV) 丁香环斑驳病毒

Lilac ringspot virus Carlavirus (LiRSV) 丁香环斑病毒

Lilac streak mosaic virus 见 *Elm mottle virus Ilarvirus* (EMoV)

Lilac white mosaic virus 见 *Elm mottle virus Ilarvirus* (EMoV)

Lilac witches' broom phytoplasma 丁香丛枝病植原体

Lily curl stripe virus 见 *Lily symptomless virus Carlavirus*

Lily mild mottle virus Potyvirus (LMMoV) 百合轻型斑驳病毒

Lily mosaic virus Potyvirus 见 *Tulip breaking virus Potyvirus* (TBV)

Lily mottle virus Potyvirus (LMoV) 百合斑驳病毒

Lily ringspot virus 见 *Cucumber mosaic virus Cucumovirus* (CMV)

Lily streak and tulip mosaic virus 见 *Tulip breaking virus Potyvirus* (TBV)

Lily streak virus 见 *Lily symptomless virus Carlavirus*

Lily symptomless virus Carlavirus (LSLV) 百合无症病毒

Lily virus Potexvirus 见 *Lily virus X Potexvirus* (LVX)

Lily virus X Potexvirus (LVX) 百合 X 病毒

Limabean golden mosaic virus Begomovirus (LGMV) 利马豆金色花叶病毒

Limacinia **Neger** 光壳炱属[F]

Limacinia auranti **Henn.** 酸橙光壳炱

Limacinia chenii **Sawada et Yamam.** 透孢光壳炱

Limacinia citri (Br. et Pass.)**Sacc. et Lindau** 柑橘光壳炱

Limacinia clavatispora **Yamam.** 棒孢光壳炱

Limacinia filiformis **Yamam.** 线孢光壳炱

Limacinia formosana **Yamam.** 台湾光壳炱

Limacinia globosa (Fres.)**Yamam.** 球形光壳炱

Limacinia japonica **Hara.** 日本光壳炱

Limacinia ovispora **Sawada** 绵光壳炱

Lime die-back virus 见 *Citrus tristeza virus Closterovirus*

Lime witches' broom phytoplasma 来檬丛枝植原体

Linochora **Höhn.** 壳线孢属[F]

Linochora howardii **Syd.** 镰形壳线孢

Lipocystis **Cumm.** 唇囊锈菌属[F]

Lipocystis caesalpiniae (Arth.)**Cumm.** 唇囊锈菌

Lipospora 见 Tranzschelia

Liroa **Cif.** 利罗黑粉菌属[F]

Liroa emodensis (Berk.)**Cif.** 埃地利罗黑粉菌

Liroa nepalensis 见 *Ustilago nepalensis*

Lirula **Darker** 小沟盘菌属[F]

Lirula macrospora (Hartig)**Darker** 大孢小沟盘菌

Lirula nervisequia (DC.；Fr.)**Darker** 脉生小沟盘菌

Lisianthus line pattern virus Ilarvirus

(LLPV) 草原龙胆(属)线纹病毒

Lisianthus necrosis virus Necrovirus
(LNV) 草原龙胆(属)坏死病毒

Little cherry virus Ampelovirus (LChV)
小樱桃病毒

Lobocriconema **Berg et Heyns** 栉环线虫
属[N]

Lobocriconema aberrans 见 *Criconemoides aberrans*

Lobocriconema brevicaudatum 见 *Criconemoides brevicaudatus*

Lobocriconema crassianulatum 见 *Criconemoides crassianulatus*

Lobocriconema laterale 见 *Criconemoides laterale*

Lobocriconema neoaxestus 见 *Criconemoides neoaxestus*

Lobocriconema pauperum 见 *Criconemoides pauperus*

Lobocriconema serratum 见 *Ogma serratum*

Lobocriconema squamifer 见 *Criconema squamifer*

Lobocriconema sulcatums 见 *Criconemoides sulcatum*

Lobocriconema zeae 见 *Notholetus zeae*

Loborhiza **Hanson** 裂壶菌属[F]

Loborhiza metzneri **Hanson** 梅斯裂壶菌
[团藻裂壶病菌]

loganberry calico virus 见 *Wineberry latent virus*

loganberry degeneration virus 见 *Raspberry bushy dwarf virus Idaeovirus*

lolium enation virus 见 *Oat sterile dwarf virus Fijivirus*

lolium mottle virus 见 *Cynosurus mottle virus Sobemovirus*

Lolium ryegrass virus Nucleorhabdovirus
(LoRV) 黑麦草病毒

Longidorella **Thorne** 小长针线虫属[N]

Longidorella parva **Thorne** 微细小长针
线虫

Longidoroides **Khan, Chawla et Saha** 拟
长针线虫属[N]

Longidoroides clavicaudatus **Jacobs et Heyns** 棒尾拟长针线虫

Longidoroides hooperi (Heyns) **Jacobs et Heyns** 霍珀拟长针线虫

Longidoroides jacobsi **Heyns** 葱拟长针线虫

Longidoroides pini **Jacobs et Heyns** 松拟长针线虫

Longidoroides wiesae **Heyns** 威斯拟长针线虫

Longidorus (Micoletzky) **Thorne et Swanger**
长针线虫属[N]

Longidorus alaskaensis **Robbins et Brown** 阿拉斯加长针线虫

Longidorus apulus (Lamberti et Bleve-Zacheo) 阿普利长针线虫

Longidorus artemisiae **Rubtsova, Chizhov et Subbotin** 茶长针线虫

Longidorus arthensis **Brown et al.** 阿尔特长针线虫

Longidorus attenuatus **Hooper** 渐狭长针线虫

Longidorus balticus **Brzeski, Peneva et Brown** 波罗的海长针线虫

Longidorus bernardi **Robbins et Brown** 伯氏长针线虫

Longidorus breviannulatus **Norton et Hoffmann** 短环长针线虫

Longidorus caespiticola **Hooper** 草皮长针线虫

Longidorus camelliae **Zheng, Peneva et Brown** 山茶长针线虫

Longidorus carpathicus **Liskova, Robbins et Brown** 卡尔巴斯长针线虫

Longidorus citri (Siddiqi) **Thorne** 柑橘长针线虫

Longidorus crataegi **Roca et Bravo** 山楂长针线虫

Longidorus cretensis Tzortzakakis, Peneva et al.　克里特长针线虫

Longidorus diadecturus Eveleigh et Allen　折环长针线虫

Longidorus edmundsi Hunt et Siddiqi　埃氏长针线虫

Longidorus elongatus（de Man）Micoletzky　逃逸（逸去）长针线虫

Longidorus fagi Peneva, Choleva et Nedelchev　山毛榉长针线虫

Longidorus fangi Xu et Cheng　方氏长针线虫

Longidorus fasciates Roca et Lamberti　横带长针线虫

Longidorus goodeyi Hooper　古氏长针线虫

Longidorus hangzhouensis Zheng, Peng et Brown　杭州长针线虫

Longidorus henansis Xu et Cheng　河南长针线虫

Longidorus himalayensis（Khan）Xu et Hooper　喜马拉雅长针线虫

Longidorus intermedius Kozlowska et Seinhorst　间型长针线虫

Longidorus jiangsuensis Xu et Cheng　江苏长针线虫

Longidorus juglansicola Liskova, Robbins et Brown　核桃长针线虫

Longidorus laricis Hirata　落叶松长针线虫

Longidorus litchii Xu et Cheng　荔枝长针线虫

Longidorus macrosoma Hooper　大体长针线虫

Longidorus martini Merny　马氏长针线虫

Longidorus menthasolanus Konicek et Jensen　薄荷茄长针线虫

Longidorus paralaskaensis Robbins et Brown　拟阿拉斯加长针线虫

Longidorus picenus Roca et al.　云杉长针线虫

Longidorus pini Andres et Arias　松长针线虫

Longidorus pisi Edward, Misra et Singh　豌豆长针线虫

Longidorus psidii Khan et Khan　番石榴长针线虫

Longidorus saginus Khan, Seshadri et al.　漆姑草长针线虫

Longidorus silvae Roca　树林长针线虫

Longidorus sylphus Thorne　森林长针线虫

lonicera latent virus　见 *Honeysuckle latent virus Carlavirus*

Loofia robusta　见 *Hemicycliophora robusta*

Loofia thienemanni　见 *Hoplolaimus thienemanni*

Lophiostoma（Fr.）Ces. et de Not.　扁孔腔菌属[F]

Lophiostoma antennariae Czerep.　蝶须苗扁孔腔菌

Lophiostoma excipuliforme（Fr.）Ces. et de Not.　囊盘状扁孔腔菌

Lophiostoma pinastri Niessl.　松扁孔腔菌

Lophodermella v. Höhn.　小散斑壳属[F]

Lophodermella orientalis Minter et Ivory　东方小散斑壳

Lophodermium Chev.　散斑壳属[F]

Lophodermium anhuiense Lin　安徽散斑壳

Lophodermium arundinaceum（Schrad.）Chev.　苇散斑壳

Lophodermium australe Dearn.　南方散斑壳

Lophodermium autumnale Dark.　秋散斑壳

Lophodermium berberidis（Schleich.）Rehm　小檗散斑壳

Lophodermium cedrinum Maire　雪松散斑壳

Lophodermium confluens Lin，Hou et Zheng　连合散斑壳

Lophodermium conigenum （Brunaud）Hilitz.　针叶树散斑壳[松落针病菌]

Lophodermium ellipticum Lin　椭圆散斑壳

Lophodermium filiforme Dark.　线孢散斑壳

Lophodermium guangxiense Lin　广西散斑壳

Lophodermium harbinense Lin　哈尔滨散斑壳

Lophodermium himalayense Cannon et Minter　喜马拉雅散斑壳

Lophodermium hysterioides （Pers.）Sacc.　缝状散斑壳

Lophodermium implicatum Lin et Xu　纠丝散斑壳

Lophodermium indianum Singh et Minter　印度散斑壳

Lophodermium juniperinum （Fr.）de Not.　刺柏散斑壳[桧柏落叶散斑壳菌]

Lophodermium kumaunicum Minter et Sharma　库曼散斑壳

Lophodermium laricinum Duby　落叶松散斑壳

Lophodermium macrosporum （Hartig）Rehm　大孢散斑壳[云杉落叶散斑壳菌]

Lophodermium maximum He et Yang　大散斑壳[松落针病菌]

Lophodermium mirabile Lin　奇异散斑壳

Lophodermium nervisequium （DC. ex Fr.）Rehm　脉生散斑壳[冷杉落叶散斑壳菌]

Lophodermium nitens Dark.　光亮散斑壳

Lophodermium orientale Minter　东方散斑壳

Lophodermium parasiticum He et Yang　寄生散斑壳[松落针病菌]

Lophodermium petrakii Durrieu　佩特拉克散斑壳

Lophodermium piceae （Fuck.）Höhn.　云杉散斑壳

Lophodermium pieridis Keissl.　马醉木散斑壳

Lophodermium pinastri （Schrad.）Chev.　松针散斑壳

Lophodermium pini-bungeanae Lin　白皮松散斑壳

Lophodermium pini-excelsae Ahmad　乔松散斑壳

Lophodermium pini-pumilae Saw.　偃松散斑壳

Lophodermium pini-sibiricum Hou et Liu　新疆五针松散斑壳

Lophodermium rhododendri Ces.　杜鹃散斑壳

Lophodermium rottboelliae Saw.　罗氏草散斑壳

Lophodermium seditiosum Minter，Staley et Millar　扰乱散斑壳[松落针病菌]

Lophodermium sichuanense Qiu et Liu　四川散斑壳

Lophodermium staleyi Minter　斯塔雷散斑壳

Lophodermium tumidum Rehm　肿斑壳

Lophodermium uncinatum Dark.　杉叶散斑壳[杉木叶枯病菌]

Lophodermium vagulum Wils. et Robertson　杜鹃花散斑壳

Lophodermium validum Lin，Xu et Li　强壮散斑壳

Lophodermium yanglingense Cao et Tian　杨陵散斑壳

Loranthus L.　桑寄生属（桑寄生科）[P]

Loranthus chinensis DC.　中华（松）桑寄生

Loranthus delavayi van Tiegh.　茶条木桑寄生

Loranthus europaeus Jacq.　欧洲桑寄生

Loranthus guizhouensis Kiu　贵州桑寄生

Loranthus kaoi （Chao）Kiu　高氏桤寄主

［台中桑寄生］

***Loranthus lambertianus* Schult.** 吉隆桑寄生

Loranthus maclurei 见 *Tolypanthus maclurei*

Loranthus nigrans 见 *Taxillus nigrans*

***Loranthus parasiticus* (L.) Merr.** 桑寄生［龙眼桑寄生病菌］

***Loranthus pentapetalus* Roxb.** 五瓣桑寄生

***Loranthus pseudo-odoratus* Lingelsh.** 华中桑寄生

***Loranthus sampsoni* Hance** 油茶桑寄生

***Loranthus tanakae* Franch. et Sav.** 北桑寄生

***Loranthus yadoriki* Sieb.** 毛叶桑寄生

***Lotus stem necrosis virus* Nucleorhabdovirus** (LoSNV) 百脉根茎坏死病毒

***Lotus streak virus* Nucleorhabdovirus** (LoSV) 百脉根线条病毒

***Lucerne Australian latent virus* Nepovirus** (LALV) 紫花苜蓿澳洲潜病毒

lucerne Australian latent virus SM strain 见 *Lucerne Australian symptomless Sadwavirus* (LASV)

***Lucerne Australian symptomless virus* Sadwavirus** (LASV) 紫花苜蓿澳洲无症病毒

***Lucerne enation virus* Nucleorhabdovirus** (LEV) 紫花苜蓿耳突病毒

lucerne latent virus 见 *Lucerne Australian latent virus Nepovirus*

lucerne mosaic virus 见 *Alfalfa mosaic virus Alfamovirus*

***Lucerne transient streak virus* satellite RNA** 紫花苜蓿暂时性线条病毒卫星RNA

***Lucerne transient streak virus* Sobemovirus** (LTSV) 紫花苜蓿暂时性线条病毒

***Luffa yellow mosaic virus* Begomovirus** 丝瓜黄花叶病毒

***Lupin leaf curl virus* Begomovirus** (LLCV) 羽扇豆曲叶病毒

***Lupin virus* Rhabdovirus** 见 *Lupin yellow vein virus Nucleorhabdovirus*

***Lupin yellow vein virus* Nucleorhabdovirus** (LYVV) 羽扇豆黄脉病毒

Luteoviridae 黄症病毒科[V]

Luteovirus 黄症病毒属[V]

***Lychnis ringspot virus* Hordeivirus** (LRSV) 剪秋罗（属）环斑病毒

***Lychnis symptomless virus* Potexvirus** (LycSLV) 剪秋罗无症病毒

***Lychnis virus* Potexvirus** (LV) 剪秋罗病毒

Lycoperdon filiforme 见 *Ustilago filiformis*

Lycoperdon zeae 见 *Ustilago maydis*

***Lycoris mild mottle virus* Potyvirus** 石蒜属轻斑驳病毒

***Lysobacter* Christensen et Cook** 溶解杆菌属[B]

***Lysobacter antibioticus* Christensen et Cook** 拮抗溶解杆菌

***Lysobacter brunescenss* Christensen et Cook** 变棕溶解杆菌

***Lysobacter enzymogenes* Christensen et Cook** 产酶溶解杆菌

***Lysobacter enzymogenes* subsp. *cookii* Christensen et Cook** 产酶溶解杆菌库氏亚种

***Lysobacter enzymogenes* subsp. *enzymogenes* Christensen et Cook** 产酶溶解杆菌产酶亚种

***Lysobacter gummosuss* Christensen et Cook** 胶状溶解杆菌

***Lyticum* (Preer et al.) Preer et Preer** 溶菌属[B]

***Lyticum flagellatum* (Preer et al.) Preer et Preer** 鞭毛溶菌

***Lyticum sinuosum* (Preer et al.) Preer et Preer** 多曲溶菌

M

Machlomovirus　玉米褪绿斑驳病毒属[V]

Maclura mosaic virus Macluravirus（Mac-MV）　柘橙（属）花叶病毒

Macluravirus　柘橙病毒属[V]

Macrobiotophthora Reukauf　长寿霉属[F]

Macrobiotophthora vermicola Reukauf　蠕虫生长寿霉

Macrocriconema Minagawa　大环线虫属[N]

Macrocriconema querci（Choi et Geraert）Minagawa　栎大环线虫

Macrophoma（Sacc.）**Berl et Voglino**　大茎点菌属[F]

Macrophoma abeenia Hara.　茶大茎点菌

Macrophoma abutilonis Nakata et Takim.　苘麻大茎点菌[青麻胴枯病菌]

Macrophoma aurantii Scalia　酸橙大茎点菌

Macrophoma chenopodii Miura　藜大茎点菌

Macrophoma corchori Saw.　黄麻大茎点菌[黄麻立枯病菌]

Macrophoma cruenta（Fr.）**Ferr.**　血红大茎点菌

Macrophoma cylindrospora（Desm.）**Berl. et Vogl.**　柱孢大茎点菌

Macrophoma dalbergiicola Teng　黄檀大茎点菌

Macrophoma dendrocalami Saw.　牡竹大茎点菌

Macrophoma diospyri Earle　柿大茎点菌

Macrophoma ehretiae Cooke et Mass.　厚壳树大茎点菌

Macrophoma fagopyri Saw.　荞麦大茎点菌

Macrophoma fusispora **Bub.**　梭孢大茎点菌

Macrophoma ilicis-cornutae Teng　枸骨大茎点菌

Macrophoma ipomoeae Pass.　甘薯大茎点菌

Macrophoma kawatsukai Hara.　轮纹大茎点菌

Macrophoma macrospora（McAlp.）**Sacc. et Sacc.**　大孢大茎点菌

Macrophoma magnoliae Saw.　木兰大茎点菌

Macrophoma mame Hara.　豆荚大茎点菌[大豆荚枯病菌]

Macrophoma mirbelii（Fr.）**Berl. et Vogl.**　奇异大茎点菌

Macrophoma musae（Cooke）**Berl. et Vogl.**　香蕉大茎点菌[香蕉黑星病菌]

Macrophoma papayae Teng　番木瓜大茎点菌

Macrophoma phaseolina 见 *Macrophomina phaseolina*

Macrophoma salicina Sacc.　柳大茎点菌

Macrophoma secalina Tehon　黑麦大茎点菌

Macrophoma sophorae Miyake　槐大茎点菌

Macrophoma sophoricola Teng　槐生大茎点菌

Macrophoma suberis **Prill. et Delacr.**　黑斑软栎大茎点菌

Macrophoma taxi（Berk.）**Berl. et Vogl.**　红豆杉大茎点菌

Macrophoma theicola Petch　茶生大茎点菌

Macrophoma tumeifaciens Shear　杨大茎

点菌

Macrophoma vincetoxici Trav. et Spessa
合掌大茎点菌

Macrophoma zeae Tehon et Dan. 玉蜀黍
大茎点菌

Macrophomina Petrak 壳球孢属［F］

Macrophomina phaseoli （Maubl.）**Ashby**
菜豆壳球孢［植物炭腐病菌］

Macrophomina phaseolina （Tassi）**Goid**
菜豆生壳球孢［豇豆茎腐病菌］

Macrophomina philippins 见 *Macropho-mina phaseolina*

Macroposthonia de Man 大节片线虫属
［N］

Macroposthonia annulatiformis 见 *Cri-conemoides annulatiformis*

Macroposthonia antipolitana 见 *Cricone-moides antipolitana*

Macroposthonia anura 见 *Criconemoides anura*

Macroposthonia axestis 见 *Criconemoides axestis*

Macroposthonia azania 见 *Criconemella azania*

Macroposthonia bakeri 见 *Criconemoides bakeri*

Macroposthonia basilis 见 *Criconemoides basili*

Macroposthonia beljaevae 见 *Cricone-moides beljaevae*

Macroposthonia brevistylus 见 *Cricone-moides brevistylus*

Macroposthonia caelata 见 *Criconemoides caelatus*

Macroposthonia canadensis 见 *Cricone-mella canadensis*

Macroposthonia citricola 见 *Criconemoides citricola*

Macroposthonia complexa 见 *Criconemo-ides comleexa*

Macroposthonia crenata 见 *Criconemoides crenatus*

Macroposthonia curvata 见 *Criconemoides curvatus*

Macroposthonia denoudeni 见 *Cricone-moides denoudeni*

Macroposthonia discus 见 *Criconemoides discus*

Macroposthonia divida 见 *Criconemoides dividus*

Macroposthonia ferniae 见 *Criconemella ferniae*

Macroposthonia hemisphaericaudatus 见 *Criconemoides hemisphaericaudatus*

Macroposthonia incisa 见 *Criconemella incisa*

Macroposthonia incrassate 见 *Cricone-moides incrassatus*

Macroposthonia informe 见 *Criconemoides informis*

Macroposthonia insigne 见 *Criconemoides insigne*

Macroposthonia irregularis 见 *Cricone-moides irregularis*

Macroposthonia lamottei 见 *Discocricone-mella limitanea*

Macroposthonia macrolobata 见 *Cricone-moides macrolobata*

Macroposthonia malusi Razzhivin 苹果
大节片线虫

Macroposthonia maritima 见 *Criconemo-ides maritims*

Macroposthonia medani Phukan et Sanwal
棉兰大节片线虫

Macroposthonia microdora 见 *Cricone-moides microdorus*

Macroposthonia nainitalensis 见 *Cricone-moides nainitalensis*

Macroposthonia napoensis Talavera et
Hunt 芜菁节片线虫

Macroposthonia neoaxestus 见 *Cricone-moides neoaxestus*

Macroposthonia obtusicaudata 见 *Criconemoides obtusicaudatus*

Macroposthonia obtusicaudatus 见 *Criconemella ferniae*

Macroposthonia onoensis 见 *Criconemoides onoensis*

Macroposthonia oostenbrinki 见 *Criconemoides oostenbrinki*

Macroposthonia ornata 见 *Criconemella ornata*

Macroposthonia oryzae **Sharma, Edward et Mishra** 水稻大节片线虫

Macroposthonia palustris 见 *Criconemoides palustris*

Macroposthonia parareedi 见 *Criconemella parareedi*

Macroposthonia peruensiformis 见 *Criconemoides peruensiformis*

Macroposthonia peruensis 见 *Criconema peruensis*

Macroposthonia pruni (Siddiqi) **de Grisse et Loof** 李大节片线虫

Macroposthonia pseudohercyniense 见 *Criconemella pseudohercyniense*

Macroposthonia pseudosolivaga 见 *Criconemoides pseudosolivagus*

Macroposthonia pulla 见 *Criconemoides pullus*

Macroposthonia quadricorne 见 *Criconemoides quadricornis*

Macroposthonia quadricornis 见 *Criconemoides quadricornis*

Macroposthonia raskiensis 见 *Criconemella raskiensis*

Macroposthonia reedi 见 *Criconemoides reedi*

Macroposthonia resticum 见 *Criconemella resticum*

Macroposthonia rihandi 见 *Criconemoides rihandi*

Macroposthonia ritteri 见 *Criconemella ritteri*

Macroposthonia rosae 见 *Criconemoides rosae*

Macroposthonia rotundicaudata 见 *Criconemoides rotundicaudata*

Macroposthonia rusticum 见 *Criconemoides rusticum*

Macroposthonia similis 见 *Criconemoides similis*

Macroposthonia solivaga 见 *Criconemoides solivagus*

Macroposthonia sphaerocephala 见 *Criconemella sphaerocephala*

Macroposthonia sphaerocephaloides 见 *Criconemella sphaerocephaloides*

Macroposthonia surinamensis 见 *Discocriconemella surinamensis*

Macroposthonia tenuiannulata 见 *Criconemoides tenuiannulatus*

Macroposthonia tenuicute 见 *Criconemoides tenuicute*

Macroposthonia teres 见 *Criconemella teres*

Macroposthonia tescorum 见 *Criconemella tescorum*

Macroposthonia tulaganovi 见 *Criconemoides tulaganovi*

Macroposthonia vadensis 见 *Criconemoides vadensis*

Macroposthonia xenoplax 见 *Criconemella xenoplax*

Macroposthonia yapoensis 见 *Criconemoides yapoensis*

Macroptilium golden mosaic virus Begomovirus (MGMV) 大翼豆(属)金色花叶病毒

Macroptilium golden mosaic virus -[Jamaica 1] *Begomovirus* 大翼豆(属)金色花叶牙买加1号病毒

Macroptilium golden mosaic virus -[Jamaica 2] *Begomovirus* 大翼豆(属)金

色花叶牙买加 2 号病毒

Macroptilium golden mosaic virus -［PR］
Begomovirus 大翼豆（属）金色花叶
PR 病毒

Macroptilium mosaic Puerto Rico virus
Begomovirus 大翼豆（属）花叶波多黎
各病毒

Macroptilium yellow mosaic virus Begomo-
virus 大翼豆（属）黄花叶病毒

Macroptilium yellow mosaic virus Florida
Begomovirus 大翼豆（属）黄花叶佛罗
里达病毒

Macrosolen（Bl.）**Recichb.** 鞘花属（桑寄
生科）［P］

Macrosolen bibracteolatus（Hance）**Danser**
双苞鞘花

Macrosolen cochinchinensis（Lour.）**Van**
Tiegh. 中华鞘花

Macrosolen robinsonii（Gamble）**Danser**
短序鞘花

Macrosolen suberosus（Lauterb.）**Danser**
勐腊鞘花

Macrosolen tricolor（Lecomte）**Danser** 三
色鞘花

***Macrosporium* Fries** ［格孢属］见 *Alter-*
naria

Macrosporium abutilonis 见 *Alternaria*
abutilonis

Macrosporium brassicae var. macrospora 见
Alternaria macrospora

Macrosporium bulbotrichum 见 *Alternaria*
bulbotrichum

Macrosporium calycanthi 见 *Alternaria*
calycanthi

Macrosporium carotae 见 *Alternaria dau-*
ci

Macrosporium catalpae 见 *Alternaria*
catalpae

Macrosporium celosiae 见 *Alternaria celo-*
siae

Macrosporium fasciculatum 见 *Alternaria*
fasciculata

Macrosporium malvae 见 *Alternaria*
malvae

Macrosporium negundinicolum 见 *Alter-*
naria negundinicola

Macrosporium nigricans 见 *Alternaria*
nigricans

Macrosporium porri 见 *Alternaria porri*

Macrosporium ricini 见 *Alternaria ricini*

Macrosporium sesami 见 *Alternaria sesa-*
mi

Macrosporium solani 见 *Alternaria sola-*
ni

Macrosporium tomato 见 *Alternaria to-*
mato

Macrotyloma mosaic virus Begomovirus
（MaMV） 硬皮豆（属）花叶病毒

***Macruropyxis* Azbu.** 筛孔锈菌属［F］

Macruropyxis fraxini（Kom.）**Azbu.** 梣
筛孔锈菌

Maculavirus 葡萄斑点病毒属［V］

Madinema baforti 见 *Criconemoides*
baforti

Madinema citricola 见 *Criconemoides cit-*
ricola

Madinema glabrannulatum 见 *Discocri-*
conemella glabrannulata

Madinema incrassatum 见 *Criconemoides*
incrassatus

Madinema macramphidia 见 *Cricone-*
moides macramphidia

Madinema recensi 见 *Discocriconemella*
recensi

Madinema sphaerocephaloides 见 *Cri-*
conemella sphaerocephaloides

Madinema theobromi 见 *Discocriconemel-*
la theobromae

***Magnaporthe* Krause et Webster** 大毁壳
属［F］

Magnaporthe grisea（Hebert）**Barrnov.**
灰色大毁壳［灰色大瘟壳、稻瘟病菌］

Magnaporthe poae Barrnov.　早熟禾大毁壳［早熟禾斑枯病菌］

Mainsia　见 *Gerwasia*

Maize bushy stunt phytoplasma　玉米丛矮病植原体

Maize chlorotic dwarf virus Waikavirus（MCDV）　玉米褪绿矮缩病毒

Maize chlorotic mottle virus Machlomovirus（MCMV）　玉米褪绿斑驳病毒

maize chlorotic stripe virus　见 *Maize stripe virus Tenuivirus*

maize chlorotic stunt virus　见 *Maize yellow stripe virus Tenuivirus*

Maize dwarf mosaic virus Potyvirus（MDMV）　玉米矮花叶病毒

maize dwarf mosaic virus-Kansas I strain　见 *Johnsongrass mosaic virus Potyvirus*

maize dwarf mosaic virus strain B　见 *Sugarcane mosaic virus Potyvirus*

maize dwarf mosaic virus-strain O　见 *Johnsongrass mosaic virus Potyvirus*

maize dwarf ringspot virus　见 *Maize white line mosaic virus*

Maize eyespot virus　玉米眼斑病毒

maize fine stripe virus　见 *Maize yellow stripe virus Tenuivirus*

maize hoja blanca virus　见 *Maize stripe virus Tenuivirus*

Maize Iranian mosaic virus Nucleorhabdovirus（MIranMV）　伊朗玉米花叶病毒

maize leaf fleck virus　见 *Barley yellow dwarf virus Luteovirus*

Maize line virus　玉米线纹病毒

Maize mosaic virus Nucleorhabdovirus（MMV）　玉米花叶病毒

Maize rayado fino virus Marafivirus（MRFV）　玉米雷亚朵非纳细条病毒［玉米细条病毒］

Maize rough dwarf virus Fijivirus（MRDV）　玉米粗缩病毒

Maize rough dwarf virus　见 *Mal de Rio Cuarto virus Fijivirus*（MRCV）

Maize sterile stunt virus Nucleorhabdovirus（MSSV）　玉米不育矮化病毒

maize streak A virus　见 *Maize streak virus Mastrevirus*（MSV）

Maize streak dwarf virus Nucleorhabdovirus（MSDV）　玉米线条矮缩病毒

Maize streak virus Mastrevirus（MSV）　玉米线条病毒

maize stripe Indian virus　见 *Maize mosaic virus Nucleorhabdovirus*

Maize stripe virus Tenuivirus（MSpV）　玉米条纹病毒

Maize white line mosaic satellite virus　玉米白线花叶卫星病毒

Maize white line mosaic virus（MWLMV）　玉米白线花叶病毒

maize white line virus　见 *Maize white line mosaic virus*

Maize yellow stripe virus Tenuivirus（MYSV）　玉米黄条病毒

Mal de Rio Cuarto virus Fijivirus（MRCV）　玉米 MRC 病毒

Malassezia　见 *Pityosporum*

Malenchus machadoi　见 *Aglenchus machadoi*

malva green mosaic virus　见 *Malva vein clearing virus Potyvirus*

malva mosaic virus　见 *Malva vein clearing virus Potyvirus*

Malva silvestris virus Nucleorhabdovirus（MaSV）　锦葵病毒

Malva sterile stunt virus（MSSV）　锦葵（属）不孕矮化病毒

Malva vein clearing virus Potyvirus（MVCV）　锦葵脉明病毒

malva veinal chlorosis virus　见 *Malva veinal necrosis virus Potexvirus*

Malva veinal necrosis virus Potexvirus

M

（MVNV） 锦葵（属）脉坏死病毒

malva yellow vein mosaic virus 见 *Malva vein clearing virus Potyvirus*

malva yellows virus 见 *Beet western yellows virus Polerovirus*

malvaceous chlorosis 见 *Abutilon mosaic virus Begomovirus*（AbMV）

Malvaceous chlorosis virus Begomovirus（MCV） 拟锦葵褪绿病毒

Malvastrum mottle virus 赛葵（属）斑驳病毒

Malvastrum yellow vein virus Begomovirus 锦葵黄脉病毒

Mandarivirus 印度柑橘病毒属[V]

Mannagettaea **Smith** 豆列当属（列当科）[P]

Mannagettaea hummelii **Smith** 矮生豆列当

Mannagettaea labiata **Smith** 豆列当

Maracuja mosaic virus Tobamovirus（MarMV） 鸡蛋果叶病毒

Marafivirus 玉米雷亚朵非纳病毒属［玉米细条病毒属］[V]

Marasmiellus **Murr.** 微皮伞属[F]

Marasmiellus epochnous（Berk. et Br.）**Sing.** 半焦微皮伞

Marasmiellus scandens 见 *Marasmius massee*

Marasmius **Fr.** 小皮伞属[F]

Marasmius androsaceus（L. ex Fr.）**Fr.** 点地梅小皮伞［帚石楠茎枯病菌］

Marasmius crinisequi **Muell. ex Kalch.** 马毛小皮伞

Marasmius equicrinis 见 *Marasmius crinisequi*

Marasmius oreades（Bolt.）**Fr.** 硬柄小皮伞［牧草根腐病菌］

Marasmius perniciosus **Stahl** 有害小皮伞［可可枝腐病菌］

Marasmius pulcher（Berk. et Br.）**Petch** 美丽小皮伞

Marasmius sacchari **Wakk.** 甘蔗小皮伞［甘蔗根枯病菌］

Marasmius sarmentosus **Berk.** 多枝小皮伞

Marasmius scandens **Massee** 攀援小皮伞

Maravalia **Arth.** 不眠单胞锈菌属[F]

Maravalia achroa（Syd.）**Arth. et Cumm.** 无色不眠单胞锈菌

Maravalia pallida **Arth. et Thaxt.** 淡白色不眠单胞锈菌

Marielliottia **Shoem.** 卵蠕孢属[F]

Marielliottia triseptata（Drechsler）**Shoem.** 三隔卵蠕孢

Marigold mottle virus Potyvirus（MaMoV） 万寿菊斑驳病毒

Marmor cerasae virus 见 *Cherry mottle leaf virus Trichovirus*

Marmor cerasi virus 见 *Cherry mottle leaf virus Trichovirus*

marrow mosaic virus 见 *Watermelon mosaic virus 2 Potyvirus*

Marssonina **Magnus** 盘二孢属[F]

Marssonina coronaria（Sacc. et Dearn.）**Davis** 花冠盘二孢［苹果褐斑病菌］

Marssonina fragariae（Lib.）**Kleb.** 草莓盘二孢

Marssonina juglandis（Lib.）**Magn.** 胡桃盘二孢菌

Marssonina mali（Henn.）**Ito** 苹果盘二孢菌

Marssonina martinii（Sacc. et Ell.）**Magn.** 马丁盘二孢菌

Marssonina neilliae（Harkn）**Magn.** 奈尔李盘二孢菌

Marssonina panattoniana（Berl.）**Magn.** 莴苣盘二孢菌

Marssonina populi（Lib.）**Magn.** 杨盘二孢菌

Marssonina populicola **Miura** 杨生盘二孢菌

Marssonina potentillae（Desm.）**Magn.**

委陵菜盘二孢菌

Marssonina rosae (Lib.)Died. 蔷薇盘二孢

Marssonina salicis-purpureae Jaap 红皮柳盘二孢菌

Marssonina viticola (Miyake)Tai 葡萄生盘二孢菌

Massaria de Not 黑团壳属[F]

Massaria citricola Syd. 柑橘生黑团壳

Massaria mori (Henn.)Ito. 桑黑团壳

Massaria moricola Miyake 桑生黑团壳[桑拟干枯病菌]

Massaria phorcioides Miyake 梭孢黑团壳[拟灰黑团壳]

Massaria theicola Petch 茶生黑团壳

Masseeella Diet. 胶堆锈菌属[F]

Masseeella capparidis (Hobs.)Diet. 白花菜胶堆锈菌

Masseeella narasimhanni Thirum. 奈良胶堆锈菌

Mastrevirus 玉米线条病毒属[V]

Matula Massee 杯座壳孢属[F]

Matula poroniiformis (Berk. et Br.)Massee 孔形杯座壳孢

Mcroposthonia dherdei 见 *Criconemoides dheraei*

Medeolaria Thaxt. 梭绒盘菌属[F]

Medeolaria farlowii Thaxt. 梭绒盘菌

Medusosphaera Golov. et Gamal. 波丝壳属[F]

Medusosphaera rosae Golovin et Gamalizk 蔷薇波丝壳

Megachytrium Sparrow 大壶菌属[F]

Megachytrium nestonii Sparrow 内斯大壶菌[水蕴藻叶霉病菌]

Megachytrium westonii Sparrow 大壶菌[伊乐藻大壶病菌]

Megakepasma mosaic virus Closterovirus (MegMV) 巨托剪雨树花叶病毒

Mehtamyces 见 *Phragmidiella*

Melampsora Cast. 栅锈菌属[F]

Melampsora aleuritidis Cumm. 油桐栅锈菌[油桐锈病菌]

Melampsora allii-populina Kleb. 葱杨栅锈菌

Melampsora apocyni Tranz. 茶叶花栅锈菌

Melampsora arctica Rostr. 北极栅锈菌[柳树锈病菌]

Melampsora capraearum (DC.)Thüm. 山毛柳栅锈菌

Melampsora coleosporioides Diet. 鞘锈状栅锈菌

Melampsora cynanchi Thüm. 牛皮消栅锈菌

Melampsora epiphylla Diet. 叶生栅锈菌

Melampsora epitea Thüm. 柳叶栅锈菌

Melampsora euphorbiae (Schub.)Cast. 大戟栅锈菌

Melampsora euphorbiae-dulcis Otth 甜大戟栅锈菌

Melampsora farinosa Schröt. 污粉栅锈菌

Melampsora farlowii Davis 铁杉栅锈菌[铁杉叶锈菌]

Melampsora hartigii Thüm. 瑞香柳栅锈菌

Melampsora hirculi Lindr. 羊臭虎耳草栅锈菌

Melampsora hypericorum Wint. 金丝桃栅锈菌

Melampsora idesiae Miyabe ex Hirats. 山桐子栅锈菌

Melampsora kriegeriana 见 *Milesina kriegeriana*

Melampsora kusanoi Diet. 草野栅锈菌

Melampsora larici-capraearum Kleb. 角落叶松栅锈菌

Melampsora larici-epitea Kleb. 松柳栅锈菌

Melampsora larici-populina Kleb. 松杨

栅锈菌[落叶松-杨锈病菌]

Melampsora laricis Hart. 落叶松栅锈菌

Melampsora lini (Ehrenb.) Lév. 亚麻栅锈菌[亚麻锈病菌]

Melampsora magnusiana Magn. 马格纳斯栅锈菌

Melampsora medusae Thüm. 杨树叶锈病菌

Melampsora periplocae Miyabe 杠柳栅锈菌

Melampsora pruinosae Tranz. 粉被栅锈菌

Melampsora pumetiformis 见 *Phakopsora punctiformis*

Melampsora ribesii-purpureae Kleb. 紫茶藨子栅锈菌

Melampsora ricini Pass. 蓖麻栅锈菌

Melampsora rostrupii Magn. 杨栅锈菌

Melampsora salicina Lév. 柳栅锈菌

Melampsora salicis-albae Kleb. 白柳栅锈菌

Melampsora salicis-cavaleriei Tai 云南柳栅锈菌

Melampsora salicis-cupularis Wang 杯腺柳栅锈菌

Melampsora salicis-warburgii Saw. 沃氏柳栅锈菌

Melampsora serissicola Shang, Li et Wang 六月雪栅锈菌

Melampsora stellerae Teich 狼毒栅锈菌

Melampsora tsinlingensis Cao et J. Y. Zhuang 秦岭栅锈菌

Melampsora yezoensis Miyabe et Matsum. 北海道栅锈菌

Melampsora yoshinagai Henn. 吉长栅锈菌

Melampsorella Schröt. 小栅锈菌属[F]

Melampsorella caryophyllacearum Schröt. 石竹状小栅锈菌

Melampsorella cerastii (Pers.) Schröt. 卷耳小栅锈菌

Melampsorella itoana (Hirats.) Ito et Homma 伊藤小栅锈菌

Melampsoridium Kleb. 长栅锈菌属[F]

Melampsoridium aceris Joerst. 槭长栅锈菌

Melampsoridium alni (Thüm.) Diet. 桤长栅锈菌

Melampsoridium betulinum (Desm.) Kleb. 桦长栅锈菌

Melampsoridium carpini (Fuck.) Diet. 鹅耳枥长栅锈菌

Melampsoridium hiratsukanum Ito ex Hirats. 平塚长栅锈菌

Melampsoropsis 见 Chrysomyxa

Melanconis Tul. 黑盘壳属[F]

Melanconis juglandis (Ell. et Ev.) Groves 胡桃黑盘壳[胡桃枝枯病菌]

Melanconis monodia Tul. 栗黑盘壳[栗黑变病菌]

Melanconium Link ex Fr. 黑盘孢属[F]

Melanconium atrum LK ex Schlecht. 深色黑盘孢

Melanconium bambusinum Speg. 箣竹黑盘孢

Melanconium dendrocalami Petch 牡竹黑盘孢

Melanconium hysterinum Sacc. 缝裂黑盘孢

Melanconium juglandinum Kunze 胡桃黑盘孢[核桃枝枯病菌]

Melanconium magnum Berk. 大黑盘孢

Melanconium meliae Teng 楝黑盘孢

Melanconium oblongum Berk. 矩圆黑盘孢

Melanconium oryzae de Haan 稻黑盘孢

Melanconium salicis Allesch. 柳黑盘孢

Melanconium shiraianum Syd. 竹黑盘孢

Melanconium sphaerospermum (Pers) Link 圆孢黑盘孢

Melandrium yellow fleck virus Bromovirus (MYFV) 女娄菜黄斑病毒

Melanophoma Papendorf et du Toit 黑茎点属[F]

Melanophoma karroo Papendorf et Du Toit 黑茎点霉

Melanopsichium Beck 瘤黑粉菌属[F]

Melanopsichium austro-americanum（Speg.）Beck 南美瘤黑粉菌

Melanopsichium esculata 见 *Ustilago esculenta*

Melanopsichium inouyei（Henn. et Shirai）Ling 桢楠瘤黑粉菌

Melanopsichium nepalense 见 *Ustilago nepalensis*

Melanopsichium pennsylvanicum Hirschh. 宾地瘤黑粉菌

Melanotaenium de Bary 黑斑黑粉菌属[F]

Melanotaenium adoxae（Bref.）Ito 五福花黑斑黑粉菌

Melanotaenium ari（Cooke）Lagerh. 阿若黑斑黑粉菌

Melanotaenium cingens（Beck）Magn. 围绕黑斑黑粉菌

Melanotaenium esculentum 见 *Ustilago esculenta*

Melanotaenium euphorbiae（Lenz）Whiteh. et Thirum. 大戟黑斑黑粉菌

Melanotaenium hypogaeum（Tul.）Schell. 地下黑斑黑粉菌

Melanotaenium lamii Beer 拉姆黑斑黑粉菌

Melanotaenium oreophilum Syd. 山地生黑斑黑粉菌

Melanotaenium selaginellae Henn. et Nym. 卷柏黑斑黑粉菌

Melasmia Lév 叶痣孢属[F]

Melasmia acerina Lév. 槭叶痣孢

melilotus latent virus 见 *Sweet clover latent virus Nucleorhabdovirus*

Melilotus latent virus Nucleorhabdovirus（MeLV）草木樨（属）潜病毒

Melilotus mosaic virus Potyvirus（MeMV）草木樨（属）花叶病毒

Meliola Fr. 小煤炱属[F]

Meliola abrupta Syd. 平截小煤炱[分离小煤炱]

Meliola acaciarum Speg. 金合欢小煤炱

Meliola aceris Yamam. 槭小煤炱

Meliola acristae Hansf. 轴桐小煤炱

Meliola actinodaphnes Hansf. 黄肉楠小煤炱

Meliola acutiseta Syd. 尖毛小煤炱

Meliola aethiops var. *longiseta* Deight. 铁刀木小煤炱长刚毛变种

Meliola aethiops var. *minor* Hansf. et Deight. 铁刀木小煤炱细小变种

Meliola africana Hansf. 非洲小煤炱

Meliola agelaeae Hansf. 粟豆藤小煤炱

Meliola alchorneicola Hansf. 山麻杆生小煤炱

Meliola alocassiae Syd. 海芋小煤炱

Meliola alstoniae Koord. 鸡骨常山小煤炱

Meliola altingiae Song et Hu 蕈树小煤炱

Meliola amadelpha Syd. 安达发小煤炱

Meliola amboinensis Syd. 安勃宁小煤炱

Meliola amphitricha Fr. 周毛小煤炱

Meliola anacolosae Hansf. 山凤梨小煤炱

Meliola andirae Earle 鸡血藤小煤炱

Meliola andropogonis Stev. et Rold. 须芒草小煤炱

Meliola antioquensis Orejuela 安蒂小煤炱

Meliola artabotrydis Hansf. 鹰爪小煤炱

Meliola arundinis Pat. 竹叶兰小煤炱

Meliola arundinis var. *angulosa* Hansf. 竹叶兰小煤炱有角变种

Meliola asclepiadacearum Hansf. 萝藦小煤炱

Meliola baileyi Hansf. 贝来小煤炱

Meliola bakeri Syd. 贝克小煤炱

Meliola bambusae Pat. 箣竹小煤炱

Meliola bangalorensis Hansf. et Thirum 斑格罗小煤炱

Meliola banosensis Syd. 斑诺斯小煤炱

Meliola bantamensis Hansf. 斑地小煤炱

Meliola baphiae-nitidae Hansf. et Deight. 光亮非洲紫檀小煤炱

Meliola bauhiniae Yates 龙须藤小煤炱

Meliola bauhiniicola Yam. 羊蹄甲生小煤炱

Meliola beilschmiediae Yam. 琼楠小煤炱

Meliola beilschmiediae var. *cinnamoni* Hansf. 琼楠小煤炱樟变种

Meliola bicornis Wint. 二角小煤炱

Meliola boedijniana Hansf. 波滴尼小煤炱

Meliola boerlagiodendri Yales 波拉加小煤炱

Meliola boninensis Speg. 小笠原小煤炱

Meliola borneensis Syd. 婆罗洲小煤炱

Meliola borneensis. var. *ugandae* Hansf. 婆罗洲小煤炱乌干达变种

Meliola brachypoda Syd. 短枝小煤炱

Meliola brisbanensis Hansf. 波里斯边小煤炱

Meliola buchananiae Stev. 山槟木小煤炱

Meliola burgosensis Hansf. 班戈士小煤炱

Meliola buteae Hafiz. 紫铆小煤炱

Meliola butleri Syd. 巴特勒小煤炱〔柑橘小煤炱〕

Meliola buxicola Doidge 黄杨生小煤炱

Meliola caesalpiniicola Deight. 苏木生小煤炱

Meliola callicarpicola Yamam. 紫珠生小煤炱

Meliola camelliae (Catt.)Sacc. 山茶小煤炱〔山茶煤病菌〕

Meliola camellicola Yammam. 山茶生小煤炱

Meliola canarii-albi Song et Hu 白榄小煤炱

Meliola capensis (Kalchbr. et Cooke)Theiss. 好望角小煤炱

Meliola capensis var. *diploglottidis* Hansf. 好望角小煤炱狗骨柴变种

Meliola capensis var. *euphoria* Hansf. 好望角小煤炱龙眼变种

Meliola capensis var. *malayensis* Hansf. 好望角小煤炱马来变种

Meliola capparidis Hansf. 槌果藤小煤炱

Meliola castanopsina Yamam. 柄果栲小煤炱

Meliola castanopsis Hansf. 栲弯枝小煤炱〔大叶锥栗煤污病菌〕

Meliola ciferri Hansf. 西弗小煤炱

Meliola citricola Syd. 柑橘生小煤炱

Meliola citrovora Hara. 柑橘软腐小煤炱

Meliola clavulata Wint. 棒形小煤炱

Meliola clavulata var. *batatae* Stev. 棒形小煤炱甘薯变种

Meliola cleistopholidis Hansf. 闭囊盖小煤炱

Meliola clerodendricola Henn. 臭牡丹生小煤炱

Meliola clitoriae Hosagoudar et Goos. 蝶豆小煤炱

Meliola cryptocaryae Doidge 隐果小煤炱

Meliola cyclobalanopsina var. *globopodia* Jiang 槠小煤炱圆枝脆变种

Meliola cyclobalanopsina Yam. 槠小煤炱

Meliola cylindrophora Rehm 鼠刺小煤炱

Meliola dactylipoda Syd. 脚肢梢小煤炱

Meliola dactylipoda var. *jamaicensis* Hansf. 脚肢梢小煤炱牙买加变种

Meliola dalbergiae Hansf. 黄檀小煤炱

Meliola dendrotrophicola Hu et Yang 寄生藤生小煤炱

Meliola denticulala Wint. 微齿小煤炱

Meliola desmodii-laxiflori Deighton 疏花山马蝗小煤炱

Meliola dichotoma var. *kusanoi*（Henn.）Hansf. 二叉小煤炱草野变种

Meliola diospyri Syd. 柿小煤炱［柿煤病菌］

Meliola diospyri var. *yatesiana*（Trott.）Hansf. et Deight. 柿小煤炱野刺变种

Meliola dissotidis Hansf. et Deight. 双毛小煤炱

Meliola dissotidis var. *minor* Hansf. 双毛小煤炱细小变种

Meliola drepanochaeta var. *insignis* Hosagoudar 镰刀小煤炱奇异变种

Meliola duabangae Hu 八宝树小煤炱

Meliola edanoana Hansf. 依塔小煤炱

Meliola elmeri Syd. 海桐小煤炱

Meliola erioglossi Hansf. 赤才小煤炱

Meliola erycibis Hansf. 麻辣仔小煤炱

Meliola erythrophloei Hansf. et Deight. 格木小煤炱

Meliola eucalypti Stev. et Rold. 桉树小煤炱

Meliola euchrestae Yam. 山豆根小煤炱

Meliola eugeniae-jamboloidis Hansf. 乌墨蒲桃小煤炱

Meliola eugeniae-jamboloidis var. *australiensis* Hansf. 乌墨蒲桃小煤炱澳洲变种

Meliola eugeniicola Stev. 番樱桃生小煤炱

Meliola fagarae-martinicensis Hansf. 马丁崖椒小煤炱

Meliola fagraeae Syd. 花椒小煤炱

Meliola floridensis Hansf. 红藻小煤炱

Meliola formosensis Yamam. 台湾小煤炱

Meliola franciscana Hansf. 红豆树小煤炱

Meliola furcata var. *major* Hansf. 有叉小煤炱大型变种

Meliola fusispora Yam. 梭孢小煤炱

Meliola galactiae（Stev.）Hansf. 乳豆小煤炱

Meliola garciniae Yates 藤黄小煤炱

Meliola garciniicola Jiang 藤黄生小煤炱

Meliola gemellipoda Doidge 双附枝小煤炱

Meliola geniculala Syd. et Butl. 有结小煤炱

Meliola glochidii Stev. et Rold. ex Hansf. 算盘子小煤炱

Meliola glochidiicola Yam. 算盘子生小煤炱

Meliola gneticola Hu 买麻藤生小煤炱

Meliola hainanensis Hu 海南小煤炱

Meliola heliciae Yamam. 山龙眼小煤炱

Meliola hendrickxiana Hansf. 亨杜小煤炱

Meliola heterocephala Syd. 异头小煤炱

Meliola heteroseta Höhnl. 不等长刚毛小煤炱

Meliola heudelotii Gaill. 厄德洛小煤炱

Meliola hughesiana Hansf. 休斯那小煤炱

Meliola hydnocarpi Hansf. 伊桐小煤炱［大风子小煤炱］

Meliola ilicicola Yamam. 冬青生小煤炱

Meliola illigerae Stev. et Rold. ex Hansf. 青藤小煤炱

Meliola illigericola Hu et Song 青藤生小煤炱

Meliola indigoferae Syd. 木兰小煤炱

Meliola inocarpi Stev. 英诺卡小煤炱

Meliola ixorae Yates 龙船花小煤炱

Meliola jamaicensis Hansf. 牙买加小煤炱

Meliola jasminicola Henn. 茉莉生小煤炱

Meliola kadsurae Yam. 南五味子小煤炱

Meliola kansireiensis Yam. 短柄小煤炱

Meliola kawakamii Yam. 川上小煤炱

Meliola kibirae Hansf. 多地小煤炱

Meliola kiraiensis Yam. 朝鲜小煤炱

Meliola knemicola var. *minor* Song et Ouyang 红光树生小煤炱细小变种

Meliola knowltoniae Doidge 铁线莲小煤炱

Meliola koae Stev. 相思树小煤炱

Meliola kodaihoensis Yam. 高雄小煤炱

Meliola kuprensis Deight. 枯帕小煤炱

Meliola landolphiae-floridae Hansf. 兰多费藤小煤炱

Meliola leptospermi Hansf. 狭籽小煤炱

Meliola lianchangensis Jiang 联昌小煤炱

Meliola linderae Yam. 钓樟小煤炱

Meliola linocieriicola Hansf. 李榄生小煤炱[插柚紫生小煤炱]

Meliola lithocarpina Yam. 柯小煤炱

Meliola lithocarpina var. *mengyangensis* Jiang 柯小煤炱勐养变种

Meliola litseae Syd. 木姜子小煤炱

Meliola littoralis Syd. 海滩小煤炱

Meliola livistonae Yales 蒲葵小煤炱

Meliola loropetalicola Hu et Ouyang 檵木生小煤炱

Meliola machili Yamam. 润楠小煤炱

Meliola maesicola Hansf. et Stev. 杜茎山生小煤炱

Meliola malacotricha Speg. 软毛小煤炱

Meliola mammeicola Hansf. 黄果木生小煤炱

Meliola mangiferae Earle 杧果小煤炱

Meliola mappianthicola Yang 定心藤生小煤炱

Meliola mayapeicola Stev. 小蜡生小煤炱

Meliola medinillae Hansf. 酸脚杆小煤炱

Meliola meibomiae Stev. 小座小煤炱

Meliola melodini Hansf. 山橙小煤炱

Meliola memecyli Syd. 谷木小煤炱

Meliola memecylicola Hansf. 谷木生小煤炱

Meliola micheliae Hansf. 含笑小煤炱

Meliola microtricha Syd. 榕小煤炱

Meliola millettiae-rhodanthae Hansf. et Deight. 崖豆藤小煤炱

Meliola misanteae Hansf. 米生特小煤炱

Meliola mitragynes Syd. 帽柱木小煤炱

Meliola mitragynicola var. *wendlandiicola* Jiang 帽柱木生小煤炱水锦树生变种

Meliola moerenhoutiana Mont. 毛氏小煤炱

Meliola mucunae var. *hirsutae* Hosag. et Goos 油麻藤小煤炱多毛变种

Meliola myrsinacearum Stev. 铁仔小煤炱

Meliola myrtacearum Stev. et Rold. ex Hansf. 桃金娘小煤炱

Meliola neolitseae Yamam. 新木姜子小煤炱

Meliola notelaeae Hansf. 洛提拉小煤炱

Meliola nyanzae Hansf. 尼恩查小煤炱

Meliola ormosiae Chen 红豆小煤炱

Meliola osmanthi Syd. 木樨小煤炱

Meliola osmanthi var. *hawaiiensis* Hansf. 木樨小煤炱夏威夷变种

Meliola osyridis var. *karamojensis* Hansf. 奥莉小煤炱卡拉姆变种

Meliola palawanensis Syd. 巴拉旺小煤炱

Meliola palmicola Wint. 棕榈生小煤炱

Meliola palmicola var. *africana* Hansf. 棕榈生小煤炱非洲变种

Meliola pandanicola Hansf. et Deight. 露兜树生小煤炱

Meliola panici Earle 稷小煤炱

Meliola panici var. *vetiveriae* Hansf. et Deight. 稷小煤炱刺芋变种[稷小煤炱

香根草变种〕

Meliola paraensis Henn. 巴拉小煤炱

Meliola patens Syd. 开展小煤炱

Meliola pericampyli Yam. 细圆藤小煤炱

Meliola petchii Hansf. 佩奇小煤炱

Meliola phyllostachydis Yamam. 刚竹小煤炱

Meliola pileostegiae Yam. 冠盖藤小煤炱

Meliola pisoniae Stev. et Rold. ex Yam. 腺果藤小煤炱

Meliola podocarpicola Hu et Song 竹柏生小煤炱

Meliola polytricha Kalchbr. et Cooke 多毛小煤炱

Meliola popowiae var. *monodorae* Hansf. 嘉陵花小煤炱摩多变种

Meliola praetervisa Gaill 疏忽小煤炱

Meliola psychotriae Earle 九节木小煤炱

Meliola quercicola Hu 栎生小煤炱

Meliola quercina Pat. 栎小煤炱

Meliola ramosii Syd. 拉莫斯小煤炱

Meliola ramulicola Yam. 枝生小煤炱

Meliola randiae-aculeate Hansf. 尖毛山黄皮小煤炱

Meliola robinsonii Syd. 鲁宾逊小煤炱

Meliola rohodoleiicola Hu 红苞木生小煤炱

Meliola rubiella Hansf. 小悬钩子小煤炱

Meliola saccardoi Syd. 萨卡多小煤炱

Meliola sapiicola Hu et Song 乌桕生小煤炱

Meliola sauropicola Yales 守宫木生小煤炱

Meliola scabrisela Hansf. et Deight. 粗毛小煤炱

Meliola schimicola Yamam. 木荷生小煤炱

Meliola sempeiensis Yam. 赛楠小煤炱

Meliola setariae Hansf. et Deight. 狗尾草小煤炱

Meliola shiiae Yamam. 栲小煤炱

Meliola simillima Ell. et Ev. 西米里马小煤炱

Meliola singaporensis Hansf. 新加坡小煤炱

Meliola subacuminata Yam. 微尖栲小煤炱

Meliola subpellucida Yam. 透毛小煤炱

Meliola sydowiana Stev. et Larson 聚多小煤炱

Meliola symingtoniae Kapoor 马蹄荷小煤炱

Meliola symploci Yamam. 山矾小煤炱

Meliola tabernaemontanicola Hansf. et Thirum. 山马茶生小煤炱

Meliola taityensis Yama 矩孢小煤炱

Meliola taiwaniana Yama 台湾杉小煤炱

Meliola tapisciicola Hu 银鹊树生小煤炱

Meliola telosmae var. *tylophorae* Hansf. 夜来香小煤炱娃儿藤变种

Meliola teramni Syd. 钩豆小煤炱

Meliola tetradeniae (Berk.) Theiss. et Syd. 潺槁树小煤炱

Meliola theacearum Stev. 茶小煤炱〔茶煤病菌〕

Meliola tinomisciicola Hu et Ouyang 大叶藤小煤炱

Meliola toddaliicola var. *indica* Hansf. et Thirum 飞龙掌血小煤炱印度变种

Meliola trachelospermi Yates 络石小煤炱

Meliola triplochitonis Hughes 火绳树小煤炱

Meliola tunkiaensis Hansf. et Dight. 坦卡小煤炱

Meliola uncitricha Syd. 钩毛小煤炱

Meliola usteriae Hansf. et Deight. 乌斯小煤炱

Meliola warneckei Hansf. 华列小煤炱

Meliola yuanjiangensis Jiang 元江小煤炱

Meliola yunnanensis Jiang 云南小煤炱

Meliola zollingeri **Gaill.** 左铃吉小煤炱

Meloderma **Darker** 黑皮盘菌属[F]

Meloderma desmazieresii (Duby) **Darker** 德斯马泽黑皮盘菌[松赤落叶病菌]

Meloidodera **Chitwood，Hannon et Esser** 蜜皮线虫属[拟根结线虫属][N]

Meloidodera alni **Turkina et Chizhov** 桤木蜜皮线虫

Meloidodera armeniaca **Poghossian** 亚美尼亚蜜皮线虫

Meloidodera belli **Wouts** 贝氏蜜皮线虫

Meloidodera charis **Hopper** 美丽蜜皮线虫

Meloidodera coffeicola (Lordello et Zamith) **Kirjanova** 咖啡蜜皮线虫

Meloidodera eurytyla **Bernard** 宽垫蜜皮线虫

Meloidodera floridensis **Chitwood，Hannon et Esser** 佛罗里达蜜皮线虫

Meloidodera hissarica **Krall et Ivanova** 海沙尔蜜皮线虫

Meloidodera mexicana **Cid Del Prado** 墨西哥蜜皮线虫

Meloidodera sikhotealiniensis **Eroshenko** 锡霍特山蜜皮线虫

Meloidodera tadshikistanica **Kirjanova et Ivanova** 塔吉克蜜皮线虫

Meloidodera tianschanica **Ivanova et Krall** 塔什干蜜皮线虫

Meloidoderita **Poghossian** 微蜜皮线虫属[N]

Meloidoderita polygoni **Golden et Handoo** 波氏微蜜皮线虫

Meloidoderita safrica **Berg et Spaull** 南非微蜜皮线虫

Meloidogyne **Goeldi** 根结线虫属[N]

Meloidogyne acrita 见 *Meloidogyne incognita*

Meloidogyne acronea **Coetzee** 高粱根结线虫

Meloidogyne actinidiae **Li et Yu** 猕猴桃根结线虫

Meloidogyne africana **Whitehead** 非洲根结线虫

Meloidogyne aquatilis **Ebsary et Eveleigh** 水生根结线虫

Meloidogyne arabicida **Lopez et Salazer** 小果根结线虫

Meloidogyne ardenensis **Santos** 阿登根结线虫

Meloidogyne arenaria (Neal) **Chitwood** 花生根结线虫

Meloidogyne artiellia **Franklin** 甘蓝根结线虫

Meloidogyne astonie **Prado et Rowe** 阿斯托尼根结线虫

Meloidogyne bauruensis (Lordello) **Esser et al.** 保鲁根结线虫

Meloidogyne brevicauda **Loos** 短尾根结线虫

Meloidogyne camelliae **Golden** 山茶根结线虫

Meloidogyne caraganae **Shagalina，Ivanova et Krall** 锦鸡儿根结线虫

Meloidogyne carolinensis **Eisenback** 卡罗来纳根结线虫

Meloidogyne chitwoodi **Golden, et al.** 奇氏根结线虫

Meloidogyne christiei **Golden et Kaplan** 克氏根结线虫

Meloidogyne cirricauda **Zhang et Weng** 卷尾根结线虫

Meloidogyne citri **Zhang，Gao et Weng** 柑橘根结线虫

Meloidogyne coffeicola 见 *Meloidodera coffeicola*

Meloidogyne cruciani **Taylor et Smart** 克拉塞安根结线虫

Meloidogyne cynariensis **Fam** 蓟根结线虫

Meloidogyne decalineata **Whitehead** 光纹根结线虫

Meloidogyne deconincki Elimiligy　德氏根结线虫

Meloidogyne dimocarpus Liu et Zhang　龙眼根结线虫

Meloidogyne donghaiensis Zheng，Lin et Zheng　东海根结线虫

Meloidogyne duytsi Karssen，Aelst et Putten　屠氏根结线虫

Meloidogyne elegans Ponte　美纹根结线虫

Meloidogyne entrolobii Yang et Eisenback　象耳豆根结线虫

Meloidogyne equatilis Ebsary et Eveleigh　赤道根结线虫

Meloidogyne ethiopica Whitehead　埃塞俄比亚根结线虫

Meloidogyne exigua Goeldi　短小根结线虫

Meloidogyne fallax Karssen　伪根结线虫

Meloidogyne fanzhiensis Cheng，Peng et Zheng　繁峙根结线虫

Meloidogyne fujianensis Pan　福建根结线虫

Meloidogyne grahami Golden et Slana　格氏根结线虫

Meloidogyne graminicola Golden et Birchfield　禾草生根结线虫

Meloidogyne graminis（Sledge et Golden）Whitehead　禾草根结线虫

Meloidogyne hainanensis Liao et Feng　海南根结线虫

Meloidogyne hapla Chitwood　北方根结线虫

Meloidogyne hispanica Hirschmann　西班牙根结线虫

Meloidogyne ichnohei Araki　一户氏根结线虫

Meloidogyne incognita（Kofoid et White）Chitwood　南方根结线虫

Meloidogyne indica Whitehead　印度根结线虫

Meloidogyne inornata Lordello　无饰根结线虫

Meloidogyne javanica（Treub）Chitwood　爪哇根结线虫

Meloidogyne jianyangensis Yang，Hu，Chen et Zhu　简阳根结线虫

Meloidogyne jinanensis Zhang et Su　济南根结线虫

Meloidogyne kikuyensis de Grisse　吉库尤根结线虫

Meloidogyne kirjanovae Terenteva　基氏根结线虫

Meloidogyne konaensis Eisenback，Bernard et Schmitt　科纳根结线虫

Meloidogyne kongi Yang，Wang et Feng　孔氏根结线虫

Meloidogyne kralli Jepson　克劳尔根结线虫

Meloidogyne lini Yang，Hu et Xu　林氏根结线虫

Meloidogyne litoralis Elmiligy　海岸根结线虫

Meloidogyne lordelloi de Ponte　洛氏根结线虫

Meloidogyne lucknowica Singh　勒克瑙根结线虫

Meloidogyne lusitanica Abrantes et Santos　卢西托尼卡根结线虫

Meloidogyne mali Ito，Ohshima et Ichinohe　苹果根结线虫

Meloidogyne maritima Jepson　海根结线虫

Meloidogyne marylandi Jepson et Golden　马里兰根结线虫

Meloidogyne mayaguensis Rammah et Hirschmann　马亚圭根结线虫

Meloidogyne megadora Whitehead　巨大根结线虫

Meloidogyne megatyla Baldwin et Sasser　巨球根结线虫

Meloidogyne megriensis（Poghossian）Esser *et al.*　玛格瑞根结线虫

Meloidogyne mersa（Siddiqi et Booth）**Eisenback** 荫下根结线虫

Meloidogyne microcephala **Cliff et Hirschmann** 小头根结线虫

Meloidogyne microtyla **Mulvey，Townshend et Potter** 小突根结线虫

Meloidogyne minnanica **Zhang** 闽南根结线虫

Meloidogyne morocciensis **Rammah et Hirshmann** 摩洛哥根结线虫

Meloidogyne naasi **Franklin** 纳西根结线虫

Meloidogyne nataliei **Golden，Rosa et Bird** 纳托根结线虫

Meloidogyne oryzae **Maas，Dede et Sanders** 水稻根结线虫

Meloidogyne oteifae **Elmiligy** 欧氏根结线虫

Meloidogyne ottersoni（Thorne）**Franklin** 蔺草根结线虫

Meloidogyne ovalis **Riffle** 卵形根结线虫

Meloidogyne paranaensis **Carneiro** 巴拉纳根结线虫

Meloidogyne partityla **Kleynhans** 裂垫根结线虫

Meloidogyne petuniae **Charchar，Eisenback et Hirschmann** 矮牵牛根结线虫

Meloidogyne pini **Eisenback，Yang et Hartman** 松根结线虫

Meloidogyne platani **Hirschmannn** 悬铃木根结线虫

Meloidogyne poghossianae **Kirjanova** 波氏根结线虫

Meloidogyne propora **Spaull** 前孔根结线虫

Meloidogyne querciana **Golden** 栎根结线虫

Meloidogyne salasi **Lopez Chaves** 萨拉斯根结线虫

Meloidogyne sasseri **Handoo，Huettel et Golden** 萨塞根结线虫

Meloidogyne sewelli **Mulvey et Anderson** 休氏根结线虫

Meloidogyne sinensis **Zhang** 中华根结线虫

Meloidogyne spartinae（Rau et Fassu.）**Whitehead** 透明根结线虫

Meloidogyne subartica **Gernard** 亚北方根结线虫

Meloidogyne suginamiensis **Toida et Yaegashi** 苏吉那姆根结线虫

Meloidogyne tadshikistanica **Kirjanova et Ivanova** 塔吉克根结线虫

Meloidogyne thamesi **Chitwood** 泰晤士根结线虫

Meloidogyne trifoliophila **Bernard et Eisenback** 三叶草根结线虫

Meloidogyne triticoryzae **Gaur，Saha et Khan** 麦稻根结线虫

Meloidogyne turkestanica **Shagalina，Ivanova et Krall** 土耳其根结线虫

Meloidogyne ulmi **Palmisano et Ambrogioni** 榆树根结线虫

Meloidogyne vandervegtei **Kleynhans** 范氏根结线虫

Meloidogyne vialae（Lavergne）**Chitwood et Oteifa** 维拉根结线虫

Meloidogyne zacanensis **Prado** 萨肯根结线虫

Meloinema **Choi et Geraert** 球形线虫属 ［N］

Meloinema chitwoodi 见 *Nacobbodera chitwoodi*

Melon chlorotic leaf curl virus Begomovirus 甜瓜褪绿曲叶病毒

Melon leaf curl virus Begomovirus（MLCV） 甜瓜曲叶病毒

melon mosaic virus 见 *Watermelon mosaic virus 2 Potyvirus*

Melon necrotic spot virus Carmovirus（MNSV） 甜瓜坏死斑病毒

Melon Ourmia virus 见 *Ourmia melon vi-*

rus Ourmiavirus

Melon rugose mosaic virus Tymovirus
（MRMV）　甜瓜粗缩花叶病毒

Melon stunt blister virus（MSBV）　甜瓜
矮化疱斑病毒

Melon variegation virus Nucleorhabdovirus
（MVV）　甜瓜杂色病毒

Melon vein yellowing virus（MVYV）　甜
瓜脉黄病毒

Melon vein-banding mosaic virus Potyvirus
（MVBMV）　甜瓜脉带花叶病毒

Melophia Sacc.　壳柱孢属［F］

Melophia polygonati Miyake　黄精壳柱
孢

Melothria mottle virus Potyvirus（Mel-
MoV）　马㼆儿（属）斑驳病毒

Mendosicutes Gibbons et Murry　疵壁菌门
［B］

Meria Vuillemin　侧枝霉属［F］

Meria coniospora Drechsler　线虫侧枝霉

Meria laricis Vuillemin　落叶松侧枝霉

Merlinius Siddiqi　节纹线虫属［N］

Merlinius alpinus　见 *Tylenchorhynchus
alpinus*

Merlinius bulgaricus　见 *Geocenamus nothus*

Merlinius clavicaudatus　见 *Amplimerlin-
ius clavicaudatus*

Merlinius graminicola（Kirjanova）**Siddiqi**
禾草生节纹线虫

Merlinius intermedius　见 *Amplimerlinius
intermedius*

Merlinius koreanus　见 *Scutylenchus kore-
anus*

Merlinius laminatus（Wu）**Siddiqi**　薄叶
节纹线虫

Merlinius lenorus　见 *Geocenamus lenorus*

Merlinius macrurus　见 *Amplimerlinius
macrurus*

Merlinius nizami　见 *Geocenamus nothus*

Merlinius nothus　见 *Geocenamus nothus*

Merlinius paramonovi　见 *Geocenamus*

nothus

Merlinius pistaciei Fatema et Farooq　黄
连树节纹线虫

Merlinius pyri Fatema et Farooq　梨节纹
线虫

Merlinius socialis　见 *Amplimerlinius so-
cialis*

Merlinius undyferrus　见 *Geocenamus nothus*

Merulius Fr.　干朽菌属［F］

Merulius corium Fr.　革质干朽菌

Merulius pinastri（Fr.）**Burt.**　松柏干朽菌

Mesoanguina Chizhov et Subbotin　间粒线
虫属［N］

Mesoanguina amsinckiae　见 *Anguina am-
sinckiae*

Mesoanguina balsamophila　见 *Anguina
balsamophila*

Mesoanguina centaureae　见 *Subanguina
centaureae*

Mesoanguina chartolepidis　见 *Anguina ch-
artolepidis*

Mesoanguina kopetdaghica　见 *Anguina
kopetdaghica*

Mesoanguina millefolii　见 *Anguina mille-
folii*

Mesoanguina moxae　见 *Subanguina moxae*

Mesoanguina pharangii　见 *Anguina pha-
rangii*

Mesoanguina picridis　见 *Anguina picridis*

Mesoanguina plantaginis　见 *Anguina pl-
antaginis*

Mesocriconema Andrassy　间环线虫属［N］

Mesocriconema azania　见 *Criconemella
azania*

Mesocriconema brevicaudatum　见 *Cricone-
moides brevicaudatus*

Mesocriconema crenatum　见 *Criconemoides
crenatus*

Mesocriconema ferniae　见 *Criconemella
ferniae*

Mesocriconema goodeyi　见 *Criconemoides*

M

goodeyi

Mesocriconema incise 见 *Criconemella incisa*

Mesocriconema limitaneum Luć 镶边间环线虫

Mesocriconema microdorum（de Grisse） 小囊间环线虫

Mesocriconema oostenbrinki 见 *Criconemoides oostenbrinki*

Mesocriconema pruni 见 *Macroposthonia pruni*

Mesocriconema pseudohercyniense 见 *Criconemella pseudohercyniense*

Mesocriconema pseudosolivagum 见 *Criconemoides pseudosolivagus*

Mesocriconema raskiense 见 *Criconemella raskiensis*

Mesodorylaimus Andrassy 间矛线虫属[N]

Mesodorylaimus chinensis Wu et Ahmad 中华间矛线虫

Mesodorylaimus ibericus Abolafia et Santiago 屈曲花间矛线虫

Mesopsora 见 *Melampsora*

Metaphelenchus Steiner 后滑刃线虫属[N]

Metaphelenchus goldeni 见 *Aphelenchus avenae*

Metarhizium Sorokin 绿僵菌属[F]

Metarhizium anisopliae（Metschn.）**Sorok.** 绿僵菌[金龟子绿僵菌]

Metarhizium anisopliae var. *major*（Johnst.）**Tulloch** 绿僵菌大孢变种

Metasphaeria Sacc. 亚球腔菌属[F]

Metasphaeria albescens Thüm. 白亚球腔菌[稻叶尖干枯病菌]

Metasphaeria denata Syd. 刚竹亚球腔菌

Metasphaeria deviata Syd. 孤生亚球腔菌

Metasphaeria miscanthi Saw. 芒亚球腔菌

Metasphaeria musae（Zimm.）**Sawada**

芭蕉亚球腔菌[香蕉黑斑病菌]

Metasphaeria oryzae（Catt.）Sacc. 稻亚球腔菌[稻斑点病菌]

Metasphaeria primulicola Pat. 报春花生亚球腔菌

Metaviridae 转座病毒科[V]

Metavirus 转座病毒属[V]

Mexican papita viroid Pospiviroid（MPVd） 墨西哥心叶茄类病毒

MF virus 见 *Broad bean stain virus Comovirus*

Mibuna temperate virus Alphacryptovirus（MTV） 水菜和性病毒

Microbacterium Orla-Jensen 微杆菌属[B]

Microbacterium imperiale（Steinhaus）**Orla-Jensen** 蛾微杆菌[昆虫微杆菌]

Micrococcus Cohn 微球菌属[B]

Micrococcus acidilactici Chester 乳酸微球菌

Micrococcus acidilactici var. *soya* Ishimaru 乳酸微球菌大豆变种

Micrococcus bombycis（Naegeli）**Cohn** 蚕肠病微球菌（蚕肠病细球菌）

Micrococcus communis lactis Cohn 普通微球菌

Microcera fujikuroi Miyabe et Saw. 藤仓小角霉

Microcera 见 *Fusarium*

Microcyclus Sacc. 小环座囊属[F]

Microcyclus ulei（Henning）**Arx** 乌来小环座囊菌[橡胶树南美叶疫病菌]

Microdiplodia Allesch. 小色二孢属[F]

Microdiplodia miyakei Sacc. 三宅小色二孢

Microdochium Syd. 微座孢属[F]

Microdochium bolleyi（Spraque）**de Hoog et Hermanides** 博利微座孢

Microdochium nivale（Fr.）**Samuels et Hallett** 雪霉微座孢

Microdochium phragmitis Syd. 芦苇微座孢

Micromyces Dang.　小壶菌属[F]

Micromyces oedogonii（Roberts）**Sparrow**
　鞘藻小壶菌[鞘藻畸形病菌]

Micromyces zygnaemicola（Cejp）**Sparrow**
　双星藻生小壶菌[双星藻畸形病菌]

Micromyces zygogonii Dang.　小壶菌[膝
　接藻畸形病菌]

Microporus Beauv. ex Kuntze　小孔菌属
　[F]

Microporus xanthopus（Fr.）**Pat.**　黄柄
　小孔菌[盏芝小孔菌]

Micropuccinia 见 *Puccinia*

Microsphaera Lév.　叉丝壳属[F]

Microsphaera akebiae Saw.　木通叉丝壳

Microsphaera alni 见 *Microsphaera akebi-
ae*

Microsphaera alphitoides Griff. et Maubl.
　粉状叉丝壳[栎白粉病菌]

Microsphaera aristolochiae Yu　马兜铃叉
　丝壳

Microsphaera benzoinis Tai　钓樟叉丝壳

Microsphaera berberdis var. *berberdis* Yu
　et Zhao　小檗叉丝壳小檗变种

Microsphaera berberdis var. *dimorpha* Yu
　et Zhao　小檗叉丝壳两型变种

Microsphaera berberidicola Tai　小檗生
　叉丝壳

Microsphaera berchemiae Saw.　勾儿茶
　叉丝壳

Microsphaera betulae 见 *Microsphaera
multappendicis*

Microsphaera blasti Tai　黑壳楠叉丝壳

Microsphaera caraganae Magn.　锦鸡儿
　叉丝壳

Microsphaera celastri Yu et Lai　南蛇藤
　叉丝壳

Microsphaera decaisneae Tai　猫儿屎叉
　丝壳

Microsphaera dimorpha 见 *Microsphaera
berberidis* var. *dimorpha*

Microsphaera dipeltae Yu et Lai　双盾木

叉丝壳

Microsphaera erlangshanensis Yu　二郎
　山叉丝壳

Microsphaera exochordae Lu et Lii　白绢
　梅叉丝壳

Microsphaera friesii Lév.　费氏叉丝壳

Microsphaera hedwigii Lév.　黑氏叉丝壳

Microsphaera hommae A. Braun　本间叉
　丝壳

Microsphaera hyperici Yu et Lai　金丝桃
　叉丝壳

Microsphaera hypophylla Nevod.　叶背
　叉丝壳

Microsphaera juglandis 见 *Microsphaera
yamadai*

Microsphaera lianyungangensis Yu　连云
　港叉丝壳

Microsphaera longissima Li　长丝叉丝壳

Microsphaera lonicerae（DC.）**Winter**
　忍冬叉丝壳

Microsphaera multappendicis Zhao et Yu
　多丝叉丝壳

Microsphaera nomurae Braun.　野村叉丝
　壳

Microsphaera ornata Braun.　饰美叉丝
　壳

Microsphaera palczewskii Jacz.　帕氏叉
　丝壳

Microsphaera picrasmae Saw.　苦木叉丝
　壳

Microsphaera pseudolonicerae（Salm.）
　Homma　防己叉丝壳

Microsphaera quercina 见 *Microsphaera
alphitoides*

Microsphaera rhamnicola Yu　鼠李生叉
　丝壳

Microsphaera robiniae Tai　刺槐叉丝壳

Microsphaera schizandrae Sawada　五味
　子叉丝壳

Microsphaera securinegae Tai et Wei　叶
　底珠叉丝壳

Microsphaera sedi（Pospel.）**Yu** 景天叉丝壳

Microsphaera sequinii **Yu et Lai** 茅栗叉丝壳

Microsphaera sichuanica **Yu** 四川叉丝壳

Microsphaera sinensis **Yu** 中国叉丝壳〔板栗表白粉菌〕

Microsphaera sinomenii **Yu** 青藤叉丝壳

Microsphaera symploci **Yu et Lai** 山矾叉丝壳

Microsphaera syringae-japonicae **Braun.** 华北紫丁香叉丝壳

Microsphaera vanbruntiana **Ger.** 万布叉丝壳

Microsphaera verruculosa **Yu et Lai** 小疣叉丝壳

Microsphaera viburni（Duby）**Blumer** 荚蒾叉丝壳

Microsphaera yamadai（Salm.）**Syd.** 山田叉丝壳〔胡桃白粉病菌〕

Microstroma（Niessl）微座盘属〔F〕

Microstroma juglandis（Ber.）**Sacc.** 核桃微座盘孢〔核桃丛枝病菌〕

Mikronegeria **Diet.** 密锈菌属〔F〕

Mikronegeria alba **Pete et Oehr.** 白色密锈菌

Mikronegeria fagi **Diet. et Neger.** 山毛榉密锈菌

mild apple mosaic virus 见 *Apple mosaic virus Ilarvirus*

mild strain of tobacco mosaic virus 见 *Tobacco mild green mosaic Tobamovirus*

mild tulip breaking virus 见 *Tulip breaking virus Potyvirus*（TBV）

Milesia 见 *Milesina*

Milesina **Magn.** 迈尔锈菌属〔F〕

Milesina arisanense **Hirats.** 阿里山迈尔锈菌

Milesina coniogrammes **Hirats.** 凤丫蕨迈尔锈菌

Milesina coreana **Hirats.** 金发藓迈尔锈菌

Milesina cryptogrammes（Diet.）**Hirats.** 珠蕨迈尔锈菌

Milesina dieteliana（Syd.）**Magn.** 迪特尔迈尔锈菌

Milesina erythrosora（Faull）**Hirats.** 红痂迈尔锈菌

Milesina exigua **Faull** 小迈尔锈菌〔耳蕨迈尔锈菌〕

Milesina formosana **Hirats.** 台湾迈尔锈菌

Milesina hashiokai **Hirats.** 桥冈迈尔锈菌

Milesina kriegeriana（Magn.）克列戈迈尔锈菌

Milesina miyabei **Kamei** 宫部迈尔锈菌

Milesina philippinensis **Syd.** 菲律宾迈尔锈菌

Milesina polypodii-superficiali **Hisrats.** 表面蕨迈尔锈菌

Milesina pycnograndis（Arth.）**Hirats.** 簇生迈尔锈菌

Milk vetch dwarf virus Nanovirus（MVDV）紫云英矮缩病毒

millet finger mosaic virus 见 *Finger millet mosaic virus Nucleorhabdovirus*

Millet red leaf virus Luteovirus（MRLV）谷子红叶病毒

Mimema 见 *Sorataea*

Mimosa bacilliform virus Badnavirus（MBV）含羞草杆状病毒

Mimosa mosaic virus 含羞草花叶病毒

Mimosa striped chlorosis virus Badnavirus（MSCV）含羞草条纹褪绿病毒

Mirabilis mosaic virus Caulimovirus（MiMV）紫茉莉（属）花叶病毒

Mirafiori lettuce big-vein virus 见 *Mirafiori lettuce virus Ophiovirus*

Mirafiori lettuce virus Ophiovirus 米拉费欧丽莴苣病毒

Miscanthus streak virus Mastrevirus（MiSV）
芒（属）线条病毒

Misgomyces Thaxt.　顶枝虫囊菌属［F］

Misgomyces homonaxi Thaxt.　步行虫顶
枝虫囊菌

Misgomyces lispini Thaxt.　隐翅虫顶枝
虫囊菌

Mitrastemon Makino　帽蕊草属（大花草
科）［P］

Mitrastemon yamamotoi Makino　帽蕊草

Mitrastemon yamamotoi var. *kanehirai*
（Yamamoto）**Makino**　多鳞帽蕊草

Mitrastemon yamamotoi var. *yamamotoi*
Makino　帽蕊草原（山本）变种

Miyagia Miyabe ex Syd.　壳堆锈菌属［F］

Miyagia anaphalidis Miyabe ex Syd.　青
香壳堆锈菌

Miyagia macrospora Hirats.　大孢壳堆锈
菌

Miyagia pseudosphaeria 见 *Puccinia pseu-*
dosphaeria Mont.

Mocroposthonia onostris 见 *Criconemella*
onostris

Moellerodiscus Henn.　莫勒盘菌属［F］

Moellerodiscus lentus（Berk. et Broome）
Dumont　莫勒盘菌

Moesziomyces Vánky　莫氏黑粉菌属［F］

Moesziomyces bullatus（Schröt.）**Vánky**
泡状莫氏黑粉菌

Molinia streak virus Panicovirus（MoSV）
莫利亚草线条病毒

Mollicutes Gibbons et Murry　柔膜菌纲
［B］

Monacrosporium Oudem.　单顶孢属［F］

Monacrosporium acrochaetum（Drechs.）
Cooke　顶毛孢单顶孢

Monacrosporium aphrobrochum（Drechs.）
Subramanin　泡环单顶孢

Monacrosporium appendiculatum（Mekht.）
Liu et Zhang　附丝单顶孢

Monacrosporium bembicoides（Drechs.）

Subramanian　陀螺单顶孢

Monacrosporium candidum（Nees ex Fr.）
Liu et Zhang　白色单顶孢

Monacrosporium chiuanum **Liu et Zhang**
裘氏单顶孢

Monacrosporium cionopagum（Drechs.）
Subram.　柱捕单顶孢

Monacrosporium coelobrochum（Drechs.）
Subram　空环单顶孢

Monacrosporium cystosporium **Cooke et
Dickinson**　囊孢单顶孢

Monacrosporium doedycoides（Drechs.）
Cooke et Dickinson　匙状单顶孢

Monacrosporium drechsleri（Tarjan）
Cooke et Dickinson　掘氏单顶孢

Monacrosporium effusum（Jarow）**Liu et
Zhang**　平展单顶孢

Monacrosporium elegans Oudem.　秀丽
单顶孢

Monacrosporium ellipsosporum（Preuss）
Cooke et Dickinson　椭圆单顶孢

Monacrosporium eudermatum（Drechs.）
Subram　厚皮单顶孢

Monacrosporium fusiformis **Cooke et
Dickinson**　纺锤单顶孢

Monacrosporium gampsosporum（Dre-
chs.）**Liu et Zhang**　弯孢单顶孢

Monacrosporium gephyropagum（Dre-
chs.）**Subram.**　捕噬单顶孢

Monacrosporium globosporum **Cooke**　球
形单顶孢

Monacrosporium guizhouense **Zhang，Liu
et Cao**　贵州单顶孢

Monacrosporium haptotylum（Drechs.）
Liu et Zhang　坚黏孢单顶孢

Monacrosporium heterosporum（Drechs.）
Subram.　异孢单顶孢

Monacrosporium indicum（Chowdhury et
Bahl）**Liu et Zhang**　印度单顶孢

Monacrosporium inguisitor（Jarow.）**Liu
et Zhang**　原生单顶孢

Monacrosporium longiphorum Liu et Lu
　长梗单顶孢

Monacrosporium lysipagum （Drechs.）
　Subram.　宽松环单顶孢

Monacrosporium mammillatum （Dizon）
　Cooke et Dickinson　乳头单顶孢

Monacrosporium megalobrochum Clockling
　et Dick.　大环单顶孢

Monacrosporium megalosporum （Dre-
　chs.）Subram.　大孢单顶孢

Monacrosporium microcaphoides Liu et Lu
　小舟单顶孢

Monacrosporium mutabile Cooke　易变单
　顶孢

Monacrosporium obtrulloides Castaner
　倒杓单顶孢

Monacrosporium parvicolle （Drechs.）
　Cooke et Dickinson　细颈单顶孢

Monacrosporium phymatophagum （Drechs.）
　Subram.　瘤捕单顶孢

Monacrosporium polybrochum （Drechs.）
　Subram.　多环单顶孢

Monacrosporium psychrophilum （Drechs.）
　Cooke et Dickinson　霜簇单顶孢

Monacrosporium reticulatum （ Peach ）
　Cooke et Dickinson　网捕单顶孢

Monacrosporium robustum McCulloch　强
　力单顶孢

Monacrosporium rutgeriense Cooke et Pra-
　mer　狂带单顶孢

Monacrosporium salinum Cooke et Dickin-
　son　多盐单顶孢

Monacrosporium scaphoides （Peach）Liu
　et Zhang　舟状单顶孢

Monacrosporium sclerohyphum （Drechs.）
　Liu et Zhang　坚菌丝单顶孢

Monacrosporium sinense Liu et Zhang　中
　华单顶孢

Monacrosporium sphaeroides Castaner
　球状单顶孢

Monacrosporium stenobrochum （Drechs.）

Cooke et Dickinson　直索单顶孢

Monacrosporium tenfaculatum Rubner et
　Gams　丝单顶孢

Monacrosporium thaumasium （Drechs.）
　de Hoog et van Dorschot　奇妙单顶孢

Monacrosporium turkmenicum （Soprunov）
　Cooke et Dickinson　土库曼单顶孢

Monacrosporium yunnanense Zhang，Liu
　et Gao　云南单顶孢

Monilia Bonord.　丛梗孢属[F]

Monilia alba Cast. et Chalm.　白色丛梗
　孢

Monilia albicans Rob. et Zopf　发白丛梗
　孢

Monilia brunnea Gilm. et Abbott　褐丛梗
　孢

Monilia candida Bon.　白落丛梗孢

Monilia cinerea Bon.　灰丛梗孢

Monilia cratacgi Died.　山楂丛梗孢

Monilia decolorans Cast. et Low　脱色丛
　梗孢

Monilia fimicola Cast et Matr.　粪生丛
　梗孢

Monilia fragrans Miura　芳香丛梗孢

Monilia fructicola Poll.　果生丛梗孢

Monilia fructigena Pers.　仁果丛梗孢

Monilia humicola Oud.　土栖丛梗孢

Monilia implicata Gilm. et Abbott　扭缠
　丛梗孢

Monilia kusanoi Henn.　草野丛梗孢

Monilia linhartiana Pr. et Del.　楄梓丛
　梗孢

Monilia mume Hara　梅丛梗孢

Monilia pinoyi （Cast.）Cast. et Chalm.
　毕那丛梗孢

Monilia roreri Cif.　可可丛梗孢

Monilia sitophila （Mont.）Sacc.　好食丛
　梗孢

Monilia tumefacens-alba （Foult.）Ota
　白肿丛梗孢

Monilia variabilis Lindn.　变异丛梗孢

Monilinia **Honey**　链核盘菌属［F］

Monilinia ariae（Schellenb.）**Whetz.**　链核盘菌

Monilinia cydoniae（Schell.）**Whetz.**　榅桲链核盘菌

Monilinia fructicola（Winter）**Honey**　美澳型核果链核盘菌［美澳型核果褐腐病菌］

Monilinia fructigena（Aderh. et Ruhl.）**Honey**　果生链核盘菌［苹果、梨褐腐病］

Monilinia heteroica（Woron. et Nav.）**Honey**　转主链核盘菌

Monilinia johnsonii（Ell. et Ev.）**Honey**　山楂链核盘菌［约翰逊链核盘菌］

Monilinia kusanoi **Henn.**　樱桃链核盘菌

Monilinia laxa（Aderh. et Ruhl.）**Honey**　核果链核盘菌［核果褐腐病］

Monilinia laxa **f. sp.** *pruni*（Wormald）**Harrison**　核果链核盘菌李属专化型

Monilinia laxa **f. sp.** *mali*（Wormald）**Harrison**　核果链核盘菌苹果属专化型

Monilinia mali（Takahashi）**Whetz.**　苹果链核盘菌［苹果花腐病］

Monilinia malicola **Miura**　苹果生链核盘菌

Monilinia megalospora（Woron.）**Whetz.**　巨链核盘菌

Monilinia mespili（Schell.）**Whetz.**　山楂叶花链核盘菌

Monilinia mume **Hara**　梅链核盘菌［梅果褐腐病菌］

Monilinia oxycocci（Woron.）**Honey**　酸果蔓链核盘菌

Monilinia padi（Woron.）**Honey**　稠李链核盘菌［稠李僵果病菌］

Monilinia phaeospora **Hori**　褐链核盘菌

Monilinia rhododendri **Fisch.**　杜鹃链核盘菌

Monilinia seaveri（Rehm）**Honey**　洗氏野黑樱链核盘菌

Moniliophthora **Evans et al.**　链疫孢属［F］

Moniliophthora roreri（Cif. et Par.）**Evans**　可可链疫孢荚腐病菌［可可荚腐病菌］

Monilochaetes **Halst. ex Harter**　毛链孢属［F］

Monilochaetes infuscans **Ell. et Halst. ex Harter**　薯毛链孢

Monoceras **Guba**　单角霉属［F］

Monoceras kriegerianum（Bres.）**Guba**　柳兰单角霉

Monochaetia（Sacc.）**Allesch.**　盘单毛孢属［F］

Monochaetia camelliae **Miles**　山茶盘单毛孢［山茶灰枯病菌］

Monochaetia carissae **Munjal et Kapoor**　假虎刺盘单毛孢

Monochaetia ceratoniae（Sousa da Camera）**Sutton**　长角豆盘单毛孢

Monochaetia concentrica（Berk. et Br.）**Sacc.**　同心盘单毛孢

Monochaetia dimorphospora **Yokoyama**　双形盘单毛孢

Monochaetia diospyri **Yoshino**　柿盘单毛孢

Monochaetia kansensis（Ell. et Barth.）**Sacc.**　坎斯盘单毛孢

Monochaetia karstenii **var.** *gallica*（Stey.）**Sutton**　卡斯坦盘单毛孢粗毛变种

Monochaetia mali（Ell. et Ev.）**Sacc.**　苹果盘单毛孢

Monochaetia monochaeta（Desm.）**Allesch.**　盘单毛孢

Monochaetia nattrassii（Stey.）**Sutton**　歧丝盘单毛孢

Monochaetia pachyspora **Bub.**　厚盘单毛孢

Monochaetia seiridioides（Sacc.）**Allesch.**　蔷薇盘单毛孢

Monochaetia turgida（Atk.）**Sacc.**　肿胀盘单毛孢

Monochaetia unicornis（Cooke et Ell.）**Sacc.** 单角盘单毛孢

Monodictys **Hughes** 单格孢属［F］

Monodictys capensis **Sinclair** *et al.* 开普单格孢

Monodictys castaneae（Wallr.）**Hughes** 栗单格孢

Monodictys cerebriformis **Zhao et Zhang** 脑单格孢

Monodictys fluctuata（Tandon et Bilgrami）**M. B. Ellis** 多变单格孢

Monodictys levis（Wiltshire）**Hughes** 光滑单格孢

Monodictys melanopa（Ach. ex Dawson Turner）**Ellis** 黑亮单格孢

Monodictys nigraglobulosa **Zhao et Zhang** 小黑球单格孢

Monodictys nitens（Schw.）**Hughes** 黑单格孢

Monodicty oblongispora **Zhao et Zhang** 长椭单格孢

Monodictys putredinis（Wallroth）**Hughes** 腐生单格孢

Monodictys quadrata（Atk.）**Zhao et Zhang** 方单格孢

Monodictys transversa. **Zhao et Zhang** 横向单格孢

Monographella **Petrak** 小画线壳属［F］

Monographella albescens（Thüm）**Parkinson et al.** 白色小画线壳（稻云形病菌）

Monographella nivalis（Schaffn.）**Mull.** 雪腐小画线壳［麦类雪腐叶枯病菌］

Mononegavirales 负单链 RNA 病毒目［V］

Monosporascus **Pollack et Uecker** 单孢囊菌属［F］

Monosporascus cannonballus **Pollack et Uecker** 坎农单孢囊菌［甜瓜黑点根腐病菌］

Monosporidium **Barcl.** 单锈菌属［孤孢锈菌属］［F］

Monosporidium andrachnis **Barcl.** 单锈菌

Monosporidium machili（Henn.）**Saito** 润楠单锈菌

Monostichella **Höhn.** 单排孢属［F］

Monostichella robergei（Desm.）**Höhn.** 鹅耳枥单排孢

Monostichella salicis（Westd.）**Arx** 柳排孢

Monotrichodorus **Andrassy** 单毛刺线虫属［N］

Monotrichodorus acuparvus **Siddiqi** 小尖单毛刺线虫

Monotrichodorus monohystera（Allen）**Andrassy** 单宫单毛刺线虫

Monotrichodorus sacchari **Baojard et Germani** 甘蔗单毛刺线虫

Morchella **Dill. ex Pers.** 羊肚菌属［F］

Morchella angusticeps **Peck** 小顶羊肚菌［黑脉羊肚菌］

Morchella conica **Pers.** 尖顶羊肚菌

Morchella crassipes（Vent.）**Pers.** 粗柄羊肚菌

Morchella deliciosa **Fr.** 小羊肚菌

Morchella distans **Fr.** 开裂羊肚菌

Morchella elata **Fr.** 高羊肚菌

Morchella esculenta（L.）**Pers.** 羊肚菌

Morchella intermedia **Boud.** 间型羊肚菌

Morchella rigida **Krombh.** 硬羊肚菌

Moreaua kungii 见 *Tolyposporium aterrimum*

Moreaua 见 *Tolyposporium*

Moroccan pepper virus Tombusvirus（MPV） 摩洛哥辣椒病毒

Moroccan watermelon mosaic virus Potyvirus（MWMV） 摩洛哥西瓜花叶病毒

Moroccan wheat Rhabdovirus 见 *Barley yellow striate mosaic virus Cytorhabdovirus*

Mortierella **Coem.** 被孢霉属［F］

Mortierella ericetorum **Linnemann** 欧石

南被孢霉[欧石南根霉病菌]

Mortierella raphani Dauphin 萝卜被孢霉[萝卜根霉病菌]

Mortierella van-tieghemi Bachmann 范特被孢霉[大麻根霉病菌]

Mucor Fresen. 毛霉属[F]

Mucor artocarpi Berk. et Br. 波罗蜜毛霉[波罗蜜果霉病菌]

Mucor caespitulosus Spegazzini 草毛霉[芭蕉果腐病菌]

Mucor castaneae Rebenh. 欧洲栗毛霉[欧洲栗果腐病菌]

Mucor combodja 见 *Rhizopus oryzae*

Mucor cucurbitarum Berk. et Curt. 南瓜毛霉[南瓜软腐病菌]

Mucor curtus（短毛霉）见 *Choanephora cucurbitarum*

Mucor delicatulus Berkeley 柔嫩毛霉[西瓜腐烂病菌]

Mucor funebris Spegazzini 富里毛霉[棕榈、芭蕉腐烂病菌]

Mucor inaequisporus f. sp. *kaki* Naganishi et Hirahare 柿毛霉[柿树毛霉病菌]

Mucor javanicus Wehmer 爪哇毛霉[酒曲菌种]

Mucor juglandis Link 胡桃毛霉[胡桃果腐病菌]

Mucor lusitanicus Bruderlein 努西毛霉[玉米腐烂病菌]

Mucor lutescens Link 橙黄毛霉[甘蓝软腐病菌]

Mucor mucedo（L.）Fres. 大毛霉[豉曲腐乳菌种、平菇毛霉软腐病菌]

Mucor nucum（Corda）Berl. et de Ton. 坚果毛霉[胡桃腐烂病菌]

Mucor olivacellus Spegazzini 橄绿色毛霉[玉米霉腐病菌]

Mucor piriformis Fisch. 梨形毛霉[酒糟菌种]

Mucor prainii Chod. et Nech 普雷恩毛

霉[酒糟菌种]

Mucor pseudolamprosprorus Naganishi et Hirahara 假发光毛霉[赤松树皮腐败病菌]

Mucor racemosus Fres. 总状毛霉[酒糟菌种]

Mucor rouxianus（Calm.）Wehmer 鲁毛霉[酒曲菌种]

Mucor sphaerosporues Hagem 球孢毛霉[松腐烂病菌]

Mucor subtilissimus Berkeley 细孢毛霉[洋葱软腐病菌]

Mucor sufu Wai et Chu 腐乳毛霉[腐乳菌种]

Mucor wosnessenskii Schostak. 大囊毛霉[水稻霉腐病菌]

Mucor wutungkiao Fang 五通桥毛霉[腐乳菌种]

Mulberry dwarf phytoplasma 桑树萎缩病植原体

Mulberry latent virus Carlavirus（MLV）桑潜病毒

Mulberry mosaic dwarf viroid 桑花叶矮缩类病毒

Mulberry ringspot virus Nepovirus（MRSV）桑环斑病毒

Multipatina Sawada 多皿菌属[F]

Multipatina citricola Saw. 柑橘生多皿菌

Mundkurella Thirum. 异孢黑粉菌属[F]

Mundkurella heptapleuri Thirum. 异孢黑粉菌

mung bean leaf curl virus 见 *Tomato spotted wilt virus Tospovirus*

mungbean mosaic virus 见 *Bean common mosaic virus Potyvirus*

Mungbean mosaic virus Potyvirus（MbMV）绿豆花叶病毒

Mungbean mottle virus Potyvirus（MMOV）绿豆斑驳病毒

Mungbean yellow mosaic India virus Bego-

movirus　绿豆黄花叶印度病毒

Mungbean yellow mosaic virus Begomovirus（MYMV）　绿豆黄花叶病毒

Mushroom bacilliform virus Barnavirus　蘑菇杆菌状病毒

Barnavirus　杆菌状 RNA 病毒属

muskmelon mosaic virus　见 *Squash mosaic virus Comovirus*

muskmelon necrotic mosaic virus　见 *Squash leaf curl virus Begomovirus*

Muskmelon vein necrosis virus Carlavirus（MuVNV）　香甜瓜脉坏死病毒

muskmelon yellow stunt virus　见 *Zucchini yellow mosaic virus Potyvirus*

muskmelon yellows virus　见 *Beet pseudoyellows virus Closterovirus*

Mycelophagus castaneae　见 *Phytophthora katsurae*

Mycena（Pers. ex Fr.）**Gray**　小菇属［F］

Mycena citricolor（Berk. et Curtis）**Sacc.**　柠檬色小菇［咖啡美洲叶斑病菌］

***Mycena orchidicola* Fan et Guo**　兰小菇

***Mycocentrospora* Deighton**　菌刺孢（中心孢）属［F］

Mycocentrospora acerina（Hartig）**Deighton**　槭菌刺孢（中心孢）菌［香菜腐烂病菌］

***Mycoenterolobrum* Goos**　扇格孢属［F］

***Mycoenterolobrum platysporum* Goos**　扇格孢

***Mycoenterolobrum platysporum* var. *magnum* Sierra et Potalus**　扇格孢大孢变种

***Mycogone* Link**　疣孢霉属［F］

***Mycogone cervina* Ditm. ex Link**　黄褐疣孢霉

***Mycogone perniciosa* Magn.**　有害疣孢霉［蘑菇白腐病菌、蘑菇褐斑病菌］

***Mycokluyveria* Cif. et Redaelli**　假克酵母属［F］

Mycokluyveria cerevisiaw（Desm.）**Cif. et Red.**　酿酒假克酵母

Mycokluyveria decolorans（Will）**Cif. et Red.**　脱色假克酵母

Mycokluyveria lafarii（Janke）**Cif. et Red.**　拉发尔假克酵母

***Mycosphaerella* Johns.**　球腔菌属［F］

***Mycosphaerella abutilonis* Nakata et Takim.**　苘麻球腔菌

***Mycosphaerella abutilontidicola* Miura**　苘麻生球腔菌［苘麻黑斑病菌］

***Mycosphaerella aceris* Woronich.**　槭球腔菌

***Mycosphaerella alarum* Ell. et Halst.**　腋生球腔菌

Mycosphaerella aleuritidis（Miyake）**Ou**　油桐球腔菌［油桐黑斑病菌］

***Mycosphaerella alpiniae* Chen et Chi**　草豆蔻球腔菌［山姜球腔菌］

***Mycosphaerella alpinicola* Chen et Chi**　益智生球腔菌［山姜生球腔菌］

***Mycosphaerella amomi* P. K. Chi**　白豆蔻球腔菌

Mycosphaerella arachidicola（Hori）**Jenk.**　落花生球腔菌［花生褐斑病菌］

***Mycosphaerella araliae* Harkn.**　楤木球腔菌

Mycosphaerella areola（Ark.）**Ehrl. et Wolf**　网孢球腔菌［棉白霉病菌］

***Mycosphaerella bataticola* Djur. et Chochrj.**　甘薯生球腔菌

Mycosphaerella berberidis（Auersw.）**Lind.**　小檗球腔菌

***Mycosphaerella berkeleyi* Jenk.**　伯克利球腔菌［花生黑斑病菌］

Mycosphaerella brassicicola（Fr. ex Duby）**Lindau**　芸薹生球腔菌［十字花科蔬菜轮斑病菌、甘蓝叶斑病菌］

***Mycosphaerella brunneola* Johans.**　褐球腔菌

***Mycosphaerella cannabis* Johans.**　大麻球腔菌［大麻斑点病菌］

Mycosphaerella carinthiaca Jaap.　中脉斑球腔菌[三叶草角斑病菌]

Mycosphaerella caryophyllata Bouriguet et Heim.　大叶丁香球腔菌

Mycosphaerella cerasella Aderk.　樱桃球腔菌[樱桃穿孔褐斑病菌]

Mycosphaerella ceres Sacc.　蜡球腔菌

Mycosphaerella cigulicola Baker　西古里球腔菌

Mycosphaerella citri Whiteside　柑橘球腔菌[柑橘脂点黄斑病菌]

Mycosphaerella citrullina (Smith) Grossenb.　瓜类球腔菌[瓜类蔓枯病菌]

Mycosphaerella coffeae Noack　咖啡球腔菌

Mycosphaerella colocasia Hara　芋球腔菌

Mycosphaerella corylea (Pers.) Karst.　泡桐球腔菌

Mycosphaerella corylina Karst.　榛球腔菌

Mycosphaerella crassa Auerswald　厚球腔菌

Mycosphaerella crataegi (Fuck.) Auersw.　山楂球腔菌

Mycosphaerella cruciferarum (Fr.) Sacc.　十字花科球腔菌

Mycosphaerella cruenta (Sacc.) Lath.　豆煤污球腔菌[豇豆煤霉病菌]

Mycosphaerella cunninghamiae Woronichin　杉球腔菌

Mycosphaerella davisii Jones　苜蓿球腔菌

Mycosphaerella dearnessii Barr.　第纳斯球腔菌[松针褐斑病菌]

Mycosphaerella entadae Saw.　榼藤球腔菌

Mycosphaerella equiseticola Bond.-Mont.　木贼生球腔菌

Mycosphaerella euphorbiae Niessl. ex Schröt.　大戟球腔菌

Mycosphaerella evodiae Lue et Chi　吴茱黄球腔菌

Mycosphaerella fici-wighlianae Saw.　笔管榕球腔菌

Mycosphaerella fijiensis Morelet　香蕉黑条叶斑病菌

Mycosphaerella filicum (Desm.) Wint.　蕨球腔菌

Mycosphaerella formosana Lin et Yen　台湾球腔菌

Mycosphaerella fragariae (Tul.) Lindau　草莓球腔菌

Mycosphaerella fraxinea Peck　梣球腔菌

Mycosphaerella fraxinicola (Schw.) House.　梣生球腔菌

Mycosphaerella fushinoki Miura　盐肤木球腔菌

Mycosphaerella garciniae Jiang et Chi　歪脖子果球腔菌[藤黄球腔菌]

Mycosphaerella gardeniae (Che.) Weiss　栀子球腔菌

Mycosphaerella gentianae (Niessl.) Lindau　龙胆球腔菌

Mycosphaerella gibsonii Evans　钱桑尼球腔菌[松针褐枯病菌]

Mycosphaerella gossypina (Cooke) Earle　棉球腔菌[棉叶斑病菌]

Mycosphaerella graminicola Fuck.　禾生球腔菌

Mycosphaerella grossulariae (Fr.) Lindau　茶藨子球腔菌

Mycosphaerella hambergii (Romell. et Sacc.) Petr.　汉伯格球腔菌

Mycosphaerella heveicola Saccas　橡胶树球腔菌

Mycosphaerella hippocastani (Jaap.) Kleb.　七叶树球腔菌

Mycosphaerella holci Tehon　高粱球腔菌

Mycosphaerella hondai Miyake　本田球腔菌

Mycosphaerella hordeicola Hara　大麦生

球腔菌[大麦叶鞘枯萎病菌]

Mycosphaerella horii Hara 保利球腔菌

Mycosphaerella ikedai Hara 池田球腔菌

Mycosphaerella imperatae Saw. 白茅球腔菌

Mycosphaerella ipomoeaecola Hara 甘薯属生球腔菌[甘薯褐斑病菌]

Mycosphaerella iridis （Auersw.） Schröt. 鸢尾球腔菌

Mycosphaerella killanii Petrak 切伦尼球腔菌

Mycosphaerella laricis-leptolepidis Ito et al. 日本落叶松球腔菌[落叶松落针病菌]

Mycosphaerella lathyri Potebnia 山鸒豆球腔菌

Mycosphaerella lethalis Stone 致死球腔菌

Mycosphaerella ligulicola 见 *Didymella ligulicola*

Mycosphaerella linicola Naum. 亚麻生球腔菌[亚麻褐斑病菌]

Mycosphaerella linorum （Wollenw.） Garcia-Rada 亚麻球腔菌[亚麻斑点病菌]

Mycosphaerella liukiuensis Leach 罗古球腔菌

Mycosphaerella lythracearum Wolf 千屈菜球腔菌

Mycosphaerella macrospora （Kelb.） Jorstad. 大孢球腔菌

Mycosphaerella maculiformis （Pers.） Auersw. 斑点球腔菌[栎斑点病菌]

Mycosphaerella magnoliae （Ell.） Petrak 厚朴球腔菌[木兰球腔菌]

Mycosphaerella malinverniana （Catt.） Miyake 稻卵孢球腔菌

Mycosphaerella mandshurica Miura 东北球腔菌[杨树灰斑病菌]

Mycosphaerella manihotis Syd. 木薯球腔菌

Mycosphaerella maydis （Pass.） Lindau 玉蜀黍球腔菌[玉米叶斑病菌]

Mycosphaerella melonis 见 *Mycosphaerella citrullina*

Mycosphaerella morifolia Pass. 桑叶球腔菌[桑褐斑病菌]

Mycosphaerella musicola Leach 芭蕉球腔菌[香蕉黄条叶斑病菌]

Mycosphaerella myricae Saw. 杨梅球腔菌[杨梅叶斑病菌、杨梅褐斑病菌]

Mycosphaerella nawae Hiura et Ikata 柿叶球腔菌[柿圆斑病菌]

Mycosphaerella olivacerum Wehum 橄榄色球腔菌

Mycosphaerella opuntiae Ell. et Ev. 仙人掌球腔菌

Mycosphaerella oryzae （Catt.） Sacc. 稻球腔菌

Mycosphaerella oxalidis Saw. 酢浆草球腔菌

Mycosphaerella pachyasca （Rostr.） Vest. 大囊球腔菌

Mycosphaerella passiflorae Lue et Chi 西番莲球腔菌

Mycosphaerella paulowniae Syd. 泡桐球腔菌

Mycosphaerella persicae （Sacc.） Higg. et Wolf 桃球腔菌

Mycosphaerella phaseolicola （Desm.） Sacc. 菜豆生球腔菌

Mycosphaerella phaseolorum Siem. 菜豆球腔菌

Mycosphaerella pini Rostrup 松球腔菌[松针红斑病菌]

Mycosphaerella pinodes （Berk. et Blox.） Stone 豌豆球腔菌[豌豆黑斑病菌]

Mycosphaerella polygoni （DC.） Saw. 蓼球腔菌

Mycosphaerella pomacearum （Corda） Sacc. 苹果球腔菌[苹果圆星病菌]

Mycosphaerella pomi （Pass.） Lindau 苹果斑点球腔菌

Mycosphaerella populi（Auersw.）**Kleb.** 杨球腔菌［杨树溃疡病菌］

Mycosphaerella populicola **Thomp.** 杨树生球腔菌［杨树斑枯病菌］

Mycosphaerella populorum **Thompson** 杨树球腔菌［杨树斑枯病菌］

Mycosphaerella pouzolziae **Saw.** 雾水葛球腔菌

Mycosphaerella primulae（Auersw. et Heufl.）**Schröt.** 报春花球腔菌

Mycosphaerella puerariae（Keissl.）**Petr.** 葛球腔菌

Mycosphaerella pueraricola **Weimer et Luttrell** 葛生球腔菌

Mycosphaerella punctiformis（Pers.）**Rabenh.** 点状球腔菌

Mycosphaerella ricinicola（Speg.）**Hemmi et Matsum.** 蓖麻生球腔菌

Mycosphaerella rosigena（Ell. et Ev.）**Lindau** 蔷薇球腔菌

Mycosphaerella rubi（Westend.）**Roark** 悬钩子球腔菌

Mycosphaerella rumicis（Desm.）**Cooke** 酸模球腔菌

Mycosphaerella schoenoprasi（Rabenh）**Schröt.** 葱球腔菌

Mycosphaerella sentina（Fr.）**Schröt.** 梨球腔菌［梨褐斑病菌］

Mycosphaerella shiraiana **Miyake** 白井球腔菌

Mycosphaerella sojae **Hori** 大豆球腔菌［大豆褐斑病菌］

Mycosphaerella staphyleae **Miura** 省沽油球腔菌

Mycosphaerella strychnoris **S. M. Lin et Chi** 马钱球腔菌

Mycosphaerella syringae **Bond.** 丁香球腔菌

Mycosphaerella tabifica（Prill. et Delacr.）**Johns.** 塔别夫球腔菌

Mycosphaerella tassiana（de Not.）**Jo-** hans. 塔森球腔菌［薏苡叶斑病菌］

Mycosphaerella tatarica（Syd.）**Miura** 紫菀球腔菌［紫菀斑枯病菌］

Mycosphaerella theae **Hara** 茶球腔菌［茶叶斑病菌］

Mycosphaerella tulasnei（Jancz.）**Lindau** 图拉球腔菌

Mycosphaerella typhae（Lasch）**Wint.** 香蒲球腔菌

Mycosphaerella umbelliferarum **Rabenh.** 伞形科球腔菌

Mycosphaerella yuccina **Woronich.** 丝兰球腔菌

Mycosphaerella zingiberi **Shirai et Hara** 姜球腔菌［姜叶枯病菌］

Mycosyrinx **Beck** 蛤孢黑粉菌属［F］

Mycosyrinx cissi（DC.）**Beck** 白粉藤蛤孢黑粉菌

Mycosyrinx globosa **Vienn.-Bourg.** 球状蛤孢黑粉菌

Mycosyrinx microspora **Cant.** 小蛤孢黑粉菌

Mycovellosiella **Rangel** 菌绒孢属［F］

Mycovellosiella acericola（Liu et Guo）**Liu et Guo** 槭生菌绒孢

Mycovellosiella cajani（Henn.）**Rangel et Trotter** 木豆菌绒孢

Mycovellosiella concors（Casp.）**Deighton** 绒层菌绒孢

Mycovellosiella costaricensis（Syd.）**Deighton** 科地菌绒孢

Mycovellosiella costeroana（Petrak et Cifferi）**Liu et Guo** 攀毛菌绒孢

Mycovellosiella eupatori-odorati **Yen** 飞机草菌绒孢

Mycovellosiella ferruginea（Fuckel）**Deighton** 锈色菌绒孢

Mycovellosiella imperatae（Syd.）**Liu et Guo** 白茅菌绒孢

Mycovellosiella koepkei（Kruger）**Deghton** 散梗菌绒孢［甘蔗黄点病菌］

M

Mycovellosiella merremiae Liu et Guo　山猪菜菌绒孢

Mycovellosiella murina （Ell. et Kell.）Deighton　鼠灰菌绒孢

Mycovellosiella nattrassii Deighton　灰毛茄菌绒孢

Mycovellosiella paulowniicola Yen et Sun　泡桐生菌绒孢菌

Mycovellosiella perfoliati （Ell. et Ev.）Muntanola　穿叶菌绒孢

Mycovellosiella puerariae Shaw et Deighton　葛菌绒孢

Mycovellosiella rosae Guo et Liu　蔷薇菌绒孢

Mycovellosiella solani-torvi （Frag. et Cif.）Deighton　水茄菌绒孢

Mycovellosiella taiwanensis （Mats. et Yamam.）Liu et Guo　台湾菌绒孢

Mycovellosiella teucrii （Schweinitz）Deighton　香科菌绒孢

Mycovellosiella vaginae （Kruger）Deighton　鞘菌绒孢

Mycovellosiella vitis Guo et Liu　葡萄菌绒孢

Mylonchulus Yeates　小奇针线虫属[N]

Mylonchulus ananasi Yeates　菠萝小奇针线虫

Mylonchulus esculentus Jain，Saxena et Sharma　七叶树小奇针线虫

Mylonchulus hortulanus Khan　花草小奇针线虫

Myriangium Mont. et Berk.　多腔菌属[F]

Myriangium duriaei Mont. et Berk.　蚧多腔菌

Myriangium haraeanum Tai et Wei　竹鞘多腔菌

Myrobalan latent ringspot satellite virus　樱桃李潜环斑病毒卫星

Myrobalan latent ringspot virus Nepovirus （MLRSV）　樱桃李潜环斑病毒

Myrothecium Tode　ex Link 漆斑菌属[F]

Myrothecium advena Sacc.　外来滕斑菌

Myrothecium gramineum Lib.　禾漆斑菌

Myrothecium roridum Tode　露湿漆斑菌［棉花焦斑病菌］

Myrothecium verrucaria （Alb. et Schw.）Bitm.　瘤孢漆斑菌

Myxosporella Sacc.　小黏盘瓶孢属[F]

Myxosporella miniata Sacc.　小黏盘瓶孢

Myxosporium Link　黏盘瓶孢属[F]

Myxosporium abietinum 见 *Cryptosporiopsis abietina*

Myxosporium corticola Edg　树皮生黏盘瓶孢

Myxosporium psidii Saw. et Kur.　番石榴黏盘瓶孢

Myxosporium rimosum Fautr.　缝裂黏盘瓶孢

Myxosporium rosae Fuck.　蔷薇黏盘瓶孢

Myzocytium Schenk　串孢壶菌属[C]

Myzocytium globosum Schenk　球孢大串孢壶菌［刚毛藻、转板藻、双星藻、新月藻串孢壶菌］

Myzocytium glutinosporum Barron　胶串孢壶菌

Myzocytium humicola Barron et Percy　土生串孢壶菌

Myzocytium intermedium Barron　中间串孢壶菌

Myzocytium megastomum de Wild.　大串孢壶菌［大吸囊菌、新月藻串孢病菌］

Myzocytium proliferum Schenk　层出大串孢壶菌［双星藻串孢病菌］

Myzocytium vermicolum （Zopf）Fisher　虫生串孢壶菌

N

Nacobbodera Golden et Jensen　珠皮(假根结)线虫属[N]

Nacobbodera chitwoodi Golden et Jensen 奇氏珠皮(假根结)线虫

Nacobbus Thorne et al.　珍珠线虫属(柯布氏线虫属)[N]

Nacobbus aberrans (Thorne) Thorne et al. 异常珍珠线虫

Nacobbus batatiformis Thorne et Schuster 番薯形珍珠线虫

Nacobbus dorsalis Thorne et al.　背侧珍珠线虫

Nacobbus serendipiticus Franklin　番茄珍珠线虫

Nagelus alpinus 见 *Tylenchorhynchus alpinus*

Nakataea Hara　双曲孢属[F]

Nakataea irregulare Hara　不整双曲孢

Nakataea sigmoidea (Cavara) Hara　双曲孢

Nandina mosaic virus Potexvirus (NaMV) 南天竹(属)花叶病毒

nandina *Potexvirus* 见 *Nandina mosaic virus Potexvirus*

Nandina stem pitting virus Capillovirus (NSPV)　南天竹(属)茎痘病毒

Nanidorus minor 见 *Paratrichodorus minor*

Nanovirus　矮缩病毒属[V]

Napicladium Thüm.　短梗霉属[F]

Napicladium arundinaceum (Corda) Sacc. 芦苇短梗霉

Napicladium asteroma Allesch.　星形短梗霉

Napicladium brunaudii Sacc.　李短梗霉

Narasimhania Thirum. et Pavgi　网孢黑粉菌属[F]

Narasimhania alismatis Pavgi et Thirum. 泽泻网孢黑粉菌

Narcissus common latent virus Carlavirus 水仙普通潜隐病毒

Narcissus degeneration 见 *Narcissus yellow stripe virus Potyvirus*

Narcissus degeneration virus Potyvirus (NDV)　水仙退化病毒

Narcissus late season yellows virus Potyvirus (NLSYV)　水仙晚期黄化病毒

Narcissus latent virus Macluravirus (NLV)　水仙潜病毒

narcissus mild mottle 见 *Narcissus latent virus Macluravirus*

Narcissus mosaic virus Potexvirus (NMV) 水仙花叶病毒

Narcissus tip necrosis virus Carmovirus (NTNV)　水仙死顶病毒

narcissus yellow streak virus 见 *Narcissus yellow stripe virus Potyvirus*

Narcissus yellow stripe virus Potyvirus (NYSV)　水仙黄条病毒

Nasturtium mosaic virus Potyvirus (NasMV)　豆瓣菜(属)花叶病毒

nasturtium ringspot virus 见 *Broad bean wilt virus Fabavirus*

Necium 见 *Melampsora*

Neckar River virus Tombusvirus (NRV) 内卡河(德国)病毒

Necrovirus　坏死病毒属[V]

Nectopelta Siddiqi　波楯线虫属[N]

Nectopelta triticea (Doucet) Siddiqi　小麦波楯线虫

Nectria Fr.　丛赤壳属[F]

Nectria aleuritidia Chen et Zhang　油桐丛

赤壳

Nectria bolbophylli **Henn.** 波丛赤壳

Nectria cinnabarina（Tode）**Fr.** 朱红丛赤壳［果树枝枯病菌、苹果红癌病菌］

Nectria citri **Henn.** 柑橘丛赤壳

Nectria coccinea（Pers.）**Fr.** 绯球丛赤壳

Nectria coccophila（Tul.）**Wollenw.** 嗜蜡丛赤壳

Nectria coffeicola **Zimm.** 咖啡丛赤壳

Nectria cucurbitula **Sacc.** 葫芦丛赤壳

Nectria desmazierii **Becc. et Dutrs.** 戴氏丛赤壳

Nectria galligena **Bres.** 干癌丛赤壳［果树干癌病菌、苹果枝溃疡病菌］

Nectria haematococca **Berk. et Br.** 红粒丛赤壳［赤球丛赤壳］

Nectria ipomoeae **Hals.** 甘薯丛赤壳

Nectria nummulariae **Teng** 币形炭团丛赤壳

Nectria ochroleuca（Schw.）**Berk.** 淡色丛赤壳

Nectria rigidiuscula **Berk. et Broome** 可可花瘿病菌

Nectria sinensis **Teng** 中国丛赤壳

Nectria stilbosporae **Tul.** 束梗孢丛赤壳

Nectria striatospora **Zimm.** 纹孢丛赤壳

Nectria ustulinae **Teng.** 炭团丛赤壳

Nectriella **Nits.** 小赤壳属［F］

Nectriella cucumeris **Hanz.** 黄瓜小赤壳

Nectriella versoniana **Sacc. et Penz.** 石榴小赤壳［石榴干腐病菌］

Negro coffee mosaic virus Potexvirus（NeCMV）黑咖啡花叶病毒

Nematoctonus **Drechsler** 毒虫霉属（亚侧耳属的无性世代）［F］

Nematoctonus pachysporus. **Drechsler** 厚壁毒虫霉

Nematophthora **Kerry et crump** 线疫霉属［F］

Nematophthora gynophila **Kerry et Crump** 嗜雌线疫霉

Nematospora **Tassi** 针孢酵母属［F］

Nematospora coryli **Peglion** 榛针孢酵母

Nematospora gossypii **Ashby et Now.** 棉针孢酵母

Nematospora lycopersici **Schneid.** 番茄针孢酵母

Nematospora phaseoli **Wingard** 菜豆针孢酵母

Nematosporangium（Fisch.）**Schröt.** ［丝孢囊属］见 *Pythium*

Nematosporangium arrhenomanes 见 *Pythium arrhernomanes*

Nematosporangium butleri 见 *Pythium aphanidermatum*

Nematosporangium epiphanosporon 见 *Pythium arrhenomanes*

Nematosporangium hyphalosticton 见 *Pythium arrhenomanes*

Nematosporangium indigoferae 见 *Pythium indigoferae*

Nematosporangium leiohyphon 见 *Pythium arrhenomanes*

Nematosporangium leucosticton 见 *Pythium arrhenomanes*

Nematosporangium monospermum 见 *Pythium monospermum*

Nematosporangium polyandron 见 *Pythium arrhenomanes*

Nematosporangium rhizophthoran 见 *Pythium arrhenomanes*

Nematosporangium spaniogamon 见 *Pythium arrhenomanes*

Nematosporangium thysanohyphalon 见 Pythium *arrhenomanes*

Nemonchus galeatus 见 *Hoplolaimus galeatus*

Neobakernema variabile 见 *Criconemella variabile*

Neocapnodium **Yamam.** 新煤炱属［F］

Neocapnodium tanakae（Shitai et Hara）

Yamam. 田中新煤炱

Neocapnodium theae Hata 茶新煤炱[茶煤病菌]

Neococcomyces Lin et al. 新齿裂菌属[F]

Neococcomyces rhododendri Lin，Xiang et Li 杜鹃新齿裂菌

Neocosmospora Smith 新赤壳属[F]

Neocosmospora vasinfecta Smith 侵菅新赤壳

Neocriconema adamsi 见 *Criconemoides adamsi*

Neocriconema crenatum 见 *Criconemoides crenatus*

Neocriconema goodeyi 见 *Criconemella goodeyi*

Neocriconema kirjanovae 见 *Criconemoides kirjanovae*

Neocriconema limitaneum 见 *Discocriconemella limitanea*

Neocriconema microdorum 见 *Criconemoides microdorus*

Neocriconema oostenbrinki 见 *Criconemoides oostenbrinki*

Neocriconema pseudohercyniense 见 *Criconemella pseudohercyniense*

Neocriconema pseudosolivagum 见 *Criconemoides pseudosolivagus*

Neocriconema solivagum 见 *Criconemoides solivagus*

Neocrossonema Ebsary 新栉线虫属[N]

Neocrossonema abies (Andrassy) Ebsary 冷杉新栉线虫

Neocrossonema aquitanense 见 *Criconema aquitanense*

Neocrossonema fimbriatum 见 *Ogma fimbriatum*

Neocrossonema menzeli 见 *Criconema menzeli*

Neoditylenchus Meyl 新茎线虫属[N]

Neoditylenchus abieticola (Rühm) Mey 冷杉新茎线虫

Neoditylenchus autographi 见 *Ditylenchus autographi*

Neoditylenchus dendrophilus 见 *Ditylenchus dendrophilus*

Neoditylenchus eremus 见 *Ditylenchus eremus*

Neoditylenchus gallica (Steiner) Mey 五倍子新茎线虫

Neoditylenchus glischrus 见 *Ditylenchus glischrus*

Neoditylenchus major 见 *Ditylenchus major*

Neoditylenchus ortus 见 *Ditylenchus ortus*

Neoditylenchus panurgus 见 *Ditylenchus panurgus*

Neoditylenchus pinophilus 见 *Ditylenchus pinophilus*

Neoditylenchus pityokteinophilus 见 *Ditylenchus pityokteinophilus*

Neodolichodorus brevistilus 见 *Dolichodorus brevistilus*

Neodolichodorus citri S'Jacob et Loof 柑橘新锥线虫

Neodolichodorus obtusus 见 *Dolichodorus obtusus*

Neofabraea H. S. Jacks. 明孢盘菌属[F]

Neofabraea malicorticis (Corda) Jacks. 腐皮明孢盘菌[梨溃疡病菌]

Neolobocriconema laterale 见 *Criconemoides laterale*

Neolobocriconema Mehta et Raski 新栉环线虫属[N]

Neolobocriconema aberrans 见 *Criconemoides aberrans*

Neolobocriconema olearum 见 *Paralobocriconema olearum*

Neolobocriconema serratum 见 *Criconemoides serratum*

Neolongidorus Khan 新长针线虫属[N]

N

Neolongidorus himalayensis Khan 喜马拉雅新长针线虫

Neoradopholus Khan et Shakil 新穿孔线虫属[N]

Neoradopholus inaequalis (Sauer) **Khan et Shakil** 不等新穿孔线虫

Neoradopholus neosimilis (Sauer) **Khan et Shakil** 新相似新穿孔线虫

Neoravenelia 见 *Ravenelia*

Neotylenchus Steiner 新垫刃(拟茎)线虫属[N]

Neotylenchus abulbosus Steiner 无球新垫刃线虫

Neotylenchus arcuatus 见 *Nothanguina arcuatus*

Neotylenchus nitidus Massey 整洁新垫刃线虫

Neotylenchus obesus Thorne 肥胖新垫刃线虫

Neotylenchus striatus Meyl 具纹新垫刃线虫

Neotylenchus turfus Yokop 草皮新垫刃线虫

Neovossia barclayana 见 *Tilletia barclayana*

Neovossia Köm. 尾孢黑粉菌属[F]

Neovossia horrida (Tak.) Padw. et Khan [水稻粒黑粉病菌] 见 *Tilletia horrida*

Neovossia macrospora Petr. 大孢尾孢黑粉菌

Neovossia moliniae (Thüm.) **Köm.** 沼湿草尾孢黑粉菌

Neovossia setariae (Ling) **Yu et Lou** 狗尾草尾孢黑粉菌

Neozygites Witlaczil 新接霉属[F]

Neozygites floridana (Weiser et Muma) **Remaudiere et Keller** 佛罗里达新接霉

Neozygites fresenii (Nowak.) **Remaud. et Keller** 弗雷生新接霉

Nephlyctis 见 *Prospodium*

Nephrochytrium Karling 肾壶菌属[F]

Nephrochytrium appendiculatum Karling 附体肾壶菌[冠轮藻、柔曲丽藻、纤细丽藻肾壶病菌]

Nepovirus 线虫传多面体病毒属[V]

Nerine latent virus Carlavirus (NeLV) 尼润(属)潜病毒

Nerine virus Potyvirus (NV) 尼润(属)病毒

Nerine virus X Potexvirus (NVX) 尼润(属)X病毒

Nerine virus Y Potyvirus (NVY) 尼润Y病毒

Nerine yellow stripe virus Potyvirus (NeYSV) 尼润黄色条纹病毒

New Zealand hop virus 见 *Hop American latent virus Carlavirus*

Newinia Thaung 双壁串锈菌属[F]

Newinia heterophragmae Thaung. 双壁串锈菌

Nicotiana glutinosa stunt viroid (NGSVd) 心叶烟矮化类病毒

Nicotiana velutina mosaic virus (NVMV) 绒毛烟花叶病毒

Nigerian yam virus 见 *Dioscorea green banding mosaic virus Potyvirus*

Nigredo 见 *Uromyces*

Nigrospora Zimmerman 黑孢属[F]

Nigrospora oryzae (Berk. et Br.) **Petch** 稻黑孢[玉米裂轴病菌]

Nigrospora sacchari (Speg.) **Mason** 甘蔗黑孢

Nigrospora sphaerica (Sacc.) **Mason** 球黑孢

Nimbya Simmons 假格孢属[F]

Nimbya alternanthera (Holcomb et Antonopolos) **Simmons et al. corn** 莲子草假格孢

Nimbya caricis Simmons 苔假格孢

Nimbya celosiae Simmons et Holcomb 鸡冠花假格孢

Nimbya dianthi Zhang et Zhao 石竹假格

孢

Nimbya dolicos **Zhang,Guo et Zhao** 扁豆
假格孢

Nimbya euphorbiicola **Chen et Zhang** 大
戟假格孢

Nimbya gomphrenae（Togashi）**Simmons**
千日红假格孢

Nimbya heteroschemos（Fautrey）**Simmons**
异式假格孢

Nimbya juncicola（Fuckel）**Simmons** 灯
心草生假格孢

Nimbya scirpicola（Fuckel）**Simmons** 藨
草生假格孢

Nocardia **Trevisan** 诺卡氏菌属[B]

Nocardia pseudovaccini 见 *Nocardia vac-
cinii*

Nocardia vaccinii **Demaree et Smith** 越桔
诺卡氏菌[蓝莓瘿瘤病菌]

Norfolk virus 见 *Beet soil -borne mosaic
virus Benyvirus*

Northern cereal mosaic virus *Cytorhab-
dovirus*（NCMV） 北方禾谷花叶病毒

Nothanguina **Whitehead** 伪粒线虫属[N]

Nothanguina arcuatus（Thorne）**Nickle**
弯曲伪粒线虫

Nothanguina cecidoplastes （ Goodey ）
Whitehead 须芒草伪粒线虫

Nothanguina cecidoplastes 见 *Anguina ce-
cidoplastes*

Nothanguina phyllobius（Thorne）**Thorne**
多叶伪粒线虫

Nothocriconema **de Grisse et Loof** 伪环线
虫属[N]

Nothocriconema alticola 见 *Criconemella
alticola*

Nothocriconema ananas 见 *Nothocri-
conemella ananas*

Nothocriconema annulifer 见 *Criconema
annulifer*

Nothocriconema arcanum 见 *Cricone-
moides arcanum*

Nothocriconema brevicaudatum 见 *Cri-
conemoides brevicaudatus*

Nothocriconema calvum 见 *Criconemoides
calvus*

Nothocriconema corbetti 见 *Criconemoides
corbetti*

Nothocriconema crassianulatum 见 *Cri-
conemoides crassianulatus*

Nothocriconema crotaloides 见 *Cricone-
moides crotaloides*

Nothocriconema demani 见 *Criconemoides
demani*

Nothocriconema dubium 见 *Criconemoides
dubius*

Nothocriconema duplicivestitum 见 *Cri-
conemoides duplicivestitus*

Nothocriconema hygrophilum 见 *Cricone-
moides hygrophilum*

Nothocriconema kovacsi 见 *Criconemoides
kovacsi*

Nothocriconema lamellatum 见 *Cricone-
moides lamellatus*

Nothocriconema longulum 见 *Cricone-
moides longulus*

Nothocriconema loofi 见 *Criconemoides
loffi*

Nothocriconema mutabilis 见 *Criconema
mutabilis*

Nothocriconema neopacificum **Mchta，Ra-
ski et Valenzuela** 新太平洋伪环线虫

Nothocriconema orientale **Andrassy** 东方
伪环线虫

Nothocriconema pacificum （ Andrassy ）
Andrassy 太平洋伪环线虫

Nothocriconema paraguayensis 见 *Cricone-
moides paraguayensis*

Nothocriconema pauperum 见 *Cricone-
moides pauperus*

Nothocriconema permistum 见 *Cricone-
moides permistus*

Nothocriconema petasus 见 *Criconemoides*

petasus

Nothocriconema princeps 见 *Criconemoides princeps*

Nothocriconema quasidemani 见 *Criconemoides quasidemani*

Nothocriconema solitarium 见 *Criconemoides solitarius*

Nothocriconema sphagni 见 *Criconemoides sphagni*

Nothocriconema stygia 见 *Criconemoides stygia*

Nothocriconemella Ebsary 伪小环线虫属 [N]

Nothocriconemella ananas（Heyns）**Berg** 凤梨伪小环线虫

Nothocriconemella calva 见 *Criconemoides calvus*

Nothocriconemella demani 见 *Criconemoides demani*

Nothocriconemella grassator 见 *Criconemoides grassator*

Nothocriconemella kovacsi 见 *Criconemoides kovacsi*

Nothocriconemella longula 见 *Criconemoides longulus*

Nothocriconemella mutabilis 见 *Criconemoides mutabilis*

Nothocriconemella pacifica（Andrassy）**Ebsary** 太平洋伪小环线虫

Nothocriconemella paraguayensis 见 *Criconemoides paraguayensis*

Nothocriconemella permista 见 *Criconemoides permistus*

Nothocriconemella sphagni 见 *Criconemoides sphagni*

Nothocriconemoides lineolatus 见 *Criconemella lineolata*

Nothocriconenia ananas 见 *Discocriconemella ananas*

Notholetus Ebsary 伪亡线虫属 [N]

Notholetus corbetti 见 *Criconemoides corbetti*

Notholetus eucalypti **Andrassy** 桉树伪亡线虫

Notholetus zeae（Berg et Heyns）**Ebsary** 玉米伪亡线虫

Nothopatella Sacc. 座壳霉属 [F]

Nothopatella chinensis **Miyake** 中华座壳霉 [桃枝枯病菌]

Nothoravenelia Diet. 假伞锈菌属 [F]

Nothoravenelia commiphorae **Cumm.** 具柄假伞锈菌

Nothoravenelia japonica **Diet.** 日本假伞锈菌

Nothoscordum mosaic virus Potyvirus（NoMV） 假葱（属）花叶病毒

Nothotylenchus **Thorne** 伪垫刃线虫属 [不正茎线虫属] [N]

Nothotylenchus allii **Khan et Siddiqi** 葱伪垫刃线虫

Nothotylenchus drymocolus **Rühm** 森林伪垫刃线虫

Nowakowskiella Schroet. 小诺壶菌属 [F]

Nowakowskiella obscura **Sparrow** 模糊小诺壶菌 [松果球壶病菌]

Nozemia lepironiae 见 *Phytophthora lepironiae*

Nucleorhabdovirus 细胞核弹状病毒属 [V]

Nummularia Tul. 光盘壳属 [F]

Nummularia discreta（Schw.）**Tul.** 陷光盘壳菌 [苹果泡性溃疡病菌]

Nyssopsora Arth. 花孢锈菌属 [F]

Nyssopsora asiatica **Lütj.** 亚洲花孢锈菌

Nyssopsora cedrelae（Hori）**Tranz.** 香椿花孢锈菌

Nyssopsora chinense（Tai et Cheo）**Tai** 中华花孢锈菌

Nyssopsora echinata（Lév.）**Arth.** 花孢锈菌

Nyssopsora formosana（Saw.）**Lütj.** 台湾花孢锈菌

Nyssopsora koelreuteriae（H. et P. Syd.）**Tranz.** 栾树花孢锈菌

Nyssopsora thwaitesii（Berk. et Br.）**Syd.** 思韦茨花孢锈菌

O

Oak ringspot virus 栎环斑病毒

Oat blue dwarf virus Marafivirus（OBDV）燕麦蓝矮病毒

oat chlorotic stripe virus 见 *Oat golden stripe virus*

Oat chlorotic stunt virus Avenavirus（OCSV）燕麦褪绿矮化病毒

Oat golden stripe virus Furovirus（OGSV）燕麦金色条纹病毒

Oat mosaic virus Bymovirus（OMV）燕麦花叶病毒

Oat necrotic mottle virus Tritimovirus（ONMV）燕麦坏死斑驳病毒

Oat pseudorosette virus Tenuivirus（OPRV）燕麦伪丛簇病毒

oat pupation disease virus 见 *Oat pseudorosette virus Tenuivirus*

oat red leaf virus 见 *Barley yellow dwarf virus Luteovirus*

oat Siberian mosaic virus 见 *Oat pseudorosette virus Tenuivirus*

Oat sterile dwarf virus Fijivirus（OSDV）燕麦不孕矮缩病毒

oat striate and red disease virus 见 *Wheat European striate mosaic virus Tenuivirus*

Oat striate mosaic virus Nucleorhabdovirus（OSMV）燕麦条点花叶病毒

oat stripe mosaic virus 见 *Barley stripe mosaic virus Hordeivirus*

oat tubular virus 见 *Oat golden stripe virus*

Obuda pepper virus Tobamovirus（ObPV）奥布达辣椒病毒

Ochropsora Diet. 赭痂锈菌属［F］

Ochropsora ariae（Fuck.）**Syd.** 美赭痂锈菌

Ochropsora sorbi 见 *Ochropsora ariae*

Odontoglossum ringspot virus Tobamovirus（ORSV）齿瓣兰（属）环斑病毒

Ogam simlaense 见 *Criconema simlaensis*

Ogma Southern 沟环线虫属［N］

Ogma chrisbarnardi 见 *Criconema chrisbarnardi*

Ogma civellae（Steiner）**Raski et Luc** 土著沟环线虫

Ogma cobbi（Micoletzky）**Siddiqi** 科氏沟环线虫

Ogma coffeae（Edward，et al.）**Andrassy** 咖啡沟环线虫

Ogma coronatum 见 *Criconema coronatum*

Ogma decalineatum 见 *Criconema decalineatum*

Ogma duodevigintilineatum 见 *Criconema duodevigintilineatum*

Ogma fimbriatum（Cobb）**Raski Luc** 毛缘沟环线虫

Ogma fotedari 见 *Criconema fotedari*

Ogma guernei 见 *Hoplolaimus guernei*

Ogma hechuanensis **Zhu，Lan et al.** 合川沟环线虫

Ogma lentiforme **Schuurmans et al.** 小

扁豆形沟环线虫

Ogma lepidotum 见 *Criconema lepidotum*

Ogma menzeli 见 *Criconema menzeli*

Ogma minutum 见 *Criconema minutum*

Ogma multisquamatum 见 *Criconema multisquamatum*

Ogma murrayi 见 *Criconema murrayi*

Ogma octangulare 见 *Criconema octangulare*

***Ogma prini* Minagawa** 冬青沟环线虫

Ogma querci (Choi et Geraert) **Andrassy** 栎树沟环线虫

Ogma rhombosquamatum 见 *Criconema rhombosquamatum*

Ogma serratum (Khan et Siddiqi) **Raski et Luc** 锯齿状沟环线虫

Ogma spasskii 见 *Criconema spasskii*

Ogma squamifer 见 *Criconema squamifer*

Ogma squamosum 见 *Criconema squamosum*

Ogma tokobaevi 见 *Criconema tokobaevi*

Ogma tricondon 见 *Criconema triconodon*

Ogma tripum 见 *Criconema tripum*

Ogma zernovi 见 *Criconema zernovi*

Ohio corn stunt agent 见 *Maize chlorotic dwarf virus Waikavirus*

***Oidiopsis* Scalia** 拟粉孢属[F]

***Oidiopsis sicula* Scalia** 拟粉孢

***Oidium* Link** 粉孢属[F]

***Oidium aceris* Rabenh.** 槭粉孢

***Oidium agrimoniae* Saw.** 龙牙草粉孢

***Oidium berberidis* Thüm.** 小檗粉孢

***Oidium caricae-papayae* Yen** 番木瓜粉孢

***Oidium cephalanthi* Saw.** 风箱树粉孢

***Oidium cerasi* Jacz.** 樱粉孢

***Oidium chrysanthemi* Rabenh.** 菊粉孢

***Oidium crystallinum* Lév.** 晶粉孢

***Oidium erysiphoides* Fr.** 白粉孢

Oidium euonymi-japonicae (Arc.) **Sacc.** 正木粉孢

***Oidium farinosum* Cooke** 粉孢

***Oidium fragariae* Harz.** 草莓粉孢

***Oidium heliotropu-indici* Saw.** 大尾摇粉孢

***Oidium heveae* Steinm.** 橡胶树粉孢

***Oidium leonuri-sibirici* Saw.** 益母草粉孢

***Oidium leucoconium* Desm.** 白尘粉孢

***Oidium lycopersici* Cooke et Mass.** 番茄粉孢

***Oidium monilioides* Nees** 串珠状粉孢

***Oidium myosotidis* Rabenh.** 勿忘草粉孢

***Oidium obtusum* Thüm.** 钝角粉孢

***Oidium rosae-indicae* Saw.** 印度蔷薇粉孢

***Oidium ruckeri* Berk.** 葡萄粉孢

***Oidium sonchi-arvensis* Saw.** 苦苣菜粉孢

***Oidium tabaci* Thüm.** 烟草粉孢

Oidium variabilis 可变粉孢[蘑菇可变粉孢霉病菌]

Oilpalm fatal yellowing viroid (OPFYVd) 油棕致死黄化类病毒

Okra leaf curl virus Begomovirus (OLCV) 秋葵曲叶病毒

Okra mosaic virus Tymovirus (OkMV) 秋葵花叶病毒

Okra yellow vein mosaic virus Begomovirus (OYVMV) 秋葵黄脉花叶病毒

Oleavirus 油橄榄病毒属[V]

***Oligoporus* Bref.** 褐腐干酪菌属[F]

Oligoporus caesius (Schrad. ; Fr.) **Gilbn. et Ryv.** 灰蓝褐腐干酪菌

Oligoporus guttulatus (PK.) **Glibn. et Ryv.** 瓣状褐腐干酪菌

Oligoporus hibernicus (Berk. et Br.) **Gilbn. et Ryv.** 冬褐腐干酪菌

Oligoporus sericeomollis (Rom.) **Pouz.** 柔丝褐腐干酪菌

Olive latent ringspot virus Nepovirus (OLRSV) 油橄榄潜隐环斑病毒

Olive latent virus 1 Necrovirus (OLV-1)

油橄榄潜 1 号病毒

Olive latent virus 2 Oleavirus（OLV-2）
油橄榄潜 2 号病毒

Olivea Arth. 榄孢锈菌属[F]

Olivea capituliformis Arth. 榄孢锈菌

Olivea fimbriata （Mains） **Cumm.** **et** **Hirats.** 流苏榄孢锈菌

Olivea tectonae **Thirum.** 柚木榄孢锈菌

Olpidiopsis **Cornu** 拟油壶菌属[C]

Olpidiopsis antithamnionis **Whittick** **et** **South** 对丝藻拟油壶菌[对丝藻拟油壶病菌]

Olpidiopsis indica **Srivastara** 印度拟油壶菌[番木瓜叶腐病菌]

Olpidiopsis oedogoniarum （de Wild.） **Scherffer** 鞘藻拟油壶菌[鞘藻拟油壶病菌]

Olpidiopsis schenkiana **Zopf** 申克拟油壶菌[转板藻拟油壶病菌]

Olpidiopsis ucranica **Wize** 乌克拟油壶菌[鞘藻拟油壶病菌]

Olpidium （Braun） **Schröt.** 油壶菌属[F]

Olpidium aggregatum **Dang.** 密集油壶菌[刚毛藻油壶病菌]

Olpidium algarum var. *brevirostrum* **Sorokin.** 藻类油壶菌短喙变种[瘤接鼓藻油壶病菌]

Olpidium bothriospermi **Sawada** 班种草油壶菌[班种草赤涩、肥肿病菌]

Olpidium brassicae （Woron.） **Dang.** 芸薹油壶菌[花柳菜油壶病菌]

Olpidium bryopsidis de **Bruyne** 羽藻油壶菌[羽藻肿胀病菌]

Olpidium coleochaetes （Now.） **Schröt.** 刚毛藻油壶菌[刚毛藻肿胀病菌]

Olpidium destruens （Now.） **Schröt.** 白油壶菌[毛丝藻肿胀病菌]

Olpidium entophyllum （Braun） **Rabenhorsf** 丝状藻油壶菌[鞘藻肿胀病菌]

Olpidium euglenae **Dang.** 裸藻油壶菌[裸藻肿胀病菌]

Olpidium gilli de **Wild.** 吉里油壶菌[斜纹藻、菱形藻肿胀病菌]

Olpidium hantzschioe **Skvortsov** 矽藻油壶菌[拟菱藻、柔线藻肿胀病菌]

Olpidium hyalothecae **Scherffer** 三角藻油壶菌[三角藻肿胀病菌]

Olpidium immersum **Sorokin.** 沉水油壶菌[角星鼓藻肿胀病菌]

Olpidium indicum **Turner** 印度油壶菌[鞘藻肿胀病菌]

Olpidium laederiae **Gran** 劳德藻油壶菌[劳德藻肿胀病菌]

Olpidium laguncula **Petersen** 舟囊油壶菌[胶黏藻肿胀病菌]

Olpidium lemnae （Fischer） **Schröt.** 浮萍油壶菌[浮萍结瘿病菌]

Olpidium mougeotia **Skvortsov** 转板藻油壶菌[转板藻肿胀病菌]

Olpidium nematodeae **Skvortzow** 线虫油壶菌

Olpidium oedogoniorum （Sorokin.） **de Wildeman** 鞘藻油壶菌[鞘藻肿胀病菌]

Olpidium paradoxum **Glockling** 异油壶菌[鞘藻油壶病菌]

Olpidium pendulum **Zopf** 松粉油壶菌[松花粉结瘿病菌]

Olpidium protonemae **Skvortsov** 原丝体油壶菌[真藓类结瘿病菌]

Olpidium radicicolum de **Wildeman** 根生油壶菌[甘蓝、辣椒结瘿病菌]

Olpidium rostratum de **Wildeman** 嘴（喙）突油壶菌[新月藻肿胀病菌]

Olpidium saccatum **Sorokin.** 袋囊油壶菌[鼓藻肿胀病菌]

Olpidium sacchari **Cook** 甘蔗油壶菌[甘蔗根茎肿胀病菌]

Olpidium simulans de **Bary** 仿拟油壶菌[蒲公英结瘿病菌]

Olpidium sphacelariarum **Kny** et **Sitzungsber** 黑顶藻油壶菌[黑顶藻肿胀病菌]

Olpidium trifolii **Schröt.** 三叶草油壶菌

［苜蓿结瘿病菌］

Olpidium tumefaciens（Magnus）**Berlese et de Toni.** 肿胀油壶菌［扇形仙菜、背枝仙菜肿胀病菌］

Olpidium viciae **Kusano** 蚕豆油壶菌［蚕豆火肿病菌、歪头菜泡泡病菌、蚕豆油壶菌泡病菌］

Olpidium zygnemicola **Magnus** 双星藻生油壶菌［双星藻肿胀病菌］

Oncopodiella **Arnaud ex Rifai** 突角孢属［F］

Oncopodiella diospyricola **Zhao et Zhang** 柿树生突角孢

Oncopodiella fetraedrica **Arnaud** 突角孢

Oncopodiella fusiformis **Zhao et Zhang** 纺锤突角孢

Oncopodiella trigonella（Sacc.）**Rifai** 三角突角孢

Oncopodium **Sacc.** 囊梗孢属［F］

Oncopodium ontoniae **Sacc.** 囊梗孢

Onion mite-borne latent virus Allexivirus （OMbLV） 洋葱螨传潜病毒

Onion yellow dwarf virus Potyvirus（OYDV） 洋葱黄矮病毒

onion yellow dwarf virus - Brazil 见 *Welsh onion yellow stripe virus Potyvirus*

onion yellow dwarf virus - Japan 见 *Welsh onion yellow stripe virus Potyvirus*

Ononis yellow mosaic virus Tymovirus （OYMV） 芒柄花（属）黄花叶病毒

Oospora **Wallr.** 卵孢属（原称节卵孢属）［F］

Oospora astringenes **Yamam.** 产收敛剂卵孢

Oospora aurantiaca（Cooke）**Sacc. et Vogl.** 金黄卵孢

Oospora bronchialis **Sart. et Levass.** 支气管卵孢

Oospora casei **Janke** 乳酪卵孢

Oospora citri-aurantii（Ferr.）见 *Geotrichum citri-aurantii*（Ferr.）

Oospora destructor **Metschni-koff et De-** lacr. 腐败卵孢

Oospora japonica（Went et Fr.）**Geerl.** 日本卵孢

Oospora lactis **Fr.** 见 *Geotrichum candidum* Link

Oospora lingualis **Gueg.** 舌状卵孢

Oospora lupuli（Math. et Lott）**Sacc.** 酒花卵孢

Oospora nicotianae **Pezz. et Sacc.** 烟草卵孢

Oospora oryzae **Ferr.** 稻卵孢

Oospora scabies **Thaxt.** 疮痂卵孢

Oospora suaveolens（Lindn.）**Lindn** 甜香卵孢

Oospora variabilis（Lindn.）**Lindau** 多变卵孢

Oosporidium **Stautz** 卵孢酵母属［F］

Oosporidium margaritiferum **Stautz** 马尔卵孢酵母

Ophiobolus **Riess** 蛇孢腔菌属［F］

Ophiobolus graminis 见 *Gaeumannomyces graminis*

Ophiobolus herpotrichus（Fr.）**Sacc.** 匍毛蛇孢腔菌

Ophiobolus oryzae **Miyake** 稻蛇孢腔菌

Ophiobolus oryzinus **Sacc.** 稻鞘蛇孢腔菌［稻褐鞘病菌］

Ophiobolus sativus 见 *Cochliobolus sativus*

Ophiobolus setariae（Saw.）**Ito et Kurib.** 狗尾草蛇孢腔菌

Ophionectria **Sacc.** 蛇孢赤壳属［F］

Ophionectria sojae **Hara** 大豆蛇孢赤壳

Ophionectria uredinicola **Petch** 锈菌生蛇孢赤壳

Ophiosporella **Petr.** 盘蛇孢属［F］

Ophiosporella komarovii（Jacz.）**Petr.** 小玉竹盘蛇孢

Ophiostoma **Syd. et Syd.** 蛇喙壳属［F］

Ophiostoma fimbriata 见 *Ceratocystis fimbriata*

Ophiostoma novo-ulmi **Brasier** 新榆蛇喙

壳[新榆枯萎病菌]

Ophiostoma paradoxa 见 *Ceratocystis paradoxa*

Ophiostoma ulmi **Nannf.** 榆蛇喙壳[榆枯萎病菌]

Ophiostoma wageneri 见 *Ceratocystis wageneri*

Ophiovirus 蛇形病毒属[V]

Opuntia Sammons′ virus 见 *Sammons′s Opuntia virus Tobamovirus*

Orbilia **Fr.** 圆盘菌属[F]

Orbilia sinuosa **Penz. et Sacc.** 波缘圆盘菌

orchard grass mosaic virus 见 *Cocksfoot streak virus Potyvirus*

Orchid fleck virus（OFV）兰花斑点病毒

orchid Rhabdovirus 见 *Orchid fleck virus*

Oregon yellow virus 见 *Tobacco rattle virus Tobravirus*（TRV）

Orientylus **Jairajpuri et Siddiqi** 东方垫刃线虫属[N]

Orientylus citri 见 *Rotylenchus citri*

Orientylus orientalis 见 *Rotylenchus orientalis*

Orientylus populus **Kapoor** 杨树东方垫刃线虫

Ornithogalum mosaic virus Potyvirus（OrMV）虎眼万年青花叶病毒

Ornithogalum virus 2 Potyvirus 虎眼万年青2号病毒

Ornithogalum virus 3 Potyvirus 虎眼万年青3号病毒

Orobanche **L.** 列当属（列当科）[P]

Orobanche aegyptiaca **Pers.** 埃及列当[瓜类列当]

Orobanche alba **Steph.** 白花列当

Orobanche amoena **Mey.** 美丽列当

Orobanche brassicae **Novopokr.** 芸薹列当[光药列当]

Orobanche caerulescens **Steph.** 天蓝列当

Orobanche caesia **Reichenb.** 灰蓝列当[毛列当]

Orobanche camptolepis **Boiss.** 偏鳞列当

Orobanche caryophyllacea **Smith** 丝毛列当

Orobanche cernua **Loefling** 弯管列当[欧亚列当]

Orobanche cernua **var.** *hansii*（Kernet）**Beck** 弯管列当直管变种

Orobanche clarkei **Hook.** 西藏列当

Orobanche coelestis **Boiss et Reut.** 长齿列当

Orobanche coerulescens **Steph.** 深蓝列当

Orobanche coerulescens **f. sp.** *coerulescens* **Steph.** 深蓝列当深蓝型

Orobanche coerulescens **f. sp.** *korshinskyi* **Steph.** 深蓝列当北亚型

Orobanche crenata **Forsk** 锯齿列当

Orobanche cumana **Loefl.** 直立列当[向日葵列当]

Orobanche elatior **Sutton** 高列当

Orobanche gigantean（Beck）**Gontsch.** 巨列当

Orobanche gracilis **Sm.** 鸦列当

Orobanche hederae **Duby** 常春藤列当

Orobanche kelleri **Novopokr.** 锯齿列当

Orobanche kotschyi **Reut.** 缢筒列当

Orobanche krylovii **Beck.** 柯氏列当

Orobanche loricata **Reichbl.** 鳞片列当

Orobanche ludoviciana **Nutt.** 密穗列当

Orobanche major **L.** 短唇列当（大列当）

Orobanche maritima **Pugsley** 海滨列当

Orobanche megalantha **Smith** 大花列当

Orobanche minor **Sm.** 小列当

Orobanche mongholica **Beck** 蒙古列当[中华列当]

Orobanche mupinensis **Hu** 宝兴列当

Orobanche muteli **Schultz** 聚花列当

Orobanche ombrochares **Hance** 毛药列当

Orobanche pallidiflora **Wimm.** 白色列当

Orobanche purpurea **Jacq.** 紫列当

Orobanche pycnostachya **Hance** 黄花列当

Orobanche pycnostachya **var.** *amurensis* **Beck** 黄花列当黑水变种

Orobanche pycnostachya var. *pycnostachya* Beck 黄花列当黄花变种

Orobanche ramosa L. 分枝列当[大麻列当]

Orobanche rapum-genistae Thuill. 染料木列当

Orobanche reticulata Wallr. 网状列当

Orobanche rubens Wallr 红色列当

Orobanche sinensis Smith 中国列当[四川列当]

Orobanche sinensis var. *cyanescens* (Smith) Zhang 中国列当兰花变种

Orobanche sinensis var. *sinensis* Smith 中国列当原变种

Orobanche solmsii Clarke 长苞列当

Orobanche sordida Mey. 淡列当

Orobanche uralensis Beck 多齿列当

Orobanche yunnanensis (Beck) Hand.-Mazz. 滇列当

Orphanomyces Savile 独黑粉菌属[F]

Orphanomyces arcticus (Rostr.) Savile 北极独黑粉菌

Orrina phyllobius 见 *Nothanguina phyllobius*

Oryza rufipogon virus Endornavirus 野生稻内源 RNA 病毒

Oryza sativa virus Endornavirus 水稻内源 RNA 病毒

Oryzavirus 水稻病毒属[V]

Ostropa Fr. 厚顶盘菌属[F]

Ostropa barbata (Fr.) Nannf. 厚顶盘菌

Ottolenchus facultativus 见 *Filenchus facultativus*

Ourmia melon virus Ourmiavirus (OuMV) 欧尔密甜瓜病毒

Ourmiavirus 欧尔密病毒属[V]

Ovularia Sacc. 小卵孢属[F]

Ovularia bistortae (Fuck.) Sacc. 拳参小卵孢

Ovularia decipiens Sacc. 迷惑小卵孢

Ovulariopsis Patouillard et Hariot 拟小卵孢属[F]

Ovulariopsis moricola Delacr. 桑生拟小卵孢

Ovulinia Weiss 卵孢核盘属[F]

Ovulinia azaleae Weiss 杜鹃花枯萎病菌

Oxyporus Donk 锐孔菌属[F]

Oxyporus changbaiensis Bai et Zeng 长白锐孔菌

Oxyporus corticola (Fr.) Ryv. 树皮生锐孔菌

Oxyporus latemarginatus (Dur. et Mont.) Donk. 宽边锐孔菌

Oxyporus obducens (Pers.; Fr.) Donk. 覆盖锐孔菌

Oxyporus populinus (Schum.; Fr.) Donk. 杨锐孔菌

Oxyporus ravidus (Fr.) Bond. et Sing. 灰黄锐孔菌

Ozonium Link 束丝孢属[F]

Ozonium auricomum Link 黄束丝孢

Ozonium stuposum Pers. 褐束丝孢

P

P. O. pea streak virus 见 *Broad bean wilt virus Fabavirus*

Paecilomyces Bainier 拟青霉属[F]

Paecilomyces fumosa-roscus (Wize) Brown

et Smith 玫烟色拟青霉

Paecilomyces heliothis（Cilarles）**Browa et Smith** 棉铃虫拟青霉

Paecilomyces javanicus（Fr. et Bail.）**Brewn et Smith** 爪哇拟青霉

Paecilomyces lilacinus（Thom）**Samson** 淡紫拟青霉

Paecilomyces mandshuricum（Saito）**Them** 东北拟青霉

Paecilomyces marquandii（Mass.）**Hughes** 马昆德拟青霉

Paecilomyces persicinus **Nicot** 桃色拟青霉

Paecilomyces varioti **Bain.** 可变拟青霉 ［金针菇基腐病菌］

paeony mosaic virus 见 *Tobacco rattle virus Tobravirus*（TRV）

paeony ringspot virus 见 *Tobacco rattle virus Tobravirus*（TRV）

Palm mosaic virus Potyvirus（PalMV）棕榈花叶病毒

Pandora **Humber** 虫疠霉属［F］

Pandora athaliae（Li et Fan）**Li，Fan et Huang** 菜叶蜂虫疠霉

Pandora bibionis **Li，Huang et Fan** 毛蚊虫疠霉

Pandora blunckii（Lakon ex Zimmernann）**Humber** 布伦克虫疠霉

Pandora borea（Fan et Li）**Li，Huang et Fan** 北虫疠霉

Pandora brahmiae（Bose et Mehta）**Humber** 金龟虫疠霉

Pandora calliphorae（Giard）**Humber** 丽蝇虫疠霉

Pandora cicadellis（Li et Fan）**Li，Fan et Huang** 叶蝉虫疠霉

Pandora delphacis（Hori）**Humber** 飞虱虫疠霉

Pandora dipterigena（Thaxter）**Humber** 双翅虫疠霉

Pandora echinospora（Thaxter）**Humber** 刺孢虫疠霉

Pandora gammae（Weiser）**Humber** 夜蛾虫疠霉

Pandora kondoiensis（Milner）**Humber** 近藤虫疠霉

Pandora neoaphidis（Remaudière et Hennebert）**Humber** 新蚜虫疠霉

Pandora nouryi（Remaudière et Hennebert）**Humber** 努利虫疠霉

Pandora shaanxiensis **Fan et Li** 陕西虫疠霉

Pangola stunt virus Fijivirus（PaSV）马唐（属）矮化病毒

Panicovirus 黍病毒属［V］

Panicum mosaic satellite virus 黍花叶卫星病毒

Panicum mosaic virus Panicovirus（PMV）黍花叶稷病毒

Panicum mosaic virus satellite RNA 黍花叶病毒卫星 RNA

Panicum mosaic virus Sobemovirus 黍花叶病毒

Panicum strain of maize streak virus 见 *Panicum streak virus Mastrevirus*

Panicum streak virus Mastrevirus（PanSV）黍线条病毒

Pantoea **Gavini，Mergaert，Beji et al.** 泛菌属［B］

Pantoea agglomerans（Beijerinck）**Gavini et al.** 成团泛菌

Pantoea agglomerans pv. *gypsophilae*（Brown）**Miller et al.** 成团泛菌丝石竹（满天星）变种

Pantoea agglomerans pv. *millettiae*（Kawakami）**young et al.** 成团泛菌鸡血藤变种［日本鸡血藤瘿瘤病菌］

Pantoea ananas 见 *Pantoea ananatis*

Pantoea ananatis（Serrano）**Mergaert et al.** 菠萝泛菌［菠萝软病菌］

Pantoea ananatis pv. *ananatis*（Serrano）**Mergaert et al.** 菠萝泛菌菠萝致病变

种[菠萝果实褐腐病菌]

***Pantoea ananatis* pv.** *uredovora*（Pon et al.）**Saddler et al.** 菠萝泛菌噬夏孢致病变种[锈菌夏孢子寄生菌]

***Pantoea citrea* Kageyama et al.** 柑橘泛菌

***Pantoea dispersa* Gavini et al.** 分散泛菌

***Pantoea punctata* Kageyama et al.** 斑点泛菌

***Pantoea stewartii*（Smith）Mergaert et al.** 斯氏泛菌[玉米斯氏枯萎病菌]

***Pantoea stewartii* subsp.** *indologenes* **Mergaert，Verdonck et Kersters** 斯氏泛菌产吲哚亚种[谷子叶斑病菌]

***Pantoea stewartii* subsp.** *stewartii*（Smith）**Mergaert，Verdonck et Kersters** 斯氏泛菌斯氏亚种[玉米细菌性枯萎病菌]

***Pantoea terrae* Kageyama et al.** 土生泛菌.

papaw distortion ringspot virus 见 *Papaya ringspot virus Potyvirus*

papaw mild mosaic virus 见 *Papaya mosaic virus Potexvirus*

papaw mosaic virus 见 *Papaya ringspot virus Potyvirus*

Papaya bunchy top phytoplasma 木瓜束顶病植原体

papaya distortion mosaic virus 见 *Papaya ringspot virus Potyvirus*

Papaya leaf curl China virus Begomovirus 番木瓜曲叶中国病毒

Papaya leaf curl Guangdong virus Begomovirus 番木瓜曲叶广东病毒

***Papaya leaf curl virus Begomovirus*（PaLCV）** 番木瓜曲叶病毒

***Papaya leaf distortion mosaic Potyvirus*（PLDMV）** 番木瓜畸形花叶病毒

***Papaya mosaic virus Potexvirus*（PapMV）** 番木瓜花叶病毒

***Papaya ringspot virus Potyvirus*（PRSV）** 番木瓜环斑病毒

papaya ringspot virus type W 见 *Watermel-on mosaic virus 1 Potyvirus*（WMV-1）

***Paprika mild mottle virus Tobamovirus*（PaMMV）** 红辣椒轻型斑驳病毒

***Papularia* Fr.** 阜孢属[F]

***Papularia arundinis*（Corda）Fr.** 芦苇阜孢

***Papularia sphaerosperma*（Pers.）Höhn.** 球形阜孢

***Papulaspora* Preuss** 丝葚霉属[F]

***Papulaspora byssina* Hots.** 黄丝葚霉

***Papulaspora coprophila* Hots.** 嗜粪丝葚霉

***Papulaspora stoveri* Warr.** 斯托弗丝葚霉

Paracriconema dubium 见 *Criconemoides dubius*

Paracriconema duplicivestitum 见 *Criconemoides duplicivestitus*

Paracriconema lamellatum 见 *Criconemoides lamellatus*

Paracriconema solitarium 见 *Criconemoides solitarius*

***Paralobocriconema* Minagawa** 异栉环线虫属[N]

Paralobocriconema aberrans 见 *Criconemoides aberrans*

***Paralobocriconema olearum*（Hashim）Minagawa** 齐墩果异栉环线虫

Paralobocriconema serratum 见 *Ogma serratum*

***Paralongidorus* Siddiqi，Hooper et Khan** 异长针线虫属[N]

Paralongidorus citri 见 *Longidorus citri*

***Paralongidorus droseri* Sukul** 茅膏菜异长针线虫

Paralongidorus erriae 见 *Siddiqia eucalyptae*

Paralongidorus eucalyptae 见 *Siddiqia eucalyptae*

***Paralongidorus fici* Edward，Misra et Singh** 无花果异长针线虫

Paralongidorus hooperi 见 *Longidoroides hooperi*

Paralongidorus iberis Escuer et Arias 屈
曲花异长针线虫

Paralongidorus lemoni Nasira et al. 柠
檬异长针线虫

Paralongidorus maximus (Butschli) Siddigi
最大拟长针线虫

Paralongidorus oryzae Verma 水稻异长
针线虫

Paralongidorus sacchari Siddiqi，Hooper
et Khan 甘蔗异长针线虫

Paranguina Kirjanova 异粒线虫属[N]

Paranguina agropyri Kirjanova 冰草异
粒线虫

Paranguina centaureae 见 *Subanguina
centaureae*

Paranguina picridis 见 *Anguina picridis*

Paraperonospora Constant. 类霜霉属［C］

Paraperonospora artemisiae-annuae (Ling
et Tai) Constaninescu 黄花蒿类霜霉
［黄花蒿霜霉病菌］

Paraperonospora chrysanthemi-coronarii
(Sawada) Constantinescu 欧茼蒿类霜
霉［欧茼蒿霜霉病菌］

Paraperonospora helichrysi (Togashi et
Egami) Tao 蜡菊类霜霉［蜡菊霜霉病
菌］

Paraperonospora leptosperma (de Bary)
Constantinescu 小子类霜霉［野菊霜霉
病菌］

Paraperonospora multiformis (Tao et
Qin) Constaninescu 多型类霜霉［茼蒿
霜霉病菌］

Paraperonospora sulphurea (Gäum.)
Constantinescu 硫色类霜霉［艾蒿霜霉
病菌］

Paraperonospora yunnanensis (Tao et
Qin) Tao 云南类霜霉［辣子草霜霉病
菌］

Paraphelenchoides Khak 异拟滑刃线虫
属[N]

Paraphelenchoides limberi 见 *Aphelench-*
oides limberi

Paraphelenchus (Micoletzky) Micoletzky
异滑刃线虫属[N]

Paraphelenchus aconitioides Taylor et Pil-
lai 箭状异滑刃线虫

Paraphelenchus myceliophthorus Goodey
食菌异滑刃线虫

Paraphelenchus pseudoparietinus 见 *Aphe-*
lenchus pseudoparietinus

Paraphelenchus sacchari Husain et Khan
甘蔗异滑刃线虫

Paraphelenchus tritici Baranovskaja 小
麦异滑刃线虫

Paraphelenchus zeae Romanico 玉米异
滑刃线虫

Pararotylenchus Baldwin et Bell 异盘旋
线虫属[N]

Pararotylenchus crassicaudatus 见 *Tylen-*
chorhynchus crassicaudatus

Pararotylenchus graminis Volkova et Ero-
shenko 禾异盘旋线虫

Pararotylenchus jiaohensis Zhao，Liu et
Duan 蛟河异盘旋线虫

Pararotylenchus pini (Mamiya) Baldwin et
Bell 松异盘旋线虫

Pararotylenchus truncocephalus Baldwin et
Bell 截头异盘旋线虫

Paraseinura Timm 异长尾滑刃线虫属[N]

Paraseinura musicolus Timm 芭蕉异长
尾滑刃线虫

Parasitaphelenchus Fuchs 寄生滑刃线虫
属[N]

Parasitaphelenchus uncinatus 见 *Aphelen-*
choides uncinatus

Parasitylenchoides Wachek 拟寄生垫刃
线虫属[N]

Parasitylenchoides steni Wachek 纤细拟
寄生垫刃线虫

Parasitylenchus Micoletzky 寄生垫刃线
虫属[N]

Parasitylenchus dispar (Fuchs) Micoletzky 不等寄生垫刃线虫

para-tobacco mosaic virus 见 *Tobacco mild green mosaic Tobamovirus*

Paratrichodorus Siddiqi 拟毛刺线虫属 [N]

Paratrichodorus allius（Jensen）**Siddigi** 葱拟毛刺线虫

Paratrichodorus anemones（Loof）**Siddiqi** 银莲花拟毛刺线虫

Paratrichodorus atlanticus（Allen）**Siddigi** 大西洋拟毛刺线虫

Paratrichodorus minor（Colbran）**Siddiqi** 较小拟毛刺线虫

Paratrichodorus nanus（Allen）**Siddiqi** 短小拟毛刺线虫

Paratrichodorus obesus 见 *Paratrichodorus minor*

Paratrichodorus orrae **Decraemer et Reay** 香菖拟毛刺线虫

Paratrichodorus pachydermus（Seinhorst）**Siddiqi** 厚皮拟毛刺线虫

Paratrichodorus porosus（Allen）**Siddiqi** 多孔拟毛刺线虫

Paratrichodorus psidiumi **Nasira et Maqbool** 石榴拟毛刺线虫

Paratrichodorus sacchari **Vermenlen et Heyns** 甘蔗拟毛刺线虫

Paratrichodorus teres（Hooper）**Siddiqi** 光滑拟毛刺线虫

Paratrichodorus tunisiensis **Siddiqi** 突尼斯拟毛刺线虫

Paratylenchoides Raski 异针线虫属[N]

Paratylenchoides israelensis **Raski** 以色列异针线虫

Paratylenchoides sheri **Raski** 谢氏异针线虫

Paratylenchulus de Grisse 小针线虫属[N]

Paratylenchulus surienamensis **de Grisse** 苏里南小针线虫

Paratylenchus Micoletzky 针线虫属[N]

Paratylenchus abietis 见 *Gracilacus abietis*

Paratylenchus alleni **Raski** 艾氏针线虫

Paratylenchus amblycephalus 见 *Paratylenchus projectus*

Paratylenchus besoekianus **Bally et Reydon** 贝索克针线虫

Paratylenchus brevihastus 见 *Paratylenchus microdorus*

Paratylenchus bukowinensis **Micoletzky** 布科文针线虫

Paratylenchus ciccaronei **Raski** 西卡洛针线虫

Paratylenchus dianthus **Jenk. et Taylor** 双花针线虫

Paratylenchus elachistus **Steiner** 最小针线虫

Paratylenchus elegans 见 *Gracilacus elegans*

Paratylenchus epacris 见 *Gracilacus epacris*

Paratylenchus gabrici 见 *Hemicriconemoides gabrici*

Paratylenchus goodeyi 见 *Gracilacus goodeyi*

Paratylenchus hamatus **Thorne et Allen** 具钩针线虫

Paratylenchus latescens 见 *Gracilacus latescens*

Paratylenchus lepidus **Raski** 美丽针线虫

Paratylenchus marylandicus 见 *Gracilacus marylandica*

Paratylenchus mexicanus **Raski** 墨西哥针线虫

Paratylenchus microdorus **Andrassy** 小矛针线虫

Paratylenchus minutus **Linford** 微小针线虫

Paratylenchus morius **Yokoo** 桑针线虫

Paratylenchus nanus **Cobb** 矮小针线虫

Paratylenchus neoamblycephalus **Geraert** 新钝头针线虫

Paratylenchus neoprojectus **Wu et Hawn** 新突出针线虫

Paratylenchus perlatus **Raski** 圆头针线虫

Paratylenchus projectus **Jenk.** 突出针线虫

Paratylenchus pruni **Sharma et al.** 李针线虫

Paratylenchus raski 见 *Gracilacus raskii*

Paratylenchus robustus 见 *Gracilacus robusta*

Paratylenchus steineri 见 *Gracilacus steineri*

Paratylenchus straeleni 见 *Gracilacus straeleni*

Paratylenchus veruculatus **Wu** 标枪针线虫

Paratylenchus vexans **Thorne et Malek** 骚扰针线虫

Parietaria mottle virus Ilarvirus (PMoV) 墙草(属)斑驳病毒

parsley carrot leaf virus 见 *Chicory yellow mottle virus Nepovirus*

Parsley green mottle virus Potyvirus (PaGMV) 欧芹绿斑驳病毒

Parsley latent virus (PaLV) 欧芹潜隐病毒

parsley virus 3 见 *Broad bean wilt virus Fabavirus*

Parsley virus 5 Potexvirus (PaV-5) 欧芹5号病毒

Parsley virus Nucleorhabdovirus (PaV) 欧芹病毒

Parsnip leaf curl virus 欧防风曲叶病毒

Parsnip mosaic virus Potyvirus (ParMV) 欧防风花叶病毒

Parsnip virus 3 Potexvirus (ParV-3) 欧防风3号病毒

Parsnip virus 5 Potexvirus (ParV-5) 欧防风5号病毒

Parsnip virus Rhabdovirus 欧防风病毒

Parsnip yellow fleck virus Sequivirus (PYFV) 欧防风黄点病毒

Partitiviridae 双分(体)病毒科[V]

paspalum Geminivirus 见 *Paspalum striate mosaic virus Geminivirus*

Paspalum striate mosaic virus Geminivirus (PSMV) 雀稗(属)条点花叶病毒

Passalora **Fr.** 钉孢霉属[F]

Passalora arachidicola (Hori) **A. Braun** 落花生钉孢霉

Passalora artocarpi **Guo** 木菠萝钉孢霉

Passalora aterrina **Bres.** 深黑钉孢霉

Passalora atrides **Guo** 深褐钉孢霉

Passalora bacilligera (Mont. et Fr.) **Mont. et Fr.** 杆钉孢霉

Passalora bolleana (de Thüm.) **U. Braun** 无花果钉孢霉

Passalora bougainvilleae (Munt-Cvetk) **Castaneda et A. Braun** 叶子花钉孢霉

Passalora campi-silii (Speg.) **U. Braun** 水金凤钉孢霉

Passalora circumscissa (Sacc.) **U. Braun** 核果钉孢霉

Passalora corni **Guo** 梾木钉孢霉

Passalora depressa (Berk. et Gr.) **Sacc.** 扁平钉孢霉

Passalora dioscoliicola **Guo** 薯蓣生钉孢霉

Passalora dioscoreae-subcalvae **Guo** 毛胶薯蓣钉孢霉

Passalora dubia (Riess) **A. Braun** 藜钉孢霉

Passalora evodiae (Syd.) **Goh et Hsieh** 吴茱萸钉孢霉

Passalora flemingiae (Liu et Guo) **U. Braun** 千金拔钉孢霉

Passalora gotoana (Togashi) **U. Braun** 珍珠梅钉孢霉

Passalora graminis (Fuckel) **Höhn** 禾钉孢霉

Passalora henningsii (Allesch) **Castaneda et A. Braun** 木薯钉孢霉

Passalora ilicis **Guo** 冬青钉孢霉

Passalora janseana (Racib) **U. Braun** 稻钉孢霉

Passalora krascheninikovii **Miura** 假繁缕钉孢霉

Passalora ligustricola **Guo** 女贞生钉孢霉

Passalora liriopes （Tai）**Guo** 麦冬钉孢霉

Passalora litseae （Goh et Hsieh）**Srivast** 木姜子钉孢霉

Passalora lonicerigena **Guo** 忍冬生钉孢霉

Passalora miurae （Syd.）**U. Braun et Shin** 三浦钉孢霉

Passalora papayae **Guo** 番木瓜钉孢霉

Passalora paridis （Erikss）**Guo** 重楼钉孢霉

Passalora personata （Berk. et Curtis）**Khan et Kamal** 球座钉孢霉

Passalora polygoni **Guo** 蓼钉孢霉

Passalora puncta （de Lacrois）**Arx** 茴香钉孢霉

Passalora rhamni （Fuckel）**U. Braun** 鼠李钉孢霉

Passalora rosicola （Pass.）**U. Braun** 蔷薇生钉孢霉

Passalora sauropi （Chi et Chen）**Guo** 龙脷叶钉孢霉

Passalora sequoiae （Ellis et Everh）**Guo et Hsieh** 柳杉钉孢霉

Passalora simulans （Ellis et Kellerm.）**U. Braun** 两型豆钉孢霉

Passalora sojina （Hara）**Shin et U. Braun** 大豆钉孢霉

Passalora stephaniae **Sawada ex Goh et Hsieh** 千斤藤钉孢霉

Passalora taihokuensis （Sawada）**Guo et Hsieh** 算盘子钉孢霉

passiflora chlorotic spot virus 见 *Passion fruit yellow mosaic virus Tymovirus*

Passiflora latent virus Carlavirus （PLV） 西番莲(属)潜病毒

passiflora mosaic virus 见 *Passion fruit yellow mosaic virus Tymovirus*

Passiflora ringspot virus Potyvirus

（PaRSV） 西番莲环斑病毒

Passiflora South African virus （PSAV） 西番莲南非病毒

Passiflora South African 见 *Cowpea mild mottle virus Carlavirus*

Passion fruit mottle virus Potyvirus （PF-MoV） 鸡蛋果斑驳病毒

Passion fruit ringspot virus Potyvirus （PFRSV） 鸡蛋果环斑病毒

Passion fruit ringspot virus 见 *Passiflora ringspot virus Potyvirus*

Passion fruit Sri Lanka mottle virus Potyvirus （PFSLMV） 鸡蛋果斯里兰卡斑驳病毒

Passion fruit vein-clearing virus Rhabdovirus （PFVCV） 鸡蛋果脉明病毒

Passion fruit virus Nucleorhabdovirus （PFV） 鸡蛋果病毒

Passion fruit woodiness virus Potyvirus （PFWV） 鸡蛋果木质化病毒

Passion fruit yellow mosaic virus Tymovirus （PFYMV） 鸡蛋果黄花叶病毒

Patchouli mild mosaic virus Fabavirus （PatMMV） 广藿香轻型花叶病毒

Patchouli mosaic virus Potyvirus （PatMV） 广藿香花叶病毒

Patchouli mottle virus Potyvirus （Pat-MoV） 广藿香斑驳病毒

Patchouli virus X Potexvirus （PatVX） 广藿香X病毒

Patellaria **Fr.** 胶皿菌属[F]

Patellaria theae **Hara** 茶胶皿菌[茶粗皮病菌]

Pateracephalanema alticola 见 *Criconema alticolum*

Pateracephalanema australe 见 *Criconema australe*

Pateracephalanema imbricatum 见 *Criconema imbricatum*

Pateracephalanema pectinatum 见 *Criconema pectinatum*

Paulownia witeches broom phytoplasma 泡桐丛枝病植原体

Paurodontus Thorne　　小齿线虫属［N］

Paurodontus citri Varaprasad et al.　　柑橘小齿线虫

Paurodontus solani Varaprasad et al.　　茄小齿线虫

pea 2 virus 见 *Bean yellow mosaic virus Potyvirus*

pea common mosaic virus 见 *Bean yellow mosaic virus Potyvirus*

Pea early-browning virus Tobravirus（PE-BV）豌豆早枯病毒

Pea enation mosaic virus 1 Enamovirus（PEMV-1）豌豆耳突花叶 1 号病毒

Pea enation mosaic virus 2 Umbravirus（PEMV-2）豌豆耳突花叶 2 号病毒

Pea enation mosaic virus Enamovirus（PEMV）豌豆耳突花叶病毒

Pea fizzle top virus 见 *Pea seed -borne mosaic virus Potyvirus*

Pea green mottle virus Comovirus（PG-MV）豌豆绿色斑驳病毒

Pea leaf roll mosaic virus 见 *Pea seed -borne mosaic virus Potyvirus*

pea leaf roll virus 见 *Bean leafroll virus*；*Beet western yellows virus Polerovirus*

pea leaf rolling mosaic virus 见 *Pea seed -borne mosaic virus Potyvirus*

Pea mild mosaic virus Comovirus（PMiMV）豌豆轻型花叶病毒

pea mosaic 1 virus 见 *Bean yellow mosaic virus Potyvirus*

Pea mosaic virus Potyvirus（PeMV）豌豆花叶病毒

pea mottle virus 见 *Clover yellow mosaic virus Potexvirus*；*Clover yellow vein virus Potyvirus*

pea necrosis virus 见 *Clover yellow vein virus Potyvirus*

Pea seed-borne mosaic virus Potyvirus（PSb-

VM）豌豆种传花叶病毒

pea silky green virus 见 *Bean yellow vein banding virus Umbravirus*

Pea stem necrosis virus Carmovirus（PSNV）豌豆茎坏死病毒

Pea streak New Zealand virus 见 *Pea streak virus Carlavirus*

Pea streak virus Carlavirus（PeSV）豌豆线条病毒

Pea stunt virus 见 *Red clover vein mosaic virus Carlavirus*

Pea tip yellowing virus 见 *Bean leafroll virus*

Pea top necrosis virus 见 *Cucumber mosaic virus Cucumovirus*（CMV）

Pea top yellows virus 见 *Bean leafroll virus*

Pea virus Rhabdovirus　　豌豆病毒

Pea virus Y（PeVY）豌豆 Y 病毒

Pea western ringspot virus 见 *Clover yellow vein virus Potyvirus*；*Cucumber mosaic virus Cucumovirus*（CMV）

Pea wilt virus 见 *White clover mosaic virus Potexvirus*

Peach enation virus Nepovirus（PEV）桃耳突病毒

Peach latent mosaic viroid Pelamoviroid（PLMVd）桃潜隐花叶类病毒

peach line pattern virosis virus 见 *Plum American line pattern virus Ilarvirus*

Peach mosaic virus Trichovirus　　桃花叶病毒

Peach red leaf virus（PRLV）桃红叶病毒

peach ringspot virus 见 *Prunus necrotic ringspot virus Ilarvirus*

Peach rosette mosaic virus Nepovirus（PRMV）桃丛簇花叶病毒

Peach rosette phytoplasma　　桃丛簇植原体

peach stunt virus 见 *Prune dwarf virus Ilarvirus*

Peach X phytoplasma　　桃树 X 病植原体

peach yellow bud mosaic virus 见 *Tomato ringspot virus Nepovirus* (ToRSV)

Peach yellow leaf virus Closterovirus (PYLV)　桃黄叶病毒

Peach yellows phytoplasma　桃黄化植原体

peanut blotch virus 见 *Bean common mosaic virus Potyvirus*

peanut chlorotic mottle virus 见 *Peanut green mosaic virus Potyvirus*

Peanut chlorotic streak virus Soymovirus (PCSV)　花生褪绿线条病毒

Peanut clump virus Pecluvirus (PCV)　花生丛簇病毒

peanut common mosaic virus 见 *Peanut stunt virus Cucumovirus*

Peanut green mosaic virus Potyvirus (PeGMV)　花生绿花叶病毒

Peanut green mottle virus Potyvirus (PeGMoV)　花生绿斑驳病毒

peanut mild mosaic virus 见 *Peanut mottle virus Potyvirus*

Peanut mosaic virus (PeMsV)　花生花叶病毒

Peanut mottle virus Potyvirus (PeMoV)　花生斑驳病毒

peanut severe mosaic virus 见 *Peanut mottle virus Potyvirus*

peanut stripe virus 见 *Bean common mosaic virus Potyvirus*

Peanut stunt virus satellite RNA　花生矮化病毒卫星 RNA

Peanut stunt virus Cucumovirus (PSV)　花生矮化病毒

Peanut top paralysis virus Potyvirus (PTPV)　花生顶缩病毒

Peanut veinal chlorosis virus Rhabdovirus (PeVCV)　花生脉褪绿病毒

Peanut witches broom phytoplasma　花生丛枝病植原体

Peanut yellow mosaic virus Tymovirus (PeYMV)　花生黄花叶病毒

Peanut yellow spot virus Tospovirus (PYSV)　花生黄斑病毒

Pear blister canker viroid Apscaviroid (PBCVd)　梨疱症溃疡类病毒

Pear decline phytoplasma　梨衰退病植原体

pear necrotic spot virus 见 *Apple stem pitting virus Foveavirus*

pear ring pattern mosaic virus 见 *Apple chlorotic leaf spot virus Trichovirus*

Pear ringspot virus (PeRSV)　梨环斑病毒

pear stony pit virus 见 *Apple stem pitting virus Foveavirus*

pear vein yellows virus 见 *Apple stem pitting virus Foveavirus*

Pecan bunease phytoplasma　山核桃丛簇病植原体

Pecluvirus　花生丛簇病毒属[V]

Pecteilis mosaic virus Potyvirus (PCMV)　白蝶兰(属)花叶病毒

Pectobacterium Waldee　果胶杆菌属[B]

Pectobacterium ananas 见 *Pantoea ananatis*

Pectobacterium aroideae 见 *Erwinia carotovora*

Pectobacterium atrosepticum (van Hall)　黑茎果胶杆菌

Pectobacterium betavasculorum (Thomson et al.) 见 *Erwinia carotovora* Subsp. *betavasculorum*

Pectobacterium cacticida(Alcorn et al.) 见 *Erwinia cacticida*

Pectobacterium carnegieana (Standring) 见 *Erwinia carnegieana*

Pectobacterium carotovorum subsp. aroideae 见 *Erwinia carotovora* subsp. *aroideae*

Pectobacterium carotovorum subsp. betavasculorum 见 *Erwinia carotovora* subsp. *atroseptica*

Pectobacterium carotovorum subsp. odoriferum 见 *Erwinia carotovora* subsp.

odoriferum

Pectobacterium chrysanthemi **Alivizatos**
菊果胶杆菌

Pectobacterium chrysanthemi pv. dianthi
见 *Erwinia chrysanthemi* pv. *dianthi*
Alivizatos

Pectobacterium chrysanthemi pv. dianthicola 见 *Erwinia chrysanthemi* pv. *dianthicola*

Pectobacterium chrysanthemi pv. dieffenbachiae 见 *Erwinia chrysanthemi* pv. *zeae*

Pectobacterium chrysanthemi pv. paradisiaca 见 *Erwinia paradisiaca*（Burkholder et al.）

Pectobacterium chrysanthemi pv. parthenii
见 *Erwinia chrysanthemi* pv. *parthenii*

Pectobacterium cypripedii（Hori）见 *Erwinia cypripedii*

Pectobacterium rhapontici（Millard）见 *Erwinia rhapontici*

Pectobacterium wasabiae（Goto et Matsumoto）见 *Erwinia wasabiae*

Pelargonium flower break virus Carmovirus（PFBV）天竺葵花碎锦病毒

Pelargonium leaf curl virus Tombusvirus（PLCV）天竺葵曲叶病毒

Pelargonium line pattern virus Carmovirus（PLPV）天竺葵（属）线纹病毒

pelargonium ring pattern virus 见 *Pelargonium line pattern virus Carmovirus*

pelargonium ringspot virus 见 *Elderberry latent virus Carmovirus*

Pelargonium vein clearing virus Cytorhabdovirus（PelVCV）天竺葵脉明病毒

Pelargonium zonate spot virus（PZSV）
天竺葵环纹斑（带斑）病毒

Pellicularia **Cooke** 薄膜革菌属[F]

Pellicularia filamentosa 见 *Thanatephorus cucumeris*

Pellicularia gramineum **Ikata et Matsumura** 禾薄膜革菌

Pellicularia koleroga **Cke.** 橙叶薄膜革菌

Pellicularia rolfsii（Sacc.）**West.** 罗氏薄膜革菌[罗氏白绢菌]

Pellicularia salmonicolor 见 *Corticium salmonicolor*

Pellicularia sasakii 见 *Thanatephorus cucumeris*

Peltamigratus **Sher** 游梢线虫属[N]

Peltamigratus christiei 见 *Aorolaimus christie*

Peltamigratus triticeus **Doucet** 小麦游梢线虫

Penicillium **Link** 青霉属[F]

Penicillium abnorme **Berk. et Br.** 畸形青霉

Penicillium aculeatum **Raper et Fenn.** 棘孢青霉

Penicillium adametzii **Zal.** 阿达青霉

Penicillium aeruginosum **Dierckx** 铜绿青霉

Penicillium africanum **Doeb.** 非洲青霉

Penicillium albicans **Bain.** 白青霉

Penicillium albidum **Sopp** 微白青霉

Penicillium albo-nigrescens（Sopp）**Biourge** 白黑青霉

Penicillium albo-roseum **Sopp** 白玫色青霉

Penicillium anomalum **Corda** 异形青霉

Penicillium aromaticum **Sopp** 芳香青霉

Penicillium aspergilliforme **Bain.** 曲霉状青霉

Penicillium asperum（Shear）**Raper et Thom** 糙落青霉

Penicillium atramentosum **Thom** 黑绿青霉

Penicillium atroviridum **Sopp** 深绿青霉

Penicillium aurantio-candidum **Dierckx et Biourge** 黄白青霉

Penicillium aurantio-virens **Biourge** 金绿青霉

Penicillium aureum **Corda** 金黄青霉

Penicillium avellancum **Thom et Turess.**

榛色青霉

Penicillium bacillosporum Swift 杆孢青霉

Penicillium biforme Thom 两形青霉

Penicillium bombycis Sopp 蚕病青霉

Penicillium brevi-compactum Dierckx 短密青霉

Penicillium camemberti Thom 沙门柏干酪青霉

Penicillium canescens Sopp 变灰青霉

Penicillium capsulatum Raper et Fenn. 胶囊青霉

Penicillium carneo-lutescens Smith 肉黄青霉

Penicillium casei Staub 乳酪青霉

Penicillium caseicolum Bain 酪生青霉

Penicillium chartarum Cooke 纸状青霉

Penicillium chermesinum Biourge 鲜红青霉

Penicillium chrysogenum Thom 产黄青霉

Penicillium citreo-viride Biourge 黄绿青霉

Penicillium citrinum Thom 橘青霉

Penicillium claviforme Bain 棒形青霉

Penicillium clavigerum Demel 棒束青霉

Penicillium commune Thom 普通青霉

Penicillium corylophilum Diiierckx 顶青霉

Penicillium corymbiferum Westl 丛花青霉

Penicillium crustaceum Fr. 皮壳青霉

Penicillium crustosum Thom 皮落青霉

Penicillium cyamcum (Bain et Sart) Thom 蓝青霉

Penicillium cyaneo-fulvum Biourge 蓝棕青霉

Penicillium cyclopium Westl. 圆弧青霉

Penicillium cyclopium var. *albus* Smith 圆弧青霉白色变种

Penicillium cyclopium var. *echinulatum* Raper et Thom 圆弧青霉刺孢变种

Penicillium daleae Zal. 齿孢青霉

Penicillium decumbens Thom 斜卧青霉

Penicillium dermatophagum Sopp. 蚀革青霉

Penicillium digitatum Sacc. 指状青霉

［柑橘绿霉病菌］

Penicillium digitatum var. *californicum* Thom 加州指状青霉

Penicillium divaricatum Thom 散枝青霉

Penicillium diversum Raper et Fenn. 异生青霉

Penicillium duclauxii Delacr. 杜克青霉

Penicillium egyptiacum Beyma 埃及青霉

Penicillium ehrlichii Kleb. 埃利希青霉

Penicillium expanaum (Link) Thom 扩展青霉

Penicillium fellutanum Biourge 瘿青霉

Penicillium flexuosum Dale 弯曲青霉

Penicillium frequentans Westl. 常现青霉

Penicillium fructigenum Takeuchi 果生青霉

Penicillium fuliginea Saito 烟色青霉

Penicillium fulvum Rabenh. 棕黄青霉

Penicillium funiculosum Thom 绳状青霉

Penicillium fuscum (Sopp) Thom et Raper 褐青霉

Penicillium geophilum Oudem. 适土青霉

Penicillium glabrum (Wehmer) Westl. 平滑青霉

Penicillium gladioli Mach 唐菖蒲青霉

Penicillium glaucum Link 灰绿青霉

Penicillium godlewskii Zal. 蓝绿边青霉

Penicillium guttulosum Abbott 吐水青霉

Penicillium helicum Raper et Fenn. 螺旋青霉

Penicillium hirsutum Bain et Sart 多毛青霉

Penicillium humicola Oudem. 腐植青霉

Penicillium humuli Beyma 矮小青霉

Penicillium implicatum Biourge 纠缠青霉

Penicillium insectivoum (Sopp) Thom 蚀虫青霉

Penicillium islandicum Sopp. 岛青霉

Penicillium italicum Wehmer 意大利青霉

Penicillium italicum var. *album* Wei 意大利青霉白孢变种

Penicillium jamthinellum Biourge 微紫青霉

Penicillium javanicum Beyma 爪哇青霉

Penicillium jensemii Zal. 詹森青霉

Penicillium kapuscinskii Zal. 卡帕青霉

Penicillium lanoso-cocruleum Thom 蓝毛青霉

Penicillium lanoso-griseum Thom 灰毛青霉

Penicillium lanoso-viride Thom 绿毛青霉

Penicillium lanosum Westl. 羊毛状青霉

Penicillium lapidosum Raper et Fenn. 石状青霉

Penicillium leucocephalum Rabenh. 白头青霉

Penicillium levitum Raper et Fenn. 细滑青霉

Penicillium lignicolum Grove 木生青霉

Penicillium lilacinum Thom 薄青霉

Penicillium lividum Westl. 铅色青霉

Penicillium malivorum Cif. 蚀苹果青霉

Penicillium megalosporum Berk. et Br. 大孢青霉

Penicillium meleagrinum Biourge 斑点青霉

Penicillium microsporum Riv. 小孢青霉

Penicillium migticans (Bain) Thom 黑青霉

Penicillium multicolor Man et Porad 多色青霉

Penicillium nalgiovensis Laxa 纳地青霉

Penicillium namyslowskii Zal. 纳米青霉

Penicillium niveum Bain 雪白青霉

Penicillium notatum Westl. 特异青霉[点青霉]

Penicillium novae-zeelandiaev Beyma 新西兰青霉

Penicillium ochro-chloron Biourge 橄榄绿青霉

Penicillium onychomycosis 甲爪病青霉

Penicillium oxalicum Currie et Thom 草酸青霉

Penicillium palitans Westl. 徘徊青霉

Penicillium pallidum Smith 苍白青霉

Penicillium parvum Raper et Fenn. 小青霉

Penicillium patulum Bain. 展青霉

Penicillium paxilli Bain. 蕈青霉

Penicillium piceum Raper et Fenn. 桧状青霉

Penicillium pinophilum Hedge 嗜松青霉

Penicillium psittacinum Thom 鹦鹉绿青霉

Penicillium pubcrulum Bain 软毛青霉

Penicillium pulvillorum Turf. 垫状青霉

Penicillium purpurrescens (Sopp) Biourge 变紫青霉

Penicillium pusillum Smith 细小青霉

Penicillium raciboskii Zal. 皱绒青霉

Penicillium radiatum Lindn. 放射青霉

Penicillium repens Cooke et Ell. 匍匐青霉

Penicillium resinae Qiet et Kong 树脂青霉

Penicillium restrictum Gilm. et Abbott 局限青霉

Penicillium rolfii Thom 罗尔夫青霉

Penicillium roseum Link 玫色青霉

Penicillium rotundum Raper et Fenn. 刺圆孢青霉

Penicillium rubrum Stoll 红色青霉

Penicillium rugulosum Thom 皱褶青霉

Penicillium sanguineum Sopp 血色青霉

Penicillium sclerotiorum Beyma 菌核青霉

Penicillium silvaticum Oudem. 森林青霉

Penicillium simplicissimum (Oudem.) Thom 简青霉

Penicillium sinicum Shih. 中国青霉

Penicillium solitum Westl. 离生青霉

Penicillium soppii Zal. 暗边青霉

Penicillium sparsum Grev. 稀疏青霉

Penicillium spiculisporum Lehm. 刺孢青霉

Penicillium spinulosum Thom. 小刺青霉

Penicillium steckii Zal. 歧皱青霉

Penicillium stipitatum Thom. 密集青霉

Penicillium stoloniferum Thom. 匐枝青霉

Penicillium striatum Raper et Fenn. 条孢青霉

Penicillium sublateritium Biourge 亚砖红青霉

Penicillium tardum Thom. 缓生青霉

Penicillium tenuissimum Corda 纤细青霉

Penicillium terrestre Jens 土壤青霉

Penicillium trzebinskii Zal. 特宾青霉

Penicillium turbatum Westl. 不整青霉

Penicillium variabile Sopp. 变幻青霉

Penicillium varians Smith 变异青霉

Penicillium velutinum Beyma 毡毛青霉

Penicillium vermiculatum Dang 蠕形青霉

Penicillium verruculosum Peyron 疣孢青霉

Penicillium vesiculosum Bain 泡囊青霉

Penicillium vinaceum Gilm. et Abbott 酒红青霉

Penicillium viniferum Sakegu et al. 葡萄酒青霉

Penicillium viridicatum Westl. 鲜绿青霉

Penicillium waksmanii Zal. 瓦克青霉

Penicillium wehraceum (Bain)Thom 赭色青霉

pepino latent virus 见 *Potato virus* S *Carlavirus*

Pepino mosaic virus Potexvirus (PepMV) 柏平缕瓜花叶病毒

Pepper golden mosaic virus Begomovirus (PepGMV) 辣椒金花叶病毒

Pepper hausteco virus Begomovirus (PHV) 豪斯蒂克辣椒病毒

Pepper Indian mottle virus Potyvirus 印度辣椒斑驳病毒

Pepper leaf curl Bangladesh virus Begomovirus 辣椒曲叶孟加拉病毒

Pepper leaf curl virus Begomovirus (PepLCV) 辣椒曲叶病毒

Pepper mild mosaic virus Potyvirus (PMMV) 辣椒轻型花叶病毒

Pepper mild mottle virus Tobamovirus (PMMoV) 辣椒轻型斑驳病毒

Pepper mild tigre virus Begomovirus (PepMTV) 辣椒轻型虎斑病毒

Pepper Moroccan virus 见 *Moroccan pepper virus Tombusvirus*

pepper mosaic virus 见 *Pepper mild mottle virus Tobamovirus*

Pepper mottle virus Potyvirus (PepMoV) 辣椒斑驳病毒

Pepper ringspot virus Tobravirus (PepRSV) 辣椒环斑病毒

Pepper severe mosaic virus Potyvirus (PepSMV) 辣椒重型花叶病毒

Pepper Texas virus 见 *Texas Pepper virus Begomovirus*

Pepper vein banding virus Potyvirus (PVBV) 辣椒脉带病毒

Pepper vein yellows virus (PepVYV) 辣椒脉黄化病毒

Pepper veinal mottle virus Potyvirus (PVMV) 辣椒脉斑驳病毒

Pepper yellow mosaic virus Potyvirus 辣椒黄花叶病毒

Perenniporia Murrill 多年卧孔菌属[F]

Perenniporia fraxinea (Bull. ;Fr.) Ryv. 白蜡树多年卧孔菌

Perenniporia fraxinophila (PK.) Ryv. 喜白蜡树多年卧孔菌

Perenniporia martius (Berk.) Ryv. 角壳多年卧孔菌

Perenniporia ohiensis (Berk.) Ryv. 奥地多年卧孔菌

Perenniporia robiniophila（Murr.）Ryv.
槐多年卧孔菌

Perenniporia tenuis（Schw.）Ryv.　薄多
年卧孔菌

Pericladium Pass.　枝生黑粉菌属［F］

Pericladium grewiae Pass.　扁担杆枝生
黑粉菌

Pericladium piperi（Zund.）**Mundk.**　胡
椒枝生黑粉菌

Periconia Tode　黑团孢属［F］

Periconia bambusina Ou　箣竹黑团孢［箣
竹根腐病菌］

Periconia byssoides Pers. ex Corda　黑团孢

Periconia circinata（Mangin）Sacc.　卷黑
团孢；圆形黑团孢［高粱根腐病菌］

Periconia echinochloae（Batista）**Ellis**　刺
黑团孢

Periconia manihoticola（Vincens）**Viégas**
木薯生黑团孢霉［木薯根腐病菌］

Periconia pycnospora Fres.　密孢黑团孢

Periconia sacchari Johnston　甘蔗黑团孢
霉［甘蔗根腐病菌］

Peridermium（Link）**Schmidt et Kunze**　被
孢锈菌属［F］

Peridermium elatinum Schm. et Kunze
沟繁缕被孢锈菌

Peridermium harknessii　见 *Endocronar-*
tium harknessii

Peridermium japonicum Syd.　日本被孢
锈菌

Peridermium ketelceriae-evelyniana Zhou
et Chen　油杉被孢锈菌

Peridermium kunmingense Jen　昆明被孢
锈菌

Peridermium pini（Willd.）Kleb.　松针
被孢锈菌

Peridermium pini-keraiensis Saw.　海松
被孢锈菌

Peridermium praelongum Syd.　黑松长被
孢锈菌

Peridermium strobi Kleb.　球果被孢锈菌

Perilla mottle virus Potyvirus（PerMoV）
紫苏斑驳病毒

Peristemma　见 *Miyagia*

Periwinkle Phyllody phytoplasma　长春花
变叶病植原体

Pernoplasmopara momordicae　见 *Pseud-*
operonospora cubensis

Peronophythora Chen　霜疫霉属［C］

Peronophythora litchii Chen ex Ko *et al.*
荔枝霜疫霉［荔枝霜霉病菌］

Peronoplasmopara（Berl.）**Clint.**　［霜单
轴霉属］见 *Pseudoplasmopara*

Peronoplasmopara actinostemmatis　见
Pseudoperonospora cubensis

Peronoplasmopara celtidis　见 *Pseudopero-*
nospora celtidis

Peronoplasmopara cubensis　见 *Pseudopero-*
onospora cubensis

Peronoplasmopara cucumeris　见 *Pseud-*
operonospora cubensis

Peronoplasmopara elatostemae　见 *Plasmo-*
para elatostematis

Peronoplasmopara erodii（Fuckel）　［牻牛
儿霜霉病菌］见 *Peronospora erodii*

Peronoplasmopara humuli　见 *Pseudopero-*
nospora humuli

Peronoplasmopara luffae　见 *Pseudopero-*
nospora cubensis

Peronoplasmopara momordicae　见 *Pseud-*
operonospora cubensis

Peronoplasmopara pileae　见 *Plasmopara*
pileae

Peronoplasmopara urticae　见 *Pseudopero-*
nospora urticae

Peronosclerospora Shaw　指霜霉属［C］

Peronosclerospora dichanthiicola（Thi-
rum. et Naras.）Shaw　双花草指霜霉

Peronosclerospora eriochloae Ryley et
Langdon　野黍指霜霉

Peronosclerospora globosa Kubicek et
Kenneth　球形指霜霉［野黍霜霉病菌］

Peronosclerospora heteropogonis **Siradhana**, **Dange**, **Rathore et Singh** 黄茅指霜霉[扭黄茅指霜霉病菌]

Peronosclerospora maydis （Raciborski） **Shaw** 玉蜀黍指霜霉[玉米霜霉病菌]

Peronosclerospora miscanthi （Miyake） **Shaw** 芒属指霜霉[甘蔗霜霉病菌、甘蔗叶裂病菌]

Peronosclerospora nobilei （Weston） **Shaw** 壮丽指霜霉[小野蜀黍、须芒草霜霉病菌]

Peronosclerospora philippinensis （Weston） **Shaw** 菲律宾指霜霉[玉米菲律宾霜霉病菌]

Peronosclerospora sacchari （Miyake） **Shirai et Hara** 甘蔗指霜霉[甘蔗霜霉病菌]

Peronosclerospora sorghi （Weston et Uppal） **Shaw** 蜀黍指霜霉[高粱霜霉病菌]

Peronosclerospora spontanea （Weston） **Shaw** 甜根子草指霜霉[甘蔗、玉米、五节芒霜霉病菌]

Peronosclerospora westonii （Srinivasan et al.） **Shaw** 西方指霜霉[芒稗霜霉病菌]

Peronospora **Corda** 霜霉属[C]

Peronospora achilleae **Săvul. et L. Vánky** 蓍草霜霉

Peronospora aconiti **Yu** 乌头霜霉[乌头霜霉病菌]

Peronospora actinostemmatis （Sawada） **Skalický** 合子草霜霉

Peronospora aestivalis **Syd.** 苜蓿霜霉[苜蓿霜霉病菌]

Peronospora aestivalis **f. sp.** *aestivalis.* **Syd.** 苜蓿霜霉原变型

Peronospora aestivalis **f. sp.** *lupulinae* **Gapon.** 苜蓿霜霉羽扇豆变型

Peronospora aestivalis **f. sp.** *medicaginis-falcatae*（Thüm.） **Săvul. et Rayss** 苜蓿霜霉野苜蓿变型

Peronospora affinia **Rossm.** 非洲霜霉[药用球果霜霉病菌]

Peronospora affinis 见 *Peronospora chelidonii*

Peronospora agrestis **Gäum.** 婆婆纳霜霉[婆婆纳霜霉病菌]

Peronospora agrimoniae **Syd.** 龙牙草霜霉[龙牙草霜霉病菌]

Peronospora agrorum **Gäum.** 阿格霜霉[北点地梅霜霉病菌]

Peronospora agrostemmatis **Gäum.** 麦仙翁霜霉[麦仙翁霜霉病菌]

Peronospora aguatica **Gäum.** 水苦荬霜霉[水苦荬霜霉病菌]

Peronospora alchemillae **Otth.** 羽衣草霜霉[羽衣草霜霉病菌]

Peronospora alliariae-wasabi **Gäum.** 山嵛菜霜霉，葱芥霜霉[辣根霜霉病菌]

Peronospora alliorum 见 *Peronospora destructor*

Peronospora alpestris **Gäum.** 半日花霜霉[半日花霜霉病菌]

Peronospora alpicola **Gäum.** 阿尔霜霉[毛茛霜霉病菌]

Peronospora alpina 见 *Plasmopara alpina*

Peronospora alsinearum **Caspary** 鹅不食霜霉

Peronospora alsinearum **f. sp.** *alsinearum* **Caspary** 鹅不食霜霉原变型

Peronospora alsinearum **f. sp.** *cerastii-trivialis* **Thüm.** 鹅不食霜霉卷耳变型

Peronospora alta **Fuckel** 车前霜霉

Peronospora alyssi-calycini 见 *Peronospora parasitica*

Peronospora alyssi-incani 见 *Peronospora parasitica*

Peronospora alyssi-maritimi 见 *Peronospora parasitica*

Peronospora amaranthi 见 *Peronospora farinosa*

Peronospora americana Gäum. 美洲霜霉

Peronospora amethysteae Lebedeva 水棘针霜霉

Peronospora amethysteae 见 *Peronospora amethysteae*

Peronospora anagallidis J. Schröt. 琉璃繁缕霜霉

Peronospora anchusae Ziling 牛舌草霜霉

Peronospora andina Speg. 安第斯山霜霉

Peronospora androsaces Niessl 点地梅霜霉

Peronospora anemones Tramier 银莲花霜霉

Peronospora anthemidis Gäum. 春黄菊霜霉

Peronospora antirrhini Schröt. 金鱼草霜霉

Peronospora aparines (de Bary) Gäum. 猪殃殃霜霉

Peronospora apiospora Poirault 顶孢霜霉

Peronospora aquatica Gäum. 水苦荬霜霉

Peronospora arabidiopsis Gäum. 南芥霜霉

Peronospora arabidis-alpinae 见 *Peronospora parasitica*

Peronospora arabidis-glabrae 见 *Peronospora parasitica*

Peronospora arabidis-hirsutae Gäum. 硬毛南芥霜霉[垂果南芥霜霉病菌]

Peronospora arabidis-oxyphyllae 见 *Peronospora parasitica*

Peronospora arabidis-strictae 见 *Peronospora parasitica*

Peronospora arabidis-turritae 见 *Peronospora parasitica*

Peronospora arborescens (Berkeley) de Bary 树状霜霉[罂粟、秃疮花霜霉病菌]

Peronospora arenariae (Berk.) Tulasne 蚤缀霜霉[无心草霜霉病菌]

Peronospora arenariae var. *arenariae* (Berk.) Tul. 蚤缀霜霉原变种

Peronospora arenariae var. *macrospora* Farl. 蚤缀霜霉大孢变种

Peronospora argemones Gäum. 罂粟霜霉

Peronospora arnebiae Golovin 软紫草霜霉

Peronospora artemisiae-annuae 见 *Paraperonospora artemisiae-annuae*

Peronospora artemisiae-biennis Gäum. 两年蒿霜霉

Peronospora arvensis Gäum. 野霜霉

Peronospora asperuginis Schröt. 糙草霜霉

Peronospora astragali Syd. 黄芪霜霉

Peronospora astragalina Syd. 黄芪生霜霉[高山黄芪霜霉病菌]

Peronospora astragali-purpurei Mayor et Vienn. -Bourg. 紫黄芪霜霉

Peronospora atlantica Gäum. 北非霜霉[北非卷耳霜霉病菌]

Peronospora atlantica Gäum. 酒饼簕(东风橘)霜霉

Peronospora atriplicis-hastatae Săvul. et Rayss 戟叶滨藜霜霉

Peronospora atriplicis-hortensis Săvul. et Rayss 榆钱菠菜霜霉

Peronospora atriplicis-tataricae Oescu et Rădul. 鞑靼滨藜霜霉

Peronospora australis 见 *Plasmopara australis*

Peronospora axyridis Benua 轴藜霜霉

Peronospora barbaraeae 见 *Peronospora parasitica*

Peronospora beccarii Pass. 棒状霜霉

Peronospora berteroae 见 *Peronospora parasitica*

Peronospora betae 见 *Peronospora farinosa* f. sp. *betae*

Peronospora biscutellae 见 *Peronospora parasitica*

Peronospora boehmeriae Yin et Yang 苎麻霜霉

Peronospora bohemica Gäum. 波地霜霉[藜霜霉病菌]

P

Peronospora borealis Gäum. 北方霜霉
[北方猪殃殃霜霉病菌]

Peronospora borreriae Lagerh. 丰花霜霉

Peronospora bothriospermi Sawada 斑种
草霜霉[斑种草霜霉病菌]

Peronospora brassicae 见 *Peronospora parasitica*

Peronospora brassicae f. sp. brassicae 见
Peronospora parasitica

Peronospora brassicae f. sp. brassicae-nigrae
见 *Peronospora parasitica*

Peronospora brassicae f. sp. major 见 *Peronospora parasitica*

Peronospora brassicae f. sp. rapiferae Dzhanuz. 见 *Peronospora parasitica*

Peronospora brassicae f. sp. sinapidis Gäum.
见 *Peronospora parasitica*

Peronospora bulbocapni 见 *Peronospora corydalis*

Peronospora bulbocapni f. sp. bulbocapni
见 *Peronospora corydalia*

Peronospora bulbocapni f. sp. corydalidis-marschallianae Săvul. et Rayss 见 *Peronospora corydalis*

Peronospora buniadis Gäum. 匙荠霜霉

Peronospora cactorum 见 *Phytophthora cactorum*

Peronospora cakiles 见 *Peronospora parasitica*

Peronospora calaminthae Fuckel 新风轮
菜霜霉[风轮菜霜霉病菌]

Peronospora calepinae 见 *Peronospora parasitica*

Peronospora calotheca de Bary 车叶草霜
霉[香车叶草、异叶轮草霜霉病菌]

Peronospora calotheca var. calotheca 见
Peronospora aparines

Peronospora calotheca var. molluginis 见
Peronospora galii

Peronospora calotheca var. sherardiae 见
Peronospora sherardiae

Peronospora camelinae. 见 *Peronospora parasitica*

Peronospora campestris Gäum. 田野霜
霉[蚕缀霜霉病菌]

Peronospora canadensis Gäum. 加拿大
霜霉[加拿大柳穿鱼霜霉病菌]

Peronospora candida 见 *Peronospora oerteliana*

Peronospora canescens Benois 灰白霜霉
[车前霜霉病菌]

Peronospora cannabina 见 *Pseudoperonospora cannabina*

Peronospora canscorina Thite et Patil 贯
叶草霜霉[贯叶草霜霉病菌]

Peronospora capparidis Sawada 山柑霜
霉[山柑霜霉病菌]

Peronospora capsici Tao et Li 辣椒霜霉
[辣椒霜霉病菌]

Peronospora cardamines-laciniatae 见 *Peronospora parasitica*

Peronospora carniolica Gäum. 肉霜霉
[苦龙胆霜霉病菌]

Peronospora celtidis 见 *Pseudoperonospora celtidis*

Peronospora cerastii-glandulosi Ito et Tokun. 腺卷耳霜霉[卷耳霜霉病菌]

Peronospora chelidonii Miyabe 白屈菜霜
霉[白屈菜霜霉病菌]

Peronospora chenopodii 见 *Peronospora farinosa*

Peronospora chenopodii-ficifolii 见 *Peronospora farinosa*

Peronospora chrysanthemi-coronaril 见
Paraperonospora chrysanthemi-cornarii

Peronospora chrysosplenii Fuckel 金腰
霜霉[日本金腰霜霉病菌]

Peronospora clinopodii Terui 风轮菜霜
霉

Peronospora cochleariae 见 *Peronospora parsitica*

Peronospora conferta (Unger) Gäum.

密集霜霉[普通卷耳霜霉病菌]

Peronospora congomerata Fuckel 老鹳草霜霉

Peronospora coronillae Gäum. 小冠花霜霉[绣球小冠花霜霉病菌]

Peronospora corydalis de Bary 紫堇霜霉[紫堇霜霉病菌]

Peronospora corydalis-intermediae 见 *Peronospora corydalis*

Peronospora crossostephii Sawada 芙蓉菊霜霉[芙蓉菊霜霉病菌]

Peronospora crustosa 见 *Plasmopara crustosa*

Peronospora cryptosporae Annal. 隐孢霜霉

Peronospora cubensis 见 *Pseudoperonospora cubensis*

Peronospora cucubali Ito et Tokun. 狗筋蔓霜霉[狗筋蔓霜霉病菌]

Peronospora cucumeris 见 *Pseudoperonospora cubensis*

Peronospora cynoglossi Burrill ex Swingle 琉璃草霜霉[琉璃草霜霉病菌]

Peronospora cynoglossi var. *cynoglossi* Burrill ex Swingle 琉璃草霜霉原变种

Peronospora cyparissiae de Bary 大戟霜霉[大戟霜霉病菌]

Peronospora cyperi 见 *Phytophthora cyperi*

Peronospora cytisi Rostr. 金雀花霜霉

Peronospora danica 见 *Peronospora radii*

Peronospora daturae Hulea 曼陀罗霜霉

Peronospora davisii C. G. Shaw 戴维斯霜霉

Peronospora debaryi Selmon et Ware 德巴利霜霉[小荨麻霜霉病菌]

Peronospora densa 见 *Plasmopara cryptotaeniae*

Peronospora dentariae 见 *Peronospora parasitica*

Peronospora dentariae-macrophyllae 见

Peronospora parasitica

Peronospora desertorum Jacz. 沙漠霜霉

Peronospora desmodii Miyabe 山蚂蝗霜霉[山蚂蝗霜霉病菌]

Peronospora destructor (Berkeley) Caspary ex Berkeley 葱韭霜霉[洋葱、韭菜霜霉病菌]

Peronospora devastatrix 见 *Phytophthora infestans*

Peronospora dianthi de Bary 石竹霜霉

Peronospora dianthicola Barthelet 石竹生霜霉

Peronospora dicentrae Syd. 荷包牡丹霜霉[荷包牡丹霜霉病菌]

Peronospora digitalidis Gäum. 毛地黄霜霉[毛地黄霜霉病菌]

Peronospora dipeltae Jacz. 双盾木霜霉

Peronospora diplotaxidis 见 *Peronospora parasitica*

Peronospora dipsaci Tulasne ex de Bary 川续断霜霉[川续断霜霉病菌]

Peronospora diptychocarpi Kalymb. 异果芥霜霉

Peronospora drabae 见 *Peronospora parasitica*

Peronospora drabae var. *drabae* Gäum. 葶苈霜霉原变种

Peronospora drabae var. *jakutica* Benua 葶苈霜霉雅库变种[葶苈霜霉病菌]

Peronospora drabae-majusculae Lindtner 较大葶苈霜霉

Peronospora dracocephali C. J. Li et Z. Y. Zhao 青兰霜霉

Peronospora dubia Berl. 原喙菊霜霉

Peronospora ducometi 见 *Peronospora fagopyri*

Peronospora echinospermi Swingle 刺孢霜霉[鹤虱霜霉病菌]

Peronospora effusa 见 *Peronospora farinosa*

Peronospora effusa var. *chenopodii-mu-*

ralis Sacc. 散展霜霉壁藜变种

Peronospora *effusa* var. *effusa* (Grev.)
Rabenh. 散展霜霉原变种

Peronospora *effusa* var. *fuckelii* Sacc.
散展霜霉伏克变种

Peronospora effusa var. **hyoscyami Rabenh.**
见 *Peronospora hyoscyami* f. sp. *tabacina*

Peronospora *effusa* var. *intermedia* Casp.
散展霜霉间型变种

Peronospora *effusa* var. *major* Casp. 散
展霜霉较大变种

Peronospora *effusa* var. *polygoni* Thüm.
散展霜霉蓼变种

Peronospora *effusa* var. *polygoni-convoluli* Thüm. 散展霜霉卷蓼变种

Peronospora *effusa* var. *violae* Rabenh.
散展霜霉堇菜变种

Peronospora eigii 见 *Peronospora parasitica*

Peronospora *elsholtziae* **Liu et Pai** 香薷
霜霉

Peronospora entospora 见 *Basidiophora entospora*

Peronospora epilobii 见 *Plasmopara epilobii*

Peronospora epiphylla 见 *Peronospora farinosa*

Peronospora *erigoni* **Solheim et Gilbertson**
绒毛蓼霜霉

Peronospora *erinicola* **Durrieu** 沙参霜霉

Peronospora *eritrichii* **Ito et Tokun.** 无
缘草霜霉[篦形无缘草霜霉病菌]

Peronospora *erodii* **Fuckel** 牻牛儿霜霉

Peronospora erophilae 见 *Peronospora parasitica*

Peronospora *ervi* **A. Gustavsson** 野豌豆
霜霉

Peronospora erysimi 见 *Peronospora parasitica*

Peronospora *erythraeae* **J. G. Kühn** 糖芥

霜霉

Peronospora euclidii 见 *Peronospora parasitica*

Peronospora *euphorbiae* **Fuckel** 大戟霜
霉

Peronospora **euphorbiae-thymifoliae** 见
Peronospora euphorbiae

Peronospora *eurotiae* **Kalymb.** 驼绒藜霜
霉

Peronospora *fabae* **Jacz. et Sergeeva** 蚕
豆霜霉

Peronospora *fagi* **R. Hartig** 山毛榉霜霉

Peronospora *fagopyri* **Elenev** 荞麦霜霉
[荞麦霜霉病菌]

Peronospora fagopyri 见 *Peronospora fagopyri*

Peronospora *farinosa* (Fries:Fries) **Fries**
粉霜霉[君达菜、菠菜、葱类霜霉病菌]

Peronospora *farinosa* f. sp. *betae* **Byford**
甜菜霜霉病菌

Peronospora *ficariae* **Tulasne ex de Bary**
榕茛霜霉[毛茛、天葵霜霉病菌]

Peronospora *ficariae* subsp. *ficariae*Tul.
榕茛霜霉原亚种

Peronospora *ficariae* subsp. *glacialis* **A.**
Blytt 榕茛霜霉冰川亚种

Peronospora *flava* **Gäum.** 暗黄霜霉[海
滨柳穿鱼霜霉病菌]

Peronospora *fontana* **Gustavsson** 喜泉霜
霉[喜泉卷耳霜霉病菌]

Peronospora *fragariae* **Roze et Cornu** 草
莓霜霉

Peronospora *fujitai* **Ito et Tokun.** 富士
霜霉[落葱霜霉病菌]

Peronospora *fulva* **Syd.** 赤褐霜霉[牧地
香豌豆霜霉病菌]

Peronospora *galegae* **Săvul. et Rayss** 山
羊豆霜霉

Peronospora *galeopsidis* **Lobik** 鼬瓣花霜
霉

Peronospora *galii* **Fuckel** 拉拉藤霜霉

Peronospora galii-anglici Uljan.　棱角拉
拉藤霜霉

Peronospora galii-rubioidis Săvul. et Rayss
红拉拉藤霜霉

Peronospora galii-trifidi Ito et Tokun.
三裂猪殃殃霜霉

Peronospora galligena 见 *Peronospora*
parasitica

Peronospora gallii-veri Gäum. 蓬子菜霜霉

Peronospora gangliformis 见 *Bremia lac-*
tucae

Peronospora gei Syd.　水杨梅霜霉［水杨
梅霜霉病菌］

Peronospora gentianae Rostr.　龙胆霜霉

Peronospora gigantea Gäum.　大孢霜霉
［长叶毛茛霜霉病菌］

Peronospora glacialis (Blytt) Gäum.　宿
萼毛茛霜霉

Peronospora glaucii Lobik　灰斑霜霉

Peronospora glechomae Oescu et Rădulescu
活血丹霜霉

Peronospora glechomatis (K. Krieg.) T.
Majewski　活血丹霜霉

Peronospora gossypina Averna-Saccardo
棉霜霉

Peronospora graminicola 见 *Sclerospora*
graminicola

Peronospora grisea (Unger) de Bary　灰
霜霉［婆婆纳霜霉病菌］

Peronospora grisea var. *grisea*　灰霜霉
原变种

Peronospora grisea var. **minor** 见 *Peronos-*
pora minor

Peronospora gypsophilae Jacz.　丝石竹
霜霉

Peronospora halstedii Farl.　见 *Plasmo-*
para halstedii

Peronospora hariotii Gäum.　皱嘴霜霉

Peronospora helianthi Rostr.　向日葵霜
霉

Peronospora helichrysi 见 *Paraperonospo-*
ra helichrysi

Peronospora hellebori-purpurascentis Săvul.
et Rayss　铁筷子霜霉

Peronospora helvetica Gäum.　马鞍霜霉
［宽卷耳霜霉病菌］

Peronospora hepaticae Casp.　獐耳细辛
霜霉

Peronospora herniariae de Bary　治疝草
霜霉

Peronospora hesperidis 见 *Peronospora*
parasitica

Peronospora hiemalis 见 *Peronospora fi-*
cariae

Peronospora hiratsukae Ito et Tokun.　平
塚霜霉［短序花拉拉藤霜霉病菌］

Peronospora holostei Casp.　硬骨草霜霉

Peronospora holostii Casp.　完全霜霉

Peronospora hommae Ito et Tokun.　霍马
霜霉［三花形拉拉藤霜霉病菌］

Peronospora honckenyae Syd.　洪肯霜霉

Peronospora honvetica Gäum.　马鞍霜霉
［宽卷耳霜霉病菌］

Peronospora hornungiae 见 *Peronospora*
parasitica

Peronospora humuli 见 *Pseudoperonospo-*
ra humuli

Peronospora hydrophylii Waite　玉米形
霜霉

Peronospora hylomeconis Golovin et Bu-
nkina　荷青花霜霉

Peronospora hylomeconis Ito et Tokun.
荷青花霜霉［荷青花霜霉病菌］

Peronospora hymenolobi Annal.　薄果芥
霜霉

Peronospora hyoscyami de Bary　天仙子
［莨菪］霜霉

Peronospora hyoscyami f. sp. *tabacina*
Skalický　天仙子霜霉烟草变型［烟草
霜霉病菌］

Peronospora hyoscyami f. sp. *velutina*
Sheph.　天仙子霜霉毡毛变型

Peronospora hypecoi Bremer 角茴香霜霉

Peronospora hypecoi Jacz. et P. A. Jacz. 角茴香霜霉

Peronospora hypericifoliae S. Sinha et Mathur 金丝桃霜霉

Peronospora ibarakii Ito et Muray. 屈曲花霜霉

Peronospora iberidis 见 *Peronospora parasitica*

Peronospora ibrahimovii Achundor 伊布勒霜霉[新花塔霜霉病菌]

Peronospora illinoensis Farl. 里尔霜霉（伊利诺霜霉）

Peronospora illyrica Gäum. 伊利毛茛霜霉[伊利毛茛霜霉病菌]

Peronospora impatientis Ell. et Ev. 凤仙花霜霉

Peronospora indica Gäum. 印度霜霉[蓟罂粟霜霉病菌]

Peronospora indica Syd. 印度霜霉

Peronospora infestans 见 *Phytophthora infestans*

Peronospora insubrica Gäum. 孤臂霜霉[猪殃殃霜霉病菌]

Peronospora iranica 见 *Peronospora parasitica*

Peronospora isatidis 见 *Peronospora parasitica*

Peronospora isatidis var. isatidis 见 *Peronospora parasitica*

Peronospora iwatensis S. Ito et Muray. 岩手霜霉

Peronospora jacksouii Shaw 杰克逊霜霉

Peronospora jordanovii Krousheva 约旦霜霉

Peronospora karelii Bremer et Gäum. 卡果利霜霉

Peronospora kochiae Gäum. 地肤霜霉[地肤霜霉病菌]

Peronospora kochiae-prostratae 见 *Peronospora kochiae*

Peronospora kochiae-scopariae 见 *Peronospora parasitica*

Peronospora kummerowiae 见 *Peronospora desmodii*

Peronospora lagerheimii Gäum. 黑盘霜霉[树锦鸡儿霜霉病菌]

Peronospora lallemantiae Golovin et Kalymb. 变柄草

Peronospora lamii A. Braun 野芝麻霜霉[野芝麻霜霉病菌]

Peronospora lamii var. *glechomatis* K. Krieg. 野芝麻霜霉活血丹变种

Peronospora lamii var. *lamii* 野芝麻霜霉原变种

Peronospora lanceolata 见 *Peronospora alta*

Peronospora lapponica Lagerh. 拉伯兰霜霉[小米草霜霉病菌]

Peronospora lathyri-aphacae Săvul. et Rayss 山黧豆霜霉

Peronospora lathyri-hirsuti Săvul. et Rayss 硬毛山黧豆霜霉

Peronospora lathyri-humilis Benua 矮山黧豆霜霉

Peronospora lathyri-maritimi Jermal. 海滨山黧豆霜霉

Peronospora lathyrina Vienn.-Bourg. 山黧豆霜霉

Peronospora lathyri-palustris Gäum. 瘤香豌豆霜霉

Peronospora lathyri-pisiformis Nikolajaeva 豌豆状香豌豆霜霉

Peronospora lathyri-rosei Osipyan 罗斯香豌豆霜霉[罗斯香豌豆霜霉病菌]

Peronospora lathyri-verni A. Gustavsson 春生山黧豆霜霉

Peronospora lathyri-versicoloris Săvul. et Rayss 杂色山黧豆霜霉

Peronospora lentis Gäum. 兵豆霜霉

Peronospora leonuri 见 *Peronospora lamii*

Peronospora lepidii（McAlp.）**Wils.** 鳞片霜霉[肾果荠霜霉病菌]

Peronospora lepidii-perfoliati 见 *Peronospora parasitica*

Peronospora lepidii-sativi 见 *Peronospora parasitica*

Peronospora lepidii-virginici 见 *Peronospora parasitica*

Peronospora lepigoni **Fuckel** 棱角霜霉[拟漆菇霜霉病菌]

Peronospora leptalei **Kolosch.** 丝叶芥霜霉

Peronospora leptoclada **Sacc.** 细枝霜霉[半日花霜霉病菌]

Peronospora leptopyri 见 *Peronospora parvula*

Peronospora leptosperma **de Bary** 小子霜霉[野菊霜霉病菌]

Peronospora limonii **Simonyan** 补血草霜霉

Peronospora linariae **Fuckel** 柳穿鱼霜霉[大黄花霜霉病菌]

Peronospora linariae f. sp. *linariae* 柳穿鱼霜霉原变型

Peronospora linariae f. sp. *lini-vulgaris* **Thüm.** 柳穿鱼霜霉亚麻变型

Peronospora linariae-genistifoliae **Săvul. et Rayss** 膝曲柳穿鱼霜霉

Peronospora lini **Ellis et Kellerm.** 亚麻霜霉

Peronospora litchii 见 *Peronophythora litchii*

Peronospora lithospermi **Gäum.** 田紫草霜霉

Peronospora lobulariae **Ubrizsy et Vörös** 香雪球霜霉

Peronospora lophanthi **Farl.** 华香草霜霉[荆芥霜霉病菌]

Peronospora lophanthi var. *lophanthi* 华香草霜霉原变种

Peronospora lophanthi var. *moldavicae* **Dearn. et Barthol.** 华香草霜霉摩尔达变种

Peronospora lotorum **Syd.** 百脉根霜霉

Peronospora luffae（Sawada）**Skalický** 丝瓜霜霉

Peronospora lunariae 见 *Peronospora parasitica*

Peronospora lychnitis **Gäum.** 剪秋罗霜霉

Peronospora lycii **Ling et Tai** 枸杞霜霉

Peronospora macrocarpa **Rabenh.** 大果霜霉

Peronospora macrospora **Unger** 大孢霜霉

Peronospora malcolmiae **Lobik** 涩荠霜霉

Peronospora malyi **Lindtner** 马里霜霉

Peronospora manchurica（Naumov）**Syd.** 东北霜霉[大豆、野大豆霜霉病菌]

Peronospora matthiolae 见 *Peronospora parasitica*

Peronospora maublancii 见 *Peronospora parasitica*

Peronospora maydis 见 *Peronosclerospora maydis*

Peronospora mayorii 见 *Peronospora viciae*

Peronospora media 见 *Peronospora alsinearum*

Peronospora media f. **negletae** 见 *Peronospora alsinearum*

Peronospora medicaginis-minimea **Gaponenko** 小苜蓿霜霉

Peronospora medicaginis-orbicularis f. sp. *grossheimii* **Gaponenko** 正圆苜蓿霜霉粗大变型

Peronospora medicaginis-orbicularis f. sp. *rigidulae* **Faizieva** 正圆苜蓿霜霉坚实变型

Peronospora medicaginis-orbicularis f. sp. *schischkinii* **Gaponenko** 正圆苜蓿霜霉深裂变型

Peronospora medicaginis-tianschanicae Gaponenko　太安苜蓿霜霉

Peronospora medicaginis-tianschanicae f. sp. *agropyretorum* Gaponenko　太安苜蓿霜霉冰草变型

Peronospora megasperma Berl.　大雄（种）霜霉

Peronospora melampyri (Buchholz) Davis　山罗花霜霉

Peronospora melampyri-cristati Săvul. et Rayss　冠山罗花霜霉

Peronospora melanbrii 见 *Peronospora melandrii*

Peronospora melandryi Gäum.　女娄菜霜霉

Peronospora melandryi-noctiflori 见 *Peronospora melandrii*

Peronospora meliloti Syd.　草木樨霜霉

Peronospora melissiti Byzova et Dejeva　蜜蜂花霜霉

Peronospora menthae Cheng et Bai　薄荷霜霉

Peronospora mesembryanthemi Verwoed　龙须海棠霜霉

Peronospora microulae Meng et Yin　微孔草霜霉

Peronospora minima G. W. Wilson　小霜霉

Peronospora minor (Caspary) Gäum.　细小霜霉［平俯滨藜霜霉病菌］

Peronospora minuta 见 *Peronospora parasitica*

Peronospora mirabilis Jacz.　紫茉莉霜霉

Peronospora miscanthi T. Miyake　芒霜霉

Peronospora momordicae (Sawada) Skalicky　苦瓜霜霉

Peronospora moreani Rayss　刺断续霜霉

Peronospora muralis Gäum.　壁藜霜霉［壁藜霜霉病菌］

Peronospora myosotidis de Bary　勿忘草霜霉

Peronospora myosotidis f. sp. *lithospermi* Rabenh.　勿忘草霜霉紫草变型

Peronospora myosotidis f. sp. *pulmonariae* Lobik　勿忘草霜霉肺草变型

Peronospora myosotidis var. *echii* K. Krieg.　勿忘草霜霉蓟变种

Peronospora myosotidis var. *minor* Benua　勿忘草霜霉较小变种

Peronospora narbonensis Gäum.　纳博讷霜霉［纳博讷野豌豆霜霉病菌］

Peronospora nasturtii-montani 见 *Peronospora parasitica*

Peronospora nasturtii-palustris Ito et Tokun.　豆瓣菜霜霉［豆瓣菜霜霉病菌］

Peronospora nesleae 见 *Peronospora parasitica*

Peronospora nicotianae 见 *Peronospora hyoscyami* f. sp. *tabacina*

Peronospora niesslieana Berl.　白珠树霜霉［葱芥霜霉病菌］

Peronospora nitens Oescu et Rădul.　闪光霜霉

Peronospora nivea 见 *Plasmopara crustosa*

Peronospora nivea var. *geranii* 见 *Plasmopara crustosa*

Peronospora nivea var. *nivea* 见 *Plasmopara crustosa*

Peronospora niver 见 *Bremia lactucae*

Peronospora nonneae Jacz. et Sergeeva　假狼紫草霜霉

Peronospora norwegica 见 *Peronospora parasitica*

Peronospora obducens 见 *Plasmopara obducens*

Peronospora obionis-verruciferae 见 *Peronospora farinosa*

Peronospora obovata Bonord.　卵形霜霉

Peronospora ochroleuca 见 *Peronospora parasitica*

Peronospora oerteliana **Kühn** 报春花霜
霉[报春花霜霉病菌]

Peronospora omphalodis **Gäum.** 脐果草
霜霉[脐果草霜霉病菌]

Peronospora ononidis **G. W. Wilson** 芒柄
花霜霉

Peronospora orobi **Gäum.** 歪头菜霜霉
[玫红山黑豆霜霉病菌]

Peronospora oxalidis **Koval** 酢浆草霜霉

Peronospora oxybaphi **Ellis et Kellerm.**
山紫茉莉霜霉

Peronospora oxytropidis **Gäum.** 棘豆霜
霉[棘豆霜霉病菌]

Peronospora palustris **Gäum.** 瘤霜霉[婆
婆纳霜霉病菌]

Peronospora papaveris 见 *Peronospora ar-
borescens*

Peronospora papaveris-pilosi 见 *Peronos-
pora arborescens*

Peronospora parasitica (Pers) **Fr.** 寄生
霜霉[十字花科植物霜霉病菌]

Peronospora parasitica Tul. 寄生霜霉

Peronospora parasitica f. camelinae 见
Peronospora parasitica

Peronospora parasitica f. cheiranthi 见
Peronospora parasitica

Peronospora parasitica f. cheiranti-cheiri
见 *Peronospora parasitica*

Peronospora parasitica f. drabae 见 *Pero-
nospora parasitica*

**Peronospora parasitica f. erysimi-cheiran-
thoidis** 见 *Peronospora parasitica*

Peronospora parasitica f. erysimi-repandi
见 *Peronospora parasitica*

**Peronospora parasitica f. matthiolae-annu-
ae** 见 *Peronospora parasitica*

Peronospora parasitica f. nesliae 见 *Pero-
nospora parasitica*

Peronospora parasitica f. parasitica 见
Peronospora parasitica

Peronospora parasitica f. sisymbrii 见 *Per-

onospora parasitica

Peronospora parasitica f. thlaspeos-arvensis
见 *Peronospora parasitica*

**Peronospora parasitica f. thlaspeos-perfoli-
ati** 见 *Peronospora parasitica*

Peronospora parasitica **subsp. biscutellae**
(Gäum.) **Maire** 寄生霜霉双盾亚种

Peronospora parasitica subsp. brassicae 见
Peronospora parasitica

Peronospora parasitica **subsp. *erysimi***
(Gäum.) **Maire** 寄生霜霉糖芥亚种

Peronospora parasitica **subsp. *euparasitica*
Maire** 寄生霜霉真寄生亚种

Peronospora parasitica **subsp. *parasitica*
Tul.** 寄生霜霉原亚种

Peronospora parasitica **var. lepidii** 见
Peronospora parasitica

Peronospora parasitica **var. *niessleana*
Berl.** 寄生霜霉白珠树亚种

Peronospora parasitica **var. *sisymbrii-
thaliani* W. G. Schneid.** 寄生霜霉大
蒜芥变种

Peronospora parietariae **Vanev et Dimitro-
va** 墙草霜霉

Peronospora parva **Gäum.** 小霜霉[繁缕
霜霉病菌]

Peronospora parvula **Schneid.** 微小霜霉
[蓝堇草霜霉病菌]

Peronospora patriniae **Kalymb.** 败酱霜
霉

Peronospora paula **Gustavsson** 稀少霜霉

Peronospora pedicularis **Palm** 马先蒿霜
霉[返顾马先蒿霜霉病菌]

Peronospora pennsylvanica **Gäum.** 宾夕
法尼亚霜霉[毛茛霜霉病菌]

Peronospora perillae **Miyabe** 紫苏霜霉

Peronospora pisi 见 *Peronospora viciae*

Peronospora plantaginis **Underw.** 车前
霜霉

Peronospora pocutica 见 *Peronospora po-
cutica*

Peronospora pocutica Majewski 杯状霜霉[鼻花霜霉病菌]

Peronospora podagrariae 见 *Plasmopara crustosa*

Peronospora polygoni Fisch. 蓼霜霉

Peronospora polygoni-convolvuli Gustavsson 旋花蓼霜霉

Peronospora pospelovii Gaponenko 波斯霜霉[乳苣霜霉]

Peronospora potenillae 见 *Peronospora potentillae*

Peronospora potenillae-reptantis 见 *Peronospora potentillae*

Peronospora potentillae-sterilis Gäum. 不孕委陵菜霜霉

Peronospora potentillae de Bary 委陵菜霜霉

Peronospora potentillae var. *potentillae* de Bary 委陵菜霜霉原变种

Peronospora potentillae-americanae Gäum. 美洲委陵菜霜霉

Peronospora potentillae-anserinae Gäum. 蕨麻霜霉

Peronospora potentillae-sterilis Gäum. 不孕委陵菜霜霉

Peronospora pratensis 见 *Peronospora trifoliorum*

Peronospora pseudostellariae Yin et Yang 假繁缕霜霉[假繁缕霜霉病菌]

Peronospora pulmonariae Gäum. 肺形霜霉

Peronospora pulveracea Fuckel 粉霜霉

Peronospora pusilla 见 *Plasmopara pusilla*

Peronospora pygmaea 见 *Plasmopara pygmaea*

Peronospora radii de Bary 菊花霜霉

Peronospora radii f. foliicola 见 *Peronospora radii*

Peronospora radii f. radii 见 *Peronospora radii*

Peronospora radii var. epiphylla G. Poirault 菊花霜霉叶生变种

Peronospora radii var. *radii* de Bary 菊花霜霉原变种

Peronospora ranunculis 见 *Peronospora ficariae*

Peronospora ranunculi-carpatici 见 *Peronospora ficariae*

Peronospora ranunculi-flabellati 见 *Peronospora ficariae*

Peronospora ranunculi-oxyspermi 见 *Peronospora ficariae*

Peronospora ranunculi-sardoi 见 *Peronospora ficariae*

Peronospora ranunculi-stevenii 见 *Peronospora ficariae*

Peronospora rapistri 见 *Peronospora parasitica*

Peronospora rhaetica 见 *Peronospora parasitica*

Peronospora ribicola J. Schröt. 茶藨生霜霉

Peronospora rocheliae Kalymb. 李果鹤虱霜霉

Peronospora rocheliae f. sp. *cardiosepalae* Gaponenko 李果鹤虱霜霉心萼变型

Peronospora rocheliae f. sp. *rocheliae* Kalymb. 李果鹤虱霜霉原变型

Peronospora roemeriae Zaprom. 罗马霉

Peronospora romanica f. sp. *lavrenkoi* Gaponenko 罗马霜霉拉夫苜蓿变型

Peronospora romanica f. sp. *transoxanae* Fajzieva 罗马霜霉横苜蓿变型[横苜蓿霜霉病菌]

Peronospora roripae-islandicae 见 *Peronospora parasitica*

Peronospora rosae-gallicae Săvul. et Rayss 法国蔷薇霜霉

Peronospora rossica Gäum. 罗斯霜霉[青兰霜霉病菌]

Peronospora rubi Rabenh.　悬钩子霜霉

Peronospora rubiae Gäum.　茜草霜霉

Peronospora ruegeriae Gäum.　吕格霜霉
［驴食草霜霉病菌］

Peronospora rugosa Jacz. et P. A. Jacz.
皱霜霉

Peronospora rumicis Corda　酸模霜霉［波
叶大黄霜霉病菌］

Peronospora rumicis-rosei Rayss　红花酸
模霜霉

Peronospora sakamotoi Ito et Tokun.　萨
卡霜霉［假猬拉拉藤霜霉病菌］

Peronospora salicorniae Enkina　盐角草
霜霉

Peronospora sanguisorbae Gäum.　地榆
霜霉

Peronospora satarensis Patil　萨达拉霜霉

Peronospora saxifragae Bubák　虎耳草
霜霉

Peronospora schachtii　见　*Peronospora
farinosa*

Peronospora schleidenii　见　*Peronospora
destructor*

Peronospora scutellariae Gäum.　黄芩霜
霉

Peronospora sempervivi Schenk　藏瓦莲
霜霉

Peronospora senecionis Fuckel　千里光霜
霉

Peronospora sepium Gäum.　野豌豆霜霉

Peronospora septentrionalis Gäum.　北方
霜霉［卷耳霜霉病菌］

Peronospora setariae　见　*Sclerospora gra-
minicola*

Peronospora sicyicola　见　*Plasmopara aus-
tralis*

Peronospora simpiex　见　*Basidiophora en-
tospora*

Peronospora sinensis Tang　中华霜霉［卷
茎蓼霜霉病菌］

Peronospora sisymbrii-loeselii　见　*Peronos-
pora parasitica*

Peronospora sisymbrii-officinalis　见　*Pero-
nospora parasitica*

Peronospora sisymbrii-orientalis　见　*Pero-
nospora parasitica*

Peronospora sisymbrii-sophiae Gäum.
大蒜芥霜霉

Peronospora sisymbrii-sophiae Gäum.
var. *jakutica* Benua　大蒜芥霜霉雅库
变种

Peronospora sisymbrii-sophiae var. *sisym-
brii-sophiae*　大蒜芥霜霉原变种

Peronospora sojae　见　*Peronospora man-
churica*

Peronospora solenanthi Bȳzova　长筒琉璃
草霜霉

Peronospora sonchi Haponenko　苦苣菜霜
霉

Peronospora sophiae-pinnatae　见　*Peronos-
pora parasitica*

Peronospora sordida f. lychnitis　见　*Pero-
nospora sordida*

Peronospora sordida f. odontitis-serotinae
C. Massal.　见　*Peronospora sordida*

Peronospora sordida f. scrophulariae-nodo-
sae　见　*Peronospora sordida*

Peronospora sordida f. sordida　见　*Peronos-
pora sordida*

Peronospora sordida f. verbasci　见　*Pero-
nospora sordida*

Peronospora sordida f. verbasci-densiflori
见　*Peronospora sordida*

Peronospora sordida f. verbasci-phlomoidis
见　*Peronospora sordida*

Peronospora sordida f. verbasci-thapsi　见
Peronospora sordida

Peronospora sordida var. *odontitis-seroti-
nae* C. Massal.　玄参霜霉疗齿草变
种

Peronospora sordida var. *sordida* Berk.
玄参霜霉原变种

Peronospora sparsa Berk.　蔷薇霜霉

Peronospora spinaciae 见 *Peronospora farinosa*

Peronospora stachydis Syd.　水苏霜霉〔沼生水苏霜霉病菌〕

Peronospora stellariae-aguaticae 见 *Peronospora alsinearum*

Peronospora stellariae-radiantis Ito et Tokun.　遂瓣繁缕霜霉

Peronospora stellariae-ulfiginosae 见 *Peronospora alsinearum*

Peronospora stigmaticola Raunk.　白座生霜霉

Peronospora sulphurea 见 *Paraperonospora sulphurea*

Peronospora sulphurea f. sulphurea 见 *Paraperonospora sulphurea*

Peronospora swinglei 见 *Peronospora lamii*

Peronospora symphyti Gäum.　聚合草霜霉〔聚合草霜霉病菌〕

Peronospora tabacina Adam　烟草霜霉

Peronospora tabacina var. *solani* Zeng　烟草霜霉茄变种〔茄霜霉病菌〕

Peronospora takahashii 见 *Peronospora parasitica*

Peronospora tanaceti 见 *Plasmopara tanaceti*

Peronospora tatarica Săvul. et Rayss　紫菀霜霉

Peronospora taurica Jacz.　内生霜霉

Peronospora teesdaleae 见 *Peronospora parasitica*

Peronospora tetragonolobi Gäum.　翅荚豌豆霜霉〔翅荚豌豆霜霉病菌〕

Peronospora teucrii Gäum.　山藿香霜霉〔香科霜霉病菌〕

Peronospora thlaspeo-arvensis 见 *Peronospora parasitica*

Peronospora thlaspeos-perfoliati 见 *Peronospora parasitica*

Peronospora thymi 见 *Peronospora calaminthae*

Peronospora thyrocarpi Ling et Tai　盾草果霜霉〔盾草果霜霉病菌〕

Peronospora tomentosa Fuckel　茸耳霜霉

Peronospora tornensis Gäum.　托尔霜霉〔高山卷耳霜霉病菌〕

Peronospora tranzscheliana Bakhtin　川息尔霜霉〔山罗花霜霉病菌〕

Peronospora tribulina Passerini　蒺藜霜霉〔蒺藜霜霉病菌〕

Peronospora trichotoma Massee　毛状体霜霉

Peronospora trifolii-alpestris 见 *Peronospora trifoliorum*

Peronospora trifolii-arvensis 见 *Peronospora trifoliorum*

Peronospora trifolii-cherleri Rayss　樱桃红车轴草霜霉

Peronospora trifolii-clypeati Rayss　圆盾状车轴草霜霉

Peronospora trifolii-formosi Rayss　台湾车轴草霜霉

Peronospora trifolii-hybridi Gäum.　见 *Peronospora trifoliorum*

Peronospora trifolii-minoris 见 *Preonospora trifoliorum*

Peronospora trifolii-pratensis 见 *Peronospora trifoliorum*

Peronospora trifolii-purpurei Rayss　紫车轴草霜霉（毛状霜霉）

Peronospora trifolii-repentis 见 *Peronospora trifoliorum*

Peronospora trifolii-repentis f. trifolii-repentis 见 *Peronospora trifoliorum*

Peronospora trifolii-ripentis 见 *Peronospora trifoliorum*

Peronospora trifoliorum de Bary　三叶草（车轴草）霜霉〔三叶草霜霉〕

Peronospora trifoliorum f. sp. cytisi 见 *Peronospora trifoliorum*

Peronospora trifoliorum f. sp. laburni-vulgaris 见 *Peronospora trifoliorum*

Peronospora trifoliorum f. sp. medicaginis-sativae. 见 *Peronospora trifoliorum*

Peronospora trifoliorum f. sp. ononide 见 *Peronospora aestivalis*

Peronospora trifoliorum f. sp. orobi-tuberosi 见 *Peronospora trifoliorum*

Peronospora trifoliorum f. sp. trifolii-arvensis 见 *Peronospora trifoliorum*

Peronospora trifoliorum f. sp. trifolii-filiformis 见 *Peronospora trifoliorum*

Peronospora trifoliorum f. sp. trifolii-rubentis 见 *Peronospora trifoliorum*

Peronospora trifoliorum f. sp. trifoliorum 见 *Peronospora trifoliorum*

Peronospora trigonellae Gäum. 胡卢巴霜霉[胡卢巴霜霉病菌]

Peronospora trigonotidis Ito et Tokun. 附地菜霜霉[附地菜霜霉病菌]

Peronospora trivialis Gäum. 常见卷耳霜霉

Peronospora turritidis 见 *Peronospora parasitica*

Peronospora uljanishchevii Tunkina 砂引草霜霉[砂引草霜霉病菌]

Peronospora umbelliferarum 见 *Plasmopara crustosa*

Peronospora umbelliferarum var. berkeleyi 见 *Plasmopara crustosa*

Peronospora umbelliferarum var. umbelliferarum 见 *Plasmopara crustosa*

Peronospora uralensis Jacz. 乌拉尔霜霉

Peronospora ursiniae Săvul. et L. Vánky 北方霜霉

Peronospora urticae 见 *Pseudoperonospora urticae*

Peronospora ussuriensis Jacz. 乌苏里霜霉

Peronospora valerianae Trail 缬草霜霉[缬草霜霉病菌]

Peronospora valerianellae Fuckel 缬草霜霉

Peronospora valesiaca Gäum. 大戟霜霉[大戟霜霉病菌]

Peronospora variabilis Gäum. 多变霜霉[藜霜霉病菌]

Peronospora verbasci Gäum. 毛蕊花霜霉[毛蕊花霜霉病菌]

Peronospora verbasci 见 *Peronospora sordida*

Peronospora verna 见 *Peronospora agrestis*

Peronospora vernalis Gäum. 春冬大爪草霜霉[春冬大爪草霜霉病菌]

Peronospora vexans Gäum. 损坏霜霉[蝇子草霜霉病菌]

Peronospora viciae (Berkeley) Caspary 野豌豆霜霉

Peronospora viciae f. sp. fabae 见 *Peronospora viciae*

Peronospora viciae f. sp. pisi 见 *Peronospora viciae*

Peronospora viciae f. sp. viciae 见 *Peronospora viciae*

Peronospora viciae var. *viciae* 野豌豆（蚕豆）霜霉原变种

Peronospora viciae-sativae 见 *Peronospora viciae*

Peronospora viciae-sativae 见 *Peronospora viciae*

Peronospora viciae-venosae 见 *Peronospora viciae*

Peronospora vicicola 见 *Peronospora viciae*

Peronospora viennotii Mayor 维也纳霜霉

Peronospora vincae J. Schröt. 蔓长春花霜霉

Peronospora violae de Bary 堇菜霜霉[堇菜霜霉]

Peronospora violae Ell. et Ev. 堇菜霜霉

Peronospora viticola 见 *Plasmopara viticola*

Peronospora yamadana Togashi 山田霜霉[深山唐松草霜霉病菌]

Peronospora ziziphorae Byzova 枣霜霉

Peru tomato mosaic virus Potyvirus (PTV) 秘鲁番茄花叶病毒

Peru tomato virus 见 *Peru tomato mosaic virus Potyvirus*

Peruvian tomato virus 见 *Peru tomato mosaic virus Potyvirus*

Pestalosphaeria Barr. 多毛球壳属[F]

Pestalosphaeria accidenta Zhe et Ge 偶然多毛球壳

Pestalosphaeria alpiniae P. K. Chi et Chen 山姜多毛球壳[益智草轮纹褐斑病菌]

Pestalosphaeria eugeniae P. K. Chi et Lin 番樱桃多毛球壳

Pestalosphaeria hansanii Shoem. et Simp. 汉索多毛球壳

Pestalosphaeria jinggangensis Zhe et Ge 井冈山多毛球壳

Pestalotia de Not. 盘多毛孢属[F]

Pestalotia adusta Ell. et Ev. 烟色盘多毛孢

Pestalotia bischofiae Saw. 重阳木盘多毛孢

Pestalotia breviseta Sacc. 短毛盘多毛孢

Pestalotia calabae Westend. 胡桐盘多毛孢

Pestalotia calami Saw. 白藤盘多毛孢

Pestalotia canangae Koord. 紫金牛盘多毛孢

Pestalotia caroliniana Guba 卡地盘多毛孢

Pestalotia compta Sacc. 饰盘多毛孢

Pestalotia compta var. *ramicola* Berl. et Brev. 饰盘多毛孢枝生变种

Pestalotia congensis Henn. 刚果盘多毛孢[枇杷轮斑病菌]

Pestalotia corni Allesch. 梾木盘多毛孢

Pestalotia cycadis Allesch. 苏铁盘多毛孢

Pestalotia dianellicola Saw. 山菅兰生盘多毛孢

Pestalotia diospyri Syd. 柿盘多毛孢[柿叶枯病菌]

Pestalotia disseminata Thüm. 广布盘多毛孢

Pestalotia ecdysantherae Saw. 花皮胶藤盘多毛孢

Pestalotia elasticae Koord. 胶藤盘多毛孢

Pestalotia eriobotryae McAlp. 枇杷盘多毛孢

Pestalotia eriobotryae-japonicae Saw. 枇杷叶盘多毛孢

Pestalotia eugeniae Thüm. 丁子香盘多毛孢

Pestalotia flagellata Earle 槲树盘多毛孢

Pestalotia foedans Sacc. et Ell. 污斑盘多毛孢

Pestalotia funerea Desm. 枯斑盘多毛孢

Pestalotia ginkgo Hori 银杏盘多毛孢

Pestalotia glandicola (Cast.) Guba 腺生盘多毛孢

Pestalotia gossypii Hori 棉盘多毛孢

Pestalotia gracilis Kleb. 枇木盘多毛孢

Pestalotia guepini Desm. 茶褐斑盘多毛孢[山茶灰枯病菌]

Pestalotia kawakamii Saw. 川上盘多毛孢

Pestalotia kriegeriana Bres. 柳叶菜盘多毛孢

Pestalotia laurocerasi Westend. 桂樱盘多毛孢[枇杷叶斑病菌]

Pestalotia leprogena Speg. 生屑盘多毛孢

Pestalotia macrotricha Kleb. 粗毛盘多毛孢

Pestalotia maculiformans Guba et Zell. 斑形盘多毛孢

Pestalotia malicola Hori 苹果生盘多毛孢

Pestalotia mangiferae P. Henn. 杧果盘
多毛孢[杧果灰斑病菌]

Pestalotia microspora Speg. 小孢盘多毛孢

Pestalotia neglecta Thüm. 疏忽盘多毛孢

Pestalotia oryzae Hara 稻盘多毛孢

Pestalotia paeoniae Serv. 芍药盘多毛孢
[芍药叶疫病菌]

Pestalotia paeoniicola Tsuk. et Hino 芍
药生盘多毛孢

Pestalotia palmarum Cooke 掌状盘多毛
孢[椰子灰斑病菌]

Pestalotia pandani Saw. 露兜树盘多毛
孢

Pestalotia pauciseta Sacc. 疏毛盘多毛孢

Pestalotia photiniae Thüm. 石楠盘多毛
孢

Pestalotia planimi Vize 卫矛盘多毛孢

Pestalotia quepini Desm. 山茶褐斑盘多
毛孢

Pestalotia rhododendri Guba 杜鹃盘多毛
孢[杜鹃灰斑病菌]

Pestalotia salicis Saw. 柳盘多毛孢

Pestalotia shiraiana Henn. 白井盘多毛
孢

Pestalotia sinensis Shen 中国盘多毛孢

Pestalotia sorbi Pat. 花楸盘多毛孢

Pestalotia sydowiana Bres. 聚多盘多毛
孢

Pestalotia theae Saw. 茶盘多毛孢[茶轮
斑病菌]

Pestalotia traverseta Sacc. 沙梨盘多毛
孢[苹果盘多毛孢叶斑病菌]

Pestalotia uvicola Speg. 葡萄生盘多毛孢

Pestalotia versicolor Speg. 变色多毛孢
（棉盘多毛孢）

Pestalotia zahlbruckneriana Henn. 土杉
盘多毛孢

Pestalotiopsis Stey. 拟盘多毛孢属[F]

Pestalotiopsis guepinii (Desm.) Stey.
茶褐斑拟盘多毛孢

Pestalozziella Sacc. et Ell. ex Sacc. 小盘
多毛孢属[F]

Pestalozziella andersonii Ell. et Ev. 安
德森小盘多毛孢

Pestalozziella parva Nag Raj 微细小盘
多毛孢

Pestalozziella subsessiles Sacc. et Ellis
微柄小盘多毛孢

Petersenia Sparrow 彼得菌属[C]

Petersenia lobata (Peters.) Sparrow 裂
彼得菌[绢丝藻、仙菜彼得病菌]

Petunia asteroid mosaic virus Tombusvirus
(PeAMV) 碧冬茄（属）星状花叶病毒

Petunia flower mottle virus Potyvirus
(PetFMV) 碧冬茄花斑驳病毒

petunia ringspot virus 见 *Broad bean wilt
virus Fabavirus*

Petunia vein banding virus Tymovirus 碧
冬茄（矮牵牛）脉带病毒

Petunia vein clearing virus Caulimovirus
(PVCV) 碧冬茄脉明病毒

Petunia vein clearing-like viruses 见 *Petu-
virus*

Petuvirus 碧冬茄病毒属[V]

Pezicula Tul. et Tul. 小盘菌属[F]

Pezicula malicorticis (Jacks.) Nannf.
苹果小盘菌[苹果树炭疽病菌]

Peziza Dill. ex Fr. 盘菌属[F]

Peziza abietina Pers. 冷杉盘菌

Peziza ampliata Pers. 茎盘菌

Peziza atrovinosa Cooke et Ger. 暗葡酒
色盘菌

Peziza badia Pers. 疣孢褐盘菌

Peziza brunneo-atra Desm. 棕黑盘菌

Peziza catinus Holmsk. 地盘菌

Peziza cerea Sow. ex Mér. 蜡盘菌

Peziza convoluta Peck 卷旋盘菌

Peziza fimeti (Fuck.) Seav. 粪盘菌

Peziza guizhouensis Liu 贵州粪盘菌

Peziza repanda Pers. 波缘盘菌

Peziza sepiatra Cooke 褐盘菌

Peziza shearii (Gilkey) Korf 希氏粪盘菌

Peziza sylvestris（Boud.）**Sacc. et Trott.** 森林盘菌

Peziza vesiculosa **Bull. ex St. Amans** 泡质盘菌

Peziza violacea **Pers.** 紫盘菌

Phacellanthus **Sieb. et Zucc.** 黄筒花属（列当科）[P]

Phacellanthus tubiflorus **Sieb. et Zucc.** 黄筒花

Phacellaria **Benth.** 重寄生属（寄生木属，檀香科）[P]

Phacellaria caulescens **Collett et Hemsl** 粗序重寄生

Phacellaria compressa **Benth.** 扁序重寄生

Phacellaria fargesii **Lec.** 重寄生

Phacellaria rigidula **Benth.** 硬序重寄生

Phacellaria tonkinensis **Lecomte** 长序重寄生

Phacellium 见 *Isariopsis*

Phacidiella discolor 见 *Phacidium discolor*

Phacidium **Fr.** 星裂盘菌属[F]

Phacidium abietinum **Kze. et Sehm.** 冷杉星裂盘菌

Phacidium discolor **Mont. et Sacc.** 杂色星裂盘菌[苹果干癌或梢枯病菌]

Phacidium gracile **Niessl.** 石松星裂盘菌

Phacidium infestans **Karst.** 致病星裂盘菌

Phacidium repandum（Alb. et Schw.）**Rehm** 浅波状星裂盘菌

Phacidium vaccinii **Fr.** 乌饭树木星裂盘菌

Phaeocytostroma **Petrak** 暗色座腔孢属[F]

Phaeocytostroma ambiguum（Mont.）**Petrak** 含糊暗色座腔孢

Phaeocytostroma sacchari（Ell. et Ev.）**Sutton** 甘蔗暗色座腔孢

Phaeoisariopsis **Ferraris** 褐柱丝霉属[F]

Phaeoisariopsis griseola（Sacc.）**Ferr.** 灰褐柱丝霉[菜豆角斑病菌]

Phaeoisariopsis tetrapanacis **Saw.** 通脱木褐柱丝霉

Phaeoisariopsis vitis（Lév.）**Saw.** 葡萄褐柱丝霉

Phaeolus **Pat.** 暗孔菌属[F]

Phaeolus schweinitzii **Pat.** 松杉暗孔菌

Phaeomonostichella **Keissl. et Petr.** 褐单列盘孢属[F]

Phaeomonostichella symploci（Krissl.）**Petr.** 山矾褐单列盘孢

Phaeoramularia **Munt. Cvetk** 色链隔孢属[F]

Phaeoramularia angolensis（Carvalho et Mendes）**Kirk** 柑橘斑点病菌

Phaeoramularia antipus（Ellis et Holway）**Deighton** 忍冬色链隔孢

Phaeoramularia barringtoniicola **Guo** 玉蕊色链隔孢

Phaeoramularia capsicicola（Vassilijevsky）**Deighton** 辣椒生色链隔孢

Phaeoramularia dioscoreae（Ellis et Martin）**Deighton** 薯蓣色链隔孢

Phaeoramularia dissiliens（Duby）**Deighton** 葡萄色链隔孢

Phaeoramularia euphorbiae **Ge, Liu, Xu et Guo** 续随子色链隔孢

Phaeoramularia fusimaculans（Atk.）**Liu et Guo** 黍色链隔孢

Phaeoramularia geranii（Cooke et Shaw）**A. Braun** 老鹳草色链隔孢

Phaeoramularia grewiae **Guo et Xu** 扁担杆色链隔孢

Phaeoramularia helianthi **Liu et Guo** 向日葵色链隔孢

Phaeoramularia markhaminae **Liu et Guo** 猫尾树色链隔孢

Phaeoramularia meridiana（Chupp）**Deighton** 山芝麻色链隔孢

Phaeoramularia penicillata（Cesati）**Liu et**

Gu　荚蒾色链隔孢

Phaeoramularia pruni Guo et Liu　李色链隔孢

Phaeoramularia puncti formis（Schltdl.）**A. Braun**　点状色链隔孢

Phaeoramularia rhois（Castell）**Deighton**　漆树色链隔孢

Phaeoramularia schisandrae Guo　五味子色链隔孢

Phaeoramularia tithoniae（Baker et Dale）**Deighton**　肿柄菊色链隔孢

Phaeoramularia trilobi（Chupp）**Liu et Guo**　防己色链隔孢

Phaeoramularia vexans（Massalongo）**Guo**　草莓色链隔孢

Phaeoramularia weigelae Guo et Liu　锦带花色链隔孢

Phaeoseptoria Speg.　壳褐针孢属［F］

Phaeoseptoria oryzae Miyake　稻壳褐针孢

Phakopsora Diet.　层锈菌属［F］

Phakopsora ampelopsidis Diet. et Syd.　葡萄层锈菌［葡萄锈病菌］

Phakopsora artemisiae Hirats.　蒿层锈菌［菊褐色锈菌］

Phakopsora cheoana Cumm.　香椿层锈菌

Phakopsora cingens（Syd.）**Hirats.**　围层锈菌

Phakopsora compositarum Miyabe　菊层锈菌

Phakopsora ehretiae Hirats. et Hash.　厚壳树层锈菌

Phakopsora elephantopodis Hirats.　地胆草层锈菌

Phakopsora fici-erectae Ito et Otani　天仙果层锈菌

Phakopsora formosana Syd.　台湾层锈菌

Phakopsora glochidii（Syd.）**Arth.**　算盘子层锈菌

Phakopsora gossypii（Arth.）**Hirats.**　棉层锈菌

Phakopsora incompleta（Syd.）**Cumm.**　不全层锈菌［鸭嘴草锈病菌］

Phakopsora malloti Cumm.　野桐层锈菌

Phakopsora meibomiae Arth.　山马蝗层锈菌

Phakopsora nishidana Ito.　西田层锈菌

Phakopsora pachyrhizi H. et P. Syd.　豆薯层锈菌［大豆锈病菌］

Phakopsora puncti formis（Barcl. et Diet.）**Diet.**　点层锈菌

Phakopsora tecta Jacks. et Holw.　被覆层锈菌

Phakopsora ziziphi-vulgaris（Henn.）**Diet.**　枣层锈菌［枣锈病菌］

Phalaenopsis chlorotic spot virus Nucleorhabdovirus（PhCSV）　蝶兰（属）褪绿斑病毒

phalaenopsis hybrid virus 见 *Orchid fleck virus*

phalaenopsis virus 见 *Orchid fleck virus*

Phaseolus vulgaris virus Endornavirus　菜豆内源 RNA 病毒

Phasmidia Chitwood et Chitwood　侧尾腺口纲(尾觉器纲)［N］

Phellinus Quel.　木层孔菌属［F］

Phellinus everhartii（Ell. et Gall.）**Ames.**　厚黑木层孔菌

Phellinus fulvus（Scop.）**Pat.**　暗黄木层孔菌［桃木腐病菌］

Phellinus hartigi（Allesch. et Schnabl.）**Imaz.**　哈尔蒂木层孔菌

Phellinus igniarius（L. ex Fr.）**Quel.**　火木层孔菌

Phellinus noxius Corn.　有害木层孔菌［木层孔褐根腐病菌］

Phellinus pini（Thore ex Fr.）**Ames.**　松木层孔菌

Phellinus pomaceus（Pers. ex Gray）**Quel.**　苹果木层孔菌

P

Phellinus robustus （Karsr.） **Bourd. et Galz.** 强硬木层孔菌

Phellinus salicinus （Fr.） **Quel.** 柳木层孔菌

Phellinus scleropileatus **Zeng** 硬盖木层孔菌

Phellinus syringeus **Zeng** 丁香木层孔菌

Phellinus williamsii （Murr.） **Pat.** 威廉木层孔菌

Phellinus yamanoi （Imaz.） **Shaw.** 云杉木层孔菌

Phialophora **Medlar.** 瓶霉属［F］

Phialophora cinerescens （Wollenw.） **Beyma** 香石竹萎蔫病菌

Phialophora gregata （Allington et Chamberlain）**Gams** 大豆茎褐腐病菌

Phialophora malorum （Kidd et Beaum.） **McColloch** 苹果瓶霉［苹果边腐病菌］

Phleum green stripe virus Tenuivirus （PGSV） 梯牧草(属)绿条纹病毒

phleum mottle virus 见 *Cocksfoot mild mosaic virus Sobemovirus*

Phloeospora **Wallr.** 壳丰孢属［F］

Phloeospora koenigii（Thirum.） **Suttom** 克尼格壳丰孢

Phloeospora maculans （Bereng.） **Allesch.** 桑褐斑壳丰孢

Phloeospora ulmi（Fr. ex Kze） **Wallr.** 榆壳丰孢

Phloeosporella **Höhn.** 小壳丰孢属［F］

Phloeosporella ariaefoliae （Ell. et Ev.） **Sutton** 美赭叶小壳丰孢

Phloeosporella ceanothi （Ell. et Ev.） **Höhn.** 小壳丰孢

Phloeosporella hedysari （Solheim） **Sutton** 岩黄芪小壳丰孢

Phloeosporella leucosceptri （Keissl.） **Sutton** 米团花小壳丰孢

Phloeosporella padi. （Lib.） **Arx** 稠李小壳丰孢

Phlyctidium（A. Braun） **Rabenh.** 泡壶菌属［F］

Phlyctidium chlorogonii **Serb.** 梭藻泡壶菌［梭藻泡壶病菌］

Phlyctidium eudorinae **Gimesi** 空球藻泡壶菌［空球藻泡壶病菌］

Phlyctidium hydrodictyi （A. Braun） **Schröt.** 水网藻泡壶菌［水网藻泡壶病菌］

Phlyctidium mammillatum （A. Braun） **Schröt.** 乳状泡壶菌［藻类泡壶病菌］

Phlyctidium pollinis-pini （A. Braun） **Schröt.** 松花泡壶菌［松花泡壶病菌］

Phlyctidium vilvocinum （A. Braun） **Schröt.** 球团藻泡壶菌［球团藻泡壶病菌］

Phlyctium eudoridinae 见 *Phlyctidium eudorinae*

Phlyctochytrium Schröt. 囊壶菌属［F］

Phlyctochytrium bryopsidis **Kobayashi et Ook.** 羽藻囊壶菌［羽藻囊壶病菌］

Phlyctochytrium cladophorae **Vobayashi et Ook.** 刚毛藻囊壶菌［刚毛藻囊壶病菌］

Phlyctochytrium closterii（Karl.） **Sparrow** 新月藻囊壶菌［新月藻囊壶病菌］

Phlyctochytrium lackeyi **Sparrow** 松花粉囊壶菌［松花粉囊壶菌］

Phlyctochytrium vaucheriae **Rieth** 无隔藻囊壶菌［无隔藻囊壶病菌］

Phlyctochytrium zygnematis （Rosen） **Schröt** 双星藻囊壶菌［双星藻囊壶病菌］

Phoma **Sacc.** 茎点霉属［F］

Phoma albomaculata **Miura** 白斑茎点霉

Phoma andina **Sacc. et P. Syd.** 马铃薯黑疫病菌

Phoma apiicola **Kleb.** 芹生茎点霉

Phoma arundinacea **Sacc.** 芦苇茎点霉

Phoma asclepiadis **Saw.** 马利筋茎点霉

Phoma asparagi **Sacc.** 见 *Phomopsis asparagi*

Phoma batatas Ell. et Halst　甘薯茎点霉

Phoma betae Frank　甜菜茎点霉[甜菜蛇眼病菌]

Phoma boehmeriae Henn.　苎麻茎点霉

Phoma camelliae Cooke　山茶茎点霉

Phoma caryophylli Cooke　石竹茎点霉

Phoma cercidicola Phenn　紫荆生茎点霉

Phoma chinensis Sims　中华茎点霉

Phoma citri Sacc.　柑橘茎点霉

Phoma citricarpa McAlp.　柑果茎点霉[柑橘黑星病菌]

Phoma cryptomeriae Kasai　柳杉茎点霉

Phoma dahliae Berk.　大丽花茎点霉

Phoma destructiva Plowr.　实腐茎点霉[番茄实腐病菌]

Phoma diospyri Speg.　柿茎点霉

Phoma engleri Speg.　石柑茎点霉

Phoma enteroleuca Saw.　内白茎点霉

Phoma epicoccina Punit. et al.　小麦茎点霉

Phoma exigua f. sp. *foveata*（Foister）Boerema　短小茎点霉[马铃薯坏疽病菌]

Phoma filum 见 *Sphaerellopsis filum*

Phoma garcinae Saw.　藤黄茎点霉

Phoma glomerata（Corda）　葡萄茎枯病菌

Phoma glumarum Ell. et Tracy　颖苞茎点霉

Phoma glycines Saw.　大豆茎点霉

Phoma herbarum Westend　草茎点霉

Phoma hibernica Grimes et al.　冬茎点霉

Phoma hibisci-esculenti Saw.　秋葵茎点霉

Phoma jasmini-sambactis Saw.　茉莉花茎点霉

Phoma juglandis Sacc.　胡桃茎点霉

Phoma kakivora Hara　柿果茎点霉

Phoma lebbek Saw.　合欢茎点霉

Phoma lichenis Pass.　地衣茎点霉

Phoma lingam（Fr.）Desm.　黑胫茎点霉[十字花科黑胫病菌]

Phoma loti Cooke　柿枝茎点霉

Phoma macrostylospora Saw.　巨孢茎点霉

Phoma media Ell. et Ev.　间型茎点霉

Phoma medicaginis var. *pinodella*（Jones）Boerema 见 *Phoma pinodella*

Phoma menispermi Peck　蝙蝠葛茎点霉

Phoma morearum Brun　桑茎点霉

Phoma morifolia Berl.　桑叶茎点霉

Phoma mume Hara　梅茎点霉

Phoma oleracea Sacc.　拟黑胫茎点霉

Phoma persicae Sacc.　桃茎点霉

Phoma pigmentivora Mass.　油绘茎点霉

Phoma pinodella（Jones）　豌豆脚腐病菌

Phoma pomarum Thüm　楸子茎点霉[苹果猫眼病菌]

Phoma pomi Pass.　苹果茎点霉

Phoma reniformis Viala et Rostr.　肾形茎点霉

Phoma sanguinolenta Rostr.　血红茎点霉[胡萝卜褐纹病菌]

Phoma sesami Saw.　芝麻茎点霉

Phoma solani Halst　茄茎点霉

Phoma solanicola Priss et Delacr.　茄生茎点霉

Phoma stepnihaae（Saw.）Saw.　千金藤茎点霉

Phoma subcinata Ell. et Ev.　菜豆茎点霉

Phoma subnervisequa Desm.　近脉茎点霉

Phoma subvelata Sacc.　亚膜茎点霉

Phoma taxi（Berk.）Sacc.　红豆杉茎点霉

Phoma terrestris Hansen　土壤茎点霉

Phoma tracheiphila（Petri）Kantsch. et Gikaschvili　嗜管茎点霉[柠檬干枯病菌]

Phoma trifolii Johnson et Valeau　三叶草（车轴草）茎点霉

Phoma tuberculata McAlp.　小瘤茎点霉

Phoma uvicola Berk.　葡萄黑腐茎点霉

Phomopsis（Sacc.）Bub.　拟茎点霉属[F]

Phomopsis amygdalina **Canon** 扁桃拟茎点霉[桃果腐病菌]

Phomopsis asparagi（Sacc.）**Bub.** 天门冬拟茎点霉[芦笋茎枯病菌]

Phomopsis batatae **Ell. et Halst.** 甘薯拟茎点霉

Phomopsis broussonetiae（Sacc.）**Diet** 构拟茎点霉

Phomopsis citri **Fawcett** 柑橘拟茎点霉

Phomopsis fukushii **Tanake et Endo** 福士拟茎点霉[梨干枯病菌]

Phomopsis lirella（Desm.）**Grove** 条沟拟茎点霉

Phomopsis macrospore **Kobayashi etChiba** 大孢拟茎点霉[杨树溃疡病菌]

Phomopsis mangiferae **Ahmad** 杧果拟茎点霉[杧果蒂腐病菌]

Phomopsis obscurans（Ell. et Ev.）**Sutton** 昏暗拟茎点霉

Phomopsis oncostoma（Thüm）**Höhm** 溜腔拟茎点霉[刺槐拟茎点霉]

Phomopsis orientalis **Nom.** 东方拟茎点霉

Phomopsis ricinella **Sacc.** 蓖麻拟茎点霉

Phomopsis sclerotioides **van Kesteren** 黄瓜黑(色)根腐病菌

Phomopsis sojae **Lehm.** 大豆拟茎点霉

Phomopsis sophorae（Sacc.）**Trav.** 槐拟茎点霉

Phomopsis symploci **Petr.** 山矾拟茎点霉

Phomopsis truncicola **Miura** 茎生拟茎点霉[苹果干枯病菌]

Phomopsis vexans（Sacc. et Syd.）**Harter** 茄褐纹拟茎点霉[茄子褐纹病菌]

Phoradendron **Nutt.** 美洲槲寄生属[P]

Phoradendron anceps（Spreng.）**Maza.** 金果美洲槲寄生

Phoradendron californicum **Nutt.** 加州美洲槲寄生

Phoradendron hexastichum（DC.）**Griseb** 热带美洲槲寄生

Phoradendron juniperinum **Engelm.** 刺柏美洲槲寄生

Phoradendron piperoides（Kunth.）**Trel** 胡椒状美洲槲寄生

Phoradendron tetrapterum **Krug et Urban** 四分美洲槲寄生

Phoradendron villosum（Nutt）. **Nutt.** 太平洋美洲槲寄生

Phragmidiella **Henn.** 小多胞锈菌属[F]

Phragmidiella markhamiae **Henn.** 小多胞锈菌

Phragmidiella stereospermi（Mundk.）**Thirum. et Mundk.** 羽叶楸小多孢锈菌

Phragmidium **Link** 多胞锈菌属[F]

Phragmidium acuminatum（Fr.）**Cooke** 尖头多胞锈菌

Phragmidium alpinum **Hirats.** 高山多胞锈菌

Phragmidium americanum **Diet.** 美洲多胞锈菌

Phragmidium arcticum **Lagerh.** 北极多胞锈菌

Phragmidium arisanense **Hirats. et Hash.** 阿里山多胞锈菌

Phragmidium biloculare **Diet. et Holw.** 两室多胞锈菌

Phragmidium boreale **Tranz.** 北方多胞锈菌

Phragmidium brevipedicellatum **Hirats.** 短柄多胞锈菌

Phragmidium bulbosum（Str.）**Schlecht.** 胀柄多胞锈菌

Phragmidium carbonarium（Schlech.）**Wint.** 炭色多胞锈菌

Phragmidium formosanum **Hirats.** 台湾多胞锈菌

Phragmidium fragariastri（DC.）**Schröt.** 委陵菜短柄多胞锈菌

Phragmidium fusiforme **Sehröt.** 纺锤状多胞锈菌

Phragmidium griseum Diet.　灰色多胞锈菌

Phragmidium handelii Petr.　汉德尔多胞锈菌

Phragmidium hashiokai Hirats.　桥冈多胞锈菌

Phragmidium heterosporum Diet.　异形多胞锈菌

Phragmidium itoanum Hirats.　伊藤多胞锈菌

Phragmidium kamtschatkae（Anders.）Arth. et Cumm.　堪察加多胞锈菌

Phragmidium longissimum 见 *Hamaspora longissima*

Phragmidium montivagum Arth.　漫山多胞锈菌

Phragmidium mucronatum（Pers.）Schlecht.　短尖多胞锈菌

Phragmidium nambuanum Diet.　纳布多胞锈菌

Phragmidium okianum Hara　小阳多胞锈菌

Phragmidium papillatum Diet.　乳突多胞锈菌

Phragmidium pauciloculare（Diet.）Syd.　少隔多胞锈菌

Phragmidium peckianum Arth.　北京多胞锈菌

Phragmidium potentillae（Pers.）Karst.　委陵菜多胞锈菌

Phragmidium rosae-acicularis Lindr.　大叶蔷薇多胞锈菌

Phragmidium rosae-davuricae Miura　刺玫蔷薇多胞锈菌

Phragmidium rosae-multiflorae Diet.　多花蔷薇多胞锈菌

Phragmidium rosae-rugosae Kasai　玫瑰多胞锈菌［玫瑰锈病菌］

Phragmidium rubi（Pers.）Wint.　悬钩子多胞锈菌

Phragmidium rubi-fraxinifolii Syd.　桦叶悬钩子多胞锈菌

Phragmidium rubi-idaei（DC.）Karst.　悬钩子（覆盆子）多胞锈菌

Phragmidium rubi-japonici Kasai　日本悬钩子多胞锈菌

Phragmidium rubi-parvifolii Liou et Wang　茅莓多胞锈菌

Phragmidium rubi-thunbergii Kus.　锅莓多胞锈菌

Phragmidium shensianum Tai et Cheo　陕西多胞锈菌

Phragmidium sikangense Petr.　西康多胞锈菌

Phragmidium sinicum Tai et Cheo　中国多胞锈菌

Phragmidium speciosum（Fr.）Karl.　美丽多胞锈菌

Phragmidium subcorticium（Schrank）Wint.　皮下多胞锈菌

Phragmidium taipaishanense Wang　太白山多胞锈菌

Phragmidium tormentillae 见 *Fromeëlla tormentillae*

Phragmidium tuberculatum Müll.　小瘤多胞锈菌

Phragmidium violaceum（Schultz）Wint.　紫色多胞锈菌

Phragmidium yamadanum Hirats.　山田多胞锈菌

Phragmopyxis Diet.　湿多胞锈菌属［F］

Phragmopyxis noelii Baxt.　圣诞湿多胞锈菌

Phragmotelium 见 Phragmidium

Phragmotrichum Kunze　多隔腔孢属［F］

Phragmotrichum chailletii Kunze　毒鼠子多隔腔孢

Phragmotrichum pini（Cooke）Sutton et Sandhu　松多隔腔孢

Phragmotrichum platanoides Otth　悬铃木状多隔腔孢

Phragmotrichum rivoclarinum（Peyrone）

Sutton et Piroz　多主多隔腔孢

Phurmomyces Thaxt.　牙甲囊霉属[F]

Phurmomyces obtusus Thaxt.　钝形牙甲囊霉

Phurmomyces unguicola Thaxt.　爪生牙甲囊霉

Phycopeltis Mill.　叶楯藻属[P]

Phycopeltis epiphyton Mill.　叶楯藻

Phyllachora Nits.　黑痣菌属[F]

Phyllachora andropogonis Karst. et Har.　须芒草黑痣菌

Phyllachora andropogonis-aciculatis Saw.　竹节草黑痣菌

Phyllachora andropogonis-micranthi Saw.　细柄草黑痣菌

Phyllachora angelicae (Fr.) Fuck.　当归黑痣菌

Phyllachora arthraxonis-hispidi Saw.　荩草黑痣菌

Phyllachora arundinellae Saw.　野古草黑痣菌

Phyllachora arundinis Saw.　芦竹黑痣菌

Phyllachora aspidea (Berk.) Sacc.　盾状黑痣菌

Phyllachora bauhiniae Saw.　羊蹄甲黑痣菌

Phyllachora bromi Fuck.　雀麦黑痣菌

Phyllachora cantonensis Syd.　广州黑痣菌

Phyllachora coicis P. Henn.　薏苡黑痣菌

Phyllachora cudrani P. Henn.　柘黑痣菌

Phyllachora cynodontis (Sacc.) Niessl.　狗牙根黑痣菌

Phyllachora dalbergicola P. Henn.　黄檀生黑痣菌

Phyllachora dimeriae Theiss. et Syd.　雁茅黑痣菌

Phyllachora eragrostidis Petr.　画眉草黑痣菌

Phyllachora erianthi Saw.　蔗茅黑痣菌

Phyllachora evansii Syd.　伊万斯黑痣菌

Phyllachora fici-beecheyanae Saw.　天仙果黑痣菌

Phyllachora fici-septicae Saw.　腐榕黑痣菌

Phyllachora fici-variolosae Petr.　变叶榕黑痣菌

Phyllachora fici-wightianae Saw.　笔管榕黑痣菌

Phyllachora ficum Niessl.　无花果黑痣菌

Phyllachora fimbristylidis Saw.　飘拂草黑痣菌

Phyllachora graminicola Saw.　禾生黑痣菌[禾草黑痣病菌]

Phyllachora graminis (Pers.) Fuck.　禾黑痣菌

Phyllachora heteropogonis Saw.　黄茅黑痣菌

Phyllachora holci-fulvi Saw.　金黄绒毛草黑痣菌

Phyllachora imperaticola Saw.　白茅生黑痣菌

Phyllachora indocalami Saw.　箬竹黑痣菌

Phyllachora ischaemi Syd.　鸭嘴草黑痣菌

Phyllachora japonica Cooke et Mass.　日本黑痣菌

Phyllachora junci (Fr.) Wint.　灯心草黑痣菌

Phyllachora kwangtungensis Petr.　广东黑痣菌

Phyllachora lathyri (Lév.) Theiss. et Syd.　香豌豆黑痣菌

Phyllachora lelebae Saw.　孝顺竹黑痣菌

Phyllachora leptotheca Theiss. et Syd.　小幕草黑痣菌

Phyllachora lespedezae (Schw.) Sacc.　胡枝子黑痣菌

Phyllachora maculans (Karst.) Theiss. et Syd.　斑污黑痣菌

Phyllachora marisci-sieberiani Saw.　砖
子苗黑痣菌

Phyllachora melanoplaca（Desm.）Sacc.
扁圆黑痣菌

Phyllachora melastomae-Candidae Saw.
野牡丹黑痣菌

Phyllachora mictostegii Saw.　莠竹黑痣
菌

Phyllachora minuta P. Henn.　小黑痣菌

Phyllachora miscanthi Syd.　芒黑痣菌

Phyllachora miscanthi-japonici Saw.　五
节芒黑痣菌

Phyllachora moricola（Henn.）Saw.　桑
生黑痣菌

Phyllachora oplismeni-compositi Saw.
竹叶草黑痣菌

Phyllachora orbicula Rehm.　圆黑痣菌

Phyllachora panici-proliferi Saw.　多育
黍黑痣菌

Phyllachora pazschkeana Syd.　棕叶狗尾
草黑痣菌

Phyllachora penniseti-japonici Saw.　狼
尾草大孢黑痣菌［日本狼尾草黑痣菌］

Phyllachora pennisetina Syd.　狼尾草黑
痣菌

Phyllachora phaseolina Syd.　豆类黑痣
菌

Phyllachora phragmitis-karkae Saw.　芦
苇黑痣菌

Phyllachora phyllostachydis Hara　刚竹
黑痣菌

Phyllachora pogonatheri Syd.　金发草黑
痣菌

Phyllachora pomigena（Schw.）Sacc.　苹
果黑痣菌

Phyllachora ponganiae（Berk. et Br.）
Petch.　水黄皮黑痣菌

Phyllachora sacchari P. Henn.　甘蔗黑痣
菌［甘蔗黑痣病菌］

Phyllachora sacchari-spontanei Syd.　甜
根子黑痣菌

Phyllachora scolopiae Saw.　箣柊黑痣菌

Phyllachora shiraiana Syd.　白井黑痣菌

Phyllachora sinensis Sacc.　中国黑痣菌

Phyllachora sorghi Höhn.　高粱黑痣菌
［高粱黑痣病菌］

Phyllachora stellariae Fuck.　繁缕黑痣
菌

Phyllachora syntherismae Saw.　马唐黑
痣菌

Phyllachora trifolii 见 *Cymadothea trifo-
lii*

Phyllachora vanderystii Theiss. et Syd.
扁褶狗尾草黑痣菌

Phyllachora xylostei（Fr.）Fuck.　冠果
忍冬黑痣菌

Phyllactinia Lév.　球针壳属［F］

Phyllactinia actinidiae-formosanae Saw.
台湾猕猴桃球针壳

Phyllactinia actinidiae-latifoliae Saw.
阔叶猕猴桃球针壳

Phyllactinia ailanthi（Golov. et Bunk.）
Yu　臭椿球针壳

Phyllactinia alangii Yu et Lai.　八角枫球
针壳

Phyllactinia aleutitidis Yu et Lai.　油桐
球针壳

Phyllactinia alni Yu et Han.　桤木球针壳

Phyllactinia ampelopsidis Yu et Lai.　蛇
葡萄球针壳

Phyllactinia broussonetiae-kaempferi Saw.
蔓枝构球针壳

Phyllactinia caesalpiniae Yu　云实球针
壳

Phyllactinia camptothecae Yu　旱莲木球
针壳

Phyllactinia coriariae Xie　马桑球针壳

Phyllactinia corylea（Pers.）Karst.　榛
球针壳

Phyllactinia corylopsidis Yu et Han　蜡瓣
花球针壳

Phyllactinia desmodii Too　山蚂蝗球针壳

Phyllactinia elshotziae **Yu** 香薷球针壳

Phyllactinia evodiae **Yu** 吴茱萸球针壳

Phyllactinia fraxini （DC.） **Homma** 梣
球针壳

Phyllactinia guttata （Wallr.；Fr.） **Lév.**
滴状球针壳［榛球针壳］

Phyllactinia imperialis 见 *Phyllactinia
salmonii*

Phyllactinia juglandis **Tao et Qin** 胡桃
球针壳

Phyllactinia juglandis-mandshuricae **Yu**
胡桃楸球针壳

Phyllactinia kakicola **Saw.** 柿生球针壳
［柿白粉病菌］

Phyllactinia lianyungangensis **Gu et Zhang**
连云港球针壳［猕猴桃白粉病菌］

Phyllactinia linderae **Yu et Lai** 钓樟球针
壳

Phyllactinia magnoliae **Yu et Lai** 木兰球
针壳

Phyllactinia moricola （Henn.） **Homma.**
桑生球针壳［桑里白粉病菌］

Phyllactinia paulowniae **Yu** 泡桐球针壳

Phyllactinia populi （Jacz.） **Yu** 杨球针
壳

Phyllactinia pteroceltidis **Yu et Han** 青
檀球针壳

Phyllactinia pterostyracis **Yu et Lai** 白辛
树球针壳

Phyllactinia pyri （Cast.） **Homma** 梨球
针壳［梨白粉病菌］

Phyllactinia pyri-serotiniae 见 *Phyllactin-
ia pyri*

Phyllactinia quercus 见 *Phyllactinia robo-
ris*

Phyllactinia rhoina **Doidge** 盐肤木球针
壳

Phyllactinia roboris （Gachet.） **Blum.** 栎
球针壳［板栗里白粉菌］

Phyllactinia sabiae **Chen et Gao** 清风藤
球针壳

Phyllactinia salmonii **Blum.** 萨蒙球针壳

Phyllactinia sapii **Saw.** 乌柏球针壳

Phyllactinia sinensis **Yu** 中国球针壳

Phyllactinia toonae **Yu et Lai** 香椿球针
壳

Phyllactinia verruculosa **Xie** 小疣球针壳

Phyllobacterium **Knosel** 叶杆菌属［B］

Phyllobacterium rubiacearum **Knosel** 茜
草叶杆菌

Phyllosticta **Pers.** 叶点霉属［F］

Phyllosticta abutilonis **Henn.** 苘麻叶点
霉

Phyllosticta acanthopanacis **Syd.** 五加叶
点霉

Phyllosticta acericola **Cooke et Ell.** 槭生
叶点霉

Phyllosticta acerina **Allesch** 类槭叶点霉

Phyllosticta aceris **Sacc.** 槭叶点霉

Phyllosticta adusta **Ell. et Martin** 煤烟色
叶点霉

Phyllosticta aesculicola **Sacc.** 七叶树生
叶点霉

Phyllosticta ailanthi **Sacc.** 臭椿叶点霉

Phyllosticta ajugae **Sacc. et Sper.** 筋骨
草叶点霉

Phyllosticta alismatis **Sacc. et Sper.** 泽泻
叶点霉

Phyllosticta allantella **Sacc.** 腊肠形叶点
霉

Phyllosticta alpigena **Sacc.** 高山叶点霉

Phyllosticta alpiniae-kelungensis **Saw.**
基隆良姜叶点霉

Phyllosticta althacina **Sacc.** 蜀葵叶点霉

Phyllosticta amaranthi **Ell. et Kell.** 苋叶
点霉

Phyllosticta ambrosioides **Thüm.** 土荆芥
叶点霉

Phyllosticta amorphophalli **Hara** 魔芋叶
点霉

Phyllosticta ampelina **Jacz.** 葡萄叶点霉

Phyllosticta ampla **Brun** 宽广叶点霉

Phyllosticta antirrhini Syd.　金鱼草叶点霉[金鱼草叶枯病菌]

Phyllosticta aquifolii Allesch.　冬青叶点霉

Phyllosticta araliae Sacc. et Berl　楤木叶点霉

Phyllosticta araliae-cordatae Saw.　土当归叶点霉

Phyllosticta araucariae Woronich.　南洋杉叶点霉

Phyllosticta argyrea Speg.　银白花叶点霉

Phyllosticta arida Earle　干枯叶点霉

Phyllosticta artemisiae-lacti-floorae Saw.　甜菜子叶点霉

Phyllosticta astragalicola Massal.　黄芪生叶点霉

Phyllosticta aucubae Sacc.　桃叶珊瑚叶点霉

Phyllosticta aucubicola Sacc.　桃叶珊瑚生叶点霉

Phyllosticta aucupariae Thüm.　引鸟叶点霉

Phyllosticta azukiae Miura　赤豆叶点霉

Phyllosticta ballotae Died.　夏至草叶点霉

Phyllosticta batatas（Thüm.）Cooke　甘薯叶点霉

Phyllosticta bauhiniae Cooke　羊蹄甲叶点霉

Phyllosticta bellunensis Martin　榆叶点霉

Phyllosticta beltranii Penz.　贝尔特叶点霉

Phyllosticta berberidis Rabenh.　小檗叶点霉

Phyllosticta bertramii Penz.　伯特伦叶点霉

Phyllosticta betae Oudem.　恭菜叶点霉

Phyllosticta beyerinckii Vuill.　桃李叶点霉

Phyllosticta bolleana Sacc.　博尔叶点霉

Phyllosticta brassicae（Carr.）Westend.　芸薹叶点霉

Phyllosticta brassicicola（Carr.）Westend.　芸薹生叶点霉

Phyllosticta bupleuri（Fuck.）Sacc.　柴胡叶点霉

Phyllosticta calycanthi Sacc.　蜡梅叶点霉

Phyllosticta camelliaecola Brun.　山茶生叶点霉[山茶赤叶斑病菌]

Phyllosticta campanulae Sacc. et Speg.　风铃草叶点霉

Phyllosticta cannabis（Kirchn.）Speg.　大麻叶点霉[大麻白斑病菌]

Phyllosticta caprifolii（Opiz.）Sacc.　忍冬叶点霉

Phyllosticta capsici Speg.　辣椒叶点霉

Phyllosticta caraganae Syd.　锦鸡儿叶点霉

Phyllosticta caricicola Saw.　番木瓜生叶点霉

Phyllosticta carinea Sacc.　鹅耳枥叶点霉

Phyllosticta caryotae Shen　假桃榔叶点霉

Phyllosticta castaneae Ell. et Ev.　栗叶点霉

Phyllosticta catalpae Ell. et Martin　梓叶点霉

Phyllosticta catechu Saw.　槟榔叶点霉

Phyllosticta cathartici Sacc.　泻剂叶点霉

Phyllosticta chaenomelina Thüm.　木瓜叶点霉

Phyllosticta chaerophylli Massal.　香叶芹叶点霉

Phyllosticta chenopodii Sacc.　藜叶点霉

Phyllosticta chionanthi Thüm.　流苏树叶点霉

Phyllosticta chlorolspora McAlp.　绿孢叶点霉

Phyllosticta chrysanthemi Ell. et Dearn

菊叶点霉

Phyllosticta cinerea Pass. 灰叶点霉

Phyllosticta cinnamomi (Sacc.) **Allesch.** 樟叶点霉

Phyllosticta circumscissa Cooke 穿孔叶点霉

Phyllosticta cirsii Desm. 蓟叶点霉

Phyllosticta cirsii-lanceolati Garb 披针蓟叶点霉

Phyllosticta citri Hori 柑橘叶点霉

Phyllosticta citricola Hori 柑橘生叶点霉

Phyllosticta commonsii Ell. et Ev. 卡门氏叶点霉[芍药(牡丹)斑点病菌]

Phyllosticta concentrica Sacc. 同心叶点霉

Phyllosticta corchori Saw. 黄麻叶点霉[黄麻褐斑(斑点)病菌]

Phyllosticta coriariae Saw. 马桑叶点霉

Phyllosticta cornicola Rab 梾木生叶点霉

Phyllosticta corylaria Sacc. 榛叶点霉

Phyllosticta cotoneastri All. 枸子叶点霉

Phyllosticta crataegicola Sacc. 山楂生叶点霉

Phyllosticta crenatae Brun. 钝齿叶点霉

Phyllosticta cruenta (Fr.) **Kickx.** 血红叶点霉[黄精叶点霉]

Phyllosticta cryptocaryae Henn. 厚壳树叶点霉

Phyllosticta cucurbitacearum Sacc. 葫芦科叶点霉

Phyllosticta cydoniae (Desm.) **Sacc.** 榅桲叶点霉

Phyllosticta cydoniicola Allesch. 榅桲生叶点霉

Phyllosticta cylindrospora Saw. 柱孢叶点霉

Phyllosticta cymbidii Saw. 兰叶点霉

Phyllosticta cytisella Sacc. 金雀花叶点霉

Phyllosticta dahliaecola Brun. 大丽花生叶点霉

Phyllosticta dalbergiicola Syd. 黄檀生叶点霉

Phyllosticta decidua Ferr. 易落叶点霉

Phyllosticta destructiva Plowr. 损坏叶点霉

Phyllosticta diapensiae Pat. 岩梅叶点霉

Phyllosticta dictamni Fairm 白藓叶点霉

Phyllosticta diervillae Davis 黄锦带叶点霉

Phyllosticta digitalis Bell 指形叶点霉

Phyllosticta dioscoreacearum Bacc. 薯蓣科叶点霉

Phyllosticta dioscoreae Cooke 薯蓣叶点霉

Phyllosticta divirsispora Bub. 裂孢叶点霉

Phyllosticta dolichi Brun 扁豆叶点霉

Phyllosticta dulcamarae Sacc. 甘苦叶点霉

Phyllosticta eriobotryae Thüm. 枇杷叶点霉

Phyllosticta erratica Ell. et Ev. 梨游散叶点霉

Phyllosticta eucalypti Thüm. 桉叶点霉

Phyllosticta evonymi Sacc. 卫矛叶点霉

Phyllosticta fagopyri Miura 荞麦叶点霉

Phyllosticta farfarae Sacc. 款冬叶点霉

Phyllosticta fici-wightianae Saw. 笔管榕叶点霉

Phyllosticta forsythiae Sacc. 连翘叶点霉

Phyllosticta fragaricola Desm. et Rob. 草莓生叶点霉[草莓褐角斑病菌]

Phyllosticta fraxini Ell. et Martin 梣叶点霉

Phyllosticta fuscozonata Thüm. 褐环叶点霉

Phyllosticta galegae Garb. 山羊豆叶点霉

Phyllosticta garbovskii （Garb.） **Gucev** 刺檗叶点霉

Phyllosticta gardeniiae **Tassi.** 栀子叶点霉［栀子斑点病菌］

Phyllosticta gardeniicola **Saw.** 栀子生叶点霉

Phyllosticta gentianicola **Pat.** 龙胆生叶点霉

Phyllosticta ginkgo **Brun.** 银杏叶点霉

Phyllosticta glechomae **Sacc.** 活血丹叶点霉

Phyllosticta globulosa **Thüm.** 小球状叶点霉

Phyllosticta glumarum （Ell. et Fr.） **Miyake** 谷枯叶点霉［稻谷枯病菌］

Phyllosticta glumicola （Speg.） **Hara** 颖生叶点霉［稻颖枯病菌］

Phyllosticta glycinium **Tehon et Dan** 大豆叶点霉

Phyllosticta gomphrenae **Sacc. et Speg.** 千日红叶点霉

Phyllosticta gordoniicola **Saw.** 大头茶生叶点霉

Phyllosticta gossypina **Ell. et Martin** 棉小叶点霉［棉花褐斑病菌］

Phyllosticta grandimaculans **Bub. et Krieg.** 大斑叶点霉

Phyllosticta grossulariae **Sacc.** 醋栗叶点霉

Phyllosticta harnicensis **Petr.** 赫地叶点霉

Phyllosticta hederacea **Allesch.** 常春藤叶点霉

Phyllosticta hedericola **Dur. et Mont.** 常春藤生叶点霉

Phyllosticta hesperidearum **Penz.** 星状叶点霉

Phyllosticta heveae **Zimm.** 橡胶树叶点霉［橡胶树灰星病菌］

Phyllosticta hokusiensis **Hara** 洋麻叶点霉

Phyllosticta hortorum **Speg.** 茄叶点霉

Phyllosticta humuli **Sacc.** 葎草叶点霉

Phyllosticta hydrangeae **Ell. et Ev.** 绣球叶点霉

Phyllosticta ilicicola **Pass.** 冬青生叶点霉

Phyllosticta impatientis **Fautr.** 凤仙花叶点霉

Phyllosticta ipomoeae **Ell. et Kell.** 蕹菜叶点霉

Phyllosticta iteae **Saw.** 鼠筋叶点霉

Phyllosticta japonica **Miyake** 日本叶点霉

Phyllosticta jasmini **Sacc.** 茉莉叶点霉

Phyllosticta juglandis （DC.） **Sacc.** 胡桃叶点霉

Phyllosticta kawakamii **Saw.** 川上叶点霉

Phyllosticta kotoensis **Saw.** 红头屿叶点霉

Phyllosticta kuwacola **Hara** 桑生叶点霉

Phyllosticta laburni **Oudem.** 金莲花（毒豆）叶点霉

Phyllosticta laburnicola **Sacc.** 金莲花（毒豆）生叶点霉

Phyllosticta lacerans **Pass.** 撕裂叶点霉

Phyllosticta lantanae **Pass.** 马缨丹叶点霉

Phyllosticta lantanoides **Peck** 马缨丹状叶点霉

Phyllosticta lappae **Sacc.** 牛蒡叶点霉

Phyllosticta lathyrina **Sacc. et Wint** 类香豌豆叶点霉

Phyllosticta laurella **Sacc.** 小月桂叶点霉

Phyllosticta lauri **West.** 月桂树叶点霉

Phyllosticta laurina **Almeida** 类月桂叶点霉

Phyllosticta laurocerasi **Sacc. et Speg.** 月桂樱花叶点霉

Phyllosticta lentisci （Pass.） **Allesch** 乳

香叶点霉

Phyllosticta lepidii Brun. 独行菜叶点霉

Phyllosticta ligustri Sacc. 女贞叶点霉

Phyllosticta ligustrina Sacc. 女贞小孢叶点霉

Phyllosticta liquidambaricola Saw. 枫香生叶点霉

Phyllosticta longiospora McAlp. 长孢叶点霉

Phyllosticta lycopersici Peck 番茄叶点霉

Phyllosticta macleayae Naito 博落回叶点霉

Phyllosticta maculiformis (Pers.) Sacc. 斑形叶点霉[栗角斑病菌]

Phyllosticta magnoliae Sacc. 木兰叶点霉

Phyllosticta magnoliae-pumilae Saw. 夜合花叶点霉

Phyllosticta mahoniae Sacc. et Speg. 十大功劳叶点霉

Phyllosticta mahoniana Sacc. 类十大功劳叶点霉

Phyllosticta mahoniicola Pass. 十大功劳生叶点霉

Phyllosticta mahoniicola f. sp. *microspora* Pollacci 十大功劳生叶点霉小孢专化型

Phyllosticta mali Puill et Delacr. 苹果叶点霉

Phyllosticta malkoffii Bub. 马尔科夫叶点霉

Phyllosticta medicaginis (Fuck.) Sacc. 苜蓿叶点霉

Phyllosticta melampyricola Miura 山罗花生叶点霉

Phyllosticta melissae Bub. 蜜蜂花叶点霉

Phyllosticta melongenae Saw. 茄叶点霉[茄褐斑病菌]

Phyllosticta menthae Bres. 薄荷叶点霉

Phyllosticta microspila Pass. 小污斑叶点霉

Phyllosticta minima (Berk. et Curt.) Ell. et Ev. 极小叶点霉

Phyllosticta minussinensis Thüm. 山黧豆叶点霉

Phyllosticta minuta Garb. 小叶点霉

Phyllosticta miurai Miyake 三浦叶点霉[稻叶梢枯病菌]

Phyllosticta miyakei Syd. 三宅叶点霉[稻叶枯病菌]

Phyllosticta monogyna Allesch. 单性叶点霉

Phyllosticta mussaendae Saw. 玉叶金花叶点霉

Phyllosticta napi Sacc. 蔓菁叶点霉[甘蓝环斑病菌]

Phyllosticta nebulosa Sacc. 雾状叶点霉

Phyllosticta negundicola Sacc. 梣叶槭生叶点霉

Phyllosticta negundinis Sacc. et Speg. 梣叶槭叶点霉

Phyllosticta nepetae Gucev. 假荆芥叶点霉

Phyllosticta nicotianae Ell. et Ev. 烟草叶点霉[烟褐斑病菌]

Phyllosticta nicotianicola Speg. 烟草生叶点霉

Phyllosticta nigra Saw. 黑叶点霉

Phyllosticta nitidula Dur. et Mont. 微亮叶点霉

Phyllosticta noackiana Allesch. 赭斑叶点霉

Phyllosticta nobilis Thüm. 壮丽叶点霉

Phyllosticta oleae Patri 齐墩果叶点霉

Phyllosticta orbicularis Ell. et Ev. 正圆叶点霉

Phyllosticta oryzae (Cooke et Mass.) Miyake 稻叶点霉[稻叶大褐斑病菌]

Phyllosticta oryzicola Hara 稻生叶点霉[稻叶尖白枯病菌]

Phyllosticta oryzina（Sacc.）**Padw.**　类稻叶点霉［稻小穗谷枯病菌］

Phyllosticta osmanthi **Tassi**　木樨叶点霉

Phyllosticta osmanthicola **Train.**　木樨生叶点霉

Phyllosticta osteospora **Sacc.**　骨孢叶点霉

Phyllosticta paeoniae **Sacc.**　芍药叶点霉

Phyllosticta paliuri（Lév.）**Cooke**　马甲子叶点霉

Phyllosticta palmicola **Cooke**　棕榈生叶点霉

Phyllosticta panax **Naketa et Takim.**　人参叶点霉［人参斑点（蛇眼）病菌］

Phyllosticta papayae **Sacc.**　番木瓜叶点霉［番木瓜轮纹病菌］

Phyllosticta paulowniae **Sacc.**　泡桐叶点霉

Phyllosticta perseae **Ell. et Martin**　鳄梨叶点霉

Phyllosticta persicae **Sacc.**　桃叶点霉［桃褐斑病菌］

Phyllosticta persicocola **Oudem.**　桃生叶点霉

Phyllosticta peucedani **Saw.**　前胡叶点霉

Phyllosticta phaseolina **Sacc.**　豆类叶点霉［豇豆褐纹病菌］

Phyllosticta phlomidis **Bond. et Lebed.**　糙苏叶点霉

Phyllosticta photiniae **Thüm.**　石楠叶点霉

Phyllosticta physaleos **Sacc.**　酸浆叶点霉

Phyllosticta pilispora **Speschn.**　多毛孢叶点霉

Phyllosticta pirina **Sacc.**　梨叶点霉［梨、苹果灰斑病菌］

Phyllosticta pirolae **Ell. et Ev.**　鹿蹄草叶点霉

Phyllosticta pisi **Westend.**　豌豆叶点霉

Phyllosticta pittospori **Brun.**　桐花叶点霉

Phyllosticta plantaginis **Sacc.**　车前叶点霉

Phyllosticta platanoidis **Sacc.**　单干槭叶点霉

Phyllosticta polygoni-bungeanae **Miura**　柳叶刺蓼叶点霉

Phyllosticta polygonorum **Sacc.**　荞麦叶点霉

Phyllosticta populea **Sacc.**　杨灰星叶点霉

Phyllosticta populina **Sacc.**　杨叶点霉

Phyllosticta potentilliae **Sacc.**　委陵菜叶点霉

Phyllosticta primulicola **Desm.**　报春花生叶点霉

Phyllosticta profusa **Sacc.**　茂盛叶点霉

Phyllosticta prunicola **Sacc.**　核果生叶点霉

Phyllosticta pseudoplatani **Sacc.**　伪悬铃木叶点霉

Phyllosticta pterocaryai **Thüm.**　枫杨叶点霉

Phyllosticta puerariicola **Saw.**　葛生叶点霉

Phyllosticta punctata **Ell. et Dearn.**　斑点叶点霉

Phyllosticta punica **Sacc. et Speg.**　石榴叶点霉

Phyllosticta quercus **Sacc. et Speg.**　栎叶点霉

Phyllosticta quercus-cocciferae **Bub.**　大红栎叶点霉

Phyllosticta quercus-ilicis **Sacc.**　冬青栎叶点霉

Phyllosticta rhamnicola **Desm.**　鼠李生叶点霉

Phyllosticta rhei **Ell. et Ev.**　大黄叶点霉

Phyllosticta ribis-rubri **Vogl.**　红醋栗叶点霉

Phyllosticta ricini **Rostr.**　蓖麻叶点霉

Phyllosticta robiniella **Miura**　梭孢叶点

霉

Phyllosticta rosae Desm. 蔷薇叶点霉

Phyllosticta rosarum Pass. 蔷薇褐斑叶点霉

Phyllosticta rubi-adenotrichopodi Saw. 腺毛柄悬钩子叶点霉

Phyllosticta rubiae Miura 茜草叶点霉

Phyllosticta rubicola Rabh. 悬钩子生叶点霉

Phyllosticta rumicicola Miura 酸模生叶点霉

Phyllosticta sabialicola Szabo 可疑叶点霉

Phyllosticta sacchari Speg. 甘蔗叶点霉

Phyllosticta salicicola Thüm. 柳生叶点霉

Phyllosticta sambuci Desm. 接骨木叶点霉

Phyllosticta sapindicola Saw. 无患子生叶点霉

Phyllosticta saxifragicola Brun. 虎耳草生叶点霉

Phyllosticta scrophularinea Sacc. 玄参小叶点霉

Phyllosticta sequoiae Zhilina 红杉叶点霉

Phyllosticta setariae Ferr. 狗尾草叶点霉

Phyllosticta siameae Saw. 铁刀木叶点霉

Phyllosticta sojaecola Massal. 大豆生叶点霉[大豆灰星病菌]

Phyllosticta solani Ell. et Mart. 茄属叶点霉

Phyllosticta solitaria Ell. et Ev. 孤生叶点霉[苹果圆斑病菌]

Phyllosticta sophoricola Hollos 槐生叶点霉

Phyllosticta sorbi West. 花楸叶点霉

Phyllosticta sorbicola Allesch. 花楸生叶点霉

Phyllosticta sorghina Sacc. 高粱叶点霉

Phyllosticta spiraeae-salicifoliae Kabát et Bubák 绣线菊叶点霉

Phyllosticta staphyleae Dearn. 省沽油叶点霉

Phyllosticta stephaniae Saw. 千金藤叶点霉

Phyllosticta stewartiae Syd. 紫茎叶点霉

Phyllosticta straminella Brcs. 藁秆叶点霉

Phyllosticta succedanea (Pass.) Jaz 后生叶点霉

Phyllosticta sydowii Brews 聚多叶点霉

Phyllosticta syringae West. 丁香叶点霉

Phyllosticta syringella (Fuck.) Allesch. 小丁香叶点霉

Phyllosticta syringicola Fautr. 丁香生叶点霉

Phyllosticta syringophila Oudem. 喜丁香叶点霉

Phyllosticta tabaci Pass. 烟白星叶点霉

Phyllosticta take Miyake et Hara 慈竹叶点霉

Phyllosticta taurica Maire 牛状叶点霉

Phyllosticta taxi Hollos 紫杉叶点霉

Phyllosticta theae Speschn. 茶叶点霉

Phyllosticta theicola Petch 茶生叶点霉[茶赤斑病菌]

Phyllosticta theifolia Hara 茶叶叶点霉[茶叶斑病菌]

Phyllosticta thladianthae Saw. 赤瓟叶点霉

Phyllosticta tiliae Sacc. et Speg. 椴叶点霉

Phyllosticta tiliicola Oudem. 椴生叶点霉

Phyllosticta tinea Sacc. 小蛾叶点霉

Phyllosticta tricoloris Sacc. 三色叶点霉

Phyllosticta trifolii Richon 三叶草(车轴草)叶点霉

Phyllosticta turmanensis Miura 特曼叶点霉[苹果灰斑病菌]

Phyllosticta tussilaginis Garb.　款冬叶点霉

Phyllosticta ulmicola Sacc.　榆生叶点霉

Phyllosticta urtica Sacc.　荨麻叶点霉

Phyllosticta urticina Garb　类荨麻叶点霉

Phyllosticta velata Bub.　包被叶点霉

Phyllosticta violae Desm.　堇菜叶点霉

Phyllosticta viticola Berk. et Curt.　葡萄生叶点霉

Phyllosticta vitis Sacc.　葡萄叶点霉

Phyllosticta vogelii（Syd.）**Died.**　沃格尔叶点霉

Phyllosticta vulgaris var. *philadelphi* Sacc.　山梅花叶点霉

Phyllosticta wikstroemiae Saw.　荛花叶点霉

Phyllosticta yuokwa Saw.　小孢木兰叶点霉

Phyllosticta zeae Stout　玉蜀黍叶点霉

Phyllosticta zingiberi Hori　姜叶点霉

Phyllostictina Syd. et Syd.　拟叶点霉属［F］

Phyllostictina paederiae Petr.　牛皮冻拟叶点霉

Phymatotrichopsis Hennebert　拟瘤梗孢属［F］

Phymatotrichopsis omnivorum（Duggar）**Hennebert**　多主拟瘤梗孢［棉花根腐病菌］

Phymatotrichum Bonord.　瘤梗孢属［F］

Phymatotrichum omnivorum 见 *Phymatotrichopsis omnivorum*

Physalis mild chlorosis virus Luteovirus（PhyMCV）　酸浆轻型褪绿病毒

Physalis mottle virus Tymovirus（PhyMV）　酸浆花叶病毒

Physalis severe mottle virus Tospovirus（PhySMV）　酸浆重斑驳病毒

Physalis vein blotch virus Luteovirus（PhyVBV）　酸浆脉痕病毒

Physalospora Niessl　囊孢壳属［F］

Physalospora baccae Cav.　葡萄囊孢壳［葡萄房枯病菌］

Physalospora bidwellii 见 *Guignardia bidwellii*

Physalospora cleyerae Saw.　杨桐囊孢壳

Physalospora commelinae Saw.　鸭跖草囊孢壳

Physalospora cydoniae 见 *Physalospora obtusa*

Physalospora erycibes Saw.　丁公藤囊孢壳

Physalospora fici-formosanae Saw.　台湾榕囊孢壳

Physalospora gossypina Stev.　棉囊孢壳［棉黑果病菌］

Physalospora granati Tagashi.　石榴囊孢壳

Physalospora ilicella Teng.　冬青囊孢壳

Physalospora ilicella var. *minor* Teng.　小冬青囊孢壳

Physalospora juglandis Syd. et Hara　核桃囊孢壳

Physalospora kaki Hara　柿囊孢壳

Physalospora laricina 见 *Botryosphaeria laricina*

Physalospora melastomatis Saw.　野牡丹囊孢壳

Physalospora miyabeana 见 *Physalospora salicina*

Physalospora obtusa（Schw.）**Cooke**　仁果囊孢壳［苹果、梨黑腐病菌］

Physalospora phlyctaenoides Berk. et Curt.　扁豆囊孢壳

Physalospora piricola 见 *Botryosphaeria berengeriana* f. sp. *piricola*

Physalospora populina Maubl.　杨囊孢壳

Physalospora propinqua Sacc.　串生囊孢壳

Physalospora rhodina Berk. et Curt.　柑橘囊孢壳［柑橘焦腐病菌］

Physalospora salicina Hara 柳囊孢壳

Physalospora tucumanensis **Speg.** 塔地囊孢壳[甘蔗赤腐病菌]

Physalospora zeae **Stout.** 玉蜀黍囊孢壳[玉米穗腐病菌]

Physalospora zeicola **Ell. et Ev.** 玉米生囊孢壳[玉米秆腐病菌]

Physoderma **Wallr.** 节壶菌属[F]

Physoderma alfalfae （Pat. et Lagerh.） **Karling** 苜蓿节壶菌[苜蓿结瘿病菌]

Physoderma allii **Krieg.** 葱节壶菌

Physoderma aponogetonicola **Pavgi et Singh** 水蕹生节壶菌[水蕹结瘿病菌]

Physoderma butomi **Schröt.** 花蔺节壶菌[花蔺结瘿病菌]

Physoderma calami **Krieg.** 白藤节壶菌[白藤结瘿病菌]

Physoderma corchori **Lingappa** 黄麻节壶菌[黄麻茎疣瘤病菌]

Physoderma graminis （Buesg.） **Fischer** 禾节壶菌[禾草结瘿病菌]

Physoderma heleocharidis （Fuckel） **Schröt.** 荸荠节壶菌[荸荠结瘿病菌]

Physoderma iridis （*de* Bary） **de Willd.** 鸢尾节壶菌[鸢尾结瘿病菌]

Physoderma maculare **Wallroth** 泽泻节壶菌[泽泻结瘿病菌]

Physoderma maydis **Miyabe** 玉蜀黍节壶菌[玉米褐斑病菌]

Physoderma menthae **Schröt.** 薄荷节壶菌[薄荷结瘿病菌]

Physoderma menyanthis **de Bary** 睡菜节壶菌[睡菜结瘿病菌]

Physoderma pancratii **Pathak，Prasad et Shukla** 全能花节壶菌[全能花结瘿病菌]

Physoderma pulposum **Wallroth** 肿节壶菌[市藜结瘿病菌]

Physoderma scirpicola **Pavgi et Singh** 藨草生节壶菌[藨草结瘿病菌]

Physoderma thirumalacharii **Pavgi et Singh** 锡氏节壶菌[藨草结瘿病菌]

Physoderma trifolii （Pass.） **Karling** 三叶草节壶菌[紫云英结瘿病菌]

Physoderma vagans **Schröt.** 多主节壶菌[毛茛、委陵菜、蛇床结瘿病菌]

Physoderma zeae-maydis Shaw 见 *Physoderma maydis*

Physopella **Arth.** 壳锈菌属[F]

Physopella ampelopsidis （Diet. et Syd.） **Cumm. et Ram.** 白蔹壳锈菌

Physopella compressa （Mains） **Cumm. et Ram.** 扁平壳锈菌

Physopella digitariae （Cumm.） **Cumm. et Ram.** 马唐壳锈菌

Physopella hiratsukae （Syd.） **Cumm. et Ram.** 平塚壳锈菌

Physopella meliosmae （Kus.） **Cumm. et Ram.** 泡花树壳锈菌

Physopella mexicana **Cumm.** 墨西哥壳锈菌

Physopella sinensis **Syd.** 中国壳锈菌

Physopella vitis （Thüm.） **Arth.** 葡萄壳锈菌

Physopella yoshinagai **Diet.** 蓬累壳锈菌

Physorhizophidium **Scherff.** 根生壶菌属[F]

Physorhizophidium pachydermum **Scherffel** 厚皮囊根生壶菌[双眉藻、舟形藻壶病菌]

Phytomonas bancrofti 班克罗夫特植生滴虫

Phytomonas davidi **Lafont** 戴维植生滴虫

Phytomonas **Donovan** 植生滴虫属（寄植藻属）[T]

Phytomonas elmassiani 埃尔马西亚植生滴虫

Phytomonas francai 弗兰克植生滴虫

Phytophthora **de Bary** 疫霉属[C]

Phytophthora allii 见 *Phytophthora nicotianae*

Phytophthora alni Brasier et S. A. Kirk

桤木疫霉

Phytophthora alni subsp. *multiformis* Brasier et Kirk　桤木疫霉多形变种

Phytophthora alni subsp. *uniformis* Brasier et Kirk　桤木疫霉单形变种

Phytophthora arecae(Coleman) Pethybr.　见 *Phytophthora palmivora*

Phytophthora arecae Pethybridge　槟榔疫霉[槟榔疫病菌]

Phytophthora avicenniae Gerrettson-cornell et Simpson　海橄榄雌疫霉[海橄榄雌疫霉病菌]

Phytophthora bahamensis Fell et Master　巴地疫霉[红树疫病菌]

Phytophthora batemanensis Gerretton-cornell et Simpson　巴特马疫霉[南方海橄榄雌疫霉病菌]

Phytophthora boehmeriae Sawada　苎麻疫霉[苎麻、棉疫病菌]

Phytophthora botryosa Chee　簇囊疫霉[芋、橡胶树疫病菌]

Phytophthora brassicae De Cock et al.　芸薹疫霉

Phytophthora cactorum (Lebert et Cohn) Schröt.　恶疫霉[橡胶树疫病菌、草莓果腐病菌]

Phytophthora cactorum var. arecae　见 *Phytophthora palmivora*

Phytophthora cajani Amin, Baldev et Wiliamns　木豆疫霉[木豆疫病菌]

Phytophthora cambivora (Petri) Buism.　栗黑水疫霉[板栗疫病菌, 栗疫霉黑水病菌]

Phytophthora canavaliae Hara　刀豆疫霉[洋葱茎腐败病菌, 黄瓜、香石竹疫病菌]

Phytophthora capsici Leonian　辣椒疫病[辣椒、胡椒、香荚兰疫病菌]

Phytophthora carica　见 *Phytophthora palmivora*

Phytophthora caricae Hara　无花果疫霉

Phytophthora castaneae　见 *Phytophthora katsurae*

Phytophthora cinchonae　见 *Phytophthora cinnamomi*

Phytophthora cinnamomi Rands　樟疫霉[金鸡纳树疫病、凤梨心腐、杜鹃根腐病菌]

Phytophthora cinnamomi var. *parvispora* Kröber et Marwitz　樟疫霉原变种小孢变种

Phytophthora cinnamomi var. *robiniae* Ho　樟疫霉刺槐变种

Phytophthora citricola Sawada　柑橘生疫霉[蕉柑、雪柑、草莓果实腐烂病菌]

Phytophthora citrophthora Leonian　柑橘褐腐疫霉[枸橼、橙、柑橘果实褐腐病菌]

Phytophthora clandestina Taylor, Pascoe et Greenhalgh　榆疫霉[三叶草疫霉病菌]

Phytophthora colocasiae Raciborski　芋疫霉[芋、野芋疫病菌]

Phytophthora cryptogea f. sp. *begoniae* Kröber　隐匿疫霉[秋海棠疫病菌]

Phytophthora cryptogea Pethybridge et Lofferty　隐地疫霉[菊花疫病菌]

Phytophthora cyperi (Ideta) Ito　莎草疫霉[莎草疫病菌]

Phytophthora cyperi-bulbosi Seeth. et Ramakr.　鳞莎草疫霉[鳞莎草疫病菌]

Phytophthora cyperi-iriae　见 *Phytophthora cyperi*

Phytophthora cyperi-rotundati　见 *Phytophthora cyperi*

Phytophthora drechsleri Tucker　掘氏疫霉[德雷疫霉, 瓜类疫病菌]

Phytophthora epistomium　见 *Halophytophthora epistomium*

Phytophthora erythroseptica Pethybr.　红腐疫霉[马铃薯疫霉绯腐病菌]

Phytophthora erythroseptica var. drechsleri

见　*Phytophthora drechsleri*

***Phytophthora erythroseptica* var. *pisi* Hickm. et Byw.**　豌豆疫霉[豌豆疫病菌]

Phytophthora faberi　见　*Phytophthora palmivora*

Phytophthora fagi　见　*Phytophthora cactorum*

***Phytophthora fagopyri* Takimoto**　荞麦疫霉[荞麦疫病菌]

Phytophthora fici　见　*Phytophthora palmivora*

***Phytophthora fischeriana* (Höhnk) Sparrow**　费希尔疫霉

Phytophthora formosana　见　*Phytophthora nicotianae*

***Phytophthora fragariae* Hickman**　草莓疫霉[草莓疫病菌]

***Phytophthora fragariae* var. *fragariae* Hickman**　草莓疫霉原变种[草莓红心病菌]

***Phytophthora fragariae* var. *oryzo-bladis* Wang et Lu**　草莓疫霉稻叶变种[稻苗疫病菌]

***Phytophthora fragariae* var. *rubi* Wilcox et Duncan**　草莓疫霉树莓变种[树莓根腐病菌]

***Phytophthora gonapodyides* (Petersen) Buisman**　节水霉状疫霉

***Phytophthora heveae* Thompson**　橡胶树疫霉[凤梨、槟榔疫病菌]

***Phytophthora hibernalis* Carne**　冬生疫霉[香荚兰疫病菌、柑橘冬生疫霉褐腐病菌]

***Phytophthora himalayensis* Dastur**　喜马拉雅疫霉

***Phytophthora humicola* Ko et Ann**　腐植疫霉[菜豆花疫病菌]

Phytophthora hydrophila　见　*Phytophthora capsici*

***Phytophthora idaei* Kennedy**　覆盆子疫霉[覆盆子疫病菌]

***Phytophthora ilicis* Budd. et Young**　八角疫霉[八角疫病菌]

***Phytophthora imperfecta* Sarejanni**　不全疫霉[柑橘、烟草疫病菌]

***Phytophthora imperfecta* var. *citrophthora* (Smith) Sarejanni**　不全疫霉柑橘褐腐变种[柑橘褐腐疫病菌]

***Phytophthora imperfecta* var. *nicotianae* (van Breda) Sarejanni**　不全疫霉烟草变种[烟草疫病菌]

***Phytophthora infestans* (Montagne) de Bary**　致病疫霉[马铃薯晚疫病菌,番茄、茄疫病菌]

***Phytophthora infestans* f. sp. *lycopersici* Siemaszko**　致病疫霉番茄变种

***Phytophthora infestans* f. sp. *mirabilis* Möller et De Cock**　致病疫霉奇异变种

***Phytophthora infestans* f. sp. *thalictri* Waterh.**　致病疫霉唐松草变种

***Phytophthora infestans* var. *phaseoli*　见 *Phytophthora phaseoli*

***Phytophthora inflata* Caros. et Tucker**　肿囊疫霉

***Phytophthora insolita* Ann et Ko**　缺雄疫霉[圣诞花疫病菌]

***Phytophthora imundata* Brasier, Sánch. Hern. et Kirk**　泛滥疫霉

***Phytophthora ipomoeae* Flier et Grünwald**　甘(番)薯疫霉

***Phytophthora iranica* Ershad**　伊朗疫霉[茄疫病菌]

***Phytophthora irritabilis* Mantri et Deshp.**　敏感疫霉

***Phytophthora italica* Cacciola, Magnano et Belisario**　意大利疫霉[番樱桃疫病菌]

Phytophthora japonica　见　*Phytophthora oryzae*

***Phytophthora jatrophae* Rosenbaum**　麻风树疫霉

***Phytophthora katsurae* Ko et Chang**　桂奇

疫霉[板栗、椰子疫病菌]

Phytophthora lateralis Tucker et Milbrath 侧生疫霉[雪松根腐病菌]

Phytophthora leersiae Sawada　李氏禾疫霉[李氏禾疫病菌]

Phytophthora lepironiae Sawada　蒲草疫霉[蒲草疫病菌]

Phytophthora litchii 见 *Peronophythora litchii*

Phytophthora lycopersici Sawada　番茄疫霉[番茄疫病菌]

Phytophthora macrospora 见 *Sclerophthora macrospora* var. *macrospora*

Phytophthora manoana 见 *Phytophthora nicotianae*

Phytophthora maurrayae 见 *Phytophthora nicotianae*

Phytophthora meadii McRae　蜜色疫霉[橡胶树、万年青疫病菌]

Phytophthora medicaginis Hans. et Maxwell　苜蓿疫霉[苜蓿根腐病菌]

Phytophthora megakaryara 见 *Phytophthora palmivora*

Phytophthora megasperma Drechsler　大雄疫霉

Phytophthora megasperma f. sp. glycinea Kuan et Erwin 见 *Phytophthora sojae*

Phytophthora megasperma f. sp. medicaginis 见 *Phytophthora medicaginis*

Phytophthora megasperma f. sp. *medicaginis-sativae* Kuan et Erwin　大雄疫霉紫苜蓿变型

Phytophthora megasperma f. sp. trifolii Pratt 见 *Phytophthora trifolii*

Phytophthora megasperma var. *megasperma* Drechsler　大雄疫霉原变种

Phytophthora melongenae 见 *Phytophthora nicotianae*

Phytophthora melonis 见 *Phytophthora drechsleri*

Phytophthora mexicana Hotson et Hartge 墨西哥疫霉

Phytophthora mirabilis Galindo et Hohl 紫茉莉疫霉[紫茉莉疫病菌]

Phytophthora multivesiculata Ilieva et al. 多泡瘿霉[兰疫霉]

Phytophthora murrayae Sawada　九里香疫霉

Phytophthora mycoparasitica Fell et Master　真菌寄生疫霉[红树疫病菌]

Phytophthora nemorosa Hansen et Reeser 森林疫霉

Phytophthora nicotianae Breda et de Haan 烟草疫霉[黄瓜疫病菌,烟草黑胫病菌]

Phytophthora nicotianae var. *parasitica* (Dast.) Waterh.　烟草疫霉寄生变种[柑橘脚腐病菌]

Phytophthora nicotianae var. *sesami* Pras 烟草疫霉芝麻变种[芝麻疫病菌]

Phytophthora oapsici 见 *Phytophthora citrophthora*

Phytophthora omnivora 见 *Phytophthora cactorum*

Phytophthora omnivora var. arecae 见 *Phytophthora palmivora*

Phytophthora omnivora var. *omnivora* de Bary　多主疫霉原变种

Phytophthora omnivora-parasitica f. sp. *eriobotryae* Dufrenoy　多主疫霉枇杷变型

Phytophthora operculata Pegg et Alcorn 囊盖疫霉[海橄榄雌疫病菌]

Phytophthora oryzae (Ito et Nagai) Waterhouse　稻疫霉[稻疫病菌]

Phytophthora oryzo-bladis J. S. Wang et J. Y. Lu　稻叶疫霉

Phytophthora paeoniae 见 *Phytophthora cactorum*

Phytophthora palmivora (Butler) Butler 棕榈疫霉[柑橘裙腐、流胶,无花果白腐,杧果疫病菌]

Phytophthora palmivora var. *heterocystica* Babacauh 棕榈疫霉异孢变种[可可树疫病菌]

Phytophthora palmivora var. heveae 见 *Phytophthora palmivora*

Phytophthora palmivora var. *palmivora* Butler 棕榈疫霉原变种

Phytophthora palmivora var. *piperis* Muller 棕榈疫霉胡椒变种

Phytophthora palmivora var. theobromae 见 *Phytophthora palmivora*

Phytophthora parasitica var. nicotianae 见 *Phytophthora imperfecta* var. *nicotianae*

Phytophthora parasitica var. *parasitica* Dastur 寄生疫霉原变种

Phytophthora parasitica var. piperina 见 *Phytophthora imperfecta* var. *nicotianae*

Phytophthora parasitica var. *sesami* Prasad 寄生疫霉芝麻变种

Phytophthora parasitica 见 *Phytophthora imperfecta* var. *nicotianae*

Phytophthora phaseoli Thaxt. 菜豆疫霉[菜豆疫病菌]

Phytophthora pini 见 *Phytophthora citricola*

Phytophthora pini var. *antirrhini* Sundar. et Ramakr. 松疫霉金鱼草变种

Phytophthora pini var. *pini* Leonian 松疫霉原变种

Phytophthora pistaciae Mirab. 黄木莲疫霉[黄木莲疫病菌]

Phytophthora polygoni Sawada 蓼疫霉[蚕豆草、酸模、蓼疫病菌]

Phytophthora polymorphica Gerrettson-Cornell et Simpson 桉疫病菌

Phytophthora porri Foister 葱疫霉[葱、韭菜疫病菌]

Phytophthora primulae Toml. 报春花疫霉

Phytophthora pseudosyringae Jung et Delatour 假丁香疫霉

Phytophthora pseudotsugae Hamm et Hanson 黄杉疫霉[黄杉疫病菌]

Phytophthora psychrophila Jung et Hansen 九节木附生疫霉

Phytophthora quercina Jung 栎疫霉

Phytophthora quininea Crand. 近五疫霉

Phytophthora ramorum Werres，De Cock et Man 分枝疫霉[杜鹃疫病菌]

Phytophthora richardiae Buisman 马蹄莲疫霉[马蹄莲疫病菌]

Phytophthora ricini Saw. 蓖麻疫霉

Phytophthora rubra Mantri et Deshp. 深红疫霉

Phytophthora sinensis Yu et Zhuang 中国疫霉

Phytophthora sojae Kaufmann et Gerdemann 大豆疫霉[大豆疫病菌]

Phytophthora sojae f. sp. glycines 见 *Phytophthora sojae*

Phytophthora sojae f. sp. medicaginis 见 *Phytophthora medicaginis*

Phytophthora speciosa Mehlisch 美疫霉

Phytophthora spinosa Fell et Master 刺柄疫霉[曼格红树疫病菌]

Phytophthora spinosa var. *lobata* Fell et Master 刺柄疫霉片裂变种[曼格红树疫病菌]

Phytophthora spinosa var. *spinosa* Fell et Master 刺柄疫霉原变种

Phytophthora stellata Shanor 星顶疫霉

Phytophthora syringae Kleb. 丁香疫霉[丁香疫病菌]

Phytophthora tabaci 见 *Phytophthora nicotianae*

Phytophthora taihokuensis Saw. 少孢疫霉

Phytophthora taiwanensis Saw. 台湾疫霉

Phytophthora tentaculata Kröber et Mar-

witz 腺毛疫霉

Phytophthora terrestris Sherb. 陆生疫霉

Phytophthora thalictri G. W. Wilson et Davis 唐松草疫霉

Phytophthora theobromae 见 *Phytophthora palmivora*

Phytophthora trifolii Hansen et Maxwell 车轴草疫霉

Phytophthora tropicalis Aragaki et Uchida 热带疫霉

Phytophthora uliginosa Jung et Hansen 沼泽生疫霉

Phytophthora undulata (Petersen) Dick 波状疫霉[白睡莲、黄萍蓬草疫病菌]

Phytophthora verrucosa Alcock et Foister 疣孢疫霉

Phytophthora vesicula Anastasiou et Churchl. 泡质疫霉

Phytophthora vignae Purss 豇豆疫霉[豇豆疫病菌]

Phytophthora vignae f. sp. *adzukicola* Tsuya，Yangawa et Ogoshi 豇豆疫霉阿佐变型[豇豆疫病菌]

Phytophthora vignae f. sp. *medicaginis* Tsuya，Yangawa et Ogoshi 豇豆疫霉苜蓿变型[苜蓿疫病菌]

Phytoreovirus 植物呼肠病毒属[V]

Pichia Hansen 毕赤酵母属[F]

Pichia acaciae Walt 金合欢毕赤酵母

Pichia alcoholophila Klöck. 嗜酒毕赤酵母

Pichia angophorae Mill. et Bark. 红橡胶树毕赤酵母

Pichia belgica (Lindn.) Dekk. 比利时毕赤酵母

Pichia californica Guill. 加州毕赤酵母

Pichia chambardii (Ramir. et Biodin) Phaff 钱巴德毕赤酵母

Pichia delftensis Beech 荷兰毕赤酵母

Pichia dispora (Dekk.) Kreger 二孢毕赤酵母

Pichia farinosa (Lindn.) Hansen 粉状毕赤酵母

Pichia fermentans Lodd. 发酵毕赤酵母

Pichia fluxuum (Phaff et Knapp) Kreger 泌液毕赤酵母

Pichia guilliermondii Wickerh. 季也蒙毕赤酵母

Pichia hangzhouana Lu et Li 杭州毕赤酵母

Pichia haplophila Shifr. et Phaff 甲虫毕赤酵母

Pichia hyalospora (Lindn.) Hansen 明孢毕赤酵母

Pichia mandshurica Saito 东北毕赤酵母

Pichia media Boidin et al. 中型毕赤酵母

Pichia membranaefaciens Hansen 膜醭毕赤酵母

Pichia ohmeri (Etch. et Bell) Kreger 奥默毕赤酵母

Pichia onychis Harr. 指甲毕赤酵母

Pichia pastoris (Guill.) Phaff 巴斯德毕赤酵母

Pichia pijpri Walt et Tscheuschn. 皮杰普毕赤酵母

Pichia pinus (Holst.) Phaff 松毕赤酵母

Pichia polymorpha Klöck. 多形毕赤酵母

Pichia pseudopolymorpha Ramir. et Boidin 假多形毕赤酵母

Pichia quercuum Phaff et Knapp 栎毕赤酵母

Pichia rhodanensis (Ramir. et Boidin) Phaff 罗丹毕赤酵母

Pichia saitoi Kodama et al. 斋藤毕赤酵母

Pichia salictaria Phaff et al. 柳毕赤酵母

Pichia scolyti (Phaff et Yoney.) Kreger 棘胫小蠹毕赤酵母

Pichia stipitis Pign. 树干毕赤酵母

Pichia suaveolens Klöck. 果香毕赤酵母

Pichia terricola Walt 陆生毕赤酵母

Pichia toletana（Socias et al.）**Kreger** 帽孢毕赤酵母

Pichia trehalophila Phaff et al. 喜海藻糖毕赤酵母

Pichia wickerhamii（Walt）**Kreger** 威克毕赤酵母

Pigeonpea mosaic mottle viroid（PPM-MoVd）木豆花叶斑驳类病毒

Pigeonpea proliferation virus Nucleorhabdovirus（PPPV）木豆簇生病毒

pigeonpea rosette virus 见 *Pigeonpea proliferation virus Nucleorhabdovirus*

Pigeonpea sterility mosaic virus 木豆不孕花叶病毒

Pigeonpea witches'broom phytoplasma 木豆丛枝病植原体

pigeonpea witches'broom virus 见 *Pigeonpea proliferation virus Nucleorhabdovirus*

pigweed mosaic virus 见 *Amaranthus mosaic virus Potyvirus*

Pileolaria Cast. 帽孢锈菌属[F]

Pileolaria brevipes Berk. et Rav. 短小帽孢锈菌

Pileolaria cotini-coggygriae Tai et Cheo 黄栌帽孢锈菌

Pileolaria dieteliana Syd. 迪特尔帽孢锈菌

Pileolaria effusa Peck 扩展形帽孢锈菌

Pileolaria extinsa Anth. 广布帽孢锈菌

Pileolaria klugkistiana（Diet.）**Diet.** 漆树帽孢锈菌

Pileolaria pistaciae Tai et Wei 黄连木帽孢锈菌

Pileolaria shiraiana（Diet. et Syd.）**Ito** 白井帽孢锈菌

Pileolaria terebinthi（DC.）**Cast.** 笃耨香帽孢锈菌

Pileolaria toxicodendri（Berk. et Rav.）**Arth.** 毒木漆树帽孢锈菌

Pineapple bacilliform virus Badnavirus（PBV）菠萝杆状病毒

Pineapple chlorotic leaf streak virus Nucleorhabdovirus（PCLSV）菠萝褪绿叶线条病毒

Pineapple mealybug wilt-associated virus 1 Closterovirus（PMWaV-1）菠萝粉蚧萎凋伴随1号病毒

Pineapple mealybug wilt-associated virus 2 Closterovirus（PMWaV-2）菠萝粉蚧萎凋伴随2号病毒

Pineapple wilt-associated virus Closterovirus 菠萝萎凋伴随病毒

pineapple yellow spot virus 见 *Tomato spotted wilt virus Tospovirus*

Piper yellow mottle virus Badnavirus（PYMoV）胡椒（属）黄化斑驳病毒

Piptarthron Mont. ex Hohn 壳柱霉属[F]

Piptarthron limbatum（Petr.）**Sutton** 有缘壳柱霉

Piptarthron macrosporium（Dur et Mont.）**Hohn** 大孢壳柱霉

Piptoporus Karst. 滴孔菌属[F]

Piptoporus betulinus Karst. 桦滴孔菌

Piptoporus quercinus Karst. 栎滴孔菌

Piricauda Bubák 梨尾格孢属[F]

Piricauda cochinensis（Subram.）**Ellis** 可可梨尾格孢

Piricauda paraguayensis（Speg.）**Moore** 巴拉圭梨尾格孢

Piricularia oryzae 见 *Pyricularia oryzae*

pisum 2 virus 见 *Bean yellow mosaic virus Potyvirus*

Pisum virus Nucleorhabdovirus（PisV）豌豆（属）病毒

Pithomyces Berk. et Br. 皮斯霉属[F]

Pithomyces africanus Ellis 非洲皮斯霉

Pithomyces atro-olivaceus（Cooke et Harkness）**Ellis** 黑青褐皮斯霉

Pithomyces chartarum（Berk. et Curt.）**Ellis** 纸皮斯霉

Pithomyces cupaniae（Syd.）**M. B. Ellis**
库盘尼皮斯霉

Pithomyces cynodontis **M. B. Ellis** 狗牙
根皮斯霉

Pithomyces elaeidicola **M. B. Ellis** 油棕
生皮斯霉

Pithomyces ellisii **Rao et Chary** 埃里斯皮
斯霉

Pithomyces flavus **Berk. et Br.** 金黄皮斯
霉

Pithomyces gladioli **Zhang et Zhang** 唐菖
蒲皮斯霉

Pithomyces graminicola **Roy et Rai** 禾生
皮斯霉

Pithomyces karoo **Marasas et Schumann**
卡罗皮斯霉

Pithomyces leprosus **Pirozynski** 头垢状
皮斯霉

Pithomyces maydicus（Sacc.）**M. B. Ellis**
迈弟卡皮斯霉

Pithomyces pulvinatus（Cooke et Massee）
M. B. Ellis 垫状皮斯霉

Pithomyces sacchari（Speg.）**M. B. Ellis**
甘蔗皮斯霉

Pithomyces saccharicola（Speg.）**M. B.
Ellis** 甘蔗生皮斯霉

pittosporum vein clearing virus 见 *Pittos-
porum vein yellowing virus*

*Pittosporum vein yellowing virus Nucle-
orhabdovirus* 海桐花脉黄病毒

Pityosporum **Sabour** 瓶形酵母属［F］

Pityrosporum malasezii **Sabour.** 马拉斯
瓶形酵母

Pityrosporum orbiculare **Gord.** 正圆瓶
形酵母

Pityrosporum ovale（Bizz.）**Cast. et Cha-
lm.** 卵瓶形酵母

Pityrosporum pachydermatis **Weidm.** 厚
皮瓶形酵母

Planetella **Savile** 环带黑粉菌属［F］

Plansmopara sulfurea 见 *Paraperonospora*
sulfurea

Plantago Argenrinian virus（PlAV） 阿
根廷车前草病毒

Plantago asiatica mosaic virus Potexvirus
（PlAMV） 车前草亚洲花叶病毒

plantago mosaic virus 见 *Ribgrass mosaic*
virus Tobamovirus

Plantago mottle virus Tymovirus（PlMoV）
车前草斑驳病毒

plantago severe mottle virus 见 *Papaya*
mosaic virus Potexvirus

Plantago severe mottle virus Potexvirus
（PlSMoV） 车前草重型斑驳病毒

Plantago virus 4 Caulimovirus（PlV-4）
车前草（属）4 号病毒

Plantain（Plantago lanceolata）*mottle virus*
（PlMV） 车前草（长叶车前）斑驳病毒

Plantain mottle virus Nucleorhabdovirus
（PlMV） 车前草斑驳病毒

Plantain virus 6 Carmovirus（PlV-6） 车
前草 6 号病毒

Plantain virus 7 Potyvirus（PlV-7） 车
前草 7 号病毒

Plantain virus 8 Carlavirus（PlV-8）车前
草 8 号病毒

Plantain virus X Potexvirus（PlVX）车前
草 X 病毒

Plasmodiophora **Woronin** 根肿菌属［T］

Plasmodiophora alni（Woronin）**Møller**
桤木根肿菌

Plasmodiophora brassicae **Woronin** 芸薹
根肿菌［白菜根肿病菌］

Plasmodiophora lewisii **Jones** 李氏根肿
菌［番茄根肿病菌］

Plasmodiophora mori **Yenda** 桑根肿菌

Plasmodiophora solani **Brehmer et Bärner**
茄根肿菌［马铃薯根肿病菌］

Plasmodiophora tabaci **Jones** 烟草根肿
菌［烟草根肿病菌］

Plasmodiophora vascularum **Matzer** 甘蔗
根肿菌［甘蔗根肿病菌］

P

Plasmopara Schröt. 轴霜霉属[C]

Plasmopara abutilonis 见 *Plasmopara skvortzovii*

Plasmopara achyranthis **Tao et Qin** 牛膝轴霜霉[牛膝霜霉病菌]

Plasmopara aegopodii 见 *Plasmopara crustosa*

Plasmopara affinis **Novot.** 相邻轴霜霉

Plasmopara alpina (Johansson) **Blytt** 高山轴霜霉[高山唐松草霜霉病菌]

Plasmopara ammi **Constant.** 阿米芹轴霜霉

Plasmopara anemones-dichotomae **Benua** 叉根银莲花轴霜霉

Plasmopara anemones-ranunculoidis **Să. vul. et O. Săvul.** 毛茛银莲花轴霜霉

Plasmopara anethi **Jermal.** 莳萝轴霜霉

Plasmopara angelicae (Caspary) **Trotter** 当归轴霜霉

Plasmopara angustiterminalis **Novot.** 苍耳轴霜霉

Plasmopara angustiterminalis **f. sp. ambrosiae Novot.** 苍耳轴霜霉土荆芥变型

Plasmopara angustiterminalis **f. sp. angustiterminalis Novot.** 苍耳轴霜霉原变型

Plasmopara angustiterminalis **f. sp. bidentis Novot.** 苍耳轴霜霉鬼针草变型

Plasmopara anthemidis (Gäum.) **Skalický** 春黄菊轴霜霉

Plasmopara apii **Săvul. et O. Săvul.** 芹轴霜霉

Plasmopara archangelicae **Gaponenko** 延古当归轴霜霉病[延古当归霜霉病菌]

Plasmopara artemisiae-annuae 见 *Paraperonospora artemisiae-annuae*

Plasmopara artemisiae-biennis 见 *Paraperonospora artemisiae-biennis*

Plasmopara asterea **Novot.** 紫菀轴霜霉[紫菀霜霉病菌]

Plasmopara asterea **f. sp. asterea Novot.** 紫菀轴霜霉原变型

Plasmopara asterea **f. sp. callistephi Novot.** 紫菀轴霜霉翠菊变型

Plasmopara asterea **f. sp. galatellae Novot.** 紫菀轴霜霉乳菀变型

Plasmopara asterea **f. sp. heteropappi Novot.** 紫菀轴霜霉狗娃花变型

Plasmopara asystasiae **Vienn. -Bourg.** 十万错轴霜霉

Plasmopara australis (Spegazzini) **Swingle** 南方轴霜霉[湖北裂瓜霜霉病菌]

Plasmopara borreriae (Lagerh.) **Constant.** 丰花草轴霜霉

Plasmopara brassicae **Woronin** 芸薹轴霜霉

Plasmopara calaminthae **Ou** 风轮菜轴霜霉

Plasmopara cari **Meng et Tao** 葛缕子轴霜霉

Plasmopara carthami **Negru** 红花轴霜霉

Plasmopara cenolophii **Jermal.** 空棱芹轴霜霉

Plasmopara centaureae-mollis **Majewski** 软矢车菊轴霜霉

Plasmopara cercidis **C. G. Shaw** 紫荆轴霜霉

Plasmopara chaerophylli (Casp.) **Trotter** 细叶芹轴霜霉

Plasmopara chinensis **Gorlenko** 中华轴霜霉[葡萄霜霉病菌]

Plasmopara chrysanthemi-coronarii 见 *Paraperonospora chrysanthemi-coronarii*

Plasmopara chrysanthemi-coronarii **Sawada** 茼蒿轴霜霉

Plasmopara cimicifugae **Ito et Tokun.** 升麻轴霜霉

Plasmopara conii (Casp.) **Trotter** 毒参轴霜霉

Plasmopara conii（Wartenw.）**Cif. et Camera** 毒参轴霜霉

Plasmopara crustosa（Fr.）**Jφrst.** 皮壳轴霜霉

Plasmopara cryptotaeniae **Tao et Qin** 鸭儿芹轴霜霉

Plasmopara cubensis 见 *Pseudoperonospora cubensis*

Plasmopara cubensis var. atra 见 *Pseudoperonospora cubensis*

Plasmopara cubensis var. cubensis 见 *Pseudoperonospora cubensis*

Plasmopara cubensis var. twertensis 见 *Pseudoperonospora cubensis*

Plasmopara curta 见 *Plasmopara pygmaea*

Plasmopara curta f. curta 见 *Plasmopara pygmaea*

Plasmopara curta f. hellebori 见 *Plasmopara pygmaea*

Plasmopara curta subsp. curta 见 *Plasmopara pygmaea*

Plasmopara curta subsp. orientalis 见 *Plasmopara pygmaea*

Plasmopara curta var. curta 见 *Plasmopara pygmaea*

Plasmopara curta var. fusca 见 *Plasmopara pygmaea*

Plasmopara dahurici **Benua** 兴安蛇床轴霜霉

Plasmopara dauci **Săvul. et O. Săvul.** 胡萝卜轴霜霉

Plasmopara delphinii（Gapon.）**Novot.** 翠雀花轴霜霉

Plasmopara densa（Rabh.）**Schröter** 密集轴霜霉〔小米草霜霉病菌〕

Plasmopara elatostematis（Togashi et Onuma）**Ito et Tokunaga** 楼梯草轴霜霉

Plasmopara elsholtziae **Tao et Qin** 香薷轴霜霉

Plasmopara entospora 见 *Basidiophora entospora*

Plasmopara epilobii（Rabenh.）**Schröt.** 柳叶菜轴霜霉

Plasmopara geranii（Peck）**Berl. et De Toni** 老鹳草轴霜霉

Plasmopara geranii-pratensis **Săvul. et O. Săvul.** 草地老鹳草轴霜霉

Plasmopara geranii-silvatici **Săvul. et O. Săvul.** 林地老鹳草轴霜霉

Plasmopara gnaphalii **Novot.** 鼠麴草轴霜霉

Plasmopara halstedii 见 *Plasmopara asterea*

Plasmopara harae **S. Ito et Muray** 商陆轴霜霉

Plasmopara helianthi **Novotelnova** 向日葵轴霜霉

Plasmopara helianthi f. sp. helianthi 见 *Plasmopara helianthi*

Plasmopara helianthi f. sp. patens 见 *Plasmopara helianthi*

Plasmopara helianthi f. sp. perennis 见 *Plasmopara helianthi*

Plasmopara helichrysi 见 *Paraperonospora helichrysi*

Plasmopara hellebori-purpurascentis **Săvul. et O. Săvul.** 紫铁筷子轴霜霉

Plasmopara hepaticae（Casp.）**C. G. Shaw** 獐耳细辛轴霜霉

Plasmopara humuli 见 *Pseudoperonospora humuli*

Plasmopara illinoensis（Farl.）**Davis** 伊利诺轴霜霉

Plasmopara impatientis 见 *Plasmopara obducens*

Plasmopara isopyri **Skalický** 扁果草轴霜霉

Plasmopara isopyri-thalictroidis（Săvul. et Rayss）**Săvul. et O. Săvul.** 唐松草状扁果草轴霜霉

Plasmopara justiciae 见 *Plasmopara wil-*

demaniana

Plasmopara lactuca-radicis Stanghellini et Gilbertson 莴苣轴霜霉[莴苣轴霜霉病菌]

Plasmopara leptosterma 见 *Paraperonospora helichrysi*

Plasmopara melampyri Buchholz 山罗花轴霜霉

Plasmopara mikaniae Vienn.-Bourg. 假泽兰轴霜霉

Plasmopara miyakeana Ito et Tokun. 荨麻轴霜霉[爵床、荨麻霜霉病菌]

Plasmopara myosotidis C. G. Shaw 勿忘草轴霜霉

Plasmopara nakanoi S. Ito et Muray. 中之勿忘草轴霜霉

Plasmopara nivea 见 *Plasmopara cryptotaeniae*

Plasmopara nivea var. *nivea* 见 *Plasmopara angelicae*

Plasmopara obducens (Schröt.) Schröt. 凤仙花轴霜霉[凤仙花霜霉病菌]

Plasmopara oenantheae Tao et Qin 水芹轴霜霉[水芹霜霉病菌]

Plasmopara oplismeni Vienn. et Bourg. 球米草轴霜霉

Plasmopara palmae L. Campb. 棕榈轴霜霉

Plasmopara panacis Bunkina ex Bondartsev et Bunkina 人参轴霜霉

Plasmopara parvula 见 *Peronospora parvula*

Plasmopara pastinacae Săvul. et O. Săvul. 欧防风轴霜霉

Plasmopara paulowniae Chen 泡桐轴霜霉[泡桐霜霉病菌]

Plasmopara penniseti Kenneth et Kranz 狼尾草轴霜霉[狼尾草霜霉病菌]

Plasmopara petasitidis Ito et Tokun. 蜂斗菜轴霜霉[蜂斗菜霜霉病菌]

Plasmopara petroselini Săvul. et O. Săvul. 欧芹轴霜霉

Plasmopara peucedani Nannf. 前胡轴霜霉

Plasmopara phrymae S. Ito et Hara 透骨草轴霜霉

Plasmopara pileae (Gäum.) Jacz. 冷水花轴霜霉

Plasmopara pileae Ito et Tokun. 冷水花轴霜霉[冷水花霜霉病菌]

Plasmopara pimpinellae Trevis. et O. Săvul. 茴芹轴霜霉

Plasmopara pimpinellae var. *maioris* Wronska 茴芹轴霜霉马尤变种[茴芹霜霉病菌]

Plasmopara pimpinellae var. *pimpinellae* Trevis. et Săvul. 茴芹轴霜霉原变种

Plasmopara plantaginicola Liu et Pai 车前草生轴霜霉[车前单轴霉,车前草霜霉病菌]

Plasmopara plectranthi A. D. Sharma et Munjal 香茶菜轴霜霉

Plasmopara plectranthi Ling et Tai 香茶菜轴霜霉[香茶菜单轴霉,香茶菜霜霉病菌]

Plasmopara podagrariae 见 *Plasmopara crustosa*

Plasmopara portoricensis (Lamkey) G. M. Waterh. 波耳多轴霜霉

Plasmopara pusilla (de Bary) Schröt. 微小轴霜霉[小单轴霉,老鹳草霜霉病菌]

Plasmopara pygmaea Schröt. 矮小轴霜霉[毛茛单轴霉,银莲花、乌头霜霉病菌]

Plasmopara pygmaea f. sp. *anemone* Gaponenko 矮小轴霜霉银莲花变型[银莲花轴霜霉]

Plasmopara pygmaea f. sp. *delphinii* Gaponenko 矮小轴霜霉翠雀花变型[翠雀花霜霉病菌]

Plasmopara pygmaea f. sp. *hellebori*

Săvul. et Rayss　矮小轴霜霉铁筷子变型

Plasmopara pygmaea **f. sp.** *isopyri-thalictroidis* Săvul. et Rayss　矮小轴霜霉扁果草变型

Plasmopara pygmaea **var.** *fusca*（Peck）**Davis**　矮小轴霜霉褐色变种

Plasmopara pygmaea **var.** *pygmaea*（Unger）**Schröt.**　矮小轴霜霉矮变种

Plasmopara pyrethri **Dudka et Burdyukova**　匹菊轴霜霉［匹菊轴霜霉病菌］

Plasmopara ribicola **Schröt.**　茶藨子生轴霜霉［茶藨子霜霉病菌］

Plasmopara sambucinae **Nelen**　接骨木轴霜霉

Plasmopara sanguisorbae **Li，Yuan，Zhan et Zhao**　地榆轴霜霉［粉花地榆霜霉病菌］

Plasmopara saniculae **Săvulescu**　变豆菜轴霜霉［变豆菜霜霉病菌］

Plasmopara satarensis **Chavan et Kulkarni**　萨达轴霜霉［刺蒴麻霜霉病菌］

Plasmopara saturiae **Tai et Wei**　塔花轴霜霉［塔花单轴霉，瘦风轮菜霜霉病菌］

Plasmopara saussureae **Novot.**　风毛菊轴霜霉

Plasmopara selini **B. Wronsk**　亮蛇床轴霜霉［亮蛇床轴霜霉病菌］

Plasmopara siegesbeckiae（Lagerheim）**Tao**　豨莶轴霜霉［豨莶霜霉病菌］

Plasmopara sii **Gaponenko**　泽芹轴霜霉［泽芹霜霉病菌］

Plasmopara silai **Săvul. et O. Săvul.**　亮叶芹轴霜霉

Plasmopara skvortzovii **Miura**　苘麻轴霜霉［苘麻单轴霉，苘麻霜霉病菌］

Plasmopara solidaginis **Novot.**　一枝黄花轴霜霉

Plasmopara sordida　见 *Peronospora sordida*

Plasmopara sphaerosperma **Săvul.**　球孢轴霜霉

Plasmopara spilanthicola **Syd.**　金纽扣生轴霜霉

Plasmopara sulphurea　见 *Paraperonospora sulphurea*

Plasmopara tanaceti（Gäum.）**Skalický**　菊蒿轴霜霉［野菊霜霉病菌］

Plasmopara triumfettae **Sharma et Munjal**　刺蒴麻轴霜霉［刺蒴麻霜霉病菌］

Plasmopara umbelliferarum　见 *Plasmopara crustosa*

Plasmopara umbelliferarum var. hacquetiae　见 *Plasmopara crustosa*

Plasmopara umbelliferarum var. umbelliferarum　见 *Plasmopara crustosa*

Plasmopara ursiniae（Săvul. et L. Vánky）**Skalický**　北方轴霜霉

Plasmopara vernoniae-chinensis **Sawada**　咸虾花轴霜霉［咸虾花单轴霉，咸虾花霜霉病菌］

Plasmopara viburni **Peck**　荚蒾轴霜霉

Plasmopara viticola（Berk. et Curt.）**Berlese et de Toni**　葡萄生轴霜霉［葡萄霜霉］

Plasmopara viticola **f. sp.** *aestivalis-labruscae* **Săvul.**　葡萄生轴霜霉春花变型

Plasmopara viticola **f. sp.** *americana* **N. P. Golovina**　葡萄生轴霜霉美洲变型

Plasmopara viticola **f. sp.** *amurensis* **N. P. Golovina**　葡萄生轴霜霉黑龙江变型

Plasmopara viticola **f. sp.** *sylvestris* **Săvul.**　葡萄生轴霜霉森林变型

Plasmopara viticola **f. sp.** *viticola*（Berk. et Curtis）**Berk. et De Toni**　葡萄生轴霜霉原变型

Plasmopara wildemaniana **Hennings**　爵床轴霜霉［爵床霜霉病菌］

Plasmopara yunnanensis　见 *Paraperonospora yunnanensis*

Plectospira **Drechsler**　旋织霉属［C］

Plectospira myriandra **Drechsler**　旋织霉

［番茄侧根旋织霉病菌］

Pleioblastus chino virus Potyvirus（PleCV）奎诺苦竹病毒

Pleioblastus mosaic virus Potyvirus（PleMV） 奎诺苦竹花叶病毒

Pleione virus Y Potyvirus 一叶兰 Y 病毒

Plenophysa Syd. et Syd. 丰壳霉属［F］

Plenophysa mirabilis Syd. et Syd. 奇异丰壳霉

Plenotrichum Syd. 多毛霉属［F］

Plenotrichum peterae Petr. 多毛霉

Pleochaeta Sacc. et Speg. 半内生钩丝壳属［F］

Pleochaeta populicola Zheng 杨生半内生钩丝壳

Pleochaeta salicicola Zheng et Chen 柳生半内生钩丝壳

Pleochaeta shiraiana（Henn.）Kimbr. et Korf. 三孢半内生钩丝壳

Pleosphaerulina Pass. 格孢球壳属［F］

Pleosphaerulina abutilontis Miura 苘麻格孢球壳

Pleosphaerulina arachidicola Khokhr. 花生生格孢球壳

Pleosphaerulina briosiana Poll. 苜蓿格孢球壳［苜蓿灰星病菌］

Pleosphaerulina briosiana var. *brasiliensis* Putt. 苜蓿格孢球壳巴西变种［苜蓿褐星病菌］

Pleosphaerulina sojaecola （Massal.） Miura 大豆生格孢球壳［大豆灰星病菌］

Pleospora Rabenh. 格孢腔菌属［F］

Pleospora ambigua（Berl. et Bres.）Wehmeyet 含糊格孢腔菌

Pleospora androsaces Fuckel. 点地梅格孢腔菌

Pleospora betae（Berl.）Nevod. 甜菜格孢腔菌［甜菜蛇眼病菌］

Pleospora bjoerlingii Byford. 熊岛格孢腔菌

Pleospora calvescens（Fr.）Tul. 秃格孢腔菌

Pleospora gramineum Died. 禾格孢腔菌

Pleospora herbarum（Fr.）Rabenk. 枯叶格孢腔菌［葱类叶枯病菌］

Pleospora hesperidearun Catt. 西方格孢腔菌［柑橘黑霉病菌］

Pleospora lespedezae Miyake. 胡枝子格孢腔菌

Pleospora lycopersici Marchal 番茄格孢腔菌［番茄果腐病菌］

Pleospora media Niessl. 中间格孢腔菌

Pleospora papaveraceae（de Not.）Sacc. 虞美人格孢腔菌

Plesiodorus brevistilus 见 *Dolichodorus brevistilus*

Plesiodorus obtusus 见 *Dolichodorus obtusus*

Ploeophthora cactorum 见 *Phytophthora cactorum*

Plioderma Darker 舟皮盘菌属［F］

Plioderma destruens Lin et Hou 毁坏舟皮盘菌

Plioderma handelii（Petrak）Lin et Hou 汉德尔舟皮盘菌

Plioderma lethale Dark. 致死舟皮盘菌

Plioderma pedatum Dark. 掌状舟皮盘菌

Plioderma pini-armandi Hou et Liu 华山松舟皮盘菌

Plowrightia Sacc. 普氏腔囊菌属［F］

Plowrightia berberidis（Wahlenb.）Sacc. 小檗普氏腔囊菌

Plowrightia hippophaeos（Pass.）Sacc. 沙棘普氏腔囊菌

Plowrightia insculpta（Wallr.）Sacc. 雕刻普氏腔囊菌

Plowrightia morbosum（Schw）Sacc. 致病普氏腔囊菌［李黑节病菌］

Plowrightia ribesia（Pers.；Fr.）Sacc. 茶藨子普氏腔囊菌

Plum American line pattern virus Ilarvirus 美洲李线纹病毒

Plum apple fruit viroid（PDFVd） 李果花斑病类病毒

plum line pattern virus 见 *Plum American line pattern virus Ilarvirus*; *Prunus necrotic ringspot virus Ilarvirus*

Plum pox virus Potyvirus（PPV） 李痘病毒

plum pseudopox virus 见 *Apple chlorotic leaf spot virus Trichovirus*

Poa semilatent virus Hordeivirus（PSLV） 早熟禾半潜病毒

Pochonia Bat. et Fonseca 普奇尼亚菌属［F］

Pochonia chlamydosporia var. *catenulata* Zare et Gams 厚垣普奇尼亚菌串孢变种

Pochonia chlamydosporia var. *chlamydosporia* Zare et Gams 厚垣普奇尼亚菌厚孢变种

Pochonia suchlasporia var. *catenata* Zare et Gams 萨克拉普奇尼亚菌串孢变种

Pochonia suchlasporia var. *suchlasporia* Zare et Gams 萨克拉普奇尼亚菌萨克拉变种

pod mottle virus 见 *Bean pod mottle virus Comovirus*

Podochytrium clavatum Pfitzer 棒状脚壶菌［拟扇形藻壶菌、肿胀病菌］

Podochytriumm Pfitzer 脚壶菌属［F］

Podosphaera Kunze 叉丝单囊壳属［F］

Podosphaera aucupariae Erikss. 花楸叉丝单囊壳

Podosphaera clandestina （Wallr.；Fr.） Lév. 隐蔽叉丝单囊壳［苹果叉丝单囊壳白粉病菌］

Podosphaera erineophila Naoum. 螨斑生叉丝单囊壳

Podosphaera kunzei 见 *Podosphaera aucupariae*

Podosphaera leucotricha （Ell. et Ev.） Salm. 白叉丝单囊壳［苹果白粉病菌］

Podosphaera minor Hacke 绣线菊叉丝单囊壳

Podosphaera murtillina Kunze et Schmidt 乌饭树叉丝单囊壳

Podosphaera oxyacanthae 见 *Podosphaera clandestina*

Podosphaera schleichzendahlii Lév. 柳叉丝单囊壳

Podosphaera spiralis Miybe 卷曲叉丝单囊壳

Podosphaera tridactyla （Wallr.） de Bary 三指叉丝单囊壳

Podosphaera wuyishanensis Chen et Yao 武夷山叉丝单囊壳

Podosporiella Ell. et Ev. 小尾束霉属［F］

Podosporiella verticillata O'Gara 轮生小尾束霉

Podosporium Schwein. 束柄霉属［F］

Podosporium compactum Teng 紧密束柄霉

Podosporium minus Sacc. 小束柄霉

Poinsettia cryptic virus Alphacryptovirus（PnCV） 一品红隐潜病毒

Poinsettia mosaic virus（PnMV） 一品红花叶病毒

poison hemlock ringspot virus 见 *Celery mosaic virus Potyvirus*

Pokeweed mosaic virus Potyvirus（PkMV） 商陆花叶病毒

Polerovirus 马铃薯卷叶病毒属［V］

Polioma Arth. 灰孢锈菌属［F］

Polioma nivea（Holw.） Arth. 雪白灰孢锈菌

Polioma reniformis Leon-Gall et Camm. 肾形灰孢锈菌

Poliotelium Syd. 灰冬锈菌属［F］

Poliotelium hyalospora（Saw.） Mains 透明孢灰冬锈菌

Polymyxa Ledingham 多黏霉属［T］

Polymyxa betae **f. sp.** *portulacae* **Abe. et Ui** 甜菜多黏霉马齿苋变型[马齿苋黏霉病菌]

Polymyxa graminis **Ledingham** 禾多黏霉[小麦根多黏霉病菌]

Polyphagus **Nowak.** 多主壶菌属[F]

Polyphagus euglenae (Bail)**Schröt.** 多主壶菌[衣藻、裸藻壶菌]

Polyporus (Mich.) **Fr. ex Fr.** 多孔菌属[F]

Polyporus abietinus (Dicks.) **Fr.** 冷杉多孔菌

Polyporus adustus 见 *Bjerkandera adusta*

Polyporus albolutescens 见 *Anomoporia albolutescens*

Polyporus albomarginatus 见 *Fomitopsis albomarginata*

Polyporus alveolaris (DC.; Fr.) **Bond. et Sing.** 齿槽多孔菌[大孔多孔菌]

Polyporus aneirinus 见 *Ceriporiopsis aneirina*

Polyporus annosus 见 *Heterobasidion annosum*

Polyporus badius (Pers. ex Gray) **Schw.** 褐多孔菌

Polyporus betulinus 见 *Piptoporus betulinus*

Polyporus biformis 见 *Trichaptum biforme*

Polyporus bombycina 见 *Anomoporia bombycina*

Polyporus borealis 见 *Climacocystis borealis*

Polyporus corticlola 见 *Oxyporus corticola*

Polyporus dichrous 见 *Gloeoporus dichrous*

Polyporus feei 见 *Fomitopsis feei*

Polyporus fraxinophilus 见 *Perenniporia fraxinophila*

Polyporus fumosus 见 *Bjerkandera fumo-*

sa

Polyporus gilves (Schw.) **Fr.** 淡黄多孔菌

Polyporus hirsutus (Wulf.) **Fr.** 毛多孔菌[海棠果木腐病菌]

Polyporus hispidus (Bull.) **Fr.** 硬毛多孔菌

Polyporus kmetii 见 *Tyromyces kmetii*

Polyporus latemarginatus 见 *Oxyporus latemarginatus*

Polyporus lignosus **Kl.** 木质多孔菌

Polyporus lindbladii 见 *Diplomitoporus lindbladii*

Polyporus lineatus 见 *Rigidoporus lineatus*

Polyporus martius 见 *Perenniporia martius*

Polyporus nivea 见 *Skeletocutis nivea*

Polyporus obducens 见 *Oxyporus obducens*

Polyporus populinus 见 *Oxyporus populinus*

Polyporus ravidus 见 *Oxyporus ravidus*

Polyporus robiniophilus (Murr.) **Lloyd.** 洋槐多孔菌

Polyporus sanguineus **Fr.** 血红多孔菌

Polyporus sanguinolentus 见 *Rigidoporus sanguinolentus*

Polyporus schweinitzii 见 *Phaeolus schweinitzii*

Polyporus serialis 见 *Antrodia serialis*

Polyporus squamosus (Huds.) **Fr.** 鳞多孔菌[树木白朽病菌]

Polyporus sulphureus 见 *Laetiporus sulphureus*

Polyporus tardus 见 *Ceriporia tarda*

Polyporus tenuiculus (Beauv.) **Fr.** 略薄多孔菌

Polyporus tenuis 见 *Perenniporia tenuis*

Polyporus variiformis 见 *Antrodia variiformis*

Polyporus varius (Pers.; Fr.) **Fr.** 黑柄

多孔菌[杂色多孔菌]

Polyporus versicolor **Fr.** 变色多孔菌

Polyporus vitreus 见 *Rigidoporus vitreus*

Polyporus xanthopus 见 *Microporus xanthopus*

Polysaccopsis **Henn.** 腔黑粉菌属[F]

Polysaccopsis hieronymi (Schröt.) **Henn.** 亨氏腔黑粉菌[香草腔黑粉菌]

Polyscytalum **Riess** 蛇孢霉属[F]

Polyscytalum pustulans (Owen et Wkef.) **M. B. Ellis** 马铃薯皮斑病菌

Polyspora **Laff.** 多孢霉属[F]

Polyspora lini **Laff.** 亚麻多孢霉

Polystigma **DC. ex Chev.** 疔座霉属[F]

Polystigma deformans **Syd.** 畸形疔座霉[杏疔病菌]

Polystigma ochraceum (Wahl.) **Sacc.** 淡黄疔座霉

Polystigma rubrum (Pers.) **DC.** 红色疔座霉[李红点病菌]

Polystigmina **Sacc.** 多点霉属[F]

Polystigmina rubra **Sacc.** 多点霉

Polythelis 见 *Tranzschelia*

Polythrincium **Kunze** 浪梗霉属[F]

Polythrincium trifolii **Kunze** 三叶草(车轴草)浪梗霉

Pomovirus 马铃薯帚顶病毒属[V]

Pontisma **Petersen** 桥壶菌属[C]

Pontisma lagenidioides **Peters.** 桥壶菌[红藻壶病菌]

Poplar decline virus Potyvirus (PDV) 杨树衰退病毒

poplar latent virus 见 *Poplar mosaic virus Carlavirus*

Poplar mosaic virus Carlavirus (PopMV) 杨树花叶病毒

poplar *Potyvirus* 见 *Poplar decline virus Potyvirus*

Poplar vein yellowing virus Nucleorhabdovirus (PopVYV) 杨树脉黄化病毒

Poplar witches broom phytoplasma 杨树丛枝病植原体

Populus bushy top virus (PBTV) 杨(属)簇顶病毒

Populus virus (PV) 杨(属)病毒

Poria Pers. ex Gray 卧孔菌属[F]

Poria avellanea 见 *Wrightoporia avellanea*

Poria cocos (Fr.) **Wolf** 茯苓[椰子卧孔菌]

Poria crocata 见 *Rigidoporus crocatus*

Poria hypobrunnea Petch 棕卧孔菌[茶灰根腐病菌]

Poria hypolateritia Berk. 砖红卧孔菌[茶红根腐病菌]

Poria lenis 见 *Diplomitoporus lenis*

Poria moricola Ling 桑生卧孔菌

Poria subvermispora 见 *Ceriporiopsis subvermispora*

Poria taxicola (Pers.) **Bres.** 紫杉生卧孔菌

Poria vaillantii (DC. ex Fr.) **Cooke** 纤维卧孔菌

Poria versipora (Pers.) **Rom.** 变孔卧孔菌[白干朽菌]

Poria violacea (Fr.) **Cooke** 堇菜卧孔菌

Porotenus **Viégas** 顶孔柄锈菌属[F]

Porotenus concavus **Viégas** 凹形顶孔柄锈菌

Pospiviroid 马铃薯纺锤形块茎类病毒属[V]

Postamphidelus **Siddiqi** 后侧器线虫属[N]

Postamphidelus asymmetricus **Siddiqi** 不对称后侧器线虫

potato acropetal necrosis virus 见 *Potato virus Y Potyvirus* (PVY)

potato American interveinal mosaic virus 见 *Potato M Carlavirus*

Potato Andean latent virus Tymovirus 马铃薯安第斯潜病毒

Potato Andean mottle virus Comovirus

马铃薯安第斯斑驳病毒

Potato aucuba mosaic virus Potexvirus (PAMV) 马铃薯奥古巴花叶病毒

potato black ringspot virus 见 *Tobacco ringspot virus Nepovirus*

Potato black ringspot virus Nepovirus (PBRSV) 马铃薯黑环斑病毒

potato bouquet virus 见 *Tomato black ring virus Nepovirus* (TBRV)

potato calico strain of tobacco ringspot virus 见 *Potato black ringspot virus Nepovirus*

potato calico virus 见 *Alfalfa mosaic virus Alfamovirus*

potato corky ringspot virus 见 *Tobacco rattle virus Tobravirus* (TRV)

Potato latent virus Carlavirus 马铃薯潜隐病毒

Potato leafroll virus Polerovirus (PLRV) 马铃薯卷叶病毒

potato leafrolling mosaic virus 见 *Potato M Carlavirus*

potato mild mosaic virus 见 *Potato virus A Potyvirus*; *Potato virus X Potexvirus*

Potato mop-top virus Pomovirus (PMTV) 马铃薯帚顶病毒

potato paracrinkle virus 见 *Potato M Carlavirus*

potato phloem necrosis virus 见 *Potato leafroll Polerovirus*

potato pseudo-aucuba virus 见 *Tomato black ring virus Nepovirus* (TBRV)

potato severe mosaic virus 见 *Potato Y Potyvirus* (PVY)

Potato spindle tuber viroid Pospiviroid (PSTVd) 马铃薯纺锤形块茎类病毒

potato stem mottle virus 见 *Tobacco rattle virus Tobravirus* (TRV)

Potato stolbur phytoplasma 马铃薯僵化植原体

Potato virus A Potyvirus (PVA) 马铃薯A病毒

potato virus C 见 *Potato virus Y Potyvirus* (PVY)

potato virus E 见 *Potato virus M Carlavirus*

potato virus F 见 *Potato aucuba mosaic virus Potexvirus*

potato virus G 见 *Potato aucuba mosaic virus Potexvirus*

Potato virus M Carlavirus (PVM) 马铃薯M病毒

potato virus P 见 *Potato A Potyvirus*

Potato virus S Carlavirus (PVS) 马铃薯S病毒

Potato virus T Trichovirus (PVT) 马铃薯T病毒

Potato virus U Nepovirus (PVU) 马铃薯U病毒

Potato virus V Potyvirus (PVV) 马铃薯V病毒

Potato virus X Potexvirus (PVX) 马铃薯X病毒

Potato virus Y Potyvirus (PVY) 马铃薯Y病毒

potato wild mosaic virus 见 *Wild potato mosaic virus Potyvirus*

Potato witches broom phytoplasma 马铃薯丛枝植原体

Potato yellow dwarf virus Nucleorhabdovirus (PYDV) 马铃薯黄矮病毒

Potato yellow mosaic Panama virus Begomovirus 马铃薯黄花叶巴拿马病毒

Potato yellow mosaic Trinidad virus Begomovirus 马铃薯黄花叶特立尼达病毒

Potato yellow mosaic virus Begomovirus (PYMV) 马铃薯黄花叶病毒

Potexvirus 马铃薯X病毒属[V]

Pothos latent virus Aureusvirus (PoLV) (马来西亚)绿萝潜病毒

Potyviridae 马铃薯Y病毒科[V]

Potyvirus 马铃薯Y病毒属[V]

Pouch flower latent viroid (PLVd)　威特斯花苞苔潜隐类病毒

Pratylenchoides Winslow　拟短体线虫属[N]

Pratylenchoides alkani Yuksel　艾康拟短体线虫

Pratylenchoides heathi Baldwin，Luc et al.　欧石楠拟短体线虫

Pratylenchoides leiocauda Shwe　亮尾拟短体线虫

Pratylenchoides magnicauda（Thorne）Baldwin et al.　大尾拟短体线虫

Pratylenchoides riparius（Andrassy）Luc　河谷拟短体线虫

Pratylenchoides utahensis Baldwin，Luc et Bell　犹他拟短体线虫

Pratylenchus Filipjev　短体线虫属（草地垫刃属，根腐线虫属）[N]

Pratylenchus aberrans 见 *Nacobbus aberrans*

Pratylenchus alleni Ferris　艾伦短体线虫

Pratylenchus andinus Lordello，Zamith et Boock　安第斯短体线虫

Pratylenchus angelicae Kapoor　当归短体线虫

Pratylenchus artemisiae Zheng et Chen　艾短体线虫

Pratylenchus australis Valenzuela et Raski　南方短体线虫

Pratylenchus cerealis Haque　谷类短体线虫

Pratylenchus chrysanthus Edward et al.　菊短体线虫

Pratylenchus cinvallarae Seinhorst　铃兰短体线虫

Pratylenchus codiadi Singh et Jain　变叶木短体线虫

Pratylenchus coffeae（Zimm.）Filipjev　咖啡短体线虫

Pratylenchus coffeae brasiliensis 见 *Pratylenchus coffeae*

Pratylenchus convallariae Seinhorst　铃兰短体线虫

Pratylenchus crenatus Loof　刻痕短体线虫

Pratylenchus crossandrae Subramaniyan et Sivakumar　十字爵床短体线虫

Pratylenchus cruciferus Bajaj et Bhatti　十字花科短体线虫

Pratylenchus delattrei Luc　德拉特短体线虫

Pratylenchus dendrophilus 见 *Ditylenchus dendrophilus*

Pratylenchus dioscoreae Yang et Zhao　薯蓣短体线虫

Pratylenchus esteniensis Ryss　艾斯顿短体线虫

Pratylenchus fallax Seinhorst　假短体线虫

Pratylenchus graminis Subramaniyan et Sivakumar　禾短体线虫

Pratylenchus graminophilus 见 *Ditylenchus graminophilus*

Pratylenchus helophilus Seinhorst　沼泽短体线虫

Pratylenchus hexincisus Taylor et Jenk.　六裂短体线虫

Pratylenchus himalayaensis Kapoor　喜马拉雅短体线虫

Pratylenchus loosi Loof　卢斯短体线虫

Pratylenchus mahogani（Cobb）Filipjev　桃花心木短体线虫

Pratylenchus menthae Kapoor　薄荷短体线虫

Pratylenchus mulchamdi Nandadumar et Khera　多点短体线虫

Pratylenchus neglectus（Rensch）Chitwood et Oteifa　落选短体线虫

Pratylenchus penetrans（Cabb）Filipjev et al.　穿刺短体线虫

Pratylenchus portulacus Zarina et Maqbool　马齿苋短体线虫

Pratylenchus pratensis（de Man）**Filipjev**
草地短体线虫

Pratylenchus pratensis var. *bicaudatus*
Meyl 草地短体线虫双尾变种

Pratylenchus pratensisobrinus **Bernard**
近草地短体线虫

Pratylenchus pseudocoffeae **Mizukubo**
假咖啡短体线虫

Pratylenchus pseudopratensis **Seinhorst**
假草地短体线虫

Pratylenchus sacchari（Soltwedel）**Filipjev**
甘蔗短体线虫

Pratylenchus scribneri **Steiner** 斯克里布
纳短体线虫

Pratylenchus sefaensis **Fortuner** 塞发短
体线虫

Pratylenchus septicius **Chang** 腐烂短体
线虫

Pratylenchus similis **Khan et Singh** 相似
短体线虫

Pratylenchus subpenetrans **Taylor et Jenk.**
亚穿刺短体线虫

Pratylenchus thornei **Sher et Allen** 索氏短
体线虫

Pratylenchus tumefaciens 见 *Afrina tu-
mefaciens*

Pratylenchus zeae **Graham** 玉米短体线
虫

Primula mosaic virus Potyvirus（PrMV）
报春花（属）花叶病毒

Primula mottle virus Potyvirus（PrMoV）
报春花斑驳病毒

Primula yellow phytoplasma 报春花黄化
病植原体

Procriconema aquaticum 见 *Criconema
aquaticum*

Procriconema straeleni 见 *Gracilacus
straeleni*

Procriconema thienemanni 见 *Hoplolai-
mus thienemanni*

Prospodium **Arth.** 原孢锈菌属[F]

Prospodium appendiculatum （ Wint. ）
Arth. 附属丝原孢锈菌

Prospodium couraliae **Syd.** 原孢锈菌

Prosthemiella **Sacc.** 壳附霉属[F]

Prosthemiella bambusona **Syd.** 莿竹壳附
霉

Proteobacteria 变形杆菌纲[B]

Proteus **Hauser** 变形菌属[F]

Protomyces **Ung.** 原囊菌属[F]

Protomyces inouyei **Henn.** 浮肿原囊菌

Protomyces ixeridis-oldhamii **Saw.** 苦荬
菜原囊菌

Protomyces kriegerianus **Büren** 喀氏原囊
菌

Protomyces lactucae **Saw.** 莴苣原囊菌

Protomyces lactucae-debilis **Saw.** 剪刀股
原囊菌

Protomyces macropus **Ung.** 大柄原囊菌

Protomyces macrosporus **Ung.** 大孢原囊
菌[香菜茎瘿病菌]

Protomyces pachydermus **Thüm.** 厚皮原
囊菌

Protomyces siegesbeckiae **Saw.** 豨莶原囊
菌

Protomyces stellariae 见 *Peronospora
alsinearum*

prune brown line virus 见 *Tomato rings-
pot virus Nepovirus*（ToRSV）

Prune dwarf virus Ilarvirus（PDV） 洋李
矮缩病毒

Prunivir cerasi virus 见 *Cherry mottle
leaf virus Trichovirus*

Prunus necrotic ringspot virus Ilarvirus
（PNRSV） 李属坏死环斑病毒

prunus ringspot virus 见 *Prunus necrotic
ringspot virus Ilarvirus*

prunus stem-pitting virus 见 *Tomato ring-
spot virus Nepovirus*（ToRSV）

Prunus virus 1 见 *Cherry mottle leaf vi-
rus Trichovirus*

prunus virus 7 见 *Plum pox virus Potyvi-*

rus（PPV）

prunus virus 10 见 *Plum American line pattern virus Ilarvirus*

Prunus virus S Carlavirus（PruVS） 李属 S 病毒

Prunus X phytoplasma 樱花 X 病植原体

Pseudaphelenchoides ritzemabosi 见 *Aphelenchoides ritzemabosi*

Pseuderanthemum yellow vein virus Begomovirus（PYVV） 山壳骨（属）黄脉病毒

Pseuderiospora Keissl. 假皮盘孢属[F]

Pseuderiospora castanopsidis Keissl. 假皮盘孢

Pseudhalenchus acutus 见 *Ditylenchus acutus*

Pseudhalenchus anchilisposomus 见 *Ditylenchus anchilisposomus*

Pseudhalenchus damnatus 见 *Ditylenchus damnatus*

Pseudhalenchus indicus 见 *Ditylenchus indicus*

Pseudhalenchus lutonense 见 *Ditylenchus lutonensis*

Pseudocercospora Speg. 假尾孢属[F]

Pseudocercospora abelmoschi （Ell. et Ev.）Deighton 秋葵假尾孢

Pseudocercospora aberrans （Petrak）Deighton 土密树假尾孢

Pseudocercospora acaciae-confusae （Saw.）Goh et Hsieh 台湾相思假尾孢

Pseudocercospora acericola （Woronichin）Guo et Liu 槭生假尾孢

Pseudocercospora actinidiae Deighton 猕猴桃假尾孢

Pseudocercospora actinostemmae Sawada ex Goh et Hsieh 盒子草假尾孢

Pseudocercospora adinandrae Guo et Liu 杨桐假尾孢

Pseudocercospora agarwalii （Chupp）P. K. Chi 蔓荆假尾孢

Pseudocercospora ageratoides （Ell. et Ev.）Guo 霍香蓟假尾孢

Pseudocercospora ailanthicola （Patwardhan）Deighton 臭椿生假尾孢

Pseudocercospora alangii Guo et Liu 八角枫假尾孢

Pseudocercospora aleuritidis （Miyake）Deighton 油桐假尾孢

Pseudocercospora allophylina Sawada ex Goh et Hsieh 异木患假尾孢

Pseudocercospora alpiniae Chen et Chi 良姜假尾孢

Pseudocercospora alpinicola Chen et Chi 良姜生假尾孢

Pseudocercospora alpini-katsumadaicola （Chen et Chi）Chi 草豆蔻假尾孢

Pseudocercospora alstoniae Goh et Hsieh 鸡骨常山假尾孢

Pseudocercospora alternantherae-nodiflorae（Saw.）Goh et Hsieh 节花虾钳菜假尾孢

Pseudocercospora amaranthicola （Yen）Yen 苋生假尾孢

Pseudocercospora amomi（Kar et Mandal）Deighton 砂仁假尾孢

Pseudocercospora angiopteridis Goh et Hsieh 莲座蕨假尾孢

Pseudocercospora angulo-maculae（Kar et Mandal）Hsieh et Goh 角斑假尾孢

Pseudocercospora anisomelicola （Sawada ex）Goh et Hsieh 马衣叶生假尾孢

Pseudocercospora annonicola Goh et Hisieh 番荔枝生假尾孢

Pseudocercospora arachniodis Guo 复叶耳蕨假尾孢

Pseudocercospora araliae（Henn.）Deighton 楤木假尾孢

Pseudocercospora aristoteliae （Cooke）Deighton 酒果假尾孢

Pseudocercospora artemisiicola Guo 蒿生假尾孢

Pseudocercospora athyrii Goh et Hsieh 蹄盖蕨假尾孢

Pseudocercospora atrofiliformis （Yen, Lo et Chi）Yen 黑线假尾孢

Pseudocercospora atromarginalis （Atk.）Deighton 黑缘假尾孢

Pseudocercospora avicularis （Wint.）Khan et Shamsi 萹蓄假尾孢

Pseudocercospora bacilligera （Berk. et Br.）Liu et Guo 棒假尾孢

Pseudocercospora bakeriana Deighton 黄蝴蝶假尾孢

Pseudocercospora balsaminae （Syd.）Deighton 凤仙花假尾孢

Pseudocercospora baphicacanthi Hsieh et Goh 马兰假尾孢

Pseudocercospora basellae Goh et Hsieh 落葵假尾孢

Pseudocercospora bauhiniicola （Yen）Yen 羊蹄甲生假尾孢

Pseudocercospora bischofiae （Yanam.）Deighton 重杨木假尾孢

Pseudocercospora bixicola Goh et Hsieh 胭脂树生假尾孢

Pseudocercospora blumeae （Thüm.）Deighton 见霜黄假尾孢

Pseudocercospora blumeae-balsamiferae （Sawada）Guo et Liu 艾纳香假尾孢

Pseudocercospora boehmeriae （Peck）Guo et Liu 苎麻假尾孢

Pseudocercospora brachypus （Ell. et Ev.）Liu et Guo 细窄假尾孢［地锦灰斑病菌］

Pseudocercospora bradburyae （Young）Deighton 蝶豆假尾孢

Pseudocercospora bretschneiderae Liu et Guo 钟萼木假尾孢

Pseudocercospora broussonetiae （Chupp et Linder）Liu et Guo 构树假尾孢

Pseudocercospora bruceae （Petch）Liu et Guo 鸦胆子假尾孢

Pseudocercospora buddlejae （Yamam.）Goh et Hsieh 醉鱼草假尾孢

Pseudocercospora caesalpiniae Goh et Hsieh 云实假尾孢

Pseudocercospora callicarpae （Cooke）Guo et Zhao 紫珠假尾孢

Pseudocercospora campanumoeae Sawada ex Goh et Hsieh 金钱豹假尾孢

Pseudocercospora camptothecae Liu et Guo 喜树假尾孢

Pseudocercospora canavaliigena Yen et Liu 刀豆生假尾孢

Pseudocercospora cannabina （Wakef.）Deighton 大麻假尾孢

Pseudocercospora cassiae Fistulae, Goh et Hsieh 山扁豆假尾孢

Pseudocercospora cassise-occidentalis （Yen）Yen 西方决明假尾孢

Pseudocercospora catappae （Henn.）Liu et Guo 榄仁树假尾孢

Pseudocercospora cavarae （Sacc. et Sacc.）Deighton 甘草假尾孢

Pseudocercospora ceanothi （Kellerm. et Swingle）Liu et Guo 美洲茶假尾孢

Pseudocercospora celosiarum （Kar et Mandal）Deighton 鸡冠花假尾孢

Pseudocercospora cephalanthi Goh et Hsieh 风箱树假尾孢

Pseudocercospora ceratoniae （Pat et Trab）Deighton 角豆树假尾孢

Pseudocercospora chengtuensis （Tai）Deighton 成都假尾孢

Pseudocercospora chionanthi-uetusi Goh et Hsieh 流苏树假尾孢

Pseudocercospora chionea （Ell. et Ev.）Liu et Guo 紫荆假尾孢

Pseudocercospora chloranthi （Togashi et Kats.）Liu et Guo 金粟兰假尾孢

Pseudocercospora chrysanthemicola （Yen）Deighton 菊生假尾孢

Pseudocercospora circumscissa （Sacc.）

Liu et Guo 核果假尾孢〔核果类果树穿孔病菌〕

Pseudocercospora cladophora **Sawada ex Goh et Hsieh** 牛乳树假尾孢

Pseudocercospora cladrastidis（Jacz.）**Bai et Cheng** 朝鲜槐假尾孢

Pseudocercospora clausenae（Thirum. et Chupp）**Liu et Guo** 黄皮假尾孢

Pseudocercospora clematoclethrae **Liu et Guo** 山柳假尾孢

Pseudocercospora clerodendri（Miyake）**Deighton** 臭牡丹假尾孢

Pseudocercospora cocculi（Syd.）**Deighton** 木防己假尾孢

Pseudocercospora consociata（Wint.）**Guo et Liu** 梗匀假尾孢

Pseudocercospora contraria（Syd. et Syd.）**Deighton** 薯蓣假尾孢

Pseudocercospora conyzae（Saw.）**Goh et Hsieh** 假蓬假尾孢

Pseudocercospora cordobensis（Speg.）**Guo et Liu** 科尔多瓦假尾孢

Pseudocercospora coriariae（Chupp）**liu et Guo** 马桑假尾孢

Pseudocercospora cornicola（Tracy et Earli）**Guo et Hsieh** 梾木生假尾孢

Pseudocercospora costina（Syd. et Syd.）**Deighton** 闭鞘姜假尾孢

Pseudocercospora cotizensis（Muller et Chupp）**Deighton** 科蒂兹假尾孢

Pseudocercospora cotoneastri（Kats. et Kobayashi）**Deighton** 栒子假尾孢

Pseudocercospora crataegi（Sacc. et Massalongo）**Guo et Liu** 山楂假尾孢

Pseudocercospora crotalaricola（Yen）**Yen** 野百合生假尾孢

Pseudocercospora cruenta（Sacc.）**Deighton** 菜豆假尾孢

Pseudocercospora cryptostegiae（Yemam）**Deighton** 桉叶藤假尾孢

Pseudocercospora curculiginis **Guo et Liu** 仙茅假尾孢

Pseudocercospora cybistacis（Henn.）**Liu et Guo** 美洲掌叶假尾孢

Pseudocercospora cycleae（Chiddarwar）**Deighton** 轮环藤假尾孢

Pseudocercospora cydoniae（Ell. et Ev.）**Guo et Liu** 榅桲假尾孢

Pseudocercospora cylindrata（Chupp et Linder）**Pons et Sutton** 筒假尾孢

Pseudocercospora cylindrosporioides（Solh. et Chupp）**Guo et Liu** 山羊角树假尾孢

Pseudocercospora cymbopogonis（Yen）**Yen** 香茅假尾孢

Pseudocercospora dalbergiae（Sun.）**Yen** 黄檀假尾孢

Pseudocercospora dendrobii **Goh et Hsieh** 石斛假尾孢

Pseudocercospora destructiva（Ravenal）**Guo et Liu** 坏损假尾孢

Pseudocercospora dichrocephalae（Yamam.）**Goh et Hsieh** 鱼眼草假尾孢

Pseudocercospora diffusa（Ell. et Ev.）**Liu et Guo** 酸浆假尾孢

Pseudocercospora diospyricola **Goh et Hsieh** 柿生假尾孢

Pseudocercospora diospyri-erianthae **Sawada ex Goh et Hsieh** 乌材柿假尾孢

Pseudocercospora diospyri-morrisianae（Sawada ex）**Goh et Hsieh** 山红柿假尾孢

Pseudocercospora diversispora **Goh et Hsieh** 刺桐假尾孢

Pseudocercospora dolichi（Ell. et Ev.）**Yen** 镰扁豆假尾孢

Pseudocercospora doryalidis（Chupp et Doidga）**Deighton** 木莓假尾孢

Pseudocercospora dracunculi（Sarwar）**Guo** 龙蒿假尾孢

Pseudocercospora ebulicola（Yamam.）**Deighton** 陆英假尾孢

P

Pseudocercospora ecdysantherae （Yen）
Yen 胶藤假尾孢

Pseudocercospora ehretiae Sawada ex Goh
et Hsieh 粗糠树假尾孢

Pseudocercospora ehretiae-thyrsiflorae
Goh et Hsieh 厚壳树假尾孢

Pseudocercospora elaeodendri （Agarwal et
Hasija） **Deighton** 福木假尾孢

Pseudocercospora elephantopidis **Goh et**
Hsieh 地胆草假尾孢

Pseudocercospora eriobotryae （ Enjoji ）
Goh et Hsieh 枇杷假尾孢

Pseudocercospora eriobotryicola （ Yen ）
Yen 枇杷生假尾孢

Pseudocercospora erythrinigena Yen 刺
桐假尾孢

Pseudocercospora eucalypti （ Cooke et
Massee） **Guo et Liu** 桉树假尾孢

Pseudocercospora eucommiae Guo et Liu
杜仲假尾孢

Pseudocercospora eupatorii-formosani
Yen ex Guo et Hsieh 台湾泽兰假尾孢

Pseudocercospora evodiicola （Boed.）**P.**
K. Chi 吴茱萸生假尾孢

Pseudocercospora fagarae （ Yamam. ）
Deighton 枝梗假尾孢

Pseudocercospora fatouae Goh et Hsieh
水蛇麻假尾孢

Pseudocercospora fengshanensis （Lin et
Yen）**Yen et Sun** 凤山假尾孢

Pseudocercospora fici （ Heald et Wolf）
Liu et Guo 无花果假尾孢

Pseudocercospora fici-septicae Sawada ex
Goh et Hsieh 常绿榕假尾孢

Pseudocercospora fijiensis （ Morelet ）
Deighton 斐济假尾孢［香蕉黑斑病菌］

Pseudocercospora filiformis （Davis）**Bai**
et Liu 白头翁假尾孢

Pseudocercospora flagellariae Sawada ex
Goh et Hsieh 须叶藤假尾孢

Pseudocercospora formosana （ Yamam. ）

Deighton 马缨丹假尾孢

Pseudocercospora forrestiae Sawada ex
Goh et Hsieh 穿鞘花假尾孢

Pseudocercospora forsythiae （ Kats. et
Kobayashi） **Deighton** 连翘假尾孢

Pseudocercospora fraxinites （Ell. et Ev. ）
Liu et Guo 梣假尾孢

Pseudocercospora fudinga Huang et Chen
福鼎假尾孢

Pseudocercospora fukuii （Yamam. ） **Hsieh**
et Goh 福井假尾孢

Pseudocercospora fukuokaensis （Chupp）
Liu et Guo 福冈假尾孢

Pseudocercospora fuligena （ Roldan ）
Deighton 煤污假尾孢

Pseudocercospora fuligniosa （Ell. et Ke-
ll. ） **Zhao et Guo** 乌黑假尾孢

Pseudocercospora fusco-virens （Sacc. ）
Guo et Liu 龙珠果假尾孢

Pseudocercospora geicola A. Braun 水杨
梅生假尾孢

Pseudocercospora ghanensis Deighton 加
纳假尾孢

Pseudocercospora giranensis Sawada ex
Goh et Hsieh 福琼算盘子假尾孢

Pseudocercospora glauca （ Syd. ） **Liu et**
Guo 灰斑假尾孢

Pseudocercospora glochidionis （Saw. ）
Goh et Hsieh 算盘子假尾孢

Pseudocercospora glycines （Cooke） **Deigh-**
ton 大豆假尾孢

Pseudocercospora gomphrenae Sawada ex
Goh et Hsieh 千日红假尾孢

Pseudocercospora grewiigena Guo 扁担
杆假尾孢

Pseudocercospora gymnopetali Sawada ex
Goh et Hsieh 裸瓣瓜假尾孢

Pseudocercospora handelii （ Bubak ） **Dei-**
ghton 杜鹃花假尾孢

Pseudocercospora hangzhouensis Liu et
Guo 杭州假尾孢

Pseudocercospora heteromalla（Syd.）**Deighton** 空心泡假尾孢

Pseudocercospora hibisci-cannabini （Ell. et Ev.）**Deighton** 木槿假尾孢［洋麻假尾孢］

Pseudocercospora hibisci-mutabilis（Sun）**Yen** 木芙蓉假尾孢

Pseudocercospora houttuyniae（Togasi et Kats.）**Guo et Zhao** 蕺菜假尾孢

Pseudocercospora humuli（Hori）**Guo et Liu** 葎草假尾孢

Pseudocercospora hyaloconidiophora **Goh et Hsieh** 无色梗假尾孢

Pseudocercospora hydrangeae-angustipetalae **Goh et Hsieh** 狭萼绣球假尾孢

Pseudocercospora hymenodictyonis （Petrak）**Guo et Liu** 土连翘假尾孢

Pseudocercospora ilicis-micrococcae **Sawada ex Goh et Hsieh** 小果冬青假尾孢

Pseudocercospora iteae（Saw. et Kats.）**Goh et Hsieh** 鼠箭假尾孢

Pseudocercospora ixorae（Solh.）**Deighton** 龙船花假尾孢

Pseudocercospora izoricola（Yen）**Yen** 龙船花生假尾孢

Pseudocercospora jasminicola（Muller et Chupp ex）**Deighton** 茉莉生假尾孢

Pseudocercospora jatrophae（Atk.）**Das et B. K.** 麻风树假尾孢

Pseudocercospora jujubae（Chowdhury）**Khan et Shamsi** 枣假尾孢

Pseudocercospora jussiaeae（Atk.）**Deighton** 过江龙假尾孢

Pseudocercospora jussiaeae-repentis （Saw.）**Goh et Hsieh** 水龙假尾孢

Pseudocercospora justiciae（Tai）**Guo et Liu** 爵床假尾孢

Pseudocercospora kadsurae （Togashi et Kats.）**Guo et Liu** 南五味子假尾孢

Pseudocercospora kaki **Goh et Hsieh** 柿假尾孢［柿角斑病菌］

Pseudocercospora kallarensis（Ramak. et Ramak.）**Guo et Liu** 榕假尾孢

Pseudocercospora kashotoensis（Yamam.）**Deighton** 卡地假尾孢

Pseudocercospora lagerstroemiae-subcostatae（Saw.）**Goh et Hsieh** 南紫薇假尾孢

Pseudocercospora latens（Ell. et Ev.）**Guo et Liu** 胡枝子假尾孢

Pseudocercospora lathyri （Dearness et Linder）**Deighton** 香豌豆假尾孢

Pseudocercospora leguminum （Chupp et Linder）**Deighton** 粗梗假尾孢

Pseudocercospora lespedezicola **Goh et Hsieh** 胡枝子生假尾孢

Pseudocercospora lilacis（Desmaz.）**Deighton** 丁香假尾孢

Pseudocercospora lindericola（Yamam.）**Goh et Hsieh** 钓樟生假尾孢

Pseudocercospora liquidambaris **Sawada ex Goh et Hsieh** 枫香树假尾孢

Pseudocercospora litseae-cubebae **Guo** 山鸡椒假尾孢

Pseudocercospora litseicola（Boedijn）**Guo et Liu** 木姜子生假尾孢

Pseudocercospora lonicerae **Guo** 忍冬假尾孢

Pseudocercospora lonicericola （Yamam.）**Deighton** 忍冬生假尾孢

Pseudocercospora lygodii **Sawada ex Goh et Hsieh** 海金沙假尾孢

Pseudocercospora lythracearum（Heald et Wolf）**Liu et Guo** 千屈菜科假尾孢

Pseudocercospora macarangae（H. Syd. et P. Syd.）**Deighton** 血桐假尾孢

Pseudocercospora machili **Sawada ex Goh et Hsieh** 润楠假尾孢

Pseudocercospora macleyae **Guo et Liu** 博落回假尾孢

Pseudocercospora maesae（Hansf.）**Liu et Guo** 杜茎山假尾孢

P

Pseudocercospora mali （Ell. et Ev.） **Deighton** 苹果假尾孢

Pseudocercospora malloticola **Goh et Hsieh** 野桐生假尾孢

Pseudocercospora marsdeniae （Hansf.） **Deighton** 牛奶菜假尾孢

Pseudocercospora mate （Speg.） **Guo et Zhao** 冬青假尾孢

Pseudocercospora meibomiae （Chupp） **Deighton** 山蚂蝗假尾孢

Pseudocercospora melanolepidis **Sawada ex Goh et Hsieh** 暗鳞木假尾孢

Pseudocercospora melastomobia （Yamam.） **Deighton** 野牡丹假尾孢

Pseudocercospora melothriae （Sawada ex） **Goh et Hsieh** 马㼗儿假尾孢

Pseudocercospora millettae **Goh et Hsieh** 鸡血藤假尾孢

Pseudocercospora millettiicola **Guo** 鸡血藤生假尾孢

Pseudocercospora mitteriana **Goh et Hsieh** 车桑子假尾孢

Pseudocercospora monoicae （Ell. et Holw.） **Deighton** 两型豆假尾孢

Pseudocercospora mori （Hara） **Deighton** 桑假尾孢

Pseudocercospora mucunaecola （Cif. et Frag.） **Deighton** 黄蓉花生假尾孢

Pseudocercospora mucunae-ferrugineae （Yamam.） **Deighton** 暗红油麻藤假尾孢

Pseudocercospora muntingiicola （Yen） **Yen** 牙买加樱桃生假尾孢

Pseudocercospora musae （Zimm.） **Dighton** 芭蕉假尾孢［蕉叶黄斑病菌］

Pseudocercospora mysorensis （Thirum. et Chupp） **Deighton** 卖索尔假尾孢

Pseudocercospora nandinae （Nagat.） **Liu et Guo** 南天竹假尾孢

Pseudocercospora neriella （Sacc.） **Deighton** 夹竹桃假尾孢

Pseudocercospora nicotianae-benthamianae **Goh et Hsieh** 烟草假尾孢

Pseudocercospora nigricans （Cooke） **Deighton** 黑假尾孢

Pseudocercospora nojimai （Togashi et Kats.） **Guo et Liu** 野岛假尾孢

Pseudocercospora noveboracensis **Goh et Hsieh** 斑鸠菊假尾孢

Pseudocercospora nymphaeacea （Cooke et Ellis） **Deighton** 莲假尾孢

Pseudocercospora ocimicola （Petr. et Cif.） **Deighton** 罗勒生假尾孢

Pseudocercospora oenotherae （Ell. et Ev.） **Liu et Guo** 月见草假尾孢

Pseudocercospora ormosiae **Guo et Lin** 红豆树假尾孢

Pseudocercospora osmanthi-asiatici **Sawada ex Goh et Hsieh** 木樨生假尾孢

Pseudocercospora oxalidis **Goh et Hsieh** 酢浆草假尾孢

Pseudocercospora pachyrhizi （Saw. et Kats.） **Goh et Hsieh** 豆薯假尾孢

Pseudocercospora paederiae **Sawada ex Goh et Hsieh** 牛皮冻假尾孢

Pseudocercospora panacis （Thirum. et Chupp） **Guo et Liu** 人参假尾孢

Pseudocercospora paramignyae （Thirum. et Chupp） **Guo** 单叶藤橘假尾孢

Pseudocercospora paulowniae **Goh et Hsieh** 泡桐假尾孢

Pseudocercospora perillulae （Togashi et Kats.） **Liu et Guo** 紫苏假尾孢

Pseudocercospora persicariae （Yamam.） **Deighton** 火炭母假尾孢

Pseudocercospora petila **Goh et Hsieh** 一品红假尾孢

Pseudocercospora phaseolicola **Goh et Hsieh** 菜豆生假尾孢

Pseudocercospora phrymae **Liu et Guo** 透骨草假尾孢

Pseudocercospora phyllanthi （Chupp.）

Deighton　叶下珠假尾孢

Pseudocercospora phyllanthi-reticulati Deighton　网状叶下珠假尾孢

Pseudocercospora pini-densiflorae（Hori et Nambu）**Deighton**　赤松假尾孢

Pseudocercospora piricola（Saw.）**Yen**　梨生假尾孢

Pseudocercospora pittospori（Plakidas）**Guo et Liu**　海桐花假尾孢

Pseudocercospora plagiogyriae **Sawada ex Goh et Hsieh**　瘤足蕨假尾孢

Pseudocercospora platani（Yen）**Yen**　悬铃木假尾孢

Pseudocercospora platycaryae **Goh et Hsieh**　化香树假尾孢

Pseudocercospora polliae **Sawada ex Goh et Hsieh**　杜若假尾孢

Pseudocercospora polygonicola（Kar et Mandal）**Deighton**　蓼生假尾孢

Pseudocercospora polygonorum（Cooke）**Guo et Liu**　色柱假尾孢

Pseudocercospora polypodiacearum **Shukla, Singh, Kumar et al.**　水龙骨假尾孢

Pseudocercospora polysciadis（Sun）**Yen**　南洋森假尾孢

Pseudocercospora pouzolziae（Syd.）**Guo et Liu**　雾水葛假尾孢

Pseudocercospora premnicola **Guo et Liu**　豆腐柴生假尾孢

Pseudocercospora profusa（Syd. et Syd.）**Deighton**　宽柱假尾孢

Pseudocercospora pruni-persicicola（Yen）**Yen**　桃生假尾孢

Pseudocercospora psidii（Ramgel）**Castaneda, Ruiz et Brauu**　番石榴假尾孢

Pseudocercospora pteridis（Siem.）**Guo et Liu**　凤尾蕨假尾孢

Pseudocercospora pteridophytophila **Goh et Hsieh**　毛蕨假尾孢

Pseudocercospora pterocaryae **Guo et Zhao**　枫杨假尾孢

Pseudocercospora puderi（Davis ex）**Deighton**　普德尔假尾孢

Pseudocercospora puerariae（Syd. et Syd.）**Deighton**　葛假尾孢

Pseudocercospora puerariicola（Yamam.）**Deighton**　葛生假尾孢

Pseudocercospora punctiformis **Goh et Hsieh**　点形假尾孢

Pseudocercospora punicae（Henn.）**Deighton**　石榴假尾孢

Pseudocercospora qinlingensis **Guo**　秦岭假尾孢

Pseudocercospora quisqualidis **Jiang et Chi**　使君子假尾孢

Pseudocercospora randiae（Thirum. et Govindu）**Guo et Liu**　鸡爪勒假尾孢

Pseudocercospora ranjita（Chowdnhry）**Deighton**　石梓假尾孢

Pseudocercospora rhamnaceicola **Goh et Hsieh**　鼠李生假尾孢

Pseudocercospora rhapisicola（Tominaga）**Goh et Hsieh**　棕竹生假尾孢

Pseudocercospora rhinacanthi（Höhn.）**Deighton**　白鹤灵芝假尾孢

Pseudocercospora rhododendricola（Yen）**Deighton**　杜鹃花生假尾孢

Pseudocercospora rhoidis **Guo et Liu**　漆假尾孢

Pseudocercospora rhoina（Cooke et Ell.）**Liu et Guo**　盐肤木假尾孢

Pseudocercospora riachueli（Speg.）**Deighton**　白粉藤假尾孢

Pseudocercospora rubi（Sacc.）**Deighton**　插天泡假尾孢

Pseudocercospora rubicola（Thüm.）**Liu et Guo**　悬钩子生假尾孢

Pseudocercospora rubro-purpurea（Sun）**Yen**　紫红假尾孢

Pseudocercospora rumohrae **Hsieh et Goh**　丽沙复叶耳蕨假尾孢

Pseudocercospora sabiae **Guo et Zhao**　清风

藤假尾孢

Pseudocercospora saccharicola（Sun）**Yen**
甘蔗生假尾孢

Pseudocercospora salicina（Ell. et Ev.）
Deighton 柳假尾孢

Pseudocercospora salviae **Goh et Hsieh**
鼠尾草假尾孢

Pseudocercospora sapindi-emarginati
（Ramak. et Ramak.）**Guo et Liu** 无患
子假尾孢

Pseudocercospora sarcocephali（Viennot-
Bourgin）**Deighton** 肉序假尾孢

Pseudocercospora saururicola **Saw. ex Goh
et Hsieh** 三白草生假尾孢

Pseudocercospora sawadae（Yamam.）**Goh
et Hsieh** 泽田假尾孢

Pseudocercospora schefflerae **Hsieh et
Goh** 鸭母树假尾孢

Pseudocercospora scopariicola（Yen）
Deighton 甘草生假尾孢

Pseudocercospora securinegae（Togashi et
Kats.）**Deighton** 一叶楸假尾孢

Pseudocercospora sesami（Hansf.）**Deigh-
ton** 芝麻假尾孢

Pseudocercospora sesbaniae（Henn.）
Deighton 田菁假尾孢

Pseudocercospora sesbaniicola **Yen** 田菁
生假尾孢

Pseudocercospora shihmenensis（Yen）**Yen**
石门假尾孢

Pseudocercospora solani-longispora（Yen）
Yen 茄长孢假尾孢

Pseudocercospora solani-melongenicola
Goh et Hsieh 茄生假尾孢

Pseudocercospora solani-torvicola **Goh et
Hsieh** 水茄生假尾孢

Pseudocercospora sophorae **Guo et Liu**
槐假尾孢

Pseudocercospora sordida（Sacc.）**Deight-
on** 凌霄花假尾孢

Pseudocercospora spegazzinii（Sacc.）**Guo**

et Liu** 朴假尾孢

Pseudocercospora sphaeriiformis（Cooke）
Guo et Liu 球形假尾孢

Pseudocercospora spilosticta（Syd.）
Deighton 污斑假尾孢

Pseudocercospora spiraeicola（Muller et
Chupp）**Liu et Guo** 绣线菊生假尾孢

Pseudocercospora squalidula（Peck）**Guo
et Liu** 木通假尾孢

Pseudocercospora stachyruina **Goh et
Hsieh** 旌节花假尾孢

Pseudocercospora stahlii（Stev.）**Deighton**
西番莲假尾孢

Pseudocercospora stillingiae（Ell. et Ev.）
Yen，Kar et Das 乌桕假尾孢

Pseudocercospora stizolobii（Syd. et
Syd.）**Deighton** 黧豆假尾孢

Pseudocercospora styracae（Chrpp）**Guo et
Zhao** 安息香假尾孢

Pseudocercospora subsessilis（Syd. et
Syd.）**Deighton** 楝假尾孢

Pseudocercospora sugimotoana（Kats.）
Guo et Liu 豨莶假尾孢

Pseudocercospora symphyti **Goh et Hsieh**
聚合草假尾孢

Pseudocercospora symploci（Sawada ex
Kats. et Kobay.）**Deighton** 山矾假尾
孢

Pseudocercospora tabernaemontanae（Syd.）
山马茶假尾孢

Pseudocercospora tagetis-erectae **Goh et
Hsieh** 万寿菊假尾孢

Pseudocercospora taichungensis **Goh et
Hsieh** 台中假尾孢

Pseudocercospora taiwanensis 见 *Sacchar-
icola taiwanensis*

Pseudocercospora tecomae-heterophyllae
（Yen）**Guo et Liu** 异叶黄钟花假尾孢

Pseudocercospora tetrapanacis（Sawada ex
Jong et Morris）**Deighton** 通脱木假尾孢

Pseudocercospora theae（Cavara）**Deighton**

茶假尾孢

Pseudocercospora thelypteridis **Goh et Hsieh** 金星蕨假尾孢

Pseudocercospora thladianthae （Saw.） **Goh et Hsieh** 赤瓟假尾孢

Pseudocercospora timorensis （Cooke） **Deighton** 帝汶假尾孢

Pseudocercospora tinea **Guo et Hsieh** 欧洲荚蒾假尾孢

Pseudocercospora toonae **Mehrotra et Verma** 香椿假尾孢

Pseudocercospora toxicodendri（Ell.）**Liu et Guo** 林漆树假尾孢

Pseudocercospora trematicola （Yen） **Deighton** 山黄麻生假尾孢

Pseudocercospora trematis-orientalis （Sun）**Deighton** 山黄麻假尾孢

Pseudocercospora trichophila （Stevens） **Deighton** 毛叶茄假尾孢

Pseudocercospora triumfettae （Syd.） **Deighton** 刺蒴麻假尾孢

Pseudocercospora ubi （Racib.） **Deighton** 参薯假尾孢

Pseudocercospora udagawana（Kats.）**Liu et Guo** 枳椇假尾孢

Pseudocercospora urariae **Sawada ex Deihton** 兔尾草假尾孢

Pseudocercospora utosvyofod （Sawada ex） **Goh et Hsieh** 齿冠草假尾孢

Pseudocercospora varia （Peck） **Bai et Cheng** 荚蒾假尾孢

Pseudocercospora variicolor（Wint.）**Guo et Liu** 黑座假尾孢

Pseudocercospora viburni-cylindrici（Tai）**A. Braun** 水红木假尾孢

Pseudocercospora violaecola **Liu et Guo** 堇菜生假尾孢

Pseudocercospora viticis **Sawada ex Goh et Hsieh** 牡荆假尾孢

Pseudocercospora viticis-quinatae （Yen） **Yen** 山牡荆假尾孢

Pseudocercospora vitis （Lév.） **Speg.** 葡萄假尾孢[葡萄大褐斑病菌]

Pseudocercospora weigelae（Ell. et Ev.）**Deighton** 锦带花假尾孢

Pseudocercospora wellesiana （Well.） **Liu et Guo** 杨桃假尾孢

Pseudocercospora wistariicola （Yen） **Yen** 紫藤生假尾孢

Pseudocercospora woodfordiae （Syd.） **Liu et Guo** 虾子花假尾孢

Pseudocercospora wrightiae （Thirum. et Chupp） **Deighton** 倒吊笔假尾孢

Pseudocercospora xanthoxyli （Cooke） **Guo et Liu** 花椒假尾孢

Pseudocercospora zelkowae （Hori） **Liu et Guo** 榉假尾孢

Pseudocercospora zizyphicola （Yen） **Yen** 枣生假尾孢

Pseudocercosporella **Deighton** 假小尾孢属[F]

Pseudocercosporella herpotrichoides （Fron）**Deighton** 绕毛假小尾孢[小麦基腐病菌]

Pseudolachnea **Ranoj.** 假毛壳孢属[F]

Pseudolachnea bubakii **Ranoj.** 假毛壳孢

Pseudolachnea bubakii var. *longispora* **Teng** 长孢假毛壳孢

Pseudolachnella **Teng** 小假毛壳孢属[F]

Pseudolachnella scolecospora （Teng et Shen）**Teng** 小假毛壳孢

Pseudomonadaceae Winslow et al. 假单胞菌科[B]

Pseudomonadales Orla-Jensen 假单胞菌目[B]

Pseudomonas **Migula** 假单胞菌属[B]

Pseudomonas acidovorans **den Dooren de Jong** 噬酸假单胞菌

Pseudomonas aeruginosa （Schroeter）**Migula** 铜绿假单胞菌

Pseudomonas agarici **Young** 伞菌假单胞

菌[蘑菇菌褶湿腐病菌]

Pseudomonas amygdali Psallidas et Panagopoulos 扁桃假单胞菌[扁桃溃疡病菌]

Pseudomonas andropogonis 见 *Burkholderia andropogonis*

Pseudomonas andropogonis pv. andropogonis 见 *Burkholderia andropogonis*

Pseudomonas andropogonis pv. sojae 见 *Burkholderia andropogonis*

Pseudomonas andropogonis pv. stizolobii 见 *Burkholderia andropogonis*

Pseudomonas asplenii (Ark)Săvulescu 铁角蕨假单胞菌[铁角蕨叶疫病菌]

Pseudomonas avellanae Janse 见 *Pseudomonas syringae* pv. *avellanae*

Pseudomonas avenae Manns 见 *Acidovorax avenae*

Pseudomonas avenae subsp. avenae 见 *Acidovorax avenae* subsp. *avenae*

Pseudomonas avenae subsp. citruli 见 *Acidovorax avenae* subsp. *citrulli*

Pseudomonas avenae subsp. konjaci 见 *Acidovorax konjaci*

Pseudomonas beteli (Ragunathan) Săvulescu 蒌叶假单胞菌

Pseudomonas brassicacearum Achouak et al. 青菜假单胞菌

Pseudomonas cannabina (ex Sutic) Gardan et al. 大麻假单胞菌

Pseudomonas caricapapayae Robbs 番木瓜假单胞菌[番木瓜叶疫病菌]

Pseudomonas caryophylli Starr 见 *Burkholderia caryophylli*

Pseudomonas cattleyae Săvulescu 见 *Acidovorax avenae* subsp. *cattleyae*

Pseudomonas cepacia Palleroni 见 *Burkholderia cepacia*

Pseudomonas cichorii (Swingle) Stapp 菊苣假单胞菌[菊苣叶斑病菌]

Pseudomonas cissicola (Takimoto) Burkholder 青紫葛假单胞菌[乌蔹莓叶斑病菌]

Pseudomonas congelans Behrendt, Ulrich, Schumann 冰核假单胞菌

Pseudomonas corrugata (ex Scarlett) Roberts et Scarlett 波纹假单胞菌[番茄髓部坏死病菌]

Pseudomonas costantinii Munsch et al. 考氏假单胞菌[蘑菇褐斑病菌]

Pseudomonas dodonneae Papdiwal 车桑子假单胞菌

Pseudomonas fabae 见 *Pseudomonas syringae* pv. *fabae*

Pseudomonas facilis Davis 见 *Acidovorax facilis*

Pseudomonas ficuserectae Goto 天仙果假单胞菌

Pseudomonas flavescens Hildebrand et al. 变黄假单胞菌

Pseudomonas flectens Johnson 弯曲假单胞菌[菜豆荚扭曲病菌]

Pseudomonas fluorescence (Trev.)Migula 荧光假单胞菌

Pseudomonas fluorescence Biovar Ⅱ (Trevisan) Migula 荧光假单胞菌生物型Ⅱ[莴苣叶缘焦枯病菌]

Pseudomonas fluorescence pv. *allium* 葱蒜荧光假单胞菌

Pseudomonas fuscovaginae (ex Tanii) Miyajima et al. 褐鞘假单胞菌[水稻鞘腐病菌]

Pseudomonas gingeri Preece et Wong 姜假单胞菌[姜枯萎病菌]

Pseudomonas gladioli Severini 见 *Burkholderia gladioli*

Pseudomonas gladioli pv. agaricicola 见 *Burkholderia gladioli* pv. *agaricicola*

Pseudomonas gladioli pv. allicola 见 *Burkholderia gladioli* pv. *alliicola*

Pseudomonas gladioli pv. gladioli 见 *Burkholderia gladioli* pv. *gladioli*

Pseudomonas glumae Kurita 见 *Burkholderia glumae*

Pseudomonas graminis Behr. 见 *Burkholderia graminis*

Pseudomonas hibiscicola Moniz 木槿生假单胞菌

Pseudomonas lignicola Westerdijk et Buisman 木质生假单胞菌[榆维管束黑化病菌]

Pseudomonas maltophilia 见 *Stenotrophomonas maltophilia*

Pseudomonas marginalis (Brown) **Stevens** 边缘假单胞菌[苣叶缘坏死病菌]

Pseudomonas marginalis pv. *alfalfae* (Shinde et Lukezic) **Young, Dye et Wilkie** 边缘假单胞菌苜蓿致病变种[苜蓿根变色病菌]

Pseudomonas marginalis pv. *marginalis* (Brown) **Stevens** 边缘假单胞菌边缘致病变种

Pseudomonas marginalis pv. *pastinacae* (Burkholder) **Young, Dye et Wilkie** 边缘假单胞菌防风致病变种[防风根腐病菌]

Pseudomonas meliae Ogimi 苦楝假单胞菌

Pseudomonas oryzihabitans Kodama et al. 稻叶假单胞菌

Pseudomonas palleroniana Gardan et al. 帕氏假单胞菌[稻叶鞘斑点病菌]

Pseudomonas pallidae Papdiwal 苍白假单胞菌

Pseudomonas plantarii Azegami 见 *Burkholderia plantarii*

Pseudomonas poae Behrendt, Ulrich et Schumann 早熟禾假单胞菌

Pseudomonas pomi 见 *Acetobacter pasteurianus*

Pseudomonas pseudoalcaligenes subsp. *citrulli* 见 *Acidovorax avenae* subsp. *citrulli*

Pseudomonas pseudoalcaligenes subsp. *konjaci* 见 *Acidovorax konjaci*

Pseudomonas rubrilineans Stapp 见 *Acidovorax avenae* subsp. *avenae*

Pseudomonas rubrisubalbicans 见 *Herbaspirillum rubrisubalbicans*

Pseudomonas salomonii Gardan et al. 沙氏假单胞菌[大蒜茎腐病菌]

Pseudomonas savastanoi (ex Smith) **Gardan, Bollet, Abu et al.** 萨氏假单胞菌

Pseudomonas savastanoi pv. *fraxini* Joung 萨氏假单胞菌白蜡树变种

Pseudomonas savastanoi pv. *glycinea* (Coerper) **Gardan et al.** 萨氏假单胞菌大豆变种[大豆疫病菌]

Pseudomonas savastanoi pv. *nerii* Joung 萨氏假单胞菌夹竹桃变种[油橄榄冠瘤病菌]

Pseudomonas savastanoi pv. *phaseolicola* (Burkholder) **Gardan et al.** 萨氏假单胞菌菜豆生变种[菜豆晕疫病菌]

Pseudomonas savastanoi pv. *retacarpa* **Garcia de Los Rios** 萨氏假单胞菌网果变种

Pseudomonas savastanoi pv. *savastanoi* (ex Smith) **Young et al.** 萨氏假单胞菌萨氏变种[油橄榄癌肿病菌]

Pseudomonas solanacearum Smith 见 *Ralstonia solanacearum*

Pseudomonas syringae Van hall 丁香假单胞菌[丁香叶斑病菌、丁香花细菌性斑点病菌]

Pseudomonas syringae pv. *aceris* (Ark) **Young, Dye et Wilkie** 丁香假单胞菌大叶槭变种[大叶槭叶斑病菌]

Pseudomonas syringae pv. *actinidiae* **Takikawa, Serizawa et Ichikawa et al.** 丁香假单胞菌猕猴桃变种[猕猴桃叶斑病菌]

Pseudomonas syringae pv. *aesculi* (ex Durgapal) **Young et Bradbury et al.**

P

丁香假单胞菌七叶树变种[七叶树叶斑病菌]

Pseudomonas syringae pv. *antirrhini* (Takimoto) **Young, Dye et Wilkie** 丁香假单胞菌金鱼草变种[金鱼草叶疫病菌]

Pseudomonas syringae pv. *apii* (Jagger) **Young, Dye et Wilkie** 丁香假单胞菌芹变种[芹菜叶斑病菌]

Pseudomonas syringae pv. *aptata* (Brown et Jamieson) **Young, Dye et Wilkie** 丁香假单胞菌适合变种[菊芋叶斑病菌]

Pseudomonas syringae pv. *atrofaciens* (McCulloch) **Young, Dye et Wilkie** 丁香假单胞菌致黑变种[小麦颖基腐病菌]

Pseudomonas syringae pv. *atropurpurea* (Reddy et Godkin) **Young, Dye et Wilkie** 丁香假单胞菌绛红变种[雀麦叶斑病菌]

Pseudomonas syringae pv. *avellanae* **Psallidas** 丁香假单胞菌洋榛变种[洋榛叶斑病菌]

Pseudomonas syringae pv. *berberidis* (Thornberry et Anderson) **Young, Dye et Wilkie** 丁香假单胞菌小檗变种[小檗叶斑病菌]

Pseudomonas syringae pv. *broussonetiae* **Tanakashi et al.** 丁香假单胞菌构树变种[构树叶斑病菌]

Pseudomonas syringae pv. *cannabina* (Sutic et Dowson) **Young, Dye et Wilkie** 丁香假单胞菌大麻变种[大麻疫病菌]

Pseudomonas syringae pv. *castaneae* **Takanashi et Shimizu** 丁香假单胞菌栗变种

Pseudomonas syringae pv. *cerasicola* **Kamiunten et al.** 丁香假单胞菌樱桃变种[樱桃瘤肿病菌]

Pseudomonas syringae pv. *ciccaronei* (Ercolani et Caldarola) **Young, Dye et Wilkie** 丁香假单胞菌长角豆变种

Pseudomonas syringae pv. *coriandricola* **Toben et Rudolph** 丁香假单胞菌芫荽变种

Pseudomonas syringae pv. *coronafaciens* (Elliott) **Young, Dye et Wilkie** 丁香假单胞菌晕斑变种[燕麦晕斑疫病菌]

Pseudomonas syringae pv. *cunninghamiae* **He et Goto** 丁香假单胞菌杉树变种

Pseudomonas syringae pv. *daphniphylli* **Ogimi, Kubo et Higuchi et al.** 丁香假单胞菌虎皮楠变种[虎皮楠叶斑病菌]

Pseudomonas syringae pv. *delphnii* (Smith) **Young, Dye et Wilkie** 丁香假单胞菌翠雀变种[翠雀黑斑病菌]

Pseudomonas syringae pv. *dendropanacis* **Ogimi, Higuchi et Takikawa** 丁香假单胞菌树参变种

Pseudomonas syringae pv. *dysoxyli* (Hutchinson) **Young, Dye et Wilkie** 丁香假单胞菌臭楝变种[樫木叶斑病菌]

Pseudomonas syringae pv. *eriobotryae* (Takimoto) **Young, Dye et Wilkie** 丁香假单胞菌枇杷变种[枇杷芽枯病菌]

Pseudomonas syringae pv. *fabae* **Yu** 丁香假单胞菌蚕豆变种[蚕豆黑茎病菌]

Pseudomonas syringae pv. *fici* **Durgapal et Singh** 丁香假单胞菌无花果变种[无花果叶斑病菌]

Pseudomonas syringae pv. *garcae* (Amaral *et al.*)**Young, Dye et Wilkie** 丁香假单胞菌咖啡变种[咖啡叶疫病菌]

Pseudomonas syringae pv. **glycinea** 见 *Pseudomonas savastanoi* pv. *glycinea*

Pseudomonas syringae pv. *helianthi* (Kawamura) **Young, Dye et Wilkie** 丁香假单胞菌向日葵变种[向日葵叶斑病菌]

Pseudomonas syringae pv. *hibisci* (ex Jones) **Young, Bradbury, Davis et al.** 丁香假单胞菌木槿致病变种[木槿叶斑病菌]

Pseudomonas syringae pv. japonica（Mukoo）见 *Pseudomonas syringae* **pv.** *syringae*

Pseudomonas syringae **pv.** *lachrymans*（Smith）**Young, Dye et Wilkie** 丁香假单胞菌黄瓜致病变种[黄瓜角斑病菌]

Pseudomonas syringae **pv.** *lapsa*（Ark.）**Young, Dye et Wilkie** 丁香假单胞菌猝倒致病变种[玉米茎腐病菌]

Pseudomonas syringae **pv.** *maculicola*（McCulloch）**Young, Dye et Wilkie** 丁香假单胞菌斑点致病变种[十字花科蔬菜黑斑病菌]

Pseudomonas syringae **pv.** *mellea*（Johnson）**Young, Dye et Wilkie** 丁香假单胞菌蜂蜜致病变种[烟草锈斑病菌]

Pseudomonas syringae **pv.** *mori*（Boyer et Lambert）**Young, Dye et Wilkie** 丁香假单胞菌桑致病变种[桑疫病菌]

Pseudomonas syringae **pv.** *mors-prunorum*（Wormald）**Young, Dye et Wilkie** 丁香假单胞菌死李致病变种[酸樱桃溃疡病菌、李溃疡病菌]

Pseudomonas syringae **pv.** *myricae* **Ogimi et Higuchi** 丁香假单胞菌杨梅致病变种[杨梅癌肿病菌]

Pseudomonas syringae **pv.** *oryzae*（ex Kuwata）**Young, Bradbury, Davis, et al.** 丁香假单胞菌水稻致病变种[稻褐斑病菌]

Pseudomonas syringae **pv.** *pachryzus* **Xu et Ji** 丁香假单胞菌豆薯变种[豆薯角斑病菌]

Pseudomonas syringae pv. panici Young 见 *Pseudomonas syringae*

Pseudomonas syringae **pv.** *papulans*（Rose）**Dhanvantari** 丁香假单胞菌疱疹致病变种[苹果疱疹病菌]

Pseudomonas syringae **pv.** *passiflorae*（Reid）**Young, Dye et Wilkie** 丁香假单胞菌西番莲致病变种[西番莲脂斑病菌]

Pseudomonas syringae **pv.** *persicae*（Prunier）**Young, Dye et Wilkie** 丁香假单胞菌桃致病变种[桃疫病菌，桃树溃疡病菌]

Pseudomonas syringae pv. phaseolicola Young 见 *Pseudomonas savastanoi* pv. *phaseolicola*

Pseudomonas syringae **pv.** *philadelphi* **Roberts** 丁香假单胞菌山梅花致病变种[山梅花叶斑病菌]

Pseudomonas syringae **pv.** *photiniae* **Goto** 丁香假单胞菌石楠致病变种[石楠叶斑病菌]

Pseudomonas syringae **pv.** *pisi*（Sackett）**Young, Dye et Wilkie** 丁香假单胞菌豌豆致病变种[豌豆疫病菌]

Pseudomonas syringae **pv.** *porii* **Samson, Poutier et Rat** 丁香假单胞菌韭葱致病变种

Pseudomonas syringae **pv.** *primulae*（Ark.）**Young, Dye et Wilkie** 丁香假单胞菌报春花致病变种[报春花叶斑病菌]

Pseudomonas syringae **pv.** *proteae* **Moffett** 丁香假单胞菌山龙眼变种

Pseudomonas syringae **pv.** *rhaphiolepidis* **Ogimi, Kawano, Higuchi et al.** 丁香假单胞菌石斑木变种

Pseudomonas syringae **pv.** *ribicola*（Bohn et Maloit）**Young, Dye et Wilkie** 丁香假单胞菌醋栗生致病变种[醋栗叶斑病菌]

Pseudomonas syringae **pv.** *ricini* **Stancescu et Zurini** 丁香假单胞菌蓖麻变种[蓖麻褐斑病菌]

Pseudomonas syringae pv. savastanoi Young 见 *Pseudomonas savastanoi* pv. *savastanoi*

Pseudomonas syringae **pv.** *sesami*（Malkoff）**Young, Dye et Wilkie** 丁香假单胞菌芝麻变种[芝麻叶斑病菌]

Pseudomonas syringae pv. *spinaceae* Oza-
ki, Kimura et Matsumoto　丁香假单胞
菌菠菜变种［菠菜叶斑病菌］

Pseudomonas syringae pv. *striafaciens*
(Elliott) Young, Dye et Wilkie　丁香假
单胞菌条纹变种［燕麦条纹病菌］

Pseudomonas syringae pv. *syringae* van
Hall　丁香假单胞菌丁香致病变种［丁
香叶斑病菌、稻褐斑病菌］

Pseudomonas syringae pv. *tabaci* (Wolf et
Foster) Young, Dye et Wilkie　丁香假
单胞菌烟草变种［烟野火病菌］

Pseudomonas syringae pv. *tagetis* (He-
llmers) Young, Dye et Wilkie　丁香假
单胞菌万寿菊变种［菊叶斑病菌］

Pseudomonas syringae pv. *theae* (Hori)
Young, Dye et Wilkie　丁香假单胞菌茶
变种［山茶叶斑枝枯病菌］

Pseudomonas syringae pv. *tomoto* (Ok-
abe) Young, Dye et Wilkie　丁香假单
胞菌番茄变种［番茄细菌性叶斑病、疮
痂病菌］

Pseudomonas syringae pv. *tremae*　见
Pseudomonas tremae

Pseudomonas syringae pv. *ulmi* (Sutic et
Tesic) Young, Dye et Wilkie　丁香假单
胞菌榆变种［榆斑点病菌］

Pseudomonas syringae pv. *viburni* (Tho-
rnbery et Anderson) Young, Dye et
Wilkie　丁香假单胞菌荚蒾变种［丁香、
荚蒾斑点病菌］

Pseudomonas syringae pv. *zizaniae* (ex
Bowden et Percich) Young, Bradbury,
Davis et al.　丁香假单胞菌茭白(菰)
变种［茭白叶斑病菌］

Pseudomonas syringae subsp. savastanoi
pv. fraxini　见 *Pseudomonas savas-
tranoi* pv. *flaxini*

Pseudomonas syringae subsp. savastanoi
pv. myricae (Ogimi et Higuchi) Zhang
et He　丁香假单胞菌萨氏亚种杨梅致
病变种

Pseudomonas syringae subsp. savastanoi
pv. nerii　见 *Pseudomonas savastranoi*

Pseudomonas syringae subsp. savastanoi
pv. oleae Janse　丁香假单胞菌萨氏亚
种齐墩果致病变种

Pseudomonas syringae subsp. savastanoi　见
Pseudomonas savastanoi pv. *savastanoi*

Pseudomonas syzygii Roberts, Eden-Green.
et al.　见 *Ralstonia syzygii* (Roberts et
al.)

Pseudomonas tolaasii Paine　托拉氏假单
胞菌［蘑菇褐斑病菌］

Pseudomonas tremae Gardan et al.　山黄
麻假单胞菌

Pseudomonas trivialis Behrendt, Ulrich et
Schumann　轻微假单胞菌

Pseudomonas viridiflava (Burkholder)
Dowson　绿黄假单胞菌［芹菜叶斑病
菌、洋葱细菌条斑腐烂病菌］

Pseudomonas woodsii Stevens　见 *Burk-
holderia andropogonis*

Pseudoperonospora Rostovzev　假霜霉
属［C］

Pseudoperonospora cannabina (Otth) Cu-
rzi　大麻假霜霉［大麻霜霉病菌］

Pseudoperonospora cassiae Waterhouse et
Brothers　决明假霜霉［决明霜霉病菌］

Pseudoperonospora celtidis (Waite) Wil-
son　朴树假霜霉［滇朴、朴树霜霉病菌］

Pseudoperonospora celtidis var. *celtidis*
朴树假霜霉原变种

Pseudoperonospora celtidis var. *humuli*
Davis　朴树假霜霉葎草变种

Pseudoperonospora cubensis (Berkeley et
Curtis) Rostovzev　古巴假霜霉［冬瓜、
西瓜霜霉病菌］

Pseudoperonospora elsholtziae Tang　香
薷假霜霉［香薷霜霉病菌］

Pseudoperonospora erodii　见 *Peronospora
erodii*

Pseudoperonospora humuli（Miyabe et Takahashi）**Wilson** 葎草假霜霉[啤酒花、葎草霜霉病菌]

Pseudoperonospora justciae 见 *Plasmopara wildemaniana*

Pseudoperonospora pileae **Gäum.** 冷水花假霜霉

Pseudoperonospora plantaginis（Underw.）**Sharma et Pushpedra** 车前假霜霉

Pseudoperonospora portoricensis（Lamkey）**Seaver et Chardón** 波尔图假霜霉

Pseudoperonospora sparsa **Jacz.** 蔷薇假霜霉[蔷薇霜霉病菌]

Pseudoperonospora urticae （Libert ex Berkeley）**Salmon et Ware** 荨麻假霜霉[荨麻霜霉病菌]

Pseudopezicula tracheiphila 见 *Pseudopeziza tracheiphila*

Pseudopeziza **Fuckel** 假盘菌属[F]

Pseudopeziza bistortae **Rehm** 拳参假盘菌

Pseudopeziza jonesii **Nannf.** 琼斯假盘菌

Pseudopeziza medicanginis **Sacc.** 苜蓿假盘菌[豆科牧草褐斑病菌]

Pseudopeziza tracheiphila （Mull.-Thurg.）**Korf et Zhuang** 维管束假盘菌[葡萄角斑叶焦病菌]

Pseudopeziza trifolii **Fuckel** 三叶草假盘菌

Pseudopileum **Canter** 假盖壶菌属[F]

Pseudopileum unum **Canter** 假盖壶菌[鱼鳞藻壶菌、肿胀病菌]

Pseudoplasmopara **Sawada** 假单轴霉属[C]

Pseudoplasmopara justciae 见 *Plasmopara wildemaniana*

Pseudoplasmopara justiciae **Sawada** 假单轴霉[爵床霜霉病菌]

Pseudoseptoria **Speg.** 假壳针孢属[F]

Pseudoseptoria bromigena 见 *Selenophoma bromigena*

Pseudoseptoria donacis（Pass.）**Sutton** 小麦角斑病菌

Pseudosphaerita **Dang** 假球壶菌属[C]

Pseudosphaerita drylii **Perez-Reyes，Mmadrazo-Garibay et Ochoterena** 干假球壶菌[扁裸藻假球壶病菌]

Pseudosphaerita euglenae **Dang.** 假球壶菌[裸藻壶病菌]

Pseudotorula **Subram.** 假色串孢属[F]

Pseudotorula heterospora **Subram.** 假色串孢

Pseudoviridae 伪病毒科

Pseudovirus 伪病毒属[V]

Psilenchus de Man 裸矛线虫属[N]

Psilenchus clavicandatus 见 *Tylenchorhynchus clavicaudatus*

Psilenchus curcumerus **Rahaman，Ahmad et Jairajpuri** 瓜裸矛线虫

Psilenchus gracilis 见 *Basiria gracilis*

Psilenchus hilarulus **de Man** 活泼裸矛线虫

Psilenchus pratensis **Doucet** 草地裸矛线虫

Psilenchus tumidus 见 *Basiria tumida*

Psophocarpus necrotic mosaic virus 见 *Cowpea mild mottle virus Carlavirus*

Puccinia **Pers.** 柄锈菌属[F]

Puccinia abei **Hirats.** 阿部柄锈菌

Puccinia abrupta **Diet. et Holw.** 截形柄锈菌

Puccinia abrupta var. *partheniicola* （H. S. Jacks.）**Parm.** 截形柄锈菌银胶菊生变种

Puccinia absinthii 见 *Puccinia tanaceti* var. *tanaceti*

Puccinia abutili **Berk. et Br.** 苘麻柄锈菌

Puccinia acetosae **Körn.** 酸模柄锈菌

Puccinia achnatheri-inebriantis **Zhao** 醉马芨芨草柄锈菌

Puccinia achnatheri-sibirici Wang 鲜卑芨芨草柄锈菌

Puccinia achroa Syd. 无色柄锈菌

Puccinia acroptili Syd. 项羽菊柄锈菌

Puccinia adenophorae Diet. 沙参柄锈菌

Puccinia adenophorae-verticillatae S. Ito et Terui 见 *Puccinia adenophorae* Diet.

Puccinia adhikarii Ono 阿迪卡里柄锈菌

Puccinia adjuncta Mitter 蒿柄锈菌

Puccinia adoxae Hedw. 五福花柄锈菌

Puccinia aecidii-leucanthemi Fisch. 菊苣柄锈菌

Puccinia aegopodii (Strauss) Roehl. 羊角芹柄锈菌

Puccinia aeluropodis Rick. 獐毛草柄锈菌

Puccinia aequitatis Cumm. 钓樟柄锈菌

Puccinia aestivalis Diet. 夏柄锈菌

Puccinia aggregata Syd. 聚合柄锈菌

Puccinia agropyri 见 *Puccinia recondita*

Puccinia agropyri-ciliaris Tai et Wei 纤毛鹅观草柄锈菌

Puccinia agropyricola Hirats. 冰草生柄锈菌

Puccinia agrostidicola Tai 剪股颖生柄锈菌

Puccinia ainsliaeae Syd. 兔儿风柄锈菌

Puccinia akebiae Wang et Wei 见 *Puccinia holboelliae-latifoliae* Cumm.

Puccinia algerica Patouill. 阿尔及利亚柄锈菌

Puccinia alisovae Tranz. 阿丽索娃柄锈菌

Puccinia allii (DC.) Rud. 葱柄锈菌[葱锈病菌]

Puccinia alpina Fuck. 高山柄锈菌

Puccinia altissimorum Savile 极高蓟柄锈菌

Puccinia amorphae 见 *Uropyxis amorphae*

Puccinia andropogonis-micranthi 见 *Puccinia pusilla*

Puccinia angelicae Fuck. 当归柄锈菌[当归锈病菌]

Puccinia angelicae-edulis T. Miyake 见 *Puccinia nanbuana* Henn.

Puccinia angelicicola Henn. 当归生柄锈菌

Puccinia angustata Peck 渐狭柄锈菌

Puccinia anhweiana Cumm. 安徽柄锈菌

Puccinia anomala 见 *Puccinia hordei*

Puccinia antenori J. Y. Zhuang et Wang 金线草柄锈菌

Puccinia anthemidis Syd. 春黄菊柄锈菌

Puccinia aomoriensis Syd. 青森柄锈菌

Puccinia apii Desm. 芹柄锈菌

Puccinia appendiculata 见 *Prospodium appendiculatum*

Puccinia arachidis Speg. 落花生柄锈菌[花生锈病菌]

Puccinia arctica Lagerh. 北极柄锈菌

Puccinia arenariae (Schum.) Schröt. 蚤缀(无心草)柄锈菌

Puccinia argentata (Schultz.) Wint. 银生柄锈菌

Puccinia aristidae Tracy 三芒草柄锈菌

Puccinia aristidae var. *chaetariae* Cumm. et Husain 三芒草柄锈菌多瘤变种

Puccinia aristolochiae (DC.) Wint. 马兜铃柄锈菌

Puccinia artemisiae-keiskeanae Miura 凯氏蒿柄锈菌

Puccinia artemisiellae Syd. et Syd. 见 *Puccinia tanaceti* DC. var. *tanaceti*

Puccinia arthraxonicola Cao et J. Y. Zhuang 荩草生柄锈菌

Puccinia arthraxonis Syd., Syd. et Butl. 荩草柄锈菌

Puccinia arthraxonis-ciliaris Cumm. 纤毛荩草柄锈菌

Puccinia arundinariae Schw. 青篱竹柄锈菌

Puccinia arundinellae Barcl.　野古草属柄锈菌

Puccinia arundinellae-anomallae Diet.　畸穗野古草柄锈菌

Puccinia arundinellae-setosae Tai　刺芒野古草柄锈菌

Puccinia arundinis-donacis Hirats.　芦竹柄锈菌

Puccinia asaricola Tai et Cheo　细辛生柄锈菌

Puccinia asarina Kuntze　细辛柄锈菌

Puccinia asiatica Syd.　亚洲柄锈菌

Puccinia asiatica var. tiarellae　见 *Puccinia tiarellicola* Hirats.

Puccinia asparagi DC.　天冬柄锈菌

Puccinia asparagi-lucidi Diet.　天门冬柄锈菌

Puccinia asperulae-aparines Picbauer　车叶草柄锈菌

Puccinia asperulae-japonicae Hara　日本猪草柄锈菌

Puccinia asperulae-odoratae Wurth　香猪草柄锈菌

Puccinia asteris　见 *Puccinia cnici-oleracei*

Puccinia atractylidis P. Syd. et H. Syd.　苍术柄锈菌（白术柄锈菌）

Puccinia atragenes W. Hausm.　赛铁线莲柄锈菌

Puccinia atrofusca (Dudl. et Thomps.) Holw.　黑棕柄锈菌

Puccinia atropuncta Peck et Clint.　黑斑柄锈菌

Puccinia aucta Berk. et Mull.　半边莲柄锈菌

Puccinia australis Körn.　南方柄锈菌

Puccinia austroyunnanica J. Y. Zhuang et S. X. Wei　滇南柄锈菌

Puccinia baicalensis Tranz.　贝加尔湖柄锈菌

Puccinia bambusarum　见 *Puccinia bambusicola*

Puccinia bambusicola Wei et J. Y. Zhuang　竹生柄锈菌

Puccinia barclayi Ahmad　巴克利柄锈菌

Puccinia bardanae　见 *Puccinia calcitrapae* var. *bardanae*

Puccinia baryi　见 *Puccinia brachypodii* var. *brachypodii*

Puccinia behenis (DC.) Otth　狗筋蔓柄锈菌

Puccinia belamcandae Diet.　射干柄锈菌

Puccinia benguetensis Syd.　本格特柄锈菌

Puccinia benokiyamensis Hirats.　边野喜山柄锈菌

Puccinia berberidis-trifoliae Diet. et Holw.　三叶小檗柄锈菌

Puccinia biporosa J. Y. Zhuang　双孔柄锈菌

Puccinia bistortae (Str.) DC.　拳参柄锈菌

Puccinia blasdalei　见 *Puccinia allii*

Puccinia bolleyana Sacc.　博利柄锈菌

Puccinia boreo-occidentalis Zhuang et Wei　西北柄锈菌

Puccinia brachybotrydis Körn.　短序花（山茄子）柄锈菌

Puccinia brachypodii Otth　短柄草柄锈菌

Puccinia brachypodii var. *arrhenatheri* (Kleb.) Cumm. et Greene　短柄草柄锈菌燕麦草变种

Puccinia brachypodii var. *brachypodii* Otth　短柄草柄锈菌原变种

Puccinia brachypodii var. *poae-nemoralis* Cumm. et Greene　短柄草柄锈菌林地早熟禾变种

Puccinia brachypodii-phoenicoidis Guy. et Mal.　非洲短柄草柄锈菌

Puccinia brachypodii-phoenicoidis var. *davisii* Cumm. et Greene　非洲短柄草柄锈菌戴维斯变种

Puccinia brachystachycola Hino et Katum.

短穗竹柄锈菌

Puccinia brandegei Peck 元胡柄锈菌

Puccinia brevicornis Ito 短角柄锈菌

Puccinia breviculmis Diet. 短杆苔草柄锈菌

Puccinia bromi-japonicae 见 *Puccinia recondita*

Puccinia bullata G. Wint. 见 *Puccinia angelicae* (Schum.) Fuck.

Puccinia bupleuri Rud. 紫胡柄锈菌

Puccinia bupleuri-falcati G. Wint. 见 *Puccinia bupleuri* F. Rud.

Puccinia burnettii Griff. 伯内特柄锈菌

Puccinia buxi DC. 黄杨柄锈菌

Puccinia cacaliae Kus. 蟹甲草柄锈菌

Puccinia cacao McAlp. 牛鞭草柄锈菌

Puccinia calcitrapae DC. 阿嘉菊柄锈菌

Puccinia calcitrapae DC. var. *bardanae* (Wallr.) Cumm. 阿嘉菊柄锈菌牛蒡变种

Puccinia calcitrapae DC. var. *calcitrapae* DC. 阿嘉菊柄锈菌原变种

Puccinia calcitrapae DC. var. *centaureae* (DC.) Cumm. 阿嘉菊柄锈菌矢车菊变种

Puccinia calthae Link 驴蹄草柄锈菌

Puccinia calthicola Schröt. 驴蹄草生柄锈菌

Puccinia calumnata Syd. 头巾状柄锈菌

Puccinia campanulae Carm. 风铃草柄锈菌

Puccinia campanumoeae Pat. 金钱豹柄锈菌

Puccinia canaliculata (Schw.) Lagerh. 纵沟柄锈菌

Puccinia cara Cumm. 华贵柄锈菌

Puccinia carduorum 见 *Puccinia calcitrapae* var. *centaureae*

Puccinia cari-bistortae Klebahn 见 *Puccinia bistortae* DC.

Puccinia caricicola Fuck. 苔草生柄锈菌

Puccinia caricina 见 *Puccinia caricis*

Puccinia caricis Rebent. 苔草柄锈菌

Puccinia caricis-amblyolepis Homma 钝鳞苔草柄锈菌

Puccinia caricis-asteris 见 *Puccinia dioicae*

Puccinia caricis-atropictae 见 *Puccinia saepta*

Puccinia caricis-brunneae Diet. 栗褐苔草柄锈菌

Puccinia caricis-conicae Homma 圆锥苔柄锈菌

Puccinia caricis-filicinae Barcl. 蕨叶苔草柄锈菌

Puccinia caricis-gibbae Diet. 穹隆苔草柄锈菌

Puccinia caricis-hancokianae Zhuang et Wei 点叶苔草柄锈菌

Puccinia caricis-japonicae Diet. 日本苔草柄锈菌

Puccinia caricis-lanceolatae Morim. 披针苔草柄锈菌

Puccinia caricis-lingii Zhuang 林氏苔草柄锈菌

Puccinia caricis-macrocephalae Diet. 大头苔草柄锈菌

Puccinia caricis-molliculae Syd. 软苔草柄锈菌

Puccinia caricis-montanae Fisch. 山地生苔草柄锈菌

Puccinia caricis-nubigenae Pad. et Khan 云雾苔草柄锈菌

Puccinia caricis-pilosae Miura 疏毛苔草柄锈菌

Puccinia caricis-pseudololiaceae Homma 假毒麦苔草柄锈菌

Puccinia caricis-rhizopodae Miura 根状柄苔草柄锈菌

Puccinia caricis-siderostictae Diet. 宽叶苔草柄锈菌

Puccinia caricis-thunbergii Homma 桑伯

格苔草柄锈菌

Puccinia caricola J. Y. Zhuang 葛缕子生柄锈菌

Puccinia carthami 见 *Puccinia calcitrapae* var. *centaureae*

Puccinia cenchri Diet. et Holw. 蒺藜草柄锈菌

Puccinia centaureae DC. 见 *Puccinia calcitrapae* DC. var. *centaureae*（DC.）Cumm.

Puccinia centellae M. M. Chen 积雪草柄锈菌

Puccinia centellae-asiaticae Wang et Zhuang 亚洲积雪草柄锈菌

Puccinia cesatii Schröt. 塞萨特柄锈菌［白羊草柄锈菌］

Puccinia cestri 见 *Chrysocyclus cestri*

Puccinia chaerophylii Purt. 细叶芹柄锈菌

Puccinia changtuensis Wang 昌都柄锈菌

Puccinia chelonopsidis Balfour-Browne 铃子香柄锈菌

Puccinia chrysanthemi Roze 菊柄锈菌［菊黑色锈病菌］

Puccinia chrysosplenii Grev. 金腰柄锈菌

Puccinia cicutae Lasch 毒芹柄锈菌

Puccinia cinnamomi Tai 樟柄锈菌

Puccinia cinnamomicola Cumm. 樟生柄锈菌

Puccinia circaeae Pers. 露珠草柄锈菌

Puccinia circaeae-caricis Hasl. 苔露珠草柄锈菌

Puccinia cirsii Lasch 见 *Puccinia calcitrapae* var. *centaureae*

Puccinia cirsii-maritimi Diet. 见 *Puccinia nishidana*

Puccinia citrata Syd. 柑橘柄锈菌

Puccinia citrina P. Syd. et Syd. 橘黄柄锈菌

Puccinia clematidicola Tai 铁线莲生柄锈菌

Puccinia clematidis-hayatae Saw. 旱田铁线莲柄锈菌

Puccinia clinopodii-polycephali S. X. Wei 灯笼草柄锈菌

Puccinia clintoniae-udensis Bub. 七筋菇柄锈菌

Puccinia clintonii Peck 克林顿柄锈菌

Puccinia cnici Mart. 蓟柄锈菌

Puccinia cnici-oleracei Pers. 蔬食蛇床柄锈菌

Puccinia collettiana Barcl. 科利特柄锈菌

Puccinia colquhouniae S. X. Wei 火把花柄锈菌

Puccinia colquhouniicola J. Y. Zhuang 火把花生柄锈菌

Puccinia commelinae 见 *Puccinia adhikarii*

Puccinia commelinae-benghalensis J. Y. Zhuang 孟加拉鸭跖草柄锈菌

Puccinia congesta Berk. et Br. 密集柄锈菌

Puccinia constata Syd. 山稗柄锈菌

Puccinia convolvuli（Pers.）Cast. 旋花柄锈菌

Puccinia conyzella Syd. 假蓬柄锈菌

Puccinia coronata Corda 冠柄锈菌［燕麦冠锈病菌］

Puccinia coronata var. *avenae* Fras. et Ledingh. 冠柄锈菌燕麦变种

Puccinia coronata var. *coronata* Corda 冠柄锈菌原变种

Puccinia coronata var. *himalensis* Barcl. 冠柄锈菌喜马拉雅变种

Puccinia coronifera 见 *Puccinia coronata*

Puccinia coronopsora Cumm. 冠痂柄锈菌

Puccinia corticioides 见 *Stereostratum corticioides*

Puccinia corylopsidis Cumm. 蜡瓣花柄

锈菌

Puccinia crandallii 见 *Puccinia festucae-ovinae*

Puccinia cremanthodii Zhuang et Wei 垂头菊柄锈菌

Puccinia crepidis Schröt. 还阳参柄锈菌

Puccinia crepidis-japonicae Diet. 黄鹌菜柄锈菌

Puccinia crepidis-montanae Magn. 高山还阳参柄锈菌

Puccinia culmicola 见 *Puccinia graminis*

Puccinia cuneata Diet. 楔形柄锈菌

Puccinia curcumae Ramakr. et Sund. 姜黄柄锈菌

Puccinia cymbopogonicola 见 *Puccinia nakanishikii*

Puccinia cymbopogonis 见 *Puccinia junggarensis*

Puccinia cynodontis Lacr. ex Desm. 狗牙根柄锈菌

Puccinia cyperi Arth. 莎草柄锈菌

Puccinia cyperi-iriae 见 *Puccinia caniculata*

Puccinia cyperi-pilosi Homma 毛轴莎草柄锈菌

Puccinia cyperi-tegetiformis (Henn.) Kern 咸水草柄锈菌

Puccinia delavayana Pat. et Har. 德拉瓦柄锈菌

Puccinia dendranthemae S. X. Wei et Y. C. Wang 菊柄锈菌

Puccinia deyeuxiae 见 *Puccinia coronata* var. *coronata*

Puccinia deyeuxiae-scabrescentis Wang et Wei 糙野青茅柄锈菌

Puccinia dianthi-japonici Henn. 日本石竹柄锈菌

Puccinia diarrhenae Miyabe et Ito 龙常草柄锈菌

Puccinia diclipterae Syd. 狗肝菜柄锈菌

Puccinia dieteliana Syd. 迪特尔柄锈菌

Puccinia dioicae Magn. 异株柄锈菌

Puccinia dioscoreae Kom. 薯蓣柄锈菌

Puccinia diphylleiae 见 *Puccinia podophylli* Schw.

Puccinia diplachnicola Diet. 双稃草生柄锈菌

Puccinia diplachnis 见 *Puccinia diplachnicola*

Puccinia dispersa 见 *Puccinia recondita*

Puccinia dispori Syd. 万寿竹柄锈菌

Puccinia distichlidis 见 *Puccinia roegneriae*

Puccinia dovrensis Blytt 多夫勒柄锈菌

Puccinia drabae Rud. 葶苈柄锈菌

Puccinia dracunculina 见 *Puccinia tanaceti* var. *dracunculina* (Fahrend.) Cumm.

Puccinia duplex Jørst. 二孔柄锈菌

Puccinia durrieui 见 *Puccinia adhikarii*

Puccinia duthiae Ell. et Tracy 毛蕊草柄锈菌

Puccinia echinopis DC. 蓝刺头柄锈菌

Puccinia ekmanii 见 *Puccinia fushunensis*

Puccinia elaeagni Yoshin. 胡颓子柄锈菌

Puccinia eleocharidis Arth. 荸荠柄锈菌

Puccinia elymi West. 披碱草柄锈菌

Puccinia elymina 见 *Puccinia graminis*

Puccinia elymi-sibirici 见 *Puccinia recondita*

Puccinia elytrariae Henn. 仰卧爵床柄锈菌

Puccinia emaculata 见 *Puccinia eragrostidis*

Puccinia emaculata Schw. 无斑柄锈菌

Puccinia emodensis 见 *Puccinia barclayi* S. Ahmad

Puccinia epigejos Ito 拂子茅柄锈菌

Puccinia epilobii DC. 柳叶菜柄锈菌

Puccinia epimedii Miyabe et Ito 淫羊藿柄锈菌

Puccinia eragrostidis Petch 画眉草柄锈菌

Puccinia eragrostidis-ferrugineae 见 *Puccinia eragrostidis*

Puccinia erebia Syd. 苦郎树柄锈菌

Puccinia erianthi 见 *Puccinia melanocephala*

Puccinia erigerontis-elongatae Y. C. Wang et S. J. Han 见 *Puccinia dovrensis* Blytt

Puccinia eriophori Thüm. 羊胡子草柄锈菌

Puccinia eritraeensis 见 *Puccinia pusilla*

Puccinia erythropus Diet. 红柄锈菌

Puccinia eulaliae 见 *Puccinia miscanthi*

Puccinia evodiae-trichotomae J. Y. Zhuang 山吴萸柄锈菌

Puccinia exelsa Barcl. 高大柄锈菌

Puccinia exhausta Diet. 耗损柄锈菌〔铁线莲锈菌〕

Puccinia expansa〔扩展柄锈菌〕见 *Puccinia glomerata*

Puccinia extensicola 见 *Puccinia dioicae*

Puccinia fagopyri 见 *Puccinia fagopyricola*

Puccinia fagopyricola (Barcl.) Jørst. 荞麦生柄锈菌

Puccinia ferruginea Lév. 锈色柄锈菌

Puccinia ferruginosa 见 *Puccinia cnicioleracei* Pers.

Puccinia ferulae-songoricae Tranz. et Erem. 准噶尔阿魏柄锈菌

Puccinia festucae Plowr. 狐茅柄锈菌

Puccinia festucae-ovinae Tai 羊茅柄锈菌

Puccinia filipodia 见 *Puccinia versicolor*

Puccinia fimbristylidis Arth. 飘拂草柄锈菌

Puccinia fimbristylidis-ferrugineae 见 *Puccinia kangrikarpoensis*

Puccinia flaccida Berk. et Br. 柔柄锈菌

Puccinia flammuliformis Hino et Katum. 焰状柄锈菌

Puccinia flavipes P. Syd. et Syd. 黄柄锈菌

Puccinia flosculosorum-hieracii 见 *Puccinia hieracii* (Röhl.) Mart.

Puccinia fraxini 见 *Macruropyxis fraxini*

Puccinia fuirenae 见 *Puccinia fuirenicola*

Puccinia fuirenicola Arth. 异花草生柄锈菌

Puccinia fukienensis 见 *Puccinia caricisgibbae*

Puccinia funkiae 见 *Puccinia hemerocallidis*

Puccinia fusca (Pers.) Wint. 银莲花柄锈菌

Puccinia fushunensis Hara 抚顺柄锈菌

Puccinia fusispora Syd. 梭孢柄锈菌

Puccinia galatica Syd. 见 *Puccinia calcitrapae* var. *centaureae*

Puccinia gentianae (F. Str.) Röhl. 龙胆柄锈菌

Puccinia geranii-doniani Zhuang et Wei 多氏老鹳草柄锈菌

Puccinia geranii-polyanthis J. Y. Zhuang 多蕊老鹳草柄锈菌

Puccinia gigantea Karst. 巨堆柄锈菌

Puccinia glechomatis DC. 活血丹柄锈菌

Puccinia glomerata Grev. 团集柄锈菌

Puccinia glumarum 见 *Puccinia striiformis* var. *striiformis*

Puccinia glyceriae Ito 甜茅柄锈菌

Puccinia glycyrrhizae Tai 甘草柄锈菌

Puccinia graminis Pers. 禾柄锈菌

Puccinia granulispora 见 *Puccinia allii*

Puccinia grossulariae 见 *Puccinia caricis*

Puccinia gyirongensis J. Y. Zhuang 吉隆柄锈菌

Puccinia gymnandrae Tranz. 兔耳草柄锈菌

Puccinia gymnandrae subsp. *yunnanensis* Savile 兔耳草柄锈菌云南亚种

Puccinia gymnantherae Tranz. 假络石柄

锈菌

Puccinia gypsophilae Liou et Wang 丝石竹柄锈菌

Puccinia hainanensis Zhuang et Wei 海南柄锈菌

Puccinia hakkodensis 见 *Puccinia clintoniae-udensis*

Puccinia haleniae Arth. et Holw. 花锚柄锈菌

Puccinia haloragidis Syd. 小二仙草柄锈菌

Puccinia hanyuenensis Tai 汉源柄锈菌

Puccinia harryana Jørst 哈里柄锈菌

Puccinia hashiokai Hirats. 桥冈柄锈菌

Puccinia heitoensis Ito et Mur. 屏东柄锈菌[番薯柄锈菌]

Puccinia helianthi Schw. 向日葵柄锈菌

Puccinia helictotrichi Jørst. 异燕麦柄锈菌

Puccinia hemerocallidis Thüm. 黄花莱柄锈菌

Puccinia hennopsiana Doidge 亨诺普斯柄锈菌

Puccinia henryana P. Syd. et Syd. 亨利柄锈菌

Puccinia heraclei-nepalensis Durrieu 尼泊尔独活柄锈菌

Puccinia heterocoloris M. M. Chen 异色柄锈菌

Puccinia heterospora Berk. et Curt. 异孢柄锈菌

Puccinia heucherae (Schw.) Diet. 矾根柄锈菌

Puccinia heucherae var. **chrysosplenii** 见 *Puccinia chrysosplenii*

Puccinia heucherae var. **saxifragae-micranthae** 见 *Puccinia saxifragae-micranthae* Barcl.

Puccinia hieracii (Röhl.) Mart. 山柳菊柄锈菌

Puccinia hierochloae Ito 茅香柄锈菌

Puccinia himalensis 见 *Puccinia coronata* var. *himalensis*

Puccinia holboelliae-latifoliae Cumm. 宽叶牛姆瓜柄锈菌

Puccinia hololeii Tranz. 全缘叶山柳菊柄锈菌

Puccinia hordei Otth 大麦柄锈菌[大麦叶锈病菌]

Puccinia horiana P. Henn. 堀氏(舟形)柄锈菌[菊白色锈菌]

Puccinia hsinganensis Miura 兴安柄锈菌

Puccinia hultenii Tranz. et Jørst. 赫尔顿柄锈菌

Puccinia humilicola Hasler 矮丛苔草生柄锈菌

Puccinia hyalina Diet. 透明柄锈菌

Puccinia hydrocotyles (Link) Cooke 天胡荽柄锈菌

Puccinia hyparrheniae Cumm. 苞茅柄锈菌

Puccinia hypoestis Saw. 枪刀药柄锈菌

Puccinia impatientis-uliginosae Tai 阴地凤仙柄锈菌

Puccinia inclusa P. Syd. et H. Syd. 隐生柄锈菌

Puccinia incompleta Syd. 不全柄锈菌

Puccinia infra-aequatorialis Jørst. 腰下孔柄锈菌

Puccinia inquinans-bardanae 见 *Puccinia calcitrapae* DC. var. *bardanae*

Puccinia invenusta H. et P. Syd. 不雅柄锈菌[芦苇锈病菌]

Puccinia ipomaeae 见 *Puccinia heitoensis* S. Ito et Mur.

Puccinia iridis Wallr. 鸢尾柄锈菌

Puccinia iridis var. *iridis* Wallr. 鸢尾柄锈菌原变种

Puccinia iridis var. *polyporis* Liu 鸢尾柄锈菌多孔变种

Puccinia isachnes Petch 柳叶箬柄锈菌

Puccinia ishikawai Ito 石氏柄锈菌

Puccinia isiacae（Thüm.）**Wint.** 北非芦苇柄锈菌

Puccinia iwateyamensis **Hirats.** 岩手山柄锈菌

Puccinia ixeridis-oldhamii 见 *Puccinia lactucae-debilis*

Puccinia jaceae-leporinae **Tranz.** 兔耳苔草柄锈菌

Puccinia japonica **Diet.** 日本柄锈菌

Puccinia jasmini-humilis **Jørst.** 矮探春柄锈菌

Puccinia joerstadii 见 *Puccinia barclayi*

Puccinia juncelli **Diet.** 水莎草柄锈菌

Puccinia junggarensis **Wei et J. Y. Zhuang** 准噶尔柄锈菌

Puccinia kangrikarpoensis **J. Y. Zhuang** 岗日嘎布柄锈菌

Puccinia karelica **Tranz.** 卡累利阿柄锈菌

Puccinia kawakamiensis **Kakishima** 哈氏柄锈菌

Puccinia komarovii **Tranz.** 科马罗夫柄锈菌

Puccinia kraussiana **Cooke** 克氏菝葜柄锈菌

Puccinia kuehnii **Butl.** 屈恩柄锈菌［甘蔗锈病菌］

Puccinia kusanoi **Diet.** 草野柄锈菌

Puccinia kwangsiana **Cumm.** 广西柄锈菌

Puccinia kwanhsienensis **Tai** 灌县柄锈菌

Puccinia kweichowana **Cumm.** 贵州柄锈菌

Puccinia kyllingiae-brevifoliae **Miura** 水蜈蚣柄锈菌

Puccinia lactucae 见 *Puccinia minussensis*

Puccinia lactucicola 见 *Puccinia minussensis*

Puccinia lactucae-debilis **Diet.** 低滩苦荬菜柄锈菌［剪刀股柄锈病菌］

Puccinia lactucae-denticulatae **Diet.** 苦荬菜柄锈菌

Puccinia lactucae-repentis **Miyabe et Miyabe ex H. Syd. et P. Syd.** 匍匐苦荬菜柄锈菌

Puccinia lagerheimiana 见 *Cleptomyces lagerheimianus*

Puccinia lakanensis 见 *Puccinia atragenes*

Puccinia lapsanae 见 *Puccinia variabilis var. lapsanae*

Puccinia lasiagrostis **Tranz.** 多毛剪股颖柄锈菌

Puccinia lateripes **Berk. et Ravenel** 侧柄柄锈菌［芦莉草锈病菌］

Puccinia lateritia **Berk. et Curt.** 砖红柄锈菌

Puccinia latimamma **Zhuang et Wei** 宽乳突柄锈菌

Puccinia lauricola **Cumm.** 月桂树生柄锈菌

Puccinia leioderma **Lindr.** 光壁（皮）柄锈菌

Puccinia lepturi **Hirats.** 细穗草柄锈菌

Puccinia leucadis **Syd.** 绣球防风柄锈菌

Puccinia leucocephala **Zhuang et Wei** 白头柄锈菌

Puccinia leucophaea **Syd. et Butl.** 淡灰柄锈菌［炮仗花锈病菌］

Puccinia leveillei **Mont.** 勒韦耶柄锈菌

Puccinia levigata（Syd. et Butl.）**Hirats.** 竹叶草柄锈菌

Puccinia levis（Sacc. et Bizz.）**Magn.** 光滑柄锈菌

Puccinia levis var. *goyazensis* **Ram. et Cumm.** 光滑柄锈菌犹太变种

Puccinia levis var. *levis* **Ram. et Cumm.** 光滑柄锈菌原变种

Puccinia levis var. *panici-sanguinalis* **Ram. et Cumm.** 光滑柄锈菌红黍变种

Puccinia levis var. *tricholaenae* **Ram. et Cumm.** 光滑柄锈菌红毛草变种

Puccinia liberta Kern 离生柄锈菌[荸荠锈病菌]

Puccinia ligulariae Thüm. 橐吾柄锈菌

Puccinia ligustici-jeholensis Zhuang et Wei 辽藁本柄锈菌

Puccinia ligusticola Miyabe 藁本生柄锈菌

Puccinia liliacearum Duby 绵枣儿柄锈菌

Puccinia limosae 见 *Puccinia caricis*

Puccinia linderae-setchuenensis J. Y. Zhuang 四川山胡椒柄锈菌

Puccinia lineariformis Syd. 线形柄锈菌

Puccinia linearis Berk. et Br. 线状柄锈菌

Puccinia linkii Klotzsch 林克柄锈菌

Puccinia lioui Zhuang 刘氏柄锈菌

Puccinia litseae (Pat.) Diet. et Henn. 木姜子柄锈菌

Puccinia litseae-elongatae J. Y. Zhuang 黄丹木姜子柄锈菌

Puccinia littoralis Rostr. 滨海柄锈菌

Puccinia lomatogonii Petr. 侧蕊柄锈菌

Puccinia longicornis Pat. et Har. 长角柄锈菌[刚竹锈病菌]

Puccinia longinqua Cumm. 长柄柄锈菌

Puccinia longirostris Kom. 长喙柄锈菌

Puccinia longirostroides Jørst. 拟长喙柄锈菌

Puccinia longissima Schröt. 极长柄锈菌

Puccinia lophatheri (H. et P. Syd.) Hirats. 淡竹叶柄锈菌

Puccinia luzulae Lib. 地杨梅柄锈菌

Puccinia lychnidis-miquelianae Diet. 女剪秋罗柄锈菌

Puccinia lycoctoni Fuck. 乌头柄锈菌

Puccinia lycoridicola Hirats. 石蒜生柄锈菌

Puccinia lyngbei Miura 林比柄锈菌

Puccinia lysimachiae Karst. 排草柄锈菌

Puccinia machili Cumm. 润楠柄锈菌

Puccinia machilicola Cumm. 润楠生柄锈菌

Puccinia magnusiana Köm. 马格纳斯柄锈菌

Puccinia malvaceanum Mont. 锦葵柄锈菌

Puccinia mammillata Schröt. 乳头状柄锈菌

Puccinia mandshurica Miura 东北柄锈菌

Puccinia mariscicola 见 *Puccinia hennopsiana*

Puccinia marisci-sieberiani 见 *Puccinia hennopsiana*

Puccinia maurea 见 *Puccinia saepta*

Puccinia medogensis J. Y. Zhuang 墨脱柄锈菌

Puccinia melanocephala Syd. et P. Syd. 黑头柄锈菌

Puccinia melanoplaca Syd. 黑根柄锈菌

Puccinia melicae (Erikss.) Syd. 臭草柄锈菌

Puccinia menthae Pers. 薄荷柄锈菌[薄荷锈病菌]

Puccinia metanarthecii Pat. 异纳茜菜柄锈菌

Puccinia microsora Körn. ex Fuck. 小堆柄锈菌

Puccinia microspora Diet. 小孢柄锈菌

Puccinia microstegii 见 *Puccinia benguetensis*

Puccinia millefolii 见 *Puccinia cnici-oleracei*

Puccinia minshanensis Zhuang et Wei 岷山柄锈菌

Puccinia minussensis Thüm. 米努辛柄锈菌

Puccinia miscanthi Miura 芒柄锈菌

Puccinia miscanthicola Tai et Cheo 芒生柄锈菌

Puccinia mitriformis Ito 僧帽状柄锈菌

Puccinia miyakei Syd. 三宅柄锈菌

Puccinia miyoshiana Diet. 三吉柄锈菌

Puccinia moiwensis Miura 藻岩山柄锈菌

Puccinia moliniae 见 *Puccinia australis*

Puccinia moliniicola 见 *Puccinia diplachnicola*

Puccinia molokaiensis Cumm. 莫洛凯柄锈菌

Puccinia morata Cumm. 秀美柄锈菌

Puccinia morigera Cumm. 桑疣柄锈菌

Puccinia moriokaensis Ito 盛冈柄锈菌

Puccinia morobeana Cumm. 莫罗贝柄锈菌

Puccinia muehlenbeckiae (Cooke) Syd. 竹节蓼柄锈菌

Puccinia mysorensis Syd. et Butl. 迈索尔柄锈菌

Puccinia nakanishikii Diet. 中锦柄锈菌

Puccinia namjagbarwana B. Li et J. Y. Zhuang 南迦巴瓦柄锈菌

Puccinia nanbuana Henn. 南布柄锈菌 [前胡柄锈菌]

Puccinia nasuensis 见 *Puccinia metanarthecii*

Puccinia negrensis 见 *Puccinia taiwaniana*

Puccinia neoporteri Hino et Katum. 新波特柄锈菌

Puccinia nepalensis Barcl. et Diet. 尼泊尔柄锈菌

Puccinia nepetae 见 *Puccinia schizonepetae*

Puccinia neyraudiae Syd. 类芦柄锈菌

Puccinia nigroconoidea Hito et Katum. 黑锥柄锈菌

Puccinia niitakensis 见 *Puccinia ainsliaeae*

Puccinia nipponica Diet. 东洋柄锈菌

Puccinia nishidana Henn. 西田柄锈菌

Puccinia nitida 见 *Puccinia barclayi*

Puccinia nitidula Tranz. 微亮柄锈菌

Puccinia nivea 见 *Polioma nivea*

Puccinia noli-tangeris 见 *Puccinia argentata*

Puccinia nothaphoebes J. Y. Zhuang 赛楠柄锈菌

Puccinia oahuensis Ell. et Ev. 瓦胡柄锈菌 [马唐柄锈菌]

Puccinia oblongata 见 *Puccinia luzulae*

Puccinia obscura Schröt. 不显柄锈菌

Puccinia obscura f. sp. *campestris* Gäum. 不显柄锈菌平原专化型

Puccinia obscura f. sp. *luzulinae* Gäum. 不显柄锈菌地杨梅专化型

Puccinia obscura f. sp. *multiflorae* Gäum. 不显柄锈菌多花专化型

Puccinia obscura f. sp. *niveae* Gäum. 不显柄锈菌雪白专化型

Puccinia obscura f. sp. *pilosae* Gäum. 不显柄锈菌具疏柔毛专化型

Puccinia obtecta Peck 覆盖柄锈菌

Puccinia obtegens (Link) Tul. 小疣柄锈菌

Puccinia oedopoda Zhuang 胀柄锈菌

Puccinia oedospora Zhuang 膨孢柄锈菌

Puccinia oenanthes T. Miyake 见 *Puccinia oenanthes-stoloniferae* S. Ito ex Tranz.

Puccinia oenanthes-stoloniferae Ito ex Tranz. 水芹柄锈菌 [水芹锈病菌]

Puccinia ohsawaensis Kakishima 大泽柄锈菌

Puccinia okatamaensis Ito 丘珠柄锈菌

Puccinia omeiensis Tai 峨眉柄锈菌

Puccinia operta Mundk. et Thirum. 隐生柄锈菌

Puccinia ophiopogonis Cumm. 沿阶草柄锈菌

Puccinia opizii Bub. 奥皮茨柄锈菌

Puccinia orbicula Peck et Clint. 圆形柄锈菌

Puccinia orchidearum-phalaridis Kleb. 手参柄锈菌

Puccinia orientalis（Syd.，Syd. et Butl.）Arth. et Cumm. 东方柄锈菌

Puccinia oreoselini Fuck. 山芹前胡柄锈菌

Puccinia oreosolenis J. Y. Zhuang 藏玄参柄锈菌

Puccinia orientalis Otani et Akechi 东方柄锈菌

Puccinia ornata Arth. et Holw. 饰顶柄锈菌

Puccinia osmorrhizae Cooke et Peck 香根芹柄锈菌

Puccinia otaniana Hirats. 大谷柄锈菌

Puccinia oxalidis Diet. et Ell. 酢浆草柄锈菌

Puccinia oxyriae Fuck. 山蓼柄锈菌

Puccinia pachycephala 见 *Puccinia metanarthecii*

Puccinia pachypes Syd. 粗柄柄锈菌

Puccinia padwickii Cumm. 帕氏柄锈菌

Puccinia paederiae Diet. 牛皮冻柄锈菌

Puccinia paihuashanensis 见 *Puccinia poarum*

Puccinia paludosa 见 *Puccinia caricis*

Puccinia panici-montani Ram. et Cumm. 山黍柄锈菌

Puccinia pappiana H. et P. Syd. 帕皮柄锈菌

Puccinia partheniicola 见 *Puccinia abrupta* var. *partheniicola*

Puccinia paspalina Cumm. 雀稗柄锈菌

Puccinia passerinii Schröt. 帕寒林柄锈菌

Puccinia patriniae Henn. 败酱柄锈菌

Puccinia peckianus 见 *Arthuriomyces peckianus*

Puccinia pelargonii-zonalis Doidge 天竺葵柄锈菌

Puccinia permixta P. et Syd. 混淆柄锈菌

Puccinia perplexans Plowr. 错综柄锈菌

Puccinia perplexans var. *triticina*（Erikss.）Urban 错综柄锈菌小麦变种

Puccinia persistens f. sp. *tritici* Shif. 宿存柄锈菌小麦专化型

Puccinia persistens Plowr. 宿存柄锈菌

Puccinia persistens subsp. *persistens* Plowr. 宿存柄锈菌原亚种

Puccinia pertenuis Ito 极薄柄锈菌

Puccinia petitianae Gjaerum 佩蒂特苔草柄锈菌

Puccinia phaenospermae Hino et Katum. 显子草柄锈菌

Puccinia phellopteri Syd. 珊瑚菜柄锈菌

Puccinia philippinensis H. et P. Syd. 菲律宾柄锈菌

Puccinia phlomidis Thüm. 糙苏柄锈菌

Puccinia phoebes-hunanensis J. Y. Zhuang 湘楠柄锈菌

Puccinia phragmidioides 见 *Puccinia cnici-oleracei*

Puccinia phragmitis（Schum.）Körn. 芦苇柄锈菌

Puccinia phyllostachydis Kus. 毛竹柄锈菌

Puccinia physospermopsis J. Y. Zhuang et Wei 滇芎柄锈菌

Puccinia pilearum Durrieu 冷水花柄锈菌

Puccinia pimpinellae（Str.）Röhl. 茴芹柄锈菌

Puccinia pimpinellae-brachycarpae Tranz. et Eremeeva 短果茴芹柄锈菌

Puccinia pittieriana Henn. 马铃薯锈菌

Puccinia platypoda H. Syd. 宽柄柄锈菌

Puccinia plectranthi Thüm. 香茶菜柄锈菌

Puccinia poae-nemoralis 见 *Puccinia brachypodii* var. *poae-nemoralis*

Puccinia poae-pratensis 见 *Puccinia coronata* var. *himalensis*

Puccinia poae-sudeticae 见 *Puccinia*

brachypodii var. *poae-nemoralis*

Puccinia poarum Niel. 早熟禾柄锈菌

Puccinia podophylli Schw. 鬼臼柄锈菌

Puccinia pogonatheri Petch 金发草柄锈菌

Puccinia poikilospora Cumm. 嵌孢柄锈菌

Puccinia polemonii Diet. et Holw. 花葱柄锈菌

Puccinia polliniae Barcl. 莠竹柄锈菌

Puccinia polliniae-imberbis 见 *Puccinia benguetensis*

Puccinia polliniae-quadrinervis Diet. 四脉金茅柄锈菌

Puccinia polliniicola Syd. 莠竹生柄锈菌

Puccinia polygoni-alpini Cruchet et Mayor 高山蓼柄锈菌

Puccinia polygoni-amphibii Pers. 两栖蓼柄锈菌

Puccinia polygoni-amphibii var. *convolvuli* Arth. 两栖蓼柄锈菌卷茎蓼变种

Puccinia polygoni-amphibii var. *polygoni-amphibii* 两栖蓼柄锈菌原变种

Puccinia polygoni-amphibii var. *polygoni-sieboldii* 见 *Puccinia polygoni-sieboldii*

Puccinia polygonic-alpini Cruchet et Nayor 高山蓼柄锈菌

Puccinia polygonicola Tai 蓼生柄锈菌

Puccinia polygoni-cyanandri Zhuang et Wei 蓝药蓼柄锈菌

Puccinia polygoni-lapathifolii T. Liou et Wang 酸模叶蓼柄锈菌

Puccinia polygoni-sieboldii (Hirats. f. et S. Kaneko) B. Li 箭叶蓼柄锈菌

Puccinia polygoni-vivipari 见 *Puccinia bistortae*

Puccinia polygoni-weyrichii Miyabe 韦氏蓼柄锈菌

Puccinia polysora Underw. 多堆柄锈菌〔玉米锈病菌〕

Puccinia polystegia 见 *Puccinia thwaitesii*

Puccinia porri 见 *Puccinia allii*

Puccinia porteri 见 *Puccinia neoporteri*

Puccinia praegracilis Arth. 极细柄锈菌

Puccinia premnae Henn. 腐婢柄锈菌

Puccinia prenanthis (Pers.) Fuck. 福王草(盘果菊)柄锈菌

Puccinia prenanthis-purpureae (DC.) Lindr. 紫盘果菊(紫褐五草)柄锈菌

Puccinia primulae Grev. 报春花柄锈菌

Puccinia psammochloae Wang 沙鞭柄锈菌

Puccinia pseudosphaeria Mont. 假球柄锈菌

Puccinia pternopetali J. Y. Zhuang 囊瓣芹柄锈菌

Puccinia pugiensis Tai 普吉柄锈菌

Puccinia pulchra Jørst. 美丽柄锈菌

Puccinia pulsatillae Kalchbr. 白头翁柄锈菌

Puccinia pulverulenta Grev. 粉末状柄锈菌

Puccinia punctata Link 斑点柄锈菌

Puccinia punctiformis Diet. et Holw. 斑形柄锈菌

Puccinia puritanica Cumm. 普里坦柄锈菌

Puccinia purpurea Cooke 紫柄锈菌〔高粱锈病菌〕

Puccinia pusilla P. et H. Syd. 小柄锈菌

Puccinia pygmaea Erikss. 矮柄锈菌

Puccinia pygmaea var. *ammophilina* Cumm. et Greene 矮柄锈菌固沙草变种

Puccinia pygmaea var. *angusta* Cumm. et Greene 矮柄锈菌狭窄变种

Puccinia pygmaea var. *major* Cumm. et Greene 矮柄锈菌大型变种

Puccinia pygmaea var. *minor* Cumm. et Greene 矮柄锈菌小型变种

Puccinia rangiferina Ito 鹿角柄锈菌

Puccinia recondita Rob. ex Desm. 隐匿

柄锈菌

Puccinia recondita f. sp. *agropyri* Arth.
隐匿柄锈菌冰草专化型

Puccinia recondita f. sp. *agropyrina*
Erikss. 隐匿柄锈菌大冰草专化型

Puccinia recondita f. sp. *agrostidis* Ou-
dem. 隐匿柄锈菌剪股颖专化型

Puccinia recondita. f. sp. *bromina* Erikss.
隐匿柄锈菌雀麦专化型

Puccinia recondita f. sp. *persistens* Plowr.
隐匿柄锈菌宿存专化型

Puccinia recondita f. sp. *secalis* Carl. 隐
匿柄锈菌黑麦专化型

Puccinia recondita f. sp. *triseti* Erikss.
隐匿柄锈菌三毛草专化型

Puccinia recondita f. sp. *tritici* Erikss. et
Henn. 隐匿柄锈菌小麦专化型〔小麦
叶锈病菌〕

Puccinia rhaetica E. Fischer 雷蒂亚柄锈
菌

Puccinia rhapontici Syd. 祁州漏卢柄锈
菌

Puccinia rhei-palmati B. Li 掌叶大黄柄
锈菌

Puccinia rhodiolae Berk. et Br. 红景天
柄锈菌

Puccinia rhynchosporae Syd. 刺子莞柄
锈菌

Puccinia ribis DC. 茶藨子柄锈菌

Puccinia ribis-japonici Henn. 日本茶藨
子柄锈菌

Puccinia roegneriae Zhuang et Wei 鹅观
草柄锈菌

Puccinia romagnoliana Maire et Sacc. 罗
马柄锈菌

Puccinia roscoeae Barcl. 象牙参柄锈菌

Puccinia rubiae-tataricae Syd. 鞑靼茜草
柄锈菌

Puccinia rubigo-vera 见 *Puccinia recondi-
ta*

Puccinia ruelliae（Berk. et Br.）Lagerh.

见 *Puccinia lateripes*

Puccinia rufipes Diet. 赤柄柄锈菌

Puccinia rugulosa Tranzschel 皱纹柄锈
菌

Puccinia rumicis-scutati var. muehlenbecki-
ae 见 *Puccinia muehlenbeckiae*

Puccinia rupestris Juel 石生苔草柄锈菌

Puccinia saepta Jørst. 周丝柄锈菌

Puccinia salviae Ung. 鼠尾草柄锈菌

Puccinia saniculae Grev. 变豆菜柄锈菌

Puccinia sasae Kus. 赤竹柄锈菌

Puccinia sasicola Hara 赤竹生柄锈菌

Puccinia saussureae Thüm. 风毛菊柄锈
菌

Puccinia saussureae-acrophyllae Wang
顶叶风毛菊柄锈菌

Puccinia saussureae-ussuriensis Liou et
Wang 乌苏里风毛菊野苦麻柄锈菌

Puccinia saxifragae Schlecht. 虎耳草柄
锈菌

Puccinia saxifragae-ciliatae Barcl. 腺毛
岩白菜柄锈菌

Puccinia saxifragae-micranthae Barcl.
小花虎耳草柄锈菌

Puccinia scabrida He et Kak. 糙壁柄锈
菌

Puccinia schedonnardii Kell. et Sw. 乱子
草柄锈菌

Puccinia schismi 见 *Puccinia hordei*

Puccinia schizonepetae Tranz. 裂叶荆芥
柄锈菌

Puccinia scimitriformis Cumm. 弯剑形
柄锈菌

Puccinia scirpi DC. 藨草柄锈菌

Puccinia scirpi-mucronati 见 *Puccinia
scirpi*

Puccinia scirpi-ternatani Hirats. 百穗藨
草柄锈菌

Puccinia scirpi-triqueteris 见 *Puccinia
scirpi*

Puccinia scleriae（Paz.）Arth. 珍珠茅

柄锈菌

Puccinia scleriae-dregeanae Doidge　德氏珍珠茅柄锈菌

Puccinia scleriicolas Arth.　珍珠茅生柄锈菌

Puccinia scorzonerae （ Schum. ）Jacky　鸦葱柄锈菌

Puccinia sedi Körn.　景天柄锈菌

Puccinia selini-carvifoliae Săvulescu　葛缕亮蛇床柄锈菌

Puccinia senecionis Lib.　千里光柄锈菌

Puccinia senecio-scandentis 见 *Puccinia cnici-oleracei*

Puccinia seposita Cumm.　细长柄锈菌

Puccinia septentrionalis Juel　北方柄锈菌

Puccinia sessilis Schn.　无柄柄锈菌

Puccinia setariae-forbesianae Tai　福勃狗尾草柄锈菌

Puccinia setariae-viridis Diet.　狗尾草柄锈菌

Puccinia shiraiana 见 *Puccinia elytrariae*

Puccinia sibirica Tranz.　西伯利亚柄锈菌

Puccinia sileris Voss.　防风柄锈菌

Puccinia silvatica 见 *Puccinia dioicae*

Puccinia silvaticella Arth. et Cumm.　小林柄锈菌

Puccinia simplex 见 *Puccinia hordei*

Puccinia sinarundinariae Zhuang et Wei　箭竹柄锈菌

Puccinia sinarundinariicola Zhuang et Wei　箭竹生柄锈菌

Puccinia singularis Magn.　单生柄锈菌

Puccinia sinica Syd.　中国柄锈菌

Puccinia sinicensis Cumm.　中华柄锈菌

Puccinia sinkiangensis Wang　新疆柄锈菌

Puccinia sinoborealis S. X. Wei et Y. C. Wang　华北柄锈菌

Puccinia smilacicola 见 *Puccinia smilacis-sempervirensis*

Puccinia smilacinae Syd. et Syd.　鹿药柄锈菌

Puccinia smilacis Schw.　菝葜柄锈菌

Puccinia smilacis-chinae 见 *Puccinia ferruginea*

Puccinia smilacis-sempervirentis Wang　常绿菝葜柄锈菌

Puccinia smilacis-sieboldii 见 *Puccinia smilacis-sempervirentis*

Puccinia sonchi Rob.　见 *Puccinia pseudosphaeria*

Puccinia sonchi-arvensis Tokun. et Kawai　野苦荬菜柄锈菌

Puccinia sorghi Schw.　高粱柄锈菌

Puccinia stauntoniae Tranz. et Diet.　野木瓜柄锈菌

Puccinia stellariae 见 *Puccinia arenariae*

Puccinia stellariicola 见 *Puccinia arenariae*

Puccinia stenospora J. Y. Zhuang et S. X. Wei　窄孢柄锈菌

Puccinia stephanachnes Cao，Qi et Li　冠毛草柄锈菌

Puccinia stichosora Diet.　条堆柄锈菌

Puccinia stipae Arth.　针茅柄锈菌

Puccinia stipae var. *stipina* （Tranz.）Greene et Cumm.　针茅柄锈菌叶柄变种

Puccinia stipae-sibiricae Ito　羽茅柄锈菌

Puccinia stipina 见 *Puccinia stipae*

Puccinia striiformis West.　条形柄锈菌〔小麦条锈病菌〕

Puccinia striiformis var. *striiformis* West.　条形柄锈菌原变种

Puccinia striiformis West. var. *dactylis* Mann.　条形柄锈菌鸭茅变种

Puccinia strobilanthis-flexicaulis Hirats. et Mur.　曲柄马兰柄锈菌

Puccinia subhyalina Tranz.　近明柄锈菌

Puccinia substriata Ell. et Barth.　寡纹柄锈菌

Puccinia subtegulanea 见 *Puccinia hennopsiana*

Puccinia swertiae Wint.　獐牙菜柄锈菌

Puccinia szechuanensis Jørst.　四川柄锈菌

Puccinia tahensis Tranz.　塔河柄锈菌

Puccinia taibaiana B. Li　太白柄锈菌

Puccinia taihaensis Hirats. et Hash.　舌唇兰柄锈菌

Puccinia taihokuensis Saw.　台北柄锈菌

Puccinia taiwaniana Hirats. et Hash.　台湾柄锈菌

Puccinia taliensis Tai　大理柄锈菌

Puccinia tanaceti DC.　艾菊柄锈菌

Puccinia tanaceti var. *dracumculina* (Fahrend.) Cumm.　艾菊柄锈菌狭叶青蒿变种

Puccinia tanaceti var. *tanaceti* DC.　艾菊柄锈菌原变种

Puccinia tangkuensis 见 *Puccinia aeluropodis*

Puccinia taraxaci 见 *Puccinia hieracii*

Puccinia tatarinovii Kom. et Tranz.　卵叶福五草(盘果菊)柄锈菌

Puccinia taylorii Balfour-Browne　泰勒柄锈菌

Puccinia tecta 见 *Puccinia saepta*

Puccinia tenella Hino et Katum.　娇嫩柄锈菌

Puccinia tenuis Burrill　纤细柄锈菌

Puccinia thaliae Diet.　美人蕉柄锈菌

Puccinia thesii-decurrentis Diet.　垂百蕊草柄锈菌

Puccinia thibetana J. Y. Zhuang　西藏柄锈菌

Puccinia thlaspeos Schub.　遏蓝菜柄锈菌

Puccinia thuemeniana W. Voss　蒂曼柄锈菌

Puccinia thwaitesii Berk.　思韦茨柄锈菌 [裹篱樵锈病菌]

Puccinia tianshanica Zhuang et Wei　天山柄锈菌

Puccinia tiarellicola Hirats.　黄水枝生柄锈菌

Puccinia tibetica 见 *Puccinia smilacinae*

Puccinia tinctoriicola Magn.　色麻花头生柄锈菌

Puccinia tokunagai Ito et Kawai　德永柄锈菌

Puccinia tokyensis Syd.　东京柄锈菌[鸭儿芹柄锈菌]

Puccinia tolimensis Mayor　托利马柄锈菌

Puccinia tossoensis Tokun. et Kawai　山牛蒡柄锈菌

Puccinia tranzschelii 见 *Puccinia glomerata*

Puccinia trautvetteriae Syd.　橄叶升麻柄锈菌

Puccinia triticina 见 *Puccinia recondita*

Puccinia trollii Karst.　金莲花柄锈菌

Puccinia tsinlingensis Wang　秦岭柄锈菌

Puccinia tupistrae Guo　开口箭柄锈菌

Puccinia umbilici Guépin　脐景天柄锈菌

Puccinia undulitunicata Zhuang et Wang　波壁柄锈菌

Puccinia universalis 见 *Puccinia atrofusca*

Puccinia uralensis Tranz.　[乌拉尔柄锈菌]见 *Puccinia cnici-oleracei*

Puccinia ustalis Berk.　黑褐柄锈菌

Puccinia vagans 见 *Puccinia pulverulenta*

Puccinia vaginatae Juel　具鞘苔草柄锈菌

Puccinia variabilis Grev.　多变柄锈菌

Puccinia variabilis Grev. var. *lapsanae* (Fuck.) Cumm.　多变柄锈菌稻槎菜变种

Puccinia variabilis Grev. var. *variabilis* Grev.　多变柄锈菌原变种

Puccinia varians 见 *Puccinia cynodontis*

Puccinia variiformis Pat.　变形柄锈菌

Puccinia velutina Kakishima et Sato　毡毛柄锈菌

Puccinia veratri (DC.) Duby　藜芦柄锈

菌

Puccinia veratricola 见 *Puccinia ophio-pogonis*

Puccinia veronicae J. Schröt. 婆婆纳柄锈菌

Puccinia veronicae-longifoliae Savile 长尾婆婆纳柄锈菌

Puccinia veronicarum DC. 威灵仙柄锈菌

Puccinia versicolor Diet. et Holw. 变色柄锈菌

Puccinia vesiculosa Schlecht. 多疱柄锈菌

Puccinia viburnicola J. Y. Zhuang 荚蒾生柄锈菌

Puccinia violae (Schum.) **DC.** 堇菜柄锈菌

Puccinia violae-reniformis 见 *Puccinia violae*

Puccinia virgae-aureae (DC.) **Lib.** 毛果一枝黄花柄锈菌

Puccinia vivipari Jørst. 珠芽蓼柄锈菌

Puccinia vomica Thüm. 溃疡柄锈菌

Puccinia waldsteiniae Curt. 林石草柄锈菌

Puccinia wangiana Zhuang et Wei 王氏柄锈菌

Puccinia wattiana Barcl. 沃蒂柄锈菌

Puccinia wenchuanensis 见 *Puccinia septentrionalis*

Puccinia wulingensis B. Li 雾灵柄锈菌

Puccinia xanthii Schw. 苍耳柄锈菌

Puccinia xanthosperma H. et P. Syd. 黄孢柄锈菌

Puccinia yaramesuge Homma 隐果苔草柄锈菌

Puccinia yokogurae Henn. 横仓柄锈菌

Puccinia yunnanensis Tai 云南柄锈菌

Puccinia zingiberis Ramakr. 姜柄锈菌

Puccinia ziziphorae P. Syd. et H. Syd. 新塔花柄锈菌

Puccinia zoysiae Diet. 结缕草柄锈菌

Pucciniastrum Otth 膨痂锈菌属［F］

Pucciniastrum aceris Syd. 槭膨痂锈菌

Pucciniastrum actinidae Hirats. 猕猴桃膨痂锈菌

Pucciniastrum agrimoniae (Diet.) **Tranz.** 龙牙草膨痂锈菌

Pucciniastrum boehmeriae P. et Syd. 苎麻膨痂锈菌［苎麻锈病菌］

Pucciniastrum castaneae Diet. 栗膨痂锈菌［栗锈病菌］

Pucciniastrum circaeae (Wint.) **Speg.** 露珠草膨痂锈菌

Pucciniastrum clemensiae Arth. et Cumm. 黄荆膨痂锈菌

Pucciniastrum coriariae Diet. 马桑膨痂锈菌

Pucciniastrum corni Diet. 梾木膨痂锈菌

Pucciniastrum coryli Kom. 榛膨痂锈菌［榛锈病菌］

Pucciniastrum epilobii Otth 柳叶草膨痂锈菌

Pucciniastrum formosanum Saw. 台湾膨痂锈菌

Pucciniastrum galii (Link) **Fisch.** 猪殃殃膨痂锈菌

Pucciniastrum gentianae Hirats. et Hash. 成胆膨痂锈菌

Pucciniastrum goeppertianum Kleb. 冷杉膨痂锈菌

Pucciniastrum hikosanense Hirats. 红槭膨痂锈菌

Pucciniastrum hydrangeae-petiolaridis Hirats. 藤绣球膨痂锈菌

Pucciniastrum malloti Hirats. 野桐膨痂锈菌

Pucciniastrum potentillae Kom. 委陵菜膨痂锈菌

Pucciniastrum pyrolae Diet. ex Arth. 蔍蹄草膨痂锈菌

Pucciniastrum rubiae (Kom.) **Jørst.** 茜

草膨痂锈菌

Pucciniastrum styracinum Hirats. 安息香膨痂锈菌

Pucciniastrum tiliae Miyabe et Hirats. 椴膨痂锈菌[椴树锈病菌]

Pucciniastrum vaccinii （Wint.）**Jørst.** 越桔膨痂锈菌

Pucciniosira Lagerh. 链柄锈菌属[F]

Pucciniosira pallidula （Speg.）**Lagerh.** 淡白链柄锈菌

Pucciniosira triumfettae Lagerh. 刺蒴麻链柄锈菌

Pucciniostele Tranz. et Kom. 两型锈菌属[F]

Pucciniostele clarkiana （Barcl.）**Diet.** 落新妇两型锈菌

Pucciniostele hashiokai （Hirats.）**Cumm.** 桥冈两型锈菌

Pucciniostele mandshurica Diet. 东北两型锈菌

Puerto Rico cowpea mosaic virus 见 *Cowpea severe mosaic virus Comovirus*

Pulvinula Boud. 垫盘菌属[F]

Pulvinula globifera Le -Gal 球状垫盘菌

Pulvinula guizhouensis Liu 贵州垫盘菌

Pulvinula minor Liu 微小垫盘菌

Pulvinula orichalcea Rifai 铜黄垫盘菌

pumpkin mosaic virus 见 *Squash mosaic virus Comovirus*

Pumpkin yellow vein mosaic virus （**PYVMV**） 西葫芦黄脉花叶病毒

Punctodera Mulvey et Stone 斑皮线虫属[N]

Punctodera chalcoensis Stone，Sosa Moss 查尔科斑皮线虫

Punctodera matadorensis Mulvey et Stone 麦太多斑皮线虫

Punctodera punctata （Thorne）**Mulvey et Stone** 刻点斑皮线虫

Punctodera ratzebergensis Mulvey et Stone 拉策堡斑皮线虫

Punctoleptus Khan 小刻点线虫属[N]

Punctoleptus rotundicaudatus Khan 圆尾小刻点线虫

Pungentus Thorne et Swanger 螯线虫属[N]

Pungentus fagi Vinciguerra et Giannetto 山毛榉螯线虫

Pungentus juglensi Mahajan 胡桃螯线虫

Purple granadilla mosaic virus 紫百香果花叶病毒

Pycnoporus Karst. 密孔菌属[F]

Pycnoporus avenae Ito et Kurib. 燕麦密孔菌

Pycnostysanus Lindau 密束梗孢属[F]

Pycnostysanus azaleae （Peck）**Mason** 杜鹃密束硬孢[杜鹃芽枯病菌]

Pyrenochaeta de Not. 棘壳孢属[F]

Pyrencochaeta lycopersici Schneid. 番茄棘壳孢

Pyrencochaeta nipponica Hara 东洋棘壳孢

Pyrencochaeta oryzae Shirai 稻棘壳孢[水稻叶鞘黑点病菌]

Pyrencochaeta ribi-idaei Cavara 覆盆子棘壳孢

Pyrenophora Fr. 核腔菌属[F]

Pyrenophora avenae （Eid.）**Ito et Kurib.** 燕麦核腔菌[燕麦叶枯病菌]

Pyrenophora bromi Drechs. 雀麦核腔菌

Pyrenophora graminea （Rabenk.）**Ito et Kurib.** 麦类核腔菌[大麦条纹病菌]

Pyrenophora teres （Died.）**Drechsler** 圆核腔菌[大麦网斑病菌]

Pyrenophora trichostoma （Fr.）**Fuck.** 毛嘴核腔菌

Pyrenophora tritici-repentis （Died.）**Drechsler** 偃麦草核腔菌

Pyrenophora tritici-vulgaris Dickson 小麦核腔菌[小麦梭斑病菌]

Pyricularia Sacc. （＝*Piricularia*） 梨孢属[F]

Pyricularia cannaecola Hashioka　美人蕉生梨孢

Pyricularia costi（Saw.）**Ito**　闭鞘姜梨孢

Pyricularia depressum（Berkeley et Broome）**Sacc.**　平压梨孢

Pyricularia grisea（Cooke）**Sacc.**　灰梨孢[谷瘟病菌]

Pyricularia higginsii Luttrell　希氏梨孢

Pyricularia higginsii var. *poonensis* Thirumalachar, Kulkarai et Patel　希氏梨孢浦那变种

Pyricularia leersiae（Sawada）**Ito**　李氏禾梨孢

Pyricularia oryzae Cav.　稻梨孢[稻瘟病菌]

Pyricularia pallidum（Oud.）**Zhang et Zhang**　苍白梨孢

Pyricularia panici Hara　黍梨孢

Pyricularia panici-paludosi（Saw.）**Ito**　水生黍梨孢

Pyricularia setariae Nishikado　粟梨孢

Pyricularia zingiberi Nishikado　姜梨孢

Pyronema Carus　火丝菌属[F]

Pyronema confluens　见 *Pyronema omphalodes*

Pyronema domestica（Sow.）**Sacc.**　砖火丝菌

Pyronema omphalodes（Bull.）**Fuck.**　烧土火丝菌

Pythiacystis citrophthora　见 *Phytophthora citrophthora*

Pythiogeton Minden　类腐霉属[C]

Pythiogeton dichotomum Tokunaga　二叉类腐霉[二叉亚腐霉,稻苗绵腐病菌]

Pythiogeton nigrescens A. Batko　黑类腐霉

Pythiogeton ramosum Minden　多枝类腐霉[稻苗烂秧、腐败病菌]

Pythiogeton sterile Hamid　不孕类腐霉

Pythiogeton transversum Minden　横向类腐霉

Pythiogeton uniforme Lund　球囊类腐霉[稻苗烂秧、腐败病菌]

Pythiogeton utriforme Minden　球囊类腐霉

Pythiogeton zeae Jee, H. H. Ho et W. D. Cho　玉蜀黍类腐霉

Pythiomorpha Petersen　类疫霉属[C]

Pythiomorpha fischeriana Höhnk　苔类疫霉

Pythiomorpha miyabeana Ito et Nagai　宫部类疫霉[稻苗烂秧、腐败病菌]

Pythiomorpha oryzae Ito et Nagai　稻类疫霉[稻苗烂秧、腐败病菌]

Pythiomorpha undulata　见 *Pythium undulatum*

Pythium Pringsh.　腐霉属[C]

Pythium acanthicum Drechsler　棘腐霉[西瓜、豌豆、茄根腐、猝倒病菌]

Pythium acanthophoron Sideris　刺器腐霉

Pythium acrogynum Y. N. Yu　顶生腐霉[大麦、人参根腐病菌]

Pythium actinosphaerii T. Brandt　星球状腐霉

Pythium adhaerens Sparrow　黏腐霉[甘蔗根腐病菌]

Pythium aftertile Kanouse et Humphrey　无性腐霉[水稻、甘蔗绵腐病菌]

Pythium akanense Tokun.　寒湖腐霉

Pythium allantocladon　见 *Pythium vexans*

Pythium amasculinum Y. N. Yu　孤雌腐霉

Pythium anandrum Drechsler　无雄腐霉

Pythium anguillulae Sadeb.　鳗形腐霉

Pythium anguillulae-aceti Sadeb.　醋线虫腐霉

Pythium angustatum Sparrow　狭囊腐霉

Pythium aphanidermatum（Edson）Fitzpatrick　瓜果腐霉[辣椒等猝倒、根腐病菌]

Pythium apleroticum Tokun.　卵悬腐霉

Pythium aquatile Höhnk　浮游腐霉[番

茄、毛樱桃幼苗猝倒病菌〕

Pythium aristosporum Vanterpool 芒孢腐霉〔粟根褐腐病菌〕

Pythium arrhenomanes Drechsler 强雄腐霉〔玉米、甘蔗、谷子根褐腐病菌〕

Pythium arrhenomanes var. *arrhenomanes* Drechsler 玉米腐霉原变种

Pythium arrhenomanes var. canadense 见 *Pythium arrhenomanes*

Pythium arrhenomanes var. *philippinensis* Roldan 强雄腐霉菲律宾变种〔玉蜀黍根腐病菌〕

Pythium artotrogus 见 *Pythium hydnosporum*

Pythium artotrogus var. artotrogus 见 *Pythium hydnosporum*

Pythium artotrogus var. macracan 见 *Pythium hydnosporium*

Pythium australe Shahzad 南方腐霉

Pythium betae Takahashi 甜菜腐霉〔甜菜根腐病菌〕

Pythium boreale R. L. Duan 北方腐霉

Pythium buismaniae Plaäts-Nit. 布以腐霉〔亚麻根腐病菌〕

Pythium butleri 见 *Pythium aphanidermatum*

Pythium cactacearum Preti 仙人掌腐霉

Pythium canariense B. Paul 加那利腐霉

Pythium capillosum B. Paul 帽腐霉

Pythium capillosum var. *capillosum* B. Paul 帽腐霉原变种

Pythium capillosum var. *helicoides* B. Paul 帽腐霉螺卷状变种

Pythium carbonicum B. Paul 炭腐霉

Pythium carolinianum Matthews 卡地腐霉〔澳洲坚果幼苗根腐病菌〕

Pythium catenulatum Matthews 链状腐霉〔胡萝卜根腐病菌〕

Pythium caudatum 见 *Lagenidium caudatum*

Pythium chamaehyphon Sideris 地丝腐霉

Pythium characearum de Wild. 轮藻腐霉〔轮藻腐烂病菌〕

Pythium chlorococci Lohde 绿球藻腐霉〔绿球藻腐烂病菌〕

Pythium chondricola de Cock 鹿角菜腐霉〔鹿角菜腐烂病菌〕

Pythium circumdans 见 *Pythium debaryanum*

Pythium coloratum Vaartaja 色孢腐霉〔松苗猝倒病菌〕

Pythium complectens 见 *Pythium vexans*

Pythium complens A. Fisch. 满腐霉

Pythium conidiophorum Jokl 孢梗腐霉

Pythium connatum Y. N. Yu 壁合腐霉

Pythium contiguanum B. Paul 邻近腐霉

Pythium cryptogynum B. Paul 隐匿腐霉

Pythium cucumerinum Bakhariev 黄瓜腐霉〔黄瓜腐烂病菌、瓜类腐烂病菌〕

Pythium cucurbitacearum Takim. 南瓜腐霉〔南瓜猝倒、根腐病菌〕

Pythium cyctosiphon Lindstedt 管囊腐霉〔无根萍腐烂病菌〕

Pythium cylindrosporum B. Paul 柱孢腐霉

Pythium dactyliferum Drechsler 枝生腐霉

Pythium daphnidarum Peter. 瑞香腐霉〔瑞香根腐病菌〕

Pythium debaryanum Hesse 德巴利腐霉〔蚕豆、稻苗绵腐、枯萎病菌〕

Pythium debaryanum var. *debaryanum* Hesse 德巴利腐霉原变种

Pythium debaryanum var. *pelargonii* Hans A. Braun 德巴利腐霉天竺葵变种

Pythium debaryanum var. *viticola* Jain 德巴利腐霉葡萄生变种

Pythium debaryi (J. Walz) Racib. 德巴利腐霉

Pythium deliense Meurs 德里腐霉〔烟草、玉米茎烧、根腐病菌〕

Pythium destruens Shipton 白腐霉

Pythium diacarpum E. J. Butler 波旋腐霉

Pythium diameson Sideris 直腐霉

Pythium dichotomum P. A. Dang. 二叉
腐霉

Pythium diclinum Tokunaga 异丝腐霉
［稻苗绵腐病菌］

Pythium dictyospermum Racib. 网卵腐霉

Pythium dimorphum Hendrix et Campbell
二型腐霉［火炬松根腐病菌］

Pythium dissimile Vaartaja 异状腐霉

Pythium dissotocum Drechsler 宽雄腐霉
［桃树、甘蔗、山核桃根腐病菌］

Pythium drechsleri B. Paul 德氏腐霉

Pythium echinocarpum Ito et Tokun. 针
棘腐霉［稻苗绵腐病菌］

Pythium elongatum Matthews 缺性腐霉，
小刺腐霉［莲藕腐败病菌］

Pythium epigynum Höhnk 上位腐霉

Pythium equiseti 见 *Pythium debaryanum*

Pythium erinaceum J. A. Robertson 猴头
菌腐霉

Pythium euthyphon 见 *Pythium vexans*

Pythium fabae G. M. Cheney 蚕豆腐霉

Pythium falciforme Yuan et Lai 镰雄腐
霉

Pythium fecundum Wahrlich 能育腐霉

Pythium ferax de Bary 能育腐霉

Pythium fimbriatum De la Rue 毛嘴腐霉

Pythium flavoense Plaäts-Nit. 淡黄腐霉

Pythium fluminum Park 河流腐霉

Pythium fluminum var. *flavum* D. Park
河流腐霉淡黄绿变种

Pythium fluminum var. *fluminum* D.
Park 河流腐霉原变种

Pythium folliculosum B. Paul 菁葵腐霉

Pythium fragariae M. Takah. et Kawase
草莓腐霉

Pythium gibbosum De Wild. 偏肿腐霉

Pythium globosum J. Walz 球腐霉

Pythium glomeratum B. Paul 密投腐霉

Pythium gracile 见 *Pythium monospermum*

Pythium graminicola Subramanian 禾生

腐霉［玉米、蚕豆苗枯、根腐病菌］

Pythium graminicola var. *graminicola*
禾生腐霉原变种

Pythium haplomitrii 见 *Pythium ultimum*

Pythium helicandrum Drechsler 旋雄腐
霉［小酸模根腐病菌］

Pythium helicoides Drechsler 旋柄腐霉
［大丽花、豌豆根腐、猝倒病菌］

Pythium helicum Ito 旋卷腐霉［稻苗绵腐
病菌］

Pythium hemmianum Takahashi 逸见腐
霉［黄瓜、丝瓜根腐、猝倒病菌］

Pythium hydnosporum （Montagne）
Schröter 齿孢腐霉［苎麻、马铃薯块茎
腐败病菌］

Pythium hydrodictyorum de Wildeman
水网藻腐霉［水网藻腐烂病菌］

Pythium hypoandrum Yu et Wang 下雄
腐霉

Pythium hypogynum Middleton 同丝腐霉

Pythium imperfectum Cornu 不全腐霉

Pythium imperfectum Höhnk 不全腐霉

Pythium incertum Renny 变盖腐霉

Pythium indicum 见 *Pythium deliense*

Pythium indigoferae Butler 木兰腐霉
［木兰叶枯病菌］

Pythium inflatum Matthews 肿囊腐霉
［玉米青枯病菌］

Pythium insidiosum De Cock，L. Mend.，
A. A. Padhye 内腐霉

Pythium intermedium de Bary 间型腐霉
［蚕豆、菜豆、豌豆根腐病菌、猝倒病菌］

Pythium irregulare Buisman 畸雌腐霉
［菠菜、姜根腐病菌］

Pythium irregulare var. *hawaiiense* Buis-
man 畸雌腐霉夏威夷变种

Pythium irregulare var. *irregulare* Sideris
畸雌腐霉原变种

Pythium iwayamai Ito 岩山腐霉［麦类根
腐病菌］

Pythium kunmingense Y. N. Yu 昆明腐

霉

Pythium lobatum S. Rajagop. et K. Ra-
makr.　片裂腐霉

Pythium longandrum B. Paul　长腐霉

Pythium lucens Ali-Shtayeh　亮腐霉

Pythium lutarium Ali-Shtayeh　淤泥腐霉

Pythium macrosporum Vaartaia et Plaäts-
Nit.　大孢腐霉［观赏植物根腐病菌］

Pythium mamillatum Meurs　乳突腐霉
［甜菜、天竺葵根腐病菌］

Pythium marinum Sparrow　滨海腐霉

Pythium maritimum Höhnk　马丁腐霉

Pythium marsipium Drechsler　袋囊腐霉
［睡莲叶腐败病菌］

Pythium mastophorum Drechsler　乳状腐
霉

Pythium mastosporum Vaartaja et Plaäts-
Nit.　乳孢腐霉

Pythium megacarpum B. Paul　大果腐霉

Pythium megalacan　见 *Pythium buismaniae*

Pythium megalacan var. callistephi　见
Pythium buismaniae

Pythium megalacan var. megalacan　见
Pythium buismaniae

Pythium middletoni S. Rajagop. et K. Ra-
makr.　奇雄腐霉

Pythium middletonii Sparrow　奇雄腐霉
［蓖麻猝倒病菌］

Pythium minor Ali-Shtayeh　小腐霉

Pythium monospermum Pringsheim　简囊
腐霉［稻苗、烟草根腐病菌］

Pythium montanum Nechw.　山地腐霉

Pythium multisporum Poitras　多孢腐霉

Pythium mycoparasiticum Deacon, Laing
et Berry　真菌寄生腐霉

Pythium myriotyum Drechsler　群结腐霉
［姜、花生根腐病菌］

Pythium nagaii Ito et Tokun.　长井腐霉
［稻苗根腐病菌］

Pythium nanningense Lai et Yuan　南宁腐霉

Pythium oligandrum Drechsler　寡雄腐霉

［白菜、辣椒、大黄冠腐、猝倒病菌］

Pythium orthogonon Ahrens　直立腐霉
［玉米腐霉］

Pythium oryzae Ito et Tokun.　［稻苗绵腐
病］见 *Pythium dissotocum*

Pythium palmivora　见 *Phytophthora
palmivora*

Pythium palmivorum Butler　棕榈腐霉
［椰子腐败病菌］

Pythium paroecandrum Drechsler　侧雄腐
霉［大葱根腐病菌］

Pythium perigynosum　见 *Pythium dissoto-
cum*

Pythium periilum Drechsler　周雄腐霉［芸
薹根腐病菌］

Pythium periplocum Drechsler　缠器腐霉
［周雄腐霉，棉花、西瓜枯萎、蒂腐病菌］

Pythium perplexum Kouyeas et Theohari
无序腐霉［韭菜腐败病菌］

Pythium piperinum　见 *Pythium vexans*

Pythium plurisporium Abad, Shew, Grand
et Lucas　多孢腐霉［剪股颖根腐病菌］

Pythium polyandrum　见 *Pythium myrio-
tyum*

Pythium polymorphon　见 *Pythium irreg-
ulare*

Pythium polypapillatum Ito　多突腐霉
［小麦根腐病菌］

Pythium porphyrae Takahashi et Sasaki
［紫菜腐霉，紫菜赤腐病菌］

Pythium prolatum Campb. et Hendrix　伸
长腐霉

Pythium proliferatum Paul　层出腐霉

Pythium pulchrum Minden　绚丽腐霉

Pythium pyrilobum Vaartaja　梨囊腐霉

Pythium radiosum B. Paul　放射腐霉

Pythium ramificatum B. Paul　分枝腐霉

Pythium reptans　见 *Pythium monosper-
mum*

Pythium rhizosaccharum Singh, Mathew,
Masihet Paul　竿糖腐霉

Pythium rostratum Butler 喙腐霉[稻苗腐败病菌]

Pythium salpingophorum Drechsler 号柄腐霉[蚕豆号柄根腐病菌]

Pythium salinum Höhnk 盐腐霉

Pythium scleroteichum Drechsl. 硬核腐霉

Pythium sinense Yu 中国腐霉[辣椒、番茄腐败病菌]

Pythium spinosum Sawada 刺腐霉[黄瓜、马尾松猝倒病菌、根腐病菌,金鱼草猝倒病菌]

Pythium splendens A. Braun 华丽腐霉[油茶、西番莲幼苗猝倒病菌]

Pythium splendens var. *hawaianum* Sideris 华丽腐霉哈瓦变种

Pythium subhyalinum Rehm 近透明腐霉

Pythium subtile Wahrlich 精细腐霉

Pythium sukuiense Ko, Shin Wang et Ann 苏库腐霉

Pythium sulcatum Prott et Mitchell 槽腐霉[胡萝卜根腐病菌]

Pythium sylvaticum Compb et Hendrix 树林腐霉

Pythium sylvaticum W. A. Campb. et F. F. Hendrix 森林腐霉

Pythium tardicrescens Vanterpool 缓生腐霉[甘蔗、小麦褐色根腐病菌]

Pythium tenue Gobi 黄腐霉

Pythium teratosporon Sideris 三孢腐霉

Pythium terrestris Paul 陆生腐霉

Pythium thalassium Atkins 海绿腐霉

Pythium toruloides Paul 簇状腐霉

Pythium torulosum Coker et Patterson 簇囊腐霉[黑松、小麦猝倒、根腐病菌]

Pythium tracheiphilum Matta 萎蔫腐霉

Pythium uladhum Park 乌拉腐霉

Pythium ultimum Trow 终极腐霉[蚕豆、豆薯、大豆等苗枯、猝倒、枯萎病菌]

Pythium ultimum var. *sporangiiferum* Drechsler 终极腐霉孢囊变种

Pythium ultimum var. *ultimum* Trow 终极腐霉原变种

Pythium uncinulatum van der Plaäts-Nit, Niterink et Blok 倒钩腐霉[莴苣根腐病菌]

Pythium undulatum Petersen 波状腐霉[白睡莲、黄萍蓬草叶腐败病菌]

Pythium undulatum var. *litorale* Höhnk 波状腐霉海岸变种

Pythium undulatum var. *undulatum* Petersen 波状腐霉原变种

Pythium utriforme Cornu 胞果状腐霉

Pythium vanterpoolii Kouyeas et Kouyeas 范特腐霉

Pythium vexans de Bary 钟器腐霉[马铃薯、茶叶猝倒病菌]

Pythium vexans var. *minutum* Mer et Khulbe 钟器腐霉较小变种

Pythium vexans var. *vexans* de Bary 钟器腐霉原变种

Pythium violae Chesters et Hickman 堇菜腐霉[堇菜腐败病菌]

Q

Quail pea mosaic virus Comovirus (QPMV) 鹌豌豆花叶病毒

Quince stunt virus 见 *Apple chlorotic leaf spot virus Trichovirus*

Quinisulcius Siddiqi　五沟线虫属[N]

Quinisulcius cacti　见　*Tylenchorhynchus cacti*

Quinisulcius himalayae **Nahajan**　喜马拉

雅五沟线虫

Quinisulcius punici **Gupta et Uma**　石榴五沟线虫

Quinisulcius solani **Maqbool**　茄五沟线虫

R

Radiciseta **Saw. et Kats.**　根毛孢属[F]

Radiciseta blechni **Saw. et Kats.**　根毛孢

Radish enation mosaic virus　见　*Radish mosaic virus Comovirus*

Radish mosaic virus Comovirus（RaMV）萝卜花叶病毒

Radish P virus　见　*Turnip mosaic virus Potyvirus*（TuMV）

Radish vein clearing virus Potyvirus（RaVCV）萝卜脉明病毒

Radish wild virus（RWV）野生萝卜病毒

Radish yellow edge virus Alphacryptovirus（RYEV）萝卜黄边病毒

radish yellows virus　见　*Beet western yellows virus Polerovirus*

Radopholoides **de Guiran**　拟穿孔线虫属[N]

Radopholoides laevis **Colbran**　光滑拟穿孔线虫

Radopholoides triversus **Minagawa**　三沟拟穿孔线虫

Radopholus **Thorne**　穿孔线虫属[N]

Radopholus allius **Shahina et Maqbool**　葱穿孔线虫

Radopholus behningi　见　*Hirschmanniella behningi*

Radopholus brassicae **Shahina et Maqbool**　芜菁穿孔线虫

Radopholus citri **Machon et Bridge**　柑橘

穿孔线虫

Radopholus citriphilus **Huettel，Dichson et Kaplan**　嗜柑橘穿孔线虫

Radopholus gracilis　见　*Hirschmanniella gracilis*

Radopholus inaequalis　见　*Neoradopholus inaequalis*

Radopholus mucronata　见　*Hirschmanniella mucronata*

Radopholus neosimilis　见　*Neoradopholus neosimilis*

Radopholus oryzae（van Breda de Haan）**Thorne**　水稻穿孔线虫

Radopholus similis（Cobb）**Thorne**　相似穿孔线虫

Radopholus zostericola　见　*Hirschmanniella zostericola*

rai mosaic virus　见　*Ribgrass mosaic virus Tobamovirus*

Ralstonia **Yabuuchi et al.**　劳尔氏菌属[B]

Ralstonia pickettii（Ralston et al.）**Yabuuchi et al.**　匹克劳尔氏菌

Ralstonia solanacearum（Smith）**Yabuuchi et al.**　茄劳尔氏菌[茄青枯病菌]

Ralstonia syzygii（Roberts et al.）**Vaneechoutte et al.**　蒲桃劳尔氏菌

Ralstonia taiwanensis **Chen et al.**　台湾劳尔氏菌

Ramularia Ung.　柱隔孢属［F］

Ramularia aequivoca Sacc.　等柱隔孢

Ramularia alismatis Fautr.　泽泻柱隔孢

Ramularia angustissima Sacc.　极细柱隔孢

Ramularia anomala Peck　异形柱隔孢

Ramularia areola Atk.　白斑柱隔孢［棉柱隔孢］

Ramularia armoraciae Fuck.　萝卜白斑柱隔孢

Ramularia balcanica Bub. et Ranoj.　巴尔干柱隔孢

Ramularia betae Rostrup　甜菜柱隔孢

Ramularia beticola Fautr. et Lambotte　甜菜生柱隔孢［甜菜叶斑病菌］

Ramularia boehmeriae Fujiwara　苎麻柱隔孢［苎麻根腐病菌］

Ramularia carthami Zaprometov　红花柱隔孢

Ramularia citrifolia Saw.　柑橘叶柱隔孢

Ramularia colcosporii Sacc.　鞘柄锈柱隔孢

Ramularia decipiens Ell. et Ev.　酸模柱隔孢

Ramularia destructans Zinss.　锈腐柱隔孢

Ramularia euccans Magn.　柳兰柱隔孢

Ramularia filaris Fres.　似线柱隔孢

Ramularia fragariae Peck　草莓柱隔孢

Ramularia harai Henn.　商陆柱隔孢

Ramularia leonuri Sacc. et Fenz　益母草柱隔孢

Ramularia lithospemmi Petr.　紫草柱隔孢

Ramularia lobeliae Saw.　半边莲柱隔孢

Ramularia panacicola Zinss.　宿人参柱隔孢

Ramularia puerariae Saw.　葛柱隔孢

Ramularia punctiformis　（Schlecht.）Höhn.　斑点形柱隔孢

Ramularia ranunculi（Schröt.）Peck　毛茛柱隔孢

Ramularia robusta Hildebr.　粗壮柱隔孢

Ramularia rufomaculans Peck　红斑柱隔孢

Ramularia rumicis-crispi Saw.　皱叶酸模柱隔孢

Ramularia satittariae Bres.　慈姑柱隔孢

Ramularia sonchi Fautr.　苦苣菜柱隔孢

Ramularia tulasnei Sacc.　杜拉柱隔孢

Ramularia valerianae（Speg.）Sacc.　缬草柱隔孢

Ramularia variegata Ell. et Holw.　杂色柱隔孢

Ramularia veronicae Fuck.　婆婆纳柱隔孢

Ramularia violae Trail　堇菜柱隔孢

Ramularia viticis Syd.　牡荆柱隔孢

Ramulispora Miura　座枝孢属［F］

Ramulispora alloteropsidis Thirum. et Naras.　毛颖草座枝孢

Ramulispora sorghi（Ell. et Ev.）Olive et Lefeb.　高粱座枝孢［高粱煤纹病菌］

Ramulispora sorghicola Harris　高粱生座枝孢［高粱紫轮斑（黑点）病菌］

Ranunculus mosaic virus　见 *Ranunculus mottle virus Potyvirus*

Ranunculus mottle virus Potyvirus（RanMV）　毛茛（属）斑驳病毒

Ranunculus repens symptomless virus Nucleorhabdovirus（RaRSV）　匍枝毛茛无症病毒

Ranunculus white mottle virus Ophiovirus（RWMV）　匍枝毛茛白斑驳病毒

Rape mosaic Chinese virus（RaMCV）　油菜花叶中国病毒

Raphanus virus Nucleorhabdovirus（RaV）　萝卜（属）病毒

raspberry black necrosis virus　见 *Black raspberry necrosis virus*

Raspberry bushy dwarf virus Idaeovirus（RBDV）　悬钩子丛矮病毒

R

raspberry chlorotic virus 见 *Raspberry vein chlorosis virus Nucleorhabdovirus*

Raspberry leaf curl virus Luteovirus（RLCV） 悬钩子曲叶病毒

raspberry line-pattern virus 见 *Raspberry bushy dwarf virus Idaeovirus*

Raspberry ringspot virus Nepovirus（RpRSV） 悬钩子环斑病毒

raspberry Scottish leaf curl virus 见 *Raspberry ringspot virus Nepovirus*

Raspberry vein chlorosis virus Nucleorhabdovirus（RVCV） 悬钩子脉褪绿病毒

raspberry yellow dwarf virus 见 *Arabis mosaic virus Nepovirus*

raspberry yellow mosaic virus 见 *Rubus yellow net virus Badnavirus*

raspberry yellows virus 见 *Raspberry bushy dwarf virus Idaeovirus*

Rathayibacter Zgurskaya，Evtushenko，Akimov et al. 拉塞氏杆菌属[B]

Rathayibacter caricis Dorofeeva et al. 苔草拉塞氏杆菌[苔草叶瘿病菌]

Rathayibacter festucae Dorofeeva et al. 紫羊茅拉塞氏杆菌[紫羊茅叶瘿病菌]

Rathayibacter iranicus（ex Scharif）**Zgurskaya et al.** 伊朗拉塞氏杆菌[伊朗小麦蜜穗病菌]

Rathayibacter rathayi（Smith）**Zgurskaya et al.** 拉氏拉塞氏杆菌[鸭茅蜜穗病菌]

Rathayibacter toxicus（Riley et Ophel）**Sasaki et al.** 产毒拉塞氏杆菌

Rathayibacter tritici（Hutchinson）**Zgurskaya et al.** 小麦拉塞氏杆菌[小麦蜜穗病菌]

Ravenelia Berk. 伞锈菌属[F]

Ravenelia atrides Syd. 扁担杆伞锈菌

Ravenelia bella Cumm. et Baxt. 雏菊伞锈菌

Ravenelia brevispora Hirats. et Hash. 短孢伞锈菌

Ravenelia corbula Baxt. 笼套伞锈菌

Ravenelia cumminsii Baxt. 卡密斯伞锈菌

Ravenelia formosana Syd. 台湾伞锈菌

Ravenelia glandulosa Berk. et Curt. 腺体伞锈菌

Ravenelia hobsonii Cooke 霍布森伞锈菌

Ravenelia holway Diet. 何氏伞锈菌

Ravenelia indigoferae Tranz. 木兰伞锈菌

Ravenelia indigoferae-scabridae Tai 腺毛槐蓝伞锈菌

Ravenelia japonica Diet. et Syd. 日本伞锈菌[合欢锈病菌]

Ravenelia laevis Diet. et Holw. 光伞锈菌

Ravenelia macrocapitula Tai 巨头伞锈菌

Ravenelia mexicana Tranz. 墨西哥伞锈菌

Ravenelia millettiae Hirats. et Hash. 鸡血藤伞锈菌

Ravenelia minima Cooke 极小伞锈菌

Ravenelia ornata Syd. 相思子伞锈菌

Ravenelia sessilis Berk. 无柄伞锈菌[白格锈病菌]

Ravenelia spegazziniana Lindq. 斯派格伞锈菌

Ravenelia stevensii Arth. 曙南芥伞锈菌

Ravenelia tephrosiicola Hirats. 灰针生伞锈菌

Red clover 2 Betacryptovirus 见 *Red clover cryptic virus 2 Betacryptovirus*

Red clover cryptic virus 2 Betacryptovirus（RCCV-2） 红三叶草潜隐 2 号病毒

Red clover mosaic virus Nucleorhabdovirus（RCMV） 红三叶草花叶病毒

Red clover mottle virus Comovirus（RCMoV） 红三叶草斑驳病毒

Red clover necrotic mosaic virus Dianthovirus（RCNMV） 红三叶草坏死花叶

病毒

Red clover vein mosaic virus Carlavirus（RCVMV） 红三叶草脉花叶病毒

red currant mosaic virus 见 *Tomato ringspot virus Nepovirus*（ToRSV）

red currant necrotic ringspot virus 见 *Prunus necrotic ringspot virus Ilarvirus*

red currant ringspot virus 见 *Raspberry ringspot virus Nepovirus*

Red pepper cryptic virus 1 Alphacryptovirus（RPCV-1） 红辣椒隐潜 1 号病毒

Red pepper cryptic virus 2 Alphacryptovirus（RPCV-2） 红辣椒隐潜 2 号病毒

Reesia Fisch 异壶菌属[F]

Reesia amoeboides Fisch 裸异壶菌[浮萍、紫萍肿胀病菌]

Reesia cladophorae Fisch 刚毛藻异壶菌[刚毛藻异壶病菌]

Rehmannia virus X Potexvirus（RVX） 地黄(属)X 病毒

Rembrandt tulip breaking virus（ReTBV） 伦布兰特郁金香碎色病毒

Reoviridae 呼肠孤病毒科[V]

Rhabarber Mosaik Virus 见 *Arabis mosaic virus Nepovirus*

Rhabdoviridae 弹状病毒科[V]

Rhadinaphelenchus Goodey 细杆滑刃线虫属[N]

Rhadinaphelenchus cocophilus（Cobb）**Goodey** 椰子细杆滑刃线虫[椰子红环腐病原]

Rheosporangium aphanidermatum 见 *Pythium aphanidermatum*

Rhipidium Cornu 囊轴霉属[C]

Rhipidium attenuatum Kanouse 渐窄囊轴霉[山楂囊轴霉病菌、果腐病菌]

Rhipidium europaeum f. sp. attenuatum Kanouse 变细囊轴霉[山楂果腐病菌]

Rhizidium A. Braun 根壶菌属[F]

Rhizidium aciforme Zopf 针状根壶菌[衣藻根壶病菌]

Rhizidium algaecolum Zopf 藻生根壶菌[藻类根壶病菌]

Rhizidium appendiculatum Zopf 疣顶根壶菌[衣藻根壶病菌]

Rhizidium catenatum Dang 链状根壶菌[细弱丽藻根壶病菌]

Rhizidium cienkowaskianum Zopf 墨西哥根壶菌[刚毛藻根壶病菌]

Rhizidium confervae-glomeratae Sorokin 丝团根壶菌[刚毛藻根壶病菌]

Rhizidium euglenae Dang. 多主根壶菌[裸藻根壶病菌、畸形病菌]

Rhizidium fusus Zopf 富苏根壶菌[钟杆藻根壶菌、畸形病菌]

Rhizidium intestinum Schenk 内根壶菌[轮藻根壶病菌、畸形病菌]

Rhizidium mycophilum A. Braun 根壶菌[胶毛藻根壶病菌、畸形病菌]

Rhizidium schenkii Dang. 申克根壶菌[藻类根壶病菌、畸形病菌]

Rhizidium vernale Zopf 春季根壶菌[衣藻根壶病菌、畸形病菌]

Rhizidium westii Mass. 伟氏根壶菌[刚毛藻根壶病菌、畸形病菌]

Rhizidium xylophilum（Cornu）**Dangeard** 嗜木根壶菌[榛根畸形病菌]

Rhizobacter Goto et Kuwata 根杆菌属[B]

Rhizobacter dauci［= R. daucus］**Goto et Kuwata** 胡萝卜根杆菌

Rhizobacter daucus 见 *Rhizobacter dauci*

Rhizobium Frank 根瘤菌属[B]

Rhizobium larrymoorei Young 见 *Agrobacterium larrymoorei*

Rhizobium leguminosarum（Frank）**Frank** 豌豆根瘤菌

Rhizobium loti Jarvis et al. 百脉根根瘤菌

Rhizobium lupini（Schroeter）**Eckhardt et al.** 羽扇豆根瘤菌

Rhizobium radiobacter 见 *Agrobacterium radiobacter*

R

Rhizobium rhizogenes 见 *Agrobacterium rhizogenes*

Rhizobium rubi 见 *Agrobacterium rubi*

Rhizobium tumefaciens 见 *Agrobacterium tumefaciens*

Rhizobium vitis 见 *Agrobacterium vitis*

Rhizoctonia de Candolle 丝核菌属[F]

Rhizoctonia cerealis vander Hoeven 禾谷丝核菌[小麦纹枯病菌]

Rhizoctonia crocorum Fr. 紫纹羽丝核菌[芦笋立枯病菌]

Rhizoctonia fragariae Husain et McKeen 草莓花枯萎病菌

Rhizoctonia microsclerotia Matz. 小菌核丝核菌

Rhizoctonia oryzae Ryk. et Gooch 稻枯斑丝核菌

Rhizoctonia solani Kühn 茄丝核菌

Rhizoctonia violacea Tul. 紫色丝核菌

Rhizoctonia zeae Voorh. 玉蜀黍丝核菌

Rhizomonas van Bruggen，Jochimsen et Brown 根单胞菌属[B]

Rhizomonas suberifaciens 见 *Sphingomonas suberifaciens*

Rhizonema Cid Del Prade Vera, Lownsbery et al. 根线虫属[N]

Rhizonema sequoiae Cid Del Prade Vera Lownsbery 红杉根线虫

Rhizophlyctis A. Fischer 根囊壶菌属[F]

Rhizophlyctis mastigotrichis (Nowak.) Fischer 鞭毛藻根囊壶菌[鞭毛藻畸形病菌]

Rhizophlyctis tolypotrichis Zukal 单歧藻根囊壶菌[单歧藻畸形病菌]

Rhizophlyctis vorax (Strasb.) A. Fischer 吞噬根囊壶菌[衣藻畸形病菌]

Rhizophydium Schenk 根生壶菌属[F]

Rhizophydium achnanthis Friedmann 弯杆藻根生壶菌[弯杆藻肿胀病菌]

Rhizophydium agile (Zopf) A. Fischer 快游根生壶菌[膨胀色球藻肿胀病菌]

Rhizophydium barkerianum (Arch.) A. Fischer 巴克根生壶菌[双星藻肿胀病菌]

Rhizophydium chrysopyxids Scherffel 萝卜藻根生壶菌[萝卜藻肿胀病菌]

Rhizophydium cladophorae (Kobay. et Ook.) Sparrow 刚毛藻根生壶菌[刚毛藻肿胀病菌]

Rhizophydium codicola Zeller 海松生根生壶菌[海松肿胀病菌]

Rhizophydium coleochaetes (Nowak.) A. Fischer 鞘毛藻根生壶菌[鞘毛藻肿胀病菌]

Rhizophydium contractophilum Canter 喜空球藻根生壶菌[喜空球藻肿胀病菌]

Rhizophydium cyclotellae Zopf 小环藻根生壶菌[小环藻肿胀病菌]

Rhizophydium dicksonii Wright 迪克逊根生壶菌[水蕴肿胀病菌]

Rhizophydium drabae Lüdi 葶苈根生壶菌[葶苈肿胀病菌]

Rhizophydium echinatum (Dang.) A. Fischer 刺孢根生壶菌[薄甲藻肿胀病菌]

Rhizophydium eudorinae Hood 空球藻根生壶菌[空球藻肿胀病菌]

Rhizophydium fragilariae Canter 脆杆藻根生壶菌[脆杆藻肿胀病菌]

Rhizophydium gibbosum (Zopf) A. Fischer 囊突根生壶菌[柱孢鼓藻、柱形鼓藻肿胀病菌]

Rhizophydium globosum (Braun) Schroeter 球囊根生壶菌[鼓藻、等片藻根生壶病菌]

Rhizophydium hormidii Skvortsov 线藻根生壶菌[柔线藻、绿转板藻根生壶病菌]

Rhizophydium hyalobryonis Canter 环壳藻根生壶菌[环壳藻肿胀病菌]

Rhizophydium hyalothecae Scherffer 三角藻根生壶菌[三角藻肿胀病菌]

Rhizophydium melosirae Friedman 直链

藻根生壶菌[直链藻肿胀病菌]

Rhizophydium minutum Atkinson　小根生
壶菌[转板藻根生壶病菌]

Rhizophydium oedogonii Richter　鞘藻根
生壶菌[鞘藻肿胀病菌]

Rhizophydium oscillatoriae-rubescentis
Jaag et Nipkow　微红颤藻根生壶菌[颤
藻肿胀病菌]

Rhizophydium ovatum Couch　卵形根生
壶菌[拟根囊壶菌,毛枝藻肿胀病菌]

Rhizophydium parasiticum Shen et Siang
寄生根壶菌[鞘藻肿胀病菌]

Rhizophydium planktonicum Canter　硅藻
根生壶菌[硅藻肿胀病菌]

Rhizophydium sphaerocarpum（Zopf）A.
Fischer　球囊根生壶菌[鞘藻肿胀病菌]

Rhizophydium sphaerocystidis Canter　圆
球藻根生壶菌[圆球藻肿胀病菌]

Rhizophydium spirotaeniae（Scherff.）
Sparrow　螺带藻根生壶菌[螺带藻肿胀
病菌]

Rhizophydium sporoctonum（Braun）Ber-
lese et de Toni　宽嘴根生壶菌[鞘藻肿
胀病菌]

Rhizophydium vacucheriae de Wild.　无
隔藻根生壶菌[无隔藻肿胀病菌]

Rhizopodopsis Boedijn　拟根前毛菌属
[F]

Rhizopodopsis javensis Boedijn　爪哇拟
根前毛菌[胡颓子落果腐败病菌]

Rhizopus Ehrenb.　根霉属[F]

Rhizopus apiculatus McAlp.　尖孢根霉
[洋李软腐病菌]

Rhizopus arrhizus A. Fisch.　少根霉[唐
菖蒲球茎软腐病菌]

Rhizopus artocarpi Raciborski　波罗蜜根
霉[波罗蜜果腐病菌]

Rhizopus batatas Nakazawa　甘薯根霉
[甘薯软腐病菌]

Rhizopus betivorus 见 *Rhizopus oryzae*

Rhizopus cambodja 见 *Rhizopus oryzae*

Rhizopus delemar 见 *Rhizopus arrhizus*

Rhizopus elegans（Eidam）Berlese et de
Toni　雅致根霉[蚕豆、豌豆、玉米腐烂
病菌]

Rhizopus japonicus Vuillem　日本根霉
[稻颖壳腐败病菌]

Rhizopus necans Mass.　尼坎根霉[百合
软腐病菌]

Rhizopus nigricans（Ehrenberg）Vuill　黑
根霉[果类、蔬菜、甘薯软腐病菌]

Rhizopus oligosporus Saito　少孢根霉[水
稻腐败病菌]

Rhizopus oryzae Went et Geerl.　米根霉
[水稻腐败、桃软腐、甘薯软腐病菌]

Rhizopus schizans McAlpine　深裂根霉
[桃软腐病菌]

Rhizopus sinensis Saito　中国根霉[小麦腐
败病菌]

Rhizopus stolonifer（Ehrenb.）Vuill.　匍
枝根霉[软腐根霉,甘薯软腐病菌、桃黑
霉病菌]

Rhizopus tamari Saito　溜根霉[大豆根霉
病菌]

Rhizopus tonkinensis Vuillemin　越南根
霉[稻根腐病菌]

Rhizopus tritici Saito　小麦根霉[小麦根
腐病菌]

Rhizopus umbellatus Smith　伞形根霉[三
叶草根腐、软腐病菌]

Rhizosiphon Scherff.　管根壶菌属[F]

Rhizosiphon anabaenae（Rodhe et Skuja）
Canter　项圈藻管根壶菌[项圈藻管根
壶病菌]

Rhizosiphon crassum Scherffel　粗糙管根
壶菌[蓝绿藻管根壶菌病菌]

Rhizosphaera Mangin et Hariot　根球孢
属[F]

Rhizosphaera oudemansii Maubl.　奥氏根
球孢

Rhizosphaera pini（Cad.）Maubl　松根球
孢

R

Rhodococcus **Zopf** 红球菌属[B]

Rhodococcus fascians (Tilfold) **Goodfellow** 带化红球菌[香豌豆带化病菌]

Rhododendron necrotic ringspot virus Potexvirus (RoNRSV) 杜鹃花坏死环斑病毒

Rhodotorula **Harr.** 红酵母属[F]

Rhodotorula aurantiaca (Saito) **Lodd.** 橙黄红酵母

Rhodotorula aurea (Saito) **Lodd.** 金黄红酵母

Rhodotorula colostri (Cast.) **Lodd.** 初乳红酵母

Rhodotorula corallina (Saito) **Harr.** 珊瑚红酵母

Rhodotorula flava (Saito) **Lodd.** 黄红酵母

Rhodotorula glutinis (Fres.) **Harr.** 黏红酵母

Rhodotorula graminis **di Menna** 牧草红酵母

Rhodotorula longissima **Lodd.** 长形红酵母

Rhodotorula marina **Phaff et al.** 海滨红酵母

Rhodotorula minuta (Saito) **Harr.** 小红酵母

Rhodotorula mucilaginosa (Jörg.) **Harr.** 胶红酵母

Rhodotorula pallida **Lodd.** 浅红酵母[红银耳病菌]

Rhodotorula pilimanae **Hedr. et Burke** 果蝇红酵母

Rhodotorula rubra (Demme) **Lodd.** 深红酵母

Rhodotorula sanguinea **Harr.** 血红酵母

Rhodotorula sinensis **Lee** 中国红酵母

Rhopalanthe virus Y Potyvirus 石斛兰 Y 病毒

Rhopalocnemis **Jungh.** 盾片蛇菰属（蛇菰科）[P]

Rhopalocnemis phalloides **Jungh.** 盾片蛇菰

rhubarb mosaic virus 见 *Arabis mosaic virus Nepovirus*

Rhubarb temperate virus Alphacryptovirus (RTV) 大黄和性病毒

Rhubarb virus 1 Potexvirus (RV‐1) 大黄 1 号病毒

rhubarb virus 5 见 *Strawberry latent ringspot Sadwavirus*

Rhynchosia golden mosaic virus Begomovirus 鹿藿(属)金花叶病毒

Rhynchosia mosaic virus Begomovirus (RhMV) 鹿藿(属)花叶病毒

Rhynchosporium **Heinsen ex Frank** 喙孢属[F]

Rhynchosporium graminicola **Heinson** 禾生喙孢[大麦云纹病菌]

Rhynchosporium orthosporum **Cald.** 直孢喙孢

Rhynchosporium oryzae **Hash. et Yok.** 稻喙孢[稻云形病菌，稻云纹病菌]

Rhynchosporium secalis (Oudem.) **Davis** 黑麦喙孢[禾草云纹病菌]

Rhysotheca obducens 见 *Plasmopara obducens*

Rhysotheca umbelliferarum 见 *Plasmopara angelicae*

Rhysotheca viticola 见 *Plasmopara viticola*

Rhytisma **Fr.** 斑痣盘菌属[F]

Rhytisma acerinum (Pers.) **Fr.** 槭斑痣盘菌[五角枫漆斑病菌、槭树漆斑病菌]

Rhytisma lonicericola **Henn.** 忍冬生斑痣盘菌

Rhytisma punctatum (Pers.) **Fr.** 斑痣盘菌[槭树漆斑病菌]

Rhytisma rhododendri **Fr.** 杜鹃斑痣盘菌

Rhytisma rhododendri-oldhamii **Saw.** 直丝斑痣盘菌

Rhytisma salicinum **Fr.** 柳斑痣盘菌

Rhytisma shiraiana **Hemmi et Kurata** 白井氏斑痣盘菌

Rhytisma urticae（Wallr.）**Rehm** 荨麻斑痣盘菌

Ribgrass mosaic virus Tobamovirus（RMV） 长叶车前花叶病毒

ribgrass strain of tobacco mosaic virus 见 *Ribgrass mosaic virus Tobamovirus*

Rice black streaked dwarf virus Fijivirus（RBSDV） 稻黑条矮缩病毒

Rice bunchy stunt virus Phytoreovirus（RBSV） 稻簇矮病毒

Rice dwarf virus Phytoreovirus（RDV） 稻矮缩病毒

Rice gall dwarf virus Phytoreovirus（RGDV） 稻瘤矮病毒

rice giallume virus 见 *Barley yellow dwarf virus Luteovirus*

Rice grassy stunt virus Tenuivirus（RGSV） 稻草状矮化病毒

Rice hoja blanca virus Tenuivirus（RHBV） 稻白叶病毒

rice infectious gall virus 见 *Rice ragged stunt virus Oryzavirus*

rice leaf yellowing virus 见 *Rice tungro spherical virus Waikavirus*

Rice necrosis mosaic virus Bymovirus（RNMV） 稻坏死花叶病毒

rice penyakit habeng virus 见 *Rice tungro spherical virus Waikavirus*

rice penyakit mentek virus 见 *Rice tungro spherical virus Waikavirus*

Rice ragged stunt virus Oryzavirus（RRSV） 稻齿矮病毒

rice rosette Philippines virus 见 *Rice grassy stunt virus Tenuivirus*

rice rosette virus 见 *Rice grassy stunt virus Tenuivirus*

Rice stripe necrosis virus Furovirus（RSNV） 稻条纹坏死病毒

Rice stripe virus Tenuivirus（RSV） 稻条纹病毒

Rice transitory yellowing virus 见 *Rice yellow stunt virus Nucleorhabdovirus*

Rice tungro bacilliform virus Tungrovirus（RTBV） 稻东格鲁杆状病毒

Rice tungro spherical virus Waikavirus（RTSV） 稻东格鲁球状病毒

rice waika virus 见 *Rice tungro spherical virus Waikavirus*

Rice wilted stunt virus Tenuivirus（RWSV） 稻萎矮化病毒

rice yellow leaf virus 见 *Rice tungro spherical virus Waikavirus*

Rice yellow mottle virus Sobemovirus（RYMV） 稻黄斑驳病毒

rice yellow orange leaf virus 见 *Rice tungro bacilliform virus Tungrovirus*

Rice yellow stunt virus Nucleorhabdovirus（RYSV） 稻黄矮化病毒

Rigidoporus **Murr.** 硬孔菌属［F］

Rigidoporus crocatus（Pat.）**Ryv.** 黄色硬孔菌［软革硬孔菌］

Rigidoporus lignosus（Klotzsch）**Imaz.** 木硬孔菌［橡胶白根病菌］

Rigidoporus lineatus（Pers.）**Ryv.** 平丝硬孔菌

Rigidoporus microporus（Fr.）**Overeem** 小孔硬孔菌

Rigidoporus sanguinolentus（Fr.）**Donk.** 满红硬孔菌

Rigidoporus vitreus（Fr.）**Donk.** 玻璃质硬孔菌

Rigidoporus zonalis（Berk.）**Imaz.** 环纹硬孔菌

Robillarda **Sacc.** 三毛孢属［F］

Robillarda discosiodes **Sacc.** 三毛孢

robinia mosaic virus 见 *Peanut stunt virus Cucumovirus*

Roestelia **Rebent.** 角锈孢锈菌属［F］

Roestelia fenzeliana（Tai et Cheo）**Tai**

R

海棠角锈孢锈菌

Roestelia koreaensis 见 *Gymnosporangium asiaticum*

Roestelia lacerata Mer.　枸子角锈孢锈菌

Roestelia leve（Crowell）**Tai**　光角锈孢锈菌

Roestelia magna（Crowell）**Jørst.**　大角锈孢锈菌

Roestelia nanwutaiana（Tai et Cheo）**Jørst.**　南五台山角锈孢锈菌

Roestelia sikangensis（Petr.）**Jørst.**　小角锈孢锈菌

Roestelia wenshanensis（Tai）**Tai**　汶山角锈孢锈菌

rose chlorotic mottle virus 见 *Prunus necrotic ringspot virus Ilarvirus*

rose colour break virus 见 *Rose virus Tobamovirus*

rose line pattern virus 见 *Prunus necrotic ringspot virus Ilarvirus*

rose mosaic virus 见 *Apple mosaic virus Ilarvirus*

Rose phyllody phytoplasma　月季绿瓣病植原体

rose vein banding virus 见 *Prunus necrotic ringspot virus Ilarvirus*

Rose virus Tobamovirus（RoV）　蔷薇病毒

rose yellow vein mosaic virus 见 *Prunus necrotic ringspot virus Ilarvirus*

Rosellinia de Not.　座坚壳属[F]

Rosellinia abietina Fuck.　冷杉座坚壳

Rosellinia apiculata var. *macrospora* Dargan et Thind　尖孢座坚壳大孢变种

Rosellinia aquila（Fr.）de Not.　附孢座坚壳[桑根腐病菌]

Rosellinia arcuala Sacc.　弧曲座坚壳

Rosellinia bunodes（Berk. et Br.）Sacc.　锥孢座坚壳

Rosellinia cocoes Henn.　椰座坚壳

Rosellinia emergens（Berk. et Br.）Sacc.　亚大孢座坚壳

Rosellinia herpotrichioides Heptings et Davidson　拟蔓毛座坚壳[云杉毡枯病菌]

Rosellinia haloxyli 见 *Coniochaeta haloxylonis*

Rosellinia ligniaria 见 *Coniochaeta ligniaria*

Rosellinia morthieri Fuck.　常青藤座坚壳

Rosellinia necatrix（Hart.）Berl.　褐座坚壳[果树白纹羽病菌、苎麻白纹羽病菌]

Rosellinia platani Fuck.　悬铃木座坚壳

Rosellinia pulveracea 见 *Coniochaeta pulveracea*

Rosellinia quercina Hartig.　栎座坚壳

Rosellinia sordaria 见 *Coniochaeta sordaria*

Rosellinia thelena（Fr.）Rab.　乳头座坚壳

Rosellinia tienpinensis Teng　柄座坚壳

Rostrupia 见 *Puccinia*

Rostrupia dioscoreae 见 *Puccinia dioscoreae*

Rostrupia elymi 见 *Puccinia elymi*

Rostrupia scleriae 见 *Puccinia scleriae*

Rottboellia yellow mottle virus Sobemovirus（RoYMV）筒轴茅（属）黄斑驳病毒

Rotylenchoides Whitehead 拟盘旋线虫属[拟强垫线虫属][N]

Rotylenchoides affinis 见 *Helicotylenchus affinis*

Rotylenchoides attenuatus Siddiqi　渐细拟盘旋线虫

Rotylenchoides brevis 见 *Helicotylenchus brevis*

Rotylenchoides cheni Zhu, Lan, Hu et Yang　陈氏拟盘旋线虫

Rotylenchoides impar 见 *Helicotylenchus khani*

Rotylenchoides neoformis 见 *Helicotylenchus neoformis*

Rotylenchoides variocaudatus 见 *Helicotylenchus variocaudatus*

R

Rotylenchulus Linford et Oliveira　小盘旋
（肾形）线虫属［N］

Rotylenchulus anamictus Dasgupta，Raski
et Sher　越南小盘旋线虫

Rotylenchulus borealis Loof et Oostenbrink
北方小盘旋线虫

Rotylenchulus nicotiana Yokoo et Tanaka
烟草小盘旋线虫

Rotylenchulus nicotianae　见　*Tetylenchus
nicotianae*

Rotylenchulus reniformis Linford et Ol-
iveira　肾形小盘旋线虫［肾形线虫］

Rotylenchulus sacchari Berg et Spaull　甘
蔗小盘旋线虫

Rotylenchus Filipjev　盘旋（强垫）线虫属
［N］

Rotylenchus abnormecaudatus Berg et
Heyns　异常盘旋线虫

Rotylenchus aceri Berezina　槭树盘旋线
虫

Rotylenchus acuspicaudatus Berg et Heyns
尖尾盘旋线虫

Rotylenchus africanus　见　*Helicotylenchus
africanus*

Rotylenchus alpinus Eroshenko　高山盘旋
线虫

Rotylenchus brachyurus　见　*Scutellonema
brachyurus*

Rotylenchus bradys　见　*Hoplolaimus bra-
dys*

Rotylenchus buxophilus　见　*Gottholdsteine-
ria buxophila*

Rotylenchus calvus Sher　无唇环盘旋线虫

Rotylenchus capsicumi Firoza et Maqbool
辣椒盘旋线虫

Rotylenchus caudaphasmidius Sher　尾侧
尾腺口盘旋线虫

Rotylenchus christiei　见　*Aorolaimus christie*

Rotylenchus citri Rashid et Khan　柑橘盘
旋线虫

Rotylenchus coheni　见　*Scutellonema
brachyurus*

Rotylenchus corsicus Massese et Germani
科西嘉盘旋线虫

Rotylenchus devonensis Van den Berg　德
文盘旋线虫

Rotylenchus elisensis　见　*Helicotylenchus
elisensis*

Rotylenchus erythriae　见　*Helicotylenchus
erythrinae*

Rotylenchus fabalus Baidulova　蚕豆盘旋
线虫

Rotylenchus fallorobustus Sher　伪强盘
旋线虫

Rotylenchus fragaricus Maqbool et Shahi-
na　草莓盘旋线虫

Rotylenchus gracilidens　见　*Hoplolaimus
gracilidens*

Rotylenchus incultus Sher　粗糙盘旋线虫

Rotylenchus insularis（Phillips）Germani
et al.　海岛盘旋线虫

Rotylenchus intermedius　见　*Helicotylen-
chus intermedius*

Rotylenchus iperoiguensis　见　*Helicotylen-
chus iperoiguensis*

Rotylenchus laurentinus Scognamiglio et
Talame　同瓣草（直沟）盘旋线虫

Rotylenchus multicinctus　见　*Helicotylen-
chus multicinctus*

Rotylenchus orientalis Siddiqi et Husain
东方盘旋线虫

Rotylenchus pararobustus　见　*Hoplolaimus
pararobustus*

Rotylenchus phaliurus Siddiqi et Pinochet
秃尾盘旋线虫

Rotylenchus pini　见　*Pararotylenchus pini*

Rotylenchus provincialis Massese et Ger-
mani　本地盘旋线虫

Rotylenchus pruni Rashid et Husain　李盘
旋线虫

Rotylenchus pumilus　见　*Helicotylenchus
pumilus*

Rotylenchus quarta 见 *Helicotylenchus quartus*

Rotylenchus robustus (de Man) **Filipjev** 强壮盘旋线虫

Rotylenchus similis 见 *Radopholus similis*

Rotylenchus tenericaudatus **Liu，Zhao et Duan** 细尾盘旋线虫

Rotylenchus uniformis 见 *Rotylenchus robustus*

Rotylenchus unisexus **Sher** 单性盘旋线虫

Rubus Chinese seed-borne virus Sadwavirus (RCSV) 悬钩子中国种传病毒

Rubus stunt phytoplasma 悬钩子矮化病植原体

Rubus yellow net virus Badnavirus (RYNV) 悬钩子黄网病毒

Rudbeckia mosaic virus Potyvirus (RuMV) 金光菊(属)花叶病毒

Ruehmaphelenchus martinii 见 *Aphelenchoides martinii*

Rupestris stem pitting-associated virus Foveavirus (RSPaV) 岩生葡萄茎痘伴随病毒

Russian winter wheat mosaic virus 见 *Winter wheat Russian mosaic virus Nucleorhabdovirus*

Rutstroemia **P. Karst.** 蜡盘菌属[F]

Rutstroemia conformata (Karst.) **Nannf.** 同形蜡盘菌

Rutstroemia dabaensis **Zhuang** 大巴蜡盘菌

Rutstroemia sydowiana (Rehm) **White** 赛氏蜡盘菌

Ryegrass bacilliform virus Nucleorhabdovirus (RGBV) 黑麦草杆状病毒

ryegrass chlorotic streak virus 见 *Ryegrass bacilliform virus Nucleorhabdovirus*

Ryegrass cryptic virus Alphacryptovirus (RGCV) 黑麦草隐潜病毒

Ryegrass mosaic virus Rymovirus (RGMV) 黑麦草花叶病毒

Ryegrass mottle virus Sobemovirus (RGMoV) 黑麦草斑驳病毒

ryegrass spherical cryptic virus 见 *Ryegrass cryptic virus Alphacryptovirus*

ryegrass streak mosaic virus 见 *Ryegrass mosaic virus Rymovirus* (RGMV)

ryegrass streak virus 见 *Brome mosaic virus Bromovirus*

Rymovirus 黑麦草花叶病毒属[V]

S

Saccharicola **Hawksw. et Erikss.** 酵母腔菌属[F]

Saccharicola taiwanensis (Yen et Chi) **Erikss. et Hawksw.** 台湾酵母腔菌

Saccharomyces **Meyen ex E. C. Hansen** 酵母属[F]

Saccharomyces aceris-sacchari **Fab. et Hall** 糖白槭酵母

Saccharomyces aceti **Maria** 酸酒酵母

Saccharomyces acidifaciens (Nick.) **Lodd. et Kreger** 产酸酵母

Saccharomyces aestuarii **Fell** 河口酵母

Saccharomyces amurcae **Walt** 泡沫酵母

Saccharomyces anamensis **Will et Heinr.**

越南酵母

Saccharomyces annulatus Negr. 环状酵
母

Saccharomyces anomalus Hanson 异形酵
母

Saccharomyces aquifolii Grönl. 冬青酵
母

Saccharomyces awamori Inui 泡盛酒酵母

Saccharomyces baillii Lindn. 拜耳酵母

Saccharomyces batatae Saito 甘薯酒酵母

Saccharomyces bayanus Sacc. 贝酵母

Saccharomyces bisporus (Nagan.) **Lodd.**
et Kreger 二孢酵母

Saccharomyces blanchardi Guiart 白兰酵
母

Saccharomyces brassicae Wehmer 腌菜
酵母

Saccharomyces capensis Walt et Tscheus-
chn. 好望角酵母

Saccharomyces carlsbergensis Hansen 卡
尔酵母

Saccharomyces cartilaginosus Lindn. 软
骨状酵母

Saccharomyces casei Harr. 乳酪酵母

Saccharomyces cerevisiae Hansen 酿酒酵
母

Saccharomyces cerevisiae virus Pseudovirus
啤酒酵母病毒

Saccharomyces chevalieri Guill. 薛瓦酵
母

Saccharomyces chodatii Stein. 柯达特酵
母

Saccharomyces cidri Legak. 苹果酒酵母

Saccharomyces comesii Cavara 科米斯酵
母

Saccharomyces congloberatus Reess 凝集
酵母

Saccharomyces coreanus Saito 朝鲜酵母

Saccharomyces dairensis Nagan. 大连酵
母

Saccharomyces delbrueckii Lindn. 德尔

布酵母

Saccharomyces diastaticus Andrews et
Guill. ex Walt 糖化酵母

Saccharomyces elegans Lodd. et Kreger
雅致酵母

Saccharomyces ellipsoideus Hansen 椭圆
酵母

Saccharomyces exiguus Hansen 少孢酵母

Saccharomyces fermentati (Saito) **Lodd. et**
Kreger 发酵性酵母

Saccharomyces festinans Ward et Bak.
活跃酵母

Saccharomyces flava-lactis Krüg.
乳黄酵母

Saccharomyces formosensis Nakaz.
台湾酵母

Saccharomyces fragilis Jörg. 脆壁酵母

Saccharomyces fragrans Beijer. 芳香酵
母

Saccharomyces fructuum Lodd. et Kreger
果实酵母

Saccharomyces globosus Osterw. 球形酵
母

Saccharomyces granulatis Vuill. et Legr.
粒状酵母

Saccharomyces guttulatus (Robin) Wint.
点滴酵母

Saccharomyces hansenii Zopf 汉森酵母

Saccharomyces heterogenicus Osterw. 异
质酵母

Saccharomyces hienipiensis Maria 橄榄
油酵母

Saccharomyces inconspicuus Walt 不显
酵母

Saccharomyces intermedius Hansen 间型
酵母

Saccharomyces inusitatus Walt 荷兰啤酒
酵母

Saccharomyces italicus Cast. 意大利酵
母

Saccharomyces japonicus Yabe 日本酵母

S

Saccharomyces jorgensenii Lasche 乔根森酵母

Saccharomyces kefyr Beijer. 高加索乳酒酵母

Saccharomyces lactis Dombr. 乳酸酵母

Saccharomyces lebenis Rist et Khoury 埃及乳酒酵母

Saccharomyces ludwigii Hansen 路德酵母

Saccharomyces macedoniensis Didd. et Lodd. 马其顿酵母

Saccharomyces mali Ducl. 苹果酵母

Saccharomyces mandshuricus Saito 东北酵母

Saccharomyces mellis (Fab. et Quinet) Lodd. et Kreger 蜂蜜酵母

Saccharomyces membranaefaciens Hansen 产膜酵母

Saccharomyces mongolicus Nagan. 蒙古酵母

Saccharomyces montanus Phaff et al. 山地酵母

Saccharomyces muciparus Beijer. 黏质酵母

Saccharomyces multisporus Jörg. 多孢酵母

Saccharomyces neoformis Sanf. 新型酵母

Saccharomyces niger Marpm. 黑色酵母

Saccharomyces norbensis Maria 诺地酵母

Saccharomyces oleaccus Maria 橄榄酵母

Saccharomyces oleaginosus Maria 油脂酵母

Saccharomyces olei Tiegh. 含油酵母

Saccharomyces panis-fermentati Henneb. 面包发酵酵母

Saccharomyces paradoxus Batschinsk. 奇异酵母

Saccharomyces pastori (Guill.) Lodd. et Kreger 巴斯德酵母

Saccharomyces peka Takeda 台湾白曲酵母

Saccharomyces pleomorphus Lodd. 多形酵母

Saccharomyces pretoriensis Walt et Tscheuschn. 普地酵母

Saccharomyces pyriformis Ward 梨形酵母

Saccharomyces ribis Lüdw. 葡萄干酵母

Saccharomyces robustus Nakaz. et Shimo 强大酵母

Saccharomyces rosei (Guill.) Lodd. et Kreger 罗斯酵母

Saccharomyces ruber Demme 深红酵母

Saccharomyces saitoanus Walt 斋藤酵母

Saccharomyces sake Yabe 清酒酵母

Saccharomyces saturnus Klöck. 土星形酵母

Saccharomyces shaoshing Tak. 绍兴酒酵母

Saccharomyces soya Saito 酱油酵母

Saccharomyces telluris Walt 地生酵母

Saccharomyces tetrasporus Beijer. 四孢酵母

Saccharomyces theobromae Prey. 可可酵母

Saccharomyces thermantitonum Johnson 耐热酵母

Saccharomyces tolulosus Osterw. 串珠酵母

Saccharomyces tubiformis Osterw. 管状酵母

Saccharomyces tumefaciens Cast. et Chalm. 瘤肿病酵母

Saccharomyces tyrocola Beijer. 干酪酵母

Saccharomyces unisporus Jörg. 单孢酵母

Saccharomyces uvarum Beijer. 葡萄汁酵母

Saccharomyces validus Hansen 强壮酵母

Saccharomyces vini Meyen 葡萄酒酵母

Saccharomyces willianus Sacc. 威尔酵母

Saccharomyces yedo Nakaz. 清酒酝酵母

Saccomyces Serbinow 袋壶菌属[F]

Saccomyces endogenus Sorokin 内生袋壶菌[裸藻袋壶病菌]

Sadwavirus 温州蜜橘矮缩病毒属[V]

Safianema anchilisposomus 见 *Ditylenchus anchilisposomus*

Safianema damnatus 见 *Ditylenchus damnatus*

Safianema lutonense 见 *Ditylenchus lutonensis*

Saguaro cactus virus Carmovirus (SgCV) 萨瓜罗仙人掌病毒

Sainpaulia leaf necrosis virus Nucleorhabdovirus (SLNV) 非洲紫罗兰(属)叶坏死病毒

Salmonella Lignieres 沙门氏菌属[B]

Salmonella melonis (Giddings) Pridham 甜瓜沙门氏菌

sambucus ringspot and yellow net virus 见 *Cherry leaf roll virus Nepovirus*

Sambucus vein clearing virus Nucleorhabdovirus (SVCV) 接骨木(属)脉明病毒

Sammons's Opuntia virus Tobamovirus (SOV) 萨蒙氏仙人掌病毒

Samsonia Sutra et al. 萨姆氏菌属[B]

Samsonia erythrinae Sutra et al. 刺桐萨姆氏菌[刺桐树皮坏死病菌]

Samsun latent virus 见 *Pepper mild mottle virus Tobamovirus*

Sandal spike phytoplasma 檀香木簇顶病植原体

Santalum L. 檀香属(檀香科)[P]

Santalum album L. 白檀香

Santalum papuanum Summerh. 巴布亚檀香

Santapauella 见 *Phragmidiella*

Santosai temperate virus Alphacryptovirus (STV) 圣图塞芜菁和性病毒

Sapria Griff. 寄生花属(大花草科)[P]

Sapria himalayana Griff. 喜马拉雅寄生花

Sarcinella Sacc. 束格孢菌属[F]

Sarcinella heterospora Sacc. 异孢束格孢

Sarcochilus virus Y Potyvirus 狭唇兰属Y病毒

Sarcoscypha (Fr.) Boud. 肉杯菌属[F]

Sarcoscypha caucasica Jacz. 高加索肉杯菌

Sarcoscypha coccinea (Scop. ex Fr.) Lamb. 绯红肉杯菌

Sarcoscypha floccosa (Schw.) Sacc. 白毛肉杯菌

Sarcoscypha occidentalis (Schw.) Sacc. 小红肉杯菌

Sarcosoma Casp. 肉盘菌属[F]

Sarcosoma amurense Vass. 黑龙江肉盘菌

Sarcosoma javanicum Rehm 爪哇肉盘菌

Sarcosoma thwaitesii (Berk. et Br.) Petch 黄肉盘菌

Sarcosoma turbinatum Wakef. 陀螺形肉盘菌

Sarcosphaera Auersw. 球肉盘菌属[F]

Sarcosphaera coronaria (Jacq. ex Cooke) Boud. 冠裂球肉盘菌

Sarisodera Wouts et Sher 长矛胞囊线虫属[N]

Sarisodera africana 见 *Afenestrata africana*

Sarisodera hydrophila Wouts et Sher 水生长矛胞囊线虫

Sarka virus 见 *Plum pox virus Potyvirus* (PPV)

Sarocladium Gams et Hawk-Sworth 帚枝杆孢属[F]

Sarocladium oryzae (Sawada) Gams et Hawks. 稻帚枝杆孢[稻鞘腐病菌]

Sarocladium sinensis Chen et Zhang 中华帚枝杆孢[稻紫鞘病菌]

Sarracenia purpurea virus Nucleorhab-dovirus (SPV) 瓶子草病毒

satellte DNA 卫星 DNA

satellite RNA 卫星 RNA

satellite tobacco mosaic virus 见 *Tobacco mosaic satellite virus*

Satsuma dwarf virus Nepovirus 见 *Satsuma dwarf virus Sadwavirus*

Satsuma dwarf virus Sadwavirus (**SDV**) 温州蜜橘矮缩病毒

Sawadaea **Miyabe** 叉钩丝壳属[F]

Sawadaea aesculi **Zeng et Chen** 七叶树叉钩丝壳

Sawadaea bicornis (Wallr. ;Fr.) **Homma** 二角叉钩丝壳

Sawadaea bomiensis **Zeng et Chen** 波密叉钩丝壳

Sawadaea negundinis **Homma** 梣叶槭叉钩丝壳

Sawadaea polyfida (Wei) **Zeng et Chen** 多裂叉钩丝壳

Sawadaea tulasnei (Fuck.) **Homma** 图拉斯叉钩丝壳

Scallion mosaic virus Potyvirus 青葱花叶病毒

Scallion virus X Potexvirus 青葱 X 病毒

Scharka Virus 见 *Plum pox virus Potyvirus* (PPV)

Schefflera ringspot virus Badnavirus (SRV) 鹅掌柴(属)环斑病毒

Scherffeliomyces **Sparrow** 谢尔壶菌属[F]

Scherffeliomyces parasitans **Sparrow** 寄生谢尔壶菌[绿藻谢尔壶病菌]

Scherffeliomycopsis coleochaetis **Geitler** 鞘毛藻拟谢尔壶菌[鞘毛藻拟谢尔壶病菌]

Scherospora westonii 见 *Peronosclerospora westonii*

Schizoblastosporion **Cif.** 裂芽酵母属[F]

Schizoblastosporion starkeyi-henricii **Cif.** 裂芽酵母

Schizonella **Schröt.** 裂孢黑粉菌属[F]

Schizonella melanograma (DC.) **Schröt.** 苔草裂孢黑粉菌

Schizophyllum **Fr.** 裂褶菌属[F]

Schizophyllum commune **Fr.** 裂褶菌[普通裂褶菌、树木心腐病菌、梨裂褶菌木腐病菌、杏木腐病菌]

Schizostoma (Ces. et de Not.) **Sacc.** 裂嘴壳属[F]

Schizostoma vicinum **Sacc.** 扁凸裂嘴壳

Schizothyrium **Desm.** 裂盾菌属[F]

Schizothyrium annuliforme **Syd. et Butl.** 三角枫裂盾菌[三角枫漆斑菌]

Schizothyrium punctatum **Desm.** 裂盾菌[漆斑菌]

Schroeteriaster 见 *Uromyces*

Scirrhia **Nitschke ex Fuckel** 硬瘤菌属[F]

Scirrhia acicola (Desm.) **Siggers.** 松针硬瘤菌[松针褐斑病菌]

Scirrhia pini **Funk et Paker** 松瘤硬瘤菌[松针红斑病菌]

Scleromitrula **Imai** 核地杖菌属[F]

Scleromitrula shiraiana (Henn.) **Imai** 核地杖菌

Sclerophoma **Höhn.** 核茎点霉属[F]

Sclerophoma pythiophila (Cda) **Höhn.** 核茎点霉

Sclerophthora **Thirum. , Shaw et Naras** 指疫霉属 [C]

Sclerophthora butleri (Weston) **Thirum. et al.** 巴特勒指疫霉

Sclerophthora farlowii 见 *Sclerospora farlowii*

Sclerophthora loii **Kenneth** 黑麦草指疫霉

Sclerophthora macrospora (Sacc.) **Thirum. , Shaw et Naras.** 大孢指疫霉

Sclerophthora macrospora var. *macrospora* (Sacc.) **Thirum. , Shaw et Naras** 大孢指疫霉原变种[稻黄萎病菌]

Sclerophthora macrospora var. *maydis* Liu et Zhang 大孢指疫霉玉蜀黍变种〔玉米疯顶病菌〕

Sclerophthora macrospora var. *oryzae* Liu，Zhang et Liu 大孢指疫霉水稻变种〔水稻霜霉病菌〕

Sclerophthora macrospora var. *triticina* Wang et Zhang 大孢指疫霉小麦变种〔小麦霜霉病菌〕

Sclerophthora northii (Weston) Thirum.，Shaw et Naras. 北方指疫霉

Sclerophthora rayssiae Kenneth et al. 褐条指疫霉

Sclerophthora rayssiae var. *rayssiae* Payak et Renfro 褐条指疫霉原变种

Sclerophthora rayssiae var. *zeae* Payak et Renfro 褐条指疫霉玉米变种

Sclerospora Schröter 指梗霉属 〔C〕

Sclerospora andropogonis-sorghi (Kulk.) Mundk. 须芒草—高粱指梗霉

Sclerospora butleri 见 *Basidiophora butleri*

Sclerospora dichanthiicola Thirum. et Naras. 双花草生指梗霉

Sclerospora farlowii Griff. 法氏指梗霉〔野青茅霜霉病菌〕

Sclerospora graminicola (Sacc.) Schröt. 禾生指梗霉〔粟、狗尾草霜霉病菌〕

Sclerospora graminicola var. *graminicola* 禾生指梗霉原变种

Sclerospora graminicola var. *setariae-italicae* 见 *Sclerospora graminicola*

Sclerospora indica Butler 印度指梗霉

Sclerospora iseilematis Thirum. et Naras. 伊塞里指梗霉

Sclerospora javanica 见 *Peronosclerospora maydis*

Sclerospora kriegeriana 见 *Sclerophthora macrospora*

Sclerospora macrospora 见 *Sclerophthora macrospora*

Sclerospora magnusiana Sorokīn 马格指梗霉

Sclerospora maydis 见 *Peronosclerospora maydis*

Sclerospora miscanthi 见 *Peronosclerospora miscanthi*

Sclerospora noblei 见 *Peronosclerospora noblei*

Sclerospora oryzae 见 *Sclerophthora macrospora* var. *macrospora*

Sclerospora philippinensis 见 *Peronosclerospora sacchari*

Sclerospora sacchari 见 *Peronosclerospora sacchari*

Sclerospora secalina Naumov 柳指梗霉

Sclerospora setzriae-italicae 见 *Sclerospora graminicola*

Sclerospora sorghi 见 *Peronosclerospora sorghi*

Sclerospora sorghi-vulgaris 见 *Peronosclerospora sacchari*

Sclerospora spontanea 见 *Peronosclerospora spontanea*

Sclerotinia Fuck. 核盘菌属〔F〕

Sclerotinia allii Saw. 大蒜核盘菌

Sclerotinia arachidis Hanz. 落花生核盘菌

Sclerotinia ariae Schell. 花楸核盘菌

Sclerotinia asari Wu 细辛核盘菌〔细辛菌核病菌〕

Sclerotinia betulae Woron. 桦核盘菌

Sclerotinia bulborum (Wakk.) Rehm 球茎核盘菌〔风信子菌核病菌〕

Sclerotinia camelliae Hansen et Thom. 山茶核盘菌

Sclerotinia carunculoides Siegl. 桑核盘菌

Sclerotinia cepivorum Berk. 葱核盘菌〔葱菌核病菌〕

Sclerotinia ciborioides (Hoffm.) Noack 杯状核盘菌

Sclerotinia cinerea Schröt.　核果核盘菌
［桃褐腐病菌］

Sclerotinia convaluta（Whetz. et Drayt.）
Drayt.　席卷核盘菌

Sclerotinia crataegi Magn.　山楂核盘菌
［山楂叶花褐腐病菌］

Sclerotinia cydoniae Schellenb.　榅桲核
盘菌

Sclerotinia fructicola（Wint.）**Rehm**　果
生核盘菌

Sclerotinia fructigena Aderh. et Ruhl.
果产核盘菌

Sclerotinia fuckeliana（de Bary）**Fuck.**
富克尔核盘菌［花生菌核病菌］

Sclerotinia ginseng Wang, Chen et Chen
人参核盘菌

Sclerotinia gladioli Drayt.　唐菖蒲核盘
菌［唐菖蒲菌核病菌］

Sclerotinia graminearum Elen.　禾核盘菌

Sclerotinia hemisphaerica（Web.）**Kuntze**
白毛盘核盘菌

Sclerotinia intermedia Ramsey　中型核盘
菌

Sclerotinia kenjiana Miura　无臭核盘菌

Sclerotinia kusanoi Henn.　樱桃核盘菌

Sclerotinia laxa（Ehrenb.）**Aderh. et Ru-
hl.**　桃褐腐核盘菌［桃褐腐病菌］

Sclerotinia libertiana　见 *Sclerotinia scle-
rotiorum*

Sclerotinia lusatiae（Cooke）**Kuntze**　大
孢红毛核盘菌

Sclerotinia mali Tak.　苹果核盘菌［苹果
花腐病菌］

Sclerotinia minor Jagger　小核盘菌

Sclerotinia miyabeana Hanz.　宫部核盘
菌［花生菌核病菌］

Sclerotinia moricola Hino　桑生核盘菌

Sclerotinia narcissicola Greg.　水仙生核
盘菌

Sclerotinia nicotianae Oudem. et Koning
烟草核盘菌

Sclerotinia polyblastis Greg.　水仙核盘
菌［水仙火疫病菌］

Sclerotinia sativa Drayton et Groves　苜蓿
核盘菌

Sclerotinia sclerotiorum（Lib.）**de Bary**
核盘菌［植物菌核病菌］

Sclerotinia scutellata（Lib.）**Lamb.**　红
毛核盘菌

Sclerotinia temulenta Prill. et Delacr.　黑
麦盲种核盘菌

Sclerotinia trifoliorum Erikss.　三叶草核
盘菌［三叶草菌核病菌］

Sclerotinia tuberosa（Hedw.）**Fuck.**　块
茎核盘菌

Sclerotium Tode　小核菌属［F］

Sclerotium ambiguum Duby　含糊小核菌

Sclerotium bataticola Traub.　甘薯生小
核菌［植物炭腐病菌］

Sclerotium centrifugum（Lev.）**Curzi**　离
心小核菌

Sclerotium cepivorum Berk.　白腐小核菌
［葱类白腐病菌］

Sclerotium cinnamomi Saw.　樟小核菌

Sclerotium coffeicola Stahel　咖啡生小核
菌

Sclerotium complanatum Tode　扁平小核
菌

Sclerotium delphinii Welch　翠雀小核菌

Sclerotium fumigatum Nakata ex Hara
烟色小核菌

Sclerotium hydrophilum Sacc.　喜水小核
菌

Sclerotium japonicum Endo et Hid.　日本
小核菌

Sclerotium orizicola Nakata et Kawam.
稻生小核菌

Sclerotium oryzae Saw.　稻腐小核菌

Sclerotium oryzae-sativae Saw.　稻小核
菌

Sclerotium paspali Schw.　雀稗小核菌

Sclerotium rolfsii Sacc.　齐整小核菌［植

物白绢病菌，小麦菌核雪腐痉菌］

***Sclerotium semen* Tode** 籽形小核菌

***Sclerotium trifolium* Eriks.** 三叶草（车轴草）小核菌

***Scolicotrichum* Kunze** 单隔孢属［F］

***Scolicotrichum graminis* Fuck.** 禾单隔孢

***Scolicotrichum iridicola* Miura** 鸢尾生单隔孢

***Scolicotrichum musae* Saw.** 芭蕉单隔孢

***Scolicotrichum phyllostachydis* Teng** 刚竹单隔孢

Scopella 见 *Maravalia*

Scopellopsis 见 *Maravalia*

***Scopulariopsis* Bain** 帚霉属［F］

Scopulariopsis brevicaulis (Sacc.) **Bain** 短柄帚霉

***Scopulariopsis brevicaulis* var. *glabra* Thom** 光孢短柄帚霉

Scopulariopsis fimicola (Cost et Matr.) **Vuill** 粪生帚霉［蘑菇白色膏药病菌］

***Scopulariopsis rufulus* Bain.** 微红帚霉

***Scorias* Fr.** 胶壳炱属［F］

***Scorias capitata* Saw.** 头状胶壳炱［茶煤病菌］

***Scorias communis* Yamam.** 普通胶壳炱

***Scorias cylindrica* Yamam.** 柱状胶壳炱

Scotobacteria Gibbons et Murry 暗细菌纲［B］

Scrophularia mottle virus Tymovirus (ScrMV) 玄参（属）斑驳病毒

scrophularia-Scheckungsvirus 见 *Scrophularia mottle virus Tymovirus*

***Scurrula* L.** 梨果寄生属（桑寄生科）［P］

Scurrula buddleioides (Desr.) **Don. et Hist.** 滇藏梨果寄生

Scurrula chingii (Cheng) **Kiu** 卵叶梨果寄生

***Scurrula chingii* var. *yunnanensis* Kiu** 卵叶梨果寄生云南变种

Scurrula elata (Edgew) **Danser** 高山梨果寄生

Scurrula ferruginea (Jack) **Danser** 锈毛梨果寄生

***Scurrula gongshanensis* Kiu** 贡山梨桑寄生

Scurrula notothixoides (Hance) **Danser** 小叶梨果寄生

***Scurrula parasitica* Linn.** 红花梨果寄生

Scurrula parasitica* var. *graciliflora (Wall. ex DC.) **Kiu** 红花梨果寄生小红花变种

Scurrula philippinensis (Cham. et Schltdl.) **Don.** 菲律宾梨果寄生

Scurrula phoebe-formosanae (Hayata) **Danser** 楠树梨果寄生

Scurrula pulverulenta (Wall.) **Don. et Hist.** 白花梨果寄生

Scurrula sootepensis (Craib) **Danser** 元江梨果寄生

Scutellinia (Cooke) **Lamb.** 盾盘菌属［F］

***Scutellinia abundans* Kuntze** 茂盾盘菌

Scutellinia ascoboloides (Bert.) **Teng** 黄盾盘菌

Scutellinia coprinaria (Cooke) **Kuntze** 粪盾盘菌

Scutellinia erinaceus (Schw.) **Kuntze** 刺盾盘菌

Scutellinia fimetaria (Seav.) **Teng** 粪生盾盘菌［疣孢盾盘菌］

Scutellinia hemisphaerica (Weber ex Fr.) **Kuntze** 半球盾盘菌［白盾盘菌］

Scutellinia lusatiae (Cooke) **Kuntze** 红盾盘菌

***Scutellinia megalosphaera* Dissing** 大圆孢盾盘菌

Scutellinia paludicola (Boud.) **Le Gal** 沼生盾盘菌

Scutellinia scutellata (L. ex Fr.) **Lamb.** 盾盘菌

***Scutellinia setosa* Kuntze** 毛盾盘菌

***Scutellinia sinensis* Liu** 中国盾盘菌

Scutellonema Andrassy 盾线虫属[N]

Scutellonema aberrans (Whitehead)**Sher**
异常盾线虫

Scutellonema bizanae **Berg et Heyns** 比扎
纳盾线虫

Scutellonema brachyurus (Steiner) **An-
drassy** 小尾盾线虫

Scutellonema bradys 见 *Hoplolaimus bra-
dys*

Scutellonema cheni **Peng et Siddiqi** 陈氏
盾线虫

Scutellonema christiei 见 *Aorolaimus christie*

Scutellonema dioscoreae **Lordello** 薯蓣盾
线虫

Scutellonema insularis 见 *Rotylenchus in-
sularis*

Scutellonema mangiferae **Khan et Basir**
杧果盾线虫

Scutellonema megascutum **Peng et Siddiqi**
巨尾腺盾线虫

Scutellonema multistriatum 见 *Scutellone-
ma bizanae*

Scutellonema orientalis 见 *Scutellonema
brachyurus*

Scutellonema paludosum **Peng et Hunt** 湿
地盾线虫

Scutellonema picea 见 *Rotylenchus robust-
us*

Scutellonema sacchari **Rashid，Singh，et
al.** 甘蔗盾线虫

Scutellonema siamense **Timm** 暹罗盾线
虫

Scutellonema sorghi **Berg** 高粱盾线虫

Scutellonema truncatum **Sher** 截形盾线
虫

Scutellonema unum **Sher** 单一盾线虫

Scutellonema vietnamiensis **Eroshenko et
al.** 越南盾线虫

Scutylenchus **Farooq et Fatema** 楣垫线虫
属[N]

Scutylenchus bamboosae **Saha，et al.** 竹
楣垫线虫

Scutylenchus koreanus (Choi et Geraert)
Siddiqi 朝鲜楣垫线虫

Scutylenchus lenorus 见 *Geocenamus
lenorus*

Scutylenchus longus 见 *Geocenamus longus*

seedling yellows virus 见 *Citrus tristeza
virus Closterovirus*

Seimatosporium **Corda** 盘双端毛孢属[F]

Seimatosporium acerinum (Bauml.) **Sutton**
槭盘双端毛孢

Seimatosporium anomalum (Harkn.) **Shoem.**
异形盘双端毛孢

Seimatosporium arbuli (Bonar) **Shoem.**
浆果鹃盘双端毛孢

Seimatosporium caninum (Brun.) **Sutton**
犬齿状盘双端毛孢

Seimatosporium cassiopes (Rostrup) **Sut-
ton** 岩须盘双端毛孢

Seimatosporium caudatum (Preuss)
Shoenlaker 尾状盘双端毛孢

Seimatosporium consocium (PK) **Shoem.**
连合盘双端毛孢

Seimatosporium discosioides (Ell. et Ev.)
Shoem. 盘状盘双端毛孢

Seimatosporium effusum (Vestergr.)
Shoem. 开展盘双端毛孢

Seimatosporium falcatum (Sutton) **Shoem.**
镰形盘双端毛孢

Seimatosporium foliicola (Berk.) **Shoem.**
叶生盘双端毛孢

Seimatosporium fusisporum **Swart et Grif-
fitbs** 梭盘双端毛孢

Seimatosporium glandigemum (Bub. et
Frag.) **Sutton** 腺盘双端毛孢

Seimatosporium greuilleae (Loos) **Shoem.**
银桦盘双端毛孢

Seimatosporium hypericinum (Ces.) **Sut-
ton** 金丝桃盘双端毛孢

Seimatosporium lichenicola (Corda)
Shoem. et Muller 地衣生盘双端毛孢

Seimatosporium lonicerae (Cke.) **Shoem.**
忍冬盘双端毛孢

Seimatosporium macrospermum (Berk. et
Br.) **Sutton**　大孢盘双端毛孢

Seimatosporium mariae (Clinton) **Shoem.**
玛丽盘双端毛孢

Seimatosporium parasiticum (Dearn et
House) **Shoem.**　寄生盘双端毛孢

Seimatosporium pestalozzioides (Sacc.)
Sutton　盘多毛孢状盘双端毛孢

Seimatosporium pezizoides (Ell. et Ev.)
Sutton　盘菌状盘双端毛孢

Seimatosporium rhododendri (Schw.) **Pi-
rozynski et Shoem.**　杜鹃盘双端毛孢

Seimatosporium rosae **Cda.**　蔷薇盘双端
毛孢

Seimatosporium rosarum (Henn.) **Sutton**
大蔷薇盘双端毛孢

Seimatosporium subiunatum **Sutton**　新月
盘双端毛孢

Seimatosporium vaccinii (Fuckel) **Eriksson**
越桔盘双端毛孢

Seinura **Fuchs**　长尾滑刃线虫属[N]

Seinura celeris **Hechler**　快速长尾滑刃线
虫

Seinura citri (Andrassy) **Goodey**　柑橘长
尾滑刃线虫

Seinura mali 见 *Aphelenchoides mali*

Seinura oahueensis (Christie) **Goodey**　奥
阿胡长尾滑刃线虫

Seinura oliveirae (Chrisie) **Goodey**　齐墩
果长尾滑刃线虫

Seinura oxura (Paesler) **Goodey**　锐尾长
尾滑刃线虫

Seinura paratenuicaudata **Geraert**　渐瘦
尾长尾滑刃线虫

Seinura pini 见 *Ektaphelenchoides pini*

Seinura steineri **Hechler**　斯坦纳长尾滑
刃线虫

Seinura tritica **Bajaj et Bhatti**　小麦长尾
滑刃线虫

Seiridium **Nees**　盘色梭孢属[F]

Seiridium castaneae (Berk. et Curt. ex
Sacc.) **Sutton**　栗盘色梭孢

Seiridium indicum **Pavgi et Singh**　印度盘
色梭孢

Seiridium intermedium (Sacc.) **Sutton**　间
型盘色梭孢

Seiridium marginatum **Nees ex Steudel**　棱
壁盘色梭孢

Seiridium unicorne (Cke. et Ell.) **Sutton**
单角盘色梭孢

Selenophoma **Maire**　壳月孢属[F]

Selenophoma bromigena (Sacc.) **Sprag. et
Johns.**　雀麦壳月孢[雀麦角斑病菌]

Selenophoma donacis 见 *Pseudoseptoria
donacis*

Selenophoma drabae (Fuck.) **Petr.**　葶苈
壳月孢

Selenophoma tritici **Liu et al.**　小麦壳月
孢[小麦白秆病菌]

Selenotila **Lagerh.**　新月酵母属[F]

Selenotila intestinalis **Krass.**　肠新月酵
母

Selenotila nivalis **Lagerh.**　新月酵母

Senegalonema **Germani，Luc et Baldwin**
塞内加尔线虫属[N]

Senegalonema sorghi **Germani，Luc et
Baldwin**　蜀黍塞内加尔线虫

Septobasidium **Pat.**　隔担耳属[F]

Septobasidium acasiae **Saw.**　金合欢隔担
耳

Septobasidium albidum **Pat .**　白隔担耳
[白色膏药病菌、柑橘灰色膏药病菌]

Septobasidium apiculatum **Couch**　细尖隔
担耳

Septobasidium bogoriense **Pat.**　茂物隔担
耳[桑膏药病菌、桃灰色膏药病菌]

Septobasidium carbonaceum **Pat.**　煤状隔
担耳

Septobasidium carestianum **Bres.**　卡雷隔
担耳

Septobasidium citricolum Saw. 柑橘生隔担耳[柑橘膏药病菌]

Septobasidium formosense Couch 台湾隔担耳

Septobasidium fuseoviolaceum Bres. 褐紫隔担耳

Septobasidium leucostemum Pat. 白丝隔担耳

Septobasidium mariani var. *japonicum* Couch 日本隔担耳

Septobasidium pedicellatum (Schw.) Pat. 柄隔担耳[梨灰色膏药病菌]

Septobasidium pilosum Boed. et Steinm. 疏毛隔担耳

Septobasidium pseudopedicellatum Burt. 假柄隔担耳[柑橘灰色膏药病菌]

Septobasidium reinkingii Pat. 赖因金隔担耳

Septobasidium sinense Couch 中国隔担耳[柑橘灰色膏药病菌]

Septobasidium tanakae (Miyabe) Boed. et Steinm. 田中隔担耳[褐色膏药病菌、李褐色膏药病菌]

Septobasidium theae Boed. et Steinm. 茶隔担耳[茶膏药病菌]

Septocylindrium Bon. ex Sacc. 柱隔霉属[F]

Septocylindrium arcola (Atk.) Peck et Clint. 棉晕病柱隔霉

Septocylindrium septatum Bon. 柱隔霉

Septocytella Syd. 腔座霉属[F]

Septocytella bambusina Syd. 腔座霉

Septogloeum Sacc. 黏隔孢属[F]

Septogloeum anemones Miyake 银莲花黏隔孢

Septogloeum dalbogiae 见 *Colletogloeum sisoo*

Septogloeum mori Briosi et Cav. 桑黏隔孢[桑褐斑病菌]

Septogloeum sojae Yoshii et Nishiz. 大豆黏隔孢[大豆羞萎病菌]

Septogloeum thomasianum (Sacc.) Höhn. 詹姆斯黏隔孢

Septolpidium Sparrow 隔油壶菌属[F]

Septolpidium lineare Sparrow 隔油壶菌[硅藻油壶病菌]

Septoria Sacc. 壳针孢属[F]

Septoria abeliae Byzova 六道木壳针孢

Septoria abortiva (Ell. et Kell.) Tchon et Dan. 千金藤壳针孢

Septoria acanthi Thüm. 爵床壳针孢

Septoria acerina Speg. 槭壳针孢

Septoria aconiti Sacc. 乌头壳针孢

Septoria actaeae Miura 类叶升麻壳针孢

Septoria adenophorae Thüm. 沙参壳针孢

Septoria agrimoniicola Bondartsev 龙牙草生壳针孢

Septoria agropyrina Lobik 冰草壳针孢

Septoria albicans Ell. et Ev. 白斑壳针孢

Septoria alhagiae Ahmad 骆驼刺壳针孢

Septoria allii Moesz 葱壳针孢

Septoria alnifolia Ell. et Ev. 桤木叶壳针孢

Septoria ambrosicola Spegazzini 豚草生壳针孢

Septoria ampelina Berk. et Curt. 蛇葡萄壳针孢

Septoria ampelopsidis-heterophyllae Miura 异叶蛇葡萄壳针孢

Septoria amphigena Miyake 两面生壳针孢

Septoria androsaces Pat. 点地梅壳针孢

Septoria antirrhini Rob. et Desm. 金鱼草壳针孢

Septoria apii (Briosi et Cav.) Chest 芹菜壳针孢[芹菜斑枯病菌]

Septoria apiicola Spegazzini 芹菜生壳针孢

Septoria apii-graveolentis Dor. 芹菜大壳针孢

Septoria araliae Ell. et Ev. 楤木壳针孢

Septoria argyrea Sacc. 银叶花壳针孢

Septoria artemisiae Pass. 蒿壳针孢

Septoria asaricola Allescher 细辛生壳针孢

Septoria astericola Ell. et Ev. 紫菀生壳针孢

Septoria astragali Desm. 黄芪壳针孢

Septoria atractylodis Yu et Chen 白术壳针孢[白术铁叶病菌]

Septoria atro-purpurea Peck 暗紫壳针孢

Septoria barystsachyiae Miura 狼尾珍珠菜壳针孢

Septoria bataticola Taub. 甘薯生壳针孢[甘薯叶白星病菌]

Septoria berberidis Niessl 小檗壳针孢

Septoria betulae Westend. 桦壳针孢

Septoria brevispora Darr. 短孢壳针孢

Septoria bromi Sacc. 雀麦壳针孢

Septoria brunneola (Fr.) Niessl 棕色壳针孢

Septoria buchtormepsis Petr. 布地邪蒿壳针孢

Septoria bupleuri-falecati Died. 柴胡壳针孢

Septoria callistephi Gloy 翠菊壳针孢[翠菊斑枯病菌]

Septoria cannabis (Lasch.) Sacc. 大麻壳针孢[大麻白星病菌]

Septoria caraganae Hennings 锦鸡儿壳针孢

Septoria caricis Pass. 苔壳针孢

Septoria carotae Nagorn. 胡萝卜壳针孢

Septoria carthami Murashk 红花壳针孢

Septoria centellae Wint 积雪草壳针孢

Septoria chelidonii Desm. 白屈菜壳针孢

Septoria chinensis Miura 中华壳针孢

Septoria chrysanthemella Sacc. 小菊壳针孢菌[菊花斑枯(黑斑和褐斑)病菌]

Septoria chrysanthemi Allescher 菊壳针孢

Septoria chrysanthemi-indici Bub. et Kab. 野菊壳针孢

Septoria cirsii Niessl. 蓟壳针孢

Septoria citrullicola Poteb. 西瓜生壳针孢

Septoria clematidis-flammulae Roumeguère 铁线莲壳针孢

Septoria clinopodii Allescher 风轮菜壳针孢

Septoria codonopsidis Ziling 党参壳针孢

Septoria consimilis Ell. et Mart. 莴苣壳针孢

Septoria convallariae Westend. 铃兰壳针孢

Septoria convolvuli Desm. 旋花壳针孢

Septoria convolvulina Speg. 小旋花壳针孢

Septoria coptidis Berk. et Curt. 黄连壳针孢

Septoria coriariae Pass. 马桑壳针孢

Septoria cornicola Desm. 梾木生壳针孢

Septoria corylina Peck 榛壳针孢

Septoria crataegi Kickx 山楂壳针孢

Septoria crepidis-japonicae Saw. 黄鹌菜壳针孢

Septoria cruciatae Robinson et Desmazières 猪殃殃壳针孢

Septoria cucurbitacearum Sacc. 瓜角斑壳针孢

Septoria curvula Miyake 弯孢壳针孢

Septoria dearnessii Ell. et Ev. 白芷壳针孢

Septoria dehaanii Hara 德哈尼壳针孢

Septoria diantihi Desm. 石竹壳针孢[石竹白病病菌,香石竹斑枯(白星)病菌]

Septoria diervillae Ell. et Ev. 黄锦带壳针孢

Septoria digitalis Pass. 毛地黄壳针孢[地黄斑枯病菌]

Septoria dioscoricola Liu et Bai 薯蓣生壳针孢

Septoria divaricata Ell. et Ev.　布开壳针孢[福禄考灰斑病菌]

Septoria dolichi Berk. et Curt.　镰扁豆壳针孢[扁豆白星病菌]

Septoria drogochiensis Petr.　德地壳针孢

Septoria dulcamarae Desm.　欧白英壳针孢[千年不烂心壳针孢]

Septoria dysentericae Brunaud　止痢蚤草壳针孢

Septoria echinopsis Săvul. et Sandu　蓝刺头壳针孢

Septoria effusa (Lib.) Desm.　开展壳针孢

Septoria elaeagni (Chevallier) Desm.　胡颓子壳针孢

Septoria elymi Ell. et Ev.　野麦壳针孢

Septoria elymicola Died.　野麦生壳针孢

Septoria erigerontea Peck　飞蓬壳针孢

Septoria expansa Niessl.　扩展壳针孢

Septoria ficariae Desm.　毛茛壳针孢

Septoria flagellaris 见 *Septoria convolvuli*

Septoria flagellifera Ell. et Ev.　鞭状壳针孢

Septoria fragariae (Libert) Desm.　草莓壳针孢

Septoria frangulae Guep.　矾木壳针孢

Septoria fullonum Sacc.　白点壳针孢

Septoria galiorum Ellis　拉拉藤壳针孢

Septoria gaurina Ellis et Kellerman　山桃草壳针孢

Septoria gei Rob. et Desm.　水杨梅壳针孢

Septoria gentianae Thüm.　龙胆壳针孢

Septoria geranii Rob. et Desm.　老鹳草壳针孢

Septoria gladioli Pass.　唐菖蒲壳针孢[唐菖蒲硬腐病菌]

Septoria glechomae Hiray.　活血丹壳针孢

Septoria glumarum Pass.　颖壳针孢[小麦秆枯病菌]

Septoria glycines Hemmi　大豆壳针孢[大豆斑枯病菌]

Septoria gnaphalii-indici Saw.　狭叶鼠曲草壳针孢

Septoria graminis Desm.　禾壳针孢[小麦叶枯病菌]

Septoria gynurae Katsuki　三七草壳针孢

Septoria harbinensis Miura　哈尔滨壳针孢

Septoria helianthi Ell. et Kell.　向日葵壳针孢[向日葵褐斑病菌]

Septoria hemerocallidis Teng　萱草壳针孢[黄花菜斑枯病菌]

Septoria hibisci Sacc.　木槿壳针孢

Septoria hieracicola Dearness et House　山柳菊生壳针孢

Septoria hyalina Ell. et Ev.　透明壳针孢

Septoria hydrangeae Bizz.　绣球壳针孢[绣球红褐斑病菌]

Septoria inulae Sacc. et Speg.　旋复花壳针孢

Septoria japonica Thüm.　日本壳针孢

Septoria jenissensis Sacc.　詹地壳针孢

Septoria kishitai Fukui　茬壳针孢

Septoria kuwacola Yendo　桑生壳针孢

Septoria lablabina Sacc.　扁豆壳针孢[扁豆褐斑病菌]

Septoria lactucae Pass.　莴苣壳针孢[莴苣叶枯病菌]

Septoria lactucicola Eel. et Mart.　莴苣生壳针孢

Septoria lamii Passerini　野芝麻壳针孢

Septoria lamiicola Sacc.　野芝麻生壳针孢

Septoria leguminum Desm.　豆科壳针孢

Septoria lengyelii Moesz　棱介壳针孢

Septoria libanotidis Diedicke　岩凤壳针孢

Septoria linicola (Speg.) Carass　亚麻生壳针孢

Septoria lonicerae-maackii Miura　金银木壳针孢

Septoria lophanthi Wint. 华香草壳针孢

Septoria lychnidis Desm. 剪秋罗壳针孢

Septoria lycoctoni Spegazzini 狼毒乌头
壳针孢

Septoria lycopersici Speg. 番茄壳针孢
[番茄白星病菌、番茄斑枯病菌]

Septoria lycopersici f. sp. *italica* Ferr.
意大利番茄壳针孢

Septoria lycopersici f. sp. *malagutii* Ciccarone 马拉古番茄壳针孢[马铃薯叶
斑病菌]

Septoria lysimachae Westend 排草壳针
孢[珍珠菜壳针孢]

Septoria macropoda Pass. 粗柄壳针孢
[大孔壳针孢]

Septoria mandshurica Miura 东北壳针孢

Septoria maydis Schulzer et Sacc. 玉米壳
针孢

Septoria medicaginis Rob. et Desm. 苜蓿
壳针孢

Septoria melampyri Strass. 山罗花壳针
孢

Septoria melastomatis Pat. 野牡丹壳针
孢

Septoria melongenae Saw. 茄壳针孢[茄
赤星病菌]

Septoria menispermi Thüm 蝙蝠葛壳针
孢

Septoria menthae (Thtim.) Oudem 薄荷
壳针孢

Septoria menthicola Sacc. et Let. 薄荷生
壳针孢

Septoria merrillii Syd. 驳骨丹壳针孢

Septoria microspora Speg. 小孢壳针孢

Septoria miscanthina Petr. 芒壳针孢

Septoria miuraci Trott. 蒲公英壳针孢

Septoria mougeotii Scc et Roum. 毛莲菜
壳针孢

Septoria nambuana Henn. 星宿菜壳针
孢

Septoria negundinis Ell. et Ev. 梣叶槭壳
针孢

Septoria nigrificans Pat. 黑边壳针孢

Septoria nodorum Berk. 颖枯壳针孢[小
麦颖枯病菌]

Septoria noli-tangeris Ger. 水金凤壳针
孢

Septoria obtusa Heald et Wolf 钝头壳针
孢

Septoria oenanthis-stoloniferae Saw. 水
芹壳针孢[水芹斑枯病菌]

Septoria oenotherae Westend 月见草壳
针孢

Septoria orni Passerini 梣壳针孢

Septoria oryzae Catt. 稻壳针孢[稻颖白
斑病菌]

Septoria oryzaecola Hara 稻生壳针孢

Septoria oxalidis - japonicae Pat. 日本
酢浆草壳针孢

Septoria paraphysoidis Speg. 侧丝状壳
针孢

Septoria passerinii Sacc. 大麦壳针孢

Septoria patriniae Miura 败酱壳针孢

Septoria perillae Miyake 紫苏壳针孢

Septoria periplocicola Guo，Lu et Bai 杠
柳生壳针孢

Septoria pertusa Heald et Wolf 穿孔壳针
孢

Septoria petroselini Desm. 芹腐壳针孢
[欧芹壳针孢疫病菌]

Septoria peucedanicola Saw. 前胡生壳
针孢

Septoria phaseoli Maubl. 菜豆壳针孢

Septoria phlogis Sacc. et Speg. 天蓝绣球
壳针孢

Septoria phlomidis Moesz 糙苏壳针孢

Septoria photiniae Berk. et Curt. 石楠壳
针孢

Septoria picridicola Unamuno 毛莲菜生
壳针孢

Septoria pimpinellae-saxifragae Săvulescu
et Sandu. 茴芹壳针孢

Septoria piri Miyake　梨壳针孢[梨灰斑病菌、梨白星病菌]

Septoria piricola Desm.　梨生壳针孢[梨褐斑病菌]

Septoria piriformis Miura　梨形壳针孢

Septoria pirottae Tassi　无花果壳针孢

Septoria pisi Westend.　豌豆壳针孢

Septoria pittospori Brun　海桐花壳针孢

Septoria platycodonis Syd.　桔梗多隔壳针孢[桔梗斑枯病菌]

Septoria plectranthi Miura　香茶菜壳针孢

Septoria poae Catt.　早熟禾壳针孢

Septoria polygonicola (Lasch) Sacc.　蓼生壳针孢

Septoria polygonina Thüm.　蓼壳针孢

Septoria polygonorum Desm.　蓼属壳针孢

Septoria populi Desm.　杨壳针孢

Septoria populicola Peck　杨生壳针孢

Septoria posekensis Sacc.　波地壳针孢

Septoria potentillica Thüm.　委陵菜壳针孢

Septoria pseudoplatani Rob. et Desm.　假槭壳针孢

Septoria pulmonariae Sacc.　肺草壳针孢

Septoria rhamni-catharticae Cesati　药鼠李壳针孢

Septoria ribis (Libert) Desm.　茶藨子壳针孢[茶藨子、悬钩子斑枯病菌]

Septoria rosae Desm.　蔷薇壳针孢

Septoria rubi Westend.　悬钩子壳针孢

Septoria rubi var. *brevispora* Sacc.　悬钩子壳针孢短孢变种

Septoria rubiniae Desm.　洋槐壳针孢

Septoria saccharina Ell. et Ev.　糖槭壳针孢

Septoria salicicola Sacc.　柳生壳针孢

Septoria sambucina Peck　接骨木壳针孢

Septoria saniculae Ell. et Ev.　变豆菜壳针孢

Septoria saposhnikoviae Lu et Bai　防风壳针孢

Septoria saussureae Thüm.　风毛菊壳针孢

Septoria scabiosicola Desm.　蓝盆花生壳针孢

Septoria scrophulariae Peck　玄参壳针孢

Septoria secalis Prill. et Delacr.　黑麦壳针孢

Septoria serebrianikowii Sacc.　黄芪壳针孢

Septoria siegesbeckiae Saw.　豨莶壳针孢

Septoria sikangensis Petr.　西康壳针孢[大孢壳针孢]

Septoria siuarum Speg.　破坏壳针孢[石竹壳针孢]

Septoria sojina Thüm.　大豆生壳针孢

Septoria solanicola Ell. et Ev.　茄生壳针孢

Septoria solanina Speg.　茄科壳针孢

Septoria solitaria Ell. et Ev.　孤生壳针孢

Septoria sonchifolia Cooke　苦荬菜壳针孢

Septoria sonchina Thüm.　苦苣菜壳针孢

Septoria steviae Ishiba，Yokoyama et Tani　甜叶菊壳针孢

Septoria streptopii Miura　算盘七壳针孢

Septoria subiniae Pat.　锦鸡儿壳针孢

Septoria sublineolata Thüm.　藜芦壳针孢

Septoria swertiae Pat.　獐牙菜壳针孢

Septoria sydowii Henn. et Sacc.　白檀壳针孢

Septoria syringae Sacc. et Speg.　丁香壳针孢[丁香斑枯病菌]

Septoria taiana Syd.　八角枫壳针孢

Septoria taraxaci Hollos　蒲公英壳针孢

Septoria taraxacicola Miura　蒲公英生壳针孢

Septoria tatarica Syd.　紫檀壳针孢

Septoria theaecola Hara　茶生壳针孢[茶

灰星病菌]

Septoria tiliae Westend. 椴壳针孢

Septoria tormentillae Desm. et Rob. 委陵菜壳针孢

Septoria tritici Rob. et Desm 小麦壳针孢［小麦叶枯病菌］

Septoria trollii Sacc. et Wint. 金莲花壳针孢

Septoria typhae Saw. 香薄壳针孢

Septoria ulmi Ell. et Ev. 榆壳针孢

Septoria valerianae Sacc. et Fautr. 缬草壳针孢

Septoria veronicae Rob. et Desm 婆婆纳壳针孢

Septoria viburni Westend. 荚蒾壳针孢

Septoria viciae Westend. 蚕豆壳针孢

Septoria violae Westend. 堇菜壳针孢

Septoria virgaureae (Libert) **Desmazieres** 一枝黄花壳针孢

Septoria xanthi Desm. 苍耳壳针孢

Septoria xanthiicola Saw. 苍耳生壳针孢

Septoria yokokawai Hara 横川壳针孢

Septoria zeae Stout 玉蜀黍壳针孢

Septoria zeicola Stout 玉米生壳针孢［玉米斑枯病菌］

Septoria zeina Stout 玉米壳针孢

Sequiviridae 伴生病毒科［V］

Sequivirus 伴生病毒属［V］

Seriespinula(Mehta et Raski) **Khan**,**et al.** 串棘线虫属［N］

Seriespinula cacti 见 *Blandicephalanema cactum*

Seriespinula cobbi 见 *Criconema cobbi*

Seriespinula coronata 见 *Criconema coronatum*

Seriespinula hungarica 见 *Criconema hungaricum*

Seriespinula seymouri 见 *Criconema seymouri*

Seriespinula tenuicaudata 见 *Criconema tenuicaudatum*

Serrano golden mosaic virus Begomovirus (SGMV) 塞拉诺金色花叶病毒

Serratia **Bizio** 沙雷氏菌属［B］

Serratia entomophila **Grimont** 嗜虫沙雷氏菌

Serratia marcescens **Bizic** 黏质沙雷氏菌［西瓜黄蔓病菌］

Serratia proteamaculans (Paine et Stansfield) **Dye** 变形斑沙雷氏菌［紫茉莉叶斑病菌］

Sesame phyllody phytoplasma 芝麻变叶病植原体

Sesbania mosaic virus Sobemovirus 田菁花叶病毒

severe apple mosaic virus 见 *Apple mosaic virus Ilarvirus*

severe tulip breaking virus 见 *Tulip breaking virus Potyvirus* (TBV)

Shallot latent virus Carlavirus (SLV) 火葱潜病毒

Shallot mite-borne latent virus Allexivirus (ShMbLV) 火葱螨传潜病毒

Shallot virus X Allexivirus (ShVX) 青葱X病毒

Shallot yellow stripe virus Potyvirus (SYSV) 火葱黄色条纹病毒

Shamrock chlorotic ringspot virus Potyvirus (SCRSV) 白花酢浆草褪绿环斑病毒

Shearia **Petr.** 弹壳孢属［F］

Shearia magnoliae (Shear) **Perr.** 木兰弹壳孢

Sheep Pen Hill virus 见 *Blueberry scorch virus Carlavirus*

Sherodera **Wouts** 谢皮线虫属［N］

Sherodera lonicerae 见 *Ataladera lonicerae*

Shiraia **Henn.** 竹黄属［F］

Shiraia bambusicola **Henn.** 竹黄［竹赤团子病菌］

Shiraiella **Hara** 假竹黄属［F］

Shiraiella phyllostachydis **Hara** 刚竹假竹黄

short orchid Rhabdovirus 见 *Orchid fleck virus*

Sida golden mosaic Costa Rica virus Begomovirus 黄花稔(属)金色花叶哥斯达黎加病毒

Sida golden mosaic Florida virus Begomovirus 黄花稔(属)金色花叶佛罗里达病毒

Sida golden mosaic Honduras virus Begomovirus 黄花稔(属)金色花叶洪都拉斯病毒

Sida golden mosaic virus Begomovirus (SiGMV) 黄花稔(属)金色花叶病毒

Sida golden yellow vein virus Begomovirus 黄花稔(属)金黄脉病毒

Sida mottle virus Begomovirus 黄花稔(属)斑驳病毒

Sida yellow mosaic virus Begomovirus 黄花稔(属)黄花叶病毒

Sida yellow vein virus Begomovirus (SiYVV) 黄花稔(属)黄脉病毒

Siddiqia Khan, Chawla et Saha 西德奎线虫属[N]

Siddiqia citri (Siddiqi) Khan et al. 柑橘西德奎线虫

Siddiqia eucalyptae (Fisher) Khan et al. 桉树西德奎线虫

Siddiqia hooperi 见 *Longidoroides hooperi*

Siddiqia silvallis Ahmad et Jairajpuri 树林西德奎线虫

Sieg River virus Potexvirus (SiRV) 西格河病毒

Silene virus X Potexvirus (SVX) 蝇子草(属)X病毒

Sinaloa tomato leaf curl virus Begomovirus (STLCV) 西拿罗亚番茄曲叶病毒

Sinorhizobium Chen, Yan et al. 中华根瘤菌属[B]

Sinorhizobium fredii (Scohlla et Elkan) Chen, Yan et al. 费氏中华根瘤菌[快生根瘤菌]

Sinorhizobium japonicum 见 *Bradyrhizobium japonicum*

Sinorhizobium malilotii (Dangeard) Delajudie et al. 苜蓿中华根瘤菌

Sint-Jem's onion latent virus Carlavirus (SJOLV) 辛章山(印尼)洋葱潜病毒

Sire virus 塞尔病毒属[V]

Sirolpidium Petersen 离壶菌属[C]

Sirolpidium bryopsidis (de Bruyne) Petersen 离壶菌[蓝藻离壶病菌]

Sirosphaera Syd. et Syd. 陷球壳孢属[F]

Sirosphaera botryosa Syd. 陷球壳孢

Sirosporium Bubák et Serebr. 旋孢霉属[F]

Sirosporium antoniforme (Berk. et Curtis) Bubák et Serebrian 旋孢霉

Sirosporium caltidis (Biv-Bernh ex Sprengel) Ellis 朴旋孢霉

Sirosporium celtidicola Ellis 朴生旋孢霉

Sirosporium mori (Syd. et Syd.) Ellis 桑旋孢霉

Sitke water-borne virus Tombusvirus (SWBV) 锡特卡河水传病毒

Skeletocutis Kotlaba et Pouzar 干皮菌属[F]

Skeletocutis nivea (Jungh.) Keller 雪白干皮菌

Skeletocutis perennis Ryv. 多年干皮菌

Skierka Racib. 角孢柱锈菌属[F]

Skierka canarii Racib. 橄榄角孢柱锈菌

Skierka holwayi Arth. 何氏角孢柱锈菌

Skierka robusta Doidge 健壮角孢柱锈菌

Smardaea Svrček. 紫盘菌属[F]

Smardaea purpurea Dissing 紫色紫盘菌

Smithiantha latent virus Potexvirus (SmiLV) 庙铃苣苔(属)病毒

Sobemovirus 南方菜豆花叶病毒属[V]

Soil-borne cereal mosaic virus Furovirus 土传禾谷花叶病毒

soil-borne oat mosaic virus 见 *Oat mosaic virus Bymovirus* soil-borne oat stripe virus 见 *Oat golden stripe virus*

Soil-borne rye mosaic virus 见 *Soil-borne cereal mosaic virus Furovirus*

soil-borne wheat green mosaic virus 见 *Wheat soil-borne mosaic virus Furovirus*

Soil-borne wheat mosaic virus Furovirus (SBWMV) 土传小麦花叶病毒

soil-borne wheat yellow mosaic virus 见 *Wheat yellow mosaic virus Bymovirus* (WYMV)

Solanum apical leaf curl virus Begomovirus (SALCV) 茄(属)顶曲叶病毒

solanum nigrum mosaic virus 见 *Solanum nodiflorum mottle virus Sobemovirus*

Solanum nodiflorum mottle virus satellite RNA 莨菪斑驳病毒卫星 RNA

Solanum nodiflorum mottle virus Sobemovirus (SNMoV) 莨菪斑驳病毒

solanum nodiflorum virus 见 *Solanum nodiflorum mottle virus Sobemovirus*

Solanum tomato leaf curl virus Begomovirus (SToLCV) 茄属番茄曲叶病毒

Solanum virus 3 见 *Potato A Potyvirus*

Solanum yellow leaf curl virus Begomovirus (SYLCV) 茄(属)黄化曲叶病毒

Solanum yellows virus Luteovirus (SYV) 茄(属)黄化病毒

Soleella **Darker** 小鞋孢盘菌属[F]

Soleella chinensis **Lin** 中国小鞋孢盘菌

Soleella cunninghamiae **Saho et Zinno** 杉木小鞋孢盘菌

Soleella huangshanensis **Hou et Cao** 黄山小鞋孢盘菌

Soleella pinicola **Lin et Ren** 松生小鞋孢盘菌

Soleella striformis **Dark.** 条状小鞋孢盘菌

Sonchus mottle virus Caulimovirus (SMoV) 苦苣菜(属)斑驳病毒

Sonchus virus Cytorhabdovirus (SonV) 苦苣菜(属)病毒

Sonchus yellow net virus Nucleorhabdovirus (SYNV) 苦苣菜(属)黄网病毒

Sorataea **Syd.** 梭拉锈菌属[F]

Sorataea amiciae **Syd.** 梭拉锈菌

sorghum chlorosis virus 见 *Maize mosaic virus Nucleorhabdovirus*；*Maize stripe virus Tenuivirus*

Sorghum chlorotic spot virus Furovirus (SgCSV) 高粱(属)褪绿斑病毒

sorghum concentric ringspot virus 见 *Sugarcane mosaic virus Potyvirus*

Sorghum mosaic virus Potyvirus (SrMV) 高粱(属)花叶病毒

sorghum red stripe virus 见 *Sugarcane mosaic virus Potyvirus*

Sorghum stunt mosaic virus Nucleorhabdovirus (SrSMV) 高粱(属)矮花叶病毒

Sorghum virus (SrV) 高粱(属)病毒

Sorosphaera **Schröt.** 链球壶菌属[F]

Sorosphaera radicalis **Cook et Schw.** 根生链球壶菌[禾本科根毛球壶病菌]

Sorosphaera veronicae (Schroet.) **Schroeter** 婆婆纳链球壶菌[婆婆纳瘿瘤病菌]

Sorosporium **Rud.** 团黑粉菌属[F]

Sorosporium abramovianum 见 *Sporisorium abramovianum*

Sorosporium africanum **Syd.** 非洲团黑粉菌

Sorosporium andropogonis-aciculati 见 *Sporisorium andropogonis-aciculati*

Sorosporium andropogonis-micranthi 见 *Sporisorium capillipedii*

Sorosporium andropogonis-sorghi **Ito** 高粱团黑粉菌

Sorosporium antarcticum **Speg.** 南极团黑粉菌

Sorosporium anthistiriae 见 *Sporisorium anthistiriae*

Sorosporium argentium Speg. 阿根廷团黑粉菌

Sorosporium aristidae-amplis-simae Beeli 三芒草团黑粉菌

Sorosporium arundinellae H. et P. Syd. 野古草团黑粉菌

Sorosporium bullatum 见 *Moesziomyces bullatus*

Sorosporium caledonicum 见 *Sporisorium caledonicum*

Sorosporium cantonense 见 *Sporisorium cantonense*

Sorosporium cenchri 见 *Sporisorium cenchri*

Sorosporium confusum Jacks. 紊乱团黑粉菌

Sorosporium congoense Ling 刚果河团黑粉菌

Sorosporium consanguineum Ell. et Ev. 近亲团黑粉菌

Sorosporium consanguineum var. *bullatum* Pavgi et Thirum. 近亲团黑粉菌泡状变种

Sorosporium contortum 见 *Sporisorium caledonicum*

Sorosporium cymbopogonis-distantis 见 *Sporisorium cymbopogonis-distantis*

Sorosporium densiflorum Ling 密花团黑粉菌

Sorosporium desertorum Thüm. 荒漠团黑粉菌

Sorosporium dianthorum Cif. 石竹团黑粉菌

Sorosporium ehrenbergii 见 *Sporisorium ehrenbergii*

Sorosporium eulaliae Ling 金茅团黑粉菌

Sorosporium farmosana Saw. 铺地黍团黑粉菌

Sorosporium filiferum 见 *Sporisorium ehrenbergii*

Sorosporium filiformis (Henn.) Zund. 丝状团黑粉菌

Sorosporium flagellatum Syd. et Butl. 鸭嘴草团黑粉菌

Sorosporium formosanum 见 *Sporisorium formosanum*

Sorosporium furcatum Syd. et Butl. 叉状团黑粉菌

Sorosporium glutinosum Zund. 有胶团黑粉菌

Sorosporium goniosporum (Mass.) Ling 棱胶团黑粉菌

Sorosporium holstii 见 *Sporisorium anthistiriae*

Sorosporium inconspicuum (Evans) Zund. 不显团黑粉菌

Sorosporium indicum Mundk. 印度团黑粉菌

Sorosporium kuwanoanum Togashi et Maki 球柱草团黑粉菌

Sorosporium lolii Thirum. 黑麦草团黑粉菌

Sorosporium manchuricum 见 *Sporisorium destruens*

Sorosporium melandryi Syd. 女娄菜团黑粉菌

Sorosporium mixtum (Mass.) McAlp. 混杂团黑粉菌

Sorosporium montiae Rostr. 小鸡草团黑粉菌

Sorosporium mutabile (Syd.) Ling 易变团黑粉菌

Sorosporium myosuroides Hirschh. 鼠尾草团黑粉菌

Sorosporium panici McKinnon 黍团黑粉菌

Sorosporium panici-miliacei (Pers.) Tak. 稷团黑粉菌

Sorosporium paspali 见 *Sporisorium paspali-thunbergii*

Sorosporium paspali-thunbergii 见 *Sporisorium paspali-thunbergii*

Sorosporium penniseti 见 *Sporisorium pamparum*

Sorosporium piluliformis (Berk.) **McAlp.** 小球状团黑粉菌

Sorosporium polycarpum Syd. 多孢囊团黑粉菌

Sorosporium proviciale (Ell. et Gall.) **Clint.** 区域团黑粉菌

Sorosporium reilianum 见 *Sporisorium reilianum*

Sorosporium rhynchosporae P. Henn. 喙孢团黑粉菌

Sorosporium saponariae Rud. 肥皂草团黑粉菌

Sorosporium setariae McAlp. 狗尾草团黑粉菌

Sorosporium setariicolum Thirum. et Saf. 狗尾草生团黑粉菌

Sorosporium simii Evans 猴团黑粉菌

Sorosporium solidum (Berk.) **McAlp.** 实心团黑粉菌

Sorosporium stellariae Lindr. 繁缕团黑粉菌

Sorosporium syntherismae Farl. 黍疣孢团黑粉菌

Sorosporium trichophorum (Tul.) **Zund.** 具毛团黑粉菌

Sorosporium verecundum (Syd.) **Syd.** 羞怯团黑粉菌

Sorosporium versatilis (Syd.) **Zund.** 摆动团黑粉菌

Sorosporium williamsii 见 *Ustilago williamsii*

sour cherry necrotic ringspot virus 见 *Prunus necrotic ringspot virus Ilarvirus*

sour cherry yellows virus 见 *Prune dwarf virus Ilarvirus*

Soursop yellow blotch virus Nucleorhabdovirus (SYBV) 刺果番荔枝黄斑病毒

South African cassava mosaic virus Bego-movirus (SACMV) 南非木薯花叶病毒

South Carolina mild mottling strain 见 *Tobacco mild green mosaic virus Tobamovirus*

southern bean mosaic virus 1 见 *Bean southern mosaic virus Sobemovirus*

Southern bean mosaic virus Sobemovirus (SBMV) 南方菜豆花叶病毒

southern celery mosaic virus 见 *Cucumber mosaic virus Cucumovirus* (CMV)

Southern cowpea mosaic virus Sobemovirus (SCPMV) 南方豇豆花叶病毒

Southern potato latent virus Carlavirus (SoPLV) 南方马铃薯潜病毒

Sowbane mosaic virus Sobemovirus (SoMV) 藜草花叶病毒

Sowthistle yellow vein virus Nucleorhabdovirus (SYVV) 苦苣菜黄脉病毒

Soybean chlorotic mottle virus Soymovirus (SbCMV) 大豆褪绿斑驳病毒

Soybean crinkle leaf virus Begomovirus (SCLV) 大豆皱叶病毒

Soybean dwarf virus Luteovirus (SbDV) 大豆矮缩病毒

Soybean Indonesian dwarf virus Luteovirus 大豆印度尼西亚矮缩病毒

Soybean mild mosaic virus 大豆轻型花叶病毒

Soybean mosaic virus Potyvirus (SMV) 大豆花叶病毒

Soybean spherical virus 大豆球状病毒

soybean stunt virus 见 *Cucumber mosaic virus Cucumovirus* (CMV)

Soybean virus Rhabdovirus 大豆弹状病毒

Soybean virus Z Potyvirus (SVZ) 大豆 Z 病毒

Soybean yellow vein virus 大豆黄脉病毒

Soymovirus 大豆斑驳病毒属[V]

Spartina mottle virus Potyvirus (SPMV) 大米草(属)斑驳病毒

Spegazzinia Sacc. 斯氏格孢属[F]

Spegazzinia deightonii(Hughes)**Subram.** 戴顿斯氏格孢

Spegazzinia tessarthra（Bark. et Curt.）**Sacc.** 十字斯氏格孢

Spermophthora Ashby et Now. 蚀精霉属[F]

Spermophthora gossypii Ashby et Now. 棉蚀精霉

Sphacelia Lév. 密孢霉属[F]

Sphacelia segetum Lév. 密孢霉

Sphacelia sorghi Mcrae 高粱密孢霉[高粱麦角病菌]

Sphacelia typhina（Pers.）**Sacc.** 禾香柱密孢霉

Sphaceloma de Bary 痂圆孢属[F]

Sphaceloma ampelinum de Bary 葡萄痂圆孢[葡萄黑痘病菌]

Sphaceloma arachidis Bitanc. et Jenk. 落花生痂圆孢[花生疮痂病菌]

Sphaceloma batatas Saw. 甘薯痂圆孢[甘薯疮痂病菌]

Sphaceloma fawcettii Jenk. 柑橘痂圆孢[柑橘疮痂病菌]

Sphaceloma fawcettii var. *scabiosa* Jenk. 柑橘痂圆孢粗糙变种

Sphaceloma glycines Kurata et Kurib 大豆痂圆孢[大豆疮痂病菌]

Sphaceloma mangiferae Bitanc. et Jenk. 杧果痂圆孢[杧果疮痂病菌]

Sphaceloma menthae Jenk. 薄荷痂圆孢

Sphaceloma prominula（Begl）**Jenk.** 显著痂圆孢[苹果叶疮痂病菌]

Sphaceloma punicae Bitanc. et Jenk. 石榴痂圆孢[石榴疮痂病菌]

Sphaceloma ricini Jenk. et Cheo 蓖麻痂圆孢

Sphaceloma rosarum（Pass.）**Jenk.** 蔷薇痂圆孢[月季疮痂(炭疽)病菌]

Sphacelotheca de Bary 轴黑粉菌属[F]

Sphacelotheca algeriensis（Pat.）**Cif.** 阿尔及尔轴黑粉菌

Sphacelotheca andropogonis 见 *Sporisorium andropogonis*

Sphacelotheca andropogonis-annulati（Berf.）**Zund.** 双花草轴黑粉菌

Sphacelotheca annulata（Ell. et Ev.）**Mundk.** 环纹轴黑粉菌

Sphacelotheca anthistiriae 见 *Sporisorium exsertum*

Sphacelotheca apludae 见 *Sporisorium apludae*

Sphacelotheca argentina（Hirschh.）**Zund.** 阿根廷轴黑粉菌

Sphacelotheca aristidae-cya-nanthae（Bref.）**Pavgi et Mundk.** 三芒草轴黑粉菌

Sphacelotheca arundinellae（Bref.）**Mundk.** 野古草轴黑粉菌

Sphacelotheca arundinellae-hirtae 见 *Ustilago kusanoi*

Sphacelotheca bengalensis（Syd. et Butl.）**Mundk.** 孟加拉轴黑粉菌

Sphacelotheca benguetensis Zund. 本地轴黑粉菌

Sphacelotheca bicornis（Henn.）**Zund.** 二角轴黑粉菌

Sphacelotheca borealis 见 *Ustilago bistortarum*

Sphacelotheca bosniaca 见 *Ustilago bosniaca*

Sphacelotheca bothriochloae 见 *Sporisorium capillipedii*

Sphacelotheca bursa（Berk.）**Mundk. et Thirum** 囊轴黑粉菌

Sphacelotheca candollei（Tul.）**Cif.** 康杜轴黑粉菌

Sphacelotheca capillipedii 见 *Sporisorium capillipedii*

Sphacelotheca congensis（Syd.）**Wakef.** 刚果河轴黑粉菌

Sphacelotheca consimimilis Thirun. et Pavgi 极似轴黑粉菌

Sphacelotheca cornuta （Syd. et Butl.） **Mundk.** 角状轴黑粉菌

Sphacelotheca cruenta 见 *Sporisorium cruentum*

Sphacelotheca cypericola **Mundk. et Pavgi** 莎草轴黑粉菌

Sphacelotheca densa 见 *Sporisorium lepturi*

Sphacelotheca destruens 见 *Sporisorium destruens*

Sphacelotheca digitariae （Kunze）**Clint.** 马唐轴黑粉菌

Sphacelotheca diplospora （Ell. et Ev.） **Clint.** 二倍孢轴黑粉菌

Sphacelotheca echinata **Zund.** 刺轴黑粉菌

Sphacelotheca erianthi （Syd.） **Mundk.** 蔗茅轴黑粉菌

Sphacelotheca excelsa **Syd.** 高轴黑粉菌

Sphacelotheca exserta 见 *Sporisorium exsertum*

Sphacelotheca fagopyri **Syd. et Butl.** 荞麦轴黑粉菌

Sphacelotheca flagellate 见 *Sporisorium ophiuri*

Sphacelotheca foveolati **Maire** 蜂窝轴黑粉菌

Sphacelotheca hainanae 见 *Sporisorium hainanae*

Sphacelotheca heteropogonis-triticei **Ling** 黄茅轴黑粉菌

Sphacelotheca himalensis 见 *Ustilago himalensis*

Sphacelotheca hydropiperis （Schum.） **de Bary** 蓼轴黑粉菌

Sphacelotheca inconspicua **Zund.** 隐轴黑粉菌

Sphacelotheca indehiscens **Ling** 不裂轴黑粉菌

Sphacelotheca isachnes 见 *Sporisorium isachnes*

Sphacelotheca ischaemi 见 *Sporisorium andropogonis*

Sphacelotheca kobresiae （Mundk.） **Pavgi et Thirum.** 嵩草轴黑粉菌

Sphacelotheca lanigeri （Magn.） **Maire** 绵毛轴黑粉菌

Sphacelotheca leucostachys （Henn.） **Zund.** 白穗轴黑粉菌

Sphacelotheca lioui 见 *Sporisorium destruens*

Sphacelotheca macrospora 见 *Sporisorium macrosporum*

Sphacelotheca manchurica 见 *Sporisorium destruens*

Sphacelotheca manilensis （Syd.）**Ling** 马尼拉轴黑粉菌

Sphacelotheca mauritiana **Zund.** 毛里求斯轴黑粉菌

Sphacelotheca melicae （de Toni）**Cif.** 臭草轴黑粉菌

Sphacelotheca miscanthi 见 *Sporisorium miscanthi*

Sphacelotheca modesta （Syd.）**Zund.** 适度轴黑粉菌

Sphacelotheca monilifera 见 *Sporisorium moniliferum*

Sphacelotheca mutila **Mundk. et Thirum.** 残缺轴黑粉菌

Sphacelotheca nankinensis 见 *Ustilago kusanoi*

Sphacelotheca occidentalis （Seym.）**Clint.** 西方轴黑粉菌

Sphacelotheca ophiuri 见 *Sporisorium ophiuri*

Sphacelotheca ophiuri-monostachydis 见 *Sporisorium ophiuri*

Sphacelotheca pamparum 见 *Sporisorium pamparum*

Sphacelotheca pekingensis 见 *Sporisorium abramovianum*

Sphacelotheca penniseti-japonici 见 *Spori-*

sorium pamparum

Sphacelotheca peruviana Zund.　秘鲁轴黑粉菌

Sphacelotheca polygoni-senticosi 见 *Sphacelotheca hydropiperis*

Sphacelotheca pulverulenta （Cooke et Mass.）**Ling**　粉状轴黑粉菌

Sphacelotheca reiliana 见 *Sporisorium reilianum*

Sphacelotheca reticulata **Liu，Li et Du**　网孢轴黑粉菌

Sphacelotheca rottboelliae 见 *Sporisorium lepturi*

Sphacelotheca sacchari 见 *Sporisorium sacchari*

Sphacelotheca serrata **Ling**　锯齿轴黑粉菌

Sphacelotheca smithii 见 *Ustilago ocrearum*

Sphacelotheca sorghi 见 *Sporisorium sorghi*

Sphacelotheca sorghicola 见 *Sporisorium sorghi*

Sphacelotheca superflua （Syd.）**Zund.**　过多轴黑粉菌

Sphacelotheca taiana 见 *Sporisorium taianum*

Sphacelotheca tanglinensis var. *hainanae* （Zund.）**Ling**　海南轴黑粉菌

Sphacelotheca tanglinensis 见 *Sporisorium tanglinense*

Sphacelotheca tenuis （Syd.）**Zund.**　薄轴黑粉菌

Sphaerellopsis **Korsh**　拟球寄生菌属[F]

Sphaerellopsis filum （Biv.）**Sutton**　锈寄生孢[锈菌重寄生菌]

Sphaerellopsis quercuum 见 *Sphaerellopsis filum*

Sphaeria canaliculata 见 *Puccinia canaliculata*

Sphaeria morbosum 见 *Plowrightia morbosum*

Sphaerita **Dang.**　球壶菌属[C]

Sphaerita trachelomonadis **Skvortsov**　壳虫藻球壶菌[斯氏、光丽壳虫藻球壶菌]

Sphaeronaemella helvellae （Karst.）**Karst.**　马鞍菌穴喙壳[马鞍菌寄生菌]

Sphaeronema **Raski et Sher**　球线虫属[N]

Sphaeronema camelliae **Aihara**　山茶球线虫

Sphaeronema rumicis **Kirjanova**　酸模球线虫

Sphaeronema salicis **Eroshenko**　柳球线虫

Sphaerophragmium **Magn.**　球锈菌属[F]

Sphaerophragmium acaciae （Cooke）**Magn.**　金合欢球锈菌

Sphaeropsis **Sacc.**　球壳孢属[F]

Sphaeropsis ampelos （Schw.）**Cooke**　葡萄球壳孢

Sphaeropsis demersa （Bon.）**Sacc.**　假黑腐球壳孢

Sphaeropsis euonymi **Desm.**　卫矛球壳孢

Sphaeropsis evolvuli **Pat.**　土丁桂球壳孢

Sphaeropsis hedericola **Sacc.**　常春藤生球壳孢

Sphaeropsis japonicum **Miyake**　日本球壳孢[稻颖球壳孢]

Sphaeropsis jasmini **Pat.**　茉莉球壳孢

Sphaeropsis magnoliae **Ell. et Dearn**　木兰球壳孢

Sphaeropsis malorum **Peck**　仁果球壳孢[仁果黑腐病菌]

Sphaeropsis oryzae （Catt.）**Sacc.**　稻球壳孢

Sphaeropsis photiniae **Trav. et Migl.**　石楠球壳孢

Sphaeropsis ponciri **Teng**　枸橘球壳孢

Sphaeropsis salicicola **Pass.**　柳生球壳孢

Sphaeropsis sapinea （Fr.）**Dyko et Sutton**　松杉球壳孢

Sphaeropsis sculfellata 见 *Cryptosporiop-*

sis scutellata

Sphaeropsis tumefaciens Hedges. 枝瘤球壳孢[柑橘枝瘤病菌]

Sphaeropsis vaginaxum (Catt.) Sacc. 稻叶球壳孢

Sphaeropsis valsoidea Cooke 皮壳状球壳孢

Sphaeropsis visci (Sollm) Sacc. 槲寄生球壳孢

Sphaerotheca Lév. 单囊壳属[F]

Sphaerotheca aphanis (Wallr.) Braun. 羽衣草单囊壳

Sphaerotheca astragali var. *astragali* Svensk 黄芪单囊壳

Sphaerotheca astragali var. *phaseoli* Zhao 菜豆单囊壳

Sphaerotheca balsaminae (Wallr.) Kari 凤仙花单囊壳

Sphaerotheca catalpae Wang ex Zhao 梓树单囊壳

Sphaerotheca cayratiae Yuan et Wang 乌蔹莓单囊壳

Sphaerotheca codonopsis (Golov.) Zhao 党参单囊壳

Sphaerotheca cucurbitae (Jacz.) Zhao 瓜类单囊壳[瓜类白粉病菌]

Sphaerotheca elsholtziae Zhao 香薷单囊壳

Sphaerotheca epilobii (Wallr.) Sacc. 柳叶单囊壳

Sphaerotheca euphorbiae (Cast.) Salm 大戟单囊壳

Sphaerotheca ferruginea (Schlecht.; Fr.) Junell. 锈丝单囊壳

Sphaerotheca filipendulae Zhao 合叶子单囊壳

Sphaerotheca fugax Penz. et Sacc. 老鹳草单囊壳

Sphaerotheca fuliginea 见 *Sphaerotheca fusca*

Sphaerotheca fusca (Fr.; Fr.) Blum. 棕

丝单囊壳

Sphaerotheca hibiscicola Zhao 木槿生单囊壳

Sphaerotheca humuli 见 *Sphaerotheca macularis*

Sphaerotheca macularis (Wallr.; Fr.) Lind. 斑点单囊壳

Sphaerotheca malloti Zhao 野桐单囊壳

Sphaerotheca melampyri Junell. 山罗花单囊壳

Sphaerotheca mors-uvae (Schw.) Berk. et Curt. 醋栗单囊壳

Sphaerotheca mors-uvae var. *astilbicola* Zhao 落新妇生单囊壳

Sphaerotheca paeoniae Zhao 芍药单囊壳[芍药白粉病菌]

Sphaerotheca pannosa (Wallr.; Fr.) Lév. 毡毛单囊壳[蔷薇白粉病菌]

Sphaerotheca pannosa var. *persicae* Woronich 桃单囊壳[桃白粉病菌]

Sphaerotheca polemonii Junell. 花荵单囊壳

Sphaerotheca rosae (Jacz.) Zhao 蔷薇单囊壳[蔷薇白粉病菌]

Sphaerotheca tomentosa 见 *Sphaerotheca euphorbiae*

Sphaerotheca xanthii (Cast.) Junell. 苍耳单囊壳

Sphaerulina Sacc. 亚球壳属[F]

Sphaerulina intermedia Vouaux 间型亚球壳

Sphaerulina intermixta (Berk. et Br.) Winter 混生亚球壳

Sphaerulina musae Lin et Yen 芭蕉亚球壳

Sphaerulina oryzae Miyake 稻亚球壳

Sphaerulina oryzaena Hara 类稻亚球壳

Sphaerulina rhodeae P. Henn. et Shirai 万年青亚球壳[万年青红斑病菌]

Sphenospora Diet. 双楔孢锈菌属[F]

Sphenospora pallida (Wint.) Diet. 淡白

S

色双楔孢锈菌

Sphenospora smilacina Syd. 蕇药双楔孢锈菌

Sphingomonas Yabuuchi et al. 鞘氨醇单胞菌属[B]

Sphingomonas melonis Buonaurio et al. 甜瓜鞘氨醇单胞菌[西班牙甜瓜褐斑病菌]

Sphingomonas suberifaciens Yabuuchi et al. 木栓根鞘氨醇单胞菌

Spilocaea Fr. ex Fr. 环黑星霉属[F]

Spilocaea ahmadii Ellis 艾哈迈德环黑星霉

Spilocaea oleaginea (Cast.)Hughes 橄榄环黑星霉

Spilocaea phillyreae (Nicolas et Aggey) Ellis 非丽环黑星霉

Spilocaea photinicola (Mclain)Ellis 石楠生环黑星霉

Spilocaea pomi Fr. : Fr. 苹果环黑星霉[苹果黑星病菌]

Spilocaea pyracanthae (Otth) Arx 火棘环黑星霉

spinach blight virus 见 *Cucumber mosaic virus Cucumovirus*(CMV)

Spinach latent virus Ilarvirus(SpLV) 菠菜潜隐病毒

spinach mosaic virus 见 *Beet mosaic virus Potyvirus*

Spinach temperate virus Alphacryptovirus(SpTV) 菠菜和性病毒

Spinach virus(SpV) 菠菜病毒

spinach yellow mottle virus 见 *Tobacco rattle virus Tobravirus*(TRV)

Spirea yellow leafspot virus Tungrovirus 绣线菊黄叶斑病毒

Spirechina 见 *Kuehneola*

Spiroplasma Saglio，Hospital，Lafleche et al. 螺原体属[B]

Spiroplasma chinense Guo，Chen，Whitecomb et al. 中华螺原体[小旋花花腐病菌]

Spiroplasma citri Saglio，Hospital，Lafleche et al. 柑橘螺原体[柑橘顽固病螺原体、柑橘僵化病菌]

Spiroplasma kunkelii Whitcomb，Chen，Williamson，Liao et al. 孔氏螺原体[玉米矮化病菌]

Spiroplasma phoeniceum Saillard，Vignault，Bove et al. 腓尼基螺原体[长春花黄化病菌，紫菀黄化病菌]

Spondylocladium Mart. ex Sacc. 椎枝孢属[F]

Spondylocladium atrovirens Harz. 暗绿椎枝孢

Spondylocladium australe Gilm. et Abbott 南方椎枝孢

Spondylocladium xylogenum Smith 木生椎枝孢

Spongipellis Pat. 绵皮孔菌属[F]

Spongipellis litschaueri Lohw. 毛盖绵皮孔菌

Spongospora Brunch. 粉痂菌属[T]

Spongospora campanulae (Fer. et Winge) Cooke 风铃草粉痂菌[风铃草粉痂病菌]

Spongospora subterranea (Wallr.)Lagerheim 马铃薯粉痂菌[马铃薯粉痂病菌]

Sporidesmium Link 甚孢属[F]

Sporidesmium exitiosum Kühn. 有害甚孢

Sporidesmium oryzae Har 稻甚孢

Sporidesmium polymorphum Corda 多形甚孢

Sporisorium Ehrenb. ex Link 孢堆黑粉菌属[F]

Sporisorium abramovianum (Lavr.)Karatygin 大油芒孢堆黑粉菌

Sporisorium amaurae Vánky 单序草孢堆黑粉菌

Sporisorium andropogonis (Opiz)Vánky 须芒草孢堆黑粉菌

Sporisorium andropogonis-aciculati（Petch）**Vánky**　竹节草孢堆黑粉菌

Sporisorium anthistiriae（Cobb）**Vánky**　粒孢堆黑粉菌

Sporisorium apludae（H. et P. Syd.）**Guo**　水蔗草孢堆黑粉菌

Sporisorium apludae-muticae **Guo**　球孢堆黑粉菌

Sporisorium arthraxone（Pat.）**Guo**　荩草孢堆黑粉菌

Sporisorium benguetense（Zund.）**Guo**　本格特孢堆黑粉菌

Sporisorium bursum（Berk.）**Vánky**　菅囊黑粉菌

Sporisorium bursum　见 *Ustilago bursa*

Sporisorium caledonicum（Pat.）**Vánky**　黄茅穗孢堆黑粉菌

Sporisorium cantonense（Zund.）**Guo**　广州孢堆黑粉菌

Sporisorium capillipedii（Ling）**Guo**　细柄草孢堆黑粉菌

Sporisorium cenchri（Lagerh.）**Vánky**　稷疣孢堆黑粉菌

Sporisorium cruentum（Kühn.）**Vánky**　高粱散孢堆黑粉菌［高粱散黑穗病菌］

Sporisorium cymbopogonis-distantis（Ling）**Guo**　香茅粒孢堆黑粉菌

Sporisorium destruens（Schlecht.）**Vánky**　稷光孢堆黑粉菌［稷丝黑穗病菌］

Sporisorium ehrenbergii（Kühn）**Vánky**　埃氏孢堆黑粉菌［高粱长粒黑穗病菌］

Sporisorium eulaliae（Ling）**Vánky**　黄金茅孢堆黑粉菌

Sporisorium exsertum（McAlp.）**Guo**　突出孢堆黑粉菌

Sporisorium formosanum（Saw.）**Vánky**　台湾孢堆黑粉菌

Sporisorium guangxiense **Guo**　广西孢堆黑粉菌

Sporisorium hainanae（Zund.）**Guo**　海南孢堆黑粉菌

Sporisorium isachnes（H. et P. Syd.）**Vánky**　柳叶箬孢堆黑粉菌

Sporisorium kweichowense（Wang）**Vánky**　贵州孢堆黑粉菌

Sporisorium lepturi（Thüm.）**Vánky**　牛鞭草孢堆黑粉菌

Sporisorium macrosporum（Yen et Wang）**Guo et Li**　大胞孢堆黑粉菌

Sporisorium miscanthi（Yen）**Guo**　芒孢堆黑粉菌

Sporisorium moniliferum（Ell. et Ev.）**Guo**　黄茅粒孢堆黑粉菌

Sporisorium neglectum　见 *Ustilago neglecta*

Sporisorium ophiuri（Henn.）**Vánky**　蛇尾草孢堆黑粉菌

Sporisorium pamparum（Speg.）**Vánky**　狼尾草孢堆黑粉菌

Sporisorium paspali-thunbergii（Henn.）**Vánky**　雀稗孢堆黑粉菌

Sporisorium penniseti-japonici　见 *Sporisorium pamparum*

Sporisorium punctatum（Ling）**Vánky**　麻孢堆黑粉菌

Sporisorium reilianum（Kühn.）**Langd. et Full.**　丝孢堆黑粉菌［玉米、高粱丝黑穗病菌］

Sporisorium sacchari（Rabenh.）**Vánky**　甘蔗粒孢堆黑粉菌［甘蔗粒黑粉病菌］

Sporisorium sorghi **Ehrenberg ex Link**　高粱坚孢堆黑粉菌［高粱坚黑穗病菌］

Sporisorium taianum（Syd.）**Guo**　戴氏孢堆黑粉菌

Sporisorium tanglinense（Tracy et Earle）**Guo**　东陵孢堆黑粉菌

Sporobolomyces **Kluyv. et v. Niel**　掷孢酵母属［F］

Sporobolomyces albo-rubescens **Derx**　浅红掷孢酵母

Sporobolomyces gracilis **Derx**　纤细掷孢

酵母

Sporobolomyces hispanicus Pel. et Ramir. 西班牙掷孢酵母

Sporobolomyces holsaticus Wind. 不对称掷孢酵母

Sporobolomyces odrous Derx 香气掷孢酵母

Sporobolomyces philippovii Krass. 菲利掷孢酵母

Sporobolomyces roseus Kluyv. et Niel 掷孢酵母

Sporobolomyces salmonicolor (Fisher et Breb.)Kluyv. et Niel 赭色掷孢酵母

Sporobolomyces singularia Phaff et Sousa 独特掷孢酵母

Sporocybe Fr. 锤束孢属[F]

Sporocybe azaleae (Peck)Sacc. 杜鹃锤束孢

Sporodesmium 见 *Sporidesmium*

Sporophlyctis Serbinow 刺孢壶菌属[F]

Sporophlyctis chinensis Sparrow 中华刺孢壶菌[竹枝藻刺孢壶菌病菌]

Sporoschisma Berk. et Broome 裂孢[霉]属[F]

Sporoschisma mori Saw. et Kats. 桑裂孢

Sporotrichum Link 侧孢(霉)属[F]

Sporotrichum infestans (Mos. et Vianna) Sart. 致病侧孢

Sporotrichum lyococcos 见 *Rhizopus stolonifer*

Sporotrichum roscolum Oudem. et Boijar 玫红侧孢

Sporotrichum roseum Link 玫色侧孢

Sporotrichum schenckii Mart. 申克侧孢

Spring beauty latent virus Bromovirus (SBLV) 春美草潜病毒

Spumula Mains 沫锈菌属[F]

Spumula heteromorpha (Doidge)Thirum. 异形沫锈菌

Spumula quadrifida Mains 四深裂状沫锈菌

Squash leaf curl - China virus Begomovirus(SLCV-Ch) 南瓜曲叶中国病毒

Squash leaf curl Philippines virus Begomovirus 南瓜曲叶菲律宾病毒

Squash leaf curl virus Begomovirus (SLCV) 南瓜曲叶病毒

Squash leaf curl Yunnan virus Begomovirus 南瓜曲叶云南病毒

Squash mild leaf curl virus Begomovirus 南瓜轻曲叶病毒

Squash mosaic virus Comovirus (SqMV) 南瓜花叶病毒

Squash yellow mottle virus Begomovirus 南瓜黄斑驳病毒

Sri Lankan cassava mosaic virus Begomovirus 斯里兰卡木薯花叶病毒

Sri Lankan passion fruit mottle virus Potyvirus(SLPMoV) 斯里兰卡西番莲斑驳病毒

St. Augustine decline virus satellite 见 *Panicum mosaic satellite virus*

St. Augustine decline virus 见 *Panicum mosaic virus* Sobemovirus

Stachybotrys Corda 葡萄穗霉属[F]

Stachybotrys atra Corda 葡萄穗霉

Stachybotrys cylindrosporum Jens 柱孢葡萄穗霉

Stachybotrys lobulata Berk. 裂片葡萄穗霉

Stachys stunt virus (StSV) 水苏(属)矮化病毒

Stachytarpheta leaf curl virus Begomovirus 假马鞭(属)曲叶病毒

Stagonospora (Sacc.)Sacc. 壳多孢属[F]

Stagonospora anemonea Pat. 银莲花壳多孢

Stagonospora arenaria Sacc. 紫斑壳多孢

Stagonospora avenae Johnson 燕麦壳多孢[麦类壳多胞斑点病菌]

Stagonospora bromi Smith et Ramsb. 雀

麦壳多孢

Stagonospora carpathica Bäuml. 蚕豆壳
多孢

Stagonospora curtisii (Berk.)**Sacc.** 柯蒂
斯壳多孢[水仙褐斑病菌]

Stagonospora erythrinae Saw. 刺桐壳多
孢

Stagonospora graminella **Sacc.** 小禾壳
多孢

Stagonospora mali **Delacr.** 苹果壳多孢
[梨壳多孢叶斑病菌]

Stagonospora narcissi （水仙壳多孢）见
Stagonospora curtisii

Stagonospora prominula (Berk. et Curt.)
Sacc. 显著壳多孢[苹果叶斑病菌]

Stagonospora sacchari **Lo et Ling** 甘蔗壳
多孢[甘蔗叶烧病菌]

Stagonospora tussilaginis **Died.** 款冬壳
多孢

Staphylococcus **Rosenbach** 葡萄球菌属
[B]

Staphylococcus aureus **Rosenbach** 金黄葡
萄球菌

Statice virus Y Potyvirus (SVY) 补血草
Y 病毒

Steganosporium 见 *Stegonsporium*

Stegonsporium **Corda** 盘砖格孢属[F]

Stegonsporium pyriforme (Hoffm. ex
Fr.)**Corda** 梨形盘砖格孢

Steinklee Virus 见 *Pea streak virus Carla-
virus*

Stemphylium **Wallr.** 匍柄霉属[F]

Stemphylium botryosum **Wallr.** 匍柄霉
[豆科牧草轮斑病菌]

Stemphylium chisha (Nishik.)**Yamam.**
微疣匍柄霉

Stemphylium floridanum **Hannon et Weber**
佛罗里达匍柄霉

Stemphylium floridanum var. *euphorbi-
ae* **Nag Raj et Govindu** 佛罗里达匍柄
霉大戟变种

Stemphylium globuliferum （Vesteren）
Simmons 小球匍柄霉

Stemphylium gossipii **Zhang et Zhang** 棉
匍柄霉

Stemphylium lactucae **Zhang et Zhang** 莴
苣匍柄霉

Stemphylium lanuginosum **Harz** 柔毛匍
柄霉

Stemphylium lycopersici (Enjoji)**Yamamo-
to** 番茄匍柄霉

Stemphylium macrosporoideum （Berk.）
Sacc. 大孢匍柄霉

Stemphylium majusculum **Simmons** 五月
匍柄霉

Stemphylium momordicae **Zhang et Zhang**
苦瓜匍柄霉

Stemphylium nabarii **Sarwar et Srinath**
名张匍柄霉

Stemphylium rosarum (Penzig)**Simmons**
蔷薇匍柄霉

Stemphylium sarciniiforme （Cav.）**Wilt-
sh.** 束状匍柄霉

Stemphylium solani **Weber** 茄匍柄霉

Stemphylium vesicarium (Wallr.)**Simmons**
囊状匍柄霉

stengelbonk virus 见 *Tobacco rattle virus
Tobravirus*

Stenocarpella **Syd. et P. Syd.** 狭壳柱孢
属[F]

Stenocarpella macrospora (Earle)**Sutton**
大孢狭壳柱孢[玉米大孢干腐病菌]

Stenocarpella maydis (Berk.)**Sutton** 玉
米狭壳柱孢[玉米穗粒干腐病菌]

Stenotrophomonas **Palleroni et Bradbury**
寡养单胞菌属[B]

Stenotrophomonas maltophilia （Hugh）
Palleroni et Bradbury 嗜麦芽寡养单胞
菌

Stenotrophomonas rhizophila **Wolf et al.**
根围寡养单胞菌

Stereosorus monochoriae 见 *Burrillia*

S

ajrekari

Stereostratum Magn. 硬层锈菌属［F］

Stereostratum corticioides（Berk. et Br.）
Magn. 皮下硬层锈菌［竹硬皮锈菌］

Stereostratum purpureum Pers. 紫硬层
锈菌

Stereum Pers. ex Gray 韧革菌属［F］

Stereum frustulosum Fr. 丛片韧革菌

Stereum gausapatum Fr. 烟色韧革菌

Stereum hirsutum（Willd.）**Fr.** 毛韧革菌

Stereum pini Fr. 松韧革菌

Stereum purpureum Fr. 紫韧革菌［苹果
银叶病菌］

Sterigmatocysitis Cram. 拟曲霉属［F］

Sterigmatocystis fulva（Mont.）**Sacc.** 浓
黄拟曲霉

Sterigmatocystis japonica Aoki 日本拟
曲霉

Sterigmatocystis niger Tiegh 黑拟曲霉

Sterigmatomyces Fell 梗孢酵母属［F］

Sterigmatomyces halophilus Fell 梗孢酵
母

Sterigmatomyces indicus（Fell）**Fell** 印度
梗孢酵母

Stichopsora 见 *Coleosporium*

Stichospora Petr. 壳排孢属［F］

Stichospora asterum Diet. 紫菀壳排孢

Stictis Pers. ex Fr. 点盘菌属［F］

Stictis albomarginata Ou 银边点盘菌

Stictis radiata（L.）**Pers.** 放射点盘菌

Stigmatomyces Karst. 点虫囊菌属［F］

Stigmatomyces stilici Thaxt. 点虫囊菌

Stigmella Lév. 小黑梨孢属［F］

Stigmella effigurata（Schw.）**Hughes** 小
黑梨孢

Stomatisora 见 *Chrysocelis*

Strawberry crinkle virus Cytorhabdovirus
（SCV） 草莓皱缩病毒

Strawberry green petal phytoplasma 草莓
绿萼病植原体

Strawberry latent ringspot virus satellite
RNA 草莓潜环斑病毒卫星 RNA

**Strawberry latent ringspot virus Sadwavir-
us**（SLRSV） 草莓潜隐环斑病毒

Strawberry latent virus C Rhabdovirus
（SLaVC） 草莓潜 C 病毒

strawberry mild crinkle virus 见 *Straw-
berry mottle virus*

**Strawberry mild yellow edge virus Luteo-
virus** 草莓轻型黄边病毒

Strawberry mottle virus Sadwavirus 草
莓斑驳病毒

Strawberry multiplier phytoplasma 草莓
簇生植原体

strawberry necrotic rosette virus 见 *Tobac-
conecrosis virus Necrovirus*（TNV）

strawberry necrotic shock virus 见 *To-
bacco streak virus Ilarvirus*（TSV）

Strawberry pallidosis virus 草莓白化病
毒

**Strawberry pseudo mild yellow edge virus
Carlavirus**（SPMYEV） 草莓伪轻型黄
边病毒

**Strawberry vein banding virus Caulimovir-
us**（SVBV） 草莓脉带病毒

Streptomyces Waksman et Henrici 链霉
菌属［B］

Streptomyces acidiscabies Lambert et Loria
酸疮痂链霉菌［马铃薯疮痂病菌］

Streptomyces albidoflavus（Rossi-Doria）
Waksman et Henrici 微白黄链霉菌

Streptomyces aureofaciens Duggar 金霉
素链霉菌

Streptomyces cacaoi（Bunting）**Waksman
et Henrici** 可可链霉菌

Streptomyces candidus（ex Krasilnikov）
Sveshnikova 纯白链霉菌

Streptomyces caviscabies Goyer et al. 孔
穴疮痂链霉菌

Streptomyces clavifer（Millard et Burr）
Waksman 钉斑链霉菌

Streptomyces collinus Lindenbein　山丘链霉菌

Streptomyces europaeiscabiei Bouchek-Mechiche　欧洲疮痂链霉菌

Streptomyces fimbriatus（Millard et Burr）Waksman　镶边链霉菌

Streptomyces globisporus（Krasilnikov）Waksman　球孢链霉菌

Streptomyces griseus subsp. *cretosus* Pridham　灰色链霉菌白垩亚种

Streptomyces griseus subsp. *griseus*（Krainsky）Waksman et Henrici　灰色链霉菌灰色亚种

Streptomyces intermedius（Kruger）Waksman　中间型链霉菌

Streptomyces ipomoeae（Person et Martin）Waksman et Henrici　甘薯链霉菌［甘薯痘病菌］

Streptomyces longisporus（Krasilnikov）Waksman　长孢链霉菌

Streptomyces luridiscabiei Park，Kwon，Wilson et al.　苍黄链霉菌［马铃薯疮痂病菌］

Streptomyces niveiscabiei Park，Kwon，Wilson et al.　雪白链霉菌［马铃薯疮痂病菌］

Streptomyces parvulus Waksman et Gregory　微小链霉菌

Streptomyces praecox（Millard et Burr）Waksman　早期链霉菌

Streptomyces puniciscabiei Park，Kwon，Wilson et al.　紫红链霉菌［马铃薯疮痂病菌］

Streptomyces reticuliscabiei Bouchek-Mechiche et al.　网状疮痂链霉菌

Streptomyces rimosus Sobin．Finlay et Kane　龟裂链霉菌

Streptomyces sampsonii（Millard et Burr）Waksman　桑氏链霉菌

Streptomyces scabiei（ex Thaxter）Lambert et Loria　疮痂链霉菌［胡萝卜疮痂病菌］

Streptomyces setonii（Millard et Burr）Waksman　醋氏链霉菌

Streptomyces sparsogenes Owen，Dietz et Camiener　稀疏链霉菌

Streptomyces stelliscabiei Bouchek-Mechiche　星斑疮痂链霉菌

Streptomyces tricolor（Wollenweber）Waksman　三色链霉菌

Streptomyces turgidicaviscabies Miyajima et al.　肿穴疮痂链霉菌

Streptomyces turgidiscabies Miyajima et al.　肿胀疮痂链霉菌

Streptomyces violaceus（Rossi-Doria）Waksman　紫色链霉菌

Streptomyces wedmorensis（ex Millard et Burr）Preobrazh.　威德摩尔链霉菌

Streptomycetaceae Waksman et Henrici　链霉菌科［B］

Striga Lour.　独脚金属（玄参科）［P］

Striga asiatica（L.）Kuntze　亚洲独脚金

Striga asiatica var. *asistica*（Benth.）　亚洲独脚金原变种

Striga asiatica var. *humilis* Hong　亚洲独脚金宽叶变种

Striga densiflora Benth.　密花独脚金

Striga euphrasioides Bench.　小米草状独脚金

Striga gesnerioides Vatake ex Vierh　苦苣苔独脚金

Striga hirsuta 见 *Striga asiatica*

Striga lutea 见 *Striga asiatica*

Striga masuria Ham. ex Benth.　大独脚金

Striga orobanchoides Benth.　列当状独脚金

Striga sulphurea Dalz et Gibs.　硫色独脚金

Stromatinia Bound.　座盘菌属［F］

Stromatinia gladioli（Massey）Whetzl　唐菖蒲座盘菌［唐菖蒲干腐病菌］

Strongwellsea Batko et Weiser　斯魏霉属

[F]

Strongwellsea castrans Batko et Weiser
绝育斯魏霉

Stylopage Drechsler　梗虫霉属[F]

Stylopage hadra Drechsler　硬梗虫霉

Stylopage leiohypha Drechsler　滑丝梗虫
霉

Subanguina Paramonov　亚粒线虫属[N]

Subanguina centaureae （Kirjanova et
Ivanova）**Brzeski**　矢车菊亚粒线虫

Subanguina chartolepidis　见 *Anguina ch-
artolepidis*

Subanguina chrysopogoni Bajaj et al.　金
须茅亚粒线虫

Subanguina hyparrheniae　见 *Anguina
hyparrheniae*

Subanguina kopetdaghica　见 *Anguina ko-
petdaghica*

Subanguina millefolii　见 *Anguina mille-
folii*

Subanguina mobilis　见 *Anguina mobilis*

Subanguina moxae （Yokoo et Choi）**Brzeski**
洋艾亚粒线虫

Subanguina nillefolii （Low）**Fortuner et
Maggenti**　欧蓍草亚粒线虫

Subanguina picridis　见 *Anguina picridis*

Subanguina plantaginis　见 *Anguina plan-
taginis*

Subanguina radicicola　见 *Anguina radici-
cola*

Subanguina tumefaciens　见 *Afrina tume-
faciens*

*Subterranean clover mottle virus Sobemo-
virus*（SCMOV）　地三叶草斑驳病毒

subterranean clover red leaf virus　见 *Soy-
bean dwarf virus Luteovirus*

Subterranean clover stunt virus Nanovirus
（SCSV）　地三叶草矮化病毒

subterranean clover virus　见 *Subterranean
clover mottle virus Sobemovirus*

sugarbeet curly top virus　见 *Beet curly top*

virus Curtovirus

sugarbeet curly-leaf virus　见 *Beet curly
top virus Curtovirus*

sugarbeet leafcurl virus　见 *Beet leaf curl
virus Nucleorhabdovirus*

sugarbeet mosaic virus　见 *Beet mosaic vi-
rus Potyvirus*

sugarbeet yellows virus　见 *Beet yellows vi-
rus Closterovirus*

Sugarcane bacilliform virus Badnavirus
（SCBV）　甘蔗杆状病毒

Sugarcane Fiji disease virus Fijivirus　甘
蔗斐济病毒

Sugarcane mild mosaic virus Closterovirus
（SMMV）　甘蔗轻型花叶病毒

Sugarcane mosaic virus Potyvirus　（SC-
MV）　甘蔗花叶病毒

sugarcane mosaic virus-Australian Johnson
grass　见 *Johnson grass mosaic virus
Potyvirus*

Sugarcane streak mosaic virus Potyvirus
甘蔗条纹花叶病毒

Sugarcane streak virus Mastrevirus（SSV）
甘蔗线条病毒

Sugarcane striate mosaic-associated virus
甘蔗条纹花叶伴随病毒

Sugarcane white leaf phytoplasma　甘蔗白
叶病植原体

Sugarcane yellow leaf virus Polerovirus
甘蔗黄叶病毒

Sunflower crinkle virus Umbravirus
（SUCV）　向日葵皱缩病毒

Sunflower mosaic virus Potyvirus（SUMV）
向日葵花叶病毒

Sunflower ringspot virus Ilarvirus
（SuRSV）　向日葵环斑病毒

sunflower rugose mosaic virus　见 *Sun-
flower crinkle virus Umbravirus*

sunflower virus *Potyvirus*　见 *Sunflower
mosaic virus Potyvirus*

Sunflower yellow blotch virus Umbravirus

（SuYBV）　向日葵黄斑病毒

sunflower yellow ringspot virus 见 *Sunflower yellow blotch virus Umbravirus*

Sunn-hemp mosaic virus Tobamovirus （SHMV）　菽麻花叶病毒

sunn-hemp rosette virus 见 *Sunn-hemp mosaic virus Tobamovirus*

Sweet clover latent virus Nucleorhabdovirus（SClaV）　草木樨潜病毒

Sweet clover necrotic mosaic virus Dianthovirus（SCNMV）　草木樨坏死花叶病毒

sweet potato B virus 见 *Sweet potato mild mottle virus Ipomovirus*

sweet potato chlorotic leaf spot virus 见 *Sweet potato feathery mottle virus Potyvirus*

Sweet potato chlorotic stunt virus Crinivirus（SPCSV）　甘薯褪绿矮化病毒

Sweet potato feathery mottle virus Potyvirus（SPFMV）　甘薯羽状斑驳病毒

sweet potato internal cork virus 见 *Sweet potato feathery mottle virus Potyvirus*

Sweet potato latent virus Potyvirus （SPLV）　甘薯潜病毒

Sweet potato leaf curl virus Begomovirus （SPLCV）　甘薯曲叶病毒

Sweet potato leaf speckling virus （SPLSV）　甘薯叶斑病毒

Sweet potato mild mottle virus Ipomovirus （SPMMV）　甘薯轻型斑驳病毒

Sweet potato mild speckling virus Potyvirus（SPMSV）甘薯轻型斑点病毒

Sweet potato ringspot virus Nepovirus （SPRSV）　甘薯环斑病毒

sweet potato russet crack virus 见 *Sweet potato feathery mottle virus Potyvirus*

Sweet potato shukuro mosaic virus （SPSMV）　甘薯皱缩花叶病毒

Sweet potato sunken vein virus Closterovirus（SPSVV）　甘薯陷脉病毒

Sweet potato symptomless virus（SPSV）

甘薯无症病毒

Sweet potato vein mosaic virus Potyvirus （SPVMV）　甘薯脉花叶病毒

sweet potato virus A 见 *Sweet potato feathery mottle virus Potyvirus*

Sweet potato virus disease complex-associated virus（SPVDCaV）　甘薯病毒病复合伴随病毒

Sweet potato virus G Potyvirus（SPVG）　甘薯 G 病毒

sweet potato virus N 见 *Sweet potato latent virus Potyvirus*

sweet potato virus T 见 *Sweet potato mild mottle virus Ipomovirus*

sweet potato whitefly transmitted agent 见 *Sweet potato sunken vein virus Closterovirus*

Sweet potato witches broom phytoplasma 甘薯丛枝病植原体

Sweet potato yellow dwarf virus Ipomovirus（SPYDV）　甘薯黄矮病毒

Sword bean distortion mosaic virus Potyvirus（SBDMV）　剑豆畸变花叶病毒

sword bean mosaic virus 见 *Sword bean distortion mosaic virus Potyvirus*

***Synandromyces* Thaxt.** 聚雄菌属［F］

***Synandromyces sinensis* Shen** 中国聚雄菌

***Synandromyces tomari* Thaxt.** 聚雄菌

***Syncephalis* Tiegh. et Le Monn.** 集珠菌属［F］

***Syncephalis rapacea* Indoh** 蔓菁集珠霉［蔓菁集珠霉病菌］

***Syncephalis wynneae* Thaxter** 丛耳集珠霉［丛耳集珠霉病菌］

***Synchytrium* de Bary et Woronin** 集壶菌属［F］

Synchytrium aecidioides 见 *Synchytrium decipiens*

***Synchytrium alpinum* Thom.** 高山集壶菌［双花堇菜瘿瘤病菌］

Synchytrium andinum Lagerh. 安第斯集壶菌[毛茛瘿瘤病菌]

Synchytrium anemones de Bary et Woronin 银莲花集壶菌[银莲花瘿瘤病菌]

Synchytrium anemones var. ranunculi Pat. 银莲花集壶菌毛茛变种[掌状毛茛瘿瘤病菌]

Synchytrium asari Arthur et Holway 细辛集壶菌[细辛瘿瘤病菌]

Synchytrium aurantiacum Tobler 橙黄集壶菌[柳瘿瘤病菌]

Synchytrium bromi Maire 雀麦集壶菌[雀麦瘿瘤病菌]

Synchytrium caricis Tracy et Earle 苔草集壶菌[番木瓜瘿瘤病菌]

Synchytrium cellulare Davis 细胞集壶菌[苎麻瘿瘤病菌]

Synchytrium cupulatum Thom. 环状集壶菌[委陵菜、多瓣木瘿瘤病菌]

Synchytrium decipiens Farlow 迷惑集壶菌[两型豆瘿瘤病菌]

Synchytrium decipiens var. citrinum Lagh. 迷惑集壶菌桔变种[山蚂蝗瘿瘤病菌]

Synchytrium dolichi (Cooke) Gäum. 镰扁豆集壶菌[扁豆瘿瘤病菌]

Synchytrium endobioticum (Schulb.) Percival 内生集壶菌[马铃薯癌肿病菌]

Synchytrium fuscum Petch 褐集壶菌[一点红瘿瘤病菌]

Synchytrium globosum Schröt. 球形集壶菌[堇菜、蔷薇、菊科、茜草瘿瘤病菌]

Synchytrium helianthemi Trotter 向日葵集壶菌[向日葵、半日花叶瘿病菌]

Synchytrium johansonii Juel 约翰集壶菌[婆婆纳瘿瘤病菌]

Synchytrium linderniae Ito 母草集壶菌[母草瘿瘤病菌]

Synchytrium marrubii Tobler 欧夏至草集壶菌[欧夏至草瘿瘤病菌]

Synchytrium mercurialis Fuckel 山靛集壶菌[山靛瘿瘤病菌]

Synchytrium minutum (Pat.) Gäum. 小集壶菌[野葛瘿瘤病菌]

Synchytrium myosotis Kühn 勿忘草集壶菌[勿忘草瘿瘤病菌]

Synchytrium niesslii Bubák 尼氏集壶菌[虎眼万年青瘿瘤病菌]

Synchytrium phegopteridis Juel 卵果蕨集壶菌[卵果蕨瘿瘤病菌]

Synchytrium pluriannulatum (Curtis) Farlow 多环集壶菌[变豆菜瘿瘤病菌]

Synchytrium potentillae Lagerh. 委陵菜集壶菌[委陵菜瘿瘤病菌]

Synchytrium pueraria 见 Synchytrium minutum

Synchytrium puerariae Miyabe 葛集壶菌[葛藤瘿瘤病菌]

Synchytrium punctatum Schröt. 点集壶菌[顶水花瘿瘤病菌]

Synchytrium rubro-cinctum Magnus 红环集壶菌[虎耳草瘿瘤病菌]

Synchytrium rugulosum Dietel 皱褶集壶菌[柳叶菜瘿瘤病菌]

Synchytrium shuteriae P. Henn. 宿苞豆集壶菌[宿苞豆瘿瘤病菌]

Synchytrium smithiae Patil 坡油甘集壶菌[缘毛合叶豆瘿腐病菌]

Synchytrium stellariae Fuckel 繁缕集壶菌[繁缕瘿瘤病菌]

Synchytrium taraxaci de Bary et Woronin 蒲公英集壶菌[蒲公英瘿瘤病菌]

Synchytrium tephrosiae Patil 灰毛豆集壶菌[灰毛豆瘿腐病菌]

Synchytrium ulmariae Falek et Legerh. 榆集壶菌[绣线菊瘿瘤病菌]

Synchytrium vaccinii Thom. 越桔集壶菌[越桔、杜鹃瘿瘤病菌]

Synchytrium viride Schneid. 绿色集壶菌[香豌豆瘿瘤病菌]

Syrochris barnardi 见 Criconema chrisbarnardi

Systremma Theiss. et Syd. 类座囊菌属

[F]

Systremma artemisiae（Schw.）**Theiss. et Syd.**　蒿类座囊菌

Systremma lonicerae（Cke.）**Theiss. et Syd.**　忍冬类座囊菌

Systremma natans（Tode）**Theiss. et Syd.**

飘浮类座囊菌

Systremma sambuci（Pass. et Fr.）**Mill.**　接骨木类座囊菌

Systremma ulmi（Duv. ex Fr.）**Theiss. et Syd.**　榆类座囊菌

T

Tabakmauche virus　见 *Tobacco rattle virus Tobravirus*

Tabakstreifen-und Krauselkrankheit virus　见 *Tobacco rattle virus Tobravirus*

Taino tomato mottle virus Begomovirus（TToMoV）　泰诺番茄斑驳病毒

Tamarillo mosaic virus Potyvirus（TamMV）　树番茄花叶病毒

Tamus latent virus Potexvirus（TaLV）　达马薯蓣（属）潜病毒

Tamus red mosaic virus Potexvirus（TRMV）　达马薯蓣红花叶病毒

Taphridium **Lagerh. et Juel**　外球囊菌属 [F]

Taphridium umbelliferarum（Rostr.）**Lagerh. et Juel**　伞形外球囊菌

Taphrina **Fr.**　外囊菌属 [F]

Taphrina acerinus **Eliass.**　槭球孢外囊菌

Taphrina alni-incanae（Kühn.）**Magn.**　赤柄外囊菌 [桤木畸实外囊菌]

Taphrina autumnalis **Palm.**　小囊桦叶外囊菌

Taphrina betulae **Johans.**　桦叶外囊菌

Taphrina betulina　见 *Taphrina turgida*

Taphrina bullata（Berk. et Br.）**Tul.**　梨外囊菌 [梨叶泡病菌]

Taphrina bussei **Fab.**　可可外囊菌

Taphrina caerulescens（Desm. et Mont.）**Tul.**　栎外囊菌 [栎叶肿病菌]

Taphrina carnea **Johans.**　桦大囊外囊菌

Taphrina carpini（Rostr.）**Johans.**　鹅耳枥外囊菌 [鹅耳枥缩叶病菌]

Taphrina cerasi（Fuck.）**Sadeb.**　樱桃外囊菌 [樱桃丛枝病菌]

Taphrina cerasi-microcarpae（Kuschke）**Laub.**　小樱外囊菌

Taphrina deformans（Berk.）**Tul.**　畸形外囊菌 [桃缩叶病菌]

Taphrina epiphylla **Sadeb.**　毛赤杨外囊菌 [桤木叶面外囊菌]

Taphrina filicina **Rostr.**　羊齿外囊菌

Taphrina githaginis **Rostr.**　麦仙翁外囊菌

Taphrina instititiae（Sadeb.）**Johans.**　李丛枝外囊菌

Taphrina jaczewskii（Palm.）　槭耶氏外囊菌

Taphrina johansonii **Sadeb.**　杨四孢外囊菌

Taphrina maculans **Butl.**　姜叶斑外囊菌

Taphrina minor **Sadeb.**　小外囊菌 [樱桃缩叶病菌]

Taphrina mume **Nish.**　梅外囊菌 [梅膨叶病菌]

T

Taphrina nana Sadeb. 矮北极桦外囊菌

Taphrina polyspora Johans. 槭多孢外囊菌

Taphrina populina Fr. 杨外囊菌[杨叶肿病菌]

Taphrina potentillae Johans. 委陵菜外囊菌[委陵菜叶肿病菌]

Taphrina pruni（Fuck.）**Tul.** 李外囊菌[李囊果病菌]

Taphrina pruni var. *padi* Jacz. 李外囊菌稠李变种[稠李囊果病菌]

Taphrina rostrupianus Sadeb. 李卢氏外囊菌

Taphrina sadebeckii Johans. 胶桤木叶斑外囊菌

Taphrina tosquinetii（West.）**Magn.** 胶桤木叶肿外囊菌

Taphrina truncicola Kusano 茎生外囊菌

Taphrina turgida（Sadeb.）**Gies.** 桦丛枝外囊菌

Taphrina ulmi Johans. 榆外囊菌[榆叶肿病菌]

Taphrina umbelliferarum（Rostr.）**Sadeb.** 伞形科外囊菌

Taphrina vestergrenii Gies. 鳞毛蕨外囊菌

Taphrina wiesneri（Roth.）**Mix** 威斯纳外囊菌

Tarichium Cohn 干尸霉属[F]

Tarichium atrospermum Petch 黑孢干尸霉

Tarichium cleoni（Wize）**Lakon** 方喙象干尸霉

Tarichium cyrtoneurae Giard 蝇干尸霉

Tarichium megaspermum Cohn 大孢干尸霉

Tarichium syrphis Li, Huang et Fan 食蚜蝇干尸霉

taro bacilliform virus 见 *Dasheen bacilliform virus* Badnavirus

Taro bacilliform virus Badnavirus

（TaBV）芋杆状病毒

Taro feathery mottle virus Potyvirus（TF-MoV）芋羽状斑驳病毒

Taxillus van Tiegh 钝果寄生属（桑寄生科）[P]

Taxillus balansae（Lecomte）**Danser** 栗毛钝果寄生

Taxillus caloreas（Diels）**Danser** 松钝果寄生

Taxillus caloreas var. *caloreas* Kiu 松钝果寄生松变种

Taxillus caloreas var. *fargesii*（Lecomte）**Kiu** 松钝果寄生显脉变种

Taxillus chinensis（DC.）**Danser** 中华松钝果寄生[广寄生]

Taxillus delavayi（van Tiegh）**Danser** 柳叶钝果寄生

Taxillus kaempferi（DC.）**Danser** 小叶钝果寄生

Taxillus kaempferi var. *grandiflorus* Kiu 小叶钝果寄生大花变种

Taxillus levinei（Merr.）**Kiu** 锈毛钝果寄生

Taxillus limprichtii（Grunning）**Kiu** 木兰钝果寄生

Taxillus limprichtii var. *liquidambaricolus*（Hayata）**Kiu** 木兰钝果寄生显脉变种

Taxillus limprichtii var. *longiflorus* Kiu 木兰钝果寄生亮叶变种

Taxillus nigrans（Hance）**Danser** 毛叶钝果寄生

Taxillus pseudo-chinensis（Yamamoto）**Danser** 高雄钝果寄生

Taxillus sericus Danser 龙陵钝果寄生

Taxillus sutchuenensis（Lecomte）**Danser** 四川钝果寄生

Taxillus sutchuenensis var. *duclouxii*（Lecomte）**Kiu** 四川钝果寄生灰毛变种

Taxillus sutchuenensis var. *sutchuenensis* Kiu 四川钝果寄生四川变种

Taxillus theifer（Hayata）**Kiu** 台湾钝果

寄生

Taxillus thibetensis (Lecomte) **Danser** 滇藏钝果寄生

Taxillus umbelifer (Schult) **Danser** 伞花钝果寄生

Taxillus vestitus (Wall.) **Danser** 短梗钝果寄生

Teasel mosaic virus Potyvirus (TeaMV) 川续断(属)花叶病毒

Tegillum 见 *Olivea*

Teleutospora 见 *Uromyces*

Telfairia mosaic virus Potyvirus (TeMV) 发藤葫芦(属)花叶病毒

Teloconia **Syd.** 粉孢锈菌属[F]

Teloconia kamtschatkae (Anders.) **Hirats.** 蔷薇粉孢锈菌

Telomapia 见 *Maravalia*

temple tree mosaic virus 见 *Frangipani mosaic virus Tobamovirus*

Tenericutes **Gibbons et Murry** 软壁菌门[B]

Tenuivirus 纤细病毒属[V]

Tephrosia symptomless virus Carmovirus (TeSV) 灰毛豆(属)无症病毒

Terfezia (Tul.) **Tul.** 地菇属[F]

Terfezia boudieri **Chatin** 布德地菇

Terfezia leonis (Tul.) **Tul.** 瘤孢地菇

Terfezia spinosa **Harkn.** 刺孢地菇

Terfezia transcaucasica **Tichomirov** 外高加索地菇

Testicularia **Klotz.** 黏膜黑粉菌属[F]

Testicularia cyperi **Klotz.** 莎草黏膜黑粉菌

Testicularia leesiae **Cornu** 李氏禾黏膜黑粉菌

Testicularia minor (Juel) **Ling** 小黏膜黑粉菌

Tetramyxa **Goebel** 四孢菌属[T]

Tetramyxa parasitica **Goebel** 四孢菌[川蔓藻瘿瘤病菌]

Tetramyxa triglochinis **Molliard** 水麦冬四孢菌[水麦冬瘿瘤病菌]

Tetraploa **Berk. et Br.** 四绺孢属[F]

Tetraploa aristata **Berk. et Br.** 芒四绺孢

Tetraploa elisii **Cooke** 埃里四绺孢

Tetylenchus **Filipjev** 细垫线虫属[N]

Tetylenchus abulbosus 见 *Atetylenchus abulbosus*

Tetylenchus clavicaudatus 见 *Tylenchorhynchus clavicaudatus*

Tetylenchus nicotianae **Yokoo et Tanaka** 烟草细垫线虫

Texas pepper virus 见 *Texas Pepper virus Begomovirus*; *Pepper severe mosaic virus Potyvirus*

Texas pepper virus Begomovirus (TPV) 得克萨斯辣椒病毒

Thallobacteria **Murry** 分枝菌纲[B]

Thanatephorus **Donk** 亡革菌属[F]

Thanatephorus cucumeris (Frank) **Donk** 瓜亡革菌[稻纹枯病菌]

Thanatephorus sasakii (Shirai) **Tu et Kimbrough** 佐佐木亡革菌[玉米纹枯病菌]

Thecaphora **Fingerh.** 楔孢黑粉菌属[F]

Thecaphora amaranthi (Hirschh.) **Vánky** 苋楔孢黑粉菌

Thecaphora anemarrhenae **Chow et Chang** 知母楔孢黑粉菌

Thecaphora apicis **Savile** 尖楔孢黑粉菌

Thecaphora aterrima 见 *Tolyposporium aterrimum*

Thecaphora californica (Harkn.) **Clint.** 加州楔孢黑粉菌

Thecaphora cuneata (Schofield) **Clint.** 楔孢黑粉菌

Thecaphora globuligerum 见 *Moesziomyces bullatus*

Thecaphora hyaline 见 *Thecaphora seminis-convolvuli*

Thecaphora lagenophorae **McAlp.** 瓶头菊楔孢黑粉菌

Thecaphora leptocarpi Berk. 薄果草楔
孢黑粉菌

Thecaphora lithospermi Vánky et Nannf.
紫草楔孢黑粉菌

Thecaphora mauritiana (Syd.)Ling 毛里
求斯楔孢黑粉菌

Thecaphora mexicana Ell. et Ev. 墨西哥
楔孢黑粉菌

Thecaphora oberwinkleri Vánky 奥氏楔
孢黑粉菌

Thecaphora oligospora Cocconi 疏孢楔
孢黑粉菌

Thecaphora pustulata Clint. 泡状楔孢黑
粉菌

Thecaphora rhynchosporae Fisch. 喙孢
楔孢黑粉菌

Thecaphora schwarzmaniana Byzova 什
瓦茨曼楔孢黑粉菌

Thecaphora seminis-convolvuli (Desm.)Ito
田旋花楔孢黑粉菌

Thecaphora solani Barrus 马铃薯楔孢黑
粉菌

Thecaphora sphaerophysae Zhao et Xi 苦
马豆楔孢黑粉菌

Thecaphora trailii Cooke 特氏楔孢黑粉
菌

Thecaphora tunicata Clint. 膜被楔孢黑
粉菌

Thecaphora viciae Bub. 野豌豆楔孢黑粉
菌

Thecaphora viciae-amoenae Harada 山野
豌豆楔孢黑粉菌

Thecavermiculatus andinus 见 *Dolichodera
andinus*

Thekopsora Magn. 盖痂锈菌属[F]

Thekopsora areolata (Fr.)Magn. 杉李
盖痂锈菌[稠李锈病菌]

Thekopsora brachybotridis Tranz. 短序
花盖痂锈菌

Thekopsora guttata (Schröt.)P. et Syd.
小斑盖痂锈菌

Thekopsora pseudo-cerasi Hirats. 酸樱
桃盖痂锈菌

Thekopsora rubiae Kom. 茜草盖痂锈菌

Thekopsora vaccini (Wint.)Hirats. 乌饭
树盖痂锈菌

Thelephora Ehrh. ex Fr. 革菌属[F]

Thelephora galactinia Fr. 乳白革菌[苹
果根朽革菌]

Thielaviopsis Went 根串珠霉属[F]

Thielaviopsis basicola (Berk. et Br.)Ferr
根串珠霉[烟草黑腐病菌]

Thielaviopsis paradoxa (de Seyn.)Höhn.
奇异根串珠霉[菠萝黑腐病菌]

Thimbleberry ringspot virus 香莓环斑
病毒

Thirumalachariella 见 *Dietelia*

Thistle mottle virus Caulimovirus
(ThMoV) 蓟斑驳病毒

Thunbergia virus Rhabdovirus 见 *Datura
yellow vein virus Nucleorhabdovirus*

Thyme virus Nucleorhabdovirus (TLyV)
百里香病毒

tigre disease Geminivirus 见 *Pepper mild
tigre virus Begomovirus*

tigridia mosaic virus 见 *Turnip mosaic vi-
rus Potyvirus* (TuMV)

Tilachlidium Preuss 多头束霉属[F]

Tilachlidium humicola Oudem. 土生多头
束霉

Tilletia Tul. 腥黑粉菌属[F]

Tilletia aculeate 见 *Ustilago serpens*

Tilletia alopecuri (Saw.)Ling 看麦娘腥
黑粉菌

Tilletia apludae Thirum. et Mishra 水蔗
草腥黑粉菌

Tilletia arctica 见 *Orphanomyces arcticus*

Tilletia arundinellae Ling 野古草腥黑粉
菌

Tilletia asperifolia Ell. et Ev. 粗糙叶腥
黑粉菌

Tilletia barclayana (Bref.)Sacc. et Syd.

狼尾草腥黑粉菌［稻粒黑粉菌］

Tilletia brachypodii **Mundk.**　短柄草腥黑粉菌

Tilletia brevifaciens Fisch. 见 *Tilletia controversa*

Tilletia calamagrostidis 见 *Ustilago calamagrostidis*

Tilletia caries（DC.）**Tul.**　网状腥黑粉菌［小麦网腥黑粉菌］

Tilletia commelinae 见 *Ustilago commelinae*

Tilletia controversa **Kühn**　争议腥黑粉菌［小麦矮腥黑穗病菌］

Tilletia controversa var. *prostrata* **Lavr.**　争议腥黑粉菌平伏变种

Tilletia corona **Scribn.**　角腥黑粉菌

Tilletia decipiens（Pers.）**Körn.**　迷惑腥黑粉菌

Tilletia deyeuxiae **Ling**　野青茅腥黑粉菌

Tilletia digitariicola **Pavgi et Thirum.**　马唐生腥黑粉菌

Tilletia echinosperma **Ainsw.**　刺孢腥黑粉菌

Tilletia eleusines **Syd.**　蟋蟀草腥黑粉菌

Tilletia eremophila **Speg.**　沙漠腥黑粉菌

Tilletia foetida 见 *Tilletia laevis*

Tilletia fusca **Ell. et Ev.**　棕色腥黑粉菌

Tilletia guyotiana **Har.**　居约腥黑粉菌

Tilletia holei（West.）**de Toni**　绒毛草腥黑粉菌

Tilletia hordei **Körn.**　大麦腥黑粉菌［大麦腥黑穗病菌］

Tilletia horrida **Tak.**　稻粒黑粉菌

Tilletia hyalospora **Mass.**　透明孢腥黑粉菌

Tilletia hyparrheniae **Ling**　苞茅腥黑粉菌

Tilletia indica **Mitra**　印度腥黑粉菌［小麦印度腥黑穗病菌］

Tilletia koeleriae **Mundk.**　草腥黑粉菌

Tilletia laevis **Kühn**　光滑腥黑粉菌［小麦光腥黑粉病菌］

Tilletia laguri **Zhang，Lin et Deng**　兔尾草腥黑粉菌

Tilletia lepturi **Sigr.**　细穗草腥黑粉菌

Tilletia lolii **Auersw.**　毒麦腥黑粉菌

Tilletia montana **Ell. et Ev.**　山地腥黑粉菌

Tilletia muhlenbergiae **Clint.**　乱子草腥黑粉菌

Tilletia okudairae 见 *Franzpetrakia okudairae*

Tilletia olida（Riess）**Wint.**　臭腥黑粉菌

Tilletia opaca **Syd.**　暗淡腥黑粉菌

Tilletia pachyderma **Fisch.**　厚皮腥黑粉菌

Tilletia pallida **Fisch.**　苍白腥黑粉菌

Tilletia panici **Bub. et Ranoj.**　黍腥黑粉菌

Tilletia paradoxa **Jacz.**　奇怪腥黑粉菌

Tilletia paspali **Zund.**　雀稗腥黑粉菌

Tilletia pennisetina **Syd.**　狼尾草腥黑粉菌

Tilletia poae **Nagorn.**　早熟禾腥黑粉菌

Tilletia pulcherrima **Ell. et Gall.**　稗粒腥黑粉菌

Tilletia pulcherrima var. *brachyariae* **Pavgi et Thirum.**　稗粒腥黑粉菌臂形草变种

Tilletia rhei 见 *Ustilago rhei*

Tilletia scrobiculata **Fisch.**　蜂巢状腥黑粉菌

Tilletia secalis（Corda）**Kühn**　黑麦腥黑粉菌

Tilletia separata **Kunze**　分离腥黑粉菌

Tilletia serpens 见 *Ustilago serpens*

Tilletia setariae **Ling**　狗尾草腥黑粉菌

Tilletia setariicola **Pavgi et Thirum.**　狗尾草生腥黑粉菌

Tilletia sydowii **Sacc. et Trott.**　聚多腥黑粉菌

Tilletia taiana 见 *Franzpetrakia oku*

dairae

Tilletia themedae-anatherae Pavgi et Thirum. 菅腥黑粉菌

Tilletia themedicola Mishra et Thirum. 菅生腥黑粉菌

Tilletia tritici 见 *Tilletia caries*

Tilletia verrucosa Cooke et Mass. 多疣腥黑粉菌

Tilletia vittata（Berk.）Mundk. 纵带腥黑粉菌

Tilletia zonata Bref. 环带腥黑粉菌

Tobacco bushy top virus Umbravirus（TBTV）烟草丛顶病毒

tobacco cabbaging virus 见 *Tobacco leaf curl virus Begomovirus*

tobacco curly leaf virus 见 *Tobacco leaf curl virus Begomovirus*

Tobacco curly shoot virus Begomovirus（TbCSV）烟草曲顶病毒

Tobacco etch virus Potyvirus（TEV）烟草蚀纹病毒

tobacco frenching virus 见 *Tobacco leaf curl virus Begomovirus*

Tobacco latent virus Tobamovirus 烟草潜隐病毒

Tobacco leaf curl Japan virus Begomovirus 烟草曲叶日本病毒

Tobacco leaf curl Kochi virus Begomovirus 烟草曲叶高知病毒

tobacco leaf curl virus 1 见 *Tobacco leaf curl virus Begomovirus*

Tobacco leaf curl virus Begomovirus（TLCV）烟草曲叶病毒

Tobacco leaf curl Yunnan virus Begomovirus 烟草曲叶云南病毒

Tobacco leaf rugose Cuba virus Begomovirus 烟草皱叶古巴病毒

Tobacco mild green mosaic virus Tobamovirus（TMGMV）烟草轻型绿花叶病毒

tobacco mosaic virus - orchid strain 见 *Odontoglossum ringspot virus Tobamovirus*

tobacco mosaic virus - P11 pepper isolate 见 *Paprika mild mottle virus Tobamovirus*

tobacco mosaic virus - type 见 *Tobacco mosaic virus Tobamovirus*（TMV）

tobacco mosaic virus - U1 见 *Tobacco mosaic virus Tobamovirus*（TMV）

tobacco mosaic virus - vulgare 见 *Tobacco mosaic virus Tobamovirus*（TMV）

tobacco mosaic virus common strain 见 *Tobacco mosaic virus Tobamovirus*（TMV）

tobacco mosaic virus P8 见 *Pepper mild mottle virus Tobamovirus*

Tobacco mosaic satellite virus 烟草花叶病毒卫星

tobacco mosaic virus strain U2,U5 见 *Tobacco mild green mosaic virus Tobamovirus*

Tobacco mosaic virus Tobamovirus（TMV）烟草花叶病毒

tobacco mosaic virus watermelon strain - W 见 *Cucumber green mottle mosaic virus Tobamovirus*

Tobacco mottle virus Umbravirus（TMoV）烟草斑驳病毒

Tobacco necrosis satellite virus 烟草坏死卫星病毒

Tobacco necrosis virus A Necrovirus（TNV-A）烟草坏死 A 病毒

Tobacco necrosis virus D Necrovirus（TNV-D）烟草坏死 D 病毒

Tobacco necrosis virus Necrovirus（TNV）烟草坏死病毒

Tobacco necrotic dwarf virus（TNDV）烟草坏死矮缩病毒

tobacco rattle virus-CAM 见 *Pepper ringspot virus Tobravirus*

Tobacco rattle virus Tobravirus（TRV）

烟草脆裂病毒

tobacco ringspot virus 1 见 *Tobacco ringspot virus Nepovirus*（TRSV）

tobacco ringspot virus 2 见 *Tomato ringspot virus Nepovirus*（ToRSV）

Tobacco ringspot virus Nepovirus（TRSV）烟草环斑病毒

Tobacco ringspot virus satellite RNA 烟草环斑病毒卫星 RNA

Tobacco ringspot virus satellite RNA 烟草环斑病毒卫星 **RNA**

tobacco severe etch virus 见 *Tobacco etch virus Potyvirus*

Tobacco streak virus Ilarvirus（TSV）烟草线条病毒

Tobacco stunt virus Varicosavirus（TStV）烟草矮化病毒

Tobacco vein banding mosaic virus Potyvirus（TVBMV）烟草脉带花叶病毒

Tobacco vein clearing virus Cavemovirus（TVBMV）烟草脉明病毒

Tobacco vein mottling virus Potyvirus（TVMV）烟草脉斑驳病毒

tobacco vein-banding virus 见 *Potato virus Y Potyvirus*（PVY）

Tobacco vein-distorting virus Luteovirus 烟草畸脉病毒

tobacco velvet mottle virus 见 *Velvet tobacco mottle virus Sobemovirus*

Tobacco wilt virus Potyvirus（TWV）烟草萎蔫病毒

Tobacco yellow dwarf virus Mastrevirus（TYDV）烟草黄矮病毒

Tobacco yellow net virus Luteovirus（TYNV）烟草黄网病毒

tobacco yellow top virus 见 *Potato leafroll virus Polerovirus*

Tobacco yellow vein assistor virus Luteo virus（TYVAV）烟草黄脉辅助病毒

Tobacco yellow vein virus Umbravirus（TYVV）烟草黄脉病毒

Tobamovirus 烟草花叶病毒属［V］

Tobravirus 烟草脆裂病毒属［V］

Tollkirschen scheckungs virus 见 *Belladonna mottle virus Tymovirus*

Tolypanthus（Bl.）**Reichb.** 大苞寄生属（桑寄生科）［P］

Tolypanthus esquirolii（Levl.）**Lauener** 黔桂大苞寄生

Tolypanthus maclurei（Merr.）**Danser** 大苞寄生

Tolyposporella **Atk.** 层壁黑粉菌属［F］

Tolyposporella linearis（Berk. et Br.）**Ling** 线形层壁黑粉菌

Tolyposporella obesa（Syd.）**Clint. et Zund.** 肥满层壁黑粉菌

Tolyposporella pachycarpa（Syd.）**Ling** 厚孢层壁黑粉菌

Tolyposporella sproboli **Jacks.** 鼠尾粟层壁黑粉菌

Tolyposporidium 见 *Moesziomyces*

Tolyposporium **Woron.** 亚团黑粉菌属（褶孢黑粉菌属）［F］

Tolyposporium anthistiriae 见 *Sporisorium anthistiriae*

Tolyposporium aterrimum（Tul.）**Diet.** 苔亚团黑粉菌

Tolyposporium bogoriense **Racib.** 茂物亚团黑粉菌

Tolyposporium bullatum 见 *Moesziomyces bullatus*

Tolyposporium cocconii **Morini** 苔草亚团黑粉菌

Tolyposporium ehrenbergii 见 *Sporisorium ehrenbergii*

Tolyposporium eriocauli **Clint.** 绵毛茎亚团黑粉菌

Tolyposporium evernium 见 *Moesziomyces bullatus*

Tolyposporium filiferum 见 *Sporisorium ehrenbergii*

Tolyposporium globuligerum 见 *Moeszio-*

myces bullatus

Tolyposporium junci（Schröt.）**Woron.**
灯心草亚团黑粉菌

Tolyposporium lepidospermae McAlp.
鳞子莎亚团黑粉菌

Tolyposporium minus Henn.   小亚团黑
粉菌

Tolyposporium penicillariae 见 *Moeszio-*
myces bullatus

Tolyposporium triste Vánky   黑莎草亚团
黑粉菌

Tomato apical stunt viroid Pospiviroid
（TASVd）   番茄顶缩类病毒

Tomato aspermy virus Cucumovirus（TAV）
番茄不孕病毒

tomato atypical mosaic green mottling strain
见 *Tobacco mild green mosaic virus To-*
bamovirus

Tomato Australian leaf curl virus Begomo-
virus   澳大利亚番茄曲叶病毒

Tomato big bud phytoplasma   番茄巨芽病
植原体

Tomato black ring virus Nepovirus
（TBRV）   番茄黑环病毒

Tomato bunchy top viroid（ToBTVd）   番
茄束顶类病毒

Tomato bushy stunt Tombusvirus（TBSV）
番茄丛矮病毒

Tomato bushy stunt virus satellite RNA   番
茄丛矮病毒卫星 RNA

tomato bushy stunt virus-carnation strain
见 *Carnation Italian ringspot virus To-*
mbusvirus

tomato bushy stunt virus-petunia strain 见
Petunia asteroid mosaic virus Tombus-
virus

tomato bushy stunt virus-pelargonium strain
见 *Pelargonium leaf curl virus Tom-*
busvirus

Tomato chino La Paz virus Begomovirus
番茄曲叶拉斯巴病毒

Tomato chlorosis virus Crinivirus（ToCV）
番茄褪绿病毒

Tomato chlorotic dwarf viroid Pospiviroid
番茄褪绿矮缩类病毒

Tomato chlorotic mottle［Brazil］**virus Be-**
gomovirus   番茄褪绿斑驳巴西病毒

Tomato chlorotic mottle virus Begomovirus
番茄褪绿斑驳病毒

Tomato chlorotic spot virus Tospovirus
（TCSV）   番茄褪绿斑病毒

Tomato chlorotic vein virus -［Brazil］ **Be-**
gomovirus   番茄脉褪绿巴西病毒

Tomato crinkle virus -［Brazil］ **Begomovir-**
us   番茄皱缩巴西病毒

Tomato crinkle yellow leaf virus -［Brazil］
Begomovirus   番茄皱缩黄叶巴西病毒

Tomato curly stunt virus Begomovirus
番茄曲矮病毒

tomato etch virus 见 *Tobacco etch virus*
Potyvirus

tomato fern leaf virus 见 *Cucumber mosaic*
virus Cucumovirus（CMV）

Tomato golden mosaic virus Begomovirus
（TGMV）   番茄金色花叶病毒

Tomato golden mottle virus Begomovirus
番茄金色斑驳病毒

Tomato green house white fly-borne virus
（TGWFV）   番茄温室粉虱传病毒

Tomato Indian leaf curl virus Begomovirus
印度番茄曲叶病毒

Tomato infectious chlorosis virus Crinivir-
us（TICV）   番茄传染性褪绿病毒

Tomato leaf crumple virus 见 *Chino del*
tomate virus Begomovirus

Tomato leaf curl Australia virus Begomo-
virus（ToLCV-Au）   番茄曲叶澳大利
亚病毒

Tomato leaf curl Bangalore virus Begomo-
virus（ToLCV-Ban）   番茄曲叶保加利
亚病毒

Tomato leaf curl Bangladesh virus Bego-

movirus　番茄曲叶孟加拉病毒

Tomato leaf curl China virus Begomovirus
番茄曲叶中国病毒

Tomato leaf curl Gujarat virus Begomovirus　番茄曲叶古吉拉特病毒

Tomato leaf curl Karnataka virus Begomovirus　番茄曲叶卡纳塔克病毒

Tomato leaf curl Laos virus Begomovirus
番茄曲叶老挝病毒

Tomato leaf curl Malaysia virus Begomovirus　番茄曲叶马来西亚病毒

Tomato leaf curl New Delhi virus Begomovirus（ToLCV-NDe）　番茄曲叶新德里病毒

Tomato leaf curl Philippines virus Begomovirus　番茄曲叶菲律宾病毒

Tomato leaf curl Senegal virus Begomovirus（ToLCV-Sn）　番茄曲叶塞内加尔病毒

Tomato leaf curl Sri Lanka virus Begomovirus　番茄曲叶斯里兰卡病毒

Tomato leaf curl Taiwan virus Begomovirus（ToLCV-Tw）　番茄曲叶台湾病毒

Tomato leaf curl Tanzania virus Begomovirus（ToLCV-Tz）　番茄曲叶坦桑尼亚病毒

Tomato leaf curl Vietnam virus Begomovirus　番茄曲叶越南病毒

Tomato leaf curl virus Begomovirus（ToLCV）　番茄曲叶病毒

Tomato leaf curl virus satellite DNA　番茄曲叶病毒卫星 DNA

Tomato leafroll virus Curtovirus（TLRV）番茄卷叶病毒

Tomato mild mottle virus Begomovirus
番茄温和斑驳病毒

Tomato mild mottle virus Potyvirus（TMMV）　番茄轻型斑驳病毒

Tomato mosaic Barbados virus Begomovirus　番茄花叶巴多斯病毒

Tomato mosaic virus Havana Begomovirus
番茄花叶哈瓦那病毒

Tomato mosaic virus Tobamovirus（ToMV）
番茄花叶病毒

Tomato mottle leaf curl virus -[Brazil] Begomovirus　番茄斑驳曲叶巴西病毒

Tomato mottle virus Begomovirus（ToMoV）　番茄斑驳病毒

tomato pale chlorosis virus 见 *Cowpea mild mottle virus Carlavirus*

Tomato Peru virus Potyvirus（ToPV）　秘鲁番茄病毒

Tomato planta macho viroid Pospiviroid（TPMVd）　番茄雄性株类病毒

Tomato pseudo-curly top virus Topocuvirus（TPCTV）　番茄伪曲顶病毒

Tomato ringspot virus Nepovirus（ToRSV）
番茄环斑病毒

Tomato rugose mosaic virus Begomovirus
番茄皱花叶病毒

Tomato severe leaf curl virus Begomovirus（ToSLCV）　番茄严重曲叶病毒

Tomato severe rugose virus Begomovirus（ToSRV）　番茄重皱缩病毒

Tomato spotted wilt virus Tospovirus（TSWV）　番茄斑萎病毒

Tomato top necrosis virus Nepovirus（ToTNV）　番茄顶坏死病毒

tomato transmissible leafroll virus 见 *Tomato Australian leafcurl virus Begomovirus*

tomato tree virus 见 *Tamarillo mosaic virus Potyvirus*

tomato vein chlorosis virus 见 *Eggplant mottled dwarf virus Nucleorhabdovirus*

Tomato vein clearing virus Nucleorhabdovirus（TVCV）　番茄脉明病毒

tomato vein yellowing virus 见 *Tomato vein clearing virus Nucleorhabdovirus*

Tomato yellow dwarf virus Begomovirus（ToYDV）　番茄黄矮病毒

Tomato yellow leaf curl China virus Begomovirus (TYLCV-Ch) 番茄黄曲叶中国病毒

Tomato yellow leaf curl Iran virus Begomovirus 番茄黄曲叶伊朗病毒

Tomato yellow leaf curl Israel virus Begomovirus (TYLCV-Is) 番茄黄曲叶以色列病毒

Tomato yellow leaf curl Kanchanaburi virus Begomovirus 番茄黄曲叶干加那布里病毒

Tomato yellow leaf curl Nigeria virus Begomovirus (TYLCV-Ng) 番茄黄曲叶尼日利亚病毒

Tomato yellow leaf curl Sardinia virus Begomovirus (TYLCV-Sar) 番茄黄曲叶撒丁岛病毒

Tomato yellow leaf curl Saudi Arabia virus Begomovirus 番茄黄曲叶沙特阿拉伯病毒

Tomato yellow leaf curl Southern Saudi Arabia virus Begomovirus 番茄黄曲叶沙特南方病毒

Tomato yellow leaf curl Tanzania virus Begomovirus (TYLCV-Tz) 番茄黄曲叶坦桑尼亚病毒

Tomato yellow leaf curl Thailand virus Begomovirus (TYLCV-Th) 番茄黄曲叶泰国病毒

Tomato yellow leaf curl virus Begomovirus (TYLCV) 番茄黄曲叶病毒

Tomato yellow leaf curl Yemen virus Begomovirus (TYLCV-Ye) 番茄黄曲叶也门病毒

Tomato yellow mosaic virus -[Brazil 1] *Begomovirus* 番茄黄花叶巴西1号病毒

Tomato yellow mosaic virus -[Brazil 2] *Begomovirus* 番茄黄花叶巴西2号病毒

Tomato yellow mosaic virus Begomovirus

(ToYMV) 番茄黄花叶病毒

Tomato yellow mottle virus Begomovirus (ToYMoV) 番茄黄斑驳病毒

Tomato yellow top virus (ToYTV) 番茄黄顶病毒

Tomato yellow vein streak virus Begomovirus (ToYVSV) 番茄黄脉条纹病毒

Tombusviridae 番茄丛矮病毒科[V]

Tombusvirus 番茄丛矮病毒属[V]

Tongan vanilla virus Potyvirus (TVV) 同甘香果兰病毒

Topocuvirus 番茄伪曲顶病毒属[V]

Torrendiella Boud. et Torrend 小托雷盘菌属[F]

Torrendiella eucalypti (Berk.) **Spooner** 桉小托雷盘菌

Torula Pers. 色串孢属[F]

Torula allii (Harz)Sacc. 葱色串孢

Torula epizoa var. muriae Kickx 盐色串孢

Torula herbarum Link 草色串孢

Torula palmigena Bub. 棕榈色串孢

Torula rhododendri Ces. 杜鹃花色串孢

Torula thermophila Coon. et Emers. 嗜热色串孢

Torulopsis Berl. 球拟酵母属[F]

Torulopsis dattila (Kluyv.)Lodd. 枣椰球拟酵母

Torulopsis ingeniosa Di Menna 牧草球拟酵母

Torulopsis magnoliae Lodd. et Kreger 木兰球拟酵母

Tospovirus 番茄斑萎病毒属[V]

Trabutia Sacc. et Roum. 棒球壳属[F]

Trabutia chinense Yales 中华棒球壳

Trabutia elmeri Theiss. et Syd. 无花果棒球壳

Trachyspora Fuck. 糙孢锈菌属[F]

Trachyspora alchemillae Fuck. 羽衣草糙孢锈菌

Trachyspora intrusa (Grev.)Arth. 糙孢

锈菌

Tracya Syd.　栅孢黑粉菌属[F]

Tracya lemnae（Setch.）**Syd.**　栅孢黑粉菌

Tradescantia mosaic virus Potyvirus（TraMV）　紫露草花叶病毒

Tradescantia-Zebrina virus Potyvirus（TZV）　紫露草-吊竹梅（属）病毒

Trametes Fr.　栓菌属[F]

Trametes gallica Fr.　粗毛栓菌

Trametes gallica Fr. f. sp. **trogii**（Berk.）**Pilat**　特罗格粗毛栓菌

Trametes hispida Bagl.　多毛栓菌[花红木腐病菌]

Trametes insularis 见 *Heterobasidion insulare*

Trametes malicola 见 *Antrodia malicola*

Trametes ochracea（Pers.）**Gilbn. et Ryv.**　淡黄褐栓菌

Trametes pini 见 *Fomes pini*

Trametes quercina 见 *Daedalea quercina*

Trametes radiata Burt.　辐射状栓菌

Trametes radiciperda 见 *Heterobasidion annosum*

Trametes robiniophila 见 *Perenniporia robiniophila*

Trametes suaveolens（L.）**Fr.**　香栓菌[杨柳心腐病菌]

Trametes thujae Zhao　崖柏栓菌

Trametes trogii Berk.　特罗格栓菌[硬毛栓菌]

Tranzschelia Arth.　瘤双胞锈菌属[F]

Tranzschelia anemones（Pers.）**Nannf.**　银莲花瘤双胞锈菌

Tranzschelia discolor（Fuck.）**Tranz. et Litw.**　异色瘤双胞锈菌

Tranzschelia fusca（Pers.）**Diet.**　褐瘤双胞锈菌

Tranzschelia japonica Tranz. et Litw.　日本瘤双胞锈菌

Tranzschelia pruni-spinosae（Pers.）**Diet.** 刺李瘤双胞锈菌[桃褐锈病菌,桃、李锈病菌]

Tranzschelia pulsatillae（Opiz）**Diet.**　白头翁瘤双胞锈菌

Tranzschelia thalictri（Chev.）**Diet.**　白蓬草瘤双胞锈菌

Tranzscheliella otophora 见 *Ustilago williamsii*

Trematosphaerella Kirschst.　小陷壳属[F]

Trematosphaerella eriobotryae（Miyake）**Tai**　枇杷小陷壳

Trematosphaerella oryzae（Miyake）**Padw.**　稻小陷壳[水稻叶尖枯病菌]

Trematosphaeria Fuck.　陷球壳属[F]

Trematosphaeria citri Sawada　柑橘陷球壳

Trematosphaeria heterospora（de Not.）**Winter**　异孢陷球壳

Trentepohlia Mart.　橘色藻属[P]

Trentepohlia abietina Hansgieg　冷杉橘色藻

Trentepohlia arborum（Ag.）**Har.**　树生橘色藻

Trentepohlia aurea Mart.　橘色藻

Trentepohlia hunanensis Jao　湖南橘色藻

trespen gras mosaik virus 见 *Brome mosaic virus Bromovirus*

Triactella 见 *Triphragmium*

Tricella 见 *Phragmopyxis*

Trichaptum Murrill　附毛孔菌属[F]

Trichaptum biforme（Fr.）**Ryv.**　囊孔附毛孔菌[二型附毛菌]

Trichaptum fusco-violaceum（Fr.）**Ryv.**　褐紫附毛孔菌

Trichaptum laricinum（Karst.）**Ryv.**　落叶松附毛孔菌[褶囊附毛菌]

Trichaptum sector（Ehrenb.；Fr.）**Kreisel.**　齿裂附毛孔菌[边囊附毛菌]

Trichocladia（de Bary）**Neger**　束丝壳属[F]

Trichocladia alhagi Golov. 骆驼刺束丝壳

Trichocladia astragali （DC.）Neger 黄芪束丝壳

Trichocladia atraphaxia Golov. 枝木蓼束丝壳

Trichocladia baumleri （Magn.）Neger 鲍勒束丝壳

Trichocladia hedysari （U. Braun）Yu 岩黄芪束丝壳

Trichocladia sophorae （Gandara）Yu 槐束丝壳

Trichocladia swainsoniae Yu et Lai 苦马豆束丝壳

Trichoconis Clem. 毛锥孢属［F］

Trichoconis padwickii Gang. 稻毛锥孢［水稻烟灼斑病菌］

Trichoderma Persoon 木霉属［F］

Trichoderma album Preuss 白色木霉

Trichoderma asperellum Samuels et al. 棘孢木霉

Trichoderma atroviride P. Karsten 深绿木霉

Trichoderma cerinum Bissett，Kubicek et Szakacs 蜡黄木霉

Trichoderma citrinoviride Bissett 橘绿木霉

Trichoderma equestre （L.）Quél. 马木霉

Trichoderma erinaceum 猬刺木霉

Trichoderma glaucum Abbott 粉绿木霉

Trichoderma hamatum （Bon.）Bain. 钩状木霉

Trichoderma harzianum Pers. ex Fr. 哈茨木霉

Trichoderma inhamatum Veerkamp et. Gams 非钩状木霉

Trichoderma koningii Oudem. 康宁木霉

Trichoderma lignorum （Tode）Harz. 木素木霉

Trichoderma longibrachiatum Rifai 长枝木霉

Trichoderma sinensis Bissett et al. 中国（中华）木霉

Trichoderma spirale Bissett 螺旋木霉

Trichoderma strictpile Bissett 直堆木霉

Trichoderma velutinum Bissett，Kubicek et Szakacs 绒木霉

Trichoderma viride Pers. ex Fr. 绿色木霉［蘑菇绿霉病菌］

Trichodorus Cobb 毛刺线虫属［N］

Trichodorus allius 见 *Paratrichodorus allius*

Trichodorus atlanticus 见 *Atlantadorus atlanticus*

Trichodorus bucrius 见 *Paratrichodorus porosus*

Trichodorus californicus Allen 加利福尼亚毛刺线虫

Trichodorus cedarus Yokoo 雪松毛刺线虫

Trichodorus cylindricus Hooper 圆桶毛刺线虫

Trichodorus granulosus （Cobb）Micoletzky 谷物毛刺线虫

Trichodorus guangzhouensis Xie，Feng et Zhao 广州毛刺线虫

Trichodorus hooperi Loof 霍珀毛刺线虫

Trichodorus litchi Edward et Misra 荔枝毛刺线虫

Trichodorus monohystera 见 *Monotrichodorus monohystera*

Trichodorus nanjingensis Liu et Cheng 南京毛刺线虫

Trichodorus obscurus Allen 昏暗毛刺线虫

Trichodorus pachydermus 见 *Paratrichodorus pachydermus*

Trichodorus porosus 见 *Paratrichodorus porosus*

Trichodorus primitivus 见 *Trichodorus obscurus*

Trichodorus similes Seinhorst 相似毛刺

线虫

Trichodorus viruliferus Hooper　具毒毛
刺线虫

Trichopsora Lagerh.　毛孢锈菌属[F]

Trichopsora tournefortiae Lagerh.　紫丹
毛孢锈菌

Trichosanthes mottle virus Potyvirus
（TrMoV）　栝楼（属）斑驳病毒

Trichosporon Behrend　丝孢酵母属[F]

Trichosporon aculeatum Phaff et al.　皮
刺丝孢酵母

Trichosporon behrendii Lodd. et Kreger
贝雷丝孢酵母

Trichosporon beigelii（Küch. et Rabenh.）
Vuill.　白吉利丝孢酵母

Trichosporon capitatum Didd. et Lodd.
头状丝孢酵母

Trichosporon cutaneum（de Beurm et al.）
Ota　丝孢酵母

Trichosporon cutaneum Ota var. *multisporum* Lodd. et Kreger　丝孢酵母多孢变
种

Trichosporon cutaneum var. *multisporum*
Lodd. et Kreger　丝孢酵母多孢变种

Trichosporon fermentans Didd. et Lodd.
发酵性丝孢酵母

Trichosporon infestans（Mos. et Vianna）
Cit. et Red.　致病丝孢酵母

Trichosporon inkin（Oho）Sousa et V. Uden
皮瘤丝孢酵母

Trichosporon margaritiferum（Stautz）
Buchw.　珠状丝孢酵母

Trichosporon penicillatum Sousa　帚状丝
孢酵母

Trichosporon pullulans（Lin）Didd. et
Lodd.　茁芽丝孢酵母

Trichosporon sericeum（Stautz）Didd. et
Lodd.　丝光丝孢酵母

Trichothecium Link　单端孢属[F]

Trichothecium globosporum Sopr.　圆孢
单端孢

Trichothecium roseum（Bull.）Link.　粉
红单端孢[棉花红粉病菌、苹果红粉病
菌、银耳红粉病菌]

Trichotylenchus（Siddiqi）Seinhorst　毛垫
线虫属[N]

Trichotylenchus papyrus 见 *Uliginotylenchus papyrus*

Trichotylenchus uliginosus 见 *Tylenchorhynchus uliginosus*

Trichovirus　纤毛病毒属[V]

Trichurus Clem.　毛束霉属[F]

Trichurus terrophilus Swift et Povah　喜
土毛束霉

Trifolium mountanum mosaic virus
（TmMV）　三叶草花叶病毒

Trifoliumvirus nervicrassans virus 见 *Clover wound tumor virus Phytoreovirus*

Triglyphium Fres.　三雕孢属[F]

Triglyphium niveum Mass.　白座三雕孢

Trigonopsis Schachn.　三角酵母属[F]

Trigonopsis variabilis Schachn.　三角酵
母

Trimmatostrima Corda　粉粒座孢属[F]

Trimmatostrima abietina Doh.　冷杉粉粒
座孢

Trimmatostrima betulinum（Cda）Hughes
桦粉粒座孢

Trimmatostrima salicis Cda　柳粉粒座孢

Trimmatostroma salicis Corda　柳粉粒座
孢

Triphragmiopsis Naum.　拟三孢锈菌属
[F]

Triphragmiopsis isopyri（Moug. et
Nestl.）Tranz.　扁果草拟三孢锈菌

Triphragmiopsis jeffersoniae Naum.　鲜
黄连拟三孢锈菌

Triphragmiopsis laricinum（Chou）Tai
落叶松拟三孢锈菌

Triphragmium Link　三孢锈菌属[F]

Triphragmium acaciae 见 *Sphaerophragmium acaciae*

Triphragmium anomalum Tranz. 异形三
孢锈菌

Triphragmium echinatum 见 *Nyssopsora echinata*

Triphragmium formosanum Saw. 台湾
三孢锈菌

Triphragmium koelrenteriae Syd. 栾树
三孢锈菌

Triphragmium laricinum Chou 落叶松三
孢锈菌[落叶松锈病菌]

Triphragmium ulmariae（Schw.）Link
榆三孢锈菌

Triticum aestivum chlorotic spot virus Nucleorhabdovirus（TACSV） 普通小麦
褪绿斑病毒

Tritimovirus 小麦花叶病毒属[V]

Trochodinm 见 *Uromyces*

Trolliomyces 见 *Phragmidium*

Tropaeolum mosaic virus Potyvirus
（TrMV） 旱金莲(属)花叶病毒

tropaeolum ringspot virus 见 *Broad bean
wilt virus Fabavirus*

Tropaeolum virus 1 Potyvirus（TV-1）
旱金莲(属)1号病毒

Tropaeolum virus 2 Potyvirus（TV-2）
旱金莲(属)2号病毒

Trophotylenchulus Raski 小胀垫刃线虫
属[N]

Trophotylenchulus floridensis Raski 佛
罗里达小胀垫刃线虫

Trophotylenchulus mangenoti（Luc）Goodey 杜异小胀垫刃线虫

Trophotylenchulus piperis Mohandas，Ramana et Raski 胡椒小胀垫刃线虫

Truncatella Steyaert 截盘多孢属[F]

Truncatella angustata（Peex）Hughes 狭
截盘多孢

Trypanosomatidae 锥体虫科（原生生物）
[T]

Tuber Micheli. ex Fr. 块菌属[F]

Tuber aestivum Mittad. 夏块菌

tuber blotch virus 见 *Potato aucuba mosaic virus Potexvirus*

Tuber brumale Vittad. 冬块菌

Tuber excavatum Vittad. 凹陷块菌

Tuber exiguum Hesse 微小块菌

Tuber intermedium Buchh. 间型块菌

Tuber magnorum Pico 大块菌

Tuber melanosporum Vittad. 黑孢块菌

Tuber michailovskianum Buchh. 米邱块
菌

Tuber rufum Pico 棕红块菌

Tubercinia fischeri 见 *Urocystis fischeri*

Tubercinia paridis 见 *Urocystis paridis*

Tubercularia Tode 瘤座孢属[F]

Tubercularia abutilonis Kats. 苘麻瘤座
孢

Tubercularia fici Edg. 无花果瘤座孢

Tubercularia minor Link 小瘤座孢

Tubercularia phyllophila Syd. 嗜叶瘤座
孢

Tubercularia puerariae Saw. 葛瘤座孢

Tubercularia vulgaris Tode 普通瘤座孢

Tuberculina Tode ex Sacc. 锈生座孢属
[F]

Tuberculina costaricana Syd. 科地锈生
座孢

Tuberculina elaeagni Y. Huang et Z. Y.
Zhang 胡颓子锈生座孢[牛奶子锈菌
重寄生菌]

Tuberculina fraxinis 白蜡树锈生座孢

Tuberculina nomuraiana Sacc. 野村锈生
座孢

Tuberculina persicina Sacc. 桃锈生座孢

Tuberculina pyrus Y. Huang et Z. Y. Zhong
梨锈生座孢

Tuberculina sambuci 接骨木锈生座孢

Tubereulina schisandrae 五味子锈生座
孢

Tuberose mild mosaic virus Potyvirus
（TuMMV） 晚香玉轻型花叶病毒

Tuberose virus Potyvirus（TuV） 晚香玉

病毒

Tulare apple mosaic virus Ilarvirus (TAMV) 杜拉苹果花叶病毒

tulip Augusta disease virus 见 *Tobacco necrosis virus Necrovirus* (TNV)

Tulip band breaking virus Potyvirus (TBBV) 郁金香带状碎色病毒

Tulip breaking virus Potyvirus (TBV) 郁金香碎色病毒

tulip breaking virus-lily strain 见 *Lily mottle virus Potyvirus* (LMoV)

Tulip chlorotic blotch virus Potyvirus (TCBV) 郁金香褪绿斑病毒

Tulip halo necrosis virus 郁金香晕环坏死病毒

Tulip mild mottle mosaic virus Ophiovirus (TMMMV) 郁金香轻斑驳花叶病毒

Tulip mosaic virus Potyvirus 郁金香花叶病毒

Tulip virus X Potexvirus (TVX) 郁金香X病毒

tulip white streak virus 见 *Tobacco rattle virus Tobravirus* (TRV)

Tungrovirus 东格鲁杆状病毒属 [V]

Tunicopsora 见 *Kweilingia*

Turnip crinkle virus Carmovirus (TCV) 芜菁皱缩病毒

Turnip crinkle virus satellite RNA 芜菁皱缩病毒卫星RNA

turnip latent virus disease complex 见 *Physalis mild chlorosis virus Luteovirus* (Phy MCV) ; *Physalis vein blotch virus Luteovirus* (PhyVBV)

turnip mild yellows virus 见 *Beet western yellows virus Polerovirus*

Turnip mosaic virus Potyvirus (TuMV) 芜菁花叶病毒

Turnip rosette virus Sobemovirus (TRoV) 芜菁丛簇病毒

Turnip vein-clearing virus Tobamovirus (TVCV) 芜菁脉明病毒

Turnip yellow mosaic virus Tymovirus (TYMV) 芜菁黄花叶病毒

Turnip yellows Polerovirus (TYV) 芜菁黄化病毒

Tylenchida (Filipjev) **Thorne** 垫刃目 [N]

***Tylenchocriconema* Raski et Siddiqi** 垫环线虫属 [N]

***Tylencholaimus* Santiago et Coomans** 垫咽线虫属 [N]

***Tylencholaimus ibericus* Santiago et Coomans** 屈曲花垫咽线虫

***Tylenchorhynchus* Cobb** 矮化线虫属 [N]

Tylenchorhynchus acti 见 *Tylenchorhynchus capitatus*

Tylenchorhynchus aerolatus 见 *Bitylenchus aerolatus*

Tylenchorhynchus africanus 见 *Helicotylenchus africanus*

Tylenchorhynchus africanus var. annobonensis 见 *Helicotylenchus annobonensis*

***Tylenchorhynchus agri* Ferris** 农田矮化线虫

***Tylenchorhynchus allii* Khurma et Mahajan** 葱矮化线虫

***Tylenchorhynchus alpinus* Allen** 高山矮化线虫

Tylenchorhynchus annulatus (Cassidy) **Golden** 饰环矮化线虫

Tylenchorhynchus arcticus 见 *Geocenamus arcticus*

Tylenchorhynchus behningi 见 *Hirschmanniella behningi*

***Tylenchorhynchus berberidis* Sethi et Swarup** 小檗矮化线虫

***Tylenchorhynchus bicaudatus* Khakimov** 双尾矮化线虫

***Tylenchorhynchus brassicae* Siddiqi** 甘蓝矮化线虫

***Tylenchorhynchus brevicaudatus* Hooper** 短尾矮化线虫

***Tylenchorhynchus cacti* Shawla et al.** 仙

人掌矮化线虫

Tylenchorhynchus canalis 见 *Bitylenchus canalis*

Tylenchorhynchus capitatus Allen 有头矮化线虫

Tylenchorhynchus caricae Kapoor 番木瓜矮化线虫

Tylenchorhynchus cicerus Kakar，Khan et Siddiqi 鹰嘴豆矮化线虫

Tylenchorhynchus clavicaudatus （Micoletzky）Filipjev 棒尾矮化线虫

Tylenchorhynchus claytoni Steiner 克莱顿矮化线虫

Tylenchorhynchus coffeae Siddiqi et Basir 咖啡矮化线虫

Tylenchorhynchus contractus Loof 短窄矮化线虫

Tylenchorhynchus crassicaudatus Williams 厚尾矮化线虫

Tylenchorhynchus crotoni Pathak et Siddiqi 巴豆矮化线虫

Tylenchorhynchus cylindricus Cobb 柱形矮化线虫

Tylenchorhynchus dubius （Butschli）Filipjev 不确定矮化线虫

Tylenchorhynchus eremicolus Allen 沙漠矮化线虫

Tylenchorhynchus erythrinae 见 *Helicotylenchus erythrinae*

Tylenchorhynchus ewingi Hooper 尤因矮化线虫

Tylenchorhynchus fujianensis Chang 福建矮化线虫

Tylenchorhynchus gossypii Nasira et Maqbool 棉花矮化线虫

Tylenchorhynchus gracilis 见 *Hirschmanniella gracilis*

Tylenchorhynchus graminicola 见 *Merlinius graminicola*

Tylenchorhynchus himalayae 见 *Tylenchorhynchus capitatus*

Tylenchorhynchus indicus Siddiqi 印度矮化线虫

Tylenchorhynchus judithae 见 *Dolichorhynchus judithae*

Tylenchorhynchus lamelliferus 见 *Dolichorhynchus lamelliferus*

Tylenchorhynchus laminatus 见 *Merlinius laminatus*

Tylenchorhynchus latus Allen 偏侧矮化线虫

Tylenchorhynchus lenorus 见 *Geocenamus lenorus*

Tylenchorhynchus leucaenus Azmi 银合欢矮化线虫

Tylenchorhynchus longus 见 *Geocenamus longus*

Tylenchorhynchus macrurus 见 *Amplimerlinius macrurus*

Tylenchorhynchus magnicauda 见 *Pratylenchoides magnicauda*

Tylenchorhynchus malinus Lin 苹果矮化线虫

Tylenchorhynchus mangiferae Luqman et Khan 杧果矮化线虫

Tylenchorhynchus mashhoodi Siddiqi et Basir 马舒德矮化线虫

Tylenchorhynchus maximus Allen 最大矮化线虫

Tylenchorhynchus microphasmis 见 *Dolichorhynchus microphasmis*

Tylenchorhynchus multicinctus 见 *Helicotylenchus multicinctus*

Tylenchorhynchus musae Kumar 芭蕉矮化线虫

Tylenchorhynchus nilgiriensis 见 *Tylenchorhynchus capitatus*

Tylenchorhynchus nothus 见 *Geocenamus nothus*

Tylenchorhynchus nudus Allen 裸矮化线虫

Tylenchorhynchus oleae （Cobb）Micoletzky

齐墩果矮化线虫

Tylenchorhynchus oleraceae Gupta et Uma
油菜矮化线虫

Tylenchorhynchus oryzae Kaul et Waliul-
lah 水稻矮化线虫

Tylenchorhynchus papyrus 见 *Uliginoty-
lenchus papyrus*

Tylenchorhynchus paranudus Phukan et
Sanwal 拟裸露矮化线虫

Tylenchorhynchus pararobustus 见
Hoplolaimus pararobustus

Tylenchorhynchus phaseoli 见 *Dolicho-
rhynchus phaseoli*

Tylenchorhynchus pini Kulinich 松矮化
线虫

Tylenchorhynchus pruni Gupta et Uma
李矮化线虫

Tylenchorhynchus rosei Zarina et Maqbool
玫瑰矮化线虫

Tylenchorhynchus sacchari Sivakumar et
Muthukrishman 甘蔗矮化线虫

Tylenchorhynchus siccus Nobbs 干燥矮
化线虫

Tylenchorhynchus silvaticus Ferris 树林
矮化线虫

Tylenchorhynchus socialis 见 *Amplimer-
linius socialis*

Tylenchorhynchus solani Gupta et Uma
茄矮化线虫

Tylenchorhynchus spinaceai Singh 菠菜
矮化线虫

Tylenchorhynchus spinicaudatus 见 *Hir-
schmannia spinicaudatus*

Tylenchorhynchus thermophilus Golden，
Baldwin et Mundo 喜温矮化线虫

Tylenchorhynchus tuberosus Zarina et
Maqbool 晚香玉矮化线虫

Tylenchorhynchus uliginosus Siddiqi 泥
沼矮化线虫

Tylenchorhynchus valerianae Kapoor 缬
草矮化线虫

Tylenchorhynchus zeae Sethi et Swarup
玉米矮化线虫

Tylenchorhynchus zostericola 见 *Hir-
schmanniella zostericola*

Tylenchulus Cobb 半穿刺线虫属[N]

Tylenchulus graminis 见 *Anguina grami-
nis*

Tylenchulus mangenoti 见 *Trophotylen-
chulus mangenoti*

Tylenchulus semipenetrans Cobb 半穿刺
线虫

Tylenchus Bastian 垫刃线虫属[N]

Tylenchus africanus 见 *Helicotylenchus
africanus*

Tylenchus agricola 见 *Aglenchus agricola*

Tylenchus agrostidis Bastian 草垫刃线虫

Tylenchus agrostis 见 *Anguina agrostis*

Tylenchus allii Beijerinck 葱垫刃线虫

Tylenchus angustus 见 *Ditylenchus angus-
tus*

Tylenchus apapillatus 见 *Hirschmanniella
oryzae*

Tylenchus arboricola 见 *Ditylenchus arbo-
ricola*

Tylenchus arenaria 见 *Meloidogyne are-
naria*

Tylenchus askenasyi 见 *Ditylenchus aske-
nasyi*

Tylenchus bacillifer 见 *Ditylenchus bacil-
lifer*

Tylenchus balsamophila 见 *Anguina bal-
samophila*

Tylenchus brevicauda 见 *Ditylenchus
brevicauda*

Tylenchus cerealis Kheiri 禾谷垫刃线虫

Tylenchus clavicaudatus 见 *Tylenchorhyn-
chus clavicaudatus*

Tylenchus coffea 见 *Pratylenchus coffeae*

Tylenchus cylindricus 见 *Tylenchorhyn-
chus cylindricus*

Tylenchus cynodontus Husain et Khan 狗

牙根垫刃线虫

Tylenchus darbouxi 见 *Ditylenchus darbouxi*

Tylenchus dendrophilus 见 *Ditylenchus dendrophilus*

Tylenchus devastatrix 见 *Ditylenchus devastatrix*

Tylenchus dihystera 见 *Helicotylenchus dihystera*

Tylenchus dipsaci 见 *Ditylenchus dipsaci*

Tylenchus discrepans 见 *Filenchus discrepans*

Tylenchus durus 见 *Ditylenchus durus*

Tylenchus erythrinae 见 *Helicotylenchus erythrinae*

Tylenchus eurycephalus 见 *Ditylenchus eurycephalus*

Tylenchus facultativus 见 *Filenchus facultativus*

Tylenchus floridensis (Raski) **Maggenti** 佛罗里达垫刃线虫

Tylenchus geraerti 见 *Ditylenchus geraerti*

Tylenchus gracilis 见 *Hirschmanniella gracilis*

Tylenchus graminis 见 *Anguina graminis*

Tylenchus graminophila (Siddiqi) **Goodey** 嗜禾草垫刃线虫

Tylenchus hageneri 见 *Filenchus cylindricus*

Tylenchus hyacinthi **Prillieux** 风信子垫刃线虫

Tylenchus intermedius 见 *Ditylenchus intermedius*

Tylenchus kischklae 见 *Ditylenchus kischklae*

Tylenchus lamelliferus 见 *Dolichorhynchus lamelliferus*

Tylenchus leontopodii **Oerley** 火绒草垫刃线虫

Tylenchus machadoi 见 *Aglenchus machadoi*

Tylenchus macrogaster 见 *Aphelenchoides macrogaster*

Tylenchus mahogani 见 *Pratylenchus mahogani*

Tylenchus major 见 *Ditylenchus major*

Tylenchus millefolii 见 *Anguina millefolii*

Tylenchus minutus 见 *Filenchus minutus*

Tylenchus multicinctus 见 *Helicotylenchus multicinctus*

Tylenchus oleae 见 *Tylenchorhynchus oleae*

Tylenchus oryzae 见 *Hirschmanniella oryzae*

Tylenchus paragricola 见 *Aglenchus paragricola*

Tylenchus penetrans 见 *Pratylenchus penetrans*

Tylenchus pratensis 见 *Pratylenchus pratensis*

Tylenchus procerus 见 *Ditylenchus procerus*

Tylenchus pseudorobustus 见 *Helicotylenchus pseudorobustus*

Tylenchus putrefaciens 见 *Ditylenchus putrefaciens*

Tylenchus radicicola 见 *Anguina radicicola*

Tylenchus ribes 见 *Aphelenchoides ribes*

Tylenchus sacchari 见 *Pratylenchus sacchari*

Tylenchus similis 见 *Radopholus similis*

Tylenchus sycobius 见 *Ditylenchus sycobius*

Tylenchus thornei 见 *Aglenchus thornei*

Tylenchus tiliae **Oerley** 椴树垫刃线虫

Tylenchus tritici 见 *Anguina tritici*

Tylenchus tumefaciens 见 *Afrina tumefaciens*

Tylenchus tumidus 见 *Basiria tumida*

Tylenchus uncinatus 见 *Aphelenchoides uncinatus*

Tylenchus vulgaris 见 *Filenchus vulgaris*

Tylenchus zostericola 见 *Hirschmanniella zostericola*

Tylopharynx annulatus 见 *Tylenchorhynchus annulatus*

Tymoviridae 芜菁黄花叶病毒科[V]

Tymovirus 芜菁黄花叶病毒属[V]

Tympanis Tode 芽孢盘菌属[F]

Tympanis confusa Nyl. 混杂芽孢盘菌[红松流脂溃疡病菌]

Tympanis olivacea (Fckl.)Rehm 橄榄芽孢盘菌[红松流脂溃疡病菌]

Typhula(Pers.)Fr. 核瑚菌属[F]

Typhula abietina (Fuck.)Jacz. 冷杉核瑚菌

Typhula betae Rostr. 甜菜核瑚菌

Typhula graminum Karst. 禾草核瑚菌

Typhula humulina Kusnezowa 葎草核瑚菌

Typhula idahoensis Remsb. 伊特亨核瑚菌

Typhula incarnata Lasch ex Fr. 内孢核瑚菌[小麦雪腐病菌]

Typhula ishikariensis Imai. 伊雪克核瑚菌

Typhula itoana Imai 伊藤核瑚菌[小麦雪腐病菌]

Typhula muscicola Fr. 藓生核瑚菌

Typhula trifolii Rostr. 三叶草(车轴草)核瑚菌

Typhulochaeta Ito et Hara 棒丝壳属[F]

Typhulochaeta alangii Yu et Lai 八角枫棒丝壳

Typhulochaeta coriariae Xie 马桑棒丝壳

Typhulochaeta japonica Ito et Hara 日本棒丝壳

Typhulochaeta koelreuteriae (Miyake)Tai 栾棒丝壳

Tyromyces Karst. 干酪菌属[F]

Tyromyces caesius 见 *Oligoporus caesius*

Tyromyces guttulatus 见 *Oligoporus guttulatus*

Tyromyces hibernicus 见 *Oligoporus hibernicus*

Tyromyces kmetii (Bres.)Bond. et Sing. 硫色干酪菌

Tyromyces sericeomollis 见 *Oligoporus sericeomollis*

Tyromyces subcaesius David. 近蓝灰干酪菌

U

Uliginotylenchus Siddigi 沼泽线虫属[N]

Uliginotylenchus cylindricaudatus Liu, Duan et Liu 柱尾沼泽线虫

Uliginotylenchus palustris 见 *Trichotylenchus papyrus*

Uliginotylenchus papyrus (Siddiqi)Siddiqi 芦苇沼泽线虫

Uliginotylenchus uliginosus 见 *Tylenchorhynchus uliginosus*

Ullucus mild mottle virus Tobamovirus (UMMV) 块根落葵(属)轻型斑驳病毒

Ullucus mosaic virus Potyvirus (UMV) 块根落葵(属)花叶病毒

Ullucus virus C Comovirus（UVC）块根落葵（属）C病毒

Ulocladium Preuss　细基格孢属［F］

Ulocladium alternariae（Cooke）Simmons 链格细基格孢

Ulocladium atrum Preuss　黑细基格孢

Ulocladium botrytis Preuss　细基格孢

Ulocladium chartarum（Preuss）Simmons 纸细基格孢

Ulocladium chlamydosporum Mouchacca 厚垣孢细基格孢

Ulocladium consortiale（Thüm.）Simmons 伴生细基格孢

Ulocladium cucurbitae（Leten. et Roum.）Simmons　南瓜细基格孢

Ulocladium oblongo-obovoideum Zhang et Zhang　矩卵细基格孢

Ulocladium obovoideum Simmons　倒卵细基格孢

Ulocladium oudemansii Simmons　奥德曼细基格孢

Ulocladium tuberculatum Simmons　小瘤细基格孢

Umbravirus　形影（幽影）病毒属［V］

Uncinula Lév.　钩丝壳属［F］

Uncinula aceris 见 *Sawadaia bicornis*

Uncinula adunca（Wallr.：Fr.）Lév.　钩状钩丝壳

Uncinula adunca var. *mandshurica*（Miura）Zheng et Chen　钩状钩丝壳东北变种

Uncinula aduncoides 见 *Uncinula ljubarskii* var. *aduncoides*

Uncinula alangii Xu　八角枫钩丝壳

Uncinula alchorneae Zeng et Chen　山麻杆钩丝壳

Uncinula alchorneae var. *elliptispora* Zeng et Chen　山麻杆钩丝壳椭孢变种

Uncinula aspera var. *clavalata* Zhen et Chen　粗糙钩丝壳棒状变种

Uncinula asteris Saw.　紫菀钩丝壳

Uncinula australiana 见 *Uncinuliella australiana*

Uncinula betulae Homma　桦木钩丝壳

Uncinula bischofiae Wei　重阳木钩丝壳

Uncinula bivonae 见 *Uncinula clandestina*

Uncinula bulbosa 见 *Bulbouncinula bulbosa*

Uncinula cedrelae Tai　香椿钩丝壳

Uncinula cedrelae var. *nodulosa* Tai　香椿钩丝壳结节变种

Uncinula chionanthi Zheng et Chen　流苏树钩丝壳

Uncinula circinala Cooke et Peck　卷曲钩丝壳

Uncinula clandestina（Biv. et Bern.）Schröt.　隐藏钩丝壳

Uncinula clandestina var. *ulmi-foliaceae*（Dzhaf.）Zheng et Chen　隐藏钩丝壳榆叶变种

Uncinula clintonii 见 *Uncinula clintoniopsis*

Uncinula clintoniopsis Zheng et Chen　拟克林顿钩丝壳

Uncinula coriariae Zheng et Chen　马桑钩丝壳

Uncinula curvispora 见 *Uncinula septata*

Uncinula dabashanensis Zheng et Chen　大巴山钩丝壳

Uncinula delavayi Pat.　臭椿钩丝壳

Uncinula ehretiae Keissl.　厚壳树钩丝壳

Uncinula euphorbiacearum Zheng et Chen　大戟科钩丝壳

Uncinula euscaphidis Xie　野鸦椿钩丝壳

Uncinula evodiae Zheng et Chen　吴茱萸钩丝壳

Uncinula fragilis Zheng et Chen　易断钩丝壳

Uncinula fraxini 见 *Uncinula salmoni*

Uncinula hydrangeae Chen et Gao　锈球钩丝壳

Uncinula idesiae Xie　山桐子钩丝壳

Uncinula irregularis **Zheng et Chen**　不规则钩丝壳

Uncinula kenjiana **Homma**　反卷钩丝壳

Uncinula kusanoi **H. et P. Syd.**　草野钩丝壳

Uncinula liquidambaris　见 *Uncinuliella liquidambaris*

Uncinula ljubarskii var. *aduncoides* **Zheng et Chen**　柳氏钩丝壳似钩状变种

Uncinula longispora **Zheng et Chen**　长孢钩丝壳

Uncinula longispora var. *minor* **Zheng et Chen**　长孢钩丝壳小型变种

Uncinula maackiae **Zheng et Chen**　马鞍树钩丝壳

Uncinula mandshurica　见 *Uncinula adunca* var. *mandshurica*

Uncinula miyabei（Salm.）**Sacc. et Syd.**　宫部钩丝壳

Uncinula mori **Miyake**　桑钩丝壳［桑表白粉病菌］

Uncinula nankinensis **Tai**　南京钩丝壳

Uncinula necator（Schwein.）**Burr.**　葡萄钩丝壳［葡萄白粉病菌］

Uncinula negundinis　见 *Sawadaea negundinis*

Uncinula nishidana **Homma**　西田钩丝壳

Uncinula oleosa **Zheng et Chen**　含油钩丝壳

Uncinula picrasmae **Homma**　苦木钩丝壳

Uncinula polyfida　见 *Sawadaia polyfida*

Uncinula pseudocedrelae **Zheng et Chen**　假香椿钩丝壳

Uncinula pseudoehretiae **Zheng et Chen**　假厚壳树钩丝壳

Uncinula regularis **Zheng et Chen**　规则钩丝壳

Uncinula salici-gracilistylae **Homma**　细柱柳钩丝壳

Uncinula salicis　见 *Uncinula adunca*

Uncinula salmonii **H. et P. Syd.**　粗壮钩丝壳

Uncinula sapindi **Yu**　无患子钩丝壳

Uncinula sengokui **Salm.**　卫矛钩丝壳

Uncinula septata **Salm.**　多隔钩丝壳

Uncinula simulans　见 *Uncinuliella simulans*

Uncinula sinensis **Tai et Wei**　中国钩丝壳

Uncinula tenuitunicata **Zheng et Chen**　薄囊钩丝壳

Uncinula togashiana **A. Braun**　野茉莉钩丝壳

Uncinula variabilis **Zheng et Chen**　多变钩丝壳

Uncinula verniciferae **Henn.**　漆树钩丝壳

Uncinula yaanensis **Tao et Li**　雅安钩丝壳

Uncinula yunnanensis　见 *Uncinula ehretiae*

Uncinula zelkowae　见 *Uncinula kusanoi*

Uncinuliella **Zheng et Chen**　小钩丝壳属［F］

Uncinuliella australiana（McAlp.）**Zheng et Chen**　南方小钩丝壳［紫薇白粉病菌］

Uncinuliella liquidambaris（Zheng et Chen）**Zheng et al.**　枫香小钩丝壳

Uncinuliella liquidambaris var. *guiyangensis* **Wu et Wu**　枫香小钩丝壳贵阳变种

Uncinuliella pistaciae **Lu et Wang**　黄连木小钩丝壳

Uncinuliella praelonga **Yu**　极长小钩丝壳

Uncinuliella rosae var. *pruni* **Zhao et Yuan**　蔷薇小钩丝壳李变种

Uncinuliella simulans var. *rosae-rubi* **Zheng et Chen**　相似小钩丝壳茶藨子变种

Uncinulopsis **Saw.**　拟钩丝壳属［F］

Uncinulopsis polychaeta　见 *Pleochaeta shiraiana*

U

Uncinulopsis shiraianus 见 *Pleochaeta shiraiana*
Uncinulopsis subspiralis 见 *Pleochaeta shiraiana*
Urd bean leaf crinkle virus 黑绿豆皱叶病毒
***Uredinopsis* Magn.** 拟夏孢锈菌属[F]
***Uredinopsis adianti* Kom.** 铁线蕨拟夏孢锈菌
***Uredinopsis athyrii* Kamei** 蹄盖蕨拟夏孢锈菌
Uredinopsis filicina (Niessl.)**Magn.** 羊齿状拟夏孢锈菌
***Uredinopsis hashiokai* Hirats.** 桥冈拟夏孢锈菌
***Uredinopsis hirosakiensis* Kamei et Hirats.** 金星蕨拟夏孢锈菌
***Uredinopsis kameiana* Faull.** 龟井拟夏孢锈菌
***Uredinopsis longimucronata* Faull.** 长尖拟夏孢锈菌
***Uredinopsis macrosperma* Magn.** 拟夏孢锈菌
Uredinopsis mirabilis (Peck)**Magn.** 奇异拟夏孢锈菌
***Uredinopsis osmundae* Magn.** 紫萁拟夏孢锈菌
***Uredinopsis pteridis* Diet. et Holw.** 蕨拟夏孢锈菌
***Uredinopsis struthiopteriridis* Störm** 荚果蕨拟夏孢锈菌
***Uredo* Pers.** 夏孢锈菌属[F]
Uredo aegopodii Strauss 见 *Puccinia aegopodii*
Uredo aeluropodina 见 *Puccinia aeluropodis*
Uredo agropyri 见 *Urocystis agropyri*
***Uredo alocasiae* Syd.** 海芋夏孢锈菌
***Uredo alpestris* Schröt.** 高山夏孢锈菌
***Uredo amitostigmae* Hirats. et Hash.** 无柱兰夏孢锈菌
Uredo andropogonis 见 *Sporisorium andropogonis*
Uredo anemones 见 *Urocystis anemones*
Uredo angelicae Schum. 见 *Puccinia angelicae*
Uredo antherarum 见 *Ustilago violacea*
Uredo arisanensis (Hirats.)**Hirats.** 阿里山夏孢锈菌
***Uredo artabotrydis* Syd.** 鹰爪夏孢锈菌
Uredo arenariae 见 *Puccinia arenariae*
***Uredo artemisiae-japonicae* Diet.** 牡蒿夏孢锈菌
Uredo arthraxonis-ciliaris 见 *Puccinia arthraxonis-ciliaris*
Uredo arundinis-donacis 见 *Puccinia arundinis-donacis*
***Uredo asteromacea* Henn.** 鸡儿肠夏孢锈菌
***Uredo autumnalis* Diet.** 秋夏孢锈菌
Uredo behenis 见 *Puccinia behenis*
Uredo bistortarum α pustulata 见 *Ustilago pustulata*
Uredo bistortarum γ ustilaginea 见 *Ustilago bistortarum*
***Uredo bromi-pauciflorae* Ito** 雀麦夏孢锈菌
***Uredo broussonetiae* Saw.** 楮夏孢锈菌
***Uredo cajani* Syd.** 木豆夏孢锈菌
***Uredo callicarpae* Petch** 紫殊夏孢锈菌
Uredo caricis 见 *Anthracoidea caricis*
***Uredo caricis-baccantis* Saw.** 番木瓜夏孢锈菌
Uredo caries 见 *Tilletia caries*
***Uredo cassiae-glaucae* Syd.** 山扁子夏孢锈菌
***Uredo cissi-pterocladae* Hirats.** 翼枝葡萄夏孢锈菌
Uredo clemensiae (Arth. et Cumm.) **Hirats.** 小檗夏孢锈菌
Uredo clerodendricola Henn. 见 *Puccinia erebia*

Uredo colebrookeae Barcl.　羽萼夏孢锈菌

Uredo coreana (Hirats.) Hirats.　朝鲜夏孢锈菌

Uredo cryptogrammes (Diet.) Hirats.　珠蕨夏孢锈菌

Uredo cudraniae Saw.　柘夏孢锈菌

Uredo cynodontis-dactylis Tai　狗牙根夏孢锈菌

Uredo cyperi-rotundi Ito　香附子夏孢锈菌

Uredo cyperi-tegetiformis P. Henn.　短叶莎芏夏孢锈菌

Uredo cystopteridis Hirats.　冷蕨夏孢锈菌

Uredo daphnicola Diet.　瑞香生夏孢锈菌

Uredo davaoensis Syd.　达地夏孢锈菌

Uredo dendrocalami Petch　麻竹夏孢锈菌

Uredo deschampsiae-caespitosae 见 *Puccinia graminis*

Uredo desmodii-pulchelli Syd.　排钱草夏孢锈菌

Uredo deutziae Barcl.　溲疏夏孢锈菌

Uredo deutziicola Hirats.　溲疏生夏孢锈菌

Uredo dianellae Diet.　山菅兰夏孢锈菌

Uredo digitariae Kunze　马唐夏孢锈菌

Uredo ehretiae Barcl.　厚壳树夏孢锈菌

Uredo eleusinis-indicae 见 *Puccinia cynodontis*

Uredo fagarae Syd.　花椒夏孢锈菌

Uredo formosana (Syd.) Tai　台湾夏孢锈菌

Uredo garanbiensis Hirats. et Hash.　粗糠树夏孢锈菌

Uredo gardeniae-floridae (Saw.) Hirats.　丰花栀子夏孢锈菌

Uredo gentianae 见 *Puccinia gentianae*

Uredo gentianae-formosanae Hirats.　台湾龙胆夏孢锈菌

Uredo geranii-nepalensis Hirats. et Oshin.　老鹳草夏孢锈菌

Uredo grewiae Pat. et Har.　扁担杆夏孢锈菌

Uredo guettardae Hirats. et Hash.　格他木夏孢锈菌

Uredo helioscopiae Pers.　向光夏孢锈菌

Uredo houttuyniae Saw.　蕺菜夏孢锈菌

Uredo hyalina Diet.　透明夏孢锈菌

Uredo hydropiperis 见 *Sphacelotheca hydropiperis*

Uredo hyllingiae P. Henn.　水蜈蚣夏孢锈菌

Uredo ignava Arth.　竹夏孢锈菌

Uredo inflexa Ito　内折夏孢锈菌

Uredo inouyei 见 *Melanopsichium inouyei*

Uredo iridis-ruthenicae Wang et Li　紫苞鸢尾夏孢锈菌

Uredo ishikariense (Hirats.) Hirats.　斑叶兰夏孢锈菌

Uredo isiacae 见 *Puccinia isiacae*

Uredo iyoensis Hirats. et Yoshin.　川堇菜夏孢锈菌

Uredo kuehnii 见 *Puccinia kuehnii*

Uredo kyllingiae 见 *Puccinia kyllingiae-brevifoliae*

Uredo kyllingiae-brevifoliae 见 *Puccinia kyllingiae-brevifoliae*

Uredo lasianthi Syd.　鸡屎树夏孢锈菌

Uredo leucaenae-glaucae Hirats. et Hash.　银合欢夏孢锈菌

Uredo lini Schem.　亚麻夏孢锈菌

Uredo longissima 见 *Ustilago filiformis*

Uredo luzulae-effusae Hirats.　扩展地杨梅夏孢锈菌

Uredo malloti P. Henn.　野桐夏孢锈菌

Uredo maydis 见 *Ustilago maydis*

Uredo melanograma 见 *Schizonella melanograma*

Uredo miscanthi-sinensis Saw.　芒夏孢锈菌

Uredo moricola P. Henn.　桑生夏孢锈菌

［桑锈病菌］

Uredo morifolia Saw. 桑叶夏孢锈菌

Uredo morrisonense（Hirats.）**Hirats.** 磨里山夏孢锈菌

Uredo nephelii Saw. 红毛丹夏孢锈菌

Uredo nervicola Tranz. 脉生夏孢锈菌

Uredo niitakense（Hirats.）**Hirats.** 尖梭夏孢锈菌

Uredo olivacea 见 *Farysia butleri*

Uredo ophiopogonis 见 *Puccinia ophiopogonis*

Uredo orientalis Racib. 东方夏孢锈菌

Uredo paederiae Syd. 牛皮冻夏孢锈菌

Uredo panacis Syd. 人参夏孢锈菌

Uredo panici-plicati Saw. 皱叶狗尾草大夏孢锈菌

Uredo paspalina 见 *Puccinia paspalina*

Uredo paspali-scrobiculatis Syd. 雀稗夏孢锈菌

Uredo phragmitis 见 *Puccinia phragmitis*

Uredo phragmitis-karkae Saw. 卡开芦竹夏孢锈菌

Uredo pileae Barcl. 冷水花夏孢锈菌

Uredo pimpinellae 见 *Puccinia pimpinellae*

Uredo polygalaecola Hirats. 远志生夏孢锈菌

Uredo polypodii-superficialis（Hirats.）**Hirats.** 攀援星蕨夏孢锈菌

Uredo porri 见 *Puccinia allii*

Uredo prodigiosa Wang et Zhuang 奇异夏孢锈菌

Uredo pruni-maximowiczii Henn. 黑樱桃夏孢锈菌

Uredo rottboelliae 见 *Puccinia cacao*

Uredo sawadae Ito 泽田夏孢锈菌

Uredo scleriae 见 *Cintractia scleriae*

Uredo scolopiae Syd. 箣柊夏孢锈菌

Uredo seminis-convolvuli 见 *Thecaphora seminis-convolvuli*

Uredo setariae-excurrens Wang 皱叶狗尾草夏孢锈菌

Uredo sinensis（Syd.）**Trott.** 中国夏孢锈菌

Uredo sonchi-arvensis Saw. 苣荬菜夏孢锈菌

Uredo stachyuri Diet. 旌节花夏孢锈菌

Uredo stipae-laxiflorae Wang 疏花针茅夏孢锈菌

Uredo striiformis 见 *Ustilago striiformis*

Uredo swertiicola Hirats. 獐牙菜生夏孢锈菌

Uredo tainiae Hirats. 邓兰夏孢锈菌

Uredo taiwaniana 见 *Puccinia hashiokai*

Uredo tectonae Racib. 柚木夏孢锈菌

Uredo tenuis（Faull）**Hirats.** 细弱夏孢锈菌

Uredo tephrosiae Rabenh. 灰叶夏孢锈菌

Uredo themedae 见 *Puccinia versicolor*

Uredo tholopsora Cumm. 圆痂夏孢锈菌

［毛白杨夏孢锈病菌］

Uredo trichophora 见 *Ustilago trichophora*

Uredo vagan a epilobii-tetragoni 见 *Puccinia pulverulenta*

Uredo veratri 见 *Puccinia veratri*

Uredo verecunda Syd. 牛膝夏孢锈菌

Uredo vernoniicola Petch 斑鸠菊生夏孢锈菌

Uredo vignae Bres. 豇豆夏孢锈菌

Uredo violacea 见 *Ustilago violacea*

Uredo zehneriae Thüm. 茅瓜夏孢锈菌

Uredopeltis Henn. 盾锈菌属［F］

Uredopeltis congensis Henn. 刚果盾锈菌

Urochloa hoja blanca virus Tenuivirus（UHBV）尾稃草白叶病毒

Urocystis Rabenh. ex Fuck. 条黑粉菌属［F］

Urocystis agropyri（Preuss.）**Schröt.** 冰草条黑粉菌

Urocystis agrostidis（Lavr.）**Zund.** 剪股

颖条黑粉菌

Urocystis andina（Speg.）**Zund.** 安第斯山条黑粉菌

Urocystis anemones（Pers.）**Wint.** 白头翁条黑粉菌

Urocystis anemones var. *adonis* **Milovtz.** 白头翁条黑粉菌银莲花变种

Urocystis atragenes（Lindr.）**Zund.** 铁线莲条黑粉菌

Urocystis bolivari **Bub. et Frag.** 黑麦草条黑粉菌

Urocystis brassicae **Mundk.** 芸薹条黑粉菌［油菜瘤肿病菌］

Urocystis bromi（Lavr.）**Zund.** 雀麦条黑粉菌

Urocystis calamagrostidis（Lavr.）**Zund.** 拂子茅条黑粉菌

Urocystis cepulae **Frost.** 洋葱条黑粉菌［葱类黑粉病菌］

Urocystis colchici（Schlecht.）**Rabenh.** 玉竹条黑粉菌

Urocystis dioscoreae **Syd.** 山药条黑粉菌

Urocystis filipendulae（Tul.）**Fuck.** 合叶子条黑粉菌

Urocystis fischeri **Körn.** 苔条黑粉菌

Urocystis giliae **Speg.** 吉莉草条黑粉菌

Urocystis gladialicola **Ainsw.** 唐菖蒲生条黑粉菌

Urocystis hellebori-viridis（DC.）**Zund.** 嚏根草条黑粉菌

Urocystis heucherae **Garr.** 矾根条黑粉菌

Urocystis hierochloae **Vánky** 茅香条黑粉菌

Urocystis japonica（Henn.）**Ling** 日本条黑粉菌

Urocystis junci **Lagerh.** 灯心草条黑粉菌

Urocystis littoralis（Lagerh.）**Zund.** 滨海条黑粉菌

Urocystis miyabeana（Togashi）**Ito** 宫部条黑粉菌

Urocystis monotropae（Fr.）**Fischer et Waldh.** 水晶兰条黑粉菌

Urocystis multispora **Wang** 多孢条黑粉菌

Urocystis nevodavskyi **Schw.** 尼氏条黑粉菌

Urocystis nivalis（Lindr.）**Zund.** 雪腐条黑粉菌

Urocystis occulta（Wallr.）**Rabenh.** 隐形黑粉菌［黑麦黑粉病菌］

Urocystis ornithogali **Körn.** 虎眼万年青条黑粉菌

Urocystis orobanches（Merat）**Fischer et Waldh.** 列当条黑粉菌

Urocystis pacifica（Lavr.）**Zund.** 太平洋条黑粉菌

Urocystis paridis（Ung.）**Wang** 重楼条黑粉菌

Urocystis poae（Liro）**Padw. et Khan** 早熟禾条黑粉菌

Urocystis polygonati（Lavr.）**Zund.** 黄精条黑粉菌

Urocystis primulicola **Magn.** 报春花生条黑粉菌

Urocystis ranunculi（Libert.）**Moesz** 毛茛条黑粉菌

Urocystis ranunculi-auricomi（Lindr.）**Zund.** 金发状毛茛条黑粉菌

Urocystis ranunculi-bullati（Cif.）**Zund.** 泡叶毛茛条黑粉菌

Urocystis ranunculi-lanuginosi（DC.）**Zund.** 拉氏毛茛条黑粉菌

Urocystis rigida（Lindr.）**Zund.** 坚硬条黑粉菌

Urocystis rodgersiae **Miyabe** 亚洲罂粟条黑粉菌

Urocystis sorosporioides **Köm.** 堆孢条黑粉菌

Urocystis sternbergiae **Moesz.** 斯坦堡条黑粉菌

U

Urocystis stipae McAlp.　针羽条黑粉菌

Urocystis subnuda（Lindr.）**Zund.**　光秃条黑粉菌

Urocystis tessellata（Lindr.）**Zund.**　方格条黑粉菌

Urocystis tritici **Körn.**　小麦条黑粉菌［小麦秆黑粉病菌］

Urocystis violae（Sow.）**Fischer et Waldh.**　堇菜条黑粉菌

Uromyces（Link）**Ung.**　单胞锈菌属［F］

Uromyces aconiti **Fuck.**　乌头单胞锈菌

Uromyces aconiti-lycoctoni（DC.）**Wint.**　狼毒乌头单胞锈菌

Uromyces acori **Ramakr. et Rang.**　菖蒲单胞锈菌

Uromyces allii-victorialis **Liou et Wang**　茖葱单胞锈菌

Uromyces alopecuri **Seym.**　看麦娘单胞锈菌

Uromyces alpestris **Tranz.**　高山单胞锈菌

Uromyces amurensis **Kom.**　黑龙江单胞锈菌

Uromyces anagyridis **Roum.**　黄花木单胞锈菌

Uromyces appendiculatus（Pers.）**Ung.**　疣顶单胞锈菌［菜豆锈病菌］

Uromyces armeriae **Lév.**　海石竹单胞锈菌

Uromyces arthraxonis 见 *Puccinia arthraxonis*

Uromyces astragali（Opiz）**Sacc.**　紫云英单胞锈菌

Uromyces atrofusca 见 *Puccinia atrofusca*

Uromyces baeumlerianus **Bub.**　博伊单胞锈菌

Uromyces betae（Pers.）**Tul.**　甜菜单胞锈菌［甜菜锈病菌］

Uromyces bidenticola **Arth.**　鬼针草生单胞锈菌

Uromyces bupleuri **P. Henn.**　柴胡单胞锈菌

Uromyces cacaliae **Ung.**　蟹甲草单胞锈菌

Uromyces caesalpiniae 见 *Lipocystis caesalpiniae*

Uromyces caladii（Schw.）**Farl.**　花叶芋单胞锈菌

Uromyces callicarpae **Fujik.**　紫珠单胞锈菌

Uromyces capitatus **Syd.**　头状单胞锈菌

Uromyces ceratocarpi **Syd.**　角果藜单胞锈菌

Uromyces chenopodii **Schröt.**　藜单胞锈菌

Uromyces chinensis **Diet.**　中华单胞锈菌

Uromyces clignyi **Pat. et Har.**　须芒草单胞锈菌

Uromyces commelinae **Cooke**　鸭跖草单胞锈菌

Uromyces coronatus **Miyabe et Nish.**　冠单胞锈菌［茭白锈病菌］

Uromyces crassivertex **Diet.**　剪秋罗单胞锈菌

Uromyces cucubali **Hirats. et Hash.**　狗筋蔓单胞锈菌

Uromyces decipiens **Syd.**　迷惑单胞锈菌

Uromyces decoratus **Syd.**　猪屎豆单胞锈菌

Uromyces deeringiae **Syd.**　浆果苋单胞锈菌

Uromyces dianthi **Niessl.**　石竹单胞锈菌

Uromyces diclipterae **Syd.**　狗肝菜单胞锈菌

Uromyces digitariae-adscendentis **Wang**　升马唐单胞锈菌

Uromyces dispersus **Hirats.**　散布单胞锈菌

Uromyces dolicholi **Arth.**　扁豆单胞锈菌

Uromyces durus **Diet.**　坚硬单胞锈菌

Uromyces eragrostidis **Tracy**　画眉草单胞锈菌

Uromyces eriochloae Syd. et Butl. 野黍单胞锈菌

Uromyces ervi (Wallr.) West. 野豌豆单胞锈菌

Uromyces erythronii (DC.)Pass. 山慈姑单胞锈菌

Uromyces euphorbiae-lunulatae Liou et Wang 猫眼草单胞锈菌

Uromyces fabae (Pers.)de Bary 蚕豆单胞锈菌［蚕豆锈病菌］

Uromyces flectens Lagerh. 歪单胞锈菌

Uromyces fraxini (Kom.) Magn. 梣单胞锈菌

Uromyces gageae Beck 顶冰花单胞锈菌

Uromyces gemmatus Berk. et Curt. 芽单胞锈菌

Uromyces genistae-tinctoriae (Pers.) Wint. 染料木单胞锈菌

Uromyces geranii (DC.) Fr. 老鹳草单胞锈菌

Uromyces glycyrrhizae (Rabenh.) Magn. 甘草单胞锈菌

Uromyces halstedii de Toni 李氏禾单胞锈菌

Uromyces haraeanus Syd. 原单胞锈菌

Uromyces hedysari-mongolici Yuan 杨柴单胞锈菌

Uromyces hedysari-obscuri (DC.) Car. et Picc. 湿地岩黄芪单胞锈菌

Uromyces hedysarum Car. et Picc. 岩黄芪单胞锈菌

Uromyces heimerlianus Magn. 海梅尔单胞锈菌

Uromyces hyperici Curt. 金丝桃单胞锈菌

Uromyces inaequalitus Lasch 不等单胞锈菌［雪轮单胞锈菌］

Uromyces inayati Syd. 厚顶单胞锈菌［水蔗草单胞锈菌］

Uromyces indigoferae Diet. et Holw. 木兰单胞锈菌

Uromyces itoanus Hirats. 伊藤单胞锈菌

Uromyces japonicus Berk. et Curt. 日本单胞锈菌

Uromyces junci (Desm.) Tul. 灯心草单胞锈菌

Uromyces kalmusii Sacc. 卡尔单胞锈菌

Uromyces kawakamii Syd. 川上单胞锈菌

Uromyces kondoi Miura 近藤单胞锈菌

Uromyces kwangsianus Cumm. 广西单胞锈菌

Uromyces laburni (DC.) Otth 金莲花单胞锈菌

Uromyces laevis Körn. 平滑单胞锈菌

Uromyces lapponicus Lagerh. 拉伯兰单胞锈菌

Uromyces leptaleus Syd. 纤细单胞锈菌

Uromyces leptodermus Syd. 薄皮木单胞锈菌

Uromyces lespedezae-bicoloris Tai et Cheo 胡枝子单胞锈菌

Uromyces lespedezae-macrocarpae Liou et Wang 杭子梢单胞锈菌

Uromyces lespedezae-procumbentis (Schw.) Curt. 平铺胡枝子单胞锈菌

Uromyces ligulariae Hirats. et Hash. 橐吾单胞锈菌

Uromyces lilii (Link) Fuck. 百合单胞锈菌

Uromyces limonii (DC.) Lév. 补血草单胞锈菌

Uromyces linearis Berk. et Br. 线纹单胞锈菌

Uromyces loti Blytt 百脉根单胞锈菌

Uromyces macintirianus Barcl. 半柱花单胞锈菌

Uromyces mercurialis P. Henn. 山靛单胞锈菌

Uromyces minor Schröt. 亚单胞锈菌

Uromyces moehringiae Ito et Hirats. 美岭草单胞锈菌

Uromyces mucunae Rabenh. 黧豆单胞锈菌

Uromyces muehlenbergiae Ito 乱子草单胞锈菌

Uromyces nerviphilus (Grogn.) Hots. 噬脉单胞锈菌

Uromyces oblongisporus Ell. et Ev. 长椭圆单胞锈菌

Uromyces orobi (Pers.) Lév. 歪头菜单胞锈菌

Uromyces peracarpae Ito et Tochin. 肉荚草单胞锈菌

Uromyces perigynius Halst. 周位单胞锈菌

Uromyces phaseoli (Pers.) Wint. 菜豆单胞锈菌

Uromyces pisi (Pers.) Schröt. 豌豆单胞锈菌

Uromyces poae Rabenh. 早熟禾单胞锈菌

Uromyces polygoni (Pers.) Fuck. 蓼单胞锈菌

Uromyces polygoni-aviculariae (Pers.) Karst. 萹蓄单胞锈菌

Uromyces primulae-integrifoliae (DC.) Lév. 报春花单胞锈菌

Uromyces proeminens Lév. 短柄单胞锈菌

Uromyces punctatus Schröt. 斑点单胞锈菌

Uromyces pyriformis Cooke 梨形单胞锈菌

Uromyces rhynchosporae Ell. 刺子莞单胞锈菌

Uromyces rudbeckiae Arth. et Holw. 金花菊单胞锈菌

Uromyces rugulosus Pat. 皱纹单胞锈菌

Uromyces rumicis (Schum.) Wint. 酸模单胞锈菌

Uromyces salsolae Reich. 猪花菜单胞锈菌

Uromyces saururi Henn. 三白草单胞锈菌

Uromyces scirpi-maritimi Hirats. et Yosh. 蔗草(莞草)单胞锈菌

Uromyces scrophulariae (DC.) Fuck. 玄参单胞锈菌

Uromyces setariae-italicae Yosh. 粟单胞锈菌[粟单胞病菌]

Uromyces sophorae-flavescentis Kus. 苦参单胞锈菌

Uromyces sophorae-japonicae Diet. 日本槐单胞锈菌

Uromyces sophorae-viciifoliae Tai 白刺花单胞锈菌

Uromyces sphaerocarpus Syd. 球单胞锈菌

Uromyces striatus Schröt. 条纹单胞锈病菌[苜蓿单胞锈菌]

Uromyces striolatus Tranz. 小槽单胞锈菌

Uromyces suzukii Saw. 铃木单胞锈菌

Uromyces sydowii Liu et Guo 梭梭单胞锈菌

Uromyces tenuicutis McAlp. 细顶单胞锈菌

Uromyces thermopsidis (Thüm.) Syd. 野决明单胞锈菌

Uromyces transversalis (Thüm.) Wint. 横点单胞锈菌[唐菖蒲横点锈病菌]

Uromyces trifolii (Hedw.) Lév. 三叶草(车轴草)单胞锈菌

Uromyces tripogonis-sinensis Wang 草沙蚕单胞锈菌

Uromyces truncicola P. Henn. et Shirai 茎生单胞锈菌

Uromyces tuberculatus Fuck. 小瘤单胞锈菌

Uromyces valerianae (Schum.) Fuck. 缬草单胞锈菌

Uromyces valerianae-wallichii Arth. et Cumm. 沃氏缬草单胞锈菌

Uromyces veratri (DC.) Schröt. 藜芦单

胞锈菌

Uromyces viciae-craccae **Const.** 草藤单
胞锈菌

Uromyces viciae-unijugae **Ito** 歪头菜单
胞锈菌

Uromyces vignae **Barcl.** 豇豆属单胞锈菌
[豇豆锈菌]

Uromyces vignae-sinensis **Miura** 豇豆单
胞锈菌

Uromyces wedeliae **P. Henn.** 蟛蜞菊单
胞锈菌

Uromycladium **McAlp.** 枝柄锈菌属[F]

Uromycladium cubensis 见 *Diabole cuben-*
sis

Uromycladium maritimum **McAlp.** 沿海
生枝柄锈菌

Uromycladium simplex **McAlp.** 不分枝
枝柄锈菌

Urophlyctis **Schröt.** 尾囊壶菌属[F]

Urophlyctis alfalfae (Lage) **Magnusson**
苜蓿尾囊壶菌[苜蓿结瘿病菌]

Urophlyctis lathyri **Palm** 香豌豆尾囊壶
菌[香豌豆结瘿病菌]

Urophlyctis leproidea (Trab.) **Magnusson**
甜菜尾囊壶菌[甜菜结瘿病菌]

Urophlyctis magnusiana **Neger** 马格尾囊
壶菌[小米草结瘿病菌]

Urophlyctis major **Schröt.** 大尾囊壶菌
[酸模结瘿病菌]

Urophlyctis pisi **Körn.** 豌豆尾囊壶菌
[豌豆结瘿病菌]

Urophlyctis pluriannulatus (Berk. et
Curt.) **Farlow** 山蕲菜尾囊壶菌[山蕲
菜结瘿病菌]

Urophlyctis pulposa (Wallr.) **Schröt.**
藜尾囊壶菌[藜结瘿病菌]

Urophlyctis rübsaameni **Magn.** 鲁布圣
尾囊壶菌[酸模结瘿病菌]

Urophlyctis trifolii (Pass.) **Magnusson**
三叶草(车轴草)尾囊壶菌[三叶草(车
轴草)结瘿病菌]

Uropyxis **Schröt.** 肥柄锈菌属[F]

Uropyxis amorphae (Curt.) **Schröt.** 无
定形肥柄锈菌

Uropyxis arisanensis (Hirats. et Hash.)
Ito et Mur. 网突肥柄锈菌

Uropyxis fraxini (Kom.) **Magn.** 梣肥
柄锈菌

Uropyxis quitensis 见 *Edythea quitensis*

Uropyxis sanguinea 见 *Cumminsiella mir-*
abilissima

Ustacystis **Zund.** 褐双胞黑粉菌属[F]

Ustacystis waldsteiniae (Peck) **Zund.** 林
石草褐双胞黑粉菌

Ustilaginoidea **Brefeld** 绿核菌属[F]

Ustilaginoidea albicans **Wang et Bai** 白色
绿核菌

Ustilaginoidea arundinellae **Henn.** 野古
草绿核菌

Ustilaginoidea flavo-nigres-cens (Berk. et
Curt.) **Henn.** 黄黑绿核菌

Ustilaginoidea penniseti **Miyake** 狼尾草
绿核菌

Ustilaginoidea polliniae **Teng** 金茅绿核
菌

Ustilaginoidea sacchari-narengae **Sawada**
河八王绿核菌

Ustilaginoidea setariae **Bref.** 狗尾草绿
核菌

Ustilaginoidea virens (Cooke) **Tak.** 稻绿
核菌[稻曲病菌]

Ustilago (Pers.) **Rouss.** 黑粉菌属[F]

Ustilago acrearum **Berk.** 顶黑粉菌

Ustilago aculeate 见 *Ustilago serpens*

Ustilago aegilopsidis **Picb.** 羊草黑粉菌

Ustilago affinis **Ell. et Ev.** 近缘黑粉菌

Ustilago airae-caesp (Lindr.) **Lindr.** 发
草黑粉菌

Ustilago albida **Bub.** 微白黑粉菌

Ustilago allii **McAlp.** 葱黑粉菌

Ustilago alopecurivora (Ule) **Lindr.** 看
麦娘黑粉菌

Ustilago andropogonis-aciculati 见 *Sporisorium andropogonis-aciculati*

Ustilago aneilemae Ito 水竹叶黑粉菌

Ustilago anhweiana Zund. 〔安徽黑粉菌〕见 *Ustilago cordae*

Ustilago anomala 见 *Ustilago cordae*

Ustilago antherarum 见 *Ustilago violacea*

Ustilago anthistiriae 见 *Sporisorium exsertum*

Ustilago anthoxanthi Lindr. 黄花草黑粉菌

Ustilago apludae 见 *Sporisorium apludae*

Ustilago arabis-alpinae Lindr. 筷子芥黑粉菌

Ustilago arctica 见 *Orphanomyces arcticus*

Ustilago aristidicola P. Henn. 三芒草生黑粉菌

Ustilago arundinellae-hirtae 见 *Ustilago kusanoi*

Ustilago avenae (Pers. : Pers.) Rostr. 燕麦散黑粉菌

Ustilago axicola 见 *Cintractia axicola*

Ustilago belgiana 见 *Ustilago syntherismae*

Ustilago betoricae Beck 水苏黑粉菌

Ustilago bistortarum (DC.) Körn. 珠芽蓼黑粉菌

Ustilago bosniaca Beck 波斯尼亚黑粉菌

Ustilago bothriochloae Ling 孔颖草黑粉菌

Ustilago boutelouae-humilis Bref. 格兰马草黑粉菌

Ustilago brachypodii-distachyi Maire 短柄草黑粉菌

Ustilago brizae (Ule) Lindr. 凌风草黑粉菌

Ustilago bromivora 见 *Ustilago bullata*

Ustilago bullata Berk. 雀麦黑粉菌

Ustilago bungeana 见 *Ustilago cordae*

Ustilago bursa Berk. 菅囊黑粉菌

Ustilago butleri 见 *Farysia butleri*

Ustilago calamagrostidis (Fuck.) Clint. 拂子茅黑粉菌

Ustilago calandriniae Clint. 岩马齿黑粉菌

Ustilago calandriniicola Speg. 岩马齿生黑粉菌

Ustilago capensis Reess 好望角黑粉菌

Ustilago carbo 见 *Sporisorium lepturi*

Ustilago cardui Fisch. et Waldh. 飞廉黑粉菌

Ustilago caricis 见 *Anthracoidea caricis*

Ustilago caricis-wallichianae Thirum. et Pavgi 番木瓜黑粉菌

Ustilago caulicola 见 *Ustilago ocrearum*

Ustilago cenchri 见 *Sporisorium cenchri*

Ustilago chaconensis 见 *Cintractia limitata*

Ustilago cheoana 见 *Ustilago spermophora*

Ustilago claytoniae Shear 春美草黑粉菌

Ustilago coicis Bref. 薏苡黑粉菌

Ustilago commelinae (Kom.) Zund. 鸭跖草黑粉菌

Ustilago compacta Fisch. 紧密黑粉菌

Ustilago condimilis Syd. 极似黑粉菌

Ustilago confusa Mass. 紊乱黑粉菌

Ustilago cordae Liro 科尔达黑粉菌

Ustilago crameri Körn. 粟黑粉菌〔小米黑穗病菌〕

Ustilago cruenta 见 *Sporisorium cruentum*

Ustilago crus-galli 见 *Ustilago trichophora*

Ustilago curta Syd. 短黑粉菌

Ustilago curtoisi 见 *Sporisorium sacchari*

Ustilago cynodontis (P. Henn.) P. Henn. 狗牙根黑粉菌

Ustilago davisii Liro 戴维斯黑粉菌

Ustilago dehiscens Ling 开裂黑粉菌

Ustilago delicatus Ling 美味黑粉菌

Ustilago deyeuxiae Guo 野青茅黑粉菌

Ustilago digitariae (Kunze) Wint. 马唐

黑粉菌

Ustilago domestica **Bref.**　培育黑粉菌

Ustilago dracaenae de Camara　龙血树黑
粉菌

Ustilago echinata **Schröt.**　藨草黑粉菌

Ustilago echinochloae **Guo et Wang**　稗刺
疣黑粉菌

Ustilago effusa **Syd.**　开展黑粉菌

Ustilago ehrenbergiana 见 *Ustilago tritici*

Ustilago elegans **Griff.**　雅致黑粉菌

Ustilago eleusines 见 *Ustilago idonea*

Ustilago emodensis 见 *Liroa emodensis*

Ustilago eragrostidis-japonicana **Zund.**
乱草黑粉菌

Ustilago eriocauli（Mass.）**Clint.**　绵毛
茎黑粉菌

Ustilago esculenta **P. Henn.**　菰黑粉菌
［茭白黑粉病菌］

Ustilago euphorbiae **Mundk.**　大戟黑粉
菌

Ustilago exigua **Syd.**　微小黑粉菌

Ustilago filamenticola **Ling**　蓼花丝黑粉
菌

Ustilago filiformis（Schrank）**Rostr.**　甜
茅黑粉菌

Ustilago fimbristylis-miliaceae 见 *Cintrac-*
tia fimbristylis-miliaceae

Ustilago flagellate 见 *Sporisorium ophiuri*

Ustilago foliorum 见 *Ustilago tuberculi-*
formis

Ustilago formosana 见 *Sporisorium for-*
mosanum

Ustilago globihena 见 *Ustilago trichopho-*
ra

Ustilago goniospora **Mass.**　棱孢黑粉菌

Ustilago grandis **Fr.**　芦苇黑粉菌

Ustilago gunnerae **Clint.**　根乃拉草黑粉
菌

Ustilago halophila **Speg.**　喜盐黑粉菌

Ustilago heufleri **Fuck.**　山慈姑黑粉菌

Ustilago himalensis（Kak. et Ono）**Vánky**
et Oberw.　喜马拉雅黑粉菌

Ustilago hordei（Pers.）**Lagerh.**　大麦坚
黑粉菌

Ustilago hsui 见 *Ustilago rhei*

Ustilago hydropiperis 见 *Sphacelotheca*
hydropiperis

Ustilago hypodytes（Schlecht.）**Fr.**　茎
黑粉菌

Ustilago idonea **Syd.**　牛筋草黑粉菌

Ustilago imperatae **Mundk.**　白茅黑粉菌

Ustilago indica **Syd. et Butl.**　印度黑粉
菌

Ustilago induta **Syd.**　被盖黑粉菌

Ustilago intermedia **Schröt.**　间型黑粉菌

Ustilago iranica **Syd.**　伊朗黑粉菌

Ustilago isachnes 见 *Sporisorium isachnes*

Ustilago ischaemi 见 *Sporisorium andro-*
pogonis

Ustilago kenjiana **Ito**　高粱花黑粉菌

Ustilago koenigiae **Rostr.**　冰岛蓼黑粉菌

Ustilago kolleri 见 *Ustilago hordei*

Ustilago kuehneana **Wolf.**　酸模黑粉菌

Ustilago kusanoana 见 *Ustilago spermo-*
phora

Ustilago kusanoi **Syd.**　草野黑粉菌

Ustilago kweichowensis 见 *Sporisorium*
kweichowense

Ustilago lepturi 见 *Sporisorium lepturi*

Ustilago levis 见 *Ustilago hordei*

Ustilago longiflora **Mundk. et Thirum.**
长花黑粉菌

Ustilago longiseti **Vánky et Oberw.**　长鬃
蓼黑粉菌

Ustilago longissima（Sow.）**Tul.**　长黑粉
菌

Ustilago lycoperdiformis 见 *Liroa emoden-*
sis

Ustilago macrospore 见 *Ustilago serpens*

Ustilago marginalis（DC.）**Lév.**　叶缘黑粉
菌

Ustilago mariscana 见 *Cintractia limitata*

Ustilago maydis（DC.）**Corda** 玉蜀黍黑粉菌［玉米瘤黑粉病菌］

Ustilago microthelis Syd. 小疣黑粉菌

Ustilago minima Arth. 小黑粉菌

Ustilago minor Nort. 较小黑粉菌

Ustilago mitchellii Syd. 蔓虎刺黑粉菌

Ustilago monilifera 见 *Sporisorium moniliferum*

Ustilago morinae Padw. et Khan 摩苓草黑粉菌

Ustilago morobiana 见 *Ustilago kusanoi*

Ustilago neglecta Niessl 狗尾草黑粉菌［谷子、狗尾草粒黑粉病菌］

Ustilago nepalensis Liro 尼泊尔蓼黑粉菌

Ustilago neyraudiae Mundk. 类芦黑粉菌

Ustilago nigra Tapke 黑色黑粉菌

Ustilago nuda（Jens.）**Kell. et Sw.** 裸黑粉菌［大麦散黑穗病菌］

Ustilago ocrearum Berk. 钟形蓼黑粉菌

Ustilago okudairae 见 *Franzpetrakia okudairae*

Ustilago operta Syd. et Butl. 隐蔽黑粉菌

Ustilago ophiuri 见 *Sporisorium ophiuri*

Ustilago orientalis 见 *Ustilago spermophora*

Ustilago ornata Tracy et Earle 装饰黑粉菌

Ustilago ornithogali（Schmidt et Kunze）**Magn.** 虎眼万年青黑粉菌

Ustilago otophora（Lavr.）**Gutner** 瓜耳木黑粉菌

Ustilago oxalidis Ell. et Tracy 酢浆草黑粉菌

Ustilago pamparum 见 *Sporisorium pamparum*

Ustilago panici-frumentacei 见 *Ustilago trichophora*

Ustilago panici-glauci 见 *Ustilago neglecta*

Ustilago panici-miliacei 见 *Sporisorium destruens*

Ustilago paradoxa Syd. et Butl. 奇怪黑粉菌

Ustilago parvula Syd. 稍小黑粉菌

Ustilago paspali-thunbergii 见 *Sporisorium paspali-thunbergii*

Ustilago penniseti-japonici 见 *Sporisorium pamparum*

Ustilago peribebuyensis 见 *Cintractia axicola*

Ustilago pertusa Tracy et Earle 有孔黑粉菌

Ustilago phlei-pratensis Davis 梯牧草黑粉菌

Ustilago phragmites Ling 芦苇粒黑粉菌

Ustilago picacea Lagerh. et Liro 鹊色黑粉菌

Ustilago pinguiculae Rostr. 捕虫堇菜黑粉菌

Ustilago piperi Clint. 胡椒黑粉菌

Ustilago poarum McAlp. 早熟禾黑粉菌

Ustilago polygoni-alati Thirum. et Pavgi 网状黑粉菌

Ustilago polygoni-punctati Savile 斑点蓼黑粉菌

Ustilago polygoni-senticosi 见 *Sphacelotheca hydropiperis*

Ustilago polytocae Mundk. 多裔黍黑粉菌

Ustilago polytocae-barbatae Mundk. 髯毛多裔黍黑粉菌

Ustilago punctata 见 *Ustilago bosniaca*

Ustilago pustulata（DC.）**Wint.** 斑疱黑粉菌

Ustilago rabenhorstiana 见 *Ustilago syntherismae*

Ustilago reiliana 见 *Sporisorium reilianum*

Ustilago reticulata Liro 网孢黑粉菌

Ustilago reticulispora 见 *Ustilago cordae*

Ustilago rhei（Zund.）**Vánky et Oberw.** 大黄黑粉菌

Ustilago rottboelliae 见 *Sporisorium lepturi*

Ustilago rumicis 见 *Ustilago kuehneana*

Ustilago sacchari 见 *Sporisorium sacchari*

Ustilago salvei **Berk. et Br.** 鸭茅黑粉菌

Ustilago schumanniana 见 *Ustilago tritici*

Ustilago scirpi 见 *Cintractia scirpi*

Ustilago scitaminea **Syd.** 甘蔗鞭黑粉菌

Ustilago scorzonerae (Alb. et Schw.)
Schröt. 雅葱黑粉菌

Ustilago scrobiculata **Liro** 蜂窝状黑粉菌

Ustilago serpens (Karsten) **Lindeberg** 赖
草黑粉菌

Ustilago shimadae **Saw.** 鞭黑粉菌

Ustilago shiraiana **Henn.** 白井黑粉菌
［竹黑粉病菌］

Ustilago sinkiangensis 见 *Ustilago piperi*

Ustilago sorghi 见 *Sporisorium sorghi*

Ustilago sorghicola 见 *Sporisorium sorghi*

Ustilago sparsa **Underw.** 散生黑粉菌

Ustilago spegazzinii 见 *Ustilago hypodytes*

Ustilago spermophora **Berk. et Curt. ex de
Toni** 画眉草黑粉菌

Ustilago spermophoroides 见 *Ustilago
spermophora*

Ustilago sphaerogena 见 *Ustilago
trichophora*

Ustilago sporoboli-indici **Ling** 印度鼠尾
粟黑粉菌

Ustilago stipae 见 *Ustilago minima*

Ustilago stipicola 见 *Ustilago hypodytes*

Ustilago striiformis (West.) **Niessl** 条形
黑粉菌

Ustilago subinclusa 见 *Anthracoidea sub-
inclusa*

Ustilago superba 见 *Ustilago violacea*

Ustilago syntherismae (Schw.) **Peck** 马
唐黑粉菌

Ustilago taiana 见 *Sporisorium taianum*

Ustilago tanakae **Ito** 田中黑粉菌

Ustilago tonglinensis 见 *Sporisorium tan-
glinense*

Ustilago trebouxii **H. Syd. et Syd.** 碱草
黑粉菌

Ustilago trichophora (Link) **Körn.** 稗黑
粉菌

Ustilago tritici (Pers. ; Pers.) **Rostr.** 小
麦散黑粉菌

Ustilago tuberculiformis **H. et P. Syd.**
赤胚散黑粉菌

Ustilago tulipae 见 *Ustilago heufleri*

Ustilago turcomanica **Tranz. ex Vánky**
土库曼黑粉菌

Ustilago typhae 见 *Ustilago esculenta*

Ustilago ugamica 见 *Ustilago tritici*

Ustilago utriculosa (Nees) **Ung.** 见 *Ustila-
go reticulata*

Ustilago vaillantii **Tul.** 绵枣儿黑粉菌

Ustilago vavilovii 见 *Ustilago tritici*

Ustilago violacea (Pers. ; Pers.) **Rouss.**
花药黑粉菌

Ustilago warmingii **Rostr.** 水酸模黑粉菌

Ustilago williamsii (Griff.) **Lavr.** 威廉
斯黑粉菌

Ustilago zeae 见 *Ustilago maydis*

Ustulina **Tul.** 焦壳菌属［F］

Ustulina deusta (Hoffm.) **Lind.** 烧焦壳
菌［树木白腐病菌］

Vallota mosaic virus Potyvirus (ValMV) 石 ｜ 蒜花叶病毒

Valsa Fr.　黑腐皮壳属[F]

Valsa abietis Nits.　冷杉黑腐皮壳

Valsa ambiens (Pers. ex Fr.) Fr.　围绕黑腐皮壳[梨黑腐皮壳、梨腐烂病菌]

Valsa ceratophora Tul.　有角黑腐皮壳

Valsa ceratosperma (Tode et Fr.) Maire　角精黑腐皮壳[苹果树腐烂病菌]

Valsa citri Sawada　柑橘黑腐皮壳

Valsa coronata (Hoffm.) Fr.　冠黑腐皮壳[蔷薇黑腐皮壳]

Valsa curreyi 见 *Leucostoma curreyi*

Valsa fortunea Zhao, Sheng et Li　柳杉黑腐皮壳[柳杉枝枯病菌]

Valsa friesii (Duby) Fuckel.　弗氏黑腐皮壳

Valsa japonica Miyabe et Hemmi　日本黑腐皮壳

Valsa kunzei Nits.　孔策黑腐皮壳[油松烂皮病菌]

Valsa leucostoma (Pers.) Fr.　核果黑腐皮壳[白口黑腐皮壳、核果腐烂病菌]

Valsa macrospora Yuan　大孢黑腐皮壳

Valsa mali 见 *Valsa ceratosperma*

Valsa paulowniae Miyabe et Hemmi　泡桐黑腐皮壳

Valsa populina Fuck.　杨黑腐皮壳

Valsa sordida Nits.　污黑腐皮壳[杨树腐烂病菌]

Valsa subclypeata Cooke et Peck　圆盾黑腐皮壳

Valsa theae Hara　茶黑腐皮壳

Valsa vitis Fuck.　葡萄黑腐皮壳

Valsella Fuckel　小黑腐皮壳属[F]

Valsella multispora Yuan　多孢小黑腐皮壳

Vanilla mosaic virus Potyvirus (VanMV)　香果兰花叶病毒

Vanilla necrosis virus Potyvirus　香果兰坏死病毒

Variasquamata decalineatum 见 *Criconema decalineatum*

Variasquamata duodevigintilineatum 见 *Criconema duodevigintilineatum*

Variasquamata gracile 见 *Criconema gracilie*

Variasquamata lentiforme 见 *Ogma lentiforme*

Variasquamata octangulare 见 *Criconema octangulare*

Variasquamata simlaensis 见 *Criconema simlaensis*

Variasquamata zernovi 见 *Criconema zernovi*

Varicosavirus　巨脉病毒属[V]

vein mosaic virus of red clover 见 *Red clover vein mosaic virus Carlavirus*

Velvet tobacco mottle virus satellite RNA　绒毛烟斑驳病毒卫星 RNA

Velvet tobacco mottle virus Sobemovirus (VTMoV)　绒毛烟斑驳病毒

Velvet tobacco mottle virus viroid-like satellite RNA　绒毛烟斑驳病毒类病毒样卫星 RNA

Venturia Sacc.　黑星菌属[F]

Venturia carpophilum Fish.　嗜果黑星菌[桃疮痂病菌、桃黑星病菌]

Venturia cerasi Adh.　樱桃黑星菌

Venturia chlorospora (Ces.) Wint.　绿孢黑星菌

Venturia crataegi Aderh.　山楂黑星菌

Venturia ditricha (Fr.) Wint.　桦黑星菌

Venturia geranii (Fr.) Wint.　老鹳草黑星菌

Venturia inaequalis (Cooke) Wint.　不平黑星菌[苹果黑星病菌]

Venturia lonicerae (Fuck.) Wint.　忍冬黑星菌

Venturia maculaeformis (Desm.) Wint.　斑点黑星菌

Venturia microseta Pat.　毛黑星菌

Venturia mori Hara　桑黑星菌

Venturia myrtilli Cooke　乌饭树黑星菌

Venturia nashicola Tanaka et Yamamoto
东方梨黑星菌[纳雪黑星菌]

Venturia naumovii Lashevska 纳乌莫夫
黑星菌

Venturia palustris Sacc. 沼泽黑星菌

Venturia pirina 见 *Venturia pyrina*

Venturia pomi 见 *Venturia inaequalis*

Venturia populina (Vuill.) Fabr. 杨黑
星菌

Venturia pyrina Aderh. 梨黑星菌

Venturia rumicis (Desm.) Winter 酸模
黑星菌

Venturia tremulae (Frank) Aderh. 欧山
杨黑星菌[震动黑星菌]

Verbena latent virus Carlavirus 马鞭草
潜隐病毒

Verticillium Nees 轮枝孢属[F]

Verticillium agaricinum Corda 伞菌轮枝孢

Verticillium albo-atrum Reinke et Berth.
黑白轮枝孢

Verticillium aphidis Baeuml. 蚜轮枝孢

Verticillium cinerascens Wollenw. 变灰
轮枝孢

Verticillium cinnabarium (Corda) Reinke
朱红轮枝孢

Verticillium dahliae Kleb. 大丽花轮枝
孢[棉花黄萎病菌]

Verticillium fungicola (Preuss) Hassebr.
真菌生轮枝孢

Verticillium glaucum Bon. 灰绿轮枝孢

Verticillium heterocladum Peaz. 异枝轮
枝孢

Verticillium lactarii Peck 乳菇轮枝孢

Verticillium lamellicola (Smith) Gams
菌褶生轮枝孢

Verticillium lecanii 见 *Cephalosporium
lecanii*

Verticillium theobromae (Turconi) Mason
et S. J. Hughes 可可轮枝孢

Vibrissea Fr. 线孢水盘菌属[F]

Vibrissea truncorum Fr. 线孢水盘菌

Vicia cryptic virus Alphacryptovirus
(VCV) 野豌豆潜隐病毒

Vicia faba endornavirus Endornavirus
蚕豆内源 RNA 病毒

Vicia virus Alphacryptovirus(VCV) 豌豆
(属)病毒

*Vigna sinensis mosaic virus Nucleorhab-
dovirus* (VSMV) 长豇豆花叶病毒

Viola mottle virus Potexvirus (VMoV)
堇菜(属)斑驳病毒

Virgaria Nees 权枝霉属[F]

Virgaria coffeospora Sacc. 咖啡状权枝
霉

Virginia Crab stem grooving virus 见 *Ap-
ple stem grooving virus Capillovirus*

Viroid 类病毒[V]

virus ampollado del frijol 见 *Bean rugose
mosaic virus Comovirus*

virus de la mosaique de la feve 见 *Broad
bean stain virus Comovirus*

virus del enanismo rayado maiz 见 *Maize
mosaic virus Nucleorhabdovirus*

virus del mosaico dorado 见 *Bean golden
mosaic virus Begomovirus*

virus del mosaico rugoso de frijol 见 *Bean
rugose mosaic virus Comovirus*

virus del moteado amarillo 见 *Cowpea
chlorotic mottle virus Bromovirus*

virus del nanismo ruvido del mais 见 *Maize
rough dwarf virus Fijivirus* (MRDV)

Viscum L. 槲寄生属(桑寄生科)[P]

Viscum album L. 白果槲寄生

Viscum album var. *album* Danser 白果槲
寄生原变种

Viscum album var. *meridianum* Danser
白果槲寄生纵裂变种

Viscum angulatum 见 *Viscum diospyrosi-
colum*

Viscum articulatum Burm. 扁枝槲寄生
[龙眼槲寄生]

Viscum coloratum (Kom.) Nakai 彩色槲

寄生

***Viscum diospyrosicolum* Hayata** 棱枝槲寄生

***Viscum fargesii* Lecomte** 线叶槲寄生

***Viscum liquidambaricolum* Hayata** 枫香槲寄生

***Viscum loranthi* Elmer.** 聚花槲寄生

***Viscum monoicum* Roxb.** 五脉槲寄生

***Viscum multinerve* Hayata** 柄果槲寄生

***Viscum nudum* Danser** 裸茎槲寄生

***Viscum ovalifolium* DC.** 卵叶槲寄生

***Viscum yannanense* Kiu** 云南槲寄生

Vitivirus 葡萄病毒属[V]

***Voandzeia distortion mosaic virus* Potyvirus**（VDMV） 沃安齐亚属畸花叶病毒

voandzeia mosaic virus 见 *Cowpea mild mottle virus Carlavirus*

***Voandzeia necrotic mosaic virus* Tymovirus**（VNMV） 沃安齐亚属坏死花叶病毒

***Volutella* Tode ex Fr.** 周毛座霉属[F]

***Volutella bartholomaei* Ell. et Ev.** 巴托周毛座霉

***Volutella ciliata* Fr.** 周毛座霉

***Volutella dianthi* Atk.** 石竹周毛座霉

***Volutella fructi* Stev. et Hall** 仁果周毛座霉

Waikavirus 稻矮化病毒属[V]

walnut black line virus 见 *Cherry leaf roll virus Nepovirus*

Walnut bunch phytoplasma 胡桃丛簇病植原体

walnut line pattern and mosaic virus 见 *Cherry leafroll virus Nepovirus*

walnut yellow mosaic virus 见 *Cherry leaf roll virus Nepovirus*

***Wasabi mottle virus* Tobamovirus** 山嵛菜斑驳病毒

Watercress yellow spot virus （WYSV） 水田芥黄斑病毒

***Watermelon bud necrotic virus* Tospovirus**（WBNV） 西瓜芽坏死病毒

***Watermelon chlorotic stunt virus* Begomovirus**（WmCSV） 西瓜褪绿矮化病毒

***Watermelon curly mottle virus* Begomovirus**（WmCMV） 西瓜卷曲斑驳病毒

***Watermelon Moroccan mosaic virus* Poty-virus** 西瓜摩洛哥花叶病毒

***Watermelon mosaic virus* 1 Potyvirus**（WMV-1） 西瓜花叶1号病毒

***Watermelon mosaic virus* 2 Potyvirus**（WMV-2） 西瓜花叶2号病毒

***Watermelon mosaic virus* Potyvirus**（WMV） 西瓜花叶病毒

watermelon papaya ringspot 见 *Watermelon mosaic virus 1 Potyvirus*（WMV-1）

watermelon silver mottle virus 见 *Tomato spotted wilt virus Tospovirus*

***Watermelon silver mottle virus* Tospovirus**（WSMOV） 西瓜银色斑驳病毒

***Weddel waterborne virus* Carmovirus**（WWBV） 韦德尔水传病毒

Welsh onion latent virus 见 *Sint-Jem's onion latent virus Carlavirus*

***Welsh onion yellow stripe virus* Potyvirus**（WOYSV） 大葱黄条病毒

western yellow blight virus 见 *Beet curly*

top virus Curtovirus

Wheat American striate mosaic virus Cytorhabdovirus（WASMV） 美洲小麦条点花叶病毒

Wheat chlorotic spot virus Rhabdovirus（WCSpV） 小麦褪绿斑病毒

wheat chlorotic streak virus 见 *Barley yellow striate mosaic virus Cytorhabdovirus*

Wheat chlorotic streak virus Nucleorhabdovirus（WCSV） 小麦褪绿条纹病毒

Wheat dwarf virus Mastrevirus（WDV） 小麦矮缩病毒

Wheat European striate mosaic virus Tenuivirus 欧洲小麦条点花叶病毒

Wheat Iranian stripe virus Tenuivirus（WISV） 小麦伊朗条纹病毒

wheat mosaic virus 见 *Wheat soil-borne mosaic virus Furovirus*

Wheat rosette stunt virus Nuckorhabdovirus（WRSV） 小麦丛簇矮化病毒

Wheat soil-borne mosaic virus Furovirus 小麦土传花叶病毒

Wheat spindle streak mosaic virus Bymovirus（WSSMV） 小麦梭条花叶病毒

Wheat streak mosaic virus Tritimovirus（WSMV） 小麦线条花叶病毒

Wheat streak virus（WSV） 小麦线条病毒

wheat striate mosaic virus 见 *Wheat American striate mosaic virus Cytorhabdovirus*

wheat viruses 1 and 2 见 *Wheat soil-borne mosaic virus Furovirus*

Wheat yellow leaf virus Closterovirus（WYLV） 小麦黄叶病毒

Wheat yellow mosaic virus Bymovirus（WYMV） 小麦黄花叶病毒

White bryony mosaic virus Carlavirus（WBMV） 白泻根花叶病毒

White bryony mottle virus（WBMoV） 白泻根斑驳病毒

White bryony virus Y Potyvirus（WBV） 白泻根 Y 病毒

White clover cryptic virus 1 Alphacryptovirus（WCCV-1） 白三叶草 1 号病毒

White clover cryptic virus 2 Betacryptovirus（WCCV-2） 白三叶草 2 号病毒

White clover cryptic virus 3 Alphacryptovirus（WCCV-3） 白三叶草 3 号病毒

White clover mosaic virus Potexvirus（WClMV） 白三叶草花叶病毒

White clover virus L（WClVL） 白三叶草 L 病毒

White mustard virus Alphacryptovirus（WMuV） 白芥病毒

whitefly transmissible sweet potato virus 见 *Sweet potato yellow dwarf virus Ipomovirus*

Wild cucumber mosaic virus Tymovirus（WCMV） 野黄瓜花叶病毒

Wild potato mosaic virus Potyvirus（WPMV） 野马铃薯花叶病毒

Willow witches broom phytoplasma 柳树丛枝病植原体

wilted stunt virus 见 *Rice grassy stunt virus Tenuivirus*

Wineberry latent virus（WLV） 葡萄（紫莓）潜病毒

winter peach mosaic virus 见 *Tomato ringspot virus Nepovirus*（ToRSV）

Winter wheat mosaic virus Tenuivirus（WWMV） 冬小麦花叶病毒

Winter wheat Russian mosaic virus Nucleorhabdovirus（WWRMV） 冬小麦俄罗斯花叶病毒

Wisconsin pea streak virus 见 *Pea streak virus Carlavirus*

Wissadula golden mosaic virus Begomovirus（WGMV） 隔蒴苘（属）金色花叶病毒

Wissadula mosaic virus（WiMV） 隔蒴苘

（属）花叶病毒

Wisteria vein mosaic virus Potyvirus（WVMV）　紫藤（属）脉花叶病毒

Woroniella dolichi　见 *Synchytrium dolichi*

***Woronina* Cornu**　沃罗宁菌属[T]

***Woronina glomerata* Fisch.**　无隔藻沃罗宁菌[无隔藻沃罗宁病菌]

***Woronina raii* Srivastava et Sinha**　拉氏伏鲁沃罗宁菌[洋椿沃罗宁病菌]

Woroninella puerariae　见 *Synchytrium minutum*

wound tumor virus　见 *Clover wound tumor virus Phytoreovirus*

Wound tumor virus Phytoreovirus（WTV）伤瘤病毒

***Wrightoporia* Pouzar**　饰孢卧孔菌属[F]

***Wrightoporia avellanea* Pouz.**　榛色饰孢卧孔菌

X

***Xanthobacter* Wiegel et al.**　黄色杆菌属[B]

***Xanthobacter agilis* Jenni et Aragno**　敏捷黄色杆菌

***Xanthochrous* Pat.**　黄褐孔菌属[F]

Xanthochrous hispidus （Bull.） **Pat.**　粗毛黄褐孔菌

***Xanthomonas* Dowson**　黄单胞菌属[B]

Xanthomonas alangii　见 *Xanthomonas campestris* pv. *alangii*

Xanthomonas albilineans （Ashby） **Dowson**　白纹黄单胞菌[甘蔗白（色）条纹病菌]

***Xanthomonas albilineans* subsp. *dipaspali* Starrv**　白纹黄单胞菌雀稗亚种

Xanthomonas alfalfae　见 *Xanthomonas axonopodis* pv. *alfalfae*

Xanthomonas alysicarpi　见 *Xanthomonas campestris* pv. *alysicarpi*

Xanthomonas amaranthicola　见 *Xanthomonas campestris* pv. *amaranthicola*

Xanthomonas amorphophalli　见 *Xanthomonas campestris* pv. *amorphophalli*

Xanthomonas ampelina Panag.　见 *Xylophilus ampelinus*

Xanthomonas anadensis　见 *Xanthomonas axonopodis* pv. *ricini*

Xanthomonas antirrhini　见 *Pseudomonas syringae* pv. *antirrhini*

***Xanthomonas arboricola* Vauterin，Hoste，Kersters et al.**　树生黄单胞菌

Xanthomonas arboricola* pv. *celebensis （Gäum.） **Vauterin，Hoste，Kersters et al.**　树生黄单胞菌香蕉变种[香蕉坏死条纹病菌]

Xanthomonas arboricola* pv. *corylina （Miller et al.） **Vauterin et al.**　树生黄单胞菌榛子变种[榛疫病菌]

Xanthomonas arboricola* pv. *juglandis （Pierce） **Vauterin et al.**　树生黄单胞菌胡桃变种[胡桃疫病菌]

Xanthomonas arboricola pv. poinsettiicola　见 *Xanthomonas axonopodis* pv. *poinsetticola*

Xanthomonas arboricola* pv. *populi （ex de Kam） **Vauterin，Hoste，Kersters et al.**　树生黄单胞菌白杨变种

Xanthomonas arboricola pv. *pruni* (Smith) **Vauterin，Hoste，Kersters et al.** 树生黄单胞菌李变种[桃穿孔病菌]

Xanthomonas arboricola pv. *salicis* (ex de Kam) **Vauterin，Hoste，Kersters et al.** 树生黄单胞菌柳变种

Xanthomonas arecae 见 *Xanthomonas campestris* pv. *arecae*

Xanthomonas argemones 见 *Xanthomonas campestris* pv. *argemones*

Xanthomonas armoraciae 见 *Xanthomonas campestris* pv. *armoraciae*

Xanthomonas arracaiae 见 *Xanthomonas campestris* pv. *arracaiae*

Xanthomonas arrhenatheri 见 *Xanthomonas translucens* pv. *arrhenatheri*

Xanthomonas axonopodis **Starr et Garces** 地毯草黄单胞菌

Xanthomonas axonopodis pv. *alfalfae* (Riker) **Vauterin et al.** 地毯草黄单胞菌苜蓿变种[苜蓿叶斑病菌]

Xanthomonas axonopodis pv. *allii* **Roumagnac，Gardan et al.** 地毯草黄单胞菌葱蒜变种[葱蒜叶枯病菌]

Xanthomonas axonopodis pv. **aurantifolii** 见 *Xanthomonas campestris* pv. *aurantifoli*

Xanthomonas axonopodis pv. *axonopodis* **Starr et Garces** 地毯草黄单胞菌地毯草变种

Xanthomonas axonopodis pv. *bauhiniae* (Patel) **Vauterin et al.** 地毯草黄单胞菌羊蹄甲变种[羊蹄甲叶斑病菌]

Xanthomonas axonopodis pv. *begoniae* (Takimoto) **Vauterin et al.** 地毯草黄单胞菌秋海棠变种[秋海棠叶斑病菌]

Xanthomonas axonopodis pv. *betlicola* **Vauterin et al.** 地毯草黄单胞菌蒌叶变种[胡椒叶斑病菌]

Xanthomonas axonopodis pv. *biophyti*

(Patel.) **Vauterin et al.** 地毯草黄单胞菌感应草变种[感应草叶斑病菌]

Xanthomonas axonopodis pv. *cajani* (Kulkarni) **Vauterin et al.** 地毯草黄单胞菌木豆变种[木豆叶斑病菌]

Xanthomonas axonopodis pv. **cassavae** 见 *Xanthomonas cassavae*

Xanthomonas axonopodis pv. *cassiae* (Kulkarni) **Vauterin et al.** 地毯草黄单胞菌山扁豆变种[决明叶斑病菌]

Xanthomonas axonopodis pv. *citri* (Hasse) **Vauterin et al.** 地毯草黄单胞菌柑橘变种[柑橘溃疡病菌]

Xanthomonas axonopodis pv. *citrumelo* (Gabriel) **Vauterin et al.** 地毯草黄单胞菌蜜柑变种[蜜柑叶斑病菌]

Xanthomonas axonopodis pv. *clitoriae* (Pandit et Kulkarni) **Vauterin et al.** 地毯草黄单胞菌蝶豆变种[蝶豆叶斑病菌]

Xanthomonas axonopodis pv. *coracanae* (Desai) **Vauterin，Hoste et al.** 地毯草黄单胞菌䅟子变种[龙爪稷疫病菌]

Xanthomonas axonopodis pv. *cyamopsidis* (Patel) **Vauterin et al.** 地毯草黄单胞菌瓜尔豆变种[瓜尔豆叶斑病菌]

Xanthomonas axonopodis pv. *desmodii* (Patel) **Vauterin et al.** 地毯草黄单胞菌山马蝗变种[山马蝗叶斑病菌]

Xanthomonas axonopodis pv. *desmodiigangetici* (Patel et Moniz) **Vauterin et al.** 地毯草黄单胞菌大叶山马蝗变种[大叶山马蝗叶斑病菌]

Xanthomonas axonopodis pv. *desmodiilaxiflori* (Pant et Kulkarni) **Vauterin et al.** 地毯草黄单胞菌疏花山马蝗变种[疏花山马蝗叶斑病菌]

Xanthomonas axonopodis pv. *desmodiirotundifolii* (Desai et Shah) **Vauterin et al.** 地毯草黄单胞菌圆叶山马蝗变种[圆叶山马蝗叶斑病菌]

***Xanthomonas axonopodis* pv.** *dieffenba-chiae* (McCulloch et Pirone) **Vauterin et al.** 地毯草黄单胞菌花叶万年青变种［花叶万年青叶斑病菌］

***Xanthomonas axonopodis* pv.** *erythrinae* (Patel et al.) **Vauterin et al.** 地毯草黄单胞菌印度刺桐变种［印度刺桐叶斑病菌］

***Xanthomonas axonopodis* pv.** *fascicularis* (Patel) **Vauterin et al.** 地毯草黄单胞菌黄麻簇生变种［黄麻叶斑病菌］

***Xanthomonas axonopodis* pv.** *glycines* (Nakano) **Vauterin et al.** 地毯草黄单胞菌大豆变种［大豆斑疹叶斑病菌］

***Xanthomonas axonopodis* pv.** *khayae* (Sabet) **Vauterin et al.** 地毯草黄单胞菌非洲楝(红木藤)变种［桃花心木叶斑病菌］

***Xanthomonas axonopodis* pv.** *lespedezae* (Ayers) **Vauterin et al.** 地毯草黄单胞菌胡枝子变种［胡枝子叶斑病菌］

***Xanthomonas axonopodis* pv.** *maculifoli-igardeniae* (Artet) **Vauterin et al.** 地毯草黄单胞菌栀子变种［栀子叶斑病菌］

***Xanthomonas axonopodis* pv.** *mal-vacearum* (Smith) **Vauterin, Hoste, Kersters et al.** 地毯草黄单胞菌锦葵变种［棉角斑病菌］

***Xanthomonas axonopodis* pv.** *manihotis* (Bondar) **Vauterin, Hoste, Kersters et al.** 地毯草黄单胞菌木薯变种［木薯细菌性萎蔫病菌］

***Xanthomonas axonopodis* pv.** *martyniicola* (Monize) **Vauterin et al.** 地毯草黄单胞菌角胡麻变种［角胡麻叶斑病菌］

***Xanthomonas axonopodis* pv.** *melhusii* (Patel) **Vauterin et al.** 地毯草黄单胞菌梅氏变种［柚木叶斑病菌］

***Xanthomonas axonopodis* pv.** *nakataecor-chori* (Padhya) **Vauterin et al.** 地毯草黄单胞菌中田黄麻变种［中田黄麻叶斑病菌］

***Xanthomonas axonopodis* pv.** *passiflorae* **Goncalves et Rasato** 地毯草黄单胞菌西番莲变种［西番莲叶斑病菌、鸡蛋果叶斑病菌］

***Xanthomonas axonopodis* pv.** *patelii* (Desai et Shah) **Vauterin et al.** 地毯草黄单胞菌印度菽麻变种［印度菽麻叶斑病菌］

***Xanthomonas axonopodis* pv.** *pedalii* (Patel et Jindal) **Vauterin et al.** 地毯草黄单胞菌胡麻变种［胡麻叶斑病菌］

***Xanthomonas axonopodis* pv.** *phaseoli* (Smith) **Vauterin et al.** 地毯草黄单胞菌菜豆变种［菜豆叶斑病菌］

***Xanthomonas axonopodis* pv.** *phyllanthi* (Sabet) **Vauterin et al.** 地毯草黄单胞菌叶下珠变种［叶下珠叶斑病菌］

***Xanthomonas axonopodis* pv.** *physalidico-la* (Goto et Okabe) **Vauterin et al.** 地毯草黄单胞菌酸浆变种［酸浆叶斑病菌］

***Xanthomonas axonopodis* pv.** *poinsettiico-la* (Patel, Bhatt et KulKarni) **Vauterin, Hoste, Kersters et al.** 地毯草黄单胞菌猩猩木(一品红)变种［猩猩木叶斑病菌］

***Xanthomonas axonopodis* pv.** *punicae* (Hingorani) **Vauterin et al.** 地毯草黄单胞菌安石榴变种［安石榴叶斑病菌］

***Xanthomonas axonopodis* pv.** *rhynchosiae* (Sabet) **Vauterin, Hoste et al.** 地毯草黄单胞菌鹿霍变种［鹿霍叶斑病菌］

***Xanthomonas axonopodis* pv.** *ricini* (Yoshii) **Vauterin, Hoste et al.** 地毯草黄单胞菌蓖麻变种［蓖麻叶斑病菌］

***Xanthomonas axonopodis* pv.** *sesbaniae* (Patel) **Vauterin, Hoste et al.** 地毯草黄单胞菌田菁变种［田菁叶斑病菌］

***Xanthomonas axonopodis* pv.** *tamarindi*

（Patel）**Vauterin et al.** 地毯草黄单胞菌酸豆变种［酸豆叶斑病菌］

Xanthomonas axonopodis* pv. *vasculorum （Cobb）**Vauterin et al.** 地毯草黄单胞菌维管束变种［甘蔗流胶病菌］

Xanthomonas axonopodis pv. vesicatoria 见 *Xanthomonas vesicatoria*

Xanthomonas axonopodis* pv. *vignaeradiatae （Sabet）**Vauterin et al.** 地毯草黄单胞菌辐射豇豆变种［豇豆黑斑病菌］

Xanthomonas axonopodis* pv. *vignicola （Burkholder）**Vauterin et al.** 地毯草黄单胞菌豇豆变种［豇豆疫病菌］

Xanthomonas axonopodis* pv. *vitians （Brown）**Vauterin et al.** 地毯草黄单胞菌葡萄变种［莴苣叶斑病菌］

Xanthomonas badrii 见 *Xanthomonas campestris* pv. *badrii*

Xanthomonas barbareae 见 *Xanthomonas campestris* pv. *barbareae*

Xanthomonas bauhainiae 见 *Xanthomonas axonopodis* pv. *bauhiniae*

Xanthomonas begoniae 见 *Xanthomonas axonopodis* pv. begoniae

Xanthomonas betlicola 见 *Xanthomonas axonopodis* pv. *betlicola*

Xanthomonas bilvae 见 *Xanthomonas campestris* pv. *bilvae*

Xanthomonas biophyti 见 *Xanthomonas axonopodis* pv. *biophyti*

Xanthomonas blepharidis 见 *Xanthomonas campestris* pv. *blepharidis*

Xanthomonas boerhaaviae 见 *Xanthomonas campestris* pv. *boerhaaviae*

***Xanthomonas brideliae* Bhatt et Patel** 土密树黄单胞菌［土密树叶斑病菌］

***Xanthomonas bromi* Vauterin et al.** 雀麦黄单胞菌

Xanthomonas cajani 见 *Xanthomonas axonopodis* pv. *cajani*

Xanthomonas campestris （Pammel）**Dowson** 油菜黄单胞菌（田野黄单胞菌）

Xanthomonas campestris* pv. *aberrans （Knosel）**Dye** 油菜黄单胞菌畸变变种［花椰菜叶斑病菌］

Xanthomonas campestris* pv. *acernea （Ogawa）**Burkholder** 油菜黄单胞菌枫变种［枫叶斑病菌］

Xanthomonas campestris* pv. *alangii （Padhya et Patel）**Dye** 油菜黄单胞菌八角枫变种［八角枫叶斑病菌］

Xanthomonas campestris pv. alfalfae 见 *Xanthomonas axonopodis* pv. *alfalfae*

***Xanthomonas campestris* pv. *allii* Kodaka et al.** 油菜黄单胞菌葱蒜变种［葱疫病菌］

Xanthomonas campestris* pv. *alysicarpi （Bahtt *et* patei） 油菜黄单胞菌链荚豆变种［链荚豆叶斑病菌］

Xanthomonas campestris* pv. *amaranthicola （Patel）**Dye** 油菜黄单胞菌青苋变种［苋叶斑病菌］

Xanthomonas campestris* pv. *amorphophalli （Jindal）**Dye** 油菜黄单胞菌魔芋变种［魔芋叶斑病菌］

***Xanthomonas campestris* pv. *annamalaiensis* Rangaswami et al.** 油菜黄单胞菌御谷变种［御谷叶块斑病菌］

Xanthomonas campestris* pv. *aracearum （Berniac）**Dye** 油菜黄单胞菌天南星变种［千年芋叶斑病菌］

Xanthomonas campestris* pv. *arecae （Rao et Mohan）**Dye** 油菜黄单胞菌槟榔变种［槟榔条斑病菌］

Xanthomonas campestris* pv. *argemones （Srinivasan）**Dye** 油菜黄单胞菌蓟罂粟变种［蓟罂粟疫病菌］

Xanthomonas campestris* pv. *armoraciae （McCulloch）**Dye** 油菜黄单胞菌辣根变种［辣根叶斑病菌］

Xanthomonas campestris* pv. *arracaciae

Pereira et al. 油菜黄单胞菌秘鲁胡萝卜变种[滇芎叶斑病菌]

Xanthomonas campestris pv. arrhenatheri
见 *Xanthomonas translucens* pv. *arrhenatheri*

Xanthomonas campestris pv. *asclepiadis*
Flynn et Vidaver 油菜黄单胞菌萝卜变种

Xanthomonas campestris pv. *aurantifolii*
Gabriiel，Kingsley，Hunter et al. 油菜黄单胞菌墨西哥柠檬变种

Xanthomonas campestris pv. *azadirachtae*
(Desail et al.) **Dye** 油菜黄单胞菌楝树变种[楝树叶斑病菌]

Xanthomonas campestris pv. *badrii*
(Patel，) **Dye** 油菜黄单胞菌巴氏变种[苍耳叶斑病菌]

Xanthomonas campestris pv. *balsamivorum* **Rangaswami et Sanne Gowda** 油菜黄单胞菌凤仙花变种[凤仙花叶斑病菌]

Xanthomonas campestris pv. baniae 见 *Xanthomonas axonopodis* pv. *sesbaniae*

Xanthomonas campestris pv. barbareae
(Burkholder) **Dye** 油菜黄单胞菌山芥变种[山芥叶斑病菌]

Xanthomonas campestris pv. bauhiniae 见 Xanthomonas *axonopodis* pv. *bauhiniae*

Xanthomonas campestris pv. begoniae 见 Xanthomonas *axonopodis* pv. *begoniae*

Xanthomonas campestris pv. *betae* **Robbs，Kimura et Riberio** 油菜黄单胞菌甜菜变种

Xanthomonas campestris pv. betlicola 见 *Xanthomonas axonopodis* pv. *betlicola*

Xanthomonas campestris pv. *bilvae*
Chakaravarti，Sarma，Jain et al. 油菜黄单胞菌印度枳变种

Xanthomonas campestris pv. biophyti 见 *Xanthomonas axonopodis* pv. *biophyti*

Xanthomonas campestris pv. *blepharidis*

(Shinivasan et Patel) **Dye** 油菜黄单胞菌感应草变种[荒漠草叶斑病菌]

Xanthomonas campestris pv. *boerhaaviae*
(Mathur) **Bradbury** 油菜黄单胞菌细心草变种

Xanthomonas campestris pv. *brunneivaginae* **Luo，Liao et Chen** 油菜黄单胞菌褐鞘变种[稻褐鞘病菌]

Xanthomonas campestris pv. *buteae* **Bhatt et Patel** 油菜黄单胞菌紫铆变种[紫铆叶斑病菌]

Xanthomonas campestris pv. cajani 见 *Xanthomonas axonopodis* pv. *cajani*

Xanthomonas campestris pv. *campestris*
(Pammel) **Dye** 油菜黄单胞菌油菜变种[甘蓝黑腐病菌]

Xanthomonas campestris pv. *cannabis*
Severin 油菜黄单胞菌大麻变种[大麻叶斑病菌]

Xanthomonas campestris pv. *cannae*
Easww.，Kaviy. et Gnanam. 油菜黄单胞菌美人蕉变种

Xanthomonas campestris pv. *carissae*
(Moniz. Sabley et More) **Dye** 油菜黄单胞菌假虎刺变种[刺果叶斑病菌]

Xanthomonas campestris pv. carotae 见 *Xanthomonas hortorum* pv. *carotae*

Xanthomonas campestris pv. cassavae 见 *Xanthomonas cassavae*

Xanthomonas campestris pv. cassiae 见 *Xanthomonas axonopodis* pv. *cassiae*

Xanthomonas campestris pv. celebensis 见 *Xanthomonas arboricola* pv. *celebensis*

Xanthomonas campestris pv. *centellae* **Basnyat et Kulkarni** 油菜黄单胞菌积雪草变种[积雪草叶斑病菌]

Xanthomonas campestris pv. cerealis 见 *Xanthomonas translucens* pv. *cerealis*

Xanthomonas campestris pv. citri 见 *Xanthomonas axonopodis* pv. *citri*

Xanthomonas campestris pv. *citrumelo*

Gabriel，Kingsley，Hunter et Gottwald
油菜黄单胞菌蜜柑变种

Xanthomonas campestris pv. *clerodendri*
（Patel）**Dye** 油菜黄单胞菌海州常山变
种[海州常山叶斑病菌]

Xanthomonas campestris pv. *clitoriae* 见
Xanthomonas axonopodis pv. *clitoriae*

Xanthomonas campestris pv. *convolvuli*
（Nagarkoti）**Dye** 油菜黄单胞菌旋花
变种[田旋花叶斑病菌]

Xanthomonas campestris pv. *coracanae* 见
Xanthomonas axonopodis pv. *coracanae*

Xanthomonas campestris pv. *cordiae*
Robbs，Batista et al. meida 油菜黄单
胞菌破布木变种

Xanthomonas campestris pv. *coriandri*
（Srinivasan）**Dye** 油菜黄单胞菌芫荽
变种[芫荽疫病菌]

Xanthomonas campestris pv. *corylina* 见
Xanthomonas arboricola pv. *corylina*

Xanthomonas campestris pv. *cosmosicola*
Rangaswami et Gowda 油菜黄单胞菌
大波斯菊变种[大波斯菊叶斑病黄单胞
菌]

Xanthomonas campestris pv. *cucurbitae* 见
Xanthomonas cucurbitae

Xanthomonas campestris pv. *cyamopsidis*
见 *Xanthomonas axonopodis* pv. *cya-
mopsidis*

Xanthomonas campestris pv. *daturae*
（Jain）**Bradbury** 油菜黄单胞菌曼陀罗
变种

Xanthomonas campestris pv. *desmodii* 见
Xanthomonas axonopodis pv. *desmodii*

Xanthomonas campestris pv. *desmodi-
igangetici* 见 *Xanthomonas axonopodis*
pv. *desmodiigangetici*

Xanthomonas campestris pv. *desmodiilaxi-
flori* 见 *Xanthomonas axonopodis* pv.
desmodiilaxiflori

Xanthomonas campestris pv. *desmodiiro-*

tundifolii 见 *Xanthomonas axonopodis*
pv. *desmodiirotundifolii*

Xanthomonas campestris pv. *dieffenbachiae*
见 *Xanthomonas axonopodis* pv. *dief-
fenbachiae*

Xanthomonas campestris pv. *durantae*
（Shrinivasan et Patel）**Dye** 油菜黄单
胞菌假连翘变种[假连翘叶斑病菌]

Xanthomonas campestris pv. *erythrinae* 见
Xanthomonas axonopodis pv. *erythri-
nae*

Xanthomonas campestris pv. *esculenti*
（Rangaswami et Easwaran）**Dye** 油菜
黄单胞菌秋葵变种[秋葵叶斑病菌]

Xanthomonas campestris pv. *eucalypti*
（Truman）**Dye** 油菜黄单胞菌桉变种
[桉枝枯病菌]

Xanthomonas campestris pv. *euphorbiae*
（Sabet）**Dye** 油菜黄单胞菌大戟（一品
红）变种[大戟（一品红）斑点病菌]

Xanthomonas campestris pv. *fascicularis*
见 Xanthomonas *axonopodis* pv. *fas-
cicularis*

Xanthomonas campestris pv. *fici*
（Cavara）**Dye** 油菜黄单胞菌无花果变
种[无花果叶斑病菌]

Xanthomonas campestris pv. *geranni*
（Burkholder）**Dowson** 油菜黄单胞菌老
鹳草变种[老鹳草叶斑病菌]

Xanthomonas campestris pv. *glycines* 见
Xanthomonas axonopodis pv. *glycines*

Xanthomonas campestris pv. *graminis* 见
Xanthomonas translucens pv. *graminis*

Xanthomonas campestris pv. *guizotiae*
（Yirgou）**Dye** 油菜黄单胞菌小葵子
变种[小葵子叶斑病菌]

Xanthomonas campestris pv. *gummisu-
dans*（McCulloch）**Dye** 油菜黄单胞菌
流胶变种[唐菖蒲叶斑流胶病菌]

Xanthomonas campestris pv. *gypsophilae*
（Brown）**Magrow et Prevot** 油菜黄单

胞菌丝石竹变种[丝石竹叶斑病菌]

Xanthomonas campestris pv. hederae 见 *Xanthomonas hortorum* pv. *hederae*

Xanthomonas campestris pv. heliotropii (Sabet) **Dye** 油菜黄单胞菌天芥菜变种[天芥菜叶斑病菌]

Xanthomonas campestris pv. heterocea (Vzorov) **Săvulescu** 油菜黄单胞菌异形变种[烟草异叶斑、烟草环纹病菌]

Xanthomonas campestris pv. holcicola 见 *Xanthomonas vasicola* pv. *holcicola*

Xanthomonas campestris pv. hordei 见 *Xanthomonas translucens* pv. *translucens*

Xanthomonas campestris pv. hyacinthi 见 *Xanthomonas hyacinthi*

Xanthomonas campestris pv. incanae (Kendrick et Baker) **Dye** 油菜黄单胞菌紫罗兰变种[紫罗兰疫病菌]

Xanthomonas campestris pv. ionidii (Padhya et Patel) **Dye** 油菜黄单胞菌紫堇木变种[鼠鞭草叶斑病菌]

Xanthomonas campestris pv. jasminii **Rangaswami et Eswaran** 油菜黄单胞菌茉莉变种[茉莉叶斑病菌]

Xanthomonas campestris pv. juglandis 见 *Xanthomonas arboricola* pv. *juglandis*

Xanthomonas campestris pv. khayae 见 *Xanthomonas axonopodis* pv. *khayae*

Xanthomonas campestris pv. lactucae (Yamamoto) **Dowson** 油菜黄单胞菌莴苣变种[莴苣叶斑病菌]

Xanthomonas campestris pv. lantanae (Srinivasan et Patel) **Dye** 油菜黄单胞菌马缨丹变种[马缨丹、月桂叶斑病菌]

Xanthomonas campestris pv. laureliae **Dye** 油菜黄单胞菌月桂变种

Xanthomonas campestris pv. lawsoniae (Patel) **Dye** 油菜黄单胞菌散沫花藤变种[散沫花藤叶斑病菌]

Xanthomonas campestris pv. leeana (Patel

et Kotasthane) **Dye** 油菜黄单胞菌火筒树变种[火筒树疫病菌]

Xanthomonas campestris pv. leersiae (ex Fang *et al.*) **Young, Bradbury, Davis et al.** 油菜黄单胞菌李氏禾变种[李氏禾条斑病菌]

Xanthomonas campestris pv. lespedezae 见 *Xanthomonas axonopodis* pv. *lespedezae*

Xanthomonas campestris pv. maculifoliigardeniae 见 *Xanthomonas axonopodis* pv. *maculifoliigardeniae*

Xanthomonas campestris pv. malloti **Goto** 油菜黄单胞菌野梧桐变种

Xanthomonas campestris pv. malvacearum 见 *Xanthomonas axonopodis* pv. *malvacearum*

Xanthomonas campestris pv. mangiferaeindicae (Patel) **Robbs, Ribeiro et Kimura** 油菜黄单胞菌印度杧果变种[杧果黑斑病菌]

Xanthomonas campestris pv. manihotis 见 *Xanthomonas axonopodis* pv. *manihotis*

Xanthomonas campestris pv. martynicola **Moniz et Patel** 油菜黄单胞菌角胡麻变种[角胡麻叶斑病菌]

Xanthomonas campestris pv. martyniicola 见 *Xanthomonas axonopodis* pv. *martyniicola*

Xanthomonas campestris pv. melhusii 见 *Xanthomonas axonopodis* pv. *melhusii*

Xanthomonas campestris pv. melonis 见 *Xanthomonas melonis*

Xanthomonas campestris pv. merremiae (Pant et Kulkarni) **Dye et al.** 油菜黄单胞菌大鱼黄草变种[大鱼黄草叶斑病菌]

Xanthomonas campestris pv. mirabilis (Durgapal et Trivedi) **Young et al.** 油菜黄单胞菌紫茉莉变种

Xanthomonas campestris pv. musacearum

（Yirgou et Bradbury）**Dye** 油菜黄单胞菌香蕉变种［香蕉细菌性萎蔫病菌］

Xanthomonas campestris pv. nakataecorchori 见 *Xanthomonas axonopodis* pv. *nakataecorchori*

Xanthomonas campestris **pv.** *nigromaculans*（Takimoto）**Dye** 油菜黄单胞菌黑斑变种［牛蒡叶斑病菌］

Xanthomonas campestris **pv.** *obscurae* **Chand et Singh** 油菜黄单胞菌灰暗变种

Xanthomonas campestris **pv.** *olitorii*（Sabet）**Dye** 油菜黄单胞菌长蒴黄麻变种［长蒴黄麻叶斑病菌］

Xanthomonas campestris pv. oryzae 见 *Xanthomonas oryzae* pv. *oryzae*

Xanthomonas campestris pv. oryzicola 见 *Xanthomonas oryzae* pv. *oryzicola*

Xanthomonas campestris **pv.** *papavericola*（Bryan et McWhorter）**Dye** 油菜黄单胞菌罂粟变种［罂粟黑斑病菌］

Xanthomonas campestris **pv.** *parthenii* **Chand，Singh et Singh** 油菜黄单胞菌银胶菊变种

Xanthomonas campestris pv. passiflorae 见 *Xanthomonas axonopodis* pv. *passiflorae*

Xanthomonas campestris pv. patelii 见 *Xanthomonas axonopodis* pv. *patelii*

Xanthomonas campestris **pv.** *paulliniae* **Robbs，Medeiros et Kimura** 油菜黄单胞菌泡林腾变种

Xanthomonas campestris pv. pedalii 见 *Xanthomonas axonopodis* pv. *pedalii*

Xanthomonas campestris pv. pelargonii 见 *Xanthomonas hortorum* pv. *pelargonii*

Xanthomonas campestris **pv.** *pennamericanum* **Qhobela et Claflin** 油菜黄单胞菌珍珠黍变种

Xanthomonas campestris **pv.** *pennisiti* **Rajagopalan et Rangaswami** 油菜黄单胞菌假御谷变种

Xanthomonas campestris pv. phaseoli 见 *Xanthomonas axonopodis* pv. *phaseoli*

Xanthomonas campestris pv. pheli 见 *Xanthomonas translucens* pv. *phlei*

Xanthomonas campestris pv. phleipratensis 见 *Xanthomonas translucens* pv. *phleipratensis*

Xanthomonas campestris **pv.** *phormicola*（Takinoto）**Dye** 油菜黄单胞菌新西兰麻变种［新西兰麻条纹病菌］

Xanthomonas campestris pv. phyllanthi 见 *Xanthomonas axonopodis* pv. *phyllanthi*

Xanthomonas campestris pv. physalidicola 见 *Xanthomonas axonopodis* pv. *physalidicola*

Xanthomonas campestris **pv.** *physalidis*（Goto et Okabe）**Dye** 油菜黄单胞菌小酸浆变种［小酸浆叶斑病菌］

Xanthomonas campestris pv. pisi 见 *Xanthomonas pisi*

Xanthomonas campestris **pv.** *plantaginis*（Thornberry et Anderson）**Dye** 油菜黄单胞菌车前变种［车前叶斑病菌］

Xanthomonas campestris pv. poae Egli et Schmidt 见 *Xanthomonas translucens* pv. *poae*

Xanthomonas campestris pv. poinsettiicola（Patel，Bhatt et Kulkarni）见 *Xanthomonas axonopodis* pv. *poinsettiicola*

Xanthomonas campestris pv. populi 见 *Xanthomonas arboricola* pv. *populi*

Xanthomonas campestris pv. Pruni 见 *Xanthomonas arboricola* pv. *pruni*

Xanthomonas campestris **pv.** *pulcherrima* **Quimio** 油菜黄单胞菌猩猩木变种

Xanthomonas campestris pv. punicae 见 *Xanthomonas axonopodis* pv. *punicae*

Xanthomonas campestris **pv.** *raphani*（White）**Dye** 油菜黄单胞菌萝卜变种

［萝卜叶斑病菌］

Xanthomonas campestris pv. rhynchosiae
见 *Xanthomonas axonopodis* pv. *rhynchosiae*

Xanthomonas campestris pv. ricini 见
Xanthomonas axonopodis pv. *ricini*

Xanthomonas campestris pv. *ricinicola*
(Elliott)**Dowson** 蓖麻生黄单胞菌［蓖
麻叶斑病黄单胞菌］

Xanthomonas campestris pv. *rubefaciens*
(Burr)**Magrou et Prevot** 油菜黄单胞菌
红化变种［马铃薯内部锈斑黄单胞菌］

Xanthomonas campestris pv. *sacchari*
Vauterin，Hoste，Kersters et al. 油菜
黄单胞菌甘蔗变种

Xanthomonas campestris pv. secalis(Reddy, Godkin et Johnson) **Dye** 见 *Xanthomonas translucens* pv. *secalis*

Xanthomonas campestris pv. *sesami*(Sabet et Dowson) **Dye** 油菜黄单胞菌芝
麻变种

Xanthomonas campestris pv. sesbaniae
(Patel，Kulkarni et Dhande) **Dye** 见
Xanthomonas axonopodis pv. *sesbaniae*

Xanthomonas campestris pv. *spermacoces*
(Srinivasan et Patel) **Dye** 油菜黄单胞
菌鸭舌草变种［丰花草叶斑病菌］

Xanthomonas campestris pv. *syngonii*
Dickey et Zumoff 油菜黄单胞菌奈台
斯草变种

Xanthomonas campestris pv. *tagetis* **Rangaswami et Sanne** 油菜黄单胞菌万寿
菊变种［万寿菊叶斑病菌］

Xanthomonas campestris pv. tamarindi 见
Xanthomonas axonopodis pv. *tamarindi*

Xanthomonas campestris pv. taraxaci 见
Xanthomonas hortorum pv. *taraxaci*

Xanthomonas campestris pv. *tardicrescens*
(McCulloch) **Dye** 油菜黄单胞菌缓草
变种［鸢尾叶疫病菌］

Xanthomonas campestris pv. *tephrosiae*
Bhatt，Patel et Thirum 油菜黄单胞菌
灰毛豆变种［灰豆叶斑病菌］

Xanthomonas campestris pv. theicola 见
Xanthomonas theicola

Xanthomonas campestris pv. *thespesiae*
Patil et Kulkarni 油菜黄单胞菌西桐棉
变种

Xanthomonas campestris pv. *thirumalacharii* (Padhya et Patel) **Dye** 油菜黄
单胞菌蒴麻变种［长钩刺蒴麻叶斑病
菌］

Xanthomonas campestris pv. translucens 见
Xanthomonas translucens pv. *translucens*

Xanthomonas campestris pv. *tribuli* (Srinivasan et Patel) **Dye** 油菜黄单胞菌蒺
藜变种［蒺藜叶斑病菌］

Xanthomonas campestris pv. *trichodesmae*
(Patel) **Dye** 油菜黄单胞菌毛束草变种
［毛束草叶斑病菌］

Xanthomonas campestris pv. undulosa 见
Xanthomonas translucens pv. *undulosa*

Xanthomonas campestris pv. *uppalii*
(Patel) **Dye** 油菜黄单胞菌厄氏变种
［尖刺甘薯叶斑病菌］

Xanthomonas campestris pv. vasculorum
(Cobb) **Dye** 见 *Xanthomonas axonopodis* pv. *vasculorum*

Xanthomonas campestris pv. *vernoniae*
(Patel)**Dye** 油菜黄单胞菌斑鸠菊变种
［斑鸠菊、夜香牛叶斑病菌］

Xanthomonas campestris pv. vesicatoria
Dye 见 *Xanthomonas vesicatoria*

Xanthomonas campestris pv. vignaeradiatae
见 *Xanthomonas axonopodis* pv. *vignaeradiatae*

Xanthomonas campestris pv. *vignaeunguiculatae* **Patel et Jinda** 油菜黄单胞菌
长豇豆变种

Xanthomonas campestris pv. vignicola 见

Xanthomonas axonopodis pv. *vignicola*

Xanthomonas campestris pv. **vitians** 见
Xanthomonas axonopodis pv. *vitians*

Xanthomonas campestris pv. *viticola*
（Nayudu）**Dye** 油菜黄单胞菌葡萄变
种[葡萄褐斑病菌]

Xanthomonas campestris pv. *vitiscarnosae*
（Moniz）**Dye** 油菜黄单胞菌三叶乌蔹
莓变种[三叶乌蔹莓叶斑病菌]

Xanthomonas campestris pv. *vitistrifolia*
（Padhya）**Dye** 油菜黄单胞菌三叶葡萄
变种[三叶葡萄叶斑病菌]

Xanthomonas campestris pv. *vitiswoodrowii*（Patel）**Dye** 油菜黄单胞菌沃德
氏葡萄变种[沃德氏葡萄叶斑病菌]

Xanthomonas campestris pv. *zantedeschiae*（Joubert）**Dye** 油菜黄单胞菌马蹄
莲变种[马蹄莲叶斑病菌]

Xanthomonas campestris pv. *zingiberi*
（Uyeda）**Săvulescu** 油菜黄单胞菌姜变
种[姜软腐病黄单胞菌]

Xanthomonas campestris pv. *zingibericola*
（Ren et Fang）**Bradbury** 油菜黄单胞
菌姜生变种[姜叶枯病菌]

Xanthomonas campestris pv. *zinniae*
（Hopkins et Dowson）**Dye** 油菜黄单
胞菌百日菊变种[百日菊叶斑病菌]

Xanthomonas cannae 见 *Xanthomonas
campestris* pv. *cannae*

Xanthomonas carissae 见 *Xanthomonas
campestris* pv. *carissae*

Xanthomonas carotae 见 *Xanthomonas
hortorum* pv. *carotae*

Xanthomonas cassavae（ex Wiehe et
Dowson）**Vauterin et al.** 木薯黄单胞
菌[木薯细菌性叶斑病菌，木薯角斑病
菌]

Xanthomonas cassiae 见 *Xanthomonas
axonopodis* pv. *cassiae*

Xanthomonas celebensis 见 *Xanthomonas
arboricola* pv. *celebensis*

Xanthomonas citri（ex Hasse）**Gabriel**
柑橘黄单胞菌

Xanthomonas citri **f. sp.** *aurantifoliae*
Namakata et Oliveira 柑橘黄单胞菌橘
叶变种

Xanthomonas cleomei **Abhynkar et al.**
醉蝶花黄单胞菌[醉蝶花叶斑病黄单胞
菌]

Xanthomonas clerodendri 见 *Xanthomonas
campestris* pv. *clerodendri*

Xanthomonas codiaei **Vauterin，Hoste，
Kersters et al.** 变叶木黄单胞菌

Xanthomonas conjac 见 *Acidovorax konjaci*

Xanthomonas convolvuli 见 *Xanthomonas
campestris* pv. *convolvuli*

Xanthomonas coracanae 见 *Xanthomonas
axonopodis* pv. *coracanae*

Xanthomonas coriandri 见 *Xanthomonas
campestris* pv. *coriandri*

Xanthomonas corylina 见 *Xanthomonas
arboricola* pv. *corylina*

Xanthomonas cucurbitae（ex Bryan）
Vauterin et al. 瓜类黄单胞菌

Xanthomonas cucurbitaegus **Patel et Patel**
瓜尔豆黄单胞菌

Xanthomonas cyamopsidis 见 *Xanthomonas axonopodis* pv. *cyamopsidis*

Xanthomonas cynarae **Trebaol et al.** 朝
鲜蓟叶斑病菌

Xanthomonas desmodii 见 *Xanthomonas
axonopodis* pv. *desmodii*

Xanthomonas desmodiirotundifolii 见
Xanthomonas axonopodis pv. *desmodiirotundifolii*

Xanthomonas dieffenbachiae 见 *Xanthomonas axonopodis* pv. *dieffenbachiae*

Xanthomonas durantae 见 *Xanthomonas
campestris* pv. *durantae*

Xanthomonas erythrinae 见 *Xanthomonas*

axonopodis pv. *erythrinae*

Xanthomonas esculenti 见 *Xanthomonas campestris* pv. *esculenti*

Xanthomonas eucalypti 见 *Xanthomonas campestris* pv. *eucalypti*

Xanthomonas fici 见 *Xanthomonas campestris* pv. *fici*

Xanthomonas flavo-begoniae (Wieringa) **Magrou et Prevot** 黄色秋海棠黄单胞菌[块根秋海棠叶斑病黄单胞菌]

Xanthomonas fragariae **Kennedy et King** 草莓黄单胞菌[草莓角斑病菌]

Xanthomonas glycines 见 *Xanthomonas axonopodis* pv. *glycines*

Xanthomonas graminis 见 *Xanthomonas translucens* pv. *graminis*

Xanthomonas guizotiae 见 *Xanthomonas campestris* pv. *guizotiae*

Xanthomonas gummisudan 见 *Xanthomonas campestris* pv. *gummisudans*

Xanthomonas heliotropii 见 *Xanthomonas campestris* pv. *heliotropii*

Xanthomonas hemmiana (Yamamoto) **Burkholder** 曼陀罗黄单胞菌[曼陀罗叶斑病菌]

Xanthomonas holcicola 见 *Xanthomonas vasicda* pv. *holcicola*

Xanthomonas hordei 见 *Xanthomonas translucens* pv. *hordei*

Xanthomonas hortorum **Vauterin, Hoste, Kersters et al.** 花草黄单胞菌

Xanthomonas hortorum pv. *carotae* (Arnaud) **Vauterin, Hoste et al.** 花草黄单胞菌胡萝卜变种[胡萝卜黑斑病菌]

Xanthomonas hortorum pv. *hederae* (Arnaud) **Vauterin, Hoste, Kersters et al.** 花草黄单胞菌常春藤变种

Xanthomonas hortorum pv. *pelargoni* (Brown) **Vauterin, Hoste, Kersters et al.** 花草黄单胞菌天竺葵变种

Xanthomonas hortorum pv. *taraxaci*

(Niederhauser) **Vauterin et al.** 花草黄单胞菌蒲公英变种[蒲公英叶斑病菌]

Xanthomonas hortorum pv. **vitians** 见 *Xanthomonas axonopodis* pv. *vitians*

Xanthomonas hyacinthi (ex Wakker) **Vauterin, Hoste et al.** 风信子黄单胞菌[风信子黄腐病菌]

Xanthomonas incanae 见 *Xanthomonas campestris* pv. *incanae*

Xanthomonas ionidii 见 *Xanthomonas campestris* pv. *ionidii*

Xanthomonas itoana 见 *Xanthomonas oryzae* pv. oryzae

Xanthomonas juglandis 见 *Xanthomonas arboricola* pv. *juglandis*

Xanthomonas khayae 见 *Xanthomonas axonopodis* pv. *khayae*

Xanthomonas konjaci 见 *Acidovorax konjaci*

Xanthomonas lactucae-scariolae (Tornberry et Anderson) **Săvulescu** 野莴苣黄单胞菌[马缨丹叶斑病菌]

Xanthomonas lantanae 见 *Xanthomonas campestris* pv. *lantanae*

Xanthomonas laureliae 见 *Xanthomonas campestris* pv. *laureliae*

Xanthomonas lawsoniae 见 *Xanthomonas campestris* pv. *lawsoniae*

Xanthomonas leeana 见 *Xanthomonas campestris* pv. *leeana*

Xanthomonas leersiae 见 *Xanthomonas campestris* pv. *leersiae*

Xanthomonas lespedezae 见 *Xanthomonas axonopodis* pv. *lespedezae*

Xanthomonas lochnerae **Patel et al.** 长春花黄单胞菌

Xanthomonas maculifoliigardeniae 见 *Xanthomonas axonopodis* pv. *maculifoliigardeniae*

Xanthomonas maltophilia **Swings et al.** 见 *Stenotrophomonas maltophilia*

Xanthomonas malvearum 见 *Xanthomonas axonopodis* pv. *malvacearum*

Xanthomonas mangiferaendicae 见 *Xanthomonas campestris* pv. *mangiferaeindicae*

Xanthomonas manihotis 见 *Xanthomonas axonopodis* pv. *manihotis*

Xanthomonas medicaginis pv. *phaseolicola* (Burkholder) **Elliott** 苜蓿黄单胞菌菜豆变种

Xanthomonas melhusii 见 *Xanthomonas axonopodis* pv. *melhusii*

Xanthomonas melonis **Vauterin, Hoste et al.** 甜瓜黄单胞菌

Xanthomonas musacearum 见 *Xanthomonas campestris* pv. *musacearum*

Xanthomonas musicola **Rangaswami et Rangarajan** 黏黄单胞菌

Xanthomonas nakatae 见 *Xanthomonas axonopodis* pv. *nakataecorchori*

Xanthomonas nakatae pv. **fascicularis** 见 *Xanthomonas axonopodis* pv. *fascicularis*

Xanthomonas nakatae pv. **olitorii** 见 *Xanthomonas campestris* pv. *olitorii*

Xanthomonas nakataecorchori 见 *Xanthomonas axonopodis* pv. *nakataecorchori*

Xanthomonas nigromaculans 见 *Xanthomonas campestris* pv. *nigromaculans*

Xanthomonas nigromaculans pv. **zinniae** 见 *Xanthomonas campestris* pv. *zinniae*

Xanthomonas oryzae (Ishiyama) **Dowson.** 稻黄单胞菌

Xanthomonas oryzae (Ishiyama) **Swings et al.** 稻黄单胞菌

Xanthomonas oryzae pv. *oryzae* (Ishiyama) **Swings et al.** 稻黄单胞菌白叶枯变种[稻白叶枯病菌]

Xanthomonas oryzae pv. *oryzicola* (Fang et al.) **Swings et al.** 稻黄单胞菌条斑变种[稻细菌性条斑病菌]

Xanthomonas oryzicola 见 *Xanthomonas oryzae* pv. *oryzicola*

Xanthomonas panici 见 *Pseudomonas syringae* pv. *panici*

Xanthomonas papavericola 见 *Xanthomonas campestris* pv. *papavericola*

Xanthomonas passiflorae 见 *Xanthomonas axonopodis* pv. *passiflorae*

Xanthomonas patelii 见 *Xanthomonas axonopodis* pv. *patelii*

Xanthomonas pelargonii 见 *Xanthomonas hortorum* pv. *pelargonii*

Xanthomonas phaseoli (*ex* Smith) **Gabriel et al.** 菜豆黄单胞菌

Xanthomonas phaseoli pv. **alfalfae** 见 *Xanthomonas axonopodis* pv. *alfalfae*

Xanthomonas phaseoli pv. **cajani** 见 *Xanthomonas axonopodis* pv. *cajani*

Xanthomonas phaseoli. pv. *fuscans* (Burkholder) **Starr et Burkholder** 菜豆黄单胞菌黄褐变种

Xanthomonas phaseoli pv. *indica* **Uppal et al.** 菜豆黄单胞菌印度变种

Xanthomonas phaseoli pv. **rhynchosiae** 见 *Xanthomonas axonopodis* pv. *rhynchosiae*

Xanthomonas phaseoli pv. **sesbaniae** 见 *Xanthomonas axonopodis* pv. *sesbaniae*

Xanthomonas phaseoli pv. **tamarindi** 见 *Xanthomonas axonopodis* pv. *tamarindi*

Xanthomonas phaseoli pv. **vignaeradiatae** 见 *Xanthomonas axonopodis* pv. *vignaeradiatae*

Xanthomonas phaseoli pv. **vignicola** 见 *Xanthomonas axonopodis* pv. *vignicola*

Xanthomonas phleipratensis 见 *Xanthomonas translucens* pv. *phleipratensis*

Xanthomonas phormicola 见 *Xanthomonas campestris* pv. *phormicola*

X

Xanthomonas physalidicola 见 *Xan-thomonas axonopodis* pv. *physalidicola*

Xanthomonas physalidis 见 *Xanthomonas campestris* pv. *physalidis*

Xanthomonas pisi (ex Goto et Okabe) **Vauterin et al.** 豌豆黄单胞菌[豌豆斑点病菌]

Xanthomonas plantaginis 见 *Xanthomonas campestris* pv. *plantaginis*

Xanthomonas poinsettiicola 见 *Xan-thomonas axonopodis* pv. *poinsettiicola*

Xanthomonas populi (ex Ridé) **Ridé et Ridé** 杨树黄单胞菌[杨树细菌性溃疡病菌]

Xanthomonas populi subsp. populi 见 *Xanthomonas arboricola* pv. *populi*

Xanthomonas protemaculans (Paine et Stansfield) **Burkholder** 山龙眼黄单胞菌

Xanthomonas pruni 见 *Xanthomonas arboricola* pv. *pruni*

Xanthomonas radiciperda (Zhavoronkova) **Magrou et Prevot** 腐根黄单胞菌[三叶草腐根病菌]

Xanthomonas rhapontici (Millard) **Săvulescu** 大黄黄单胞菌

Xanthomonas ricini pv. euphorbiae 见 *Xanthomonas campestris* pv. *euphorbiae*

Xanthomonas ricini pv. poinsettiicola 见 *Xanthomonas axonopodis* pv. *poinsettiicola*

Xanthomonas rubrilineans (Lee et al.) **Starr et Burkholder** 红纹黄单胞菌[水田芹叶茎黑腐黄单胞菌]

Xanthomonas rubrilineans pv. *indica* Summanwar et Bhide 红纹黄单胞菌印度变种

Xanthomonas rubrisorghi Rangaswami, Prasad et Eswaran 红高粱黄单胞菌

Xanthomonas sacchari Vauterin et al. 甘蔗黄单胞菌

Xanthomonas secalis 见 *Xanthomonas translucens* pv. *secalis*

Xanthomonas sesbaniae 见 *Xanthomonas axonopodis* pv. *sesbaniae*

Xanthomonas solanacearum pv. asiaticum 见 *Ralstonia solanacearum*

Xanthomonas spermacoces 见 *Xan-thomonas campestris* pv. *spermacoces*

Xanthomonas stewarti 见 *Pantoea stewarti*

Xanthomonas stizolobicola **Patel, Kulkarni et Dhande** 黎豆生黄单胞菌[黎豆叶斑病菌]

Xanthomonas tamarindi 见 *Xanthomonas axonopodis* pv. *tamarindi*

Xanthomonas taraxaci 见 *Xanthomonas hortorum* pv. *taraxaci*

Xanthomonas tardicrescens 见 *Xan-thomonas campestris* pv. *tardicrescens*

Xanthomonas theae 见 *Xanthomonas theicola*

Xanthomonas theicola (Uehara) **Vauterin et al.** 茶生黄单胞菌[茶溃疡病菌]

Xanthomonas thirumalacharii 见 *Xan-thomonas campestris* pv. *thirumalacharii*

Xanthomonas translucens (ex Jones et al.) **Vauterin, Hoste, Kersters et al.** 透明黄单胞菌[麦类黑颖病菌]

Xanthomonas translucens pv. *arrhenatheri* (Egli et Schmidt) **Vauterin et al.** 透明黄单胞菌燕麦变种[燕麦条斑病菌]

Xanthomonas translucens pv. *cerealis* (Hagborg) **Vauterin et al.** 透明黄单胞菌谷物变种[禾草条斑病菌]

Xanthomonas translucens pv. *graminis* (Egli) **Vauterin, Hoste et al.** 透明黄单胞菌禾谷变种[禾草萎蔫病菌]

Xanthomonas translucens pv. *hordei* (Egli) **Vauterin et al.** 透明黄单胞菌大麦变种[大麦条斑病菌]

Xanthomonas translucens pv. hordei-avenae
见 *Xanthomonas translucens* pv. *hordei*

Xanthomonas translucens pv. oryzicola 见
Xanthomonas oryzae pv. *oryzicola*

Xanthomonas translucens pv. *phlei* (Egli
et Schmidt) **Vauterin et al.** 透明黄单
胞菌梯牧草属变种

Xanthomonas translucens pv. *phleiprat-
ensis* (Wallin et Reddy) **Vauterin et al.**
透明黄单胞菌梯牧草变种[狗尾草条斑
病菌]

Xanthomonas translucens pv. *poae* (Egli
et Schmidt) **Vauterin et al.** 透明黄单
胞菌早熟禾变种[早熟禾黑颖病菌]

Xanthomonas translucens pv. *secalis*
(Reddy) **Vauterin et al.** 透明黄单胞
菌黑麦变种[黑麦黑颖病菌]

Xanthomonas translucens pv. *translucens*
(Jones) **Vauterin et al.** 透明黄单胞菌
透明变种

Xanthomonas translucens pv. *undulosa*
(Smith) **Vauterin et al.** 透明黄单胞菌
波形变种[小麦黑颖病菌]

Xanthomonas tribuli 见 *Xanthomonas
campestris* pv. *tribuli*

Xanthomonas trichodesmae 见 *Xan-
thomonas campestris* pv. *trichodesmae*

Xanthomonas undulosa 见 *Xanthomonas
translucens* pv. *undulosa*

Xanthomonas uppalii 见 *Xanthomonas
campestris* pv. *uppalii*

Xanthomonas uredovorus 见 *Pantoea
ananatis* pv. *uredovora*

Xanthomonas vasculorum 见 *Xanthomonas
axonopodis* pv. *vasculorum*

Xanthomonas vasicola **Vauterin et al.** 维
管束黄单胞菌

Xanthomonas vasicola pv. *holcicola* (El-
liott) **Vauterin et al.** 维管束黄单胞菌
绒毛草变种[高粱条斑病菌]

Xanthomonas vasicola pv. vasculorum 见

Xanthomonas axonopodis pv. *vasculorum*

Xanthomonas vernoniae 见 *Xanthomonas
campestris* pv. *vernoniae*

Xanthomonas vesicatoria (ex Doidge)
Dowson 辣椒斑点黄单胞菌[辣椒细菌
性斑点病菌、鸡蛋果角斑病菌]

Xanthomonas vitians 见 *Xanthomonas
axonopodis* pv. *vitians*

Xanthomonas vitis 见 *Xanthomonas
axonopodis* pv. *vitians*

Xanthomonas vitiscarnosae 见 *Xan-
thomonas campestris* pv. *vitiscarnosae*

Xanthomonas vitistrifolia 见 *Xanthomonas
campestris* pv. *vitistrifolia*

Xenocriconemella **de Grisse et Loof** 异小
环线虫属[N]

Xenocriconemalla juniperi 见 *Cricone-
moides jiniperi*

Xenocriconemella macrodora 见 *Cri-
conemella macrodora*

Xenocriconemella macrodorum 见 *Cricone-
moides macrodorum*

Xenodochus **Schlecht.** 拟多胞锈菌属[F]

Xenodochus carbonarius **Schlecht.** 煤色
拟多胞锈菌

Xenodochus minor **Arth.** 小拟多胞锈菌

Xenostele **Syd.** 短柱锈菌属[F]

Xenostele echinacea (Berk.) **Syd.** 刺状
短柱锈菌[黄肉楠短柱锈菌]

Xenostele litseae (Pat.) **Syd.** 见 *Puccinia
litseae*

Xenostele neolitseae **Teng** 见 *Puccinia lit-
seae*

Xiphidorus **Monteiro** 剑囊线虫属[N]

Xiphidorus parthenus **Monteiro, Lordello
et Nakasoni** 银胶菊剑囊线虫

Xiphinema **Cobb** 剑线虫属[N]

Xiphinema abrantium **Roca et Pereira** 蒿
剑线虫

Xiphinema aceri **Chizhov, Tiev et Turkina**
槭树剑线虫

Xiphinema americanum Cobb 美洲剑线虫

Xiphinema arenarium Luc et Dalmasso 沙地剑线虫

Xiphinema artemisiae Chizhov，Tiev et Turkina 艾剑线虫

Xiphinema australiae 见 *Xiphinema radicicola*

Xiphinema brevicolle Lordello et da Costa 短颈剑线虫

Xiphinema californicum Lamberti et Blove- Zacheo 加利福尼亚剑线虫

Xiphinema citri 见 *Longidorus citri*

Xiphinema citricolum Lamberti et Blove- Zacheo 柑橘剑线虫

Xiphinema codiaei Singh 海松剑线虫

Xiphinema cynodontis Nasira et Maqbool 狗牙根剑线虫

Xiphinema diversicaudatum Thorne 裂尾剑线虫

Xiphinema elongatum Schuurmans Stikhoven et Teunissen 细长剑线虫

Xiphinema index Thorne et Allen 标准剑线虫

Xiphinema indicum 见 *Xiphinema insigue*

Xiphinema insigue Loosi 指标剑线虫

Xiphinema italiae Meyl 意大利剑线虫

Xiphinema jomercium Joubert，Kruger et Heyns 相思树剑线虫

Xiphinema limpopoense Heyns 草原剑线虫

Xiphinema lupini Roca et Pereira 羽扇豆剑线虫

Xiphinema maraisae Swart 枯萎剑线虫

Xiphinema neoamericanum Sexena，Chhabra et Joshi 新美洲剑线虫

Xiphinema neodimorphicaudatum 见 *Xiphinema insigue*

Xiphinema neoradiciola Dhanam et Jairajpuri 新根剑线虫

Xiphinema oryzae Bos et Loof 水稻剑线虫

Xiphinema pakistanensis Nasira et Maqbool 巴基斯坦剑线虫

Xiphinema pararadicicola 见 *Xiphinema radicicola*

Xiphinema parasetariae Luc 异狗尾草剑线虫

Xiphinema pini Heyns 松剑线虫

Xiphinema pinoides Joubert，Kruger et Heyns 拟松剑线虫

Xiphinema pratensis Loos 湿草地剑线虫

Xiphinema pruni Singh et Khan 李剑线虫

Xiphinema radicicola Goodey 根剑线虫

Xiphinema rivesi Dalmaso 里夫斯剑线虫

Xiphinema saopaoloense 见 *Xiphinema brevicolle*

Xiphinema savanicola Luc et Southey 草地剑线虫

Xiphinema setariae Luc 狗尾草剑线虫

Xiphinema silvesi Roca et Bravo 森林剑线虫

Xiphinema tugewai 见 *Xiphinema insigue*

Xiphinema vitis Heyns 葡萄剑线虫

Xylaria Hill ex Grev. 炭角菌属[F]

Xylaria apiculata Cooke 锐顶炭角菌

Xylaria hypoxylon （Fr.）Grev. 团炭角菌[苹果根腐病菌]

Xylella Wells，Raju，Hung et al. 木质部小菌属[B]

Xylella fastidiosa Wells，Raju，Hung et al. 难养木质部小菌[葡萄皮尔斯病菌，葡萄木友病菌，木质部难养细菌]

Xylobotryum Pat. 木葡萄壳属[F]

Xylobotryum andinum Pat. 安第木葡萄壳

Xyloma virgae-aureae 见 *Puccinia virgae-aureae*

Xylophilus Willems，Gillis，Kersters et al. 嗜木质菌属[B]

Xylophilus ampelinus （Panagopoulos）Willems et al. 葡萄嗜木质菌[葡萄溃疡病菌，葡萄细菌性疫病菌]

Y

Yam brown spot virus（**YBSV**）　薯蓣褐斑
　病毒

Yam internal brown spot virus Badnavirus
　薯蓣内部褐斑病毒

Yam mild mosaic virus potyvirus（YMMV）
　薯蓣温和花叶病毒

Yam mosaic virus Potyvirus（YMV）　薯
　蓣花叶病毒

yellow vein banding virus　见 *Strawberry
　vein banding virus Caulimovirus*

Yenia　见 *Ustilago*

Yenia bromivora　见 *Ustilago bullata*

Yenia esculenta　见 *Ustilago esculenta*

Yenia grandis　见 *Ustilago grandis*

Yenia kusanoi　见 *Ustilago kusanoi*

Yenia longissima　见 *Ustilago filiformis*

Yenia vaillantii　见 *Ustilago vaillantii*

Youcai mosaic virus Tobamovirus
　（YoMV）　油菜花叶病毒

Ypsilospora **Cumm.**　丫孢锈菌属[F]

Ypsilospora baphiae **Cumm.**　丫孢锈菌

Yucca bacilliform virus Badnavirus
　（YBV）　丝兰杆状病毒

Z

Zaghouania **Pat.**　基孔单胞锈菌属[F]

Zaghouania phillyreae **Pat.**　基孔单胞锈菌

zea mays virus　见 *Maize mosaic virus
　Nucleorhabdovirus*

Zea mays virus Nucleorhabdovirus（ZMV）
　玉米弹状病毒

Zea mosaic virus Potyvirus　玉米属花叶
　病毒

Zebrina virus（ZeV）　吊竹梅（属）病毒

Zelendodera coxi　见 *Cryphodera coxi*

Zelendodera nothophagi　见 *Cryphodera
　nothophagi*

Zelendodera podocarpi　见 *Cryphodera
　podocarpi*

Zignoella **Sacc.**　漆球壳属[F]

Zignoella theae **Hara**　茶漆球壳

Zinnia leaf curl virus Begomovirus（ZiLCV）
　百日草曲叶病毒

Zinnia mild mottle virus Potyvirus（ZM-
　MV）　百日草（属）轻型斑驳病毒

Zoophagus **Sommerstorff**　轮虫霉属[F]

Zoophagus pectosporus (Drechsler) **Dick**
　胶孢轮虫霉

Zoophagus tylopagus **Liu，Miao，Gao et
　Zhang**　瘤捕轮虫霉

Zoophthora **Batko Weiser**　虫瘟霉属[F]

Zoophthora anhuiensis（Li）**Humber**　安
　徽虫瘟霉

Zoophthora aphidis（**Hoffmann ex
　Fresenius**）**Batko**　蚜虫瘟霉

Zoophthora canadensis（**MacLeod，Tyrrell
　et Soper**）**Remaudière et Hennebert**

加拿大虫瘟霉

Zoophthora pentatomis (Li，Chen et Xu)
Li，Fan et Huang 蝽虫瘟霉

Zoophthora radicans (Brefeld) **Batko** 根
虫瘟霉

Zoysia green mottle mosaic virus Tobamo-
virus（ZGMV） 结缕草（属）绿斑驳花叶
病毒

Zoysia mosaic virus Potyvirus（ZoMV）
结缕草（属）花叶病毒

Zucchini lethal chlorosis virus Tospovirus
（ZLCV） 小西葫芦致死褪绿病毒

Zucchini yellow fleck virus Potyvirus
（ZYFV） 小西葫芦黄点病毒

Zucchini yellow mosaic virus Potyvirus
（ZYMV） 小西葫芦黄花叶病毒

Zundelula 见 *Dermatosorus*

***Zygnemomyces* Miura** 轮线霉属[F]

Zygnemomyces pendulatus (Mcmculloch)
Tucker 垂孢轮线霉

Zygocactus Montana virus X Potexvirus
（ZyMVX） 蟹爪（属）蒙大拿 X 病毒

Zygocactus symptomless virus Potexvirus
（ZSLV） 蟹爪（属）无症病毒

Zygocactus virus （ ZV ） 蟹爪（属）病毒

zygocactus virus X 见 *Zygocactus montana
virus X Potexvirus*

***Zygorhizidium* Low.** 接根壶菌属[F]

***Zygorhizidium melosirae* Canter** 直链藻
接根壶菌[直链藻接根壶病菌]

***Zygorhizidium vaucheriae* Rieth** 无隔藻
接根壶菌[无隔藻接根壶病菌]

***Zygotylenchus* Siddigi** 接合垫刃线虫属
[N]

***Zythia* Fr.** 鲜壳孢属[F]

***Zythia cucurbitula* Sacc.** 松柏鲜壳孢

***Zythia fragariae* Laib.** 草莓鲜壳孢

Zythia resinae (Ehrenb.) **Fr.** 树脂鲜壳孢

***Zythia trifolii* Krieg. et Bub.** 三叶草（车
轴草）鲜壳孢

***Zythia versoniana* Sacc.** 石榴鲜壳孢

ZyV‑58 见 *Zygocactus Montana virus* X
Potexvirus

植物病原生物汉拉名称

Scientific Names of Plant Pathogens

Scientific Names of Plant Pathogens

A

γ 纹夜蛾茎线虫　*Ditylenchus autographi* Ruhm

α 隐潜病毒属　*Alphacryptovirus*

β 隐潜病毒属　*Betacryptovirus*

阿布哈拉斯螺旋线虫　*Helicotylenchus abuharazi* Zeidan et Geraert

阿布那玛螺旋线虫　*Helicotylenchus abunaamai* Siddiqi

阿布萨拟滑刃线虫　*Aphelenchoides absari* Husain et al.

阿部柄锈菌　*Puccinia abei* Hirats.

阿达青霉　*Penicillium adametzii* Zal.

阿达士茎线虫　*Ditylenchus adasi* (Syker) Fortuner et al.

阿登根结线虫　*Meloidogyne ardenensis* Santos

阿迪卡里柄锈菌　*Puccinia adhikarii* Ono

阿尔及尔轴黑粉菌　*Sphacelotheca algeriensis* (Pat.) Cif.

阿尔及利亚柄锈菌　*Puccinia algerica* Patouill.

阿尔兰螺旋线虫　*Helicotylenchus arliani* Khan et al.

阿尔霜霉　*Peronospora alpicola* Gäum.

阿尔特长针线虫　*Longidorus arthensis* Brown et al.

阿富汗轮线虫　*Criconemoides afghanicus* Shahina et al.

阿格霜霉　*Peronospora agrorum* Gäum.

阿根廷车前草病毒　Plantago Argenrinian virus (PlAV)

阿根廷盘霜霉　*Bremia argentinensis* Speg.

阿根廷团黑粉菌　*Sorosporium argentium* Speg.

阿根廷叶黑粉菌　*Entyloma argentinense* (Speg.) Cif.

阿根廷轴黑粉菌　*Sphacelotheca argentina* (Hirschh.) Zund.

阿赫卢姆水传病毒　*Ahlum waterborne virus Carmovirus* (AWBV)

阿基坦环线虫　*Criconema aquitanense* Fies

阿嘉菊柄锈菌　*Puccinia calcitrapae* DC.

阿嘉菊柄锈菌牛蒡变种　*Puccinia calcitrapae* DC. var. *bardanae* (Wallr.) Cumm.

阿嘉菊柄锈菌矢车菊变种　*Puccinia calcitrapae* DC. var. *centaureae* (DC.) Cumm.

阿嘉菊柄锈菌原变种　*Puccinia calcitrapae* DC. var. *calcitrapae*

阿坎苏虫霉属　*Akanthomyces* Lebert

阿库纳螺旋线虫　*Helicotylenchus acunae* Fernandez et al.

阿拉曲霉　*Aspergillus allahabadii* Mehr. et Agnih.

阿拉斯加长针线虫　*Longidorus alaskaensis* Robbins et Brown

阿拉斯加隔指孢　*Dactylella alaskana* Matsushima

阿里山多胞锈菌　*Phragmidium arisanense* Hirats. et Hash.

阿里山附丝壳　*Appendiculella arisanensis* (Yam.) Hansf.

阿里山迈尔锈菌　*Milesina arisanense* Hirats.

阿里山夏孢锈菌　*Uredo arisanensis* (Hirats.) Hirats.

阿丽索娃柄锈菌　*Puccinia alisovae* Tranz.

阿利加尔拟滑刃线虫　*Aphelenchoides aligarhiensis* Siddiqi Husain et Khan

阿米登拟滑刃线虫　*Aphelenchoides amitini* (Fuchs) Goodey

阿米芹轴霜霉　*Plasmopare ammi* Constant.

阿姆斯特丹曲霉　*Aspergillus amstelodami* (Mang)Thom. et Church

阿姆辛基粒线虫　*Anguina amsinckiae* (Filipjev et Schuurmans Stekhoven) Thorne

阿农巴螺旋线虫　*Helicotylenchus annobonensis* (Gadae)Siddiqi

阿普利长针线虫　*Longidorus apulus* (Lamberti et Bleve-Zacheo)

阿瑞亚斯拟矛线虫　*Dorylaimoides ariasae* Loof

阿若黑斑黑粉菌　*Melanotaenium ari* (Cooke)Lagerh.

阿萨姆螺旋线虫　*Helicotylenchus assamensis* Saha et al.

阿塞拜疆节丛孢　*Arthrobotrys azerbaidzhanica* (Mekhtieva)Oorschot

阿塞假丝酵母　*Candida aaseri* Dietrichs. ex Uden et Buckl.

阿赛尼卡节丛孢　*Arthrobotrys apscheronika* Mekhtieva

阿氏长蠕孢　*Helminthosporium ahmadii* Ellis

阿氏隔指孢　*Dactylella arnaudii* Yadav

阿氏小盘环线虫　*Discocriconemella addisababa* Abebe et Geraert

阿舒囊霉属　**Ashbya** Guill.

阿斯克茎线虫　*Ditylenchus askenasyi* (Butschli)Goodey

阿斯托尼根结线虫　*Meloidogyne astonie* Prado et Rowe

阿苏锈菌属　**Arthuriomyces** Cumm. et Hirats.

阿太菌属　**Athelia** Pers.

阿魏粒线虫　*Anguina ferulae* Ivanova

阿谢叶黑粉菌　*Entyloma aschersonii* (Ule) Woron.

阿扎尼亚小环线虫　*Criconemella azania* (Van Den Berg)Luć et Raski

埃地利罗黑粉菌　*Liroa emodensis* (Berk.) Cif.

埃尔马西亚植生滴虫[马利筋草枯萎病原]

埃及列当　*Orobanche aegyptiaca* Pers.

埃及螺旋线虫　*Helicotylenchus egyptiensis* Tarjun

埃及纽带线虫　*Hoplolaimus aegypti* Shafieeet Koura

埃及青霉　*Penicillium egyptiacum* Beyma

埃及乳酒酵母　*Saccharomyces lebenis* Rist et Khoury

埃里格孢属　**Embellisia** Simmons

埃里链格孢　*Alternaria ellisii* Pandotra et Ganguly

埃里斯皮斯霉　*Pithomyces ellisii* Rao et Chary

埃里四绺孢　*Tetraploa elisii* Cooke

埃利希青霉　*Penicillium ehrlichii* Kleb.

埃伦柱孢　*Cylindrocarpon ehrenbergii* Wollenw.

埃切毕赤酵母　*Pichia etchellsii* Krieg.

埃塞俄比亚根结线虫　*Meloidogyne ethiopica* Whitehead

埃氏孢堆黑粉菌　*Sporisorium ehrenbergii* (Kühn)Vánky

埃氏长针线虫　*Longidorus edmundsi* Hunt et Siddiqi

埃氏伞滑刃线虫　*Bursaphelenchus eggersi* (Rühm)Goodey

埃丝特霉属　**Esteya** Liou et al.

埃塔耶尔拟滑刃线虫　*Aphelenchoides eltayeli* Zeidan et Geraert

埃希氏杆菌属　**Escherichia** Castellani et Chalmers

矮棒曲霉　*Aspergillus clavats-nanica* Bat. et al.

矮北极桦外囊菌　*Taphrina nana* Sadeb.

矮柄锈菌　*Puccinia ishikawai* Ito

矮柄锈菌　*Puccinia pygmaea* Erikss.

矮柄锈菌大型变种　*Puccinia pygmaea* var. *major* Cumm. et Greene

矮柄锈菌固沙草变种　*Puccinia pygmaea* var. *ammophilina* Cumm. et Greene

矮柄锈菌狭窄变种　*Puccinia pygmaea* var. *angusta* Cumm. et Greene

矮柄锈菌小型变种　*Puccinia pygmaea* var. *minor* Cumm. et Greene

矮丛苔草生柄锈菌　*Puccinia humilicola* Hasler

矮化病毒属　**Waikavirus**

矮化线虫属　**Tylenchorhynchus** Cobb

矮牵牛根结线虫　*Meloidogyne petuniae* Charchar, Eisenback et Hirschmann

矮牵牛叶黑粉菌　*Entyloma petuniae* Speg.

矮曲霉　*Aspergillus nanus* Mont.

矮山黧豆霜霉　*Peronospora lathyrihumilis* Benua

矮生豆列当　*Mannagettaea hummelii* Smith

矮生槲寄生属　**Arceuthobium** Bicb.

矮缩病毒科　Nanoviridae

矮缩病毒属　**Nanovirus**

矮探春柄锈菌　*Puccinia jasmini-humilis* Jörst.

矮小链壶菌　*Lagenidium pygmaeum* Zopf

矮小螺旋线虫　*Helicotylenchus pumilus* Perry

矮小青霉　*Penicillium humuli* Beyma

矮小针线虫　*Paratylenchus nanus* Cobb

矮小轴霜霉　*Plasmopara pygmaea* Schröt.

矮小轴霜霉矮变种　*Plasmopara pygmaea* var. *pygmaea* (Unger) Schröt.

矮小轴霜霉扁果草变型　*Plasmopara pygmaea* f. sp. *isopyri-thalictroidis* Săvul. et Rayss

矮小轴霜霉翠雀花变型　*Plasmopara pygmaea* f. sp. *delphinii* Gaponenko

矮小轴霜霉褐色变种　*Plasmopara pygmaea* var. *fusca* (Peck) Davis

矮小轴霜霉铁筷子变型　*Plasmopara pygmaea* f. sp. *hellebori* Săvul. et Rayss

矮小轴霜霉银莲花变型　*Plasmopara pygmaea* f. sp. *anemone* Gaponenko

艾短体线虫　*Pratylenchus artemisiae* Zheng et Chen

艾尔米尔拟滑刃线虫　*Aphelenchoides elmiraensis* van der Linde

艾哈迈德环黑星霉　*Spilocaea ahmadii* Ellis

艾蒿短胖孢　*Cercosporidium artemisiae* Saw.

艾蒿霜霉病菌　*Paraperonospora sulphurea* (Gaumann) Constantinescu

艾荷盾壳霉　*Coniothyrium ahmadii* Sutton

艾剑线虫　*Xiphinema artemisiae* Chizhov, Tiev et Turkina

艾菊柄锈菌　*Puccinia tanaceti* DC.

艾菊柄锈菌狭叶青蒿变种　*Puccinia tanaceti* var. *dracumculina* (Fahrend.) Cumm.

艾菊柄锈菌原变种　*Puccinia tanaceti* var. *tanaceti* DC.

艾菊叶黑粉菌　*Entyloma tanaceti* Syd.

艾康拟短体线虫　*Pratylenchoides alkani* Yuksel

艾伦短体线虫　*Pratylenchus alleni* Ferris

艾纳香假尾孢　*Pseudocercospora blumeae-balsamiferae* (Sawada) Guo et Liu

艾纳香生小光壳贠　*Asteridiella blumeicola* Hu

艾纳香尾孢　*Cercospora blumeae-balsamiferae* Saw.

艾纳香锈孢锈菌　*Aecidium blumeae* Henn.

艾氏垫环线虫　*Tylenchocriconema alleni* Raski et Siddiqi

艾氏盘孢属　**Ahmadia** Syd.

艾氏伞滑刃线虫　*Bursaphelenchus eidmanni* (Ruhm) Goodey

艾氏针线虫　*Paratylenchus alleni* Raski

艾斯顿短体线虫　*Pratylenchus esteniens-*

is Ryss

爱沙尼亚棘皮线虫 *Cactodera estonica* (Kirjanova et Krak)Krall

隘缩长蠕孢 *Helminthosporium constrictae* M. Zhang et T. Y. Zhang

安勃宁小煤炱 *Meliola amboinensis* Syd.

安达矣小煤炱 *Meliola amadelpha* Syd.

安德森小盘多毛孢 *Pestalozziella andersonii* Ell. et Ev.

安第木葡萄壳 *Xylobotryum andinum* Pat.

安第斯长形胞囊线虫 *Dolichodera andinus* (Golden et al.)Wouts

安第斯短体线虫 *Pratylenchus andinus* Lordello，Zamith et Boock

安第斯集壶菌 *Synchytrium andinum* Lagh.

安第斯马铃薯斑驳病毒 *Andean potato mottle virus Comovirus* （APMoV）

安第斯马铃薯潜病毒 *Andean potato latent virus Tymovirus* （APLV）

安第斯山霜霉 *Peronospora andina* Speg.

安第斯山条黑粉菌 *Urocystis andina* (Speg.)Zund.

安蒂小煤炱 *Meliola antioquensis* Orejuela

安徽柄锈菌 *Puccinia anhweiana* Cumm.

安徽虫瘟霉 *Zoophthora anhuiensis* (Li) Humber

安徽黑粉菌 *Ustilago anhweiana* Zund.

安徽散斑壳 *Lophodermium anhuiense* Lin

安尼米墨草(属)花叶病毒 *Aneilema mosaic virus Potyvirus* （AneMV）

安宁锈孢锈菌 *Aecidium anningense* Tai

安石榴叶斑病菌 *Xanthomonas axonopodis* pv. *punicae* (Hingorani)Vauterin et al.

安息香假尾孢 *Pseudocercospora styracae* (Chrpp)Guo et Zhao

安息香膨痂锈菌 *Pucciniastrum styracinum* Hirats.

安息香生附丝壳 *Appendiculella styracicola* （Yam.)Hansf.

安息香酸青霉 *Penicillium benzoicum* Wicz

桉生盾壳霉 *Coniothyrium eucalypticola* Sutton

桉树假尾孢 *Pseudocercospora eucalypti* (Cooke et Massee)Guo et al.

桉树溃疡病菌 *Cryphonectria cubensis* (Bruner)Hodges

桉树鞘线虫 *Hemicycliophora eucalypti* Reay

桉树伪亡线虫 *Notholetus eucalypti* Andrassy

桉树西德奎线虫 *Siddiqia eucalyptae* (Fi sher)Khan et al.

桉树小煤炱 *Meliola eucalypti* Stev. et Rold.

桉树小叶病植原体 Eucalyptus little leaf phytoplasma

桉树隐点霉 *Cryptostictis eucalypti* Pat.

桉树隐皮线虫 *Cryphodera eucalypti* Colbran

桉小托雷盘菌 *Torrendiella eucalypti* (Berk.) Spooner

桉叶点霉 *Phyllosticta eucalypti* Thüm

桉叶藤假尾孢 *Pseudocercospora cryptostegiae* (Yemam) Deighton

桉疫病菌 *Phytophthora polymorphica* Gerrettson-Cornell et Simpson

桉枝孢 *Cladosporium eucalypti* Tassi

桉枝枯病菌 *Xanthomonas campestris* pv. *eucalypti* (Truman)Dye

鞍皮线虫属 **Ephippiodera** Shagalina et Krall

暗孢耳霉 *Conidiobolus obscurus* (Hall et Dunn)Remaudière et Keller

暗边青霉 *Penicillium soppii* Zal.

暗淡实球黑粉菌 *Doassansia opaca* Setch.

暗淡腥黑粉菌 *Tilletia opaca* Syd.

暗红射棒孢 *Actinocladium rhodosporum* Ehrenb.

暗红油麻藤假尾孢　*Pseudocercospora mucunae-ferrugineae*（Yamam.）Deighton

暗黄层孔菌　*Fomes fulvus*（Scop.）Gill.

暗黄镰孢　*Fusarium flavum*（Fr.）Wollenw.

暗黄木层孔菌　*Phellinus fulvus*（Scop.）Pat.

暗黄霜霉　*Peronospora flava* Gäum.

暗黄鸢尾花叶病毒　*Iris fulva mosaic Virus Potyvirus*（IFMV）

暗孔菌属　**Phaeolus** Pat.

暗鳞木假尾孢　*Pseudocercospora melanolepidis* Sawada ex Goh et Hsieh

暗鳞木尾孢　*Cercospora melanolepidis* Saw.

暗绿小镰孢　*Fusariella atrovirens* Sacc.

暗绿椎枝孢　*Spondylocladium atrovirens* Harz.

暗葡酒色盘菌　*Peziza atrovinosa* Cooke et Ger.

暗色孢属　**Dematium** Pers.

暗色轮线虫　*Criconemoides ravidus* Raski et Golden

暗色座腔孢属　**Phaeocytostroma** Petrak

暗实球黑粉菌　*Doassansia furva* Davis

暗双孢属　**Cordana** Preuss

暗丝兰斯盘菌　*Lanzia phaeoparaphysis* Zhuang

暗细菌纲　Scotobacteria Gibbons et Murry

暗紫壳针孢　*Septoria atro-purpurea* Peck

凹面螺旋线虫　*Helicotylenchus concavus* Roman

凹陷病毒属　**Foveavirus**

凹陷块菌　*Tuber excavatum* Vittad.

凹形顶孔柄锈菌　*Porotenus concavus* Viégas

螯线虫属　**Pungentus** Thorne et Swanger

奥阿胡长尾滑刃线虫　*Seinura oahueensis*（Christie）Goodey

奥布达辣椒病毒　*Obuda pepper virus Tobamovirus*（ObPV）

奥德曼细基格孢　*Ulocladium oudemansii* Simmons

奥地多年卧孔菌　*Perenniporia ohiensis*（Berk.）Ryv.

奥尔金螺旋线虫　*Helicotylenchus holguinensis* Sagitov et al.

奥尔森青霉　*Penicillium olsonii* Bain et Sart

奥克兰环线虫　*Criconema aucklandicum* Loof，Woutss et Yeates

奥莉小煤炱卡拉姆变种　*Meliola osyridis* var. *karamojensis* Hansf.

奥梅拟滑刃线虫　*Aphelenchoides ormerodis*（Ritzema-Bos）Steiner

奥默毕赤酵母　*Pichia ohmeri*（Etch. et Bell）Kreger

奥皮茨柄锈菌　*Puccinia opizii* Bub.

奥瑞兰环线虫　*Criconema orellanai* Raski et Valenzuela

奥萨夫茎线虫　*Ditylenchus ausafi* Husain et Khan

奥氏根球孢　*Rhizosphaera oudemansii* Maubl.

奥氏苦荬菜柄锈菌　*Puccinia ixeridis-oldhamii* Saw.

奥氏轮线虫　*Criconemoides oostenbrinki* Loof

奥氏楔孢黑粉菌　*Thecaphora oberwinkleri* Vánky

奥斯维格拟滑刃线虫　*Aphelenchoides oswegoensis* van der Linde

奥索恩环线虫　*Criconema osorneonse* Raski et Valenzuela

奥特壶菌　*Chytridium ottariense* Roane

澳大利亚番茄曲叶病毒　*Tomato Australian leafcurl virus Begomovirus*

澳大利亚茎线虫　*Ditylenchus australiae* Brzeski

澳大利亚粒线虫　*Anguina australis* Steiner

澳大利亚平脐蠕孢　*Bipolaris australiensis* (Ellis)Tsuda et Uerama

澳非白锈　*Albugo austro-africana* Sydow

澳洲坚果幼苗根腐病菌　*Pythium caroli-nianum* Matthews

澳洲平脐蠕孢　*Bipolaris australis* Alcorn

澳洲葡萄类病毒　*Australian grapevine vi-rus Apscaviroid*（AGVd）

澳洲青霉　*Penicillium australicum* Kap.

澳洲菟丝子　*Cuscuta australis* Br.

澳洲线黑盘孢　*Leptomelanconium aust-raliense* Sutton

澳洲植原体　*Candidatus* Phytoplasma australiense Davis et al.

B

八宝树小煤炱　*Meliola duabangae* Hu

八角(冬青)节杆菌[美国冬青叶疫病菌]　*Arthrobacter ilicis*（Mandel）Collins et al.

八角枫棒丝壳　*Typhulochaeta alangii* Yu et Lai

八角枫钩丝壳　*Uncinula alangii* Xu

八角枫假尾孢　*Pseudocercospora alangii* Guo et Liu

八角枫壳针孢　*Septoria taiana* Syd.

八角枫球针壳　*Phyllactinia alangii* Yu et Lai

八角枫尾孢　*Cercospora alangii* Y. L. Guo

八角枫锈孢锈菌　*Aecidium alangii* Hirats. et Yosh.

八角枫叶斑病菌　*Xanthomonas campestris* pv. *alangii*（Padhya et Patel）Dye

八角附丝壳　*Appendiculella illicii* Song

八角环线虫　*Criconema octangulare*（Cobb）Taylor

八角小光壳炱　*Asteridiella illicii* Chen, Hu et al.

八角疫霉　*Phytophthora ilicis* Budd. et Young

八仙花绿瓣病植原体　Hydrangea green petal phytoplasma

八仙花炭疽菌　*Colletotrichum hydrang-eae* Saw.

巴比克螺旋线虫　*Helicotylenchus babik-eri* Zeidan et Geraert

巴布亚檀香　*Santalum papuanum* Summerh.

巴布亚小窦氏霉　*Deightoniella papuana* Schaw

巴旦杏植原体　*Candidatus* Phytoplasma phoenicium Verdin et al.

巴地疫霉　*Phytophthora bahamensis* Fell et Master

巴豆(属)黄脉花叶病毒　*Croton yellow vein mosaic virus Begomovirus*（CYV-MV）

巴豆(属)脉黄化病毒　*Croton vein yello-wing virus Nucleorhabdovirus*（CrVYV）

巴豆矮化线虫　*Tylenchorhynchus crotoni* Pathak et Siddiqi

巴恩青霉　*Penicillium baarncnse* Beyma

巴尔干柱隔孢　*Ramularia balcanica* Bub. et Ranoj.

巴方假丝酵母　*Candida buffonii*（Ramir.）Uden et Buckl.

巴基斯坦剑线虫　*Xiphinema pakistane-nsis* Nasira et Maqbool

巴基斯坦异皮线虫　*Heterodera pakista-*

nensis Maqbool et Shahina

巴戟天小球腔菌　*Leptosphaeria morindae* Chang et Chi

巴克根生壶菌[双星藻肿胀病菌]　*Rhizophydium barkerianum* (Arch.) Fischer

巴克利柄锈菌　*Puccinia barclayi* Ahmad

巴拉圭梨尾格孢　*Piricauda paraguayensis* (Speg.) Moore

巴拉圭轮线虫　*Criconemoides paraguayensis* (Andrassy) Luć

巴拉纳根结线虫　*Meloidogyne paranaensis* Carneiro

巴拉旺小煤炱　*Meliola palawanensis* Syd.

巴拉小煤炱　*Meliola paraensis* Henn.

巴拿马曲霉　*Aspergillus panamensis* Raper et Thom

巴氏醋杆菌　*Acetobacter pasteurianus* (Hansen) Beijerinck et Folpmers

巴氏滑刃线虫　*Aphelenchus bastiai* Shavrov

巴氏轮线虫　*Criconemoides basili* Jairajpuri

巴斯德毕赤酵母　*Pichia pastoris* (Guill.) Phaff

巴斯德酵母　*Saccharomyces pastori* (Guill.) Lodd. et Kreger

巴特勒腐霉　*Pythium butleri* Subramaniam

巴特勒丝黑粉菌　*Farysia butleri* Syd.

巴特勒小煤炱　*Meliola butleri* Syd.

巴特勒圆霜霉　*Basidiophora butleri* (Weston) Thirum. et Whithead

巴特勒指疫霉　*Sclerophthora butleri* (Weston) Thirum. et al.

巴特马疫霉　*Phytophthora batemanensis* Gerretton-cornell et Simpson

巴托周毛座霉　*Volutella bartholomaei* Ell. et Ev.

巴西孢囊　*Cystopus brasiliensis* Speg.

巴西花锈菌　*Anthomyces brasiliensis* Diet.

巴西酵母　*Saccharomyces brasiliensis* Lindn.

巴西青霉　*Penicillium braziliense* Thom

巴西五彩苏类病毒　*Brazilian coleus viroid* (BCVd)

巴西小麦刺病毒　*Brazilian wheat spike virus Tenuivirus* (BWSpV)

巴西芽酵母　*Blastomyces brasiliensis* (Splend.) Conant et How.

巴西芽枝酵母　*Blastodendrion brasiliensis* (Splend.) Conant et How.

巴西植原体　*Candidatus* Phytoplasma brasiliense Montano et al.

芭蕉矮化线虫　*Tylenchorhynchus musae* Kumar

芭蕉暗双孢[香蕉叶斑病菌,香蕉叶灰纹病菌]　*Cordana musae* (Zimm.) Höhn.

芭蕉单隔孢　*Scolicotrichum musae* Saw.

芭蕉果腐病菌　*Mucor caespitulosus* Spegazzini

芭蕉假尾孢[蕉叶黄斑病菌]　*Pseudocercospora musae* (Zimm.) Dighton

芭蕉拟滑刃线虫　*Aphelenchoides ensete* Swart, Bogale et Tiedt

芭蕉拟矛线虫　*Dorylaimoides musasus* Gambhir, Anandi et Dhanachand

芭蕉鞘线虫　*Hemicycliophora musae* Khan et Nanjappa

芭蕉球腔菌[香蕉黄条叶斑病菌]　*Mycosphaerella musicola* Leach

芭蕉生尾孢　*Cercospora musaecola* Saw.

芭蕉炭疽菌[香蕉炭疽病菌]　*Colletotrichum musae* (Bark. et Curt.) Arx

芭蕉外拟滑刃线虫　*Ektaphelenchoides musae* Baujard

芭蕉尾孢　*Cercospora musae* Zimm.

芭蕉细小线虫　*Gracilacus musae* Shahina et Maqbool

芭蕉亚球壳　*Sphaerulina musae* Lin et Yen

芭蕉亚球腔菌[香蕉黑斑病菌]　*Metasphaeria musae* (Zimm.) Sawada

芭蕉异长尾滑刃线虫　*Paraseinura musicolus* Timm

芭蕉枝孢　*Cladosporium musae* Mason

菝葜柄锈菌　*Puccinia smilacis* Schw.

菝葜柄锈菌　*Puccinia smilacis-chinae* Henn.

菝葜细盾霉　*Leptothyrium smilacis-chinae* Teng

菝葜锈孢锈菌　*Aecidium smilacis-chinae* Saw.

菝葜芽孢锈菌　*Blastospora smilacis* Diet.

菝葜枝孢　*Cladosporium smilacis* (Schweinitz) Fries

白斑痂囊腔菌　*Elsinoë leucospila* Bitanc. et Jenk.

白斑茎点霉　*Phoma albomaculata* Miura

白斑壳针孢　*Septoria albicans* Ell. et Ev.

白斑小尾孢　*Cercosporella albo-maculans* (Ell. et Ev.)Sacc.

白斑柱隔孢　*Ramularia areola* Atk.

白背镶孢霉　*Coniothecium album* Miura

白边拟层孔菌　*Fomitopsis albomarginata* (Zipp. ex Lév.)Imaz.

白柄马鞍菌　*Helvella albipes* Fuck.

白薄孔菌　*Antrodia albida* (Fr.)Donk.

白菜猝倒病菌　*Pythium oligandrum* Drechsler

白菜根肿病菌　*Plasmodiophora brassicae* Woronin

白菜黑胫病菌　*Leptosphaeria maculans* (Desm.)Ces.

白菜炭疽病菌　*Colletotrichum higginsianum* Sacc.

白叉丝单囊壳　*Podosphaera leucotricha* (Ell. et Ev.)Salm.

白尘粉孢　*Oidium leucoconium* Desm.

白刺花单胞锈菌　*Uromyces sophorae-viciifoliae* Tai

白单囊霉　*Eremascus albus* Eidam

白地霉［柑橘、荔枝酸腐病菌］　*Geotrichum candidum* Link

白点壳针孢　*Septoria fullonum* Sacc.

白蝶兰(属)花叶病毒　*Pecteilis mosaic virus* Potyvirus (PCMV)

白顶辐霉　*Dactylaria candidula* (Höhn) Bhat et Kendrick

白豆蔻球腔菌　*Mycosphaerella amomi* P. K. Chi

白垩色镰孢　*Fusarium argillaceum* (Fr.) Sacc.

白粉孢　*Oidium erysiphoides* Fr.

白粉寄生孢　*Ampelomyces quisqualis* Ces.

白粉寄生孢属　**Ampelomyces** Ces ex Schlecht

白粉寄生菌　*Cicinobolus cesatii* de Bary

白粉寄生菌属　**Cicinobolus** Ehrenb

白粉菌属　**Erysiphe** Hedw. ex Fr.

白粉藤蛤孢黑粉菌　*Mycosyrinx cissi* (DC.) Beck

白粉藤假尾孢　*Pseudocercospora riachueli* (Speg.)Deighton

白腐病菌　*Fomes robustus* Karst.

白腐盾壳霉　*Coniothyrium diplodiella* (Speg.)Sacc.

白腐菌寄生菌　*Burkholderia sordidicola* Lim et al.

白腐菌生伯克氏菌　*Burkholderia sordidicola* Lim et al.

白腐霉　*Pythium destruens* Shipton

白腐小核菌　*Sclerotium cepivorum* Berk.

白复端孢　*Cephalothecium candidum* Bon.

白干朽菌　*Poria versipora* (Pers.)Rom.

白格锈病菌　*Ravenelia sessilis* Berk.

白隔担耳　*Septobasidium albidum* Pat.

白果槲寄生　*Viscum album* L.

白果槲寄生原变种　*Viscum album* var. *album* Danser.

白果槲寄生纵裂变种　*Viscum album* var. *meridianum* Danser.

白鹤灵芝假尾孢　*Pseudocercospora rhinacanthi* (Hohnel)Deighton

白黑青霉　*Penicillium albo-nigrescens*

(Sopp) Biourge

白花菜白锈　*Albugo capparidis*（de Bary）Ciferri

白花菜白锈病菌　*Albugo chardoni* Weston

白花菜胶堆锈菌　*Masseeella capparidis*（Hobs.）Diet.

白花菜柱锈菌　*Cronartium capparidis* Hobs.

白花酢浆草褪绿环斑病毒　*Shamrock chlorotic ringspot virus Potyvirus*

白花丹小球腔菌　*Leptosphaeria plumbaginis* Pat.

白花菊链格孢　*Alternaria leucanthemi* Nelen

白花梨果寄生　*Scurrula pulverulenta*（Wall.）Don. et Hist.

白花列当　*Orobanche alba* Steph.

白黄变孔菌　*Anomoporia albolutescens*（Rom.）Pouzar.

白芨鞘锈菌　*Coleosporium bletiae* Diet.

白吉利丝孢酵母　*Trichosporon beigelii*（Küch. et Rabenh.）Vuill.

白假丝酵母　*Candida albicans* Berk.

白僵菌［球胞白僵菌］　*Beauveria bassiana*（Bals.）Vuill.

白僵菌属　***Beauveria*** Vuill.

白芥病毒　*White mustard virus Alphacryptovirus*（WMuV）

白井杯盘菌　*Ciboria shiraiana*（Henn.）Whetz.

白井黑粉菌　*Ustilago shiraiana* Henn.

白井黑痣菌　*Phyllachora shiraiana* Syd.

白井假黑粉霉　*Coniosporium shiraianum*（Syd.）Bub.

白井梨孢壳菌　*Apiospora shiraiana* Hara

白井帽孢锈菌　*Pileolaria shiraiana*（Diet. et Syd.）Ito

白井盘多毛孢　*Pestalotia shiraiana* Henn.

白井球腔菌　*Mycosphaerella shiraiana* Miyake

白井氏斑痣盘菌　*Rhytisma shiraiana* Hemmi et Kurata

白井锈孢锈菌　*Aecidium shiraianum* Syd.

白卷担菌　*Helicobasidium albicans* Saw.

白绢阿太菌　*Athelia rolfsii*（Curzi.）Tu et Kimbrough

白绢病菌　*Athelia rolfsii*（Curzi.）Tu

白绢革菌属　***Hypochnus*** Fr.

白绢梅叉丝壳　*Microsphaera exochordae* Lu et Lii

白口黑腐皮壳　*Valsa leucostoma*（Pers.）Fr.

白蜡树多年卧孔菌　*Perenniporia fraxinea*（Bull.：Fr.）Ryv.

白蜡树绵霉［白蜡树腐败病菌］　*Achlya decorata* Peters

白蜡树锈生座孢　*Tuberculina fraxinis*

白蜡树植原体　*Candidatus* Phytoplasma fraxini Griffiths et al.

白兰酵母　*Saccharomyces blanchardi* Guiart

白榄小煤炱　*Meliola canarii-albi* Song et Hu

白蔹壳锈菌　*Physopella ampelopsidis*（Diet. et Syd.）Cumm. et Ram.

白柳栅锈菌　*Melampsora salicis-albae* Kleb.

白落丛梗孢　*Monilia candida* Bon.

白毛盘核盘菌　*Sclerotinia hemisphaerica*（Web.）Kuntze

白毛盘菌属　***Albotricha*** Raitv.

白毛肉杯菌　*Sarcoscypha floccosa*（Schw.）Sacc.

白茅黑粉菌　*Ustilago imperatae* Mundk.

白茅球腔菌　*Mycosphaerella imperatae* Saw.

白茅菌绒孢　*Mycovellosiella imperatoae*（Syd.）Liu et Guo

白茅生黑痣菌　*Phyllachora imperaticola* Saw.

白茅尾孢　*Cercospora imperatae*（Syd.）

Saw.

白玫色青霉 *Penicillium albo-roseum* Sopp

白蓬草瘤双胞锈菌 *Tranzschelia thalictri* (Chev.)Diet.

白皮核黑粉菌 *Cintractia leucoderma* (Berk.)Henn.

白皮松散斑壳 *Lophodermium pini-bungeanae* Lin

白青霉 *Penicillium albicans* Bain.

白屈菜壳针孢 *Septoria chelidonii* Desm.

白屈菜霜霉 *Peronospora chelidonii* Miyabe

白屈菜叶黑粉菌 *Entyloma chelidonii* Cif.

白三叶草 1 号病毒 *White clover cryptic virus 1 Alphacryptovirus* (WCCV-1)

白三叶草 2 号病毒 *White clover cryptic virus 2 Betacryptovirus* (WCCV-2)

白三叶草 3 号病毒 *White clover cryptic virus 3 Alphacryptovirus* (WCCV-3)

白三叶草 L 病毒 *White clover virus* L (WClVL)

白三叶草花叶病毒 *White clover mosaic virus Potexvirus* (WClMV)

白色孢囊抱茎独行菜变型 *Cystopus candidus* f. sp. *lepidii-perfoliati* Săvul. et Rayss

白色孢囊臭荠变型 *Cystopus candidus* f. sp. *coronopi-procumbentis* Săvul. et Rayss

白色孢囊黑芥变型 *Cystopus candidus* f. sp. *brassicae-nigrae* Săvul. et Rayss

白色孢囊菱果芥变型 *Cystopus candidus* f. sp. *syreniae-sessiliflorae* Săvul. et Rayss

白色孢囊欧洲庭荠变型 *Cystopus candidus* f. sp. *alyssi-alyssoides* Săvul. et Rayss

白色孢囊荠变型 *Cystopus candidus* f. sp. *capsellae* Săvul. et Rayss

白色孢囊香花变型 *Cystopus candidus* f. sp. *hesperidis* Săvul. et Rayss

白色孢囊小孢变型 *Cystopus candidus* f. sp. *microspora* Togasi, Sibas et Sugano

白色孢囊野欧白芥变型 *Cystopus candidus* f. sp. *sinapidis-arvensis* Săvul. et Rayss

白色孢囊原变型 *Cystopus candidus* f. sp. *candidus*(Pers.)Lév

白色丛梗孢 *Monilia alba* Cast. et Chalm.

白色单顶孢 *Monacrosporium candidum* (Nees ex Fr.)Liu et al.

白色膏药病菌 *Septobasidium albidum* Pat.

白色列当 *Orobanche pallidiflora* Wimm.

白色绿核菌 *Ustilaginoidea albicans* Wang et Bai

白色密锈菌 *Mikronegeria alba* Pete et Oehr.

白色木霉 *Trichoderma album* Preuss

白色小画线壳(稻云形病菌) *Monographella albescehs* (Thüm) Parkinson et al.

白色小尾孢 *Cercosporella cana* Sacc.

白术柄锈菌 *Puccinia atractylidis* Syd.

白术壳针孢 *Septoria atractylodis* Yu et Chen

白束梗孢属 **Albosynnema** Morris

白双胞锈菌属 **Leucotelium** Tranz.

白睡莲腐败病菌 *Pythium undulatum* Petersen

白睡莲疫病菌 *Phytophthora undulata* (Petersen)Dick

白丝隔担耳 *Septobasidium leucostemum* Pat.

白穗轴黑粉菌 *Sphacelotheca leucostachys* (Henn.)Zund.

白笋顶孢 *Acrostalagmus albus* Preuss

白笋顶孢易变变种 *Acrostalagmus albus* var. *virus* Jens.

白檀壳针孢 *Septoria sydowii* Henn. et Sacc.

白檀香 *Santalum album* L.

白藤节壶菌 *Physoderma calami* Krieg.

白藤结瘿病菌 *Physoderma calami* Krieg.

B

白藤盘多毛孢　*Pestalotia calami* Saw.

白头柄锈菌　*Puccinia leucocephala* Zhuang et Wei

白头青霉　*Penicillium leucocephalum* Rabenh.

白头翁柄锈菌　*Puccinia pulsatillae* Kalchbr.

白头翁假尾孢　*Pseudocercospora filiformis* (Davis)Bai et Liu

白头翁瘤双胞锈菌　*Tranzschelia pulsatillae* (Opiz)Diet.

白头翁鞘锈菌　*Coleosporium pulsatillae* (Str.)Lév.

白头翁条黑粉菌　*Urocystis anemones* (Pers.)Wint.

白头翁条黑粉菌银莲花变种　*Urocystis anemones* var. *adonis* Milovtz.

白头翁锈孢锈菌　*Aecidium pulsatillae* Tranz.

白纹黄单胞菌　*Xanthomonas albilineans* (Ashby)Dowson

白纹黄单胞菌雀稗变种　*Xanthomonas albilineans* pv. *dipaspali* Starrv

白藓叶点霉　*Phyllosticta dictamni* Fairm

白泻Y病毒　*White bryony virus Y Potyvirus* (WBVY)

白泻根斑驳病毒　*White bryony mottle virus* (WBMoV)

白泻根花叶病毒　*White bryony mosaic virus Carlavirus* (WBMV)

白辛树球针壳　*Phyllactinia pterostyracis* Yu et Lai

白锈菌　*Albugo candida* (Gmelin；Persoon)Kuntze

白锈菌大孢变种　*Albugo candida* var. *macrospora* Togashi

白锈菌独行菜变型　*Albugo candida* f. sp. *lepidii-perfoliati* Săvul. et Rayss

白锈菌椭圆变种　*Albugo candida* var. *ellipsoidea* O. Săvul.

白锈菌小孢变种　*Albugo candida* var.

microspora Togashi et Shibas.

白锈菌原变型　*Albugo candida* f. sp. *candida* (Pers.) Kuntze

白锈属　**Albugo** (Pers.)Roussel

白亚球腔菌　*Metasphaeria albescens* Thüm.

白杨伞滑刃线虫　*Bursaphelenchus populneus* Maglakelidze

白蚁虫座孢　*Aegerita duthei* Berk.

白油壶菌　*Olpidium destruens* (Now.) Schröt.

白缘褐根腐菌　*Fomes noxius* Corner

白杖木盘尾孢　*Cercoseptoria leucosceptri* (Kissl.)Petr.

白芷花叶病毒　*Cowparsnip mosaic virus Nucleorhabdovirus* (CPaMV)

白芷壳二孢　*Ascochyta phomoides* Sacc.

白芷壳针孢　*Septoria dearnessii* Ell. et Ev.

白肿丛梗孢　*Monilia tumefacens-alba* (Foult.)Ota

白珠树霜霉　*Peronospora niesslieana* Berl.

白座壳属　**Leucostoma** (Nitschke) Hohnel

白座三雕孢　*Triglyphium niveum* Mass.

白座生霜霉　*Peronospora stigmaticola* Raunk.

百合X病毒　*Lily virus X Potexvirus* (LVX)

百合斑驳病毒　*Lily mottle virus Potyvirus* (LMoV)

百合单胞锈菌　*Uromyces lilii* (Link) Fuck.

百合隔指孢　*Dactylella iridis* (Watanabe)Zhang, Liu et Gao

百合基腐病菌　*Fusarium oxysporum* f. sp. *lili* Snyder et Hanson

百合拟滑刃线虫　*Aphelenchoides lilium* Yokoo

百合葡萄孢　*Botrytis liliorum* Hino

百合轻型斑驳病毒　*Lily mild mottle vi-*

B

rus *Potyvirus*（LMMoV）

百合软腐病菌　*Rhizopus necans* Mass.

百合炭疽菌　*Colletotrichum lilii* Plakidas

百合无症病毒　*Lily symptomless virus Carlavirus*（LSLV）

百合异皮线虫　*Heterodera cardiolata* Kirjanova et Ivanova

百金花白锈　*Albugo centaurii*（Homsf.）Ciferri et Biga

百里香病毒　*Thyme virus Nucleorhabdovirus*（TLyV）

百脉根单胞锈菌　*Uromyces loti* Blytt

百脉根根瘤菌　*Rhizobium loti* Jarvis et al.

百脉根茎坏死病毒　*Lotus stem necrosis virus Nucleorhabdovirus*（LoSNV）

百脉根霜霉　*Peronospora lotorum* Sydow

百脉根线条病毒　*Lotus streak virus Nucleorhabdovirus*（LoSV）

百日草（属）轻型斑驳病毒　*Zinnia mild mottle virus Potyvirus*（ZMMV）

百日草灰斑病菌　*Cercospora zinniae* Ell. et Mart.

百日草曲叶病毒　*Zinnia leaf curl virus Begomovirus*（ZiLCV）

百日草尾孢　*Cercospora zinniae* Ell. et Mart.

百日草叶黑粉菌　*Entyloma zinniae* Syd.

百日菊黑斑病菌　*Alternaria zinniae* Ellis

百日菊壳二孢　*Ascochyta zinniae* Allescher

百日菊链格孢　*Alternaria zinniae* Ellis

百日菊叶斑病菌　*Xanthomonas campestris* pv. *zinniae*（Hopkins et Dowson）Dye

百穗藨草柄锈菌　*Puccinia scirpi-ternatani* Hirats.

柏平缕瓜花叶病毒　*Pepino mosaic virus Potexvirus*（PepMV）

摆动团黑粉菌　*Sorosporium versatilis*（Syd.）Zund.

败酱霜霉　*Peronospora patriniae* Kalymb.

败酱柄锈菌　*Puccinia patriniae* Henn.

败酱壳针孢　*Septoria patriniae* Miura

拜耳酵母　*Saccharomyces baillii* Lindn.

稗草（属）齿叶矮缩病毒　*Echinochloa ragged stunt virus Oryzavirus*（ERSV）

稗草白叶病毒　*Echinochloa hoja blanca virus Tenuivirus*（EHBV）

稗刺疣黑粉菌　*Ustilago echinochloae* Guo et Wang

稗黑粉菌　*Ustilago trichophora*（Link）Körn.

稗粒腥黑粉菌　*Tilletia pulcherrima* Ell. et Gall.

稗粒腥黑粉菌臂形草变种　*Tilletia pulcherrima* var. *brachyariae* Pavgi et Thirum.

稗生凸脐蠕孢　*Exserohilum echinocloacola* Sun

班戈士小煤炱　*Meliola burgosensis* Hansf.

班克罗夫特植生滴虫［无花果心腐病菌］　*Phytomonas bancrofti*

班氏白粉菌　*Erysiphe bunkiniana* Braun.

班种草赤涩、肥肿病菌　*Olpidium bothriospermi* Sawada

班种草油壶菌　*Olpidium bothriospermi* Sawada

斑地小煤炱　*Meliola bantamensis* Hansf.

斑点柄锈菌　*Puccinia punctata* Link

斑点单胞锈菌　*Uromyces punctatus* Schröt.

斑点单囊壳　*Sphaerotheca macularis*（Wallr.; Fr.）Lind.

斑点泛菌　*Pantoea punctata* Kageyama et al.

斑点黑星菌　*Venturia maculaeformis*（Desm.）Wint.

斑点蓼黑粉菌　*Ustilago polygonipunctati* Savile

斑点马鞍菌　*Helvella maculata* Weber

斑点青霉　*Penicillium meleagrinum* Biourge

斑点球腔菌　*Mycosphaerella maculiformis* (Pers.) Auerswald

斑点球座菌　*Guignardia punctoidea* (Cooke) Schrot.

斑点实球黑粉菌　*Doassansia punctiformis* (Niessl) Schört.

斑点炭团菌　*Hypoxylon punctulatum* Berk. et Ravenel

斑点弯孢　*Curvularia maculans* (Bancr.) Boedijn

斑点形柱隔孢　*Ramularia punctiformis* (Schlecht.) Höhn.

斑点叶点霉　*Phyllosticta punctata* Ell. et Dearn.

斑格罗小煤炱　*Meliola bangalorensis* Hansf. et Thirum

斑鸠菊、夜香牛叶斑病菌　*Xanthomonas campestris* pv. *vernoniae* (Patel) Dye

斑鸠菊假尾孢　*Pseudocercospora noveboracensis* Goh et Hsieh

斑鸠菊鞘锈菌　*Coleosporium vernoniae* Berk. et Cooke

斑鸠菊生夏孢锈菌　*Uredo vernoniicola* Petch

斑诺斯小煤炱　*Meliola banosensis* Syd.

斑疱黑粉菌　*Ustilago pustulata* (DC.) Wint.

斑皮线虫属　**Punctodera** Mulvey et Stone

斑生毛壳孢　*Discosia maculaecola* Ger.

斑替枝孢　*Cladosporium bantianum* (Sacc.) Borelli

斑污黑痣菌　*Phyllachora maculans* (Karst.) Theiss. et Syd.

斑污小球腔菌　*Leptosphaeria maculans* (Desm.) Ces. et de Not.

斑形孢囊　*Cystopus pulverulentus* Berk.

et M. A. Curtis

斑形柄锈菌　*Puccinia punctiformis* Diet. et Holw.

斑形盘多毛孢　*Pestalotia maculiformans* Guba et Zell.

斑形叶点霉　*Phyllosticta maculiformis* (Pers.) Sacc.

斑叶兰夏孢锈菌　*Uredo ishikariense* (Hirats.) Hirats.

斑痣盘菌　*Rhytisma punctatum* (Pers.) Fr.

斑痣盘菌属　**Rhytisma** Fr.

斑种草霜霉　*Peronospora bothriospermi* Sawada

斑种草霜霉病菌　*Peronospora bothriospermi* Sawada

斑种草锈孢锈菌　*Aecidium bothriospermi* Henn.

板栗表白粉菌　*Microsphaera sinensis* Yu

板栗黄化病植原体　Chestnut yellows phytoplasma

板栗里白粉菌　*Phyllactinia roboris* (Gachet.) Blum.

板栗疫病菌　*Phytophthora cambivora* (Petri) Buism

板状白锈　*Albugo platensis* (Spegazzini) Swingle

版纳链格孢　*Alternaria bannaensis* Chen et Zhang

半边莲柄锈菌　*Puccinia aucta* Berk. et Mull.

半边莲叶黑粉菌　*Entyloma lobeliae* Farl.

半边莲柱隔孢　*Ramularia lobeliae* Saw.

半穿刺线虫　*Tylenchulus semipenetrans* Cobb

半穿刺线虫属　**Tylenchulus** Cobb

半焦微皮伞　*Marasmiellus epochnous* (Berk. et Br.) Sing.

半壳孢属　**Leptostroma** Fr.

半轮线虫属　**Hemicriconemoides** Chitwood et Birchfield

半裸镰孢 *Fusarium semitectum* Berk. et Rav.

半裸镰孢大孢变种 *Fusarium semitectum* var. *majus* Wollenw.

半内生钩丝壳属 *Pleochaeta* Sacc. et Speg.

半球盾盘菌[白盾盘菌] *Scutellinia hemisphaerica* (Weber ex Fr.) Kuntze

半球尾轮线虫 *Criconemoides hemisphaericaudatus* Wu

半球状胶锈菌 *Gymnosporangium hemisphaericum* Hara

半球状外担菌 *Exobasidium hemisphaericum* Shirai

半日花霜霉 *Peronospora alpestris* Gäum. ; *Peronospora leptoclada* Sacc.

半日花叶瘿病菌 *Synchytrium helianthemi* Trotter

半柱花单胞锈菌 *Uromyces macintirianus* Barcl.

伴孢锈菌属 *Diorchidium* Kalchbr.

伴孢疣锈菌属 *Dicheirinia* Arth.

伴生病毒科 Sequiviridae

伴生病毒属 *Sequivirus*

伴生细基格孢 *Ulocladium consortiale* (Thüm.) Simmons

瓣膜茎线虫 *Ditylenchus valvenus* Thorne et Malek

瓣状褐腐干酪菌 *Oligoporus guttulatus* (PK.) Glibn. et Ryv.

棒孢隔指孢 *Dactylella clavata* Gao, Sun et Liu

棒孢光壳炱 *Limacinia clavatispora* Yamam.

棒孢属 *Corynespora* Guss.

棒顶辐霉 *Dactylaria clavat* Matsushima

棒梗长蠕孢 *Helminthosporium claviphorum* Matsushima

棒花星盾炱 *Asterina claviflori* Kar. et Maity

棒黄曲霉 *Aspergillus clavato-favus* Raper et Fenn.

棒假尾孢 *Pseudocercospora bacilligera* (Berk. et Br.) Liu et Guo

棒盘孢属 *Coryneum* Nees ex Schw.

棒球壳属 *Trabutia* Sacc. et Roum.

棒曲霉 *Aspergillus clavatus* Desm.

棒束孢属 *Isaria* Hill

棒束青霉 *Penicillium clavigerum* Demel

棒丝壳属 *Typhulochaeta* Ito et Hara

棒弯孢 *Curvularia clavata* Jain

棒尾矮化线虫 *Tylenchorhynchus clavicaudatus* (Micoletzky) Filipjev

棒尾孢 *Cercospora bacilligera* (Berk. et Br.) Fresb

棒尾宽节纹线虫 *Amplimerlinius clavicaudatus* (Choi et Geraert) Siddiqi

棒尾拟长针线虫 *Longidoroides clavicaudatus* Jacobs et Heyns

棒形杆菌属 *Clavibacter* Davis, Gillaspie et al.

棒形胶锈菌 *Gymnosporangium clavipes* (Cooke et Peck) Cooke et Peck

棒形青霉 *Penicillium claviforme* Bain

棒形小煤炱 *Meliola clavulata* Wint.

棒形小煤炱甘薯变种 *Meliola clavulata* var. *batatae* Stev.

棒状孢卡明斯锈菌 *Cumminsina clavispora* Petr.

棒状杆菌属 *Corynebacterium* Lehmann et Neumann

棒状钩丝孢 *Harposporium baculiforme* Drechsler

棒状脚壶菌 *Podochytrium clavatum* Pfitzer

棒状近矛线虫 *Agmodorus clavatus* Siddiqi

棒状霜霉 *Peronospora beccarii* Pass.

包被叶点霉 *Phyllosticta velata* Bub.

包德拟盘梗霉 *Bremiella baudysii* (Skalicky) Constantinescu et Negrean

孢堆黑粉菌属 *Sporisorium* Ehrenb. ex Link

孢梗腐霉　*Pythium conidiophorum* Jokl

孢囊属　**Cystopus** Lév.

苞茅柄锈菌　*Puccinia hyparrheniae* Cumm.

苞茅腥黑粉菌　*Tilletia hyparrheniae* Ling

苞蔷薇裸孢锈菌　*Caeoma rosae-bracteatae* Saw.

胞果黑粉菌　*Ustilago triculosa*（Ness）Ung.

胞果状腐霉　*Pythium utriforme* Cornu

薄甲藻肿胀病菌　*Rhizophydium echinatum*（Dang.）A. Fischer

宝兴蔗寄生　*Gleadovia mupinense* Hu

宝兴列当　*Orobanche mupinensis* Hu

保拉杯盘菌　*Ciboria bolaris*（Batsch：Fr.）Fuckel

保利球腔菌　*Mycosphaerella horii* Hara

保鲁根结线虫　*Meloidogyne bauruensis*（Lordello）Esser et al.

保罗针壳负　*Irenopsis paulensis* Hansf.

报春花（属）花叶病毒　*Primula mosaic virus Potyvirus*（PrMV）

报春花斑驳病毒　*Primula mottle virus Potyvirus*（PrMoV）

报春花柄锈菌　*Puccinia primulae* Grev.

报春花单胞锈菌　*Uromyces primulaeintegrifoliae*（DC.）Lév.

报春花黄化病植原体　Primula yellow phytoplasma

报春花壳二孢　*Ascochyta primulae* Trail

报春花壳色单隔孢　*Diplodia seminula* Pat.

报春花粒线虫　*Anguina klebahni* Goffart

报春花球腔菌　*Mycosphaerella primulae*（Auersw. et Heufl.）Schroter

报春花生条黑粉菌　*Urocystis primulicola* Magn.

报春花生亚球腔菌　*Metasphaeria primulicola* Pat.

报春花生叶点霉　*Phyllosticta primulicola* Desm.

报春花霜霉　*Peronospora oerteliana* Kühn

报春花叶斑病菌　*Pseudomonas syringae* pv. *primulae*（Ark.）Young et al.

报春花叶黑粉菌　*Entyloma primulae* Mour.

报春花疫霉　*Phytophthora primulae* Toml.

豹兰 Y 病毒　*Diuris virus Y Potyvirus*

豹皮花弯孢　*Curvularia stapeliae* Hughes et du Plessis

鲍卡塞丝尾垫刃线虫　*Filenchus balcarceanus* Torres et Geraert

鲍勒束丝壳　*Trichocladia baumleri*（Magn.）Neger

杯花菟丝子　*Cuscuta cupalata* Engelm.

杯茎蛇菰　*Balanophora subcupularia* Tam

杯壳孢属　**Chlorocyphella** Speg.

杯盘菌属　**Ciboria** Fuck.

杯伞属　**Clitocybe**（Fr.）Kumm.

杯腺柳栅锈菌　*Melampsora salicis-cupularis* Wang

杯状齿裂菌　*Coccomyces crateriformis* Lin et Li

杯状核盘菌　*Sclerotinia ciborioides*（Hoffm.）Noack

杯状霜霉　*Peronospora pocutica* Majewski

杯座壳孢属　**Matula** Massee

北虫疠霉　*Pandora borea*（Fan et Li）Li et al.

北点地梅霜霉病菌　*Peronospora agrorum* Gäum.

北方柄锈菌　*Puccinia septentrionalis* Juel

北方多胞锈菌　*Phragmidium boreale* Tranz.

北方腐霉　*Pythium boreale* R. L. Duan

北方根结线虫　*Meloidogyne hapla* Chitwood

北方禾谷花叶病毒　*Northern cereal mosaic virus Cytorhabdovirus*（NCMV）

北方拟滑刃线虫　*Aphelenchoides arctic-*

us Sanwal

北方乔森纳姆线虫 *Geocenamus arcticus* (Mulvey) Tarjan

北方伞滑刃线虫 *Bursaphelenchus borealis* Korenchenko

北方实球黑粉菌 *Doassansia borealis* Lindr.

北方霜霉 *Peronospora borealis* Gäum.；*Peronospora septentrionalis* Gäum.；*Peronospora ursiniae* Sǎvul. et Vánky

北方梯间囊孔菌 *Climacocystis borealis* (Fr.) Kotl. et Pouz.

北方小盘旋线虫 *Rotylenchulus borealis* Loof et Oostenbrink

北方指疫霉 *Sclerophthora northii* (W. Weston) Thirum., C. G. Shaw et Naras.

北方轴霜霉 *Plasmopara ursiniae* (Sǎvul. et L. Vánky) Skalický

北方猪殃殃霜霉病菌 *Peronospora borealis* Gäum.

北非卷耳霜霉病菌 *Peronospora atlantica* Gäum.

北非芦苇柄锈菌 *Puccinia isiacae* (Thüm.) Wint.

北非霜霉 *Peronospora atlantica* Gäum.

北海道栅锈菌 *Melampsora yezoensis* Miyabe et Matsum.

北极柄锈菌 *Puccinia arctica* Lagerh.

北极独黑粉菌 *Orphanomyces arcticus* (Rostr.) Savile

北极多胞锈菌 *Phragmidium arcticum* Lagerh.

北极栅锈菌 *Melampsora arctica* Rostr.

北京多胞锈菌 *Phragmidium peckianum* Arth.

北京隔指孢 *Dactylella beijingensis* Liu, Snen et Qiu

北京炭疽菌[青麻炭疽病菌] *Colletotrichum pekinensis* Rats.

北美大豆猝死病菌 *Fusarium viguliforme* O'Dnnel et Aoki

北美红杉绿胶杯菌 *Chloroscypha chloromella* Seaver

北美崖柏绿胶杯菌 *Chloroscypha jacksoni* Seaver

北桑寄生 *Loranthus tanakae* Franch. et Sav.

贝尔特叶点霉 *Phyllosticta beltranii* Penz.

贝佛特轮线虫 *Criconemoides baforti* (de Grisse) Luć

贝加尔湖柄锈菌 *Puccinia baicalensis* Tranz.

贝酵母 *Saccharomyces bayanus* Sacc.

贝克环线虫 *Criconema bakeri* Wu

贝克轮线虫 *Criconemoides bakeri* Wu

贝克尾孢 *Cercospora bakeri* Syd.

贝克线虫属 **Bakernema** Wu

贝克小煤炱 *Meliola bakeri* Syd.

贝来小煤炱 *Meliola baileyi* Hansf.

贝勒被包霉[菇脚粗糙病菌] *Mortierella bainieri* Const.

贝雷丝孢酵母 *Trichosporon behrendii* Lodd. et Kreger

贝林酵母 *Saccharomyces behrensianus* (Behr.) Klöck.

贝卢兰螺旋线虫 *Helicotylenchus helurensis* Singh et Khera

贝母属(百合科)植物花叶病毒 Fritillaria mosaic virus (FriMV)

贝宁潜根线虫 *Hirschmanniella behningi* (Micoletzky) Luć et Goodey

贝氏茎线虫 *Ditylenchus beljaevae* Karimova

贝氏轮线虫 *Criconemoides beljaevae* (Kirjanova) Raski

贝氏螺旋线虫 *Helicotylenchus belli* Sher

贝氏蜜皮线虫 *Meloidodera belli* Wouts

贝氏葡萄座腔菌 *Botryosphaeria berengeriana* de Not.

贝氏葡萄座腔菌梨专化型 *Botryosphaeria berengeriana* f. sp. *piricola* Koganezawa et Sakuma

贝氏葡萄座腔菌桃专化型［桃干腐病菌］ *Botryosphaeria berengeriana* f. sp. *persicae* Koganezawa

贝氏潜根线虫 *Hirschmanniella belli* Sher

贝氏伞滑刃线虫 *Bursaphelenchus bakeri* Ruhm

贝氏异短体线虫 *Apratylenchoides belli* Sher

贝索克针线虫 *Paratylenchus besoekianus* Bally et Reydon

贝西拟滑刃线虫 *Aphelenchoides besseyi* Christie

背侧珍珠线虫 *Nacobbus dorsalis* Thorne et Allen

被孢霉属 **Mortierella** Coem.

被孢锈菌属 **Peridermium** (Link) Schmidt et Kunze

被覆层锈菌 *Phakopsora tecta* Jacks. et Holw.

被盖黑粉菌 *Ustilago induta* Syd.

被链孢锈菌属 **Dietelia** Henn.

被毛孢属 **Hirsutella** Pat.

本贝隔指孢 *Dactylella bembicodes* Drechsler

本地环线虫 *Criconema indigenae* Berg et Meyer

本地戟孢锈菌 *Hamaspora benguetensis* Syd.

本地盘旋线虫 *Rotylenchus provincialis* Massese et Germani

本地轴黑粉菌 *Sphacelotheca benguetensis* Zund.

本格特孢堆黑粉菌 *Sporisorium benguetense* (Zund.) Guo

本格特柄锈菌 *Puccinia benguetensis* Syd.

本间白粉菌 *Erysiphe hommae* Braun

本间叉丝壳 *Microsphaera hommae* Braun

本田球腔菌 *Mycosphaerella hondai* Miyake

荸艾实球黑粉菌 *Doassansia peplidis* Bub.

荸荠柄锈菌 *Puccinia eleocharidis* Arth.

荸荠秆枯病菌 *Cylindrosporium eleocharidis* Lentz.

荸荠节壶菌 *Physoderma heleocharidis* (Fuckel) Schröt.

荸荠结瘿病菌 *Physoderma heleocharidis* (Fuckel) Schröt.

荸荠皮堆黑粉菌 *Dermatosorus eleocharidis* Saw.

荸荠锈病菌 *Puccinia liberta* Kern

荸荠叶黑粉菌 *Entyloma eleocharidis* (Saw.) Ling

荸荠柱盘孢［荸荠秆枯病菌］ *Cylindrosporium eleocharidis* Lentz.

鼻花霜霉病菌 *Peronospora pocutica* Majewski

比哈螺旋线虫 *Helicotylenchus bihari* Mulk et Jairajpuri

比利时毕赤酵母 *Pichia belgica* (Lindn.) Dekk.

比利时汉逊酵母 *Hansenula belgica* (Lindn.) H. et P. Syd.

比奇假丝酵母 *Candida beechii* Buckl. et Uden

比扎纳盾线虫 *Scutellonema bizanae* Berg et Heyns

彼得菌属 **Petersenia** Sparrow

彼得森汉逊酵母 *Hansenula petersonii* Wickerh.

彼氏拟滑刃线虫 *Aphelenchoides petersi* Tandon et Singh

笔管榕黑痣菌 *Phyllachora fici-wightianae* Saw.

笔管榕球腔菌 *Mycosphaerella fici-wightianae* Saw.

笔管榕叶点霉 *Phyllosticta fici-wightianae* Saw.

笔罗子锈孢锈菌 *Aecidium meliosmae-pungentis* Henn.

笔束霉属 **Arthrobotryum** Ces.

币形炭团丛赤壳 *Nectria nummulariae* Teng

毕赤酵母属 **Pichia** Hansen

毕那丛梗孢 *Monilia pinoyi* (Cast.) Cast. et Chalm.

闭囊盖小煤炱 *Meliola cleistopholidis* Hansf.

闭鞘姜假尾孢 *Pseudocercospora costina* (Syd. et Syd.) Deighton

闭鞘姜梨孢 *Pyricularia costi* (Saw.) Ito

闭鞘姜曲孢 *Ancylospora costi* Saw.

闭鞘姜尾孢 *Cercospora costina* Syd.

蓖麻猝倒病菌 *Pythium middletoni* Sparrow

蓖麻格孢 *Macrosporium ricini* Saw.

蓖麻痂囊腔菌 *Elsinoë ricini* Jenk. et Bitanc.

蓖麻痂圆孢 *Sphaceloma ricini* Jenk. et Cheo

蓖麻壳色单隔孢 *Diplodia ricini* Sacc. et Roum

蓖麻链格孢 *Alternaria ricini* (Yoshii et Takim.) Hansf.

蓖麻拟茎点霉 *Phomopsis ricinella* Sacc.

蓖麻葡萄孢盘菌 *Botryotinia ricini* (Godfrey) Whetz.

蓖麻生壳二孢 *Ascochyta ricinicola* Chi

蓖麻生球腔菌 *Mycosphaerella ricinicola* (Speg.) Hemmi et Matsum.

蓖麻小丛壳 *Glomerella ricini* Hemmi et Matsuo

蓖麻叶斑病菌 *Alternaria latispora*; *Pseudomonas syringae* pv. *ricini* Stancescu et Zurini

蓖麻叶斑病菌 *Xanthomonas axonopodis* pv. *ricini* (Yoshii) Vauterin et al.

蓖麻叶点霉 *Phyllosticta ricini* Rostr

蓖麻疫霉 *Phytophthora ricini* Saw.

蓖麻栅锈菌 *Melampsora ricini* Pass.

碧冬茄(属)星状花叶病毒 *Petunia asteroid mosaic virus Tombusvirus* (PeAMV)

碧冬茄病毒属 **Petuvirus**

碧冬茄花斑驳病毒 *Petunia flower mottle virus Potyvirus* (PetFMV)

碧冬茄脉带病毒 *Petunia vein banding virus Tymovirus*

碧冬茄脉明病毒 *Petunia vein clearing virus Caulimovirus* (PVCV)

壁合腐霉 *Pythium connatum* Yu

壁藜霜霉 *Peronospora muralis* Gäum.

边侧拟滑刃线虫 *Aphelenchoides latus* Thorne

边囊附毛菌 *Trichaptum sector* (Ehrenb. ;Fr.) Kreisel.

边缘假单胞菌 *Pseudomonas marginalis* (Brown) Stevens

边缘假单胞菌边缘变种 *Pseudomonas marginalis* pv. *marginalis* (Brown) Stevens

边缘假单胞菌防风变种 *Pseudomonas marginalis* pv. *pastinacae* (Burkholder) Young et al.

边缘假单胞菌苜蓿变种 *Pseudomonas marginalis* pv. *alfalfae* (Shinde et Lukezic) *Young* et al.

蝙蝠葛茎点霉 *Phoma menispermi* Peck

蝙蝠葛壳针孢 *Septoria menispermi* Thüm.

蝙蝠葛尾孢 *Cercospora menispermi* Ell. et Ev.

蝙蝠葛叶黑粉菌 *Entyloma menispermi* Farl. et Trel.

鞭黑粉菌 *Ustilago shimadae* Saw.

鞭毛溶菌 *Lyticum flagellatum* (Preer et al.)Preer et Preer

鞭毛藻根囊壶菌 *Rhizophlyctis mastigotrichis* (Nowak.) Fischer

鞭毛藻畸形病菌 *Rhizophlyctis mastigotrichis* (Nowak.) Fischer

鞭绵霉 *Achlya flagellate* Coker

鞭绵霉北海道变种 *Achlya flagellata*

var. *yezoensis* Ito et Nagali

鞭式节丛孢　*Arthrobotrys flagrans* Sidorova，Gorlen-Ko et Nalepina

鞭尾孢　*Cercospora avicennae* Chupp

鞭尾茎线虫　*Ditylenchus fiagellicauda* Geraert et Raski

鞭状壳针孢　*Septoria flagellifera* Ell. et Ev.

扁担杆假尾孢　*Pseudocercospora grewiigena* Guo

扁担杆伞锈菌　*Ravenelia atrides* Syd.

扁担杆色链隔孢　*Phaeoramularia grewiae* Guo et Xu

扁担杆夏孢锈菌　*Uredo grewiae* Pat. et Har.

扁担杆枝生黑粉菌　*Pericladium grewiae* Pass.

扁豆(属)黄花叶病毒　*Dolichos yellow mosaic virus Begomovirus* (DoYMV)

扁豆白星病菌　*Septoria dolichi* Berk. et Curt.

扁豆长蠕孢　*Helminthosporium lablabis* Saw. et Kats.

扁豆单胞锈菌　*Uromyces dolicholi* Arth.

扁豆褐斑病菌　*Septoria lablabina* Sacc.

扁豆黄花叶病毒　*Dolichos yellow mosaic virus Begomovirus*

扁豆集壶菌　*Synchytrium dolichi* (Cooke) Gaumann

扁豆痂囊腔菌　*Elsinoë dolichi* Jenk. et al.

扁豆荚腐病菌　*Cladosporium herbarum* var. *lablab* Sacc.

扁豆假格孢　*Nimbya dolicos* Zhang，Guo et Zhao

扁豆假尾孢　*Pseudocercospora dolichi* (Ell. et Ev.) Yen

扁豆壳针孢　*Septoria dolichi* Berk. et Curt.；*Septoria lablabina* Sacc.

扁豆囊孢壳　*Physalospora phlyctaenoides* Berk. et Curt.

扁豆尾孢　*Cercospora dolichi* Ell. et Ev.

扁豆叶点霉　*Phyllosticta dolichi* Brun

扁豆瘿瘤病菌　*Synchytrium dolichi* (Cooke) Gaumann

扁果草拟三孢锈菌　*Triphragmiopsis isopyri* (Moug. et Nestl.) Tranz.

扁果草轴霜霉　*Plasmopara isopyri* Skalický

扁壳白粉菌　*Erysiphe depressa* (Wallr.) Schlecht.

扁孔腔菌属　**Lophiostoma** (Fr.) Ces. et de Not.

扁裸藻假球壶病菌　*Pseudosphaerita drylii* Perez-Reyes et al.

扁芒草叶瘿线虫　*Cynipanguina danthoniae* Maggenti，Hartet et Paxman

扁平钉孢霉　*Passalora depressa* (Berk. et Gr.) Sacc.

扁平短胖孢　*Cercosporidium. depressum* (Berk. et Br.) Deight.

扁平壳锈菌　*Physopella compressa* (Mains) Cumm. et Ram.

扁平小核菌　*Sclerotium complanatum* Tode

扁桃丛枝病菌　*Candidatus* Phytoplasma phoenicium Verdin et al.

扁桃假单胞菌　*Pseudomonas amygdali* Psallidas et Panagopoulos

扁桃溃疡病菌　*Pseudomonas amygdali* Psallidas et Panagopoulos

扁桃拟茎点霉　*Phomopsis amygdalina* Canon

扁桃异皮线虫　*Heterodera amygdali* Kirjanova et Ivanova

扁头拟滑刃线虫　*Aphelenchoides platycephalus* Eroshenko

扁凸裂嘴壳　*Schizostoma vicinum* Sacc.

扁尾螺旋线虫　*Helicotylenchus platyurus* Perry

扁序重寄生　*Phacellaria compressa* Benth.

扁圆黑痣菌　*Phyllachora melanoplaca* (Desm.) Sacc.

扁褶狗尾草黑痣菌　*Phyllachora vande-*

rystii Theiss. et Syd.

扁枝槲寄生　*Viscum articulatum* Burm.

扁座壳孢　*Aschersonia placenta* Berk. et Br.

萹蓄单胞锈菌　*Uromyces polygoni-aviculariae* (Pers.) Karst.

萹蓄假尾孢　*Pseudocercospora avicularis* (Wint.) Khan et Shamsi

变柄草霜霉　*Peronospora lallemantiae* Golovin et Kalymb.

变豆菜柄锈菌　*Puccinia saniculae* Grev.

变豆菜壳针孢　*Septoria saniculae* Ell. et Ev.

变豆菜瘿瘤病菌　*Synchytrium pluriannulatum* (Curtis) Farlow

变豆菜轴霜霉　*Plasmopara saniculae* Săvulescu

变盖腐霉　*Pythium incertum* Renny

变黑核黑粉菌　*Cintractia atratae* Savile

变黑链格孢　*Alternaria nigricans* (Peglion)Neergaad

变黑枝孢　*Cladosporium nigrellum* Bell. et Ev.

变红赖夫生氏菌　*Leifsonia rubra* Reddy et al.

变红尾孢　*Cercospora rubro-tincta* Ell. et Ev.

变环半轮线虫　*Hemicriconemoides varionodus* Choi et Geraert

变幻青霉　*Penicillium variabile* Sopp.

变黄假单胞菌　*Pseudomonas flavescens* Hildebrand et al.

变黄曲霉　*Aspergillus lutescens* (Bain) Thom et Church

变灰轮枝孢　*Verticillium cinerascens* Wolleaw.

变灰青霉　*Penicillium canescens* Sopp

变灰尾孢　*Cercospora canescens* Ell. et Mart.

变孔菌属　**Anomoporia** Pouzar.

变孔卧孔菌　*Poria versipora* (Pers.)

Rom.

变绿长喙壳　*Ceratocystis virescens* (Davidson) Moreau

变绿头孢藻[红锈藻]　*Cephaleuros virescens* Kunze

变囊串珠壶菌　*Catenochytridium carolinianum* Berdan

变色柄锈菌　*Puccinia versicolor* Diet. et Holw

变色多孔菌　*Polyporus versicolor* Fr.

变色多毛孢　*Pestalotia versicolor* Speg.

变色镰孢　*Fusarium discolor* App. et Wollenw.

变色拟滑刃线虫　*Aphelenchoides pissodisnotati* (Fuchs) Filipjev

变尾拟滑刃线虫　*Aphelenchoides varicaudatus* Ibrahim et Hooper

变细囊轴霉　*Rhipidium europaeum* f. sp. *attenuatum* Kanouse

变形斑沙雷氏菌　*Serratia proteamaculans* (Paine et Stansfield) Dye

变形柄锈菌　*Puccinia variiformis* Pat.

变形杆菌纲　**Proteobacteria** Gibbons et Murry

变形壶菌　*Amoebochytrium rhizidioides* Zopf

变形壶菌属　**Amoebochytrium** Zopf

变形菌属　**Proteus** Hauser

变形菌族　Proteeae Cast. et Chalmers

变形轮线虫　*Criconemoides amorphus* Loof et de Grisse

变形裸异壶菌[浮萍、紫萍肿胀病菌]　*Reesia amoeboides* Fisch.

变形藻丝囊霉　*Aphanomyces astaci* Schikora

变形藻丝囊霉病菌　*Aphanomyces astaci* Schikora

变叶木短体线虫　*Pratylenchus codiadi* Singh et Jain

变叶木黄单胞菌　*Xanthomonas codiaei* Vauterin, Hoste, Kersters et al.

变叶榕黑痣菌 *Phyllachora fici-variolosae* Petr.

变异丛梗孢 *Monilia variabilis* Lindn.

变异青霉 *Penicillium varians* Smith

变异曲霉 *Aspergillus varians* Wehmer

变异枝孢[菠菜斑点病菌] *Cladosporium variabile* (Cooke) de Vries

变紫青霉 *Penicillium purpurrescens* (Sopp) Biourge

变棕溶解杆菌 *Lysobacter brunescenss* Christensen et Cook

杓兰果胶杆菌 *Pectobacterium cypripedii* (Hori) Brenner et al.

杓兰欧文氏菌[热带兰软腐病菌] *Erwinia cypripedii* (Hori) Bergey et al.

标枪鞘线虫 *Hemicycliophora belemnis* Germani et Luć

标枪尾螺旋线虫 *Helicotylenchus urobelus* Anderson

标枪针线虫 *Paratylenchus veruculatus* Wu

标准剑线虫 *Xiphinema index* Thorne et Allen

薦草(莞草)单胞锈菌 *Uromyces scirpimaritimi* Hirats. et Yosh.

薦草柄锈菌 *Puccinia scirpi* DC.

薦草核黑粉菌 *Cintractia scirpi* (Kühn) Schellenb.

薦草结瘿病菌 *Physoderma thirumalacharii* Pavgi et Singh

薦草镰孢 *Fusarium scirpi* Lamb. et Fautr.

薦草镰孢喙尾变种 *Fusarium scirpi* var. *cuadatum* Wollenw.

薦草镰孢尖喙变种 *Fusarium scirpi* var. *acuminatum* (Ell. et Ev.) Wollenw.

薦草镰孢紧密变种 *Fusarium scirpi* var. *compactum* Wollenw.

薦草镰孢线形变种 *Fusarium scirpi* var. *filiferum* (Preuss.) Wollenw.

薦草生假格孢 *Nimbya scirpicola* (Fuckel) Simmons

薦草生节壶菌[薦草结瘿病菌] *Physoderma scirpicola* Pavgi et Singh

薦草生叶黑粉菌 *Entyloma scirpicola* Thirum. et Dicks.

薦草小球腔菌 *Leptosphaeria scirpina* Wint.

薦寄生 *Gleadovia ruborum* Gambl. et Prain

薦寄生属(列当科) *Gleadovia* Gamble et Prain.

薦蹄草金锈菌 *Chrysomyxa pyrolae* (DC.) Rostr.

薦蹄草膨痂锈菌 *Pucciniastrum pyrolae* Diet. ex Arth

薦药双楔孢锈菌 *Sphenospora smilacina* Syd.

表面蓼迈尔锈菌 *Milesina polypodii-superficiali* Hisrats.

表皮单胞枝霉 *Hormodendrum dermatitis* (Kano) Conant

宾地瘤黑粉菌 *Melanopsichium pennsylvanicum* Hirschh.

宾夕法尼亚霜霉 *Peronospora pennsylvanica* Gäum.

宾州毛茛霜霉病菌 *Peronospora pennsylvanica* Gäum.

滨海柄锈菌 *Puccinia littoralis* Rostr.

滨海腐霉 *Pythium marinum* Sparrow

滨海蓟柄锈菌 *Puccinia cirsii-maritimi* Diet.

滨海假丝酵母 *Candida maritima* (Siepm.) Uden et Buckl.

滨海条黑粉菌 *Urocystis littoralis* (Lagerh.) Zund.

槟榔短蠕孢 *Brachysporium arecae* (Berk. et Br.) Sacc.

槟榔黄叶病植原体 Arach yellow leaf phytoplasma

槟榔青假黑粉霉 *Coniosporium spondiadis* Keissl.

槟榔球座菌 *Guignardia arecae* Sacc.

槟榔条斑病菌 *Xanthomonas campestris* pv. *arecae* (Rao et Mohan) Dye

槟榔亚小顶分孢 *Acroconidiellina arecae* (Berk. et Br.) Ellis

槟榔叶点霉 *Phyllosticta catechu* Saw.

槟榔疫病菌 *Phytophthora arecae* Pethybridge

槟榔疫霉 *Phytophthora arecae* Pethybridge

冰草(属)花叶病毒 *Agropyron mosaic virus Rymovirus* (AgMV)

冰草壳针孢 *Septoria agropyrina* Lobik

冰草粒线虫 *Anguina agropyronifloris* Norton

冰草生柄锈菌 *Puccinia agropyricola* Hirats.

冰草条黑粉菌 *Urocystis agropyri* (Preuss.) Schröt.

冰草异粒线虫 *Paranguina agropyri* Kirjanova

冰岛蓼黑粉菌 *Ustilago koenigiae* Rostr.

冰核假单胞菌 *Pseudomonas congelans* Behrendt et al.

兵豆霜霉 *Peronospora lentis* Gäum.

柄隔担耳 *Septobasidium pedicellatum* (Schw.) Pat.

柄果槲寄生 *Viscum multinerve* Hayata

柄果栲小煤炱 *Meliola castanopsina* Yamam.

柄果木星盾炱 *Asterina mischocarpi* Ouyang et Hu

柄囊苔炭黑粉菌 *Anthracoidea eleocharidis* Kukk.

柄小镰孢 *Fusariella obstipa* (Pollack) Hughes

柄锈菌属 **Puccinia** Pers.

柄柱锈菌属 **Kernella** Thirum.

柄座坚壳 *Rosellinia tienpinensis* Teng

并柱霉属 **Amastigis** Clem. et Shear

病蜂变形菌 *Proteus apiseptica* (Burnside) Prevot

波壁柄锈菌 *Puccinia undulitunicata* Zhuang et Wang

波丛赤壳 *Nectria bolbophylli* Henn.

波滴尼小煤炱 *Meliola boedijniana* Hansf.

波地盾壳霉 *Coniothyrium paulense* Henn.

波地壳针孢 *Septoria posekensis* Sacc.

波地霜霉 *Peronospora bohemica* Gäum.

波多黎各纽带线虫 *Hoplolaimus puertoricensis* Ramirez

波尔图假霜霉 *Pseudoperonospora portoricensis* (Lamkey) Seaver et Chardón

波拉加小煤炱 *Meliola boerlagiodendri* Yales

波里斯边小煤炱 *Meliola brisbanensis* Hansf.

波利亚单弯孢 *Curvularia borreruae* (Viegas) Ellis

波林克螺旋线虫 *Helicotylenchus borinquensis* Roman

波罗的海长针线虫 *Longidorus balticus* Brzeski, Peneva, Brown

波罗蜜根霉[波罗蜜果腐病菌] *Rhizopus artocarpi* Raciborski

波罗蜜果霉病菌 *Mucor artocarpi* Berk. et Br.

波罗蜜毛霉 *Mucor artocarpi* Berk. et Br.

波罗蜜黏盘孢 *Colletogloeum atrocarpi* Singh

波密叉钩壳 *Sawadaea bomiensis* Zeng et Chen

波氏根结线虫 *Meloidogyne poghossianae* Kirjanova

波氏微穿皮线虫 *Meloidoderita polygoni* Golden et Handoo

波楯线虫属 **Nectopelta** Siddiqi

波丝壳属 **Medusosphaera** Golov. et Gamal.

波斯尼亚黑粉菌 *Ustilago bosniaca* Beck

波斯霉[乳苑霜霉] *Peronospora pospelovii* Gaponenko

波瓦小光壳贠　*Asteridiella pavoniae* (Cil.) Hansf.

波纹假单胞菌　*Pseudomonas corrugata* (ex Scarlett) Roberts et Scarlett

波旋腐霉　*Pythium diacarpum* E. J. Butler

波叶大黄霜霉病菌　*Peronospora rumicis* Corda

波缘盘菌　*Peziza repanda* Pers.

波缘圆盘菌　*Orbilia sinuosa* Penz. et Sacc.

波状腐霉　*Pythium undulatum* Petersen

波状腐霉海岸变种　*Pythium undulatum* var. *litorale* Höhnk

波状腐霉原变种　*Pythium undulatum* var. *undulatum* Petersen

波状环线虫　*Criconema undulatum* Loof et al.

波状疫霉[白睡莲、黄萍蓬草疫病菌]　*Phytophthora undulata* (Petersen) Dick

玻璃质硬孔菌　*Rigidoporus vitreus* (Fr.) Donk.

菠菜、姜根腐病菌　*Pythium irregulare* Buisman

菠菜矮化线虫　*Tylenchorhynchus spinaceai* Singh

菠菜白锈病菌　*Albugo occidentalis* Wilson

菠菜斑点病　*Cladosporium variabile* (Cooke) de Vries

菠菜病毒　Spinach virus (SpV)

菠菜和性病毒　*Spinach temperate virus Alphacryptovirus* (SpTV)

菠菜壳二孢　*Ascochyta spinaciae* Bond-Mont

菠菜潜隐病毒　*Spinach latent virus Ilarvirus* (SpLV)

菠菜尾孢　*Cercospora bertrandii* Chupp.

菠菜叶斑病菌　*Pseudomonas syringae* pv. *Spinaceae* Ozaki et al.

菠菜叶黑粉菌　*Entyloma ellisii* Halst.

菠萝泛菌　*Pantoea ananatis* (Serrano) Mergaert et al.

菠萝泛菌菠萝变种[菠萝果实褐腐病菌]　*Pantoea ananatis* pv. *ananatis* (Serrano) Mergaert et al.

菠萝泛菌噬夏孢变种[锈菌夏孢子寄生菌]　*Pantoea ananatis* pv. *uredovora* (Pon et al.) Saddler

菠萝粉蚧萎凋伴随1号病毒　*Pineapple mealybug wilt-associated virus 1 Closterovirus* (PMWaV-1)

菠萝粉蚧萎凋伴随2号病毒　*Pineapple mealybug wilt-associated virus 2 Closterovirus* (PMWaV-2)

菠萝粉蚧萎凋伴随病毒　*pineapple mealybug wilt-associated virus Closterovirus* (PMWaV)

菠萝杆状病毒　*Pineapple bacilliform virus Badnavirus* (PBV)

菠萝果实褐腐病菌　*Pantoea ananatis* pv. *ananatis* (Serrano) Mergaert et al.

菠萝黑腐病菌　*Thielaviopsis paradoxa* (de Seyn.) Hohn

菠萝红果病菌　*Acetobacter aceti* (Pasteur) Beijerinck

菠萝红果病菌　*Gluconobacter oxydans* (Henneberg) de Ley

菠萝软腐病菌　*Pantoea ananatis* (Serrano) Mergaert et al.

菠萝褪绿叶线条病毒　*Pineapple chlorotic leaf streak virus Nucleorhabdovirus* (PCLSV)

菠萝萎凋伴随病毒　*Pineapple wilt-associated virus Closterovirus*

菠萝小奇针线虫　*Mylonchulus ananasi* Yeates

伯杰汉逊酵母　*Hansenula beijerinckii* Walt

伯克利球腔菌　*Mycosphaerella berkeleyi* Jenk

伯克氏菌属　**Burkholderia** Yabuuchi, Kosako et al.

伯劳酵母　*Saccharomyces prostoserdovii*

Kudr.

伯内特柄锈菌 *Puccinia burnettii* Griff.

伯塞特假丝酵母 *Candida berthetii* Boidin et al.

伯氏长针线虫 *Longidorus bernardi* Robbins et Brown

伯特伦叶点霉 *Phyllosticta bertramii* Penz.

驳骨丹壳针孢 *Septoria merrillii* Syd.

勃氏短体线虫 *Pratylenchus brzeskii* Karssen et al.

博尔叶点霉 *Phyllosticta bolleana* Sacc.

博利柄锈菌 *Puccinia bolleyana* Sacc.

博利微座孢 *Microdochium bolleyi* (Spraque) Hoog et Hermanides

博落回白粉菌 *Erysiphe macleayae* Zheng et Chen

博落回假尾孢 *Pseudocercospora macleyae* Guo et Liu

博落回叶点霉 *Phyllosticta macleayae* Naito

博氏环线虫 *Criconema boagi* Zell

博特环线虫 *Criconema boettgeri* (Meyl) de Grisse et Loof

博伊单胞锈菌 *Uromyces baeumlerianus* Bub.

博伊丁假丝酵母 *Candida boidinii* Ramir.

薄壁菌门 Gracilicutes Gibbons et Murry

薄顶鞘锈菌 *Coleosporium cheoanum* Cumm.

薄多年卧孔菌 *Perenniporia tenuis* (Schw.) Ryv.

薄果草楔孢黑粉菌 *Thecaphora leptocarpi* Berk.

薄果芥霜霉 *Peronospora hymenolobi* Annal.

薄核藤星盾炱 *Asterina natsiati* Kar. et Maity

薄荷柄锈菌 *Puccinia menthae* Pers.

薄荷短体线虫 *Pratylenchus menthae* Kapoor

薄荷痂圆孢 *Sphaceloma menthae* Jenk.

薄荷节壶菌 *Physoderma menthae* Schröt.

薄荷结瘿病菌 *Physoderma menthae* Schröt.

薄荷壳针孢 *Septoria menthae* (Thüm.) Oudem

薄荷拟滑刃线虫 *Aphelenchoides menthae* Lisetzkaya

薄荷茄长针线虫 *Longidorus menthasolanus* Konicek et Jensen

薄荷生壳针孢 *Septoria menthicola* Sacc. et Let.

薄荷生尾孢 *Cercospora menthicola* Tehon

薄荷霜霉 *Peronospora menthae* Cheng et Bai

薄荷叶点霉 *Phyllosticta menthae* Bres.

薄荷异皮线虫 *Heterodera menthae* Kirjanova et Narbaev

薄甲藻(刺孢)根生壶病菌 *Rhizophydium echinatum* (Dang.) Fischer

薄孔菌属 **Antrodia** Donk.

薄膜革菌属 **Pellicularia** Cooke

薄囊钩丝壳 *Uncinula tenuitunicata* Zheng et Chen

薄盘属 **Cenangium** Fr.

薄皮轮线虫 *Criconemoides tenuicute* (Kirjanova) Raski

薄皮木单胞锈菌 *Uromyces leptodermus* Syd.

薄皮木鞘锈菌 *Coleosporium leptodermidis* (Barcl.) Syd.

薄青霉 *Penicillium lilacinum* Thom

薄叶节纹线虫 *Merlinius laminatus* (Wu) Siddiqi

薄叶小环线虫 *Criconemella xenoplax* (Raski) de Grisse et Loof

薄轴黑粉菌 *Sphacelotheca tenuis* (Syd.) Zund.

补骨脂壳二孢 *Ascochyta psoraleae* Chi

补血草Y病毒 *Statice virus Y Potyvirus*

（SVY）

补血草白粉菌　*Erysiphe limonii* Junell

补血草单胞锈菌　*Uromyces limonii*（DC.）Lév.

补血草霜霉　*Peronospora limonii* Simonyan

捕虫堇菜黑粉菌　*Ustilago pinguiculae* Rostr.

捕噬单顶孢　*Monacrosporium gephyropagum*（Drechs.）Subram.

不等贝克线虫　*Bakernema inaequale*（Taylor）Mehta et Raski

不等长刚毛小煤炱　*Meliola heteroseta* von Hohnl.

不等单胞锈菌　*Uromyces inaequalitus* Lasch

不等隔指孢　*Dactylella anisomeres* Drecrsler

不等弯孢　*Curvularia inaequalis*（Shear）Boedijn

不等新穿孔线虫　*Neoradopholus inaequalis*（Sauer）Khan et Shakil

不定轮线虫　*Criconemoides dubius*（de Grisse）Luć

不定纽带线虫　*Hoplolaimus dubius* Chaturvedi et Khera

不定潜根线虫　*Hirschmanniella dubia* Khan

不对称后侧器线虫　*Postamphidelus asymmetricus* Siddiqi

不对称掷孢酵母　*Sporobolomyces holsaticus* Wind.

不发酵汉逊酵母　*Hansenula nonfermentans* Wickerh.

不分枝枝柄锈菌　*Uromycladium simplex* McAlp.

不光轮线虫　*Criconemoides axestis* Fassuliotis et Williamson

不规则钩丝壳　*Uncinula irregularis* Zheng et Chen

不卷螺旋线虫　*Helicotylenchus anhelicus* Sher

不列颠枝孢　*Cladosporium britannicum* Ellis

不裂葡萄座腔菌　*Botryosphaeria disrupta*（Berk. et Curt.）Arx et Müller

不裂轴黑粉菌　*Sphacelotheca indehiscens* Ling

不眠单胞锈菌属　**Maravalia** Arth.

不眠多胞锈菌属　**Kuehneola** Magn.

不疲埃里格孢　*Embellisia indefessa* Simmons

不平黑星菌［苹果黑星病菌］　*Venturia inaequalis*（Cooke）Wint.

不平小光壳炱　*Asteridiella confragosa*（Syd.）Hansf.

不全柄锈菌　*Puccinia incompleta* Syd.

不全层锈菌　*Phakopsora incompleta*（Syd.）Cumm.

不全腐霉　*Pythium imperfectum* Cornu

不全壳二孢　*Ascochyta imperfecta* Peck

不全秃壳炱　*Irenina manca*（Ell. et Mart.）Theiss. et Syd.

不全小光壳炱　*Asteridiella manca*（Ell. et Mart.）Hansf.

不全疫霉　*Phytophthora imperfecta* Sarejanni

不全疫霉柑橘褐腐变种　*Phytophthora imperfecta* var. *citrophthora*（Smith）Sarejanni

不全疫霉烟草变种　*Phytophthora imperfecta* var. *nicotianae*（van Breda）Sarejanni

不全疫霉原变种　*Phytophthora imperfecta* var. *imperfecta*

不确定矮化线虫　*Tylenchorhynchus dubius*（Butschli）Filipjev

不完全鞘锈菌　*Coleosporium incompletum* Cumm.

不显柄锈菌　*Puccinia obscura* Schröt.

不显柄锈菌地杨梅专化型　*Puccinia obscura* f. sp. *luzulinae* Gaeum.

不显柄锈菌多花专化型　*Puccinia obscura*

f. sp. *multiflorae* Gaeum.

不显柄锈菌具疏柔毛专化型 *Puccinia obscura* f. sp. *pilosae* Gaeum.

不显柄锈菌平原专化型 *Puccinia obscura* f. sp. *campestris* Gaeum.

不显柄锈菌雪白专化型 *Puccinia obscura* f. sp. *niveae* Gaeum.

不显酵母 *Saccharomyces inconspicuus* Walt

不显实球黑粉菌 *Doassansia obscura* Setch.

不显团黑粉菌 *Sorosporium inconspicuum* (Evans) Zund.

不雅柄锈菌 *Puccinia invenusta* H. et P. Syd.

不孕类腐霉 *Pythiogeton sterile* Hamid

不孕委陵菜霜霉 *Peronospora potentillae-sterilis* Gäum.

不整轮线虫 *Criconemoides irregularis* de Grisse

不整青霉 *Penicillium turbatum* Westl.

不整双曲孢 *Nakataea irregulare* Hara

不正茎线虫属 **Nothotylenchus** Thorne

布比壶菌 *Chytridium brebissonii* Dang.

布博维盘菌属 **Boubovia** Svrcek

布德地菇 *Terfezia boudieri* Chatin

布地邪蒿壳针孢 *Septoria buchtormepsis* Petr.

布开壳针孢 *Septoria divaricata* Ell. et Ev.

布科文针线虫 *Paratylenchus bukowinensis* Micoletzky

布兰克假丝酵母 *Candida blankii* Buckl.

et Uden

布雷青霉 *Penicillium brefeldianum* Dodge

布林克曼隐皮线虫 *Cryphodera brinkmani* Karssen et Aelst

布伦壶菌 *Chytridium braunii* Dang.

布伦假丝酵母 *Candida brumptii* Langer. et Guerra

布伦克虫疠霉 *Pandora blunckii* (Lakon ex Zimmernann) Humber

布伦尼菌属 **Brenneria** Hauben et al.

布罗氏螺旋线虫 *Helicotylenchus broadbalkiensis* Yuen

布尼亚病毒科 Bunyaviridae

布氏白粉菌属 **Blumeria** Golovin ex Speer

布氏产碱菌 *Alcaligenes bookeri* (Ford) Bergey et al.

布氏茎线虫 *Ditylenchus brenani* (Goodey) Goodey

布氏兰伯特盘菌 *Lambertella buchwaldii* Tewari et Pant

布氏欧文氏菌 *Erwinia bussei* (Migula) Magrou

布氏鞘线虫 *Hemicycliophora brzeski* Barbez et Geraert

布塔曼小球腔菌 *Leptosphaeria puttemansii* Maubl.

布维茎线虫 *Ditylenchus boevii* (Izatullaeva) Sher

布以腐霉 *Pythium buismaniae* van der Plaäts-Nit.

步行虫顶枝虫囊菌 *Misgomyces homonaxi* Thaxt.

C

彩丽蛇菰 *Balanophora splendida* Tam et Fang

彩绒革盖菌 *Coriolus versicola* （L. ex Fr.）Quél.

彩色槲寄生 *Viscum coloratum* （Kom.）Nakai

菜地壳镰孢 *Kabatia latemarensis* Bub.

菜豆、豌豆根腐病菌 *Aphanomyces euteiches* f. sp. *phaseoli* Pfender et Hagedorn

菜豆矮花叶病毒 *Bean dwarf mosaic virus Begomovirus*（BDMV）

菜豆长咽线虫 *Dolichorhynchus phaseoli* (Sethi et Swarup) Mulk et Jairajpuri

菜豆粗缩花叶病毒 *Bean rugose mosaic virus Comovirus*（BRMV）

菜豆单胞锈菌 *Uromyces phaseoli* （Pers.）Wint.

菜豆单囊壳 *Sphaerotheca astragali* var. *phaseoli* Zhao

菜豆格孢 *Macrosporium phaseoli* Fautr.

菜豆根腐病菌 *Aphanomyces euteiches* f. sp. *phaseoli* Pfender

菜豆花斑花叶病毒 *Bean calico mosaic virus Begomovirus*（BCaMV）

菜豆花疫病菌 *Phytophthora humicola* Ko et Ann

菜豆坏死花叶病毒 Bean necrosis mosaic virus（BNMV）

菜豆黄矮病毒 *Bean yellow dwarfvirus Mastrevirus*（BeYDV）

菜豆黄单胞菌 *Xanthomonas phaseoli* （ex Smith）Gabriel et al.

菜豆黄单胞菌黄褐变种 *Xanthomonas phaseoli* pv. *fuscans* （Burkholder）Starr et Burkholder

菜豆黄单胞菌印度变种 *Xanthomonas phaseoli* pv. *indica* Uppal et al.

菜豆黄花叶病毒 *Bean yellow mosaic virus Potyvirus*（BYMV）

菜豆黄色脉带病毒 *Bean yellow vein banding virus Umbravirus*（BYVBV）

菜豆畸矮病毒 *Bean distortion dwarf virus Begomovirus*（BDDV）

菜豆痂囊腔菌 *Elsinoë phaseoli* Jenk.

菜豆荚斑驳病毒 *Bean pod mottle virus Comovirus*（BPMV）

菜豆荚扭曲病菌 *Pseudomonas flectens* Johnson

菜豆假尾孢 *Pseudocercospora cruenta* （Sacc.）Deighton

菜豆间座壳 *Diaporthe phaseolorum* （Cooke et Ell.）Sacc.

菜豆角斑病菌 *Isariopsis griseola* Sacc.

菜豆角斑病菌 *Phaeoisariopsis griseola* （Sacc.）Ferr.

菜豆金黄花叶病毒 *Bean golden yellow mosaic virus Begomovirus*（BGYMV）

菜豆金色花叶病毒属 ***Begomovirus***

菜豆金色花叶巴西病毒 *Bean golden mosaic Brazil virus Begomovirus*（BGMV-Br）

菜豆金色花叶病毒 *Bean golden mosaic virus Begomovirus*（BGMV）

菜豆金色花叶波多黎各病毒 *Bean golden mosaic Puerto Rico virus Begomovirus*（BGMV-PR）

菜豆茎点霉 *Phoma subcinata* Ell et Ev.

菜豆卷叶病毒 *Bean leafroll virus Luteovirus*（BLRV）

菜豆壳二孢 *Ascochyta phaseolorum* Sacc.

菜豆壳球孢 *Macrophomina phaseolina*

(Tassi) Goid

菜豆壳针孢　*Septoria phaseoli* Maubl.

菜豆明尾孢　*Cercospora caracallae* (Speg.) Chupp

菜豆内源 RNA 病毒　*Phaseolus vulgaris virus Endornavirus*

菜豆普通花叶病毒　*Bean common mosaic virus Potyvirus* (BCMV)

菜豆普通花叶坏死病毒　*Bean common mosaic necrosis virus Potyvirus* (BCMNV)

菜豆轻花叶病毒　*Bean mild mosaic virus Carmovirus* (BMMV)

菜豆球腔菌　*Mycosphaerella phaseolorum* Siem.

菜豆生假尾孢　*Pseudocercospora phaseolicola* Goh et Hsieh

菜豆生球腔菌　*Mycosphaerella phaseolicola* (Desm.) Sacc.

菜豆丝囊霉　*Aphanomyces euteiches* f. sp. *phaseoli* Pfender et Hagedorn

菜豆炭疽病菌　*Glomerella lindemuthiana* (Sacc. et Magn.); *Colletotrichum lindemuthianum* (Sacc. et Magn) Br. et Cav.

菜豆尾孢　*Cercospora cruenta* Sacc.

菜豆萎蔫病菌　*Curtobacterium flaccumfaciens* pv. *flaccumfaciens* (Hedges) Collins Jones

菜豆萎蔫病菌　*Curtobacterium flavccumfaciens* (Hedges) Collins et Jones

菜豆小丛壳　*Glomerella lindemuthianum* (Sacc. et Magn.) Shear et Wood

菜豆小穴壳菌　*Dothiorella phaseoli* (Maubl) Pat. et Syd.

菜豆锈病菌　*Uromyces appendiculatus* (Pers.) Ung.

菜豆叶斑病菌　*Xanthomonas axonopodis* pv. *Phaseoli* (Smith) Vauterin et al.

菜豆疫病菌　*Phytophthora infestans* var. *phaseoli* (Thaxter) Leonian

菜豆疫霉［菜豆疫病菌］　*Phytophthora phaseoli* Thaxt.

菜豆晕疫病菌　*Pseudomonas savastanoi* pv. *phaseolicola* (Bulkholder) Gardan et al.

菜豆针孢酵母　*Nematospora phaseoli* Wingard

菜蓟(属)病毒　*Cynara virus* (CraV)

菜蓟尾孢　*Cercospora cynarae* Y. Guo et Y. Jiang

菜叶蜂虫疠霉　*Pandora athaliae* (Li et Fan) Li et al.

参薯病毒　*Dioscorea alata virus Potyvirus* (DAV)

参薯环斑驳病毒　*Dioscorea alata ring mottle virus* (DARMV)

参薯假尾孢　*Pseudocercospora ubi* (Racib.) Deighton

参薯尾孢　*Cercospora ubi* Racib.

残孔菌属　*Abortiporus* Murr.

残缺轴黑粉菌　*Sphacelotheca mutila* Mundk. et Thirum.

蚕病变形菌　*Proteus bombycis* (Bergey et al.) Bergey et al.

蚕病青霉　*Penicillium bombycis* Sopp

蚕肠病微球菌(蚕肠病细球菌)　*Micrococcus bombycis* (Naegeli) Cohn

蚕豆、菜豆、豌豆根腐病菌、猝倒病菌　*Pythium intermedium* de Bary

蚕豆、稻苗绵腐、枯萎病菌　*Pythium debaryanum* Hesse

蚕豆、苜蓿、番茄等丝囊霉根腐病菌　*Aphanomyces euteiches* Drechsler

蚕豆、豌豆、玉米腐烂病菌　*Rhizopus elegans* (Eidam) Berlese et de Toni

蚕豆 B 病毒　*Broad bean virus B*

蚕豆 V 病毒　*Broad bean virus V Potyvirus* (BBW)

蚕豆斑驳病毒　*Broad bean mottle virus Bromovirus* (BBMV)

蚕豆病毒属　***Fabavirus***

蚕豆草、酸模、蓼疫病菌　*Phytophthora polygoni* Sawada

蚕豆单胞锈菌　*Uromyces fabae*（Pers.）de Bary

蚕豆腐霉　*Pythium fabae* G. M. Cheney

蚕豆根腐病菌　*Fusarium solani*（Mart.）App. et Wollenw.

蚕豆号柄根腐病菌　*Pythium salpingophorum* Drechsler

蚕豆褐斑镰孢　*Fusarium acridiorum*（Treab.）Brongn et Delacr.

蚕豆坏死病毒　*Broad bean necrosis virus Pomovirus*（BBNV）

蚕豆坏死黄化病毒　*Faba bean necrotic yellows virus Nanovirus*（FBNYV）

蚕豆黄环斑病毒　*Broad bean yellow ringspot virus*（BBYRV）

蚕豆黄脉病毒　*Broad bean yellow vein virus Cytorhabdovirus*（BBYVV）

蚕豆火肿、歪头菜泡泡病菌　*Olpidium viciae* Kusano

蚕豆荚壳二孢　*Ascochyta pisi* var. *fabae* Sprag

蚕豆尖镰孢［尖镰孢蚕豆专化型，蚕豆立枯病菌］　*Fusarium oxysporum* f. sp. *fabae* Yu et Fang

蚕豆茎基腐病菌　*Fusarium avenaceum*（Fr.）Sacc.

蚕豆壳多孢　*Stagonospora carpathica* Biiuml.

蚕豆壳二孢　*Ascochyta fabae* Speg.

蚕豆壳针孢　*Septoria viciae* Westend

蚕豆立枯病菌　*Fusarium oxysporum* f. sp. *fabae* Yu et Fang

蚕豆镰孢萎蔫病菌　*Fusarium avenaceum* var. *fabae* Yu

蚕豆内源 RNA 病毒　*Vicia faba virus Endornavirus*

蚕豆盘旋线虫　*Rotylenchus fabalus* Baidulova

蚕豆葡萄孢　*Botrytis fabae* Sardina

蚕豆葡萄孢盘菌　*Botryotinia fabae* Lu et Wu

蚕豆染色病毒　*Broad bean stain virus Comovirus*（BBSV）

蚕豆霜霉　*Peronospora fabae* Jacz. et Sergeeva

蚕豆霜霉原变种　*Peronospora viciae* var. *viciae* de Bary

蚕豆尾孢　*Cercospora fabae* Fautr.

蚕豆萎蔫 1 号病毒　*Broad bean wilt virus 1 Fabavirus*（BBWV-1）

蚕豆萎蔫 2 号病毒　*Broad bean wilt virus 2 Fabavirus*（BBWV-2）

蚕豆萎蔫病毒　*Broad bean wilt virus Fabavirus*（BBWV）

蚕豆油壶菌［蚕豆火肿、歪头菜泡泡病菌］　*Olpidium viciae* Kusano

蚕豆真花叶病毒　*Broad bean true mosaic virus Comovirus*（BBTMV）

蚕豆重型褪绿病毒　*Broad bean severe chlorosis virus Closterovirus*

蚕豆柱盘孢　*Cylindrosporium vicii* Miura

穇子凸脐蠕孢　*Exserohilum frumentacei* Leonard et Suggs

苍白长蠕孢　*Helminthosporium pallescens* M. Zhang et T. Y. Zhang

苍白假单胞菌　*Pseudomonas pallidae* Papdiwal

苍白梨孢　*Pyriudaria pallidum*（Oud.）Zhang et Zhang

苍白马鞍菌　*Helvella pallescens* Schaeff.

苍白青霉　*Penicillium pallidum* Smith

苍白球皮胞囊线虫［马铃薯白胞囊线虫］　*Globodera pallida*（Stone）Behrens

苍白柔膜菌　*Helotium pallescens*（Pers.）Fr.

苍白弯孢　*Curvularia pallescens* Boedijn

苍白腥黑粉菌　*Tilletia pallida* Fisch.

苍白枝孢　*Cladosporium pallidum*（Oudemans）Zhang et Zhang

苍耳柄锈菌　*Puccinia xanthii* Schw.

苍耳单囊壳 *Sphaerotheca xanthii* （Cast.）Junell.

苍耳壳针孢 *Septoria xanthi* Desm.

苍耳生壳针孢 *Septoria xanthiicola* Saw.

苍耳叶斑病菌 *Xanthomonas campestris* pv. *badrii* （Patel）Dye

苍耳轴霜霉 *Plasmopara angustiterminalis* Novot.

苍耳轴霜霉鬼针草变型 *Plasmopara angustiterminalis* f. sp. *bidentis* Novot.

苍耳轴霜霉土荆芥变型 *Plasmopara angustiterminalis* f. sp. *ambrosiae* Novot.

苍耳轴霜霉原变型 *Plasmopara angustiterminalis* f. sp. *angustiterminalis* Novot.

苍黄链霉菌[马铃薯疮痂病菌] *Streptomyces luridiscabiei* Park et al.

苍术柄锈菌 *Puccinia atractylidis* P. Syd. et H. Syd.

苍术尾孢 *Cercospora atractylidis* Pai et Chi

藏瓦莲霜霉 *Peronospora sempervivi* Schenk

藏玄参柄锈菌 *Puccinia oreosolenis* J. Y. Zhuang

糙孢曲霉 *Aspergillus asperescens* Stolk

糙孢锈菌 *Trachyspora intrusa* （Grev.）Arth.

糙孢锈菌属 **Trachyspora** Fuck.

糙壁柄锈菌 *Puccinia scabrida* He et Kak.

糙壁弯孢 *Curvularia verruculosa* Tandor et Bilgrami

糙醭假丝酵母 *Candida mycoderma* （Reess）Lodd. et Kreger

糙草霜霉 *Peronospora asperuginis* Schröt.

糙核黑粉菌 *Cintractia scabra* Syd.

糙落青霉 *Penicillium asperum* （Shear）Raper et Thom

糙苏柄锈菌 *Puccinia phlomidis* Thüm.

糙苏壳针孢 *Septoria phlomidis* Moesz

糙苏鞘锈菌 *Coleosporium phlomidis* Cao et Li

糙苏叶点霉 *Phyllosticta phlomidis* Bond et Lebed

糙野青茅柄锈菌 *Puccinia deyeuxiae-scabrescentis* Wang et Wei

槽腐霉[胡萝卜根腐病菌] *Pythium sulcatum* Prott et Mitchell

槽壶菌属 **Amphicypellus** Ingold

草本短小杆菌 *Curtobacterium herbarum* Behrendt et al.

草本螺菌属 **Herbaspirillum** Baldani et al.

草苁蓉属（列当科） **Boschniakia** Mey. ex Bongard

草丛白锈[旋花白锈病菌] *Albugo pratapi* Damle

草地短体线虫 *Pratylenchus pratensis* （de Man）Filipjev

草地短体线虫双尾变种 *Pratylenchus pratensis* var. *bicaudatus* Meyl

草地剑线虫 *Xiphinema savanicola* Luć et Southey

草地老鹳草轴霜霉 *Plasmopara geranii-pratensis* Săvul. et O. Săvul.

草地裸矛线虫 *Psilenchus pratensis* Doucet

草地双垫刃线虫 *Bitylenchus pratenus* Gomez-Barcina et al.

草地异皮线虫 *Heterodera pratensis* Gabler et al.

草甸粒线虫 *Anguina poophila* Kirjanova

草垫刃线虫 *Tylenchus agrostidis* Bastian

草豆蔻假尾孢 *Pseudocercospora alpini-katsumadaicola* （Chen et Chi）Chi

草豆蔻球腔菌[山姜球腔菌] *Mycosphaerella alpiniae* Chen et Chi

草豆蔻尾孢 *Cercospora alpine-katsumadae* S. Chen et Chi

草豆蔻小球腔菌 *Leptosphaeria alpiniae* Maubl.

草茎点霉 *Phoma herbarum* Westend

草类镰孢 *Fusarium abenaceum* var. *herbarum* (Corda) Sacc.

草毛霉［芭蕉果腐病菌］ *Mucor caespitulosus* Spegazzini

草莓白化病毒 Strawberry pallidosis virus

草莓斑驳病毒 *Strawberry mottle virus* Sadwavirus

草莓粗纹膜垫线虫 *Aglenchus fragariae* Szezygiel

草莓簇生植原体 Strawberry multiplier phytoplasma

草莓粉孢 *Oidium fragariae* Harz.

草莓腐霉 *Pythium fragariae* M. Takah. et Kawase

草莓褐角斑病菌 *Phyllosticta fragaticola* Desm et Rob

草莓红心病菌 *Phytophthora fragariae* var. *fragariae* Hickman

草莓花枯萎病菌 *Rhizoctonia fragariae* Husain et McKeen

草莓黄单胞菌 *Xanthomonas fragariae* Kennedy et King

草莓尖镰孢［草莓枯萎病菌］ *Fusarium oxysporum* f. sp. *fragariae* Winks et Williams

草莓角斑病菌 *Xanthomonas fragariae* Kennedy et King

草莓茎线虫 *Ditylenchus fragariae* Kirjanova

草莓壳针孢 *Septoria fragariae* (Libert) Desm.

草莓枯萎病菌 *Fusarium oxysporum* f. sp. *fragariae* Winks et Williams

草莓绿萼植原体 Strawberry green petal phytoplasma

草莓脉带病毒 *Strawberry vein banding virus* Caulimovirus (SVBV)

草莓拟滑刃线虫 *Aphelenchoides fragariae* (Ritzema-Bos) Christie

草莓盘二孢 *Marssonina fragariae* (Lib.) Kleb.

草莓盘旋线虫 *Rotylenchus fragaricus* Maqbool et Shahina

草莓潜 C 病毒 *Strawberry latent virus C Rhabdovirus* (SLaVC)

草莓潜环斑病毒卫星 RNA *Strawberry latent ringspot virus satellite* RNA

草莓潜隐环斑病毒 *Strawberry latent ringspot virus Sadwavirus* (SLRSV)

草莓鞘线虫 *Hemicycliophora fragilis* Doucet

草莓轻型黄边病毒 *Strawberry mild yellow edge virus Luteovirus*

草莓球腔菌 *Mycosphaerella fragariae* (Tul.) Lindau

草莓韧皮部杆菌［草莓叶缘褪色病菌］ *Candidatus* Phlomobacter fragariae Zreik et al.

草莓色链隔孢 *Phaeoramularia vexans* (Massalongo) Guo

草莓生叶点霉［草莓褐角斑病菌］ *Phyllosticta fragaticola* Desm. et Rob

草莓霜霉 *Peronospora fragariae* Roze et Cornu

草莓伪轻型黄边病毒 *Strawberry pseudo mild yellow edge virus Carlavirus* (SPMYEV)

草莓鲜壳孢 *Zythia fragariae* Laib.

草莓芽叶线虫 *Aphelenchoides fragariae* (Ritzema - Bos)

草莓叶斑病菌 *Gnomonia fructicola* (Arnaud) Full

草莓叶缘褪色病菌 *Candidatus* Phlomobacter fragariae Zreik et al.

草莓疫霉 *Phytophthora fragariae* Hickman

草莓疫霉稻叶变种［稻苗疫病菌］ *Phytophthora fragariae* var. *oryzo-bladis*

Wang et Lu

草莓疫霉树莓变种[树莓根腐病菌] *Phytophthora fragariae* var. *rubi* Wilcox et Duncan

草莓疫霉原变种 *Phytophthora fragariae* var. *fragariae* Hickman

草莓皱缩病毒 *Strawberry crinkle virus Cytorhabdovirus* (SCV)

草莓柱隔孢 *Ramularia fragariae* Peck

草木樨(属)花叶病毒 *Melilotus mosaic virus Potyvirus* (MeMV)

草木樨(属)潜病毒 *Melilotus latent virus Nucleorhabdovirus* (MeLV)

草木樨坏死花叶病毒 *Sweet clover necrotic mosaic virus Dianthovirus* (SCNMV)

草木樨潜病毒 *Sweet clover latent virus Nucleorhabdovirus* (SClaV)

草木樨霜霉 *Peronospora meliloti* Sydow

草木樨叶黑粉菌 *Entyloma meliloti* McAlp.

草皮长针线虫 *Longidorus caespiticola* Hooper

草皮新垫刃线虫 *Neotylenchus turfus* Yokop

草坪蘑菇圈病菌[草坪仙人圈病菌] *Armillaria luteo-virens* (Alb. et Schw.) Sacc.

草坪无膜孔线虫 *Afenestrata axonopi* Souza

草色串孢 *Torula herbarum* Link

草沙蚕单胞锈菌 *Uromyces tripogonis-sinensis* Wang

草生欧文氏菌 *Erwinia herbicola* (Löhnis) Dye

草生欧文氏菌丝石竹(满天星)变种 *Erwinia herbicola* pv. *gypsophilae* Miller et al.

草酸青霉 *Penicillium oxalicum* Currie et Thom

草藤单胞锈菌 *Uromyces viciae-craccae* Const.

草乌臼窄尾孢 *Cercospora stillingiae* Ell. et Ev.

草腥黑粉菌 *Tilletia koeleriae* Mundk.

草野白粉寄生菌 *Cicinobolus kusanoi* Henn.

草野柄锈菌 *Puccinia kusanoi* Diet.

草野丛梗孢 *Monilia kusanoi* Henn.

草野钩丝壳 *Uncinula kusanoi* Syd.

草野黑粉菌 *Ustilago kusanoi* Syd.

草野平脐蠕孢 *Bipolaris kusanoi* (Nishikado et Miyake) Shoem.

草野鞘锈菌 *Coleosporium kusanoi* Diet.

草野束双胞 *Didymobotryum kusanoi* Henn.

草野栅锈菌 *Melampsora kusanoi* Diet.

草原车轴草 1 号病毒 *Hop trefoil cryptic virus 1 Alphacryptovirus* (HTCV-1)

草原车轴草 2 号病毒 *Hop trefoil cryptic virus 2 Betacryptovirus* (HTCV-2)

草原车轴草 3 号病毒 *Hop trefoil cryptic virus 3 Alphacryptovirus* (HTCV-3)

草原剑线虫 *Xiphinema limpopoense* Heyns

草原龙胆(属)坏死病毒 *Lisianthus necrosis virus Necrovirus* (LNV)

草原龙胆(属)线纹病毒 *Lisianthus line pattern virus Ilarvirus* (LLPV)

草籽壳囊孢 *Cytospora carphosperma* Sacc.

侧柏壳色单隔孢 *Diplodia thujae* westend

侧柏绿胶杯菌 *Chloroscypha platycladus* Dai

侧孢[霉]属 **Sporotrichum** Link

侧柄锈菌[芦莉草锈病菌] *Puccinia lateripes* Berk. et Ravenel

侧带螺旋线虫 *Helicotylenchus incisus* Darekar et Khan

侧环线虫 *Criconema laterale* Khan et Siddiqi

侧轮线虫　*Criconemoides laterale*（Khan et Siddiqi）Raski et Golden

侧蕊柄锈菌　*Puccinia lomatogonii* Petr.

侧生泡囊虫霉　*Cystopage lateralis* Drechsler

侧生树疱霉　*Dendrophoma pleurospora* Sacc.

侧生疫霉［雪松根腐病菌］　*Phytophthora lateralis* Tucker et Milbrath

侧丝状壳针孢　*Septoria paraphysoidis* Speg.

侧弯孢壳［葡萄藤猝倒病菌］　*Eutypa lata*（Pers. ; Fr.）Tul. et Tul.

侧网纹双垫刃线虫　*Bitylenchus aerolatus*（Tobar Jimenez）Siddiqi

侧尾腺口纲（尾觉器纲）　Phasmidia Chitwood et Chitwood

侧雄腐霉［大葱根腐病菌］　*Pythium paroecandrum* Drechsler

侧枝霉属　**Meria** Vuillemin

箣柊黑痣菌　*Phyllachora scolopiae* Saw.

箣柊夏孢锈菌　*Uredo scolopiae* Syd.

箣竹刺壳炱［狭穗箭竹煤污病菌］　*Capnophaeum ischurochloae* Saw. et Yam.

箣竹根腐病菌　*Periconia bambusina* Ou

箣竹黑盘孢　*Melanconium bambusinum* Speg.

箣竹黑团孢［箣竹根腐病菌］　*Periconia bambusina* Ou

箣竹假黑粉霉　*Coniosporium bambusae*（Thüm. et Bolle.）Sacc.

箣竹壳附霉　*Prosthemiella bembusona* Syd.

箣竹丽赤壳　*Calonectria bambusae*（Hara）Hönh.

箣竹生镰孢　*Fusarium bambusicola* Hara

箣竹香柱菌　*Epichloe bambusae* Pat.

箣竹小煤炱　*Meliola bambusae* Pat.

箣竹小球腔菌　*Leptosphaeria bambusae* Roll.

梣丛枝病菌　*Candidatus* Phytoplasma fraxini Griffiths et al.

梣丛枝病植原体　Ash witches broom phytoplasma

梣单胞锈菌　*Uromyces fraxini*（Kom.）Magn.

梣盾壳霉　*Coniothyrium fraxini* Miura

梣肥柄锈菌　*Uropyxis fraxini*（Kom.）Magn.

梣假尾孢　*Pseudocercospora fraxinites*（Ell. et Ev.）Liu et Guo

梣壳针孢　*Septoria orni* Passerini

梣球腔菌　*Mycosphaerella fraxinea* Peck

梣球针壳　*Phyllactinia fraxini*（DC.）Homma

梣筛孔锈菌　*Macruropyxis fraxini*（Kom.）Azbu.

梣生链格孢　*Alternaria negundinicola*（Ell. et Barth.）Joly

梣生球腔菌　*Mycosphaerella fraxinicola*（Schw.）House.

梣叶点霉　*Phyllosticta fraxini* Ell. et Martin

梣叶格孢　*Macrosporium negundinicolum* Ell. et Bartn.

梣叶槭叉钩丝壳　*Sawadaea negundinis* Homma

梣叶槭壳针孢　*Septoria negundinis* Ell. et Ev.

梣叶槭生叶点霉　*Phyllosticta negundicola* Sacc.

梣叶槭尾孢　*Cercospora negundinis* Ell. et Ev.

梣叶槭叶点霉　*Phyllosticta negundinis* Sacc. et Speg.

梣叶悬钩子多胞锈菌　*Phragmidium rubi-fraxinifolii* Syd.

梣植原体［白蜡树丛枝病菌］　*Candidatus* Phytoplasma fraxini Griffiths et al.

层壁黑粉菌属　**Tolyposporella** Atk.

层出大串孢壶菌［双星藻串孢病菌］

Myzocytium proliferum Schenk

层出腐霉　*Pythium proliferatum* B. Paul

层孔菌属　**Fomes** (Fr.) Fr.

层锈菌属　**Phakopsora** Diet.

叉刺芹叶黑粉菌　*Entyloma eryngii-dichostomi* Maire

叉根银莲花轴霜霉　*Plasmopara anemones-dichotomae* Benua

叉钩丝壳属　**Sawadaea** Miyabe

叉棘拟滑刃线虫　*Aphelenchoides eradicatus* Eroshenko

叉开假丝酵母　*Candida diversa* (Ohara et al. ex Uden)

叉丝单囊壳属　**Podosphaera** Kunze

叉丝壳属　**Microsphaera** Lév.

叉枝顶孢　*Acremonium furcatum* Moreau ex Gams

叉状团胞黑粉菌　*Sorosporium furcatum* Syd. et Butl.

权枝霉属　**Virgaria** Nees

插天泡假尾孢　*Pseudocercospora rubi* (Sacc.) Deighton

查尔科茹皮线虫　*Punctodera chalcoensis* Stone, Sosa et Moss

查谟螺旋线虫　*Helicotylenchus jammuensis* Fetedar et Mahajan

苲壳针孢　*Septoria kishitai* Fukui

茶藨生霜霉　*Peronospora ribicola* J. Schröt.

茶藨子柄锈菌　*Puccinia ribis* DC.

茶藨子痂囊腔菌　*Elsinoë ribis* Jenk. et Bitanc.

茶藨子壳针孢[茶藨子、悬钩子斑枯病菌] *Septoria ribis* (Libert)Desm.

茶藨子拟滑刃线虫　*Aphelenchoides ribes* (Taylor) Goodey

茶藨子普氏腔囊菌　*Plowrightia ribesia* (Pers. ;Fr.) Sacc.

茶藨子球腔菌　*Mycosphaerella grossulariae* (Fr.) Lindau

茶藨子生轴霜霉　*Plasmopara ribicola* Schröt.

茶藨子尾孢　*Cercospora ribis* Earle

茶藨子悬钩子斑枯病菌　*Septoria ribis* (Libert) West.

茶藨子柱锈菌(松疱锈病菌)　*Cronartium ribicola* Fisch.

茶饼病菌　*Exobasidium vexans* Mass.

茶长针线虫　*Longidorus artemisiae* Rubtsova, Chizhov et Subbotin

茶赤斑病菌　*Phyllosticta theicola* Petch

茶疮痂病菌　*Elsinoë leucospila* Bitanc. et Jenk.

茶槌壳佥　*Capnodaria theae* Hara

茶刺盾佥　*Chaetothyrium theae* (Sawada) Hara

茶粗皮病菌　*Patellaria theae* Hara

茶大茎点菌　*Macrophoma abeenia* Hara

茶刀孢　*Clastarosporium carcinum* Schw.

茶膏药病菌　*Septobasidium theae* Boed. et Steinm.

茶隔担耳[茶膏药病菌]　*Septobasidium theae* Boed. et Steinm.

茶褐斑拟盘多毛孢　*Pestalotiopsis guepinii* (Desm.) Stey.

茶褐斑盘多毛孢　*Pestalotia guepini* Desm.

茶黑腐皮壳　*Valsa theae* Hara

茶黑星孢　*Fusicladium theae* Hara

茶红根腐病菌　*Poria hypolateritia* Berk.

茶灰斑病菌　*Leptosphaeria theae* Hara

茶灰根腐病菌　*Poria hypobrunnea* Petch

茶灰星病菌　*Phyllosticta theifolia* Hara

茶灰星病菌　*Septoria theaecola* Hara

茶假尾孢　*Pseudocercospora theae* (Cavara) Deighton

茶胶皿菌[茶粗皮病菌]　*Patellaria theae* Hara

茶壳蠕孢　*Hendersonia theae* Hara

茶溃疡病菌　*Xanthomonas theicola* (Uehara) Vauterin

茶灵芝　*Ganoderma theaecolum* Zhao

茶轮斑病菌　*Pestalotia theae* Saw.

茶煤病菌　*Capnodium footii* Berk. et Desm.

茶煤病菌　*Meliola theacearum* Stev.

茶煤病菌　*Neocapnodium theae* Hata

茶蘑菇座菌　*Agaricodochium camelliae* Liu，Wei et Fan

茶盘多毛孢　*Pestalotia theae* Saw.

茶漆球壳　*Zignoella theae* Hara

茶球腔菌[茶叶斑病菌]　*Mycosphaerella theae* Hara

茶生大茎点菌　*Macrophoma theicola* Petch

茶生黑团壳　*Massaria theicola* Petch

茶生黄单胞菌[茶溃疡病菌]　*Xanthomonas theicola* (Uehara) Vauterin et al.

茶生壳针孢[茶灰星病菌]　*Septoria theaecola* Hara

茶生叶点霉[茶赤斑病菌]　*Phyllosticta theicola* Petch

茶条木桑寄生　*Loranthus delavayi* Van Tiegh.

茶网饼病菌　*Exobasidium reticulatum* Ito et Saw.

茶尾孢　*Cercospora theae* (Cav.) Breda

茶小煤炱[茶煤病菌]　*Meliola theacearum* Stev.

茶小球腔菌[茶灰斑病菌]　*Leptosphaeria theae* Hara

茶小双梭孢盘菌　*Bifusella camelliae* Hou

茶小尾孢　*Cercosporella theae* Patch.

茶新煤炱[茶煤病菌]　*Neocapnodium theae* Hata

茶星盾炱　*Asterina theae* Yam

茶叶斑病菌　*Mycosphaerella theae* Hara

茶叶点霉　*Phyllosticta theae* Speschn

茶叶点霉[茶灰星病菌]　*Phyllosticta theifolia* Hara

茶叶花栅锈菌　*Melampsora apocyni* Tranz.

茶叶枯病菌　*Guignardia camelliae* (Cooke) Butler

茶云纹叶枯病菌　*Colletotrichum camel-*

liae Mass.

茶藻斑病菌　*Cephaleuros virescens* Kunze

察洛里克辛拟滑刃线虫　*Aphelenchoides tsalolikhini* Ryss

差异丝尾垫刃线虫　*Filenchus discrepans* Andrassy

柴胡单胞锈菌　*Uromyces bupleuri* Henn.

柴胡壳二孢　*Ascochyta bupleuri* Thüm.

柴胡壳针孢　*Septoria bupleuri-falecati* Died.

柴胡叶点霉　*Phyllosticta bupleuri* (Fuck) Sacc.

缠结隔指孢　*Dactylella implexa* (Berk. et Br.) Sacc.

缠结镶孢霉[梨粗皮病菌]　*Coniothecium intricatum* Pock

缠器腐霉[棉花、西瓜枯萎、蒂腐病菌]　*Pythium periplocum* Drechsler

缠头拟滑刃线虫　*Aphelenchoides chamelocephalus* (Steiner) Filipjev

蝉棒束孢　*Isaria cicadae* Miq.

蝉花　*Cordyceps sobolifera* (Hill)

蝉蛹虫草[蝉花]　*Cordyceps sobolifera* (Hill) Berk. et Br.

潺槁树小煤炱　*Meliola tetradeniae* (Berk.) Theiss. et Syd.

产阿拉伯糖醇汉逊酵母　*Hansenula arabitolgenes* Fang

产毒拉塞氏杆菌　*Rathayibacter toxicus* Sasaki et al.

产黄青霉　*Penicillium chrysogenum* Thom

产碱菌属　**Alcaligenes** Castellani et Chalmes

产酶溶解杆菌　*Lysobacter enzymogenes* Christensen et Cook

产酶溶解杆菌产酶亚种　*Lysobacter enzymogenes* subsp. *enzymogenes* Christensen et Cook

产酶溶解杆菌库氏亚种　*Lysobacter enzymogenes* subsp. *cookii* Christensen et Cook

产膜酵母 *Saccharomyces membranaefaciens* Hansen

产朊假丝酵母 *Candida utilis* (Henneb.) Lodd. et Kreger

产收敛剂卵孢 *Oospora astringenes* Yamam.

产酸酵母 *Saccharomyces acidifaciens* (Nick.) Lodd. et Kreger

产紫青霉 *Penicillium purpurogenum* Stoll.

颤杨盘孢 *Discosporium tremuloides* (Ell. et Ev.) Sutton

颤藻肿胀病菌 *Rhizophydium oscillatoriae-rubescentis* Jaag et Nipkow

昌都柄锈菌 *Puccinia changtuensis* Wang

菖蒲单胞锈菌 *Uromyces acori* Ramakr. et Rang.

长白锐孔菌 *Oxyporus changbaiensis* Bai et Zeng

长孢白毛盘菌 *Albotricha longispora* Raitv.

长孢钩丝壳 *Uncinula longispora* Zheng et Chen

长孢钩丝壳小型变种 *Uncinula longispora* var. *minor* Zheng et Chen

长孢假毛壳孢 *Pseudolachnea bubakii* var. *longispora* Teng

长孢明孢贫 *Armatella longispora* Yam.

长孢平脐蠕孢 *Bipolaris uroghloae* (Putterill) Shoem.

长孢凸脐蠕孢 *Exserohilum longisporum* Sun et al.

长孢叶点霉 *Phyllosticta longiospora* McAlp.

长苞列当 *Orobanche solmsii* Clarke

长胞链霉菌 *Streptomyces longisporus* (Krasilnikov) Waksman

长柄柄锈菌 *Puccinia longinqua* Cumm.

长柄链格孢 *Alternaria longipes* (Ell. et Ev.) Tisd. et Wadk.

长柄小单孢 *Haplosporella longipes* Ell.

et Barth.

长齿列当 *Orobanche coelestis* Boiss et Reut.

长春花变叶病植原体 Periwinkle phyllody phytoplasma

长春花黄单胞菌 *Xanthomonas lochnerae* Patel et al.

长春花黄化病菌 *Spiroplasma phoeniceum* Saillard, Vignault, Bove et al.

长春花生链格孢 *Alternaria catharanthicola* T. Y. Zhang

长刺异毛刺线虫 *Allotrichodorus longispiculis* Rashid et al.

长地舌菌 *Geoglossum elongatum* Tai

长匐枝壳蠕孢 *Hendersonia sarmentorum* Westend.

长腐霉 *Pythium longandrum* B. Paul

长腹拟滑刃线虫 *Aphelenchoides longiurus* Das

长梗单顶孢 *Monacrosporium longiphorum* Liu et Lu

长宫茎线虫 *Ditylenchus longimatricalis* (Kazachenko) Brzeski

长宫拟滑刃线虫 *Aphelenchoides longiuteralis* Eroshenko

长钩刺蒴麻叶斑病菌 *Xanthomonas campestris* pv. *thirumalacharii* Padhya et Patel

长黑粉菌 *Ustilago longissima* (Sow.) Tul.

长花黑粉菌 *Ustilago longiflora* Mundk. et Thirum.

长黄柔膜菌 *Helotium buccinum* (Pers.) Fr.

长喙柄锈菌 *Puccinia longirostris* Kom.

长喙壳属 ***Ceratocystis*** Ell. et Halst.

长喙链格孢 *Alternaria longirostrata* Zhang et Zhang

长极链格孢 *Alternaria longissima* Deighton et MacGarvie

长尖尾螺旋线虫 *Helicotylenchus* spi-

caudatus Tarjan

长豇豆黄花叶病毒　*Horsegram yellow mosaic virus Begomovirus*（HgYMV）

长角柄锈菌［刚竹锈病菌］　*Puccinia longicornis* Pat. et Har.

长角豆盘单毛孢　*Monochaetia ceratoniae*（Sousa da Camera）Sutton

长角豆叶斑病菌　*Pseudomonas syringae* pv. *ciccaronei*（Ercolani）Young et al.

长井腐霉［稻苗根腐病菌］　*Pythium nagaii* Ito et Tokun.

长颈拟滑刃线虫　*Aphelenchoides longicollis* Fillipjev

长颈异皮线虫　*Heterodera longicolla* Golden et Dickerson

长轮线虫　*Criconemoides longulus*（Gunhold）Oostenbrink

长矛胞囊线虫属　*Sarisodera* Wouts et Sher

长乔森纳姆线虫　*Geocenamus longus*（Wu）Tarjan

长蠕孢属　*Helminthosporium* Link ex Fr.

长生草内锈菌　*Endophyllum sempervivi*（Alb. et Schw.）de Bary

长寿霉属　*Macrobiotophthora* Reukauf

长蒴黄麻叶斑病菌　*Xanthomonas campestris* pv. *olitorii*（Sabet）Dye

长丝叉丝壳　*Microsphaera longissima* Li

长筒琉璃草霜霉　*Peronospora solenanthi* Bỹzova

长椭圆单胞锈菌　*Uromyces oblongisporus* Ell. et Ev.

长尾孢　*Cercospora elongata* Peck

长尾滑刃线虫属　*Seinura* Fuchs

长尾茎线虫　*Ditylenchus longicauda* Geraert et Choi

长尾宽节纹线虫　*Amplimerlinius macrurus*（Goodey）Siddiqi

长尾螺旋线虫　*Helicotylenchus longicaudatus* Sher

长尾拟滑刃线虫　*Aphelenchoides longi-*

caudatus（Cobb）Goodey

长尾婆婆纳柄锈菌　*Puccinia veronicae-longifoliae* Savile

长尾异皮线虫　*Heterodera longicaudata* Seidel

长纹轮线虫　*Criconemoides oblonglineatus* Razzhivin

长线形病毒科　Closteroviridae

长线形病毒属　*Closterovirus*

长形胞囊线虫属　*Dolichodera* Mulvey et Ebsary

长形红酵母　*Rhodotorula longissima* Lodd.

长形拟滑刃线虫　*Aphelenchoides elongates* Schuurmans Stekhoven

长序重寄生　*Phacellaria tonkinensis* Lecomte

长咽线虫属　*Dolichorhynchus* Mulk et Jairajpuri

长叶车前花叶病毒　*Ribgrass mosaic virus Tobamovirus*（RMV）

长叶毛茛霜霉病菌　*Peronospora gigantea* Gäum.

长异腔线虫　*Ecphyadophora elongate*（Maqbool et Shahina）Geraert et Raski

长栅锈菌属　*Melampsoridium* Kleb.

长针螺旋线虫　*Helicotylenchus dolichodoryphorus* Sher

长针线虫属　*Longidorus*（Micoletzky）Thorne et Swanger

长枝木霉　*Trichoderma longibrachiatum* Rifai

长枝葡孢霉　*Botryosporium longibrachiatum*（Oudem）Maire

长枝蛇菰　*Balanophora elongata* Bl.

长柱环线虫　*Criconema alticolum* Colbran

长鬃蓼黑粉菌　*Ustilago longiseti* Vánky et Oberw.

肠杆菌科　Enterobacteriaceae Rahn

肠杆菌属　*Enterobacter* Hormaeche et Edwards

肠新月酵母　*Selenotila intestinalis* Krass.

常春藤痂囊腔菌　*Elsinoë hederae* Bitanc. et Jenk.

常春藤列当　*Orobanche hederae* Duby

常春藤脉明病毒　*Ivy vein clearing virus Nucleorhabdovirus*（IVCV）

常春藤生球壳孢　*Sphaeropsis hedericola* Sacc.

常春藤生叶点霉　*Phyllosticta hedericola* Dur. et Mont

常春藤炭疽菌　*Colletotrichum trichellum*（Fr. ex Fr.）Duke

常春藤叶点霉　*Phyllosticta hederacea* Allesch

常见卷耳霜霉　*Peronospora trivialis* Gäum.

常绿菝葜柄锈菌　*Puccinia smilacis-sempervirentis* Wang

常绿榕假尾孢　*Pseudocercospora fici-septicae* Sawada ex Goh et Hsieh

常青藤座坚壳　*Rosellinia morthieri* Fuck.

常现青霉　*Penicillium frequentans* Westl.

超压肠杆菌〔英国胡桃浅皮溃疡病菌, 榆树湿木病菌〕　*Enterobacter nimipressuralis*（Carter）Brenner et al.

巢莱宽节纹线虫　*Amplimerlinius viciae*（Salt.）Siddiqi

巢蕨枝孢　*Cladosporium neottopteridis* Liu et He

朝鲜槐假尾孢　*Pseudocercospora cladrastidis*（Jacz.）Bai et Cheng

朝鲜槐壳二孢　*Ascochyta maackiae* Sun et Bai

朝鲜槐尾孢　*Cercospora cladrastidis* Jacz.

朝鲜蓟斑驳皱缩病毒　*Artichoke mottled crinkle virus Tombusvirus*（AMCV）

朝鲜蓟爱琴海环斑病毒　*Artichoke Aegean ningspot virus Nepoviruses*（AARSV）

朝鲜蓟黄环斑病毒　*Artichoke yellow ringspot virus Nepovirus*（AYRSV）

朝鲜蓟卷缩病毒　*Artichoke curly dwarf virus Potexvirus*（ACDV）

朝鲜蓟脉带病毒　*Artichoke vein banding virus Cheravirus*（AVBV）

朝鲜蓟潜M病毒　*Artichoke latent virus M Carlavirus*（ArLVM）

朝鲜蓟潜S病毒　*Artichoke latent virus S Carlavirus*（ArLVS）

朝鲜蓟潜病毒　*Artichoke latent virus Potyvirus*（ArLV）

朝鲜蓟意大利潜病毒　*Artichoke Italian latent virus Nepovirus*（AILV）

朝鲜蓟叶斑病菌　*Pseudomonas syringae* pv. *aptata*（Brown et Jamieson）Young et al. ; *Xanthomonas cynarae* Trebaol et al.

朝鲜酵母　*Saccharomyces coreanus* Saito

朝鲜鞘线虫　*Hemicycliophora koreana* Choi et Geraert

朝鲜楯垫线虫　*Scutetylenchus koreanus*（Choi et Geraert）Siddiqi

朝鲜夏孢锈菌　*Uredo coreana*（Hirats.）Hirats.

朝鲜小煤炱　*Meliola kiraiensis* Yam.

车前草(长叶车前)斑驳病毒　Plantain（Plantago lanceolata）mottle virus（PlMV）

车前草(属)4号病毒　*Plantago virus 4 Caulimovirus*（PlV-4）

车前草6号病毒　*Plantain virus 6 Carmovirus*（PlV-6）

车前草7号病毒　*Plantain virus 7 Potyvirus*（PlV-7）

车前草8号病毒　*Plantain virus 8 Carlavirus*（PlV-8）

车前草X病毒　*Plantain virus X Potexvirus*（PlVX）

车前草斑驳病毒　*Plantago mottle virus Tymovirus*（PlMoV）

车前草斑驳病毒　*Plantain mottle virus Nucleorhabdovirus*（PlMV）

车前草生轴霜霉　*Plasmopara plantaginicola* Liu et Pai

车前草亚洲花叶病毒　*Plantago asiatica mosaic virus Potexvirus*（PlAMV）

车前草叶黑粉菌　*Entyloma plantaginis* Blytt

车前草重型斑驳病毒　*Plantago severe mottle virus Potexvirus*（PlSMoV）

车前痂囊腔菌　*Elsinoë plantaginis* Jenkins et Bitan

车前假霜霉　*Pseudoperonospora plantaginis*（Underw.）Sharma et Pushpedra

车前壳二孢　*Ascochyta plantaginis* Sacc. et Speg.

车前粒线虫　*Anguina plantaginis* Hirschmann

车前霜霉　*Peronospora alta* Fuckel

车前霜霉　*Peronospora plantaginis* Underw.

车前霜霉病菌　*Peronospora canescens* Benua

车前尾孢　*Cercospora plantaginis* Sacc.

车前锈孢锈菌　*Aecidium plantaginis* Diet.

车前叶斑病菌　*Xanthomonas campestris* pv. *plantaginis*（Thornberry et Anderson）Dye

车前叶点霉　*Phyllosticta plantaginis* Sacc.

车前异皮线虫　*Heterodera plantaginis* Narbaev et Sidikov

车桑子(属)黄化伴随病毒　Dodonaea yellows-associated virus

车桑子假单胞菌　*Pseudomonas dodonneae* Papdiwal

车桑子假尾孢　*Pseudocercospora mitteriana* Goh et Hsieh

车叶草柄锈菌　*Puccinia asperulae-aparines* Picbauer

车叶草霜霉[香车叶草、异叶轮草霜霉病菌]　*Peronospora calotheca* de Bary

车轴草(三叶草)白粉菌　*Erysiphe trifolii* Grev.

车轴草(三叶草)球梗孢　（Kirch.）Karak.

车轴草单胞锈菌　*Uromyces trifolii*（Hedw.）Lév.

车轴草短蠕孢[三叶草短蠕孢]　*Brachysporium trifolii* Kauffm.

车轴草根腐、软腐病菌　*Rhizopus umbellatus* Smith

车轴草核瑚菌　*Typhula trifolii* Rostr.

车轴草结瘿病菌　*Urophlyctis trifolii*（Pass.）Magnusson

车轴草茎点霉　*Phoma trifolii* Johnson et Valeau

车轴草浪梗霉　*Polythrincium trifolii* Kunze

车轴草霜霉　*Peronospora trifoliorum* de Bary

车轴草弯孢　*Curvularia trifolii* Boedijn

车轴草弯孢唐菖蒲变型　*Curvularia trifolii* f. sp. *gladioli* Parmelee et Luttr.

车轴草尾囊壶菌[车轴草结瘿病菌]　*Urophlyctis trifolii*（Pass.）Magnusson

车轴草鲜壳孢　*Zythia trifolii* Krieg. et Bub.

车轴草小光壳　*Leptosphaerulina trifoli*（Rost.）Petr.

车轴草小核菌　*Sclerotium trifolium* Eriks.

车轴草叶点霉　*Phyllosticta trifolii* Richon

车轴草疫霉　*Phytophthora trifolii* E. M. Hansen et D. P. Maxwell

沉水油壶菌[角星鼓藻肿胀病菌]　*Olpidium immersum* Sorokin

沉香星盾炱　*Asterina aquilariae* Ouyang et Song

陈氏盾线虫　*Scutellonema cheni* Peng et Siddiqi

陈氏拟盘旋线虫　*Rotylenchoides cheni* Zhu et al.

柽柳链格孢　*Alternaria tamaicis* Zhang

成胆膨痂锈菌 *Pucciniastrum gentianae* Hirats. et Hash.

成都假尾孢 *Pseudocercospora chengtuensis* (Tai) Deighton

成都尾孢 *Cercospora chengtuensis* Tai

成团泛菌 *Pantoea agglomerans* (Beijerinck) Gavini et al.

成团泛菌鸡血藤变种［日本鸡血藤瘿瘤病菌］ *Pantoea agglomerans* pv. *millettiae* Kawakami et Yoshida

成团泛菌丝石竹(满天星)变种 *Pantoea agglomerans* pv. *gypsophilae* (Brown) Miller et al.

橙黄红酵母 *Rhodotorula aurantiaca* (Saito) Lodd.

橙黄集壶菌［柳瘿瘤病菌］ *Synchytrium aurantiacum* Tobler

橙黄毛霉［甘蓝软腐病菌］ *Mucor lutescens* Link

橙叶薄膜革菌 *Pellicularia koleroga* Cke.

池田球腔菌 *Mycosphaerella ikedai* Hara

迟钝拟滑刃线虫 *Aphelenchoides retusus* (Cobb)Goodey

迟缓蜡质菌 *Ceriporia tarda* (Berk.) Ginns.

匙荠霜霉 *Peronospora buniadis* Gäum.

匙状单顶孢 *Monacrosporium doedycoides* (Drechs) Cooke et Dickinson

齿瓣兰(属)环斑病毒 *Odontoglossum ringspot virus Tobamovirus* (ORSV)

齿孢腐霉［苎麻、马铃薯块茎腐败病菌］ *Pythium hydnosporum* Schroter

齿孢青霉 *Penicillium daleae* Zal.

齿槽多孔菌［大孔多孔菌］ *Polyporus alveolaris* (DC.；Fr.) Bond. et Sing.

齿冠草假尾孢 *Pseudocercospora utosvyofod* Sawada ex Goh et Hsieh

齿裂附毛孔菌［边囊附毛菌］ *Trichaptum sector* (Ehrenb.；Fr.) Kreisel.

齿裂菌 *Coccomyces dentatus* (Kunze et Schmidt) Sacc.

齿裂菌属 *Coccomyces* de Not.

齿鳞草属(列当科) *Lathraea* L.

齿毛菌属 *Cerrena* Mich.

齿尾螺旋线虫 *Helicotylenchus indenticaudatus* Mulk et Jairajpuri

齿形螺旋线虫 *Helicotylenchus indentatus* Chaturvedi et Khera

玟曲腐乳菌种［平菇毛霉软腐病菌］ *Mucor mucedo* (L.) Fres.

赤斑内脐蠕孢 *Drechslera erythrospila* (Drechsler) Shoem.

赤柄柄锈菌 *Puccinia rufipes* Diet.

赤柄外囊菌［桤木畸实外囊菌］ *Taphrina alni-incanae* (Kühn) Magn.

赤爬假尾孢 *Pseudocercospora thladianthae* (Saw.) Goh et Hsieh

赤爬尾孢 *Cercospora thladianthae* Saw.

赤爬叶点霉 *Phyllosticta thladianthae* Saw.

赤才小煤炱 *Meliola erioglossi* Hansf.

赤苍藤星盾炱 *Asterina erythropali* Hansf.

赤道柄锈菌 *Puccinia infra-aequatorialis* Jörst.

赤道根结线虫 *Meloidogyne equatilis* Ebsary et Eveleigh

赤豆疫病菌 *Phytophthora vignae* f. sp. *adzukicola* Tsuya, Yangawa et al.

赤豆叶点霉 *Phyllosticta azukiae* Miura

赤褐霜霉［牧地香豌豆霜霉病菌］ *Peronospora fulva* Sydow

赤僵棒束孢 *Isaria fumosa-rosea* Wize

赤井弯孢 *Curvularia akaii* Tsuda et Ueyama

赤胫散黑粉菌 *Ustilago tuberculiformis* H. et P. Syd.

赤霉属 *Gibberella* Sacc.

赤球丛赤壳 *Nectria haematococca* Berk. et Br.

赤曲霉 *Aspergillus ruber* Thom et Church

赤松假尾孢 *Pseudocercospora pini-densiflorae* (Hori et Nambu) Deighton

赤松树皮腐败病菌 *Mucor pseudolamprosprorus* Naganishi et Hirahara

赤松尾孢 *Cercospora pini-densiflorae* Hori et Nambu

赤杨外滑刃线虫 *Ektaphelenchus alni* (Steiner) Ruhm

赤油杉寄生 *Arceuthobium rubrum* Hawksw. et Wiens

赤竹柄锈菌 *Puccinia sasae* Kus.

赤竹生柄锈菌 *Puccinia sasicola* Hara

翅孢属 **Alatospora** Ingold

翅果藤生针壳觅 *Irenopsis byttneriicola* Deight.

翅荚豌豆霜霉 *Peronospora tetragonolobi* Gäum.

翅鞘伞滑刃线虫 *Bursaphelenchus elytrus* Massey

翅托虫囊菌属(寻虫囊菌属) **Coremyces** Thaxt.

翅尾螺旋线虫 *Helicotylenchus pteracercus* Singh

虫草属 **Cordyceps** (Fr.) Link

虫花棒束孢 *Isaria farinosa* (Dicks.) Fr.

虫疠霉属 **Pandora** Humber

虫霉属 **Entomophthora** Fres.

虫囊菌属 **Laboulbenia** Mont. et Robin

虫拟蜡菌 *Ceriporiopsis subvermispora* (Pilat) Gilb. et Ryv.

虫生串孢壶菌 *Myzocytium vermicolum* (Zopf) Fisher

虫生节丛孢 *Arthrobotrys entomopage* Drechsler

虫瘟霉属 **Zoophthora** Batko Weiser

虫形孢属 **Entomosporium** Lév.

虫疫霉属 **Erynia** (Nowak. ex Batko) Remaudi. et Hennebert

虫藻壶菌 *Chytridium euglenae* Braun

虫瘴霉属 **Furia** (Batko) Humber

虫座孢属 **Aegerita** Persoon

重环轮线虫 *Criconemoides crassianulatus* de Guiran

重寄生 *Phacellaria fargesii* Lec.

重寄生属(寄生木属,檀香科) **Phacellaria** Benth.

重楼钉孢霉 *Passalora paridis* (Erikss) Guo

重楼短胖孢 *Cercosporidium paridus* (Eriks.) Liu et Guo

重楼条黑粉菌 *Urocystis paridis* (Ung.) Wang

重阳木钩丝壳 *Uncinula bischofiae* Wei

重阳木假尾孢 *Pseudocercospora bischofiae* (Yanam.) Deighton

重阳木盘多毛孢 *Pestalotia bischofiae* Saw.

重阳木尾孢 *Cercospora bischofiae* Yamam.

稠李僵果病菌 *Monilinia padi* (Woron.) Honey

稠李链核盘菌[稠李僵果病菌] *Monilinia padi* (Woron.) Honey

稠李囊果病菌 *Taphrina pruni* var. *padi* Jacz.

稠李小壳丰孢 *Phloeosporella padi.* (Lib.) Von Arx

稠李柱盘孢 *Cylindrosporium padi* Karst.

臭草柄锈菌 *Puccinia melicae* (Erikss.) Syd.

臭草轴黑粉菌 *Sphacelotheca melicae* (de Toni) Cif.

臭椿钩丝壳 *Uncinula delavayi* Pat.

臭椿链格孢 *Alternaria ailanthi* Zhang et Guo

臭椿球针壳 *Phyllactinia ailanthi* (Golov. et Bunk.) Yu

臭椿生假尾孢 *Pseudocercospora ailanthicola* (Patwardhan) Deighton

臭椿尾孢 *Cercospora glansulosa* Ell. et Kell.

臭椿小单孢 *Haplosporella ailanthi* Ell. et Ev.

臭椿锈孢锈菌 *Aecidium ailanthi* J. Y. Zhuang

臭椿叶点霉 *Phyllosticta ailanthi* Sacc.

臭牡丹假尾孢 *Pseudocercospora clerodendri* (Miyake) Deighton

臭牡丹链格孢 *Alternaria clerodendri* T. Y. Zhang et al.

臭牡丹鞘锈菌 *Coleosporium clerodendri* Diet.

臭牡丹生小煤炱 *Meliola clerodendricola* Henn.

臭牡丹尾孢 *Cercospora clerodendri* Miyake.

臭牡丹夏孢锈菌 *Uredo clerodendricola* Henn.

臭牡丹锈孢锈菌 *Aecidium clerodendri* Henn.

臭曲霉 *Aspergillus fpetidus* (Nakaz) Thom et al.

臭腥黑粉菌 *Tilletia olida* (Riess) Wint.

出芽金担子菌 *Aureobasidium pullulans* (de Bary) Arn.

初乳红酵母 *Rhodotorula colostri* (Cast.) Lodd.

雏菊伞锈菌 *Ravenelia bella* Cumm. et Baxt.

楮夏孢锈菌 *Uredo broussonetiae* Saw.

触摸螺旋线虫 *Helicotylenchus tangericus* Sultan

川藏蛇菰 *Balanophora fargesii* (Van Tiegh.) Harms.

川堇菜夏孢锈菌 *Uredo iyoensis* Hirats. et Yoshin.

川蔓藻瘿瘤病菌 *Tetramyxa parasitica* Goebel

川上单胞锈菌 *Uromyces kawakamii* Syd.

川上盘多毛孢 *Pestalotia kawakamii* Saw.

川上品字锈菌 *Hapalophragmium kawakamii* Hirats. et Hash.

川上小煤炱 *Meliola kawakamii* Yam.

川上叶点霉 *Phyllosticta kawakamii* Saw.

川上座壳孢 *Aschersonia kawakamii* Saw.

川息尔霜霉[山罗花霜霉病菌] *Peronospora tranzscheliana* Bakhtin

川芎链格孢 *Alternaria ligustici* Zhang et Zhang

川续断(属)花叶病毒 *Teasel mosaic virus Potyvirus* (TeaMV)

川续断霜霉 *Peronospora dipsaci* Tulasne ex de Bary

穿刺短体线虫 *Pratylenchus penetrans* (Cabb) Filipjev et al.

穿刺鞘线虫 *Hemicycliophora penetrans* Thorne

穿孔壳针孢 *Septoria pertusa* Heald et Wolf

穿孔线虫属 **Radopholus** Thorne

穿孔叶点霉 *Phyllosticta circumscissa* Cooke

穿鞘花假尾孢 *Pseudocercospora forrestiae* (Samwada ex) Goh et Hsieh

穿心莲生尾孢 *Cercospora andrographicola* Chen et Chi

穿叶霉绒孢 *Mycovellosiella perfoliati* (Ell. et Ev.) Muntanola

船状顶辐霉 *Dactylaria naviculiformis* Matsushima

串胞壶菌属 **Myzocytium** Schenk

串胞锈菌属 **Frommea** Arth.

串棘线虫属 **Seriespinula** (Mehta et Raski) Khan et al.

串生囊孢壳 *Physalospora propinqua* Sacc.

串弯孢 *Curvularia catenulata* Reddy et Bilgrami

串珠壶菌属 **Catenochytridium** Berdan

串珠酵母 *Saccharomyces tolulosus* Osterw.

串珠镰孢　*Fusarium moniliforme* Sheld.

串珠镰孢小孢变种　*Fusarium moniliforme* var. *minus* Wollenw.

串珠镰孢亚黏团变种　*Fusarium moniliforme* var. *subglutinans* Wollenw. et Reink.

串珠丝壶菌[玉米腐败病菌]　*Hyphochytrium catenoides* Karling

串珠状粉孢　*Oidium monilioides* Nees

疮痂链霉菌[胡萝卜疮痂病菌]　*Streptomyces scabiei* (ex Thaxter) Lambert et Loria

疮痂卵孢　*Oospora scabies* Thaxt.

窗纹藻壶菌　*Chytridium epithemiae* Nowak.

垂百蕊草柄锈菌　*Puccinia thesii-decurrentis* Diet.

垂孢轮线霉　*Zygnemomyces pendulatus* (Mcmculloch) Tucker

垂果南芥霜霉病菌　*Peronospora arabidis-hirsutae* Gäum.

垂头菊柄锈菌　*Puccinia cremanthodii* Zhuang et Wei

垂叶榕癌肿病菌　*Agrobacterium larrymoorei* Bouzar et Jones

槌果藤小煤炱　*Meliola capparidis* Hansf.

槌果藤星盾炱　*Asterina capparidis* Syd.

槌壳炱属　**Capnodaria**(Sacc.) Theiss.

锤舌菌属　**Leotia** Pers.

锤束孢属　**Sporocybe** Fr.

春冬大爪草霜霉　*Peronospora vernalis* Gäum.

春黄菊柄锈菌　*Puccinia anthemidis* Syd.

春黄菊霜霉　*Peronospora anthemidis* Gäum.

春黄菊轴霜霉　*Plasmopara anthemidis* (Gäum.) Skalický

春季根壶菌[衣藻根壶病菌、畸形病菌]　*Rhizidium vernale* Zopf

春季轮线虫　*Criconemoides vernus* Raski

et Golden

春美草黑粉菌　*Ustilago claytoniae* Shear

春美草潜病毒　*Spring beauty latent virus Bromovirus* (SBLV)

春生山黧豆霜霉　*Peronospora lathyri-verni* A. Gustavsson

蝽虫瘟霉　*Zoophthora pentatomis* (Li, Chen et Xu) Li, Fan

纯白链霉菌　*Streptomyces candidus* (ex Krasilnikov) Sveshnikova

唇囊锈菌　*Lipocystis caesalpiniae* (Arth.) Cumm.

唇囊锈菌属　**Lipocystis** Cumm.

唇形科尾孢　*Cercospora labiatarum* Chupp. et Mull.

鹑豌豆花叶病毒　*Quail pea mosaic virus Comovirus* (QPMV)

疵壁菌门　Mendosicutes Gibbons et Murry

慈姑黑粉菌　*Doassansia sagittariae* (West.) Fisch.

慈姑黑粉菌　*Doassansiopsis horiana* (Henn.) Shen

慈姑实球黑粉菌[慈姑黑粉菌]　*Doassansia sagittariae* (West.) Fisch.

慈姑尾孢　*Cercospora sagittariae* Ell. et Kell.

慈姑虚球黑粉菌[慈姑黑粉病菌]　*Doassansiopsis horiana* (Henn.) Shen

慈姑叶黑粉菌　*Doassansia opaca* Setch.

慈姑柱隔孢　*Ramularia satittariae* Bres.

慈竹叶点霉　*Phyllosticta take* Miyake et Hara

雌钝尾拟滑刃线虫　*Aphelenchoides gynotylurus* Timm et Franklin

次墙草拟滑刃线虫　*Aphelenchoides subparietinus* Sanwal

刺柏美洲槲寄生　*Phoradendron juniperinum* Engelm.

刺柏散斑壳[桧柏落叶散斑壳菌]　*Lophodermium juniperinum* (Fr.) de Not.

刺孢虫疠霉　*Pandora echinospora*（Thaxter）Humber

刺孢地菇　*Terfezia spinosa* Harkn.

刺孢根生壶菌[薄甲藻根生壶病菌]　*Rhizophydium echinatum*（Dang.）Fischer

刺孢壶菌属　**Sporophlyctis** Serbinow

刺孢青霉　*Penicillium spiculisporum* Lehm

刺孢曲霉　*Aspergillus echinulatus*（Delacr）Thom et Church

刺孢散囊菌　*Eurotium echinulatum* Delacr

刺孢霜霉[鹤虱霜霉病菌]　*Peronospora echinospermi* Swingle

刺孢腥黑粉菌　*Tilletia echinosperma* Ainsw.

刺柄疫霉[曼格红树疫病菌]　*Phytophthora spinosa* Fell et Master

刺柄疫霉片裂变种[曼格红树疫病菌]　*Phytophthora spinosa* var. *lobata* Fell et Master

刺檗叶点霉　*Phyllosticta garbovskii*（Garb.）Gucev

刺断续霜霉　*Peronospora moreani* Rayss

刺盾盘菌　*Scutellinia erinaceus*（Schw.）Kuntze

刺盾壳属　**Chaetothyrium** Speg.

刺腐霉[黄瓜、马尾松猝倒病菌]　*Pythium spinosum* Sawada

刺革菌属　**Hymenochaete** Lév.

刺隔孢壳属　**Chaetoscorias** Yam.

刺果番荔枝黄斑病毒　*Soursop yellow blotch virus Nucleorhabdovirus*（SYBV）

刺黑团孢　*Periconia echinochloae*（Batista）Ellis

刺槐叉丝壳　*Microsphaera robiniae* Tai

刺槐丛枝病植原体　Black locust witches broom phytoplasma

刺槐多孔菌　*Pdyporus robiniophilus*（Murr.）Lloyd.

刺槐干腐病菌　*Botryosphaeria abrupta* Berk. et Curt.

刺槐壳囊孢　*Cytospora sophorae* Bres.

刺槐壳色单隔孢　*Diplodia sophorae* Speg. et Sacc.

刺槐壳针孢　*Septoria rubiniae* Desm.

刺槐拟茎点霉　*Phomopsis oncostoma*（Thüm.）Huhm

刺槐小单孢　*Haplosporella robiniae*（Ell. et Barth.）Pet. et Syd.

刺黄果叶斑病菌　*Xanthomonas campestris* pv. *carissae*（Moniz. et al.）Dye

刺壳壳属　**Capnophaeum** Speg.

刺李薇双胞锈菌[桃、李、梅锈病菌]　*Tranzschelia pruni-spinosae*（Pers.）Diet.

刺芒野古草柄锈菌　*Puccinia arundinellae-setosae* Tai

刺玫蔷薇多胞锈菌　*Phragmidium rosae-davuricae* Miura

刺皮菌属　**Heterochaete** Pat.

刺器腐霉　*Pythium acanthophoron* Sideris

刺芹叶黑粉菌　*Entyloma eryngii*（Corda）de Bary

刺球菌属　**Chaetosphaeria** Tul.

刺球座菌属　**Lasiobotrys** Kunze

刺山柑白锈病菌　*Albugo capparidis*（de Bary）Ciferri

刺蒴麻假尾孢　*Pseudocercospora triumfettae*（Syd.）Deighton

刺蒴麻链柄锈菌　*Pucciniosira triumfettae* Lagerh.

刺蒴麻霜霉病菌　*Plasmopara satarensis* Chavan et Kulkarni

刺蒴麻针壳壳　*Irenopsis triumfettae*（Stev.）Hansf. et Deight.

刺蒴麻针壳壳范氏变种　*Irenopsis triumfettae* var. *vanderystii* Hansf. et Deight.

刺蒴麻轴霜霉　*Plasmopara triumfettae* Sharma et Munjal

刺壳属　**Balladyna** Racib.

刺负枝孢 *Cladosporium balladynae* Deighton

刺桐假尾孢 *Pseudocercospora diversispora* Goh et Hsieh

刺桐假尾孢 *Pseudocercospora erythrinigena* Yen

刺桐壳多孢 *Stagonospora erythrinae* Saw.

刺桐链格孢 *Alternaria erythrinae* Agostini

刺桐螺旋线虫 *Helicotylenchus erythrinae* (Zimmermann) Golden

刺桐萨姆氏菌[刺桐树皮坏死病菌] *Samsonia erythrinae* Sutra et al.

刺桶孢 *Amblyosporium echinulatum* Oudem.

刺尾赫希曼线虫 *Hirschmannia spinicaudatus* (Schuurmans) et al. Luć et Goodey

刺尾拟滑刃线虫 *Aphelenchoides echinocaudatus* Haque

刺五加轮线虫 *Criconemoides echinopanaxi* Mukhina

刺线虫属 **Belonolaimus** Steiner

刺亚煤炱 *Hypocapnodium setosum* (Zimm.) Speg.

刺痒藤星盾炱 *Asterina tragiae* Hughes

刺疫霉原变种 *Phytophthora spinosa* var. *spinosa* Fell et Master

刺圆孢青霉 *Penicillium rotundum* Raper et Fenn.

刺轴黑粉菌 *Sphacelotheca echinata* Zund.

刺状短柱锈菌[黄肉楠短柱锈菌] *Xenostele echinacea* (Berk.) Syd.

刺状瘤蠕孢[香石竹眼斑病菌] *Heterosporium echinulatum* (Berk.) Cooke

刺子莞柄锈菌 *Puccinia rhynchosporae* Syd.

刺子莞单胞锈菌 *Uromyces rhynchosporae* Ell.

刺子莞黑粉菌 *Cintractia scleriae* (DC.) Ling

刺座孢属 **Chaetostroma** Corda

葱 X 病毒属 **Allexivirus**

葱埃里格孢 *Embellisia allii* (Campanile) Simmons

葱矮化线虫 *Tylenchorhynchus allii* Khurma et Mahajan

葱柄锈菌[葱锈病菌] *Puccinia allii* (DC.) Rud.

葱穿孔线虫 *Radopholus allius* Shahina et Maqbool

葱垫刃线虫 *Tylenchus allii* Beijerinck

葱腐葡萄孢 *Botrytis allii* Munn

葱格孢 *Macrosporium porri* Ell.

葱核盘菌 *Sclerotinia cepivorum* Berk.

葱黑粉菌 *Ustilago allii* McAlp.

葱节壶菌 *Physoderma allii* Krieg.

葱芥霜霉 *Peronospora alliariae-wasabi* Gäum.

葱芥霜霉病菌 *Peronospora niesslieana* Berl.

葱茎线虫 *Ditylenchus allii* (Beijerinck) Filipjev et al.

葱韭霜霉[洋葱、韭菜霜霉病菌] *Peronospora destructor* (Berkeley) Caspary ex Berkeley

葱壳针孢 *Septoria allii* Moesz

葱类黑粉病菌 *Urocystis cepulae* Frost.

葱类叶枯病菌 *Pleospora herbarum* (Fr.) Rabenk.

葱链格孢[葱类紫斑病菌] *Alternaria porri* (Ellis) Ciferri

葱鳞葡萄孢 *Botrytis squamosa* Walker

葱瘤蠕孢 *Heterosporium allii* Ell. et Mart.

葱拟长针线虫 *Longidoroides jacobsi* Heyns

葱拟毛刺线虫 *Paratrichodorus allius* (Jensen) Siddiqi

葱球腔菌 *Mycosphaerella schoenoprasi* (Rabenh) Schrot.

葱色串孢　*Torula allii*（Harz）Sacc.

葱蒜叶枯病菌　*Xanthomonas axonopodis* pv. *allii* Roumagnac，Gardan et al.

葱蒜荧光假单胞菌　*Pseudomonas fluorescence* pv. *allium*

葱炭疽菌　*Colletotrichum circinans*（Berk.）Vogl.

葱头腐烂病菌　*Burkholderia gladioli* pv. *alliicola*（Burkholder）Yabuuchi et al.

葱伪垫刃线虫　*Nothotylenchus allii* Khan et Siddiqi

葱细丝葡萄孢　*Botrytis byssoidea* Walker

葱锈病菌　*Puccinia allii*（DC.）Rud.

葱杨栅锈菌　*Melampsora allii-populina* Kleb.

葱叶杯菌　*Ciborinia allii* Köhn

葱疫病菌　*Xanthomonas campestris* pv. *allii* Kodaka et al.

葱疫霉　*Phytophthora porri* Foister

葱枝孢　*Cladosporium allii*（Ell. et Mart）Kirk et Cromptom

丛赤壳属　**Nectria** Fr.

丛簇曲霉　*Aspergillus caespitosus* Raper et Thom

丛耳集珠霉［丛耳集珠霉病菌］　*Syncephalis wynneae* Thaxter

丛梗孢属　**Monilia** Bonord.

丛花青霉　*Penicillium corymbiferum* Westl

丛集珠霉病菌　*Syncephalis wynneae* Thaxter

丛林茎线虫　*Ditylenchus dendrophilus*（Marcinoky）Filipjev et al.

丛林螺旋线虫　*Helicotylenchus dumicola* Siddiqi

丛林伞滑刃线虫　*Bursaphelenchus sychnus*（Rühm）Goodey

丛毛单胞菌属　**Comamonas** De Vos et al.

丛片韧革菌　*Stereum frustulosum* Fr.

丛枝芏麻壳二孢　*Ascochyta rheae*（Cooke）Grove

粗柄柄锈菌　*Puccinia pachypes* Syd.

粗柄壳针孢［大孔壳针孢］　*Septoria macropoda* Pass.

粗柄马鞍菌　*Helvella macropus*（Pers. ex Fr.）Karst.

粗柄炭疽菌　*Colletotrichum crassipes*（Speg.）Arx

粗柄羊肚菌　*Morchella crassipes*（Vent.）Pers.

粗糙虫草　*Cordyceps aspera* Pat.

粗糙钩丝壳棒状变种　*Uncinula aspera* var. *clavalata* Zhen et Chen

粗糙管根壶菌［蓝绿藻管根壶菌］　*Rhizosiphon crassum* Scherffel

粗糙轮线虫　*Criconemoides antipolitana* de Guiran

粗糙拟迟孔菌　*Daedaleopsis confragosa* Schrot.

粗糙盘旋线虫　*Rotylenchus incultus* Sher

粗糙头孢　*Cephalosporium asperum* March

粗糙小光壳炱［褐疣小光壳炱］　*Asteridialla scabra*（Doidge）Hansf.

粗糙星盾炱　*Asterina scruposa* Syd.

粗糙叶腥黑粉菌　*Tilletia asperifolia* Ell. et Ev.

粗根内壶菌［鞘藻内壶病菌］　*Entophlyctis bulligera*（Zopf）Fischer

粗梗假尾孢　*Pseudocercospora leguminum*（Chupp et Linder）Deighton

粗果小球腔菌　*Leptosphaeria trachycarpi* Hara

粗糠树假尾孢　*Pseudocercospora ehretiae* Sawada ex Goh et Hsieh

粗糠树夏孢锈菌　*Uredo garanbiensis* Hirats. et Hash.

粗链格孢　*Alternaria crassa*（Sacc.）Rands

粗毛孢锈菌　*Dasyspora gregaria*（Kunze）Henn.

粗毛孢锈菌属　**Dasyspora** Berk. et Curt.

粗毛盖菌属 *Funalia* Pat.

粗毛黄褐孔菌 *Xanthochrous hispidus* (Bull.) Pat.

粗毛盘多毛孢 *Pestalotia macrotricha* Kleb.

粗毛栓菌 *Trametes gallica* Fr.

粗毛纤孔菌 *Inonotus hispidus* (Bull ex Fr.) Karst.

粗毛小煤炱 *Meliola scabrisela* Hansf. et Deight.

粗毛座霉属 *Hadrotrichum* Fuckel

粗穗蛇菰 *Balanophora dioica* Br.

粗纹膜垫线虫属 *Aglenchus* Siddiqi et Khan

粗序重寄生 *Phacellaria caulescens* Collett et Hemsl

粗叶木尾孢 *Cercospora lasianthi* C. Chen

粗壮白粉菌 *Erysiphe robusta* Zheng et Chen

粗壮笔束霉 *Arthrobotryum robustum* Cooke et Ell.

粗壮层孔菌[白腐病菌] *Fomes robustus* Karst.

粗壮钩丝壳 *Uncinula salmonii* H. et P. Syd.

粗壮环线虫 *Criconema robusta* Wang et Wu

粗壮假丝酵母 *Candida valida* (Leberle) Uden et Buckl.

粗壮柱隔孢 *Ramularia robusta* Hildebr

酢浆草埃里格孢 *Embellisia oxalidicola* Simmons

酢浆草柄锈菌 *Puccinia oxalidis* Diet. et Ell.

酢浆草黑粉菌 *Ustilago oxalidis* Ell. et Tracy

酢浆草假尾孢 *Pseudocercospora oxalidis* Goh et Hsieh

酢浆草球腔菌 *Mycosphaerella oxalidis* Saw.

酢浆草霜霉 *Peronospora oxalidis* Koval

酢浆草弯孢 *Curvularia oxalis* M. Zhang et TY. Zhang

酢浆草锈孢锈菌 *Aecidium oxalidis* Thüm.

醋杆菌属 *Acetobacter* Beijerimck

醋化醋杆菌[菠萝红果病菌] *Acetobacter aceti* (Pasteur) Beijerinck

醋栗单囊壳 *Sphaerotheca mors-uvae* (Schw.) Berk. et Curt.

醋栗脉带病毒 *Gooseberry vein banding virus Tungrovirus*

醋栗叶斑病菌 *Pseudomonas syringae* pv. *ribicola* (Bohn) Young et al.

醋栗叶点霉 *Phyllosticta grossulariae* Sacc.

醋线虫腐霉 *Pythium anguillulae-aceti* Sadeb.

簇密粗毛座霉 *Hadrotrichum caespitulisum* Sacc.

簇囊腐霉[黑松根腐病菌] *Pythium torulosum* Coker et Patterson

簇囊疫霉[橡胶树疫病菌] *Phytophthora botryose* Chee

簇生长蠕孢 *Helminthosporium torulosum* (Syd.) Ashby

簇生格孢 *Macrosporium fasciculatum* Cooke et Ell.

簇生链格孢 *Alternaria fasciculate* (Cooke et Ell.) Jones et Grout

簇生迈尔锈菌 *Milesina pycnograndis* (Arth.) Hirats.

簇生小窦氏霉 *Deightoniella torulosa* (Syd.) Ellis

簇实曲霉 *Aspergillus fruticulosis* Raper et Fenn.

簇状腐霉 *Pythium toruloides* Paul

串孢锈菌属 *Frommea* Arth.

脆壁酵母 *Saccharomyces fragilis* Jörg.

脆杆藻根生壶菌[脆杆藻肿胀病菌] *Rhizophydium fragilariae* Canter

翠菊壳针孢　*Septoria callistephi* Gloyer

翠菊轮纹病菌　*Ascochyta asteris*（Bers.）Gloyer

翠菊黏团镰孢　*Fusarium calmorum*（Smith）Sacc.

翠菊褪绿矮化病毒　*Aster chlorotic stunt virus Carlavirus*（ACSV）

翠菊褪绿病毒　*Callistephus chinensis chlorosis virus Nucleorhabdovirus*（CCCV）

翠菊锈孢锈菌　*Aecidium callistephi* Miyabe

翠菊锈病菌　*Coleosporium asterum*（Diet.）Syd.

翠雀黑斑病菌　*Pseudomonas syringae* pv. *delphnii* Gaponenko

翠雀花霜霉病菌　*Plasmopara pygmaea* f. sp. *delphinii* Gaponenko

翠雀花轴霜霉　*Plasmopara delphinii*（Gapon.）Novot.

翠雀小核菌　*Sclerotium delphinii* Welch

锉沟螺旋线虫　*Helicotylenchus limarius* Eroshenko et al.

锉皮线虫属　**Afrina** Brzeski

错综柄锈菌　*Puccinia perplexans* Plowr.

错综柄锈菌小麦变种　*Puccinia perplexans* var. *triticina*（Erikss.）Urban

D

达布克斯茎线虫　*Ditylenchus darbouxi*（Cotte）Filipjev

达地夏孢锈菌　*Uredo davaoensis* Syd.

达科他粗纹膜垫线虫　*Aglenchus dakotensis* Geraert et Raski

达拉斯星盾负　*Asterina dallasica* Petr.

达马薯蓣（属）潜病毒　*Tamus latent virus Potexvirus*（TaLV）

达马薯蓣红花叶病毒　*Tamus red mosaic virus Potexvirus*（TRMV）

达沃特异皮线虫　*Heterodera daverti* Wouts et Sturhan

鞑靼滨藜霜霉　*Peronospora atriplicistataricae* Oescu et Rădul.

鞑靼内丝白粉菌　*Leveillula taurica*（Lév）Arn.

打碗花壳二孢　*Ascochyta calystegiae* Sacc.

打碗花锈孢锈菌　*Aecidium calystegiae* Desm.

大白菜软腐病菌　*Erwinia carotovoa* subsp. *carotovoa*（Jones）Bergey et al.

大胞孢堆黑粉菌　*Sporisorium macrosporum*（Yen et Wang）Guo et Li

大孢腐霉　*Pythium macrosporum* Vaartaia et Plaäts-Nit.

大孢壳柱霉　*Pitarthron macrosporium*（Dur et Mont.）

大孢链格孢　*Alternaria macrospora* Zimm.

大孢绵霉［稻苗绵腐病菌］　*Achlya megasperma* Humphrey

大孢拟茎点霉［杨树溃疡病菌］　*Phomopsis macrospore* Kobayashi et Chiba

大孢盘双端毛孢　*Seimatosporium macrospermum*（Berk. et Br.）Sutton

大孢霜霉　*Peronospora macrospora* Unger

大孢指疫霉　*Sclerophthora macrospora*（Sacc.）Thirum., C. G. Shaw et Naras.

大孢指疫霉原变种　*Sclerophthora macrospora* var. *macrospora*（Sacc.）Thirum. et al.

大葱黄条病毒 *Welsh onion yellow stripe virus* Potyvirus(WOYSV)

大丁草盘梗霉 *Bremia leibnitziae* Tao et Qin

大丁草霜霉病菌 *Bremia leibnitziae* Tao et Qin

大豆Z病毒 *Soybean virus Z* Potyvirus(SVZ)

大豆矮缩病毒 *Soybean dwarf virus* Luteovirus(SbDV)

大豆斑驳病毒属 ***Soymovirus***

大豆斑枯病菌 *Septoria glycines* Hemmi

大豆北方茎溃疡病菌 *Diaporthe phaseolorum* var. *caulivora* Athow et Caldwell

大豆弹状病毒 *Soybean virus* Rhabdovirus

大豆黑斑病菌 *Alternaria atrans* Gibson

大豆花叶病毒 *Soybean mosaic virus* Potyvirus(SMV)

大豆黄脉病毒 *Soybean yellow vein virus*

大豆灰斑(蛙眼)病菌 *Cercospora sojina* Hara

大豆灰星病菌 *Phyllosticta sojaecola* Massal.

大豆荚枯病菌 *Macrophoma mame* Hara

大豆茎褐腐病菌 *Phialophora gregata* (Allington et Chamberlain) Gams

大豆壳二孢[大豆轮纹病菌] *Ascochyta sojae* Miura

大豆壳针孢[大豆斑枯病菌] *Septoria glycines* Hemmi

大豆轮纹病菌 *Ascochyta sojae* Miura

大豆慢性根瘤菌[大豆根瘤菌] *Bradyrhizobium japonicum*(Buchanan)Jordan

大豆南方茎溃疡病菌 *Diaporthe phaseolorum* var. *meriedionalis* Fernandez

大豆轻花叶病毒 *Soybean mild mosaic virus*

大豆球状病毒 *Soybean spherical virus*

大豆曲霉 *Aspergillus sojae* Sakag et Yamada

大豆(属)斑驳病毒 *Glycine mottle virus* Carmovirus(GMoV)

大豆褪绿斑驳病毒 *Soybean chlorotic mottle virus* Soymovirus(SbCMV)

大豆羞萎病菌 *Septogloeum sojae* Yoshii et Nishiz.

大豆锈病菌 *Phakopsora pachyrhizi* H. et P. Syd.

大豆疫病菌 *Phytophthora sojae* Kaufmann et Gerdemann

大豆疫霉[大豆疫病菌] *Phytophthora sojae* Kaufmann et Gerdemann

大豆印度尼西亚矮缩病毒 *Soybean Indonesian dwarf virus* Luteovirus

大豆皱叶病毒 *Soybean crinkle leaf virus* Begomovirus(SCLV)

大豆紫斑病菌 *Cercospora kikuchii* Matsum. et Tomoy.

大风子小煤炱 *Meliola hydnocarpi* Hansf.

大果腐霉 *Pythium megacarpum* B. Paul

大果霜霉 *Peronospora macrocarpa* Rabenh.

大果油杉寄生 *Arceuthobium verticilliflorum* Durango

大果枝孢 *Cladosporium macrocarpum* Preuss

大黄黑粉菌 *Ustilago rhei*(Zund.)Vánky et Oberw

大黄冠腐病菌 *Erwinia rhapontici*(Millard)Burkholder

大黄欧文氏菌[大黄冠腐病菌] *Erwinia rhapontici*(Millard)Burkholder

大戟(属)环斑病毒 *Euphorbia ringspot virus* Poty virus(EuRV)

大戟(属)曲叶病毒 *Euphorbia leaf curl virus* Begomovirus(EuMV)

大戟孢囊 *Cystopus euphorbiae* Cooke et Massee

大戟单囊壳 *Sphaerotheca euphorbiae*

(Cast.)Salm

大戟枯萎病菌　*Phytomonas davidi*

大戟链格孢　*Alternaria euphorbiae* (Bathol) Aragaki et Uchida

大戟霜霉　*Peronospora valesiaca* Gäum.

大戟霜霉　*Peronospora euphorbiae* Fuckel

大戟尾孢　*Cercospora euphorbiae* Kell. et Swingle.

大戟锈孢锈菌　*Aecidium euphorbiae* Gmel.

大戟栅锈菌　*Melampsora euphorbiae* (Schub.) Cast.

大尖拟滑刃线虫　*Aphelenchoides macromucrons* Slankis

大角锈孢锈菌　*Roestelia magna* (Crowell) Jörst.

大节片线虫属　**Macroposthonia** de Man

大茎点菌属　**Macrophoma**(Sacc.)Berl et Voglino

大孔多孔菌　*Polyporus alveolaris* (DC. ; Fr.) Bond.

大孔壳针孢　*Septoria macropoda* Pass.

大块菌　*Tuber magnorum* Pico

大盔螺旋线虫　*Helicotylenchus macrogaleatus* Fernabdez et al.

大理柄锈菌　*Puccinia taliensis* Tai

大理菊花枯病菌　*Itersonilia perplexans* Derx.

大丽花、豌豆猝倒病菌　*Pythium helicoids* Drechsler

大丽花花叶病毒　*Dahlia mosaic virus Caulimovirus* (DMV)

大丽花茎点霉　*Phoma dahliae* Berk.

大丽花轮枝孢　*Verticillium dahliae* Kleb.

大丽花生叶点霉　*Phyllosticta dahliicola* Baun

大丽花叶黑粉菌　*Entyloma dahliae* Syd.

大连酵母　*Saccharomyces dairensis* Nagan.

大螺旋线虫　*Helicotylenchus amplius* Anderson et Eveleich

大麻白斑病菌　*Phyllosticta cannabis* (Ki-

大麻白星病菌　*Septoria cannabis* (Lasch.) Sacc.

大麻斑点病菌　*Mycosphaerella cannabis* Johans.

大麻根霉病菌　*Mortierella van-tieghemi* Bachmann

大麻假单孢菌　*Pseudomonas cannabina* (ex Sutic) Gardan et al.

大麻假霜霉[大麻霜霉病菌]　*Pseudoperonospora cannabina* (Otth) Curzi

大麻假尾孢　*Pseudocercospora cannabina* (Wakef.) Deighton

大麻壳二孢　*Ascochyta prasadii* Shukla et Pathak

大麻壳针孢　[大麻白星病菌]*Septoria cannabis* (Lasch.) Sacc.

大麻列当　*Orobanche ramose* L.

大麻球腔菌[大麻斑点病菌]　*Mycosphaerella cannabis* Johans.

大麻霜霉病菌　*Pseudoperonospora cannabina* (Otth) Curzi

大麻透尾孢　*Cercospora cannabis* Hara et Fukui

大麻尾孢　*Cercospora cannabina* Wakef.

大麻叶斑病菌　*Xanthomonas campestris* pv. *cannabis* Severin

大麻叶点霉　*Phyllosticta cannabis* (Kirchn) Speg.

大麻疫病菌　*Pseudomonas syringae* pv. *cannabina* (Sutic et al.)Young et al.

大麦(属)花叶病毒　*Hordeum mosaic virus Rymovirus* (HoMV)

大麦、人参根腐病菌　*Pythium acrogynum* Yu

大麦B1病毒　*Barley virus B1 Potexvirus* (BarV-B1)

大麦柄锈菌[大麦叶锈病菌]　*Puccinia hordei* Otth

大麦病毒属　**Hordeivirus**

大麦杜比亚病毒　*Barley dubia virus* Tenuivirus（BDV）

大麦花叶病毒　Barley mosaic virus

大麦黄矮 GPV 病毒　Barley yellow dwarf virus-GPV（BYDV-GPV）

大麦黄矮 MAV 病毒　Barley yellow dwarf virus-MAV Luteovirus（BYDV-MAV）

大麦黄矮 PAV 病毒　Barley yellow dwarf virus-PAV Luteovirus（BYDV-PAV）

大麦黄矮 RMV 病毒　Barley yellow dwarf virus-RMV（BYDV-RMV）

大麦黄矮 SGV 病毒　Barley yellow dwarf virus-SGV（BYDV-SGV）

大麦黄矮病毒　Barley yellow dwarf virus Luteovirus（BYDV）

大麦黄矮病毒卫星　Barley yellow dwarf Satellite virus

大麦黄花叶病毒　Barley yellow mosaic virus Bymovirus（BaYMV）

大麦黄花叶病毒属　*Bymovirus*

大麦黄条点花叶病毒　Barley yellowstriate mosaic virus Cytorhabdovirus（BYSMV）

大麦黄线条花叶病毒　Barley yellowstreak mosaic virus

大麦坚黑粉菌　Ustilago hordei（Pers.）Lagerh.

大麦壳针孢　Septoria passerinii Sacc.

大麦轻型斑驳病毒　Barley mild mottle virus（BaMMoV）

大麦轻型花叶病毒　Barley mild mosaic virus Bymovirus（BaMMV）

大麦生球腔菌［大麦叶鞘枯萎病菌］　Mycosphaerella hordeicola Hara

大麦生球腔菌　Mycosphaerella ordeicola Hara

大麦双皮线虫　Bidera hordecalis（Anderson）Krall

大麦条斑病菌　Xanthomonas translucens pv. hordei（Egli）Vauterin et al.

大麦条点花叶病毒　Barley striate mosaic virus（BSaMV）

大麦条纹病菌　Pyrenophora graminea（Rabenk.）Ito et Kurib.

大麦条纹病菌　Drechslera graminea（Rabenh ex Schl.）Shoem.

大麦条纹花叶病毒　Barley stripe mosaic virus Hordeivirus（BSMV）

大麦网斑病菌　Drechslera teres（Sacc.）Shoem.

大麦网斑病菌　Pyrenophora teres（Died.）Drechsler

大麦网斑内脐蠕孢　Drechslera dictyoides（Drechsler）Shoem.

大麦腥黑粉菌　Tilletia hordei Körn.

大麦异皮线虫　Heterodera hordecalis Anderson

大麦叶鞘枯萎病菌　Mycosphaerella hordeicola Hara

大麦叶锈病菌　Puccinia hordei Otth

大麦云纹病菌　Rhynchosporium graminicola Heinson

大毛霉［豉曲腐乳菌种］　Mucor mucedo（L.）Fres.

大矛锥线虫　Dolichodorus grandaspicatus Robbins

大米草（属）斑驳病毒　Spartina mottle virus Potyvirus（SPMV）

大囊轮线虫　Criconemoides macrodorum Taylor

大囊毛霉［稻霉腐病菌］　Mucor wosnessenskii Schostak.

大囊拟滑刃线虫　Aphelenchoides megadorus Allen

大囊球腔菌　Mycosphaerella pachyasca（Rostr.）Vest.

大囊小环线虫　Criconemella macrodora（Taylor）Luć et Raski

大藻尾孢　Cercospora pistiae Nag Raj, Govindu et Thirum.

大蔷薇盘双端毛孢　Seimatosporium subiunatum Sutton

大球拟滑刃线虫　*Aphelenchoides macro-bulbosus* Ruhm

大散斑壳[松落针病菌]　*Lophodermium maximum* He et Yang

大黍(羊草)花叶病毒　*Guinea grass mosaic virus Potyvirus* (GGMV)

大水萍实球黑粉菌　*Doassansia eichhorniae* Cif.

大蒜 A 病毒　*Garlic virus A Allexivirus* (GarV-A)

大蒜 B 病毒　*Garlic virus B Allexivirus* (GarV-B)

大蒜 C 病毒　*Garlic virus C Allexivirus* (GarV-C)

大蒜 D 病毒　*Garlic virus D Allexivirus* (GarV-D)

大蒜 X 病毒　*Garlic virus X Allexivirus* (GarV-X)

大蒜矮缩病毒　*Garlic dwarf virus Fijivirus* (GDV)

大蒜核盘菌　*Sclerotinia allii* Saw.

大蒜花叶病毒　*Garlic mosaic virus Carlavirus* (GarMV)

大蒜黄线条病毒　*Garlic yellow streak virus* (GYSV)

大蒜芥霜霉　*Peronospora sisymbrii-sophiae* Gäum.

大蒜芥霜霉雅库变种　*Peronospora sisymbrii-sophiae* Gäum. var. *jakutica* Benua

大蒜芥霜霉原变种　*Peronospora sisymbrii-sophiae* var. *sisymbrii-sophiae*

大蒜茎腐病菌　*Pseudomonas salomonii* Gardan et al.

大蒜螨传潜隐病毒　*Garlic mite-borne latent virus Allexivirus* (GarMbLV)

大蒜螨传线状病毒　*Garlic mite-borne filamentous virus Allexivirus* (GarMbFV)

大蒜霉斑病菌　*Cladosporium allii-cepae* (Ranojivic) Ellis

大蒜葡萄孢盘菌[大蒜盲种病菌]　*Botryotinia porri* (Beyma) Whetz.

大蒜普通潜病毒　*Garlic common latent virus Carlavirus* (GarCLV)

大蒜潜隐病毒　*Garlic latent virus* (GarLV)

大体长针线虫　*Longidorus macrosoma* Hooper

大头茶生叶点霉　*Phyllosticta gordoniicola* Saw.

大头螺旋线虫　*Helicotylenchus magnicephalus* Phukan et Sanwal

大头苔草柄锈菌　*Puccinia caricis-macrocephalae* Diet.

大头小环线虫　*Criconemella macrodolens* Dhanachand et Romabati

大团囊虫草　*Cordyceps ophioglossoides* (Ehrenb.) Link

大团囊菌属　**Elaphomyces** Nees ex Fr.

大托叶猪屎豆黄花叶病毒　*Crotalaria spectabilis yellow mosaic virus Potexvirus* (CSYMV)

大尾孢　*Cercospora grandissima* Rangel

大尾螺旋线虫　*Helicotylenchus macronatus* Mulk et Jairajpuri

大尾囊壶菌[酸模结瘿病菌]　*Urophlyctis major* Schröt.

大尾拟短体线虫　*Pratylenchoides magnicauda* (Thorne) Baldwin et al.

大尾摇粉孢　*Oidium heliotropu-indici* Saw.

大胃拟滑刃线虫　*Aphelenchoides macrogaster* (Fuchs) Filipjev

大西洋螺旋线虫　*Helicotylenchus atlanticus* Fernandez et al.

大西洋拟毛刺线虫　*Paratrichodorus atlanticus* (Allen) Siddiqi

大西洋土壤杆菌　*Agrobacterium atlanticum* Rüger et Höfle

大西洋亚特兰大线虫　*Atlantadorus atlanticus* (Allen) Siddiqi

大吸囊菌[新月藻]串孢病菌 *Myzocytium megastomum* de Wild.

大仙人掌欧文氏菌[大仙人掌软腐病菌] *Erwinia carnegieana* Standring

大型甜菜异皮线虫 *Heterodera schachtii major* Schmidt

大雄疫霉 *Phytophthora megasperma* Drechsler

大雄疫霉原变种 *Phytophthora megasperma* var. *megasperma* Drechsler

大雄疫霉紫苜蓿变型 *Phytophthora megasperma* f. sp. *medicaginis-sativae* T. L. Kuan et Erwin

大洋洲植原体 *Candidatus* Phytoplasma australasia White et al.

大叶丁香球腔菌 *Mycosphaerella caryophyllata* Bouriguet et Heim.

大叶槭叶斑病菌 *Pseudomonas syringae* pv. *aceris* (Ark) Young，Dye et al.

大叶蔷薇多胞锈菌 *Phragmidium rosae-acicularis* Lindr.

大叶山马蝗叶斑病菌 *Xanthomonas axonopodis* pv. *desmodiigangetici* (Patel) Vauterin et al.

大叶藤小煤炱 *Meliola tinomisciicola* Hu et Ouyang

大叶藻生潜根线虫 *Hirschmanniella zostericola* (Allgen) Luć et Goodey

大翼豆(属)花叶波多黎各病毒 *Macroptilium mosaic virus* Puerto Rico Begomovirus

大翼豆(属)黄花叶病毒 *Macroptilium yellow mosaic virus* Begomovirus

大翼豆(属)黄花叶佛罗里达病毒 *Macroptilium yellow mosaic virus* Florida Begomovirus

大翼豆(属)金色花叶 PR 病毒 *Macroptilium golden mosaic virus* -[PR] Begomovirus

大翼豆(属)金色花叶病毒 *Macroptilium golden mosaic virus* Begomovirus (MG-MV)

大翼豆(属)金色花叶牙买加 1 号病毒 *Macroptilium golden mosaic virus*-[Jamaica 1] Begomovirus

大翼豆(属)金色花叶牙买加 2 号病毒 *Macroptilium golden mosaic-virus* [Jamaica 2] Begomovirus

大油芒孢堆黑粉菌 *Sporisorium abramovianum* (Lavr.) Karatygin

大鱼黄草叶斑病菌 *Xanthomonas campestris* pv. *merremiae* (Pant) Dye et al.

大育耳霉 *Conidiobolus megalotocus* Drechsler

大圆孢盾盘菌 *Scutellinia megalosphaera* Dissing

大泽柄锈菌 *Puccinia ohsawaensis* Kakishima

大针螺旋线虫 *Helicotylenchus macrostylus* Marais et Queneherve

大针纽带线虫 *Hoplolaimus magnistylus* Robbing

大栉轮线虫 *Criconemoides macrolobata* Jairajpuri et Siddiqi

大栉小环线虫 *Criconemella magnilobata* (Darekar et Khan) Raski et Luć

大种霜霉 *Peronospora megasperma* Berl.

带赫氏菌属[地氏裸囊菌属] **Diehliomyces** Gilkey

带化红球菌[香豌豆带化病菌] *Rhodococcus fascians* (Tilfold) Goodfellow

带孔枝孢 *Cladosporium porophorum* Matsushima

袋孢广角捕虫霉 *Euryancale marsipospora* Drechsler

袋壶菌属 **Saccomyces** Serbinow

袋囊腐霉[睡莲叶腐败病菌] *Pythium marsipium* Drechsler

袋囊油壶菌[鼓藻肿胀病菌] *Olpidium saccatum* Sorok.

戴顿斯氏格孢 *Spegazzinia deightonii*

（Hughes）Subram.

戴氏孢堆黑粉菌 *Sporisorium taianum*（Syd.）Guo

戴氏丛赤壳 *Nectria desmazierii* Becc. et Dutrs.

戴托里小光壳贠 *Asteridiella deightonii*（Hansf.）Hansf.

戴维斯黑粉菌 *Ustilago davisii* Liro

戴维斯霜霉 *Peronospora davisii* C. G. Shaw

戴维斯尾孢 *Cercospora davisii* Ell. et Ev.

戴维斯叶黑粉菌 *Entyloma davisii* Cif.

戴维植生滴虫［大戟枯萎病原］ *Phytomonas davidi*

单孢酵母 *Saccharomyces unisporus* Jörg.

单孢节丛孢 *Arthrobotrys amerospora* Schenck，Kendrick et Paamer

单孢囊菌属 **Monosporascus** Pollack

单孢网囊霉［风信子、稻苗绵腐病菌］ *Dictyuchus monosporus* Leitgeb

单孢枝霉属 **Hormodendrum** Bon.

单胞锈菌属 **Uromyces**（Link）Ung.

单侧曲霉 *Aspergillus unilateralis* Throw.

单顶孢属 **Monacrosporium** Oudem.

单端孢属 **Trichothecium** Link

单干槭叶点霉 *Phyllosticta platanoidis* Sacc.

单格孢 *Monodictys putredinis*（Wallroth）Hughes

单格孢属 **Monodictys** Hughes

单隔孢属 **Scolicotrichum** Kunze

单隔尖孢 *Acumispora uniseptata* Matsush.

单个盾线虫 *Scutellonema unum* Sher

单宫单毛刺线虫 *Monotrichodorus monohystera*（Allen）Andrassy

单环线虫 *Criconema simples* Marais et Berg

单角霉属 **Monoceras** Guba

单角盘单毛孢 *Monochaetia unicornis*

（Cooke et Ell.）Sacc.

单角盘色梭孢 *Seiridium unicorne*（Cke. et Ell.）Sutton

单链卫星 DNA 亚组 Single-stranded satellite DNAs

单链卫星 RNA 亚组 Single-stranded satellite RNAs

单毛刺线虫属 **Monotrichodorus** Andrassy

单囊壳属 **Sphaerotheca** Lév.

单囊霉属 **Eremascus** Eidam

单排孢属 **Monostichella** Höhn.

单歧藻根囊壶菌［单歧藻畸形病菌］ *Rhizophlyctis tolypotrichis* Zukal

单生柄锈菌 *Puccinia singularis* Magn.

单式壶菌［隐藻壶病菌］ *Chytridium simplex* Dang.

单性拟滑刃线虫 *Aphelenchoides unisexus* Jain et Singh

单性盘旋线虫 *Rotylenchus unisexus* Sher

单性叶点霉 *Phyllosticta monogyna* Allesch.

单锈菌 *Monosporidium andrachnis* Barcl.

单锈菌属［孤孢锈菌属］ **Monosporidium** Barcl.

单序草孢堆黑粉菌 *Sporisorium amaurae* Vánky

单叶藤橘假尾孢 *Pseudocercospora paramignyae*（Thirum. et Chupp）Guo

单一螺旋线虫 *Helicotylenchus unicum* Fernandez et al.

单主菌属 **Autoicomyces** Thaxt.

单柱菟丝子 *Cuscuta monogyna* Vahl.

弹壳孢属 **Shearia** Petr.

弹状病毒科 Rhabdoviridae

淡白链柄锈菌 *Pucciniosira pallidula*（Speg.）Lagerh.

淡白色不眠单胞锈菌 *Maravalia pallida* Arth. et Thaxt.

淡白色双楔孢锈菌 *Sphenospora pallida*

淡黄疔座霉 *Polystigma ochraceum* (Wahl.) Sacc.

淡黄多孔菌 *Polyporus gilves* (Schw.) Fr.

淡黄腐霉 *Pythium flavoense* Plaäts-Nit.

淡黄褐栓菌 *Trametes ochracea* (Pers.) Gilbn. et Ryv.

淡黄列当 *Orobanche sordida* Mey.

淡黄曲霉 *Aspergillus cremeus* Kwon et Fenn

淡灰柄锈菌[炮仗花锈病菌] *Puccinia leucophaea* Syd. et Butl.

淡肉色拟层孔菌 *Fomitopsis feei* (Fr.) Kreisel

淡色丛赤壳 *Nectria ochroleuca* (Schw.) Berk.

淡竹壳二孢 *Ascochyta osmophila* (Davis) Lu et Bai

淡竹叶柄锈菌 *Puccinia lophatheri* (H. et P. Syd.) Hirats.

淡紫顶辐霉 *Dactylaria purpurella* (Sacc.) Sacc.

淡紫拟青霉 *Paecilomyces lilacinus* (Thom) Samson

当归柄锈菌[当归锈病菌] *Puccinia angelicae* Fuck.

当归短体线虫 *Pratylenchus angelicae* Kapoor

当归黑痣菌 *Phyllachora angelicae* (Fr.) Fuck

当归生柄锈菌 *Puccinia angelicicola* Henn.

当归尾孢 *Cercospora apii* var. *angelicae* Sacc. et Scalia

当归轴霜霉 *Plasmopara angelicae* (Caspary) Trotter

党参单囊壳 *Sphaerotheca codonopsis* (Golov.) Zhao

党参壳针孢 *Septoria codonopsidis* Ziling

党参锈病菌 *Coleosporium horianum* Henn.

刀孢属 ***Clasterosporium*** Schweinitz

刀豆被链孢锈菌 *Dietelia canvaliae* (Arth.) Syd.

刀豆痂囊腔菌 *Elsinoë canavaliae* Racib.

刀豆生假尾孢 *Pseudocercospora canavaliigena* Yen et Liu

刀豆生尾孢 *Cercospora canavaliicola* Saw. et Kats.

刀豆尾孢 *Cercospora canavaliae* Syd.

刀豆疫霉[洋葱茎腐败病菌，黄瓜疫病菌] *Phytophthora canavaliae* Hara

导管螺旋线虫 *Helicotylenchus canalis* Sher

导管双垫刃线虫 *Bitylenchus canalis* (Thorne et Malek) Siddiqi

岛青霉 *Penicillium islandicum* Sopp.

岛生异担子菌 *Heterobasidion insulare* (Murr.) Ryv.

倒杓单顶孢 *Monacrosporium obtrulloides* Castaner

倒地铃尾孢 *Cercospora cardiospermi* Petch

倒吊笔假尾孢 *Pseudocercospora wrightiae* (Thirum. et Chupp) Deighton

倒吊笔驼孢锈菌 *Hemileia wrightii* Racib.

倒钩腐霉[莴苣根腐病菌] *Pythium uncinulatum* Plaäts et al.

倒挂金钟(属)潜病毒 *Fuchsia latent virus Carlavirus* (FLV)

倒梨形长蠕孢 *Helminthosporium obpyriformis* M. Zhang et T. Y. Zhang

倒梨形链格孢 *Alternaria obpyriformis* T. Y. Zhang

倒卵细基格孢 *Ulocladium obovoideum* Simmons

倒卵形节丛孢 *Arthrobotrys obovata* Zhang et Liu

倒三角顶辐霉 *Dactylaria obtriangularia* Matsushima

道格拉斯氏油杉寄生 *Arceuthobium do-*

uglasii Engelm.

稻、甘蔗绵腐病菌　*Pythium aftertile* Kanouse et Humphrey

稻矮化病毒属　*Waikavirus*

稻矮化线虫　*Tylenchorhynchus oryzae* Kaul et Waliullah

稻矮缩病毒　*Rice dwarf virus Phytoreovirus*（RDV）

稻白叶病毒　*Rice hoja blanca virus Tenuivirus*（RHBV）

稻白叶枯病菌　*Xanthomonas oryzae* pv. *oryzae*（Ishiyama）Swings et al.

稻斑点病菌　*Metasphaeria oryzae*（Catt.）Sacc.

稻病毒属　*Oryzavirus*

稻草状矮化病毒　*Rice grassy stunt virus Tenuivirus*（RGSV）

稻槎菜柄锈菌　*Puccinia lapsanae*（Cooke）Fuck.

稻槎菜盘梗霉　*Bremia lapsanae* Syd.

稻槎菜霜霉病菌　*Bremia lactucae* f. sp. *lapsane* Skidmore et Ingram

稻齿矮病毒　*Rice ragged stunt virus Oryzavirus*（RRSV）

稻穿孔线虫　*Radopholus oryzae*（van Breda de Haan）Thorne

稻簇矮病毒　*Rice bunchy stunt virus Phytoreovirus*（RBSV）

稻大节片线虫　*Macroposthania oryzae* Sharma, Edward et Mishra

稻钉孢霉　*Passalora janseana*（Racib）Braun

稻顶柱霉　*Acrocylindrium oryzae* Saw.

稻东格鲁杆状病毒　*Rice tungro bacilliform virus Badnavirus*（RTBV）

稻东格鲁球状病毒　*Rice tungro spherical virus Waikavirus*（RTSV）

稻短蠕孢　*Brachysporium oryzae* Ito et Ishiy.

稻盾壳霉[稻叶斑病菌]　*Coniothyrium oryzae* Cavara

稻恶苗病菌　*Gibberella fujikuroi*（Saw.）Wollenw.；*Fusarium moniliforme* var. *oryzae* Saccas

稻腐败、桃软腐病菌　*Rhizopus oryzae* Went et Geerl.

稻腐败病菌　*Rhizopus oligosporus* Saito

稻腐霉[稻苗绵腐病菌]　*Pythium oryzae* Ito et Tokun.

稻腐小核菌　*Sclerotium oryzae* Saw.

稻附球霉　*Epicoccum oryzae* Ito et Iwad

稻干尖线虫　*Aphelenchoides besseyi* Christie

稻格氏霉[稻云形病菌(稻叶灼病菌)]　*Gerlachia oryzae*（Hashioka et Yokogi）Gams

稻根腐病菌　*Rhizopus tonkinensis* Vuillemin

稻根结线虫　*Meloidogyne oryzae* Maas, Dede et Sanders

稻谷枯病菌　*Phyllosticta glumarum*（Ell. et Fr.）Miyake

稻褐斑病菌　*Pseudomonas syringae* pv. *oryzae*（ex Kuwata）Young et al.

稻褐鞘病菌　*Ophiobolus oryzinus* Sacc.

稻褐鞘病细菌　*Xanthomonas campestris* pv. *brunneivaginae* Luo, Liao et Chen

稻黑孢[玉米裂轴病菌]　*Nigrospora oryzae*（Berk. et Br.）Petch

稻黑盘孢　*Melanconium oryzae* de Haan

稻黑条矮缩病毒　*Rice black streaked dwarf virus Fijivirus*（RBSDV）

稻胡麻斑病菌　*Cochliobolus miyabeanus*（Ito et Kurib.）Drechsler[有性态]

稻胡麻斑病菌　*Bipolaris oryzae*（Breda de Haan）Shoem.

稻坏死花叶病毒　*Rice necrosis mosaic virus Bymovirus*（RNMV）

稻黄矮化病毒　*Rice yellow stunt virus Nucleorhabdovirus*（RYSV）

稻黄斑驳病毒　*Rice yellow mottle virus Sobemovirus*（RYMV）

稻黄单胞菌 *Xanthomonas oryzae* (Uyeda et Ishiyama) Swings et al.

稻黄单胞菌 *Xanthomonas oryzae* (Uyeda et Ishiyama) Dowson.

稻黄单胞菌稻变种[稻白叶枯病菌] *Xanthomonas oryzae* pv. *oryzae* (Uyeda et Ishiyama) Swings et al.

稻黄单胞菌稻生变种[稻条斑病菌] *Xanthomonas oryzae* pv. *oryzicola* (Fang et al.) Swings et al.

稻黄化萎缩病菌 *Candidatus* Phytoplasma oryzae Jung et al.

稻黄萎病菌 *Sclerophthora macrospora* var. *macrospore* (Sacc.) Thirum. et al.

稻喙孢[稻云形病菌,稻云纹病菌] *Rhynchosporium oryzae* Hash. et Yok.

稻棘壳孢[水稻叶鞘黑点病菌] *Pyrencochaeta oryzae* Shirai

稻剑线虫 *Xiphinema oryzae* Bos et Loof

稻茎线虫 *Ditylenchus angustus* (Butler); *Ditylenchus oryzae* (Mathur) Fortuner

稻卷角霉 *Helicoceras oryzae* Linder et Tullis

稻壳二孢 *Ascochyta oryzae* Catt

稻壳褐针孢 *Phaeoseptoria oryzae* Miyake

稻壳蠕孢 *Hendersonia oryzae* Miyake

稻壳色单隔孢 *Diplodia oryzae* Miyake

稻壳针孢[稻颖白斑病菌] *Septoria oryzae* Catt.

稻枯斑丝核菌 *Rhizoctonia oryzae* Ryk. et Gooch

稻类疫菌[稻苗烂秧、腐败病菌] *Pythiomorpha oryzae* Ito et Nagai

稻梨孢[稻瘟病菌] *Pyricularia oryzae* Cav.

稻粒黑粉菌 *Tilletia barc layana* (Bref.) Sacc. et Syd.

稻粒尾孢黑粉菌[稻粒黑粉病菌] *Neovossia horrida* (Tak.) Padw. et Khan

稻链格孢 *Alternaria oryzae* Hara

稻瘤矮病毒 *Rice gall dwarf virus* Phytoreovirus (RGDV)

稻瘤座菌[稻一柱香病菌] *Balansia oryzae* (Syd.) Naras. et Thirum.

稻绿核菌[稻曲病菌] *Ustilaginoidea virens* (Cooke) Tak.

稻卵孢 *Oospora oryzae* Ferr.

稻卵孢球腔菌 *Mycosphaerella malinverniana* (Catt.) Miyake

稻螺旋线虫 *Helicotylenchus oryzae* Fernandez et al.

稻麦根结线虫 *Meloidogyne triticoryzae* Gaur Saha et Khan

稻毛锥孢 *Trichoconis padwickii* Gang.

稻霉腐病菌 *Mucor wosnessenskii* Schostak

稻苗、烟草根腐病菌 *Pythium monospermum* Pringsheim

稻苗腐败病菌 *Pythium rostratum* Butler

稻苗根腐病菌 *Pythium nagaii* Ito et Tokun.

稻苗烂秧病菌 *Pythiogeton ramosum* Minden; *Pythiogeton uniforme* Lund.; *Pythiomorpha miyabeana* Ito et Nagai; *Pythiomorpha oryzae* Ito et Nagai

稻苗绵腐病菌 *Achlya americana* Humphrey; *Achlya decorata* Peters; *Achlya flagellate* Coker; *Achlya flagellata* var. *yezoensis* Ito; *Achlya klebsiana* Pieters; *Achlya megasperma* Humphrey; *Achlya racemosa* Hildebrand; *Pythium diclinum* Tokunaga; *Pythium echinocarpum* Ito et Tokun.; *Pythium helicum* Ito; *Pythium oryzae* Ito et Tokun.

稻苗疫病菌 *Phytophthora fragariae* var. *oryzo-bladis* Wang et Lu

稻内源 RNA 病毒 *Oryza sativa RNA virus Endornavirus*

稻盘多毛孢 *Pestalotia oryzae* Hara

稻平脐蠕孢[稻胡麻叶斑病菌] *Bipolar-*

is oryzae (Breda de Haan) Shoem.

稻潜根线虫　*Hirschmanniella oryzae* (So ltwedel) Luć et Goodey

稻鞘腐病菌　*Pseudomonas fuscovaginae* (ex Tanii) Miyajima et al.

稻鞘蛇孢腔菌[稻褐鞘病菌]　*Ophiobolus oryzinus* Sacc.

稻鞘线虫　*Hemicycliophora oryzae* Waela et Berg

稻球壳孢　*Sphaeropsis oryzae* (Catt.) Sacc.

稻球腔菌　*Mycosphaerella oryzae* (Catt.)Sacc.

稻曲病菌　*Ustilaginoidea virens* (Cooke) Tak.

稻全蚀病菌　*Gaeumannomyces graminis* var. *graminis* Trans.

稻葚孢　*Sporidesmium oryzae* Har

稻日规菌　*Gnomonia oryzae* Miyake

稻蛇孢腔菌　*Ophiobolus oryzae* Miyake

稻生壳针孢　*Septoria oryzaecola* Hara

稻生小核菌　*Sclerotium orizicola* Nakata et Kawam.

稻生小球腔菌　*Leptosphaeria oryzaecola* Hara

稻生叶点霉[稻叶尖白枯病菌]　*Phyllosticta oryzicola* Hara

稻生异皮线虫　*Heterodera oryzicola* Rao et Jayaprakash

稻霜霉病菌　*Sclerophthora macrospora* var. *oryzae* Liu, Zhang et Liu

稻条纹病毒　*Rice stripe virus Tenuivirus* (RSV)

稻条纹坏死病毒　*Rice stripe necrosis virus Furovirus* (RSNV)

稻弯孢　*Curvularia oryzae* Bugn.

稻尾孢　*Cercospora oryzae* Miyake

稻萎矮化病毒　*Rice wilted stunt virus Tenuivirus* (RWSV)

稻瘟病菌　*Magnaporthe grisea* (Hebert) Barrnov.

稻瘟病菌　*Pyricularia oryzae* Cav.

稻纹枯病菌　*Thanatephorus cucumeris* (Frank) Donk

稻细菌性条斑病菌　*Xanthomonas oryzae* pv. *oryzicola* (Fang et al.)

稻小核菌　*Sclerotium oryzae-sativae* Saw.

稻小壳色单隔孢　*Diplodiella oryzae* Miyake

稻小盘环线虫　*Discocriconemella oryzae* Rahman

稻小球腔菌　*Leptosphaeria oryzina* Sacc.

稻小陷壳　*Trematosphaerella oryzae* (Miyake) Padw.

稻亚球壳　*Sphaerulina oryzae* Miyake

稻亚球腔菌[稻斑点病菌]　*Metasphaeria oryzae* (Catt.) Sacc.

稻烟灼灼斑病菌　*Trichoconis padwickii* Gang.

稻叶斑病菌　*Coniothrium oryzae* Cavara

稻叶大褐斑病菌　*Phyllosticta oryzae* (Cooke et Mass.) Miyake

稻叶点霉[稻叶大褐斑病菌]　*Phyllosticta oryzae* (Cooke et Mass.) Miyake

稻叶黑粉菌　*Entyloma oryzae* Syd.

稻叶假单胞菌　*Pseudomonas oryzihabitans* Kodama et al.

稻叶尖白枯病菌　*Phyllosticta oryzicola* Hara

稻叶尖干枯病菌　*Metasphaeria albescens* Thüm.

稻叶尖枯病菌　*Trematosphaerella oryzae* (Miyake) Padw.

稻叶枯病菌　*Phyllosticta miyakei* Syd.

稻叶鞘斑点病菌　*Pseudomonas palleroniana* Gardan et al.

稻叶鞘黑点病菌　*Pyrencochaeta oryzae* Shirai

稻叶球壳孢　*Sphaeropsis vaginarum* (Catt.) Sacc.

稻叶梢枯病菌　*Phyllosticta miurai* Miyake

稻叶疫霉　*Phytophthora oryzo-bladis* Wang et Lu ex H. H. Ho

稻叶灼病菌　*Gerlachia oryzae* (Hashioka et Yokogi)Gams

稻一柱香病菌　*Balansia oryzae* (Syd.) Naras. et Thirum.

稻一柱香病菌　*Ephelis oryzae* Syd.

稻异长针线虫　*Paralongidorus oryzae* Verma

稻异皮线虫　*Heterodera oryzae* Luć et Berdon

稻疫霉[稻疫病菌]　*Phytophthora oryzae* (Ito et Nagai) Waterhouse

稻颖白斑病菌　*Septoria oryzae* Catt.

稻颖壳腐败病菌　*Rhizopus japonicus* Vuillem

稻颖枯病菌　*Burkholderia glumae* (Kurita Tabei) Urakami et al.

稻颖枯病菌　*Phyllosticta glumicola* (Speg.) Hara

稻颖球壳孢　*Sphaeropsis japonicum* Miyake

稻云形病菌(稻叶灼病菌)　*Gerlachia oryzae* (Hashioka et Yokogi)Gams.

稻云形病菌,稻云纹病菌　*Rhynchosporium oryzae* Hash et Yok.

稻枝孢　*Cladosporium oryzae* Sacc. et Syd.

稻植原体[稻黄化萎缩病菌]　*Candidatus* Phytoplasma oryzae Jung et al.

稻种子黑腐病菌　*Aphanomyces parasiticus* Coker

稻帚枝杆孢[稻鞘腐病菌]　*Sarocladium oryzae* (Sawada) Gams et Hawks.

稻柱香孢[稻一柱香病菌]　*Ephelis oryzae* Syd.

稻紫鞘病菌　*Sarocladium sinense* Chen et Zhang

得克萨斯辣椒病毒　*Texas pepper virus Begomovirus* (TPV)

德巴利腐霉[蚕豆、稻苗绵腐病菌]　

Pythium debaryanum Hesse

德巴利腐霉　*Pythium debaryi* (J. Walz) Racib.

德巴利腐霉葡萄生变种　*Pythium debaryanum* var. *viticola* Jain

德巴利腐霉天竺葵变种　*Pythium debaryanum* var. *pelargonii* Hans Braun

德巴利腐霉原变种　*Pythium debaryanum* var. *debaryanum* Hesse

德巴利酵母属　**Debaryomyces** Klöck.

德巴利绵霉　*Achlya debaryana* Humphr.

德巴利霜霉[小荨麻霜霉病菌]　*Peronospora debaryi* Selmon et Ware

德地壳针孢　*Septoria drogochiensis* Petr.

德尔布酵母　*Saccharomyces delbrueckii* Lindn.

德尔布酵母蒙古变种　*Saccharomyces delbrueckii* var. *mongolicus* (Saito) Lodd. et Kreger

德甫氏噬酸菌　*Acidovorax defluvii* Schulze et al.

德国鸢尾叶条纹病毒　*Iris germanica leaf stripe virus Nucleorhabdovirus* (IGLSV)

德哈尼壳针孢　*Septoria dehaanii* Hara

德赫德轮线虫　*Criconemoides dherdei* (de Grisse)Luć

德拉霉属　**Delacroixia** Sacc. et Syd.

德拉氏噬酸菌　*Acidovorax delafieldii* (Davis) Willems et al.

德拉特短体线虫　*Pratylenchus delattrei* Luć

德拉瓦柱锈菌　*Cronartium delavayi* Pat.

德雷疫霉[瓜类疫病菌]　*Phytophthora drechsleri* Tucker

德里腐霉[烟草、玉米茎烧、根腐病菌]　*Pythium deliense* Meurs

德里螺旋线虫　*Helicotylenchus delhiensis* Khan et Nanjappa

德里拟滑刃线虫　*Aphelenchoides delhiensis* Chawla et al.

德曼轮线虫　*Criconemoides demani*（Micoletzky）Taylor

德脑顿轮线虫　*Criconemoides denoudeni*（de Grisse）Luć

德氏腐霉　*Pythium drechsleri* B. Paul

德氏根结线虫　*Meloidogyne deconincki* Elimiligy

德氏滑刃线虫　*Aphelenchus demani* Goodey

德氏轮线虫　*Criconemoides deconinki* de Grisse

德氏霉属　***Drechslera*** Ito

德氏拟滑刃线虫　*Aphelenchoides demani*（Goodey）Goodey

德氏小盘环线虫　*Discocriconemella degrissei* Loof et Sharma

德氏珍珠茅柄锈菌　*Puccinia scleriae-dregeanae* Doidge

德斯马泽黑皮盘菌[松赤落叶病菌]　*Meloderma desmazieresii*（Duby）Darker

德通氏密格孢　*Acrodictys deightonii* Ellis

德文盘旋线虫　*Rotylenchus devonensis* Van den Berg

德永柄锈菌　*Puccinia tokunagai* Ito et Kawai

灯蛾噬虫霉　*Entomophaga aulicae*（Reichardt ex Bail）Humber

灯笼草柄锈菌　*Puccinia clinopodii-polycephali* S. X. Wei

灯心草单胞锈菌　*Uromyces junci*（Desm.）Tul.

灯心草顶辐霉　*Dactylaria junci* Ellis

灯心草根肿黑粉菌　*Entorrhiza casparyana*（Magn.）Lagerh.

灯心草核黑粉菌　*Cintractia junci*（Schw.）Trel.

灯心草黑痣菌　*Phyllachora junci*（Fr.）Wint.

灯心草生假格孢　*Nimbya juncicola*（Fuckel）Simmons

灯心草生尾孢　*Cercospora juncicola* Chupp.

灯心草条黑粉菌　*Urocystis junci* Lagerh.

灯心草亚团黑粉菌　*Tolyposporium junci*（Schröt.）Woron.

等螺旋线虫　*Helicotylenchus impar* Prasad et al.

等轴不稳环斑病毒属　***Ilarvirus***

等柱隔孢　*Ramularia aequivoca* Sacc.

邓兰夏孢锈菌　*Uredo tainiae* Hirats.

邓氏兰伯特盘菌　*Lambertella tengii* Zhuang

邓氏粒毛盘菌　*Lachnum tengii* Zhuang

低滩苦荬菜柄锈菌　*Puccinia lactucae-debilis* Diet.

滴孔菌属　***Piptoporus*** Karst.

迪丹斯假丝酵母　*Candida diddensii*（Pha ff et al.）Fell et Mey.

迪克逊根生壶菌[水云肿胀病菌]　*Rhizophydium dicksonii* Wright

迪门纳汉逊酵母　*Hansenula dimennae* Wickerh.

迪特尔柄锈菌　*Puccinia dieteliana* Syd.

迪特尔金锈菌　*Chrysomyxa dietelii* Syd.

迪特尔迈尔锈菌　*Milesina dieteliana*（Syd.）Magn.

迪特尔帽孢锈菌　*Pileolaria dieteliana* Syd.

底生锈孢锈菌　*Aecidium innatum* Syd. et Butl.

地胆草层锈菌　*Phakopsora elephantopodis* Hirats.

地胆草假尾孢　*Pseudocercospora elehantopidis* Goh et Hsieh

地胆草鞘锈菌　*Coleosporium elephantopodis* Thüm.

地胆草尾孢　*Cercospora elephantopi* Ell. et Ev.

地肤霜霉　*Peronospora kochiae* Gäum.

地菇属　***Terfezia***（Tul.）Tul.

地黄(属)X病毒　*Rehmannia virus X Potexvirus*（RVX）

地黄壳二孢　*Ascochyta molleriana* Wint

地锦白粉菌　*Erysiphe andina*（Speg.）Braun

地锦灰斑病菌　*Pseudocercospora brachypus*（Ell et Ev.）Liu et Guo

地霉属　**Geotrichum** Link

地盘菌　*Peziza catinus* Holmsk.

地三叶草矮化病毒　*Subterranean clover stunt virus Nanovirus*（SCSV）

地三叶草斑驳病毒　*Subterranean clover mottle virus Sobemovirus*（SCMOV）

地舌菌属　**Geoglossum** Pers.

地生酵母　*Saccharomyces telluris* Walt

地氏裸囊菌属［带赫菌属］　**Diehliomyces** Gilkey

地丝腐霉　*Pythium chamaehyphon* Sideris

地笋锈孢锈菌　*Aecidium lycopi* Gerard.

地毯草黄单胞菌　*Xanthomonas axonopodis* Starr et Garces

地毯草黄单胞菌安石榴变种［安石榴叶斑病菌］　*Xanthomonas axonopodis* pv. *punicae*（Hingorani\）Vauterin et al.

地毯草黄单胞菌蓖麻变种［蓖麻叶斑病菌］　*Xanthomonas axonopodis* pv. *ricini*（Yoshii）Vauterin et al.

地毯草黄单胞菌菜豆变种［菜豆叶斑病菌］　*Xanthomonas axonopodis* pv. *phaseoli*（Smith）Vauterin et al.

地毯草黄单胞菌葱蒜变种　*Xanthomonas axonopodis* pv. *allii* Roumagnac et al.

地毯草黄单胞菌大豆变种［大豆斑疹叶斑病菌］　*Xanthomonas axonopodis* pv. *glycines*（Nakano）Vauterin et al.

地毯草黄单胞菌大叶山马蝗变种［大叶山马蝗叶斑病菌］　*Xanthomonas axonopodis* pv. *desmodiigangetici*（Patel et Moniz）et al.

地毯草黄单胞菌地毯草变种［地毯草叶斑病菌］　*Xanthomonas axonopodis* pv. *axonopodis* Starr et Garces

地毯草黄单胞菌蝶豆变种［蝶豆叶斑病菌］　*Xanthomonas axonopodis* pv. *clitoriae*（Pandit）Vauterin et al.

地毯草黄单胞菌辐射豇豆变种［豇豆黑斑病菌］　*Xanthomonas axonopodis* pv. *vignaeradiatae*（Sabet）Vauterin et al.

地毯草黄单胞菌柑橘变种［柑橘溃疡病菌］　*Xanthomonas axonopodis* pv. *citri*（Hasse）Vauterin et al.

地毯草黄单胞菌感应草变种［感应草叶斑病菌］　*Xanthomonas axonopodis* pv. *biophyti*（Patel.）Vauterin et al.

地毯草黄单胞菌瓜尔豆变种［瓜尔豆叶斑病菌］　*Xanthomonas axonopodis* pv. *cyamopsidis*（Patel）Vauterin

地毯草黄单胞菌红木藤变种［桃花心木叶斑病菌］　*Xanthomonas axonopodis* pv. *khayae*（Sabet）Vauterin et al.

地毯草黄单胞菌胡麻变种［胡麻叶斑病菌］　*Xanthomonas axonopodis* pv. *pedalii*（Patel）Vauterin et al.

地毯草黄单胞菌胡枝子变种［胡枝子叶斑病菌］　*Xanthomonas axonopodis* pv. *lespedezae*（Ayers）Vauterin et al.

地毯草黄单胞菌花叶万年青变种［花叶万年青叶斑病菌］　*Xanthomonas axonopodis* pv. *dieffenbachiae*（McCulloch）Vauterin et al.

地毯草黄单胞菌黄麻簇生变种［黄麻叶斑病菌］　*Xanthomonas axonopodis* pv. *fascicularis*（Patel）Vauterin et al.

地毯草黄单胞菌豇豆变种［豇豆疫病菌］　*Xanthomonas axonopodis* pv. *vignicola*（Burkholder）Vauterin et al.

地毯草黄单胞菌角胡麻变种［胡麻叶斑病菌］　*Xanthomonas axonopodis* pv. *martyniicola*（Monize）Vauterin et al.

地毯草黄单胞菌锦葵变种［棉角斑病菌］　*Xanthomonas axonopodis* pv. *malvacearum*（Smith）Vauterin et al.

地毯草黄单胞菌蒌叶变种［胡椒叶斑病菌］

Xanthomonas axonopodis pv. *betlicola* Vauterin et al.

地毯草黄单胞菌鹿霍变种[鹿霍叶斑病菌] *Xanthomonas axonopodis* pv. *rhynchosiae* Sabet，Vauterin et al.

地毯草黄单胞菌梅氏变种[柚木叶斑病菌] *Xanthomonas axonopodis* pv. *melhusii* (Patel) Vauterin et al.

地毯草黄单胞菌蜜柑变种[蜜柑叶斑病菌] *Xanthomonas axonopodis* pv. *citrumelo* (Gabriel) Vauterin et. al.

地毯草黄单胞菌木豆变种[木豆叶斑病菌] *Xanthomonas axonopodis* pv. *cajani* (Kulkarni) Vauterin et al.

地毯草黄单胞菌木薯变种[木薯菱蔫病菌] *Xanthomonas axonopodis* pv. *manihotis* (Bondar) Vauterin et al.

地毯草黄单胞菌苜蓿变种[苜蓿叶斑病菌] *Xanthomonas axonopodis* pv. *alfalfae* (Riker) Vauterin et al.

地毯草黄单胞菌葡萄变种[莴苣叶斑病菌] *Xanthomonas axonopodis* pv. *vitians* (Brown) Vauterin et al.

地毯草黄单胞菌秋海棠变种[秋海棠叶斑病菌] *Xanthomonas axonopodis* pv. *begoniae* (Takimoto) Vauterin et al.

地毯草黄单胞菌山扁豆变种[决明叶斑病菌] *Xanthomonas axonopodis* pv. *cassiae* (Kulkarni) Vauterin et al.

地毯草黄单胞菌山马蝗变种[山马蝗叶斑病菌] *Xanthomonas axonopodis* pv. *desmodii* (Patel) Vauterin et al.

地毯草黄单胞菌穇子变种[龙爪稷疫病菌] *Xanthomonas axonopodis* pv. *coracanae* (Desai,) Vauterin et al.

地毯草黄单胞菌疏花山马蝗变种[疏花山马蝗叶斑病菌] *Xanthomonas axonopodis* pv. *desmodiilaxiflori* (Patel) Vauterin et al.

地毯草黄单胞菌酸豆变种[酸豆叶斑病菌] *Xanthomonas axonopodis* pv. *tamarindi* (Patel) Vauterin et al.

地毯草黄单胞菌酸浆变种[酸浆叶斑病菌] *Xanthomonas axonopodis* pv. *physalidicola* (Goto) Vauterin et al.

地毯草黄单胞菌田菁变种[田菁叶斑病菌] *Xanthomonas axonopodis* pv. *sesbaniae* (Patel) Vauterin，Hoste

地毯草黄单胞菌维管束变种[甘蔗流胶病菌] *Xanthomonas axonopodis* pv. *vasculorum* (Cobb) Vauterin et al.

地毯草黄单胞菌西番莲变种[西番莲叶斑病菌] *Xanthomonas axonopodis* pv. *passiflorae* Goncalves et Rasato

地毯草黄单胞菌猩猩木(一品红)变种[猩猩木(一品红)叶斑病菌] *Xanthomonas axonopodis* pv. *poinsettiicola* (Patel) Vauterin et al.

地毯草黄单胞菌羊蹄甲变种[羊蹄甲叶斑病菌] *Xanthomonas axonopodis* pv. *bauhiniae* (Patel) Vauterin et al.

地毯草黄单胞菌叶下珠变种[叶下珠叶斑病菌] *Xanthomonas axonopodis* pv. *phyllanthi* (Sabet) Vauterin et al.

地毯草黄单胞菌印度刺桐变种[印度刺桐叶斑病菌] *Xanthomonas axonopodis* pv. *erythrinae* (Patel et al.) Vauterin et al.

地毯草黄单胞菌印度菽麻变种[印度菽麻叶斑病菌] *Xanthomonas axonopodis* pv. *patelii* (Desai) Vauterin et al.

地毯草黄单胞菌圆叶山马蝗变种[圆叶山马蝗叶斑病菌] *Xanthomonas axonopodis* pv. *desmodiirotundifolii* (Desai) Vauterin et al.

地毯草黄单胞菌栀子变种[栀子叶斑病菌] *Xanthomonas axonopodis* pv. *maculifoliigardeniae* (Artet) Vauterin et al.

地毯草黄单胞菌中田黄麻变种[中田黄麻叶斑病菌] *Xanthomonas axonopodis* pv. *nakataecorchori* (Padhya) Vauterin et al.

地毯草叶斑病菌　*Xanthomonas axonopodis* pv. *axonopodis* Starr et Garces

地下黑斑黑粉菌　*Melanotaenium hypogaeum* (Tul.) Schell.

地杨梅柄锈菌　*Puccinia luzulae* Lib.

地杨梅核黑粉菌　*Cintractia luzulae* (Sacc.) Clint.

地杨梅枝顶孢　*Acremonium luzulae* (Fuckel) Lindq.

地衣茎点霉　*Phoma lichenis* Pass.

地衣拟滑刃线虫　*Aphelenchoides lichenicola* Siddiqi et Hawks

地衣生盘双端毛孢　*Seimatiosporium lichenicola* (Cea) Shoem. et Muller

地衣生盘双端毛孢　*Seimatosporium lichenicola* (Corda) Shoem. et Muller

地榆链格孢　*Alternaria sanguisorbae* Gao et Zhang

地榆霜霉　*Peronospora sanguisorbae* Gäum.

地榆轴霜霉[粉花地榆霜霉病菌]　*Plasmopara sanguisorbae* Li, Yuan, Zhan et Zhao

地中海炭团菌　*Hypoxylon mediterraneum* (de Not.) Ces. et de Not.

地中海异皮线虫　*Heterodera mediterranea* Vovlas et al.

帝汶假尾孢　*Pseudocercospora timorensis* (Cooke) Deighton

帝汶尾孢　*Cercospora timorensis* Cooke

第比利斯伞滑刃线虫　*Bursaphelenchus tbilisensis* Maglakelidze

第纳斯球腔菌[松针褐斑病菌]　*Mycosphaerella dearnessii* Barr.

蒂地盾壳霉　*Coniothyrium tirolensis* Bub.

蒂腐壳色单隔孢　*Diplodia natalensis* Evans

蒂曼柄锈菌　*Puccinia thuemeniana* W. Voss

滇藏钝果寄生　*Taxillus thibetensis* (Lecomte) Danser.

滇藏梨果寄生　*Scurrula buddleioides* (Desr.) Don. et Hist.

滇列当　*Orobanche yunnanensis* (Beck) Hand.-Mazz.

滇南柄锈菌　*Puccinia austroyunnanica* J. Y. Zhuang et S. X. Wei

滇朴、朴树霜霉病菌　*Pseudoperonospora celtidis* (Waite) Wilson

滇西离瓣寄生　*Helixanthera scoriarum* (Smith) Danser.

滇芎(属)A病毒　*Arracacha virus A Nepovirus* (AVA)

滇芎(属)B病毒　*Arracacha virus B Cheravirus* (AVB)

滇芎(属)Y病毒　*Arracacha virus Y Potyvirus* (AVY)

滇芎(属)潜病毒　*Arracacha latent virus Carlavirus* (ALV)

滇芎柄锈菌　*Puccinia physospermopsis* Zhuang et Wei

滇芎尾孢　*Cercospora arracacina* Chupp

滇芎叶斑病菌　*Xanthomonas campestris* pv. *arracaciae* Pereira et al.

颠茄斑驳病毒　*Belladonna mottle virus Tymovirus* (BeMV)

颠茄病毒　*Atropa belladonna virus Nucleorhabdovirus* (AtBV)

颠茄尾孢　*Cercospora atropae* Kvashn.

典型潜根线虫　*Hirschmanniella exacta* Kakaret Siddiqi

典型乔森纳姆线虫　*Geocenamus patternus* Eroshenko et Volkova

点层锈菌　*Phakopsora punctiformis* (Barcl. et Diet.) Diet.

点虫囊菌　*Stigmatomyces stilici* Thaxt.

点虫囊菌属　**Stigmatomyces** Karst.

点垂曲霉　*Aspergillus nutans* Mclenn et Duck

点滴酵母　*Saccharomyces guttulatus* (Robin) Wint.

点地梅格孢腔菌　*Pleospora androsaces* Fuckel.

点地梅壳针孢　*Septoria androsaces* Pat.

点地梅霜霉　*Peronospora androsaces* Niessl

点地梅小皮伞[帚石楠茎枯病菌]　*Marasmius androsaceus* (L. ex Fr.) Fr.

点集壶菌[顶水花瘿瘤病菌]　*Synchytrium punctatum* Schröt.

点盘菌属　**Stictis** Pers. ex Fr.

点形假尾孢　*Pseudocercospora punctiformis* Goh et Hsieh

点形尾孢　*Cercospora punctiformis* Sacc. et Roum.

点叶苔草柄锈菌　*Puccinia caricis-hancokianae* Zhuang et Wei

点状球腔菌　*Mycosphaerella punctiformis* (Pers.) Rabenh.

点状色链隔孢　*Phaeoramularia punctiformis* (Schltdl.) Braun

垫环线虫属　**Tylenchocriconema** Raski et Siddiqi

垫壳孢属　**Coniella** Höhn

垫落曲霉　*Aspergillus pulvinus* Kwon et Fenn

垫盘菌属　**Pulvinula** Boud.

垫刃目　Tylenchida (Filipjev) Thorne

垫刃线虫属　**Tylenchus** Bastian

垫刃型环线虫　*Criconema tylenchiformis* (Daday) Micoletzky

垫锈菌　*Dasturella divina* (Syd.) Mundk. et Khesw.

垫锈菌属　**Dasturella** Mundk. et Khesw.

垫咽线虫属　**Tylencholaimus** Santiago et Coomans

垫状耳霉　*Conidiobolus stromoideus* Srinivasan et Thirumalachar

垫状皮斯霉　*Pithomyces pulvinatus* (Cooke et Massee) Ellis

垫状青霉　*Penicillium pulvillorum* Turf.

垫状曲霉　*Aspergillus stromatoides* Raper et Fenn.

凋萎锤舌菌　*Leotia marcida* Pers.

雕刻普氏腔囊菌　*Plowrightia insculpta* (Wallr.) Sacc.

吊钟花锈孢锈菌　*Aecidium enkianthi* Diet.

吊竹梅(属)病毒　Zebrina virus (ZeV)

钓樟柄锈菌　*Puccinia aequitatis* Cumm.

钓樟叉丝壳　*Microsphaera benzoinis* Tai

钓樟球针壳　*Phyllactinia linderae* Yu et Lai

钓樟生假尾孢　*Pseudocercospora lindericola* (Yamam.) Goh et Hsieh

钓樟生尾孢　*Cercospora lindericola* Yamam.

钓樟小煤炱　*Meliola linderae* Yam.

碟状核黑粉菌　*Cintractia disciformis* Lindr.

碟状马鞍菌　*Helvella acetabulum* (L.) Quél.

蝶豆(属)花叶病毒　*Clitoria mosaic virus* Potexvirus (CtrMV)

蝶豆(属)黄花叶病毒　*Clitoria yellow mosaic virus* Potyvirus (CtYMV)

蝶豆(属)黄脉病毒　*Clitoria yellow vein virus* Tymovirus (CYVV)

蝶豆Y病毒　*Clitoria virus Y* Potyvirus

蝶豆假尾孢　*Pseudocercospora bradburyae* (Young) Deighton

蝶豆尾孢　*Cercospora ternateae* Petch

蝶豆小煤炱　*Meliola clitoriae* Hosagoudar et Goos.

蝶豆叶斑病菌　*Xanthomonas axonopodis* pv. *clitoriae* (Pandit) Vauterin et al.

蝶兰(属)褪绿斑病毒　*Phalaenopsis chlorotic spot virus* Nucleorhabdovirus (PhCSV)

蝶形花科白锈病菌　*Albugo mauginii* (Parisi) Ciferri et Biga

蝶须苗扁孔腔菌　*Lophiostoma antennariae* Czerep.

蝶须叶黑粉菌　*Entyloma antennariae* Lindr.

丁公藤囊孢壳　*Physalospora erycibes* Saw.

丁香、荚蒾斑点病菌　*Pseudomonas syringae* pv. *viburni*（Thornbery）Young et al.

丁香斑驳病毒　*Lilac mottle virus Carlavirus*（LiMoV）

丁香丛枝病植原体　Lilac witches' broom phytoplasma

丁香环斑病毒　*Lilac ringspot virus Carlavirus*（LiRSV）

丁香环斑驳病毒　*Lilac ring mottle virus Ilarvirus*（LiRMoV）

丁香假单胞菌　*Pseudomonas syringae* van Hall

丁香假单胞菌斑点变种　*Pseudomonas syringae* pv. *maculicola*（McCulloch）Young et al.

丁香假单胞菌报春花变种　*Pseudomonas syringae* pv. *primulae*（Ark）Young et al.

丁香假单胞菌蓖麻变种　*Pseudomonas syringae* pv. *ricini* Stancescu et Zurini

丁香假单胞菌菠菜变种　*Pseudomonas syringae* pv. *spinaceae* Ozaki et al.

丁香假单胞菌蚕豆变种［蚕豆黑茎病菌］　*Pseudomonas syringae* pv. *fabae* Yu

丁香假单胞菌茶变种　*Pseudomonas syringae* pv. *theae*（Hori）Young et al.

丁香假单胞菌长角豆变种　*Pseudomonas syringae* pv. *ciccaronei*（Ercolani）Young et al.

丁香假单胞菌臭棟变种　*Pseudomonas syringae* pv. *dysoxyli*（Hutchimson）Young, Dye et Wilkie

丁香假单胞菌猝倒变种　*Pseudomonas syringae* pv. *lapsa*（Ark）Young et al.

丁香假单胞菌醋栗生变种　*Pseudomonas syringae* pv. *ribicola*（Bohn）Young et al.

丁香假单胞菌翠雀变种　*Pseudomonas syringae* pv. *delphnii*（Smith）Young et al.

丁香假单胞菌大豆变种　*Pseudomonas syringae* pv. *glycinea*（Coeper）Young et al.

丁香假单胞菌大麻变种　*Pseudomonas syringae* pv. *cannabina*（Sutic）Young et al.

丁香假单胞菌大叶槭变种　*Pseudomonas syringae* pv. *aceris*（Ark）Young Dye et al.

丁香假单胞菌稻变种　*Pseudomonas syringae* pv. *oryzae*（ex Kuwata）Young, Bradbury et al.

丁香假单胞菌丁香变种　*Pseudomonas syringae* pv. *syringae* van Hall

丁香假单胞菌豆薯变种　*Pseudomonas syringae* pv. *pachryzus* Xu et Ji

丁香假单胞菌番茄变种　*Pseudomonas syringae* pv. *tomoto*（Okabe）Young et al.

丁香假单胞菌蜂蜜变种　*Pseudomonas syringae* pv. *mellea*（Johnson）Young et al.

丁香假单胞菌构树变种　*Pseudomonas syringae* pv. *broussonetiae* Tanakashi et al.

丁香假单胞菌虎皮楠变种　*Pseudomonas syringae* pv. *daphniphylli* Ogimi Kubo et al.

丁香假单胞菌黄瓜变种　*Pseudomonas syringae* pv. *lachrymans*（Smith）Young et al.

丁香假单胞菌荚蒾变种　*Pseudomonas syringae* pv. *viburni*（Thornbery）Young et al.

丁香假单胞菌绛红变种　*Pseudomonas syringae* pv. *atropurpurea*（Reddy）Young et al.

丁香假单胞菌茭白(菰)变种　*Pseudomonas syringae* pv. *zizaniae* Bowden et Percich

丁香假单胞菌金鱼草变种　*Pseudomonas syringae* pv. *antirrhini*（Takimoto）Young et al.

丁香假单胞菌韭葱变种　*Pseudomonas syringae* pv. *porii* Samson, Poutier et Rat

丁香假单胞菌咖啡变种　*Pseudomonas syringae* pv. *garcae* (Amaral) Young et al.

丁香假单胞菌栗变种　*Pseudomonas syringae* pv. *castaneae* Takanashi et Shimizu

丁香假单胞菌猕猴桃变种　*Pseudomonas syringae* pv. *actinidiae* Takikawa et al.

丁香假单胞菌木槿变种　*Pseudomonas syringae* pv. *hibisci* (ex Jones) Young, Bradbury

丁香假单胞菌疱疹变种　*Pseudomonas syringae* pv. *papulans* (Rose) Dhanvantari

丁香假单胞菌枇杷变种　*Pseudomonas syringae* pv. *eriobotryae* (Takimoto) Young et al.

丁香假单胞菌七叶树变种　*Pseudomonas syringae* pv. *aesculi* (ex Durgapal) Young et al.

丁香假单胞菌芹变种　*Pseudomonas syringae* pv. *apii* (Jagger) Young et al.

丁香假单胞菌日本变种[小麦黑节病菌]　*Pseudomonas syringae* pv. *japonica* (Mukoo) Dye et al.

丁香假单胞菌萨氏亚种齐墩果致病变种　*Pseudomonas syringae* subsp. *savastanoi* pv. *oleae* Janse

丁香假单胞菌萨氏亚种杨梅致病变种　*Pseudomonas syringae* subsp. *savastanoi* pv. *myricae* Ogimi et al.

丁香假单胞菌桑变种　*Pseudomonas syringae* pv. *mori* (Boyer Lambert) Young

丁香假单胞菌山黄麻变种　*Pseudomonas syringae* pv. *tremae* Ogimi, Higuchi et Takikawa

丁香假单胞菌山龙眼变种[山龙眼叶斑病菌]　*Pseudomonas syringae* pv. *proteae* Moffett

丁香假单胞菌山梅花变种[山梅花叶斑病菌]　*Pseudomonas syringae* pv. *philadelphi* Roberts

丁香假单胞菌杉树变种　*Pseudomonas syringae* PV. *cunninghamicae* He et Goto

丁香假单胞菌石斑木变种　*Pseudomonas syringae* pv. *rhaphiolepidis* Ogimi, Kawano et al.

丁香假单胞菌石楠变种　*Pseudomonas syringae* pv. *photiniae* Goto

丁香假单胞菌适合变种　*Pseudomonas syringae* pv. *aptata* (Brown et Jamieson) Young et al.

丁香假单胞菌树参变种　*Pseudomonas syringae* pv. *dendropanacis* Ogimi, Higuchi et Takikawa

丁香假单胞菌死李变种　*Pseudomonas syringae* pv. *mors-prunorum* (Wormald) Young et al.

丁香假单胞菌桃变种　*Pseudomonas syringae* pv. *persicae* (Prunier) Young et al.

丁香假单胞菌条纹变种　*Pseudomonas syringae* pv. *striafaciens* (Elliott) Young et al.

丁香假单胞菌豌豆变种　*Pseudomonas syringae* pv. *pisi* (Sackett) Young et al.

丁香假单胞菌万寿菊变种　*Pseudomonas syringae* pv. *tagetis* (Hellmers) Young et al.

丁香假单胞菌无花果变种　*Pseudomonas syringae* pv. *fici* Durgapal et Singh

丁香假单胞菌西番莲变种　*Pseudomonas syringae* pv. *passiflorae* (Reid) Young et al.

丁香假单胞菌向日葵变种　*Pseudomonas syringae* pv. *helianthi* (Kawamura) Young et al.

丁香假单胞菌小檗变种　*Pseudomonas syringae* pv. *berberidis* (Thornberry et Anderson)

丁香假单胞菌烟草变种　*pseudomonas syringae* pv. *tabaci* (Wolf) Young et al.

丁香假单胞菌芫荽变种　*Pseudomonas syringae* pv. *coriandricola* Toben et Rudolph

丁香假单胞菌杨梅变种　*Pseudomonas sy-*

ringae pv. *myricae* Ogimi et Higuchi

丁香假单胞菌洋榛变种　*Pseudomonas syringae* pv. *avellanae* Psallidas

丁香假单胞菌樱桃变种　*Pseudomonas syringae* pv. *cerasicola* Kamiunten et al.

丁香假单胞菌榆变种　*Pseudomonas syringae* pv. *ulmi* (Sutic et Tesic) Young et al.

丁香假单胞菌晕斑变种　*Pseudomonas syringae* pv. *coronafaciens* (Elliott) Young et al.

丁香假单胞菌芝麻变种　*Pseudomonas syringae* pv. *sesami* (Malkoff) Young et al.

丁香假单胞菌致黑变种　*Pseudomonas syringae* pv. *atrofaciens* (McCulloch) Young et al.

丁香假尾孢　*Pseudocercospora lilacis* (Desmaz.) Deighton

丁香壳针孢　*Septoria syringae* Sacc. et Speg.

丁香枯萎病菌　*Ralstonia syzygii* (Roberts et al.) Vaneechoutte et al.

丁香木层孔菌　*Phellinus syringeus* Zeng

丁香球腔菌　*Mycosphaerella syringae* Bond.

丁香球座菌　*Guignardia eugeniae* Lin et Chi

丁香生叶点霉　*Phyllosticta syringicola* Fautr.

丁香褪绿叶斑病毒　*Lilac chlorotic leafspot virus Capillovirus* (LiCLV)

丁香叶斑病菌[稻褐斑病菌]　*Pseudomonas syringae* pv. *syringae* van Hall

丁香叶斑病菌[丁香花细菌性斑点病菌]　*Pseudomonas syringae* van Hall

丁香叶点霉　*Phyllosticta syringae* West.

丁香疫病菌　*Phytophthora syringae* Kleb.

丁香疫霉　*Phytophthora syringae* Kleb.

丁子香壳二孢　*Ascochyta eugeniae* (Young) Chi

丁子香盘多毛孢　*Pestalotia eugeniae* Thüm.

丁子香尾孢　*Cercospora eugeniae* (Rangel.) Chupp.

疔座霉属　***Polystigma*** DC. ex Chev.

钉斑链霉菌　*Streptomyces clavifer* (Millard et Burr) Waksman

钉孢霉属　***Passalora*** Fr.

钉捕隔指孢　*Dactylella passalopaga* Drechsler

钉尖拟滑刃线虫　*Aphelenchoides spicomucronatus* Truskova

顶棒孔孢属　***Acarocybella*** Ellis

顶孢霜霉　*Peronospora apiospora* G. Poirault

顶冰花单胞锈菌　*Uromyces gageae* Beck

顶叉丝壳属　***Furcouncinula*** Chen et Gao

顶辐孢霉属　***Dactylaria*** Sacc.

顶格孢属　***Acrodictys*** Ellis

顶黑粉菌　*Ustilago acrearum* Berk.

顶环单胞属　***Acrogenospora*** Ellis

顶环多胞属　***Acrophragmis*** Kiffer et Reisinger

顶壳色单隔孢　*Diplodia coryphae* Cooke

顶孔柄锈菌属　***Porotenus*** Viégas

顶孔海疫霉　*Halophytophthora epistomium* (Fee et Master) Ho et Jong

顶毛孢单顶孢　*Monacrosporium acrochaetum* (Drechs.) Cooke

顶囊壳属　***Gaeumannomyces*** Arx et Olivier

顶鞘拟滑刃线虫　*Aphelenchoides acroposthoin* Steiner

顶青霉　*Penicillium corylophilum* Diiierckx

顶生长蠕孢　*Helminthosporium apicale* Vasant, Rao et Dehoog

顶生腐霉　*Pythium acrogynum* Y. N. Yu

顶生枝孢　*Cladosporium apicale* Berkeley et Brown Hariot

顶水花瘤瘿病菌　*Synchytrium punctatum* Schröt.

顶头孢　*Cephalosporium acremonium* Corda

顶尾锈菌属　**Atelocauda** Arth. et Cumm.

顶叶风毛菊柄锈菌　*Puccinia saussureae-acrophyllae* Wang

顶枝虫囊菌属　**Misgomyces** Thaxt.

顶柱霉属　**Acrocylindrium** Bonord.

顶茁格孢　*Gibbago trianthemae* Simmons

顶茁格孢属　**Gibbago** Simmons

定生丝囊霉　*Aphanomyces acinetophagus* Bartsch et Wolf

定心藤生小煤炱　*Meliola mappianthicola* Yang

东北毕赤酵母　*Pichia mandshurica* Saito

东北柄锈菌　*Puccinia mandshurica* Miura

东北德巴利酵母　*Debaryomyces mandshuricus* Nagan.

东北酵母　*Saccharomyces mandshuricus* Saito

东北壳针孢　*Septoria mandshuricn* Miura

东北两型锈菌　*Pucciniostele mandshurica* Diet.

东北拟青霉　*Paecilomyces mandshuricum* (Saito) Them

东北球腔菌　*Mycosphaerella mandshurica* Miura

东北霜霉　*Peronospora manchurica* (Naumov) Sydow

东北小球腔菌　*Leptosphaeria mandshurica* Miura

东方柄锈菌　*Puccinia orientalis* Otani et Akechi

东方垫刃线虫属　**Orientylus** Jairajpuri et Siddiqi

东方梨黑星菌　*Venturia nashicola* Tanaka et Yamamoto

东方拟滑刃线虫　*Aphelenchoides orientalis* Eroshenko

东方拟茎点霉　*Phomopsis orientalis* Nom

东方盘旋线虫　*Rotylenchus orientalis* Siddiqi et Husain

东方散斑壳　*Lophodermium orientale* Minter

东方丝尾垫刃线虫　*Filenchus orientalis* Xie et Feng

东方伪环线虫　*Nothocriconema orentale* Andrassy

东方无膜孔线虫　*Afenestrata orientalis* Kazacheko

东方夏孢锈菌　*Uredo orientalis* Racib.

东方小散斑壳　*Lophodermella orientalis* Minter et Ivory

东方褶孔菌　*Lenzites japonica* Berk. et Curt.

东非木薯花叶病毒　*East African cassava mosaic virus Begomovirus* (EACMV)

东非木薯花叶喀麦隆病毒　*East African cassava mosaic Cameroon virus Begomovirus*

东非木薯花叶马拉维病毒　*East African cassava mosaic Malawi virus Begomovirus*

东非木薯花叶桑给巴尔病毒　*East African cassava mosaic Zanzibar virus Begomovirus*

东格鲁杆状病毒属　**Tungrovirus**

东海根结线虫　*Meloidogyne donghaiensis* Zheng，Lin et Zheng

东京柄锈菌　*Puccinia tokyensis* Syd.

东京酵母　*Saccharomyces tokyo* Nakaz.

东陵孢堆黑粉菌　*Sporisorium tanglinense* (Tracy et Earle) Guo

东洋柄锈菌　*Puccinia nipponica* Diet.

东洋隔球孢　*Clathrococcum nipponicum* Hiura

东洋棘壳孢　*Pyrencochaeta nipponica* Hara

东洋胶锈菌　*Gymnosporangium nipponicum* Yamada

东爪草白锈　*Albugo tilleae* (Lagerh.) Ciferri et Biga

冬齿裂菌　*Coccomyces hiemalis* Higg.

冬虫夏草　*Cordyceps sinensis*（Berk.）Sacc.

冬瓜、西瓜霜霉病菌　*Pseudoperonospora cubensis*（Berkeley et Curtis）Rostovzev

冬褐腐干酪菌　*Oligoporus hibernicus*（Berk. et Br.）Gilbn. et Ryv.

冬茎点霉　*Phoma hibernica* Grimes et al.

冬块菌　*Tuber brumale* Vittad.

冬青钉孢霉　*Passalora ilicis* Guo

冬青沟环线虫　*Ogma prini* Minagawa

冬青痂囊腔菌　*Elsinoë ilicis* Plak

冬青假尾孢　*Pseudocercospora mate*（Speg.）Guo et Zhao

冬青酵母　*Saccharomyces aquifolii* Grönl.

冬青栎叶点霉　*Phyllosticta quercus-ilicis* Sacc.

冬青囊孢壳　*Physalospora ilicella* Teng.

冬青生小煤炱　*Meliola ilicicola* Yamam.

冬青生叶点霉　*Phyllosticta ilicicola* Pass.

冬青尾孢　*Cercospora yerbae* Speg.

冬青叶点霉　*Phyllosticta aquifollii* Sllesch

冬生疫霉　*Phytophthora hibernalis* Carne

冬小麦俄罗斯花叶病毒　*Winter wheat Russian mosaic virus Nucleorhabdovirus*（WWRMV）

冬小麦花叶病毒　*Winter wheat mosaic virus Tenuivirus*（WWMV）

兜兰 Y 病毒　*Cypripedium virus Y Potyvirus*

兜兰病毒　*Cypripedium calceolus virus Potyvirus*（CypCV）

兜兰褪绿条纹病毒　*Cypripedium chlorotic streak virus Potyvirus*（CypCSV）

斗达草锈孢锈菌　*Aecidium dodartiae* Tranz.

豆瓣菜（属）花叶病毒　*Nasturtium mosaic virus Potyvirus*（NasMV）

豆瓣菜霜霉　*Peronospora nasturtii-palustris* Ito et Tokun.

豆瓣菜霜霉病菌　*Peronospora nasturtii-palustris* Ito et Tokun.

豆腐柴柄锈菌　*Puccinia premnae* Henn.

豆腐柴生假尾孢　*Pseudocercospora premnicola* Guo et Liu

豆荚大茎点菌　*Macrophoma mame* Hara

豆科壳针孢　*Septoria leguminum* Desm.

豆科牧草褐斑病菌　*Pseudopeziza medicanginis* Sacc.

豆科牧草轮斑病菌　*Stemphylium botryosum* Wallr.

豆科牧草轮纹病菌　*Ascochyta imperfecta* Peck

豆科牧草尾孢叶斑病菌　*Cercospora malayensis* Stev. et Solh.

豆科内丝白粉菌　*Leveillula leguminosarum* Golov.

豆科尾孢　*Cercospora leguminum* Chupp. et Linder.

豆蔻花叶病毒　*Cardamon mosaic virus Macluravirus*（CdMV）

豆类黑痣菌　*Phyllachora phaseolina* Syd.

豆类壳二孢　*Ascochyta pinodes* Jones

豆类叶点霉　*Phyllosticta phaseolina* Sacc.

豆链格孢　*Alternaria azukiae*（Hara）T. Y. Zhang et Guo

豆列当　*Mannagettaea labiata* Smith

豆列当属（列当科）　**Mannagettaea** Smith

豆薯层锈菌　*Phakopsora pachyrhizi* H. et P. Syd.

豆薯假尾孢　*Pseudocercospora pachyrrhizi*（Saw. et Kats.）Goh et Hsieh

豆薯角斑病菌　*Pseudomonas syringae* pv. *pachryzus* Xu et Ji

豆薯尾孢　*Cercospora pachyrhizi* Saw. et Kats.

豆（赤豆）叶点霉　*Phyllosticta azukiae* Miura

毒虫霉属　**Nematoctonus** Drechsler

毒豆（属）黄脉病毒　*Laburnum yellow vein virus Nucleorhabdovirus*（LaYVV）

毒麦腥黑粉菌　*Tilletia lolii* Auersw.

毒木漆树帽孢锈菌　*Pileolaria toxicodendri*（Berk. et Rav.）Arth.

毒芹柄锈菌　*Puccinia cicutae* Lasch

毒参轴霜霉　*Plasmopara conii*（Casp.）Trotter

毒鼠子多隔腔孢　*Phragmotrichum chailletii* Kunze

独黑粉菌属　**Orphanomyces** Savile

独活（属）6号病毒　*Heracleum virus 6 Closterovirus*（HV-6）

独活（属）潜病毒　*Heracleum latent virus Vitivirus*（HI-V）

独活白粉菌　*Erysiphe heraclei* DC.

独角莲链格孢　*Alternaria typhonii* Zhang et Zhang

独脚金属（玄参科）　**Striga** Lour.

独居轮线虫　*Criconemoides solitarius*（de Grisse）Luć

独立马鞍菌　*Helvella solitaria*（Karst.）Karst.

独特掷孢酵母　*Sporobolomyces singularia* Phaff et Sousa

独行菜白锈　*Albugo lepidii* Rao

独行菜叶点霉　*Phyllosticta lepidii* Brun

笃耨香帽孢锈菌　*Pileolaria terebinthi*（DC.）Cast.

杜茎山假尾孢　*Pseudocercospora maesae*（Hansf.）Liu et Guo

杜茎山生小煤炱　*Meliola maesicola* Hansf. et Stev.

杜鹃斑痣盘菌　*Rhytisma rhododendri* Fr.

杜鹃饼（瘿瘤）病菌　*Exobasidium rhododendri* Cram.

杜鹃长蠕孢　*Helminthosporium rhododendri* M. Zhang et T. Y. Zhang

杜鹃锤束孢　*Sporocybe azaleae*（Peck）Sacc.

杜鹃褐斑病菌　*Cercospora rhododendri* Em. et al.

杜鹃花坏死环斑病毒　*Rhododendron necrotic ringspot virus Potexvirus*（Ro-

NRSV）

杜鹃花假尾孢　*Pseudocercospora handelii*（Bubak）Deighton

杜鹃花枯萎病菌　*Ovulinia azaleae* Weiss

杜鹃花散斑壳　*Lophodermium vagulum* Wils. et Robertson

杜鹃花色串孢　*Torula rhododendri* Ces.

杜鹃花生假尾孢　*Pseudocercospora rhododendricola*（Yen）Deighton

杜鹃灰斑病菌　*Pestalotia rhododendri* Guba

杜鹃金锈菌　*Chrysomyxa rhododendri* de Bary

杜鹃壳毛孢　*Labridium rhododendri* Wils.

杜鹃壳蠕孢　*Hendersonia rhododendri* Thüm.

杜鹃链核盘菌　*Monilinia rhododendri* Fisch.

杜鹃密束硬孢［杜鹃芽枯病菌］　*Pycnostysanus azaleae*（Peck）Mason

杜鹃盘多毛孢　*Pestalotia rhododendri* Guba

杜鹃盘双端毛孢　*Seimatosporium rhododendri*（Schw.）Pirozynski et Shoem.

杜鹃散斑壳　*Lophodermium rhododendri* Ces.

杜鹃索链孢　*Hormiscium handelii* Bub.

杜鹃外担菌　*Exobasidium rhododendri* Cram.

杜鹃尾孢　*Cercospora rhododendri* Em. et al.

杜鹃尾孢［杜鹃褐斑病菌］　*Cercospora rhododendri* Em. et al.

杜鹃新齿裂菌　*Neococcomyces rhododendri* Lin，Xiang et Li

杜鹃锈孢锈菌　*Aecidium sino-rhododendri* Wils.

杜鹃疫病菌　*Phytophthora ramorum* Werres，De Cock et Man

杜鹃瘿病菌　*Exobasidium rhododendri* Cram.

杜克青霉　*Penicillium duclauxii* Delacr

杜拉苹果花叶病毒　*Tulare apple mosaic virus Ilarvirus*（TAMV）

杜拉柱隔孢　*Ramularia tulasnci* Sacc.

杜梅盾壳霉　*Coniothyrium dumeei* Br. et Cav.

杜蒙盘菌属　**Dumontinia** Köhn

杜若假尾孢　*Pseudocercospora polliae* Sawada ex Goh et Hsieh

杜若尾孢　*Cercospora polliae* Saw.

杜松胶锈菌　*Gymnosporangium cornutum* Arth. ex Kern

杜仲假尾孢　*Pseudocercospora eucommiae* Guo et Liu

端单孢属　**Acrodontium** de Hoog

端星孢　*Acrostaurus turneri* Deighton et Piroz.

端星孢属　**Acrostaurus** Deighton et Piroz.

短孢盾壳霉　*Coniothyrium brevisporum* Miyake

短孢壳针孢　*Septoria brevispora* Darr.

短孢伞锈菌　*Ravenelia brevispora* Hirats. et Hash.

短孢弯孢　*Curvularia brachyspora* Boedijn

短柄草柄锈菌　*Puccinia brachypodii* Otth

短柄草柄锈菌林地早熟禾变种　*Puccinia brachypodii* var. *poae-nemoralis* Cumm. et Greene

短柄草柄锈菌燕麦草变种　*Puccinia brachypodii* var. *arrhenatheri*（Kleb.）Cumm. et Greene

短柄草柄锈菌原变种　*Puccinia brachypodii* var. *brachypodii* Otth

短柄草黑粉菌　*Ustilago brachypodii-distachyi* Maire

短柄草黄色线条病毒　*Brachypodium yellow streak virus*（BraYSV）

短柄草腥黑粉菌　*Tilletia brachypodii* Mundk.

短柄单胞锈菌　*Uromyces proeminens* Lév.

短柄多胞锈菌　*Phragmidium brevipedicellatum* Hirats.

短柄假黑粉霉　*Coniosporium brevipes* Corda

短柄曲霉　*Aspergillus brevipes* Smith

短柄小煤炱　*Meliola kansireiensis* Yam.

短柄锈菌　*Puccinia delavayana* Pat. et Har.

短柄帚霉　*Scopulariopsis brevicaulis*（Sacc.）Bain

短齿列当　*Orobanche kelleri* Novopokr.

短唇列当（大列当）　*Orobanche major* L.

短杆苔草柄锈菌　*Puccinia breviculmis* Diet.

短梗钝果寄生　*Taxillus vestitus*（Wall.）Danser.

短梗壶菌　*Chytridium brevipes* Braun

短梗霉属　**Napicladium** Thüm.

短梗头孢　*Cephalosporium curtipes* Sacc.

短梗尾孢　*Cercospora subsessilis* Syd.

短梗野菰　*Aeginetia acaulis*（Roxb.）Walp.

短果茴芹柄锈菌　*Puccinia pimpinellae-brachycarpae* Tranz. et Eremeeva

短黑粉菌　*Ustilago curta* Syd.

短环长针线虫　*Longidorus breviannulatus* Norton et Hoffmann

短尖多胞锈菌　*Phragmidium mucronatum*（Pers.）Schlecht.

短剑线虫杆菌　*Candidatus Xiphinematobacter brevicolli* Vandekerckhove et al.

短角柄锈菌　*Puccinia brevicornis* Ito

短颈剑线虫　*Xiphinema brevicolle* Lordello et da Costa

短卵假丝酵母　*Candida curiosa* Komag. et Nakase

短螺旋线虫　*Helicotylenchus brevis*（Whitehead）Fortuner

短毛霉　*Mucor curtus* B. et C.

短毛盘多毛孢　*Pestalotia breviseta* Sacc.

短密青霉　*Penicillium brevi-compactum*

Dierckx

短胖孢属 **Cercosporidium** Earle

短歧壶菌 *Cladochytrium brevierei* Har. et Pat.

短鞘线虫 *Hemicycliophora brevis* Thorne

短蠕孢属 **Brachysporium** Sacc.

短穗竹柄锈菌 *Puccinia brachystachycola* Hino et Katum.

短体线虫属（草地垫刃属，根腐线虫属）
Pratylenchus Filipjev

短头拟滑刃线虫 *Aphelenchoides brachycephalus* Thorne

短突起拟滑刃线虫 *Aphelenchoides brevionchus* Das

短尾矮化线虫 *Tylenchorhynchus brevicaudatus* Hooper

短尾半轮线虫 *Hemicriconemoides brevicaudatus* Dasgupta et al.

短尾根结线虫 *Meloidogyne brevicauda* Loos

短尾茎线虫 *Ditylenchus brevicauda* (Micoletzky) Filipjev

短尾轮线虫 *Criconemoides brevicaudatus* (Siddiqi) Raski et Golden

短尾拟滑刃线虫 *Aphelenchoides brevicaudatus* Das

短尾小环线虫 *Criconemella brevicauda* Berg et Spaull

短细茎线虫 *Ditylenchus humuli* Skarbilovich

短小杆菌属 **Curtobacterium** Yamada et Komagata

短小根结线虫 *Meloidogyne exigua* Goeldi

短小茎点霉 *Phoma exigua* f. sp. *foveata* (Foister) Boerema

短小茎线虫 *Ditylenchus nanus* Siddiqi

短小轮线虫 *Criconemoides humilis* Raski et Riffle

短小螺旋线虫 *Helicotylenchus nannus* Steiner

短小帽孢锈菌 *Pileolaria brevipes* Berk. et Rav.

短小拟滑刃线虫 *Aphelenchoides pygmaeus* (Fuchs) Filipjev

短小拟毛刺线虫 *Paratrichodorus nanus* (Allen) Siddiqi

短小潜根线虫 *Hirschmanniella exigua* Khan

短小芽孢杆菌 *Bacillus brevis* Migula

短序花（山茄子）柄锈菌 *Puccinia brachybotrydis* Körn.

短序花盖痂锈菌 *Thekopsora brachybotridis* Tranz.

短序花拉拉藤霜霉病菌 *Peronospora hiratsukae* Ito et Tokun.

短序鞘花 *Macrosolen robinsonii* (Gamble) Danser.

短叶莎芏夏孢锈菌 *Uredo cyperi-tegetiformis* Henn.

短窄矮化线虫 *Tylenchorhynchus contractus* Loof

短针近矛线虫 *Agmodorus brevicercus* Siddiqi

短针轮线虫 *Criconemoides brevistylus* Singh et Khera

短针拟滑刃线虫 *Aphelenchoides brevistylus* Jain et Singh

短枝小煤炱 *Meliola brachypoda* Syd.

短柱锈菌属 **Xenostele** Syd.

短柱锥线虫 *Dolichodorus brevistilus* Heyns et Harris

短子宫拟滑刃线虫 *Aphelenchoides breviuteralis* Eroshenko

椴盾壳霉 *Coniothyrium tiliae* Miyake

椴壳针孢 *Septoria tiliae* Westend.

椴膨痂锈菌 *Pucciniastrum tiliae* Miyabe et Hirats.

椴日规菌 *Gnomonia tiliae* Kleb.

椴生叶点霉 *Phyllosticta tiliicola* Oudem.

椴树白锈病菌 *Albugo ipomoeae-panduranea var. *tiliaceae* Ciferri et Biga

椴树垫刃线虫 *Tylenchus tiliae* Oerley

椴炭疽病菌 *Gnomonia tiliae* Kleb.

椴叶点霉 *Phyllosticta tiliae* Sacc. et Speg.

堆孢条黑粉菌 *Urocystis sorosporioides* Körn.

堆集噬虫霉 *Entomophaga conglomerata* (Sorokin) Keller

堆心菊(属)S 病毒 *Helenium virus S Carlavirus*（HVS）

堆心菊(属)Y 病毒 *Helenium virus Y Potyvirus*（HVY）

对孢锈菌属 *Diabole* Arth.

对开蕨斑驳病毒 Hart's tongue fern mottle virus（HTFMoV）

对开蕨病毒 *Hart's tongue fern virus Tobravirus*（HTFV）

对丝藻拟油壶菌 *Olpidiopsis antithamnionis* Whittick et South

对枝藻壶菌 *Chytridium antithamnii* Cohn

盾草果霜霉 *Peronospora thyrocarpi* Ling et Tai

盾壳菌属 *Clypeosphaeria* Fuck.

盾壳霉属 *Coniothyrium* Corda

盾壳小球腔菌 *Leptosphaeria coniothyrium* (Fckl.) Sacc.

盾拟隐壳孢 *Cryptosporiopsis scutellata* (Otth) Petrak

盾盘菌 *Scutellinia scutellata* (L. ex Fr.) Lamb.

盾盘菌属 *Scutellinia* (Cooke) Lamb.

盾片蛇菰 *Rhopalocnemis phalloides* Jungh.

盾片蛇菰属(蛇菰科) *Rhopalocnemis* Jungh.

盾线虫属 *Scutellonema* Andrassy

盾锈菌属 *Uredopeltis* Henn.

盾状黑痣菌 *Phyllachora aspidea* (Berk.) Sacc.

钝齿叶点霉 *Phyllosticta crenatae* Brun

钝齿状轮线虫 *Criconemoides crenatus*

Loof

钝果寄生属(桑寄生科) *Taxillus* Van Tiegh

钝角粉孢 *Oidium obtusum* Thüm.

钝鳞苔草柄锈菌 *Puccinia caricis-amblyolepis* Homma

钝轮线虫 *Criconemoides obtusus* (Colbran) Siddiqi et Goodey

钝拟滑刃线虫 *Aphelenchoides obtusus* Thorne et Malek

钝葡萄座腔菌 *Botryosphaeria obtusa* (Schw.) Shoem.

钝头壳针孢 *Septoria obtusa* Heald et Wolf

钝头黏盘孢 *Colletogloeum obtusum* Sutton

钝尾轮线虫 *Criconemoides obtusicaudatus* (Heyns) Heyns

钝尾螺旋线虫 *Helicotylenchus obtusicaudatus* Darekar et Khan

钝尾小环线虫 *Criconemella obtusicaudatum* (Heyns) Ebsary

钝形牙甲囊霉 *Phurmomyces obtusus* Thaxt.

钝叶草异皮线虫 *Heterodera leuceilyma* Diedwardo et Perry

钝圆假丝酵母 *Candida obtusa* (Dietrichs.) Uden et Sousa ex Uden

钝锥线虫 *Dolichodorus obtusus* Allen

多巴茎线虫 *Ditylenchus tobaensis* Kirjanova

多孢埃里格孢 *Embellisia phragmospora* (van Emden) Simmons

多孢腐霉 *Pythium plurisporium* Abad et al.

多孢腐霉 *Pythium multisporum* Poitras

多孢酵母 *Saccharomyces multisporus* Jörg.

多孢节丛孢 *Arthrobotrys superba* Corda

多孢霉属 *Polyspora* Laff.

多孢穆氏节丝壳 *Arthrocladiella mougeotii* var. *polysporae* Zhao

多孢囊团黑粉菌　*Sorosporium polycarpum* Syd.

多孢树疱霉　*Dendrophoma pleurospora* Sacc.

多孢条黑粉菌　*Urocystis multispora* Wang

多孢小黑腐皮壳　*Valsella multispora* Yuan

多孢叶黑粉菌　*Entyloma polysporum* (Peck) Farl.

多胞尖孢　*Acumispora phragmospora* Matsush.

多胞锈菌属　**Phragmidium** Link

多变柄锈菌　*Puccinia variabilis* Grev.

多变柄锈菌稻槎菜变种　*Puccinia variabilis* Grev. var. *lapsanae* (Fuck.) Cumm.

多变柄锈菌原变种　*Puccinia variabilis* Grev. var. *variabilis* Grev.

多变大戟锈孢锈菌　*Aecidium tithymali* Arth.

多变钩丝壳　*Uncinula variabilis* Zheng et Chen

多变卵孢　*Oospora variabilis* (Lindn.) Lindau

多变霜霉　*Peronospora variabilis* Gäum.

多变枝孢　*Cladosporium variospermum* (Link) Hughes

多产埃里格孢　*Embellisia abundans* Simmons

多齿列当　*Orobanche uralensis* Beck

多带螺旋线虫　*Helicotylenchus multicinctus* (Cobb) Golden

多地小煤炱　*Meliola kibirae* Hansf.

多点短体线虫　*Pratylenchus mulchamdi* Nandadumar et Khera

多点霉　*Polystigmina rubra* Sacc.

多点霉属　**Polystigmina** Sacc.

多顶柄锈菌　*Puccinia polystegia* Syd.

多堆柄锈菌　*Puccinia polysora* Underw.

多夫勒柄锈菌　*Puccinia dovrensis* Blytt

多隔长蠕孢　*Helminthosporium multiseptum* Zhang, Zhang et Wu

多隔钩丝壳　*Uncinula septata* Salm.

多隔腔孢属　**Phragmotrichum** Kunze

多管藻壶菌　*Chytridium polysiphoniar* Cohn

多管藻肿胀病菌　*Chytridium polysiphoniar* Cohn

多害隔指孢　*Dactylella polyctona* (Drechsler) Zhang et al.

多壶菌　*Coenomyces consuens* Deckenb.

多壶菌属　**Coenomyces** Deckenb.

多花蔷薇多胞锈菌　*Phragmidium rosae-multiflorae* Diet.

多环单顶孢　*Monacrosporium polybrochum* (Drechs.) Subram

多环环线虫　*Criconema annulifer* (de Man) Micoletzky

多环环线虫湿地型　*Criconema annulifer* f. sp. *hygrophilum* Andrassy

多环集壶菌　*Synchytrium pluriannulatum* (Curtis) Farlow

多环小环线虫　*Criconemella multiannulata* Doucet

多基毛盘孢　*Ajrekarella polychaetriae* Kamat et Kalani

多棘拟滑刃线虫　*Aphelenchoides spinosus* Paesler

多甲藻拟丝囊霉　*Aphanomycopsis perdiniella* Boltovskoy et Arambarri

多甲藻拟丝囊霉病菌　*Aphanomycopsis perdiniella* Boltovskoy et Arambarri

多角齿裂菌　*Coccomyces multangularis* Lin et Li

多节平脐蠕孢　*Bipolaris nodulosa* (Sacc.) Shoem.

多节枝孢　*Cladosporium nodulosum* Corda

多孔菌菌寄生　*Hypomyces polyporinus* Peck

多孔菌属　**Polyporus** (Mich.) Fr. ex Fr.

多孔拟毛刺线虫　*Paratrichodorus porosus*（Allen）Siddiqi

多孔枝孢　*Cladosporium spongiosum* Berkeley et Curtis

多裂叉钩丝壳　*Sawadaea polyfida*（Wei）Zeng et Chen

多鳞环线虫　*Criconema multisquamatum*（Kirjanova）Chitwood

多鳞帽蕊草　*Mitrastemon yamamotoi* var. *kanehirai*（Yamamoto）Makino

多瘤小光壳炱　*Asteridiella verrucosa*（Pat.）Hansf.

多脉寄生藤　*Dendrotrophe polyneura*（Hu）Tao

多毛叶点霉　*Phyllosticta pilispora* Speschn

多毛剪股颖柄锈菌　*Puccinia lasiagrostis* Tranz.

多毛链格孢　*Alternaria polytricha*（Cooke）Simmons

多毛霉　*Plenotrichum peterae* Petr.

多毛霉属　**Plenotrichum** Syd.

多毛青霉　*Penicillium hirsutum* Bain et Sart

多毛球壳属　**Pestalosphaeria** Barr.

多毛栓菌［花红木腐病菌］　*Trametes hispida* Bagl.

多毛小煤炱　*Meliola polytricha* Kalchbr. et Cooke

多皿菌属　**Multipatina** Sawada

多年干皮菌　*Skeletocutis perennis* Ryv.

多年卧孔菌属　**Perenniporia** Murrill

多黏霉属　**Polymyxa** Ledingham

多泡瘿霉　*Phytophthora multivesiculata* Ilieva et al.

多疱柄锈菌　*Puccinia vesiculosa* Schlecht.

多腔菌属　**Myriangium** Mont. et Berk.

多曲溶菌　*Lyticum sinuosum*（Preer et al.）Preer et Preer

多蕊老鹳草柄锈菌　*Puccinia geranii-polyanthis* J. Y. Zhuang

多蕊蛇菰　*Balanophora polyandra* Griff.

多色鞘锈菌　*Coleosporium crowellii* Cumm.

多色青霉　*Penicillium multicolor* Man et Porad

多色曲霉　*Aspergillus multicolor* Sappa

多氏老鹳草柄锈菌　*Puccinia geranii-doniani* Zhuang et Wei

多丝叉丝壳　*Microsphaera multappendicis* Zhao et Yu

多头节丛孢　*Arthrobotrys polycephala*（Drechs）Rifai

多头束霉属　**Tilachlidium** Preuss

多突腐霉　*Pythium polypapillatum* Ito

多洼马鞍菌　*Helvella lacunosa* Afzel. ex Fr.

多腺小球腔菌　*Leptosphaeria glandulosae* Lobik

多形毕赤酵母　*Pichia polymorpha* Klöck.

多形汉逊酵母　*Hansenula polymorpha* Morais et Maia

多形酵母　*Saccharomyces pleomorphus* Lodd.

多形葚孢　*Sporidesmium polymorphum* Corda

多型隔指孢　*Dactylella multiformis* Dowsett

多型类霜霉　*Paraperonospora multiformis*（Tao et Qin）Constaninescu

多盐单顶孢　*Monacrosporium salinum* Cooke et Dickinson

多样环线虫　*Criconema varigatum* Khan, Singh et Lal

多叶伪粒线虫　*Nothanguina phyllobius*（Thorne）Thorne

多裔黍黑粉菌　*Ustilago polytocae* Mundk.

多疣螺旋线虫　*Helicotylenchus verrucosus* Fernandez et al.

多疣腥黑粉菌　*Tilletia verrucosa* Cooke et Mass.

多育耳霉　*Conidiobolus polytocus* Drechsler

多育曲霉　*Aspergillus proliferans* Smith

多育黍黑痣菌　*Phyllachora panici-proliferi* Saw.

多枝类腐霉　*Pythiogeton ramosum* Minden

多枝瘤座霉属　**Dendrodochium** Bonorden

多枝小皮伞　*Marasmius sarmentosus* Berk.

多脂长喙壳　*Ceratocystis adiposa*（Butl.）Moreau

多主棒孢　*Corynespora mazei* Gussow

多主多隔腔孢　*Phragmotrichum rivoclarinum*（Peyrone）Sutton et Piroz

多主根壶菌　*Rhizidium euglenae* Dang.

多主壶菌（裸藻壶菌）　*Polyphagus euglenae*（Bail）Schröt.

多主壶菌属　**Polyphagus** Nowak.

多主节壶菌　*Physoderma vagans* Schröt.

多主拟瘤梗孢　*Phymatotrichopsis omnivorum*（Duggar）Hennebert

多主疫霉枇杷变型　*Phytophthora omnivora-parasitica* f. sp. *eriobotryae* Dufrenoy

多主疫霉原变种　*Phytophthora omnivora* var. *omnivora* de Bary

多主枝孢扁豆变种　*Cladosporium herbarum* var. *lablab* Sacc.

多主枝孢草本变种　*Cladosporium herbarum* var. *herbarum* Link：Fries

多主枝孢粪变种　*Cladosporium herbarum* var. *fimicolum* Marchand

多主枝孢五谷变种　*Cladosporium herbarum* var. *ceralium* Sacc.

惰轮线虫　*Criconemoides grassator* Adams et Lapp

E

俄勒冈假丝酵母　*Candida oregonensis* Phaff et Sousa

俄勒冈拟滑刃线虫　*Aphelenchoides oregonensis* Steiner

俄罗斯草苁蓉　*Boschniakia rossica*（Cham. et. Schltdl.）Fedt. et Flerov.

俄尼小环线虫　*Criconemella onoensis*（Luć）Ebsary

峨参（属）黄化病毒　*Anthriscus yellows virus Waikavirus*（AYV）

峨参（属）潜隐病毒　*Anthriscus latent virus Carlavirus*（AntLV）

峨眉柄锈菌　*Puccinia omeiensis* Tai

鹅不食霜霉　*Peronospora alsinearum* Caspary

鹅不食霜霉卷耳变型　*Peronospora alsinearum* f. sp. *cerastii-trivialis* Thüm.

鹅不食霜霉原变型　*Peronospora alsinearum* f. sp. *alsinearum* Caspary

鹅耳枥长栅锈菌　*Melampsoridium carpini*（Fuck.）Diet.

鹅耳枥单排孢　*Monostichella robergei*（Desm.）Höhn.

鹅耳枥缩叶病菌　*Taphrina carpini*（Rostr.）Johans.

鹅耳枥外囊菌　*Taphrina carpini*（Rostr.）Johans.

鹅耳枥叶点霉　*Phyllosticta carinea* Sacc.

鹅观草柄锈菌 *Puccinia roegneriae* Zhuang et Wei

鹅掌柴(属)环斑病毒 *Schefflera ringspot virus Badnavirus*（SRV）

鹅掌柴生尾孢 *Cercospora schefflericola* Xi, Chi et Jiang

鹅掌楸链格孢 *Alternaria liriodendri* Zhang et Zhang

蛾微杆菌[昆虫微杆菌] *Microbacterium imperiale*（Steinhaus）Orla-Jensen

厄德洛小煤炱 *Meliola heudelotii* Gaill.

恶气曲霉 *Aspergillus malodoratus* Kwon et Fenn

恶性皮伞菌 *Crinipellis perniciosa* Singer

恶疫霉 *Phytophthora cactorum*（Lebert et Cohn）Schröt.

遏蓝菜柄锈菌 *Puccinia thlaspeos* Schub.

鳄梨日斑类病毒 *Avocado sunblotch viroid Avsunviroid*（ASBVd）

鳄梨日斑类病毒科 *Avsunviroidae*

鳄梨日斑类病毒属 ***Avsunviroid***

鳄梨小盘环线虫 *Discocriconemella perseae* Prado et al.

鳄梨叶点霉 *Phyllosticta perseae* Ell. et Martin

鳄梨隐潜 3 号病毒 *Avocado cryptic virus 3 Alphacryptovirus*（AvoCV-3）

恩德培小光壳炱 *Asteridiella entebbeensis*（Hansf. et Stev.）Hansf.

恩氏拟滑刀线虫 *Aphelenchoides andrassyi* Husain et Khan

恩氏鞘线虫 *Hemicycliophora andrassyi*（Andrassy）Brzeski

耳蕨迈尔锈菌 *Milesina exigua* Faull

耳霉属 ***Conidiobolus*** Brefeld

耳突花叶病毒属 ***Enamovirus***

二孢毕赤酵母 *Pichia dispora*（Dekk.）Kreger

二孢酵母 *Saccharomyces bisporus*（Nagan.）Lodd. et Kreger

二孢枝孢 *Cladosporium bisporum* Matsushima

二倍孢轴黑粉菌 *Sphacelotheca diplospora*（Ell. et Ev.）Clint

二叉腐霉 *Pythium dichotomum* Dang.

二叉类腐霉 *Pythiogeton dichotomum* Tokunaga

二叉小煤炱草野变种 *Meliola dichotoma* var. *kusanoi*（Henn.）Hansf.

二叉亚腐霉,稻苗绵腐病菌 *Pythiogeton dichotomum* Tokunaga

二分茎线虫 *Ditylenchus sedates*（Kirjanova）Sher

二角叉钩丝壳 *Sawadaia bicornis*（Wallr.：Fr.）Homma

二角小煤炱 *Meliola bicornis* Wint.

二角轴黑粉菌 *Sphacelotheca bicornis*（Henn.）Zund.

二孔柄锈菌 *Puccinia duplex* Jörst.

二郎山叉丝壳 *Microsphaera erlangshanensis* Yu

二年残孔菌 *Abortiporus biennis*（Bull. ex Fr.）Sing

二色胶孔菌 *Gloeoporus dichrous* Bres.

二色壳蠕孢 *Hendersonia bicolor* Pat.

二丝孔菌属 ***Diplomitoporus*** Domanski

二头孢盘菌属 ***Dicephalospora*** Spooner

二型半轮线虫 *Hemicriconemoides biformis* Chitwood et Birchfield

二型腐霉 *Pythium dimorphum* Hendrix et Campbell

二型附毛菌 *Frichaptum biforme*（Fr.）Ryv.

二叶红薯白锈 *Albugo ipomoeae-pescaprae* Ciferri

F

发白丛梗孢　*Monilia albicans* Rob. et Zopf

发草黑粉菌　*Ustilago airae-caesp* (Lindr.) Lindr.

发草叶黑粉菌　*Entyloma deschampsiae* Lindr.

发根土壤杆菌　*Agrobacterium rhizogenes* (Riker *et al.*) Conn

发光假蜜环菌　*Armillariella tabescens* (Scop. ex Fr.) Singer

发火层孔菌　*Fomes igniarius* Gill.

发酵毕赤酵母　*Pichia fermentans* Lodd.

发酵性汉逊酵母　*Hansenula fermentans* Verona et Vall.

发酵性酵母　*Saccharomyces fermentati* (Saito) Lodd. et Kreger

发酵性丝孢酵母　*Trichosporon fermentans* Didd. et Lodd.

发藤葫芦(属)花叶病毒　*Telfairia mosaic virus Potyvirus* (TeMV)

发形(样)病毒属　**Capillovirus**

法国蔷薇霜霉　*Peronospora rosae-gallicae* Săvul. et Rayss

法国梧桐溃疡病菌　*Ceratocystis fimbriata* f. sp. *platani* May et Palmer

法吉斯马鞍菌　*Helvella fargessii* Pat.

法里斯叶黑粉菌　*Entyloma farisii* Cif.

法洛核黑粉菌　*Cintractia farlowii* Clint.

法瑞格粒线虫　*Anguina pharangii* Chizhov

法氏指梗霉　*Sclerospora farlowii* Griff.

番荔枝生假尾孢　*Pseudocercospora annonicola* Goh et Hisieh

番木瓜矮化线虫　*Tylenchorhynchus caricae* Kapoor

番木瓜大茎点菌　*Macrophoma papayae* Teng

番木瓜钉孢霉　*Passalora papayae* Guo

番木瓜粉孢　*Oidium caricae-papayae* Yen

番木瓜黑粉菌　*Ustilago caricis-wallichianae* Thirum. et Pavgi

番木瓜花叶病毒　*Papaya mosaic virus Potexvirus* (PapMV)

番木瓜环斑病毒　*Papaya ringspot virus Potyvirus* (PRSV)

番木瓜灰褐斑病菌　*Cercospora papayae* Hansf.

番木瓜畸形花叶病毒　*Papaya leaf distortion mosaic virus Potyvirus* (PLDMV)

番木瓜集壶菌　*Synchytrium caricis* Tracy et Earle

番木瓜假单胞菌　*Pseudomonas caricapapayae* Robbs

番木瓜溃疡病菌　*Erwinia papayae* Gardan Christen et al.

番木瓜链格孢　*Alternaria caricae* T. Y. Zhang

番木瓜轮纹病菌　*Phyllosticta papayae* Sacc.

番木瓜欧文氏菌　*Erwinia papayae* Gardan Christen et al.

番木瓜曲叶病毒　*Papaya leaf curl virus Begomovirus* (PaLCV)

番木瓜曲叶广东病毒　*Papaya leaf curl Guangdong virus Begomovirus*

番木瓜曲叶中国病毒　*Papaya leaf curl China virus Begomovirus*

番木瓜生根肿黑粉菌　*Entorrhiza caricicola* Ferd. et Winge

番木瓜生尾孢　*Cercospora mamaonis* Viégas et Chupp

番木瓜生叶点霉　*Phyllosticta caricicola* Saw.

番木瓜生枝孢　*Cladosporium cariciolum* Corda

番木瓜尾孢　*Cercospora papayae* Hansf.

番木瓜夏孢锈菌　*Uredo caricis-baccantis* Saw.

番木瓜叶点霉　*Phyllosticta papayae* Sacc.

番木瓜叶腐病菌　*Olpidiopsis indica* Srivastara

番木瓜叶疫病菌　*Pseudomonas carica papayae* Robbs

番木瓜瘿瘤病菌　*Synchytrium caricis* Tracy et Earle

番木瓜枝孢　*Cladosporium caricinum* Zhang et Chi

番茄、毛樱桃幼苗猝倒病菌　*Pythium aquatile* Hohnk

番茄白星病菌　*Septoria lycopersici* Speg.

番茄斑驳病毒　*Tomato mottle virus Begomovirus*（ToMoV）

番茄斑驳曲叶巴西病毒　*Tomato mottle leaf curl virus -[Brazil] Begomovirus*

番茄斑萎病毒　*Tomato spotted wilt virus Tospovirus*（TSWV）

番茄斑萎病毒属　**Tospovirus**

番茄不孕病毒　*Tomato aspermy virus Cucumovirus*（TAV）

番茄侧根旋织霉病菌　*Plectospira myriandra* Drechsler

番茄传染性褪绿病毒　*Tomato infectious chlorosis virus Crinivirus*（TICV）

番茄丛矮病毒　*Tomato bushy stunt virus Tombusvirus*（TBSV）

番茄丛矮病毒科[V]　Tombusviridae

番茄丛矮病毒属　**Tombusvirus**

番茄丛矮病毒卫星 RNA　Tomato bushy stunt virus satellite RNA

番茄顶坏死病毒　*Tomato top necrosis virus Nepovirus*（ToTNV）

番茄顶缩类病毒　*Tomato apical stunt viroid Pospiviroid*（TASVd）

番茄多枝瘤座霉　*Dendrodochium lycopersici* Marchal

番茄粉孢　*Oidium lycopersici* Cooke et Mass.

番茄格孢　*Macrosporium tomato* Cooke

番茄格孢腔菌　*Pleospora lycopersici* Marchal

番茄根肿病菌　*Plasmodiophora lewisii* Jones

番茄果腐病菌　*Pleospora lycopersici* Marchal

番茄黑环病毒　*Tomato black ring virus Nepovirus*（TBRV）

番茄花叶巴巴多斯病毒　*Tomato mosaic Barbados virus Begomovirus*

番茄花叶病毒　*Tomato mosaic virus Tobamovirus*（ToMV）

番茄花叶哈瓦那病毒　*Tomato mosaic Havana virus Begomovirus*

番茄环斑病毒　*Tomato ringspot virus Nepovirus*（ToRSV）

番茄黄矮病毒　*Tomato yellow dwarf virus Begomovirus*（ToYDV）

番茄黄斑驳病毒　*Tomato yellow mottle virus Begomovirus*（ToYMoV）

番茄黄顶病毒　*Tomato yellow top virus*（ToYTV）

番茄黄花叶巴西 1 号病毒　*Tomato yellow mosaic virus -[Brazil 1] Begomovirus*

番茄黄花叶巴西 2 号病毒　*Tomato yellow mosaic virus-[Brazil 2] Begomovirus*

番茄黄花叶病毒　*Tomato yellow mosaic virus Begomovirus*（ToYMV）

番茄黄脉条纹病毒　*Tomato yellow vein streak virus Begomovirus*（ToYVSV）

番茄黄曲叶病毒　*Tomato yellow leaf curl virus Begomovirus*（TYLCV）

番茄黄曲叶干加那布里病毒　*Tomato yellow leaf curl Kanchanaburi virus Be-*

gomovirus

番茄黄曲叶尼日利亚病毒　*Tomato yellow leaf curl Nigeria virus Be-gomovirus* (TYLCV-Ng)

番茄黄曲叶撒丁岛病毒　*Tomato yellow leaf curl Sardinia virus Begomovirus* (TYLCV-Sar)

番茄黄曲叶沙特阿拉伯病毒　*Tomato yellow leaf curl Saudi Arabia virus Begomovirus*

番茄黄曲叶沙特南方病毒　*Tomato yellow leaf curl Southern Saudi Arabia virus Begomovirus*

番茄黄曲叶泰国病毒　*Tomato yellow leaf curl Thailand virus Begomovirus* (TYLCV-Th)

番茄黄曲叶坦桑尼亚病毒　*Tomato yellow leaf curl Tanzania virus Begomovirus* (TYLCV-Tz)

番茄黄曲叶也门病毒　*Tomato yellow leaf curl Yemen virus Begomovirus* (TYLCV-Ye)

番茄黄曲叶伊朗病毒　*Tomato yellow leafcurl Iran virus Begomovirus*

番茄黄曲叶以色列病毒　*Tomato yellow leaf curl Israel virus Begomovirus* (TYLCV-Is)

番茄黄曲叶中国病毒　*Tomato yellow leaf curl China virus Begomovirus* (TYLCV-Ch)

番茄棘壳孢　*Pyrencochaeta lycopersici* Schneid.

番茄金色斑驳病毒　*Tomato golden mottle virus Begomovirus*

番茄金色花叶病毒　*Tomato golden mosaic virus Begomovirus* (TGMV)

番茄茎腐病菌　*Didymella lycopersici* Kleb.

番茄巨芽病植原体　*Tomato big bud phytoplasma*

番茄卷叶病毒　*Tomato leafroll virus*

Curtovirus (TLRV)

番茄壳二孢　*Ascochyta lycopersici* Brunand

番茄壳针孢　*Septoria lycopersici* Speg.

番茄枯萎病菌　*Fusarium oxysporum* var. *lycopersici* (Sacc.) Snyser et Hansen

番茄链格孢　*Alternaria tomato* (Cooke) Jones

番茄脉明病毒　*Tomato vein clearing virus Nucleorhabdovirus* (TVCV)

番茄脉褪绿巴西病毒　*Tomato chlorotic vein virus-[Brazil] Begomovirus*

番茄匍柄霉　*Stemphylium lycopersici* (Enjoji) Yamamoto

番茄轻型斑驳病毒　*Tomato mild mottle virus Potyvirus* (TMMV)

番茄曲矮病毒　*Tomato curly stunt virus Begomovirus*

番茄曲叶澳大利亚病毒　*Tomato leaf curl Australia virus Begomovirus* (ToLCV-Au)

番茄曲叶保加利亚 1 号病毒　*Tomato leaf curl Bangaroie virus* I *Begomovirus* (ToLCV-Banl)

番茄曲叶保加利亚 2 号病毒　*Tomato leaf curl Bangalore virus* II *Begomovirus* (ToLCV-BanII)

番茄曲叶病毒　*Tomato leaf curl virus* (ToLCV)

番茄曲叶病毒卫星 DNA　*Tomoto leaf curl virus satellite* DNA

番茄曲叶菲律宾病毒　*Tomato leaf curl Philippines virus Begomovirus*

番茄曲叶古吉拉特病毒　*Tomato leaf curl Gujarat virus Begomovirus*

番茄曲叶卡纳塔克病毒　*Tomato leaf curl Karnataka virus Begomovirus*

番茄曲叶拉巴斯病毒　*Tomato chino La-Paz virus Begomovirus*

番茄曲叶老挝病毒　*Tomato leaf curl Laos*

virus Begomovirus

番茄曲叶马来西亚病毒　*Tomato leaf curl Malaysia virus Begomovirus*

番茄曲叶孟加拉病毒　*Tomato leaf curl Bangladesh virus Begomovirus*

番茄曲叶塞内加尔病毒　*Tomato leaf curl Senegal virus Begomovirus* (ToLCV-Sn)

番茄曲叶斯里兰卡病毒　*Tomato leaf curl Sri Lanka virus Begomovirus*

番茄曲叶台湾病毒　*Tomato leaf curl Taiwan virus Begomovirus* (ToLCV-Tw)

番茄曲叶坦桑尼亚病毒　*Tomato leaf curl Tanzania virus Begomovirus* (ToLCV-Tz)

番茄曲叶新德里病毒　*Tomato leaf curl New Delhi virus Begomovirus* (ToLCV-NDe)

番茄曲叶越南病毒　*Tomato leaf curl Vietnam virus Begomovirus*

番茄曲叶中国病毒　*Tomato leaf curl China virus Begomovirus*

番茄束顶类病毒　*Tomato bunchy top viroid* (ToBTVd)

番茄髓部坏死病菌　*Pseudomonas corrugate* (ex Scarlett) Roberts

番茄炭疽病菌　*Glomerella lycopersici* Kr.

番茄褐绿矮缩类病毒　*Tomato chlorotic dwarf viroid Pospiviroid*

番茄褐绿斑病毒　*Tomato chlorotic spot virus Tospovirus* (TCSV)

番茄褐绿斑驳巴西病毒　*Tomato chlorotic mottle virus-[Brazil] Begomovirus*

番茄褐绿斑驳病毒　*Tomato chlorotic mottle virus Begomovirus*

番茄褐绿病毒　*Tomato chlorosis virus Crinivirus* (ToCV)

番茄伪曲顶病毒　*Tomato pseudo-curly top virus Curtovirus* (TPCTV)

番茄伪曲顶病毒属　**Topocuvirus**

番茄温和斑驳病毒　*Tomato mild mottle virus-Begomovirus*

番茄温室粉虱传病毒　*Tomato green house white fly-born evirus* (TGWFV)

番茄细菌性疮痂病菌[番茄细菌性叶斑病菌]　*Pseudomonas syringae* pv. *tomoto* (Okabe) Young et al.

番茄细菌性黑斑病菌　*Pseudomonas syringae* pv. *tomoto*

番茄细菌性溃疡病菌　*Clavibacter michiganensis* subsp. *michiganensis* (Smith) Davis *et al.*

番茄小丛壳　*Glomerella lycopersici* Kr.

番茄雄性株类病毒　*Tomato planta macho viroid Pospiviroid* (TPMVd)

番茄亚隔孢壳[番茄茎腐病菌]　*Didymella lycopersici* Kleb.

番茄严重曲叶病毒　*Tomato severe leaf curl virus Begomovirus* (ToSLCV)

番茄叶点霉　*Phyllosticta lycopersici* Peck

番茄疫霉　*Phytophthora lycopersici* Sawada

番茄隐矛线虫　*Coslenchus lycopersicus* (Husain et Khan) Siddiqi

番茄早疫病菌　*Alternaria solani* (Ellis et Martin) Sorauer

番茄针孢酵母　*Nematospora lycopersici* Schneid.

番茄珍珠线虫　*Nacobbus serendipiticus* Franklin

番茄枝根腐病菌　*Cylindrocladiella tenuis* Zhang et Chi

番茄重皱缩病毒　*Tomato severe rugose virus Begomovirus* (ToSRV)

番茄皱花叶病毒　*Tomato rugose mosaic virus Begomovirus*

番茄皱缩巴西病毒　*Tomato crinkle-[Brazil] virus Begomovirus*

番茄皱缩黄叶巴西病毒　*Tomato crinkle yellow leaf virus-[Brazil] Begomo-*

virus

番茄皱叶病毒　*Chino del tomate virus Begomovirus*（CdTV）

番茄皱叶病毒　*Tomato leaf crumple virus Begomovirus*（TdCV）

番石榴棒盘孢　*Coryneum psidii* Sutton

番石榴长针线虫　*Longidorus psidii* Khan et Khan

番石榴假尾孢　*Pseudocercospora psidii*（Ramgel）Castaneda，Ruiz et Brauu

番石榴黏盘瓶孢　*Myxosporium psidii* Saw. et Kur.

番石榴欧文氏菌　*Erwinia psidii* Neto. Robbs et Yamashiro

番石榴小丛壳　*Glomerella psidii*（Delacr.）Shel.

番石榴枝孢　*Cladosporium psidiicola* Yen

番薯白锈病菌　*Albugo ipomoeae-hardwickii* Sawada

番薯白锈病菌　*Albugo minor*（Spegazzini）Ciferri

番薯柄锈菌　*Puccinia heitoensis* Ito et Mur.

番薯属黄脉病毒　*Ipomea yellow vein virus Begomovirus*

番薯形珍珠线虫　*Nacobbus batatiformis* Thorne et Schuster

番薯疫霉　*Phytophthora ipomoeae* Flier et Grünwald

番杏白锈病菌　*Albugo austro-africana* Sydow

番杏白锈病菌　*Albugo mysorensis*（Thirum. et Safee.）Vasudeva

番杏白锈病菌　*Albugo trianthemae* Wilson

番樱桃多毛球壳　*Pestalosphaeria eugeniae* P. K. Chi et Lin

番樱桃鞘线虫　*Hemicycliophora eugeniae* Khan et Basir

番樱桃生小煤炱　*Meliola eugeniicola* Stev.

番樱桃疫病菌　*Phytophthora italica* Ca-

cciola，Magnano et Belisario

矾根柄锈菌　*Puccinia heucherae*（Schw.）Diet.

矾根柄锈菌金腰变种　*Puccinia heucherae* var. *chrysosplenii*（Grev.）Savile

矾根条黑粉菌　*Urocystis heucherae* Garr.

繁缕黑痣菌　*Phyllachora stellariae* Fuck.

繁缕集壶菌　*Synchytrium stellariae* Fuckel

繁缕生柄锈菌　*Puccinia stellariicola* Cumm.

繁缕霜霉病菌　*Peronospora parva* Gäum.

繁缕团黑粉菌　*Sorosporium stellariae* Lindr.

繁缕瘿瘤病菌　*Synchytrium stellariae* Fuckel

繁峙根结线虫　*Meloidogyne fanzhiensis* Cheng，Peng et Zheng

反卷钩丝壳　*Uncinula kenjiana* Homma

返顾马先蒿霜霉病菌　*Peronospora pediculais* Palm.

泛菌属　**Pantoea** Gavini et al.

泛滥疫霉　*Phytophthora inundata* Brasier et al.

范基炭黑粉菌　*Anthracoidea vankyi* Nannf.

范氏根结线虫　*Meloidogyne vandervegtei* Kleynhans

范特被孢霉　*Mortierella van-tieghemi* Bachmann

范特腐霉　*Pythium vanterpoolii* Kouyeas et Kouyeas

梵葱链格孢　*Alternaria palandui* Ayyangar

梵天花壳二孢　*Ascochyta urenae* Saw.

方格核黑粉菌　*Cintractia cancellata* Lindr.

方格条黑粉菌　*Urocystis tessellata*（Lindr.）Zund.

方喙象干尸霉　*Tarichium cleoni*（Wize）Lakon

方氏长针线虫　*Longidorus fangi* Xu et

Cheng

芳香丛梗孢　*Monilia fragrans* Miura

芳香酵母　*Saccharomyces fragrans* Beijer.

芳香镰孢　*Fusarium redolens* Wollenw.

芳香青霉　*Penicillium aromaticum* Sopp

防风柄锈菌　*Puccinia sileris* Voss.

防风根腐病菌　*Pseudomonas marginalis* pv. *pastinacae*（Burkholder）Young et al.

防风壳针孢　*Septoria saposhnikoviae* Lu et Bai

防风链格孢　*Alternaria saposhnikoviae* Zhang et Zhang

防己叉丝壳　*Microsphaera pseudolonicerae*（Salm.）Homma

防己色链隔孢　*Phaeoramularia trilobi*（Chupp）Liu et Guo

仿拟油壶菌　*Olpidium simulans* de Bary

纺锤单顶孢　*Monacrosporium fusiformis* Cooke et Dickinson

纺锤突角孢　*Oncopodiella fusiformis* Zhao et Zhang

纺锤柱锈菌［松纺锤瘤锈菌］　*Cronartium fusiforme* Hedg. et Hunt ex Cumminsex

纺锤状多胞锈菌　*Phragmidium fusiforme* Sehröt.

放射点盘菌　*Stictis radiata*（L.）Pers.

放射腐霉　*Pythium radiosum* B. Paul

放射黑星孢　*Fusicladium radiosum*（Lib.）Lind.

放射青霉　*Penicillium radiatum* Lindn.

放射形土壤杆菌　*Agrobacterium radiobacter*（Beijerinck Van et Delden）Conn

放线孢属　**Actinonema** Fr.

飞机草属绒孢　*Mycovellosiella eupatorio-rati* Yen

飞廉柄锈菌　*Puccinia carduorum* Jacky

飞廉黑粉菌　*Ustilago cardui* Fisch. et Waldh.

飞廉霜霉病菌　*Bremia lactucae* var. *cardui* Uljan.

飞廉锈孢锈菌　*Aecidium cardui* Syd.

飞龙掌血胶双胞锈菌　*Didymopsorella toddaliae*（Petch）Thirum.

飞龙掌血小煤炱印度变种　*Meliola toddaliicola* var. *indica* Hansf. et Thirum

飞龙掌血星盾炱　*Asterina toddalae* Kar. et Ghosh

飞蓬壳针孢　*Septoria erigerontea* Peck

飞蓬鞘锈菌　*Coleosporium erigerontis* Syd.

飞蓬叶黑粉菌　*Entyloma erigerentis* Syd.

飞蓬柱锈菌　*Cronartium erigerontis* Syd.

飞虱虫疠霉　*Pandora delphacis*（Hori）Humber

飞鸢果针壳炱　*Irenopsis hiptages* Yam.

非常螺旋线虫　*Helicotylenchus insignis* Khan et Basir

非钩状木霉　*Trichoderma inhamatum* Veerkamp et W. Gams

非丽环黑星霉　*Spilocaea phillyreae*（Nicolas et Aggey）Ellis

非洲短柄草柄锈菌　*Puccinia brachypodii-phoenicoidis* Guy. et Mal.

非洲短柄草柄锈菌戴维斯变种　*Puccinia brachypodii-phoenicoidis* var. *davisii* Cumm. et Greene

非洲根结线虫　*Meloidogyne africana* Whitehead

非洲环矛线虫　*Cricodorylaimus africanus* Wasim，Ahmod et Sturhan

非洲茎线虫　*Ditylenchus africanus* Wendt，Swart，Vrain et Webster

非洲螺旋线虫　*Helicotylenchus africanus*（Micoletzky）Andrassy

非洲木薯花叶病毒　*African cassava mosaic virus Begomovirus*（ACMV）；*Cassava African mosaic virus Begomovirus*（CsAMV）

非洲拟滑刃线虫　*Aphelenchoides africanus* Dassonville et Heyns

非洲皮斯霉　*Pithomyces africanus* Ellis

非洲青霉　*Penicillium africanum* Doeb.

非洲韧皮层杆菌[非洲柑橘青果病菌]
Candidatus Liberibacter africanus Jagoueix et al.

非洲韧皮层杆菌好望角亚种　*Candidatus* Liberibacter africanus subsp. capensis Garnier et al.

非洲霜霉　*Peronospora affinia* Rossm.

非洲团黑粉菌　*Sorosporium afrieanum* Syd.

非洲无膜孔线虫　*Afenestrata africana* (Luć, Germani et Netscher) Baldwin et al.

非洲小煤炱　*Meliola africana* Hansf.

非洲紫罗兰(属)叶坏死病毒　*Sainpaulia leaf necrosis virus Nucleorhabdovirus* (SLNV)

绯红肉杯菌　*Sarcoscypha coccinea* (Scop. ex Fr.) Lamb.

绯红炭团菌　*Hypoxylon coccineum* Sacc.

绯球丛赤壳　*Nectria coccinea* (Pers.) Fr.

菲利掷孢酵母　*Sporobolomyces philippovii* Krass.

菲律宾柄锈菌　*Puccinia philippinensis* H. et P. Syd.

菲律宾梨果寄生　*Scurrula philippensis* (Cham. et Schltdl.) Don.

菲律宾迈尔锈菌　*Milesina philippinensis* Syd.

菲律宾小穴壳菌　*Dothiorella philippinensis* Pat.

菲律宾指霜霉　*Peronosclerospora philippinensis* (Weston) Shaw

菲氏异皮线虫　*Heterodera filipjevi* (Madzhidov) Stone

肥柄锈菌属　**Uropyxis** Schrot.

肥颈螺旋线虫　*Helicotylenchus inifatis* Fernandez et al.

肥满层壁黑粉菌　*Tolyposporella obesa* (Syd.) Clint. et Zund.

肥胖新垫刃线虫　*Neotylenchus obesus* Thorne

肥皂草团黑粉菌　*Sorosporium saponariae* Rud.

肥壮茎线虫　*Ditylenchus obesus* Thorne et Malek

腓尼基螺原体　*Spiroplasma phoeniceum* Saillard et al.

斐济病毒属　***Fijivirus***

斐济假尾孢[香蕉黑斑病菌]　*Pseudocercospora fijiensis* (Morelet) Deighton

肺草壳针孢　*Septoria pulmonariae* Sacc.

肺形霜霉　*Peronospora pulmonariae* Gäum.

费比恩汉逊酵母　*Hansenula fabianii* Wickerh.

费莱曲霉　*Aspergillus flaschentraegeri* Stolk

费劳耳草叶黑粉菌　*Entyloma floerkeae* Holw.

费仁丁拟滑刃线虫　*Aphelenchoides ferrandini* Meyl

费氏叉丝壳　*Microsphaera friesii* Lév.

费氏鞘线虫　*Hemicycliophora ferrisae* Brzeski

费氏丝尾垫刃线虫　*Filenchus filipjevi* Andrassey

费氏中华根瘤菌　*Sinorhizobium fredii* (Scohlla et Elkan) Chen, Yan et al.

费希尔曲霉　*Aspergillus fisheri* Wchmer

费希尔疫霉　*Phytophthora fischeriana* (Höhnk) Sparrow

分叉轮线虫　*Criconemoides dividus* Raskii et Riffle

分叉拟滑刃线虫　*Aphelenchoides deiversus* Paesler

分离虫囊菌　*Laboulbenia separata* Thaxt.

分离潜根线虫　*Hirschmanniella diversa* Sher

分离小煤炱　*Meliola abrupta* Syd.

分离腥黑粉菌　*Tilletia separata* Kunze

分散泛菌　*Pantoea dispersa* Gavini et al.

分枝(埃及)列当　*Orobanche aegyptiaca* Pers.

分枝虫草　*Cordyceps ramosa* Teng

分枝腐霉　*Pythium ramificatum* Paul

分枝隔指孢　*Dactylella ramosa* Matsushima

分枝花椰菜坏死黄化病毒　*Broccoli necrotic yellows virus Cytorhabdovirus* (BNYV)

分枝菌纲　*Thallobacteria* Murry

分枝列当[大麻列当]　*Orobanche ramosa* L.

分枝内囊壶菌　*Endochytrium ramosum* Sparrow

分枝疫霉　*Phytophthora ramorum* Werres，De Cock et Man

分枝油杉寄生[松矮槲寄生]　*Arceuthobium divaricatum* Engelm.

粉孢　*Oidium farinosum* Cooke

粉孢属　***Oidium*** Link

粉孢锈菌属　***Teloconia*** Syd.

粉被栅锈菌　*Melampsora pruinosae* Tranz.

粉被锥毛壳　*Coniochaeta pulveracea* (Ehrh.) Munk.

粉蝶虫瘴霉　*Furia pieris* (Li et Humber) Humber

粉红单端孢　*Trichothecium roseum* (Bull.) Link

粉红镰孢　*Fusarium roseum* Link

粉红黏帚霉　*Gliocladium roseum* (Link) Bain

粉红头孢　*Cephalosporium roseum* Oudem.

粉花地榆霜霉病菌　*Plasmopara sanguisorbae* Li et al.

粉痂菌属　***Spongospora*** Brunch.

粉蚧耳霉　*Conidiobolus pseudococci* (Speare) Tyrrell et MacLeod

粉粒座孢属　***Trimmatostroma*** Corda

粉绿木霉　*Trichoderma glaucum* Abbott

粉落霉属　***Aleurisma*** Link

粉末状柄锈菌　*Puccinia pulverulenta* Grev.

粉拟棒束孢　*Isariopsis alborosella* (Desm.) Sacc.

粉肉拟层孔菌　*Fomitopsis cajanderi* (Karst.) Kotl. et Pouz.

粉虱座壳孢　*Aschersonia aleyrodis* Webb.

粉霜霉　*Peronospora farinosa* (Fries : Fries) Fries

粉霜霉　*Peronospora pulveracea* Fuckel

粉状白锈菌　*Albugo pulverulentus* (Berk. et Curtis) Kuntze

粉状毕赤酵母　*Pichia farinosa* (Lindn.) Hansen

粉状叉丝壳　*Microsphaera alphitoides* Griff. et Maubl.

粉状曲霉　*Aspergillus pulverulentus* (McAlp.) Thom

粉状轴黑粉菌　*Sphacelotheca pulverulenta* (Cooke et Mass.) Ling

粉座菌属　***Graphiola*** Poiteau

粪盾盘菌　*Scutellinia coprinaria* (Cooke) Kuntze

粪盘菌　*Peziza fimeti* (Fuck.) Seav.

粪盘菌属　***Ascobolus*** Pers.

粪色曲霉　*Aspergillus variecolor* Berk. et Br.

粪生丛梗孢　*Monilia fimicola* Cost et Matr.

粪生盾盘菌　*Scutellinia fimetaria* (Seav.) Teng

粪生密格孢　*Acrodictys fimicola* Ellis

粪生散囊菌　*Eurotium fimimcola* Kong

粪生枝孢　*Cladosporium stercoris* Spegazzini

粪生帚霉　*Scopulariopsis fimicola* (Cost et Matr.) Vuill

丰富小环线虫　*Criconemella profuses* (Wang et Wu)

F

丰花草叶斑病菌 *Xanthomonas campestris* pv. *spermacoces* (Srinivasan et Patel) Dye

丰花草轴霜霉 *Plasmopara borreriae* (Lagerh.) Constant.

丰花霜霉 *Peronospora borreriae* Lagerh.

丰花栀子夏孢锈菌 *Uredo gardeniae-floridae* (Saw.) Hirats.

丰壳霉属 **Plenophysa** Syd. et Syd.

风吹楠星盾炱 *Asterina horsfieldiae* Hansf.

风铃草柄锈菌 *Puccinia campanulae* Carm.

风铃草粉痂病菌 *Spongospora campanulae* (Fer. et Winge) Cooke

风铃草粉痂病菌 *Spongospora campanulae* (Fer. et Winge) Cooke

风铃草鞘锈菌 *Coleosporium campanulae* (Pers.) Lév.

风铃草叶点霉 *Phyllosticta campanulae* Sacc. et Speg.

风轮菜壳针孢 *Septoria clinopodii* Allescher

风轮菜霜霉 *Peronospora clinopodii* Terui

风轮菜霜霉病菌 *Peronospora calaminthae* Fuckel

风轮菜轴霜霉 *Plasmopara calaminthae* Ou

风毛菊柄锈菌 *Puccinia saussureae* Thüm.

风毛菊壳针孢 *Septoria saussureae* Thüm.

风毛菊鞘锈菌 *Coleosporium saussureae* Thüm.

风毛菊霜霉病菌 *Bremia lactucae* f. sp. *saussureae* Saw.

风毛菊霜霉病菌 *Bremia saussureae* Sawada

风毛菊尾孢 *Cercospora ratibidae* Ellis et Barth

风毛菊轴霜霉 *Plasmopara saussureae* Novot.

风箱树粉孢 *Oidium cephalanthi* Saw.

风箱树假尾孢 *Pseudocercospora cephalanthi* Goh et Hsieh

风箱树尾孢 *Cercospora cephalanthi* Ell. et Trab.

风信子、稻苗绵腐病菌 *Dictyuchus monosporus* Leitgeb

风信子埃里格孢 *Embellisia hyacinthi* de Hoog et Muller

风信子垫刃线虫 *Tylenchus hyacinthi* Prillieux

风信子花叶病毒 *Hyacinth mosaic virus Potyvirus* (HyaMV)

风信子黄单胞菌 *Xanthomonas hyacinthi* (ex Wakker) Vauterin, Hoste et al.

风信子黄腐病菌 *Xanthomonas hyacinthi* (ex Wakker) Vauterin, Hoste et al.

风信子菌核病菌 *Sclerotinia bulborum* (Wakk.) Rehm

枫香槲寄生 *Viscum liquidambaricolum* Hayata

枫香生叶点霉 *Phyllosticta liquidambaricola* Saw.

枫香树假尾孢 *Pseudocercospora liquidambaris* Sawada ex Goh et Hsieh

枫香树尾孢 *Cercospora liquidambaris* Cooke et Ell.

枫香小钩丝壳 *Uncinuliella liquidambaris* (Zheng et Chen) Zheng et al.

枫香小钩丝壳贵阳变种 *Uncinuliella liquidambaris* var. *guiyangensis* Wu et Wu

枫杨假尾孢 *Pseudocercospora pterocaryae* Guo et Zhao

枫杨叶点霉 *Phyllosticta pterocaryai* Thüm.

枫叶斑病菌 *Xanthomonas campestris* pv. *acernea* (Ogawa) Burkholder

枫叶黄单胞菌 *Xanthomonas campestris* pv. *acernea* (Ogawa) Burkholder

封印木小环线虫 *Criconemella sigillaria*

Eroshenko et Volkova

蜂巢状腥黑粉菌　*Tilletia scrobiculata* Fisch.

蜂斗菜病毒　*Butterbur virus Nucleorhabdovirus* (ButV)

蜂斗菜(属)花叶病毒　*Butterbur mosaic virus Carlavirus* (ButMV)

蜂斗菜轴霜霉　*Plasmopara petasitidis* Ito et Tokun.

蜂斗叶鞘锈菌　*Coleosporium petasitis* (DC.) Lév.

蜂蜜酵母　*Saccharomyces mellis* (Fab. et Quinet) Lodd. et al.

蜂蜜曲霉　*Aspergillus melleus* Yukawa

蜂头虫草　*Cordyceps sphecocephala* (Kl.) Mass

蜂窝菌属　**Hexagonia** Poll ex Fr.

蜂窝锈菌属　**Alveolaria** Lagerh.

蜂窝轴黑粉菌　*Sphacelotheca foveolati* Maire

蜂窝状黑粉菌　*Ustilago scrobiculata* Liro

缝裂黑盘孢　*Melanconium hysterinum* Sacc.

缝裂黏盘瓶孢　*Myxosporium rimosum* Fautr.

缝状散斑壳　*Lophodermium hysterioides* (Pers.) Sacc.

缝状小半壳孢　*Leptostromella hysteruides* (Fr.) Sacc.

凤梨、槟榔疫病菌　*Phytophthora heveae* Thompson

凤梨伪小环线虫　*Nothocriconemella ananas* (Heyns) Berg

凤梨小星盾炱　*Asterinella stuhlmanni* (Henn.) Theiss.

凤山假尾孢　*Pseudocercospora fengshanensis* (Lin et Yen) Yen et al.

凤山尾孢　*Cercospora fengshanensis* Lin et Yen

凤尾蕨假尾孢　*Pseudocercospora pteridis* (Siem.)Guo et Liu

凤仙花(属)坏死斑病毒　*Impatiens necrotic spot virus Tospovirus* (INSV)

凤仙花(属)潜病毒　*Impatiens latent virus Carlavirus* (ILV)

凤仙花单囊壳　*Sphaerotheca balsaminae* (Wallr.) Kari

凤仙花黄单胞菌　*Xanthomonas campestris* pv. *balsamivorum* Rangaswami et al.

凤仙花假尾孢　*Pseudocercospora balsaminae* (Syd.) Deighton

凤仙花科内丝白粉菌　*Leveillula balsaminacearum* Golov.

凤仙花壳二孢　*Ascochyta impatientis* Bresadola

凤仙花霜霉　*Peronospora impatientis* Ellis et Everh.

凤仙花叶斑病菌　*Xanthomonas campestris* pv. *balsamivorum* Rangaswami et al.

凤仙花叶点霉　*Phyllosticta impatientis* Fautr

凤仙花轴霜霉　*Plasmopara obducens* (Schroter) Schroter

凤丫蕨迈尔锈菌　*Milesina coniogrammes* Hirats.

佛兰德轮线虫　*Criconemoides flandriensis* de Grisse

佛罗里达半轮线虫　*Hemicriconemoides floridensis* Chitwood et Birchfield

佛罗里达垫刃线虫　*Tylenchus floridensis* (Raski) Maggenti

佛罗里达蜜皮线虫　*Meloidodera floridensis* Chitwood，Hannon et Esser

佛罗里达匐柄霉　*Stemphylium floridanum* Hannon et Weber

佛罗里达匐柄霉大戟变种　*Stemphylium floridanum* var. *euphorbiae* Nag Raj et al.

佛罗里达鞘线虫　*Hemicycliophora floridensis* (Chitwood et Birchfield) Goodey

佛罗里达小胀垫刃线虫　*Trophotylenchulus floridensis* Raski

佛罗里达新接霉　*Neozygites floridana* (Weiser et Muma) Remaudiere et al.

佛罗拿酵母　*Saccharomyces veronae* Lodd. et Kreker

佛氏拟滑刃线虫　*Aphelenchoides franklini* Singh

佛手瓜花叶 DNA 病毒　*Chayote mosaic virus Begomovirus*

佛手瓜花叶病毒　*Chayote yellow mosaic virus Tymovirus* (ChMV)

肤色镰孢　*Fusarium sarcochroum* (Desm.) Sacc.

弗吉尼亚球皮胞囊线虫　*Globodera virginiae* (Miller et Gray) Behrens

弗兰克植生滴虫[木薯空根病菌]　*Phytomonas francai*

弗雷沙小光壳負　*Asteridiella fraserana* (Syd.) Hansf.

弗雷生新接霉　*Neozygites fresenii* (Nowak.) Remaud. et Keller

弗里德假丝酵母　*Candida friedrichii* Uden et Wind.

弗里斯假丝酵母　*Candida freyschussii* Buckl. et Uden

弗罗棱酵母　*Saccharomyces florentinus* Lodd. et Kreger

弗洛瑞类剑线虫　*Aenigmenschus floreanae* Ley, Coomans et Geraert

弗尼青霉　*Penicillium phoeniceum* Beyma

弗尼亚小环线虫　*Criconemella ferniae* (Luć) Luć et Raski

弗氏黑腐皮壳　*Valsa friesii* (Duby) Fuckel.

伏革菌属　**Corticium** Pers. ex Fr.

伏生壶菌　*Chytridium appressum* Sparrow

扶郎花(属)无症病毒　*Gerbera symptomless virus Nucleorhabdovirus* (GeSLV)

扶朗花尾孢　*Cercospora gerberae* Chupp et Viégas

芙蓉菊霜霉　*Peronospora crossostephii* Sawada

拂子矛粒线虫　*Anguina calamagrostis* Wu

拂子茅柄锈菌　*Puccinia epigejos* Ito

拂子茅黑粉菌　*Ustilago calamagrostidis* (Fuck.) Clint.

拂子茅条黑粉菌　*Urocystis calamagrostidis* (Lavr.) Zund.

茯苓　*Poria cocos* (Fr.) Wolf.

浮雕轮线虫　*Criconemoides caelatus* Raski et Golden

浮萍、紫萍肿胀病菌　*Reesia amoeboides* Fisch.

浮萍结瘿病菌　*Olpidium lemnae* (Fischer) Schröt.

浮萍油壶菌　*Olpidium lemnae* (Fischer) Schröt.

浮游腐霉　*Pythium aquatile* Hohnk

浮肿原囊菌　*Protomyces inouyei* Henn.

福勃狗尾草柄锈菌　*Puccinia setariae forbesianae* Tai

福道尔矛线虫　*Dorylaimus fodori* Andrassy

福鼎假尾孢　*Pseudocercospora fudinga* Huang et Chen

福冈假尾孢　*Pseudocercospora fukuokaensis* (Chrpp) Liu et Guo

福建矮化线虫　*Tylenchorhynchus fujianensis* Chang

福建半轮线虫　*Hemicriconemoides fujianensis* Zhang

福建齿裂菌　*Coccomyces fujianensis* Lin et Xiang

福建虫囊菌　*Laboulbenia fujianensis* Ye

福建虫瘴霉　*Furia fujiana* Huang et Li

福建根结线虫　*Meloidogyne fujianensis* Pan

福井假尾孢　*Pseudocercospora fukuii* (Yamam.) Hsieh et Goh

福里叶黑粉菌 *Entyloma feunichii* Krieg.

福禄考灰斑病菌 *Cercospora omphakodes* Ell.

福禄考灰斑病菌 *Septoria divaricata* Ell. et Ev.

福禄考茎线虫 *Ditylenchus phloxidis* Kirjanova

福禄考尾孢［福禄考灰斑病菌］ *Cercospora omphakodes* Ell.

福木假尾孢 *Pseudocercospora elaeodendri* (Agarwal et Hasija) Deighton

福琼算盘子假尾孢 *Pseudocercospora giranensis* Sawada ex Goh et Hsieh

福士拟茎点霉 *Phomopsis fukushii* Tanake et Endo

福士尾孢 *Cercospora fukushiana* (Matsuura) Yamam.

福氏环线虫 *Criconema fotedari* Mahajan et Bijral

福王草柄锈菌 *Puccinia prenanthis* (Pers.) Fuck.

辐射状栓菌 *Trametes radiata* Burt.

辐线裸孢锈菌 *Caeoma radiatum* Shirai

抚顺柄锈菌 *Puccinia fushunensis* Hara

辅助链枝菌 *Catenaria auxiliaris* Tribe

腐败茎线虫 *Ditylenchus putrefaciens* (Kuehn) Filipjev et al.

腐败卵孢 *Oospora destructor* Metschnikoff et Delacr.

腐根黄单胞菌 *Xanthomonas radiciperda* (Zhavoronkova) Magrou et Prevot

腐烂茎线虫［马铃薯腐烂茎线虫］ *Ditylenchus destructor* Thorne

腐霉属 **Pythium** Pringsh.

腐皮明孢盘菌［梨溃疡病菌］ *Neofabraea malicorticis* (Corda) Jacks.

腐皮拟隐壳孢 *Cryptosporiopsis malicorticis* (Corxl) Nonnfeldt

腐蜱桶孢锈菌 *Crossopsora premnae* (Petch) Syd.

腐榕黑痣菌 *Phyllachora fici-septicae* Saw.

腐乳菌种 *Mucor sufu* Wai et Chu; *Mucor wutungkiao* Fang

腐乳毛霉［腐乳菌种］ *Mucor sufu* Wai et Chu

腐生拟滑刃线虫 *Aphelenchoides saprophilus* Franklin

腐植青霉 *Penicillium humicola* Oudem.

腐植疫霉 *Phytophthora humicola* Ko et Ann

腐质链格孢 *Alternaria humicola* Oudem.

负单链 RNA 病毒目 Mononegavirales

负泥虫虫囊菌 *Laboulbenia hottentottae* Thaxt.

附孢隔指孢 *Dactylella haptospora* (Drechsler) Zhang, Liu et Gao

附孢座坚壳 *Rosellinia aquila* (Fr.) de Not.

附地菜霜霉 *Peronospora trigonotidis* Ito et Tokun.

附毛孔菌属 **Trichaptum** Murrill

附器拟滑刃线虫 *Aphelenchoides appendurus* Singh

附球霉属 **Epicoccum** Link

附球状尾孢 *Cercospora epicoccoides* Cooke et Mass

附属丝间孢伞锈菌 *Kernkampella appendiculata* (Lagerh. et Diet.) Laund.

附属丝原孢锈菌 *Prospodium appendiculatum* (Wint.) Arth.

附丝单顶孢 *Monacrosporium appendiculatum* (Mekht.) Liu et Zhang

附丝壳属 **Appendiculella** Höhn.

附体肾壶菌 *Nephrochytrium appendiculatum* Karling

阜孢属 **Papularia** Fr.

复端孢属 **Cephalothecium** Corda

复合轮线虫 *Criconemoides comleexa* Jairajpuri

复形顶辐霉 *Dactylaria dimorpha* Matsushima

复叶耳蕨假尾孢　*Pseudocercospora arachniodis* Guo

富吉拟滑刃线虫　*Aphelenchoides richtersi* (Steiner) Filipjev

富克尔核盘菌　*Sclerotinia fuckeliana* (de Bary) Fuck.

富里毛霉　*Mucor funebris* Spegazzini

富士霜霉　*Peronospora fujitai* Ito et Tokun.

富氏葡萄孢盘菌　*Botryotinia fuckeliana* (de Bary) Whetz.

富苏根壶菌　*Rhizidum fusus* Zopf

富特煤炱　*Capnodium footii* Berk. et Desm.

腹尾小盘环线虫　*Discocriconemella caudaventer* Orton Williams

覆盖柄锈菌　*Puccinia obtecta* Peck

覆盖锐孔菌　*Oxyporus obducens* (Pers. : Fr.) Donk.

覆盖枝孢　*Cladosporium obtectum* Rabenhorst

覆盆子棘壳孢　*Pyrencochaeta ribi-idaei* Cavara

覆盆子疫霉　*Phytophthora idaei* Kennedy

覆瓦状环线虫　*Criconema imbricatum* Colbran

G

伽蓝菜(属)等轴病毒　*Kalanchoe isometric virus*

伽蓝菜(属)花叶病毒　*Kalanchoe mosaic virus Potyvirus* (KMV)

伽蓝菜(属)潜病毒　*Kalanchoe latent virus Carlavirus* (KLV)

伽蓝菜顶端斑点病毒　*Kalanchoe top-spotting virus Badnavirus* (KTSV)

盖代凸脐蠕孢　*Exserohihum gedarefense* Alcorn

盖痂锈菌属　**Thekopsora** Magn.

盖膜茎线虫　*Ditylenchus sibiricus* German

盖森链格孢　*Altexnaria gaisen* Nagano.

干癌丛赤壳　*Nectria galligena* Bres.

干腐壳色单隔孢〔玉米干腐病菌〕　*Diplodia frumenti* Ell. et Ev.

干假球壶菌　*Pseudosphaerita drylii* Perez-Reyes, Mmadrazo-Garibay et Ochoterena

干枯叶点霉　*Phyllosticta arida* Earle

干酪德巴利酵母　*Debaryomyces tyrocola* Konok.

干酪酵母　*Saccharomyces tyrocola* Beijer.

干酪菌属　**Tyromyces** Karst.

干拟蜡菌　*Ceriporiopsis aneirina* (Sommerf. :Fr.) Dom.

干皮菌属　**Skeletocutis** Kotlaba et Pouzar

干尸霉属　**Tarichium** Cohn

干香柏胶锈菌　*Gymnosporangium taianum* Kern

干朽菌属　**Merulius** Fr.

干燥矮化线虫　*Tylenchorhynchus siccus* Nobbs

甘草柄锈菌　*Puccinia glycyrrhizae* Tai

甘草单胞锈菌　*Uromyces glycyrrhizae* (Rabenh.) Magn.

甘草假尾孢　*Pseudocercospora cavarae* (Sacc. et Sacc.) Deighton

甘草生假尾孢　*Pseudocercospora scopariicola*（Yen）Deighton

甘草尾孢　*Cercospora glycyrrhizae*（Săvulescu et Sandu-Ville）Chupp

甘苦叶点霉　*Phyllosticta dulcamarae* Sacc.

甘蓝矮化线虫　*Tylenchorhynchus oleraceae* Gupta et Uma；*Tylenchorhynchus brassicae* Siddiqi

甘蓝根结线虫　*Meloidogyne artiellia* Franklin

甘蓝黑斑病菌　*Pseudomonas syringae* pv. *maculicola*（McCulloch）Young et al.

甘蓝黑腐病菌　*Xanthomonas campestris* pv. *campestris*（Pammel）Dye

甘蓝环斑病菌　*Phyllosticta napi* Sacc.

甘蓝、辣椒结瘿病菌　*Olpidium radicicolum* de Wildeman

甘蓝螺旋线虫　*Helicotylenchus brassicae* Rashid

甘蓝拟滑刃线虫　*Aphelenchoides brassicae* Edward et Misra

甘蓝曲叶病毒　*Cabbage leaf curl virus Begomovirus*

甘蓝曲叶牙买加病毒　*Cabbage leaf curl Jamaica virus Begomovirus*

甘蓝软腐病菌　*Mucor lutescens* Link

甘蓝生小球腔菌　*Leptosphaeria olericola* Sacc.

甘蓝叶斑病菌　*Mycosphaerella brassicicola*（Fr. ex Duby）Lindau

甘薯 G 病毒　*Sweet potato virus G Potyvirus*（SPVG）

甘薯白锈病菌　*Albugo ipomoeae-panduranae*（Schweinitz）Swingle

甘薯病毒病复合伴随病毒　*Sweet potato virus disease complex-associated virus*（SPVDCaV）

甘薯病毒属　***Ipomovirus***

甘薯长喙壳　*Ceratocystis fimbriata* Ell. et Halst.

甘薯长蠕孢　*Helminthosporium ipomoeae* Saw. et Kats.

甘薯疮痂病菌　*Elsinoë batatas* Jenk. et Vieg.

甘薯丛赤壳　*Nectria ipomoeae* Hals.

甘薯丛枝病植原体　*Sweet potato witches broom phytoplasma*

甘薯大茎点菌　*Macrophoma ipomoeae* Pass.

甘薯痘病菌　*Streptomyces ipomoeae*（Person et Martin）Waksman et al.

甘薯腐烂病菌　*Choanephora trispora* Thaxter

甘薯根霉　*Rhizopus batatas* Nakazawa

甘薯褐斑病菌　*Mycosphaerella ipomoeaecola* Hara

甘薯黑斑病菌　*Ceratocystis fimbriata* Ell. et Halst.

甘薯黑星病菌　*Alternaria bataticola*（Ikota）Yamamoto

甘薯环斑病毒　*Sweet potato ringspot virus Nepovirus*（SPRSV）

甘薯黄矮病毒　*Sweet potato yellow dwarf virus Ipomovipus*（SPYDV）

甘薯痂囊腔菌　*Elsinoë batatas* Jenk. et Vieg.

甘薯痂圆孢　*Sphaceloma batatas* Saw.

甘薯间座壳　*Diaporthe batatatis* Harter et Field

甘薯茎点霉　*Phoma batatas* Ell. et Halst

甘薯茎线虫　*Ditylenchus dipsaci*（Kuhn）Filipjev

甘薯酒酵母　*Saccharomyces batatae* Saito

甘薯菌寄生　*Hypomyces ipomoeae*（Halst）Wollenw.

甘薯链霉菌［甘薯痘病菌］　*Streptomyces ipomoeae*（Person et Martin）Waksman et al.

甘薯脉花叶病毒　*Sweet potato vein mosaic virus Potyvirus*（SPVMV）

甘薯蔓割病菌　*Fusarium oxysporum* f.

sp. *batatas* (Welle.) Syd. et al.

甘薯拟茎点霉 *Phomopsis batatae* Ell. et Halst

甘薯潜病毒 *Sweet potato latent virus Potyvirus* (SPLV)

甘薯轻型斑驳病毒 *Sweet potato mild mottle virus Pomovirus* (SPMMV)

甘薯轻型斑点病毒 *Sweet potato mild speckling virus Potyvirus* (SPMSV)

甘薯球腔菌 *Mycosphaerella ipomoeaecola* Hara

甘薯曲叶病毒 *Sweet potato leaf curl virus Begomovirus* (SPLCV)

甘薯软腐病菌 *Rhizopus batatas* Nakazawa

甘薯生壳针孢 *Septoria baticln* Taub.

甘薯生链格孢 *Alternaria bataticola* (Ikota) Yamamoto

甘薯生球腔菌 *Mycosphaerella bataticola* Djur. et Chochrj.

甘薯生小核菌〔植物炭腐病菌〕 *Sclerotium bataticola* Traub.

甘薯生小球腔菌 *Leptosphaeria bataticola* Chochrj. et Djur.

甘薯褪绿矮化病毒 *Sweet potato chlorotic stunt virus Crinivirus* (SPCSV)

甘薯尾孢 *Cercospora ipomoeae* Wint.

甘薯无症病毒 *Sweet potato symptomless virus* (SPSV)

甘薯陷脉病毒 *Sweet potato sunken vein virus Closterovirus* (SPSVV)

甘薯叶白星病菌 *Septoria bataticola* Taub.

甘薯叶斑病毒 *Sweet potato leaf speckling virus* (SPLSV)

甘薯叶点霉 *Phyllosticta batatas* (Thüm.) Cooke

甘薯疫霉 *Phytophthora ipomoeae* Flier et Grünwald

甘薯羽状斑驳病毒 *Sweet potato feathery mottle virus Potyvirus* (SPFMV)

甘薯皱缩花叶病毒 *Sweet potato shukuro mosaic virus* (SPSMV)

甘薯属球腔菌 *Mycosphaerella ipomoeaecola* Hara

甘遂链格孢 *Alternaria kansuiae* Zhang et Zhang

甘蔗、小麦褐色根腐病菌 *Pythium tardicrescens* Vanterpool

甘蔗、玉米、五节芒霜霉病菌 *Peronosclerospora spontanea* (Weston) Shaw

甘蔗矮化线虫 *Tylenchorhynchus sacchari* Sivakumar et Muthukrishman

甘蔗暗色座腔孢 *Phaeocytostroma sacchari* (Ellis et Everh.) Sutton

甘蔗白(色)条纹病菌 *Xanthomonas albilineans* (Ashby) Dowson

甘蔗白叶病植原体 *Sugarcane white leaf phytoplasma*

甘蔗斑驳条纹病菌 *Herbaspirillum rubrisubalbicans* (Christopher) Baldani et al.

甘蔗半轮线虫 *Hemicriconemoides sacchariae* Heyns

甘蔗孢囊 *Cystopus sacchari* Butler

甘蔗鞭黑粉菌 *Ustilago scitaminea* Syd.

甘蔗伯克氏菌 *Burkholderia sacchari* Brämer et al.

甘蔗赤腐病菌 *Physalospora tucumanensis* Speg.

甘蔗疮痂病菌 *Elsinoë sacchari* (Lo) Bitanc. et Jenk.

甘蔗单毛刺线虫 *Monotrichodorus sacchari* Baojard et Germani

甘蔗凋萎病菌 *Cephalosporium sacchari* Butler et Hafiz Khan

甘蔗短体线虫 *Pratylenchus sacchari* (Soltwedel) Filipjev

甘蔗盾壳霉 *Coniothyrium sacchari* (Mass.) Prill. et Delacr.

甘蔗盾线虫 *Scutellonema sacchari* Rashid, Singh et al.

甘蔗斐济病毒 *Sugarcane Fiji disease vi-*

rus Fijivirus

甘蔗凤梨病菌 *Ceratocystis paradoxa* (Dade) Moreau

甘蔗杆状病毒 *Sugarcane bacilliform virus Badnavirus* (SCBV)

甘蔗根腐病菌 *Periconia sacchari* Johnston

甘蔗根腐病菌 *Pythium adhaerens* Sparrow

甘蔗根茎肿胀病菌 *Olpidium sacchari* Cook

甘蔗根肿病菌 *Plasmodiophora vascularum* Matzer

甘蔗根肿菌 *Plasmodiophora vascularum* Matzer

甘蔗褐条病菌 *Cochliobolus stenospilum* (Drechsl.) Malsun. et Yamam.

甘蔗黑孢 *Nigrospora sacchari* (Speg.) Mason

甘蔗黑条病菌 *Cercospora atrofiliformis* Yen *et al.*

甘蔗黑团孢霉〔甘蔗根腐病菌〕 *Periconia sacchari* Johnston

甘蔗黑痣病菌 *Phyllachora sacchari* Henn.

甘蔗黑痣菌 *Phyllachora sacchari* Henn.

甘蔗红腐病菌 *Colletotrichum falcatum* Went.

甘蔗红条纹和顶腐病菌 *Pseudomonas rubrisubalbicans* (Christopher et Edgerton) Krasilnikov

甘蔗花叶病毒 *Sugarcane mosaic virus Potyvirus* (SCMV)

甘蔗滑刃线虫 *Aphelenchus saccharae* Akhtar

甘蔗黄单胞菌 *Xanthomonas campestris* pv. *sacchari* Vauterin et al.

甘蔗黄单胞菌 *Xanthomonas sacchari* Vauterin et al.

甘蔗黄叶病毒 *Sugarcane yellow leaf virus Polerovirus*

甘蔗基唇线虫 *Basirolaiimus sacchari* Shamsi

甘蔗痂囊腔菌 *Elsinoë sacchari* (Lo) Bitanc. et Jenk.

甘蔗壳多孢 *Stagonospora sacchari* Lo et Ling

甘蔗壳囊孢 *Cytospora sacchari* Butl.

甘蔗壳蠕孢 *Hendersonia sacchari* Speg.

甘蔗粒孢堆黑粉菌 *Sporisorium sacchari* (Rabenh.) Vánky

甘蔗流胶病菌 *Xanthomonas axonopodis* pv. *vasculorum* (Cobb) Vauterin et al.

甘蔗螺旋线虫 *Helicotylenchus sacchari* Razjivin

甘蔗拟滑刃线虫 *Aphelenchoides sacchari* Hooper

甘蔗拟毛刺线虫 *Paratrichodorus sacchari* Vermenlen et Heyns

甘蔗皮斯霉 *Pithomyces sacchari* (Speg.) Ellis

甘蔗平脐蠕孢 *Bipolaris sacchari* (Butl. et Hafiz) Shoem.

甘蔗鞘枯病菌 *Leptosphaeria sacchari* Breda

甘蔗轻型花叶病毒 *Sugarcane mild mosaic virus Closterovirus* (SMMV)

甘蔗日规菌 *Gnomonia iliau* Lyon

甘蔗生假尾孢 *Pseudocercospora saccharicola* (Sun) Yen

甘蔗霜霉病菌 *Peronosclerospora miscanthi* (Miyake) Shaw

甘蔗霜霉病菌 *Peronosclerospora sacchari* (Miyake) Shirai et Hara

甘蔗宿根苗矮化病菌 *Clavibacter xyli* subsp. *xyli* Davis et al.

甘蔗条纹花叶病毒 *Sugarcane streak mosaic virus Potyvirus*

甘蔗头孢霉〔甘蔗凋萎病菌〕 *Cephalosporium sacchari* Butler et Hafiz Khan

甘蔗透孢穗霉 *Hyalostachybotrys sacchari* Sriniv.

甘蔗尾孢　*Cercospora longipes* E. Butler

甘蔗无膜孔线虫　*Afenestrata sacchari* Ka-ushal et Swarup

甘蔗线条病毒　*Sugarcane streak virus Mastrevirus* (SSV)

甘蔗小盘旋线虫　*Rotylenchulus sacchari* Berg et Spaull

甘蔗小皮伞　*Marasmius sacchari* Wakk.

甘蔗小球腔菌［甘蔗鞘枯病菌］*Leptos-phaeria sacchari* Breda

甘蔗锈病菌　*Puccinia kuehnii* Butl.

甘蔗眼点病菌　*Bipolaris sacchari* (Butl. et Hafiz) Shoem.

甘蔗叶点霉　*Phyllosticta sacchari* Speg.

甘蔗叶烧病菌　*Stagonospora sacchari* Lo et Ling

甘蔗叶条枯病菌　*Leptosphaeria taiwan-ensis* Yen et Chi

甘蔗异长针线虫　*Paralongidorus sacchari* Siddiqi et al.

甘蔗异滑刃线虫　*Paraphelenchus sacchari* Husain et Khan

甘蔗异皮线虫　*Heterodera sacchari* Luć et Merny

甘蔗油壶菌［甘蔗根茎肿胀病菌］*Olpi-dium sacchari* Cook

甘蔗指霜霉［甘蔗霜霉病菌］*Peronoscle-rospora sacchari* (Miyake) Shirai et Hara

柑果茎点霉　*Phoma citricarpa* McAlp.

柑橘(印度柑橘)病毒属　***Mandarivirus***

柑橘、荔枝酸腐病菌　*Geotrichum candi-dum* Link

柑橘、烟草疫病菌　*Phytophthora imper-fecta* Sarejanni

柑橘4号类病毒　*Citrus viroid IV Coca-dviroid* (CVd-IV)

柑橘斑点病菌　*Phaeoramularia angolen-sis* (Carvalho et Mendes) Kirk

柑橘柄锈菌　*Puccinia citrata* Syd.

柑橘长尾滑刃线虫　*Seinura citri* (An-drassy) Goodey

柑橘长针线虫　*Longidorus citri* (Sid-diqi) Thorne

柑橘穿孔线虫　*Radopholus citri* Machon et Bridge

柑橘疮痂病菌　*Elsinoë fawcettii* Bitanc. et Jenk.

柑橘槌壳炱［柑橘煤病菌］*Capnodaria citri* Berk. et Desm.

柑橘丛赤壳　*Nectria citri* Henn.

柑橘粗糙病毒　*Citrus leprosis virus Nu-cleorhabdovirus* (CiLV)

柑橘恶病变类病毒　*Citrus cachexia vir-oid* (CCVd)

柑橘耳突-木质部瘿病毒　*Citrus enation-woody gall virus Luteovirus* (CEWGV)

柑橘泛菌　*Pantoea citrea* Kageyama et al.

柑橘膏药病菌　*Septobasidium citricolum* Saw.

柑橘根结线虫　*Meloidogyne citri* Zhang, Gao et Weng

柑橘光壳炱　*Limacinia citri* (Br. et Pa-ss.) Sacc. et al.

柑橘褐腐疫病菌　*Phytophthora imper-fecta* var. *citrophthora* (Smith)

柑橘褐腐疫霉［枸橼、柑橘果实褐腐病菌］*Phytophthora citrophthora* Leo-nian

柑橘褐色膏药病菌　*Helicobasidium pur-pureum* Pat.

柑橘黑斑病菌　*Guignardia citricarpa* Ki-ely

柑橘黑腐病菌　*Alternaria citri* Ellis et Pierce

柑橘黑腐皮壳　*Valsa citri* Sawada

柑橘黑霉病菌　*Pleospora hesperidearun* Catt.

柑橘花核霉　*Anthina citri* Saw.

柑橘花叶病毒　*Citrus mosaic virus Badna-virus* (CMBV)

柑橘环斑病毒　Citrus ringspot virus

柑橘黄单胞菌　Xanthomonas citri（ex Hasse）Gabriel

柑橘黄单胞菌橘叶变种　Xanthomonas citri f. sp. aurantifoliae Namakata et Oliveira

柑橘灰色膏药病菌　Septobasidium albidum Pat.

柑橘灰色膏药病菌　Septobasidium pseudopedicellatum Burt.

柑橘灰色膏药病菌　Septobasidium sinense Couch

柑橘基唇线虫　Basirolaimus citri Khan

柑橘畸变类病毒　Citrus variable viroid（CVVd）

柑橘痂囊腔菌［柑橘疮痂病菌］　Elsinoë fawcettii Bitanc. et Jenk.

柑橘痂圆孢　Sphaceloma fawcettii Jenk.

柑橘痂圆孢粗糙变种　Sphaceloma fawcettii var. scabiosa Jenk.

柑橘间座壳［柑橘树脂病菌］　Diaporthe citri（Fawcett）Wolf

柑橘剑线虫　Xiphinema citricolum Lamberti et Blove-Zacheo

柑橘焦腐病菌　Physalospora rhodina Berk. et Curt.

柑橘脚腐病菌　Phytophthora nicotianae var. parasitica（Dast.）Waterh.

柑橘茎点霉　Phoma citri Sacc.

柑橘壳二孢　Ascochyta citri Penz.

柑橘溃疡病菌　Xanthomonas axonopodis pv. citri（Hasse）Vauterin et al.

柑橘类3号病毒　Citrus virus Ⅲ Apscaviroid（CVd-Ⅲ）

柑橘链格孢　Alternaria citri Ellis et Pierce

柑橘裂皮类病毒　Citrus exocortis viroid Pospiviroid（CEVd）

柑橘鳞皮病毒　Citrus psorosis virus Ophiovirus（CPsV）

柑橘绿化病植原体　Citrus greening phytoplasma

柑橘绿霉病菌　Penicillium digitatum Sacc.

柑橘轮线虫　Criconemoides citri Steiner

柑橘螺原体［柑橘顽固病菌、柑橘僵化病菌］　Spiroplasma citri Saglio, Hospital, Laflecheet al.

柑橘煤病菌　Capnodaria citri Berk. et Desm.

柑橘煤炱　Capnodium citri Berk. et Desm.

柑橘煤污病菌　Capnodium tanaka Shirai et Hara

柑橘南方疮痂病菌　Elsinoë australis Bitanc. et Jenk.

柑橘囊孢壳［柑橘焦腐病菌］　Physalospora rhodina Berk. et Curt.

柑橘拟滑刃线虫　Aphelenchoides citri Andrassy

柑橘拟基线虫　Basiroides citri Maqbool, Fatima et Shahina

柑橘拟茎点霉　Phomopsis citri Fawcett

柑橘盘长孢　Gloeosporium citri Massee

柑橘盘旋线虫　Rotylenchus citri Rashid et Khan

柑橘青果病菌　Candidatus Liberibacter africanus Jagoueix et al.

柑橘青霉病菌　Penicillium italicum Wehmer

柑橘球腔菌［柑橘脂点黄斑病菌］　Mycosphaerella citri Whiteside

柑橘球座菌［柑橘黑斑病菌］　Guignardia citricarpa Kiely

柑橘曲叶类病毒　Citrus bent leaf viroid Apscaviroid（CBLVd）

柑橘裙腐、无花果白腐、杧果疫病病菌　Phytophthora palmivora（Butler）Butler

柑橘裙腐菌　Phytophthora palmivora（Butler）Butler

柑橘软腐小煤炱　Meliola citrovora Hara

柑橘生棒孢　Corynespora citricola Ellis

柑橘生刺盾壳 *Chaetothyrium citricola* Saw.

柑橘生刺球菌 *Chaetosphaeria citricola* Saw. et Yam.

柑橘生多皿菌 *Multipatina citricola* Saw.

柑橘生隔担耳 [柑橘膏药病菌] *Septobasidium citricolum* Saw.

柑橘生黑团壳 *Massaria citricola* Syd.

柑橘生间座壳 *Diaporthe citricola* Rehm

柑橘生轮线虫 *Criconemoides citricola* Siddiqi

柑橘生平座壳 *Endoxylina citricola* Ou

柑橘生四孢座囊菌 *Dothidea tetraspora* var. *citricola* Sacc.

柑橘生弯孢聚壳 *Eutypella citricola* Speg.

柑橘生小煤炱 *Meliola citricola* Syd.

柑橘生叶点霉 *Phyllosticta citricola* Hori

柑橘生疫霉 [蕉柑、草莓果实腐烂病菌] *Phytophthora citricola* Sawada

柑橘树脂病菌 *Diaporthe citri* (Fawcett) Wolf

柑橘速衰病毒 *Citrus tristeza virus Closterovirus* (CTV)

柑橘碎叶病毒 *Citrus tatter leaf virus Capillovirus* (CiTLV)

柑橘弯孢聚壳 *Eutypella citri* Sawada

柑橘顽固病螺原体、柑橘僵化病菌 *Spiroplasma citri* Sagllio et al.

柑橘西德奎线虫 *Siddiqia citri* (Siddiqi) Khan et al.

柑橘陷球壳 *Trematosphaeria citri* Sawada

柑橘镶孢霉 *Coniothecium citri* McAlp.

柑橘小齿线虫 *Paurodontus citri* Varaprasad et al.

柑橘小煤炱 *Meliola butleri* Syd.

柑橘新锥线虫 *Neodolichodorus citri* S' Jacob et Loof

柑橘亚煤炱 *Hypocapnodium citri* Sawada

柑橘叶点霉 *Phyllosticta citri* Hori

柑橘叶柱隔孢 *Ramularia citrifolia* Saw.

柑橘杂色病毒 *Citrus variegation virus Ilarvirus* (CVV)

柑橘枝孢 *Cladosporium citri* Fawcett

柑橘枝瘤病菌 *Sphaeropsis tumefaciens* Hedges.

柑橘脂点黄斑病菌 *Mycosphaerella citri* Whiteside

柑橘皱叶病毒 *Citrus leaf rugose virus Ilarvirus* (CiLRV)

杆孢青霉 *Penicillium bacillosporum* Swift

杆孢状镰孢 *Fusarium bactridioides* Wollenw.

杆钉孢霉 *Passalora bacilligera* (Mont. et Fr.) Mont. et Fr.

杆状 RNA 病毒属 *Barnavirus*

杆状 DNA 病毒属 *Badnavirus*

秆假黑粉霉 *Coniosporium culmigenum* (Berk.) Sacc.

竿糖腐霉 *Pythium rhizosaccharum* Singh et al.

感应草叶斑病菌 *Xanthomonas axonopodis* pv. *biophyti* (Patel.) Vauterin et al.

橄榄环黑星霉 *Spilocaea oleaginea* (Cast.) Hughes

橄榄角孢柱锈菌 *Skierka canarii* Racib.

橄榄酵母 *Saccharomyces oleaccus* Maria

橄榄绿青霉 *Penicillium ochro-chloron* Biourge

橄榄色球腔菌 *Mycosphaerella olivacerum* Wehum

橄榄色曲霉 *Aspergillus olivaceus* Delac.

橄榄色枝孢 *Cladosporium olivaceum* (Corda) Bononden

橄榄小花锈菌 *Anthomycetella canarii* Syd.

橄榄芽孢盘菌 [红松流脂溃疡病菌] *Tympanis olivacea* (Fckl.) Rehm

橄榄油酵母 *Saccharomyces hienipiensis* Maria

冈比亚异皮线虫 *Heterodera gambiensis*

Merny et Netscher

冈氏伞滑刃线虫　*Bursaphelenchus gonzalezi* Loof

刚果盾锈菌　*Uredopeltis congensis* Henn.

刚果河团黑粉菌　*Sorosporium congoense* Ling

刚果河轴黑粉菌　*Sphacelotheca congensis*（Syd.）Wakef.

刚果轮线虫　*Criconemoides congolense*（Schunrmans et al.）Goodey

刚果盘多毛孢　*Pestalotia congensis* Henn.

刚毛藻串孢壶菌　*Myzocytium globosum* Schenk

刚毛藻根壶病菌　*Rhizidium confervaeglomeratae* Sorokin

刚毛藻根壶病菌　*Rhizidum cienkowaskianum* Zopf

刚毛藻根壶病菌、畸形病菌　*Rhizidium westii* Mass.

刚毛藻根生壶菌［刚毛藻肿胀病菌］　*Rhizophydium cladophorae*（Kobay. et Ook.）Sparrow

刚毛藻壶病菌　*Chytridium inflatum* Sparrow；*Endochytrium ramosum* Sparrow

刚毛藻裸异壶病菌　*Reesia cladophorae* Fisch.

刚毛藻裸异壶菌［刚毛藻裸异壶病菌］　*Reesia cladophorae* Fisch.

刚毛藻绵腐病菌　*Achlyogeton entophytum* Schenk

刚毛藻内壶菌　*Entophlyctis cienkewskiana*（Zopf）Fischer

刚毛藻囊壶菌　*Phlyctochytrium cladophorae* Vobayashi et Ook.

刚毛藻油壶病菌　*Olpidium aggregatum* Dang.

刚毛藻油壶菌［刚毛藻肿胀病菌］　*Olpidium coleochaetes*（Now.）Schröt.

刚毛藻肿胀病菌　*Olpidium coleochaetes*（Now.）Schröt.

刚毛藻肿胀病菌　*Rhizophydium cladophorae*（Kobay. et Ook.）Sparrow

刚竹单隔孢　*Scolicotrichum phllostachydis* Teng

刚竹黑痣菌　*Phyllachora phyllostachydis* Hara

刚竹喙球菌［竹枯梢病菌］　*Ceratosphaeria phyllostachydis* Liao

刚竹假竹黄　*Shiraiella phyllostachydis* Hara

刚竹小煤炱　*Meliola phyllostachydis* Yamam.

刚竹锈病菌　*Puccinia longicornis* Pat. et Har.

刚竹亚球腔菌　*Metasphaeria denata* Syd.

岗日嘎布柄锈菌　*Puccinia kangrikarpoensis* Zhuang

杠柳生壳针孢　*Septoria periplocicola* Guo, Lu et Bai

杠柳栅锈菌　*Melampsora periplocae* Miyabe

高大柄锈菌　*Puccinia exelsa* Barcl.

高地小环线虫　*Criconemella alticola*（Ivanova）Ebsary

高加索德巴利酵母　*Debaryomyces caucasicus* Phillipp.

高加索肉杯菌　*Sarcoscypha caucasica* Jacz.

高加索乳酒酵母　*Saccharomyces kefyr* Beijer.

高锯齿轮线虫　*Criconemoides montserrati* Arias et al.

高粱(属)矮花叶病毒　Sorghum stunt mosaic virus Nucleorhabdovirus（SrSMV）

高粱(属)病毒　Sorghum Virus（SgV）

高粱(属)花叶病毒　Sorghum mosaic virus Potyvirus（SrMV）

高粱(属)褪绿斑病毒　Sorghum chlorotic spot virus Furovirus（SgCSV）

高粱北方炭疽病菌　*Kabatiella zeae* Narita et Hirats

高粱柄锈菌　*Puccinia sorghi* Schw.

高粱长粒黑穗病菌　*Sporisorium ehren-bergii* (Kühn) Vánky

高粱盾线虫　*Scutellonema sorghi* Berg

高粱根腐病菌　*Periconia circinata* (Mangin) Sacc.

高粱根结线虫　*Meloidogyne acronea* Coetzee

高粱黑痣菌　*Phyllachora sorghi* Höhn.

高粱花黑粉菌　*Ustilago kenjiana* Ito

高粱黄斑病菌　*Cercospora andropogonis* Ou

高粱坚孢堆黑粉菌　*Sporisorium sorghi* Ehrenberg ex Link

高粱胶尾孢 [高粱轮豹纹病菌]　*Gloeocercospora sorghi* Bain et Edg

高粱茎线虫　*Ditylenchus sorghii* Verma

高粱壳二孢　*Ascochyta sorghi* Sacc.

高粱轮豹纹病菌　*Gloeocercospora sorghi* Bain et Edg

高粱麦角病菌　*Sphacelia sorghi* Mcrae

高粱煤纹病菌　*Ramulispora sorghi* (Ell. et Ev.) Olive et Lefeb

高粱密孢霉 [高粱麦角病菌]　*Sphacelia sorghi* Mcrae

高粱球腔菌　*Mycosphaerella holci* Tehon

高粱散孢堆黑粉菌 [高粱散黑穗病菌]　*Sporisorium cruentum* (Kühn) Vánky

高粱散黑穗病菌　*Sporisorium cruentum* (Kühn) Vánky

高粱生平脐蠕孢　*Bipolaris sorghicola* Alcorn

高粱生座枝孢 [高粱紫轮斑(黑点)病菌]　*Ramulispora sorghicola* Harris

高粱霜霉病菌　*Peronosclerospora sorghi* (Weston et Uppal) Shaw

高粱条斑病菌　*Xanthomonas vasicola* pv. *holicola* (Elliott) Vauterin et al.

高粱条纹病菌　*Burkholderia andropogonis* (Smith) Gillis et al.

高粱团黑粉菌　*Sorosporium andropogonis-sorghi* Ito

高粱弯孢　*Curvularia caryopsida* (Sacc.) Teng

高粱尾孢　*Cercospora sorghi* Ell. et Ev.

高粱锈病菌　*Puccinia purpurea* Cooke

高粱叶点霉　*Phyllosticta sorghina* Sacc.

高粱紫斑病菌　*Cercospora sorghi* Ell. et Ev.

高粱紫轮斑(黑点)病菌　*Ramulispora sorghicola* Harris

高粱座枝孢 [高粱煤纹病菌]　*Ramulispora sorghi* (Ell. et Ev.) Olive et Lefeb

高列当　*Orobanche elatior* Sutton

高山矮化线虫　*Tylenchorhynchus alpinus* Allen

高山柄锈菌　*Puccinia alpina* Fuck.

高山单胞锈菌　*Uromyces alpestris* Tranz.

高山多胞锈菌　*Phragmidium alpinum* Hirats.

高山还阳参柄锈菌　*Puccinia crepidis-montanae* Magn.

高山黄芪霜霉病菌　*Peronospora astragalina* Sydow

高山集壶菌 [双花堇菜瘿瘤病菌]　*Synchytrium alpinum* Thom.

高山卷耳霜霉病菌　*Peronospora tornensis* Gäum.

高山梨果寄生　*Scurrula elata* (Edgew) Danser.

高山蓼柄锈菌　*Puccinia polygoni-alpini* Cruchet et Mayor

高山螺旋线虫　*Helicotylenchus montanus* Tebehkova

高山拟滑刃线虫　*Aphelenchoides montanus* Singh

高山盘旋线虫　*Rotylenchus alpinus* Eroshenko

高山实球黑粉菌　*Doassansia alpina* Lavr.

高山松油杉寄生　*Arceuthobium pini* Hawksw et Wiens

高山松油杉寄生四川变种（云杉寄生）　*Arceuthobium pini* var. *sichuanense* Kiu

高山唐松草霜霉病菌　*Plasmopara alpina* (Johansson) Blytt

高山夏孢锈菌　*Uredo alpestris* Schröt.

高山锈孢锈菌　*Aecidium niitakense* Hirats.

高山叶点霉　*Phyllosticta alpigena* Sacc.

高山轴霜霉［高山唐松草霜霉病菌］*Plasmopara alpina* (Johansson) Blytt

高渗曲霉　*Aspergillus tonophilus* Ohts.

高渗散囊菌　*Eurotium tonophilium* Ohtsuki

高氏轮线虫　*Criconemoides goffarti* (Volz) Oostenbrink

高氏拟滑刃线虫　*Aphelenchoides goeldii* (Steiner) Filipjev

高氏桤寄主（台中桑寄生）　*Loranthus kaoi* (Chao) Kiu

高头拟滑刃线虫　*Aphelenchoides editocaputis* Shavrov

高臀线虫属　*Hypsoperine* Sledge et Golden

高雄钝果寄生　*Taxillus pseudo-chinensis* (Yamamoto) Danser.

高雄小煤炱　*Meliola kodaihoensis* Yam.

高羊肚菌　*Morchella elata* Fr.

高又曼胶锈菌　*Gymnosporangium gaeumannii* Zogg

高轴黑粉菌　*Sphacelotheca excelsa* Syd.

藁本生柄锈菌　*Puccinia ligusticola* Miyabe

藁秆节丛孢　*Arthrobotrys straminicola* Pitoplichko

藁秆叶点霉　*Phyllosticta straminella* Brcs.

戈尔德座壳孢　*Aschersonia goldiana* Sacc. et Ell.

戈氏螺旋线虫　*Helicotylenchus goldeni* Sultan et Jairajpuri

戈氏拟滑刃线虫　*Aphelenchoides goldeni* Suryawanshi

戈托斯坦纳线虫属　*Gottholdsteineria* Andrassy

哥伦比亚曼陀罗病毒　*Colombian datura virus Potyvirus* (CDV)

哥伦比亚纽带线虫　*Hoplolaimus columbus* Sher

哥斯达黎加囊孢锈菌　*Cystomyces costaricensis* Syd.

茖葱单胞锈菌　*Uromyces allii-victorialis* Liou et Wang

革带状杯盘菌［柔荑花杯盘菌］*Ciboria amentacea* (Balbis ex Fr.) Fuck.

革盖菌属　*Coriolus* Quel.

革裥菌属　*Lenzites* Fr.

革菌属　*Thelephora* Ehrh. ex Fr.

革马鞍菌　*Helvella corium* (Weberb.) Mass.

革质干朽菌　*Merulius corium* Fr.

格孢腔菌属　*Pleospora* Rabenh.

格孢球壳属　*Pleosphaerulina* Pass.

格恩纽带线虫　*Hoplolaimus guernei* (Certes) Menzel

格夫拉小盘环线虫　*Discocriconemella gufraensis* Berg et Quencherve

格兰马草黑粉菌　*Ustilago boutelouae-humilis* Bref.

格兰叶黑粉菌　*Entyloma glancii* Dang.

格利斯螺旋线虫　*Helicotylenchus glissus* Thorne et Malek

格木小煤炱　*Meliola erythrophloei* Hansf. et Deight.

格瑞曼盘菌属　*Gremmeniella* Morelet

格氏根结线虫　*Meloidogyne grahami* Golden et Slana

格氏霉属　*Gerlachia* Gams.

格他木夏孢锈菌　*Uredo guettardae* Hirats. et Hash.

葛白粉菌　*Erysiphe puerariae* Zheng et Chen

葛集壶菌［葛藤瘿瘤病菌］ *Synchytrium puerariae* Miyabe

葛假尾孢 *Pseudocercospora puerariae* (Syd. et Syd.) Deighton

葛菌绒孢 *Mycovellosiella puerariae* Shaw et Deighton

葛瘤座孢 *Tubercularia puerariae* Saw.

葛缕亮蛇床柄锈菌 *Puccinia selini-carvifoliae* Săvulescu

葛缕子生柄锈菌 *Puccinia caricola* J. Y. Zhuang

葛缕子肿胀病菌 *Cladochytrium kriegerianum* (Magn.) Fischer

葛缕子轴霜霉 *Plasmopara cari* Meng et Tao

葛麻尾孢 *Cercospora ricinella* Sacc. et Berl.

葛球腔菌 *Mycosphaerella puerariae* (Keissl.) Petr.

葛生假尾孢 *Pseudocercospora puerariicola* (Yamam.) Deighton

葛生球腔菌 *Mycosphaerella puerariicola* Weimer et Luttrell

葛生尾孢 *Cercospora puerariicola* Yamam.

葛生叶点霉 *Phyllosticta puerariicola* Saw.

葛藤瘿瘤病菌 *Synchytrium puerariae* Miyabe

葛头孢 *Cephalosporium puerariae* Saw.

葛尾孢 *Cercospora austrinae* Chupp et Viégas

葛柱隔孢 *Ramularia puerariae* Saw.

蛤孢黑粉菌属 **Mycosyrinx** Beck

隔担耳属 **Septobasidium** Pat.

隔球孢属 **Clathrococcum** Höhn.

隔蒴苘(属)花叶病毒 Wissadula mosaic virus (WiMV)

隔蒴苘(属)金色花叶病毒 Wissadula golden mosaic virus Begomovirus (WGMV)

隔油壶菌［硅藻油壶病菌］ *Septolpidium lineare* Sparrow

隔油壶菌属 **Septolpidium** Sparrow

隔指孢属 **Dactylella** Grove

根癌土壤杆菌［桃冠瘿病菌］ *Agrobacterium tumefaciens* (Smith Townsend) Conn

根虫瘟霉 *Zoophthora radicans* (Brefeld) Batko

根串珠霉［烟草黑腐病菌］ *Thielaviopsis basicola* (Berk. et Br.) Ferr

根串珠霉属 **Thielaviopsis** Went

根单胞菌属 **Rhizomonas** van Bruggen, Jochimsen et Brown

根腐丝囊霉［蚕豆、苜蓿、番茄等丝囊霉根腐病菌］ *Aphanomyces euteiches* Drechsler

根杆菌属 **Rhizobacter** Goto et Kuwata

根壶菌［胶毛藻根壶病菌、畸形病菌］ *Rhizidium mycophilum* Braun

根壶菌属 **Rhizidium** Braun

根滑刃线虫 *Aphelenchus radicicolus* (Cobb) Steiner

根剑线虫 *Xiphinema radicicola* Goodey

根结线虫属 **Meloidogyne** Goeldi

根瘤菌属 **Rhizobium** Frank

根毛孢 *Radiciseta blechni* Saw. et Kats.

根毛孢属 **Radiciseta** Saw. et Kats.

根霉属 **Rhizopus** Ehrenb.

根内座壳 *Endothia radicalis* (Schw.) de Not.

根乃拉草黑粉菌 *Ustilago gunnerae* Clint.

根囊壶菌属 **Rhizophlyctis** Fisch.

根球孢属 **Rhizosphaera** Mangin et Hariot

根生长喙壳 *Ceratocystis radicicola* (Bliss) Moreau

根生壶菌属 **Rhizophydium** Schenk

根生链格孢 *Alternaria radicina* Meier et al.

根生球壶菌［禾本科根毛球壶病菌］ *Sorosphaera radicalis* Cook et Schw.

根生异黏孢菌［沼泽植物根腐病菌］ *Ligniera junci*（Schwartz）Maire et Tison

根生油壶菌［甘蓝、辣椒结瘿病菌］ *Olpidium radicicolum* de Wildman

根围寡养单胞菌 *Stenotrophomonas rhizophila* Wolf et al.

根线虫属 **Rhizonema** Cid Del Prade Vera Lownsbery

根瘿粒线虫 *Anguina radicicola*（Greeff）Teploukhova

根肿黑粉菌属 **Entorrhiza** Weber

根肿菌属 **Plasmodiophora** Woronin

根状柄苔草柄锈菌 *Puccinia caricis-rhizopodae* Miura

耕地螺旋线虫 *Helicotylenchus agricola* Elmiligy

梗孢酵母 *Sterigmatomyces halophilus* Fell

梗孢酵母属 **Sterigmatomyces** Fell

梗虫霉属 **Stylopage** Drechsler

梗匀假尾孢 *Pseudocercospora consociata*（Wint.）Guo et Liu

梗匀尾孢 *Cercospora consociata* Wint.

弓形拟滑刃线虫 *Aphelenchoides cyrtus* Paesler

弓形鞘线虫 *Hemicycliophora arcuata* Thorne

宫部钩丝壳 *Uncinula miyabei*（Salm.）Sacc. et Syd.

宫部核盘菌［花生菌核病菌］ *Sclerotinia miyabeana* Hanz.

宫部类疫霉［稻苗烂秧、腐败病菌］ *Pythiomorpha miyabeana* Ito et Nagai

宫部迈尔锈菌 *Milesina miyabei* Kamei

宫部条黑粉菌 *Urocystis miyabeana*（Togashi）Ito

宫部旋孢腔菌［稻胡麻斑病菌］ *Cochliobolus miyabeanus*（Ito et Kurib.）Drechsler

共基锈菌属 **Chaconia** Juel

贡山梨桑寄生 *Scurrula gongshanensis* Kiu

勾儿茶叉丝壳 *Microsphaera berchemiae* Saw.

勾儿茶锈孢锈菌 *Aecidium pulcherrinum* Rav.

沟繁缕被孢锈菌 *Peridermium elatinum* Schm. et Kunze

沟环线虫属 **Ogma** Southern

钩豆小煤炱 *Meliola teramni* Syd.

钩基马鞍菌 *Helvella infula* Schaeff. ex Fr.

钩毛小煤炱 *Meliola uncitricha* Syd.

钩丝孢属 **Harposporium** Lohde

钩丝壳属 **Uncinula** Lév.

钩弯孢 *Curvularia uncinata* Bugn.

钩小蠹茎线虫 *Ditylenchus pityokteinophilus* Ruhm

钩状钩丝壳 *Uncinula adunca*（Wallr. : Fr.）Lèv.

钩状钩丝壳东北变种 *Uncinula adunca* var. *mandshurica*（Miura）Zheng et Chen

钩状木霉 *Trichoderma hamatum*（Bon.）Bain.

钩状拟滑刃线虫 *Aphelenchoides uncinatus*（Fuchs）Filipjev

钩状丝垫刃线虫 *Filenchus hamatus*（Thome et Malek）Raski et Geraert

狗肝菜柄锈菌 *Puccinia diclipterae* Syd.

狗肝菜单胞锈菌 *Uromyces diclipterae* Syd.

狗肝菜黄斑驳病毒 *Dicliptera yellow mottle virus Begomovirus*

狗筋蔓柄锈菌 *Puccinia behenis*（DC.）Otth

狗筋蔓单胞锈菌 *Uromyces cucubali* Hirats. et Hash.

狗筋蔓霜霉 *Peronospora cuwbali* Ito et Tokun.

狗尾草（属）花叶病毒 *Foxtail mosaic vi-*

rus Potexvirus (FoMV)

狗尾草柄锈菌　*Puccinia setariae-viridis* Diet.

狗尾草黑粉菌　*Ustilago neglecta* Niessl.

狗尾草剑线虫　*Xiphinema setariae* Luć

狗尾草绿核菌　*Ustilaginoidea setariae* Bref.

狗尾草平脐蠕孢　*Bipolaris setariae* (Saw.) Shoem.

狗尾草蛇孢腔菌　*Ophiobolus setariae* (Saw.) Ito et Kurib.

狗尾草生团黑粉菌　*Sorosporium setariicolum* Thirum. et Saf.

狗尾草生腥黑粉菌　*Tilletia setariicola* Pavgi et Thirum.

狗尾草条斑病菌　*Xanthomonas translucens* pv. *phleipratensis* (Wallin) Vauterin et al.

狗尾草团黑粉菌　*Sorosporium setariae* McAlp.

狗尾草尾孢黑粉菌　*Neovossia setariae* (Ling) Yu et Lou

狗尾草小煤炱　*Meliola setariae* Hansf. et Deight.

狗尾草腥黑粉菌　*Tilletia setariae* Ling

狗尾草旋孢腔菌　*Cochliobolus setariae* (Ito et Kurib.) Drechsler

狗尾草叶点霉　*Phyllosticta setariae* Ferr.

狗牙根(属)花叶病毒　*Cynodon mosaic virus Carlavirus* (CynMV)

狗牙根(属)褪绿线条病毒　*Cynodon chlorotic streak virus Nucleorhabdovirus* (CynCSV)

狗牙根矮化病菌　*Clavibacter xyli* subsp. *Cynodonitis* Davis, Gillaspie et al.

狗牙根斑驳病毒　Bermuda grass mottle virus (BgMoV)

狗牙根柄锈菌　*Puccinia cynodontis* Lacr. ex Desm.

狗牙根垫刃线虫　*Tylenchus cynodontus*

Husain et Khan

狗牙根黑粉菌　*Ustilago cynodontis* (Henn.) Henn.

狗牙根黑痣菌　*Phyllachora cynodontis* (Sacc.) Niessl.

狗牙根剑线虫　*Xiphinema cynodontis* Nasira et Maqbool

狗牙根脑形霉　*Cerebella cynodontis* Syd.

狗牙根皮斯霉　*Pithomyces cynodontis* Ellis

狗牙根平脐蠕孢　*Bipolaris cynodontis* (Marig) Shoem.

狗牙根蚀线病毒　Bermuda grass etched-line virus *Marafivirus* (BELV)

狗牙根夏孢锈菌　*Uredo cynodontis-dactylis* Tai

狗牙根异皮线虫　*Heterodera cynodontis* Shahina et Maqbool

狗牙根植原体　*Candidatus* Phytoplasma cynodontis Marcone et al.

构骨大茎点菌　*Macrophoma ilicis-cornutae* Teng

构橘球壳孢　*Sphaeropsis ponciri* Teng

构杞灰斑病菌　*Cercospora lycii* Ell. et Halst.

构杞壳二孢　*Ascochyta lycii* Rostrup

构杞球皮线虫　*Globodera hypolysi* Ogawa, Ohshima et Ichinohe

构杞霜霉　*Peronospora lycii* Ling et Tai

构杞尾孢　*Cercospora lycii* Ell. et Halst.

构橼、橙、柑橘果实褐腐病菌　*Phytophthora citrophthora* Leonian

构巢曲霉　*Aspergillus nidulans* (Eid.) Wint

构巢曲霉无冠变种　*Aspergillus niolulans* var. *acristatus* Fenn. et Raper

构链格孢　*Alternaria broussonetiae* T. Y. Zhang, Chen et Gao

构拟茎点霉　*Phomopsis broussonetiae* (Sacc.) Diet

构树假尾孢　*Pseudocercospora broussone-*

tiae (Chupp et Linder) Liu et Guo

构树叶斑病菌　*Pseudomonas syringae* pv. *broussonetiae* Tanakashi et al.

构尾孢　*Cercospora broussonetiae* Chupp et Linder.

构子叶点霉　*Phyllosticta cotoneastri* All

孤孢锈菌属　***Monosporidium*** Barcl.

孤臂霜霉［猪殃殃霜霉病菌］　*Peronospora insubrica* Gäum.

孤雌腐霉　*Pythium amasculinum* Y. N. Yu

孤独滑刃线虫　*Aphelenchus eremitus* Thorne

孤生壳针孢　*Septoria solitaria* Ellis et Ever.

孤生亚球腔菌　*Metasphaeria deviata* Syd.

孤生叶点霉　*Phyllosticta solitaria* Ell. et Ev.

孤游轮线虫　*Criconemoides solivagus* Andrassy

菇脚粗糙病菌　*Mortierella bainieri* Const.

菰黑粉菌［茭白黑粉病菌］　*Ustilago esculenta* Henn.

菰内脐蠕孢［菰叶斑病菌］　*Drechslera zizaniae* (Y. Nisik.) Subram. et Jain

菰叶斑病菌　*Drechslera zizaniae* (Y. Nisik.) Subram. et Jain

菁荚腐霉　*Pythium folliculosum* Paul

古巴长蠕孢　*Helminthosporium cubense* Matsushima

古巴对孢锈菌　*Diabole cubensis* (Arth.) Arth.

古巴假霜霉［黄瓜霜霉病菌］　*Pseudoperonospora cubensis* (Berkeley et Curtis) Rostovzev

古巴射线盾壳孢　*Actinothyrium cubense* Berk. et Curtis

古巴隐丛赤壳［桉树溃疡病菌］　*Cryphonectria* cubensis (Bruner) Hodges

古巴油杉寄生　*Arceuthobium cubense* Le-

iva et Bisse

古德螺旋线虫　*Helicotylenchus goodi* Tikyani，Khera et Bhatnatar

古德伊轮线虫　*Criconemoides goodeyi* Jairajpuri

古德伊线虫属　***Goodeyus*** Chitwood

古氏长针线虫　*Longidorus goodeyi* Hooper

古氏拟滑刃线虫　*Aphelenchoides goodeyi* Siddiqi et Franklin

古氏细小线虫　*Gracilacus goodeyi* (Oostenbrink) Raski

古氏小环线虫　*Criconemella goodeyi* (de Guiran) de Grisse et Loof

谷地异皮线虫　*Heterodera vallicola* Eroshenko et al.

谷枯叶点霉［稻谷枯病菌］　*Phyllosticta glumarum* (Ell. et Fr.) Miyake

谷类短体线虫　*Pratylenchus cerealis* Haque

谷木生小煤炱　*Meliola memecylicola* Hansf.

谷木小煤炱　*Meliola memecyli* Syd.

谷瘟病菌　*Pyricularia grisea* (Cooke) Sacc.

谷物毛刺线虫　*Trichodorus granulosus* (Cobb) Micoletzky

谷子红叶病毒　*Millet red leaf virus Luteovirus* (MRLV)

谷子叶斑病菌　*Pantoea stewartii* subsp. *indologenes* Mergaert，Verdonck et al.

骨孢叶点霉　*Phyllosticta osteospora* Sacc.

骨碎叶黑粉菌　*Entyloma ossifragi* Rostr.

鼓藻、等片藻根生壶病菌　*Rhizophydium globosum* (Braun) Schroeter

鼓藻壶菌属　***Endodesmidium*** Canter

鼓藻畸形病菌　*Endodesmidium formosum* Canter

鼓藻链壶病菌　*Lagenidium lundii* Karling

鼓藻肿胀病菌 *Olpidium saccatum* So-rok.

固孢蛙粪霉 *Basidiobolus haptosporyus* Drechsler

固氮根瘤菌属 **Azorhizobium** Dreyfus et al.

固氮菌属 **Azotobacter** Beijerinck

顾尔德巴利酵母 *Debaryomyces kursano-vi* Kudr.

栝楼(属)斑驳病毒 *Trichosanthes mottle vinss Potyvirus*(TrMoV)

瓜尔豆顶死病毒 Guar top necrosis virus

瓜尔豆黄单胞菌 *Xanthomonas cucurbi-taegus* Patel et Patel

瓜尔豆绿色不孕病毒 *Guar green sterile virus Potyvirus*

瓜尔豆无症病毒 *Guar symptomless vi-rus Potyvirus*(GSLV)

瓜尔豆叶斑病菌 *Xanthomonas axono-podis* pv. *cyamopsidis* (Patel) Vauterin et al.

瓜耳木黑粉菌 *Ustilago otophora* (Lavr.) Gutner

瓜果腐霉［辣椒等猝倒、根腐病菌］ *Py-thium aphanidermatum* (Edson) Fitz-patrick

瓜笄霉［茄花腐豌豆荚腐病菌］ *Choane-phora cucurbitarum* (Berk. et Raven.) Thaxter

瓜角斑壳针孢 *Septoria cucurbitacearum* Sacc.

瓜类单囊壳［瓜类白粉病菌］ *Sphaerothe-ca cucurbitae* (Jacz.) Zhao

瓜类黄单胞菌 *Xanthomonas cucurbitae* (ex Bryan) Vauterin et al.

瓜类蔓枯病菌 *Mycosphaerella citrul-lina* (Smith) Grossenb.

瓜类球腔菌［瓜类蔓枯病菌］ *Mycospha-erella citrullina* (Smith) Grossenb.

瓜类炭疽病菌 *Glomerella lagenarium*

(Pass.) Stev.

瓜类尾孢 *Cercospora citrullina* Cooke

瓜链格孢 *Alternaria cucumerina* (Ell. et Ev.) Elliott

瓜裸矛线虫 *Psilenchus curcumerus* Ra-haman，Ahmad et Jairajpuri

瓜炭疽菌 *Colletotrichum orbiculare* (Be-rk. et Mont.) Arx

瓜亡革菌［稻纹枯病菌］ *Thanatephorus cucumeris* (Frank) Donk

寡纹柄锈菌 *Puccinia substriata* Ell. et Barth.

寡雄腐霉［白菜、辣椒、大黄冠腐、猝倒病菌］ *Pythium oligandrum* Drechsler

寡养单胞菌属 **Stenotrophomonas** Paller-oni et Bradbury

拐枣尾孢 *Cercospora hoveniae* Viégas et Chupp

观赏植物根腐病菌 *Pythium macrospo-rum* Vaartaia et Plaäts-Nit.

冠柄锈菌［燕麦冠锈病菌］ *Puccinia co-ronata* Corda

冠柄锈菌喜马拉雅变种 *Puccinia coronata* var. *himalensis* Barcl.

冠柄锈菌燕麦变种 *Puccinia coronata* var. *avenae* Fras. et Ledingh.

冠柄锈菌原变种 *Puccinia coronata* var. *coronata* Corda

冠单胞锈菌［茭白锈病菌］ *Uromyces co-ronatus* Miyabe et Nish.

冠顶环多孢 *Acrophragmis coronata* Kif-fer et Reisinger

冠耳霉 *Conidiobolus coronatus* (Con-stantin) Batko

冠盖藤小煤炱 *Meliola pileostegiae* Yam.

冠果忍冬黑痣菌 *Phyllachora xylostei* (Fr.) Fuck.

冠黑腐皮壳［蔷薇黑腐皮壳］ *Valsa co-ronata* (Hoffm.) Fr.

冠痂柄锈菌 *Puccinia coronopsora* Cu-mm.

冠裂球肉盘菌　*Sarcosphaera coronaria* (Jacq. ex Cooke) Boud.

冠轮藻、柔曲丽藻、纤细丽藻肾壶病菌　*Nephrochytrium appendiculatum* Karling

冠毛草柄锈菌　*Puccinia stephanachnes* Cao, Qi et Li

冠山罗花霉　*Peronospora melampyricristati* Săvul. et Rayss

冠首轮线虫　*Criconemoides princeps* Andrassy

冠突曲霉　*Aspergillus cristatus* Raper et Fenn.

冠针壳鱼　*Irenopsis coronata* (Speg.) Stev.

冠针壳鱼原变种　*Irenopsis coronata* (Speg.) Stev. var. *coronata*

冠状齿裂菌　*Coccomyces coronatus* (Schum.) de Not.

管道假丝酵母　*Candida mesenterica* (Geig.) Didd. et Lodd.

管根壶菌属　***Rhizosiphon*** Scherff.

管花肉苁蓉　*Cistanche tubulosa* (Schenk.) Wight.

管囊腐霉［无根萍腐烂病菌］　*Pythium cyctosiphon* Lindstedt

管弯孢　*Curvularia protuberata* Nelson et Hodges

管状酵母　*Saccharomyces tubiformis* Osterw.

管状链壶菌［舟形藻、辐节藻链壶病菌］　*Lagenidium enecans* Zopf

贯叶草霜霉［贯叶草霜霉病菌］　*Peronospora canscorina* Thite et Patil

贯叶草霜霉病菌　*Peronospora canscorina* Thite et Patil

贯众枝孢　*Cladosporium cyrtomii* Zhang, Peng et Zhang

灌木状寄生藤　*Dendrotrophe frutescens* (Champ.) Danser.

灌县柄锈菌　*Puccinia kwanhsienensis* Tai

光孢短柄帚霉　*Scopulariopsis brevicaulis* var. *glabra* Thom

光壁(皮)柄锈菌　*Puccinia leioderma* Lindr.

光滑柄锈菌　*Puccinia levis* (Sacc. et Bizz.) Magn.

光滑柄锈菌红毛草变种　*Puccinia levis* var. *tricholaenae* Ram. et Cumm.

光滑柄锈菌红黍变种　*Puccinia levis* var. *panici-sanguinalis* Ram. et Cumm.

光滑柄锈菌犹太变种　*Puccinia levis* var. *goyazensis* Ram. et Cumm.

光滑柄锈菌原变种　*Puccinia levis* var. *levis* Ram. et Cumm.

光滑轮线虫　*Criconemoides calvus* Raski et Golden

光滑拟穿孔线虫　*Radopholoides laevis* Colbran

光滑拟毛刺线虫　*Paratrichodorus teres* (Hooper) Siddiqi

光滑小环线虫　*Criconemella teres* (Raski) Luć, Raski

光滑腥黑粉菌［小麦光腥黑粉病菌］　*Tilletia laevis* Kühn

光角锈孢锈菌　*Roestelia leve* (Crowell) Tai

光壳鱼属　***Limacinia*** Neger

光亮非洲紫檀小煤鱼　*Meliola baphiaenitidae* Hansf. et Deight.

光亮裸双胞锈菌　*Gymnoconia nitens* (Schw.) Körn. et Thirum.

光亮散斑壳　*Lophodermium nitens* Dark.

光螺旋线虫　*Helicotylenchus limatus* Siddiqi

光盘壳属　***Nummularia*** Tul.

光伞锈孢　*Ravenelia laevis* Diet. et Holw.

光缩格孢　*Macrosporium trichellum* Arc. et Sacc.

光秃条黑粉菌　*Urocystis subnuda* (Lindr.) Zund.

光尾螺旋线虫 *Helicotylenchus laevicaudatus* Eroshenko et al.

光纹根结线虫 *Meloidogyne decalineata* Whitehead

光药列当 *Orobanche brassicae* Novovpokr.

光泽灵芝菌 *Ganod erma Lucidum* (Leyss. ex Fr.)Karst.

广布帽孢锈菌 *Pileolaria extinsa* Anth.

广布盘多毛孢 *Pestalotia disseminata* Thüm.

广东蕈寄生 *Gleadovia kwangtungense* Hu

广东黑痣菌 *Phyllachora kwangtungensis* Petr.

广东万年青杆状病毒 *Aglaonema bacilliform virus Badnavirus* (ABV)

广东尾孢 *Cercospora cantonensis* P. K. Chi

广藿香 X 病毒 *Patchouli virus X Potexvirus* (PatVX)

广藿香斑驳病毒 *Patchouli mottle virus Potyvirus* (PatMoV)

广藿香花叶病毒 *Patchouli mosaic virus Potyvirus* (PatMV)

广藿香轻型花叶病毒 *Patchouli mild mosaic virus Fabavirus* (PatMMV)

广角捕虫霉属 **Euryancale** Drechsler

广金钱草小球腔菌 *Leptosphaeria desmodii* Lue et Chi

广西孢堆黑粉菌 *Sporisorium guangxiense* Guo

广西柄锈菌 *Puccinia kwangsiana* Cumm.

广西长蠕孢 *Helminthosporium guangxiensis* M. Zhang et T. Y. Zhang

广西单胞锈菌 *Uromyces kwangsianus* Cumm.

广西壳蠕孢 *Hendersonia kwangsiensis* Petr.

广西离瓣寄生 *Helixanthera guangxiensis* Kiu

广西链格孢 *Alternaria guangxiensis* Chen et Zhang

广西散斑壳 *Lophodermium guangxiense* Lin

广州孢堆黑粉菌 *Sporisorium cantonense* (Zund.) Guo

广州长蠕孢 *Helminthosporium cantonense* Sacc.

广州黑痣菌 *Phyllachora cantonensis* Syd.

广州毛刺线虫 *Trichodorus guangzhouensis* Xie, Feng et Zhao

龟井拟夏孢锈菌 *Uredinopsis kameiana* Faull.

龟裂链霉菌 *Streptomyces rimosus* Sobin, Finlay et Kane

规则钩丝壳 *Uncinula regularis* Zheng et Chen

硅藻根生壶菌［硅藻肿胀病菌］ *Rhizophydium planktonicum* Canter

硅藻肿胀病菌 *Rhizophydium planktonicum* Canter

鲑色伏革菌［苹果、柑橘赤衣病菌、杧果绯腐病菌］ *Corticium salmonicolor* Berk. et Br.

鲑鱼生假丝酵母 *Candida salmonicola* Komag. et Nakase

鬼臼柄锈菌 *Puccinia podophylli* Schw.

鬼针草(属)斑驳病毒 *Bidens mottle virus Potyvirus* (BiMoV)

鬼针草(属)花叶病毒 *Bidens mosaic virus Potyvirus* (BiMV)

鬼针草生单胞锈菌 *Uromyces bidenticola* Arth.

鬼针草尾孢 *Cercospora bidentis* Tharp.

鬼针草叶黑粉菌 *Entyloma guaraniticum* Speg.

贵州孢堆黑粉菌 *Sporisorium kweichowense* (Wang) Vánky

贵州杯盘菌 *Ciboria guizhouensis* Zhuang

贵州柄锈菌 *Puccinia kweichowana* Cumm.

贵州齿裂菌　*Coccomyces guizhouensis* Lin et Hu

贵州单顶孢　*Monacrosporium guizhouense* Zhang，Liu et Cao

贵州垫盘菌　*Pulvinula guizhouensis* Liu

贵州节丛孢　*Arthrobotrys guizhouensis* Zhang

贵州兰伯特盘菌　*Lambertella guizhouensis* Zhuang

贵州盘菌　*Peziza guizhouensis* Liu

贵州桑寄生　*Loranthus guizhouensis* Kiu

桂花褐斑病菌　*Cercospora osmanthicola* P. K. Chi et Pai.

桂林锈菌属（蜡皮菌属）　**Kweilingia** Teng

桂奇疫霉［板栗、椰子疫病菌］　*Phytophthora katsurae* Ko et Chang

桂氏疫霉［桂奇疫霉，板栗、椰子疫病菌］　*Phytophthora katsurae* Ko et Chang

桂樱盘多毛孢　*Pestalotia laurocerasi* Westend.

桂竹香链格孢　*Alternaria cheiranthi* (Lib.) Wiltsh.

锅莓多胞锈菌　*Phragmidium rubithunbergii* Kus.

果产核盘菌　*Sclerotinia fructigena* aderh. et Ruhl.

果胶杆菌属　**Pectobacterium** Waldee

果类、蔬菜、甘薯软腐病菌　*Rhizopus nigricans* Ehrenberg

果生丛梗孢　*Monilia fructicola* Poll.

果生核盘菌　*Sclerotinia fructicola* (Wi-

nt.) Rehm

果生链核盘菌［苹果、梨褐腐病］　*Monilinia fructigena* (Aderh. et Ruhl.) Honey

果生青霉　*Penicillium fructigenum* Takeuchi

果生日规菌［草莓叶斑病菌］　*Gnomonia fructicola* (arnaud) Full

果实酵母　*Saccharomyces fructuum* Lodd. et Kreger

果实锈孢锈菌　*Aecidium foetidum* Diet.

果树白纹羽病菌　*Rosellinia necatrix* (Hart.) Berl.

果树干癌病菌［苹果枝溃疡病菌］　*Nectria galligena* Bres.

果树根朽病菌　*Armillariella tabescens* (Scop. ex Fr.) Singer

果树枝枯病菌［苹果红癌病菌］　*Nectria cinnabarina* (Tode) Fr.

果香毕赤酵母　*Pichia suaveolens* Klöck.

果香地霉　*Geotrichum suaveolens* (Krzem) Fang et al.

果香假丝酵母　*Candida suaveolens* (Lindn.) Cif.

果蝇红酵母　*Rhodotorula pilimanae* Hedr. et Burke

裹篱樵（驳骨草）柄锈菌　*Puccinia thwaitesii* Berk.

过多轴黑粉菌　*Sphacelotheca superflua* (Syd.) Zund.

过江龙假尾孢　*Pseudocercospora jussiaeae* (Atk.) Deighton

H

哈茨木霉　*Trichoderma harzianum* Pe- │ rs. ex Fr.

哈尔滨壳针孢　*Septoria harbinensis* Miura

哈尔滨散斑壳　*Lophodermium harbinense* Lin

哈尔蒂木层孔菌　*Phellinus hartigi*（Allesch. et Schnabl.）imaz.

哈克螺旋线虫　*Helicotylenchus haki* Fetedar et Mahajan

哈克内柱锈菌［西方松瘤锈病菌］　*Endocronartium harknessii*（Moore）Hirats.

哈克拟滑刃线虫　*Aphelenchoides haquei* Maslen

哈克斯油杉寄生［加勒比松油杉寄生］　*Arceuthobium hawksworthii* Wiens et Shaw

哈里奥柔膜菌　*Helotium hariotii*（Boud.）Sacc.

哈里柄锈菌　*Puccinia harryana* Jörst.

哈氏柄锈菌　*Puccinia kawakamiensis* Kakishima

哈氏番薯白锈［番薯白锈病菌］　*Albugo ipomoeae-hardwickii* Sawada

哈维弯孢　*Curvularia harveyi* Shipton

哈兹特巴尔螺旋线虫　*Helicotylenchus hazrabalensis* Fotedar et Handoo

海岸根结线虫　*Meloidogyne litoralis* Elmiligy

海滨红酵母　*Rhodotorula marina* Phaff et al.

海滨列当　*Orobanche maritima* Pugsley

海滨柳穿鱼霜霉病菌　*Peronospora flava* Gäum.

海滨轮线虫　*Criconemoides maritims* de Grisse

海滨山黧豆霜霉　*Peronospora lathyrimaritimi* Jermal.

海草潜根线虫　*Hirschmanniella marina* Sher

海刀豆花叶病毒　*Canavalia maritima mosaic virus Potyvirus*（CnMMV）

海岛盘旋线虫　*Rotylenchus insularis*（Phillips）Germani et al.

海德拉巴拟滑刃线虫　*Aphelenchoides hyderabadensis* Das

海德轮线虫　*Criconemoides heideri*（Stfanski）Taylor

海橄榄雌疫病菌　*Phytophthora operculata* Pegg et Alcorn

海橄榄雌疫霉　*Phytophthora avicenniae* Gerrettson-cornell et Simpson

海根结线虫　*Meloidogyne maritima* Jepson

海金沙假尾孢　*Pseudocercospora lygodii* Sawada ex Goh et Hsieh

海卢尔拟滑刃线虫　*Aphelenchoides hylurgi* Massey

海绿腐霉　*Pythium thalassium* Atkins

海梅尔单胞锈菌　*Uromyces heimerlianus* Magn.

海南孢堆黑粉菌　*Sporisorium hainanae*（Zund.）Guo

海南柄锈菌　*Puccinia hainanensis* Zhuang et Wei

海南虫囊菌　*Laboulbenia hainanensis* Ye et Shen

海南根结线虫　*Meloidogyne hainanensis* Liao et Feng

海南拟滑刃线虫　*Aphelenchoides hainanensis*（Ruhm）Goodey

海南蛇菰　*Balanophora kainantensis* Masam.

海南小煤炱　*Meliola hainanensis* Hu

海南轴黑粉菌　*Sphacelotheca tanglinensis* var. *hainanae*（Zund.）Ling

海沙尔蜜皮线虫　*Meloidodera hissarica* Krall et ivanova

海生假丝酵母　*Candida marina* uden et Zob.

海石竹单胞锈菌　*Uromyces armeriae* Lév.

海松被孢锈菌　*Peridermium pinikeraiensis* Saw.

海松剑线虫　*Xiphinema codiaei* Singh

海松生根生壶菌［海松生肿胀病菌］ *Rhizophydium codicola* Zeller

海松生壶菌［海松肿胀病菌］ *Chytridium codicola* Zeller

海松生肿胀病菌 *Rhizophydium codicola* Zeller

海滩草莓病毒 *Fragaria chiloensis virus Ilarvirus* (FraCV)

海滩草莓潜隐病毒 *Fragaria chiloensis latent virus Ilarvirus* (FClLV)

海滩小煤炱 *Meliola littoralis* Syd.

海棠果木腐病菌 *Polyporus hirsutus* (Wolf.) Fr.

海棠角锈孢锈菌 *Roestelia fenzeliana* (Tai et Cheo) Tai

海桐花假尾孢 *Pseudocercospora pittospori* (Plakidas) Guo et Liu

海桐花壳色单隔孢 *Diplodia pittosporum* (Cel.) Sacc.

海桐花壳针孢 *Septoria pittospori* Brun

海桐花脉黄病毒 *Pittosporum vein yellowing virus Nucleorhabdovirus*

海桐小煤炱 *Meliola elmeri* Syd.

海王小环线虫 *Criconemella hawangiensis* Choi et Geraert

海洋拟滑刃线虫 *Aphelenchoides marinus* Timm et Franklin

海疫霉属 **Halophytophthora** Ho et Jong

海芋链格孢 *Alternaria alocasiae* T. Y. Zhang et Gao

海芋软腐病菌 *Erwinia carotovorum* pv. *aroideae* (Townsend)

海芋尾孢 *Cercospora alocasiae* Saw.

海芋夏孢锈菌 *Uredo alocasiae* Syd.

海芋小煤炱 *Meliola alocassiae* Syd.

海枣粉座菌 *Graphiola phoenicis* (Moug.) Poit.

海枣曲霉 *Aspergillus phoenicis* (Corda) Thom et Currie

海州常山柄锈菌 *Puccinia erebia* Syd.

海州常山尾孢 *Cercospora volkameriae* Speg.

海州常山叶斑病菌 *Xanthomonas campestris* pv. *clerodendri* (Patel) Dye

含糊暗色座腔孢 *Phaeocytostroma ambiguum.* (Mont.) Petrak

含糊格孢腔菌 *Pleospora ambigua* (Berl. et Bres) Wehmeyet

含糊间座壳［梨枝枯病菌］ *Diaporthe ambigua* (Sacc.) Nits

含糊曲霉 *Aspergillus ambiguus* Sappa

含糊小核菌 *Sclerotium ambiguum* Duby

含笑轮线虫 *Criconemoides michieli* Edward, Misra et Singh

含笑拟鞘锈菌 *Goplana micheliae* Racib.

含笑生附丝壳 *Appendiculella michelicola* Yang

含笑小煤炱 *Meliola micheliae* Hansf.

含羞草杆状病毒 *Mimosa bacilliform virus Badnavirus* (MBV)

含羞草花叶病毒 *Mimosa mosaic virus*

含羞草条纹褪绿病毒 *Mimosa striped chlorosis virus Badnavirus* (MSCV)

含油钩丝壳 *Uncinula oleosa* Zheng et Chen

含油酵母 *Saccharomyces olei* Tiegh.

寒湖腐霉 *Pythium akanense* Tokun.

寒荒柱盘孢 *Cylindrosporium frigidum* (Sacc.) Vass.

韩国乔森纳姆线虫 *Geocenamus koreanus* (Choi et Geraert) Brzeski

韩国无膜孔线虫 *Afenestrata koreana* Volvas, Lamberti et Choo

韩信草锈孢锈菌 *Aecidium scutellariae-indicae* Diet.

罕宋克小盘环线虫 *Discocriconemella hengsungica* Choi et Geraert

薄菜白粉菌 *Erysiphe rorippae* Chen et Zheng

汉伯格球腔菌 *Mycosphaerella hambergii* (Romell. et Sacc.) Petr.

汉德尔多胞锈菌 *Phragmidium handelii*

Petr.

汉德尔皮下盘菌 *Hypoderma handelii* Petr.

汉德尔舟皮盘菌 *Ploioderma handelii* (Petrak) Lin et Hou

汉森酵母 *Saccharomyces hansenii* Zopf

汉斯福小光壳炱 *Asteridiella hansfordii* (Stev.) Hansf.

汉斯色孢 *Acarocybe hansfordii* Sydow

汉索多毛球壳 *Pestalosphaeria hansanii* Shoem. et Simp.

汉逊德巴利酵母 *Debaryomyces hansenii* (Zopf) Lodd. et Kreger

汉逊酵母属 **Hansenula** H. et P. Syd.

汉源柄锈菌 *Puccinia hanyuenensis* Tai

旱花霜霉病菌 *Bremia lactucae* var. *xeranthemi* Uljan.

旱金莲(属)1号病毒 *Tropaeolum virus 1 Potyvirus* (TV-1)

旱金莲(属)2号病毒 *Tropaeolum virus 2 Potyvirus* (TV-2)

旱金莲(属)花叶病毒 *Tropaeolum mosaic virus Potyvirus* (TrMV)

旱金莲内丝白粉菌 *Leveillula tropaeoli* (Berger.) Cif. et Camera

旱金莲生链格孢 *Alternaria tropaeolicola* T. Y. Zhang

旱金莲小顶分孢 *Acroconidiella tropaeoli* (Bond) Linedg et alippi

旱莲木球针壳 *Phyllactinia camptothecae* Yu

旱生散囊菌 *Eurotium aridicola* Kong

旱田铁线莲柄锈菌 *Puccinia clematidis-hayatae* Saw.

杭州毕赤酵母 *Pichia hangzhouana* Lu et Li

杭州长针线虫 *Longidorus hangzhouensis* Zheng, Peng et Brown

杭州假尾孢 *Pseudocercospora hangzhouensis* Liu et Guo

蒿白粉菌 *Erysiphe artemisiae* Grev.

蒿柄锈菌 *Puccinia adjuncta* Mitter

蒿并柱霉 *Amastigis arternisiae* Sawada

蒿层锈菌[菊褐色锈菌] *Phakopsora artemisiae* Hirats.

蒿剑线虫 *Xiphinema abrantium* Roca et Pereira

蒿壳针孢 *Septoria artemisiae* Pass.

蒿类座囊菌 *Systremma artemisiae* (Schw.) Theiss. et Syd.

蒿球皮线虫 *Globodera artemisiae* (Eroshenko) Behrens

蒿生假尾孢 *Pseudocercospora artemisiicola* Guo

蒿尾孢 *Cercospora artemisiae* Guo et Jiang

豪斯蒂克辣椒病毒 *Pepper hausteco virus Begomovirus* (PHV)

好食丛梗孢 *Monilia sitophila* (Mont.) Sacc.

好望角黑粉菌 *Ustilago capensis* Reess

好望角酵母 *Saccharomyces capensis* Walt et Tscheuschn.

好望角纽带线虫[卡普纽带线虫] *Hoplolaimus capensis* Berg et Heyns

好望角小煤炱 *Meliola capensis* (Kalchbr. et Cooke) Theiss.

好望角小煤炱狗骨柴变种 *Meliola capensis* var. *diploglottidis* Hansf.

好望角小煤炱龙眼变种 *Meliola capensis* var. *euphoria* Hansf.

好望角小煤炱马来变种 *Meliola capensis* var. *malayensis* Hansf.

号柄腐霉[蚕豆根腐病菌] *Pythium salpingophorum* Drechsler

耗损柄锈菌[铁线莲锈菌] *Puccinia exhausta* Diet.

禾本科根毛球壳壶病菌 *Sorosphaera radicalis* Cook et Schw.

禾本科牧草香柱病菌 *Epichloe typhina* (Pers.) Tul.

禾本科叶瘿病菌 *Catenochytridium ca-*

rolinianum Berdan

禾柄锈菌 *Puccinia graminis* Pers.

禾草伯克氏菌 *Burkholderia graminis* Viallard et al.

禾草根结线虫 *Meloidogyne graminis* (Sledge et Golden) Whitehead

禾草核瑚菌 *Typhula graminum* Karst.

禾草黑痣病菌 *Phyllachora graminicola* Saw.

禾草基线虫 *Basiria graminophila* Siddiqi

禾草结瘿病菌 *Physoderma graminis* (Buesg.) Fischer

禾草粒线虫 *Anguina graminis* Filipjev

禾草螺旋线虫 *Helicotylenchus graminophilus* Fetedar et Mahajan

禾草拟滑刃线虫 *Aphelenchoides graminis* Baranovskaya et Haque

禾草射线盾壳孢 *Actinothyrium graminis* Kunze ex Fr.

禾草生根结线虫 *Meloidogyne graminicola* Golden et Birchfield

禾草生节纹线虫 *Merlinius graminicola* (Kirjanova) Siddiqi

禾草条斑病菌 *Xanthomonas translucens* pv. *cerealis* (Hagborg) Vauterin et al.

禾草萎蔫病菌 *Xanthomonas translucens* pv. *graminis* (Egli) Vauterin et al.

禾草异皮线虫 *Heterodera graminis* Stynes

禾草肿胀病菌 *Cladochytrium graminis* Büsgen

禾赤镰孢 *Fusarium graminum* Corda

禾单隔孢 *Scolicotrichum graminis* Fuck.

禾钉孢霉 *Passalora graminis* (Fuckel) Höhn.

禾顶囊壳 [禾全蚀病菌] *Gaeumannomyces graminis* (Sacc.) Arx et Olivier

禾顶囊壳稻变种 [稻全蚀病菌] *Gaeumannomyces graminis* var. *graminis* Trans.

禾顶囊壳小麦变种 [小麦全蚀病菌] *Gaeumannomyces graminis* var. *tritici* Walker

禾顶囊壳燕麦变种 [燕麦全蚀病菌] *Gaeumannomyces graminis* var. *avenae* (Truner) Dennis

禾顶囊壳玉米变种 [玉米全蚀病菌] *Gaeumannomyces graminis* var. *maydis* Yao, Wang et Zhu

禾短胖孢 *Cercosporidium graminis* (Fuckel) Deight.

禾短体线虫 *Pratylenchus graminis* Subramaniyan et Sivakumar

禾多黏霉 [小麦根多黏霉病菌] *Polymyxa graminis* Ledingham

禾秆生小球腔菌 *Leptosphaeria culmicola* (Fr.) Wint.

禾格孢腔菌 *Pleospora gramineum* Died.

禾谷北方花叶病毒 *Cereal northern mosaic virus Cytorhabdovirus*

禾谷布氏白粉菌 *Blumeria graminis* (DC.) Speer

禾谷赤霉 *Gibberella cerealis* Pass.

禾谷垫刃线虫 *Tylenchus cerealis* Kheiri

禾谷黄矮 RPV 病毒 *Cereal yellow dwarf virus RPV Polerovirus* (CYDV-RPV)

禾谷火焰状褪绿病毒 *Cereal flame chlorosis virus* ; *Flame chlorosis virus* (FlCV)

禾谷角担菌 [早熟禾黄色斑块病菌] *Ceratobasidium cereale* Murray et Burpee

禾谷镰孢 [麦类赤霉病菌] *Fusarium graminearum* Schw.

禾谷绿斑驳病毒 *Cereal chlorotic mottle virus Nucleorhabdovirus* (CCMoV)

禾谷盘长孢 *Gloeosporium graminicola* ellis et everh.

禾谷绒座壳 [小麦秆枯病菌] *Gibellina cerealis* Pass.

H

禾谷丝核菌　*Rhizoctonia cerealis* vander Hoeven

禾谷细蘖病毒　Cereal tillering virus (CerTV)

禾核盘菌　*Sclerotinia graminearum* Elen.

禾黑痣菌　*Phyllachora graminis* (Pers.) Fuck.

禾环线虫　*Criconema graminicola* Loof, Wouts et Yeates

禾节壶菌［禾草结瘿病菌］　*Physoderma graminis* (Buesg.) Fischer

禾壳针孢［小麦叶枯病菌］　*Septoria graminis* Desm.

禾内脐蠕孢［大麦条纹病菌］　*Drechslera graminea* (Rabenh ex Schl.) Shoem.

禾漆斑菌　*Myrothecium gramineum* Lib.

禾歧壶菌［禾草肿胀病菌］　*Cladochytrium graminis* Büsgen

禾全蚀病菌　*Gaeumannomyces graminis* (Sacc.) Arx et Olivier

禾生腐霉［玉米、蚕豆苗枯、根腐病菌］　*Pythium graminicola* Subramanian

禾生腐霉原变种　*Pythium graminicola* var. *graminicola*

禾生黑痣病菌［禾草黑痣病菌］　*Phyllachora graminicola* Saw.

禾生喙孢　*Rhyrchosporium graminicola* Heins.

禾生喙孢［大麦云纹病菌］　*Rhynchosporium graminicola* Heinson

禾生卷担菌　*Helicobasidium graminicolum* Jacz.

禾生壳二孢　*Ascochyta graminicola* Sacc.

禾生盘梗霉［苋草霜霉病菌］　*Bremia graminicola* Naumov

禾生盘梗霉印度变种　*Bremia graminicola* var. *indica* Patel

禾生盘梗霉原变种　*Bremia graminicola* var. *graminicola*

禾生皮斯霉　*Pithomyces graminicola* Roy et Rai

禾生球腔菌　*Mycosphaerella graminicola* Fuck.

禾生炭疽菌　*Colletotrichum graminicola* (Ces.) Wilson

禾生指梗霉［粟、狗尾草霜霉病菌］　*Sclerospora graminicola* (Sacc.) Schröt.

禾条斑头孢［麦类条斑病菌］　*Cephalosporium gramineum* Nisikado et Ikata

禾弯孢　*Curvularia graminis* Zhang et Zhang

禾香柱密孢霉　*Sphacelia typhina* (Pers.) Sacc.

禾小球腔菌　*Leptosphaeria graminis* (Fuck.) Wint.

禾旋孢腔菌［麦根腐病菌］　*Cochliobolus sativus* (Ito et Kurib.) Drechsler

禾异盘旋线虫　*Pararotylenchus graminis* Volkova et Eroshenko

禾枝孢　*Cladosporium graminum* Link

禾枝顶孢　*Acremonium cerealis* (Karst.) Gams

合川沟环线虫　*Ogma hechuanensis* Zhu, Lan et al.

合欢革裥菌　*Lenzites schichiana* (Teng et ling) Teng

合欢茎点霉　*Phoma lebbck* Saw.

合欢木镰孢　*Fusarium negundi* Sherb.

合口小环线虫　*Criconemella anastomoides* Maqbool et Shahina

合生层孔菌　*Fomes connatus* (Weinm.) Gill.

合叶子单囊壳　*Sphaerotheca filipendulae* Zhao

合叶子条黑粉菌　*Urocystis filipendulae* (Tul.) Fuck.

合宜螺旋线虫　*Helicotylenchus dignus* Eroshenko et Nguen

合掌大茎点菌　*Macrophoma vincetoxici* Trav. et Spessa

合掌消锈孢锈菌　*Aecidium vincetoxici*

Henn. et Shirai

合子草霜霉 *Peronospora actinostemmatis* (Sawada) Skalický

合子草尾孢 *Cercospora actinostemmae* Saw.

何氏角孢柱锈菌 *Skierka holwayi* Arth.

何氏伞锈菌 *Ravenelia holway* Diet.

何氏棕粉锈菌 *Baeodromus holwayi* Arth.

何首乌白锈 [何首乌白锈病菌] *Albugo ploygoni* Jiang et Chi

何首乌白锈病菌 *Albugo ploygoni* Jiang et Chi

何首乌尾孢 *Cercospora polygoni-multiflori* S. Chen et Chi

河岸小环线虫 *Criconemella ripariensis* Eroshenko et Volkova

河岸异皮线虫 *Heterodera riparia* Subbotin, Sturhan et al.

河八王绿核菌 *Ustilaginoidea saccharinarengae* Sawada

河谷拟短体线虫 *Pratylenchoides riparius* (Andrassy) Luć

河口酵母 *Saccharomyces aestuarii* Fell

河口锥线虫 *Dolichodorus aestuarius* Chow et Taylor

河流腐霉 *Pythium flumimum* Park

河流腐霉淡黄绿变种 *Pythium fluminum* var. *flavum* Park

河流腐霉原变种 *Pythium fluminum* var. *fluminum* Park

河流拟滑刃线虫 *Aphelenchoides fluviatilis* Andrassy

河南长针线虫 *Longidorus henansis* Xu et Cheng

核地杖菌 *Scleromitrula shiraiana* (Henn.) Imai

核地杖菌属 **Scleromitrula** Imai

核果钉孢霉 *Passalora circumscissa* (Sacc.) Braun

核果腐烂病菌 *Botryotinia fuckeliana*

(de Bary) Whetz.

核果腐烂病菌 *Valsa leucostoma* (Pers.) Fr.

核果核盘菌 [桃褐腐病菌] *Sclerotinia cinerea* Schröt.

核果褐腐病 *Monilinia laxa* (Aderh. et Ruhl.) Honey

核果黑腐皮壳 [白口黑腐皮壳, 核果腐烂病菌] *Valsa leucostoma* (Pers.) Fr.

核果假尾孢 [核果类果树穿孔病菌] *Pseudocercospora circumscissa* (Sacc.) Liu et Guo

核果类果树穿孔病菌 *Pseudocercospora circumscissa* (Sacc.) Liu et Guo

核果链核盘菌 [核果褐腐病] *Monilinia laxa* (Aderh. et Ruhl.) Honey

核果链核盘菌李属专化型 *Monilinia laxa* f. sp. *pruni* (Wormald) Harrison

核果链核盘菌苹果属专化型 *Monilinia laxa* f. sp. *mali* (Wormald) Harrison

核果生叶点霉 *Phyllosticta prunicola* Sacc.

核果尾孢 [核果类果树穿孔病菌] *Cercospora circumscissa* Sacc.

核黑粉菌属 **Cintractia** Cornu

核瑚菌属 **Typhula** (Pers.) Fr.

核茎点霉 *Sclerophoma pythiophila* (Cda) Höhn.

核茎点霉属 **Sclerophoma** Höhn.

核盘菌 [植物菌核病菌] *Sclerotinia sclerotiorum* (Lib.) de Bary

核盘菌属 **Sclerotinia** Fuck.

核腔菌属 **Pyrenophora** Fr.

核桃长针线虫 *Longidorus juglansicola* Liskova, Robbins et Brown

核桃丛枝病菌 *Microstroma juglandis* (Ber.) Sacc.

核桃囊孢壳 *Physalospora juglandis* Syd. et Hara

核桃微座盘孢 [核桃丛枝病菌] *Microstroma juglandis* (Ber.) Sacc

核桃枝枯病菌　*Melanconium juglandinum* Kunze

荷包牡丹霜霉　*Peronospora dicentrae* Sydow

荷包牡丹叶黑粉菌　*Entyloma fumariae* Schröt.

荷花黑斑病菌　*Alternaria nelumbii*（Ell. et Ev.）Enlows et Rand

荷兰毕赤酵母　*Pichia delftensis* Beech

荷兰啤酒酵母　*Saccharomyces inusitatus* Walt

荷青花霜霉　*Peronospora hylomeconis* Ito et Tokun.

盒子草白粉菌　*Erysiphe actinostemmatis* Braun

盒子草假尾孢　*Pseudocercospora actinostemmae*（Sawada ex）Goh et Hsieh

褐斑拟棒束孢　*Isariopsis clavispora* Sacc.

褐孢霉属　**Fulvia** Ceferri

褐柄尾孢　*Cercospora pachypus* Ell. et Kell.

褐丛梗孢　*Monilia brunnea* Gilm. et Abbott

褐单梗曲霉　*Aspergillus brunneouniseriatus* Singh et Bakshi

褐单列盘孢属　**Phaeomonostichella** Keissl. et Petr.

褐多孔菌　*Polyporus badius*（Pers. ex Gray）Schw.

褐腐干酪菌属　**Oligoporus** Bref.

褐环叶点霉　*Phyllosticta fuscozonata* Thüm.

褐集壶菌［一点红瘿瘤病菌］　*Synchytrium fuscum* Petch

褐链核盘菌　*Monilinia phaeospora* Hori

褐瘤双胞锈菌　*Tranzschelia fusca*（Pers.）Diet.

褐盘菌　*Peziza sepiatra* Cooke

褐鞘假单胞菌［稻鞘腐病菌］　*Pseudomonas fuscovaginae*（ex Tanii）Miyajima et al.

褐青霉　*Penicillium fuscum*（Sopp）Thom et Raper

褐球腔菌　*Mycosphaerella brunneola* Jokans.

褐色盾壳霉［桑盾壳霉］　*Coniothyrium fuscidulum* Sacc.

褐色膏药病菌　*Septobasidium tanakae*（Miyabe）Boed et Steinm.

褐色花核霉　*Anthina brunnea* Saw.

褐色胶锈菌　*Gymnosporangium fuscum* Hedw.

褐色叶黑粉菌　*Entyloma fusoum* Schröt.

褐色樟油盘孢　*Elaeodema cinnamomi* f. sp. *brunnea* Keissl.

褐色枝孢　*Cladosporium brunneium* Corda

褐束丝孢　*Ozonium stuposum* Pers.

褐双胞黑粉菌属　**Ustacystis** Zund.

褐丝淫羊藿白粉菌　*Erysiphe epinedii* var. *brunnea* Zheng et Chen

褐炭疽菌　*Colletotrichum fuscum* Laub.

褐条指疫霉　*Sclerophthora rayssiae* Kenneth et al.

褐头曲霉　*Aspergillus phaeocephalus* Dur et Mont

褐檐薄孔菌　*Antrodia variiformis*（PK.）Donk.

褐疣小光壳贠　*Asteridialla scabra*（Doidge）Hansf.

褐柱丝霉属　**Phaeoisariopsis** Ferraris

褐紫附毛孔菌　*Trichaptum fuscoviolaceum*（Fr.）Ryv.

褐紫隔担耳　*Septobasidium fuseoviolaceum* Bres.

褐座坚壳［果树白纹羽病菌］　*Rosellinia necatrix*（Hart.）Berl.

赫德尔德巴利酵母　*Debaryomyces hudeloi* Fons.

赫地叶点霉　*Phyllosticta harnicensis* Petr.

赫顿草实球黑粉菌　*Doassansia hottoniae*
（Rostr.）de Toni

赫尔顿柄锈菌　*Puccinia hultenii* Tranz.
et Jφrst.

赫洛叶黑粉菌　*Entyloma helosciadii* Magn.

赫氏节丛孢　*Arthrobotrys hertziana* Scholler et Rubner

赫氏拟滑刃线虫　*Aphelenchoides hessei*
（Ruhm）Filipjev

赫西恩轮线虫　*Criconemoides hercyniense* Kischke

赫希曼线虫属　**Hirschmannia** Luć et Goodey

鹤虱霜霉病菌　*Peronospora echinospermi* Swingle

黑白轮枝孢　*Verticillium albo-atrum* Reinke et Berth.

黑白马鞍菌　*Helvella leucomelaena*（Pers.）Nannf.

黑斑柄锈菌　*Puccinia atropuncta* Peck et Clint.

黑斑黑粉菌属　**Melanotaenium** de Bary

黑斑软栎大茎点菌　*Macrophoma suberis* Prill. et Delacr.

黑孢干尸霉　*Tarichium atrospermum* Petch

黑孢块菌　*Tuber melanosporum* Vittad.

黑孢属　**Nigrospora** Zimmerman

黑边壳针孢　*Septoria nigrificans* Pat.

黑柄多孔菌［杂色多孔菌］　*Polyporus varius*（Pers.；Fr.）Fr.

黑醋栗返祖病毒　*Blackcurrant reversion virus Nepovirus*（BRAV）

黑单格孢　*Monodictys nitens*（Schw.）Hughes

黑地舌菌　*Geoglossum nigritum*（Fr.）Cooke

黑地舌菌长囊变种　*Geoglossum nigritum*（Fr.）Cooke var. *cheoanum* Tai

黑顶藻异壶病菌　*Anisolpidium sphacel-*

llarum（Kng）Karing

黑顶藻异壶菌［黑顶藻异壶病菌］　*Anisolpidium sphacellarum*（Kng）Karing

黑顶藻油壶菌［黑顶藻肿胀病菌］　*Olpidium sphacelariarum* Kny et Sitzungsber

黑顶藻肿胀病菌　*Olpidium sphacelariarum* Kny et Sitzungsber

黑粉菌属　**Ustilago**（Pers.）Rouss.

黑腐皮壳属　**Valsa** Fr.

黑附球霉　*Epicoccum nigrum* Link

黑格孢　*Macrosporium nigricans* Atk.

黑根柄锈菌　*Puccinia melanoplaca* Syd.

黑根霉［果蔬、甘薯软腐病菌］　*Rhizopus nigricans*（Ehrenberg）Vuill

黑管菌［烟色黑管菌］　*Bjerkandera adusta*（Willd.；Fr.）Karst.

黑管菌属［烟色黑管菌属］　**Bjerkandera** Karst.

黑褐柄锈菌　*Puccinia ustalis* Berk.

黑褐马鞍菌　*Helvella nigrella*（Seav.）Tai

黑棘瓶孢　*Echinobotryum atrum* Corda

黑假尾孢　*Pseudocercospora nigricans*（Cooke）Deighton

黑茎点霉　*Melanophoma karroo* Papendorf et Du Toit

黑茎点属　**Melanophoma** Papendorf et du Toit

黑茎果胶杆菌［马铃薯黑茎软腐病菌］　*Pectobacterium atrosepticum*（van Hall）Gardan et al.

黑茎软腐病菌　*Pectobacterium carotovorum* subsp. *atrosepticum*（van Hall）Hauben et al.

黑胫茎点霉［十字花科黑胫病菌］　*Phoma lingam*（Fr.）Desm.

黑咖啡花叶病毒　*Negro coffee mosaic virus Potexvirus*（NeCMV）

黑壳楠叉丝壳　*Microsphaera blasti* Tai

黑类腐霉　*Pythiogeton nigrescens* A. Batko

黑链格孢　*Alternaria atrans* Gibson

黑龙江单胞锈菌　*Uromyces amurensis* Kom.

黑龙江肉盘菌　*Sarcosoma amurense* Vass.

黑绿锤舌菌　*Leotia atrovirens* Pers.

黑绿豆斑驳病毒　Blackgram mottle virus *Carmovirus* (BMoV)

黑绿豆皱叶病毒　Urd bean leaf crinkle virus

黑绿青霉　*Penicillium atramentosum* Thom

黑马鞍菌　*Helvella atra* Oed.

黑麦草斑驳病毒　Ryegrass mottle virus *Sobemovirus* (RGMoV)

黑麦草病毒　*Lolium* ryegrass virus *Nucleorhabdovirus* (LoRV)

黑麦草杆菌状病毒　Ryegrass bacilliform virus *Nucleorhabdovirus* (RGBV)

黑麦草花叶病毒　Ryegrass mosaic virus *Rymovirus* (RGMV)

黑麦草花叶病毒属　**Rymovirus**

黑麦草粒线虫　*Anguina funesta* Price, Fisher et Kerr

黑麦草内脐蠕孢　*Drechslera phlei* (Graham) Shoem.

黑麦草条黑粉菌　*Urocystis bolivari* Bub. et Frag.

黑麦草团黑粉菌　*Sorosporium lolii* Thirum.

黑麦草隐潜病毒　Ryegrass cryptic virus *Alphacryptovirus* (RGCV)

黑麦草指疫霉　*Sclerophthora lolii* R. G. Kenneth

黑麦大茎点菌　*Macrophoma secalina* Tehon

黑麦黑粉病菌　*Urocystis occulta* (Wallr.) Rabenh.

黑麦黑颖病菌　*Xanthomonas translucens* pv. *secalis* (Reddy) Vauterin et al.

黑麦喙孢　*Rhynchosporium secalis* (Oudem.) Davis

黑麦角菌　*Claviceps nigricans* Tul.

黑麦壳针孢　*Septoria secalis* Prill. et Delacr.

黑麦盲种核盘菌　*Sclerotinia temulenta* Prill. et Delacr.

黑麦平脐蠕孢　*Bipolaris secalis* Sisterna

黑麦土居线虫　*Ibipora lolii* (Siviour) Siviour et Meleod

黑麦腥黑粉菌　*Tilletia secalis* (Corda) Kühn

黑麦异头垫刃线虫　*Atetylenchus secalis* Krall et Shagalina

黑脉羊肚菌　*Morchella angusticeps* Peck

黑毛无根藤　*Cassytha mellantha*

黑面神星盾炱　*Asterina bryniae* Syd.

黑膜座霉　*Hymenella nigra* Saw.

黑拟曲霉　*Sterigmatocystis niger* Tiegh

黑盘孢属　**Melanconium** Link ex Fr.

黑盘壳属　**Melanconis** Tul.

黑盘裂壳孢　*Discella carbonacea* (Fr.) Berk. et Br.

黑盘霜霉[树锦鸡儿霜霉病菌]　*Peronospora lagerheimii* Gäum.

黑皮盘菌属　**Meloderma** Darker

黑青褐皮斯霉　*Pithomyces atro-olivaceus* (Cooke et Harkness) Ellis

黑青霉　*Penicillium migticans* (Bain) Thom

黑曲霉[花生冠腐病菌,剑麻茎腐病菌]　*Aspergillus niger* Tieghy

黑色黑粉菌　*Ustilago nigra* Tapke

黑色酵母　*Saccharomyces niger* Marpm.

黑色双毛壳孢　*Discosia artocreas* (Tode) Fr.

黑氏叉丝壳　*Microsphaera hedwigii* Lév.

黑丝黑粉菌　*Farysia nigra* Cunn.

黑松、小麦猝倒病菌　*Pythium torulosum* Coker et Patterson

黑松长被孢锈菌　*Peridermium praelo-

ngum Syd.

黑莎草亚团黑粉菌　*Tolyposporium triste* Vánky

黑头柄锈菌　*Puccinia melanocephala* H. et P. Syd.

黑团孢　*Periconia byssoides* Pers. ex Corda

黑团孢属　*Periconia* Tode

黑团壳属　*Massaria* de Not

黑尾孢　*Cercospora nigricans* Cooke

黑细基格孢　*Ulocladium atrum* Preuss

黑线假尾孢　*Pseudocercospora atrofiliformis*（Yen，Lo et Chi）Yen

黑线尾孢　*Cercospora atrofiliformis* Yen et al.

黑星孢属　*Fusicladium* Bonorden

黑星菌属　*Venturia* Sacc.

黑星状枝孢　*Cladosporium venturicides* Sacc.

黑悬钩子坏死病毒　*Black raspberry necrosis virus*（BRNV）

黑叶点霉　*Phyllosticta nigra* Saw.

黑樱桃夏孢锈菌　*Uredo pruni-maximowiczii* Henn.

黑油杉寄生　*Arceuthobium nigrum* Hawksworth et Wiens

黑缘假尾孢　*Pseudocercospora atromarginalis*（Atk.）Deighton

黑缘尾孢　*Cercospora atro-marginalis* Atk.

黑痣菌属　*Phyllachora* Nits.

黑种草叶黑粉菌　*Entyloma nigellae* Cif.

黑锥柄锈菌　*Puccinia nigroconoidea* Hito et Katum.

黑棕柄锈菌　*Puccinia atrofusca*（Dudl. et Thomps.）Holw.

黑座假尾孢　*Pseudocercospora variicolor*（Wint.）Guo et Liu

黑座尾孢　*Cercospora variicolor* Wint.

亨杜小煤炱　*Meliola hendrickxiana* Hansf.

亨利柄锈菌　*Puccinia henryana* P. et Syd.

亨利汉逊酵母　*Hansenula henricii* Wickerh.

亨诺普斯柄锈菌　*Puccinia hennopsiana* Doidge

亨氏米面蓊　*Buckleya henryi* Diels

亨氏拟滑刃线虫　*Aphelenchoides hunti* Steiner

亨特伞滑刃线虫　*Bursaphelenchus hunti*（Steiner）Giblin et Kaya

横仓柄锈菌　*Puccinia yokogurae* Henn.

横川壳针孢　*Septoria yokokawai* Hara

横带长针线虫　*Longidorus fasciates* Roca et Lamberti

横带枝孢　*Cladosporium staurophorum*（Kendrik）Ellis

横点单胞锈菌[唐菖蒲锈菌]　*Uromyces transversalis*（Thüm.）Wint.

横苣萵霜霉病菌　*Peronospora romanica* f. sp. *transoxanae* Fajzieva

横向类腐霉　*Pythiogeton transversum* Minden

红斑小丛壳[仙客来炭疽病菌]　*Glomerella rufomaculans* Berk.

红斑柱隔孢　*Ramularia rufomaculans* Peck

红苞茅粒线虫　*Anguina hyparrheniae* Corbett

红苞木生小煤炱　*Meliola rohodoleiicola* Hu

红柄锈菌　*Puccinia erythropus* Diet.

红葱链格孢　*Alternaria eleuthrines* T. Y. Zhang

红醋栗叶点霉　*Phyllosticta ribis-rubri* Vogl.

红冬蛇菰　*Balanophora harlandii* Hook.

红豆杉茎点霉　*Phoma taxi*（Berk.）Sacc.

红豆衫大茎点菌　*Macrophoma taxi*（Berk.）Berl. et Vogl.

红豆树假尾孢　*Pseudocercospora ormosiae* Guo et Lin

红豆树小煤炱　*Meliola franciscana* Hansf.

红豆小煤炱　*Meliola ormosiae* Chen

红盾盘菌　*Scutellinia lusatiae*（Cooke）Kuntze

红二头孢盘菌　*Dicephalospora rufocornea* Spooner

红腐疫霉［马铃薯疫霉、绯腐病菌］　*Phytophthora erythroseptica* Pethybr.

红高梁黄单胞菌　*Xanthomonas rubrisorghi* Rangaswami, Prasad et Eswaran

红光树生小煤炱细小变种　*Meliola knemicola* var. *minor* Song et Ouyang

红光树小光壳炱　*Asteridiella knemae*（Hansf.）Hansf.

红果树生附丝壳　*Appendiculella stranvaesiicola*（Yam.）Hansf.

红花柄锈菌　*Puccinia carthami*（Hutz.）Corda

红花尖镰孢　*Fusarium oxysporum* f. sp. *carthami* Klis. et Houst.

红花壳二孢　*Ascochyta carthami* Chochriakov

红花壳针孢　*Septoria carthami* Murashk

红花梨果寄生　*Scurrula parasitica* Linn.

红花梨果寄生小红花变种　*Scurrula parasitica* var. *graciliflora*（Wall. ex DC）Kiu

红花链格孢　*Alternaria cafhami* Chowdhury

红花盘长孢　*Gloeosporium carthami*（Fukui）Hori et Hemmi

红花酸模霜霉　*Peronospora rumicisrosei* Rayss

红花尾孢　*Cercospora carthami*（Syd.）Sund. et Ramakr.

红花轴霜霉　*Plasmopara carthami* Negru

红花柱隔孢　*Ramularia carthami* Zaprometov

红化黄单胞菌［马铃薯内部锈斑黄单胞菌］　*Xanthomonas campestris* pv. *rubefaciens*（Burr）Magrou et Prevot

红环集壶菌［虎耳草瘿瘤病菌］　*Synchytrium rubro-cinctum* Magnus

红痂迈尔锈菌　*Milesina erythrosora*（Faull）Hirats.

红酵母属　**Rhodotorula** Harr.

红景天柄锈菌　*Puccinia rhodiolae* Berk. et Br.

红口日规菌［樱桃叶枯病菌］　*Gnomonia erythrostoma*（Pers.）Wint.

红拉拉藤霜霉　*Peronospora galiirubioidis* Săvul. et Rayss

红辣椒轻型斑驳病毒　*Paprika mild mottle virus Tobamovirus*（PaMMV）

红辣椒隐潜 1 号病毒　*Red pepper cryptic virus 1 Alphacryptovirus*（RPCV-1）

红辣椒隐潜 2 号病毒　*Red pepper crypticvirus 2 Alphacryptovirus*（RPCV-2）

红粒丛赤壳［赤球丛赤壳］　*Nectria haematococca* Berk. et Br.

红麻斑点病菌　*Cercospora malayensis* Stev. et Solh.

红麻灰霉病菌　*Ascochyta abelmoschi* Harter

红麻茎枯病菌　*Corynespora mazei* Gussow

红毛丹夏孢锈菌　*Uredo nephelii* Saw.

红毛核盘菌　*Sclerotinia scutellata*（Lib.）Lamb.

红木尾孢　*Cercospora bixae* Alleseh. et Noack.

红皮柳盘二孢菌　*Marssonina salicis-purpureae* Jaap

红械膨痂锈菌　*Pucciniastrum hikosanense* Hirats.

红球菌属　**Rhodococcus** Zopf

红三叶草斑驳病毒 *Red clover mottle virus Comovirus*（RCMoV）

红三叶草花叶病毒 *Red clover mosaic virus Nucleorhabdovirus*（RCMV）

红三叶草坏死花叶病毒 *Red clover necrotic mosaic virus Dianthovirus*（RCNMV）

红三叶草脉花叶病毒 *Red clover vein mosaic virus Carlavirus*（RCVMV）

红三叶草潜隐 2 号病毒 *Red clover cryptic virus 2 Betacryptovirus*（RCCV-2）

红色疔座霉 ［李红点病菌］ *Polystigma rubrum*（Pers.）DC.

红色列当 *Orobanche rubens* Wallr

红色青霉 *Penicillium rubrum* Stoll

红杉根线虫 *Rhizonema sequoiae* Cid Del Prade Vera Lownsbery

红杉叶点霉 *Phyllosticta sequoiae* Zhilina

红树疫病菌 *Phytophthora bahamensis* Fell et Master

红树疫病菌 *Phytophthora mycoparasitica* Fell et Master

红条纹草螺菌 ［甘蔗斑驳条纹病菌］ *Herbaspirillum rubrisubalbicans*（Christopher）Baldani et al.

红头屿叶点霉 *Phyllosticta kotoensis* Saw.

红纹黄单胞菌 ［水田芹叶茎黑腐病菌］ *Xanthomonas rubrilineans*（Lee et al.）Starr et Burkholder

红纹黄单胞菌印度变种 *Xanthomonas rubrilineans* pv. *indica* Summanwar et Bhide

红橡胶树毕赤酵母 *Pichia angophorae* Mill. et Bark.

红小丛壳 *Glomerella rubi* Ell. et Ev.

红缘拟层孔菌 ［松生拟层孔菌］ *Fomitopsis pinicola*（Swartz.：Fr.）Karst.

红藻小煤炱 *Meliola floridensis* Hansf.

红枝顶孢 *Acremonium rutilum* Gams

红烛蛇菰 *Balanophora mutinoides* Hayata

红紫青霉 *Penicillium roseo-purpureum* Dierckx

红紫曲霉 *Aspergillus puniccus* Kwon et Fenn

洪肯霜霉 *Peronospora honckenyae* Sydow

猴耳环小光壳炱 *Asteridiella pithecellobii*（Yam.）Hansf.

猴欢喜生针壳炱 *Irenopsis sloaneicola* Song，Li et Shen

猴头菌 ［猬状猴头菌］ *Hericium erinaceus*（Bull. ex Fr.）Pers.

猴头菌腐霉 *Pythium erinaceum* J. A. Robertson

猴头菌属 **Hericium** Pers. ex Gray

猴团黑粉菌 *Sorosporium simii* Evans

后侧器线虫属 **Postamphidelus** Siddiqi

后滑刃线虫属 **Metaphelenchus** Steiner

后生叶点霉 *Phyllosticta succedanea*（Pass.）Jcz

后藤尾孢 *Cercospora gotoana* Togashi

厚孢层壁黑粉菌 *Tolyposporella pachycarpa*（Syd.）Ling

厚壁毒虫霉 *Nematoctonus pachysporus* Drechsler

厚壁菌门 Firmicutes Gibbons et Murry

厚顶单胞锈菌 ［水蔗草单胞锈菌］ *Uromyces inayati* Syd.

厚顶盘菌 *Ostropa barbata*（Fr.）Nannf.

厚顶盘菌属 **Ostropa** Fr.

厚隔弯孢 *Curvularia crassiseptum* Zhang et Zhang

厚隔弯孢莴苣变种 *Curvularia crassiseptum* var. *lactucae* Zhang et Zhang

厚钩丝孢 *Harposporium crassum* Sheph.

厚黑木层孔菌 *Phellinus everhartii*（Ell. et Gall.）Ames.

厚壳树层锈菌 *Phakopsora ehretiae* Hirats. et Hash.

厚壳树大茎点菌 *Macrophoma ehretiae*

Cooke et Mass.

厚壳树钩丝壳 *Uncinula ehretiae* Keissl.

厚壳树假尾孢 *Pseudocercospora ehreti-aethyrsiflorae* Goh et Hsieh

厚壳树夏孢锈菌 *Uredo ehretiae* Barcl.

厚壳树叶点霉 *Phyllosticta cryptocaryae* Henn.

厚螺旋线虫 *Helicotylenchus crassatus* Anderson

厚盘单毛孢 *Monochaetia pachyspora* Bub.

厚皮单顶孢 *Monacrosporium eudermatum* (Drechs.) Subram

厚皮核黑粉菌 *Cintractia pachyderma* Syd.

厚皮轮线虫 *Criconemoides incrassatus* Raski et Golden

厚皮囊根生壶菌［双眉藻、舟形藻壶病菌］ *Physorhizophidium pachydermum* Scherffel

厚皮拟毛刺线虫 *Paratrichodorus pachydermus* (Seinhorst) Siddiqi

厚皮瓶形酵母 *Pityrosporum pachydermatis* Weidm

厚皮尾孢 *Cercospora pachyderma* Syd.

厚皮腥黑粉菌 *Tilletia pachyderma* Fisch.

厚皮原囊菌 *Protomyces pachydermus* Thüm.

厚朴球腔菌［木兰球腔菌］ *Mycosphaerella magnoliae* (Ell.) Petrak

厚球腔菌 *Mycosphaerella crassa* Auerswald

厚藤白锈菌 *Albugo ipomoeae-pescaprae* Ciferri

厚尾矮化线虫 *Tylenchorhynchus crassicaudatus* Williams

厚垣埃里格孢 *Embellisia chlamydospora* (Hoes et al.) Simmons

厚垣孢细基格孢 *Ulocladium chlamydosporum* Mouchacca

厚垣普奇尼亚菌串孢变种 *Pochonia chlamydosporia* var. *catenulata* Zare et Gams

厚垣普奇尼亚菌厚孢变种 *Pochonia chlamydosporia* var. *chlamydosporia* Zare et Gams

呼肠孤病毒科 Reoviridae

忽视茎线虫 *Ditylenchus inobservabilis* (Kirjanova) Kirjanova

弧曲座坚壳 *Rosellinia arcuala* Sacc.

狐茅柄锈菌 *Puccinia festucae* Plowr.

胡椒黑粉菌 *Ustilago piperi* Clint.

胡椒（属）黄化斑驳病毒 *Piper yellow mottle virus* Badnavirus (PYMoV)

胡椒白锈病菌 *Albugo tropica* Lagerheim

胡椒长蠕孢 *Helminthosporium piperis* Saw. et Kats.

胡椒小丛壳 *Glomerella piperata* (Stonem.) Spaud. et Schrenk

胡椒小胀垫刃线虫 *Trophotylenchulus piperis* Mohandas，Ramana et Raski

胡椒星盾炱 *Asterina piperina* Syd.

胡椒叶斑病菌 *Xanthomonas axonopodis* pv. *betlicola* Vauterin et al.

胡椒枝孢 *Cladosporium piperatum* Ell. et Ev.

胡椒枝生黑粉菌 *Pericladium piperi* (Zund.) Mundk

胡椒状美洲槲寄生 *Phoradendron piperoides* (Kunth.) Trel

胡卢巴壳二孢 *Ascochyta trigonellae* Traverso et Spesssa

胡卢巴霜霉 *Peronospora trigonellae* Gäum.

胡萝卜 Y 病毒 *Carrot virus Y* Potyvirus

胡萝卜斑驳病毒 *Carrot mottle virus* Umbravirus (CMoV)

胡萝卜病毒 *Carrot virus* (CtV)

胡萝卜疮痂病菌 *Streptomyces scabiei* (ex Thaxter) Lambert

胡萝卜根腐病菌 *Pythium catenulatum*

Matthews

胡萝卜根腐病菌　*Pythium sulcatum* Prott et Mitchell

胡萝卜根杆菌　*Rhizobacter dauci* 〔＝ *R. daucus*〕Goto et Kuwata

胡萝卜和性 1 号病毒　*Carrot temperate virus 1 Alphacryptovirus* (CTeV-1)

胡萝卜和性 2 号病毒　*Carrot temperate virus 2 Alphacryptovirus* (CTeV-2)

胡萝卜和性 3 号病毒　*Carrot temperate virus 3 Alphacryptovirus* (CTeV-3)

胡萝卜和性 4 号病毒　*Carrot temperate virus 4 Alphacryptovirus* (CTeV-4)

胡萝卜褐腐病菌　*Leptosphaeria libanotis* (Fuckel) Niessl

胡萝卜褐纹病菌　*Phoma sanguinolenta* Rostr.

胡萝卜黑斑病菌　*Xanthomonas hortorum* pv. *carotae* (Arnaud) Vauterin et al.

胡萝卜黑茎软腐病菌　*Erwinia carotovoa* subsp. *atrosepticum* (van Hall)

胡萝卜红叶病毒　Carrot red leaf virus (CtRLV)

胡萝卜花叶病毒　*Carrot mosaic virus Potyvirus* (CtMV)

胡萝卜黄叶病毒　*Carrot yellow leaf virus Closterovirus* (CYLV)

胡萝卜壳针孢　*Septoria carotae* Nagorn.

胡萝卜类腊肠茎点霉　*Allantophomoides carotae* Wei et Zhang

胡萝卜链格孢　*Alternaria dauci* (Kühn) Groves et Skolko

胡萝卜拟斑驳病毒　*Carrot mottle mimic virus Umbravirus* (CMoMV)

胡萝卜欧文氏菌〔胡萝卜软腐病菌〕　*Erwinia* carotovora (Jones) Bergey et al.

胡萝卜欧文氏菌海芋变种〔海芋软腐病菌〕　*Erwinia carotovora* pv. *aroideae* (Townsend)

胡萝卜欧文氏菌黑茎亚种〔马铃薯黑茎病菌〕　*Erwinia carotovoa* subsp. *atrose-*

ptica (van Hall) Dye

胡萝卜欧文氏菌胡萝卜亚种〔胡萝卜、大白菜软腐病菌〕　*Erwinia carotovora* subsp. *carotovora* (Jones) Bergey et al.

胡萝卜欧文氏菌气味亚种　*Erwinia carotovora* subsp. *odorifera* Gallois et al.

胡萝卜欧文氏菌甜菜亚种〔甜菜软腐病菌〕　*Erwinia carotovora* subsp. *betavasculorum* Thomson et al.

胡萝卜潜病毒　*Carrot latent virus Nucleorhabdovirus* (CtLV)

胡萝卜软腐病菌　*Erwinia carotovora* (Jones) Bergey et al.

胡萝卜软腐病菌　*Erwinia carotovora* subsp. *carotovora* (Jones) Bergey et al.

胡萝卜软腐病菌气味亚种　*Erwinia carotovora* subsp. *odoriferum* (Gallois) Hauben et al.

胡萝卜生链格孢　*Alternaria daucicola* T. Y. Zhang

胡萝卜尾孢　*Cercospora carotae* (Pass.) Solh.

胡萝卜细叶病毒　*Carrot thin leaf virus Potyvirus* (CTLV)

胡萝卜异皮线虫　*Heterodera carotae* Jones

胡萝卜瘿螨　*Eriophyes peucedani* Canestrini

胡萝卜轴霜霉　*Plasmopara dauci* Săvul. et O. Săvul.

胡麻叶斑病菌　*Xanthomonas axonopodis* pv. *martyniicola* (Monize) Vauterin et al.

胡麻叶斑病菌　*Xanthomonas axonopodis* pv. *pedalii* (Patel) Vauterin et al.

胡桃螯线虫　*Pungentus juglensi* Mahajan

胡桃白粉病菌　*Microsphaera yamadai* (Salm.) Syd.

胡桃丛簇病植原体　Walnut bunch phytoplasma

胡桃腐烂病菌　*Mucor nucum* (Corda)

Berl. et de Ton

胡桃果腐病菌　*Mucor juglandis* Link

胡桃黑盘孢　*Melanconium juglandinum* Kunze

胡桃黑盘壳［胡桃枝枯病菌］　*Melanconis juglandis*（Ell. et Ev.）Groves

胡桃茎点霉　*Phoma juglandis* Sacc.

胡桃壳囊孢　*Cytospora juglandis*（DC.）Sacc.

胡桃毛霉［胡桃果腐病菌］　*Mucor juglandis* Link

胡桃盘二孢菌　*Marssonina juglandis*（Lib.）Magn

胡桃鞘线虫　*Hemicycliophora juglandis* Choi et Geraert

胡桃楸球针壳　*Phyllactinia juglandis-mandshuricae* Yu

胡桃球针壳　*Phyllactinia juglandis* Tao et Qin

胡桃韧皮部溃疡病菌　*Erwinia rubrifaciens* Wilson, Zeitoun et Fredrickson

胡桃肉状菌、蘑菇胡桃肉状菌　*Diehliomyces microsporus*（Diehl. et Lambert）Gilkey

胡桃树皮溃疡病菌　*Erwinia nigrifluens* Wilson，Starret Erger

胡桃叶斑病菌　*Gnomonia leptostyla*（Fr.）Ces. et de Not.

胡桃叶点霉　*Phyllosticta juglandis*（DC.）Sacc.

胡桃疫病菌　*Xanthomonas arboricola* pv. *juglandis*（Pierce）Vauterin et al.

胡桃枝枯病菌　*Melanconis juglandis*（Ell. et Ev.）

胡桐盘多毛孢　*Pestalotia calabae* Westend.

胡颓子柄锈菌　*Puccinia elaeagni* Yoshin.

胡颓子科内丝白粉菌　*Leveillula elaeagnacearum* Golov.

胡颓子壳针孢　*Septoria elaeagni*（Chevallier）Desmazières

胡颓子落果腐败病菌　*Rhizopodopsis javensis* Boedijn

胡颓子星盾贠　*Asterina elaeagni*（Syd.）Syd. et Petr.

胡颓子锈孢锈菌　*Aecidium elaeagni* Diet.

胡颓子锈生座孢［牛奶子锈菌重寄生菌］　*Tuberculina elaeagni* Y. Huang et Z. Y. Zhang

胡枝子白粉菌　*Erysiphe glycines* var. *lespedezae*（Zheng et Baun）Braun

胡枝子单胞锈菌　*Uromyces lespedezae-bicoloris* Tai et Cheo

胡枝子格孢腔菌　*Pleospora lespedezae* Miyake.

胡枝子黑痣菌　*Phyllachora lespedezae*（Schw.）Sacc.

胡枝子假尾孢　*Pseudocercospora latens*（Ell. et Ev.）Guo et Liu

胡枝子生假尾孢　*Pseudocercospora lespedezicola* Goh et Hsieh

胡枝子尾孢　*Cercospora latens* Ell. et Ev.

胡枝子叶斑病菌　*Xanthomonas axonopodis* pv. *lespedezae*（Ayers）Vauterin et al.

胡枝子异皮线虫　*Heterodera lespedezae* Golden et Cobb

壶菌属　**Chytridium** Braun

湖北裂瓜霜霉病菌　*Plasmopara australis*（Spegazzini）Swingle

湖南橘色藻　*Trentepohlia hunanensis* Jao

湖南伞滑刃线虫　*Bursaphelenchus hunanensis* Yin, Fang et Tarjan

葫芦丛赤壳　*Nectria cucurbitula* Sacc.

葫芦钩丝孢　*Harposporium sicyodes* Drechsler

葫芦科白粉菌　*Erysiphe cucurbitacearum* Zheng et Chen

葫芦科叶点霉　*Phyllosticta cucurbitacearum* Sacc.

葫芦小丛壳［瓜类炭疽病菌］　*Glomerella lagenarium*（Pass.）Stev.

槲寄生球壳孢　*Sphaeropsis visci*（Sollm）Sacc.

槲寄生属（桑寄生科）　**Viscum** L.

槲树盘多毛孢　*Pestalotia flagellata* Earle

槲树枏线虫　*Crossonema dryum* Minagawa

糊隔尾孢　*Cercospora instabilis* Rangel.

虎斑小球腔菌　*Leptosphaeria tigrisoides* Hara

虎耳草柄锈菌　*Puccinia saxifragae* Schlecht.

虎耳草鞘锈菌　*Coleosporium fauriae* Syd.

虎耳草生叶点霉　*Phyllosticta saxifragicola* Brun

虎耳草霜霉　*Peronospora saxifragae* Bubák

虎耳草瘿瘤病菌　*Synchytrium rubro-cinctum* Magnus

虎皮楠弯指孢　*Curvidigitus daphniphylli* Saw.

虎皮楠叶斑病菌　*Pseudomonas syringae* pv. *daphniphylli* Ogimi，Kubo et al.

虎皮楠枝孢　*Cladosporium daphniphylli* Saw.

虎尾草条点花叶病毒　*Chloris striate mosaic virus Mastrevirus*（CSMV）

虎眼万年青 2 号病毒　*Ornithogalum virus 2 Potyvirus*

虎眼万年青 3 号病毒　*Ornithogalum virus 3 Potyvirus*

虎眼万年青黑粉菌　*Ustilago ornithogali*（Schmidt et Kunze）Magn.

虎眼万年青花叶病毒　*Ornithogalum mosaic virus Potyvirus*（OrMV）

虎眼万年青瘤蠕孢　*Heterosporium ornithogali* Kl.

虎眼万年青条黑粉菌　*Urocystis ornithogali* Körn.

虎眼万年青瘿瘤病菌　*Synchytrium niesslii* Bubak

虎掌藤白锈［虎掌藤白锈病菌］　*Albugo pestignidis* Gharse

虎掌藤白锈病菌　*Albugo pes-tignidis* Gharse

虎杖锈孢锈菌　*Aecidium polygoni-cuspidati* Diet.

琥珀金锈菌　*Chrysomyxa succinea*（Sacc.）Tranz.

互隔链格孢　*Alternaria alternata*（Fr.：Fr.）Kaissler

花孢锈菌　*Nyssopsora echinata*（Lév.）Arth.

花孢锈菌属　**Nyssopsora** Arth.

花草黄单胞菌　*Xanthomonas hortorum* Vauterin et al.

花草黄单胞菌常春藤变种　*Xanthomonas hortorum* pv. *hederae*（Arnaud）Vauterin，Hoste，Kersters et al.

花草黄单胞菌胡萝卜变种［胡萝卜黑斑病菌］　*Xanthomonas hortorum* pv. *carotae*（Arnaud）Vauterin et al.

花草黄单胞菌蒲公英变种［蒲公英叶斑病菌］　*Xanthomonas hortorum* pv. *taraxaci*（Niederhauser）Vauterin et al.

花草黄单胞菌天竺葵变种　*Xanthomonas hortorum* pv. *pelargoni*（Brown）Vauterin，Hoste，Kersters et al.

花草小奇针线虫　*Mylonchulus hortulanus* Khan

花草叶点霉　*Phyllosticta hortorum* Speg.

花葱柄锈菌　*Puccinia polemonii* Diet. et Holw.

花点草锈孢锈菌　*Aecidium nanocnides* Diet.

花腐镰孢　*Fusarium anthodphilum* Braun

花冠盘二孢［苹果褐斑病菌］　*Marssonina coronaria*（Ell. et Davis.）Davis

花核霉属　**Anthina** Fr.

花红木腐病菌　*Trametes hispida* Bagl.

花红小单孢　*Haplosporella malorum* Sacc.

花椒假尾孢　*Pseudocercospora xanthoxyli* (Cooke) Guo et Liu

花椒壳二孢　*Ascochyta zanthoxyli* Sun et Bai

花椒鞘锈菌　*Coleosporium zanthoxyli* Diet. et Syd.

花椒尾孢　*Cercospora zanthoxyli* Cooke

花椒夏孢锈菌　*Uredo fagarae* Syd.

花椒小煤炱　*Meliola fagraeae* Syd.

花椒锈孢锈菌　*Aecidium zanthoxylischinifolii* Diet.

花枯锁霉［大理菊花枯病菌］　*Itersonilia perplexans* Derx.

花蔺节壶菌［花蔺结瘿病菌］　*Physoderma butomi* Schröt.

花蔺结瘿病菌　*Physoderma butomi* Schröt.

花蔺歧壶菌　*Cladochytrium butomi* Büsgen

花凌草叶黑粉菌　*Entyloma eschscholtziae* Harkn.

花柳菜油壶病菌　*Olpidium brassicae* (Woron.) Dang.

花蔓草白锈菌［花蔓草白锈病菌］　*Albugo mesembryanthemi* Baker

花蔓草白锈病菌　*Albugo mesembryanthemi* Baker

花锚柄锈菌　*Puccinia haleniae* Arth. et Holw.

花皮胶藤盘多毛孢　*Pestalotia ecdysantherae* Saw.

花楸叉丝单囊壳　*Podosphaera aucupariae* Erikss.

花楸核盘菌　*Sclerotinia ariae* Schell.

花楸盘多毛孢　*Pestalotia sorbi* Pat.

花楸生叶点霉　*Phyllosticta sorbicola* Allesch

花楸穴壳菌　*Dothiora sorbi* (Wahl. : Fr.) Fr.

花楸叶点霉　*Phyllosticta sorbi* West

花葱单囊壳　*Sphaerotheca polemonii* Junell.

花生、肉桂粉实病菌　*Elaeodema floricola* Kerssl.

花生矮化病毒　*Peanut stunt virus Cucumovirus* (PSV)

花生矮化病毒卫星 RNA　*Peanut stunt virus satellite RNA*

花生斑驳病毒　*Peanut mottle virus Potyvirus* (PeMoV)

花生丛簇病毒　*Groundnut rosette virus Umbravirus* (GRV)

花生丛簇病毒　*Peanut clump virus Pecluvirus* (PCV)

花生丛簇病毒卫星 RNA　Groundnut rosette satellite *RNA*

花生丛簇病毒属　**Pecluvirus**

花生丛簇协助病毒　Groundnut rosette assistor virus (GRAY)

花生丛枝病植原体　Peanut witches broom phytoplasma

花生顶缩病毒　*Peanut top paralysis virus Potyvirus* (PTPV)

花生根结线虫　*Meloidogyne arenaria* (Neal) Chitwood

花生冠腐病菌,剑麻茎腐病菌　*Aspergillus niger* Tieghy

花生褐斑病菌　*Cercospora arachidicola* Hori

花生褐斑病菌　*Mycosphaerella arachidicola* (Hori) Jenk.

花生黑斑病菌　*Mycosphaerella berkeleyi* Jenk.

花生黑腐病菌　*Cylindrocladium parasiticum* Crous et al.

花生花叶病毒　Peanut mosaic virus (PeMsV)

花生环斑病毒　*Groundnut ringspot virus Tospovirus* (GRSV)

花生黄斑病毒　*Groundnut yellow spot virus Tospovirus* (GYSV)

花生黄斑病毒　*Peanut yellow spot virus*

Tospovirus（PYSV）

花生黄花叶病毒　*Peanut yellow mosaic virus Tymovirus*（PeYMV）

花生角斑病菌　*Leptosphaerulina arachidicola* Yen et al.

花生菌核病菌　*Sclerotinia miyabeana* Hanz.

花生绿斑驳病毒　*Peanut green mottle virus Potyvirus*（PeGMoV）

花生绿花叶病毒　*Peanut green mosaic virus Potyvirus*（PeGMV）

花生脉褪绿病毒　*Peanut veinal chlorosis virus Rhabdovirus*（PeVCV）

花生拟滑刃线虫　*Aphelenchoides arachidis* Bos

花生纽带线虫　*Hoplolaimus arachidis* Maharaju et Das

花生葡萄孢盘菌　*Botryotinia arachidis* Hanz.

花生褪绿斑病毒　*Groundnut chlorotic spot virus Potexvirus*（GCSV）

花生褪绿扇斑病毒　*Groundnut chlorotic fan-spot virus Tospovirus*（GCFSV）

花生褪绿线条病毒　*Peanut chlorotic streak virus Caulimovirus*（PCSV）

花生小光壳　*Leptosphaerulina arachidicola* Yen et al.

花生芽坏死病毒　*Groundnut bud necrosis virus Tospovirus*（GBNV）

花生眼斑病毒　*Groundnut eyespot virus Potyvirus*（GEV）

花生油盘孢［花生、肉桂粉实病菌］　*Elaeodema floricola* Kerssl.

花纹环线虫　*Criconema tessellatum* Berg

花锈菌属　**Anthomyces** Diet.

花药黑粉菌　*Ustilago violacea*（Pers.：Pers.）Rouss.

花椰菜花叶病毒　*Cauliflower mosaic virus Caulimovirus*（CaMV）

花椰菜花叶病毒科　Caulimoviridae

花椰菜花叶病毒属　**Caulimovirus**

花椰菜壳二孢　*Ascochyta oleracea* Ellis

花椰菜叶斑病菌　*Xanthomonas campestris* pv. *aberrans*（Knosel）Dye

花叶万年青（属）矮化病毒　*Dieffenbachia stunt virus*（DhSV）

花叶万年青叶斑病菌　*Xanthomonas axonopodis* pv. *dieffenbachiae*（McCulloch et Pirone）Vauterin

花叶芋单胞锈菌　*Uromyces caladii*（Schw.）Farl.

花烛噬酸菌［花烛叶斑病菌］　*Acidovorax anthurii* Gardan et al.

花烛叶斑病菌　*Acidovorax anthurii* Gardan et al.

华北柄锈菌　*Puccinia sinoborealis* Wei et Wang

华北紫丁香叉丝壳　*Microsphaera syringae-japonicae* Braun

华单胞锈菌　*Uromyces chinensis* Diet.

华贵柄锈菌　*Puccinia cara* Cumm.

华苣霜霉病菌　*Bremia lactucae* f. sp. *chinensis* Ling et Tai

华丽腐霉［油茶、西番莲幼苗猝倒病菌］　*Pythium splendens* Braun

华丽腐霉哈瓦变种　*Pythium splendens* var. *hawaianum* Sideris

华丽腐霉原变种　*Pythium splendens* var. *splendens*

华丽轮线虫　*Criconemoides elegantulum*（Gunhold）Oostenbrink

华丽绵霉［稻苗绵腐病菌］　*Achlya decorata* Peters

华丽曲霉　*Aspergillus ornatus* Raper et al.

华丽细小线虫　*Gracilacus elegans* Raski

华列小煤炱　*Meliola warneckei* Hansf.

华美螺旋线虫　*Helicotylenchus elegans* Roman

华美拟滑刃线虫　*Aphelenchoides teres*（Schneider）Filipjev

华美拟矛线虫　*Dorylaimoides teres* Thorne et Swanger

华山松舟皮盘菌 *Plioioderma pini-armandi* Hou et Liu

华氏拟滑刃线虫 *Aphelenchoides wallacei* Singh

华香草壳针孢 *Septoria lophanthi* Wint.

华香草霜霉[荆芥霜霉病菌] *Peronospora lophanthi* Farl.

华香草霜霉摩尔达变种 *Peronospora lophanthi* var. *moldavicae* Dearn. et Barthol.

华香草霜霉原变种 *Peronospora lophanthi* var. *lophanthi*

华阴白粉菌 *Erysiphe huayinensis* Zheng et Chen

华中桑寄生 *Loranthus pseudo-odoratus* Lingelsh.

华座壳霉[桃枝枯病菌] *Nathopatella chinensis* Miyake

滑刃属 **Aphelenchus** Bastian

滑丝梗虫霉 *Stylopage leiohypha* Drechsler

滑尾螺旋线虫 *Helicotylenchus lissocaudatus* Fernandez et al.

滑纹小盘环线虫 *Discocriconemella glabrannulata* de Grisse

化香树假尾孢 *Pseudocercospora platycaryae* Goh et Hsieh

画笔尾孢 *Cercospora penicillata* (Ces.) Fres.

画眉草柄锈菌 *Puccinia eragrostidis* Petch

画眉草单胞锈菌 *Uromyces eragrostidis* Tracy

画眉草黑粉菌 *Ustilago spermophora* Berk. et Curt. ex de Toni

画眉草黑痣菌 *Phyllachora eragrostidis* Petr.

画眉草霜霉病菌 *Basidiophora butleri* (Weston) Thirum. et Whithead

画眉草弯孢 *Curvularia eragrostidis*

(Henn.) Meyer

桦长栅锈菌 *Melampsoridium betulinum* (Desm.) Kleb.

桦丛枝外囊菌 *Taphrina turgida* (Sadeb.) Gies.

桦大囊外囊菌 *Taphrina carnea* Johans.

桦滴孔菌 *Piptoporus betulinus* Karst.

桦粉粒座孢 *Trimmatostrima betulinum* (Cda) Hughes

桦革褐菌[桦褶孔菌] *Lenzites betulina* (L.) Fr.

桦核盘菌 *Sclerotinia betulae* Woron.

桦黑星菌 *Venturia ditricha* (Fr.) Wint.

桦壳针孢 *Septoria betulae* Westend.

桦链格孢 *Alternaria betulae* T. Y. Zhang

桦木钩丝壳 *Uncinula betulae* Homma

桦盘针孢 *Libertella betulina* Desm.

华树棘皮线虫 *Cactodera betulae* (Hirschmann et Riggs) Krall

华座盘孢 *Discula betulina* (Westend) Arx

槐多年卧孔菌 *Perenniporia robiniophila* (Murr.) Ryv.

槐假尾孢 *Pseudocercospora sophorae* Guo et Liu

槐壳二孢 *Ascochyta sophorae* Allescher

槐蓝小尾孢 *Cercosporella indigoferae* Miura

槐拟茎点霉 *Phomopsis sophorae* (Sacc.) Trav

槐生大茎点菌 *Macrophoma sophoricola* Teng

槐生叶点霉 *Phyllosticta sophoricola* Hollos

槐束丝壳 *Trichocladia sophorae* (Gandara) Yu

槐尾孢 *Cercospora sophorae* Saw. et Kats.

槐锈孢锈菌 *Aecidium sophorae* Kus.

坏死病毒属　***Necrovirus***

坏损假尾孢　*Pseudocercospora destructi-va* （Ravenal）Guo et Liu

坏损间座壳［茄褐纹病菌］　*Diaporthe ve-xans* Gratz

坏损外担菌［茶饼病菌］　*Exobasidium vexans* Mass.

坏损尾孢　*Cercospora destructiva* Rav.

还阳参柄锈菌　*Puccinia crepidis* Schröt.

还阳参霜霉病菌　*Bremia lactucae* f. sp. *crepidis* Skidmore et Ingram

环孢兰伯特盘菌　*Lambertella torquata* Zhuang

环捕隔指孢　*Dactylella brochopaga* Drechsler

环捕节丛孢　*Arthrobotrys brochopage* （Drechs.）Schenck，Kendrick et Pramer

环带黑粉菌属　***Planetella***　Savile

环带头孢　*Cephalosporium zonatum* Saw.

环带腥黑粉菌　*Tilletia zonata* Bref.

环钩丝孢　*Harposporium cycloides* Drechsler

环黑星霉属　***Spilocaea***　Fr. ex Fr.

环壳藻根生壶菌［环壳藻肿胀病菌］　*Rhi-zophydium hyalobryonis* Canter

环壳藻肿胀病菌　*Rhizophydium hyalo-bryonis* Canter

环矛线虫属　***Cricodorylaimus***　Wasim，Ahmod et Sturhan

环纹炭团菌　*Hypoxylon annulatum* （Schwein.）Mont.

环纹硬孔菌　*Rigidoporus zonalis* （Berk.）Imaz.

环纹轴黑粉菌　*Sphacelotheca annulata* （Ell. et Ev.）Mundk.

环线虫属　***Criconema***　Hofmanner et Menzel

环形轮线虫　*Criconemoides annulatifo-rmis* （de Grisse et Loof）Luć

环形凸脐蠕孢　*Exserohilum holmii* Leo-

nard et Suggs

环状 DNA 病毒科　Circoviridae

环状单链卫星 RNA　Circular satellite RNAs

环状集壶菌［委陵菜、多瓣木瘿瘤病菌］　*Synchytrium cupulatum* Thom.

环状酵母　*Saccharomyces annulatus* Negr.

缓慢螺旋线虫　*Helicotylenchus bradys* Thorne et Malek

缓慢纽带线虫　*Hoplolaimus bradys* Steiner et Lehew

缓生腐霉［甘蔗、小麦褐色根腐病菌］　*Pythium tardicrescens* Vanterpool

缓生青霉　*Penicillium tardum* Thom

荒地小盘环线虫　*Discocriconemella inaratus* Hoffmann

荒漠草叶斑病菌　*Xanthomonas campestris* pv. *blepharidis* （Shinivasan et Patel）Dye

荒漠伞滑刃线虫　*Bursaphelenchus eremus* （Ruhm）Goodey

荒漠团黑粉菌　*Sorosporium desertorum* Thüm.

黄鹌菜柄锈菌　*Puccinia crepidis-japonicae* Diet.

黄鹌菜壳针孢　*Septoria crepidis-japonicae* Saw.

黄白青霉　*Penicillium aurantio-candidum* Dierckx et Biourge

黄斑刀孢　*Clasterosporium degenerans* Syd.

黄棒束孢　*Isaria citrina* Pers.

黄孢柄锈菌　*Puccinia xanthosperma* H. et P. Syd.

黄柄柄锈菌　*Puccinia flavipes* P. et H. Syd.

黄柄锤舌菌　*Leotia aurantipes* （imai）Tai

黄柄曲霉　*Aspergillus flavipes* （Bain et Sart）Thom et Church

黄柄小孔菌　*Microporus xanthopus* （Fr.）

Pat.

黄檗壳二孢 *Ascochyta phellodendri* Kab. et Bub.

黄檗鞘锈菌 *Coleosporium phellodendri* Kom.

黄檗尾孢 *Cercospora phellodendri* P. K. Chi et Pai.

黄叉曲霉 *Aspergillus flavo-furcatis* Bat et Maia

黄丹木姜子柄锈菌 *Puccinia litseae-elongatae* J. Y. Zhuang

黄单胞菌属 **Xanthomonas** Dowson

黄盾盘菌 *Scutellinia ascoboloides*（Bert.）Teng

黄腐霉 *Pythium tenue* Gobi

黄瓜、马尾松猝倒病菌 *Pythium spinosum* Sawada

黄瓜、丝瓜根腐、猝倒病菌 *Pythium hemmianum* Takahashi

黄瓜白果类病毒 *Cucumber pale fruit viroid*

黄瓜斑驳花叶病毒 *Cucumber fruit mottle mosaic virus Tobamovirus*（CFM-MV）

黄瓜保加利亚潜隐病毒 *Cucumber Bulgarian latent virus Tombusvirus*

黄瓜蟾皮病毒 *Cucumber toad-skin virus Rhabdovirus*（CuTSV）

黄瓜腐烂病菌 *Pythium cucumerinum* Bakhariev

黄瓜腐霉［黄瓜腐烂病菌］ *Pythium cucumerinum* Bakhariev

黄瓜黑(色)根腐病菌 *Phomopsis sclerotioides* van Kesteren

黄瓜黑星病菌 *Cladosporium cucumerinum* Ellis et Arthur

黄瓜花叶病毒 *Cucumber mosaic virus Cucumovirus*（CMV）

黄瓜花叶卫星病毒 *Cucumber mosaic Satellite virus*

黄瓜花叶病毒卫星 RNA *Cucumber mosaic satellite RNA*

黄瓜花叶病毒香蕉株系［香蕉花叶心腐病毒］ *Cucumber mosaic Cucumovirus banana strain*

黄瓜花叶病毒属 **Cucumovirus**

黄瓜坏死病毒 *Cucumber necrosis virus Tombusvirus*（CuNV）

黄瓜角斑病菌 *Pseudomonas syringae* pv. *lachrymans*（Smith）Young et al.

黄瓜壳二孢 *Ascochyta cucumis* Fautr et Roum.

黄瓜绿色斑驳花叶病毒 *Cucumber green mottle mosaic virus Tobamovirus*（CGMMV）；*Kyuri green mottle mosaic virus Tobamovirus*

黄瓜脉黄病毒 *Cucumber vein yellowing virus Pomovirus*（CVYV）

黄瓜土传病毒 *Cucumber soilborne virus Carmovirus*（CuSBV）

黄瓜褪绿斑病毒 *Cucumber chlorotic spot virus Closterovirus*（CCSV）

黄瓜萎蔫病菌 *Erwinia tracheiphila*（Smith）Bergey et al.

黄瓜小赤壳 *Nectriella cucumeris* Hanz.

黄瓜叶斑病毒 *Cucumber leaf spot virus*（CLSV）

黄瓜隐潜病毒 *Cucumber cryptic virus Alphacryptovirus*（CuCV）

黄瓜疫病菌 *Phytophthora canavaliae* Hara

黄瓜枝孢 *Cladosporium cucumerinum* Ellis et Arthur

黄果木生小煤炱 *Meliola mammeicola* Hansf.

黄褐孢霉 *Fulvia fulva*（Cooke）Ciferri

黄褐孔菌属 **Xanthochrous** Pat.

黄褐曲霉 *Aspergillus aurantiobrunneus*（Atk）Raper et Fenn

黄褐疣孢霉 *Mycogone cervina* Ditm. ex Link

黄黑绿核菌 *Ustilaginoidea flavo-nigre-*

s-cens（Berk. et Curt. ）Henn.

黄红酵母　*Rhodotorula flava* （Saito）Lodd.

黄蝴蝶假尾孢　*Pseudocercospora bakeriana* Deighton

黄蝴蝶尾孢　*Cercospora bakeriana* Sacc.

黄花菜柄锈菌　*Puccinia hemerocallidis* Thüm.

黄花菜灰斑病菌　*Cercospora hemerocallidis* Tehon.

黄花草黑粉菌　*Ustilago anthoxanthi* Lindr.

黄花蒿类霜霉［黄花蒿霜霉病菌］　*Paraperonospora artemisiae-annuae* （Ling et Tai）Constaninescu

黄花蒿霜霉病菌　*Paraperonospora artemisiae-annuae* （Ling et Tai）Constaninescu

黄花列当　*Orobanche pycnostachya* Hance

黄花列当黑水变种　*Orobanche pycnostachya* var. *amurensis* Beck

黄花列当黄花变种　*Orobanche pycnostachya* var. *pycnostachya* Beck

黄花茅（属）花叶病毒　*Anthoxan mosaic virus Potyvirus* （AntMV）

黄花茅（属）潜白化病毒　*Anthoxan latent blanching virus Hordeivirus* （ALBV）

黄花木单胞锈菌　*Uromyces anagyridis* Roum.

黄花稔（属）斑驳病毒　*Sida mottle virus Begomovirus*

黄花稔（属）黄花叶病毒　*Sida yellow mosaic virus Begomovirus*

黄花稔（属）黄脉病毒　*Sida yellow vein virus Begomovirus* （SiYVV）

黄花稔（属）金黄脉病毒　*Sida golden yellow vein virus Begomovirus*

黄花稔（属）金色花叶病毒　*Sida golden mosaic virus Begomovirus* （SiGMV）

黄花稔（属）金色花叶佛罗里达病毒　*Sida golden mosaic Florida virus Begomovirus*

黄花稔（属）金色花叶哥斯达黎加病毒　*Sida golden mosaic Costa Rica virus Begomovirus*

黄花稔（属）金色花叶洪都拉斯病毒　*Sida golden mosaic Honduras virus Begomovirus*

黄花稔壳二孢　*Ascochyta sidae* Saw.

黄花稔生尾孢　*Cercospora sidaecola* Ell. et Ev.

黄花稔生针壳贠　*Irenopsis sidicola* （Stev. et Tehon）Hansf.

黄花稔星盾贠　*Asterina kusukusuensis* Yam.

黄花稔叶黑粉菌　*Entyloma sidae-rhombifoliae* Cif.

黄花稔针壳贠　*Irenopsis sidae* （Rehm.）Hughes

黄华白粉菌　*Erysiphe thermopsidis* Zheng et Chen

黄金茅孢堆黑粉菌　*Sporisorium eulaliae* （Ling）Vánky

黄锦带壳针孢　*Septoria diervillae* Ell. et Ev.

黄锦带叶点霉　*Phyllosticta diervillae* Davis

黄荆膨痂锈菌　*Pucciniastrum clemensiae* Arth. et Cumm.

黄晶曲霉　*Aspergillus crystallinus* Kwon et Fenn

黄精壳柱孢　*Melophia polygonati* Miyake

黄精生枝孢　*Cladosporium polygonaticola* Zhang et Zhang

黄精条黑粉菌　*Urocystis polygonati* （Lavr.）Zund.

黄精细盾霉　*Leptothyrium polygonati* Tassi

黄精叶点霉　*Phyllosticta cruenta* （Fr.）Kickx

黄精柱盘孢　*Cylindrosporium komaro-wii* Jacz.

黄孔菌属　**Auriporia** Ryvarden

黄葵壳二孢　*Ascochyta abelmoschi* Harter

黄连壳针孢　*Septoria coptidis* Berk. et Curt.

黄连木间座壳　*Diaporthe terebinthi* Fabre

黄连木帽孢锈菌　*Pileolaria pistaciae* Tai et Wei

黄连木尾孢　*Cercospora pistaciae* Chupp.

黄连生兰伯特盘菌　*Lambertella coptico-la* Korf

黄连树节纹线虫　*Merlinius pistaciei* Fatema et Farooq

黄莲木小钩丝壳　*Uncinuliella pistaciae* Lu et Wang

黄芩霜霉　*Peronospora scutellariae* Gäum.

黄栌帽孢锈菌　*Pileolaria cotini-coggy-griae* Tai et Cheo

黄绿杯壳孢　*Chlorocyphella aerugina-scens* (Karst.) Keissl.

黄绿蜜环菌[草坪蘑菇圈病菌，草坪仙人圈病菌]　*Armillaria lutreo-virens* (Alb. et Schw.)Sacc.

黄绿青霉　*Penicillium citreo-viride* Biourge

黄麻长蠕孢[黄麻叶斑病菌]　*Helmintho-sporium corchori* Saw. et Kats.

黄麻大茎点菌　*Macrophoma corchori* Saw.

黄麻褐斑(斑点)病菌　*Phyllosticta co-rchori* Saw.

黄麻黑枯(茎腐)病菌　*Diplodia corchori* Syd.

黄麻节壶菌[黄麻茎疖瘤病菌]　*Physode-rma corchori* Lingappa

黄麻茎疖瘤病菌　*Physoderma corchori* Lingappa

黄麻壳二孢　*Ascochyta corchori* Hara

黄麻壳色单隔孢　*Diplodia corchori* Syd.

黄麻生长蠕孢　*Helminthosporium co-rchorum* Watan. et Hara

黄麻炭疽菌　*Colletotrichum corchori* ikata et Tanaka

黄麻尾孢　*Cercospora corchori* Saw.

黄麻叶斑病菌　*Helminthosporium co-rchori* Saw. et Kats.

黄麻叶点病菌　*Xanthomonas axonopodis* pv. *fascicularis* (Patel) Vauterin et al.

黄麻叶点霉　*Phyllosticta corchori* Saw.

黄麻叶枯病菌　*Helminthosporium corcho-rum* Watan. et Hara

黄麻枝孢　*Cladosporium corchori* Zhang et Zhang

黄茅黑痣菌　*Phyllachora heteropogonis* Saw.

黄茅粒孢堆黑粉菌　*Sporisorium monili-ferum* (Ell. et Ev.) Guo

黄茅生弯孢　*Curvularia heteropogonico-la* Alcorn

黄茅穗孢堆黑粉菌　*Sporisorium caledo-nicum* (Pat.) Vánky

黄茅弯孢　*Curvularia heteropogonis* (Sivar.) Alcorn

黄茅指霜霉[扭黄茅指霜霉病菌]　*Pero-nosclerospora heteropogonis* Siradhana et al.

黄茅轴黑粉菌　*Sphacelotheca heteropo-gonis-triticei* Ling

黄木莲疫霉　*Phytophthora pistaciae* Mirab.

黄牛木生小光壳贠　*Asteridiella crato-xylicola* Hu

黄皮假尾孢　*Pseudocercospora clausenae* (Thirum. et Chupp) Liu et Guo

黄萍蓬草叶腐败病菌　*Pythium undula-tum* Petersen

黄萍蓬草疫病菌　*Phytophthora undula-ta* (Petersen) Dick

黄芪埃里格孢　*Embellisia astragali* Zhang，Hou et Zhao

黄芪单囊壳　*Sphaerotheca astragali* var. *astragali* Svensk

黄芪褐斑病菌 *Cercospora astragali* Woron.

黄芪壳针孢 *Septoria astragali* Desm.

黄芪生霜霉［高山黄芪霜霉病菌］ *Peronospora astragalina* Sydow

黄芪生叶点霉 *Phyllosticta astragalicola* Massal.

黄芪束丝壳 *Trichocladia astragali*（DC.）Neger

黄芪霜霉 *Peronospora astragali* Sydow

黄芪尾孢 *Cercospora astragali* Woron.

黄杞附丝壳 *Appendiculella engelhardtiae*（Yamam.）Hansf.

黄杞生附丝壳 *Appendiculella engelhardtiicola* Hu

黄杞树生小光壳闪 *Asteridiella engelhardtiicola* Hu

黄秋葵黄脉花叶病毒 *Bhendi yellow vein mosaic virus Begomovirus*（BYVMV）

黄曲霉 *Aspergillus flavus* Link

黄蓉花生假尾孢 *Pseudocercospora mucunaecola*（Cif. et Frag.）Deighton

黄柔膜菌 *Helotium subserotinum* Henn. et Nym.

黄肉楠短柱锈菌 *Xenostele echinacea*（Berk.）Syd.

黄肉楠小煤闪 *Meliola actinodaphnes* Hansf.

黄肉盘菌 *Sarcosoma thwaitesii*（Berk. et Br.）Petch

黄色杆菌属 *Xanthobacter* Wiegel et al.

黄色镰孢 *Fusarium culmerum*（Smith）Sacc.

黄色秋海棠黄单胞菌［块根秋海棠叶斑病黄单胞菌］ *Xanthomonas flavo-begoniae*（Wieringa）Magrou et Prevot

黄色甜菜异皮线虫 *Heterodera betae* Wouts et al.

黄色叶黑粉菌 *Entyloma flavum* Cif.

黄色硬孔菌［软革硬孔菌］ *Rigidoporus crocatus*（Pat.）Ryv.

黄山齿裂菌 *Coccomyces huangshanensis* Lin et Li

黄山兰斯盘菌橙色变型 *Lanzia huangshanica* f. sp. *aurantiaca* Zhuang

黄山兰斯盘菌原变型 *Lanzia huangshanica* f. sp. *huangshanica* Zhuang

黄山小鞋孢盘菌 *Soleella huangshanensis* Hou et Cao

黄杉疫霉 *Phytophthora pseudotsugae* Hamm et Hanson In'tveld

黄束丝孢 *Ozonium auricomum* Link

黄水枝柄锈菌 *Puccinia tiarellicola* Hirats.

黄丝葚霉 *Papulaspora byssina* Hots.

黄檀长蠕孢 *Helminthosporium dalbergiae* ellis

黄檀大茎点菌 *Macrophoma dalbergiicola* Teng

黄檀假尾孢 *Pseudocercospora dalbergiae*（Sun.）Yen

黄檀黏盘孢 *Colletogloeum sisoo*（Syd.）Sutton

黄檀生黑痣菌 *Phyllachora dalbergicola* Henn.

黄檀生叶点霉 *Phyllosticta dalbergiicola* Syd.

黄檀小煤闪 *Meliola dalbergiae* Hansf.

黄唐松草锈孢锈菌 *Aecidium sommerfeltii* Johans.

黄筒花 *Phacellanthus tubiflorus* Sieb. et Zucc.

黄筒花属(列当科) *Phacellanthus* Sieb. et Zucc.

黄锈菌属 *Chrysocelis* Lagerh. et Diet.

黄杨柄锈菌 *Puccinia buxi* DC.

黄杨戈托斯坦纳线虫 *Gottholdsteineria buxophila*（Golden）Andrassy

黄杨生小煤闪 *Meliola buxicola* Doidge

黄杨叶寄生藤 *Dendrotrophe buxifolia*（Bl.）Miq.

黄药子(薯蓣)病毒 *Dioscorea dumento-*

rum virus Potyvirus（DDV）

黄瘿果盘菌　*Cyttaria gunnii* Berk.

黄症病毒科　Luteoviridae

黄症病毒属　**Luteovirus**

黄枝孢　*Cladosporium fulvum* Cooke

黄紫青霉　*Penicillium aurantioviolaceum* Biourge

黄棕菌寄生　*Hypomyces torminosus*（Mont.）Wint.

蝗噬虫霉　*Entomophaga grylli*（Fresenius）Batko

灰白霜霉［车前霜霉病菌］　*Peronospora canescens* Benois

灰斑假尾孢　*Pseudocercospora glauca*（Syd.）Liu et Guo

灰斑壳二孢　*Ascochyta punctata* Naum.

灰斑霜霉　*Peronospora glaucii* Lobik

灰斑尾孢　*Cercospora glauca* Syd.

灰孢锈菌属　*Polioma* arth.

灰丛梗孢　*Monilia cinerea* Bon.

灰灯蛾虫瘴霉　*Furia creatonoti*（Yen ex Humber）Humber

灰冬锈菌属　*Poliotelium* Syd.

灰豆叶斑病菌　*Xanthomonas campestris* pv. *tephrosiae* Bhatt,Patel et Thirum

灰褐柱丝霉［菜豆角斑病菌］　*Phaeoisariopsis griseola*（Sacc.）Ferr.

灰红头孢　*Cephalosporium roseagriseum* Saks

灰黄锐孔菌　*Oxyporus ravidus*（Fr.）Bond. et Sing.

灰卷担菌　*Helicobasidium cinereum* Saw.

灰蓝腐腐干酪菌　*Oligoporus caesius*（Schrad.∶Fr.）Gilbn. et Ryv.

灰蓝列当（毛列当）　*Orobanche caesia* Reichenb.

灰梨孢［谷瘟病菌］　*Pyricularia grisea*（Cooke）Sacc.

灰绿轮枝孢　*Verticillium glaucum* Bon.

灰绿青霉　*Penicillium glaucum* Link

灰绿曲霉　*Aspergillus glaucus* Link

灰毛豆（属）无症病毒　*Tephrosia symptomless virus Carmovirus*（TeSV）

灰毛豆黄单胞菌［灰豆叶斑病菌］　*Xanthomonas campestris* pv. *tephrosiae* Bhatt,Patel et Thirum

灰毛豆集壶菌［灰毛豆瘿腐病菌］　*Synchytrium tephrosiae* Patil

灰毛豆瘿腐病菌　*Synchytrium tephrosiae* Patil

灰毛菊白锈病菌　*Albugo tragopogi* var. *xerantheremi-annui*（Săvulescu）Biga

灰毛茄菌绒孢　*Mycovellosiella nattrassii* Deight.

灰毛青霉　*Penicillium lanoso-griseum* Thom

灰拟棒束孢　*Isariopsis griseola* Sacc.

灰皮炭团菌　*Hypoxylon asarcodes*（Theiss.）Mill.

灰葡萄孢　*Botrytis cinerea* Pers. ex Fr.

灰色大毁壳［稻瘟病菌］　*Magnaporthe grisea*（Hebert）Barrnov.

灰色多胞锈菌　*Phragmidium griseum* Diet.

灰色膏药病菌　*Septobasidium pedicellatum*（Schw.）Pat.

灰色链霉菌白亚种　*Streptomyces griseus* subsp. *cretosus* Pridham

灰色链霉菌灰色亚种　*Streptomyces griseus* subsp. *griseus*（Krainsky）Waksman et Henrici

灰霜霉［婆婆纳霜霉病菌］　*Peronospora grisea*（Unger）de Bary

灰香柱菌　*Epichloë cinerea* Berk. et Br.

灰叶点霉　*Phyllosticta cinerea* Pass.

灰叶夏孢锈菌　*Uredo tephrosiae* Rabenh.

灰针生伞锈菌　*Ravenelia tephrosiicola* Hirats.

回转螺旋线虫　*Helicotylenchus reversus* Sultan

回转小盘环线虫　*Discocriconemella retroversa* Sauer et Winoto

茴芹柄锈菌　*Puccinia pimpinellae*（Str.）Mart.

茴芹壳针孢　*Septoria pimpinellae-saxifragae* Săvulescu et Sandu.

茴芹霜霉病菌　*Plasmopara pimpinellae* var. *maioris* Wronska

茴芹轴霜霉　*Plasmopara pimpinellae* Trevis. et O. Săvul.

茴芹轴霜霉马尤变种[茴芹霜霉病菌]　*Plasmopara pimpinellae* var. *maioris* Wronska

茴芹轴霜霉原变种　*Plasmopara pimpinellae* var. *pimpinellae* Trevis. et Săvul.

茴香钉孢霉　*Passalora puncta*（de Lacrois）Arx

茴香短胖孢　*Cercosporidium punctum*（Lacroix）Deight

茴香球座菌　*Guignardia foeniculata*（Mont.）Arx et Mull.

茴香尾孢　*Cercospora foeniculi* Magn.

桧柏落叶散斑壳菌　*Lophodermium juniperinum*（Fr.）de Not.

桧革裥菌　*Lenzites juniperina* Teng et Ling

桧胶锈菌　*Gymnosporangium tremelloides* Hartig.

桧壳色单隔孢　*Diplodia jniperi* Westend

桧树轮线虫　*Criconemoides jiniperi* Edward et Misra

桧状青霉　*Penicillium piceum* Raper et Fenn.

喙孢团黑粉菌　*Sorosporium rhynchosporae* Henn.

喙孢楔孢黑粉菌　*Thecaphora rhynchosporae* Fisch.

喙孢属　***Rhynchosporium*** Heinsen ex Frank

喙腐霉[稻苗腐败病菌]　*Pythium rostratum* Butler

喙钩丝孢　*Harposporium rhynchosporum* Barron

喙球菌属　***Ceratosphaeria*** Niessl.

毁坏茎线虫[马铃薯茎线虫，腐烂茎线虫]　*Ditylenchus destructor* Thorne

毁坏舟皮盘菌　*Ploioderma destruens* Lin et Hou

毁木拟滑刃线虫　*Aphelenchoides ligniperdae*（Fuchs）Fillipjev

毁芽拟滑刃线虫　*Aphelenchoides blastophthorus* Franklin

昏暗毛刺线虫　*Trichodorus obscurus* Allen

昏暗拟茎点霉　*Phomopsis obscurans*（Ell. et Ev.）Sutton

昏暗树疱霉　*Dendrophoma obscurans*（Ell. et ev.）Anders.

混生亚球壳　*Sphaerulina intermixta*（Berk. et Br.）Winter

混淆柄锈菌　*Puccinia permixta* P. et Syd.

混杂轮线虫　*Criconemoides permistus* Raski et Golden

混杂团黑粉菌　*Sorosporium mixtum*（Mass.）McAlp.

混杂芽孢盘菌[红松流脂溃疡病菌]　*Tympanis confusa* Nyl.

活泼固氮菌　***Azotobacter agilis*** Beijerinck

活泼裸矛线虫　*Psilenchus hilaruhus* de Man

活血丹柄锈菌　*Puccinia glechomatis* DC.

活血丹壳针孢　*Septoria glechomae* Hiray.

活血丹霜霉　*Peronospora glechomae* Oescu et Rădulescu

活血丹叶点霉　*Phyllosticta glechomae* Sacc.

活跃酵母　*Saccharomyces festinans* Ward et Bak.

火把花柄锈菌　*Puccinia colquhouniae* S. X. Wei

火把花生柄锈菌　*Puccinia colquhounii-cola* J. Y. Zhuang

火葱 X 病毒　*Shallot virus X Allexivirus*（ShVX）

火葱黄色条纹病毒 *Shallot yellow stripe virus Potyvirus* (SYSV)

火葱螨传潜病毒 *Shallot mite-borne latent virus Allexivirus* (ShMbLV)

火葱潜病毒 *Shallot latent virus Carlavirus* (SLV)

火棘环黑星霉 *Spilocaea Pyracanthae* (Otth) Arx

火炬松根腐病菌 *Pythium dimorphum* Hendrix et Campbell

火木层孔菌 *Phellinus igniarius* (L. ex Fr.) Quel.

火绒草垫刃线虫 *Tylenchus leontopodii* Oerley

火绳树小煤炱 *Meliola triplochitonis* Hughes

火丝菌属 **Pyronema** Carus

火炭母柄锈菌 *Puccinia benokiyamensis* Hirats.

火炭母假尾孢 *Pseudocercospora persicariae* (Yamam.) Deighton

火炭母尾孢 *Cercospora persicariae* Yamam.

火筒树疫病菌 *Xanthomonas campestris* pv. *leeana* (Patel) Dye

霍布森伞锈菌 *Ravenelia hobsonii* Cooke

霍费绵霉[莎草腐败病菌] *Achlya hoferi* Harz

霍夫曼星盘孢 *Asterosporium hoffmanii* Fr.

霍克斯虫草 *Cordyceps hawkesii* Gray

霍马霜霉[三花形拉拉藤霜霉病菌] *Peronospora hommae* Ito et Tokun.

霍珀毛刺线虫 *Trichodorus hooperi* Loof

霍珀拟长针线虫 *Longidoroides hooperi* (Heyns) Jacobs et Heyns

霍氏拟滑刃线虫 *Aphelenchoides hodsoni* Goodey

霍氏伞滑刃线虫 *Bursaphelenchus hofmanni* Braasch

藿香蓟假尾孢 *Pseudocercospora ageratoides* (Ell. et Ev.) Guo

藿香蓟(属)耳突病毒 *Ageratum enation virus Begomovirus*

藿香蓟(属)黄脉病毒 *Ageratum yellow vein virus Begomovirus* (AYVV)

藿香蓟(属)黄脉斯里兰卡病毒 *Ageratum yellow vein virus Sri Lanka Begomovirus*

藿香蓟(属)黄脉台湾病毒 *Ageratum yellow vein virus Taiwan Begomovirus*

藿香蓟(属)黄脉中国病毒 *Ageratum yellow vein virus China Begomovirus*

藿香蓟(胜红蓟)链格孢 *Alternaria agerati* Saw.

藿香蓟尾孢 *Cercospora ageratoides* Ell. et Ev.

J

机巧酵母 *Saccharomyces vafer* Walt

矾木壳针孢 *Septoria frangulae* Guep.

鸡蛋果斑驳病毒 *Passion fruit mottle virus Potyvirus* (PFMoV)

鸡蛋果病毒 *Passion fruit virus Nucleorhabdovirus* (PFV)

鸡蛋果花叶病毒 *Maracuja mosaic virus Tobamovirus* (MarMV)

鸡蛋果环斑病毒　*Passion fruit ringspot virus Potyvirus*（PFRSV）

鸡蛋果黄花叶病毒　*Passion fruit yellow mosaic virus Tymovirus*（PFYMV）

鸡蛋果脉明病毒　*Passion fruit vein-clearing virus Rhabdovirus*（PFVCV）

鸡蛋果木质化病毒　*Passion fruit woodiness virus Potyvirus*（PFWV）

鸡蛋果斯里兰卡斑驳病毒　*Passion fruit virus Sri Lanka mottle virus Potyvirus*（PFSLMV）

鸡蛋花花叶病毒　*Frangipani mosaic virus Tobamovirus*（FrMV）

鸡儿肠夏孢锈菌　*Uredo asteromacea* Henn.

鸡儿肠叶黑粉菌　*Entyloma asteris-alpini* Syd.

鸡骨常山假尾孢　*Pseudocercospora alstonie* Goh et Hsieh

鸡骨常山小煤炱　*Meliola alstoniae* Koord.

鸡冠花假格孢　*Nimbya celosiae* Simmons et Holcomb

鸡冠花假尾孢　*Pseudocercospora celosiarum*（Kar et Mandal）Deighton

鸡矢藤尾孢　*Cercospora pachirae* Chupp. et Mull.

鸡屎树夏孢锈菌　*Uredo lasianthi* Syd.

鸡血藤假尾孢　*Pseudocercospora millettae* Goh et Hsieh

鸡血藤伞锈菌　*Ravenelia millettiae* Hirats. et Hash.

鸡血藤生假尾孢　*Pseudocercospora millettiicola* Guo

鸡血藤小煤炱　*Meliola andirae* Earle

鸡爪勒假尾孢　*Pseudocercospora randiae*（Thirum. et Govindu）Guo et Liu

鸡爪簕内锈菌　*Endophyllum giffithiae*（Henn.）Kacib.

积雪草柄锈菌　*Puccinia centellae* M. M. Chen

积雪草壳针孢　*Septoria centellae* Wint

积雪草叶斑病菌　*Xanthomonas campestris* pv. *centellae* Basnyat et Kulkarni

笄霉属　**Choanephora** Curr.

基唇线虫属　**Basirolaimus** Shamsi

基孔单胞锈菌　*Zaghouania phillyreae* Pat.

基孔单胞锈菌属　**Zaghouania** Pat.

基林枝顶孢　*Acremonium kiliense* Grutz

基隆良姜叶点霉　*Phyllosticta alpiniae-kelungensis* Saw.

基毛盘孢属　**Ajrekarella** Kamat et Kalani

基氏根结线虫　*Meloidogyne kirjanovae* Terenteva

基氏环线虫　*Criconema kirjanovae* Krall

基氏轮线虫　*Criconemoides kirjanovae* Andrassy

基坦伯格纽带线虫　*Hoplolaimus kittenbergeri* Andrassy

基希克拉茎线虫　*Ditylenchus kischklae*（Meyl）Loof

基线（巴兹尔）线虫属　**Basiria** Siddiqi

畸唇轮线虫　*Criconemoides teratolabium* Chang

畸雌腐霉［菠菜、姜根腐病菌］　*Pythium irregulare* Buisman

畸雌腐霉厦威夷变种　*Pythium irregulare* var. *hawaiiense* Buisman

畸雌腐霉原变种　*Pythium irregulare* var. *irregulare* Sideris

畸刺伞滑刃线虫　*Bursaphelenchus teratospicularis* Kakuliya et Devdariani

畸穗野古草柄锈菌　*Puccinia arundinellae-anomallae* Diet.

畸形疔座霉［杏疔病菌］　*Polystigma deformans* Syd.

畸形金锈菌　*Chrysomyxa deformans*（Diet.）Jacz.

畸形茎线虫　*Ditylenchus apus* Brzeski

畸形（异常）轮线虫　*Criconemoides abe-*

J

rrans Jairajpuri et Siddiqi

畸形轮线虫 *Criconemoides informis* (Micoletzky) Taylor

畸形螺旋线虫 *Helicotylenchus monstruosus* Eroshenko

畸形裸孢锈菌 *Caeoma deformans* (Berk. et Br.) Tub.

畸形青霉 *Penicillium abnorme* Berk. et Br.

畸形外囊菌[桃缩叶病菌] *Taphrina deformans* (Berk.) Tul.

畸形小环线虫 *Criconemella informe* (Micoletzky) Luć et Raski

吉长栅锈菌 *Melampsora yoshinagai* Henn.

吉尔螺旋线虫 *Helicotylenchus girus* Saha, Chawla et Khan

吉库尤根结线虫 *Meloidogyne kikuyensis* de Grisse

吉莉草条黑粉菌 *Urocystis giliae* Speg.

吉里油壶菌[斜纹藻、菱形藻肿胀病菌] *Olpidium gilli* de Wild.

吉林座盘孢 *Discula kirinensis* Miura

吉隆柄锈菌 *Puccinia gyirongensis* J. Y. Zhuang

吉隆桑寄生 *Loranthus lambertianus* Schult.

极薄柄锈菌 *Puccinia pertenuis* Ito

极长柄锈菌 *Puccinia longissima* Schröt.

极长戟孢锈菌[悬钩子锈病菌] *Hamaspora longissima* (Thüm.) Körn.

极长尾孢 *Cercospora longissima* Sacc.

极长小钩丝壳 *Uncinuliella praelonga* Yu

极大假丝酵母 *Candida ingens* Walt et Kerk.

极高蓟柄锈菌 *Puccinia altissimorum* Savile

极尖戟孢锈菌[悬钩子锈病菌] *Hamaspora acutissima* Syd.

极少节丛孢 *Arthrobotrys perpasta* (Co-

oke) Jarowaja

极似黑粉菌 *Ustilago condimilis* Syd.

极似轴黑粉菌 *Sphacelotheca consimimilis* Thirun. et Pavgi

极细柄锈菌 *Puccinia praegracilis* Arth.

极细枝孢 *Cladosporium tenuissimum* Cooke

极细柱隔孢 *Ramularia angustissima* Sacc.

极小钩丝孢 *Harposporium lilliputanum* Dixon

极小拟滑刃线虫 *Aphelenchoides pusillus* (Thorne) Filipjev

极小伞锈菌 *Ravenelia minima* Cooke

极小叶点霉 *Phyllosticta minima* (Berk. et Curt.) Ell. et Ev.

棘孢顶辐霉 *Dactylaria echinophila* Massal.

棘孢木霉 *Trichoderma asperellum* Samuels et al.

棘孢青霉 *Penicillium aculeatum* Raper et Fenn.

棘孢曲霉 *Aspergillus aculeatus* Lizuka

棘豆霜霉 *Peronospora oxytropidis* Gäum.

棘豆锈孢锈菌 *Aecidium oxytropidis* Thüm.

棘腐霉[西瓜、豌豆、茄根腐、猝倒病菌] *Pythium acanthicum* Drechsler

棘胫小蠹毕赤酵母 *Pichia scolyti* (Phaff et Yoney.) Kreger

棘壳孢属 **Pyrenochaeta** de Not

棘皮阿坎苏虫霉 *Akanthomyces aculeata* Lebert

棘皮炭团菌[杨树(炭团)溃疡病菌] *Hypoxylon mammatum* (Wahl.) Miller

棘皮线虫属 **Cactodera** Krall et Krall

棘皮异线菌[榛子枯萎病菌] *Anisogramma anomala* (Peck) Muller

棘瓶孢属 **Echinobotryum** Corda

棘纹环线虫 *Criconema spinalineatum* Chitwood

集壶菌属 *Synchytrium* de Bary et Woronin

集珠菌属 *Syncephalis* Tiegh. et Le Monn.

集座壳孢 *Aschersonia badia* Pat.

蒺藜草柄锈菌 *Puccinia cenchri* Diet. et Holw.

蒺藜霜霉 *Peronospora tribulina* Passerini

蒺藜叶斑病菌 *Xanthomonas campestris* pv. *tribuli* (Srinivasan et Patel) Dye

截菜假尾孢 *Pseudocercospora houttuyniae* (Togasi et Kats.) Guo et Liu Zhao

截菜夏孢锈菌 *Uredo houttuyniae* Saw.

济南根结线虫 *Meloidogyne jinanensis* Zhang et Su

载孢锈菌属 *Hamaspora* Körn.

载叶滨藜霜霉 *Peronospora atriplicis-hastatae* Sǎvul. et Rayss

季也蒙毕赤酵母 *Pichia guilliermondii* Wickerh.

季也蒙德巴利酵母 *Debaryomyces guilliermondii* Dekk.

季也蒙假丝酵母 *Candida guilliermondii* (Cast.) Lang et Guerra

季也蒙假丝酵母膜醭变种 *Candida guilliermondii* var. *membranaefaciens* Lodder et Kreger

寄生垫刃线虫属 *Parasitylenchus* Micoletzky

寄生根壶菌[鞘藻根壶菌] *Rhizophydium parasiticum* Shen et Siang

寄生花属(大花草科) *Sapria* Griff.

寄生滑刃线虫 *Parasitaphelenchus* Fuchs

寄生木属 *Phacellaria* Benth.

寄生内座壳[栗干枯病菌] *Endothia parasitica* (Murr.) Ander. et Ander

寄生盘双端毛孢 *Seimatosporium parasiticum* (Dearn et House) Shoem.

寄生葡萄孢 *Botrytis parasitica* Cav.

寄生曲霉 *Aspergillus parasiticus* Speare

寄生散斑壳[松落针病菌] *Lophodermium parasiticum* He et Yang

寄生霜霉[十字花科植物霜霉病菌] *Peronospora parasitica* (Pers.) Fri.

寄生霜霉 *Peronospora parasitica* Tul.

寄生霜霉白珠树变种 *Peronospora parasitica* var. *niessleana* Berl.

寄生霜霉大蒜芥变种 *Peronospora parasitica* var. *sisymbrii-thaliani* W. G. Schneid.

寄生霜霉双盾亚种 *Peronospora parasitica* subsp. *biscutellae* (Gäum.) Maire

寄生霜霉糖芥亚种 *Peronospora parasitica* subsp. *erysimi* (Gäum.) Maire

寄生霜霉原亚种 *Peronospora parasitica* subsp. *parasitica* Tul.

寄生霜霉真寄生亚种 *Peronospora parasitica* subsp. *euparasitica* Maire

寄生丝囊霉[稻种子黑腐病菌] *Aphanomyces parasiticus* Coker

寄生酸腐卵孢 *Oospora lactis* var. *parasitica* Pritch. et Porte

寄生藤生小煤炱 *Meliola dendrotrophicola* Hu et Yang

寄生藤属(檀香科) *Dendrotrophe* Miq.

寄生头孢藻 *Cephaleuros parasiticus* Karsten

寄生谢尔壶菌[绿藻谢尔壶病菌] *Scherffeliomyces parasitans* Sparrow

寄生疫霉原变种 *Phytophthora parasitica* var. *parasitica* Dastur

寄生疫霉芝麻变种 *Phytophthora parasitica* var. *sesami* Prasad

寄生枝孢 *Cladosporium parasiticum* Sorokin

寄生柱枝孢[花生黑腐病菌] *Cylindrocladium parasiticum* Crous et al.

寄植藻属 *Phytomonas* Donovan

蓟斑驳病毒 *Thistle mottle virus* Cauli-

movirus (ThMoV)

蓟柄锈菌 *Puccinia cirsii* Lasch

蓟柄锈菌 *Puccinia cnici* Mart.

蓟根结线虫 *Meloidogyne cynariensis* Fam

蓟壳二孢 *Ascochyta cirsii* Diedicke

蓟壳针孢 *Septoria cirsii* Niessl.

蓟梗梗霉[蓟霜霉病菌] *Bremia cirsii* (Jaczewski ex Uljanish) Tao et Yu

蓟霜霉病菌 *Bremia cirsii* (Jaczewski ex uljanish) Tao et Yu

蓟尾孢 *Cercospora cirsii* Ell. et Ev.

蓟叶点霉 *Phyllosticta cirsii* Desm.

蓟罂粟霜霉病菌 *Peronospora indica* Gäum.

蓟罂粟疫病菌 *Xanthomonas campestris* pv. *argemones* (Srinivasan) Dye

稷平脐蠕孢 *Bipolaris panici-miliacei* (Nisi-Kado)Shoem.

檵木生小煤炱 *Meliola loropetalicola* Hu et ouyang

加布瑞斯半轮线虫 *Hemicriconemoides gabrici* (Yeates) Raski

加勒比螺旋线虫 *Helicotylenchus caribensis* Roman

加利福尼亚半轮线虫 *Hemicriconemoides californianus* Pinochet et Raski

加利福尼亚剑线虫 *Xiphinema californicum* Lamberti et Blove- Zacheo

加利福尼亚轮线虫 *Criconemoides californicum* Diab et Jenkins

加利福尼亚螺旋线虫 *Helicotylenchus californicus* Sher

加利福尼亚毛刺线虫 *Trichodorus californicus* Allen

加利福尼亚纽带线虫 *Hoplolaimus californicus* Sher

加利福尼亚鞘线虫 *Hemicycliophora californica* Brzeski

加拿大虫瘟霉 *Zoophthora canadensis* (MacLeod，Tyrrell et Soper) Remaudi-ère

加拿大汉逊酵母 *Hansenula canadensis* Wickerh.

加拿大柳穿鱼霜霉病菌 *Peronospora canadensis* Gäum.

加拿大螺旋线虫 *Helicotylenchus canadensis* Waseem

加拿大霜霉[加拿大柳穿鱼霜霉病菌] *Peronospora canadensis* Gäum.

加拿大小环线虫 *Criconemella canadensis* Ebsary

加拿大异皮线虫 *Heterodera canadensis* Mulvey

加那利伴孢疣锈菌 *Dicheirinia canariensis* Urr.

加那利腐霉 *Pythium canariense* B. Paul

加纳假尾孢 *Pseudocercospora ghanensis* Deighton

加瑞普环线虫 *Criconema gariepense* Berg

加氏半轮线虫 *Hemicriconemoides gaddi* (Loos) Chitwood et Birchfield

加氏轮线虫 *Criconemoides gaddi* Loos

加氏拟滑刃线虫 *Aphelenchoides gallagheri* Massey

加州毕赤酵母 *Pichia californica* Guill.

加州汉逊酵母 *Hansenula californica* (Lodd.) Wickerh.

加州美洲槲寄生 *Phoradendron californicum* Nutt.

加州楔孢黑粉菌 *Thecaphora californica* (Harkn.) Clint.

加州异腔线虫 *Ecphyadophora caelata* Raski et Geraert

加州油杉寄生[糖松矮槲寄生] *Arceuthobium californicum* Hawksw. et Wiens

加州指状青霉 *Penicillium digitatum* var. *californicum* Thom

夹竹桃格孢 *Macrosporium nerii* Cooke

夹竹桃灰斑病菌 *Cercospora nerii-indici*

夹竹桃假尾孢 *Pseudocercospora neriella* (Sacc.) Deighton

夹竹桃尾孢 *Cercospora nerii-indici* Yamam.

夹竹桃枝孢 *Cladosporium nerii* Gonzalez et Frag.

痂囊腔菌属 **Elsinoë** Racib.

痂圆孢属 **Sphaceloma** de Bary

嘉赐树生附丝壳 *Appendiculella caseariicola* Hu

嘉赐树星盾炱 *Asterina caseariae* Yam.

嘉兰(属)斑点病毒 *Gloriosa fleck virus Nucleorhabdovirus* (GlFV)

嘉兰(属)条纹花叶病毒 *Gloriosa stripe mosaic virus Potyvirus* (GSMV)

嘉凌梭叶黑粉菌 *Entyloma galinsogae* Syd.

嘉陵花小煤炱摩多变种 *Meliola popowiae* var. *monodorae* Hansf.

荚果蕨拟夏孢锈菌 *Uredinopsis struthiopteriridis* Störm

荚蒾叉丝壳 *Microsphaera viburni* (Duby) Blumer

荚蒾假尾孢 *Pseudocercospora varia* (Peck) Bai et Cheng

荚蒾壳二孢 *Ascochyta viburni* (Roumeguère) Sacc.

荚蒾壳针孢 *Septoria viburni* Westend

荚蒾葡萄座腔菌 *Botryosphaeria viburni* Cooke

荚蒾色链隔孢 *Phaeoramularia penicillata* (Cesati) Liu et Gu

荚蒾生柄锈菌 *Puccinia viburnicola* J. Y. Zhuang

荚蒾生尾孢 *Cercospora viburnicola* W. Ray

荚蒾小光壳炱 *Asteridiella viburni* (Stev.) Hansf.

荚蒾锈孢锈菌 *Aecidium viburni* Henn. et Shirai

荚蒾轴霜霉 *Plasmopara viburni* Peck

甲虫毕赤酵母 *Pichia haplophila* Shifr. et Phaff

甲角藻拟丝囊病菌 *Aphanomycopsis cryptica* Canter

甲爪病青霉 *Penicillium onychomycosis*

假百合欧文氏菌[香蕉软腐病菌] *Erwinia paradisiacal* (Victoria) Fernandez et Lopez

假柄隔担耳 *Septobasidium pseudopedicellatum* Burt.

假柄柱锈菌 *Chardoniella gynoxidis* Kern

假柄柱锈菌属 **Chardoniella** Kern

假草地短体线虫 *Pratylenchus pseudopratensis* Seinhorst

假葱(属)花叶病毒 *Nothoscordum mosaic virus Potyvirus* (NoMV)

假单胞菌臭棒变种[樫木叶斑病菌] *Pseudomonas syringae* pv. *dysoxyli* (Hutchinson) Young et al.

假单胞菌科 Pseudomonadaceae Winslow et al.

假单胞菌目 Pseudomonadales Orla-Jensen

假单胞菌属 **Pseudomonas** Migula

假单轴霉[爵床霜霉病菌] *Pseudoplasmopara justiciae* Sawada

假单轴霉属 **Pseudoplasmopara** Sawada

假稻平脐蠕孢 *Bipolaris leersiae* (Atk.) Shoem.

假地舌菌 *Geoglossum fallax* Dur.

假丁香疫霉 *Phytophthora pseudosyringae* T. Jung et Delatour

假毒麦苔草柄锈菌 *Puccinia caricis-pseudololiaceae* Homma

假杜鹃锈孢锈菌 *Aecidium barleriae* Doidge

假短体线虫 *Pratylenchus fallax* Seinhorst

假多形毕赤酵母 *Pichia pseudopolymo-*

rpha Ramir. et Boidin

假发光毛霉[赤松树皮腐败病菌] *Mucor pseudolamprosprorus* Naganishi et Hirahara

假繁缕钉孢霉 *Passalora krascheninikovii* Miura

假繁缕霜霉 *Peronospora pseudostellariae* Yin et Yang

假盖壶菌[鱼鳞藻壶菌、肿胀病菌] *Pseudopileum unum* Canter

假盖壶菌属 **Pseudopileum** Canter

假格孢属 **Nimbya** Simmons

假孤游轮线虫 *Criconemoides pseudosolivagus* de Grisse

假桄榔叶点霉 *Phyllosticta caryotae* Shen

假赫西恩轮线虫 *Criconemoides pseudohercyniensis* de Grisse et Koen

假赫西恩小环线虫 *Criconemella pseudohercyniense* (De Grisse) Luc et Raski

假黑粉霉属 **Coniosporium** Link

假黑腐球壳孢 *Sphaeropsis demersa* (Bon.) Sacc.

假厚壳树钩丝壳 *Uncinula pseudoehretiae* Zheng et Chen

假虎刺盘单毛孢 *Monochaetia carissae* Munjal et Kapoor

假灰绿曲霉 *Aspergillus pseudoglaucus* Blochw

假喙长蠕孢 *Helminthosporium pseudorostrum* M. Zhang, Zhang et Wu

假节伞滑刃线虫 *Bursaphelenchus fraudulentus* (Rühm) Goodey

假荆芥叶点霉 *Phyllosticta nepetae* Gucev.

假蕨类拟滑刃线虫 *Aphelenchoides pseudolesistus* Goodey

假咖啡短体线虫 *Pratylenchus pseudocoffeae* Mizukubo

假壳针孢属 **Pseudoseptoria** Speg.

假克酵母属 **Mycokluyveria** Cif. et Re-

daelli

假辣根叶斑病菌 *Xanthomonas campestris* pv. *armoraciae* (McCulloch) Dye

假狼紫草霜霉 *Peronospora nonneae* Jacz. et Sergeeva

假连翘星盾炱 *Asterina durantae* Saw. et Yam.

假连翘叶斑病菌 *Xanthomonas campestris* pv. *durantae* (Shrinivasan et Patel)

假镰孢属 **Fusoma** Corda

假龙舌兰(属)坏死线条病毒 *Furcraea necrotic streak virus Dianthovirus* (FNSV)

假罗斯托赫球皮胞囊线虫(假马铃薯金线虫) *Globodera pseudorostochiensis* (Kirjanova) Mulvey et Stone

假络石柄锈菌 *Puccinia gymnantherae* Tranz.

假马鞭(属)曲叶病毒 *Stachytarpheta leaf curl virus Begomovirus*

假马鞭尾孢 *Cercospora stachytarphetae* Ell. et Ev.

假马铃薯金线虫 *Globodera pseudorostochiensis* (Kirjanova) Mulvey et Stone

假毛壳孢 *Pseudolachnea bubakii* Ranoj.

假毛壳孢属 **Pseudolachnea** Ranoj.

假蜜环菌 *Armillariella mellea* (Vahl. ex Fr.) Karst.

假蜜环菌属 **Armillariella** Karst.

假盘菌属 **Pseudopeziza** Fuck.

假蓬柄锈菌 *Puccinia conyzella* Syd.

假蓬假尾孢 *Pseudocercospora conyzae* (Saw.) Goh et Hsieh

假蓬尾孢 *Cercospora nilghirensis* Govindu et Thirum

假皮盘孢 *Pseuderiospora castanopsidis* Keissl.

假皮盘孢属 **Pseuderiospora** Keissl.

假槭壳针孢 *Septoria pseudoplatani* Robinson et Desmazières

假强壮螺旋线虫　*Helicotylenchus pseudorobustus* (Steiner) Golden

假墙草滑刃线虫　*Aphelenchus pseudoparietinus* Micoletzky

假墙草滑刃线虫管状变种　*Aphelenchus pseudoparietinus* var. *tubifer* Micolerzky

假球柄锈菌　*Puccinia pseudosphaeria* Mont.

假球壶菌[裸藻壶病菌]　*Pseudosphaerita euglenae* Dang.

假球壶菌属　**Pseudosphaerita** Dang

假伞锈菌属　**Nothoravenelia** Diet.

假色串孢　*Pseudotorula heterospora* Subram.

假色串孢属　**Pseudotorula** Subram.

假山毛榉隐皮线虫　*Cryphodera nothophagi* (Wouts) Luć, Taylor et Cadet

假双角螺旋线虫　*Helicotylenchus pseudodigonicus* Szezygiel

假霜霉属　**Pseudoperonospora** Rostovzev

假丝酵母属　**Candida** Berkh.

假酸浆壳二孢　*Ascochyta nicandrae* Sun et Bai

假酸浆尾孢　*Cercospora nicandrae* Chupp

假铁色灵芝[橡胶树灵芝]　*Ganoderma pseudoferreum* (Wak.) Stein.

假弯孢　*Curvularia fallax* Boedijn

假尾孢属　**Pseudocercospora** Speg.

假猥拉拉藤霜霉病菌　*Peronospora sakamotoi* Ito et Tokun.

假香椿钩丝壳　*Uncinula pseudocedrelae* Zheng et Chen

假香膏菌[胡桃肉状菌、蘑菇胡桃肉状菌]　*Diehliomyces microsporus* (Diehl. et Lambert) Gilkey

假小尾孢属　**Pseudocercosporella** Dei

假小柱螺旋线虫　*Helicotylenchus pseudopaxilli* Fernandez et al.

假野菰　*Christisonia hookeri* Clarke

假野菰属(列当科)　**Christisonia** Gardn.

假泽兰孢囊　*Cystopus mikaniae* Speg.

假泽兰轴霜霉　*Plasmopara mikaniae* Vienn. -Bourg.

假竹黄属　**Shiraiella** Hara

尖孢隔指孢　*Dactylella oxyspora* (Sacc. et Marck) Matsushima

尖孢根霉[洋李软腐病菌]　*Rhizopus apiculatus* McAlp.

尖孢属　**Acumispora** Matsush.

尖孢炭疽菌　*Colletotrichum acutatum* Simmons

尖孢座坚壳大孢变种　*Rosellinia apiculata* var. *macrospora* Dargan et Thind

尖翅孢　*Alatospora acuminata* ingold

尖刺甘薯叶斑病菌　*Xanthomonas campestris* pv. *uppalii* (Patel) Dye

尖顶羊肚菌　*Morchella conica* Pers.

尖钩钩丝孢　*Harposporium oxycoracum* Drechsler

尖角凸脐蠕孢　*Exserohihum monoceras* (Drechsler)Leonard et Suggs

尖茎线虫　*Ditylenchus acutatus* Brzeski

尖镰孢　*Fusarium oxysporum* Schlecht.

尖镰孢百合专化型[百合基腐病菌]　*Fusarium oxysporum* f. sp. *lili* Snyder et Hanson

尖镰孢蚕豆专化型[蚕豆立枯病菌]　*Fusarium oxysporum* f. sp. *fabae* Yu et Fang

尖镰孢草莓专化型[草莓枯萎病菌]　*Fusarium oxysporum* f. sp. *fragariae* Winks et Williams

尖镰孢番茄变种[番茄枯萎病菌]　*Fusarium oxysporum* var. *lycopersici* (Sacc.) Snyser et Hansen

尖镰孢甘薯专化型[甘薯蔓割病菌]　*Fusarium oxysporum* f. sp. *batatas* (Welle.)Syd. et al.

尖镰孢古巴变种　*Fusarium oxysporum* var. *cubense* Willenw.

尖镰孢古巴专化型［香蕉镰孢霉枯萎病菌］ *Fusarium oxysporum* f. sp. *cubense* (Smith) Snyder et Hansen

尖镰孢红花专化型［红花枯萎病菌］ *Fusarium oxysporum* f. sp. *carthami* Klis. et Houst.

尖镰孢金黄变种 *Fusarium oxysporum* var. *aurantiacum* Wollenw.

尖镰孢芦笋专化型［芦笋枯萎病菌］ *Fusarium oxysporum* f. sp. *asparagi* Cohen et Heald

尖镰孢芹菜专化型［芹菜枯萎病菌］ *Fusarium oxysporum* f. sp. *apii* Snyder et Hansen

尖镰孢水仙专化型［水仙基腐病菌］ *Fusarium oxysporum* f. sp. *narcissi* Snyder et Hanson

尖镰孢唐菖蒲变种 *Fusarium oxysporum* var. *gladioli* Massey

尖镰孢萎蔫专化型［棉花枯萎病菌］ *Fusarium oxysporum* f. sp. *vasinfectum* (Atk.) Snyd. et Hans.

尖镰孢亚麻专化型［亚麻枯萎病菌］ *Fusarium oxysporum* f. sp. *lini* (Bolley) Snyder

尖镰孢烟草变种 *Fusarium oxysporum* var. *nicotianae* (Johns.) Snyser et Hansen

尖镰孢油棕专化型［油棕枯萎病菌］ *Fusarium oxysporum* f. sp. *elaeidis* Toovey

尖螺旋线虫 *Helicotylenchus apiculus* Roman

尖毛山黄皮小煤炱 *Meliola randiae-aculeate* Hansf.

尖毛小煤炱 *Meliola acutiseta* Syd.

尖蕊花白锈［尖蕊花白锈病菌］ *Albugo aechmantherae* Z. Y. Zhang et Wang

尖蕊花白锈病菌 *Albugo aechmantherae* Z. Y. Zhang et Wang

尖锐螺旋线虫 *Helicotylenchus acutus* Tebenkova

尖丝齿裂菌 *Coccomyces mucronatus* Korf et Zhuang

尖梭夏孢锈菌 *Uredo niitakense* (Hirats.) Hirats.

尖头多胞锈菌 *Phragmidium acuminatum* (Fr.) Cooke

尖头螺旋线虫 *Helicotylenchus mucrogaleatus* Fernandez et al.

尖头细小线虫 *Gracilacus epacris* (Allen et Jensen) Raski

尖突拟滑刃线虫 *Aphelenchoides mucronatus* Paesler

尖尾环线虫 *Criconema acuticaudatum* Loof, Wouts et Yeates

尖尾螺旋线虫 *Helicotylenchus acutucaudatus* Fernandez et al.

尖尾盘旋线虫 *Rotylenchus acuspicaudatus* Berg et Heyns

尖尾伞滑刃线虫 *Bursaphelenchus mucronatus* Mamiya et Enda

尖尾异皮线虫 *Heterodera spinicauda* Wouts et al.

尖细潜根线虫 *Hirschmanniella mucronata* (Das) Luć et Goodey

尖楔孢黑粉菌 *Thecaphora apicis* Savile

尖针壳炱 *Irenopsis aciculosa* (Wint.) Stev.

坚壁平脐蠕孢 *Bipolaris crustacea* (Henn.) Alcorn

坚果毛霉［胡桃腐烂病菌］ *Mucor nucum* (Corda) Berl. et De Ton.

坚菌丝单顶孢 *Monacrosporium sclerohyphum* (Drechs.) Liu et Zhang

坚黏孢单顶孢 *Monacrosporium haptotylum* (Drechs.) Liu et Zhang

坚硬单胞锈菌 *Uromyces durus* Diet.

坚硬条黑粉菌 *Urocystis rigida* (Lindr.) Zund.

间孢伞锈菌 *Kernkampella breynia-patentis* (Mundk. et Thirum.) Rajen.

间孢伞锈菌属 *Kernkampella* Rajen.

间环线虫属　*Mesocriconema* Andrassy

间粒线虫属　*Mesoanguina* Chizhov et Subbotin

间矛线虫属　*Mesodorylaimus* Andrassy

间生泡囊虫霉　*Cystopage intercalaris* Drechsler

间型棒盘孢　*Coryneum intermedium* Sacc.

间型长针线虫　*Longidorus intermedius* Kozlowska et Seinhorst

间型腐霉[蚕豆豌豆根腐病菌、猝倒病菌]　*Pythium intermedium* de Bary

间型黑粉菌　*Ustilago intermedia* Schröt.

间型假丝酵母　*Candida intermedia* (Cif.) Lang et Guerra

间型酵母　*Saccharomyces intermedius* Hansen

间型茎点霉　*Phoma media* Ell. et Ev.

间型茎线虫　*Ditylenchus intermedius* (de Man) Filipjev

间型块菌　*Tuber intermedium* Buchh.

间型宽节纹线虫　*Amplimerlinius intermedius* (Bravo) Siddiqi

间型螺旋线虫　*Helicotylenchus intermedius* (Luć) Siddiqi et Husain

间型盘色梭孢　*Seiridium intermedium* (Sacc.) Sutton

间型弯孢　*Curvularia intermedia* Boedijn

间型芽枝酵母　*Blastodendrion intermedium* Cif. et Ashf.

间型亚球壳　*Sphaerulina intermedia* Vouaux

间型羊肚菌　*Morchella intermedia* Boud.

间座壳属　*Diaporthe* Nits

兼性丝尾垫刃线虫　*Filenchus facultativus* (Szczygiel) Raski et Geraert

菅囊黑粉菌　*Sporisorium bursum* (Berk.) Vánky

菅囊黑粉菌　*Ustilago bursa* Berk.

菅生腥黑粉菌　*Tilletia themedicola* Mishra et Thirum.

菅腥黑粉菌　*Tilletia themedae-anatherae* Pavgi et Thirum.

樫木叶斑病菌　*Pseudomonas syringae* pv. *dysaxyli* (Hutchinson) Young et Dye

鲣曲霉　*Aspergillus gymnosardae* Yukawa

剪刀股柄锈菌　*Puccinia lactucae-debilis* Diet.

剪刀股锈孢锈菌　*Aecidium lactucae-debilis* Syd.

剪刀股原囊菌　*Protomyces lactucae-debilis* Saw.

剪股颖根腐病菌　*Pythium plurisporium* Abad, Shew, Grand et Lucas

剪股颖红丝病菌　*Corticium fuciforme* (McAlp.) Wakef.

剪股颖粒线虫　*Anguina agrostis* (Steib.) Filipjev

剪股颖生柄锈菌　*Puccinia agrostidicola* Tai

剪股颖条黑粉菌　*Urocystis agrostidis* (Lavr.) Zund.

剪股颖异皮线虫　*Heterodera iri* Mathews

剪秋罗(属)环斑病毒　*Lychnis ringspot virus Hordeivirus* (LRSV)

剪秋罗病毒　*Lychnis virus Potexvirus* (LV)

剪秋罗单胞锈菌　*Uromyces crassivertex* Diet.

剪秋罗壳针孢　*Septoria lychnidis* Desm.

剪秋罗霜霉　*Peronospora lychnitis* Gäum.

剪秋罗无症病毒　*Lychnis symptomless virus Potexvirus* (LycSLV)

剪秋罗枝孢　*Cladosporium lychnidis* Zhang et Liu

简单鞘柄锈菌　*Coleopuccinia simplex* Diet.

简囊腐霉[稻苗、烟草根腐病菌]　*Pythium*

monospermum Pringsheim

简青霉 *Penicillium simplicissimum*（oudem）Thom

简阳根结线虫 *Meloidogyne jianyangensis* Yang，Hu，Chen et Zhu

碱草黑粉菌 *Ustilago trebouxii* H. et P. Syd.

见霜黄假尾孢 *Pseudocercospora blumeae*（Thuemen）Deighton

见霜黄尾孢 *Cercospora blumeae* Thüm.

剑豆畸变花叶病毒 *Sword bean distortion mosaic virus Potyvirus*（SBDMV）

剑麻小球腔菌 *Leptosphaeria agaves* Syd. et Butler

剑囊线虫属 ***Xiphidorus*** Monteiro

剑线虫杆菌属 ***Candidatus* Xiphinematobacter** Vandekerckhove et al.

剑线虫属 ***Xiphinema*** Cobb

剑咽线虫属（畸唇属） ***Aorolaimus*** Sher

健强地霉 *Geotrichum robustrm* Fang et al.

健壮角孢柱锈菌 *Skierka robusta* Doidge

健壮螺旋线虫 *Helicotylenchus valecus* Sultan

健壮拟滑刃线虫 *Aphelenchoides vigor* Thorne et Malek

渐瘦尾长尾滑刃线虫 *Seinura paratenuicaudata* Geraert

渐细拟盘旋线虫 *Rotylenchoides attenuatus* Siddiqi

渐狭柄锈菌 *Puccinia angustata* Peck

渐狭长针线虫 *Longidorus attenuatus* Hooper

渐小环线虫 *Criconemella degressei* Lubbers et Zell

渐窄囊轴霉［山楂囊轴霉病菌、果腐病菌］ *Rhipidium attenuatum* Kanouse

箭孢隔指孢 *Dactylella atractoides* Drechsler

箭叶蓼柄锈菌 *Puccinia polygoni-sieboldii*（Hirats. et Kaneko）Li

箭竹柄锈菌 *Puccinia sinarundinariae* Zhuang et Wei

箭竹生柄锈菌 *Puccinia sinarundinariicola* Zhuang et Wei

箭状异滑刃线虫 *Paraphelenchus aconitioides* Taylor et Pillai

江苏长针线虫 *Longidorus jiangsuensis* Xu et Cheng

姜、花生根腐病菌 *Pythium myriotyum* Drechsler

姜柄锈菌 *Puccinia zingiberis* Ramakr.

姜花叶病毒 *Ginger mosaic virus*（GiMV）

姜黄柄锈菌 *Puccinia curcumae* Ramakr. et Sund.

姜黄单胞菌［姜软腐病黄单胞菌］ *Xanthomonas campestris* pv. *zingiberi*（Uyeda）Săvulescu

姜假单胞菌［姜枯萎病菌］ *Pseudomonas gingeri* Preece et Wong

姜枯萎病菌 *Pseudomonas gingeri* Preece et Wong

姜梨孢 *Pyricularia zingiberi* Nishikado

姜球腔菌［姜叶枯病菌］ *Mycosphaerella zingiberi* Shirai et Hara

姜软腐病黄单胞菌 *Xanthomonas campestris* pv. *zingiberi*（Uyeda）Săvulescu

姜生壳二孢 *Ascochyta zingibericola* Punit.

姜褪绿斑点病毒 *Ginger chlorotic fleck virus Sobemovirus*（GCFV）

姜小球腔菌 *Leptosphaeria zingiberi* Hara

姜叶斑外囊菌 *Taphrina maculans* Butl.

姜叶点霉 *Phyllosticta zingiberi* Hori

姜叶枯病菌 *Mycosphaerella zingiberi* Shirai et Hara

姜叶枯病菌 *Xanthomonas campestris* pv. *zingibericola*（Ren et Fang）Bradbury

浆果赤霉 *Gibberella baccate*（Wallr.）Sacc.

浆果鹃盘双端毛孢 *Seimatosporium ar-

buli (Bonar) Shoem.

浆果楝星盾兔 *Asterina cipadessae* Yates

浆果球座菌[葡萄房枯病菌] *Guignardia baccae* (Cav.) Jacz.

浆果苋单胞锈菌 *Uromyces deeringiae* Syd.

豇豆矮化病毒 *Cowpea stunt virus Luteovirus* (CpSV)

豇豆斑驳病毒 *Cowpea mottle virus Carmovirus* (CPMoV)

豇豆病毒 *Cowpea virus* (CpV)

豇豆单胞锈菌 *Uromyces vignae-sinensis* Miura

豇豆黑斑病菌 *Xanthomonas axonopodis* pv. *vignaeradiatae* (Sabet) Vauterin et al.

豇豆花叶病毒 *Cowpea mosaic virus Comovirus* (CpMV); *Vigna sinensis mosaic virus Nucleorhabdovirus* (VSMV)

豇豆花叶病毒科 Comoviridae

豇豆花叶病毒属 **Comovirus**

豇豆金色花叶病毒 *Cowpea golden mosaic virus Begomovirus* (CpGMV)

豇豆茎腐病菌 *Macrophomina phaseolina* (Tassi) Goid

豇豆链格孢 *Alternaria vignae* Sawada

豇豆绿脉带病毒 *Cowpea green vein banding virus Potyvirus* (CGVBV)

豇豆煤斑病菌 *Cercospora vignae* Rac.

豇豆煤霉病菌 *Mycosphaerella cruenta* (Sacc.) Lath

豇豆煤污球腔菌[豇豆煤霉病菌] *Mycosphaerella cruenta* (Sacc.) Lath.

豇豆轻斑驳病毒 *Cowpea mild mottlevirus Carlavirus* (CpMMV)

豇豆生长蠕孢 *Helminthosporium vignicola* (Kawam.) Olive

豇豆褪绿斑驳病毒 *Cowpea chlorotic mottlevirus Bromovirus* (CCMV)

豇豆尾孢 *Cercospora vignae* Rac.

豇豆夏孢锈菌 *Uredo vignae* Bres.

豇豆蚜传花叶病毒 *Cowpea aphid-borne mosaicvirus Potyvirus* (CABMV)

豇豆异皮线虫 *Heterodera vigni* Edward et Misra

豇豆疫病菌 *Xanthomonas axonopodis* pv. *vignicola* (Burkholder) Vauterin et al.

豇豆疫霉 *Phytophthora vignae* Purss

豇豆疫霉阿佐变型[赤豆疫病菌] *Phytophthora vignae* f. sp. *adzukicola* Tsuya et al.

豇豆疫霉苜蓿变型[苜蓿疫病菌] *Phytophthora vignae* f. sp. *medicaginis* Tsuya, Yangawa et al.

豇豆枝孢 *Cladosporium vignae* Cardner

豇豆重花叶病毒 *Cowpea severe mosaicvirus Comovirus* (CpSMV)

豇豆皱缩花叶病毒 *Cowpea rugose mosaic virus Potyvirus* (CpRMV)

豇豆属单胞锈菌 *Uromyces vignae* Barcl.

绛三叶草潜病毒 *Crimson clover latent virus Nepovirus* (CCLV)

酱油酵母 *Saccharomyces soya* Saito

交叉节丛孢 *Arthrobotrys anchonia* Dkechs

交链孢属 **Alternaria** Nees

娇美螺旋线虫 *Helicotylenchus amabilis* Volkova

娇嫩柄锈菌 *Puccinia tenella* Hino et Katum.

茭白(菰)平脐蠕孢 *Bipolaris zizaniae* (Nisikado) Shoem.

茭白(菰)叶斑病菌 *Pseudomonas syringae* pv. *zizaniae* (ex Bowden et Percich)

茭白黑粉病菌 *Ustilago esculenta* Henn.

茭白锈病菌 *Uromyces coronatus* Miyabe et Nish.

胶孢虫瘴霉 *Furia gloeospora* (Vuillemin) Li, Huang et Fan

胶孢轮虫霉 *Zoophagus pectosporus*

(Drechsler) Dick

胶孢炭疽菌［肉桂炭疽病菌］ *Colletotrichum gloeosporioides* (Penz.) Sacc.

胶孢炭疽菌菟丝子专化型［鲁保 1 号，New-76］ *Colletotrichum gloeosporioides* f. sp. *cuscutae* Zhang

胶串孢壶菌 *Myzocytium glutinosporum* Barron

胶堆锈菌属 **Masseeella** Diet.

胶红酵母 *Rhodotorula mucilaginosa* (Jörg.) Harr.

胶壶菌属 **Dangeardia** Schröd.

胶壳贠属 **Scorias** Fr.

胶孔菌属 **Gloeoporus** Mont.

胶毛藻根壶病菌、畸形病菌 *Rhizidium mycophilum* Braun

胶毛藻壶病菌 *Amoebochytrium rhizidioides* Zopf

胶皿菌属 **Patellaria** Fr.

胶膜黑粉菌属 **Kuntzeomyces** Henn. ex Sacc. et Syd.

胶囊青霉 *Penicillium capsulatum* Raper et Fenn.

胶黏刺革菌 *Hymenochaete agglutinans* Lèv.

胶黏藻肿胀病菌 *Olpidium laguncula* Petersen

胶桤木叶斑外囊菌 *Taphrina sadebeckii* Johans.

胶桤木叶肿外囊菌 *Taphrina tosquinetii* (West.) Magn.

胶双胞锈菌属 **Didymopsorella** Thirum.

胶藤假尾孢 *Pseudocercospora ecdysantherae* (en)yen

胶藤盘多毛孢 *Pestalotia elasticae* Koord.

胶藤尾孢 *Cercospora crytostegiae* Yamam.

胶尾孢属 **Gloeocercospora** Bain et Edg ex Deighton

胶锈菌属 **Gymnosporangium** Hedw. ex DC.

胶质锤舌菌 *Leotia gelatinosa* Hill.

胶状溶解杆菌 *Lysobacter gummosuss* Christensen et Cook

焦壳菌属 **Ustulina** Tul.

焦曲霉 *Aspergillus ustus* (Bain) Thom. et Church

焦色炭团菌 *Hypoxylon deustum* (Hoffm. ex Fr.) Grev.

蛟河异盘旋线虫 *Pararotylenchus jiaohensis* Zhao，Liu et Duan

蕉柑、雪柑、草莓果实腐烂病菌 *Phytophthora citricola* Sawada

蕉生小球腔菌 *Leptosphaeria musigena* Lin et Yen

蕉形隔指孢 *Dactylella musiformis* (Drechsker) Matsushima

蕉叶黄斑病菌 *Pseudocercospora musae* (Zimm.) Dighton

蕉叶灰纹病菌 *Cordana musae* (Zimm.) Höhn.

角（喙）担子菌属 **Ceratobasidium** Rogers

角斑假尾孢 *Pseudocercospora angulomaculae* (Kar et Mandal) Hsieh et Goh

角斑尾孢 *Cercospora angulata* Wint.

角斑明痂锈菌 *Hyalopsora hakodatensis* Hirats.

角孢炭黑粉菌 *Anthracoidea angulata* (Syd.) Boidol et Poelt

角孢柱锈菌属 **Skierka** Racib.

角菜腐烂病菌 *Pythium chondricola* de Cock

角担菌属 **Ceratobasidium** Rogers

角豆树假尾孢 *Pseudocercospora ceratoniae* (Pat et Trab) Deighton

角豆树尾孢 *Cercospora ceratoniae* Pat. et Trab.

角果藜单胞锈菌 *Uromyces ceratocarpi* Syd.

角胡麻叶斑病菌 *Xanthomonas campestris* pv. *martynicola* Moniz et Patel

角茴香霜霉 *Peronospora hypecoi* Jacz. et P. a. Jacz.

角精黑腐皮壳［苹果树腐烂病菌］ *Valsa ceratosperma* (Tode et Fr.) Maire

角壳多年卧孔菌 *Perenniporia martius* (Berk.) Ryv.

角落叶松栅锈菌 *Melampsora larici-capraearum* Kleb.

角尾螺旋线虫 *Helicotylenchus cornurus* Anderson

角星鼓藻肿胀病菌 *Olpidium immersum* Sorokin

角腥黑粉菌 *Tilletia corona* Scribn.

角锈孢锈菌属 **Roestelia** Rebent.

角藻花叶病毒 *Ceratobium mosaic virus Potyvirus* (CerMV)

角状胶锈菌 *Gymnosporangium corniforme* Saw. ex Hirats

角状轴黑粉菌 *Sphacelotheca cornuta* (Syd. et Butl.) Mundk.

脚壶菌属 **Podochytriumm** Pfitzer

脚肢梢小煤炱 *Meliola dactylipoda* Syd.

脚肢梢小煤炱牙买加变种 *Meliola dactylipoda* var. *jamaicensis* Hansf.

较大茎线虫 *Ditylenchus major* (Fuchs) Filipjev

较大葶苈霜霉 *Peronospora drabae-majusculae* Lindtner

较小半轮线虫 *Hemicriconemoides minor* Brzeski et Reay

较小核黑粉菌 *Cintractia minor* (Clint.) Jacks.

较小黑粉菌 *Ustilago minor* Nort.

较小环线虫 *Criconema minor* (Schneider) de Coninck

较小拟滑刃线虫 *Aphelenchoides minor* (Cobb) Steiner et Buhrer

较小拟毛刺线虫 *Paratrichodorus minor* (Colbran) Siddiqi

较小锥线虫 *Dolichodorus minor* Loof et Sharma

酵母腔菌属 **Saccharicola** Hawksw. et Erikss.

酵母属 **Saccharomyces** Meyen ex Hansen

接根壶菌属 **Zygorhizidium** Low.

接骨木(属)脉明病毒 *Sambucus vein clearing virus Nucleorhabdovirus* (SVCV)

接骨木白粉菌 *Erysiphe sambuci* Ahmad

接骨木白粉菌原壁变种 *Erysiphe sambuci* var. *crassitunicata* Zheng et Chen

接骨木环花叶病毒 Elder ring mosaic virus (ERMV)

接骨木壳二孢 *Ascochyta sambucella* Bubák et Krieger

接骨木壳针孢 *Septoria sambucina* Peck

接骨木类座囊菌 *Systremma sambuci* (Pass. et Fr.) Mill.

接骨木镰孢 *Fusarium sambucinum* Fuck.

接骨木脉明病毒 Elder vein clearing virus (EVCV)

接骨木尾孢 *Cercospora sambuci* Y. Guo et Y. Jiang

接骨木锈孢锈菌 *Aecidium sambuci* Schw.

接骨木锈生座孢 *Tuberculina sambuci*

接骨木叶点霉 *Phyllosticta sambuci* Desm.

接骨木枝孢 *Cladosporium sambuci* Brunaud

接骨木轴霜霉 *Plasmopara sambucinae* Nelen

接合垫刃线虫属 *Zygotylenchus* Siddiqi

节孢钩丝孢 *Harposporium arthrosporum* Barron

节孢镰孢 *Fusarium arthrosporioides* Sherb.

节丛孢属 **Arthrobotrys** Corda

节杆菌属 **Arthrobacter** Conn et Dimmick

节壶菌属 **Physoderma** Wallr.

节花虾钳菜假尾孢 *Pseudocercospora alternantherae-nodiflorae* (Saw.) Goh

J

et Hsieh

节花虾钳莱尾孢 *Cercospora alternanthraenidiflorae* Saw.

节水霉状疫霉 *Phytophthora gonapodyides* (H. E. Petersen) Buisman

节丝壳属 **Arthrocladiella** Vasilk.

节纹线虫属 **Merlinius** Siddiqi

节状镰孢 *Fusarium merismoides* Corda

杰丁汉逊酵母 *Hansenula jadinii* (Sart. et al.) Wickerh.

杰克逊霜霉 *Peronospora jacksonii* C. G. Shaw

杰氏茎线虫 *Ditylenchus geraerti* (Paramonov) Bello et Geraert

拮抗溶解杆菌 *Lysobacter antibioticus* Christensen et Cook

洁螺旋线虫 *Helicotylenchus mundus* Siddiqi

结合拟滑刃线虫 *Aphelenchoides conjunctus* (Fuchs) Filipjev

结节尾孢 *Cercospora tuberculans* Ell. et Ev.

结缕草(属)绿斑驳花叶病毒 *Zoysia green mottle mosaic virus Tobamovirus* (ZGMV)

结缕草(属)花叶病毒 *Zoysia mosaic virus Potyvirus* (ZoMV)

结缕草柄锈菌 *Puccinia zoysiae* Diet.

结缕草坏死斑病菌 *Leptosphaeria korrae* Walker et Smith

结缕草坏死斑病菌 *Leptosphaeria narmari* Walker et Smith

结缕草叶枯病菌 *Curvularia geniculata* (Tracy et Earie) Boedijn

结香枝孢 *Cladosporium edgeworthiae* Zhang et Zhang

桔梗多隔壳针孢 *Septoria platycodonis* Syd.

桔梗链格孢 *Alternaria platycodonis* Zhang

桔梗小光壳 *Leptosphaerulina platyco-*

donis Lue et Chi

桔梗枝孢 *Cladoporium platycodonis* Zhang et Zhang

捷西环线虫 *Criconema jessiensis* Berg

截盘多孢属 **Truncatella** Steyaert

截头异盘旋线虫 *Pararotylenchus truncocephalus* Baldwin et Bell

截形柄锈菌 *Puccinia abrupta* Diet. et Holw.

截形柄锈菌银胶菊生变种 *Puccinia abrupta* var. *partheniicola* (H. S. Jacks.) Parm.

截形盾线虫 *Scutellonema truncatum* Sher

截形螺旋线虫 *Helicotylenchus truncates* Roman

截形尾孢 *Cercospora truncata* Ell. et Ev.

解离芽孢杆菌 *Bacillus macerans* Schardinger

解乌头酸曲霉 *Aspergillus itaconicus* Kinosh

解脂假丝酵母 *Candida lipolytica* (Harr.) Didd. et Lodd.

芥莱茎线虫 *Ditylenchus brassicae* Husain et Khan

蚧多腔菌 *Myriangium duriaei* Mont. et Berk.

金孢顶辐霉 *Dactylaria chrysosperma* (Sacc.) Bhat et Kendrick

金孢菌寄生 *Hypomyces chrysospermus* Tul.

金孢锈菌 *Chrysopsora gynoxidis* Lagerh.

金孢锈菌属 **Chrysopsora** Lagerh.

金柄锈菌属 **Chrysella** Syd.

金担霉属 **Aureobasidium** Viala et Boyer

金发草柄锈菌 *Puccinia pogonatheri* Petch

金发草黑痣菌 *Phyllachora pogonatheri* Syd.

金发藓迈尔锈菌 *Milesina coreana* Hirats.

金发状毛茛条黑粉菌　*Urocystis ranunculi-auricomi* (Lindr.) Zund.

金佛山齿鳞草　*Lathraea chinfushanica* Hu et Tang

金光菊(属)花叶病毒　*Rudbeckia mosaic virus Potyvirus* (RuMV)

金龟虫疠霉　*Pandora brahmiae* (Bose et Mehta) Humber

金龟子绿僵菌　*Metarhizium anisopliae* (Metschn.) Sorok.

金果美洲槲寄生　*Phoradendron anceps* (Spreng.) Maza

金合欢毕赤酵母　*Pichia acaciae* Walt

金合欢长蠕孢　*Helminthosporium acaciae* Ellis

金合欢隔担耳　*Septobasidium acasiae* Saw.

金合欢球锈菌　*Sphaerophragmium acaciae* (Cooke) Magn.

金合欢生枝孢　*Cladosporium acaciicola* Ell.

金合欢小煤炱　*Meliola acaciarum* Speg.

金虎尾拟滑刃线虫　*Aphelenchoides malpighius* (Fuchs) Goodey

金花菊单胞锈菌　*Uromyces rudbeckiae* Arth. et Holw.

金环锈菌属　**Chrysocyclus** Syd.

金黄白粉菌　*Erysiphe aurea* Zheng et Chen

金黄红酵母　*Rhodotorula aurea* (Saito) Lodd.

金黄菌寄生　*Hypomyces aurantius* (Pers.) Tul.

金黄壳囊孢　*Cytospora chrysosperma* (Pers.) Fr.

金黄卵孢　*Oospora aurantiaca* (Cooke) Sacc. et Vogl.

金黄皮斯霉　*Pithomyces flavus* Berk. et Br.

金黄葡萄球菌　*Staphylococcus aureus* Rosenbach

金黄青霉　*Penicillium aureum* Corda

金黄绒毛草黑痣菌　*Phyllachora holcifulvi* Saw.

金黄芽枝酵母　*Blastodendrion autreum* Cif et Red

金鸡菊枝孢　*Cladosporium coreopsidis* Greene

金鸡纳树疫病、凤梨心腐、杜鹃根腐病菌　*Phytophthora cinnamomi* Rands

金莲花柄锈菌　*Puccinia trollii* Karst.

金莲花单胞锈菌　*Uromyces laburni* (DC.) Otth

金链花壳针孢　*Septoria trollii* Sacc. et Wint.

金链花生(毒豆)叶点霉　*Phyllosticta laburnicola* Sacc.

金链花(毒豆)叶点霉　*Phyllosticta laburni* Oudem.

金缕梅尾孢　*Cercospora hamamelidis* (Peck) Ell. et Ev.

金缕梅锈孢锈菌　*Aecidium hamamelidis* Diet.

金绿青霉　*Penicillium aurantio-virens* Biourge

金落曲霉　*Aspergillus chrysellus* Kwon-Chang et Fenn.

金茅绿核菌　*Ustilaginoidea polliniae* Teng

金茅团黑粉菌　*Sorosporium eulaliae* Ling

金霉素链霉菌　*Streptomyces aureofaciens* Duggar

金纽扣生轴霜霉　*Plasmopara spilanthicola* Syd.

金钱豹柄锈菌　*Puccinia campanumoeae* Pat.

金钱豹假尾孢　*Pseudocercospora campanumoeae* Sawada ex Goh et Hsieh

金钱豹鞘锈菌　*Coleosporium campanumoeae* Diet.

金钱豹尾孢　*Cercospora campanumoeae* Saw.

金雀花霜霉　*Peronospora cytisi* Rostr.

金雀花叶点霉　*Phyllosticta cytisella* Sacc.

金色土曲霉　*Aspergillus terreus* var. *aureus* Thom et Raper

金色油杉寄生　*Arceuthobium aureum* Hawksw. et Wiens

金丝桃白粉菌　*Erysiphe hyperici*（Wallr.）Blum.

金丝桃叉丝壳　*Microsphaera hyperici* Yu et Lai

金丝桃单胞锈菌　*Uromyces hyperici* Curt.

金丝桃盘双端毛孢　*Seimatosporium hypericinum*（Ces.）Sutton

金丝桃霜霉　*Peronospora hypericifoliae* S. Sinha et Mathur

金丝桃栅锈菌　*Melampsora hypericorum* Wint.

金粟兰假尾孢　*Pseudocercospora chloranthi*（Togashi et Kats.）Liu et Guo

金头曲霉　*Aspergillus auricomus*（Gueg.）Saito

金挖耳鞘锈菌　*Coleosporium carpesii* Sacc.

金线草柄锈菌　*Puccinia antenori* Zhuang et Wang

金星蕨假尾孢　*Pseudocercospora thelypteridis* Goh et Hsieh

金星蕨拟夏孢锈菌　*Uredinopsis hirosakiensis* Kamei et Hirats.

金锈菌属　**Chrysomyxa** Ung.

金须茅亚粒线虫　*Subanguina chrysopogoni* Bajaj et al.

金腰柄锈菌　*Puccinia chrysosplenii* Grev.

金腰霜霉　*Peronospora chrysosplenii* Fuckel

金银木壳针孢　*Septoria lonicerae-maackii* Miura

金鱼草壳针孢　*Septoria antirrhini* Rob. et Desm.

金鱼草霜霉　*Peronospora antirrhini* Schröt.

金鱼草尾孢　*Cercospora antirrhini* Muller et Chupp.

金鱼草叶点霉　*Phyllosticta antirrhini* Syd.

金鱼草叶枯病菌　*Phyllosticta antirrhini* Syd.

金鱼草叶疫病菌　*Pseudomonas syringae* pv. *antirrhini*（Takimoto）Young et al.

金鱼花（属）潜隐类病毒　*Columnea latent viroid Pospiviroid*（CLVd）

金盏花尾孢　*Cercospora calendulae* Sacc.

金盏花叶黑粉菌　*Entyloma calendulae*（Oudem.）de Bary

金针菇基腐病菌　*Paecilomyces varioti* Bain

金字塔形葡萄孢　*Botrytis pyramidalis*（Bon）Sacc.

筋骨草锈孢锈菌　*Aecidium ajugae* Syd.

筋骨草叶点霉　*Phyllosticta ajugae* Sacc. et Sper.

紧密单孢枝霉　*Hormodendrum compactum* Carrson

紧密黑粉菌　*Ustilago compacta* Fisch.

紧密卷担菌　*Helicobasidium compactum* Boedijn

紧密束柄霉　*Podosporium compactum* Teng

紧鞘半轮线虫　*Hemicriconemoides strictathecatus* Esser

紧实青霉　*Penicillium firmum* Preuss

紧头霉属　**Haptocara** Drechsler

堇菜（属）斑驳病毒　*Viola mottle virus Potexvirus*（VMoV）

堇菜、蔷薇瘿瘤病菌　*Synchytrium globosum* Schröt.

堇菜柄锈菌　*Puccinia violae*（Schum.）DC.

堇菜腐败病菌　*Pythium violae* Chesters

et Hickman

堇菜腐霉　*Pythium violae* Chesters et Hickman

堇菜壳针孢　*Septoria violae* Westend.

堇菜鞘锈菌　*Coleosporium violae* Cumm.

堇菜色粪盘菌　*Ascobolus violaceus* Boud.

堇菜生假尾孢　*Pseudocercospora violaecola* Liu et Guo

堇菜霜霉　*Peronospora violae* Ellis et Everh.

堇菜霜霉病菌　*Bremiella megasperma* (Berlese) Wilson

堇菜条黑粉菌　*Urocystis violae* (Sow.) Fischer et Waldh.

堇菜尾孢　*Cercospora violae* Sacc.

堇菜卧孔菌　*Poria violacea* (Fr.) Cooke

堇菜叶点霉　*Phyllosticta violae* Desm.

堇菜柱隔孢　*Ramularia violae* Trail

堇紫曲霉　*Aspergillus violaceus* Fenn et Raper

锦带花白粉菌　*Erysiphe weigelae* Chen et Luo

锦带花假尾孢　*Pseudocercospora weigelae* (Ell. et Ev.) Deighton

锦带花色链隔孢　*Phaeoramularia weigelae* Guo et Liu

锦鸡儿叉丝壳　*Microsphaera caraganae* Magn.

锦鸡儿根结线虫　*Meloidogyne caraganae* Shagalina, Ivanova et Krall

锦鸡儿壳针孢　*Septoria caraganae* Hennings

锦鸡儿壳针孢　*Septoria subiniae* Pat.

锦鸡儿镰孢　*Fusarium caraganse* Van.

锦鸡儿叶点霉　*Phyllosticta caraganae* Syd.

锦葵(属)不孕矮化病毒　Malva sterile stunt virus (MSSV)

锦葵(属)脉坏死病毒　*Malva veinal necrosis virus Potexvirus* (MVNV)

锦葵柄锈菌　*Puccinia malvaceanum* Mont.

锦葵病毒　*Malva silvestris virus Nucleorhabdovirus* (MaSV)

锦葵格孢　*Macrosporium malvae* Thüm.

锦葵黄脉病毒　*Malvastrum yellow vein virus Begomovirus*

锦葵科内丝白粉　*Leveillula malvacearum* Golov.

锦葵壳二孢　*Ascochyta malvae* Died

锦葵链格孢　*Alternaria malvae* Roumeguere et Letendre

锦葵脉明病毒　*Malva vein clearing virus Potyvirus* (MVCV)

锦葵生不眠多胞锈菌　*Kuehneola malvicola* Arth.

锦葵生壳二孢　*Ascochyta malvicola* Sacc.

锦葵生尾孢　*Cercospora malvicola* Ell. et Mart.

锦葵尾孢　*Cercospora malvarum* Sacc.

锦紫苏类病毒属　**Coleviroid**

近草地短体线虫　*Pratylenchus pratensisobrinus* Bernard

近稻潜根线虫　*Hirschmanniella anchoryzae* Ebsary et Anderson

近黑葡萄孢　*Botrytis pulla* Fr.

近滑茎线虫　*Ditylenchus anchilisposomus* (Tarjan) Fortuner

近蓝灰干酪菌　*Tyromyces subcaesius* David.

近绿曲霉　*Aspergillus subolivaccus* Fenn et Raper

近脉茎点霉　*Phoma subnervisequa* Desm.

近矛线虫属　**Agmodorus** Siddiqi

近明柄锈菌　*Puccinia subhyalina* Tranz.

近平滑假丝酵母　*Candida paprapsilosis* (Ashf.) Langer. et Talice

近亲团黑粉菌　*Sorosporium consanguineum* Ell. et Ev.

J

近亲团黑粉菌泡状变种 *Sorosporium consanguineum* var. *bullatum* Pavgi et Thirum.

近球形核黑粉菌 *Cintractia subglobosa* Ito

近藤虫疠霉 *Pandora kondoiensis*（Milner）Humber

近藤单胞锈菌 *Uromyces kondoi* Miura

近透明腐霉 *Pythium subhyalinum* Rehm

近无柄曲霉 *Aspergillus subsessilis* Raper et Fenn.

近无柄小光壳炱 *Asteridiella subapoda*（Syd.）Hansf.

近五疫霉 *Phytophthora quininea* Crand.

近缘黑粉菌 *Ustilago affinis* Ell. et Ev.

近缘弯孢 *Curvularia affinis* Boedijn

近轴轮线虫 *Criconemoides neoaxestus* Jairajpuri et Siddiqi

荩草孢堆黑粉菌 *Sporisorium arthraxone*（Pat.）Guo

荩草柄锈菌 *Puccinia arthraxonis* Syd., Syd. et Butl.

荩草黑痣菌 *Phyllachora arthraxonis-hispidi* Saw.

荩草生柄锈菌 *Puccinia arthraxonicola* Cao et Zhuang

荩草霜霉病菌 *Bremia graminicola* Naumov

京梨尾孢 *Cercospora iteodaphnes*（Thüm.）Sacc.

茎点霉属 **Phoma** Sacc.

茎黑粉菌 *Ustilago hypodytes*（Schlecht.）Fr.

茎基短小杆菌 *Curtobacterium plantarum* Dunleavy

茎瘤固氮根瘤菌（田菁固氮根瘤菌） *Azorhizobium caulinodans* Dreyfus et al.

茎盘菌 *Peziza ampliata* Pers.

茎生单胞锈菌 *Uromyces truncicola* Henn. et Shirai

茎生拟茎点霉 *Phomopsis truncicola* Miura

茎生外囊菌 *Taphrina truncicola* Kusano

茎线虫属 **Ditylenchus** Filipjev

杭（梗）子梢单胞锈菌 *Uromyces lespedezae-macrocarpae* Liou et Wang

杭子梢锈孢锈菌 *Aecidium campylotropidis* Tai

杭子梢油杉寄生［西文矮槲寄生］ *Arceuthobium campylopodum* Engelm.

荆芥柄锈菌 *Puccinia schizonepetae* Tranz.

荆芥霜霉病菌 *Peronospora lophanthi* Farl.

旌节花附丝壳 *Appendiculella stachyuri* Hu et Soombycina

旌节花假尾孢 *Pseudocercospora stachyruina* Goh et Hsieh

旌节花尾孢 *Cercospora stachyuricola* Liu et Guo

旌节花夏孢锈菌 *Uredo stachyuri* Diet.

旌节花小光壳炱 *Asteridiella stachyuri* Ouyang et Song

晶粉孢 *Oidium crystallinum* Lév.

晶葡萄孢 *Botrytis crystallina*（Bon.）Sacc.

精美螺旋线虫 *Helicotylenchus teres* Gaur et Prasad

精细腐霉 *Pythium subtile* Wahrlich

井冈山多毛球壳 *Pestalosphaeria jinggangensis* Zhe et Ge

景洪离瓣寄生 *Helixanthera coccinea*（Jack）Danser.

景天白粉菌 *Erysiphe sedi* Braun

景天柄锈菌 *Puccinia sedi* Körn.

景天叉丝壳 *Microsphaera sedi*（Pospel.）Yu

景天壳二孢 *Ascochyta telephii* Vest

景天锈孢锈菌 *Aecidium sedi* Jacz.

纠缠青霉 *Penicillium implicatum* Biourge

纠丝散斑壳 *Lophodermium implicatum* Lin et Xu

九节草内生菌 *Burkholderia kirkii* Oevelen

九节木附生疫霉 *Phytophthoua psychrophila* Jung et Hansen

九节木尾孢 *Cercospora psychotriae* Chupp et Vieg.

九节木小煤炱 *Meliola psychotriae* Earle

九里香疫霉 *Phytophthora murrayae* Sawada

九州虫草 *Cordyceps kyushuensis* Kob.

韭菜矮缩病毒 Chinese chive dwarf virus (CCDV)

韭菜腐败病菌 *Pythium perplexum* Kouyeas et Theohari

韭葱白条病毒 *Leek white stripe virus Necrovirus* (LWSV)

韭葱黄化病毒 Leek yellows virus (LYV)

韭葱黄条病毒 *Leek yellow stripe virus Potyvirus* (LYSV)

韭葱叶斑病菌 *Pseudomonas syringae* pv. *porii* Samson, Poutier et Rat

酒饼簕(东风橘)霜霉 *Peronospora atlantica* Gäum.

酒饼叶卵盾霉 *Leptothyrium glycosmidis* Keissl.

酒果假尾孢 *Pseudocercospora aristoteliae* (Cooke) Deighton

酒红青霉 *Penicillium vinaceum* Gilm. et abbott

酒花卵孢 *Oospora lupuli* (Math. et Lott) Sacc.

酒曲菌种 *Mucor javanicus* Wehmer

酒糟菌种 *Mucor piriformis* Fisch.

酒糟菌种 *Mucor prainii* Chod. et Nech

酒糟菌种 *Mucor racemosus* Fres.

酒糟菌种 *Mucor rouxianus* (Calm.) Wehmer

居间白锈 *Albugo intermediatus* (Damle) Zhang

居间炭黑粉菌 *Anthracoidea intercedens* Nannf.

居约腥黑粉菌 *Tilletia guyotiana* Har.

局限青霉 *Penicillium restrictum* Gilm. et Abbott

局限曲霉 *Aspergillus restrictus* Smith

菊B病毒 *Chrysanthemum virus B Carlavirus* (CVB)

菊矮化类病毒 *Chrysanthemum stunt viroid Pospiviroid* (CSVd)

菊白色锈菌 *Puccinia horiana* P. Henn.

菊斑点病毒 *Chrysanthemum spot virus Potyvirus* (ChSV)

菊柄锈菌[菊黑色锈病菌] *Puccinia chrysanthemi* Roze

菊柄锈菌 *Puccinia dendranthemae* S. X. Wei et Y. C. Wang

菊层锈菌 *Phakopsora compositarum* Miyabe

菊池链格孢 *Alternaria kikuchiana* Tanaka

菊池尾孢 *Cercospora kikuchii* Matsum. et Tomoy.

菊池尾孢[大豆紫斑病菌] *Cercospora kikuchii* Matsum. et Tomoy.

菊短体线虫 *Pratylenchus chrysanthus* Edward et al.

菊粉孢 *Oidium chrysanthemi* Rabenh.

菊果胶杆菌 *Pectobacterium chrysanthemi* Alivizatos

菊蒿轴霜霉[野菊霜霉病菌] *Plasmopara tanaceti* (Gäum.) Skalický

菊褐色锈菌 *Phakopsora artemisiae* Hirat.

菊黑色锈病菌 *Puccinia chrysanthemi* Roze

菊花斑枯(黑斑和褐斑)病菌 *Septoria chrysanthemella* Sacc.

J

菊花灰斑病菌　*Cercospora chrysanthemi* Heald et Wolf.

菊花霜霉　*Peronospora radii* de Bary

菊花霜霉叶生变种　*Peronospora radii* var. *epiphylla* Poirault

菊花霜霉原变种　*Peronospora radii* var. *radii* de Bary

菊花褪绿斑驳类病毒　*Chrysanthemum chlorotic mottle viroid* Pelamoviroid (CChMVd)

菊花叶枯病菌　*Cylindrosporium chrysanthemi* Ell. et Dearn.

菊花疫病菌　*Didymella ligulicola* (Baker) von Arx

菊花疫病菌　*Phytophthora cryptogea* Pethybridge et Lofferty

菊花柱盘孢 [菊花叶枯病菌]　*Cylindrosporium chrysanthemi* Ell. et Dearn.

菊基腐病菌　*Erwinia chrysanthemi* Burkholder et al.; *Erwinia chrysamthemi* pv. *chrysanthemi* Burkholder et al.

菊茎坏死病毒　*Chrysanthemum stem necrosis virus* Tospovirus (CSNV)

菊苣 X 病毒　*Chicory virus X* Potexvirus (ChVX)

菊苣黄斑病毒　*Chicory yellow blotch virus* Carlavirus (ChYBV)

菊苣黄斑驳病毒　*Chicory yellow mottle virus* Nepovirus (ChYMV)

菊苣黄斑驳病毒大卫星 RNA　Chicory yellow mottle virus large satellite RNA

菊苣黄斑驳病毒卫星 RNA　Chicory yellow mottle virus satellite RNA

菊苣假单胞菌 [菊苣叶斑病菌]　*Pseudomonas cichorii* (Swingle) Stapp

菊苣叶斑病菌　*Pseudomonas cichorii* (Swingle) Stapp

菊苣叶黑粉菌　*Entyloma cichorii* Wrobl.

菊科白粉菌　*Erysiphe cichoracearum* DC.

菊科壳二孢　*Ascochyta compositarum* Davis

菊科内丝白粉菌　*Leveillula compositarum* Golov.

菊科锈孢锈菌　*Aecidium compositarum* Mart.

菊壳针孢　*Septoria chrysanthemi* Allescher

菊脉褪绿病毒　*Chrysanthemum vein chlorosis virus* Nucleorhabdovirus (CVCV)

菊欧文氏菌　*Erwinia chrysanthemii* Burkholder et al.

菊欧文氏菌假百合变种 [香蕉、假百合腐烂病菌]　*Erwinia chrysanthemii* pv. *paradisiaca* (Burkholder et al.) Dichey et Victiria

菊欧文氏菌菊变种　*Erwinia chrysanthemi* pv. *chrysanthemi* Burkholder et al.

菊欧文氏菌石竹变种　*Erwinia chrysanthemi* pv. *dianthi* Alivizatos

菊欧文氏菌石竹生变种　*Erwinia chrysanthemi* pv. *dianthicola* (Hellmers) Dickey

菊欧文氏菌万年青变种　*Erwinia chrysanthemi* pv. *dieffenbachiae* (McFadden) Dye

菊欧文氏菌喜林芋变种　*Erwinia chrysanthemi* pv. *philodendra* (Miller) Thomson

菊欧文氏菌银胶菊变种　*Erwinia chrysanthemi* pv. *parthenii* (Starr) Dye

菊欧文氏菌玉米变种　*Erwinia chrysanthemii* pv. *zeae* (Sabet) Victoria et al.

菊盘长孢　*Gloeosporium chrysanthemi* Hori

菊芹尾孢　*Cercospora erechtitis* Atk.

菊生假尾孢　*Pseudocercospora chrysanthemicola* (Yen) Deighton

菊苔柄锈菌　*Puccinia aecidii-leucanthemi* Fisch.

菊尾孢　*Cercospora chrysanthemi* Heald et Wolf.

菊叶斑病菌　*Pseudomonas syringae* pv. *tagetis* (Hellmers) Young et al.

菊叶点霉　*Phyllosticta chrysanthemi* Ell. et Dearn.

菊叶黑粉菌　*Entyloma compositarum* Farl.

菊叶芽拟滑刃线虫　*Aphelenchoides ritzemabosi* (Schwartz) Steiner et Buhrer

菊柱盘孢［菊花叶枯病菌］　*Cylindrosporium* chrysanthemi Ell. et Dearn.

橘斑链格孢　*Alternaria citrimaculans* Simmons

橘黄柄锈菌　*Puccinia citrina* P. et Syd.

橘黄蜜环菌　*Armillaria aurantia* (Schaeff.) Quel.

橘绿木霉　*Trichoderma citrinoviride* Bissett

橘霉属　**Citromyces** Wehmer

橘青霉　*Penicillium citrinum* Thom

橘色兰伯特盘菌　*Lambertella aurantiaca* Tewari et Pant

橘色镰孢　*Fusarium aurantiacum* Link

橘色柔膜菌　*Helotium serotinum* (Pers.) Fr.

橘色藻　*Trentepohlia aurea* Mart.

橘色藻科　**Trentepohliaceae**

橘色藻属　**Trentepohlia** Mart.

橘生棒孢　*Corynespora citricola* Ellis

矩孢小煤炱　*Meliola taityensis* Yamam.

矩卵细基格孢　*Ulocladium oblongo-obovoideum* Zhang et Zhang

矩圆黑盘孢　*Melanconium oblongum* Berk.

榉假尾孢　*Pseudocercospora zelkowae* (Hori) Liu et Guo

巨孢虫疫霉　*Erynia gigantea* Li, Chen et Xu

巨孢节丛孢　*Arthrobotrys megaspora* (Boedijn) Ooschot

巨孢茎点霉　*Phoma macrostylospora* Saw.

巨大根结线虫　*Meloidogyne megadora* Whitehead

巨大芽孢杆菌　*Bacillus megaterium* de Bary

巨大芽孢杆菌禾谷变种［小麦白斑病菌］　*Bacillus megaterium* pv. *cerealis* Hosford

巨堆柄锈菌　*Puccinia gigantea* Karst.

巨链核盘菌　*Monilinia megalospora* (Woron.) Whetz.

巨列当　*Orobanche gigantean* (Beck) Gontsch.

巨脉病毒属　**Varicosavirus**

巨球根结线虫　*Meloidogyne megatyla* Baldwin et Sasser

巨头伞锈菌　*Ravenelia macrocapitula* Tai

巨托雨树花叶病毒　*Megakepasma mosaic virus Closterovirus* (MegMV)

巨尾腺盾线虫　*Scutellonema megascutum* Peng et Siddiqi

巨星孢　*Actinospora megalospora* Ingold

巨叶胡颓子锈孢锈菌　*Aecidium quintum* Syd.

巨枝膝梗孢　*Gonytrichum macrocladium* (Sacc.) Hughes

具柄假伞锈菌　*Nothoravenelia commiphorae* Cumm.

具唇螺旋线虫　*Helicotylenchus labiatus* Roman

具毒毛刺线虫　*Trichodorus viruliferus* Hooper

具沟轮线虫　*Criconemoides sulcatum* (Golden et Friedman) Raski et Golden

具钩拟滑刃线虫　*Aphelenchoides hamatus* Thorne et Malek

具钩针线虫　*Paratylenchus hamatus* Thorne et al.

具冠环线虫　*Criconema coronatum* (Schuurmans et al.) de Coninck

具冠纽带线虫　*Hoplolaimus stephanus* Sher

J

具黄曲霉 *Aspergillus aureolatus* Munt, Coet et Bata

具角螺旋线虫 *Helicotylenchus angularis* Mukhina

具精囊小盘环线虫 *Discocriconemella spermata* Mohilal et Dhanachand

具毛轮线虫 *Criconemoides featherensis* Banna et Gardner

具毛团黑粉菌 *Sorosporium trichophorum* (Tul.) Zund.

具膜螺旋线虫 *Helicotylenchus membranatus* Xie et Feng

具鞘苔草柄锈菌 *Puccinia vaginatae* Juel

具球宽节纹线虫 *Amplimerlinius globigerus* Siddiqi

具乳突拟滑刃线虫 *Aphelenchoides papillatus* (Fuchs) Goodey

具伞轮线虫 *Criconemoides petasus* Wu

具头纽带线虫 *Hoplolaimus cephalus* Mulk et Jairajpuri

具突伞滑刃线虫 *Bursaphelenchus glochis* Brzeski et Baujard

具尾茎线虫 *Ditylenchus caudatus* Thorne et Malek

具尾螺旋线虫 *Helicotylenchus caudatus* Sultan

具纹新垫刃线虫 *Neotylenchus striatus* Meyl

具星螺旋线虫 *Helicotylenchus astriatus* Khan et Nanjappa

具叶长咽线虫 *Dolichorhynchus lamelliferus* (de Man) Mulk et Siddiqi

具缨柱锈菌[北美松疱锈病菌] *Cronartium comandrae* Peck

距瓣豆(属)花叶病毒 *Centrosema mosaic virus Potexvirus* (CenMV)

锯齿列当 *Orobanche crenata* Forsk

锯齿轮线虫 *Criconemoides serratum* (Khan et Siddiqi) Raski et Golden

锯齿轴黑粉菌 *Sphacelotheca serrata* Ling

锯齿状沟环线虫 *Ogma serratum* (Khan et Siddiqi) Raski et Luć

锯齿状小盘环线虫 *Discocriconemella serrata* Dhanachand et Romabati

聚柄锈菌属 **Edythea** Jacks.

聚多杯盘菌 *Ciboria sydowiana* Rehm

聚多盘多毛孢 *Pestalotia sydowiana* Bres.

聚多曲霉 *Aspergillus sydowii* (Bain et Sart) Thom et Church

聚多小煤炱 *Meliola sydowiana* Stev. et Larson

聚多腥黑粉菌 *Tilletia sydowii* Sacc. et Trott.

聚多叶点霉 *Phyllosticta sydowii* Brews

聚合柄锈菌 *Puccinia aggregata* Syd.

聚合草假尾孢 *Pseudocercospora symphyti* Goh et Hsieh

聚合草霜霉 *Peronospora symphyti* Gäum.

聚花槲寄生 *Viscum loranthi* Elmer.

聚花列当 *Orobanche muteli* Schultz

聚集噬虫霉 *Entomophaga conglomerata* Sorokin

聚生小穴壳菌[杨树溃疡病菌] *Dothiorella gregaria* Sacc.

聚雄菌 *Synandromyces tomari* Thaxt.

聚雄菌属 **Synandromyces** Thaxt.

卷柏黑斑黑粉菌 *Melanotaenium selaginellae* Henn. et Nym.

卷柏秃壳炱 *Irenina selaginellae* Saw. et Yam.

卷担菌属 **Helicobasidium** Pat.

卷耳(北方)霜霉病菌 *Peronospora septentrionalis* Gäum.

卷耳小栅锈菌 *Melampsorella cerastii* (Pers.) Schröt.

卷角霉属 **Helicoceras** Linder

卷茎蓼霜霉病菌 *Peronospora sinensis* Tang

卷毛小球腔菌 *Leptosphaeria herpotrichoides* de Not.

卷毛小尾孢 *Cercosporella herpotrichoides* Fron.

卷黏鞭霉 *Gliomastix convoluta* (Harz) Mason

卷曲叉丝单囊壳 *Podosphaera spiralis* Miybe

卷曲钩丝壳 *Uncinula circinala* Cooke et Peck

卷曲轮线虫 *Criconemoides helicus* Eroshenko et Nguent Vu Tkhan

卷曲拟滑刃线虫 *Aphelenchoides caprifici* (Gasparrini) Filipjev

卷丝齿裂菌 *Coccomyces circinatus* Lin et Xiang

卷丝锈菌属 **Gerwasia** Racib.

卷尾根结线虫 *Meloidogyne cirricauda* Zhang et Weng

卷旋盘菌 *Peziza convoluta* Peck

卷旋葡萄孢盘菌[鸢尾基腐病菌] *Botryotinia convoluta* (Drayton) Whetz.

绢丝藻、仙菜彼得病菌 *Petersenia lobata* (Peters.)

决明(属)花叶病毒 Cassia mosaic virus

决明(属)环斑病毒 Cassia ringspot virus

决明(属)黄斑病毒 *Cassia yellow blotch virus Bromovirus* (CYBV)

决明(属)黄点病毒 *Cassia yellow spot virus Potyvirus* (CasYSV)

决明(属)轻型花叶病毒 *Cassia mild mosaic virus Carlavirus* (CasMMV)

决明(属)重型花叶病毒 *Cassia severe mosaic virus Closterovirus* (CasSMV)

决明澳洲黄斑病毒 *Cassia Australian yellow blotch virus Bromovirus* (CAYBV)

决明巴西黄斑病毒 *Cassia Brazilian yellow blotch virus Bromovirus* (CBYBV)

决明假霜霉[决明霜霉病菌] *Pseudoperonospora cassiae* Waterhouse et Brothers

决明霜霉病菌 *Pseudoperonospora cassiae* Waterhouse et Brothers

决明尾孢 *Cercospora cassiocarpa* Chupp

决明叶斑病菌 *Xanthomonas axonopodis* pv. *cassiae* (Kulkarni) Vauterin et al.

绝育斯魏霉 *Strongwellsea castrans* Batko et Weiser

掘氏单顶孢 *Monacrosporium drechsleri* (Tarjan) Cooke et Dickinson

掘氏钩丝孢 *Harposporium drechsleri* Barron

掘氏霉属 **Drechmeria** Gams et Jansson

掘氏疫霉[德雷疫霉, 瓜类疫病菌] *Phytophthora drechsleri* Tucker

蕨类病毒 *Fern virus Potyvirus* (FeV)

蕨类蕨霉病菌 *Completoria complens* Lohde

蕨麻霜霉 *Peronospora potentillae-anserinae* Gäum.

蕨霉[蕨类蕨霉病菌] *Completoria complens* Lohde

蕨霉属 **Completoria** Lohde

蕨拟夏孢锈菌 *Uredinopsis pteridis* Diet. et Holw.

蕨球腔菌 *Mycosphaerella filicum* (Desm.) Wint.

蕨叶苔草柄锈菌 *Puccinia caricis-filicinae* Barcl.

爵床、荨麻霜霉病菌 *Plasmopara miyakeana* Ito et Tokun.

爵床白锈病菌 *Albugo quadrata* (Kalchbrenner et Cooke) Kuntze

爵床假尾孢 *Pseudocercospora justiciae* (Tai) Guo et Liu

爵床壳针孢 *Septoria acanthi* Thümen

爵床生尾孢 *Cercospora justiciaecola* Tai

爵床霜霉病菌 *Pseudoplasmopara justiciae* Sawada

爵床尾孢 *Cercospora justiciae* Tai

爵床锈孢锈菌 *Aecidium justiciae* Henn.

爵床轴霜霉 *Plasmopara wildemaniana* Hennings

君达菜、菠菜霜霉病菌 *Peronospora farinosa* (Fries; Fries) Fries

君迁子尾孢 *Cercospora macclatchieana* Sacc. et Syd.

菌刺孢属 *Mycocentrosproa* Deighton

菌核青霉 *Penicillium sclerotiorum* Beyma

菌核曲霉 *Aspergillus sclerotiorun* Huber

菌寄生属 **Hypomyces** (Fr.) Tul.

菌绒孢属 **Mycovellosiella** Rangel

菌生轮枝孢 *Verticillium fungicola* (Preuss) Hassebr.

菌褶生轮枝孢 *Verticillium lamellicola* (Smith) Gams

菌褶生头孢 *Cephalosporium lamellaecola* Smith

K

咖啡矮化线虫 *Tylenchorhynchus coffeae* Siddiqi et Basir

咖啡丛赤壳 *Nectria coffeicola* Zimm.

咖啡短体线虫 *Pratylenchus coffeae* (Zimmermann) Filipjev

咖啡沟环线虫 *Ogma coffeae* (Edward et al.) Andrassy

咖啡环斑病毒 *Coffee ringspot virus Nucleorhabdovirus* (CoRSV)

咖啡浆果炭疽病菌 *Colletoerichum kahawae* Waller et Bridge

咖啡茎线虫 *Ditylenchus cafeicola* (Schuurmans Stekhoven) Andrassy

咖啡螺旋线虫 *Helicotylenchus coffae* Eroshenko et al.

咖啡美洲叶斑病菌 *Mycena citricolor* (Berk. et Curtis) Sacc.

咖啡蜜皮线虫 *Meloidodera coffeicola* (Lordello et Zamith) Kirjanova

咖啡拟滑刃线虫 *Aphelenchoides coffeae* (Zimmermann) Filipjev

咖啡盘长孢 *Gloeosporium coffeicola* Tassi

咖啡平脐蠕孢 *Bipolaris coffeana* Sivanesan

咖啡球腔菌 *Mycosphaerella coffeae* Noack

咖啡球座菌 *Guignardia coffeana* (Noack) Saw.

咖啡韧皮部坏死病菌 *Phytomonas leptovasorum*

咖啡生尾孢 *Cercospora coffeicola* Berk. et Cooke

咖啡生小核菌 *Sclerotium coffeicola* Stahel

咖啡炭疽菌 *Colletotrichum coffeanum* Noack

咖啡驼孢锈菌[咖啡锈病菌] *Hemileia vastatrix* Berk. et Br.

咖啡锈病菌 *Hemileia vastatrix* Berk. et Br.

咖啡晕疫病菌 *Pseudomonas syringae* pv. *garcae* (Amaral et al.) Young et al.

咖啡状杈枝霉 *Virgaria coffeospora* Sacc.

喀氏原囊菌 *Protomyces kriegerianus* Büren

卡地腐霉[澳洲坚果幼苗根腐病菌] *Pythium carolinianum* Matthews

卡地假尾孢 *Pseudocercospora kashotoensis* (Yamam.) Deighton

卡地盘多毛孢 *Pestalotia caroliniana* Guba

卡地尾孢　*Cercospora kashotoensis* Yamam.

卡丁菊白锈　*Albugo chardiniae* Bremer et Petrak

卡尔巴斯长针线虫　*Longidorus carpathicus* Liskova，Robbins et Brown

卡尔单胞锈菌　*Uromyces kalmusii* Sacc.

卡尔核黑粉菌　*Cintractia calderi* Savile

卡尔酵母　*Saccharomyces carlsbergensis* Hansen

卡果利霜霉　*Peronospora karelii* Bremer et Gäum.

卡开芦竹夏孢锈菌　*Uredo phragmitiskarkae* Saw.

卡拉卡尔帕克茎线虫　*Ditylenchus karakalpakensis* Erzhanov

卡雷隔担耳　*Septobasidium carestianum* Bres.

卡累利阿柄锈菌　*Puccinia karelica* Tranz.

卡里炭黑粉菌　*Anthracoidea karii*（Liro）Nannf.

卡罗耒纳环线虫　*Criconema carolinae* Berg

卡罗耒纳螺旋线虫　*Helicotylenchus caroliniensis* Sher

卡罗耒纳根结线虫　*Meloidogyne carolinensis* Eisenback

卡罗皮斯霉　*Pithomyces karoo* Marasas et Schumann

卡迈勒轮线虫　*Criconemoides kamaliei* Khan

卡迈勒小环线虫　*Criconemella kamali*（de Grisse et Loof）Khan

卡门氏叶点霉　*Phyllosticta commonsii* Ell. et Ev.

卡密斯伞锈菌　*Ravenelia cumminsii* Baxt.

卡明斯锈菌属　**Cumminsina** Petr.

卡纳亚半轮线虫　*Hemicriconemoides kanayaensis* Nakasono et Ichinohe

卡尼克拟滑刃线虫　*Aphelenchoides zeravschanicus* Tulaganov

卡诺曲霉　*Aspergillus carnoyi*（Biourge）Thom et Raper

卡帕青霉　*Penicillium kapuscinskii* Zal.

卡氏白锈［白花菜白锈病菌］　*Albugo chardoni* Weston

卡氏枝孢　*Cladosporium carrionii* Trejos

卡斯珀纽带线虫　*Hoplolaimus casparus* Berg et Heyns

卡斯坦盘单毛孢粗毛变种　*Monochaetia karstenii* var. *gallica*（Stey.）Sutton

卡文斯螺旋线虫　*Helicotylenchus cavenessi* Sher

开口箭柄锈菌　*Puccinia tupistrae* Guo

开裂黑粉菌　*Ustilago dehiscens* Ling

开裂羊肚菌　*Morchella distans* Fr.

开裂圆丝鼓藻病菌　*Harpochytrium hyalothecae* Lagerh.

开展黑粉菌　*Ustilago effusa* Syd.

开展壳针孢　*Septoria effusa*（Lib.）Desm.

开展盘双端毛孢　*Seimatosporium effusum*（Vestergr.）Shoem.

开展小煤炱　*Meliola patens* Syd.

凯勒曼圆霜霉贫弱变种　*Basidiophora kellermanii* var. *paupereula* Gilbertson

凯氏蒿柄锈菌　*Puccinia artemisiae-keiskeanae* Miura

凯氏螺旋线虫　*Helicotylenchus cairnsi* Waseem

凯氏伞滑刃线虫　*Bursaphelenchus kevini* Giblin et al.

堪察加多胞锈菌　*Phragmidium kamtschatkae*（Anders.）Arth. et Cumm.

堪萨斯噬虫霉　*Entomophaga kansana*（Hutchison）Batko

坎地尾孢　*Cercospora cantuariensis* Salm. et Worm.

坎宁安胶锈菌　*Gymnosporangium cunninghamianum* Barcl.

坎宁安锈孢锈菌　*Aecidium cunnighamianum* Barcl.

坎斯盘单毛孢　*Monochaetia kansensis*（Ell. et Barth.）Sacc.

坎特壶菌属　**Canteriomyces** Sparrow

坎特链壶菌[角星鼓藻和鼓藻链壶病菌] *Lagenidium canterae* Karling

看麦娘单胞锈菌 *Uromyces alopecuri* Seym.

看麦娘黑粉菌 *Ustilago alopecurivora* (Ule) Lindr.

看麦娘黑星孢 *Fusicladium alopecuri* Ellis et Ever.

看麦娘双极毛孢[小麦卷曲病菌] *Dilophospora alopecuri* (Fr.) Fries

看麦娘腥黑粉菌 *Tilletia alopecuri* (Saw.) Ling

康杜轴黑粉菌 *Sphacelotheca candollei* (Tul.) Cif.

康宁木霉 *Trichoderma koningii* Oudem.

考氏假单胞菌[蘑菇褐斑病菌] *Pseudomonas costantinii* Munsch et al.

考氏隐皮线虫 *Cryphodera coxi* (Wouts) Luć, Taylor et Cadet

栲弯枝小煤炱[大叶锥栗煤污病菌] *Meliola castanopsis* Hansf.

栲小光壳炱 *Asteridiella castanopsis* (Hansf.) Hansf.

栲小煤炱 *Meliola shiiae* Yamam.

栲星盾炱 *Asterina castanopsis* Song et Ouyang

栲叶柯附丝壳 *Appendiculella konishii* (Yam.) Hansf.

柯达特酵母 *Saccharomyces chodatii* Stein.

柯蒂斯壳多孢[水仙褐斑病菌] *Stagonospora curtisii* (Berk.) Sacc.

柯夫兰伯特盘菌 *Lambertella korfii* Zhuang

柯拉小球腔菌[结缕草坏死斑病菌] *Leptosphaeria korrae* Walker et Smith

柯里白座壳 *Leucostoma curreyi* (Nits.) Defago

柯里壳囊孢[冷杉壳囊孢] *Cytospora curreyi* Sacc.

柯诺德巴利酵母 *Debaryomyces konokotinae* Kudr.

柯生附丝壳 *Appendiculella lithocarpicola*

(Yam.) Hansf.

柯氏列当 *Orobanche krylovii* Beck

柯氏锥线虫 *Dolichodorus cobbi* Golden, Handoo et Wehunt

柯小煤炱 *Meliola lithocarpina* Yam.

柯小煤炱勐养变种 *Meliola lithocarpina* var. *mengyangensis* Jiang

科比特轮线虫 *Criconemoides corbetti* (de Grisse) Luć

科地菌绒孢 *Mycovellosiella costaricensis* (Syd.) Deighton

科地尾孢 *Cercospora costaricensis* Syd.

科地锈生座孢 *Tuberculina costaricana* Syd.

科蒂兹假尾孢 *Pseudocercospora cotizensis* (Muller et Chupp) Deighton

科蒂兹尾孢 *Cercospora cotizensis* Mull. et Chupp.

科尔达黑粉菌 *Ustilago cordae* Liro

科尔多瓦假尾孢 *Pseudocercospora cordobensis* (Speg.) Guo et Liu

科丽姆伞滑刃线虫 *Bursaphelenchus kolymensis* Korenchenko

科利特柄锈菌 *Puccinia collettiana* Barcl.

科林细小线虫 *Gracilacus colina* Huang et Raski

科马罗夫柄锈菌 *Puccinia komarovii* Tranz.

科米斯酵母 *Saccharomyces comesii* Cavara

科摩罗弯孢 *Curvularia comoriensis* Bouriguet et Jauffret

科纳根结线虫 *Meloidogyne konaensis* Eisenback, Bernard et Schmitt

科佩特粒线虫 *Anguina kopetdaghica* Kirjanova et Schagalina

科氏沟环线虫 *Ogma cobbi* (Micoletzky) Siddiqi

科氏环线虫 *Criconema cobbi* de Coninck

科氏环线虫多倍型 *Criconema cobbi* f. sp. *multiplex* de Coninck

科氏环线虫双倍型 *Criconema cobbi* f.

sp. *duplex* de Coninck

科氏环线虫原型　*Criconema cobbi* f. sp. *typical* (Micoletzky) Taylor

科氏轮线虫　*Criconemoides colbrani* Luć

科氏鞘线虫　*Hemicycliophora corbetti* Siddiqi

科氏小盘环线虫　*Discocriconemella colbrani* (Luć) Loof et de Grisse

科瓦克斯轮线虫　*Criconemoides kovacsi* Andrassy

科西嘉盘旋线虫　*Rotylenchus corsicus* Massese et Germani

楹藤球腔菌　*Mycosphaerella entadae* Saw.

颗粒垫壳孢[石榴干腐病菌]　**Coniella granati** (Sacc.) Petr. et Syd.

壳虫藻球壶菌[斯氏、光丽壳虫藻球壶菌]　*Sphaerita trachelomonadis* Skvortsov

壳单孢属　**Amerosporium** Speg.

壳堆锈菌属　**Miyagia** Miyabe ex Syd.

壳多孢属　**Stagonospora** (Sacc.) Sacc.

壳二孢属　**Ascochyta** Lib.

壳丰孢属　**Phloeospora** Wallr.

壳附霉属　**Prosthemiella** Sacc.

壳格孢属　**Camarosporium** Schulz

壳褐针孢属　**Phaeoseptoria** Speg.

壳镰孢属　**Kabatia** Bubák

壳毛孢属　**Labridium** Vestergr.

壳明单隔孢属　**Diplodina** Westend

壳囊孢属　**Cytospora** Ehrenb.

壳排孢属　**Stichospora** Petr.

壳球孢属　**Macrophomina** Petrak

壳蠕孢属　**Hendersonia** Sacc.

壳色单隔孢属　**Diplodia** Fr.

壳梭孢属　**Fusicoccum** Corda

壳线孢属　**Linochora** Höhn.

壳锈菌属　**Physopella** Arth.

壳月孢属　**Selenophoma** Maire

壳针孢属　**Septoria** Sacc.

壳柱孢属　**Melophia** Sacc.

壳柱霉属　**Piptarthron** Mont. ex Höhn

壳状虫瘴霉　*Furia crustosa* (MacLeod et Tyrrell) Humber

可变粉孢[蘑菇可变粉孢霉病菌]　*Oidium variabilis*

可变环线虫　*Criconema mutabilis* (Taylor) Raski et Luć

可变轮线虫　*Criconemoides mutabilis* Taylor

可变螺旋线虫　*Helicotylenchus variabilis* Phillips

可变小环线虫　*Criconemella variabile* (Raski et Golden) Raski et Luć

可可丛梗孢　*Monilia roreri* Cif.

可可丛枝病菌　*Crinipellis perniciosa* Singer

可可花瘿病菌　*Nectria rigidiuscula* Berk. et Broome

可可坏死病毒　*Cocoa necrosis virus Nepovirus* (CONV)

可可黄花叶病毒　*Cacao yellow mosaic virus Tymovirus* (CYMV)

可可假丝酵母　*Candida cacaoi* Buckl. et Uden

可可酵母　*Saccharomyces theobromae* Prey.

可可梨尾格孢　*Piricauda cochinensis* (Subram.) Ellis

可可链霉菌　*Streptomyces cacaoi* (Bunting) Waksman et Henrici

可可链疫孢荚腐病菌[可可荚腐病菌]　*Moniliophthora roreri* (Cif. et Par.) Evans

可可轮枝孢　*Verticillium theobromae* (Turess.) Mason et Hughes

可可毛色二孢　*Lasiodiplodia theobromee* (Pat) Griff et Maubl

可可球色单隔孢　*Botryodiplodia theobromae* Pat.

可可曲霉　*Aspergillus cacae* Bain.

可可树疫病菌　*Phytophthora palmivora* var. *heterocystica* Babacauh

可可外囊菌　*Taphrina bussei* Fab.

可可小盘环线虫　*Discocriconemella theo-*

bromae（Chawla et Samathanam）Raski et Luć

可可枝腐病菌　*Marasmius perniciosus* Stahl.

可可肿枝病毒　*Cacao swollen shoot virus Badnavirus*（CSSV）

可克伯克氏菌［九节草内生菌］　*Burkholderia kirkii* Oevelen，Wachter et al.

可食马鞍菌［鹿花菌］　*Helvella esculenta* Pers.

可恶伏革菌　*Corticium invisum* Petch

可喜螺旋线虫　*Helicotylenchus gratus* Patil et Khan

可疑拟滑刃线虫　*Aphelenchoides dubius*（Fuchs）Filipjev

可疑尾孢　*Cercospora dubia*（Riess）Wint.

可疑叶点霉［清风藤叶点霉］　*Phyllosticta sabialicola* Szabo

克拉尔滑刃线虫　*Aphelenchus kralli* Samibaeva

克拉克氏螺旋线虫　*Helicotylenchus clarkei* Sher

克拉塞安根结线虫　*Meloidogyne cruciani* Taylor et Smart

克莱顿矮化线虫　*Tylenchorhynchus claytoni* Steiner

克莱因壳二孢　*Ascochyta kleinii* Bubák

克劳森假丝酵母　*Candida claussenii* Lodd. et Kreger

克里歧壶菌［葛缕子肿胀病菌］　*Cladochytrium kriegerianum*（Magn.）Fischer

克里斯蒂剑咽线虫　*Aorolaimus christie* Fortuner

克里特长针线虫　*Longidorus cretensis* Tzortzakakis，Peneva *et al.*

克列戈迈尔锈菌　*Milesina kriegeriana*（Magn.）

克林顿柄锈菌　*Puccinia clintonii* Peck

克林顿核黑粉菌　*Cintractia clintonii* Cif.

克鲁格螺旋线虫　*Helicotylenchus krugeri* Berg et Heyns

克鲁斯假丝酵母　*Candida klusei*（Cast.）Berkh.

克鲁维汉逊酵母　*Hansenula kluyveri*（Bedf.）Kudr.

克罗地亚三叶草病毒　*Croatian clover virus Potyvirus*（CroCV）

克洛德巴利酵母　*Debaryomyces kloeckeri* Guill. et Peju

克尼格壳丰孢　*Phloeospora koenigii*（Thirum.）Suttom

克什米尔轮线虫　*Criconemoides kashmirensis* Mahajan et Bijral

克什米尔螺旋线虫　*Helicotylenchus kashmirensis* Fotedar et Handoo

克氏菠葜柄锈菌　*Puccinia kraussiana* Cooke

克氏根结线虫　*Meloidogyne christiei* Golden et Kaplan

克氏根结线虫　*Meloidogyne kralli* Jepson

克氏环线虫　*Criconema chrisbarnardi* Heyns

克氏螺旋线虫　*Helicotylenchus craigi* Knobloch et Laughlin

刻点斑皮线虫　*Punctodera punctata*（Thorne）Mulvey et Stone

刻痕短体线虫　*Pratylenchus crenatus* Loof

刻痕螺旋线虫　*Helicotylenchus crenatus* Das

刻痕拟滑刃线虫　*Aphelenchoides crenati* Ruhm

刻痕伞滑刃线虫　*Bursaphelenchus crenati*（Ruhm）Goodey

刻尾螺旋线虫　*Helicotylenchus crenacauda* Sher

刻尾潜根线虫　*Hirschmanniella caudacrena* Sher

刻纹小环线虫　*Criconemella incisa*（Raski et Golden）Luć et Raski

刻线小环线虫　*Criconemella onostris*（Phukan et Sanwal）Ebsary

肯勒白锈［紫堇白锈病菌］　*Albugo keene-*

ri Solhein et Gilberston

肯尼迪豆 Y 病毒 *Kennedya virus Y Potyvirus*（KVY）

肯尼迪豆黄花叶病毒 *Kennedya yellow mosaic virus Tymovirus*（KYMV）

肯尼亚越锈菌 *Joerstadia keniensis* Gjaer. et Cumm.

肯氏螺旋线虫 *Helicotylenchus khani* (Khan et al.) Fortuner

坑状长蠕孢 *Helminthosporium foveolatum* Pat.

空环单顶孢 *Monacrosporium coelobrochum* (Drechs) Subram

空棱芹轴霜霉 *Plasmopara cenolophii* Jermal.

空球藻根生壶菌［空球藻肿胀病菌］ *Rhizophydium eudorinae* Hood

空球藻泡壶菌 *Phlyctidium eudorinae* Gimesi

空心泡假尾孢 *Pseudocercospora heteromalla* (Syd.) Deighton

空心苋矮化病毒 *Alligator weed stunting virus Closterovirus*（AWSV）

孔策黑腐皮壳［油松烂皮病菌］ *Valsa kunzei* Nits

孔洞螺旋线虫 *Helicotylenchus caipora* Monteiro et Mendonca

孔格勒拟滑刃线虫 *Aphelenchoides kungradensis* Karimova

孔曲霉 *Aspergillus ostianus* Wehmer

孔氏根结线虫 *Meloidogyne kongi* Yang, Wang et Feng

孔氏螺原体［玉米矮化病菌］ *Spiroplasma kunkelii* Whitcomb, Chen, Williamson et al.

孔形杯座壳孢 *Matula poroniiformis* (Berk. et Br.) Massee

孔穴疮痂链霉菌 *Streptomyces caviscabies* Goyer et al.

孔颖草黑粉菌 *Ustilago bothriochloae* Ling

口津假丝酵母 *Candida melibiosica* Buckl.

et Uden

枯斑盘多毛孢 *Pestalotia funerea* Desm.

枯草隔指孢 *Dactylella subtilis* (Oudem.) Zhang, Liu et Gao

枯草芽孢杆菌 *Bacillus subtilis* (Ehrenberg) Cohn

枯帕小煤炱 *Meliola kuprensis* Deight.

枯萎剑线虫 *Xiphinema maraisae* Swart

枯叶格孢腔菌［葱类叶枯病菌］ *Pleospora herbarum* (Fr.) Rabenk.

堀氏(舟形)柄锈菌［菊白色锈菌］ *Puccinia horiana* P. Henn.

苦白蹄拟层孔菌 *Fomitopsis officinalis* (Vill.：Fr.) Bond. et Sing.

苦菜茎线虫 *Ditylenchus sonchophila* Kirjanova

苦菜粒线虫 *Anguina picridis* (Kirjanova) Kirjanova

苦瓜匍柄霉 *Stemphylium momordicae* Zhang et Zhang

苦瓜霜霉 *Peronospora momordicae* (Sawada) Skalický

苦苣菜(属)斑驳病毒 *Sonchus mottle virus Caulimovirus*（SMOV）

苦苣菜(属)病毒 *Sonchus virus Cytorhabdovirus*（SonV）

苦苣菜(属)黄网病毒 *Sonchus yellow net virus Nucleorhabdovirus*（SYNV）

苦苣菜柄锈菌 *Puccinia sonchi* Rob.

苦苣菜粉孢 *Oidium sonchi-arvensis* Saw.

苦苣菜黄脉病毒 *Sowthistle yellow vein virus Nucleorhabdovirus*（SYVV）

苦苣菜壳针孢 *Septoria sonchina* Thüm.

苦苣菜链格孢 *Alternaria sonchi* Davis ex Elliott

苦苣菜链格孢 *Alternaria spinaciae* Allesch et Noack

苦苣菜生盘梗霉［苦苣菜霜霉病菌］ *Bremia sonchicola* (Schlechtendal) Sawada

苦苣菜霜霉病菌 *Bremia sonchicola* (Schlechtendal) Sawada

苦苣菜尾孢　*Cercospora sonchi* Chupp

苦苣菜柱隔孢　*Ramularia sonchi* Fautr.

苦苣苔独脚金　*Striga gesnerioides* Vatake ex Vierh

苦苣异皮线虫　*Heterodera sonchophila* Kirjanova et al.

苦楝假单胞菌　*Pseudomonas meliae* Ogimi

苦龙胆霜霉病菌　*Peronospora carniolica* Gäum.

苦马豆壳二孢　*Ascochyta sphaerophysae* Barbier

苦马豆束丝壳　*Trichocladia swainsoniae* Yu et Lai

苦马豆楔孢黑粉菌　*Thecaphora sphaerophysae* Zhao et Xi

苦荬菜柄锈菌　*Puccinia lactucae-denticulatae* Diet.

苦荬菜壳针孢　*Septoria sonchifolia* Cooke

苦荬菜霜霉病菌　*Bremia lactucae* f. sp. *sonchicola* Ling et Tai

苦荬菜霜霉病菌　*Bremia microspora* Sawada

苦荬菜原囊菌　*Protomyces ixeridis-oldhamii* Saw.

苦茗栅被锈菌　*Corbulopsora cumminsii* Thirum.

苦木叉丝壳　*Microsphaera picrasmae* Saw.

苦木钩丝壳　*Uncinula picrasmae* Homma

苦参单胞锈菌　*Uromyces sophorae-flavescentis* Kus.

苦竹(属)花叶病毒　Fleioblastus mosaic virus (FleMV)

库德毕赤酵母　*Pichia kudriavzevii* Boidin et al.

库都尔白座壳　*Leucostoma kuduerensis* Yuan

库玛巴轮线虫　*Criconemoides komabaeensis* (Imamura) Tayor

库曼散斑壳　*Lophodermium kumaunicum* Minter et Sharma

库盘尼皮斯霉　*Pithomyces cupaniae* (Syd.) Ellis

库氏螺旋线虫　*Helicotylenchus coomansi* Ali et Loof

库氏拟滑刃线虫　*Aphelenchoides kuehnii* Fischer

库蚊虫霉　*Entomophthora culicis* (Braun) Fresenius

块根落葵(属)C病毒　*Ullucus virus C Comovirus* (UVC)

块根落葵(属)花叶病毒　*Ullucus mosaic virus Potyvirus* (UMV)

块根落葵(属)轻型斑驳病毒　*Ullucus mild mottle virus Tobamovirus* (UMMV)

块根秋海棠叶斑病菌　*Xanthomonas flavo-begoniae* (Wieringa) Magrou et Prevot

块茎核盘菌　*Sclerotinia tuberosa* (Hedw.) Fuck.

块菌属　**Tuber** Micheli. ex Fr.

块状杯盘菌　*Ciboria pseudotuberosa* Rehm

块状杜蒙盘菌　*Dumontinia tuberosa* (Bull.：Fr.) Köhn

块状耳霉　*Conidiobolus thromboides* Drechsler

快生根瘤菌　*Sinorhizobium fredii* (Scohlla et Elkan) Chen, Yan et al.

快速长尾滑刃线虫　*Seinura celeris* Hechler

快游根生壶菌[膨胀色球藻肿胀病菌]　*Rhizophydium agile* (Zopf) Fischer

筷子芥黑粉菌　*Ustilago arabis-alpinae* Lindr.

宽孢链格孢　*Alternaria latispora* Zhang et Zhang

宽边锐孔菌　*Oxyporus latemarginatus* (Dur. et Mont.) Donk.

宽柄柄锈菌　*Puccinia platypoda* H. Syd.

宽垫蜜皮线虫　*Meloidodera eurytyla* Bernard

宽广叶点霉　*Phyllosticta ampla* Brum

宽喙紧头霉　*Haptocara latirostrum*

Drechsler

宽脊曲霉　*Aspergillus stramenius* Nov et Raper

宽节纹线虫属　**Amplimerlinius** Siddiqi

宽卷耳霜霉病菌　*Peronospora helvetica* Gäum.

宽鳞棱孔菌　*Favolus squamosus* Berk.

宽乳突柄锈菌　*Puccinia latimamma* Zhuang et Wei

宽松环单顶孢　*Monacrosporium lysipagum* (Drechs.) Subram.

宽体环线虫　*Criconema eurysoma* Golden et Friedman

宽头茎线虫　*Ditylenchus eurycephalus* (de Man) Filipjev

宽雄腐霉[桃树、山核桃根腐病菌]　*Pythium dissotocum* Drechsler

宽叶牛姆瓜柄锈菌　*Puccinia holboelliaelatifoliae* Cumm.

宽叶苔草柄锈菌　*Puccinia caricis-siderostictae* Diet.

宽叶苔炭黑粉菌　*Anthracoidea siderosticta* Kukk.

宽柱假尾孢　*Pseudocercospora profusa* (Syd. et Syd.) Deighton

宽柱尾孢　*Cercospora profusa* Syd.

宽嘴根生壶菌[鞘藻肿胀病菌]　*Rhizophydium sporoctonum* (Braun) Berlese et de Toni

款冬壳多孢　*Stagonospora tussilaginis* Died.

款冬尾孢　*Cercospora tussilaginis* Y. Guo et Y. Jiang

款冬锈孢锈菌　*Aecidium tussilaginis* Pers.

款冬叶点霉　*Phyllosticta farfarae* Sacc.

款冬叶点霉　*Phyllosticta tussilaginis* Garb.

狂带单顶孢　*Monacrosporium rutgeriense* Cooke et Pramer

奎诺苦竹病毒　*Pleioblastus chino virus Potyvirus* (PleCV)

奎诺苦竹花叶病毒　*Pleioblastus mosaic virus Potyvirus* (PleMV)

奎特聚柄锈菌　*Edythea quitensis* (Lagerh.) Jacks. et Holw.

溃疡柄锈菌　*Puccinia vomica* Thüm.

昆明被孢锈菌　*Peridermium kunmingense* Jen

昆明锤舌菌　*Leotia kunmingensis* Tai

昆明腐霉　*Pythium kunmingense* Yu

昆明鞘柄锈菌　*Coleopuccinia kunmignensis* Tai

困惑胶锈菌　*Gymnosporangium confusum* Plowr.

困难星盾炱[粗糙星盾炱]　*Asterina scruposa* Syd.

扩展柄锈菌　*Puccinia expansa* Link

扩展地杨梅夏孢锈菌　*Uredo luzulaeeffusae* Hirats.

扩展壳针孢　*Septoria expansa* Niessl.

扩展青霉　*Penicillium expanaum* (Link) Thom.

扩展形帽孢锈菌　*Pileolaria effusa* Peck

阔叶猕猴桃球针壳　*Phyllactinia actinidiae-latifoliae* Saw.

L

拉伯兰单胞锈菌　*Uromyces lapponicus* Lagerh.

拉伯兰霜霉［小米草霜霉病菌］　*Peronospora lapponica* Lagerh.

拉策堡斑皮线虫　*Punctodera ratzebergensis* Mulvey et Stone

拉发尔假克酵母　*Mycokluyveria lafarii* (Janke) Cif. et Red.

拉夫苜蓿霜霉菌　*Peronospora romanica* f. sp. *lavrenkoi* Gaponenko

拉考夫假丝酵母　*Candida reukaufii* (Grüss) Didd. et Lodd.

拉拉藤壳针孢　*Septoria galiorum* Ellis

拉拉藤霜霉　*Peronospora galii* Fuckel

拉莫斯小煤炱　*Meliola ramosii* Syd.

拉莫梯小盘环线虫　*Discocriconemella lamottei* (Lúc) Ebsary

拉姆黑斑黑粉菌　*Melanotaenium lamii* Beer

拉塞氏杆菌属　**Rathayibacter** Zgurskaya, Evtushenko, Akimov et al.

拉氏伏鲁沃罗宁菌［洋椿沃罗宁病菌］　*Woronina raii* Srivastava et Sinha

拉氏拉塞氏杆菌［鸭茅蜜穗病菌］　*Rathayibacter rathayi* (Smith) Zgurskaya et al.

拉氏轮线虫　*Criconemoides raskii* Goodey

拉氏毛茛条黑粉菌　*Urocystis ranunculi-lanuginosi* (DC.) Zund.

拉氏拟滑刃线虫　*Aphelenchoides rutgersi* Hooper et Myers

拉氏拟毡锈菌　*Cleptomyces lagerheimianus* (Diet.) Arth.

拉氏鞘线虫　*Hemicycliophora raskii* Brzeski

拉氏细小线虫　*Gracilacus raskii* Phukan et Sanwal

拉氏小环线虫　*Criconemella raskiensis* (de Grisse) Lúc et Raski

拉氏异皮线虫　*Heterodera raskii* Basnet et Jayaprakash

拉托河病毒　*Lato River virus Tombusvirus* (LRV)

腊肠形叶点霉　*Phyllosticta allantella* Sacc.

腊肠状壳蠕孢　*Hendersonia botulispora* Teng

蜡瓣花柄锈菌　*Puccinia corylopsidis* Cumm.

蜡瓣花球针壳　*Phyllactinia corylopsidis* Yu et Han

蜡黄木霉　*Trichoderma cerinum* Bissett, Kubicek et Szakacs

蜡蚧头孢　*Cephalosporium lecanii* Zimm.

蜡菊类霜霉　*Paraperonospora helichrysi* (Togashi et Egami) Tao

蜡菊霜霉病菌　*Paraperonospora helichrysi* (Togashi et Egami) Tao

蜡壳锈菌　*Ceropsora piceae* (Barcl.) Bakshi et Singh

蜡壳锈菌属　**Ceropsora** Bakshi et Singh

蜡梅格孢　*Macrosporium calycanthi* Cav.

蜡梅黑斑病菌　*Alternaria calycanthi* (Cav.) Joly

蜡梅叶点霉　*Phyllosticta calycanthi* Sacc.

蜡盘菌　*Peziza cerea* Sow. ex Mér.

蜡盘菌属　**Rutstroemia** Karst.

蜡球腔菌　*Mycosphaerella ceres* Sacc.

蜡锈菌属　**Cerotelium** Arth.

蜡叶柔膜菌　*Helotium herbarum* (Pers.) Fr.

蜡叶散囊菌　*Eurotium herbariorum* (Wigg.）Link

蜡叶散囊菌较小变种　*Eurotium herbariorum* var. *minor* Mang.

蜡质菌属　***Ceriporia*** Donk

蜡状芽孢杆菌　*Bacillus cereus* Frankland et Frankland

辣根潜病毒　*Horseradish latent virus Caulimovirus*（HrLV）

辣根曲顶病毒　*Horseradish curly top virus Curtovirus*（HrCTV）

辣根霜霉病菌　*Peronospora alliariae-asabi* Gäum.

辣根叶斑病菌　*Xanthomonas campestris* pv. *armoraceae*（McCulloch）Starr et Burkholder

辣椒、番茄腐败病菌　*Pythium sinense* Yu

辣椒斑驳病毒　*Pepper mottle virus Potyvirus*（PepMoV）

辣椒斑点黄单胞菌［辣椒细菌性斑点病菌］　*Xanthomonas vesicatoria*（ex Doidge）Dowson

辣椒等猝倒、根腐病菌　*Pythium aphanidermatum*（Edson）Fitzpatrick

辣椒褐斑病菌　*Cercospora capsici* Heald et Wolf

辣椒环斑病毒　*Pepper ringspot virus Tobravirus*（PepRSV）

辣椒黄花叶病毒　*Pepper yellow mosaic virus Potyvirus*

辣椒金花叶病毒　*Pepper golden mosaic virus Begomovirus*（PepGMV）

辣椒壳二孢　*Ascochyta capsici* Bond.-Mont.

辣椒镰孢　*Fusarium annuum* Leon.

辣椒链格孢　*Alternaria capsici-annui* Săvul. et Sandu.

辣椒脉斑驳病毒　*Chilli veinal mottle virus Potyvirus*（ChiVMV）;*Pepper veinal mottle virus Potyvirus*（PVMV）

辣椒脉带病毒　*Pepper vein banding virus Potyvirus*（PVBV）

辣椒脉黄化病毒　*Pepper vein yellows virus*（PepVYV）

辣椒盘旋线虫　*Rotylenchus capsicumi* Firoza et Maqbool

辣椒轻型斑驳病毒　*Pepper mild mottle virus Tobamovirus*（PMMoV）

辣椒轻型虎斑病毒　*Pepper mild tigre virus Begomovirus*（PepMTV）

辣椒轻型花叶病毒　*Pepper mild mosaic virus Potyvirus*（PMMV）

辣椒曲叶病毒　*Chilli leaf curl virus Begomovirus* ;*Pepper leaf curl virus Begomovirus*（PepLCV）

辣椒曲叶孟加拉病毒　*Pepper leaf curl Bangladesh virus Begomovirus*

辣椒生色链隔孢　*Phaeoramularia capsicicola*（Vassilijevsky）Deighton

辣椒霜霉　*Peronospora capsici* Tao et Li

辣椒丝尾垫刃线虫　*Filenchus capsici* Xie et Feng

辣椒炭疽菌　*Colletotrichum capsici*（Syd.）Butl. et Bisby

辣椒尾孢　*Cercospora capsici* Heald et Wolf

辣椒细菌性斑点病菌　*Xanthomonas vesicatoria*（ex Doidge）Dourson

辣椒叶点霉　*Phyllosticta capsici* Speg.

辣椒疫病　*Phytophthora capsici* Leonian

辣椒枝孢　*Cladosporium capsici*（Marchal et Steyaert）Kovacevski

辣椒枝孢　*Cladosporium pipericola* Singh

辣椒重型花叶病毒　*Pepper severe mosaic virus Potyvirus*（PepSMV）

辣子草霜霉病菌　*Paraperonospora yunnanensis*（Tao et Qin）Tao

来檬丛枝植原体　Lime witches'broom phytoplasma

来檬金黄叶植原体　*Candidatus* Phytoplasma aurantifolia Zreik et al.

来托拉尔异皮线虫　*Heterodera litoralis* Wouts et Sturhan

莱氏伞滑刃线虫 *Bursaphelenchus leoni* Baujard

楝木钉孢霉 *Passalora corni* Guo

楝木盘多毛孢 *Pestalotia corni* Allesch.

楝木膨痂锈菌 *Pucciniastrum corni* Diet.

楝木生假尾孢 *Pseudocercospora cornicola* (Tracy et Earli) Guo et Hsieh

楝木生壳针孢 *Septoria cornicola* Desm.

楝木生尾孢 *Cercospora cornicola* Tracy et Earle.

楝木生叶点霉 *Phyllosticta cornicola* Rab

赖草黑粉菌 *Ustilago serpens* (Karsten) Lindeberg

赖夫生氏菌属 ***Leifsonia*** Evtushenko et al.

赖氏离壁壳 *Cystotheca wrightii* Berk. et Curt.

赖因金隔担耳 *Septobasidium reinkingii* Pat.

濑户小单孢 *Haplosporella setoana* Togashi et Mizok

兰(属)花叶病毒 *Cymbidium mosaic virus Potexvirus* (CymMV)

兰(属)环斑病毒 *Cymbidium ringspot virus Tombusvirus* (CymRSV)

兰(属)环斑病毒卫星 *Cymbidium ringspot Satellite virus*

兰伯特盘菌 *Lambertella corni-maris* Höhn.

兰伯特盘菌属 ***Lambertella*** Höhnel

兰多费藤小煤炱 *Meliola landolphiae-floridae* Hansf.

兰黑瘤裂壳孢 *Agyriellopsis caeruleoatra* Höhn.

兰花斑点病毒 Orchid fleck virus (OFV)

兰花(属)病毒 Cymbidium virus(CymV)

兰花褐斑病菌 *Acidovorax avenae* subsp. *cattleyae* (Pavarino) Willems et al.

兰痂囊腔菌[悬钩子疮痂病菌] *Elsinoë veneta* (Speg.) Jenkins

兰科枝孢 *Cladosporium orchidis* Ellis et Ellis

兰日规菌[悬铃木叶枯病菌] *Gnomonia veneta* (Sacc. et Speg.) Kleb.

兰生角担菌 *Ceratobasidium cornigerum* (Bourd.) Rogers.

兰斯盘菌属 ***Lanzia*** Sacc.

兰小菇 *Mycena orchidicola* Fan et Guo

兰叶点霉 *Phyllosticta cymbidii* Saw.

兰疫霉 *Phytophthora multivesiculata* Ilieva et al.

兰州肉苁蓉 *Cistanche lanzhouensis* Zhang

蓝变病菌 *Ceratocystis picea* (Münch) Bakshi

蓝刺头柄锈菌 *Puccinia echinopis* DC.

蓝刺头壳针孢 *Septoria echinopsis* Moesz.

蓝果树裸栅锈菌 *Aplopsora nyssae* Mains

蓝果油杉寄生 *Arceuthobium cyanocarpum* (Nels. ex Rydb.)Nels

蓝堇草霜霉病菌 *Peronospora parvula* Schneid.

蓝绿边青霉 *Penicillium godlewskii* Zal.

蓝绿藻多壶病菌 *Coenomyces consuens* Deckenb.

蓝毛青霉 *Penicillium lanoso-cocruleum* Thom

蓝盆花生壳针孢 *Septoria scabiosicola* Desmazières

蓝青霉 *Penicillium cyamcum* (Bain et Sart) Thom

蓝色赤霉 *Gibberella cyanea* (Sollm.) Wollenw.

蓝筛朴 A 病毒 *Elderberry virus A Carlavirus*

蓝筛朴潜病毒 *Elderberry latent virus Carmovirus* (ElLV)

蓝筛朴无症病毒 *Elderberry symptomless virus Carlavirus* (ElSLV)

蓝药蓼柄锈菌 *Puccinia polygoni-cyanandri* Zhuang et Wei

蓝藻离壶病菌 *Sirolpidium bryopsidis* (de Bruyne) Petersen

蓝棕青霉 *Penicillium cyaneo-fulvum*

榄孢锈菌　*Olivea capituliformis* Arth.

榄孢锈菌属　***Olivea*** Arth.

榄雌小环线虫　*Criconemella avicenniae* Nicholas et Stewart

榄绿色毛霉[玉米霉腐病菌]　*Mucor olivacellus* Spegazzini

榄仁树假尾孢　*Pseudocercospora catappae*（Henn.）Liu et Guo

榄仁树尾孢　*Cercospora catappae* Henn.

郎比可假丝酵母　*Candida lambica*（Lindn. et Gen.）Uden et Buckl.

郎比可酒汉逊酵母　*Hansenula lambica*（Kuff.）Dekk.

狼毒乌头单胞锈菌　*Uromyces aconitilycoctoni* DC. Wint.

狼毒乌头壳针孢　*Septoria lycoctoni* Spegazzini

狼毒栅锈菌　*Melampsora stellerae* Teich

狼尾草孢堆黑粉菌　*Sporisorium pamparum*（Speg.）Vánky

狼尾草大孢黑痣菌[日本狼尾草黑痣菌]　*Phyllachora penniseti-japonici* Saw.

狼尾草黑痣菌　*Phyllachora pennisetina* Syd.

狼尾草绿核菌　*Ustilaginoidea penniseti* Miyaka

狼尾草弯孢　*Curvularia penniseti*（Mirra）Boedijn

狼尾草腥黑粉菌　*Tilletia barclayana*（Bref.）Sacc. et Syd.

狼尾草腥黑粉菌　*Tilletia pennisetina* Syd.

狼尾草轴霜霉　*Plasmopara penniseti* Kenneth et Kranz

狼尾珍珠菜壳针孢　*Septoria barystsachyiae* Miura

狼紫草白粉菌　*Erysiphe lycopsidis* Zheng et Chen

莨菪斑驳病毒　*Solanum nodiflorum mottle virus Sobemovirus*（SNMoV）

莨菪斑驳病毒卫星 RNA　RNA Solanum nodiflorum mottle *virus satellite*

莨菪生(天仙子)壳二孢　*Ascochyta hyoscyamicola* Chi

浪梗霉属　***Polythrincium*** Kunze

劳德藻油壶菌[劳德藻肿胀病菌]　*Olpidium laederiae* Gran

劳德藻肿胀病菌　*Olpidium laederiae* Gran

劳尔氏菌属　***Ralstonia*** Yabuuchi et al.

老鹳草单胞锈菌　*Uromyces geranii*（DC.）Fr.

老鹳草单囊壳　*Sphaerotheca fugax* Penz. et Sacc.

老鹳草黑星菌　*Venturia geranii*（Fr.）Wint.

老鹳草黄单胞菌[老鹳草叶斑病菌]　*Xanthomonas campestris* pv. *geranni*（Burkholder）Dowson

老鹳草壳针孢　*Septoria geranii* Roberge et Desmazières

老鹳草鞘锈菌　*Coleosporium geranii* Pat.

老鹳草色链隔孢　*Phaeoramularia geranii*（Cooke et Shaw）Braun

老鹳草霜霉　*Peronospora congomerata* Fuckel

老鹳草霜霉病菌　*Plasmopara pusilla*（de Bary）Schröt.

老鹳草夏孢锈菌　*Uredo geranii-nepalensis* Hirats. et Oshin.

老鹳草叶斑病菌　*Xanthomonas campestris* pv. *geranni*（Burkholder）Dowson

老鹳草轴霜霉　*Plasmopara geranii*（Peck）Berl. et De Toni

老鼠莉壳蠕孢　*Hendersonia acanthi* Pat.

酪生青霉　*Penicillium caseicolum* Bain

酪枝顶孢　*Acremonium butyri*（Beyma）Gams

勒克瑙根结线虫　*Meloidogyne lucknowica* Singh

勒克瑙拟滑刃线虫　*Aphelenchoides lucknowensis* Tandon et Singh

勒韦耶柄锈菌　*Puccinia leveillei* Mont.

雷波薦寄生　*Gleadovia lepoense* Hu

雷蒂亚柄锈菌　*Puccinia rhaetica* E. Fischer

雷氏鞘锈菌　*Coleosporium reichel* Diet.

雷沃特假丝酵母　*Candida ravautii* Langer. et Guera

蕾丽兰(属)红叶斑病毒　*Laelia red leaf-spot virus Nucleorhabdovirus* (LRLV)

肋壶菌属　**Harpochytrium** Lagerh.

肋状散囊菌　*Eurotium costiforme* Kong et Qi

类病毒　**Viroid**

类稻亚球壳　*Sphaerulina oryzaena* Hara

类稻叶点霉[稻小穗谷枯病菌]　*Phyllosticta oryzina* (Sacc.) Padw.

类腐霉属　**Pythiogeton** Minden

类畸咽纽带线虫　*Hoplolaimus aorolaimoides* Siddiqi

类剑线虫属　**Aenigmenschus** Ley, Coomans et al.

类捷曼轮线虫　*Criconemoides quasidemani* Wu

类腊肠茎点霉属　**Allantophomoides** Wei et Zhang

类链壶菌属　**Lagenisma** Drebes

类芦柄锈菌　*Puccinia neyraudiae* Syd.

类芦黑粉菌　*Ustilago neyraudiae* Mundk.

类蘑菇拟滑刃线虫　*Aphelenchoides neocomposticola* Seth et Sharma

类槭叶点霉　*Phyllosticta acerina* Allesch

类荨麻叶点霉　*Phyllosticta urticina* Garb

类球头小环线虫　*Criconemella sphaerocephaloides* (de Grisse) Ebsary

类球形德巴利酵母　*Debaryomyces subglobosus* (Zach) Lodd. et Kreger

类十大功劳叶点霉　*Phyllosticta mahoniana* Sacc.

类双宫螺旋线虫　*Helicotylenchus dihysteroides* Siddiqi

类霜霉属　**Paraperonospora** Constant.

类香豌豆叶点霉　*Phyllosticta lathyrina*

Sacc. et Wint

类叶升麻壳针孢　*Septoria actaeae* Miura

类疫霉属　**Pythiomorpha** Petersen

类月桂叶点霉　*Phyllosticta laurina* Almeida

类座囊菌属　**Systremma** Theiss. et Syd.

棱孢黑粉菌　*Ustilago goniospora* Mass.

棱壁盘色梭孢　*Seiridium marginatum* Nees ex Steudel

棱柄马鞍菌　*Helvella sulcata* Afzel. ex Fr.

棱胶团黑粉菌　*Sorosporium goniosporum* (Mass.)Ling

棱角拉拉藤霜霉　*Peronospora galii-anglici* Uljan.

棱角霜霉[拟漆菇霜霉病菌]　*Peronospora lepigoni* Fuckel

棱介壳针孢　*Septoria lengyelii* Moesz

棱孔菌属　**Favolus** Fr.

棱枝槲寄生　*Viscum diospyrosicolum* Hayata

冷蕨夏孢锈菌　*Uredo cystopteridis* Hirats.

冷杉薄盘菌　*Cenangium abietis* (Pers.) Duby

冷杉多孔菌　*Polyporus abietinus* (Dicks.) Fr.

冷杉粉粒座孢　*Trimmatostrima abietina* Doh.

冷杉格瑞曼盘菌[冷杉枯梢病菌]　*Gremmeniella abietina* (Lagerberg)Morelet

冷杉核瑚菌　*Typhula abietina* (Fuck.) Jacz.

冷杉黑腐皮壳　*Valsa abietis* Nits.

冷杉金锈菌　*Chrysomyxa abietis* (Wallr.) Ung.

冷杉壳囊孢　*Cytospora curreyi* Sacc.

冷杉落叶散班壳菌　*Lophodermium nervisequium* (DC. ex Fr.) Rehm

冷杉拟隐壳孢　*Cryptosporiopsis abietina* Petrak

冷杉盘菌　*Peziza abietina* Pers.

冷杉膨痂锈菌　*Pucciniastrum goeppe-*

rtianum Kleb.

冷杉细小线虫　*Gracilacus abietis*（Eroshenko）Raski

冷杉新茎线虫　*Neoditylenchus abieticola*（Ruhm）Mey

冷杉新栉线虫　*Neocrossonema abies*（Andrassy）Ebsary

冷杉星裂盘菌　*Phacidium abietinum* Kze. et Sehm.

冷杉油杉寄生(松香油杉寄生)　*Arceuthobium abietinum* Engelm. ex Munz

冷杉油杉寄生(西藏油杉寄生)　*Arceuthobium tibetense* Kiu

冷杉座坚壳　*Rosellinia abietina* Fuck.

冷水花白粉菌　*Erysiphe pileae*（Jacz）Bunk ex Braun.

冷水花白锈[冷水花白锈病菌]　*Albugo pileae* Tao et Qin

冷水花白锈病菌　*Albugo pileae* Tao et Qin

冷水花柄锈菌　*Puccinia pilearum* Durrieu

冷水花假霜霉　*Pseudoperonospora pileae* Gäum.

冷水花尾孢　*Cercospora pileae* Tai

冷水花夏孢锈菌　*Uredo pileae* Barcl.

冷水花轴霜霉　*Plasmopara pileae* Ito et Tokun.

梨白粉病菌　*Phyllactinia pyri*（Cast.）Homma

梨白纹病菌　*Ascochyta pirina* Pegl

梨孢壳属　*Apiospora* Sacc.

梨孢属　**Pyricularia**（=*Piricularia*）Sacc.

梨粗皮病菌　*Coniothecium intricatum* Peck

梨蒂腐病菌、柑橘焦腐病菌　*Diplodia natalensis* Evans

梨腐烂病菌　*Valsa ambiens*（Pers. ex Fr.）Fr.

梨干枯病菌　*Phomopsis fukushii* Tanake et Endo

梨格孢　*Macrosporium pirorum* Cooke

梨果寄生属(桑寄生科)　**Scurrula** L.

梨褐斑病菌　*Mycosphaerella sentina*（Fr.）Schrot.

梨褐斑病菌　*Septoria pricola* Desm.

梨褐色膏药病菌　*Helicobasidium tanakae* Miyake

梨褐色叶斑病菌　*Enterobacter pyrinus* Chung, Brenner, Steigerwalt et al.

梨黑斑病菌　*Alternaria kikuchiana* Tanaka

梨黑斑链格孢　*Alternaria gaisen* Nagano.

梨黑腐皮壳　*Valsa ambiens*（Pers. ex Fr.）Fr.

梨黑色枝枯病菌　*Erwinia pyrifoliae* Kim et al.

梨黑星孢　*Fusicladium virescens* Bon.

梨黑星菌　*Venturia pyrina* Aderh.

梨滑刃线虫　*Aphelenchus pyri*（Cobbold）

梨环斑病毒　Pear ringspot virus（PeRSV）

梨灰斑病菌　*Phyllosticta pirina* Sacc.

梨灰斑病菌　*Septoria piricola* Desm.

梨-桧胶锈菌[梨-桧锈病菌]　*Gymnosporangium asiaticum* Miyabe ex Yamada

梨-桧锈病菌　*Gymnosporangium asiaticam* Miyabe ex Yamade

梨火疫病菌　*Erwinia amylovora*（Burrill）Winslow et al.

梨痂囊腔菌[梨疮痂病菌]　*Elsinoë piri* Jenk.

梨胶锈菌[梨锈菌]　*Gymnosporangium asiaticum* Miyabe ex Yamada

梨节纹线虫　*Merlinius pyri* Fatema et Farooq

梨壳多孢叶斑病菌　*Stagonospora mali* Delacr.

梨壳二孢　*Ascochyta pirina* Pegl

梨壳针孢[梨灰斑病菌]　*Septoria piri* Miyake

梨枯梢欧文氏菌[亚洲梨火疫病菌,梨褐色叶枯病菌]　*Erwinia pyrifoliae* Kim et al.

梨溃疡病菌　*Neofabraea malicorticis*（Corda）Jacks.

梨轮纹病菌　*Botryosphaeria berenge-*

riana f. sp. *piricola* Koganezawa et Sakuma

梨囊腐霉 *Pythium pyrilobum* Vaartaja

梨囊藻壶菌、肿胀病菌 *Chytridium braunii* Dang.

梨疱症溃疡类病毒 *Pear blister canker viroid Apscaviroid*（PBCVd）

梨球腔菌［梨褐斑病菌］ *Mycosphaerella sentina*（Fr.）Schröt.

梨球针壳［梨白粉病菌］ *Phyllactinia pyri*（Cast.）Homma

梨生棒盘孢 *Coryneum pyricola* Anmad

梨生盾壳霉［梨叶白斑病菌］ *Coniothyrium piricola* Poteb.

梨生假尾孢 *Pseudocercospora piricola*（Saw.）Yen

梨生壳二孢 *Ascochyta piricola* Sacc.

梨生壳蠕孢 *Hendersonia piricola* Sacc.

梨生壳针孢［梨灰斑病菌］ *Septoria piricola* Desm.

梨生尾孢 *Cercospora piricola* Saw.

梨树肠杆菌［梨褐色叶斑病菌］ *Enterobacter pyrinus* Chung, Brenner, Steigerwalt et al.

梨衰退病植原体 *Pear decline phytoplasma*

梨炭疽菌［梨叶炭疽病菌］ *Colletotrichum piri* f. sp. *tieoliense* Bub.

梨外囊菌［梨叶泡病菌］ *Taphrina bullata*（Berk. et Br.）Tul.

梨尾格孢属 *Piricauda* Bubak

梨形孢属 *Apiosporium* Kunze

梨形单胞锈菌 *Uromyces pyriformis* Cooke

梨形壶菌［无柄无隔藻壶菌］ *Chytridium piriferme* Reinsch

梨形酵母 *Saccharomyces pyriformis* Ward

梨形节丛孢 *Arthrobotrys priformis*（Juniper）Schenck, Kendrick et Pramer

梨形壳针孢 *Septoria piriformis* Miura

梨形毛霉［酒糟菌种］ *Mucor piriformis* Fisch.

梨形盘砖格孢 *Stegonsporium pyriforme*（Hoffm ex Fr）Corda

梨形造毛孢 *Gonimochaete pyriforme* Barron

梨锈生座孢 *Tuberculina pyrus* Y. Huang et Z. Y. Zhang

梨叶白斑病菌 *Coniothyrium piricola* Poteb.

梨叶点霉［梨灰斑病菌］ *Phyllosticta pirina* Sacc.

梨叶轮纹病菌 *Ascochyta prunicola* Chi

梨叶泡病菌 *Taphrina bullata*（Berk. et Br.）Tul.

梨叶烧病菌 *Fabraea maculata*（Lév.）Atk.

梨叶炭疽病菌 *Colletotrichum piri* f. sp. *tieoliense* Bub.

梨疣皮病菌 *Botryosphaeria berengeriana* f. sp. *piricola* Koganezawa et Sakuma

梨游散叶点霉 *Phyllosticta erratica* Ell. et Ev.

梨枝枯病菌 *Diaporthe ambigua*（Sacc.）Nits

梨枝枯病细菌 *Erwinia amylovora* pv. *pyri* Tanii

梨植原体 *Candidatus* Phytoplasma pyri Seemüller et Schneider

狸藻实球黑粉菌 *Doassansia utriculariae* Henn.

离瓣寄生（五瓣桑寄生） *Helixanthera parasitica* Lour.

离瓣寄生属（桑寄生科） *Helixanthera* Lour.

离壁壳属 *Cystotheca* Berk. et Curtis

离壶菌［兰藻离壶病菌］ *Sirolpidium bryopsidis*（de Bruyne）Petersen

离壶菌属 *Sirolpidium* Petersen

离生柄锈菌［荸荠锈病菌］ *Puccinia liberta* Kern

离生葡萄座腔菌［刺槐干腐病菌］ *Botryosphaeria abrupta* Berk. et Curt.

离生青霉 *Penicillium solitum* Westl.

离心小核菌 *Sclerotium centrifugum* (Lév.) Curzi

离舟隔指孢 *Dactylella lysipaga* Drechsler

莴霜霉 *Peronospora sepium* Gäum.

藜草花叶病毒 *Sowbane mosaic virus Sobemovirus* (SoMV)

藜大茎点菌 *Macrophoma chenopodii* Miura

藜单胞锈菌 *Uromyces chenopodii* Schröt.

藜钉孢霉 *Passalora dubia* (Riess) Braun

藜短胖孢 *Cercosporidium dubium* (Riess) Liu et Guo

藜结瘿病菌 *Urophlyctis pulposa* (Wallr.) Schröt.

藜科内丝白粉菌 *Leveillula chenopodiacearum* Golov.

藜壳二孢 *Ascochyta chenopodii* Rostr

藜芦柄锈菌 *Puccinia veratri* (DC.) Duby

藜芦单胞锈菌 *Uromyces veratri* (DC.) Schröt.

藜芦壳针孢 *Septoria sublineolata* Thümen

藜生链格孢 *Alternaria chenopodiicola* T. Y. Zhang et al.

藜属坏死病毒 *Chenopodium necrosis virus Necrovirus* (ChNV)

藜霜霉病菌 *Peronospora bohemica* Gäum.

藜霜霉病菌 *Peronospora variabilis* Gäum.

藜尾囊壶菌［藜结瘿病菌］ *Urophlyctis pulposa* (Wallr.) Schröt.

藜叶点霉 *Phyllosticta chenopodii* Sacc.

藜异皮线虫 *Heterodera turcomanica* Kirjanova et Schagalina

䕡豆单胞锈菌 *Uromyces mucunae* Rabenh.

䕡豆假尾孢 *Pseudocercospora stizolobii* (Syd. et Syd.) Deighton

䕡豆生黄单胞菌［藜豆叶斑病菌］ *Xantho-monas stizolobicola* Patel, Kulkarni et Dhande

䕡豆尾孢 *Cercospora stizolobii* Syd.

䕡豆叶斑病菌 *Xanthomonas stizolobicola* Patel, Kulkarni et Dhande

李矮化线虫 *Tylenchorhynchus pruni* Gupta et Uma

李棒孢 *Corynespora pruni* (Berk. et Curt.) Ellis

李丛枝外囊菌 *Taphrina instititiae* (Sadeb.) Johans.

李大节片线虫 *Macroposthonia pruni* (Siddiqi) de Grisse et Loof

李德核黑粉菌 *Cintractia lidii* Lindr.

李痘病毒 *Plum pox virus Potyvirus* (PPV)

李短梗霉 *Napicladium brunaudii* Sacc.

李褐斑病菌 *Clasterosporium carpophilum* (Lév.) Ade

李黑节病菌 *Apiosporina morbosa* Arx

李红点病菌 *Polystigma rubrum* (Pers.) DC.

李剑线虫 *Xiphinema pruni* Singh et Khan

李壳二孢 *Ascochyta pruni* Kab. et Bub.

李壳梭孢 *Fusicoccum pruni* Poteb.

李榄生小煤炱［插柚紫生小煤炱］ *Meliola linocieriicola* Hansf.

李卢氏外囊菌 *Taphrina rostrupianus* Sadeb.

李螺旋线虫 *Helicotylenchus plumariae* Khan et Basir

李囊果病菌 *Taphrina pruni* (Fuck.) Tul.

李盘旋线虫 *Rotylenchus pruni* Rashid et Husain

李鞘线虫 *Hemicycliophora pruni* Kirjanova et Shagalina

李球色单隔孢 *Botryodiplodia pruni* McAlp.

李色链隔孢 *Phaeoramularia pruni* Guo et Liu

李生壳二孢 *Ascochyta prunicola* Chi

李生链格孢　*Alternaria prunicola* Yang, Zhang et Zhang

李生尾孢　*Cercospora prunina* J. Yen

李生小光壳贠　*Asteridiella prunicola* (Speg.) Hansf.

李氏根肿菌［番茄根肿菌］　*Plasmodiophora lewisii* Jones

李氏禾单胞锈菌　*Uromyces halstedii* de Toni

李氏禾梨孢　*Pyricularia leersiae* (Saw.) Ito

李氏禾黏膜黑粉菌　*Testicularia leesiae* Cornu

李氏禾条斑病菌　*Xanthomonas campestris* pv. *leersiae* (ex Fang) Young

李氏禾疫霉　*Phytophthora leersiae* Sawada

李属S病毒　*Prunus virus S Carlavirus* (PruVS)

李属坏死环斑病毒　*Prunus necrotic ringspot virus Ilarvirus* (PNRSV)

李属植原体　*Candidatus* Phytoplasma prunorum Seemüller et Schneider

李外囊菌［李囊果病菌］　*Taphrina pruni* (Fuck.) Tul.

李外囊菌稠李变种［稠李囊果病菌］　*Taphrina pruni* var. *padi* Jacz.

李细球腔菌　*Leptosphaerella pruni* Woronichin

李小梨壳菌［李黑节病菌］　*Apiosporina morbosa* Arx

李小球腔菌　*Leptosphaeria pruni* Woronichin

李叶斑病菌　*Coryneum foliiolum* Fuck.

李针线虫　*Paratylenchus pruni* Sharma et al.

李紫色大戟角果孢囊　*Cystopus euphorbiae-prunifoliae*

李紫色大戟角果孢囊变型　*Cystopus euphorbiae-prunifoliae* f. sp. *ceratocarpi* Săvul. et Rayss

里尔霜霉［伊利诺霜霉］　*Peronospora illinoensis* Farl.

里夫斯剑线虫　*Xiphinema rivesi* Dalmaso

里夫斯剑线虫杆菌　*Candidatus Xiphinematobacter rivesi* Vandekerckhove et al.

里汉德轮线虫　*Criconemoides rihandi* Edwar, Misra et Singh

里森斯小盘环线虫　*Discocriconemella recensi* Khan et al.

里氏轮线虫　*Criconemoides reedi* Diab et Jenkins

里特小环线虫　*Criconemella ritteri* (Doucet) Raski et Luć

理查森拟滑刃线虫　*Aphelenchoides richardsoni* Grewal et al.

鳢肠(属)黄脉病毒　*Eclipta yellow vein virus Begomovirus* (EYVV)

立枯病菌,纹枯病菌　*Thanatephorus cucumeris* (Frank) Donk

立体孢囊　*Cystopus cubicus* Lév.

丽白束梗孢　*Albosynnema elegans* Morris

丽赤壳属　**Calonectria** de Not.

丽轮线虫　*Criconemoides ornativulvatus* Berg et Queneherve

丽皮线虫属　**Atalodera** Wouts et Sher

丽球皮线虫　*Globodera bravoae* Franco et al.

丽伞滑刃线虫　*Bursaphelenchus hellenicus* Skarmoutsos et al.

丽沙复叶耳蕨假尾孢　*Pseudocercospora rumohrae* Hsieh et Goh

丽纹粒线虫　*Anguina chartolepidis* Poghossian

丽蝇虫疠霉　*Pandora calliphorae* (Giard) Humber

利罗黑粉菌属　**Liroa** Cif.

利马豆金色花叶病毒　*Limabean golden mosaic virus Begomovirus* (LGMV)

利马双孢锈菌　*Didymopsorella lemanensis* (Doidge) Hirats.

利穆氏异皮线虫　*Heterodera limouli*

Cooper

栎白粉病菌 *Microsphaera alphitoides* Griff. et Maubl.

栎斑点病菌 *Mycosphaerella maculiformis* (Pers.) Auerswald

栎杯盘菌 *Ciboria batschiana* (Zopf) Buchw.

栎毕赤酵母 *Pichia guercuum* Phaff et Knapp

栎大环线虫 *Macrocriconema querci* (Choi et Geraert) Minagawa

栎滴孔菌 *Piptoporus quercinus* Karst.

栎盾壳霉 *Coniothyrium querciunm* Sacc.

栎根结线虫 *Meloidogyne querciana* Golden

栎果柔膜菌 *Helotium fructigenum* (Bull.) Karst.

栎环斑病毒 Oak ringspot virus

栎壳二孢 *Ascochyta quercus* Sacc. et Shaw

栎枯萎病菌 *Ceratocystis fagacearum* (Bretz.) Humt.

栎链格孢 *Alternaria querci* Zhang, Zhang et Chen

栎迷孔菌 *Daedalea quercina* (L. : Fr.) Fr.

栎欧文氏菌[栎疫病菌] *Erwinia quercina* Hildebrand et Schroth

栎球针壳[板栗里白粉菌] *Phyllactinia roboris* (Gachet.) Blum.

栎日规菌 *Gnomonia quercina* Kleb.

栎生小煤炱 *Meliola quercicola* Hu

栎实兰斯盘菌灯台树变种 *Lanzia glandicola* var. *cornicola* Zhuang

栎树沟环线虫 *Ogma querci* (Choi et Geraert) Andrassy

栎树鞘线虫 *Hemicycliophora quercea* Mehta et Raski

栎外囊菌[栎叶肿病菌] *Taphrina caerulescens* (Desm. et Mont.) Tul.

栎细盾霉 *Leptothyrium quercinum* (Lasch) Sacc.

栎小光壳炱 *Asteridiella quercina* (Hansf.) Hansf.

栎小煤炱 *Meliola quercina* Pat.

栎叶点霉 *Phyllosticta quercus* Sacc. et Speg.

栎叶肿病菌 *Taphrina caerulescens* (Desm. et Mont.) Tul.

栎疫病菌 *Erwinia quercina* Hildebrand et Schroth

栎疫霉 *Phytophthora quercina* T. Jung

栎柱锈菌 *Cronartium quercuum* (Berk.) Miyabe et Shirai

栎座坚壳 *Rosellinia quercina* Hartig.

荔枝半轮线虫 *Hemicriconemoides litchii* Edward et Misra

荔枝长针线虫 *Longidorus litchii* Xu et Cheng

荔枝果腐病菌 *Cylindrocladium litchii* P. K. Chi

荔枝毛毡病菌 *Eriophyes litchii* Keifer

荔枝毛刺线虫 *Trichodorus litchi* Edward et Misra

荔枝霜霉病菌 *Peronophythora litchii* Chen ex Ko et al.

荔枝霜疫霉[荔枝霜霉病菌] *Peronophythora litchii* Chen ex Ko et al.

荔枝瘿螨[荔枝毛毡病菌] *Eriophyes litchii* Keifer

荔枝藻斑病菌 *Cephaleuros parasiticus* Karsten

荔枝柱枝孢[荔枝果腐病菌] *Cylindrocladium litchii* Chi

栗棒盘孢 *Coryneum kunzei* var. *castaneae* Sacc. et Roum.

栗单格孢 *Monodictys castaneae* (Wallr.) Hughes

栗干枯(疫)病菌 *Endothia parasitica* (Murr.) Ander. et Ander

栗褐粪盘菌 *Ascobolus castaneus* Teng

栗褐苔草柄锈菌 *Puccinia caricis-brunneae* Diet.

栗黑变病菌　*Melanconis monodia* Tul.

栗黑盘壳［栗黑变病菌］　*Melanconis monodia* Tul.

栗黑水疫霉［板栗疫病菌］　*Phytophthora cambivora* (Petri) Buism

栗寄生属(桑寄生科)　*Korthalsella* Van Tiegh

栗角斑病菌　*Phyllosticta maculiformis* (Pers.) Sacc.

栗壳色单隔孢　*Diplodia castaneae* Sacc.

栗毛钝果寄生　*Taxillus balansae* (Lecomte) Danser.

栗盘色梭孢　*Seiridium castaneae* (Berk. ex Sacc.) Sutton

栗膨痂锈菌［栗锈病菌］　*Pucciniastrum castaneae* Diet.

栗色锤舌菌　*Leotia castanea* Teng

栗生棒盘孢　*Coryneum castaneicola* Berk. et Curt.

栗生垫壳孢　*Coniella castaneicola* (Ell. et Ev.) Sutton

栗叶斑病菌　*Pseudomonas syringae* pv. *castaneae* Takanashi et Shimizu

栗叶点霉　*Phyllosticta castaneae* Ell. et Ev.

栗疫病菌　*Endothia parasitica* (Murr.) Ander. et Ander

栗疫霉黑水病菌　*Phytophthora cambivora* (Petri) Buism.

栗隐间座壳　*Cryptodiaporthe castanea* (Tul.) Wehm.

粒孢堆黑粉菌　*Sporisorium anthistiriae* (Cobb) Vánky

粒落曲霉　*Aspergillus granulosus* Raper et Thom

粒毛盘菌属　**Lachnum** Retz.

粒线虫科　Anguinidae Nicoll

粒线虫属［鳗状线虫属］　**Anguina** Scopoli

粒状大团囊菌　*Elaphomyces granulatus* Fr.

粒状酵母　*Saccharomyces granulatis* Vu-ill. et Legr.

粒状青霉　*Penicillium gramulatum* Bain

粒状尾孢　*Cercospora granuliformis* Ell. et Holw.

连合盘双端毛孢　*Seimatosporium consocium* (PK) Shoem.

连合散斑壳　*Lophodermium confluens* Lin，Hou et Zheng

连接螺旋线虫　*Helicotylenchus serenus* Siddiqi

连翘假尾孢　*Pseudocercospora forsythiae* (Kats. et Kobayashi) Deighton

连翘链格孢　*Alternaria forsythiae* Harter

连翘叶点霉　*Phyllosticta forsythiae* Sacc.

连翘枝孢　*Cladosporium forsytiae* Zhang et Zhang

连云港叉丝壳　*Microsphaera lianyungangensis* Yu

连云港球针壳［猕猴桃白粉病菌］　*Phyllactinia lianyungangensis* Gu et Zhang

莲假尾孢　*Pseudocercospora nymphaeacea* (Cooke et Ellis) Deighton

莲链格孢　*Alternaria nelumbii* (Ell. et Ev.) Enlows et Rand

莲藕腐败病菌　*Pythium elongatum* Matthews

莲生链格孢　*Alternaria nelumbiicola* Ell. et Ev. ex T. Y. Zhang

莲子草花叶病毒　*Alternanthera mosaic virus Potexvirus* (AltMV)

莲子草假格孢　*Nimbya alternanthera* (Holcomb et Antonopolos) Simmons et al.

莲座蕨假尾孢　*Pseudocercospora angiopteridis* Goh et Hsieh

联昌小煤炱　*Meliola lianchangensis* Jiang

镰孢顶辐霉　*Dactylaria fusarioidea* Matsushima

镰孢属(镰刀菌属)　[F] *Fusarium* Link

镰孢炭疽菌　*Colletotrichum falcatum* Went.

镰刀小煤炱奇异变种　*Meliola drepano-chaeta var. insignis* Hosagoudar

镰尾茎线虫　*Ditylenchus drepanoce-rcus* Goodey

镰形壳线孢　*Linochora howardii* Syd.

镰形螺旋线虫　*Helicotylenchus falcitus* Eroshenko et al.

镰形盘双端毛孢　*Seimatosporium falca-tum*（Sutton）Shoem.

镰形起绒草茎线虫　*Ditylenchus dipsaci-falcariae* Poghossian

链孢黏帚霉　*Gliochadium catenulatum* Gilm. et Abbott

链柄锈菌属　**Pucciniosira** Lagerh.

链长蠕孢　*Helminthosporium catenatum* Matsushima

链格孢（互隔链格孢）　*Alternaris alter-nata*（Fr.）Keissler

链格孢属（交链孢属）　**Alternaria** Nees

链格细基格孢　*Ulocladium alternariae*（Cooke）Simmons

链核盘菌　*Monilinia ariae*（Schellenb.）Whetz.

链核盘菌属　**Monilinia** Honey

链壶菌属　**Lagenidium** Schenk

链荚豆叶斑病菌　*Xanthomonas campe-stris* pv. *alysicarpi*（Bahtt et Patei）

链霉菌科　Streptomycetaceae Waksman et Henrici

链霉菌属　**Streptomyces** Waksman et Henrici

链球壶菌属　**Sorosphaera** Schröt.

链生长蠕孢　*Helminthosporium sense-letii* Bhat

链尾孢　*Cercospora catenospora* Atk.

链疫霉属　**Moniliophthora** Evans et al.

链枝菌属　**Catenaria** Sorokin

链状腐霉［胡萝卜根腐病菌］　*Pythium catenulatum* Matthews

链状根壶菌［细弱丽藻根壶病菌］　*Rhizi-dium catenatum* Dang

链状假丝酵母　*Candida catenulata* Didd. et Lodd.

链状叶黑粉菌　*Entyloma catenulatum* Rortr.

楝黑盘孢　*Melanconium meliae* Teng

楝假尾孢　*Pseudocercospora subsessilis*（Syd. et Syd.）Deighton

楝树叶斑病菌　*Xanthomonas campestris* pv. *azadirachtae*（Desail et al.）Dye

楝尾孢　*Cercospora meliae* Ell. et Ev.

良姜假尾孢　*Pseudocercospora alpiniae* Chen et Chi

良姜生假尾孢　*Pseudocercospora alpini-cola* Chen et Chi

凉山虫草　*Cordyceps liangshanensis* Zang, Lin et Hu

两面生壳针孢　*Septoria amphigena* Miy-ake

两年蒿霜霉　*Peronospora artemisiae-bi-ennis* Gäum.

两栖钩丝孢　*Harposporium janus* Shi-mazu et Glocking

两栖蓼柄锈菌　*Puccinia polygoni-am-phibii* Pers.

两栖蓼柄锈菌卷茎蓼变种　*Puccinia po-lygoni-amphibii* var. *convolvuli* Arth.

两栖蓼柄锈菌原变种　*Puccinia polygoni-amphibii* var. *polygoni-amphibii*

两色青霉　*Penicillium bicolor* Fr.

两室多胞锈菌　*Phragmidium biloculare* Diet. et Holw.

两形青霉　*Penicillium biforme* Thom

两形头曲霉　*Aspergillus janus* Raper et Thom

两型豆钉孢霉　*Passalora simulans*（Ell. et Kell.）Braun

两型豆短胖孢　*Cercosporidium simulans*（Ell. et Kell.）Liu et Guo

两型豆假尾孢　*Pseudocercospora monoi-cae*（Ell. et Holw.）Deighton

两型豆瘿瘤病菌　*Synchytrium decipiens*

L

Farlow

两型壳曲霉[粪色曲霉] *Aspergillus vari-ecolor* Berk. et Br.

两型纽带线虫 *Hoplolaimus dimorphicus* Mulk et Jairajpuri

两型曲霉 *Aspergillus biplanus* Raper et Fenn.

两型锈菌属 **Pucciniostele** Tranz. et Kom.

亮白曲霉 *Aspergillus candidus* Link

亮耳菌属 **Lampteromyces** Sing.

亮腐霉 *Pythium lucens* Ali-Shtayeh

亮蛇床轴霜霉 *Plasmopara selini* B. Wronsk

亮尾拟短体线虫 *Pratylenchoides leio-cauda* Shwe

亮线拟滑刃线虫 *Aphelenchoides claro-lineatus* Baranovskaya

亮小瘤瓶孢 *Agyriella nitida* (Lib.) Sacc.

亮叶芹轴霜霉 *Plasmopara silai* Săvul. et O. Săvul.

量杯端单孢 *Acrodontium crateriforme* (Beyma) de Hoog

辽藁本柄锈菌 *Puccinia ligustici-jeho-lensis* Zhuang et Wei

蓼白粉菌 *Erysiphe polygoni* DC.

蓼单胞锈菌 *Uromyces polygoni* (Pers.) Fuck.

蓼钉孢霉 *Passalora polygoni* Guo

蓼花丝黑粉菌 *Ustilago filamenticola* Ling

蓼科内丝白粉菌 *Leveillula polygonace-arum* Golov.

蓼壳二孢 *Ascochyta polygoni* Rabenh.

蓼壳针孢 *Septoria polygonina* Thüm.

蓼粒线虫 *Anguina polygoni* Poghossian

蓼球腔菌 *Mycosphaerella polygoni* (DC.) Saw.

蓼生柄锈菌 *Puccinia polygonicola* Tai

蓼生假尾孢 *Pseudocercospora polygo-nicola* (Kar et Mandal) Deighton

蓼生壳二孢 *Ascochyta polygonicola* Kabát

et Bubák

蓼生壳针孢 *Septoria polygonicola* (Lasch) Sacc.

蓼属壳针孢 *Septoria polygonorum* Desm.

蓼霜霉 *Peronospora polygoni* Fisch.

蓼尾孢 *Cercospora polygonacea* Ell.

蓼异皮线虫 *Heterodera polygonum* Cooper

蓼疫霉[酸模、蓼疫病菌] *Phytophthora polygoni* Sawada

蓼轴黑粉菌 *Sphacelotheca hydropiperis* (Schum.) de Bary

列当属(列当科) **Orobanche** L.

列当条黑粉菌 *Urocystis orobanches* (Merat) Fischer et Waldh.

列当状独脚金 *Striga orobanchoides* Benth.

裂孢[霉]属 **Sporoschisma** Berk. et Broome

裂孢黑粉菌属 **Schizonella** Schröt.

裂孢叶点霉 *Phyllosticta divirsispora* Bub

裂彼得菌[绢丝藻、仙菜彼得病菌] *Petersenia lobata* (Peters.) Sparrow

裂垫根结线虫 *Meloidogyne partityla* Kleynhans

裂盾菌[漆斑菌] *Schizothyrium punctatum* Desm.

裂盾菌属 **Schizothyrium** Desm.

裂壶菌属 **Loborhiza** Hanson

裂壳孢属 **Discella** Berk. et Broome

裂片隔指孢 *Dactylella lobata* Duddington

裂片滑刃线虫 *Aphelenchus sparsus* Thorne et Malek

裂片螺旋线虫 *Helicotylenchus lobus* Sher

裂片拟色球藻[夏橙绿斑病原] *Apatococcus lobatus* (Chodat) Petersen

裂片葡萄穗霉 *Stachybotrys lobulata* Berk.

裂头小盘环线虫 *Discocriconemella cephalobus* Gambhir et Dhanachand

裂尾剑线虫 *Xiphinema diversicau-*

datum Thorne

裂尾螺旋线虫　*Helicotylenchus tumidi-caudatus* Phillips

裂纹层孔菌　*Fomes rimosus* (Berk.)Cooke

裂芽酵母　*Schizoblastosporion starkeyi-henricii* Cif.

裂芽酵母属　***Schizoblastosporion*** Cif.

裂叶荆芥柄锈菌　*Puccinia schizonepetae* Tranz.

裂褶[树木心腐病菌]　*Schizophyllum commune* Fr.

裂褶菌属　***Schizophyllum*** Fr.

裂嘴壳属　***Schizostoma*** (Ces. et de Not.) Sacc.

邻近腐霉　*Pythium contiguanum* B. Paul

林比柄锈菌　*Puccinia lyngbei* Miura

林伯拟滑刃线虫　*Aphelenchoides limberi* Steiner

林德纳酵母　*Saccharomyces lindneri* Guill.

林地老鹳草轴霜霉　*Plasmopara geranii-silvatici* Săvul. et O. Săvul.

林地离瓣寄生　*Helixanthera terrestris* (Hook.) Danser.

林花菟丝子　*Cuscuta aupulata* Engelm.

林克柄锈菌　*Puccinia linkii* Klotzsch

林漆树假尾孢　*Pseudocercospora toxico-dendri* (Ell.) Liu et Guo　·

林石草柄锈菌　*Puccinia waldsteiniae* Curt.

林石草褐双胞黑粉菌　*Ustacystis wald-steiniae* (Peck) Zund.

林氏根结线虫　*Meloidogyne lini* Yang, Hu et Xu

林氏拟滑刃线虫　*Aphelenchoides linfo-rdi* Christie

林氏苔草柄锈菌　*Puccinia caricis-lingii* Zhuang

林氏炭黑粉菌　*Anthracoidea lindeberigiae* (Kukk.) Kukk.

鳞多孔菌[树木白朽病菌]　*Polyporus squ-amosus* (Huds.) Fr.

鳞毛蕨外囊菌　*Taphrina vestergrenii* Gies.

鳞毛蕨尾孢　*Cercospora dryopteridis* Y. Guo

鳞片列当　*Orobanche loricata* Reichbl.

鳞片霜霉[肾果荠霜霉病菌]　*Perono-spora lepidii* (Mc Alp.) Wils.

鳞球茎茎线虫[马铃薯茎线虫]　*Dityle-nchus dipsaci* (Kuhn)Filipjev

鳞莎草疫霉　*Phytophthora cyperi-bulbo-si* Seeth. et Ramakr.

鳞纹环线虫　*Criconema squamifer* (He-yns) Loof et de Grisse

鳞子莎亚团黑粉菌　*Tolyposporium lep-idospermae* McAlp.

灵芝[光泽灵芝菌,椰子红根腐病菌]　*Ga-noderma lucidum* (Leyss. ex Fr.) Karst.

灵芝属　***Ganoderma*** Karst.

灵芝尾孢　*Cercospora rhinacanthi* Höhn.

枱木小光壳炱　*Asteridiella euryae* Song et Hu

凌风草黑粉菌　*Ustilago brizae* (Ule) Lindr.

凌风草叶黑粉菌　*Entyloma brizae* Un-am. et Cif.

凌霄花假尾孢　*Pseudocercospora sordida* (Sacc.) Deighton

铃兰短体线虫　*Pratylenchus convalla-riae* Seinhorst

铃兰茎线虫　*Ditylenchus convallariae* Sturhan et Friedman

铃兰壳针孢　*Septoria convallariae* Wes-tend.

铃兰树疱霉　*Dendrophoma convallariae* Cav.

铃木单胞锈菌　*Uromyces suzukii* Saw.

铃木座壳孢　*Aschersonia suzukii* Miyabe et Saw.

铃子香柄锈菌　*Puccinia chelonopsidis* Balfour-Browne

菱鳞环线虫　*Criconema rhombosquama-*

tum Mehta et Raski

菱形孢隔指孢　*Dactylella rhombospora* Grove

溜根霉[大豆根腐病菌]　*Rhizopus tamari* Saito

溜腔拟茎点菌[刺槐拟茎点霉]　*Phomopsis oncostoma* (Thüm.) Huhm

溜曲霉　*Aspergillus tamarii* Kita

刘氏柄锈菌　*Puccinia lioui* Zhuang

流黑欧文氏菌[胡桃树皮溃疡病菌]　*Erwinia nigrifluens* Wilson, Starr et Erger

流散假丝酵母　*Candida diffluens* Ruin.

流苏榄孢锈菌　*Olivea fimbriata* (Mains) Cumm. et Hirats.

流苏树钩丝壳　*Uncinula chionanthi* Zheng et Chen

流苏树假尾孢　*Pseudocercospora chionanthi-uetusi* Goh et Hsieh

流苏树尾孢　*Cercospora chionaothi* Ell. et Ev.

流苏树叶点霉　*Phyllosticta chionanthi* Thüm.

流苏状叶黑粉菌　*Entyloma fimbriata* Fisch.

琉璃草白粉菌　*Erysiphe cynoglossi* (Wallr.) Braun.

琉璃草白锈菌[紫草白锈病菌]　*Albugo cynoglossi* (Unamuno) Ciferri et Biga

琉璃草霜霉　*Peronospora cynoglossi* Burrill ex Swingle

琉璃草霜霉原变种　*Peronospora cynoglossi* var. *cynoglossi* Burrill ex Swingle

琉璃繁缕霜霉　*Peronospora anagallidis* J. Schröt.

硫色独脚金　*Striga sulphurea* Dalz et Gibs.

硫色干酪菌　*Tyromyces kmetii* (Bres.) Bond. et Sing.

硫色巨大曲霉　*Aspergillus gigantosulphureus* Saitl

硫色类霜霉[艾蒿霜霉病菌]　*Paraperonospora sulphurea* (Gaumann) Constantinescu

硫色青霉　*Penicillium sulfueum* Sopp.

硫色曲霉　*Aspergillus sulphureus* (Fres) Thom et Church

硫色炮孔菌　*Laetiporus sulphureus* Murr

瘤孢地菇　*Terfezia leonis* (Tul.) Tul.

瘤孢漆斑菌　*Myrothecium verrucaria* (Alb. et Schw.) Bitm.

瘤孢小球腔菌　*Leptosphaeria scabrispora* Teng

瘤捕单顶孢　*Monacrosporium phymatophagum* (Drechs.) Subram

瘤捕隔指孢　*Dactylella tylopaga* Drechs.

瘤捕轮虫霉　*Zoophagus tylopagus* Liu, Miao, Gao et Zhang

瘤梗孢属　**Phymatotrichum** Bonord.

瘤黑粉菌属　**Melanopsichium** Beck

瘤接鼓藻油壶病菌　*Olpidium algarum* var. *brevirostrum* Sorokin

瘤壳虫囊菌　*Laboulbenia thyrepteri* Thaxt.

瘤壳虫囊菌婆罗洲变种　*Laboulbenia thyrepteri* var. *borneensis* Thaxt.

瘤裂壳孢属　**Agyriellopsis** Höhn.

瘤蟎孢属　**Heterosporium** Kl. ex Cooke

瘤双胞锈菌属　**Tranzschelia** Arth.

瘤霜霉[婆婆纳霜霉病菌]　*Peronospora palustris* Gäum.

瘤突散囊菌　*Eurotium tuberculatum* Qi et Sun

瘤弯孢　*Curvularia verruciformis* Zhang et Zhang

瘤弯孢南瓜变种　*Curvularia verruciformis* var. *cucurbita* Zhang et Zhang

瘤香豌豆霜霉　*Peronospora lathyri-palustris* Gäum.

瘤肿病酵母　*Saccharomyces tumefaciens* Cast. et Chalm.

瘤足蕨假尾孢　*Pseudocercospora plagiogyriae* Sawada ex Goh et Hsieh

瘤座孢属　*Tubercularia* Tode.

瘤座菌属　*Balansia* Speg.

柳斑痣盘菌　*Rhytisma salicinum* Fr.

柳毕赤酵母　*Pichia salictaria* Phaff et al.

柳叉丝单囊壳　*Podosphaera schleichzendahlii* Lév.

柳穿鱼霜霉［大黄花霜霉病菌］　*Peronospora linariae* Fuckel

柳穿鱼霜霉亚麻变型　*Peronospora linariae* f. sp. *lini-vulgaris* Thüm.

柳穿鱼霜霉原变型　*Peronospora linariae* f. sp. *linariae*

柳穿鱼叶黑粉菌　*Entyloma linariae* Schröt.

柳大茎点菌　*Macrophoma salicina* Sacc.

柳单排孢　*Monostichella salicis* (Westd.) Arx

柳粉粒座孢　*Trimmatostrima salicis* Cda

柳黑盘孢　*Melanconium salicis* Allesch

柳黑星孢　*Fusicladium saliciperdum* (Allescher et Tubeuf) Lind

柳假尾孢　*Pseudocercospora salicina* (Ell. et Ev.) Deighton

柳壳色单隔孢　*Diplodia salicina* Lév.

柳兰单角霉　*Monoceras kriegerianum* (Bres.) Guba

柳兰柱隔孢　*Ramularia euccans* Magn.

柳梨形孢　*Apiosporium salicinum* (Pers.) Kunze

柳煤病菌　*Capnodium salicinum* Mont.

柳煤炱［柳煤病菌］　*Capnodium salicinum* Mont.

柳木层孔菌　*Phellinus salicinus* (Fr.) Quel.

柳囊孢壳　*Physalospora salicina* Hara

柳欧文氏菌［柳水痕病菌］　*Erwinia salicis* (Day) Chester

柳盘多毛孢　*Pestalotia salicis* Saw.

柳盘针孢　*Libertella xalicis* Smith

柳鞘线虫　*Hemicycliophora salicis* Sofrigina

柳球线虫　*Sphaeronema salicis* Eroshenko

柳杉钉孢霉　*Passalora sequoiae* (Ellis et Everh) Guo et Hsieh

柳杉黑腐皮壳［柳杉枝枯病菌］　*Valsa fortunea* Zhao, Sheng et Li

柳杉茎点霉　*Phoma cryptomeriae* Kasai

柳杉尾孢　*Cercospora cryptomeriae* Shirai.

柳杉枝枯病菌　*Valsa fortunea* Zhao

柳生半内生钩丝壳　*Pleochaeta salicicola* Zheng et Chen

柳生壳二孢　*Ascochyta salicicola* Passerini

柳生壳针孢　*Septoria salicicola* Sacc.

柳生球壳孢　*Sphaeropsis salicicola* Pass.

柳生叶点霉　*Phyllosticta salicicola* Thüm.

柳氏钩丝壳似钩状变种　*Uncinula Ljubarskii* var. *aduncoides* Zheng et Chen

柳树丛枝病植原体　Willow witches broom phytoplasma

柳树栅锈菌　*Melampsora capraearum* (DC.) Thüm.

柳树异皮线虫　*Heterodera salixophila* Kirjanova

柳水痕病菌　*Erwinia salicis* (Day) Chester

柳尾孢　*Cercospora salicina* Ell. et Ev.

柳叶菜柄锈菌　*Puccinia epilobii* DC.

柳叶菜盘多毛孢　*Pestalotia kriegeriana* Bres.

柳叶菜瘿瘤病菌　*Synchytrium rugulosum* Dietel

柳叶菜轴霜霉　*Plasmopara epilobii* (Rabenh.) Schröt.

柳叶草膨痂锈菌　*Pucciniastrum epilobii* Otth

柳叶刺蓼叶点霉　*Phyllosticta polygoni-bungeanae* Miura

柳叶单囊元　*Sphaerotheca epilobii* (Wallr.) Sacc.

柳叶钝果寄生　*Taxillus delavayi* (Van Tiegh) Danser.

柳叶箬（属）花叶病毒　*Isachne mosaic vi-*

rus Potyvirus (IsaMV)

柳叶箬孢堆黑粉菌　*Sporisorium isachnes* (H. et P. Syd.) Vánky

柳叶箬柄锈菌　*Puccinia isachnes* Petch

柳叶栅锈菌　*Melampsora epitea* Thüm.

柳瘿瘤病菌　*Synchytrium aurantiacum* Tobler

柳栅锈菌　*Melampsora salicina* Lév.

柳枝孢　*Cladosporium salicis* Moesz et Smarods

柳指梗霉　*Sclerospora secalina* Naumov

六齿拟滑刃线虫　*Aphelenchoides sexdentati* Ruhm

六出花(属)病毒　*Alstroemeria virus Ilarvirus* (AlV)

六出花(属)花叶病毒　*Alstroemeria mosaic virus Potyvirus* (AlMV)

六出花(属)线条病毒　*Alstroemeria streak virus Potyvirus* (AlSV)

六道木(属)潜病毒　*Abelia latent virus Tymovirus* (AbeLV)

六道木白粉菌　*Erysiphe abeliae* Zeng et Chen

六道木壳针孢　*Septoria abeliae* Býzova

六裂短体线虫　*Pratylenchus hexincisus* Taylor et Jenkins

六纹拟滑刃线虫　*Aphelenchoides sexlineatus* Eroshenko

六月雪栅锈菌　*Melampsora serissicola* Shang, Li et Wang

龙常草柄锈菌　*Puccinia diarrhenae* Miyabe et Ito

龙船花假尾孢　*Pseudocercospora ixorae* (Solh.) Deighton

龙船花生假尾孢　*Pseudocercospora izoricola* (Yen) Yen

龙船花尾孢　*Cercospora ixorae* Solh.

龙船花小煤炱　*Meliola ixorae* Yates

龙胆(属)病毒　*Gentiana virus Carlavirus* (GenV)

龙胆柄锈菌　*Puccinia gentianae* Mart.

龙胆壳针孢　*Septoria gentianae* Thüm.

龙胆潜隐病毒　*Gentiana latent virus Carlavirus* (GenLV)

龙胆球腔菌　*Mycosphaerella gentianae* (Niessl.) Lindau

龙胆生叶点霉　*Phyllosticta gentianicola* Pat.

龙胆霜霉　*Peronospora gentianae* Rostr.

龙胆柱锈菌　*Cronartium gentianeum* Thüm.

龙蒿假尾孢　*Pseudocercospora dracunculi* (Sarwar) Guo

龙脷叶钉孢霉　*Passalora sauropi* (Chi et Chen) Guo

龙陵钝果寄生　*Taxillus sericus* Danser.

龙舌兰盾壳霉　*Coniothyrium agaves* (Mont.) Sacc.

龙舌兰壳色单隔孢　*Diplodia agaves* Niessl.

龙须海棠霜霉　*Peronospora mesembryanthemi* Verwoed

龙须藤小煤炱　*Meliola bauhiniae* Yates

龙血树黑粉菌　*Ustilago dracaenae* de Camara

龙血树平脐蠕孢　*Bipolaris dracaenae* Zhu, Sun et Zhang

龙牙草粉菌　*Oidium agrimoniae* Saw.

龙牙草膨痂锈菌　*Pucciniastrum agrimoniae* (Diet.) Tranz.

龙牙草生壳针孢　*Septoria agrimoniicola* Bondartsev

龙牙草霜霉[龙牙草霜霉病菌]　*Peronospora agrimoniae* Syd.

龙眼根结线虫　*Meloidogyne dimocarpus* Liu et Zhang

龙眼槲寄生　*Viscum articulatum* Burm.

龙珠果假尾孢　*Pseudocercospora fuscovirens* (Sacc.) Guo et Liu

龙爪稷异皮线虫　*Heterodera delvii* Jairajpuri et al.

龙爪稷疫病菌　*Xanthomonas axonopodis*

pv. *coracanae* (Desai) Vauterin et al.

笼套伞锈菌 *Ravenelia corbula* Baxt.

隆生腐霉 *Pythium terrestris* Paul

娄地青霉 *Penicillium roqueforti* Thom

蒌叶假单胞菌 *Pseudomonas beteli* (Ragunathan) Săvulescu

蒌叶尾孢 *Cercospora piperis-betle* Saw. et Kats.

楼梯草轴霜霉 *Plasmopara elatostematis* (Togashi et onuma) Ito et Tokunaga

耧斗菜(属)病毒 *Aquilegia virus Potyvirus* (AqV)

耧斗菜(属)坏死花叶病毒 *Aquilegia necrotic mosaic virus Caulimovirus* (ANMV)

耧斗菜(属)坏死环斑病毒 *Aquilegia necrotic ringspot virus Potyvirus* (AqNRSV)

耧斗菜白粉菌 *Erysiphe aquilegiae* DC.

耧斗菜小球腔菌 *Leptosphaeria aquilegiae* Bres.

漏斗笄霉[朱槿花腐病菌] *Choanephora infundibulifera* (Curr.) Saccardo

露兜树盘多毛孢 *Pestalotia pandani* Saw.

露兜树生小煤炱 *Meliola pandanicola* Hansf. et Deight.

露湿漆斑菌 *Myrothecium roridum* Tode

露珠草柄锈菌 *Puccinia circaeae* Pers.

露珠草膨痂锈菌 *Pucciniastrum circaeae* (Wint.) Speg.

露珠草锈孢锈菌 *Aecidium circaeae* Ces. et Mont.

露珠草叶黑粉菌 *Entyloma circaeae* Dearn.

露珠草枝孢 *Cladosporium circaeae* Qing et Zhang

卢顿茎线虫 *Ditylenchus lutonensis* (Siddiqi) Fortunner

卢氏轮线虫 *Criconemoides loffi* (de Grisse)

卢氏拟滑刃线虫 *Aphelenchoides loofi* Kumar

卢氏潜根线虫 *Hirschmanniella loffi* Sher

卢斯短体线虫 *Pratylenchus loosi* Loof

卢西托尼卡根结线虫 *Meloidogyne lusitanica* Abrantes et Santos

芦荟壳二孢 *Ascochyta lobikii* Melnik

芦荟瘿螨 *Eriophyes alonis* Keifer

芦莉草柄锈菌 *Puccinia ruelliae* (Berk. et Br.) Lagerh.

芦莉草锈病菌 *Puccinia lateripes* Berk. et Ravenel

芦笋茎枯病菌 *Phomopsis asparagi* (Sacc.) Bub

芦笋枯萎病菌 *Fusarium oxysporum* f. sp. *asparagi* Cohen et Heald

芦笋立枯病菌 *Rhizoctonia crocorum* Fr.

芦笋叶斑病菌 *Cercospora asparagi* Sacc.

芦苇柄锈菌 *Puccinia phragmitis* (Schum.) Körn.

芦苇粗毛座霉 *Hadrotrichum phragmitis* Fuck.

芦苇短梗霉 *Napicladium arundinaceum* (Corda) Sacc.

芦苇短蠕孢 *Brachysporium phragmitis* Miyake

芦苇阜孢 *Papularia arundinis* (Corda) Fr.

芦苇黑粉菌 *Ustilago grandis* Fr.

芦苇黑痣菌 *Phyllachora phragmitiskarkae* Saw.

芦苇假黑粉霉 *Coniosporium arundinis* (Corda) Sacc.

芦苇茎点霉 *Phoma arundinacea* Sacc.

芦苇粒黑粉菌 *Ustilago phragmites* Ling

芦苇生粗毛座霉 *Hadrotrichum phragmiticolum* Teng

芦苇凸脐蠕孢 *Exserohilum phragmatis* Wu

芦苇微座孢　*Microdochium phragmitis* Sydow

芦苇锈病菌　*Puccinia invenusta* H. et P. Syd.

芦苇异皮线虫　*Heterodera phragmidis* Kazachenko

芦苇沼泽线虫　*Uliginotylenchus papyrus* (Siddiqi) Siddiqi

芦苇枝孢　*Cladosporium arundinis* (Corda) Sacc.

芦竹柄锈菌　*Puccinia arundinis-donacis* Hirats.

芦竹黑痣菌　*Phyllachora arundinis* Saw.

鲁保 1 号[New-76]　*Colletotrichum gloeosporioides* f. sp. *cuscutae* Zhang

鲁宾逊小煤炱　*Meliola robinsonii* Syd.

鲁布圣尾囊壶菌[酸模结瘿病菌]　*Urophlyctis rübsaameni* Magn.

鲁毛霉[酒糟菌种]　*Mucor rouxianus* (Calm.) Wehmer

鲁氏伞滑刃线虫　*Bursaphelenchus ruehmi* Baker

陆生毕赤酵母　*Pichia terricola* Walt

陆生疫霉　*Phytophthora rerrestris* Sherb.

陆英假尾孢　*Pseudocercospora ebulicola* (Yamam.) Deighton

鹿花菌　*Helvella esculenta* Pers.

鹿霍叶斑病菌　*Xanthomonas axonopodis* pv. *rhynchosiae* (Sabet) Vauterin, Hoste

鹿藿(属)花叶病毒　*Rhynchosia mosaic virus Begomovirus* (RhMV)

鹿藿(属)金花叶病毒　*Rhynchosia golden mosaic virus Begomovirus*

鹿角柄锈菌　*Puccinia rangiferina* Ito

鹿角菜腐霉[鹿角菜腐烂病菌]　*Pythium chondricola* de Cock

鹿皮色大团囊菌　*Elaphomyces cervinus* (Pers.) Schröt.

鹿皮色曲霉　*Aspergillus cervinus* (Mass) Neill

鹿蹄草叶点霉　*Phyllosticta pirolae* Ell. et Ev.

鹿药柄锈菌　*Puccinia smilacinae* H. et P. Syd.

鹿药壳蠕孢　*Hendersonia handelii* Keissl.

路德酵母　*Saccharomyces ludwigii* Hansen

驴食草霜霉病菌　*Peronospora ruegeriae* Gäum.

驴食豆壳二孢　*Ascochyta onobrychidis* Bondartseva-Monteverde

驴蹄草柄锈菌　*Puccinia calthae* Link

驴蹄草生柄锈菌　*Puccinia calthicola* Schröt.

吕格霜霉[驴食草霜霉病菌]　*Peronospora ruegeriae* Gäum.

绿孢黑星菌　*Venturia chlorospora* (Ces.) Wint.

绿孢叶点霉　*Phyllosticta chlorlspora* McAlp.

绿柄星盾炱　*Asterina chlorophorae* Hansf.

绿垂曲霉　*Aspergillus viride-nutans* Duck et Throw

绿带长蠕孢　*Helminthosporium chlorophorae* Ellis

绿豆斑驳病毒　*Mungbean mottle virus Potyvirus* (MMOV)

绿豆花叶病毒　*Mungbean mosaic virus Potyvirus* (MbMV)

绿豆黄花叶病毒　*Mungbean yellow mosaic virus Begomovirus* (MYMV)

绿豆黄花叶印度病毒　*Mungbean yellow mosaic India virus Begomovirus*

绿核菌属　**Ustilaginoidea** Brefeld

绿黄假单胞菌[芹菜叶斑病菌]　*Pseudomonas viridiflava* (Burkholder) Dowson

绿僵菌[金龟子绿僵菌]　*Metarhizium anisopliae* (Metschn) Sorok.

绿僵菌大孢变种[金龟子绿僵菌大孢变

种］ *Metarhizium anisopliae* var. *major*（Johnst.）Tulloch

绿僵菌属　***Metarhizium*** Sorokin

绿胶杯菌属　***Chloroscypha*** Seaver

绿萝病毒属　***Aureusvirus***

绿毛青霉　*Penicillium lanoso-viride* Thom

绿黏帚霉　*Gliocladium virens* Mill.

绿盘菌　*Chlorosplenium aeruginosum*（Oed.）de Not.

绿盘菌属　***Chlorosplenium*** Fr.

绿球藻腐烂病菌　*Pythium chlorococci* Lohde

绿球藻腐霉［绿球藻腐烂病菌］　*Pythium chlorococci* Lohde

绿色集壶菌［香豌豆瘿瘤病菌］　*Synchytrium viride* Schneid.

绿色菌寄生　*Hypomyces viridis*（Alb. et Schw. ex Fr.）Tul.

绿色木霉　*Trichoderma viride* Pers. ex Fr.

绿色枝孢　*Cladosporium viride*（Fresen.）Zhang et Zhang

绿梭链孢　*Fusidium viride* Grove

绿头锤舌菌　*Leotia chlorocephala* Schw. ex Dur.

绿头枝孢　*Cladosporium chlorocephalum*（Fresen.）Masom et Ellis

绿藻管根壶病菌　*Rhizosiphon crassum* Scherffel

绿藻壶病菌　*Chytridium lagenaria* Schenk

绿藻壶菌［绿藻壶病菌］　*Chytridium lagenaria* Schenk

绿藻谢尔壶病菌　*Scherffeliomyces parasitans* Sparrow

葎草核瑚菌　*Typhula humulina* Kusnezowa

葎草假霜霉［啤酒花、葎草霜霉病菌］　*Pseudoperonospora humuli*（Miyabe et Takahashi）Wilson

葎草假尾孢　*Pseudocercospora humuli*（Hori）Guo et Liu

葎草壳二孢　*Ascochyta humuli* Kab. et Bub.

葎草潜隐病毒　*Humulus japonicus latent virus Ilarvirus*（HILV）

葎草生尾孢　*Cercospora humuligena* X. Liu，Y Guo et L. Xu

葎草叶点霉　*Phyllosticta humuli* Sacc.

葎草柱盘孢　*Cylindrosporium humuli* Ell. et Ev.

李果鹤虱霜霉心萼变型　*Peronospora rocheliae* f. sp. *cardiosepalae* Gaponenko

李果鹤虱霜霉心萼变型　*Peronospora rocheliae* f. sp. *cardiosepalae* Gaponenko

李果鹤虱霜霉原变型　*peronospora rocheliae* f. sp. *rocheliae* Kalymb.

李果鹤虱霜霉　*Peronospora rocheliae* Kalymb.

栾棒丝壳　*Typhulochaeta koelreuteriae*（Miyake）Tai

栾树白粉菌　*Erysiphe koelreuteriae*（Miyake）Tai

栾树花孢锈菌　*Nyssopsora koelreuteriae*（H. et P. Syd.）Tranz.

栾树三胞锈菌　*Triphragmium koelrenteriae* Syd.

卵棒束孢　*Isaria ovi* Teng

卵孢虫疫霉　*Erynia ovispora*（Nowakowski）Remaudière et Hennebert

卵孢核盘属　***Ovulinia*** Weiss

卵孢酵母属　***Oosporidium*** Stautz

卵孢属　***Oospora*** Wallr.

卵孢藻壶菌　*Chytridium oocystidis* Hub.-Pest.

卵果蕨集壶菌［卵果蕨瘿瘤病菌］　*Synchytrium phegopteridis* Juel

卵果蕨瘿瘤病菌　*Synchytrium phegopteridis* Juel

卵寄生隔指孢　*Dactylella oviparasitica* Stirling et Mankau

卵苣盘梗霉［盘梗霉、黄鹌菜霜霉病菌］

Bremia ovata Sawada

卵囊藻壶病菌　*Chytridium deltanum* Masters

卵瓶形酵母　*Pityrosporum ovale* (Bizz.) Cast. et Chalm.

卵蠕孢属　**Marielliottia** Shoem.

卵穗蛇菰　*Balanophora fungosa* Forst

卵小壳色单隔孢　*Diplodiella oospora* (Berk.) Sacc.

卵形长蠕孢　*Helminthosporium ovoidea* M. Zhang et T. Y. Zhang

卵形根结线虫　*Meloidogyne ovalis* Riffle

卵形根生壶菌[拟根囊壶菌,毛枝藻肿胀病菌]　*Rhizophydium ovatum* Couch

卵形节丛孢　*Arthrobotrys oviformis* Soprunov

卵形精囊小环线虫　*Criconemella ovospermata* Mohilal et Dhanachand

卵形霜霉　*Peronospora obovata* Bonord.

卵形弯孢　*Curvularia ovoidea* (Hiroe et Want.) Muntanola

卵形藻壶菌　*Chytridium cocconeidis* Canter

卵悬腐霉　*Pythium apleroticum* Tokun.

卵叶福王草柄锈菌　*Puccinia tatarinovii* Kom. et Tranz.

卵叶槲寄生　*Viscum ovalifolium* DC.

卵叶梨果寄生　*Scurrula chingii* (Cheng) Kiu

卵叶梨果寄生云南变种　*Scurrula chingii* var. *yunnanensis* Kiu

卵叶盘果菊柄锈菌　*Puccinia tatarinovii* Kom. et Tranz.

乱草黑粉菌　*Ustilago eragrostidis-japonicana* Zund.

乱子草柄锈菌　*Puccinia schedonnardii* Kell. et Sw.

乱子草单胞锈菌　*Uromyces muehlenbergiae* Ito

乱子草腥黑粉菌　*Tilletia muhlenbergiae* Clint.

略薄多孔菌　*Polyporus tenuiculus* (Beauv.) Fr.

伦布兰特郁金香碎色病毒　*Rembrandt tulip breaking virus* (ReTBV)

伦迪链壶菌[角星鼓藻和鼓藻链壶病菌]　*Lagenidium lundii* Karling

轮虫霉属　**Zoophagus** Sommerstorff

轮花油杉寄生[大果油杉寄生]　*Arceuthobium verticilliflorum* Durango

轮环藤假尾孢　*Pseudocercospora cycleae* (Chiddarwar) Deighton

轮生小尾束霉　*Podosporiella verticillata* O'Gara

轮纹大茎点菌　*Macrophoma kawatsukai* Hara

轮纹尾孢　*Cercospora zonata* Wint.

轮线虫属　**Criconemoides** Taylor

轮线霉属　**Zygnemomyces** Miura

轮藻腐烂病菌　*Pythium characearum* de Wild.

轮藻腐霉[轮藻腐烂病菌]　*Pythium characearum* de Wild.

轮藻根壶病菌　*Rhizidium intestinum* Schenk

轮枝孢属　**Verticillium** Nees

罗丹毕赤酵母　*Pichia rhodanensis* (Ramir. et Boidin) Phaff

罗尔夫青霉　*Penicillium rolfii* Thom

罗浮柿尾孢　*Cercospora diospyrimorrisianae* Saw.

罗古球腔菌　*Mycosphaerella liukiuensis* Leach

罗汉果壳二孢　*Ascochyta siraitia* Chao et Chi

罗汉松隐皮线虫　*Cryphodera podocarpi* (Wouts) Luc, Taylor et Cadet

罗勒生假尾孢　*Pseudocercospora ocimicola* (Petr. et Cif.) Deighton

罗勒生尾孢　*Cercospora ocimicola* Petr. et Cif.

罗马柄锈菌　*Puccinia romagnoliana* Maire et Sacc.

罗马霜霉［拉夫苣蓿霜霉病菌］ *Peronospora romanica* f. sp. *lavrenkoi* Gaponenko

罗马霜霉 *Peronospora roemeriae* Zaprom.

罗马霜霉横苣蓿变型［横苣蓿霜霉病菌］ *Peronospora romanica* f. sp. *transoxanae* Fajzieva

罗马霜霉拉夫苣蓿变型 *Peronospora romanica* f. sp. *lavrenkoi* Gaponenko

罗氏白绢菌 *Pellicularia rolfsii*（Sacc.）West.

罗氏薄膜革菌［罗氏白绢菌］ *Pellicularia rolfsii*（Sacc.）West.

罗氏草散斑壳 *Lophodermium rottboelliae* Saw.

罗氏歧壶菌［鞘藻歧壶病菌］ *Cladochytrium nowakowskii* Sparrow

罗斯德巴利酵母 *Debaryomyces rosei*（Guill.）Kudr.

罗斯酵母 *Saccharomyces rosei*（Guill.）Lodd. et Kreger

罗斯霜霉［青兰霜霉病菌］ *Peronospora rossica* Gäum.

罗斯托赫球皮线虫［马铃薯金线虫］ *Globodera rostochiensis*（Wolleuweber）Behrens

罗斯香豌豆霜霉 *Peronospora lathyrirosei* Osipyan

萝卜（属）病毒 *Raphanus virus Nucleorhabdovirus*（RaV）

萝卜白斑柱隔孢 *Ramularia armoraciae* Fuck.

萝卜被孢霉［萝卜根霉病菌］ *Mortierella raphani* Dauphin

萝卜根霉病菌 *Mortierella raphani* Dauphin

萝卜黑根黑心病菌 *Aphanomyces raphani* Kendrick

萝卜花叶病毒 *Radish mosaic virus Comovirus*（RaMV）

萝卜黄边病毒 *Radish yellow edge virus Alphacryptovirus*（RYEV）

萝卜链格孢 *Alternaria raphani* Groves et Skolko

萝卜脉明病毒 *Radish vein clearing virus Potyvirus*（RaVCV）

萝卜丝囊霉［萝卜黑根黑心病菌］ *Aphanomyces raphani* Kendrick

萝卜叶斑病菌 *Xanthomonas campestris* pv. *raphani*（White）Dye

萝卜藻根生壶菌［萝卜藻肿胀病菌］ *Rhizophydium chrysopyxids* Scherffel

萝卜藻肿胀病菌 *Rhizophydium chrysopyxids* Scherffel

萝藦花叶病毒 *Araujia mosaic virus Potyvirus*（ArjMV）

萝藦壳二孢 *Ascochyta asclepiadis* Ell. et Ev.

萝藦小煤炱 *Meliola asclepiadacearum* Hansf.

萝藦锈孢锈菌 *Aecidium metaplexis* Wang et Li

萝藦枝孢 *Cladosporium metaplexis* Zhang et Wang

螺带藻根生壶菌［螺带藻肿胀病菌］ *Rhizophydium spirotaeniae*（Scherff.）Sparrow

螺带藻肿胀病菌 *Rhizophydium spirotaeniae*（Scherff.）Sparrow

螺壳状丝束菌［甜菜猝倒病菌］ *Aphanomyces cochlioides* Drechsler

螺旋钩丝孢 *Harposporium helicoides* Drechsler

螺旋木霉 *Trichoderma spirale* Bissett

螺旋拟滑刃线虫 *Aphelenchoides helicus* Heyns

螺旋青霉 *Penicillium helicum* Raper et Fenn.

螺旋线虫属 **Helicotylenchus** Steiner

螺原体属 **Spiroplasma** Saglio, Hospital,

Lafleche et al.

裸矮化线虫　*Tylenchorhynchus nudus* Allen

裸瓣瓜假尾孢　*Pseudocercospora gymnopetali* Sawada ex Goh et Hsieh

裸孢锈菌属　**Caeoma** Link

裸垫刃线虫属　**Gymnotylenchus** Siddiqi

裸黑粉菌[大麦散黑粉菌]　*Ustilago nuda*（Jens.）Rostr.

裸茎槲寄生　*Viscum nudum* Danser

裸矛线虫属　**Psilenchus** de Man

裸球孢黑粉菌属　**Burrillia** Setch.

裸实小光壳炱　*Asteridiella gymnosporiae*（Dyd.）Hansf.

裸双胞锈菌属　**Gymnoconia** Lagerh.

裸异壶菌属　**Reesia** Fisch

裸藻袋壶病菌　*Saccomyces endogenus* Sorokin

裸藻根壶病菌、畸形病菌　*Rhizidium euglenae* Dang.

裸藻壶病菌　*Pseudosphaerita euglenae* Dang.

裸藻油壶菌[裸藻肿胀病菌]　*Olpidium euglenae* Dang.

裸藻肿胀病菌　*Olpidium euglenae* Dang.

裸栅锈菌属　**Aplopsora** Mains

裸柱菊白锈[裸柱菊白锈病菌]　*Albugo solivae* Schröt.

裸柱菊白锈病菌　*Albugo solivae* Schröt.

洛格酵母　*Saccharomyces logos* Laer et Denam. ex Jörg.

洛氏被毛孢　*Hirsutella rhossiliensis* Minter-Brody

洛氏根结线虫　*Meloidogyne lordelloi* de Ponte

洛提拉小煤炱　*Meliola notelaeae* Hansf.

络石链格孢　*Alternaria trachelospermi* Zhang, Lin et Chen

络石小煤炱　*Meliola trachelospermi* Yates

骆驼刺壳二孢　*Ascochyta alhagi*（Lobata）Melnik

骆驼刺壳针孢　*Septoria alhagiae* Ahmad

骆驼刺束丝壳　*Trichocladia alhagi* Golov.

骆驼刺异皮线虫　*Heterodera oxiana* Kirjanova

骆驼蓬尾孢　*Cercospora pegani* Liu et Guo

落葱霜霉病菌　*Peronospora fujitai* Ito et Tokun.

落花生柄锈菌　*Puccinia arachidis* Speg.

落花生钉孢霉　*Passalora arachidicola*（Hori）Braun

落花生核盘菌　*Sclerotinia arachidis* Hanz.

落花生痂圆孢　*Sphaceloma arachidis* Bitanc. et Jenk.

落花生壳二孢　*Ascochyta arachidis* Woronichin

落花生螺旋线虫　*Helicotylenchus arachisi* Mulk et Jairajpuri

落花生球腔菌[花生褐斑病菌]　*Mycosphaerella arachidicola*（Hori）Jenk.

落花生尾孢　*Cercospora arachidicola* Hori

落葵假尾孢　*Pseudocercospora basellae* Goh et Hsieh

落葵链格孢　*Alternaria basellae* T. Y. Zhang

落新妇两型锈菌　*Pucciniostele clarkiana*（Barcl.）Diet.

落新妇生单囊壳　*Sphaerotheca morsuvae* var. *astilbicola* Zhao

落选短体线虫　*Pratylenchus neglectus*（Rensch）Chitwood et Oteifa

落叶松癌肿病菌　*Lachnellula willkommii*（Hart.）Dennis

落叶松侧枝霉　*Meria laricis* Vuillemin

落叶松层孔菌[落叶松红心腐病菌]　*Fomes laricis*（Jacq.）Murr.

落叶松长针线虫　*Longidorus laricis* Hirata

落叶松附毛孔菌[褶囊附毛菌]　*Tricha-*

ptum laricinum (Karst.) Ryv.

落叶松红心腐病菌 *Fomes laricis* (Jacq.) Murr.

落叶松枯梢病菌 *Botryosphaeria laricina* (Swada) Zhong

落叶松裸孢锈菌 *Caeoma laricis* (West.) Hart.

落叶松落针病菌 *Mycosphaerella laricis-leptolepidis* ito et al.

落叶松毛杯菌 *Lachnellula laricis* (Cooke) Dharne

落叶松拟三胞锈菌 *Triphragmiopsis laricinum* (Chou) Tai

落叶松葡萄座腔菌 [落叶松枯梢病菌] *Botryosphaeria laricina* (Swada) Zhong

落叶松三胞锈菌 [落叶松锈病菌] *Triphragmium laricinum* Chou

落叶松散斑壳 *Lophodermium laricinum* Duby

落叶松小皮下盘菌 *Hypodermella laricix* Tub.

落叶松锈病菌 *Triphragmium laricinum* Chou

落叶松隐腐皮壳 *Cryptovalsa laricina* Yuan

落叶松油杉寄生 *Arceuthobium laricis* (Piper) John

落叶松栅锈菌 *Melampsora laricis* Hart.

M

麻孢堆黑粉菌 *Sporisorium punctatum* (Ling) Vánky

麻饼炭团菌 *Hypoxylon serpens* (Pers.) Fr.

麻风树(属)花叶病毒 *Jatropha mosaic virus Begomovirus* (JMV)

麻风树假尾孢 *Pseudocercospora jatrophae* (Atk.) Das et B. K.

麻风树生尾孢 *Cercospora jatrophicola* (Speg.) Chupp

麻风树疫霉 *Phytophthora jatrophae* Rosenbaum

麻花头鞘锈菌 *Coleosporium serratulae* Wang et Li

麻辣仔小煤炱 *Meliola erycibis* Hansf.

麻炭团菌 *Hypoxylon marginatum* (Schwein.) Berk.

麻竹夏孢锈菌 *Uredo dendrocalami* Petch

马㼎儿(属)斑驳病毒 *Melothria mottle virus Potyvirus* (MelMoV)

马㼎儿假尾孢 *Pseudocercospora melothriae* Sawada ex Goh et Hsieh

马㼎儿尾孢 *Cercospora melothriae* Saw.

马鞍菌 *Helvella ephippium* Lév.

马鞍菌寄生菌 *Sphaeronaemella helvellae* (Karst.) Karst.

马鞍菌穴喙壳 [马鞍菌寄生菌] *Sphaeronaemella helvellae* (Karst.) Karst.

马鞍菌属 *Helvella* L.

马鞍树钩丝壳 *Uncinula maackiae* Zheng et Chen

马鞍霜霉 [宽卷耳霜霉病菌] *Peronospora helvetica* Gäum.

马鞭草潜隐病毒 *Verbena latent virus Carlavirus*

马肠假丝酵母 *Candida silvae* V.-Leiria et Uden

马齿苋白锈［马齿苋白锈病菌］ *Albugo portulacae* (de Candolle) Kuntze

马齿苋白锈病菌 *Albugo portulacae* (de Candolle) Kuntze

马齿苋短体线虫 *Pratylenchus portulacus* Zarina et Maqbool

马齿苋黏霉病菌 *Polymyxa betae* f. sp. *Portulacae* Abe. et Ui

马齿苋平脐蠕孢 *Bipolaris potulacae* (Rader) Alcorn

马德葡孢霉 *Botryosporium madrasense* Rag-hukumar

马地橘霉 *Citromyces matritensis* (Maria) Maria

马丁腐霉 *Pythium maritimum* Höhn.

马丁盘二孢菌 *Marssonina martinii* (Sacc. et Ell.) Magn

马丁崖椒小煤炱 *Meliola fagarae-martinicensis* Hansf.

马丁枝孢 *Cladosporium martianoffianum* Thuemen

马兜铃柄锈菌 *Puccinia aristolochiae* (DC.) Wint.

马兜铃叉丝壳 *Microsphaera aristolochiae* Yu

马兜铃壳二孢 *Ascochyta aristolochiae* Sacc.

马兜铃尾孢 *Cercospora olivascens* Sacc.

马兜铃叶黑粉菌 *Entyloma aristolochiae* Sacc.

马兜铃枝孢 *Cladosporium aristolochiae* Zhang et Zhang

马顿青霉 *Penicillium martensii* Biourge

马尔酵母 *Saccharomyces marchalianus* Kuff.

马尔科夫叶点霉 *Phyllosticta malkoffii* Bub

马尔卵孢酵母 *Oosporidium marg aritiferum* Stautz

马格纳斯柄锈菌 *Puccinia magnusiana* Körn.

马格纳斯栅锈菌 *Melampsora magnusiana* Magn.

马格网囊霉［荼菱绵腐病菌］ *Dictyuchus magnusii* Lindstedt

马格尾囊壶菌［小米草结瘿病菌］ *Urophlyctis magnusiana* Neger

马格叶黑粉菌 *Entyloma magnusii* (Ule) Woron.

马格指梗霉 *Sclerospora magnusiana* Sorokin

马格柱孢 *Cylindrocarpon magnusiana* Wollenw.

马甲子盾壳霉 *Coniothyrium mizogamii* Togashi

马甲子叶点霉 *Phyllosticta paliuri* (Lév.) Cooke

马克斯酵母 *Saccharomyces marxianus* Hansen

马昆德拟青霉 *Paecilomyces marquandii* (Mass.) Hughes

马拉古番茄壳针孢 *Septoria lycopersici* f. sp. *malagutii* Ciccarone

马拉斯瓶形酵母 *Pityrosporum malasezii* Sabour.

马来尾孢 *Cercospora malayensis* Stev. et Solh.

马来西亚绿萝潜病毒 *Pothos latent virus* Aureusvirus (PoLV)

马兰假尾孢 *Pseudocercospora baphicacanthi* Hsieh et Goh

马兰生锈孢锈菌 *Aecidium strobilanthicola* Saw.

马兰尾孢 *Cercospora strobilanthidis* Chidd.

马里兰根结线虫 *Meloidogyne marylandi* Jepson et Golden

马里兰细小线虫 *Gracilacus marylandica* (Jenkins) Raski

马里兰锥线虫 *Dolichodorus marylandi-*

cus Lewis et Golden

马里霜霉 *Peronospora malyi* Lindtner

马利筋（属）病毒 *Asclepias virus Rhabdovirus*（AsV）

马利筋草枯萎病原 *Phytomonas elmassiani*

马利筋茎点霉 *Phoma asclepiadis* Saw.

马利筋尾孢 *Cercospora asclepiadis* Ell.

马铃薯、茶叶猝倒病菌 *Pythium vexans* de Bary

马铃薯 A 病毒 *Potato virus A Potyvirus*（PVA）

马铃薯 M 病毒 *Potato virus M Carlavirus*（PVM）

马铃薯 S 病毒 *Potato virus S Carlavirus*（PVS）

马铃薯 T 病毒 *Potato virus T Trichovirus*（PVT）

马铃薯 U 病毒 *Potato virus U Nepovirus*（PVU）

马铃薯 V 病毒 *Potato virus V Potyvirus*（PVV）

马铃薯 X 病毒 *Potato virus X Potexvirus*（PVX）

马铃薯 X 病毒属 **Potexvirus**

马铃薯 Y 病毒 *Potato virus Y Potyvirus*（PVY）

马铃薯 Y 病毒科 Potyviridae

马铃薯 Y 病毒属 **Potyvirus**

马铃薯癌肿病菌 *Synchytrium endobioticum*（Schulb.）Percival

马铃薯安第斯斑驳病毒 *Potato Andean mottle virus Comovirus*

马铃薯安第斯潜病毒 *Potato Andean latent virus Tymovirus*

马铃薯奥古巴花叶病毒 *Potato aucuba mosaic virus Potexvirus*（PAMV）

马铃薯白线虫 *Globodera pallida*（Stone）Behrens

马铃薯疮痂病菌 *Streptomyces acidiscabies* Lambert et Loria

马铃薯疮痂病菌 *Streptomyces luridiscabiei* Park，Kwon，Wilson et al.

马铃薯疮痂病菌 *Streptomyces niveiscabiei* Park，Kwon，Wilson et al.

马铃薯疮痂病菌 *Streptomyces puniciscabiei* Park et al.

马铃薯丛枝植原体 Potato witches broom phytoplasma

马铃薯纺锤形块茎类病毒 *Potato spindle tuber viroid Pospiviroid*（PSTVd）

马铃薯纺锤形块茎类病毒科 Pospiviroidae

马铃薯纺锤形块茎类病毒属 **Pospiviroid**

马铃薯粉痂菌 *Spongospora subterranea*（Wallr.）Lagerheim

马铃薯干腐病菌 *Fusarium coeruleum*（Lib.）Sacc.

马铃薯根肿病菌 *Plasmodiophora solani* Brehmer et Bärner

马铃薯黑粉菌 *Angiosorus solani* Thirum. et O'Brien

马铃薯黑环斑病毒 *Potato black ringspot virus Nepovirus*（PBRSV）

马铃薯黑茎病菌 *Erwinia carotovoa* subsp. *atroseptica*（van Hall）Dye

马铃薯黑疫病菌 *phoma andina* Sacc. et P. Syd.

马铃薯坏疽病菌 *Phoma exigua* f. sp. *foveata*（Foister）Boerema

马铃薯环腐病菌 *Clavibacter michiganensis* subsp. *sepedonicus*（Spieckermann）Davis et al.

马铃薯黄矮病毒 *Potato yellow dwarf virus Nucleorhabdovirus*（PYDV）

马铃薯黄花叶巴拿马病毒 *Potato yellow mosaic Panama virus Begomovirus*

马铃薯黄花叶病毒 *Potato yellow mosaic virus Begomovirus*（PYMV）

马铃薯黄花叶特立尼达病毒 *Potato yellow mosaic Trinidad virus Begomovirus*

马铃薯假丝酵母 *Candida solani* Lodd.

M

et Kreger

马铃薯僵化植原体　Potato stolbur phytoplasma

马铃薯金线虫　Globodera rostochiensis (Wolleuweber) Behrens

马铃薯卷叶病毒　Potato leafroll virus Polerovirus (PLRV)

马铃薯卷叶病毒属　**Polerovirus**

马铃薯内部锈斑菌　Xanthomonas campestris pv. rubefaciens (Burr) Magrou et Prevot

马铃薯皮斑病菌　Polyscytalum pustulans (Owen et Wkef.) Ellis

马铃薯潜隐病毒　Potato latent virus Carlavirus

马铃薯球皮白胞囊线虫　Globodera pallida (Stone) Behrens

马铃薯晚疫病菌　Phytophthora infestans (Montagne) de Bary

马铃薯楔孢黑粉菌　Thecaphora solani Barrus

马铃薯锈菌　Puccinia pittieriana Henn.

马铃薯叶斑病菌　Septoria lycopersici f. sp. malagutii Ciccarone

马铃薯疫霉绯腐病菌　Phytophthora erythroseptica Pethybr.

马铃薯银屑病菌　Helminthosporium solani Durieu et Montagen

马铃薯帚顶病毒　Potato mop-top virus Pomovirus (PMTV)

马铃薯帚顶病毒属　**Pomovirus**

马毛小皮伞　Marasmius crinisequi Muell. ex Kalch.

马木霉　Trichoderma equestre (L.) Quél.

马尼拉轴黑粉菌　Sphacelotheca manilensis (Syd.) Ling

马其顿假丝酵母　Candida macedoniensis (Cast. et Chalm.) Berkh.

马其顿酵母　Saccharomyces macedoniensis Didd. et Lodd.

马钱球腔菌　Mycosphaerella strychnoris Lin et Chi

马桑棒丝壳　Typhulochaeta coriariae Xie

马桑钩丝壳　Uncinula coriariae Zheng et Chen

马桑假尾孢　Pseudocercospora coriariae (Chupp) Liu et Guo

马桑壳针孢　Septoria coriariae Pass.

马桑膨痂锈菌　Pucciniastrum coriariae Diet.

马桑球针壳　Phyllactinia coriariae Xie

马桑生白粉菌　Erysiphe coriariicola Zheng et Chen

马桑尾孢　Cercospora coriariae Chupp.

马桑叶点霉　Phyllosticta coriariae Saw.

马沙杜粗纹膜垫线虫　Aglenchus machadoi Andrassy

马氏长针线虫　Longidorus martini Merny

马氏镰孢菜豆变种　Fusarium martii var. phaseoli Burkh.

马氏螺旋线虫　Helicotylenchus martini Sher

马氏拟滑刃线虫　Aphelenchoides martinii Ruhm

马舒德矮化线虫　Tylenchorhynchus mashhoodi Siddiqi et Basir

马唐(属)矮化病毒　Pangola stunt virus Fijivirus (PaSV)

马唐(属)条点病毒　Digitaria striate virus Nucleorhabdovirus (DiSV)

马唐(属)条点花叶病毒　Digitaria striate mosaic virus Mastrevirus (DiSMV)

马唐(属)线条病毒　Digitaria streak virus Mastrevirus (DSV)

马唐柄锈菌　Puccinia oahuensis Ell. et Ev.

马唐黑粉菌　Ustilago digitariae (Kunze) Wint.

马唐黑痣菌　Phyllachora syntherismae Saw.

马唐壳锈菌　Physopella digitariae (Cumm.）Cumm. et Ram.

马唐生腥黑粉菌　*Tilletia digitariicola* Pavgi et Thirum.

马唐夏孢锈菌　*Uredo digitariae* Kunze

马唐轴黑粉菌　*Sphacelotheca digitariae* (Kunze) Clint.

马蹄荷小煤炱　*Meliola symingtoniae* Kapoor

马蹄莲叶斑病菌　*Xanthomonas campestris* pv. *zantedeschiae* (Joubert) Dye

马蹄莲疫霉　*Phytophthora richardiae* Buisman

马先蒿鞘锈菌　*Coleosporium pedicularidis* Tai

马先蒿霜霉［返顾马先蒿霜霉病菌］　*Peronospora pedicularis* Palm.

马亚圭根结线虫　*Meloidogyne mayaguensis* Rammah et Hirschmann

马衣叶生假尾孢　*Pseudocercospora anisomelicola* Sawada ex Goh et Hsieh

马衣叶生尾孢　*Cercospora anisomelicola* Saw.

马缨丹、月桂叶斑病菌　*Xanthomonas campestris* pv. *lantanae* (Srinivasan) Dye et al.

马缨丹假尾孢　*Pseudocercospora formosana* (Yamam.) Deighton

马缨丹尾孢　*Cercospora formosana* Yamam.

马缨丹叶斑病菌　*Xanthomonas lactucaescariolae* (Tornberry et Anderson) Săvulescu

马缨丹叶点霉　*Phyllosticta lantanae* Pass.

马缨丹状叶点霉　*Phyllosticta lantanoides* Peck

马醉木散斑壳　*Lophodermium pieridis* Keissl.

马醉木霜霉病菌　*Bremia lactucae* f. sp. *picridis* Skidmore et Ingram

马醉木外担菌　*Exobasidium pieridis* Henn.

玛格瑞根结线虫　*Meloidogyne megriensis* (Poghossian)Esser et al.

玛丽安锈孢锈菌　*Aecidium mariani-raciborskii* Siem.

玛丽盘双锁毛孢　*Seimatosporium mariae* (Clinton) Shoem.

蚂蚱腿子鞘锈菌　*Coleosporium myripnoidis* Wang et Zhuang

买麻藤生小煤炱　*Meliola gneticola* Hu

迈尔锈菌属　**Milesina** Magn.

迈弟卡皮斯霉　*Pithomyces maydicus* (Sacc.)Ellis

迈索尔白锈菌［番杏白锈病菌］　*Albugo mysorensis* (Thirum. et Safee.) Vasudeva

迈索尔柄锈菌　*Puccinia mysorensis* Syd. et Butl.

迈索尔假尾孢　*Pseudocercospora mysorensis* (Thirum. et Chupp) Deighton

迈索尔尾孢　*Cercospora mysorensis* Thirum. et Chupp.

迈索尔叶黑粉菌　*Entyloma mysorensis* Thirum.

麦矮化腥黑粉菌　*Tilletia brevifaciens* Fisch.

麦斑链格孢　*Alternaria triticimaculans* Simmons

麦冬钉孢霉　*Passalora liriopes* (Tai) Guo

麦冬尾孢　*Cercospora liriopes* Tai

麦根腐病菌　*Cochliobolus sativus* (Ito et Kurib.) Drechsler

麦根腐平脐蠕孢　*Bipolaris sorokiniana* (Sacc.) Shoem.

麦角病菌　*Claviceps purpurea* (Fr.) Tul.

麦角菌属　**Claviceps** Tul.

麦类胞囊［异皮］线虫　*Heterodera latipons*(Franklin)Krall

麦类赤霉病菌　*Fusarium graminearum* Schw.

麦类根腐病菌　*Pythium iwayamai* Ito

麦类核腔菌［大麦条纹病菌］　*Pyrenophora graminea* (Rabenk.) Ito et Kurib.

麦类黑颖病菌　*Xanthomonas translucens* (ex Jones et al.) Vauterin et al.

麦类条斑病菌　*Cephalosporium gramineum* Nisikado et Ikata

麦类雪腐叶枯病菌　*Monographella nivalis* (Schaffn.) Mull.

麦太多斑皮线虫　*Punctodera matadorensis* Mulvey et Stone

麦仙翁霜霉　*Peronospora agrostemmatis* Gäum.

麦仙翁外囊菌　*Taphrina githaginis* Rostr.

脉马鞍菌　*Helvella phlebophora* Pat. et Doass.

脉生散斑壳[冷杉落叶散斑壳菌]　*Lophodermium nervisequium* (DC. ex Fr.) Rehm

脉生夏孢锈菌　*Uredo nervicola* Tranz.

脉生小沟盘菌　*Lirula nervisequia* (DC.∶Fr.) Darker

鳗形腐霉　*Pythium anguillulae* Sadeb.

鳗状线虫属（粒线虫属）　**Anguina** Scopoli

满腐霉　*Pythium complens* Fisch.

满红硬孔菌　*Rigidoporus sanguinolentus* (Fr.) Donk.

螨斑生叉丝单囊壳　*Podosphaera erineophila* Naoum.

曼格红树疫病菌　*Phytophthora spinosa* Fell et Master

曼格红树疫病菌　*Phytophthora spinosa* var. *lobata* Fell.

曼瑙伴孢疣锈菌　*Dicheirinia manaosensis* (Henn.) Cumm.

曼陀罗（属）病毒　*Datura virus Rhabdovirus*

曼陀罗（属）花叶病毒　*Datura mosaic virus Potyvirus* (DTMV)

曼陀罗（属）黄脉病毒　*Datura yellow vein virus Nucleorhabdovirus* (DYVV)

曼陀罗（属）扭曲花叶病毒　*Datura distortion mosaic virus Potyvirus* (DDMV)

曼陀罗（属）条点花叶病毒　*Datura strtate mosaic virus* (DSMV)

曼陀罗带化病毒　*Datura shoestring virus Potyvirus* (DSSV)

曼陀罗哥伦比亚病毒　*Datura Colombian virus Potyvirus*

曼陀罗坏死病毒　*Datura necrosis virus Potyvirus* (DNV)

曼陀罗黄单胞菌[曼陀罗叶斑病菌]　*Xanthomonas hemmiana* (Yamamoto) Burkholder

曼陀罗壳二孢　*Ascochyta daturae* Sacc.

曼陀罗生链格孢　*Alternaria daturicola* T. Y. Zhang, Zhao et Zhang

曼陀罗生尾孢　*Cercospora daturicola* (Speg.) Ray.

曼陀罗霜霉　*Peronospora daturae* Hulea

曼陀罗叶斑病菌　*Xanthomonas hemmiana* (Yamamoto)Burkholder

慢生根瘤菌属　**Bradyrhizobium** Jordan

漫山多胞锈菌　*Phragmidium montivagum* Arth.

蔓长春花霜霉　*Peronospora vincae* J. Schröt.

蔓虎刺黑粉菌　*Ustilago mitchellii* Syd.

蔓荆假尾孢　*Pseudocercospora agarwalii* (Chupp) Chi

蔓菁集珠霉[蔓菁集珠霉病菌]　*Syncephalis rapacea* Indoh

蔓菁集珠霉病菌　*Syncephalis rapacea* Indoh

蔓菁叶点霉[甘蓝环斑病菌]　*Phyllosticta napi* Sacc.

蔓生曲霉　*Aspergillus viticolum* Red.

蔓枝构球针壳　*Phyllactinia broussonetiae-kaempferi* Saw.

芒（属）线条病毒　*Miscanthus streak virus Mastrevirus* (MiSV)

芒稗霜霉病菌　*Peronosclerospora westonii* (Srinivasan, Narasimhan et Thiru-

芒稗异皮线虫　*Heterodera graminophila* Golden et Birchfield

芒孢堆黑粉菌　*Sporisorium miscanthi* (Yen) Guo

芒孢腐霉[粟根褐腐病菌]　*Pythium aristosporum* Vanterpool

芒柄花(属)黄花叶病毒　*Ononis yellow mosaic virus Tymovirus* (OYMV)

芒柄花霜霉　*Peronospora ononidis* Wilson

芒柄锈菌　*Puccinia miscanthi* Miura

芒黑痣菌　*Phyllachora miscanthi* Syd.

芒壳针孢　*Septoria miscanthina* Petr.

芒麦角菌　*Claviceps miscanthi* Saw.

芒生柄锈菌　*Puccinia miscanthicola* Tai et Cheo

芒氏曲霉　*Aspergillus manginii* (Mang) Thom et Raper

芒属指霜霉[甘蔗霜霉病菌、甘蔗叶裂病菌]　*Peronosclerospora miscanthi* (Miyake) Shaw

芒霜霉　*Peronospora miscanthi* T. Miyake

芒四缩孢　*Tetraploa aristata* Berk. et Br.

芒尾孢　*Cercospora miscanthi* Saw.

芒夏孢锈菌　*Uredo miscanthi-sinensis* Saw.

芒亚球腔菌　*Metasphaeria miscanthi* Saw.

杧果矮化线虫　*Tylenchorhynchus mangiferae* Luqman et Khan

杧果半轮线虫　*Hemicriconemoides mangiferae* Siddiqi

杧果盾线虫　*Scutellonema mangiferae* Khan et Basir

杧果黑斑病菌　*Xanthomonas campestris* pv. *malloti* Goto

杧果环线虫　*Criconema mangiferum* Edward et Misra

杧果灰斑病菌　*Pestalotia mangiferae* P. Henn.

杧果痂囊腔菌　*Elsinoë mangilata* Bitanc. et Jenk.

杧果痂圆孢　*Sphaceloma mangiferae* Bitanc. et Jenk.

杧果螺旋线虫　*Helicotylenchus mangiferensis* Elmiligy

杧果盘多毛孢[杧果灰斑病菌]　*Pestalotia mangiferae* P. Henn.

杧果尾孢　*Cercospora mangiferae* Koord.

杧果小煤炱　*Meliola mangiferae* Earle

杧果小胀垫刃线虫　*Trophotylenchulus mangenoti* (Luc) Goodey

杧果疫病菌　*Phytophthora palmivora* (Butler) Butler

牻牛儿苗(属)红叶病毒　*Filaree red leaf virus Luteovirus* (FLRV)

牻牛儿苗单轴霉[牻牛儿霜霉病菌]　*Peronoplasmopara erodii* (Fuckel) Uljan.

牻牛儿霜霉　*Peronospora erodii* Fuckel

猫棒束孢　*Isaria felina* DC.

猫儿菊(属)花叶病毒　*Hypochoeris mosaic virus Furovirus* (HYMV)

猫儿屎叉丝壳　*Microsphaera decaisneae* Tai

猫尾树色链隔孢　*Phaeoramularia markhaminae* Liu et Guo

猫眼草单胞锈菌　*Uromyces euphorbiae-lunulatae* Liou et Wang

猫眼草叶黑粉菌　*Entyloma chrysosplenii* (Berk. et Br.) Schröt.

毛白杨夏孢锈病菌　*Uredo tholopsora* Cumm.

毛孢锈菌属　**Trichopsora** Lagerh.

毛杯菌属　**Lachnellula** Karsten

毛笔状伏革菌　*Corticium invisum* Prtch

毛赤杨外囊菌[桤木叶面外囊菌]　*Taphrina epiphylla* Sadeb.

毛刺线虫属　**Trichodorus** Cobb

毛地蜂茎线虫　*Ditylenchus panurgus* Ruhm

毛地黄壳针孢　*Septoria digitalis* Pass.

毛地黄生枝孢　*Cladosporium digitalicola* Zhang，Zhang et Pu

毛地黄霜霉　*Peronospora digitalidis* Gäum.

毛地黄尾孢　*Cercospora digitalis* P. K. Chi et Pai.

毛地舌菌　*Geoglossum hirsutum* Pers.

毛垫线虫属　**Trichotylenchus**（Siddiqi）Seinhorst

毛盾盘菌　*Scutellinia setosa* Kuntze

毛多孔菌　*Polyporus hirsutus*（Wulf.）Fr.

毛蜂窝菌　*Hexagonia apiaria* Fr.

毛盖绵皮孔菌　*Spongipellis litschaueri* Lohw.

毛革盖菌　*Coriolus hirsutus*（Wulf. ex. Fr.）Pat.

毛茛（属）斑驳病毒　*Ranunculus mottle virus Potyvirus*（RanMV）

毛茛、天葵霜霉病菌　*Peronospora ficariae* Tulasne ex de Bary

毛茛、委陵菜、蛇床结瘿病菌　*Physoderma vagans* Schröt.

毛茛单轴霉　*Plasmopara pygmaea* Schröt.

毛茛单轴霉[银莲花、乌头霜霉病菌]　*Plasmopara pygmaea* Schröt.

毛茛科内丝白粉菌　*Leveillula ranunculacearum* Golov.

毛茛壳针孢　*Septoria ficariae* Desm.

毛茛楼斗菜白粉菌　*Erysiphe aquilegiae* var. *ranunculi*（Grev.）Zheng et Chen

毛茛歧壶菌[毛茛肿胀病菌]　*Cladochytrium flammulae* Büsgen

毛茛实球黑粉菌　*Doassansia ranunculina* Davis

毛茛霜霉病菌　*Peronospora alpicola* Gäum.

毛茛条黑粉菌　*Urocystis ranunculi*（Libert.）Moesz

毛茛叶黑粉菌　*Entyloma ranunculorum* Lindr.

毛茛银莲花轴霜霉　*Plasmopara anemones-ranunculoidis* Săvul. et Săvul.

毛茛瘿瘤病菌　*Synchytrium andinum* Lagh.

毛茛肿胀病菌　*Cladochytrium flammulae* Büsgen

毛茛柱隔孢　*Ramularia ranunculi*（Schröt.）Peck

毛果一枝黄花柄锈菌　*Puccinia virgaeaureae*（DC.）Lib.

毛核炭疽菌　*Colletotrichum coccodes*（Wallr.）Hughes

毛黑星菌　*Venturia microseta* Pat.

毛胶薯蓣钉孢霉　*Passalora dioscoreaesubcalvae* Guo

毛接骨木尾孢　*Cercospora depazeoides* Sacc.

毛蕨假尾孢　*Pseudocercospora pteridophytophila* Goh et Hsieh

毛壳属　**Chaetomium** Kunze ex Fr.

毛里求斯长蠕孢　*Helminthosporium mauritianum* Cooke

毛里求斯小盘环线虫　*Discocriconemella mauritiensis*（Williams）de Grisse et Loof

毛里求斯楔孢黑粉菌　*Thecaphora mauritiana*（Syd.）Ling

毛里求斯轴黑粉菌　*Sphacelotheca mauritiana* Zund.

毛莲菜壳针孢　*Septoria mougeotii* Sacc. et Roum.

毛莲菜生壳针孢　*Septoria picridicola* Unamuno

毛链孢属　**Monilochaetes** Halst. ex Harter

毛曼陀罗匈牙利病毒　*Datura innoxia Hungarian mosaic virus Potyvirus*

毛蔓豆黄脉病毒　*Calopogonium yellow vein virus Tymovirus*（CalYVV）

毛霉属　**Mucor** Fresen.

毛木耳　*Auricularia polytricha*（Mont.）

Sacc.

毛皮伞菌属　*Crinipellis* Singer

毛韧革菌　*Stereum hirsutum*（Willd.）Fr.

毛蕊草柄锈菌　*Puccinia duthiae* Ell. et Tracy

毛蕊花白粉菌　*Erysiphe verbasci*（Jacz.）Blum.

毛蕊花霜霉　*Peronospora verbasci* Gäum.

毛色二孢属　*Lasiodiplodia* Ellis et Everh

毛氏小煤炱　*Meliola moerenhoutiana* Mont.

毛束草叶斑病菌　*Xanthomonas campestris* pv. *trichodesmae*（Patel）Dye

毛束霉属　*Trichurus* Clem.

毛丝藻肿胀病菌　*Olpidium destruens*（Now.）Schroeter

毛蚊虫疠霉　*Pandora bibionis* Li，Huang et Fan

毛形病毒属　*Crinivirus*

毛药列当　*Orobanche ombrocharus* Hance

毛叶钝果寄生　*Taxillus nigrans*（Hance）Danser.

毛叶茄假尾孢　*Pseudocercospora trichophila*（Stevens）Deighton

毛叶桑寄生　*Loranthus yadoriki* Sieb.

毛异黏孢菌　*Ligniera pilorum* Fron et Gaillate

毛颖草座枝孢　*Ramulispora alloteropsidis* Thirum et Naras

毛缘沟环线虫　*Ogma fimbriatum*（Cobb）Raski Luć

毛缘轮线虫　*Criconemoides fimbriatus* Thorne et Malek

毛枝孢属　*Cladotrichum* Corda

毛枝藻、竹枝藻壶病菌　*Canteriomyces stigeoclonii* Sparrow

毛枝藻坎特壶菌［毛枝藻、竹枝藻壶病菌］　*Canteriomyces stigeoclonii* Sparrow

毛枝藻肿胀病菌　*Chytridium curvatum* Sparrow

毛轴莎草柄锈菌　*Puccinia cyperi-pilosi* Homma

毛竹柄锈菌　*Puccinia phyllostachydis* Kus.

毛状霜霉　*Peronospora trifolii-purpurei* Rayss

毛状体霜霉　*Peronospora trichotoma* Massee

毛状尾拟滑刃线虫　*Aphelenchoides pannocaudatus*（Massey）Hirling

毛状小环线虫　*Criconemella pilosum* Berg

毛状小盘环线虫　*Discocriconemella pannosa* Sauer et Winoto

毛锥孢属　*Trichoconis* Clem.

毛锥毛壳　*Coniochaeta sordaria*（Fr.）Petrak.

毛嘴腐霉　*Pythium fimbriatum* De la Rue

毛嘴核腔菌　*Pyrenophora trichostoma*（Fr.）Fuck.

矛线虫属　*Dorylaimus* Dujardin

矛形拟滑刃线虫　*Aphelenchoides lanceolatus* Tandon et Singh

茅膏菜异长针线虫　*Paralongidorus droseri* Sukul

茅瓜夏孢锈菌　*Uredo zehneriae* Thüm.

茅栗叉丝壳　*Microsphaera sequinii* Yu et Lai

茅莓多胞锈菌　*Phragmidium rubi-parvifolii* Liou et Wang

茅香柄锈菌　*Puccinia hierochloae* Ito

茅香条黑粉菌　*Urocystis hierochloae* Vánky

茂盾盘菌　*Scutellinia abundans* Kuntze

茂盛叶点霉　*Phyllosticta profusa* Sacc.

茂物隔担耳　*Septobasidium bogoriense* Pat.

茂物假丝酵母　*Candida bogoriensis* Dein.

茂物亚团黑粉菌　*Tolyposporium bogoriense* Racib.

帽孢毕赤酵母　*Pichia toletana*（Socias et al.）Kreger

帽孢锈菌属　*Pileolaria* Cast.

帽腐霉　*Pythium capillosum* B. Paul

帽腐霉螺卷状变种　*Pythium capillosum* var. *helicoides* Paul

帽腐霉原变种　*Pythium capillosum* var. *capillosum* B. Paul

帽蕊草属（大花草科）　**Mitrastemon** Makino

帽蕊草原（山本）变种　*Mitrastemon yamamotoi* var. *yamamotoi* Makino

帽柱木生小煤炱水锦树生变种　*Meliola mitragynicola* var. *wendlandiicola* Jiang

帽柱木小煤炱　*Meliola mitragynes* Syd.

帽状马鞍菌　*Helvella mitra* L.

帽状纽带线虫　*Hoplolaimus galeatus* (Cobb) Filipjev et al.

玫瑰矮化线虫　*Tylenchorhynchus rosei* Zarina et Maqbool

玫瑰多胞锈菌[玫瑰锈病菌]　*Phragmidium rosae-rugosae* Kasai

玫瑰痂囊腔菌　*Elsinoë rosarum* Jenk. et Bitanc.

玫瑰轮线虫　*Criconemoides rosae* Loof

玫瑰螺旋线虫　*Helicotylenchus rosei* Zarina et Maqbool

玫瑰拟滑刃线虫　*Aphelenchoides rosei* Dmitrenko

玫瑰葡萄座腔菌　*Botryosphaeria rhodina* (Berk. et Curt.) Arx

玫瑰异皮线虫　*Heterodera rosii* Duggan et Brennan

玫红侧孢　*Sporotrichum roscolum* Oudem et Boijar

玫红山黑豆霜霉病菌　*Peronospora orobi* Gäum.

玫色侧孢　*Sporotrichum roseum* Link

玫色青霉　*Penicillium roseum* Link

玫烟色拟青霉　*Paecilomyces fumosaroscus* (Wize) Brown et Smith

眉月细盾霉　*Leptothyrium lunariae* Kunze

梅、杏锈病菌　*Caeoma makinoi* Kus.

梅丛梗孢　*Monilia mume* Hara

梅果褐腐病菌　*Monilinia mume* Hara

梅茎点霉　*Phoma mume* Hara

梅链核盘菌[梅果褐腐病菌]　*Monilinia mume* Hara

梅林假丝酵母　*Candida melinii* Didd. et Lodd.

梅林青霉　*Penicillium melinii* Thom

梅膨叶病菌　*Taphrina mume* Nish.

梅生黏帚霉　*Gliocladium mumicola* Wei

梅思沃异皮线虫　*Heterodera methwoldensis* Cooper

梅斯裂壶菌[团藻裂壶病菌]　*Loborhiza metzneri* Hanson

梅炭疽病菌　*Glomerella mume* (Hori) Hemmi

梅外囊菌[梅膨叶病菌]　*Taphrina mume* Nish.

梅西长蠕孢　*Helminthosporium masseeanum* Teng

梅小丛壳[梅炭疽病菌]　*Glomerella mume* (Hori) Hemmi

煤色拟多胞锈菌　*Xenodochus carbonarius* Schlecht.

煤色葡萄座腔菌　*Botryosphaeria fuliginosa* (Moug. et Nestl.) Ell. et Ev.

煤炱属　**Capnodium** Mont.

煤污假尾孢　*Pseudocercospora fuligena* (Roldan) Deighton

煤污尾孢　*Cercospora fuligena* Rold.

煤旋孢腔菌[玉米圆斑病菌]　*Cochliobolus carbonum* Nelson

煤烟色叶点霉　*Phyllosticta adusta* Ell. et Martin

煤烟座囊菌属　**Cymadothea** Wolf.

煤状隔担耳　*Septobasidium carbonaceum* Pat.

美澳型核果链核盘菌　*Monilinia fructicola* (Winter) Honey

美国冬青节杆菌[美国冬青叶疫病菌]　*Arthrobacter ilicis* (Mandel) Collins et al.

美国冬青叶疫病菌　*Arthrobacter ilicis* (Mandel)Collins et al.

美好隔指孢　*Dactylella pulchra* (Linder) de Hoog et van Oorschot

美丽柄锈菌　*Puccinia pulchra* Jörst.

美丽多胞锈菌　*Phragmidium speciosum* (Fr.) Karl.

美丽鼓藻壶菌[鼓藻畸形病菌]　*Endodesmidium formosum* Canter

美丽核黑粉菌　*Cintractia pulchra* Ito

美丽列当　*Orobanche amoena* Mey.

美丽蜜皮线虫　*Meloidodera charis* Hopper

美丽拟滑刃线虫　*Aphelenchoides speciosus* Andrassy

美丽小皮伞　*Marasmius pulcher* (Berk. et Br.) Petch

美丽针线虫　*Paratylenchus lepidus* Raski

美莲草二头孢盘菌　*Dicephalospora calochroa* (Syd.) Spooner

美岭草单胞锈菌　*Uromyces moehringiae* Ito et Hirats.

美女樱尾孢　*Cercospora papillosa* Atk.

美人蕉(属)黄斑驳病毒　*Canna yellow mottle virus Badnavirus* (CaYMV)

美人蕉柄锈菌　*Puccinia thaliae* Diet.

美人蕉生梨孢　*Pyricularia cannaecola* Hashioka

美人蕉尾孢　*Cercospora cannae* J. Bai, X. Lui et Y. Guo

美味黑粉菌　*Ustilago delicatus* Ling

美纹根结线虫　*Meloidogyne elegans* Ponte

美疫霉　*Phytophthora speciosa* Mehlisch

美赭痂锈菌　*Ochropsora ariae* (Fuck.) Syd.

美赭叶小壳丰孢　*Phloeosporella ariaefoliae* Sutton

美洲杯盘菌　*Ciboria americana* Durand

美洲茶假尾孢　*Pseudocercospora ceanothi* (Kellerm. et Swingle) Liu et Guo

美洲虫瘴霉　*Furia americana* (Thaxter) Humber

美洲多胞锈菌　*Phragmidium americanum* Diet.

美洲柑橘黄龙病菌　*Candidatus* Liberibacter americanus Teixeira et al.

美洲桂林锈菌[美洲蜡皮菌]　*Kweilingia americana* Buriticá & J. F. Hennen

美洲槲寄生属　**Phoradendron** Nutt.

美洲笄霉[万寿果花腐病菌]　*Choanephora americana* Moeller

美洲剑线虫　*Xiphinema americanum* Cobb

美洲剑线虫杆菌　*Candidatus Xiphinematobacter americani* Vandekerckhove et al.

美洲胶树尾孢　*Cercospora castilloae* Saw.

美洲蜡皮菌　*Kweilingia americana* Buriticá & J. F. Hennen

美洲李线纹病毒　*American plum line pattern virus Ilarvirus* (APLPV)

美洲李线纹病毒　*Plum american line pattern virus Ilarvirus*

美洲绵霉[稻苗绵腐病菌]　*Achlya americana* Humphrey

美洲木薯潜病毒　*Cassava american latent virus Nepovirus* (CsALV)

美洲啤酒花潜病毒　*American hop latent virus Carlavirus* (AHLV)

美洲啤酒花潜病毒　*Hop American latent virus Carlavirus*

美洲苹果锈病菌　*Gymnosporangium juniperi-virginianae* Schwein

美洲韧皮层杆菌[美洲柑橘黄龙病菌]　*Candidatus* Liberibacter americanus Teixeira et al.

美洲山梗菜尾孢　*Cercospora siphocampyli* Chupp et Viégas

美洲山楂锈病菌　*Gymnosporangium globosum* (Farlow) Farlow

美洲霜霉　*Peronospora americana* Gäum.

美洲委陵菜霜霉　*Peronospora potenti-*

llae-americanae Gäum.

美洲无根藤 *Cassytha americana* Nees

美洲小光壳贪 *Asteridiella americana* Hansf.

美洲小麦条点花叶病毒 *Wheat American striate mosaic virus Cytorhabdovirus* (WASMV)

美洲油杉寄生[黑松矮槲寄生] *Arceuthobium americanum* Nutt. ex Engelmann.

美洲掌叶假尾孢 *Pseudocercospora cybistacis* (Henn.) Liu et Guo

美座附丝壳 *Appendiculella calostroma* Desm.

门格劳林潜根线虫 *Hirschmanniella mangaloriensis* Mathur et Prasad

门氏环线虫 *Criconema menzeli* (Setfanski) Taylor

勐腊鞘花 *Macrosolen suberosus* (Lauterb.) Danser.

蒙地曲霉 *Aspergillus montevidensis* Tal et Mack

蒙古酵母 *Saccharomyces mongolicus* Nagan.

蒙古列当(中华列当) *Orobanche mongholica* Beck

蒙古轮线虫 *Criconemoides mongolense* Andrassy

孟加拉鸭跖草柄锈菌 *Puccinia commelinae-benghalensis* J. Y. Zhuang

孟加拉轴黑粉菌 *Sphacelotheca bengalensis* (Syd. et Butl.) Mundk.

迷迭香小环线虫 *Criconemella rosmarini* Castillo, Siddiqi et Barcina

迷宫二丝孔菌 *Diplomitoporus lindbladii* Gilbn. et Ryv.

迷惑单胞锈菌 *Uromyces decipiens* Syd.

迷惑集壶菌[两型豆瘿瘤病菌] *Synchytrium decipiens* Farlow

迷惑集壶菌橘变种[山马蝗瘿瘤病菌] *Synchytrium decipiens* var. *citrinum* Lagh.

迷惑裸球孢黑粉菌 *Burrillia decipiens* (Wint.) Clint.

迷惑小卵孢 *Ovularia decipiens* Sacc.

迷惑腥黑粉菌 *Tilletia decipiens* (Pers.) Körn.

迷孔菌属 **Daedalea** Pers. ex Fr.

猕猴桃白粉病菌 *Phyllactinia lianyungangensis* Gu et Zhang

猕猴桃根结线虫 *Meloidogyne actinidiae* Li et Yu

猕猴桃假尾孢 *Pseudocercospora actinidiae* Deighton

猕猴桃壳二孢 *Ascochyta actinidiae* Tobisch

猕猴桃膨痂锈菌 *Pucciniastrum actinidae* Hirats.

猕猴桃尾孢 *Cercospora actinidiae* Liu et Guo

猕猴桃锈孢锈菌 *Aecidium actinidiae* Syd.

猕猴桃叶斑病菌 *Pseudomonas syringae* pv. *actinidiae* Takikawa et al.

米甘草(薇甘菊)金柄锈菌 *Chrysella mikaniae* Syd.

米根霉[稻腐败、桃软腐、甘薯软腐病菌] *Rhizopus oryzae* Went et Geerl.

米科特小球腔菌 *Leptosphaeria michottii* (West.) Sacc.

米拉费欧丽莴苣病毒 *Mira fiori lettuce virus Ophiovirus*

米勒氏棘皮线虫 *Cactodera milleri* Graney et Bird

米面蓊属(檀香科) **Buckleya** Torr.

米努辛柄锈菌 *Puccinia minussensis* Thüm.

米邱块菌 *Tuber michailovskianum* Buchh.

米曲霉 *Aspergillus oryzae* (Ahlb) Cohn

米萨苔炭黑粉菌 *Anthracoidea misandrae* Kukk.

米生特小煤贪 *Meliola misanteae* Hansf.

米氏布博维盘菌 *Boubovia micholsonii* (Massee) Spooner et Yao

米团花小壳丰孢　*Phloeosporella leuco-sceptri* (Keisl.) Sutton

米因拟滑刃线虫　*Aphelenchoides rhena-nus* (Fuchs) Filipjev

泌液毕赤酵母　*Pichia fluxuum* (Phaff et Knapp) Kreger

秘鲁番茄病毒　*Tomato Peru virus Potyvirus* (ToPV)

秘鲁番茄花叶病毒　*Peru tomato mosaic virus Potyvirus* (PTV)

秘鲁胡萝卜黄单胞菌[滇芎叶斑病菌]　*Xanthomonas campestris* pv. *arracaciae* Pereira et al.

秘鲁环线虫　*Criconema peruensis* (Cobb) de Coninck

秘鲁型轮线虫　*Criconemoides peruensiformis* (de Grisse) Luć

秘鲁轴黑粉菌　*Sphacelotheca peruviana* Zund.

密孢黑团孢　*Periconia pycnospora* Fres.

密孢霉　*Sphacelia segetum* Lév.

密孢霉属　**Sphacelia** Leveille

密格孢　*Acrodictys dennisii* Ellis

密隔毛枝孢　*Cladotrichum cookei* Sacc.

密梗尾孢　*Cercospora unamunoi* Castell.

密花独脚金　*Striga densiflora* Benth.

密花寄生　*Helixanthera longispicata* (Lecomate) Danser.

密花离瓣寄生　*Helixanthera pierrei* Danser.

密花团黑粉菌　*Sorosporium densiflorum* Ling

密集柄锈菌　*Puccinia congesta* Berk. et Br.

密集葡萄孢　*Botrytis densa* Ditm.

密集青霉　*Penicillium stipitatum* Thom.

密集霜霉[普通卷耳霜霉病菌]　*Peronospora conferta* (Unger) Gäum

密集油壶菌[刚毛藻油壶病菌]　*Olpidium aggregatum* Dang.

密集枝孢　*Cladosporium densum* Sacc.

密集轴霜霉[小米草霜霉病菌]　*Plasmopara densa* (Rabh.) Schroter

密孔菌属　**Pycnoporus** Karst.

密毛无根藤　*Cassytha racemosa* f. sp. *racemosa*

密泡螺旋线虫　*Helicotylenchus densibullatus* Siddiqi

密实链格孢　*Alternaria compacta* (Cooke) McClella

密束梗尾孢　*Cercospora cheonis* Chupp. et Linder.

密束梗孢属　**Pycnostysanus** Lindau

密苏里尾孢　*Cercospora missouriensis* Wint.

密穗蕨束柄锈菌　*Desmella aneimiae* Syd.

密穗列当　*Orobanche ludoviciana* Nutt.

密投腐霉　*Pythium glomeratum* Paul

密锈菌属　**Mikronegeria** Diet.

密疣埃里格孢　*Embellisia verruculosa* Simmons

密执安棒形杆菌　*Clavibacter michiganense* (Smith) Davis, Gillaspie, Vidaver et al.

密执安棒形杆菌诡谲亚种[苜蓿萎蔫病菌]　*Clavibacter michiganensis* subsp. *insidiosus* (McCulloch) Davis et al.

密执安棒形杆菌环腐亚种[马铃薯环腐病菌]　*Clavibacter michiganensis* subsp. *sepedonicus* (Spieckermann) Davis et al.

密执安棒形杆菌密执安亚种[番茄细菌性溃疡病菌]　*Clavibacter michiganensis* subsp. *michiganensis* (Smith) Davis et al.

密执安棒形杆菌内州亚种[玉米高氏细菌萎蔫病菌]　*Clavibacter michiganensis* subsp. *nebraskensis* (Vidaver) Davis et al.

密执安棒形杆菌棋盘状亚种[小麦花叶病菌]　*Clavibacter michiganensis* subsp. *tessellarius* (Carson) Davis et al.

M

蜜二糖假丝酵母 *Candida melibiosi* Lodd. et Kreger

蜜蜂花霜霉 *peronospora melissiti* Byzova et Dejeva

蜜蜂花叶点霉 *Phyllosticta melissae* Bub

蜜柑叶斑病菌 *Xanthomonas axonopodis* pv. *citrumelo* (Gabriel) Vauterin et al.

蜜环菌属 ***Armillaria*** (Fr.) Staude

蜜橘矮缩病毒 *Satsuma dwarf virus Sadwavirus*

蜜橘矮缩病毒属 ***Sadwavirus***

蜜皮线虫属(拟根结线虫属) ***Meloidodera*** Chitwood et al.

蜜色疫霉[橡胶树、万年青疫病菌] *Phytophthora meadii* McRae

绵光壳贝 *Limacinia ovispora* Sawada

绵菌[刚毛藻绵腐病菌] *Achlyogeton entophytum* Schenk

绵壶菌属 ***Achlyogeton*** Schenk

绵毛茎黑粉菌 *Ustilago eriocauli* (Mass.) Clint.

绵毛茎亚团黑粉菌 *Tolyposporium eriocauli* Clint.

绵毛离壁壳 *Cystotheca lanestris* (Harkn.) Miyabe

绵毛轴黑粉菌 *Sphacelotheca lanigeri* (Magn.) Maire

绵霉属 ***Achlya*** Nees

绵皮孔菌属 ***Spongipellis*** Pat.

绵枣儿柄锈菌 *Puccinia liliacearum* Duby

绵枣儿黑粉菌 *Ustilago vaillantii* Tul.

棉白霉病菌 *Mycosphaerella areola* (Ark.) Ehrl. et Wolf

棉层锈菌 *Phakopsora gossypii* (Arth.) Hirats.

棉黑果病菌 *Physalospora gossypina* Stev.

棉花、西瓜枯萎、蒂腐病菌 *Pythium periplocum* Drechsler

棉花矮化线虫 *Tylenchorhynchus gossypii* Nasira et Maqbool

棉花白粉病菌 *Leveillula malvacearum* Golov.

棉花根腐病菌 *Phymatotrichopsis omnivorum* (Duggar) Hennebert

棉花褐斑病菌 *Phyllosticta gossypina* Ell. et Martin

棉花黑果病菌 *Diplodia gossypina* Cooke

棉花红粉病菌 *Trichothecium roseum* (Bull.) Link.

棉花红腐病菌 *Fusarium moniliforme* Sheld

棉花焦斑病菌 *Myrothecium roridum* Tode

棉花枯萎病菌 *Fusarium oxysporum* f. sp. *vasinfectum* (Atk.) Snyd. et Hans.

棉花曲叶阿拉巴病毒 *Cotton leaf curl Alabad virus Begomovirus*

棉花曲叶巴基斯坦 1 号病毒 *Cotton leaf curl Pakistan virus 1 Begomovirus* (CLCuV-Pk1)

棉花曲叶巴基斯坦 2 号病毒 *Cotton leaf curl Pakistan virus 2 Begomovirus* (CLCuV-Pk2)

棉花曲叶杰济拉病毒 *Cotton leaf curl Gezira virus Begomovirus*

棉花曲叶柯克兰病毒 *Cotton leaf curl Kokhran virus Begomovirus*

棉花曲叶拉贾斯坦病毒 *Cotton leaf curl Rajasthan virus Begomovirus*

棉花曲叶木尔坦病毒 *Cotton leaf curl Multan virus Begomovirus*

棉花色素(花青素)病毒 *Cotton anthocyanosis virus Luteovirus* (CAV)

棉花印度炭疽病菌 *Colletotrichum dematium* (Pers.) Grove

棉花皱叶病毒 *Cotton leaf crumple virus Begomovirus* (CLCrV)

棉花针孢酵母 *Nematospora gossypii* Ashby et Now.

棉花晕病柱隔霉 *Septocylindrium arcola* (Atk.)

棉角斑病菌　*Xanthomonas axonopodis* pv. *malvacearum* (Smith) Vauterin et al.

棉壳二孢　*Ascochyta gossypii* Sydow

棉壳色单隔孢　*Diplodia gossypina* Cooke

棉枯萎病菌　*Fusarium vasinfectum* Atk.

棉蜡锈菌　*Cerotelium gossypii* Arth.

棉兰大节片线虫　*Macroposthonia medani* Phukan et Sanwal

棉链格孢　*Alternaria gossypina* (Thüm.) Hopk.

棉铃阿舒囊霉　*Ashbya gossypii* (Ashby et Now.) Guill.

棉铃虫拟青霉　*Paecilomyces heliothis* (Cilarles) Browa et Smith

棉囊孢壳[棉黑果病菌]　*Physalospora gossypina* Stev.

棉盘多毛孢　*Pestalotia gossypii* Hori

棉匐柄霉　*Stemphylium gossipii* Zhang et Zhang

棉球腔菌[棉叶斑病菌]　*Mycosphaerella gossypina* (Cooke) Earle

棉曲叶病毒　*Cotton leaf curl virus Begomovirus* (CLCuV)

棉生枝孢　*Cladosporium gossypiicola* Pidoplochko et Deniak

棉实球黑粉菌　*Doassansia gossypii* Lagerh.

棉蚀精霉　*Spermophthora gossypii* Ashby et Now.

棉霜霉　*Peronospora gossypina* Averna-Saccardo

棉炭疽病菌　*Glomerella gossypii* (Southw.) Edg.

棉尾孢　*Cercospora gossypina* Cooke

棉小丛壳[棉炭疽病菌]　*Glomerella gossypii* (Southw.) Edg.

棉小尾孢　*Cercosporella gossypii* Speg.

棉小叶点霉　*Phyllosticta gossypina* Ell. et Martin

棉叶斑病菌　*Mycosphaerella gossypina* (Cooke) Earle

棉柱隔孢　*Ramularia areola* Atk.

面包发酵酵母　*Saccharomyces panis-fermentati* Henneb.

面蛛尾孢　*Cercospora obtegens* Syd.

苗床伯克氏菌　*Burkholderia plantarii* (Azegami) Urakami et al.

庙铃苣苔(属)病毒　*Smithiantha latent virus Potexvirus* (SmiLV)

岷山柄锈菌　*Puccinia minshanensis* Zhuang et Wei

闽南根结线虫　*Meloidogyne minnanica* Zhang

敏感疫霉　*Phytophthora irritabilis* Mantri et K. B. Deshp.

敏捷固氮菌(活泼固氮菌)　*Azotobacter agilis* Beijerinck

敏捷黄色杆菌　*Xanthobacter agilis* Jenni et Aragno

敏捷噬酸菌　*Acidovorax facilis* (Schatz et Bovell) Willems et al.

名张匐柄霉　*Stemphylium nabarii* Sarwar et Srinath

明孢毕赤酵母　*Pichia hyalospora* (Lindn.) Hansen

明孢盘菌属　**Neofabraea** Jacks.

明孢贠属　**Armatella** Theiss. et Syd.

明茨螺旋线虫　*Helicotylenchus minzi* Sher

明地柄锈菌　*Puccinia minussensis* Thüm.

明痂锈菌属　**Hyalopsora** Magn.

明尼苏达被毛孢　*Hirsutella minnesotensis* Chen, Liu et Chen

明淑乔森纳姆线虫　*Geocenamus myungsugae* Choi et Geraert

冥轮线虫　*Criconemoides stygia* (Schncider) Andrassy

模糊节丛孢　*Arthrobotrys alaskana* Von Oorschot

模糊小诺壶菌[松果球壶病菌]　*Nowakowskiella obscura* Sparrow

膜被楔孢黑粉菌　*Thecaphora tunicata*

Clint.

膜醭毕赤酵母 *Pichia membranaefaciens* Hansen

膜醭德巴利酵母 *Debaryomyces membranaefaciens* Nagan.

膜醭假丝酵母 *Candida membranefaciens* (Lodd. et Rij)Wick. et Burt.

膜盘菌属 **Hymenoscyphus** Gray

膜座霉属 **Hymenella** Fries

摩根轮线虫 *Criconemoides morgensis* (Hofmanner) Taylor

摩芩草黑粉菌 *Ustilago morinae* Padw. et Khan

摩洛哥根结线虫 *Meloidogyne morocciensis* Rammah et Hirshmann

摩洛哥辣椒病毒 *Moroccan pepper virus Tombusvirus* (MPV)

摩洛哥西瓜花叶病毒 *Moroccan watermelon mosaic virus Potyvirus* (MWMV)

摩洛拟滑刃线虫 *Aphelenchoides moro* (Fuchs) Goodey

磨里山夏孢锈菌 *Uredo morrisonense* (Hirats.) Hirats.

蘑菇白腐病菌 *Mycogone perniciosa* Magn.

蘑菇白色膏药病菌 *Scopulariopsis fimicola* (Cost et Matr.)

蘑菇杆菌状病毒 *Mushroom bacilliform virus Barnavirus*

蘑菇褐斑病菌 *Pseudomonas costantinii* Munsch et al.; *Pseudomonas tolaasii* Paine

蘑菇菌斑病菌 *Burkholderia gladioli* pv. *agaricicola* (Lincoln. et al.) Yabuuchi

蘑菇菌褶湿腐病菌 *Pseudomonas agarici* Young

蘑菇可变粉孢霉病菌 *Oïdium variabilis* Berk.

蘑菇绿霉病菌 *Trichoderma viride* Pers. ex Fr.

蘑菇拟滑刃线虫 *Aphelenchoides composticola* Franklin

蘑菇软腐病菌 *Janthinobacterium agaricidamnosum* Lincoln et al.

蘑菇褐霉病菌 *Cephalosporium lamellaecola* Smith

蘑菇指孢霉软腐病菌 *Dactylium dendroides* Fries

蘑菇蛛网枝霉病菌 *Aphanocladium aranearum* var. *sinense* Chen

蘑菇蛛网枝霉病菌 *Aphanocladium aranearum* var. *sinense* Chen

蘑菇紫色杆菌[蘑菇软腐病菌] *Janthinobacterium agaricidamnosum* Lincoln et al.

蘑菇座属 **Agaricodochium** Liu, Wei et Fan

魔芋花叶病毒 *Konjac mosaic virus Potyvirus* (KoMV)

魔芋链格孢 *Alternaria amorphophalli* Rao

魔芋软腐病菌 *Acidovorax konjaci* (Goto) Willems et al.

魔芋噬酸菌[魔芋软腐病菌] *Acidovorax konjaci* (Goto) Willems et al.

魔芋尾孢 *Cercospora amorphophalli* Henn.

魔芋叶斑病菌 *Xanthomonas campestris* pv. *amorphophalli* (Jindal) Dye

魔芋叶点孢 *Phyllosticta amorphophalli* Hara

沫锈菌属 **Spumula** Mains

茉莉花茎点霉 *Phoma jasmini-sambactis* Saw.

茉莉黄单胞菌[茉莉叶斑病菌] *Xanthomonas campestris* pv. *jasminii* Rangaswami et Eswaran

茉莉黄环花叶病毒 Jasmine yellow ring mosaic virus (JYRMV)

茉莉兰伯特盘菌 *Lambertella jasmini* Seaver

茉莉球壳孢　*Sphaeropsis jasmini* Pat.

茉莉生顶棒孔孢　*Acarocybella jasimini-cola*（Hansf.）Ellis

茉莉生假尾孢　*Pseudocercospora jasmi-nicola*（Muller et Chupp ex）Deighton

茉莉生尾孢　*Cercospora jasminicola* Mull. et Chupp.

茉莉生小煤炱　*Meliola jasminicola* Henn.

茉莉星盾炱　*Asterina jasmini* Hansf.

茉莉叶斑病菌　*Xanthomonas campestris* pv. *jasminii* Rangaswami et Eswaran

茉莉叶点霉　*Phyllosticta jasmini* Sacc.

莫干山棒束孢　*Isaria mokanshani* Lioyd

莫格假丝酵母　*Candida mogii* Vidal-Leir

莫景白锈菌［蝶形花科植物白锈病菌］　*Albugo mauginii*（Parisi）Ciferri et Biga

莫拉西螺旋线虫　*Helicotylenchus mora-sii* Darekar et Khan

莫勒盘菌　*Moellerodiscus lentus*（Berk. et Broome）Dumont

莫勒盘菌属　**Moellerodiscus** Henn.

莫勒针壳炱　*Irenopsis molleriana*（Wint.）Stev.

莫雷利小盘环线虫　*Discocriconemella morelensis* Prado Vera et Loof

莫利亚草线条病毒　*Molinia streak virus Panicovirus*（MoSV）

莫罗贝柄锈菌　*Puccinia morobeana* Cumm.

莫洛凯柄锈菌　*Puccinia molokaiensis* Cumm.

莫石竹盘梗霉　*Bremia moehringiae* Liu et Pai

莫氏黑粉菌属　**Moesziomyces** Vánky

漠生肉苁蓉　*Cistanche deserticola* Ma

墨脱柄锈菌　*Puccinia medogensis* J. Y. Zhuang

墨脱大苞鞘花　*Elytranthe parasitica*（Linn.）Danser.

墨西哥根壶菌［刚毛藻根壶病菌］　*Rhizi-dium cienkowaskianum* Zopf

墨西哥壳锈菌　*Physopella mexicana* Cumm.

墨西哥冷杉油杉寄生　*Arceuthobium abi-etis-religiosae* Heil

墨西哥蜜皮线虫　*Meloidodera mexicana* Cid Del Prado

墨西哥潜根线虫　*Hirschmanniella mexi-canus*（Chitwood）Sher

墨西哥伞锈菌　*Ravenelia mexicana* Tranz.

墨西哥肾夏孢锈菌　*Dipyxis mexicana* Cumm. et Baxt.

墨西哥楔孢黑粉菌　*Thecaphora mexica-na* Ell. et Ev.

墨西哥心叶茄类病毒　*Mexican papita viroid Pospiviroid*（MPVd）

墨西哥异皮线虫　*Heterodera mexicana* Campos

墨西哥疫霉　*Phytophthora mexicana* Hotson et Hartge

墨西哥油杉寄生　*Arceuthobium vagina-tum*（Willd.）Presl.

墨西哥针线虫　*Paratylenchus mexicanus* Raski

默氏环线虫　*Criconema murrayi*（Southern）Taylor

母草集壶菌［母草瘿瘤病菌］　*Synchytri-um linderniae* Ito

母草瘿瘤病菌　*Synchytrium linderniae* Ito

母菊叶黑粉菌　*Entyloma matricariae* Rostr.

牡丹刀孢　*Clasterosporium paeoniae* Pass.

牡丹葡萄孢　*Botrytis paeoniae* Oudem.

牡丹叶霉（红斑）病菌　*Cladosporium paeoniae* Pass.

牡丹枝孢　*Cladosporium paeoniae* Pass.

牡蒿夏孢锈菌　*Uredo artemisiae-japoni-cae* Diet.

牡荆假尾孢　*Pseudocercospora viticis* Sawada ex Goh et Hsieh

牡荆尾孢　*Cercospora viticis* Ell. et Ev.

牡荆柱隔孢　*Ramularia viticis* Syd.

M

牡竹大茎点菌 *Macrophoma dendrocala-mi* Saw.

牡竹黑盘孢 *Melanconium dendrocalami* Petch.

姆苏克小环线虫 *Criconemella myungsu-gae* Choi et Geraert

木半夏锈孢锈菌 *Aecidium elaeagni-umbellatae* Diet.

木菠萝钉孢霉 *Passalora artocarpi* Guo

木菠萝尾孢 *Cercospora mehran* S. Khan et M. Kamal

木层孔菌属 **Phellinus** Quel.

木层孔褐根腐病菌 *Phellinus noxius* (Corn)Cunn.

木豆不孕花叶病毒 Pigeonpea sterility mosaic virus

木豆丛枝病植原体 Pigeonpea witches' broom phytoplasma

木豆簇生病毒 *Pigeonpea proliferation virus Nucleorhabdovirus* (PPPV)

木豆花叶斑驳类病毒 *Pigeonpea mosaic mottle viroid* (PPMMoVd)

木豆假尾孢 *Pseudocercospora caesalpi-niae* Guo et Liu

木豆菌绒孢 *Mycovellosiella cajani* (Henn.) Rangel et Trotter

木豆夏孢锈菌 *Uredo cajani* Syd.

木豆叶斑病菌 *Xanthomonas axonopodis* pv. *cajani* (Kulkarni) Vauterin et al.

木豆异皮线虫 *Heterodera cajani* Koshy

木豆疫霉 *Phytophthora cajani* amin, Baldev et Williamns

木耳[黑木耳] *Auricularia auricula* (L. ex Hook)Underw.

木耳属 **Auricularia** Bull. ex Mer.

木防己假尾孢 *Pseudocercospora cocculi* (Syd.) Deighton

木防己尾孢 *Cercospora cocculi* Syd.; *Cercospora trilobi* Chupp

木芙蓉假尾孢 *Pseudocercospora hibisci-mutabilis* (Sun) Yen

木瓜核黑粉菌 *Cintractia cariciphila* (Speg.) Cif.

木瓜束顶病植原体 Papaya bunchy top phytoplasma

木瓜叶点霉 *Phyllosticta chaenomeli-na* Thüm.

木荷生小煤炱 *Meliola schimicola* Ya-mam.

木姜子柄锈菌 *Puccinia morata* Cumm.; *Puccinia litseae* (Pat.) Diet. et Henn.

木姜子钉孢霉 *Passalora litseae* (Goh et Hsieh) Srivast

木姜子短柱锈菌 *Xenostele litseae* (Pat.)Syd.

木姜子明孢炱 *Armatella litseae* (He-nn.)Theiss. et Syd.

木姜子明孢炱对称变种 *Armatella litse-ae* var. *boninensis* Katumoto et Harada

木姜子生假尾孢 *Pseudocercospora litse-icola* (Boedijn) Guo et Liu

木姜子小煤炱 *Meliola litseae* Syd.

木槿(属)黄花叶病毒 *Hibiscus yellow mosaic virus Tobamovirus* (HYMV)

木槿(属)潜隐环斑病毒 *Hibiscus latent ringspot virus Nepovirus* (HLRSV)

木槿(属)潜隐皮尔斯堡病毒 *Hibiscus latent Fort Pierce virus Tobamovirus*

木槿(属)潜隐新加坡病毒 *Hibiscus late-nt Singapore virus Tobamovirus*

木槿(属)褪绿环斑病毒 *Hibiscus chlorotic ringspot virus Carmovirus* (HCRSV)

木槿假单胞菌 *Pseudomonas hibiscicola* Moniz

木槿假尾孢[洋麻假尾孢] *Pseudocerco-spora hibisci-cannabini* (Ell. et Ev. Dei-ghton)

木槿壳针孢 *Septoria hibisci* Sacc.

木槿生单囊壳 *Sphaerotheca hibiscicola* Zhao

木槿生尾孢 *Cercospora hibiscicola* Hara

木槿尾孢 *Cercospora hibiscina* Ell. et Ev.

木槿小单孢　*Haplosporella hibisci*（Berk.）Pet. et Syd.

木槿叶斑病菌　*Pseudomonas syringae* pv. *hibisci*（ex Jones）Young et al.

木槿枝孢　*Cladosporium hibisci* Reichiert

木居伞滑刃线虫　*Bursaphelenchus lignophilus*（Korner）Meyl

木兰大茎点菌　*Macrophoma magnoliae* Saw.

木兰单胞锈菌　*Uromyces indigoferae* Diet. et Holw.

木兰弹壳孢　*Shearia magnoliae*（Shear）Perr.

木兰钝果寄生　*Taxillus limprichtii*（Grunning）Kiu

木兰钝果寄生亮叶变种　*Taxillus limprichtii* var. *longiflorus* Kiu

木兰钝果寄生显脉变种　*Taxillus limprichtii* var. *liquidambaricolus*（Hayata）Kiu

木兰腐霉　*Pythium indigoferae* Butler

木兰轮线虫　*Criconemoides magnoliae* Edward et Misra

木兰球叉丝壳　*Bulbomicrosphaera magnoliae* Wang

木兰球壳孢　*Sphaeropsis magnoliae* Ell. et Dearn

木兰球拟酵母　*Torulopsis magnoliae* Lodd. et Kreger

木兰球腔菌　*Mycosphaerella magnoliae*（Ell.）Petrak

木兰球针壳　*Phyllactinia magnoliae* Yu et Lai

木兰伞锈菌　*Ravenelia indigoferae* Tranz.

木兰小煤炱　*Meliola indigoferae* Syd.

木兰叶点霉　*Phyllosticta magnoliae* Sacc.

木兰叶枯病菌　*Pythium indigoferae* Butler

木兰枝孢　*Cladosporium indigoferae* Sawada

木料伴孢锈菌　*Diorchidium woodii* Kalch. et Cooke

木莓假尾孢　*Pseudocercospora doryalidis*（Chupp et Doidga）Deighton

木霉属　**Trichoderma** Persoon

木棉尾孢　*Cercospora bombacis* T. Goh et W. Hsieh

木内枝孢　*Cladosporium entoxylinum* Corda

木葡萄壳属　**Xylobotryum** Pat.

木生青霉　*Penicillium lignicolum* Grove

木生造毛孢　*Gonimochaete lignicola* Barron

木生椎枝孢　*Spondylocladium xylogenum* Smith

木生锥毛壳　*Coniochaeta ligniaria*（Grev.）Cooke

木薯 C 病毒　*Cassava virus C Ourmiavirus*（CsVC）

木薯 X 病毒　*Cassava virus X Potexvirus*（CsVX）

木薯钉孢霉　*Passalora henningsii*（Allesch）Castaneda et Braun

木薯短胖孢　*Cercosporidium hennighsii*（Allesch.）Deight

木薯杆状病毒　*Cassava bacilliform virus*（CsBV）

木薯哥伦比亚无症病毒　*Cassava Colombian symptomless virus Potexvirus*（CsCoSLV）

木薯根腐病菌　*Periconia manihoticola*（Vincens）Viégas

木薯褐色线条伴随病毒　*Cassava brown streak-associated virus Carlavirus*（CBSaV）

木薯褐条病毒　*Cassava brown streak virus Ipomovirus*

木薯黄单胞菌［木薯疫病菌，木薯角斑病菌］　*Xanthomonas cassavae*（ex Wiehe et Dowson）Vauterin et al.

木薯加勒比海花叶病毒　·*Cassava Cari-*

bbean mosaic virus Potexvirus（CsCa-
MV）

木薯壳色单隔孢　Diplodia manihoti Sacc.

木薯空根病菌　Phytomonas francai

木薯链格孢　Alternaria manihotis Zhang

木薯绿斑驳病毒　Cassava green mottle
virus Nepovirus（CsGMV）

木薯脉斑驳病毒　Cassava vein mottle vi-
rus Caulimovirus（CsVMoV）

木薯脉花叶病毒　Cassava vein mosaic vi-
rus（CsVMV）

木薯脉花叶病毒属　*Cavemovirus*

木薯普通花叶病毒　Cassava common mo-
saic virus Potexvirus（CsCMV）

木薯球腔菌　Mycosphaerella manihotis
Syd.

木薯生黑团孢霉[木薯根腐病菌]　Peri-
conia manihoticola（Vincens）Viegas

木薯尾孢　Cercospora henningsii Allesch.

木薯尾孢　Cercospora manihobae Viégas

木薯无症病毒　Cassava symptomless vi-
rus Nucleorhabdovirus（CsSLV）

木薯细菌性萎蔫病菌　Xanthomonas axo-
nopodis pv. manihotis（Bondar）Vaute-
rin et al.

木薯细菌性叶斑病菌,木薯角斑病菌
Xanthomonas cassavae（ex Wiehe et Do-
wson）Vauterin et al.

木薯象牙海岸杆状病毒　Cassava Ivorian
bacilliform virus Ourmiavirus（CIBV）

木薯印度花叶病毒　Cassava indian mo-
saic virus Begomovirus

木栓根鞘氨醇单胞菌　Sphingomonas su-
berifaciens Yabuuchi et al.

木素木霉　Trichoderma lignorum（To-
de）Harz. ·

木蹄层孔菌[树木干腐病菌]　Fomes fo-
mentarius（L. ex Fr.）Kickx.

木通叉丝壳　Microsphaera akebiae Saw.

木通假尾孢　Pseudocercospora squalidu-
la（Peck）Guo et Liu

木通锈孢锈菌　Aecidium akebiae Henn.

木茼蒿病毒　Chrysanthemum frutescens
virus Nucleorhabdovirus（CFV）

木樨草白锈[木樨草白锈病菌]　Albugo
resedae（Rayss）Ciferri et Biga

木樨草白锈病菌　Albugo resedae（Ra-
yss）Ciferri et Biga

木樨生假尾孢　Pseudocercospora osma-
nthi-asiatici Sawada ex Goh et Hsieh

木樨生尾孢　Cercospora osmanthicola
P. K. Chi et Pai.

木樨生叶点霉　Phyllosticta osmanthicola
Train.

木樨小煤炱　Meliola osmanthi Syd.

木樨小煤炱夏威夷变种　Meliola osma-
nthi var. hawaiiensis Hansf.

木樨锈孢锈菌　Aecidium osmanthi Syd.
et Butl.

木樨叶点霉　Phyllosticta osmanthi Tassi

木香裸孢锈菌　Caeoma warburgianum
Henn.

木贼镰孢　Fusarium equiseti（Corda）
Sacc.

木贼镰孢泡状变种　Fusarium equiseti
var. bullatum Wollenw.

木贼生球腔菌　Mycosphaerella equiseti-
cola Bond-Mont

木质部棒形杆菌　Clavibacter xyli Davis
et al.

木质部棒形杆菌狗牙根亚种[狗牙根矮化
病菌]　Clavibacter xyli subsp. cyno-
donitis Davis et al.

木质部棒形杆菌木质亚种[甘蔗宿根苗矮
化病菌]　Clavibacter xyli subsp. xyli
Davis et al.

木质部难养细菌　Xylella fastidiosa
Wells et al.

木质部小菌属　*Xylella* Wells et al.

木质多孔菌　Polyporus lignosus Kl.

木质生假单胞菌[榆维管束黑化病菌]
Pseudomonas lignicola Westerdijk et

Buisman

牧草锉皮线虫 *Afrina spermophaga*（Steiner）Brzeski

牧草根腐病菌 *Marasmius oreades*（Bolt.）Fr.

牧草红酵母 *Rhodotorula graminis* Di Menna

牧草粒线虫 *Anguina spermophaga* Steiner

牧草球拟酵母 *Torulopsis ingeniosa* Di Menna

牧地香豌豆霜霉病菌 *Peronospora fulva* Sydow

牧野裸孢锈菌［梅、杏锈病菌］ *Caeoma makinoi* Kus.

苜蓿单胞锈菌 *Uromyces striatus* Schröt.

苜蓿格孢球壳 *Pleosphaerulina briosiana* Poll.

苜蓿格孢球壳巴西变种 *Pleosphaerulina briosiana* var. *brasiliensis* Putt.

苜蓿根变色病菌 *Pseudomonas marginalis* pv. *alfalfae*（Shinde）Young et al.

苜蓿根腐病菌 *Phytophthora medicaginis* Hans. et Maxwell

苜蓿核盘菌 *Sclerotinia sativa* Drayton et Groves

苜蓿褐星病菌 *Pleosphaerulina briosiana* var. *brasiliensis* Putt.

苜蓿花叶病毒 *Alfalfa mosaic virus Alfamovirus*（AMV）

苜蓿花叶病毒属 ***Alfamovirus***

苜蓿黄单胞菌菜豆变种 *Xanthomonas medicaginis* pv. *phaseolicola*（Burkholder）Elliott

苜蓿灰星病菌 *Pleosphaerulina briosiana* Poll.

苜蓿假盘菌 *Pseudopeziza medicanginis* Sacc.

苜蓿节壶菌［苜蓿结瘿病菌］ *Physoderma alfalfae*（Lage）Karling

苜蓿结瘿病菌 *Olpidium trifolii* Schröt.

苜蓿结瘿病菌 *Physoderma alfalfae*（Lage）Karling

苜蓿结瘿病菌 *Urophlyctis alfalfae*（Lage）Magnusson

苜蓿茎线虫 *Ditylenchus medicaginis* Wasilewska

苜蓿壳针孢 *Septoria medicaginis* Rob. et Desm.

苜蓿球腔菌 *Mycosphaerella davisii* Jones

苜蓿霜霉 *Peronospora aestivalis* Syd.

苜蓿霜霉病菌 *Peronospora aestivalis* Syd.

苜蓿霜霉野苜蓿变型 *Peronospora aestivalis* f. sp. *medicaginis-falcatae*（Thüm.）Săvul. et Rayss

苜蓿霜霉羽扇豆变型 *Peronospora aestivalis* f. sp. *lupulinae* Gapon.

苜蓿霜霉原变型 *Peronospora aestivalis* f. sp. *aestivalis* Syd.

苜蓿尾孢 *Cercospora medicaginis* Ell. et Ev.

苜蓿尾囊壶菌［苜蓿结瘿病菌］ *Urophlyctis alfalfae*（Lage）Magnusson

苜蓿细菌性萎蔫病菌 *Clavibacter michiganensis* subsp. *insidiosus*（McCulloch）Davis et al.

苜蓿锈病菌 *Uromyces striatus* Schröt.

苜蓿叶斑病菌 *Xanthomonas axonopodis* pv. *alfalfae*（Riker）Vauterin et al.

苜蓿叶点霉 *Phyllosticta medicaginis*（Fuck.）Sacc.

苜蓿疫病菌 *Phytophthora vignae* f. sp. *medicaginis* Tsuya et al.

苜蓿疫霉 *Phytophthora medicaginis* Hans. et Maxwell

苜蓿隐潜 1 号病毒 *Alfalfa cryptic virus 1 alphacryptovirus*（ACV-1）

苜蓿隐潜 2 号病毒 *Alfalfa cryptic virus 2 Betacryptovirus*（ACV-2）

苜蓿中华根瘤菌 *Sinorhizobium malilotii*（Dangeard）Delajudie et al.

M

穆氏节丝壳　*Arthrocladiella mougeotii* ｜ (Lév.) Vassilk.

N

那麻利小球腔菌[结缕草坏死斑病菌]
　Leptosphaeria narmari Walker et Smith

那瓦瑞诺环线虫　*Criconema navarinoense* Raski et Valenzuela

纳博讷霜霉[纳博讷野豌豆霜霉病菌]
　Peronospora narbonensis Gäum.

纳博讷野豌豆霜霉病菌　*Peronospora narbonensis* Gäum.

纳布多胞锈菌　*Phragmidium nambuanum* Diet.

纳地青霉　*Penicillium nalgiovensis* Laxa

纳米青霉　*Penicillium namyslowskii* Zal.

纳提柯查拟滑刃线虫　*Aphelenchoides naticochensis* (Steiner) Filipjev

纳托根结线虫　*Meloidogyne nataliei* Golden, Rosa et Bird

纳乌莫夫黑星菌　*Venturia naumovii* Lashevska

纳西根结线虫　*Meloidogyne naasi* Franklin

纳雪黑星菌　*Venturia nashicola* Tanaka et Yamamoto

纳雪细球腔菌　*Leptosphaerella nashi* Hara

奶油黄拟蜡菌　*Ceriporiopsis cremea* (Parm.) Ryv.

奈尔李盘二孢菌　*Marssonina neilliae* (Harkn) Magn

奈良胶堆锈菌　*Masseeella narasimhanni* Thirum.

奈尼塔尔轮线虫　*Criconemoides nainitalensis* Edward et Misra

耐热酵母　*Saccharomyces thermantito-* *num* Johnson

南布柄锈菌[前胡柄锈菌]　*Puccinia nanbuana* Henn.

南方柄锈菌　*Puccinia australis* Körn.

南方菜豆花叶病毒　*Bean southern mosaic virus Sobemovirus*（BSMV）；*Southern bean mosaic virus Sobemovirus*（SBMV）

南方菜豆花叶病毒属　*Sobemovirus*

南方短体线虫　*Pratylenchus australis* Valenzuela et Raski

南方腐霉　*Pythium australe* Shahzad

南方根结线虫　*Meloidogyne incognita*（Kofoid et White）Chitwood

南方海橄榄雌疫霉病菌　*Phytophthora batemanensis* Gerretton-cornell et Simpson

南方环线虫　*Criconema australe* Colbra

南方痂囊腔菌[柑橘南方疮痂病菌]　*Elsinë australis* Bitanc. et Jenk.

南方豇豆花叶病毒　*Southern cowpea mosaic virus Sobemovirus*（SCPMV）

南方灵芝　*Ganoderma australe*（Fr.）Pat.

南方轮藻病毒　*Chara australis virus Furovirus*（ChaAV）

南方螺旋线虫　*Helicotylenchus australis* Siddiqi

南方马铃薯潜病毒　*Southern potato latent virus Carlavirus*（SoPLV）

南方散斑壳　*Lophodermium australe* Dearn.

南方丝尾垫刃线虫　*Filenchus australis* Xie et Feng

南方菟丝子　*Cuscuta australis* Br.

南方小伴孢锈菌　*Diorchidiella australis* (Speg.) Lindq.

南方小钩丝壳[紫薇白粉病菌]　*Uncinuliella australiana* (McAlp.) Zheng et Chen

南方锈寄生壳　*Eudarluca australis* Speg.

南方叶黑粉菌　*Entyloma australe* Speg.

南方轴霜霉[湖北裂瓜霜霉病菌]　*Plasmopara australis* (Spegazzini) Swingle

南方椎枝孢　*Spondylocladium australe* Gilm. et Abbott

南非金钟花白粉菌　*Erysiphe phygelli* Wang et Zhang

南非木薯花叶病毒　*South African cassava mosaic virus Begomovirus* (SACMV)

南非微蜜皮线虫　*Meloidoderita safrica* Berg et Spaull

南瓜猝倒、根腐病菌　*Pythium cucurbitacearum* Takim

南瓜腐烂、软腐病菌　*Mucor curtus* B. et C.

南瓜腐霉[南瓜猝倒、根腐病菌]　*Pythium cucurbitacearum* Takim

南瓜花叶病毒　*Squash mosaic virus Comovirus* (SqMV)

南瓜黄斑驳病毒　*Squash yellow mottle virus Begomovirus*

南瓜黄色矮化失调病毒　*Cucurbit yellow stunting disorder* virus *Crinivirus* (CYSDV)

南瓜毛霉[南瓜软腐病菌]　*Mucor cucurbitarum* Berk. et Curt.

南瓜轻曲叶病毒　*Squash mild leaf curl virus Begomovirus*

南瓜曲叶病毒　*Cucurbit leaf curl virus Begomovirus*

南瓜曲叶菲律宾病毒　*Squash leaf curl Philippines virus Begomovirus*

南瓜曲叶云南病毒　*Squash leaf curl Yunnan virus Begomovirus*

南瓜曲叶中国病毒　*Squash leaf curl - China virus Begomovirus* (SLCV-Ch)

南瓜软腐病菌　*Mucor cucurbitaarum* Berkeley et Curt.

南瓜细基格孢　*Ulocladium cucurbitae* (Leten. et Roum.) Simmons

南瓜蚜传黄化病毒　*Cucurbit aphid-borne yellows virus Polerovirus* (CABYV)

南极团黑粉菌　*Sorosporium antarcticum* Speg.

南迦巴瓦柄锈菌　*Puccinia namjagbarwana* B. Li et J. Y. Zhuang

南芥白粉菌　*Erysiphe arabidis* Zheng et Chen

南芥菜花叶病毒　*Arabis mosaic virus Nepovirus* (ArMV)

南芥菜花叶病毒大卫星 RNA　*Arabis mosaic large virus satellite*

南芥菜花叶病毒卫星 RNA　*Arabis mosaic virus satellite RNA*

南芥菜花叶病毒小卫星 RNA　*Arabis mosaic small virus satellite*

南芥霜霉　*Peronospora arabidiopsis* Gäum.

南京钩丝壳　*Uncinula nankinensis* Tai

南京毛刺线虫　*Trichodorus nanjingensis* Liu et Cheng

南美大豆猝死病菌　*Fusarium tucumaniae* Aoki et al.

南美瘤黑粉菌　*Melanopsichium austroamericanum* (Speg.) Beck

南美水仙斑驳病毒　*Eucharis mottle virus Nepovirus*

南蛇藤叉丝壳　*Microsphaera celastri* Yu et Lai

南蛇藤生尾孢　*Cercospora celastricola* Govindu et Thirum

南蛇藤双孢炱　*Amazonia celastri* Hu et Song

南天竹(属)花叶病毒　*Nandina mosaic virus Potexvirus* (NaMV)

南天竹(属)茎痘病毒　*Nandina stem pitting virus Capillovirus*（NSPV）

南天竹假尾孢　*Pseudocercospora nandinae*（Nagat.）Liu et Guo

南五台山角锈孢锈菌　*Roestelia nanwutaiana*（Tai et Cheo）Jörst.

南五味子假尾孢　*Pseudocercospora kadsurae*（Togashi et Kats.）Guo et Liu

南五味子生小光壳焘　*Asteridiella kadsuricola* Hu et Yang

南五味子小煤焘　*Meliola kadsurae* Yam.

南洋森假尾孢　*Pseudocercospora polysciadis*（Sun）Yen

南洋杉叶点霉　*Phyllosticta araucariae* Woronich.

南紫薇假尾孢　*Pseudocercospora lagerstroemiae-subcostatae*（Saw.）Goh et Hsieh

难变柔膜菌　*Helotium immutabile* Fuck.

难养木质部小菌[葡萄皮尔斯病菌，葡萄木友病菌]　*Xylella fastidiosa* Wells，Raju，Hung et al.

楠树梨果寄生　*Scurrula phoebe-formosanae*（Hayata）Danser

楠叶斑病菌　*Pseudomonas syringae* pv. *photiniae* Goto

囊瓣芹柄锈菌　*Puccinia pternopetali* J. Y. Zhuang

囊孢单顶孢　*Monacrosporium cystosporium* Cooke et Dickinson

囊孢节丛孢　*Arthrobotrys cystosporia*（Dudd.）Makhtieva

囊孢壳属　**Physalospora** Niessl

囊孢锈菌属　**Cystomyces** Syd.

囊盖疫霉[海橄榄雌疫病菌]　*Phytophthora operculata* Pegg et Alcorn

囊梗孢　*Oncopodium ontoniae* Sacc.

囊梗孢属　**Oncopodium** Sacc.

囊壶菌属　**Phlyctochytrium** Schröt.

囊孔附毛孔菌[二型附毛菌]　*Trichaptum biforme*（Fr.）Ryv.

囊孔菌属　**Hirschioporus** Donk

囊盘状扁孔腔菌　*Lophiostoma excipuliforme*（Fr.）Ces. et de Not.

囊突根生壶菌[柱孢鼓藻肿胀病菌]　*Rhizophydium gibbosum*（Zopf）Fischer

囊轴黑粉菌　*Sphacelotheca bursa*（Berk.）Mundk. et Thirum

囊轴霉属　**Rhipidium** Cornu

囊状短蠕孢　*Brachysporium vesiculosum*（Thüm.）Sacc.

囊状丽皮线虫　*Atalodera gibbosa* Souza et Huang

囊状匍柄霉　*Stemphylium vesicarium*（Wallr.）Simmons

脑单格孢　*Monodictys cerebriformis* Zhao et Zhang

脑形霉属　**Cerebella** Ces.

瑙杰克伞滑刃线虫　*Bursaphelenchus naujaci* Baujard

瑙梯白粉菌　*Erysiphe knautiae* Duby

内白茎点霉　*Phoma enteroleuca* Saw.

内孢核瑚菌　*Typhula incarnata* Lasch ex Fr.

内孢圆霜霉[一年蓬霜霉病菌]　*Basidiophora entospora* Roze et Cornu

内腐霉　*Pythium insidiosum* De Cock et al.

内根壶菌[轮藻根壶病菌、畸形病菌]　*Rhizidium intestinum* Schenk

内壶菌属　**Entophlyctis** Fisch.

内茎线虫　*Ditylenchus emus* Khan，Chawla et Prasad

内卷拟滑刃线虫　*Aphelenchoides involutus* Minagawa

内卡河(德国)病毒　*Neckar River virus Tombusvirus*（NRV）

内毛丝黑粉菌　*Farysia endotricha*（Berk.）Syd.

内囊壶菌属　**Endochytrium** Sparrow

内脐蠕孢属(德氏霉属)　**Drechslera** Ito

内生袋壶菌[裸藻袋壶病菌]　*Saccomyces*

内生集壶菌[马铃薯癌肿菌] *Synchytrium endobioticum* (Schulb.) Percival

内生霜霉 *Peronospora taurica* Jacz.

内丝白粉菌属 **Leveillula** Arn.

内斯大壶菌[水蕴藻叶霉病菌] *Megachytrium nestonii* Sparrow

内锈菌属 **Endophyllum** Lév.

内源 RNA 病毒属 ***Endornavirus***

内折夏孢锈菌 *Uredo inflexa* Ito

内柱锈菌属 **Endocronartium** Hirats.

内座壳属 **Endothia** Fr.

能高山柄锈菌 *Puccinia nokoensis* Saw.

能育腐霉 *Pythium fecundum* Wahrlich

能育腐霉 *Pythium ferax* de Bary

尼泊尔柄锈菌 *Puccinia nepalensis* Barcl. et Diet.

尼泊尔独活柄锈菌 *Puccinia heraclei-nepalensis* Durrieu

尼泊尔环线虫 *Criconema nepalense* Khan, Singh et Lal

尼泊尔蓼黑粉菌 *Ustilago nepalensis* Liro

尼泊尔炭黑粉菌 *Anthracoidea nepalensis* Kak. et Ono

尼恩查小煤炱 *Meliola nyanzae* Hansf.

尼卡罗拟滑刃线虫 *Aphelenchoides nechaleos* Hooper et Ibrahim

尼坎根霉[百合软腐病菌] *Rhizopus necans* Mass.

尼科平脐蠕孢 *Bipolaris nicotiae* (Mouchacca) Alcorn

尼日利亚螺旋线虫 *Helicotylenchus nigeriensis* Sher

尼润(属)X 病毒 *Nerine virus X Potexvirus* (NVX)

尼润(属)病毒 *Nerine virus Potyvirus* (NV)

尼润(属)潜病毒 *Nerine latent virus Carlavirus* (NeLV)

尼润 Y 病毒 *Nerine virus Y Potyvirus* (NVY)

尼润黄色条纹病毒 *Nerine yellow stripe virus Potyvirus* (NeYSV)

尼氏集壶菌[虎眼万年青瘿瘤病菌] *Synchytrium niesslii* Bubak

尼氏条黑粉菌 *Urocystis nevodavskyi* Schw.

尼斯林伞滑刃线虫 *Bursaphelenchus nuesslini* (Ruhm) Goodey

泥湖菜盘梗霉[风毛菊霜霉病菌] *Bremia saussureae* Sawada

泥湖菜锈孢锈菌 *Aecidium saussureae-affinis* Diet.

泥炭苔假丝酵母 *Candida muscorum* Menna

泥炭藓轮线虫 *Criconemoides sphagni* (Micoletzky) Taylor

泥沼矮化线虫 *Tylenchorhynchus uliginosus* Siddiqi

倪氏平脐蠕孢 *Bipolaris neergaardii* (Danquah) Alcorn

拟阿拉斯加长针线虫 *Longidorus paralaskaensis* Robbins et Brown

拟白粉菌属 **Erysiphopsis** Hals.

拟棒内脐蠕孢 *Drechslera andersenii* Lam

拟棒束孢属 **Isariopsis** Fresen.

拟柄锈菌属 ***Cumminsiella*** Arth.

拟层孔菌属 **Fomitopsis** Karst.

拟长喙柄锈菌 *Puccinia longirostroides* Jörst.

拟长针线虫属 ***Longidoroides*** Khan, Chawla et Saha

拟翅尾螺旋线虫 *Helicotylenchus pteracercusoides* Fotedar et Kaul

拟穿孔线虫属 ***Radopholoides*** de Guiran

拟粗壮弯孢 *Curvularia pseudorobusta* Zhang et Zhang

拟短体线虫属 ***Pratylenchoides*** Winslow

拟多胞锈菌属 ***Xenodochus*** Schlecht.

拟纺锤枝顶孢 *Acremonium fusidioides* (Nicot) Gams

N

拟粉孢 *Oidiopsis sicula* Scalia

拟粉孢属 ***Oidiopsis*** Scalia

拟根囊壶菌,毛枝藻肿胀病菌 *Rhizophydium ovatum* Couch

拟根前毛菌属 ***Rhizopodopsis*** Boedijn

拟根丝壶菌[无隔藻拟根丝壶病菌] *Latrostium comprimens* Zopf

拟根丝壶菌属 ***Latrostium*** Zopf

拟钩丝壳属 ***Uncinulopsis*** Saw.

拟禾谷异矛线虫 *Allodorylaimus paragranuliferus* Quejano, Santiago et Jimenez

拟黑胚茎点霉 *Phoma oleracea* Sacc.

拟黑痣炭疽菌 *Colletotrichum phyllachoroides*（Ell. et Ev.）Arx

拟滑刃线虫 *Aphelenchoides panaxofolia* Liu, Wu et al.

拟滑刃线虫属 ***Aphelenchoides*** Fischer

拟灰黑团壳 *Massaria phorcioides* Miyake

拟基线虫属 ***Basiroides*** Thorne et Malek

拟寄生垫刃线虫属 ***Parasitylenchoides*** Wachek

拟金锈菌 *Arthuria catenulata* Jack et Holw.

拟金锈菌属 ***Arthuria*** Jacks.

拟锦葵褪绿病毒 *Malvaceous chlorosis virus Begomovirus*（MCV）

拟茎点霉属 ***Phomopsis***（Sacc.）Bub.

拟克林顿钩丝壳 *Uncinula clintoniopsis* Zheng et Chen

拟腊肠茎点霉属 ***Allantophomopsis*** Petr.

拟蜡菌属 ***Ceriporiopsis*** Domanski

拟链壶菌[小麦根腐病菌] *Lagena rodicicola* Vanterp. et Ledingham

拟链壶菌属 ***Lagena*** Vanterp. et Ledingham

拟菱藻、柔线藻肿胀病菌 *Olpidium hantzschioe* Skvortsov

拟瘤梗孢属 ***Phymatotrichopsis*** Hennebert

拟裸露矮化线虫 *Tylenchorhynchus paranudus* Phukan et Sanwal

拟马齿苋白锈菌[番杏白锈病菌] *Albugo trianthemae* Wilson

拟蔓毛座坚壳[云杉毡枯病菌] *Rosellinia herpotrichioides* Heptings et Davidson

拟毛刺线虫属 ***Paratrichodorus*** Siddiqi

拟矛线虫属 ***Dorylaimoides*** Thorne et Swanger

拟迷孔菌属 ***Daedaleopsis*** Schröt. et Donk

拟膜菌属 ***Hymenopsis*** Sacc.

拟盘多毛孢属 ***Pestalotiopsis*** Stey.

拟盘梗霉[堇菜霜霉病菌] *Bremiella megasperma*（Berlese）Wilson

拟盘梗霉属 ***Bremiella*** Wilson

拟盘旋线虫属(拟强垫属) ***Rotylenchoides*** Whitehead

拟瓶顶辐霉 *Dactylaria pseudoampulliformis* Matsushima

拟漆菇霜霉病菌 *Peronospora lepigoni* Fuckel

拟鞘线虫属 ***Hemicriconemoides*** Chitwood et Birchfield

拟鞘锈菌属 ***Goplana*** Racib.

拟青霉[金针菇基腐病菌] *Paecilomyces varioti* Bain.

拟青霉属 ***Paecilomyces*** Bainier

拟球寄生菌[锈菌重寄生菌] *Sphaerellopsis*

拟球寄生菌属 ***Sphaerellopsis*** Korsch.

拟曲霉属 ***Sterigmatocysitis*** Cram

拟三胞锈菌属 ***Triphragmiopsis*** Naum.

拟色球藻属(虚幻球藻) Apatococcus Brand.

拟扇形藻壶菌[肿胀病菌] *Podochytrium clavatum* Pfitzer

拟石珠小光壳贫假木荷变种 *Asteridiella gaylussaciae* var. *craibiodendri* Jiang

拟丝囊霉[羽纹藻拟丝囊霉病菌] *Apha-*

nomycopsis bacillariacearum Scheff.

拟丝囊霉属 **Aphanomycopsis** Scherff.

拟松剑线虫 *Xiphinema pinoides* Joubert, Kruger et Heyns

拟细盾霉属 **Leptothyrina** Höhn.

拟夏孢锈菌 *Uredinopsis macrosperma* Magn.

拟夏孢锈菌属 **Uredinopsis** Magn.

拟小丛长蠕孢 *Helminthosporium pseudomicrosorum* M. Zhang et T. Y. Zhang

拟小卵孢属 **Ovulariopsis** Patouillard et Hariot

拟叶点霉属 **Phyllostictina** Syd. et Syd.

拟隐孢壳孢属 **Cryptosporiopsis** Bub. et Kabat

拟油壶菌属 **Olpidiopsis** Cornu

拟毡锈菌属 **Cleptomyces** Arth.

拟针球线虫属 **Caballeroides** Chaturvedi et Khera

拟枝孢镰孢 *Fusarium sporotrichioides* Sherb.

拟纵沟小环线虫 *Criconemella paralineolata* Raski, Geraert et Sharma

黏鞭霉属 **Gliomastix** Guég.

黏地舌菌 *Geoglossum glutinosum* Pers.

黏腐霉[甘蔗根腐病菌] *Pythium adhaerens* Sparrow

黏隔孢属 **Septogloeum** Sacc.

黏核黑粉菌属 **Cintractiomyxa** Golovin

黏红酵母 *Rhodotorula glutinis*（Fres.）Harr.

黏黄单胞菌 *Xanthomonas musicola* Rangaswami et Rangarajan

黏壳孢属 **Gloeodes** Colby

黏马鞍菌 *Helvella adhaerens* Peck

黏马鞍菌 *Helvella glutinosa* Liu et Cao

黏膜黑粉菌属 **Testicularia** Klotz

黏盘孢属 **Colletogloeum** Patrak

黏盘瓶孢属 **Myxosporium** Link

黏舌孢属 **Haptoglossa** Drechsler

黏束孢属 **Graphium** Cord

黏团镰孢 *Fusarium conglutinans* Wollenw.

黏团镰孢翠菊变种 *Fusarium conglutinans* var. *callistephi* Beach

黏团镰孢甜菜变种 *Fusarium conglutinans* var. *betae* Stew.

黏质德巴利酵母 *Debaryomyces mucosus* Hufschm. et al.

黏质酵母 *Saccharomyces muciparus* Beijer.

黏质沙雷氏菌 *Serratia marcescens* Bizic

黏帚霉属 **Gliocladium** Corda

酿酒假克酵母 *Mycokluyveria cerevisiaw*（Desm.）Cif. et Red.

酿酒酵母 *Saccharomyces cerevisiae* Hansen

酿酒酵母椭圆变种 *Saccharomyces cerevisiae* var. *ellipsoideus*（Hansen）Dekk.

鸟巢状胶锈菌 *Gymnosporangium nidusavis* Thaxt.

鸟缚生蛇菰 *Balanophora tobiracola* Makino

涅斯柱盘孢 *Cylindrosporium neesii* Corda

柠檬孢曲霉 *Aspergillus citrisporus* Höhn

柠檬干枯病菌 *Phoma tracheiphila*（Petri）Kantsch. et Gikaschvili

柠檬黄粪盘菌 *Ascobolus citrinus* Schwz.

柠檬螺旋线虫 *Helicotylenchus lemoni* Firoza et Maqbool

柠檬色小菇[咖啡美洲叶斑病菌] *Mycena citricolor*（Berk. et Curtis）Sacc.

柠檬味百里香叶褪绿病毒 *Lemon scented thyme leaf chlorosis virus Nucleorhabdovirus*

柠檬异长针线虫 *Paralongidorus lemoni* Nasira et al.

凝集酵母 *Saccharomyces congloberatus* Reess

牛蒡矮化类病毒 *Burdock stunt viroid*（BuSVd）

牛蒡斑驳病毒 *Burdock mottle virus*（Bu-

MoV)

牛蒡柄锈菌 *Puccinia bardanae* (Wallr.) Corda

牛蒡病毒 *Burdock virus* (BuV)

牛蒡花叶病毒 *Burdock mosaic virus* (BuMV)

牛蒡黄花叶病毒 *Burdock yellow mosaic virus Potexvirus* (BuYMV)

牛蒡黄化病毒 *Burdock yellows virus Closterovirus* (BuYV)

牛蒡壳二孢 *Ascochyta lappae* Kab. et Bub.

牛蒡尾孢 *Cercospora arcti-ambrosiae* Halst.

牛蒡叶斑病菌 *Xanthomonas campestris* pv. *nigromaculans* (Takimoto) Dye

牛蒡叶点霉 *Phyllosticta lappae* Sacc.

牛鞭草孢堆黑粉菌 *Sporisorium lepturi* (Thüm.) Vánky

牛鞭草柄锈菌 *Puccinia cacao* Mcalp.

牛肠毕赤酵母 *Pichia bovis* Uden et Souza

牛肝菌 X 病毒 *Boletus virus X Potexvirus* (BolVX)

牛肝菌属 **Boletus** Dill. ex Fr.

牛筋草黑粉菌 *Ustilago idonea* Syd.

牛筋藤星盾炱 *Asterina malaisiae* Syd.

牛奶菜假尾孢 *Pseudocercospora marsdeniae* (Hansf.) Deighton

牛皮冻柄锈菌 *Puccinia paederiae* Diet.

牛皮冻假尾孢 *Pseudocercospora paederiae* Sawada ex Goh et Hsieh

牛皮冻拟叶点霉 *Phyllostictina paederiae* Petr.

牛皮冻鞘锈菌 *Coleosporium paederiae* Diet.

牛皮冻尾孢 *Cercospora paederiae* Tai

牛皮冻夏孢锈菌 *Uredo paederiae* Syd.

牛皮冻锈孢锈菌 *Aecidium paederiae* Diet.

牛皮消短胖孢 *Cercosporidium belly-*

nckii (Westend.) Liu et Guo

牛皮消尾孢 *Cercospora bellynckii* (West.) Niessl.

牛皮消栅锈菌 *Melampsora cynanchi* Thüm.

牛乳树假尾孢 *Pseudocercospora cladophora* Sawada ex Goh et Hsieh

牛舌草霜霉 *Peronospora anchusae* Ziling

牛滕菊(属)花叶病毒 *Galinsoga mosaic virus Carmovirus* (GaMV)

牛膝白锈 *Albugo achyranthis* (Hennings) Miyabe

牛膝链格孢 *Alternaria achyranthi* Zhang et Zhang

牛膝霜霉病菌 *Plasmopara achyranthis* Tao et Qin

牛膝尾孢 *Cercospora achyranthis* Syd.

牛膝夏孢锈菌 *Uredo verecunda* Syd.

牛膝轴霜霉[牛膝霜霉病菌] *Plasmopara achyranthis* Tao et Qin

牛状叶点霉 *Phyllosticta taurica* Maire

扭缠丛梗孢 *Monilia implicata* Gilm. et Abbott

扭黄茅指霜霉菌 *Peronosclerospora heteropogonis* Siradhana et al.

纽带线虫属 **Hoplolaimus** von Daday

纽地尾孢 *Cercospora newtonensis* Deight.

钮扣草脉褪绿病毒 *Diodea vein chlorosis virus Closterovirus* (DVCV)

农田矮化线虫 *Tylenchorhynchus agri* Ferris

农维勒拟滑刃线虫 *Aphelenchoides nonveilleri* Andrassy

浓黄拟曲霉 *Sterigmatocystis fulva* (Mnt.) Sacc.

努利虫疠霉 *Pandora nouryi* (Remaudière et Hennebert) Humber

努西毛霉[玉米腐烂病菌] *Mucor lusitanicus* Bruderlein

女剪秋罗柄锈菌 *Puccinia lychnidismi-*

quelianae Diet.

女娄菜黄斑病毒 *Melandrium yellow fleck virus Bromovirus* (MYFV)

女娄菜霜霉 *Peronospora melandryi* Gäum.

女娄菜团黑粉菌 *Sorosporium melandryi* Syd.

女萎鞘锈菌 *Coleosporium clematidisapiifoliae* Diet.

女贞壳色单隔孢 *Diplodia ligustri* Westend

女贞生钉孢霉 *Passalora ligustricola* Guo

女贞生尾孢 *Cercospora ligustricola* Tai

女贞生锈孢锈菌 *Aecidium ligustricola* Cumm.

女贞尾孢 *Cercospora ligustri* Roum.

女贞小孢叶点霉 *Phyllosticta ligustrina* Sacc.

女贞锈孢锈菌 *Aecidium klugkistianum* Diet.

女贞叶点霉 *Phyllosticta ligustri* Sacc.

挪威假丝酵母 *Candida norvegensis* (Dietrichs.)uden et Farinha ex uden

诺地酵母 *Saccharomyces norbensis* Maria

诺顿茎线虫 *Ditylenchus nortoni* (Slmiligy) Bello et Geraert

诺卡氏菌属 ***Nocardia*** Trevisan

诺斯氏草鞘锈菌 *Coleosporium knoxiae* Syd.

O

欧白英 A 病毒 *Dulcamara virus A Carlavirus* (DuVa)

欧白英 B 病毒 *Dulcamara virus B Carlavirus* (DuVB)

欧白英斑驳病毒 *Dulcamaru mottle virus Tymovirus* (DuMV)

欧白英壳针孢（千年不烂心壳针孢）*Septoria dulcamarae* Desm.

欧当归壳二孢 *Ascochyta levistici* (Lebedeva) Melnik

欧尔密病毒属 ***Ourmiavirus***

欧尔密甜瓜病毒 *Ourmia melon virus Ourmiavirus* (OuMV)

欧防风 3 号病毒 *Parsnip virus 3 Potexvirus* (ParV-3)

欧防风 5 号病毒 *Parsnip virus 5 Potexvirus* (ParV-5)

欧防风病毒 *Parsnip virus Rhabdovirus*

欧防风花叶病毒 *Parsnip mosaic virus Potyvirus* (ParMV)

欧防风黄点病毒 *Parsnip yellow fleck virus Sequivirus* (PYFV)

欧防风曲叶病毒 *Parsnip leaf curl virus*

欧防风轴霜霉 *Plasmopara pastinacae* Săvul. et O. Săvul.

欧夹竹桃尾孢 *Cercospora neriella* Sacc.

欧芹 5 号病毒 *Parsley virus 5 Potexvirus* (PaV-5)

欧芹病毒 *Parsley virus Nucleorhabdovirus* (PaV)

欧芹壳针孢疫病菌 *Septoria petroselini* Desm.

欧芹绿斑驳病毒 *Parsley green mottle virus Potyvirus* (PaGMV)

欧芹潜隐病毒 *Parsley latent virus* (PaLV)

欧芹轴霜霉 *Plasmopara petroselini* Săvul. et O. Săvul.

欧山杨黑星菌[震动黑星菌] *Venturia tremulae* (Frank) aderh.

欧蓍草球皮线虫 *Globodera millefolii* (Kirjanova et Krall) Behrens

欧蓍草亚粒线虫 *Subanguina nillefolii* (Low) Fortuner et Maggenti

欧蓍草叶瘿粒线虫 *Anguina millefolii* (Low) Filipjev

欧石楠被孢霉[欧石楠根霉病菌] *Mortierella ericetorum* Linnemann

欧石楠根霉病菌 *Mortierella ericetorum* Linnemann

欧石楠拟短体线虫 *Pratylenchoides heathi* Baldwin, Luć et al.

欧氏根结线虫 *Meloidogyne oteifae* Elmiligy

欧茼蒿类霜霉[欧茼蒿霜霉病菌] *Paraperonospora chrysanthemi-coronarii* (Sawada) Constantinescu

欧茼蒿霜霉病菌 *Paraperonospora chrysanthemi-coronarii* (Sawada) Constantinescu

欧文氏菌科 **Erwinieae**

欧文氏菌属 ***Erwinia*** Winslow et al.

欧夏至草集壶菌[欧夏至草瘿瘤病菌] *Synchytrium marrubii* Tobler

欧夏至草尾孢 *Cercospora marrubii* Tharp.

欧夏至草叶点霉 *Phyllosticta ballotae* Died

欧夏至草瘿瘤病菌 *Synchytrium marru-bii* Tobler

欧洲虫囊菌 *Laboulbenia europaea* Thaxt.

欧洲疮痂链霉菌 *Streptomyces europoeiscabiei* Bouchek-Mechiche

欧洲刺柏绿胶杯菌 *Chloroscypha jucksonii* Seaver

欧洲黑莓黄花叶病毒 *Bramble yellow mosaic virus Potyvirus* (BrmYMV)

欧洲荚蒾假尾孢 *Pseudocercospora tinea* Guo et Hsieh

欧洲荚蒾尾孢 *Cercospora tinea* Sacc.

欧洲梨锈病菌 *Gymnosporangium fuscum* Hedw.

欧洲栗果腐病菌 *Mucor castaneae* Rebenh.

欧洲栗毛霉[欧洲栗果腐病菌] *Mucor castaneae* Rebenh.

欧洲千里光霜霉病菌 *Bremia tulasnei* (Hoffm.) Syd.

欧洲桑寄生 *Loranthus europaeus* Jacq.

欧洲山杨病毒 Fopulus tremula virus (PTV)

欧洲菟丝子 *Cuscuta europaea* L.

欧洲小麦条点花叶病毒 *european wheat striate mosaic virus Tenuivirus* (EWSMV)

欧洲小麦条点花叶病毒 *Wheat European striate mosaic virus Tenuivirus* (WESMV)

偶然多毛球壳 *Pestalosphaeria accidenta* Zhe et Ge

藕腐败病菌 *Fusarium bulbigenum* Cooke et Mass.

P

帕寒林柄锈菌 *Puccinia passerinii* Schröt.

帕拉库轮线虫 *Criconemoides parakouen-*

sis Germani et Luć

帕拉莫诺夫滑刃线虫　*Aphelenchus pa-ramonovi* Nesterov et Lisetskaya

帕皮柄锈菌　*Puccinia pappiana* H. et P. Syd.

帕塞林细盾霉　*Leptothyrium passerinii* Thüm.

帕氏柄锈菌　*Puccinia padwickii* Cumm.

帕氏叉丝壳　*Microsphaera palczewskii* Jacz.

帕氏环线虫　*Criconema paxi* (Schneider) de Coninck

帕氏假单胞菌[稻叶鞘斑点病菌]　*Pseudomonas palleroniana* Gardan et al.

帕氏毛锥孢[稻毛锥孢]　*Trichoconis padwickii* Gang.

拍利金平脐蠕孢　*Bipolaris peregianensis* Alcorn

排草柄锈菌　*Puccinia lysimachiae* Karst.

排草壳针孢[珍珠菜壳针孢]　*Septoria lysimachae* Westend

排钱草夏孢锈菌　*Uredo desmodii-pulchelli* Syd.

徘徊青霉　*Penicillium palitans* Westl.

派米伦兹小环线虫　*Criconemella peleretsi* Sakae et Geraert(Zund.) Mundk.

攀毛(山猪菜)菌绒孢　*Mycovellosiella costeroana* (Petrak et Cifferi) Liu et Guo

攀援小皮伞　*Marasmius scandens* Massee

攀援星蕨夏孢锈菌　*Uredo polypodiisu-perficialis* (Hirats.) Hirats.

盘长孢属　**Gloeosporium** Desm.

盘唇小盘环线虫　*Discocriconemella discolabia* (Diab et Jenkins) de Grisse

盘单毛孢　*Monochaetia monochaeta* (Desm.)Allesch.

盘单毛孢属　**Monochaetia** (Sacc.)Allesch.

盘多毛孢属　**Pestalotia** de Not.

盘多毛孢状盘双端毛孢　*Seimatosporium pestalozzioides* (Sacc.) Sutton

盘二孢属　**Marssonina** Magnus

盘梗白粉寄生菌　*Cicinobolus bremiphagus* Naum.

盘梗霉、黄鹌菜霜霉病菌　*Bremia ovata* Sawada

盘梗霉属　**Bremia** Regel

盘菌属　*Peziza* Dill. ex Fr.

盘菌状盘双端毛孢　*Seimatosporium pezizoides* (Ell. et Ev.) Sutton

盘梨孢属　**Discosporium** Höhn.

盘色梭孢属　**Seiridium** Nees

盘蛇孢属　**Ophiosporella** Petr.

盘双端毛孢属　**Seimatosporium** Corda

盘梭孢属　**Greeneria** Scribner et Viala

盘头螺旋线虫　*Helicotylenchus discocephalus* Firoza et Maqbool

盘尾孢属　**Cercoseptoria** Petr.

盘旋剑咽线虫　*Aorolaimus helicus* Sher

盘旋线虫属(强垫属)　**Rotylenchus** Filipjev

盘针孢属　**Libertella** Desm.

盘砖格孢属　*Stegonsporium* Corda

盘状盘双端毛孢　*Seimatosporium discosioides* (Ell. et Ev.) Shoem.

炮仗花柄锈菌　*Puccinia leucophaea* Syd. et Butl.

泡吹锈孢锈菌　*Aecidium meliosmae-myrianthae* Henn. et Shirai

泡根壶菌属　**Physorhizophidium** Scherff.

泡壶菌属　**Phlyctidium**(Braun) Rabenh.

泡花树壳锈菌　*Physopella meliosmae* (Kus.) Cumm. et Ram.

泡花树生小光壳炱　*Asteridiella meliosmicola* Hu

泡花树小光壳炱　*Asteridiella meliosmae* Kar. et Maity

泡花树锈孢锈菌　*Aecidium meliosmae* Keissl.

泡环单顶孢　*Monacrosporium aphrobrochum* (Drechs.) Subramanin

泡沫酵母　*Saccharomyces amurcae* Walt

泡囊虫霉属　**Cystopage** Drechsler

泡囊青霉　*Penicillium vesiculosum* Bain

泡盛酒酵母　*Saccharomyces awamori* inui

泡盛曲霉　*Aspergillus awamori* Nakaz.

泡桐丛枝病植原体　Paulownia witeches broom phytoplasma

泡桐黑腐皮壳　*Valsa paulowniae* Miyabe et Hemmi

泡桐假尾孢　*Pseudocercospora paulowniae* Goh et Hsieh

泡桐壳二孢　*Ascochyta paulowniae* Sacc. et Brunchorst

泡桐球腔菌　*Mycosphaerella paulowniae* Syd.

泡桐球针壳　*Phyllactinia paulowniae* Yu

泡桐生菌绒孢　*Mycovellosiella paulowniicola* Yen et Sun

泡桐尾孢　*Cercospora paulowniae* Hori

泡桐叶点霉　*Phyllosticta paulowniae* Sacc.

泡桐轴霜霉　*Plasmopara paulowniae* Chen

泡叶毛茛条黑粉菌　*Urocystis ranunculi-bullati* (Cif.) Zund.

泡质盘菌　*Peziza vesiculosa* Bull. ex St. Amans

泡质疫霉　*Phytophthora vesicula* Anastasiou et Churchl.

泡状裸球孢黑粉菌　*Burrillia pustulata* Setch.

泡状莫氏黑粉菌　*Moesziomyces bullatus* (Schröt.) Vánky

泡状楔孢黑粉菌　*Thecaphora pustulata* Clint.

培育黑粉菌　*Ustilago domestica* Bref.

佩蒂特苔草柄锈菌　*Puccinia petitianae* Gjaerum

佩克尔杯盘菌　*Ciboria peckiana* Korf

佩罗曲霉　*Aspergillus peyronelii* Sappa

佩纳得拟滑刃线虫　*Aphelenchoides penardi* (Steiner) Filipjev

佩奇小煤炱　*Meliola petchii* Hansf.

佩斯库潜根线虫　*Hirschmsnniella pisquidensis* Ebsar et Pharoah

佩特拉克散斑壳　*Lophodermium petrakii* Durrieu

佩特曲霉　*Aspergillus petrakii* Voros

蓬累壳锈菌　*Physopella yoshinagai* Diet.

蓬子菜霜霉　*Peronospora gallii-veri* Gäum.

膨孢柄锈菌　*Puccinia oedospora* Zhuang

膨孢镰孢　*Fusarium gibbosum* App. et Wollenw.

膨大壶菌［刚毛藻壶病菌］　*Chytridium inflatum* Sparrow

膨大葡萄座腔菌　*Botryosphaeria inflata* Coug. et Nestl.

膨痂锈菌属　**Pucciniastrum** Otth

膨胀埃里格孢　*Embellisia tumida* Simmons

膨胀色球藻肿胀病菌　*Rhizophydium agile* (Zopf) Fischer

蟛蜞菊单胞锈菌　*Uromyces wedeliae* Henn.

披碱草柄锈菌　*Puccinia elymi* West.

披鳞半轮线虫　*Hemicriconemoides squamosus* (Cobb) Siddiqi et Goodey

披鳞环线虫　*Criconema squamosum* (Cobb) Taylor

披针蓟叶点霉　*Phyllosticta cirsiilanceolati* Garb

披针米面蓊　*Buckleya lanceolate* Miq.

披针苔草柄锈菌　*Puccinia caricislanceolatae* Morim.

皮刺丝孢酵母　*Trichosporon aculeatum* Phaff et al.

皮堆黑粉菌属　**Dermatosorus** Saw.

皮肤单胞枝霉　*Hormodendrum dermatitis* (Kano) Conant

皮杰普毕赤酵母　*Pichia pijpri* Walt et Tscheuschn.

皮壳青霉　*Penicillium crustaceum* Fr.

皮壳轴霜霉　*Plasmopara crustosa* (Fr.) JФrst.

皮壳状球壳孢　*Sphaeropsis valsoidea* Cooke

皮瘤丝孢酵母　*Trichosporon inkin*（oho） Sousa et uden

皮落青霉　*Penicillium crustosum* Thom

皮落曲霉　*Aspergillus crustosus* Raper et Fenn.

皮盘菌属　**Desmea** Fr.

皮斯霉属　**Pithomyces** Berk. et Br.

皮特黑粉菌属　**Franzpetrakia** Thirum. et Pavgi

皮下多胞锈菌　*Phragmidium subcorticium*（Schrank）Wint.

皮下盘菌　*Hypoderma commune*（Fr.） Duby

皮下盘菌属　**Hypoderma** DC.

皮下硬层锈菌［竹硬皮锈病菌］　*Stereostratum corticioides*（Berk. et Br.） Magn.

枇杷虫形孢　*Entomosporium eriobotryae* Takim

枇杷刀孢　*Clasterosporium eriobotryae* Hara

枇杷褐斑病菌　*Cercospora eriobotryae*（enj.）Saw.

枇杷假尾孢　*Pseudocercospora eriobotryae*（enjji）Goh et Hsieh

枇杷壳二孢　*Ascochyta eriobotryae* Vogl.

枇杷轮斑病菌　*Pestalotia congensis* Henn.

枇杷盘长孢　*Gloeosporium eriobotryae* Speg.

枇杷盘多毛孢　*Pestalotia eriobotryae* Mcalp.

枇杷生假尾孢　*Pseudocercospora eriobotryicola*（Yen）Yen

枇杷尾孢　*Cercospora eriobotryae*（Enj.） Saw.

枇杷小球腔菌　*Leptosphaeria eriobotryae* Syd. et Butl.

枇杷小陷壳　*Trematosphaerella eriobotryae*（Miyake）Tai

枇杷芽枯病菌　*Pseudomonas syringae* pv. *eriobotryae*（Takimoto）Young et al.

枇杷叶点霉　*Phyllosticta eriobotryae* Thüm.

枇杷叶盘多毛孢　*Pestalotia eriobotryaejaponicae* Saw.

枇杷枝孢　*Cladosporium eriobotrys* Passerini et Belli

啤酒花、葎草霜霉病菌　*Pseudoperonospora humuli*（Miyabe et Takahashi） Wilson

啤酒花矮化类病毒　*Hop stunt viroid Hostuviroid*（HSVd）

啤酒花矮化类病毒属　**Hostuviroid**

啤酒花花叶病毒　*Hop mosaic virus Carlavirus*（HpMV）

啤酒花潜病毒　*Hop latent virus Carlavirus*（HpLV）

啤酒花潜隐类病毒　*Hop latent viroid Cocadviroid*（HpLVd）

啤酒花菟丝子　*Cuscuta lupuliformis* Krocker

啤酒花异皮线虫　*Heterodera humuli* Filipjev

啤酒酵母 Ty1 病毒　*Saccharomyces cerevisiae Ty1 virus Pseudovirus*（SCTV）

啤酒酵母 Ty3 病毒　*Saccharomyces cerevisiae Ty3 virus Metavirus*（SCTV）

匹菊轴霜霉　*Plasmopara pyrethri* Dudka et Burdyukova

匹克劳尔氏菌　*Ralstonia pickettii*（Ralston et al.）Yabuuchi et al.

偏侧矮化线虫　*Tylenchorhynchus latus* Allen

偏峰茎线虫　*Ditylenchus deiridus* Thorne et Malek

偏鳞列当　*Orobanche camptolepis* Boiss.

偏肿腐霉　*Pythium gibbosum* De Wild.

片裂腐霉　*Pythium lobatum* Rajagop. et Ramakr.

飘浮类座囊菌　*Systremma natans*（Tode）

Theiss. et Syd.

飘浮叶黑粉菌　*Entyloma fluitans* Lindr.

飘拂草柄锈菌　*Puccinia fimbristylidis* Arth.

飘拂草核黑粉菌　*Cintractia axicola* (Berk.) Cornu

飘拂草黑痣菌　*Phyllachora fimbristylidis* Saw.

飘拂草粒核黑粉菌　*Cintractia fimbristylis-miliaceae* (Henn.) Ito

贫瘠茎线虫　*Ditylenchus misellus* Andrassy

贫瘠伞滑刃线虫　*Bursaphelenchus talonus* (Thorne) Goodey

品字锈菌属　**Hapalophragmium** Syd.

平凹棒盘孢　*Coryneum depressum* Schmidt et Stendel

平顶虫囊菌　*Laboulbenia yurikoi* Sugiyama et Majewski

平俯滨藜霜霉病菌　*Peronospora minor* (Caspary) Gaumann

平盖灵芝[树舌]　*Ganoderma applanatum* (Pers.) Pat.

平滑单胞锈菌　*Uromyces laevis* Körn.

平滑地舌菌　*Geoglossum glabrum* Pers.

平滑地舌菌窄孢变种　*Geoglossum glabrum* var. *angustosporum* Tai

平滑粪盘菌　*Ascobolus glaber* Pers.

平滑纽带线虫　*Hoplolaimus leiomerus* de Gurian

平滑青霉　*Penicillium glabrum* (Wehmer) Westl.

平滑青霉　*Penicillium levitum* Raper et Fenn.

平滑小光壳炱　*Asteridiella glabra* (B. et C.) Hansf.

平滑小光壳炱咖啡变种　*Asteridiella glabra* var. *coffeae* (Roger) Hansf.

平滑小光壳炱依沙提变种　*Asteridiella globra* var. *isertiae* (Stev.) Hansf.

平基埃里格孢　*Embellisia planifunda*

Simmons

平截小煤炱[分离小煤炱]　*Meliola abrupta* Syd.

平静小球腔菌[伞形科小球腔菌]　*Leptosphaeria modesta* (Desm.) Auersw.

平良戟孢锈菌　*Hamaspora tairai* Hirats.

平螺旋线虫　*Helicotylenchus flatus* Roman

平盘螺旋线虫　*Helicotylenchus labiodiscinus* Sher

平铺胡枝子单胞锈菌　*Uromyces lespedezae-procumbentis* (Schw.) Curt.

平脐蠕孢属[离脐蠕孢属]　**Bipolaris** Shoem.

平丝硬孔菌　*Rigidoporus lineatus* (Pers.) Ryv.

平头螺旋线虫　*Helicotylenchus leiocephalus* Sher

平头炭疽菌　*Colletotrichum truncatum* (Schw.) Andrus et Noore

平压黑星孢　*Fusicladium depressum* (Berk.) Sacc.

平压梨孢　*Pyricularia depressum* (Berkeley et Broome) Sacc.

平展单顶孢　*Monacrosporium effusum* (Jarow) Liu et Zhang

平塚长栅锈菌　*Melampsoridium hiratsukanum* ito ex Hirats.

平塚壳锈菌　*Physopella hiratsukae* (Syd.) Cumm. et Ram.

平塚霜霉[短序花拉拉藤霜霉病菌]　*Peronospora hiratsukae* ito et Tokun.

平塚锈菌属　**Hiratsukamyces** Thirum., Kern et Patil

平座壳属　**Endoxylina** Rom.

苹果、梨褐腐病　*Monilinia fructigena* (aderh. et Ruhl.)

苹果矮化线虫　*Tylenchorhynchus malinus* Lin

苹果凹果类病毒　*Apple dimple fruit vi-*

roid Apscaviroid（ADFVd）

苹果白粉病菌 *Podosphaera leucatricha* (Ell. et Ev.) Salm.

苹果白星病菌 *Coniothyrium tirdensis* Bub.

苹果斑点球腔菌 *Mycosphaerella pomi* (Pass.) Lindau

苹果斑纹病菌 *Leptosphaeria mandshurica* Miura

苹果边腐病菌 *Phialophora malorum* (Kidd et Beaum.) McColloch

苹果薄孔菌 *Antrodia malicola* (Berk. et Curt.) Donk

苹果叉丝单囊壳白粉病菌 *Podosphaera clandestina* (Wallr. ; Fr.) Lév.

苹果赤衣病菌 *Corticium salmonicolor* Berk. et Br.

苹果赤衣病菌、杧果绯腐病菌 *Corticium salmonicolor* Berk. et Br.

苹果串生植原体 Apple proliferation phytoplasma

苹果粗皮病菌 *Coniothecium chomatosporum* Corda

苹果大节片线虫 *Macroposthonia malusi* Razzhivin

苹果干癌或梢枯病菌 *Phacidium discolor* Mont. et Sacc.

苹果干腐病菌 *Botryosphaeria berengeriana* de Not.

苹果干枯病菌 *Phomopsis truncicola* Miura

苹果根腐病菌 *Xylaria hypoxylon* (Fr.) Grev.

苹果根结线虫 *Meloidogyne mali* Ito, ohshima et ichinohe

苹果根朽革菌 *Thelephora galactinia* Fr.

苹果果腐病菌 *Diaporthe perniciosa* Marchal

苹果核盘菌 *Sclerotinia mali* Tak.

苹果褐斑病菌 *Marssonina coronaria*

(Ell. et Dearn.) Davis

苹果褐星病菌 *Discosia maculaecola* Ger.

苹果黑点病菌 *Diaporthe pomigena* (Schw.) Miura

苹果黑腐病菌 *Physalospora obtusa* (Schw.) Cooke

苹果黑星病菌 *Spilocaea pomi* Fr. ; Fr.

苹果黑星病菌［不平黑星菌］ *Venturia inaequalis* (Cooke) Wint.

苹果黑痣菌 *Phyllachora pomigena* (Schw.) Sacc.

苹果红癌病菌 *Nectria cinnabarina* (Tode) Fr.

苹果红粉病菌 *Trichothecium roseum* (Bull.) Link

苹果花斑类病毒 *Dapple apple viroid* (DaVd)

苹果花腐病菌 *Monilinia mali* (Takahashi) Whetz.

苹果花叶病毒 *Apple mosaic virus Ilarvirus* (ApMV)

苹果坏死病毒 *Apple necrosis virus ilarvirus* (ApNV)

苹果环黑星霉［苹果黑星病菌］ *Spilocaea pomi* Fr. ; Fr.

苹果黄斑病菌 *Hendersonia mali* Thüm.

苹果灰斑病菌 *Phyllosticta turmanensis* Miura

苹果-桧锈病菌 *Gymnosporangium yamadae* Miyabe ex Yamada

苹果假尾孢 *Pseudocercospora mali* (Ell. et Ev.) Deighton

苹果间座壳［苹果黑点病菌］ *Diaporthe pomigena* (Schw.) Miura

苹果胶木病植原体 Apple rubbery wood phytoplasma

苹果酵母 *Saccharomyces mali* Ducl.

苹果茎点霉 *Phoma pomi* Pass.

苹果茎痘病毒 *Apple stem pitting virus Foveavirus* (ASPV)

苹果茎沟病毒 *Apple stem grooving vi-*

rus *Capillovirus*（ASGV）

苹果酒酵母　*Saccharomyces cidri* Legak.

苹果壳多孢［梨壳多孢叶斑病菌］　*Stagonospora mali* Delacr.

苹果壳二孢　*Ascochyta mali* Ell. et Ev.

苹果壳蠕孢　*Hendersonia mali* Thüm.

苹果壳色单隔孢溃疡病菌　*Botryosphaeria stevensii* Shoem.

苹果溃疡病菌　*Leucostoma cincta*（Fr.）Höhn.

苹果链格孢　*Alternaria mali* Roberts

苹果链核盘菌［苹果花腐病］　*Monilinia mali*（Takahashi）Whetz.

苹果轮斑病菌　*Alternaria mali* Roberts

苹果煤污、李果垢斑病菌　*Gloeodes pomigena*（Schw.）Colby

苹果木层孔菌　*Phellinus pomaceus*（Pers. ex Gray）Quel.

苹果拟滑刃线虫　*Aphelenchoides mali*（Fuchs）Goodey

苹果盘单毛孢　*Monochaetia mali*（Ell. et Ev.）Sacc.

苹果盘多毛孢叶斑病菌　*Pestalotia traverseta* Sacc.

苹果盘二孢［苹果褐斑病菌］　*Marssonina coronaria*（Ell. et Davis）Davis

苹果盘二孢菌　*Marssonina mali*（Henn.）ito

苹果泡性溃疡病菌　*Nummularia discreta*（Schw.）Tul.

苹果疱疹病菌　*Pseudomonas syringae* pv. *papulans*（Rose）Dhanvantari

苹果瓶霉　*Phialophora malorum*（Kidd et Beaum.）McColloch

苹果潜隐球状病毒　*Apple latent spherical virus Cheravirus*

苹果球皮线虫　*Globodera mali*（Kirjanova et Borisenko）Behrens

苹果球腔菌　*Mycosphaerella pomacearum*（Corda）Sacc.

苹果球色单隔孢　*Botryodiplodia mali*

Brun

苹果生链格孢　*Alternaria pomicola* Horne

苹果生链核盘菌　*Monilinia malicola* Miura

苹果生盘多毛孢　*Pestalotia malicola* Hori

苹果树腐烂病菌　*Valsa ceratosperma*（Tode et Fr.）Maire

苹果树炭疽病菌　*Pezicula malicorticis*（H. Jacks.）Nannf.

苹果双毛壳孢褐星病菌　*Discosia artocreas*（Tode）Fr.

苹果炭疽病菌　*Glomerella cingulata*（Stonem.）Spauld. et Schrenk

苹果炭疽病菌　*Marssonina cingulata*（Stonem.）Spauld. et Schrenk

苹果褪绿叶斑病毒　*Apple chlorotic leaf spot virus Trichovirus*（ACLSV）

苹果尾孢　*Cercospora mali* Ell. et Ev.

苹果细球腔菌　*Leptosphaerella pomona* Sacc.

苹果小单孢　*Haplosporella mali*（West.）Ell. et Barth.

苹果小盘菌［苹果树炭疽病菌］　*Pezicula malicorticis*（Jacks.）Nannf.

苹果小球腔菌　*Leptosphaeria pomona* Sacc.

苹果锈果类病毒　*Apple scar skin viroid Apscaviroid*（ASSVd）

苹果锈果类病毒属　**Apscaviroid**

苹果叶斑病菌　*Stagonospora prominula*（Berk. et Curt.）Sacc.

苹果叶疮痂病菌　*Sphaceloma prominula*（Begl）Jenkins

苹果叶点霉　*Phyllosticta mali* Puill. et Delacr.

苹果银叶病菌　*Chondrostereum purpureum*（Pers. et Fr.）Pouzar

苹果银叶病菌　*Stereum purpureum* Fr.

苹果幼苗茎枯病菌　*Macrophomina phaseoli*（Maubl.）Ashby

苹果圆斑病菌　*Phyllosticta solitaria*

Ell. et Ev.

苹果植原体 *Candidatus* Phytoplasma mali Seemuller et Schneider

苹果皱果类病毒 *Apple fruit crinkle viroid*（AFCVd）

苹果柱孢 *Cylindrocarpon mali*（Allesh）Wollenw.

屏东柄锈菌［番薯柄锈菌］ *Puccinia heitoensis* ito et Mur.

婆罗门参白锈菌 *Albugo tragopogi*（Pers.）Gray

婆罗门参白锈菌蓟变种［田蓟白锈病菌］ *Albugo tragopogi* var. *cirsii* Ciferri et Biga

婆罗门参白锈菌灰毛菊变种［灰毛菊白锈病菌］ *Albugo tragopogi* var. *xerantheremiannui*（Săvulescu）Biga

婆罗门参白锈菌匹菊变种［天名精白锈病菌］ *Albugo tragopogi* var. *pyrethriciferri* Biga

婆罗门参白锈菌豚草变种［豚草白锈病菌］ *Albugo tragopogi* var. *ambrosiae* Novotelnova

婆罗门参白锈菌向日葵变种［向日葵白锈病菌］ *Albugo tragopogi* var. *helianthi* Novotelnova

婆罗门参白锈菌旋覆花变种［旋覆花白锈病菌］ *Albugo tragopogi* var. *inulae* Ciferri et Biga

婆罗门参白锈菌原变种［鼠麴草、风毛菊白锈病菌］ *Albugo tragopogi* var. *tragopogi*（DC.）Gray

婆罗门参孢囊灰毛菊变种 *Cystopus tragopogi* f. sp. *xeranthemi-annui* Săvul. et Rayss

婆罗门参孢囊原变型 *Cystopus tragopogi* f. sp. *tragopogi* Săvul. et Rayss

婆婆纳柄锈菌 *Puccinia veronicae* J. Schröt.

婆婆纳霜霉［婆婆纳霜霉病菌］ *Peronospora agrestis* Gäum.

破坏茎线虫 *Ditylenchus devastatrix*（Kühn）Filipjev et al.

破坏壳针孢［石竹壳针孢］ *Septoria siuarum* Speg.

破坏拟滑刃线虫 *Aphelenchoides olesistus*（Ritzema-Bos）Steiner

破坏拟滑刃线虫长颈变种 *Aphelenchoides olesistus* var. *longicollis*（Schwarta）Goodey

匍枝根霉 *Rhizopus stolonifer*（Ehrenb.）Vuill.

匍枝毛茛白斑驳病毒 *Ranunculus white mottlevirus Ophiovirus*（RWMV）

匍枝毛茛无症病毒 *Ranunculus repens symptomless virus Nucleorhabdovirus*（RARSV）

葡糖杆菌属 *Gluconobacter* Asai

葡萄阿尔及利亚潜病毒 *Grapevine algerian Latent virus Tombusvirus*（GALV）

葡萄矮化病毒 *Grapevine stunt virus*

葡萄白粉病菌 *Uncinula necator*（Schwein.）Burr.

葡萄白腐病菌 *Coniothyrium diplodiella*（Speg.）Sacc.

葡萄斑点病毒 *Grapevine fleck virus Maculavirus*

葡萄斑点病毒属 ***Maculavirus***

葡萄保加利亚潜病毒 *Grapevine Bulgarian latent virus Nepovirus*（GBLV）

葡萄病毒属 ***Vitivirus***

葡萄大褐斑病菌 *Phaeoisariopsis vitis*（Lév.）Saw.；*Pseudocercospora vitis*（Lév.）Speg.

葡萄铬黄花叶病毒 *Grapevine chrome mosaic virus Nepovirus*（GCMV）

葡萄根癌病菌 *Agrobacterium vitis* Ophel et Kerr

葡萄钩丝壳［葡萄白粉病菌］ *Uncinula necator*（Schwein.）Burr.

葡萄褐柱丝霉 *Phaeoisariopsis vitis*（Lév.）Saw.

P

葡萄黑星孢[葡萄黑星病菌] *Fusicoccum viticis* M. B. Ellis

葡萄红球病毒 *Grapevine red globe virus Maculavirus*

葡萄黄点1号类病毒 *Grapevine yellow speckle viroid 1 Apscaviroid* (GYSVd-1)

葡萄假尾孢[葡萄大褐斑病菌] *Pseudocercospora vitis* (Lév.) Speg.

葡萄浆果坏死病毒 *Grapevine berry inner necrosis virus Trichovirus* (GBINV)

葡萄金黄植原体 *Grapevine flavescence doree phytoplasma*

葡萄茎痘伴随病毒 *Grapevine stem pitting associated virus Closterovirus* (GSPaV)

葡萄茎枯病菌 *Phoma glomerata* Corda

葡萄卷叶伴随病毒 *Grapevine leaf rollassociated virus Closteroviruses* (GLRaV)

葡萄卷叶病毒 *Grapevine leaf roll virus* (GLRV)

葡萄卷叶病毒属 **Ampelovirus**

葡萄菌绒孢 *Mycovellosiella vitis* Guo et Liu

葡萄苦腐病菌 *Greeneria uvicola* (Berk et Curt) Punithalingam

葡萄烂根腐病菌 *Aphanomyces acinetophagus* Bartsch et Wolf

葡萄蔓枯病菌 *Fusicoccum viticolum* Redd.

葡萄木友病菌 *Xylella fastidiosa* Wells, Raju, Hung et al.

葡萄皮尔斯病菌 *Xylella fastidiosa* Wells, Raju, Hung et al.

葡萄(紫莓)潜病毒 *Wineberry latent virus* (WLV)

葡萄球座菌[葡萄黑腐病菌] *Guignardia bidwellii* (Ell.) Viala et Ravaz.

葡萄缺节瘿螨 *Colomerus vitis* (Pagenstecher)

葡萄扇叶病毒 *Grapevine fanleaf virus Nepovirus* (GFLV)

葡萄扇叶病毒卫星 RNA *Grapevine fanleaf virus satellite RNA*

葡萄生痂囊腔菌 *Elsinoë viticola* Rac.

葡萄生壳色单隔孢 *Diplodia viticola* Desm.

葡萄生壳梭孢 *Fusicoccum viticolum* Redd.

葡萄生链格孢 *Alternaria viticola* Brun

葡萄生盘多毛孢 *Pestalotia uvicola* Speg.

葡萄生盘二孢菌 *Marssonina viticola* Miyake

葡萄生盘梭孢 *Greeneria uvicola* (Berk. et Curt.) Punithalingam

葡萄生小隐孢壳 *Cryptosporella viticola* (Red.) Shear

葡萄生叶点霉 *Phyllosticta viticola* Berk. et Curt.

葡萄生轴霜霉[葡萄霜霉] *Plasmopara viticola* (Berkeley et Curtis) Berlese et de Not.

葡萄生轴霜霉春花变型 *Plasmopara viticola* f. sp. *aestivalis-labruscae* Săvul.

葡萄生轴霜霉黑龙江变型 *Plasmopara viticola* f. sp. *amurensis* Golovina

葡萄生轴霜霉美洲变型 *Plasmopara viticola* f. sp. *americana* Golovina

葡萄生轴霜霉森林变型 *Plasmopara viticola* f. sp. *sylvestris* Săvul.

葡萄生轴霜霉原变型 *Plasmopara viticola* f. sp. *viticola* (Berk. et Curtis) Berk. et De Toni

葡萄栓皮伴随病毒 *Grapevine corky barkassociated virus Closterovirus* (GCBaV)

葡萄霜霉 *Plasmopara viticola* (Berkeley et Curtis) Berlese et de Not.

葡萄霜霉病菌 *Plasmopara chinensis* Gorlenko

葡萄穗霉 *Stachybotrys atra* Corda

葡萄穗霉属 **Stachybotrys** Corda

葡萄穗轴褐枯病菌 *Alternaria viticola*

Brun

葡萄藤猝倒病菌　*Eutypa lata*（Pers.；Fr.）Tul. et Tul.

葡萄突尼斯环斑病毒　*Grapevine Tunisian ringspot virus Nepovirus*（GTRSV）

葡萄土壤杆菌［葡萄根癌病菌］　*Agrobacterium vitis* Ophel，Kerr

葡萄细菌性疫病菌　*Xylophilus ampelinus*（Panag.）Willems et al.

葡萄线纹病毒　*Grapevine line pattern virus Ilarvirus*

葡萄星状花叶伴随病毒　*Grapevine asteroid mosaic associated virus Marafivirus*

葡萄锈壁虱［葡萄毛毡病原］　*Colomerus vitis*（Pagenstecher）

葡萄牙假丝酵母　*Candida lusitaniae* uden et Carmo-Sousa

葡萄叶点霉　*Phyllosticta vitis* Sacc.

葡萄瘿螨　*Eriophyes vitis* Nal.

葡萄汁酵母　*Saccharomyces uvarum* Beijer.

葡萄状枝孢　*Cladosporium uvarum* McAlp

葡萄座腔菌属　**Botryosphaeria** Ces. et de Not.

蒲包花叶黑粉菌　*Entyloma calceolariae* Lagerh.

蒲草疫霉　*Phytophthora lepironiae* Sawada

蒲公英病毒　*Dandelion virus Carlavirus*（DaV）

蒲公英黄花叶病毒　*Dandelion yellow mosaic virus Sequivirus*（DaYMV）

蒲公英集壶菌［蒲公英瘿瘤病菌］　*Synchytrium taraxaci* de Bary et Woronin

蒲公英结瘿病菌　*Olpidium simulans* de Bary

蒲公英壳针孢　*Septoria miuraci* Trott.；*Septoria taraxaci* Hollos

蒲公英潜病毒　*Dandelion latent virus Carlavirus*（DaLV）

蒲公英生壳针孢　*Septoria taraxacicola* Miura

蒲公英叶斑病菌　*Xanthomonas hortorum* pv. *taraxaci*（Niederhauser）Vauterin et al.

蒲公英瘿瘤病菌　*Synchytrium taraxaci* de Bary et Woronin

蒲葵小煤炱　*Meliola livistonae* Yales

蒲桃假单胞菌　*Ralstonia syzygii* Roberts et al.

蒲桃劳尔氏菌［丁香枯萎病菌］　*Ralstonia syzygii*（Roberts et al.）Vaneechoutte et al.

蒲桃小光壳炱　*Asteridiella syzygii* Hansf.

朴假尾孢　*Pseudocercospora spegazzinii*（Sacc.）Guo et Liu

朴生盾壳霉　*Coniothyrium celtidicola* Miura

朴生旋孢霉　*Sirosporium caltidicola* Ellis

朴树假霜霉［滇朴、朴树霜霉病菌］　*Pseudoperonospora celtidis*（Waite）Wilson

朴树假霜霉葎草变种　*Pseudoperonospora celtidis* var. *humuli* Davis

朴树假霜霉原变种　*Pseudoperonospora celtidis* var. *celtidis*（Waite）Wilson

朴旋孢霉　*Sirosporium caltidis*（Biv-Bernh ex Sprengel）Ellis

朴叶尾孢　*Cercospora spegazzinii* Sacc.

普德尔假尾孢　*Pseudocercospora puderi*（Davis ex）Deighton

普德尔尾孢　*Cercospora puderi* Ben Davis

普地酵母　*Saccharomyces pretoriensis* Walt et Tscheuschn.

普吉柄锈菌　*Puccinia pugiensis* Tai

普朗肯虫霉　*Entomophthora planchoniana* Cornu

普朗奎特螺旋线虫　*Helicotylenchus planquettei* Marais et Queneherve

普雷恩毛霉［酒糟菌种］　*Mucor prainii* Chod. et Nech

普里坦柄锈菌　*Puccinia puritanica* Cumm.

普奇尼亚菌属　**Pochonia** Bat. et Fonseca

普瑞斯螺旋线虫　*Helicotylenchus pricei* Siddiqi

普瑞斯弯孢　*Curvularia prasadii* Mathur

普氏腔囊菌属　**Plowrightia** Sacc.

普特实球黑粉菌　*Doassansia putkonenii* Lindr.

普通刺隔孢怠　*Chaetoscorias vulgare* Yamam.

普通假丝酵母　*Candida vulgaris* Berka

普通胶壳怠　*Scorias communis* Yamam.

普通茎线虫　*Ditylenchus communis* (Steiner et Scott) Kirjanova

普通卷耳霜霉病菌　*Peronospora conferta* (unger) Gäum.

普通壳蠕孢　*Hendersonia vulgaris* Desm.

普通裂褶菌　*Schizophyllum commune* Fr.

普通瘤座孢　*Tubercularia vulgaris* Tode

普通螺旋线虫　*Helicotylenchus vulgaris* Yuen

普通青霉　*Penicillium commune* Thom

普通乳酸微球菌　*Micrococcus communis lactis* Cohn

普通丝尾垫刃线虫　*Filenchus vulgaris* (Brzeski) Lownsbery

普通小麦褪绿斑病毒　*Triticum aestivum chlorotic spot virus Nucleorhabdovirus* (TACSV)

Q

七胞隔指孢　*Dactylella heptameres* Drechsler

七筋菇柄锈菌　*Puccinia clintoniaeudensis* Bub.

七叶树叉钩丝壳　*Sawadaea aesculi* Zeng et Chen

七叶树壳明单隔孢　*Diplodina aesculi* (Sacc.) Sutton

七叶树壳梭孢　*Fusicoccum aesculi* Corda

七叶树球腔菌　*Mycosphaerella hippocastani* (Jaap.) Kleb.

七叶树球色单隔孢　*Botryodiplodia aesculina* Pass.

七叶树生叶点霉　*Phyllosticta aesculicola* Sacc.

七叶树小奇针线虫　*Mylonchulus esculentus* Jain, Saxena et Sharma

七叶树叶斑病菌　*Pseudomonas syringae*

pv. *aesculi* (ex Durgapal) Young et al.

桤长栅锈菌　*Melampsoridium alni* (Thüm.) Diet.

桤木根肿菌　*Plasmodiophora alni* (Woron.) Møller

桤木畸вар;外囊菌　*Taphrina alni-incanae* (Kühn) Magn.

桤木蜜皮线虫　*Meloidodera alni* Turkina et Chizhov

桤木欧文氏菌[桤木皮溃疡病菌]　*Erwinia alni* Surico Mugnal et al.

桤木皮溃疡病菌　*Erwinia alni* Surico Mugnal et al.

桤木球针壳　*Phyllactinia alni* Yu et Han

桤木叶壳针孢　*Septoria alnifolia* Ell. et Ev.

桤木叶面外囊菌　*Taphrina epiphylla* Sadeb.

桤木疫霉　*Phytophthora alni* Brasier et Kirk

桤木疫霉单形变种　*Phytophthora alni* subsp. *uniformis* Brasier et Kirk

桤木疫霉多形变种　*Phytophthora alni* subsp. *multiformis* Brasier et Kirk

桤盘长孢　*Gloeosporium alni* Ell. et Ev.

桤皮盘菌　*Desmea alni* (Fuck.) Rehm

漆斑菌属　**Myrothecium** Tode ex Link

漆姑草长针线虫　*Longidorus saginus* Khan, Seshadri et al.

漆红拟层孔菌　*Fomitopsis rufolaccatus* (Bose) Dhanda

漆假尾孢　*Pseudocercospora rhoidis* Guo et Liu

漆球壳属　**Zignoella** Sacc.

漆树钩丝壳　*Uncinula verniciferae* Henn.

漆树帽孢锈菌　*Pileolaria klugkistiana* (Diet.) Diet.

漆树色链隔孢　*Phaeoramularia rhois* (Castell) Deighton

漆树尾孢　*Cercospora rhois* Saw. et Kats.

漆竹壳二孢　*Ascochyta lophamthi* var. *osmophila* Davis

祁连金锈菌　*Chrysomyxa qilianensis* Wang, Wu et Li

祁州漏卢柄锈菌　*Puccinia rhapontici* Syd.

齐墩果矮化线虫　*Tylenchorhynchus oleae* (Cobb) Micoletzky

齐墩果长尾滑刃线虫　*Seinura oliveirae* (Chrisie) Goodey

齐墩果螺旋线虫　*Helicotylenchus oleae* inserra et Golden

齐墩果拟滑刃线虫　*Aphelenchoides oliverirae* Christie

齐墩果叶斑病菌　*Pseudomonas syringae* subsp. *savastanoi* pv. *oleae* Janse

齐墩果叶点霉　*Phyllosticta oleae* Patri

齐墩果异梣环线虫　*Paralobocriconema olearum* (Hashim) Minagawa

齐整小核菌［植物白绢病菌］　*Sclerotium rolfsii* Sacc.

奇怪黑粉菌　*Ustilago paradoxa* Syd. et Butl.

奇怪曲霉　*Aspergillus paradoxus* Fenn. et Raper

奇怪腥黑粉菌　*Tilletia paradoxa* Jacz.

奇妙单顶孢　*Monacrosporium thaumasium* (Drechs.) de Hoog et van Dorschot

奇氏半轮线虫　*Hemicriconemoides chitwoodi* Esser

奇氏根结线虫　*Meloidogyne chitwoodi* Golden et al.

奇氏伞滑刃线虫　*Bursaphelenchus chitwoodi* (Ruhm) Goodey

奇氏珠皮(假根结)线虫　*Nacobbodera chitwoodi* Golden et Jensen

奇雄腐霉［蓖麻猝倒病菌］　*Pythium middletoni* Sparrow

奇异长喙壳［甘蔗凤梨病菌］　*Ceratocystis paradoxa* (Dade) Moreau

奇异锤舌菌　*Leotia portentosa* (Imai et Minak.) Tai

奇异大茎点菌　*Macrophoma mirbelii* (Fr.) Berl. et Vogl.

奇异丰壳霉　*Plenophysa mirabilis* Syd. et Syd.

奇异根串珠霉［菠萝黑腐病菌］　*Thielaviopsis paradoxa* (de Seyn.) Hohn

奇异酵母　*Saccharomyces paradoxus* Batschinsk.

奇异茎线虫　*Ditylenchus mirus* Siddiqi

奇异拟夏孢锈菌　*Uredinopsis mirabilis* (Peck) Magn.

奇异球皮线虫　*Globodera mirabilis* (Kirjanova) Mulvey et Stone

奇异散斑壳　*Lophodermium mirabile* Lin

奇异夏孢锈菌　*Uredo prodigiosa* Wang et Zhuang

奇异小光壳贞　*Asteridiella aberrans* (Stev.) Hansf.

奇异小盘环线虫　*Discocriconemella bar-*

beri Chawla et Samathanam

奇异叶黑粉菌　*Entyloma paradoxum* Syd.

歧壶菌［鸢尾肿胀病菌］　*Cladochytrium tenue* Nowak.

歧壶菌属　**Cladochytrium** Nowak.

歧丝盘单毛孢　*Monochaetia nattrassii* (Stey.) Sutton

歧皱青霉　*Penicillium steckii* Zal.

脐果草霜霉　*Peronospora omphalodis* Gäum.

脐景天柄锈菌　*Puccinia umbilici* Guépin

起绒草茎线虫［鳞球茎茎线虫，甘薯茎线虫］　*Ditylenchus dipsaci* (Kühn) Filipjev

起绒草茎线虫水仙变种　*Ditylenchus dipsaci* var. *narcissi* Filipjev et Stekhoven

起绒草茎线虫异常变种　*Ditylenchus dipsaci* var. *allocotus* (Steiner) Filipjev et Stekhoven

起绒草生茎线虫　*Ditylenchus dipsacoideus* (Andrassy) Andrassy

气生螺旋线虫　*Helicotylenchus aerolatus* Berg et Heyns

槭斑痣盘菌［槭树漆斑病菌］　*Rhytisma acerinum* (Pers.) Fr.

槭长栅锈菌　*Melampsoridium aceris* Jörst.

槭多孢外囊菌　*Taphrina polyspora* Johans.

槭粉孢　*Oidium aceris* Rabenh.

槭腐烂病菌　*Mycocentrospora acerina* (Hartig) Deighton

槭菌刺孢菌　*Mycocentrospora acerina* (Hartig) Deigton

槭壳明单隔孢　*Diplodina acerina* (Pass.) Sutton

槭壳针孢　*Septoria acerina* Speg.

槭盘双端毛孢　*Seimatisporium acerinum* (Bauml.) Sutton

槭膨痂锈菌　*Pucciniastrum aceris* Syd.

槭球孢外囊菌　*Taphrina acerinus* Eliass.

槭球腔菌　*Mycosphaerella aceris* Woro-nich.

槭日规菌　*Gnomonia cerastis* (Riess) Wint.

槭生假尾孢　*Pseudocercospora acericola* (Woronichin) Guo et Liu

槭生绒孢　*Mycovellosiella acericola* (Liu et Guo) Liu et Guo

槭生尾孢　*Cercospora acericola* Guo et Jiang

槭生叶点霉　*Phyllosticta acericola* Cooke et Ell.

槭树边材条纹病菌　*Ceratocystis virescens* (Davidson) Moreau

槭树剑线虫　*Xiphinema aceri* Chizhov, Tiev et Turkina

槭树盘旋线虫　*Rotylenchus aceri* Berezina

槭树漆斑病菌　*Rhytisma acerinum* (Pers.) Fr.

槭树漆斑病菌　*Rhytisma punctatum* (Pers.) Fr.

槭尾孢　*Cercospora acerina* Hart.

槭小煤炱　*Meliola aceris* Yamam.

槭耶氏外囊菌　*Taphrina jaczewskii* (Palm.)

槭叶点霉　*Phyllosticta aceris* Sacc.

槭叶升麻柄锈菌　*Puccinia trautvetteriae* Syd.

槭叶痣孢　*Melasmia acerina* Lév.

槭中心孢菌［槭腐烂病菌］　*Mycocentrospora acerina* (Hartig) Deighton

恰莫尔轮线虫　*Criconemoides chamoliensis* Rahaman, Ahmad et Jairajpuri

千斤拔短胖孢　*Cercosporidium flemingiae* Liu et Guo

千斤藤钉孢霉　*Passalora stephaniae* Sawada ex Goh et Hsieh

千金拔钉孢霉　*Passalora flemingiae* (Liu et Guo) Braun

千金藤茎点霉　*Phoma stepnihaae* (Saw.) Saw.

千金藤壳针孢　*Septoria abortiva*（Ell. et Kell.）Tchon et Dan.

千金藤尾孢　*Cercospora stephaniae* Saw. et Kats.

千金藤叶点霉　*Phyllosticta stephaniae* Saw.

千金子平脐蠕孢　*Bipolaris micropus*（Drechsler）Shoem.

千里光柄锈菌　*Puccinia senecionis* Lib.

千里光鞘锈菌　*Coleosporium senecionis*（Pers.）Fr.

千里光生尾孢　*Cercospora senecionicola* J. Davis

千里光霜霉　*Peronospora senecionis* Fuckel

千里光锈孢锈菌　*Aecidium senecionis-scandentis* Saw.

千年不烂心壳针孢　*Septoria dulcamarae* Desm.

千年芋叶斑病菌　*Xanthomonas campestris* pv. *aracearum*（Berniac）Dye

千屈菜科假尾孢　*Pseudocercospora lythracearum*（Heald et Wolf）Liu et Guo

千屈菜科尾孢　*Cercospora lythracearum* Heald et Wolf.

千屈菜球腔菌　*Mycosphaerella lythracearum* Wolf

千日红（属）杆状病毒　Gomphrena bacilliform virus（GBV）

千日红白锈　*Albugo gomphrenae*（Spegazzini）Ciferri et Biga

千日红弹状病毒　*Gomphrena virus Nucleorhabdovirus*（GoV）

千日红假格孢　*Nimbya gomphrenae*（Togashi）Simmons

千日红假尾孢　*Pseudocercospora gomphrenae* Sawada ex Goh et Hsieh

千日红尾孢　*Cercospora gomphrenae* W. W. Ray

千日红叶点霉　*Phyllosticta gomphrenae*

Sacc. et Speg.

牵牛花链格孢　*Alternaria pharbitidis* Zhang et Chen

牵牛壳二孢　*Ascochyta carpogema* Sacc.

牵牛锈孢锈菌　*Aecidium kaernbachii* Henn.

铅笔柏绿胶杯菌　*Chloroscypha cedrina* Seaver

铅色青霉　*Penicillium lividum* Westl.

签草核黑粉菌　*Cintractia schoenus* Cunn.

前胡柄锈菌　*Puccinia nanbuana* Henn.

前胡生壳针孢　*Septoria peucedanicola* Saw.

前胡叶点霉　*Phyllosticta peucedani* Saw.

前胡轴霜霉　*Plasmopara peucedani* Nannf.

前孔根结线虫　*Meloidogyne propora* Spaull

前坡环线虫　*Criconema proclivis* Hoffmann

荨麻白粉菌　*Erysiphe urticae*（Wallr.）Blum.

荨麻斑痣盘菌　*Rhytisma urticae*（Wallr.）Rehm

荨麻假霜霉［荨麻霜霉病菌］　*Pseudoperonospora urticae*（Libert ex Berkeley）Salmon et Ware

荨麻霜霉病菌　*Pseudoperonospora urticae*（Libert ex Berkeley）Salmon et Ware

荨麻叶点霉　*Phyllosticta urtica* Sacc.

荨麻异皮线虫　*Heterodera urticae* Cooper

荨麻轴霜霉［爵床、荨麻霜霉病菌］　*Plasmopara miyakeana* ito et Tokun.

荨麻棕粉锈菌　*Baeodromus urticae* Tranz.

钱巴德毕赤酵母　*Pichia chambardii*（Ramir. et Biodin）Phaff

钱蒲（灯芯草）黑星孢　*Fusicladium junci* Sawada

钱桑尼球腔菌［松针褐枯病菌］　*Myco-*

sphaerella gibsonii Evans

潜根线虫属 *Hirschmanniella* Luć et Goodey

黔桂大苞寄生 *Tolypanthus esquirolii* (Levl.) Lauener

浅白曲霉 *Aspergillus albidus* Eich.

浅波状星裂盘菌 *Phacidium repandum* (alb. et Schw.) Rehm

浅红酵母 *Rhodotorula pallida* Lodd.

浅红掷孢酵母 *Sporobolomyces alborubescens* Derx

浅黄曲霉 *Aspergillus aureolus* Fenn. et Raper

浅蓝灰曲霉 *Aspergillus caesiellus* Saito

浅绿粪盘菌 *Ascobolus viridulus* Phill. et Plowr.

茜草盖痂锈菌 *Thekopsora rubiae* Kom.

茜草膨痂锈菌 *Pucciniastrum rubiae* (Kom.) Jörst.

茜草生鞘锈菌 *Coleosporium rubiicola* Cumm.

茜草霜霉 *Peronospora rubiae* Gäum.

茜草锈孢锈菌 *Aecidium rubiae* Diet.

茜草叶点霉 *Phyllosticta rubiae* Miura

茜草叶杆菌 *Phyllobacterium rubiacearum* Knosel

嵌孢柄锈菌 *Puccinia poikilospora* Cumm.

枪刀药柄锈菌 *Puccinia hypoestis* Saw.

腔黑粉菌属 *Polysaccopsis* Henn.

腔隙纽带线虫 *Hoplolaimus chambus* Jairajpuri et Baqri

腔座霉 *Septocytella bambusina* Syd.

腔座霉属 *Septocytella* Syd.

强大酵母 *Saccharomyces robustus* Nakaz. et Shimo

强力单顶孢 *Monacrosporium robustum* Mc Culloch

强壮节丛孢 *Arthrobotrys robusta* Duddington

强雄腐霉 [玉米、甘蔗、谷子根褐腐病菌] *Pythium arrhernomanes* Drechsler

强雄腐霉菲律宾变种 [玉蜀黍根腐病菌] *Pythium arrhernomanes* var. *philippinensis* Roldan

强硬木层孔菌 *Phellinus robustus* (Karsr.) Bourd. et Galz.

强壮隔指孢 *Dactylella arrhenopa* (Drechsler) Zhang, Liu et Guo

强壮酵母 *Saccharomyces validus* Hansen

强壮拟滑刃线虫 *Aphelenchoides robustus* Gagarin

强壮盘旋线虫 *Rotylenchus robustus* (de Man) Filipjev

强壮鞘线虫 *Hemicycliophora robusta* Loof

强壮散斑壳 *Lophodermium validum* Lin, Xu et Li

强壮细小线虫 *Gracilacus robusta* (Wu) Raski

墙草(属)斑驳病毒 *Parietaria mottle virus Ilarvirus* (PMoV)

墙草滑刃线虫 *Aphelenchus parietinus* Bastian

墙草滑刃线虫管状变种 *Aphelenchus parietinus* var. *tubifer* Micoletzky

墙草滑刃线虫小管变种 *Aphelenchus parietinus* var. *microtubifer* Micoletzky

墙草滑刃线虫中国变种 *Aphelenchus parietinus* var. *sinensis* Wu et Hoeppli

墙草霜霉 *Peronospora parietariae* Vanev et Dimitrova

墙草叶黑粉菌 *Entyloma parietariae* Rayss

墙黏鞭霉 *Gliomastix murorum* (Corda) Hughes

墙枝顶孢 *Acremonium murorum* (Corda) Gams

蔷薇白粉病菌 *Sphaerotheca rosae* (Jacz.) Zhao

蔷薇白粉病菌 *Sphaerotheca pannosa* (Wallr.：Fr.) Lèv.

蔷薇病毒 *Rose virus Tobamovirus* (RoV)

蔷薇波丝壳　*Medusosphaera rosae* Golovin et Gamalizk

蔷薇单囊壳［蔷薇白粉病菌］　*Sphaerotheca rosae* (Jacz.) Zhao

蔷薇盾壳霉　*Coniothyrium fuckelii* Sacc.

蔷薇粉孢锈菌　*Teloconia kamtschatkae* (anders.) Hirats.

蔷薇褐斑叶点霉　*Phyllosticta rosarum* Pass.

蔷薇黑腐皮壳　*Valsa coronata* (Hoffm.) Fr.

蔷薇痂圆孢［月季疮痂(炭疽)病菌］　*Sphaceloma rosarum* (Pass.) Jenk

蔷薇假霜霉［蔷薇霜霉病菌］　*Pseudoperonospora sparsa* Jacz.

蔷薇卷丝锈菌　*Gerwasia rosae* Tai

蔷薇菌绒孢　*Mycovellosiella rosae* Guo et Liu

蔷薇壳针孢　*Septoria rosae* Desm.

蔷薇裸双胞锈菌　*Gymnoconia rosae* (Barcl.) Lindr.

蔷薇黏盘瓶孢　*Myxosporium rosae* Fuck.

蔷薇球座菌　*Guignardia rosae* (Auersw.) Petr.

蔷薇盘单毛孢　*Monochaetia seiridioides* (Sacc.) allesch

蔷薇盘二孢　*Marssonina rosae* (Lib.) Died.

蔷薇盘双端毛孢　*Seimatosporium rosarum* (Henn.) Sutton

蔷薇匍柄霉　*Stemphylium rosarum* (Penzig) Simmons

蔷薇球腔菌　*Mycosphaerella rosigena* (Ell. et Ev.) Lindau

蔷薇生棒盘孢　*Coryneum rosaecola* Miura Siddiqi

蔷薇生钉孢霉　*Passalora rosicola* (Pass.) Braun

蔷薇生壳二孢　*Ascochyta rosicola* Sacc.

蔷薇生链格孢　*Alternaria rosicola* (Rao) Zhang et Guo

蔷薇生尾孢　*Cercospora rosicola* Pass.

蔷薇霜霉　*Peronospora sparsa* Berk.

蔷薇霜霉病菌　*Pseudoperonospora sparsa* Jacz.

蔷薇尾孢　*Cercospora rosae* (Fuck.) Höhn.

蔷薇小钩丝壳李变种　*Uncinuliella rosae* var. *pruni* Zhao et Yuan

蔷薇小光壳貟　*Asteridiella rosae* Hansf.

蔷薇叶点霉　*Phyllosticta rosae* Desm.

乔德普尔拟滑刃线虫　*Aphelenchoides jodhpurensis* Tikyani et al.

乔根森酵母　*Saccharomyces jorgensenii* Lasche

乔哈尼拟滑刃线虫　*Aphelenchoides chauhani* Tundon et Singh

乔木栓果菊矮化病毒　Launaea arborescens stunt virus (LArSV)

乔森纳姆线虫属　***Geocenamus*** Thorne et Malek

乔氏轮线虫　*Criconemoides georgii* Prasad, Khan, Mathur

乔松散斑壳　*Lophodermium pini-excelsae* Ahmad

乔治亚环线虫　*Criconema georgiensis* Kirjanova

乔治亚伞滑刃线虫　*Bursaphelenchus georgicus* Maglakelidze

荞麦大茎点菌　*Macrophoma fagopyri* Saw.

荞麦壳二孢　*Ascochyta fagopyri* Bres.

荞麦生柄锈菌　*Puccinia fagopyricola* (Barcl.) Jörst.

荞麦霜霉　*Peronospora fagopyri* Elenev

荞麦尾孢　*Cercospora fagopyri* Nakata et Takim.

荞麦叶点霉　*Phyllosticta fagopyri* Miura

荞麦叶点霉　*Phyllosticta polygonorum* Sacc.

荞麦异皮线虫　*Heterodera graduni* Kirjanova

荞麦疫霉 *Phytophthora fagopyri* Takimoto

荞麦轴黑粉菌 *Sphacelotheca fagopyri* Syd. et Butl.

桥冈柄锈菌 *Puccinia hashiokai* Hirats.

桥冈多胞锈菌 *Phragmidium hashiokai* Hirats.

桥冈戟孢锈菌 *Hamaspora hashiokae* Hirats.

桥冈蜡锈菌 *Cerotelium hashiokae* Hirats.

桥冈两型锈菌 *Pucciniostele hashiokai* (Hirats.) Cumm.

桥冈迈尔锈菌 *Milesina hashiokai* Hirats.

桥冈拟夏孢锈菌 *Uredinopsis hashiokai* Hirats.

桥壶菌［红藻壶病菌］ *Pontisma lagenidioides* Peters.

桥壶菌属 **Pontisma** Petersen

鞘氨醇单胞菌属 **Sphingomonas** Yabuuchi et al.

鞘柄锈菌属 **Coleopuccinia** Pat.

鞘柄锈柱隔孢 *Ramularia colcosporii* Sacc.

鞘花属（桑寄生科） **Macrosolen** (Bl.) Recichb.

鞘菌绒孢 *Mycovellosiella vaginae* (Kruger) Deighton

鞘毛藻根生壶菌 *Rhizophydium coleochaetes* (Nowak.) Fischer

鞘毛藻壶菌 *Chytridium brebissonii* Dang.

鞘毛藻拟谢尔壶病菌 *Scherffeliomycopsis coleochaetis* Geitler

鞘毛藻拟谢尔壶菌［鞘毛藻拟谢尔壶病菌］ *Scherffeliomycopsis coleochaetis* Geitler

鞘线虫属 **Hemicycliophora** de Man

鞘形油杉寄生［墨西哥油杉寄生］ *Arceuthobium vaginatum* (Willd.) Presl.

鞘锈菌属 **Coleosporium** Lév.

鞘锈状栅锈菌 *Melampsora coleosporioides* Diet.

鞘藻、鞘毛藻歧壶菌 *Cladochytrium nowakowskii* Sparrow

鞘藻根壶菌 *Rhizophydium parasiticum* Shen et Siang

鞘藻根生壶菌［鞘藻肿胀病菌］ *Rhizophydium oedogonii* Richter

鞘藻壶菌 *Chytridium brevipes* Braun

鞘藻壶菌 *Chytridium olla* Braun

鞘藻壶菌 *Chytridium acuminatum* Braun

鞘藻畸形菌 *Micromyces oedogonii* (Roberts) Sparrow

鞘藻类壶菌［鞘藻壶病菌］ *Chytridium oedogonii* Couch

鞘藻内壶病菌 *Entophlyctis bulligera* (Zopf) Fischer

鞘藻拟油壶病菌 *Alpidiopsis oedogoniarum* (de Wild.) Scherffer

鞘藻拟油壶菌［鞘藻拟油壶病菌］ *Alpidiopsis oedogoniarum* (de Wild.) Scherffer

鞘藻小壶菌［鞘藻畸形病菌］ *Micromyces oedogonii* (Roberts) Sparrow

鞘藻油壶病菌 *Alpidium paradoxum* Glockling

鞘藻油壶菌［鞘藻肿胀病菌］ *Alpidium oedogoniorum* (Sorok.) de Wildeman

鞘藻肿胀病菌 *Alpidium oedogoniorum* (Sorok.) de Wildeman

鞘藻肿胀病菌 *Rhizophydium oedogonii* Richter

鞘藻肿胀病菌 *Rhizophydium sphaerocarpum* (Zopf) Fischer

鞘藻肿胀病菌 *Rhizophydium sporoctonum* (Braun)

切伦尼球腔菌 *Mycosphaerella killanii* Petrak

茄(属)顶曲叶病毒 *Solanum apical leaf curl virus Begomovirus* (SALCV)

茄(属)黄化病毒 *Solanum yellows virus*

Luteovirus (SYV)

茄(属)黄化曲叶病毒 *Solanum yellow leaf curl virus Begomovirus* (SYLCV)

茄矮化线虫 *Tylenchorhynchus solani* Gupta et uma

茄斑驳矮缩病毒 *Eggplant mottled dwarf virus Nucleorhabdovirus* (EMDV)

茄斑驳皱缩病毒 *Eggplant mottled crinkle virus Tombusvirus* (EMCV)

茄斑链格孢 *Alternaria melongenae* Rangaswami et Sombandam

茄长孢假尾孢 *Pseudocercospora solani-longispora* (Yen) Yen

茄长蠕孢 [马铃薯银屑病菌] *Helminthosporium solani* Durieu et Montagen

茄赤星病菌 *Septoria melongenae* Saw.

茄格孢 *Macrosporium solani* Ell. et Maria

茄根肿菌 [马铃薯根肿病菌] *Plasmodiophora solani* Brehmer et Bärner

茄褐斑病菌 *Phyllosticta melongenae* Saw.

茄褐纹病菌 *Diaporthe vexans* Gratz

茄褐纹拟茎点霉 *Phomopsis vexans* (Sacc. et Syd.) Harter

茄黑粉菌 *Angiosorus solani* Thirum. et O'Brien

茄花腐豌豆荚腐病菌 *Choanephora cucubitarum* (Berk. et Raven.) Thaxter

茄花叶病毒 *Eggplant mosaic virus Tymovirus* (EMV)

茄滑刃线虫 *Aphelenchus solani* (Steiner) Goodey

茄黄花叶病毒 *Eggplant yellow mosaic virus Begomovirus* (EYMV)

茄茎点霉 *Phoma solani* Halst

茄茎线虫 *Ditylenchus solani* Husain et Khan

茄菌寄生 *Hypomyces solani* (Mart.) Snyd.

茄科壳针孢 *Septoria solanina* Speg.

茄壳二孢 *Ascochyta melongenae* Padman

茄壳针孢 [茄赤星病菌] *Septoria melongenae* Saw.

茄劳尔氏菌 [茄青枯病菌] *Ralstonia solanacearum* (Smith) Yabuuchi et al.

茄镰孢 *Fusarium solani* (Mart.) App. et Wollenw.

茄镰孢菜豆变种 *Fusarium solani* var. *phaseoli* (Burk.) Snyder et al.

茄镰孢蚕豆变种 *Fusarium solani* var. *fabae* Yu et Fang

茄镰孢瓜类变种 *Fusarium solani* var. *cucurbitae* Snyder et Hansen

茄镰孢真马特变种 *Fusarium solani* var. *eumartii* (App. et Wollenw.) Wollenw.

茄链格孢 *Alternaria solani* (Ellis et Martin) Sorauer

茄绿花叶病毒 *Eggplant green mosaic virus Potyvirus* (EGMV)

茄螺旋线虫 *Helicotylenchus solani* Rashid

茄匍柄霉 *Stemphylium solani* Weber

茄潜隐类病毒 *Eggplant latent viroid* (ELVd)

茄青枯病菌 *Ralstonia solanacearum* (Smith) Yabuuchi et al.

茄轻型斑驳病毒 *Eggplant mild mottle virus Carlavirus* (EMMV)

茄球皮线虫 *Globodera solanacearum* (Miller et Gray) Behrens

茄生假尾孢 *Pseudocercospora solani-melongenicola* Goh et Hsieh

茄生茎点霉 *Phoma solanicola* Priss et Delacr.

茄生壳二孢 *Ascochyta solanicola* Oudem.

茄生壳针孢 *Septoria solanicola* Ell. et Ev.

茄斑尾孢 *Cercospora solani-melongenae* Chupp

茄生枝孢 *Cladosporium solanicola* Viegas

茄霜霉病菌 *Peronospora tabacina* var.

solani Zeng

茄丝核菌　*Rhizoctonia solani* Kühn

茄尾孢　*Cercospora melongenae* Welles.

茄五沟线虫　*Quinisulcius solani* Maqbool

茄小齿线虫　*Paurodontus solani* Varaprasad et al.

茄叶斑驳病毒　Eggplant leaf mottle virus（ELMV）

茄叶点霉［茄褐斑病菌］　*Phyllosticta melongenae* Saw.

茄疫病菌　*Phytophthora iranica* Ershad

茄重型斑驳病毒　*Eggplant severe mottle virus Potyvirus*（ESMoV）

茄属番茄曲叶病毒　*Solanum tomato leaf curl virus Begomovirus*（SToLCV）

茄属黄曲叶病毒　*Solanum yellow leaf curl virus Begomovirus*

茄属叶点霉　*Phyllosticta solani* Ell. et Mart

茄子褐色圆星病菌　*Cercospora solanitorvi* Frag. et Cif.

茄子轻型花叶病毒　*Brinjal mild mosaic virus Potyvirus*（BrMMV）

侵菅新赤壳　*Neocosmospora vasinfecta* Smith

芹柄锈菌　*Puccinia apii* Desm.

芹菜 T 病毒　*Celery virus T Cytorhabdovirus*（CeVT）

芹菜大壳针孢　*Septoria apiigraveolentis* Dor.

芹菜花叶病毒　*Celery mosaic virus Potyvirus*（CeMV）

芹菜黄斑病毒　*Celery yellow spot virus Luteovirus*（CeYSV）

芹菜黄花叶病毒　*Celery yellow mosaic virus Potyvirus*（CeYMV）

芹菜黄网病毒　Celery yellow net virus *Sequivirus*

芹菜壳针孢［芹菜斑枯病菌］　*Septoria apii*（Briosi et Cav.）Chest

芹菜枯萎病菌　*Fusarium oxysporum*

f. sp. *apii* Syd. et Hansen

芹菜镰刀黄萎病菌　*Fusarium oxysporum* f. sp. *apii* Snyder et Hansen

芹菜脉花叶病毒　Celery vein mosaic virus（CeVMV）

芹菜内脐蠕孢（芹菜叶枯病菌）　*Drechslera apii*（Göbelez）Richardson et Fraser

芹菜潜病毒　*Celery latent virus Potyvirus*（CeLV）

芹菜生壳针孢　*Septoria apiicola* Spegazzini

芹菜尾孢［芹菜灰斑病菌］　*Cercospora apii* Fres.

芹菜叶斑病菌、洋葱腐烂病菌　*Pseudomonas viridiflava*（Burkholder）Dowson

芹菜叶斑病菌　*Pseudomonas syringae* pv. *apii*（Jagger）Young，Dye

芹菜叶枯病菌　*Drechslera apii*（Göbelez）Richardson et Fraser

芹腐壳针孢［欧芹壳针孢疫病菌］　*Septoria petroselini* Desm.

芹生茎点霉　*Phoma apiicola* Kleb.

芹轴霜霉　*Plasmopara apii* Săvul. et O. Săvul.

秦岭柄锈菌　*Puccinia tsinlingensis* Wang

秦岭假尾孢　*Pseudocercospora qinlingensis* Guo

秦岭栅锈菌　*Melampsora tsinlingensis* Cao et Zhuang

青菜假单胞菌　*Pseudomonas brassicacearum* Achouak et al.

青城山胶锈菌　*Gymnosporangium tsingchenensis* Wei

青齿草锉皮线虫　*Afrina tumefaciens*（Cobb）Brzeski

青葱 X 病毒属　***Allexivirus***

青葱花叶病毒　*Scallion mosaic virus Potyvirus*

青麸杨生链格孢　*Alternaria rhoicola*

Zhang et Zhang

青冈齿裂菌　*Coccomyces cyclobalanopsis* Lin et Li

青海锈孢锈菌　*Aecidium qinghaiense* Zhuang

青海枝孢　*Cladosporium qinghaiensis* Zhang et Zhang

青褐假黑粉霉　*Coniosporium olivaceum* Link

青兰霜霉　*Peronospora dracocephali* Li et Zhao

青兰霜霉病菌　*Peronospora rossica* Gäum.

青篱竹柄锈菌　*Puccinia arundinariae* Schw.

青麻炭疽病菌　*Colletotrichum pekinensis* Rats.

青霉属　***Penicillium*** Link

青霉状黏束孢　*Graphium penicillioides* Corda

青霉状黏帚霉　*Gliocladium penicilloides* Corda

青霉状曲霉　*Aspergillus penicilloides* Mukerji et Rao

青霉状树孢　*Dendryphion penicillatum* (Corda) Fr.

青森柄锈菌　*Puccinia aomoriensis* Syd.

青檀球针壳　*Phyllactinia pteroceltidis* Yu et Han

青藤叉丝壳　*Microsphaera sinomenii* Yu

青藤短胖孢　*Cercosporidium stephaniae* Saw.

青藤生小煤炱　*Meliola illigericola* Hu et Song

青藤小煤炱　*Meliola illigerae* Stev. et Rold. ex Hansf.

青香壳堆锈菌　*Miyagia anaphalidis* Miyabe ex Syd.

青葙格孢　*Macrosporium celosiae* Tassi

青葙壳二孢　*Ascochyta celosiae* (Thüm.) Chi

青葙链格孢　*Alternaria celosiae* (Tassi) Săvul.

青葙尾孢　*Cercospora celosiae* Syd.

青紫葛假单胞菌 [乌蔹莓叶斑病菌]　*Pseudomonas cissicola* (Takimoto) Burkholder

轻微假单胞菌　*Pseudomonas trivialis* Behrendt, ulrich et Schumann

清风藤假尾孢　*Pseudocercospora sabiae* Guo et Zhao

清风藤球针壳　*Phyllactinia sabiae* Chen et Gao

清风藤叶点霉　*Phyllosticta sabialicola* Szabo

清酒假丝酵母　*Candida sake* (Saito et Ota) Uden et Buckl.

清酒酵母　*Saccharomyces sake* Yabe

清酒酏酵母　*Saccharomyces yedo* Nakaz.

清亮茎线虫　*Ditylenchus clarus* Thorne et Malek

清亮拟滑刃线虫　*Aphelenchoides clarus* Thorne et Malek

苘麻(属)黄化病毒　*Abutilon yellows virus Crinivirus* (AbYV)

苘麻柄锈菌　*Puccinia abutili* Berk. et Br.

苘麻大茎点菌　*Macrophoma abutilonis* Nakata et Takim.

苘麻格孢　*Macrosporium abutilonis* Speg.

苘麻格孢球壳　*Pleosphaerulina abutilontis* Miura

苘麻黑斑病菌　*Mycosphaerella abutilontidicola* Miura

苘麻花叶病毒　*Abutilon mosaic virus Begomovirus* (AbMV)

苘麻壳二孢　*Ascochyta abutilonis* Chochr.

苘麻链格孢　*Alternaria abutilonis* (Speg.) Schwarze

苘麻瘤座孢　*Tubercularia abutilonis* Kats.

苘麻球腔菌　*Mycosphaerella abutilonis* Nakata et Takim.

苘麻生球腔菌 [苘麻黑斑病菌]　*Mycosphaerella abutilontidicola* Miura

Q

苘麻小球腔菌　*Leptosphaeria abutilonis* Chochrj.

苘麻叶点霉　*Phyllosticta abutilonis* Henn.

苘麻轴霜霉　*Plasmopara skvortzovii* Miura

穹隆苔草柄锈菌　*Puccinia caricis-gibbae* Diet.

琼楠小煤炱　*Meliola beilschmiediae* Yam.

琼楠小煤炱樟变种　*Meliola beilschmiediae* var. *cinnamoni* Hansf.

琼氏拟滑刃线虫　*Aphelenchoides jonesi* Singh

琼斯假盘菌　*Pseudopeziza jonesii* Nannf.

丘巴特棘皮线虫　*Cactodera chaubattia* (Gupta et edward) Stone

丘珠柄锈菌　*Puccinia okatamaensis* Ito

秋海棠白粉菌　*Erysiphe begoniae* Zheng et Chen

秋海棠灰斑病菌　*Cercospora begoniae* Hori

秋海棠尾孢　*Cercospora begoniae* Hori

秋海棠叶斑病菌　*Xanthomonas axonopodis* pv. *begoniae* (Takimoto) Vauterin et al.

秋海棠疫病菌　*Phytophthora cryptogea* f. sp. *begoniae* Kröber

秋葵花叶病毒　*Okra mosaic virus Tymovirus* (OkMV)

秋葵黄脉花叶病毒　*Okra yellow vein mosaic virus Begomovirus* (OYVMV)

秋葵假尾孢　*Pseudocercospora abelmoschi* (Ell. et Ev.) Deighton

秋葵茎点霉　*Phoma hibisci-esculenti* Saw.

秋葵纽带线虫　*Hoplolaimus abelmoschi* Tandon et Singh

秋葵曲叶病毒　*Okra leaf curl virus Begomovirus* (OLCV)

秋葵尾孢　*Cercospora abelmoschi* Ell. et Ev.

秋葵叶斑病菌　*Xanthomonas campestris* pv. *esculenti* Rangaswami et Easwaran

秋茄树海疫病菌　*Halophytophthora kandeliae* Ho

秋茄树海疫霉［秋茄树海疫病菌］　*Halophytophthora kandeliae* Ho

秋茄树疫病菌　*Halophytophthora epistomium* (Fee et Master) Ho et Jong

秋散斑壳　*Lophodermium autumnale* Dark.

秋水仙刺盾炱　*Chaetothyrium colchicum* Woron.

秋夏孢锈菌　*Uredo autumnalis* Diet.

楸子茎点霉　*Phoma pomarum* Thüm.

球孢孢囊　*Cystopus sphaericus* Bonord.

球孢大串孢壶菌［刚毛藻串孢壶菌］　*Myzocytium globosum* Schenk

球孢堆黑粉菌　*Sporisorium apludae-muticae* Guo

球孢黑粉菌属　**Glomosporium** Koch.

球孢胶锈菌　*Gymnosporangium globosum* (Farlow) Farlow

球孢链霉菌　*Streptomyces globisporus* (Krasilnikov) Waksman

球孢毛霉［松腐烂病菌］　*Mucor sphaerosporues* Hagem

球孢枝孢　*Cladosporium sphaerospermum* Penzig

球孢轴霜霉　*Plasmopara sphaerosperma* Săvul.

球叉丝壳属　**Bulbomicrosphaera** Wang

球单胞锈菌　*Uromyces sphaerocarpus* Syd.

球腐霉　*Pythium globosum* Walz

球根格孢　*Macrosporium bulbotrichum* Cooke

球根链格孢　*Alternaria bulbotrichum* (Cooke) P. K. Chi, Bai et Zhu

球梗孢属　**Kabatiella** Bubák.

球钩丝壳　*Bulbouncinula bulbosa* (Tai et Wei) Zheng et Chen

球钩丝壳属　**Bulbouncinula** Zheng et Chen

球果被孢锈菌　*Peridermium strobi* Kleb.

球果壳蠕孢　*Hendersonia conorum* Delacr.

球果状粪盘菌　*Ascobolus strobilinus* Schw.

球黑孢　*Nigrospora sphaerica*（Sacc.）Mason

球壶菌属　*Sphaerita* Dang.

球茎核盘菌　*Sclerotinia bulborum*（Wakk.）Rehm

球茎状镰孢　*Fusarium bulbigenum* Cooke et Mass.

球茎状镰孢番茄变种　*Fusarium bulbigenum* var. *lycopersici*（Brushi）Wollenw. et Reink.

球茎状镰孢甘薯变种　*Fusarium bulbigenum* var. *batatas* Wollenw.

球茎状镰孢瓜萎变种　*Fusarium bulbigenum* var. *niveum*（Smith）Wollenw.

球茎状镰孢萎蔫变种　*Fusarium bulbigenum* var. *tracheiphilum*（Smith）Wollenw.

球聚假丝酵母　*Candida conglobata*（Red.）uden et Buckl.

球壳孢属　*Sphaeropsis* Sacc.

球米草长蠕孢　*Helminthosporium oplismeni* Saw. et Kats

球米草轴霜霉　*Plasmopara oplismeni* Vienn et. Bourg.

球囊根生壶菌［鼓藻根生壶病菌］　*Rhizophydium globosum*（Braun）Schroeter

球囊根生壶菌［鞘藻肿胀病菌］　*Rhizophydium sphaerocarpum*（Zopf）Fischer

球囊类腐霉［稻苗烂秧、腐败病菌］　*Pythiogeton uniforme* Lund.

球囊类腐霉　*Pythiogeton utriforme* Minden

球拟酵母属　*Torulopsis* Berl.

球皮（球孢胞囊）线虫属　*Globodera*（Skarbilovich）Behrens

球皮座囊菌　*Coccochorina hottai* Hara

球皮座囊菌属　*Coccochorina* Hara

球腔菌属　*Mycosphaerella* Johns.

球肉盘菌属　*Sarcosphaera* Auersw.

球色单隔孢属　*Botryodiplodia*（Sacc.）Sacc.

球头拟滑刃线虫　*Aphelenchoides sphaerocephalus* Goodey

球头小环线虫　*Criconemella sphaerocephala*（Taylor）Luć et Raski

球团藻泡壶菌　*Phlyctidium vilvocinum*（Braun）Schröt.

球线虫属　*Sphaeronema* Raski et Sher

球形单顶孢　*Monacrosporium globosporum* Cooke

球形德巴利酵母　*Debaryomyces globosus* Klöck.

球形阜孢　*Papularia sphaerosperma*（Pers.）Höhn.

球形光壳炱　*Limacinia globosa*（Fres.）Yamam

球形集壶菌［堇菜、蔷薇瘿瘤病菌］　*Synchytrium globosum* Schröt.

球形假尾孢　*Pseudocercospora sphaeriiformis*（Cooke）Guo et Liu

球形酵母　*Saccharomyces globosus* Osterw.

球形线虫属　*Meloinema* Choi et Geraert

球形尾孢　*Cercospora sphaeriiformis* Cooke

球形芽枝酵母　*Blastodendrion globosum* Zach

球形指霜霉［野黍霜霉病菌］　*Peronosclerospora globosa* Kubicek et Kenneth

球锈菌属　*Sphaerophragmium* Magn.

球针壳属　*Phyllactinia* Lév.

球柱草团黑粉菌　*Sorosporium kuwanoanum* Togashi et Maki

球状垫盘菌　*Pulvinula globifera* Le

球状蛤孢黑粉菌　*Mycosyrinx globosa* Vienn.

球座钉孢霉　*Passalora personata*（Berk. et Curtis）Khan et Kamal

球座菌属　*Guignardia* Viala et Ravaz

球座尾孢　*Cercospora personata*（Berk.）Ell. et Ev.

Q

裘氏单顶孢 *Monacrosporium chiuanum* Liu et Zhang

区域团黑粉菌 *Sorosporium* proviciale (Ell. et Gall)Clint.

曲孢属 ***Ancylospora*** Sawada

曲柄马兰柄锈菌 *Puccinia strobilanthis-flexicaulis* Hirats. et Mur.

曲顶病毒属 ***Curtovirus***

曲霉属 ***Aspergillus*** (Mich) Link

曲霉状青霉 *Penicillium aspergilliforme* Bain.

曲线形病毒科 Flexiviridae

屈恩柄锈菌[甘蔗锈病菌] *Puccinia kuehnii* Butl.

屈恩镰孢 *Fusarium kuehnii* (Fuck.) Sacc.

屈曲花垫咽线虫 *Tylencholaimus ibericus* Santiago et Coomans

屈曲花间矛线虫 *Mesodorylaimus ibericus* Abolafia et Santiago

屈曲花霜霉 *Peronospora ibarakii* S. Ito et Muray.

屈曲花异长针线虫 *Paralongidorus iberis* Escuer et Arias

苣荬菜坏死花叶病毒 *Endive necrotic mosaic virus Potyvirus*(ENMV)

苣荬菜鞘锈菌 *Coleosporium sonchiarvensis* Lév.

苣荬菜夏孢锈菌 *Uredo sonchi-arvensis* Saw.

苣叶缘坏死病菌 *Pseudomonas marginalis*(Brown)Stevens

全导管螺旋线虫 *Helicotylenchus teleductus* Anderson

全环轮线虫 *Criconemoides pleriannulatus* Ebsary

全能花结瘿病菌 *Physoderma pancratii* Pathak, Prasad et Shukla

全能花芦壶菌[全能花结瘿病菌] *Physoderma pancratii* Pathak，Prasad et Shukla

全能花螺旋线虫 *Helicotylenchus verecundus* Zarina et Maqbool

全束纽带线虫 *Hoplolaimus diadematus* Hunt et Freire

全小盘环线虫 *Discocriconemella repleta* Pinochet et Raski

全缘叶山柳菊柄锈菌 *Puccinia hololeii* Tranz.

拳参柄锈菌 *Puccinia bistortae* (Str.) DC.

拳参假盘菌 *Pseudopeziza bistortae* Rehm

拳参小卵孢 *Ovularia bistortae* (Fuck.) Sacc.

犬齿状盘双端毛孢 *Seimatosporium caninum* (Brun.) Sutton

缺节瘿螨属 ***Colomerus*** Newkrik et Keifer

缺性腐霉[莲藕腐败病菌] *Pythium elongatum* Matthews

缺雄疫霉[圣诞花疫病菌] *Phytophthora insolita* Ann et Ko

雀稗(属)条点花叶病毒 *Paspalum striate mosaic Geminivirus* (PSMV)

雀稗孢堆黑粉菌 *Sporisorium paspali-thunbergii* (Henn.) Vánky

雀稗柄锈菌 *Puccinia paspalina* Cumm.

雀稗麦角菌 *Claviceps paspali* Stev. et Hall

雀稗脑形霉 *Cerebella paspali* Cookeet Mass.

雀稗夏孢锈菌 *Uredo paspali-scrobiculatis* Syd.

雀稗小核菌 *Sclerotium paspali* Schw.

雀稗腥黑粉菌 *Tilletia paspali* Zund.

雀麦(属)条点花叶病毒 *Brome* (*Bromus*) *striate mosaic virus*(BrSMV)

雀麦核腔菌 *Pyrenophora bromi* Drechsl.

雀麦黑粉菌 *Ustilago bullata* Berk.

雀麦黑痣菌 *Phyllachora bromi* Fuck.

雀麦花叶病毒 *Brome mosaic virus Bromovirus* (BMV)

Q

雀麦花叶病毒科　**Bromoviridae**

雀麦花叶病毒属　***Bromovirus***

雀麦黄单胞菌　*Xanthomonas bromi* Vauterin et al.

雀麦集壶菌[雀麦瘿瘤病菌]　*Synchytrium bromi* Maire

雀麦角斑病菌　*Selenophoma bromigena* (Sacc.) Sprag. et Johns.

雀麦壳多孢　*Stagonospora bromi* Smith et Ramsb.

雀麦壳月孢[雀麦角斑病菌]　*Selenophoma bromigena* (Sacc.) Sprag. et Johns.

雀麦壳针孢　*Septoria bromi* Sacc.

雀麦内脐蠕孢　*Drechslera bromi* (Died) Shoem.

雀麦条点花叶病毒　*Bromus striate mosaic virus Mastrevirus* (BrSMV)

雀麦条黑粉菌　*Urocystis bromi* (Lavr.) Zund.

雀麦条纹病毒　*Brome streak virus Tritimovirus* (BStV)

雀麦夏孢锈菌　*Uredo bromi-pauciflorae* Ito

雀麦线条花叶病毒　*Brome streak mosaic virus Rymovirus* (BStMV)

雀麦叶斑病菌　*Pseudomonas syringae* pv. *atropurpurea* (Reddy) Young et al.

雀麦瘿瘤病菌　*Synchytrium bromi* Maire

雀梅藤锈孢锈菌　*Aecidium sageretiae* Henn.

鹊色黑粉菌　*Ustilago picacea* Lagerh. et Liro

群结腐霉[姜、花生根腐病菌]　*Pythium myriotyum* Drechsler

群居宽节纹线虫　*Amplimerlinius socialis* (Andrassy) Siddiqi

R

髯毛多裔黍黑粉菌　*Ustilago polytocae-barbatae* Mundk.

染料木单胞锈菌　*Uromyces genistaetinctoriae* (Pers.) Wint.

染料木列当　*Orobanche rapum-genistae* Thuill.

蘘荷壳二孢　*Ascochyta zingiber* Saw.

荛花叶点霉　*Phyllosticta wikstroemiae* Saw.

荛花枝孢　*Cladosporium wikstroemiae* (Sawada) Zhang et Zhang

桡足虫隔指孢　*Dactylella copepodii* Barron

扰乱拟滑刃线虫　*Aphelenchoides confusus* Thorne et Malek

扰乱散斑壳[松落针病菌]　*Lophodermium seditiosum* Minter, Staley et Millar

绕毛假小尾孢　*Pseudocercosporella herpotrichoides* (Fron) Deighton

绕体拟滑刃线虫　*Aphelenchoides helicosoma* Maslon

热带白锈菌[胡椒白锈病菌]　*Albugo tropica* Lagerheim

热带假丝酵母　*Candida tropicalis* (Cast.) Berkh.

热带假丝酵母郎比可变种　*Candida tropicalis* var. *lambica* (Harr.) Didd. et Lodd.

热带兰软腐病菌　*Erwinia cypri pedii* (Hori)

热带螺旋线虫 *Helicotylenchus tropicus* Roman

热带美洲槲寄生 *Phoradendron hexastichum* (DC.)Griseb

热带疫霉 *Phytophthora tropicalis* Aragaki et Uchida

热沼螺旋线虫 *Helicotylenchus eletropicus* Darekar et Khan

人参白粉菌 *Erysiphe panacis* Bai et Liu

人参斑点(蛇眼)病菌 *Phyllosticta panax* Naketa et Takim.

人参核盘菌 *Sclerotinia ginseng* Wang, Chen et Chen

人参黑斑病菌 *Alternaria panax* Whetz.

人参假尾孢 *Pseudocercospora panacis* (Thirum. et Chupp) Guo et Liu

人参链格孢 *Alternaria panax* Whetz.

人参拟滑刃线虫 *Aphelenchoides panaxi* Skarbilovich et Potekhina

人参生炭疽菌 *Colletotrichum panacicola* Uyeda et TakinP

人参生尾孢 *Cercospora panacicola* P. K. Chi et Pai.

人参夏孢锈菌 *Uredo panacis* Syd.

人参锈腐病菌 *Cylindrocarpon panacicola* (Zinss.) Zhao

人参叶点霉 *Phyllosticta panax* Naketa et Takim.

人参轴霜霉 *Plasmopara panacis* Bunkina ex Bondartsev et Bunkina

人参柱孢[人参锈腐病菌] *Cylindrocarpon panacicola* (Zinss.) Zhao

人心药锈孢锈菌 *Aecidium cardiandrae* Diet.

仁果丛梗孢 *Monilia fructigena* Pers.

仁果盾壳霉 *Coniothyrium pyrinum* (Sacc.) Sheld.

仁果黑腐病菌 *Sphaeropsis malorum* Peck

仁果囊孢壳[苹果黑腐病菌] *Physalospora obtusa* (Schw.) Cooke

仁果黏壳孢[苹果煤污、李果垢斑病菌] *Gloeodes pomigena* (Schw.)Colby

仁果球壳孢[仁果黑腐病菌] *Sphaeropsis malorum* Peck

仁果细盾霉 *Leptothyrium pomi* (Mont. et Fr.) Sacc.

仁果枝孢 *Cladosporium malorum* Ruehle

仁果周毛座霉 *Volutella fructi* Stev et Hall

忍冬半壳孢 *Leptostroma lonicericolum* Rabenh.

忍冬叉丝壳 *Microsphaera lonicerae* (DC.) Winter

忍冬刺球座菌 *Lasiobotrys lonicerae* (Fr.) Kunze

忍冬黑星菌 *Venturia lonicerae* (Fuck.) Wint.

忍冬黄脉病毒 *Honeysuckle yellow vein virus Begomovirus*

忍冬黄脉花叶病毒 *Honeysuckle yellow vein mosaic virus Begomovirus* (HYVMV)

忍冬假尾孢 *Pseudocercospora lonicerae* Guo

忍冬壳镰孢 *Kabatia lonicerae* (Harkm) Höhn.

忍冬类座囊菌 *Systremma lonicerae* (Cke.) Theiss. et Syd.

忍冬丽皮线虫 *Ataladera lonicerae* (Wouts) Luc et al.

忍冬裸珊锈菌 *Aplopsora lonicera* Tranz.

忍冬盘双端毛孢 *Seimatosporium lonicerae* (Cke.) Shoem.

忍冬潜病毒 *Honeysuckle latent virus Carlavirus* (HnLV)

忍冬色链隔孢 *Phaeoramularia antipus* (Ellis et Holway) Deighton

忍冬生斑痣盘菌 *Rhytisma lonicericola* Henn.

忍冬生钉孢霉 *Passalora lonicerigena* Guo

忍冬生假尾孢 *Pseudocercospora lonicericola* (Yamam.) Deighton
忍冬生尾孢 *Cercospora lonicericola* Yamam.
忍冬生枝孢 *Cladosporium lonicericola* He et Zhang
忍冬尾孢 *Cercospora periclymeni* Wint.
忍冬小圆孔壳 *Amphisphaerella xylostei* (Pers.) de Rulamort
忍冬叶点霉 *Phyllosticta caprifolii* (Opiz) Sacc.
忍冬枝孢 *Cladosporium lonicerae* Saw.
韧革菌属 ***Stereum*** Pers. ex Gray
韧皮部杆菌属 *Candidatus* **Phlomobacter** Zreik et al.
韧皮层杆菌属 *Candidatus* **Liberibacter** Jagoueix et al.
葚孢属 ***Sporidesmium*** Link
日本棒束孢 *Isaria japonica* Yasuda
日本棒丝壳 *Typhulochaeta japonica* Ito et Hara
日本被孢锈菌 *Peridermium japonicum* Syd.
日本柄锈菌 *Puccinia japonica* Diet.
日本不眠多胞锈菌 *Kuehneola japonica* Diet.
日本茶藨子柄锈菌 *Puccinia ribis-japonici* Henn.
日本齿鳞草 *Lathraea japonica* Miq.
日本酢浆草壳针孢 *Septoria oxalidis-japonicae* Pat.
日本单胞锈菌 *Uromyces japonicus* Berk. et Curt.
日本盾壳霉 *Coniothyrium japonicum* Miyake
日本革裥菌[东方褶孔菌] *Lenzites japonica* Berk. et Curt.
日本隔担耳 *Septobasidium mariani* var. *japonicum* Couch
日本根霉[稻颖壳腐败病菌] *Rhizopus japonicus* Vuillem
日本光壳炱 *Limacinia japonica* Hara
日本黑腐皮壳 *Valsa japonica* Miyabe et Hemmi
日本黑痣菌 *Phyllachora japonica* Cooke et Mass.
日本槐单胞锈菌 *Uromyces sophorae-japonicae* Diet.
日本鸡血藤瘿瘤病菌 *Pantoea agglomerans* pv. *millettiae* (Kawakami) young et al.
日本假伞锈菌 *Nothoravenelia japonica* Diet.
日本假丝酵母 *Candida japonica* Didd. et Lodd.
日本胶锈菌 *Gymnosporangium japonicum* Syd.
日本酵母 *Saccharomyces japonicus* Yabe
日本金腰霜霉病菌 *Peronospora chrysosplenii* Fuck.
日本壳针孢 *Septoria japonica* Thüm.
日本狼尾草黑痣菌 *Phyllachora pennisetі-japonici* Saw.
日本梨-桧柏胶锈菌 *Gymnosporangium shiraianun* Hara
日本栗丛枝病菌 *Candidatus* Phytoplasma castaneae Jung et al.
日本栗寄生 *Korthalsella japonica* (Thunb.) Engl.
日本栗寄生狭茎变种 *Korthalsella japonica* var. *fasciculata* (Van Tiegh.) Kiu
日本栗植原体 *Candidatus* Phytoplasma castaneae Jung et al.
日本链格孢 *Alternaria japonica* Yoshii
日本亮耳菌 *Lampteromyces japonicus* (Kawam.) Sing.
日本瘤双胞锈菌 *Tranzschelia japonica* Tranz. et Litw.
日本卵孢 *Oospora japonica* (Went et Fr.) Geerl.
日本落叶松球腔菌[落叶松落针病菌] *Mycosphaerella laricis-leptolepidis* Ito

et al.

日本慢生根瘤菌[大豆根瘤菌] *Bradythizobium japonicum* (Buchanan) Jordan

日本毛茛锈孢锈菌 *Aecidium ranumculacearum* DC.

日本拟曲霉 *Sterigmatocystis japonica* Aoki

日本球壳孢[稻颖球壳孢] *Sphaeropsis japonicum* Miyake

日本曲霉 *Aspergillus japonicus* Saito

日本伞锈菌[合欢锈病菌] *Ravenelia japonica* Diet. et Syd.

日本山矾外担菌 *Exobasidium symplocijaponicae* Kus. et Tokub.

日本蛇菰 *Balanophora japonica* Makino

日本石竹柄锈菌 *Puccinia dianthi-japonici* Henn.

日本鼠李锈孢锈菌 *Aecidium rhamnijaponici* Diet.

日本薯蓣花叶病毒 *Japanese yam mosaic virus Potyvirus*

日本苔草柄锈菌 *Puccinia caricis-japonicae* Diet.

日本条黑粉菌 *Urocystis japonica* (Henn.) Ling

日本菟丝子(金灯藤) *Cuscuta japonica* Choisy

日本菟丝子川西变种 *Cuscuta japonica* var. *fissistyla* Elgelm

日本菟丝子台湾变种 *Cuscuta japonica* var. *formosana* (Hayata) Yuncker

日本菟丝子原变种 *Cuscuta japonica* var. *japonica* Choisy

日本外担菌 *Exobasidium japonicum* Shirai

日本猬草柄锈菌 *Puccinia asperulaejaponicae* Hara

日本小核菌 *Sclerotium japonicum* Endo et Hid.

日本悬钩子多胞锈菌 *Phragmidium rubi-japonici* Kasai

日本叶点霉 *Phyllosticta japonica* Miyake

日本鸢尾坏死环斑病毒 *Japanese iris necrotic ringspot virus Carmovirus* (JINRV)

日本鸢尾坏死环病毒 *Iris Japanese necrotic ring virus*

日本植原体 *Candidatus* Phytoplasma japonicum Sawayanagi et al.

日本柱香孢 *Ephelis japonica* Henn.

日规菌属 *Gnomonia* Ces. et de Not.

日内瓦德巴利酵母 *Debaryomyces genevensis* Zend.

绒层菌绒孢 *Mycovellosiella concors* (Casp.) Deighton

绒层尾孢 *Cercospora concors* (Casp.) Sacc.

绒长蠕孢 *Helminthosporium velutinum* Link ex Fries

绒毛草(属)病毒 *Holcus virus* (HV)

绒毛草(属)线条病毒 *Holcus streak virus Potyvirus* (HSV)

绒毛草黄化病毒 *Holcus lanatus yellowing virus Nucleorhabdovirus* (HLYV)

绒毛草腥黑粉菌 *Tilletia holei* (West.) de Toni

绒毛蓼霜霉 *Peronospora erigoni* Solheim et Gilbertson

绒毛烟斑驳病毒 *Velvet tobacco mottle virus Sobemovirus* (VTMoV)

绒毛烟斑驳病毒类病毒样卫星 **RNA** Velvet tobacco mottle virus viroid-like satellite RNA

绒毛烟斑驳病毒卫星 **RNA** Velvet tobacco mottle virus satellite RNA

绒毛烟花叶病毒 *Nicotiana velutina mosaic virus* (NVMV)

绒木霉 *Trichoderma velutinum* Bissett, Kubicek et Szakacs

绒座壳属 *Gibellina* Pass.

茸耳霜霉 *Peronospora tomentosa* Fuckel

溶解肠杆菌 *Enterobacter dissolvens*（Rosen)Brenner，McWhorter et al.

溶解杆菌属 **Lysobacter** Christensen et Cook

溶菌属 **Lyticum**（Preer et al.）Preer et Preer

榕茛霜霉［毛茛、天葵霜霉病菌］ *Peronospora ficariae* Tulasne ex de Bary

榕茛霜霉冰川亚种 *Peronospora ficariae* subsp. *glacialis* A. Blytt

榕茛霜霉原亚种 *Peronospora ficariae* subsp. *ficariae* Tul.

榕假尾孢 *Pseudocercospora kallarensis*（Ramak. et Ramak.）Guo et Liu

榕小煤炱 *Meliola microtricha* Syd.

融黏帚霉 *Gliocladium deliquescens* Sopp

柔柄柄锈菌 *Puccinia flaccida* Berk. et Br.

柔二丝孔菌 *Diplomitoporus lenis* Gilbn.

柔毛棒束孢 *Isaria lanuginosa* Petch

柔毛匍柄霉 *Stemphylium lanuginosum* Harz

柔毛无根藤 *Cassytha pubescens* R. Br.

柔膜菌纲 Mollicutes Gibbons et Murry

柔膜菌属 **Helotium** Tode

柔嫩毛霉［西瓜腐烂病菌］ *Mucor delicatulus* Berkeley

柔鞘锈菌 *Coleosporium flaccidum* Alb.

柔软拟滑刃线虫 *Aphelenchoides chalonus*（Chawla et al.）Chawla et Khan

柔软小滑刃线虫 *Aphelenchulus mollis* Cobb

柔弱壳二孢 *Ascochyta tenerrima* Sacc. et Roum

柔弱内锈菌 *Endophyllum emasculatum* Arth. et Cumm.

柔丝变孔菌 *Anomoporia bombycina* Pouzar.

柔丝褐腐干酪菌 *Oligoporus sericeomollis*（Rom.）Pouz.

柔线藻、绿转板藻根生壶病菌 *Rhizophydium hormidii* Skvortsov

柔荑花杯盘菌 *Ciboria amentacea*（Balbis ex Fr.）Fuck.

肉杯菌属 **Sarcoscypha**（Fr.）Boud.

肉苁蓉属(列当科) **Cistanche** Hoffmg. et Link

肉粉落霉 *Aleurisma carnis*（Brooks et Hansf.）Bisby

肉阜状杯盘菌 *Ciboria carunculoides*（Siegl. et Jenk.）Whetz. et Wolf

肉桂炭疽病菌 *Colletotrichum gloeosporioides*（Penz.）Sacc.

肉果无孢酵母 *Asporomyces uvae* Mark et McCl.

肉黄青霉 *Penicillium carneo-lutescens* Smith

肉荚草单胞锈菌 *Uromyces peracarpae* Ito et Tochin.

肉荚草锈孢锈菌 *Aecidium peracarpae* Diet.

肉盘菌属 **Sarcosoma** Casp.

肉色曲霉 *Aspergillus carneus* Blochw.

肉霜霉［苦龙胆霜霉病菌］ *Peronospora carniolica* Gäum.

肉序假尾孢 *Pseudocercospora sarcocephali*（Viennot-Bourgin）Deighton

蠕孢格孢 *Macrosporium helminthosporioides*（Corda）Sacc. et Trav.

蠕虫生埃丝特霉 *Esteya vermicola* Liou, Shih et Tzean

蠕虫生长寿霉 *Macrobiotophthora vermicola* Reukauf

蠕虫生虫霉 *Entomophthora vermicola* McCulloch

蠕虫生节丛孢 *Arthrobotrys vermicola*（Cooke et Satch.）Rifai

蠕虫生链枝菌 *Catenaria vermicola* Birchfield

蠕形虫囊菌 *Laboulbenia vermiformis* Balazuc

蠕形隔指孢 *Dactylella helminthodes*

Drechsler

蠕形镰孢 *Fusarium larvarum* Fuck.

蠕形青霉 *Penicillium vermiculatum* Dang

乳白柄锈菌 *Puccinia galatica* Syd.

乳白革菌[苹果根朽革菌] *Thelephora galactinia* Fr.

乳白马鞍菌 *Helvella lactea* Baud.

乳孢腐霉 *Pythium mastosporum* Vaartaja et Plaäts-Nit.

乳豆小煤炱 *Meliola galactiae* (Stev.) Hansf.

乳菇轮枝孢 *Verticillium lactarii* Peck

乳黄酵母 *Saccharomyces flava-lactis* Krüg.

乳黄柔膜菌 *Helotium friesii* (Weinm.) Sacc.

乳酒假丝酵母 *Candida kefyr* (Beijer.) Uden et Buckl.

乳苑霜霉 *Peronospora pospelovii* Gaponenko

乳酪酵母 *Saccharomyces casei* Harr.

乳酪卵孢 *Oospora casei* Janke

乳酪青霉 *Penicillium casei* Staub

乳酸酵母 *Saccharomyces lactis* Dombr.

乳酸镰孢 *Fusarium lactis* Pir. et Rib.

乳酸微球菌 *Micrococcus acidilactici* Chester

乳酸微球菌大豆变种 *Micrococcus acidilactici* var. *soya* Ishimaru

乳头单顶孢 *Monacrosporium mammillatum* (Dizon) Cooke et Dickinson

乳头状柄锈菌 *Puccinia mammillata* Schröt.

乳头座坚壳 *Rosellinia thelena* (Fr.) Rab.

乳突多胞锈菌 *Phragmidium papillatum* Diet.

乳突腐霉[甜菜、天竺葵根腐病菌] *Pythium mamillatum* Meurs

乳突胶壶菌[实球藻、空球藻胶壶病菌]

Dangeardia mammillata Schröd.

乳突壳蠕孢 *Hendersonia papillata* Pat.

乳香叶点霉 *Phyllosticta lentisci* (Pass.) Allesch

乳状腐霉 *Pythium mastophorum* Drechsler

乳状泡壶菌[藻类泡壶病菌] *Phlyctidium mammillatum* (Braun) Schröt.

朊病毒 **Prion** [V]

软壁菌门 *Tenericutes* Gibbons et Murry

软边乔森纳姆线虫 *Geocenamus lenorus* (Brown) Brzeski

软骨状酵母 *Saccharomyces cartilaginosus* Lindn.

软毛青霉 *Penicillium pubcrulum* Bain

软毛小煤炱 *Meliola malacotricha* Speg.

软韧革菌属 **Chondrostereum** Pouzar

软矢车菊轴霜霉 *Plasmopara centaureae-mollis* T. Majewski

软苔草柄锈菌 *Puccinia caricis-molliculae* Syd.

软紫草霜霉 *Peronospora arnebiae* Golovin

锐顶炭角菌 *Xylaria apiculata* Cooke

锐孔菌属 **Oxyporus** Donk

锐利茎线虫 *Ditylenchus acutus* (Khan) Fortuner

锐尾长尾滑刃线虫 *Seinura oxura* (Paesler) Goodey

瑞诺木螺旋线虫 *Helicotylenchus reynosus* Razjivin et al.

瑞士三叶草脉花叶病毒 Alsike clover vein mosaic virus

瑞氏螺旋线虫 *Helicotylenchus ryzhikovi* Kulinich

瑞香(属)S病毒 *Daphne virus S Carlavirus* (DVS)

瑞香(属)X病毒 *Daphne virus X Potexvirus* (DVX)

瑞香(属)Y病毒 *Daphne virus Y Potyvirus* (DVY)

瑞香腐霉[瑞香根腐病菌] *Pythium daphnidarum* Peter

瑞香根腐病菌 *Pythium daphnidarum* Peter

瑞香柳栅锈菌 *Melampsora hartigii* Thüm.

瑞香生夏孢锈菌 *Uredo daphnicola* Diet.

润滑锤舌菌 *Leotia lubrica*（Scop.）Pers.

润楠柄锈菌 *Puccinia machili* Cumm.

润楠单锈菌 *Monosporidium machili*（Henn.）Saito

润楠假尾孢 *Pseudocercospora machili* Sawada ex Goh et Hsieh

润楠瘤黑粉菌 *Melanopsichium inouyei*（Henn. et Shirai）Ling

润楠生柄锈菌 *Puccinia machilicola* Cumm.

润楠外担菌 *Exobasidium machili* Saw.

润楠小煤炱 *Meliola machili* Yamam.

润楠星盾炱 *Asterina machili* Katumoto

润楠枝孢 *Cladosporium machili* Sawada

弱捕隔指孢 *Dactylella astheyopaga* Dyechsler

箬竹黑痣菌 *Phyllachora indocalami* Saw.

S

萨达拉霜霉 *Peronospora satarensis* Patil

萨达轴霜霉[刺蒴麻霜霉病菌] *Plasmopara satarensis* Chavan et Kulkarni

萨地假丝酵母 *Candida salmanticensis*（Maria）Uden et Buckl.

萨瓜罗仙人掌病毒 *Saguaro cactus virus Carmovirus*（SgCV）

萨卡度假黑粉霉[竹叶点假黑粉病菌] *Coniosporium saccardianum* Teng

萨卡度小煤炱 *Meliola saccardoi* Syd.

萨卡霜霉[假猬拉拉藤霜霉病菌] *Peronospora sakamotoi* Ito et Tokun.

萨克拉普奇尼亚菌串孢变种 *Pochonia suchlasporia* var. *catenata* Zare et Gams

萨克拉普奇尼亚菌萨克拉变种 *Pochonia suchlasporia* var. *suchlasporia* Zare et Gams

萨肯根结线虫 *Meloidogyne zacanensis* Prado

萨拉斯根结线虫 *Meloidogyne salasi* Lopez Chaves

萨蒙球针壳 *Phyllactinia salmonii* Blum.

萨蒙氏仙人掌病毒 *Sammons's Opuntia virus Tobamovirus*（SOV）

萨姆氏菌属[B] *Samsonia* Sutra et al.

萨帕茎线虫 *Ditylenchus sapari* Atakhanov

萨塞根结线虫 *Meloidogyne sasseri* Handoo, Huettel et Golden

萨氏环线虫 *Criconema southerni*（Schneider）de Coninck

萨氏假单胞菌 *Pseudomonas savastanoi*（ex Smith）Gardan et al.

萨氏假单胞菌白蜡树变种 *Pseudomonas savastanoi* pv. *fraxini* Young

萨氏假单胞菌菜豆生变种 *Pseudomonas savastanoi* pv. *phaseolicola*（Burkholder）Gardan et al.

萨氏假单胞菌大豆变种 *Pseudomonas savastanoi* pv. *glycinea* (Coerper) Gardan et al.

萨氏假单胞菌夹竹桃变种[油橄榄冠瘤病菌] *Pseudomonas savastanoi* pv. *nerii* Young

萨氏假单胞菌萨氏变种[油橄榄癌肿病菌] *Pseudomonas savastanoi* pv. *savastanoi* (ex Smith) Young

萨氏假单胞菌网果变种 *Pseudomonas savastanoi* pv. *retacarpa* Garcia de Los Rios

萨氏拟滑刃线虫 *Aphelenchoides sachsi* Rühm

萨氏伞滑刃线虫 *Bursaphelenchus sachsi* (Rühm) Goodey

萨氏小环线虫 *Criconemella zavadskii* (Tulaganov) de Grisse et Loof

塞尔病毒属 **Sirevirus**

塞拉诺金色花叶病毒 *Serrano golden mosaic virus Begomovirus* (SGMV)

塞内加尔短蠕孢 *Brachysporium senegalense* Speg.

塞内加尔弯孢 *Curvularia senegalensis* (Speg.) Subram.

塞内加尔线虫属 **Senegalonema** Germani, Luc̀ et Baldwin

塞奇拟滑刃线虫 *Aphelenchoides seiachicus* Nesterov

塞萨特柄锈菌[白羊草柄锈菌] *Puccinia cesatii* Schröt.

塞沙德尔螺旋线虫 *Helicotylenchus seshadrii* Singh et Khera

塞沙德尔纽带线虫 *Hoplolaimus seshadrii* Mulk et Jairajpuri

塞氏环线虫 *Criconema certesi* Raski et Valenzuela

塞氏纽带线虫 *Hoplolaimus seinhorsti* Luc̀

赛葵(属)斑驳病毒 *Malvastrum mottle virus*

赛楠柄锈菌 *Puccinia nothaphoebes* J. Y. Zhuang

赛楠小煤炱 *Meliola sempeiensis* Yam.

赛氏蜡盘菌 *Rutstroemia sydowiana* (Rehm) White

赛铁线莲柄锈菌 *Puccinia atragenes* W. Hausm.

三白草单胞锈菌 *Uromyces saururi* Henn.

三白草生假尾孢 *Pseudocercospora saururicola* Saw. ex Goh et Hsieh

三白草尾孢 *Cercospora saururi* Ell. et Ev.

三孢半内生钩丝壳 *Pleochaeta shiraiana* (Henn.) Kimbr. et Korf.

三孢腐霉 *Pythium teratosporon* Sideris

三孢笄霉[甘薯腐烂病菌] *Choanephora trispora* Thaxter

三孢锈菌属 **Triphragmium** Link

三胞伴孢疣锈菌 *Dicheirinia trispora* Cumm.

三叉尾伞滑刃线虫 *Bursaphelenchus trinunculus* Mawwey

三雕孢属 **Triglyphium** Fres.

三隔假镰孢 *Fusoma triseptatum* Sacc.

三隔卵蠕孢 *Marielliottia triseptata* (Drechsler) Shoem.

三沟拟穿孔线虫 *Radopholoides triversus* Minagawa

三花形拉拉藤霜霉病菌 *Peronospora hommae* Ito et Tokun.

三吉柄锈菌 *Puccinia miyoshiana* Diet.

三尖轮线虫 *Criconemoides tribulis* Raski et Golden

三角枫裂盾菌[三角枫漆斑菌] *Schizothyrium annuliforme* Syd. et Butl.

三角枫漆斑菌 *Schizothyrium annuliforme* Syd. et Butl.

三角酵母 *Trigonopsis variabilis* Schachn.

三角酵母属 **Trigonopsis** Schachn.

三角突虫瘴霉 *Furia triangularis* (Villacarlos et Wilding) Li, Fan et al.

三角突角孢 *Oncopodiella trigonella*

(Sacc.)Rifai

三角形齿裂菌　*Coccomyces delta*（Kunze）Sacc.

三角形壶菌[卵囊藻壶病菌]　*Chytridium deltanum* Masters

三角藻根生壶菌[三角藻肿胀病菌]　*Rhizophydium hyalothecae* Scherffer

三角藻壶病菌　*Amphicypellus elegans* Ingold

三角藻油壶菌[三角藻肿胀病菌]　*Olpidium hyalothecae* Scherffer

三角藻肿胀病菌　*Olpidium hyalothecae* Scherffer

三棱钩丝孢　*Harposporium trigonosporum* Barron et Szijarto

三裂猪殃殃霜霉　*Peronospora galiitrifidi* Ito et Tokun.

三芒草柄锈菌　*Puccinia aristidae* Tracy

三芒草生黑粉菌　*Ustilago aristidicola* Henn.

三芒草团黑粉菌　*Sorosporium aristidae-amplis-simae* Beeli

三芒草轴黑粉菌　*Sphacelotheca aristidae-cya-nanthae*（Bref.）Pavgi et Mundk.

三毛孢　*Robillarda discosiodes* Sacc.

三毛孢属　**Robillarda** Sacc.

三浦钉孢霉　*Passalora miurae*（Syd.）Braun et Shin

三浦短胖孢　*Cercosporidium miurae*（H. et Sydow）Liu et Guo

三浦尾孢　*Cercospora miurae* Syd.

三浦新月霉　*Ancylistes miurii* Skvortsov

三浦叶点霉[稻叶梢枯病菌]　*Phyllosticta miurai* Miyake

三七草(属)潜病毒　*Gynura latent virus Carlavirus*（GyLV）

三七草壳针孢　*Septoria gynurae* Katsuki

三浅裂薯蓣病毒　*Dioscorea trifida virus Potyvirus*（DTV）

三色链霉菌　*Streptomyces tricolor*（Wollenweber）Waksman

三色鞘花　*Macrosolen tricolor*（Lecomte）Danser.

三色叶点霉　*Phyllosticta tricoloris* Sacc.

三宿粒线虫　*Anguina tridomina* Kirjanova

三苔草柄锈菌多瘤变种　*Puccinia aristidae* var. *chaetariae* Cumm. et Husain

三纹丽皮线虫　*Atalodera trilineata* Baldwin et al.

三纹拟滑刃线虫　*Aphelenchoides trivialis* Franklin et Siddiqi

三线镰孢　*Fusarium tricinfectum*（Corda）Sacc.

三形茎线虫　*Ditylenchus triformis* Hirschmann et Sasser

三雄螺旋线虫　*Helicotylenchus trivandranus* Mohandas

三叶草(车轴草)根结线虫　*Meloidogyne trifoliophila* Bernard et Eisenback

三叶草(车轴草)核盘菌　*Sclerotinia trifoliorum* Erikss.

三叶草(车轴草)花叶病毒　*Trifolium mountanum mosaic virus*（TmMV）

三叶草(车轴草)假盘菌　*Pseudopeziza trifolii* Fuck.

三叶草(车轴草)节壶菌[紫云英结瘿病菌]　*Physoderma trifolii*（Pass.）Karling

三叶草(车轴草)茎线虫　*Ditylenchus trifolii* Skarbiovich

三叶草(车轴草)煤烟菌　*Cymadothea trifolii*（Pers.）Wolf

三叶草(车轴草)葡萄孢盘菌　*Botryotinia spermophila* Noble

三叶草(车轴草)球梗孢　*Kabatiella caulivora*（Kirch.）Karak.

三叶草(车轴草)异皮线虫　*Heterodera trifolii* Goffart

三叶草(车轴草)疫霉病菌　*Phytophthora clandestina* Taylor, Pascoe et Greenhalgh

三叶草(车轴草)植原体　*Candidatus* Phytoplasma trifolii Hiruki et Wang

三叶草(车轴草)变叶病植原体　Clover

phyllody phytoplasma

三叶草(车轴草)耳突病毒 *Clover enation virus Nucleorhabdovirus*（CIEV)

三叶草(车轴草)根腐病菌 *Xanthomonas radiciperda*（Zhavoronkova）Magrou et Prevot

三叶草(车轴草)黄花叶病毒 *Clover yellow mosaic virus Potexvirus*（ClYMV)

三叶草(车轴草)黄化病毒 *Clover yellows virus Closterovirus*（CYV)

三叶草(车轴草)黄脉病毒 *Clover yellow vein virus Potyvirus*（ClYVV)

三叶草(车轴草)角斑病菌 *Mycosphaerella carinthiaca* Jaap.

三叶草(车轴草)轻型花叶病毒 Clover mild mosaic virus

三叶草(车轴草)伤瘤病毒 *Clover wound tumor virus Phytoreovirus*（CWTV)

三叶草(车轴草)油壶菌[苜蓿结瘿病菌] *Olpidium trifolii* Schröt.

三叶葡萄叶斑病菌 *Xanthomonas campestris* pv. *vitistrifolia*（Padhya）Dye

三叶乌蔹莓叶斑病菌 *Xanthomonas campestris* pv. *vitiscarnosae*（Moniz）Dye

三叶小檗柄锈菌 *Puccinia berberidistrifoliae* Diet. et Holw.

三宅柄锈菌 *Puccinia miyakei* Syd.

三宅尾孢 *Cercospora miyakei* Henn.

三宅小色二孢 *Microdiplodia miyakei* Sacc.

三宅叶点霉[稻叶枯病菌] *Phyllosticta miyakei* Syd.

三宅枝孢 *Cladosporium miyakei* Sacc. et Trott.

三指叉丝单囊壳 *Podosphaera tridactyla*（Wallr.）de Bary

三锥环线虫 *Criconema triconodon*（Schuurmans et al.）de Coninck

伞花钝果寄生 *Taxillus umbelifer*（Schult）Danser.

伞花寄生藤 *Dendrotrophe umbellata*（Bl.）Miq.

伞滑刃线虫属 *Bursaphelenchus* Fuchs

伞菌假单胞菌[蘑菇菌褶湿腐病菌] *Pseudomonas agarici* Young

伞菌轮枝孢 *Verticillium agaricinum* Corda

伞菌拟滑刃线虫 *Aphelenchoides agarici* Seth et Sharama

伞壳孢属 *Eleutheromyces* Fuckel

伞形根霉[车轴草根腐、软腐病菌] *Rhizopus umbellatus* Smith

伞形科内丝白粉菌 *Leveillula umbelliferarum* Golov.

伞形科球腔菌 *Mycosphaerella umbelliferarum* Rabenk.

伞形科外囊菌 *Taphrina umbelliferarum*（Rostr.）Sadeb.

伞形科小球腔菌 *Leptosphaeria modesta*（Desm.）Auersw.

伞形科植物霜霉病菌 *Bremiella baudysii*（Skalicky）Constantinescu

伞形外球囊菌 *Taphridium umbelliferarum*（Rostr.）Lagerh. et Juel

伞形油杉寄生 *Arceuthobium gilli* Hawksw. et Wiens

伞锈菌属 *Ravenelia* Berk.

散斑壳属 *Lophodermium* Chev.

散布单胞锈菌 *Uromyces dispersus* Hirats.

散梗绒孢菌 *Mycovellosiella koepkei*（Kruger）Deghton

散梗尾孢 *Cercospora koepkei* Krüg.

散沫花藤叶斑病菌 *Xanthomonas campestris* pv. *lawsoniae*（Patel）Dye

散囊菌属 *Eurotium* Link

散生黑粉菌 *Ustilago sparsa* Underw.

散生镶孢霉 *Coniothecium effusum* Corda

散生枝孢 *Cladosporium effusum* Berkeley et Curtis

散形马鞍菌 *Helvella galeriformis* Liu et Cao

散展霜霉壁藜变种 *Peronospora effusa*

var. *chenopodii-muralis* Sacc.

散展霜霉伏克变种 *Peronospora effusa* var. *fuckelii* Sacc.

散展霜霉间型变种 *Peronospora effusa* var. *intermedia* Casp.

散展霜霉较大变种 *Peronospora effusa* var. *major* Casp.

散展霜霉堇菜变种 *Peronospora effusa* var. *violae* Rabenh.

散展霜霉卷蓼变种 *Peronospora effusa* var. *polygoni-convolvuli* Thüm.

散展霜霉蓼变种 *Peronospora effusa* var. *polygoni* Thüm.

散展霜霉原变种 *Peronospora effusa* var. *effusa* (Grev.)Rabenh.

散枝青霉 *Penicillium divaricatum* Tahom

桑伯格苔草柄锈菌 *Puccinia caricisthunbergii* Homma

桑单胞枝霉[桑叶枯病菌] *Hormodendrum mori* Yendo

桑刀孢 *Clasterosporium mori* Syd.

桑德斯螺旋线虫 *Helicotylenchus sandersae* Ali et Loof

桑盾壳霉 *Coniothyrium fuscidulum* Sacc.

桑干枯病菌 *Diaporthe nomurai* Hara

桑膏药病菌 *Septobasidium bogoriense* Pat.

桑根腐病菌 *Rosellinia aquila* (Fr.) de Not.

桑根肿菌 *Plasmodiophora mori* Yenda

桑钩丝壳[桑表白粉病菌] *Uncinula mori* Miyake

桑核盘菌 *Sclerotinia carunculoides* Siegl.

桑褐斑病菌 *Mycosphaerella morifolia* Pass.

桑褐斑壳丰孢 *Phloeospora maculans*. (Bereng.) Allesch.

桑黑团壳 *Massaria mori* (Henn.) Ito

桑黑星菌 *Venturia mori* Hara

桑红多枝瘤座霉 *Dendrodochium hymenuloides* Sacc.

桑花叶矮缩类病毒 *Mulberry mosaic dwarf viroid*

桑环斑病毒 *Mulberry ringspot virus Nepovirus* (MRSV)

桑寄生 *Loranthus parasiticus* (L.) Merr.

桑寄生属(桑寄生科) **Loranthus** L.

桑假尾孢 *Pseudocercospora mori* (Hara) Deighton

桑间座壳[桑干枯病菌] *Diaporthe nomurai* Hara

桑茎点霉 *Phoma morearum* Brun

桑壳二孢 *Ascochyta mori* Maire

桑壳色单隔孢 *Diplodia mori* Westend.

桑里白粉病菌 *Phyllactinia moricola* (Henn.) Homma.

桑裂孢 *Sporoschisma mori* Saw. et Kats

桑拟干枯病菌 *Massaria moricola* Miyake

桑黏隔孢 *Septogloeum mori* Briosi et Cav.

桑潜病毒 *Mulberry latent virus Carlavirus* (MLV)

桑生核盘菌 *Sclerotinia moricola* Hino

桑生黑团壳[桑拟干枯病菌] *Massaria moricola* Miyake

桑生黑痣菌 *Phyllachora moricola* (Henn.) Saw.

桑生浆果赤霉 *Gibberella baccata* var. *moricola* (de Not.) Wollenw.

桑生壳二孢 *Ascochyta moricola* Ber

桑生壳色单隔孢 *Diplodia moricola* Cooke et Ell.

桑生壳针孢 *Septoria kuwacola* Yendo

桑生拟小卵孢 *Ovulariopsis moricola* Delacr.

桑生葡萄孢盘菌 *Botryotinia moricola* Yamam.

S

桑生球针壳[桑里白粉病菌] *Phyllactinia moricola* (Henn.) Homma.

桑生尾孢 *Cercospora moricola* Cooke

桑生卧孔菌 *Poria moricola* Ling

桑生夏孢锈菌 *Uredo moricola* Henn.

桑生叶点霉 *Phyllosticta kuwacola* Hara

桑实杯盘菌 *Ciboria shiraiana* (Henn.) Whetz.

桑氏链霉菌 *Streptomyces sampsonii* (Millard et Burr) Waksman

桑树萎缩病植原体 Mulberry dwarf phytoplasma

桑尾孢 *Cercospora mori* Hara

桑沃拟滑刃线虫 *Aphelenchoides sanwali* Chaturvedi et Khera

桑污叶病菌 *Clasterosporium mori* Syd.

桑锈孢锈菌 *Aecidium mori* Barcl.

桑旋孢霉 *Sirosporium mori* (Syd. et Syd.) Ellis

桑叶茎点霉 *Phoma morifolia* Berl.

桑叶壳二孢 *Ascochyta morifolia* Saw.

桑叶枯病菌 *Hormodendrum mori* Yendo

桑叶球腔菌[桑褐斑病菌] *Mycosphaerella morifolia* Pass.

桑叶夏孢锈菌 *Uredo morifolia* Saw.

桑疫病菌 *Pseudomonas syringae* pv. *mori* (Boyer et Lambert) Young

桑疣柄锈菌 *Puccinia morigera* Cumm.

桑针线虫 *Paratylenchus morius* Yokoo

桑枝孢 *Cladosporium mori* (Yendo) Zhang et Zhang

桑枝壳色单隔孢 *Diplodia morina* Syd.

骚扰针线虫 *Paratylenchus vexans* Thorne et Malek

色孢腐霉[松苗猝倒病菌] *Pythium coloratum* Vaartaja

色孢属 *Acarocybe* Syd.

色串孢属 **Torula** Pers.

色二孢生垫壳孢[葡萄白腐病菌] *Coniella diplodiella* Petr. et Syd.

色链隔孢属 **Phaeoramularia** Munt. Cvetk

色麻花头生柄锈菌 *Puccinia tinctoriicola* Magn.

色柱假尾孢 *Pseudocercospora polygonorum* (Cooke) Guo et Liu

色柱尾孢 *Cercospora polygonorum* Cooke

涩荠霜霉 *Peronospora malcolmiae* Lobik

森林长针线虫 *Longidorus sylphus* Thorne

森林腐霉 *Pythium sylvaticum* W. A. Campb. et F. F. Hendrix

森林剑线虫 *Xiphinema silvesi* Roca et Bravo

森林拟滑刃线虫 *Aphelenchoides silvester* Andrassy

森林盘菌 *Peziza sylvestris* (Boud.) Sacc. et Trott.

森林青霉 *Penicillium silvaticum* Oudem.

森林伪垫刃线虫 *Nothotylenchus drymocolus* Rühm

森林咽滑刃线虫 *Laimaphelenchus silvaticus* Hirling

森林疫霉 *Phytophthora nemorosa* E. M. Hansen et Reeser

森林锥线虫 *Dolichodorus silvestris* Gillespie et Adams

僧帽状柄锈菌 *Puccinia mitriformis* Ito

沙鞭柄锈菌 *Puccinia psammochloae* Wang

沙地剑线虫 *Xiphinema arenarium* Luc et Dalmasso

沙地轮线虫 *Criconemoides sabulosus* Eroshenko

沙地葡萄羽脉病毒 *Grapevine rupestris vein feathering virus* Marafivirus

沙尔瓦特螺旋线虫 *Helicotylenchus salvaticus* Lal

沙棘普氏腔囊菌 *Plowrightia hippophaeos* (Pass.) Sacc.

沙凯尔螺旋线虫 *Helicotylenchus shakili* Sutan

沙苦苣柄锈菌　*Puccinia lactucae-repentis* Miyabe et Miyabe

沙拉法特螺旋线虫　*Helicotylenchus sharafati* Mulk et Jairajpuri

沙雷氏菌属　**Serratia** Bizio

沙梨盘多毛孢　*Pestalotia traverseta* Sacc.

沙门柏干酪青霉　*Penicillium camemberti* Thom

沙门氏菌属　**Salmonella** Lignieres

沙米姆拟滑刃线虫　*Aphelenchoides shamimi* Khera

沙漠矮化线虫　*Tylenchorhynchus eremicolus* Allen

沙漠棘皮线虫　*Cactodera eremica* Baldwin et Bell

沙漠茎线虫　*Ditylenchus eremus* Rühm

沙漠霜霉　*Peronospora desertorum* Jacz.

沙漠腥黑粉菌　*Tilletia eremophila* Speg.

沙参白粉菌　*Erysiphe adenophorae* Zheng et Chen

沙参柄锈菌　*Puccinia adenophorae* Diet.

沙参壳二孢　*Ascochyta adenophorae* Melnik

沙参壳针孢　*Septoria adenophorae* Thüm.

沙参霜霉　*Peronospora erinicola* Durrieu

沙参锈孢锈菌　*Aecidium adenophorae* Jacz.

沙氏假单胞菌［大蒜茎腐病菌］　*Pseudomonas salomonii* Gardan et al.

砂砾核黑粉菌　*Cintractia glareosa* Lindr.

砂曲霉　*Aspergillus arenarius* Raper et Fenn.

砂仁假尾孢　*Pseudocercospora amomi* (Kar et Mandal) Deighton

砂仁球座菌　*Guignardia amomi* Lin et Chi

砂引草霜霉　*Peronospora uljanishchevii* Tunkina

莎草柄锈菌　*Puccinia cyperi* Arth.

莎草腐败病菌　*Achlya hoferi* Harz

莎草核黑粉菌　*Cintractia cyperi* Clint.

莎草茎线虫　*Ditylenchus cyperi* Husain et Khan

莎草黏膜黑粉菌　*Testicularia cyperi* Klotz.

莎草生根肿黑粉菌　*Entorrhiza cypericola* (Magn.) de Toni

莎草穗核黑粉菌　*Cintractia limitata* Clint.

莎草尾孢　*Cercospora cyperi* Saw.

莎草小日规菌　*Gnomoniella cyperi* Dun. et Pon.

莎草异皮线虫　*Heterodera cyperi* Golden, Rau et Cobb

莎草疫霉　*Phytophthora cyperi* (Ideta) Ito

莎草轴黑粉菌　*Sphacelotheca cypericola* Mundk. et Pavgi

莎氏节丛孢　*Arthrobotrys shahriar* (Mekhtieva) Li, Zhang et Liu

筛孔锈菌属　**Macruropyxis** Azbu.

山稗柄锈菌　*Puccinia constata* Syd.

山本帽蕊草　*Mitrastemon yamamotoi* Makino

山扁豆(决明子)夏孢锈菌　*Uredo cassiae-glaucae* Syd.

山扁豆假尾孢　*Pseudocercospora cassiae* Fistulae, Goh et Hsieh

山茶半轮线虫　*Hemicriconemoides camilliae* Zhang

山茶棒盘孢　*Coryneum camelliae* Mass.

山茶饼病菌　*Exobasidium camelliae* Shirai

山茶长针线虫　*Longidorus camelliae* Zheng, Peneva et Brown

山茶赤叶斑病菌　*Phyllosticta camelliaecola* Brun.

山茶刀孢　*Clasterosporium camelliae* Mass.

山茶根结线虫　*Meloidogyne camelliae* Golden

山茶核盘菌　*Sclerotinia camelliae* Hansen

et Thom.

山茶褐斑盘多毛孢 *Pestalotia quepini* Desm.

山茶花腐病菌 *Ciborinia camelliae* Kohn

山茶黄斑驳病毒 *Camellia yellow mottle virus Varicosavirus* (CYMoV)

山茶灰枯病菌 *Monochaetia camelliae* Miles

山茶茎点霉 *Phoma camelliae* Cooke

山茶煤病菌 *Meliola camelliae* (Catt.) Sacc.

山茶盘单毛孢[山茶灰枯病菌] *Monochaetia camelliae* Miles

山茶球线虫 *Sphaeronema camelliae* Aihara

山茶球座菌[茶叶枯病菌] *Guignardia camelliae* (Cooke) Butler

山茶生小煤炱 *Meliola camellicola* Yamam.

山茶生叶点霉[山茶赤叶斑病菌] *Phyllosticta camelliaecola* Brun.

山茶炭疽菌[茶云纹叶枯病菌] *Colletotrichum camelliae* Mass.

山茶外担[山茶饼病菌] *Exobasidium camelliae* Shirai

山茶细盾霉 *Leptothyrium camelliae* Henn.

山茶小煤炱[山茶煤病菌] *Meliola camelliae* (Catt.) Sacc.

山茶叶斑枝枯病菌 *Pseudomonas syringae* pv. *theae* (Hori) Young et al.

山茶叶杯菌[山茶花腐病菌] *Ciborinia camelliae* Kohn

山橙小煤炱 *Meliola melodini* Hansf.

山慈姑单胞锈菌 *Uromyces erythronii* (DC.) Pass.

山慈姑黑粉菌 *Ustilago heufleri* Fuck.

山地腐霉 *Pythium montanum* Nechw.

山地酵母 *Saccharomyces montanus* Phaff et al.

山地生黑斑黑粉菌 *Melanotaenium oreophilum* Syd.

山地生苔草柄锈菌 *Puccinia caricis-montanae* Fisch.

山地丝尾垫刃线虫 *Filenchus montanus* Xie et Feng

山地腥黑粉菌 *Tilletia montana* Ell. et Ev.

山靛单胞锈菌 *Uromyces mercurialis* Henn.

山靛集壶菌[山靛瘿瘤病菌] *Synchytrium mercurialis* Fuckel

山东虫瘴霉 *Furia shandongensis* Wang, Lu et Li

山豆根小煤炱 *Meliola euchrestae* Yam.

山矾叉丝壳 *Microsphaera symploci* Yu et Lai

山矾褐单列盘孢 *Phaeomonostichella symploci* (Krissl.) Petr.

山矾假尾孢 *Pseudocercospora symploci* (Sawada ex Kats.) Deighton

山矾拟茎点霉 *Phomopsis symploci* Petr.

山矾生白粉菌 *Erysiphe symplocicola* Zheng et Chen

山矾尾孢 *Cercospora symploci* Saw.

山矾小煤炱 *Meliola symploci* Yamam.

山凤梨小煤炱 *Meliola anacolosae* Hansf.

山柑(属)潜病毒 *Caper latent virus Carlavirus* (CapLV)

山柑脉黄病毒 *Caper vein yellowing virus Nucleorhabdovirus* (CapVYV)

山柑生星盾炱 *Asterina cansjericola* Hansf.

山柑霜霉 *Peronospora capparidis* Sawada

山核桃丛簇病植原体 Pecan bunease phytoplasma

山红柿假尾孢 *Pseudocercospora diospyrimorrisianae* Sawada ex Goh et Hsieh

山黄麻假单胞菌 *Pseudomonas tremae* Gardan et al.

山黄麻假尾孢 *Pseudocercospora trematisorientalis* (Sun) Deighton

山黄麻生假尾孢　*Pseudocercospora trematicola*（Yen）Deighton

山黄麻尾孢　*Cercospora tremae* Saw.

山黄麻小光壳炱　*Asteridiella trematis*（Speg.）Hansf.

山黄麻叶斑病菌　*Pseudomonas syringae* pv. *tremae* Ogimi, Higuchi et Takikawa

山黄皮痂囊腔菌　*Elsinoë randii* Jenkins et Bitanc.

山藿香霜霉［香料霜霉病菌］　*Peronospora teucrii* Gäum.

山鸡椒假尾孢　*Pseudocercospora litseae-cubebae* Guo

山菅兰瘤蠕孢　*Heterosporium dianellae* Saw.

山菅兰生盘多毛孢　*Pestalotia dianellicola* Saw.

山菅兰生枝孢　*Cladosporium dianellicola* Zhang et Cui

山菅兰尾孢　*Cercospora dianellae* Saw. et Kats.

山菅兰夏孢锈菌　*Uredo dianellae* Diet.

山姜(属)花叶病毒　*Alpinia mosaic virus* Potyvirus

山姜多毛球壳［益智草轮纹褐斑病菌］　*Pestalosphaeria alpiniae* Chi et Chen

山姜球腔菌　*Mycosphaerella alpiniae* Chen et Chi

山姜生球腔菌　*Mycosphaerella alpinicola* Chen et Chi

山姜枝孢　*Cladosporium alpiniae* Zhang et Zhang

山芥叶斑病菌　*Xanthomonas campestris* pv. *barbareae*（Burkholder）Dye

山靳菜结瘿病菌　*Urophlyctis pluriannulatus*（Berk. et Curt.）Farlow

山菊花锈孢锈菌　*Aecidium philadelphi* Diet.

山壳骨(属)黄脉病毒　*Pseuderanthemum yellow vein virus* Begomovirus（PYVV）

山榄小光壳炱　*Asteridiella sapotace-arum* Hansf.

山藜豆球腔菌　*Mycosphaerella lathyri* Potebnia

山藜豆霜霉　*Peronospora lathyri-aphacae* Săvul. et Rayss

山藜豆霜霉　*Peronospora lathyrina* Vienn.-Bourg.

山藜豆尾孢　*Cercospora lathyrina* Ell. et Ev.

山藜豆叶点霉　*Phyllosticta minussinensis* Thüm.

山蓼柄锈菌　*Puccinia oxyriae* Fuck.

山柳假尾孢　*Pseudocercospora clematoclethrae* Liu et Guo

山柳菊柄锈菌　*Puccinia hieracii*（Röhl.）Mart.

山柳菊生壳针孢　*Septoria hieracicola* Dearness et House

山柳菊叶黑粉菌　*Entyloma hieracii* Syd.

山龙眼黄单胞菌　*Xanthomonas protemaculans*（Paine et Stansfield）Burkholder

山龙眼小煤炱　*Meliola heliciae* Yamam.

山龙眼叶斑病菌　*Pseudomonas syringae* pv. *proteae* Moffett

山龙眼紫盘菌　*Smardaea protea* W. Y. Zhuang et Korf

山罗花单囊壳　*Sphaerotheca melampyri* Junell.

山罗花壳针孢　*Septoria melampyri* Strass.

山罗花鞘锈菌　*Coleosporium melampyri* Tul.

山罗花生叶点霉　*Phyllosticta melampyricola* Miura

山罗花霜霉　*Peronospora melampyri*（Buchholz）Davis

山罗花霜霉病菌　*Peronospora tranzscheliana* Bakhtine

山罗花轴霜霉　*Plasmopara melampyri* Buchholz

山萝卜核黑粉菌　*Cintractia fischeri*

(Karst.) Lindr.

山麻杆钩丝壳 *Uncinula alchorneae* Zeng et Chen

山麻杆钩丝壳椭孢变种 *Uncinula alchorneae* var. *elliptispora* zheng et Chen

山麻杆生小煤炱 *Meliola alchorneicola* Hansf.

山马茶假尾孢 *Pseudocercospora tabernaemontanae* (Syd.)

山马茶生小煤炱 *Meliola tabernaemontanicola* Hansf. et Thirum.

山马蝗(属)花叶病毒 *Desmodium mosaic virus Potyvirus* (DesMV)

山马蝗(属)黄斑驳病毒 *Desmodium yellow mottle virus Tymovirus* (DYMV)

山马蝗层锈菌 *Phakopsora meibomiae* Arth.

山马蝗假尾孢 *Pseudocercospora meibomiae* (Chupp) Deighton

山马蝗壳二孢 *Ascochyta desmodii* (Ellis et Everhart) P. K. Chi et al.

山马蝗球针壳 *Phyllactinia desmodii* Too

山马蝗霜霉 *Peronospora desmodii* Miyabe

山马蝗叶斑病菌 *Xanthomonas axonopodis* pv. *desmodii* (Patel) Vauterin et al.

山马蝗瘿瘤病菌 *Synchytrium decipiens* var. *citrinum* Lagh.

山毛榉螯线虫 *Pungentus fagi* Vinciguerra et Giannetto

山毛榉长喙壳[栎枯萎病菌] *Ceratocystis fagacearum* (Bretz.) Hunt.

山毛榉长针线虫 *Longidorus fagi* Peneva, Choleva et Nedelchev

山毛榉密锈菌 *Mikronegeria fagi* Diet. et Neger.

山毛榉霜霉 *Peronospora fagi* R. Hartig

山毛柳栅锈菌[柳树锈病菌] *Melampsora capraearum* (DC.) Thüm.

山梅花叶斑病菌 *Pseudomonas syringae* pv. *philadelphi* Roberts

山梅花叶点霉 *Phyllosticta vulgaris* var. *philadelphi* Sacc.

山牡荆假尾孢 *Pseudocercospora viticisquinatae* (Yen) Yen

山牛蒡柄锈菌 *Puccinia tossoensis* Tokun. et Kawai

山牛蒡鞘锈菌 *Coleosporium synuricola* Xue et Shao

山蕲菜尾囊壶菌[山蕲菜结瘿病菌] *Urophlyctis pluriannulatus* (Berk. et Curt.) Farlow

山牵牛尾孢 *Cercospora thunbergiana* Yen

山芹前胡柄锈菌 *Puccinia oreoselini* Fuck.

山茄子(短序花)柄锈菌 *Puccnia brachybotrydis* Körn.

山丘链霉菌 *Streptomyces collinus* Lindenbein

山楸黑星孢 *Fusicladium sorbinum* (Sacc.) Liu et Zhang

山榉木小煤炱 *Meliola buchananiae* Stev.

山黍柄锈菌 *Puccinia panici-montani* Ram. et Cumm.

山桃草壳针孢 *Septoria gaurina* Ellis et Kellerman

山田叉丝壳[胡桃白粉病菌] *Microsphaera yamadai* (Salm.) Syd.

山田多胞锈菌 *Phragmidium yamadanum* Hirats.

山田胶锈菌[苹果-桧锈病菌] *Gymnosporangium yamadae* Miyabe ex Yamada

山田明痂锈菌 *Hyalopsora yamadana* Hirats.

山田平脐蠕孢 *Bipolaris yamadai* (Nisikado) Shoem.

山田霜霉[深山唐松草霜霉病菌] *Peronospora yamadana* Togashi

山桐子钩丝壳 *Uncinula idesiae* Xie

山桐子栅锈菌 *Melampsora idesiae* Miyabe ex Hirats.

山莴苣壳二孢 *Ascochyta lactucae* Rostr.

山吴萸柄锈菌 *Puccinia evodiae-trichotomae* J. Y. Zhuang

山西虫草 *Cordyceps shanxiensis* Lin, Rong et Jin

山西锈孢锈菌 *Aecidium shansiense* Petr.

山香圆生小光壳炱 *Asteridiella turpiniicola* Hosagoudar

山羊豆霜霉 *Peronospora galegae* Săvul. et Rayss

山羊豆叶点霉 *Phyllosticta galegae* Garb

山羊角树假尾孢 *Pseudocercospora cylindrosporioides* (Solh. et Chupp) Guo et Liu

山杨黑星孢 *Fusicladium tremulae* Fr.

山药条黑粉菌 *Urocystis dioscoreae* Syd.

山野豌豆楔孢黑粉菌 *Thecaphora viciae-amoenae* Harada

山樱桃柱盘孢 *Cylindrosporium prunitomentosi* Miura

山嵛菜斑驳病毒 *Wasabi mottle virus* Tobamovirus

山嵛菜欧文氏菌［山嵛菜软腐病菌］ *Erwinia wasabiae* Goto et Matsumoto

山嵛菜软腐病菌 *Erwinia wasabiae* Goto et Matsumoto

山嵛菜霜霉［辣根霜霉病菌］ *Peronospora alliariae-wasabi* Gäum.

山楂长针线虫 *Longidorus crataegi* Roca et Bravo

山楂虫形孢 *Entomosporium mespile* (DC. ex Luby) Sacc.

山楂丛梗孢 *Monilia cratacgi* Died.

山楂果腐病菌 *Rhipidium europaeum* f. sp. *attenuatum* Kanouse

山楂核盘菌［山楂叶花褐腐病菌］ *Sclerotinia crataegi* Magn.

山楂黑星孢 *Fusicladium crataegi* Aderhold

山楂黑星菌 *Venturia crataegi* Aderh.

山楂假尾孢 *Pseudocercospora crataegi* (Sacc. et Massalongo) Guo et Liu

山楂壳二孢 *Ascochyta crataegi* Fuckel

山楂壳针孢 *Septoria crataegi* Kickx

山楂链核盘菌［约翰逊链核盘菌］ *Monilinia johnsonii* (Ell. et Ev.) Honey

山楂囊轴霉病菌、果腐病菌 *Rhipidium attenuatum* Kanouse

山楂球腔菌 *Mycosphaerella crataegi* (Fuck.) Auerswald

山楂生棒盘孢 *Coryneum crataegicola* Miura

山楂生壳二孢 *Ascochyta crataegicola* Allesch

山楂生叶点霉 *Phyllosticta crataegicola* Sacc.

山楂锈病菌 *Gymnosporangium clavariiforme* (Jacq. et Pers.) DC.

山楂叶花褐腐病菌 *Sclerotinia crataegi* Magn.

山楂叶花链核盘菌 *Monilinia mespili* (Schell.) Whetz.

山芝麻色链隔孢 *Phaeoramularia meridiana* (Chupp) Deighton

山芝麻星盾炱 *Asterina helicleris* Ouyang et Hu

山茱萸丛枝病菌原体 *Dogwood witches' broom phytoplasma*

山茱萸花叶病毒 *Dogwood mosaic virus* Nepovirus (DgMV)

山猪菜绒孢菌 *Mycovellosiella merremiae* Liu et Guo

山紫茉莉霜霉 *Peronospora oxybaphi* Ellis et Kellerm.

杉李盖痂锈菌［稠李锈病菌］ *Thekopsora areolata* (Fr.) Magn.

杉木附丝壳 *Appendiculella cunninghamiae* Hu

杉木皮下盘菌 *Hypoderma desmazieri* Duby

杉木小鞋孢盘菌 *Soleella cunninghamiae*

Saho et Zinno

杉木叶枯病菌 *Lophodermium uncinatum* Dark.

杉皮下盘菌 *Hypoderma conninghamiae* Teng

杉球腔菌 *Mycosphaerella cunninghamiae* Woronichin

杉生小双梭孢盘菌 *Bifusella cunninghamiicola* Korf et Ogimi

杉叶散斑壳[杉木叶枯病菌] *Lophodermium uncinatum* Dark.

珊瑚菜柄锈菌 *Puccinia phellopteri* Syd.

珊瑚虫草 *Cordyceps martialis* Speg.

珊瑚红酵母 *Rhodotorula corallina* (Saito) Harr.

珊瑚轮藻病毒 *Chara corallina virus Tobamovirus* (ChaCV)

珊瑚形胶锈菌[山楂锈病菌] *Gymnosporangium clavariiforme* (Jacq. et Pers.) DC.

闪光格孢 *Macrosporium niten* Fres.

闪光霜霉 Peronospora *nitens* Oescu et Rădul.

陕西虫疠霉 *Pandora shaanxiensis* Fan et Li

陕西多胞锈菌 *Phragmidium shensianum* Tai et Cheo

陕西链格孢 *Alternaria shaanxiensis* Zhang et Zhang

陕西平脐蠕孢 *Bipolaris shaansiensis* Sun et Zhang

扇格孢 *Mycoenterolobrum platysporum* Goos

扇格孢大孢变种 *Mycoenterolobrum platysporum* var. *magnum* Sierra et Potalus

扇格孢属 **Mycoenterolobrum** Goos

扇蕨枝孢 *Cladosporium neocheiropteridis* Liu et Zhang

扇形仙菜、背枝仙菜肿胀病菌 *Olpidium tumefaciens* (Magnus) Berlese et al.

伤瘤病毒 *Wound tumor virus Phytoreovirus* (WTV)

商陆花叶病毒 *Pokeweed mosaic virus Potyvirus* (PkMV)

商陆壳二孢 *Ascochyta phytolaccae* Sacc. et Scalia

商陆尾孢 *Cercospora flagellaris* Ell. et W. Martin

商陆轴霜霉 *Plasmopara harae* S. Ito et Muray

商陆柱隔孢 *Ramularia harai* Henn.

上思灵芝 *Ganoderma shangsiense* Zhao

上位腐霉 *Pythium epigynum* Höhnk

烧焦壳菌[树木白腐病菌] *Ustulina deusta* (Hoffm.) Lind.

烧土火丝菌 *Pyronema omphalodes* (Bull.) Fuck.

稍小黑粉菌 *Ustilago parvula* Syd.

稍小曲霉 *Aspergillus parvulus* Smith

芍药(牡丹)斑点病菌 *Phyllosticta commonsii* Ell. et Ev.

芍药(牡丹)灰霉病菌 *Botrytis paeoniae* Oudem.

芍药(牡丹)轮斑病菌 *Cercospora paeoniae* Tehon. et Dan.

芍药白粉病菌 *Sphaerotheca paeoniae* Zhao

芍药白粉菌 *Erysiphe paeoniae* Zheng et Chen

芍药单囊壳[芍药白粉病菌] *Sphaerotheca paeoniae* Zhao

芍药壳蠕孢 *Hendersonia paeoniae* Allesllch.

芍药盘多毛孢 *Pestalotia paeoniae* Serv.

芍药生盘多毛孢 *Pestalotia paeoniicola* Tsuk. et Hino

芍药尾孢 *Cercospora paeoniae* Tehon. et Dan.

芍药锈孢锈菌 *Aecidium paeoniae* Körn.

芍药叶点霉 *Phyllosticta paeoniae* Sacc.

芍药叶疫病菌 *Pestalotia paeoniae* Serv.

少孢短蠕孢 *Brachysporium oligocarpum*

Corda

少孢根霉[稻腐败病菌]　*Rhizopus oligosporus* Saito

少孢酵母　*Saccharomyces exiguus* Hansen

少孢节丛孢　*Arthrobotrys oligospora* Fresen.

少孢节丛孢沙玛特变种　*Arthrobotrys oligospora* var. *sarmatica* Ooschot

少孢节丛孢小孢变种　*Arthrobotrys oligospora* var. *microspora*（Soprunov）Ooschot

少孢疫霉　*Phytophthora taihokuensis* Sawada

少隔多孢锈菌　*Phragmidium pauciloculare*（Diet.）Syd.

少根霉[唐菖蒲球茎软腐病菌]　*Rhizopus arrhizus* Fisch.

少疣散囊菌　*Eurotium parviverruculosum* Kong et Qi

绍兴酵母　*Saccharomyces shaoshing* Tak.

舌唇兰柄锈菌　*Puccinia taihaensis* Hirats. et Hash.

舌状卵孢　*Oospora lingualis* Gueg.

蛇孢赤壳属　***Ophionectria*** Sacc.

蛇孢霉属　***Polyscytalum*** Reiss

蛇孢腔菌属　***Ophiobolus*** Riess

蛇床尾孢　*Cercospora selini-gmelini*（Sacc. et Scalia）Chupp

蛇菰属(蛇菰科)　***Balanophora*** Forst.

蛇喙壳属(长喙壳属)　***Ophiostoma*** Syd. et Syd.

蛇莓串孢锈菌　*Frommea duchesneae* Arth.

蛇皮病毒属　***Ophiovirus***

蛇葡萄层锈菌[蛇葡萄锈病菌]　*Phakopsora ampelopsidis* Diet. et Syd.

蛇葡萄壳针孢　*Septoria ampelina* Berk. et Curt.

蛇葡萄球针壳　*Phyllactinia ampelopsidis* Yu et Lai

蛇葡萄嗜木质菌[葡萄溃疡疫病菌]　*Xylophilus ampelinus*（Panagopoulos）Willems et al.

蛇葡萄锈病菌　*Phakopsora ampelopsidis* Diet. et Syd.

蛇葡萄叶点霉　*Phyllosticta ampelina* Jacz.

蛇尾草孢堆黑粉菌　*Sporisorium ophiuri*（Henn.）Vánky

蛇形病毒属　***Ophiovirus***

蛇形镰孢　*Fusarium anguioides* Sherb.

射干柄锈菌　*Puccinia belamcandae* Diet.

射干小球腔菌　*Leptosphaeria belamcandae* Chang et Chi

射线盾壳孢属　***Actinothyrium*** Kunze

射线指疫霉　*Sclerophthora rayssiae* R. G. Kenneth, Koltin et I. Wahl

射线指疫霉原变种　*Sclerophthora rayssiae* var. *rayssiae* Payak et Renfro

麝香石竹斑驳病毒属　***Carmovirus***

麝香石竹环斑病毒属　***Dianthovirus***

申克侧孢　*Sporotrichum schenckii* Mart.

申克根壶菌[藻类根壶病菌、畸形病菌]　*Rhizidium schenkii* Dang.

申克拟油壶菌[转板藻拟油壶病菌]　*Olpidiopsis schenkiana* Zopf

伸长腐霉　*Pythium prolatum* Campb. et Hendrix

伸长枝孢　*Cladosporium elatum*（Harz）Nannfeldt

伸出茎线虫　*Ditylenchus procerus*（Bally et Reydon）Filipjev

深褐钉孢霉　*Passalora atrides* Guo

深褐尾孢　*Cercospora atrides* Syd.

深黑钉孢霉　*Passalora aterrina* Bres.

深红酵母　*Rhodotorula rubra*（Demme）Lodd.；*Saccharomyces ruber* Demme

深红疫霉　*Phytophthora rubra* Mantri et Deshp.

深居拟滑刃线虫　*Aphelenchoides abyssinicus*（Filipjev）Filipjev

深居锥线虫　*Dolichodorus profundus* Luc

深蓝镰孢　*Fusarium coeruleum*（Lib.）

S

Sacc.

深蓝列当 *Orobanche coerulescens* Steph.

深蓝列当北亚型 *Orobanche coerulescens* f. sp. *korshinskyi* Steph.

深蓝列当深蓝型 *Orobanche coerulescens* f. sp. *coerulescens* Steph.

深裂根霉[桃软腐病菌] *Rhizopus schizans* McAlpine

深绿木霉 *Trichoderma atroviride* Pers. ex Fr.

深绿青霉 *Penicillium atroviridum* Sopp

深色黑盘孢 *Melanconium atrum* LK ex Schlecht.

深山唐松草霜霉病菌 *Peronospora yamadana* Togashi

深棕青霉 *Penicillium atrobrunneum* Cooke

肾果荠霜霉病菌 *Peronospora lepidii* (Mc Alp.) Wils.

肾壶菌属 **Nephrochytrium** Karling

肾夏孢锈菌属 **Dipyxis** Cumm. et Baxt.

肾形钩丝孢 *Harposporium reniforme* Patil et Pendse

肾形灰孢锈菌 *Polioma reniformis* Leon-Gall et Camm.

肾形茎点霉 *Phoma reniformis* Viala et Rostr

肾形小盘旋线虫[肾形线虫] *Rotylenchulus reniformis* Linford et Oliveira

升麻鞘锈菌 *Coleosporium cimicifugatum* Thüm.

升麻尾孢 *Cercospora cimicifugae* Pai et Chi

升麻锈孢锈菌 *Aecidium cimicifugatum* Schw.

升麻轴霜霉 *Plasmopara cimicifugae* Ito et Tokun.

升马唐单胞锈菌 *Uromyces digitariae-adscendentis* Wang

生癌肠杆菌[玉米基腐病菌] *Enterobacter cancerogenus* (Urosevie) Dickey et al.

生红欧文氏菌[胡桃韧皮部溃疡病菌] *Erwinia rubrifaciens* Wilson, Zeitoun et Fredrickson

生屑盘多毛孢 *Pestalotia leprogena* Speg.

绳状青霉 *Penicillium funiculosum* Thom

绳状枝孢 *Cladosporium funiculosum* Yamamoto

省沽油球腔菌 *Mycosphaerella staphyleae* Miura

省沽油锈孢锈菌 *Aecidium staphyleae* Miura

省沽油叶点霉 *Phyllosticta staphyleae* Dearn.

圣诞花疫病菌 *Phytophthora insolita* Ann et Ko

圣诞湿多胞锈菌 *Phragmopyxis noelii* Baxt.

圣图塞芜菁和性病毒 *Santosai temperate virus Alphacryptovirus* (STV)

胜本明孢负 *Armatella katumotoi* Hosagoudar

盛冈柄锈菌 *Puccinia moriokaensis* Ito

湿草地剑线虫 *Xiphinema pratensis* Loos

湿地地舌菌 *Geoglossum paludosum* Dur.

湿地盾线虫 *Scutellonema paludosum* Peng et Hunt

湿地轮线虫 *Criconemoides hygrophilum* Goodey

湿地岩黄芪单胞锈菌 *Uromyces hedysari-obscuri* (DC.) Car. et Picc.

湿多胞锈菌属 **Phragmopyxis** Diet.

蓍草球皮线虫 *Globodera achillcae* (Golden et Klindic) Behrens

蓍草霜霉 *Peronospora achilleae* Săvul. et L. Vánky

十大功劳生叶点霉 *Phyllosticta mahoniicola* Pass.

十大功劳生叶点霉小孢专化型 *Phyllosticta mahoniicola* f. sp. *microspora* Pollacci

十大功劳星盾负 *Asterina mahoniae* Kei-

十大功劳叶点霉 *Phyllosticta mahoniae* Sacc. et Speg.

十二纹环线虫 *Criconema duodevigintilineatum* Andrassy

十万错轴霜霉原变型 *Plasmopara asystasiae* Vienn. -Bourg.

十纹环线虫 *Criconema decalineatum* Chitwood

十字花科白粉菌 *Erysiphe cruciferarum* (Opiz) Junell

十字花科白锈 *Albugo cruciferarum* Gray

十字花科短体线虫 *Pratylenchus cruciferus* Bajaj et Bhatti

十字花科黑胫病菌 *Phoma lingam* (Fr.) Desm.

十字花科球腔菌 *Mycosphaerella cruciferarum* (Fr.) Sacc.

十字花科蔬菜、油菜白锈病菌 *Albugo macrospora* (Togashi) Ito

十字花科蔬菜白锈病菌 *Albugo candida* (Gmelin: Persoon) Kuntze; *Albugo intermediatus* (Damle) Zhang

十字花科蔬菜黑胫病菌 *Leptosphaeria maculans* (Desm.) Ces. et de Not.

十字花科蔬菜黑斑病菌 *Alternaria brassicae* (Berk.) Sacc.

十字花科蔬菜轮斑病菌、甘蓝叶斑病菌 *Mycosphaerella brassicicola* (Fr. ex Duby) Lindau

十字花科尾孢 *Cercospora cruciferarum* Ell. et Ev.

十字花科细菌性黑斑病菌 *Pseudomonas syringae* pv. *maculicola* (McCulloch) Young et al.

十字花科异皮线虫 *Heterodera cruciferae* Franklin

十字花科植物霜霉病菌 *Peronospora parasitica* (Persoon: Fries) Fries

十字爵床短体线虫 *Pratylenchus crossandrae* Subramaniyan et Sivakumar

十字双星藻肿胀病菌 *Chytridium zygnematis* Rosen

十字斯氏格孢 *Spegazzinia tessarthra* (Berk. et Curt.) Sacc.

什瓦茨曼楔孢黑粉菌 *Thecaphora schwarzmaniana* Byzova

石斑木鞘锈菌 *Coleosporium idei* Hirats.

石斑木小光壳炱 *Asteridiella rhaphiolepis* (Yam.) Hansf.

石斑木锈孢锈菌 *Aecidium raphiolepidis* Syd.

石斑木叶斑病菌 *Pseudomonas syringae* pv. *rhaphiolepidis* Ogimi，Kawano et al.

石刁柏尾孢 *Cercospora asparagi* Sacc.

石柑茎点霉 *Phoma engleri* Speg.

石斛(属)脉坏死病毒 *Dendrobium vein necrosis virus Closterovirus* (DVNV)

石斛(属)叶线条病毒 *Dendrobium leaf streak virus Nucleorhabdovirus* (DLSV)

石斛假尾孢 *Pseudocercospora dendrobii* Goh et Hsieh

石斛兰 Y 病毒 *Rhopalanthe virus Y Potyvirus*

石榴疮痂病菌 *Sphaceloma punicae* Bitanc. et Jenk.

石榴干腐病菌 *Nectriella versoniana* Sacc. et Penz.

石榴干腐病菌 *Zythia versoniana* Sacc.

石榴干腐病菌 *Coniella granati* (Sacc.) Petr. et Syd.

石榴痂圆孢[石榴疮痂病菌] *Sphaceloma punicae* Bitanc. et Jenk.

石榴假尾孢 *Pseudocercospora punicae* (Henn.) Deighton

石榴轮线虫 *Criconemoides punicus* Deswal et Bajaj

石榴螺旋线虫 *Helicotylenchus punicae* Swarup et Sethi

石榴囊孢壳 *Physalospora granati* Tagashi.

石榴拟毛刺线虫 *Paratrichodorus psidiumi* Nasira et Maqbool

石榴尾孢 *Cercospora punicae* Henn.

石榴五沟线虫 *Quinisulcius punici* Gupta et Uma

石榴鲜壳孢 *Zythia versoniana* Sacc.

石榴小赤壳[石榴干腐病菌] *Nectriella versoniana* Sacc. et Penz.

石榴叶点霉 *Phyllosticta punica* Sacc. et Speg.

石榴栉线虫 *Crossonema punici* Edward et al. Mahajan et Bijral

石茅高粱(约翰逊草)花叶病毒 *Johnsongrass mosaic virus Potyvirus* (JGMV)

石茅高粱(约翰逊草)褪绿条纹病毒 *Johnsongrass chlorotic stripe virus Carmovirus* (JGCSV)

石门假尾孢 *Pseudocercospora shihmenensis* (Yen) Yen

石楠壳针孢 *Septoria photiniae* Berk. et Curt.

石楠盘多毛孢 *Pestalotia photiniae* Thüm.

石楠球壳孢 *Sphaeropsis photiniae* Trav. et Migl.

石楠生附丝壳 *Appendiculella photinicola* (Yamam.) Hansf.

石楠生环黑星霉 *Spilocaea photinicola* (Mclain) Ellis

石楠锈孢锈菌 *Aecidium pourthiaeae* Syd.

石楠叶点霉 *Phyllosticta photiniae* Thüm.

石生苔草柄锈菌 *Puccinia rupestris* Juel

石松拟腊肠茎点霉 *Allantophomopsis lycopodina* Carris

石松星裂盘菌 *Phacidium gracile* Niessl.

石蒜花叶病毒 *Vallota mosaic virus Potyvirus* (ValMV)

石蒜生柄锈菌 *Puccinia lycoridicola* Hirats.

石蒜属轻斑驳病毒 *Lycoris mild mottle virus Potyvirus*

石悬裸双胞锈菌 *Gymnoconia interstitialis* (Schlecht.) Lagn.

石竹白疱病菌 *Septoria diantihi* Desm.

石竹白锈 *Albugo caryophyllacearum* Kuntze

石竹伯克氏菌[石竹萎蔫病菌] *Burkholderia caryophylli* (Burkholder) Yabuuchi et al.

石竹单胞锈菌 *Uromyces dianthi* Niessl.

石竹假格孢 *Nimbya dianthi* Zhang et Zhao

石竹茎点霉 *Phoma caryophylli* Cooke

石竹壳二孢 *Ascochyta dianthi* Berk.

石竹壳针孢[石竹白疱病菌] *Septoria diantihi* Desm.

石竹壳针孢[香石竹斑枯(白星)病菌] *Septoria dianthi* Desmazières

石竹镰孢 *Fusarium dianthi* Prill et Delacr.

石竹链格孢 *Alternaria saponarie* (Peck) Neerg.

石竹生链格孢 *Alternaria dianthicola* Neergaard

石竹生霜霉 *Peronospora dianthicola* Barthelet

石竹霜霉 *Peronospora dianthi* de Bary

石竹团黑粉菌 *Sorosporium dianthorum* Cif.

石竹尾孢 *Cercospora dianthi* Muller et Chupp

石竹萎蔫病菌 *Burkholderia caryophylli* (Burkholder) Yabuuchi et al.

石竹苔炭黑粉菌 *Anthracoidea caryophylleae* Kukk.

石竹瘿螨 *Eriophyes georphyioui* Keifer

石竹枝孢 *Cladosporium echinulatum* (Berk.) de Vries

石竹周毛座霉 *Volutella dianthi* Atk

石竹状小栅锈菌 *Melampsorella caryophyllacearum* Schröt.

石状青霉 *Penicillium lapidosum* Raper

et Fenn.

石梓假尾孢　*Pseudocercospora ranjita*
（Chowdnhry）Deighton

实腐茎点霉　*Phoma destructiva* Plowr

实球黑粉菌属　**Doassansia** Cornu

实球藻、空球藻胶壶病菌　*Dangeardia mammillata* Schröd.

实球藻壶病菌　*Chytridium pandorinae*
Wille

实球藻壶菌［实球藻壶病菌］　*Chytridium
pandorinae* Wille

实生兰伯特盘菌　*Lambertella fructicola*
Dumont

实心团黑粉菌　*Sorosporium solidum*
（Berk.）McAlp.

蚀虫青霉　*Penicillium insectivoum*（Sopp）
Thom

蚀革青霉　*Penicillium dermatophagum*
Sopp.

蚀精霉属　**Spermophthora** Ashby et Now.

蚀脉镰孢　*Fusarium vasinfectum* Atk.

蚀脉镰孢［棉枯萎病菌］　*Fusarium vasinfectum* Atk.

蚀脉镰孢轮纹变种　*Fusarium vasinfectum* var. *zonatum*（Sherb.）Wollenw.

蚀脉镰孢芝麻变种　*Fusarium vasinfectum* var. *sesami* Zapr.

蚀脉镰孢芝麻变种［芝麻枯萎病菌］　*Fusarium vasinfectum* var. *sesami* Zapr.

蚀苹果青霉　*Penicillium malivorum* Cif.

食菌茎线虫　*Ditylenchus myceliophagus*
Goodey

食菌拟滑刃线虫　*Aphelenchoides myceliophagus* Seth et Sharma

食菌伞滑刃线虫　*Bursaphelenchus fungivorus* Franklin et Hooper

食菌异滑刃线虫　*Paraphelenchus myceliophthorus* Goodey

食蚜蝇干尸霉　*Tarichium syrphis* Li,
Huang et Fan

食叶滑刃线虫　*Aphelenchus phyllophagus*

Stewart

莳萝尾孢　*Cercospora anethi* Sacc.

莳萝轴霜霉　*Plasmopara anethi* Jermal.

史蒂芬角担菌　*Ceratobasidium stevensii*
（Burt.）Ven.

史蒂芬葡萄座腔菌［苹果壳色溃疡病菌］　*Botryosphaeria stevensii* Shoem.

史密斯盘尾孢　*Cercoseptoria smithii* Petr.

史密斯炭黑粉菌　*Anthracoidea smithii*
Kukk.

矢车菊盘梗霉　*Bremia centaureae* Syd.

矢车菊亚粒线虫　*Subanguina centaureae*
（Kirjanova et Ivanova）Brzeski

使君子假尾孢　*Pseudocercospora quisqualidis* Jiang et Chi

市藜结瘿病菌　*Physoderma pulposum* Wallroth

饰孢卧孔菌属　**Wrightoporia** Pouzar

饰顶柄锈菌　*Puccinia ornata* Arth. et
Holw.

饰冠纽带线虫　*Hoplolaimus coronatus*
Cobb

饰环矮化线虫　*Tylenchorhynchus annulatus*（Cassidy）Golden

饰环半轮线虫　*Hemicriconemoides annulatus* Pinochet et Raski

饰环小环线虫　*Criconemella annulatum*
（Cobb）Luć et Raski

饰美叉丝壳　*Microsphaera ornata* Braun.

饰囊壶菌［窗纹藻壶病菌］　*Chytridium epithemiae* Nowak.

饰盘多毛孢　*Pestalotia compta* Sacc.

饰盘多毛孢枝生变种　*Pestalotia compta*
var. *ramicola* Berl. et Brev.

柿白粉病菌　*Phyllactinia kakicola* Saw.

柿大茎点菌　*Macrophoma diospyri* Earle

柿果茎点霉　*Phoma kakivora* Hara

柿黑斑黑星孢　*Fusicladium levieri* Magnus

柿黑星孢　*Fusicladium kaki* Hori et Yoshino

柿假尾孢[柿角斑病菌] *Pseudocercospora kaki* Goh et Hsieh

柿角斑病菌 *Pseudocercospora kaki* Goh et Hsieh

柿茎点霉 *Phoma diospyri* Speg.

柿毛霉[柿树毛霉病菌] *Mucor inaequisporus* f. sp. *kaki* Naganishi et Hirahare

柿囊孢壳 *Physalospora kaki* Hara

柿盘长孢 *Gloeosporium kaki* Ito

柿盘单毛孢 *Monochaetia diospyri* Yoshino

柿盘多毛孢 *Pestalotia diospyri* Syd.

柿生假尾孢 *Pseudocercospora diospyricola* Goh et Hsieh

柿生球针壳[柿白粉病菌] *Phyllactinia kakicola* Saw.

柿树毛霉病菌 *Mucor inaequisporus* f. sp. *kaki* Naganishi et Hirahare

柿树生突角孢 *Oncopodiella diospyricola* Zhao et Zhang

柿尾孢 *Cercospora kaki* Ell. et Ev.

柿小煤炱[柿煤病菌] *Meliola diospyri* Syd.

柿小煤炱野刺变种 *Meliola diospyri* var. *yatesiana* (Trott.) Hansf. et Deight.

柿叶枯病菌 *Pestalotia diospyri* Syd.

柿叶球腔菌[柿圆斑病菌] *Mycosphaerella nawae* Hiura et Ikata

柿圆斑病菌 *Mycosphaerella nawae* Hiura et Ikata

柿枝茎点霉 *Phoma loti* Cooke

适度轴黑粉菌 *Sphacelotheca modesta* (Syd.) Zund.

适土棒束孢 *Isaria geophila* Speg.

适土青霉 *Penicillium geophilum* Oudem.

嗜虫沙雷氏菌 *Serratia entomophila* Grimont

嗜雌线疫霉 *Nematophthora gynophila* Kerry et Crump

嗜粪丝葚霉 *Papulaspora coprophila* Hots.

嗜柑橘穿孔线虫 *Radopholus citriphilus* Huettel，Dichson et Kaplan

嗜根假黑粉霉 *Coniosporium rhizophilum* (Preuss.) Sacc.

嗜管茎点霉[柠檬干枯病菌] *Phoma tracheiphila* (Petri) Kantsch. et Gikaschvili

嗜管欧文氏菌[黄瓜萎蔫病菌] *Erwinia tracheiphila* (Smith) Bergey et al.

嗜果刀孢 *Clasterosporium carpophilum* (Lév.) Ade

嗜果黑星菌[桃疮痂病菌、桃黑星病菌] *Venturia carpophilum* Fish.

嗜果枝孢 *Cladosporium carpophilum* Thüm.

嗜禾草垫刃线虫 *Tylenchus graminophila* (Siddiqi) Goodey

嗜禾草粒线虫 *Anguina graminophila* (Goodey) Thorne

嗜几丁脚壶菌 *Podochytrium chitinophilum* Willoughby

嗜角朊粉落霉 *Aleurisma keratinophilum* Frey

嗜酒毕赤酵母 *Pichia alcoholophila* Klöck.

嗜菌核枝孢 *Cladosporium sclerotiophilum* Sawada

嗜蜡丛赤壳 *Nectria coccophila* (Tul.) Woilenw.

嗜麦芽寡养单胞菌 *Stenotrophomonas maltophilia* (Hugh) Palleroni et Bradbury

嗜木根壶菌[榛根畸形病菌] *Rhizidium xylophilum* (Cornu) Dangeard

嗜木质菌属 **Xylophilus** Willems, Gillis, Kersters et al.

嗜木质伞滑刃线虫[松材线虫] *Bursaphelenchus xylophilus* (Steiner Buhrer) Nickle

嗜热色串孢 *Torula thermophila* Coon. et Emers.

嗜热芽生多孢酵母　*Endoblastomyces thermophilus* Odinz.

嗜松茎线虫　*Ditylenchus pinophilus*（Thorne）Filipjev

嗜松青霉　*Penicillium pinophilum* Hedge

嗜松枝干溃疡病菌　*Atropellis piniphila*（Weir）Lohman et Cash

嗜叶瘤座孢　*Tubercularia phyllophila* Syd.

嗜阴曲霉　*Aspergillus umbrosus* Bain et Sart

嗜藻丝囊霉［嗜藻丝囊霉病菌］　*Aphanomyces phycophilus* de Bary

嗜藻丝囊霉病菌　*Aphanomyces phycophilus* de Bary

噬虫霉属　**Entomophaga** Batko

噬稻盾壳霉　*Coniothyrium oryzaevorum* Hara

噬淀粉欧文氏菌［梨火疫病菌］　*Erwinia amylovora*（Burrill）Winslow et al.

噬淀粉欧文氏菌梨变种［梨枝枯病菌］　*Erwinia amylovora* pv. *pyri* Tanii

噬精隔指孢　*Dactylella spermatophaga* Drechsler

噬菌耳霉　*Conidiobolus mycophagus* Srinivasan et Thirumalachar

噬菌滑刃线虫　*Aphelenchus mycogenes* Schwartz

噬脉单胞锈菌　*Uromyces nerviphilus*（Grogn.）Hots.

噬明胶土壤杆菌　*Agrobacterium gelatinovorum*（ex Ahrens）Rüger et Höfle

噬酸假单胞菌　*Pseudomonas acidovorans* den Dooren de Jong

噬酸菌属　**Acidovorax** Willems，Falsen et al.

噬棕榈外孢霉　*Exosporium palmivorum* Sacc.

手参柄锈菌　*Puccinia orchidearumphalaridis* Kleb.

手参锈孢锈菌　*Aecidium graebmerianum* Henn.

守宫木生小煤炱　*Meliola sauropicola* Yales

瘦小炭团菌［灰皮炭团菌］　*Hypoxylon asarcodes*（Theiss.）Mill.

瘦小外滑刃线虫　*Ektaphelenchus tenuidens*（Thorne）Thorne

梳状环线虫　*Criconema pectinatum* Colbran

菽麻花叶病毒　*Sunn-hemp mosaic virus Tobamovirus*（SHMV）

疏孢楔孢黑粉菌　*Thecaphora oligospora* Cocconi

疏忽盘多毛孢　*Pestalotia neglecta* Thüm.

疏忽小煤炱　*Meliola praetervisa* Gaill

疏花山马蝗小煤炱　*Meliola desmodiilaxiflori* Deighton

疏花山马蝗叶斑病菌　*Xanthomonas axonopodis* pv. *desmodiilaxiflori*（Pant）Vauterin et al.

疏花蛇菰　*Balanophora laxiflora* Hemsl.

疏花针茅夏孢锈菌　*Uredo stipae-laxiflorae* Wang

疏毛隔担耳　*Septobasidium pilosum* Boed. et Steinm

疏毛盘多毛孢　*Pestalotia pauciseta* Sacc.

疏毛苔草柄锈菌　*Puccinia caricispilosae* Miura

疏毛无根藤　*Cassytha racemosa* f. sp. *pilosa*

疏松粒线虫　*Anguina mobilis* Chit et Fisher

蔬菜拟针球线虫　*Caballeroides olitorius* Chaturvedi et Khera

蔬食蛇床柄锈菌　*Puccinia cnici-oleracei* Pers.

黍病毒属　**Panicovirus**

黍光孢堆黑粉菌　*Sporisorium destruens*（Schlecht.）Vánky

黍黑粉菌　*Ustilago syntherismae*（Schw.）Peck

S

黍花叶病毒　*Panicum mosaic virus Panicovirus*（PMV）

黍花叶病毒卫星 **RNA**　Panicum mosaic virus Satellite

黍花叶卫星病毒　*Panicum mosaic satellite virus*

黍梨孢　*Pyricularia panici* Hara

黍色链隔孢　*Phaeoramularia fusimaculans*（Atk.）Liu et Guo

黍团黑粉菌　*Sorosporium panici* McKinnon

黍团黑粉菌　*Sorosporium panici-miliacei*（Pers.）Tak.

黍线条病毒　*Panicum streak virus Mastrevirus*（PanSV）

黍小煤炱　*Meliola panici* Earle

黍小煤炱刺芋变种［黍小煤炱香根草变种］　*Meliola panici* var. *vetiveriae* Hansf. et Deight.

黍小煤炱香根草变种　*Meliola panici* var. *vetiveriae* Hansf. et Deight.

黍腥黑粉菌　*Tilletia panici* Bub. et Ranoj.

黍疣孢堆黑粉菌　*Sporisorium cenchri*（Lagerh.）Vánky

黍疣孢团黑粉菌　*Sorosporium syntherismae* Farl.

黍状苔炭黑粉菌　*Anthracoidea paniceae* Kukk.

鼠鞭草叶斑病菌　*Xanthomonas campestris* pv. *ionidii*（Padhya et Patel）

鼠刺小煤炱　*Meliola cylindrophora* Rehm.

鼠灰菌绒孢　*Mycovellosiella murina*（Ell. et Kell.）Deighton

鼠筋假尾孢　*Pseudocercospora iteae*（Saw. et Kats.）Goh et Hsieh

鼠筋尾孢　*Cercospora iteae* Saw. et Kats.

鼠筋叶点霉　*Phyllosticta iteae* Saw.

鼠李钉孢霉　*Passalora rhamni*（Fuckel）Braun

鼠李盾壳霉　*Coniothyrium rhamni* Miyake

鼠李壳二孢　*Ascochyta rhamni* Cooke et Shaw

鼠李生叉丝壳　*Microsphaera rhamnicola* Yu

鼠李生假尾孢　*Pseudocercospora rhamnaceicola* Goh et Hsieh

鼠李生叶点霉　*Phyllosticta rhamnicola* Desm.

鼠李尾孢　*Cercospora rhamni* Fuck.

鼠李锈孢锈菌　*Aecidium alaternii* Maire

鼠李植原体　*Candidatus* Phytoplasma rhamni Marcone et al.

鼠麴草、风毛菊白锈病菌　*Albugo tragopogi* var. *tragopogi*（DC.）Gray

鼠麴草黑星孢　*Fusicladium gnaphaliatum* Bonar

鼠麴草轴霜霉　*Plasmopara gnaphalii* Novot.

鼠尾巴叶黑粉菌　*Entyloma myosuri* Syd.

鼠尾草柄锈菌　*Puccinia salviae* Ung.

鼠尾草假尾孢　*Pseudocercospora salviae* Goh et Hsieh

鼠尾草平脐蠕孢　*Bipolaris salviniae*（Muchovej）Alcorn.

鼠尾草鞘锈菌　*Coleosporium salviae* Diet.

鼠尾草生尾孢　*Cercospora salviicola* Tharp

鼠尾草团黑粉菌　*Sorosporium myosuroides* Hirschh.

鼠尾草小球腔菌　*Leptosphaeria salvinii* Catt.

鼠尾粟层壁黑粉菌　*Tolyposporella sporoboli* Jacks.

鼠尾粟平脐蠕孢　*Bipolaris ravenelii*（Curt.）Shoem.

鼠尾粟香柱菌　*Epichloë sporoboli* Teng

蜀葵壳二孢　*Ascochyta althaeina* Sacc.

蜀葵曲叶病毒　*Hollyhock leaf curl vi-*

rus Begomovirus（HLCV）

蜀葵尾孢　*Cercospora althaeina* Sacc.

蜀葵叶点霉　*Phyllosticta althacina* Sacc.

蜀葵皱叶病毒　*Hollyhock leaf crumple virus Begomovirus*

蜀黍塞内加尔线虫　*Senegalonema sorghi* Germani，Luć et Baldwin

蜀黍异皮线虫　*Heterodera sorghi* Jain，Sethi et al.

蜀黍指霜霉　*Peronosclerospora sorghi* （Weston et Uppal）Shaw

薯豆星盾炱　*Asterina elaeocarpi-kobanmochii* Yam.

薯毛链孢　*Monilochaetes infuscans* Ell. et Halst. ex Harter

薯蓣（属）杆状病毒　*Dioscorea bacilliform virus Badnavirus*（DBV）

薯蓣（属）绿带病毒　*Dioscorea green banding virus Potyvirus*（DGBMV）

薯蓣（属）潜病毒　*Dioscorea latent virus Potexvirus*（DLV）

薯蓣柄锈菌　*Puccinia dioscoreae* Kom.

薯蓣顶辐霉　*Dactylaria dioscoreas* Ellis

薯蓣短体线虫　*Pratylenchus dioscoreae* Yang et Zhao

薯蓣盾线虫　*Scutellonema dioscoreae* Lordello

薯蓣褐斑病毒　Yam brown spot virus （YBSV）

薯蓣花叶病毒　*Yam mosaic virus Potyvirus*（YMV）

薯蓣假尾孢　*Pseudocercospora contraria* （Syd. et Syd.）Deighton

薯蓣科叶点霉　*Phyllosticta dioscoreacearum* Bacc.

薯蓣壳二孢　*Ascochyta dioscoreae* Syd.

薯蓣链格孢　*Alternaria dioscoreae* Rao

薯蓣内部褐斑病毒　*Yam internal brown spot virus Badnavirus*

薯蓣色链隔孢　*Phaeoramularia dio-*

scoreae （Ellis et Martin）Deighton

薯蓣生钉孢霉　*Passalora dioscoliicola* Guo

薯蓣生壳针孢　*Septoria dioscoricola* Liu et Bai

薯蓣尾孢　*Cercospora dioscoreae* Ell. et Mart.

薯蓣温和花叶病毒　*Yam mild mosaic virus Potyvirus*（YMMV）

薯蓣叶点霉　*Phyllosticta dioscoreae* Cooke

薯蓣柱盘孢　*Cylindrosporium dioscoreae* Miyabe et Ito

曙南芥伞锈菌　*Ravenelia stevensii* Arth.

束柄霉属　**Podosporium** Schwein.

束柄锈菌属　**Desmella** Syd.

束格孢属　**Sarcinella** Sacc.

束梗孢丛赤壳　*Nectria stilbosporae* Tul.

束梗节丛孢　*Arthrobotrys stilbacea* Meyer

束梗头孢　*Cephalosporium coremioides* Raillo

束梗外孢霉　*Exosporium stilbaceum*（Moreau）Ellis

束双胞属　**Didymobotryum** Sacc.

束丝孢属　**Ozonium** Link

束丝壳属　**Trichocladia**（de Bary）Neger

束线宽节纹线虫　*Amplimerlinius nectolineatus* Siddiqi

束状匐柄霉　*Stemphylium sarciniiforme* （Cav.）Wiltsh

束状炭疽菌　*Colletotrichum dematium* （Pers.）Grove

树孢属　**Dendryphion** Wallr.

树番茄花叶病毒　*Tamarillo mosaic virus Potyvirus*（TamMV）

树干毕赤酵母　*Pichia stipitis* Pign.

树根朽病菌　*Armillaria aurantia*（Schaeff.）Quel.

树锦鸡儿霜霉病菌　*Peronospora lagerheimii* Gäum.

树林矮化线虫　*Tylenchorhynchus silvat-*

icus Ferris

树林长针线虫 *Longidorus silvae* Roca

树林茎线虫 *Ditylenchus silvaticus* Brze-ski

树林西德奎线虫 *Siddiqia silvallis* Ahmad et Jairajpuri

树莓根腐病菌 *Phytophthora fragariae* var. *rubi* Wilcox et Duncan

树木白腐病菌 *Ustulina deusta* (Hoffm.) Lind.

树木白朽病菌 *Polyporus squamosus* (Huds.) Fr.

树木干腐病菌 *Fomes fomentarius* (L. ex Fr.) Kickx.

树木茎线虫 *Ditylenchus arboricola* (Cobb)Filipjev et al.

树木裸垫刃线虫 *Gymnotylenchus dendrophilus* (Ruhm) Sumenkova

树木心腐病菌[梨裂褶菌木腐病菌] *Schizophyllum commune* Fr.

树疱霉属 **Dendrophoma** Sacc.

树皮生拟隐壳孢 *Cryptosporiopsis corticola* (Edgerton) Nannfeldt

树皮生黏盘瓶孢 *Myxosporium corticola* Edg.

树皮生锐孔菌 *Oxyporus corticola* (Fr.) Ryv.

树生黄单胞菌 *Xanthomonas arboricola* Vauterin, Hoste, Kersters et al.

树生黄单胞菌白杨变种 *Xanthomonas arboricola* pv. *populi* (ex de Kam) Vauterin et al.

树生黄单胞菌胡桃变种[胡桃疫病菌] *Xanthomonas arboricola* pv. *juglandis* (Pierce) Vauterin et al.

树生黄单胞菌李变种[桃穿孔病菌] *Xanthomonas arboricola* pv. *pruni* (Smith) Vauterin et al.

树生黄单胞菌柳变种 *Xanthomonas arboricola* pv. *salicis* (ex de Kam) Vauterin et al.

树生黄单胞菌香蕉变种[香蕉条纹病菌] *Xanthomonas arboricola* pv. *celebensis* (Gaumann) Vauterin et al.

树生黄单胞菌榛子变种[榛疫病菌] *Xanthomonas arboricola* pv. *corylina* (Miller) Vauterin et al.

树生橘色藻 *Trentepohlia arborum* (Ag.) Har.

树脂拟滑刃线虫 *Aphelenchoides resinosi* Kaisa et al.

树脂青霉 *Penicillium resinae* Qiet et Kong

树脂鲜壳孢 *Zythia resinae* (Ehrenb.) Fr.

树脂枝孢 *Cladosporium resinae* (Linday) de Vries

树状黑星孢 *Fusicladium dendriticum* (Wallr.) Fuck.

树状节丛孢 *Arthrobotrys dendroides* Kuth. et Webster

树状霜霉[罂粟、秃疮花霜霉病菌] *Peronospora arborescens* (Berkeley) de Bary

树状指孢霉[蘑菇指孢霉软腐病菌] *Dactylium dendroides* Fries

栓钩丝孢 *Harposporium bystnatosporum* Drechsler

栓果菊(属)花叶病毒 *Launaea mosaic virus Potyvirus* (LauMV)

栓菌属 **Trametes** Fr.

双孢贪属 **Amazonia** Theiss.

双苞鞘花 *Macrosolen bibracteolatus* (Hance) Danser

双胞埃里格孢 *Embellisia didymospora* Munt.

双胞德巴利酵母 *Debaryomyces disporus* Dekk.

双胞镰孢 *Fusarium dimerum* Penz.

双胞柱锈菌 *Didymopsora solaniargentei* (Henn.) Diet.

双胞柱锈菌属 **Didymopsora** Diet.

双壁串锈菌 *Newinia helerophragmae*

Thaung

双壁串锈菌属　*Newinia* Thaung

双边鞘锈菌　*Coleosporium anceps* Diet. et Holw.

双叉螺旋线虫　*Helicotylenchus bifurcatus* Fernandez et al.

双叉旋花白粉菌　*Erysiphe convolvuli* var. *dichotoma* Zheng et Chen

双长孢锈菌　*Apra bispora* Henn. et Freire

双长孢锈菌属　*Apra* Henn. et Freire

双翅虫疠霉　*Pandora dipterigena*（Thaxter）Humber

双垫刃线虫属　*Bitylenchus* Filipjev

双盾木叉丝壳　*Microsphaera dipeltae* Yu et Lai

双盾木霜霉　*Peronospora dipeltae* Jacz.

双分病毒科　Partitiviridae

双稃草生柄锈菌　*Puccinia diplachnicola* Diet.

双附枝小煤炱　*Meliola gemellipoda* Doidge

双隔尖孢　*Acumispora biseptata* Matsush.

双宫螺旋线虫　*Helicotylenchus dihystera*（Cobb）Sher

双花草生指梗霉　*Sclerospora dichanthiicola* Thirum. et Naras.

双花草指霜霉　*Peronosclerospora dichanthiicola*（Thirum. et Naras.）Shaw

双花草轴黑粉菌　*Sphacelotheca andropogonis-annulati*（Berf.）Zund.

双花堇菜瘿瘤病菌　*Synchytrium alpinum* Thom.

双花针线虫　*Paratylenchus dianthus* Jenkins et Taylor

双喙钩丝孢　*Harposporium dicereum* Drecnsler

双极毛孢属　*Dilophospora* Desm.

双尖拟滑刃线虫　*Aphelenchoides bimucronatus* Nesterov

双角螺旋线虫　*Helicotylenchus digonicus* Perry

双孔柄锈菌　*Puccinia biporosa* Zhuang

双列实球黑粉菌　*Doassansia disticha* Ito

双菱藻壶病菌　*Chytridium surirellae* Friedmann

双菱藻壶菌　*Chytridium surirellae* Friedmann

双毛壳孢属　*Discosia* Lib.

双毛小煤炱　*Meliola dissotidis* Hansf. et Deight.

双毛小煤炱细小变种　*Meliola dissotidis* var. *minor* Hansf.

双眉藻、舟形藻壶病菌　*Physorhizophidium pachydermum* Scherffel

双膜孔异皮线虫　*Heterodera bifenestra* Cooper

双囊菌［轮藻双囊病菌］　*Diplophlyctis intestina*（Schenk）Schroeter

双囊菌属　*Diplophlyctis* Schröt.

双皮轮线虫　*Criconemoides duplicivestitus* Andrassy

双皮线虫属　*Bidera* Krall et Krall

双曲孢　*Nakataea sigmoidea*（Cavara）Hara

双曲孢属　*Nakataea* Hara

双色平脐蠕孢　*Bipolaris bicolor*（Mitra）Shoemaker

双生（联体）病毒科　Geminiviridae

双生病毒属　*Geminivirus*

双头钩丝孢　*Harposporium dicorymbum* Drecnsler

双弯凸脐蠕孢　*Exserohilum signoidae* Sun

双尾矮化线虫　*Tylenchorhynchus bicaudatus* Khakimov

双尾拟滑刃线虫　*Aphelenchoides bicaudatus*（Imamura）Filipjev et al.

双腺藤花叶病毒　*Dipladenia mosaic virus Potyvirus*（DipMV）

双楔孢锈菌属　*Sphenospora* Diet.

双星藻串孢病菌　*Myzocytium proliferum* Schenk

S

双星藻壶菌[十字双星藻肿胀病菌] *Chytridium zygnematis* Rosen

双星藻畸形病菌 *Micromyces zygnaemicola* (Cejp) Sparrow

双星藻肋壶病菌 *Harpochytrium hedenii* Wille

双星藻囊壶菌 *Phlyctochytrium zygnematis* (Rosen) Schröt.

双星藻生小壶菌[双星藻畸形病菌] *Micromyces zygnaemicola* (Cejp) Sparrow

双星藻生油壶菌[双星藻肿胀病菌] *Olpidium zygnemicola* Magnus

双星藻肿胀病菌 *Olpidium zygnemicola* Magnus

双星藻肿胀病菌 *Rhizophydium barkerianum* (Arch.) Fischer

双形长蠕孢 *Helminthosporium dimorphosporum* Hol.-Jech.

双形盘单毛孢 *Monochaetia dimorphospora* Yokoyama

双因长蠕孢 *Helminthosporium bigenum* Matsushima

霜簇单顶孢 *Monacrosporium psychrophilum* (Drechs.) Cooke et Dickinson

霜霉属 **Peronospora** Corda

霜疫霉属 **Peronophythora** Chen

水八角叶黑粉菌 *Entyloma gratiolae* (Davis) Cif.

水菜和性病毒 *Mibuna temperate virus Alphacryptovirus* (MTV)

水红木假尾孢 *Pseudocercospora viburni-cylindrici* (Tai) Braun

水红木尾孢 *Cercospora viburni-eylindrici* Tai

水黄皮黑痣菌 *Phyllachora ponganiae* (Berk. et Br.) Petch.

水棘针霜霉 *Peronospora amethysteae* Lebedeva

水金凤钉孢霉 *Passalora campi-silii* (Speg.) Braun

水金凤短胖孢 *Cercosporidium campisilii* (Speg.) Liu et Guo

水金凤壳针孢 *Septoria noli-tangeris* Ger.

水金凤尾孢 *Cercospora campisilii* Speg.

水晶兰条黑粉菌 *Urocystis monotropae* (Fr.) Fischer et Waldh.

水苦荬霜霉 *Peronospora aquatica* Gäum.

水龙骨假尾孢 *Pseudocercospora polypodiacearum* Shukla, Singh, Kumar et al.

水龙骨明痂锈菌 *Hyalopsora polypodii* (Diet.) Magn.

水龙假尾孢 *Pseudocercospora jussiaeae-repentis* (Saw.) Goh et Hsieh

水龙尾孢 *Cercospora jussiaeae-repentis* Saw.

水麻棘皮线虫 *Cactodera acnidae* (Schuster et Brezina) Wouts

水马齿实球黑粉菌 *Doassansia callitriches* Jacks. et Linder

水马齿叶黑粉菌 *Entyloma callitrichis* Lindr.

水麦冬四孢菌[水麦冬瘿瘤病菌] *Tetramyxa triglochinis* Molliard

水麦冬瘿瘤病菌 *Tetramyxa triglochinis* Molliard

水茫草裸球孢黑粉菌 *Burrillia limosellae* (Kunze) Lindr.

水牛果鞘线虫 *Hemicycliophora shepherdi* Wu

水栖小盘环线虫 *Discocriconemella aquatica* Dhanachand et Renuballa

水茄菌绒孢 *Mycovellosiella solani-torvi* (Frag. et Cif.) Deighton

水茄生假尾孢 *Pseudocercospora solanitorvicola* Goh et Hsieh

水茄尾孢 *Cercospora solani-torvi* Frag. et Cif.

水芹斑枯病菌 *Septoria oenanthis-stoloniferae* Saw.

水芹柄锈菌 *Puccinia oenanthes-stoloni-*

ferae Ito ex Franz.

水芹壳针孢［水芹斑枯病菌］ *Septoria oe-nanthis-stoloniferae* Saw.

水芹拟盘霜霉［水芹霜霉病菌］ *Bremi-ella oenantheae* Tao et Qin

水芹霜霉病菌 *Bremiella oenantheae* Tao et Qin

水芹轴霜霉 *Plasmopara oenantheae* Tao et Qin

水莎草柄锈菌 *Puccinia juncelli* Diet.

水蛇麻假尾孢 *Pseudocercospora fatouae* Goh et Hsieh

水蛇麻尾孢 *Cercospora fatouae* Henn.

水生长矛胞囊线虫 *Sarisodera hydro-phila* Wouts et Sher

水生隔指孢 *Dactylella submersa* (In-gold) Nilsson

水生根结线虫 *Meloidogyne aquatilis* Ebsary et Eveleigh

水生环线虫 *Criconema aquaticum* (Mi-coletzky) Micoletzky

水生棘皮线虫 *Cactodera aquatica* (Kirjanova) Krall

水生假丝酵母 *Candida aquatica* Jones et Slooff

水生镰孢 *Fusarium aquaeductuum* La-gerh.

水生螺旋线虫 *Helicotylenchus hydro-philus* Sher

水生拟滑刃线虫 *Aphelenchoides subme-rsus* Truskova

水生黍梨孢 *Pyricularia panici-paludo-si* (Saw.) Ito

水苏（属）矮化病毒 Stachys stunt virus (StSV)

水苏黑粉菌 *Ustilago betoricae* Beck

水苏霜霉［沼生水苏霜霉病菌］ *Perono-spora stachydis* Sydow

水苏尾孢 *Cercospora stachydis* Ell. et Ev.

水酸模黑粉菌 *Ustilago warmingii* Ros-tr.

水蓑衣实球黑粉菌 *Doassansia hygro-philae* Thirum.

水田芥黄斑病毒 Watercress yellow spot virus (WYSV)

水田芥尾孢 *Cercospora nasturtii* Pass.

水田芹叶茎黑腐病菌 *Xanthomonas rubr-ilineans* (Lee et al.) Starr et Burkhold-er

水网藻腐烂病菌 *Pythium hydrodictyorum* de Wildeman

水网藻腐霉［水网藻腐烂病菌］ *Pythium hydrodictyorum* de Wildeman

水网藻泡壶菌 *Phlyctidium hydrodictyi* (Braun) Schröt

水雍生节壶菌［水雍结瘿病菌］ *Physo-derma aponogetonicola* Pavgi et Singh

水蜈蚣柄锈菌 *Puccinia kyllingiae-brevi-foliae* Miura

水蜈蚣夏孢锈菌 *Uredo hyllingiae* Henn.

水仙核盘菌［水仙火疫病菌］ *Sclerotinia polyblastis* Greg.

水仙褐斑病菌 *Botryotinia polyblastis* (Greg.) Buchw.

水仙花叶病毒 *Narcissus mosaic virus Potexvirus* (NMV)

水仙黄条病毒 *Narcissus yellow stripe virus Potyvirus* (NYSV)

水仙火疫病菌 *Botrytis polyblastis* Dow-son

水仙火疫病菌 *Sclerotinia polyblastis* Greg. et Singh

水仙基腐病菌 *Botryotinia narcissicola* (Greg.) Buchw.

水仙基腐病菌 *Fusarium oxysporum* f. sp. *lili* Snyder et Hanson

水仙基腐病菌 *Fusarium oxysporum* f. sp. *narcissi* Snyder et Hanson

水仙尖镰孢［水仙基腐病菌］ *Fusarium oxysporum* f. sp. *narcissi* Snyder et Hanson

水仙壳多孢　*Stagonospora narcissi* Hollos

水仙葡萄孢[水仙火疫病菌]　*Botrytis polyblastis* Dowson

水仙葡萄孢盘菌[水仙褐斑病菌]　*Botryotinia polyblastis* (Greg.) Buchw.

水仙普通潜隐病毒　*Narcissus common latent virus Carlavirus*

水仙潜病毒　*Narcissus latent virus Macluravirus* (NLV)

水仙生核盘菌　*Sclerotinia narcissicola* Greg.

水仙生葡萄孢盘菌[水仙基腐病菌]　*Botryotinia narcissicola* (Greg.) Buchw.

水仙死顶病毒　*Narcissus tip necrosis virus Carmovirus* (NTNV)

水仙退化病毒　*Narcissus degeneration virus Potyvirus* (NDV)

水仙晚期黄化病毒　*Narcissus late season yellows virus Potyvirus* (NLSYV)

水杨梅壳针孢　*Septoria gei* Rob. et Desm.

水杨梅生假尾孢　*Pseudocercospora geicola* Braun

水杨梅霜霉　*Peronospora gei* Sydow

水蕴藻叶霉病菌　*Megachytrium nestonii* Sparrow

水蕴藻异壶病菌　*Anisolpidium ectocarpii* Varling

水蕴肿胀病菌　*Rhizophydium dicksonii* Wright

水蔗草孢堆黑粉菌　*Sporisorium apludae* (H. et P. Syd.) Guo

水蔗草腥黑粉菌　*Tilletia apludae* Thirum. et Mishra

水竹叶黑粉菌　*Ustilago aneilemae* Ito

睡菜节壶菌[睡菜结瘿病菌]　*Physoderma menyanthis* de Bary

睡菜结瘿病菌　*Physoderma menyanthis* de Bary

睡莲褐斑病菌　*Cercospora nymphaeacea* Cooke et Ell.

睡莲实球黑粉菌　*Doassansia nymphaeae* Syd.

睡莲尾孢　*Cercospora nymphaeacea* Cooke et Ell.

睡莲叶腐败病菌　*Pythium marsipium* Drechsler

睡莲叶黑粉菌　*Entyloma nymphaeae* (Cunn.) Setch.

睡莲叶黑粉菌大孢变种　*Entyloma nymphaeae* var. *macrospora* Pavgi et Thirum.

楯垫线虫属　***Scutylenchus*** Farooq et Fatema

丝孢堆黑粉菌[玉米丝黑穗病菌]　*Sporisorium reilianum* (Kühn) Langd. et Full.

丝孢隔指孢　*Dactylella stenomeces* Drechsler

丝孢酵母　*Trichosporon cutaneum* (de Beurm et al.) Ota

丝孢酵母多孢变种　*Trichosporon cutaneum* Ota var. *multisporum* Lodd. et Kreger

丝孢酵母属　***Trichosporon*** Behrend

丝孢囊属　***Nematosporangium*** (Fisch.) Schroet.

丝单顶孢　*Monacrosporium tenfaculatum* Rubner et Gams

丝瓜黄花叶病毒　*Luffa yellow mosaic virus Begomovirus*

丝瓜霜霉　*Peronospora luffae* (Sawada) Skalický

丝瓜尾孢　*Cercospora luffae* Hara

丝光丝孢酵母　*Trichosporon sericeum* (Stau) Didd. et Lodd.

丝核菌属　***Rhizoctonia*** de Candolle

丝黑粉菌属　***Farysia*** Racib.

丝壶菌属　***Hyphochytrium*** Zopf

丝兰盾壳霉　*Coniothyrium concentricum*

（Desm.）Sacc.

丝兰杆状病毒　*Yucca bacilliform virus Badnavirus*（YBV）

丝兰球腔菌　*Mycosphaerella yuccina* Woronich.

丝毛列当　*Orobanche caryophyllacea* Smith

丝囊霉属　**Aphanomyces** de Bary

丝葚霉属　**Papulaspora** Preuss

丝石竹柄锈菌　*Puccinia gypsophilae* Liou et Wang

丝石竹黄单胞菌［丝石竹叶斑病菌］　*Xanthomonas campestris* pv. gypsophilae（Brown）Magrow et Prevot

丝石竹霜霉　*Peronospora gypsophilae* Jacz.

丝石竹叶斑病菌　*Xanthomonas campestris* pv. *gypsophilae*（Brown）Magrow et Prevot

丝团根壶菌［刚毛藻根壶病菌］　*Rhizidium confervae-glomeratae* Sorokin

丝尾垫刃线虫（丝矛）属　**Filenchus** Andrassy

丝尾茎线虫　*Ditylenchus filicauda* Geraert et Raski

丝形茎线虫　*Ditylenchus filimus* Anderson

丝叶芥霜霉　*Peronospora leptalei* Kolosch.

丝状茎线虫　*Ditylenchus filenchus* Brzeski

丝状团黑粉菌　*Sorosporium filiformis*（Henn.）Zund.

丝状锈寄生孢　*Darluca filum*（Biv.）Cast.

丝状藻油壶菌　*Olpidium entophyllum*（Braun）Rabenhorsf

思矛蛇菰　*Balanophora simaoensis* Chang et Tam

思韦茨柄锈菌［裹篱樵锈病菌］　*Puccinia thwaitesii* Berk.

思韦茨花孢锈菌　*Nyssopsora thwaitesii*（Berk. et Br.）Syd.

思韦茨小光壳贠　*Asteridiella thwaitesii*（Berk. et Hansf.）Hansf.

斯达默拟滑刃线虫　*Aphelenchoides stammeri* Korner

斯科罕异皮线虫　*Heterodera skohensis* Koushal et al.

斯里兰卡木薯花叶病毒　*Sri Lankan cassava mosaic virus Begomovirus*

斯里兰卡西番莲斑驳病毒　*Sri Lankan passion fruit mottle virus Potyvirus*（SLPMoV）

斯卢费假丝酵母　*Candida slooffii* Uden et Sousa

斯内尔尾孢　*Cercospora snelliana* Reichert

斯帕斯克环线虫　*Criconema spasskii* Nesterov et Lisetskaya

斯帕斯克拟滑刃线虫　*Aphelenchoides spasskii* Eroshenko

斯派格伞锈菌　*Ravenelia spegazziniana* Lindq.

斯派格叶黑粉菌　*Entyloma spegazzinii* Sacc. et Syd.

斯匹次卑尔根螺旋线虫　*Helicotylenchus spitsbergensis* Loof

斯氏、光丽壳虫藻球壶菌　*Sphaerita trachelomonadis* Skvortsov

斯氏泛菌［玉米斯氏枯萎病菌］　*Pantoea stewartii*（Smith）Mergaert et al.

斯氏泛菌产吲哚亚种［谷子叶斑病菌］　*Pantoea stewartii* subsp. *indologenes* Mergaert，Verdonck et al.

斯氏泛菌斯氏亚种［玉米细菌性枯萎病菌］　*Pantoea stewartii* subsp. *stewartii*（Smith）Mergaert et al.

斯氏格孢属　**Spegazzinia** Sacc.

斯氏环线虫　*Criconema schuurmansstekhoveni* de Coninck

斯氏螺旋线虫　*Helicotylenchus steineri*

Fodetar et Mahajan

斯氏纽带线虫　*Hoplolaimus steineri* Kannan

斯氏伞滑刃线虫　*Bursaphelenchus steineri* (Ruhm) Goodey

斯氏细小线虫　*Gracilacus steineri* (Golden) Raski

斯氏叶黑粉菌　*Entyloma schweinfurthii* Henn.

斯塔雷散斑壳　*Lophodermium staleyi* Minter

斯坦堡条黑粉菌　*Urocystis sternbergiae* Moesz.

斯坦纳长尾滑刃线虫　*Seinura steineri* Hechler

斯坦纳酵母　*Saccharomyces steineri* Lodd. et Kreger

斯特林细小线虫　*Gracilacus straeleni* (De Coninck) Raski

斯图螺旋线虫　*Helicotylenchus steueri* (Stefanski) Sher

斯托弗丝葚霉　*Papulaspora stoveri* Warr.

斯瓦鲁普异皮线虫　*Heterodera swarupi* Sharma, Siddiqi et al.

斯瓦茹甫拟滑刃线虫　*Aphelenchoides swarupi* Seth et Sharma

斯魏霉属　**Strongwellsea** Batko et Weiser

撕裂叶点霉　*Phyllosticta lacerans* Pass.

四孢伴孢锈菌　*Diorchidium tetraspora* Cumm.

四孢酵母　*Saccharomyces tetrasporus* Beijer.

四孢菌[川蔓藻瘿瘤病菌]　*Tetramyxa parasitica* Goebel

四孢菌属　**Tetramyxa** Goebel

四孢座囊菌　*Dothidea tetraspora* Berk. et Br.

四川柄锈菌　*Puccinia szechuanensis* Jörst.

四川叉丝壳　*Microsphaera sichuanica* Yu

四川长蠕孢　*Helminthosporium sichua-*

nensis M. Zhang, T. Y. Zhang et W. P. Wu

四川钝果寄生　*Taxillus sutchuenensis* (Lecomte) Danser.

四川钝果寄生灰毛变种　*Taxillus sutchuenensis* var. *duclouxii* (Lecomte) Kiu

四川钝果寄生四川变种　*Taxillus sutchuenensis* var. *sutchuenensis* Kiu

四川列当　*Orobanche sinensis* Smith

四川散斑壳　*Lophodermium sichuanense* Qiu et Liu

四川山胡椒柄锈菌　*Puccinia linderae-setchuenensis* J. Y. Zhuang

四川弯孢　*Curvularia sichuanensis* Zhang et Zhang

四川尾孢　*Cercospora szechuanensis* Tai

四滴顶辐霉　*Dactylaria quadriguttata* Matsushima

四方形白锈菌[爵床白锈病菌]　*Albugo quadrata* (Kalchbrenner et Cooke) Kuntze

四分螺旋线虫　*Helicotylenchus quartus* (Andrassy) Perry

四分美洲槲寄生　*Phoradendron tetrapterum* Krug et Urban

四脊曲霉　*Aspergillus quadrilineatus* Thom et Raper

四角壶菌[鞘藻壶病菌]　*Chytridium quadricorne* Rosen

四角轮线虫　*Criconemoides quadricornis* (Kirjanova) Raski

四缀孢属　**Tetraploa** Berk. et Br.

四脉金茅柄锈菌　*Puccinia polliniae-quadrinervis* Diet.

四绕曲霉　*Aspergillus quadricinctus* Vuill

四深裂状沫锈菌　*Spumula quadrifida* Mains

四锥小环线虫　*Criconemella tescorum* (de Guiran) Ebsary

似胡桃鞘线虫　*Hemicycliophora parajuglandis* Choi et Geraert

似强壮纽带线虫 *Hoplolaimus pararobustus* (Schuurmans et al.) Sher

似台湾半轮线虫 *Hemicriconemoides parataiwanensis* Decraemer et Geraert

似线柱隔孢 *Ramularia filaris* Fres.

似指螺旋线虫 *Helicotylenchus digitatus* Siddiqi et Husain

杜木盘多毛孢 *Pestalotia gracilis* Kleb.

松矮槲寄生 *Arceuthobium divaricatum* Engelm.

松矮化线虫 *Tylenchorhynchus pini* Kulinich

松巴长蠕孢 *Helminthosporium zombaense* Sutton

松柏干朽菌 *Merulius pinastri* (Fr.) Burt.

松柏鲜壳孢 *Zythia cucurbitula* Sacc.

松毕赤酵母 *Pichia pinus* (Holst.) Phaff

松扁孔腔菌 *Lophiostoma pinastri* Niessl.

松材线虫 *Bursaphelenchus xylophilus* (Steiner et Buhrer) Nickle

松层孔菌[松心腐菌] *Fomes pini* (Thore) Karst.

松长喙壳[青变病菌] *Ceratocystis pini* (Münch) Moreau

松长针线虫 *Longidorus pini* Andres et Arias

松赤落叶病菌 *Meloderma desmazieresii* (Duby) Darker

松岛弯孢 *Curvularia matsushimae* Zhang

松钝果寄生 *Taxillus caloreas* (Diels) Danser.

松钝果寄生松变种 *Taxillus caloreas* var. *caloreas* Kiu

松钝果寄生显脉变种 *Taxillus caloreas* var. *fargesii* (Lecomte) Kiu

松多隔腔孢 *Phragmotrichum pini* (Cooke) Sutton et Sandhu

松纺锤瘤锈菌 *Cronartium fusiforme* Hedg. et Hunt ex Cumminsex

松粉油壶菌[松花粉结瘿病菌] *Olpidium pendulum* Zopf

松腐烂病菌 *Mucor sphaerosporues* Hagem

松干基褐腐病菌 *Inonotus weirii* (Murrill) Kotlaba et Pouzar

松根腐病菌 *Heterobasidion annosum* (Fr.) Bref.

松根结线虫 *Meloidogyne pini* Eisenback, Yang et Hartman

松根球孢 *Rhizosphaera pini* (Cad.) Maubl

松根异担子菌[松根腐病菌] *Heterobasidion annosum* (Fr.) Bref.

松果隔指孢 *Dactylella strobilodes* Drechsler

松果小光壳贠 *Asteridiella pilya* (Sacc.) Hansf.

松花粉结瘿病菌 *Olpidium pendulum* Zopf

松花粉囊壶菌 *Phlyctochytrium lackeyi* Sparrow

松花泡壶菌 *Phlyctidium pollinis-pini* (Braun) Schröt.

松剑线虫 *Xiphinema pini* Heyns

松烂皮病菌 *Cenangium ferruginosum* Fr.

松瘤硬瘤菌 *Scirrhia pini* Funk et Paker

松柳栅锈菌 *Melampsora larici-epitea* Kleb.

松裸孢锈菌 *Caeoma pinitorquum* Braun

松落针病菌 *Lophodermium conigenum* (Brunaud) Hilitz.

松落针病菌 *Lophodermium maximum* He et Yang

松落针病菌 *Lophodermium parasiticum* He et Yang

松落针病菌 *Lophodermium seditiosum* Minter, Staley et Millar

松苗猝倒病菌 *Pythium coloratum* Vaartaja

松木层孔菌　*Phellinus pini*（Thore ex Fr.）Ames.

松拟长针线虫　*Longidoroides pini* Jacobs et Heyns

松青变病菌　*Ceratocystis pini*（Münch）Moreau

松球果柱锈菌　*Cronartium conigenum* Hedg. et Hunt

松球腔菌［松针红斑病菌］　*Mycosphaerella pini* Rostrup

松韧革菌　*Stereum pini* Fr.

松伞滑刃线虫　*Bursaphelenchus pini-perdae* Fuchs

松杉暗孔菌　*Phaeolus schweinitzii* Pat.

松杉灵芝　*Ganoderma tsugae* Murrill

松杉球壳孢　*Sphaeropsis sapinea*（Fr.）Dyko et Sutton

松芍柱锈菌　*Cronartium flaccidum*（Alb. et Schw.）Wint.

松生拟层孔菌　*Fomitopsis pinicola*（Swartz. ；Fr.）Karst.

松生鞘锈菌　*Coleosporium pinicola*（Arth.）Arth.

松生松枝溃疡病菌　*Atropellis pinicola* Zaller et Goodding

松生小鞋孢盘菌　*Soleella pinicola* Lin et Ren

松树脂溃疡病菌　*Fusarium circinatum* Nirenberg et O′ Donnell

松外拟滑刃线虫　*Ektaphelenchoides pini*（Massey）Baujard

松心腐菌　*Fomes pini*（Thore）Karst.

松穴子镰孢　*Fusarium cavispermum* Corda

松芽腐病菌　*Lagenidium pygmaeum* Zopf

松咽滑刃线虫　*Laimaphelenchus pini* Baujard

松杨栅锈菌［落叶松－杨锈病菌］　*Melampsora larici-populina* Kleb.

松异盘旋线虫　*Pararotylenchus pini*（Mamiya）Baldwin et Bell

松疫霉金鱼草变种　*Phytophthora pini* var. *antirrhini* Sundar. et Ramakr.

松疫霉原变种　*Phytophthora pini* var. *pini* Leonian

松针被孢锈菌　*Peridermium pini*（Willd.）Kleb.

松针褐斑病菌　*Mycosphaerella dearnessii* Barr.

松针褐斑病菌　*Scirrhia acicola*（Desm.）Siggers.

松针褐枯病菌　*Mycosphaerella gibsonii* Evans

松针红斑病菌　*Mycosphaerella pini* Rostrup

松针散斑壳　*Lophodermium pinastri*（Schrad.）Chev.

松针硬瘤菌［松针褐斑病菌］　*Scirrhia acicola*（Desm.）Siggers.

松植原体　*Candidatus* Phytoplasma pini Schneider et al.

松柱垫刃线虫　*Cylindrotylenchus pini* Yang

嵩草炭黑粉菌　*Anthracoidea elynae*（Syd.）Kukk.

嵩草轴黑粉菌　*Sphacelotheca kobresiae*（Mundk.）Pavgi et Thirum.

嵩枝孢　*Cladosporium artemisiae* Greene

楤木假尾孢　*Pseudocercospora araliae*（Henn.）Deighton

楤木壳二孢　*Ascochyta araliae* Bai

楤木壳针孢　*Septoria araliae* Ell. et Ev.

楤木球腔菌　*Mycosphaerella araliae* Harkn.

楤木球座菌　*Guignardia araliae* Guter

楤木尾孢　*Cercospora araliae* Henn.

楤木锈孢锈菌　*Aecidium araliae* Saw.

楤木叶点霉　*Phyllosticta araliae* Sacc. et Berl

楤木枝孢　*Cladosporium araliae* Saw.

溲疏生夏孢锈菌　*Uredo deutziicola* Hirats.

溲疏夏孢锈菌　*Uredo deutziae* Barcl.

溲疏锈孢锈菌　*Aecidium deutziae* Diet.

苏格兰螺旋线虫　*Helicotylenchus scoticus* Boag et Jairajpuri

苏吉那姆根结线虫　*Meloidogyne suginamiensis* Toida et Yaegashi

苏库腐霉　*Pythium sukuiense* W. H. Ko, Shin Y. Wang et Ann

苏里南小盘环线虫　*Discocriconemella surinamensis* de Grisse et Maas

苏里南小针线虫　*Paratylenchulus surienamensis* de Grisse

苏木生小煤炱　*Meliola caesalpiniicola* Deight.

苏木枝孢　*Cladosporium caesalpiniae* Saw.

苏铁（属）坏死矮化病毒　*Cycas necrotic stunt virus Nepovirus* (CNSV)

苏铁壳二孢　*Ascochyta cycadina* Scalia

苏铁盘多毛孢　*Pestalotia cycadis* Allesch.

苏铁小穴壳菌　*Dothiorella cycadis* (Keissl.) Petr.

苏铁枝孢　*Cladosporium cycadis* Marcolongo

苏西短体线虫　*Pratylenchus wescolagricus* Corbett

苏云金芽孢杆菌　*Bacillus thuringiensis* Berliner

宿苞豆集壶菌[宿苞豆瘿瘤病菌]　*Synchytrium shuteriae* Henn.

宿苞豆瘿瘤病菌　*Synchytrium shuteriae* Henn.

宿存柄锈菌　*Puccinia persistens* Plowr.

宿存柄锈菌小麦专化型　*Puccinia persistens* f. sp. *tritici* Shif.

宿存柄锈菌原亚种　*Puccinia persistens* subsp. *persistens* Plowr.

宿萼毛茛霜霉　*Peronospora glacialis* (Blytt) Gäum.

宿毛茛叶黑粉菌　*Entyloma ranunculi* (Bon.) Schröt.

宿人参柱隔孢　*Ramularia panacicola* Zinss

粟单胞锈菌　*Uromyces setariae-italicae* Yosh.

粟豆藤小煤炱　*Meliola agelaeae* Hansf.

粟根褐腐病菌　*Pythium aristosporum* Vanterpool

粟黑粉菌[小米黑穗病菌]　*Ustilago crameri* Körn.

粟灰斑病菌　*Cercospora setariae* Atk.

粟梨孢　*Pyricularia setariae* Nishikado

粟链格孢　*Alternaria setariae* Zhang

粟米草白锈菌[粟米草白锈病菌]　*Albugo molluginis* Ito

粟米草白锈病菌　*Albugo molluginis* Ito

粟米草生孢囊　*Cystopus molluginicola* T. S. Ramakr. et K. Ramakr.

粟尾孢　*Cercospora setariae* Atk.

酸橙白地霉　*Geotrichum citri-aurantii* (Ferr.) Butler

酸橙大茎点菌　*Macrophoma aurantii* Scalia

酸橙光壳炱　*Limacinia auranti* Henn.

酸橙卵孢　*Oospora citri-aurantii* (Ferr.) Sacc. et Syd.

酸疮痂链霉菌[马铃薯疮痂病菌]　*Streptomyces acidiscabies* Lambert et Loria

酸豆叶斑病菌　*Xanthomonas axonopodis* pv. *tamarindi* (Patel) Vauterin et al.

酸腐卵孢　*Oospora lactis* Fr.

酸果蔓链核盘菌　*Monilinia oxycocci* (Woron.) Honey

酸浆花叶病毒　*Physalis mottle virus Tymovirus* (PhyMV)

酸浆假尾孢　*Pseudocercospora diffusa* (Ell. et Ev.) Liu et Guo

酸浆壳二孢　*Ascochyta physalina* Sacc.

酸浆脉痕病毒　*Physalis vein blotch virus Luteovirus* (PhyVBV)

酸浆轻型褪绿病毒　*Physalis mild chlorosis virus Luteovirus* (PhyMCV)

酸浆生尾孢　*Cercospora physalidicola* Ell.

酸浆尾孢　*Cercospora physalidis* Ell.

酸浆叶斑病菌　*Xanthomonas axonopodis* pv. *physalidicola* (Goto et Okabe) Vauterin

酸浆叶点霉　*Phyllosticta physalcos* Sacc.

酸浆重斑驳病毒　*Physalis severe mottle virus Tospovirus* (PhySMV)

酸脚杆小煤炱　*Meliola medinillae* Hansf.

酸酒假丝酵母　*Candida vini* (Desm. ex Lodd.) Uden et Buckl.

酸酒酵母　*Saccharomyces aceti* Maria

酸模斑驳花叶病毒　*Dock mottling mosaic virus Potyvirus* (DMMV)

酸模柄锈菌　*Puccinia acetosae* Körn.

酸模单胞锈菌　*Uromyces rumicis* (Schum.) Wint.

酸模黑粉菌　*Ustilago kuehneana* Wolf.

酸模黑星菌　*Venturia rumicis* (Desm.) Winter

酸模结瘿病菌　*Urophlyctis major* Schröt.

酸模结瘿病菌　*Urophlyctis rübsaameni* Magn.

酸模球腔菌　*Mycosphaerella rumicis* (Desm.) Cooke

酸模球线虫　*Sphaeronema rumicis* Kirjanova

酸模生叶点霉　*Phyllosticta rumicicola* Miura

酸模霜霉[波叶大黄霜霉病菌]　*Peronospora rumicis* Corda

酸模叶蓼柄锈菌　*Puccinia polygoni-lapathifolii* T. N. Liou et Y. C. Wang

酸模异皮线虫　*Heterodera rumicis* Poghossian

酸模柱隔孢　*Ramularia decipiens* Ell. et Ev.

酸樱桃盖痂锈菌　*Thekopsora pseudocerasi* Hirats.

酸樱桃溃疡病菌,李溃疡病菌　*Pseudomonas syringae* pv. *mors-prunorum* (Wormald) Young et al.

蒜尾孢　*Cercospora duddiae* Welles.

算盘七壳针孢　*Septoria streptopii* Miura

算盘子层锈菌　*Phakopsora glochidii* (Syd.) Arth.

算盘子钉孢霉　*Passalora taihokuensis* (Sawada) Guo et Hsieh

算盘子假尾孢　*Pseudocercospora glochidionis* (Saw.) Goh et Hsieh

算盘子拟金锈菌　*Arthuria glochidii* Gokh., Patil et Thirum.

算盘子生小煤炱　*Meliola glochidiicola* Yam.

算盘子尾孢　*Cercospora glochidionis* Saw.

算盘子小煤炱　*Meliola glochidii* Stev. et Rold. ex Hansf.

遂瓣繁缕霜霉　*Peronospora stellariae-radiantis* Ito et Tokun.

遂平拟滑刃线虫　*Aphelenchoides suipingensis* Feng et Li

碎米荠(属)潜病毒　*Cardamine latent virus Carlavirus* (CaLV)

碎米荠(属)褪绿斑病毒　*Cardamine chlorotic fleck virus Carmovirus* (CCFV)

碎米荠尾孢　*Cercospora cardaminae* Losa Españo

碎囊汉逊酵母　*Hansenula capsulata* Wickerh.

穗根锈菌　*Botryorhiza hippocrateae* Whet. et Olive

穗根锈菌属　***Botryorhiza*** Whet. et Olive

穗花蛇菰　*Balanophora spicata* Hayata

穗状平脐蠕孢　*Bipolaris specifera* (Bainier) Subram.

损害壳明单隔孢　*Diplodina destructiva* (Plour) Petr.

损坏霜霉[蝇子草霜霉病菌] *Peronospora vexans* Gäum.

损坏叶点霉 *Phyllosticta destructiva* Plowr.

笋顶孢属 **Acrostalagmus** Corda

梭(形)锥毛壳 *Coniochaeta haloxylonis* (Kravtz.)Yuan et Zhao

梭斑尾孢 *Cercospora fusimaculans* Atk.

梭孢柄锈菌 *Puccinia fusispora* Syd.

梭孢大茎点菌 *Macrophoma fusispora* Bub.

梭孢顶辐霉 *Dactylaria fusiformis* Shearer et Crane

梭孢附丝壳 *Appendiculella kiraiensis* (Yamam.)Hansf.

梭孢黑团壳[拟灰黑团壳] *Massaria phorcioides* Miyake

梭孢马鞍菌 *Helvella fusicarpa* (Ger.)Durand

梭孢小煤炱 *Meliola fusispora* Yam.

梭孢叶点霉 *Phyllosticta robiniclla* Miura

梭接藻拟丝囊霉 *Aphanomycopsis desmidiella* Canter

梭接藻新月霉 *Ancylistes netrii* Couch

梭菌属 **Clostridium** Prazmowski

梭拉锈菌 *Sorataea amiciae* Syd.

梭拉锈菌属 **Sorataea** Syd.

梭链孢属 **Fusidium** Link

梭盘双端毛孢 *Seimatosporium fusisporum* Swart et Griffitbs

梭绒盘菌 *Medeolaria farlowii* Thaxt.

梭绒盘菌属 **Medeolaria** Thaxt.

梭梭单胞锈菌 *Uromyces sydowii* Liu et Guo

梭梭树白粉菌 *Leveillula saxaouli* (Sorok.)Golov.

梭形凸脐蠕孢 *Exserohilum fusiforme* Alcorn

梭藻泡壶菌 *Phlyctidium chlorogonii* Serbinow

缩格孢 *Macrosporium sarcinula* Berk.

索比内镰孢 *Fusarium saubinetii* Mont.

索链孢属 **Hormiscium** Kunze

索氏粗纹膜垫线虫 *Aglenchus thornei* (Andrassy)Meyl

索氏短体线虫 *Pratylenchus thornei* Sher et Allen

索氏棘皮线虫 *Cactodera thornei* (Golden et Raski)Krall

索氏螺旋线虫 *Helicotylenchus thornei* Roman

索氏潜根线虫 *Hirschmanniella thornei* Sher

锁霉属 **Itersonilia** Derx.

T

塔别夫球腔菌 *Mycosphaerella tabifica* (Prill. et Delacr.)Johns.

塔地囊孢壳[甘蔗赤腐病菌] *Physalospora tucumanensis* Speg.

塔福轮线虫 *Criconemoides tafoensis* Luc

塔河柄锈菌 *Puccinia tahensis* Tranz.

塔花单轴霉[瘦风轮菜霜霉病菌] *Plasmopara saturiae* Tai et Wei

塔吉克根结线虫 *Meloidogyne tadshikistanica* Kirjanova et Ivanova

塔吉克蜜皮线虫　*Meloidodera tadshiki-stanica* Kirjanova et Ivanova

塔吉克异皮线虫　*Heterodera tadshiki-stanica* Kirjanova et Ivanova

塔拉小环线虫　*Criconemella talensis* Chaves

塔雷拟滑刃线虫　*Aphelenchoides taraii* Edward et Misra

塔米链格孢　*Alternaria tamijana* Rajderkar

塔森球腔菌　*Mycosphaerella tassiana*（de Not.）Johans.

塔什干蜜皮线虫　*Meloidodera tianschanica* Ivanova et Krall

台北柄锈菌　*Puccinia taihokuensis* Saw.

台氏兰伯特盘菌　*Lambertella tewai* Dumont

台湾白曲酵母　*Saccharomyces peka* Takeda

台湾半轮线虫　*Hemicriconemoides taiwanensis* Pinochet et Raski

台湾孢堆黑粉菌　*Sporisorium formosanum*（Saw.）Vánky

台湾柄锈菌　*Puccinia taiwaniana* Hirats. et Hash.

台湾层锈菌　*Phakopsora formosana* Syd.

台湾车轴草霜霉　*Peronospora trifolii-formosi* Rayss

台湾钝果寄生　*Taxillus theifer*（Hayata）Kiu

台湾多胞锈菌　*Phragmidium formosanum* Hirats.

台湾番樱桃星盾炱　*Asterina eugeniae-formosanae* Yam.

台湾隔担耳　*Septobasidium formosense* Couch

台湾隔指孢　*Dactylella formosana* Lion et Tzean

台湾光壳炱　*Limacinia formosana* Yamam.

台湾花孢锈菌　*Nyssopsora formosana*（Saw.）Lütj.

台湾戟孢锈菌　*Hamaspora taiwaniana* Hirats. et Hash.

台湾胶锈菌　*Gymnosporangium formosanum* Hirats. et Hash.

台湾酵母　*Saccharomyces formosensis* Nakaz.

台湾酵母腔菌　*Saccharicola taiwanensis*（Yen et Chi）Erikss. et Hawksw

台湾菌绒孢　*Mycovellosiella taiwanensis*（Mats. et Yamam.）Liu et Guo

台湾劳尔氏菌　*Ralstonia taiwanensis* Chen et al.

台湾龙胆夏孢锈菌　*Uredo gentianae-formosanae* Hirats.

台湾马醉木外担菌　*Exobasidium pieridis-taiwanense* Saw.

台湾迈尔锈菌　*Milesina formosana* Hirats.

台湾猕猴桃球针壳　*Phyllactinia actinidiae-formosanae* Saw.

台湾明孢炱　*Armatella formosana* Yam.

台湾膨痂锈菌　*Pucciniastrum formosanum* Saw.

台湾球腔菌　*Mycosphaerella formosana* Lin et Yen

台湾榕囊孢壳　*Physalospora fici-formosanae* Saw.

台湾三胞锈菌　*Triphragmium formosanum* Saw.

台湾伞锈菌　*Ravenelia formosana* Syd.

台湾杉小煤炱　*Meliola taiwaniana* Yama

台湾尾孢　*Cercospora taiwanensis* Matsum.

台湾夏孢锈菌　*Uredo formosana*（Syd.）Tai

台湾相思假尾孢　*Pseudocercospora acaciae-confusae*（Saw.）Goh et Hsieh

台湾小煤炱　*Meliola formosensis* Yamam.

台湾小球腔菌　*Leptosphaeria taiwan*

ensis Yen et Chi

台湾星盾贠 Asterina formosana Yam.

台湾锈孢锈菌 Aecidium formosanum Syd.

台湾疫霉 Phytophthora taiwanensis Saw.

台湾泽兰假尾孢 Pseudocercospora eupatorii-formosani Yen ex Guo et Hsieh

台中假尾孢 Pseudocercospora taichungensis Goh et Hsieh

台中桑寄生 Loranthus kaoi (Chao) Kiu

苔草柄锈菌 Puccinia caricis Rebent.

苔草刀孢 Clasterosporium caricinum Schwein.

苔草集壶菌 Synchytrium caricis Tracy et Earle.

苔草拉塞氏杆菌[苔草叶瘿病菌] Rathayibacter caricis Dorofeeva et al.

苔草裂孢黑粉菌 Schizonella melanograma (DC.) Schröt.

苔草生柄锈菌 Puccinia caricicola Fuck.

苔草锈寄生壳 Eudarluca caricis (Biv.) Erikss

苔草亚团黑粉菌 Tolyposporium cocconii Morini

苔草叶瘿病菌 Rathayibacter caricis Dorofeeva et al.

苔核黑粉菌间型变种 Cintractia caricis (Pers.) Magn. var. intermedia Savile

苔假格孢 Nimbya caricis Simmons

苔壳针孢 Septoria caricis Pass.

苔类疫霉 Pythiomorpha fischeriana Höhnk

苔粒线虫 Anguina caricis Soloveva et Krall

苔露珠草柄锈菌 Puccinia circaeae-caricis Hasl.

苔黏核黑粉菌 Cintractiomyxa caricis Golovin

苔炭黑粉菌 Anthracoidea caricis (Pers.: Pers.) Bref.

苔条黑粉菌 Urocystis fischeri Körn.

苔亚团黑粉菌 Tolyposporium aterrimum (Tul.) Diet.

苔叶黑粉菌 Entyloma caricinum Rostr.

苔原环线虫 Criconema alpinum Loof, Wouts et Yeates

太安苜蓿霜霉 Peronospora medicaginis-tianschanicae Gaponenko

太安苜蓿霜霉冰草变型 Peronospora medicaginis-tianschanicae f. sp. agropyretorum Gaponenko

太白柄锈菌 Puccinia taibaiana B. Li

太白山多胞锈菌 Phragmidium taipaishanense Wang

太平洋粒线虫 Anguina pacificae Cid del Prado Vera et Maggenti

太平洋美洲槲寄生 Phoradendron villosum (Nutt.) Nutt.

太平洋条黑粉菌 Urocystis pacifica (Lavr.) Zund.

太平洋伪环线虫 Nothocriconema pacificum (Andrassy) Andrassy

太平洋伪小环线虫 Nothocriconemella pacifica (Andrassy) Ebsary

泰勒柄锈菌 Puccinia taylorii Balfour-Browne

泰诺番茄斑驳病毒 Taino tomato mottle virus Begomovirus (TToMoV)

泰山虫草 Cordyceps taishanensis Liu, Ynan et Cao

泰氏环线虫 Criconema taylori Jairajpuri

泰晤士根结线虫 Meloidogyne thamesi Chitwood

贪婪茎线虫 Ditylenchus glischrus Ruhm

昙花(属)杆状病毒 Epiphyllum bacilliform virus (EBV)

弹性马鞍菌 Helvella elastica Bull. ex Fr.

檀香木簇顶病植原体 Sandal spike phytoplasma

檀香属(檀香科) Santalum L.

坦卡小煤贠 Meliola tunkiaensis Hansf.

et Dight.

炭腐霉 *Pythium carbonicum* B. Paul

炭黑粉菌属 **Anthracoidea** Bref.

炭黑曲霉 *Aspergillus carbonarius* (Bain) Thom

炭角菌属 **Xylaria** Hill ex Grev.

炭疽菌属(毛盘孢属) **Colletotrichum** Corda

炭色多胞锈菌 *Phragmidium carbonarium* (Schlech.) Wint.

炭色粪盘菌 *Ascobolus carbonarius* Karst.

炭色内脐蠕孢 *Drechslera carbonum* (Ullstrup) Sivanesan

炭团丛赤壳 *Nectria ustulinae* Teng.

炭团菌属 **Hypoxylon** (Fr.) Mill.

唐菖蒲伯克氏菌[唐菖蒲球茎疮痂疫病菌] *Burkholderia gladioli* (Severini) Yabuuchi et al.

唐菖蒲伯克氏菌葱变种[葱头腐烂病菌] *Burkholderia gladioli* pv. *alliicola* (Burkholder) Yabuuchi et al.

唐菖蒲伯克氏菌伞蕈变种[蘑菇菌斑病菌] *Burkholderia gladioli* pv. *agaricicola* (Lincoln.) Yabuuchi et al.

唐菖蒲伯克氏菌唐菖蒲变种[唐菖蒲叶斑病菌] *Burkholderia gladioli* pv. *gladioli* (Severini) Yabuuchi et al.

唐菖蒲干腐病菌 *Stromatinia gladioli* (Massey) Whetzl

唐菖蒲核盘菌 *Sclerotinia gladioli* Drayt.

唐菖蒲横点单胞锈菌 *Uromyces transversalis* (Thüm.) Wint.

唐菖蒲灰霉病菌 *Botrytis gladiolorum* Timm.

唐菖蒲基腐病菌 *Fusarium oxysporum* var. *gladioli* Massey

唐菖蒲壳针孢[唐菖蒲硬腐病菌] *Septoria gladioli* Pass.

唐菖蒲皮斯霉 *Pithomyces gladioli* Zha-

ng et Zhang

唐菖蒲葡萄孢盘菌[唐菖蒲球腐病菌] *Botryotinia draytoni* (Buddin et Wakef.) Seaver

唐菖蒲青霉 *Penicillium gladioli* Mach

唐菖蒲球腐病菌 *Botryotinia draytoni* (Buddin et Wakef.) Seaver

唐菖蒲球腐葡萄孢[唐菖蒲灰霉病菌] *Botrytis gladiolorum* Timm.

唐菖蒲球茎疮痂疫病菌 *Burkholderia gladioli* (Severini) Yabuuchi et al.

唐菖蒲球茎软腐病菌 *Rhizopus arrhizus* Fisch.

唐菖蒲生条黑粉菌 *Urocystis gladialicola* Ainsw.

唐菖蒲弯孢霉[玉米弯孢霉叶斑病菌] *Curvularia lunata* (Wakker) Boedijn

唐菖蒲叶斑病菌 *Burkholderia gladioli* pv. *gladioli* (Severini) Yabuuchi et al.

唐菖蒲叶斑流胶病菌 *Xanthomonas campestris* pv. *gummisudans* (McCulloch) Dye

唐菖蒲硬腐病菌 *Septoria gladioli* Pass.

唐菖蒲座盘菌[唐菖蒲干腐病菌] *Stromatinia gladioli* (Massey) Whetzl

唐松草壳二孢 *Ascochyta thalictri* (Westendorp) Petrak

唐松草壳蠕孢 *Hendersonia thalictri* Pat.

唐松草生链格孢 *Alternaria thalictriicola* Y.L.Guo

唐松草锈孢锈菌 *Aecidium urceolatum* Cooke

唐松草叶黑粉菌 *Entyloma thalictri* Schröt.

唐松草疫霉 *Phytophthora thalictri* Wilson et Davis

唐松草状扁果草轴霜霉 *Plasmoparaisopyri-thalictroidis* (Săvul. et Rayss) Săvul. et O. Săvul.

糖白檫酵母 *Saccharomyces aceris-sacchari* Fab. et Hall

糖化酵母 *Saccharomyces diastaticus* Andrews et Guill. ex Walt

糖芥(属)潜病毒 *Erysimum latent virus Tymovirus*（ErLV)

糖芥霜霉 *Peronospora erythraeae* Kühn

糖槭壳针孢 *Septoria saccharina* Ell. et Ev.

糖松矮槲寄生 *Arceuthobium californicum* Hawksw. et Wiens

醋氏链霉菌 *Streptomyces setonii*（Millard et Burr）Waksman

逃逸(逸去)长针线虫 *Longidorus elongatus*（de Man）Micoletzky

桃、李锈病菌 *Tranzschelia pruni-spinosae*（Pers.）Diet.

桃、梅炭疽病菌 *Colletotrichum gloeosporioides*（Penz.）Sacc.

桃、梅锈病菌 *Leucotelium pruni-persicae*（Hori）Tranz.

桃白粉病菌 *Sphaerotheca pannosa* var. *persicae* Woronich

桃白双胞锈菌[桃、梅锈病菌] *Leucotelium pruni-persicae*（Hori）Tranz.

桃白锈病菌、梅锈病菌 *Leucotelium pruni-persicae*（Hori）Tranz.

桃棒盘孢 *Coryneum beyerinckii* Oudem.

桃穿孔病菌 *Xanthomonas arboricola* pv. *pruni*（Smith）Vauterin et al.

桃疮痂病菌 *Cladosporium carpophilum* Thüm.

桃疮痂病菌、桃黑星病菌 *Venturia carpophilum* Fish.

桃丛簇花叶病毒 *Peach rosette mosaic virus Nepovirus*（PRMV)

桃丛簇植原体 Peach rosette phytoplasma

桃单囊壳[桃白粉病菌] *Sphaerotheca pannosa* var. *persicae* Woronich

桃耳突病毒 *Peach enation virus Nepovirus*（PEV)

桃发根病菌 *Agrobacterium rhizogenes*（Riker et al.）Conn

桃干腐病菌 *Botryosphaeria berengeriana* f. sp. *persicae* Koganezawa

桃干枯病菌 *Fusicoccum persicae* Ell. et Ev.

桃冠瘿病菌 *Agrobacterium tumefaciens*（Smith Townsend）Conn

桃果腐病菌 *Phomopsis amygdalina* Canon

桃褐斑病菌 *Phyllosticta persicae* Sacc.

桃褐腐病菌 *Monilinia fructicola*（Winter）Honey

桃褐腐病菌 *Sclerotinia cinerea* Schröt.

桃褐腐核盘菌 *Sclerotinia laxa*（Ehrenb.）Aderh. et Ruhl.

桃褐锈病菌 *Tranzschelia pruni-spinosae*（Pers.）Diet.

桃红色欧文氏菌 *Erwinia persicina* Hao, Brenner et al.

桃红叶病毒 Peach red leaf virus（PRLV)

桃花心木短体线虫 *Pratylenchus mahogani*（Cobb）Filipjev

桃花心木叶斑病菌 *Xanthomonas axonopodis* pv. *khayae*（Sabet）Vauterin et al.

桃花叶病毒 *Peach mosaic virus Trichovirus*

桃黄化植原体 Peach yellows phytoplasma

桃黄叶病毒 *Peach yellow leaf virus Closterovirus*（PYLV)

桃灰色膏药病菌 *Septobasidium bogoriense* Pat.

桃金娘长蠕孢 *Helminthosporium rhodomyrti* Syd.

桃金娘小煤炱 *Meliola myrtacearum* Stev. et Rold. ex Hansf.

桃金娘枝孢 *Cladosporium rhodomyrti* Saw.

桃茎点霉 *Phoma persicae* Sacc.

桃壳格孢[桃枝壳格孢癌肿病菌] *Camarosporium persicae* Maubl.

桃壳镰孢 *Kabatia persica*（Petrak）Sutton

桃壳色单隔孢　*Diplodia persicae* Sacc.

桃壳梭孢　*Fusicoccum persicae* Ell. et Ev.

桃溃疡病菌　*Cylindrocladium scoparium* Morgon

桃轮纹病菌　*Botryosphaeria berengeriana* f. sp. *persicae* Koganezawa

桃木腐病菌　*Phellinus fulvus*（Scop.）Pat.

桃潜隐花叶类病毒　*Peach latent mosaic virus Pelamoviroid*（PLMVd）

桃潜隐花叶类病毒属　**Pelamoviroid**

桃球腔菌　*Mycosphaerella persicae*（Sacc.）Higg. et Wolf

桃球座菌　*Guignardia pruni-persicae* Saw.

桃软腐病菌　*Rhizopus schizans* McAlpine

桃色拟青霉　*Paecilomyces persicinus* Nicot

桃生假尾孢　*Pseudocercospora pruni-persicicola*（Yen）Yen

桃生叶点霉　*Phyllosticta persicocola* Oudem.

桃树、山核桃根腐病菌　*Pythium dissotocum* Drechsler

桃树 X 病植原体　Peach X phytoplasma

桃树溃疡病菌　*Pseudomonas syringae* pv. *persicae*（Prunier）Young et al.

桃树螺旋线虫　*Helicotylenchus persici* Saxena et al.

桃缩叶病菌　*Taphrina deformans*（Berk.）Tul.

桃小尾孢　*Cercosporella persicae* Sacc.

桃锈生座孢　*Tuberculina persiciana* Sacc.

桃叶白霉病菌　*Cercosporella persicae* Sacc.

桃叶点霉　*Phyllosticta beyerinckii* Vuill

桃叶点霉[桃褐斑病菌]　*Phyllosticta persicae* Sacc.

桃叶埋盘菌[梨叶烧病菌]　*Fabraea maculata*（Lév.）Atk.

桃叶珊瑚（属）环斑病毒　*Aucuba ringspot virus Badnavirus*（AuRSV）

桃叶珊瑚杆状病毒　*Aucuba bacilliform virus Radnavirus*（AuBV）

桃叶珊瑚生叶点霉　*Phyllosticta aucubicola* Sacc.

桃叶珊瑚小光壳贠　*Asteridiella aucubae*（Henn.）Hansf.

桃叶珊瑚叶点霉　*Phyllosticta aucubae* Sacc.

桃疫病菌　*Pseudomonas syringae* pv. *persicae*（Prunier）Young et al.

桃枝壳格孢癌肿病菌　*Camarosporium persicae* Maubl.

桃枝枯病菌　*Nothopatella chinensis* Miyake

桃柱枝孢　*Cylindrocladium scoparium* Morgon

陶比恰拟滑刃线虫　*Aphelenchoides daubichaensis* Eroshenko

特宾青霉　*Penicillium trzebinskii* Zal.

特拉柄锈菌　*Puccinia tranzschelii* Diet.

特罗格粗毛盖菌　*Funalia trogii* Bond et Sing.

特罗格粗毛栓菌　*Trametes gallica* Fr. f. sp. *trogii*（Berk.）Pilat

特罗格栓菌[硬毛栓菌]　*Trametes trogii* Berk.

特曼叶点霉[苹果灰斑病菌]　*Phyllosticta turmanensis* Miura

特氏楔孢黑粉菌　*Thecaphora trailii* Cooke

特殊轮线虫　*Criconemoides inusitatus* Hoffmann

特殊螺旋线虫　*Helicotylenchus distinctus* Mohilal，Anandi et Dhanachand

特异青霉[点青霉]　*Penicillium notatum* Westl

藤仓赤霉[稻恶苗病菌]　*Gibberella fujikuroi*（Saw.）Wollenw.

藤仓小角霉 *Microcera fujikuroi* Miyabe et Saw.

藤黄茎点霉 *Phoma garcinae* Saw.

藤黄球腔菌 *Mycosphaerella garciniae* Jiang et Chi

藤黄生小煤炱 *Meliola garciniicola* Jiang

藤黄生星盾炱 *Asterina garciniicola* Ouyang et Song

藤黄小煤炱 *Meliola garciniae* Yates

藤蔓痂囊腔菌［葡萄黑痘病菌］ *Elsinoë ampelina* (de Bary) Shear

藤绣球膨痂锈菌 *Pucciniastrum hydrangeae-petiolaridis* Hirats.

梯间囊孔菌属 **Climacocystis** Kotlaba et Pouzar

梯牧草（属）绿条纹病毒 *Phleum green stripe virus Tenuivirus* (PGSV)

梯牧草黑粉菌 *Ustilago phlei-pratensis* Davis

梯牧草香柱菌［禾本科牧草香柱病菌］ *Epichloe typhina* (Pers.) Tul.

梯牧草枝孢 *Cladosporium phlei* (Gregory) de Vries

梯尾螺旋线虫 *Helicotylenchus trapezoidicaudatus* Fotedar et Kaul

梯尾拟滑刃线虫 *Aphelenchoides scalacaudatus* Sudakova

蹄盖蕨假尾孢 *Pseudocercospora athyrii* Goh et Hsieh

蹄盖蕨拟夏孢锈菌 *Uredinopsis athyrii* Kamei

嚏根草条黑粉菌 *Urocystis hellebori-viridis* (DC.) Zund.

天冬柄锈菌 *Puccinia asparagi* DC.

天鹅舌孢囊 *Cystopus cynoglossi* Unamuno

天胡荽白锈菌 *Albugo hydrocotyles* Petrak

天胡荽柄锈菌 *Puccinia hydrocotyles* (Link) Cooke

天胡荽叶黑粉菌 *Entyloma hydrocotylis*

Speg.

天芥菜叶斑病菌 *Xanthomonas campestris* pv. *heliotropii* (Sabet) Dye

天葵锈孢锈菌 *Aecidium semiaquilegiae* Diet.

天蓝列当 *Orobanche caerulescens* Steph.

天蓝绣球壳针孢 *Septoria phlogis* Sacc. et Speg.

天门冬（属）1 号病毒 *Asparagus virus 1 Potyvirus* (AV-1)

天门冬（属）2 号病毒 *Asparagus virus 2 Ilarvirus* (AV-2)

天门冬（属）3 号病毒 *Asparagus virus 3 Potexvirus* (AV-3)

天门冬柄锈菌 *Puccinia asparagi-lucidi* Diet.

天门冬茎枯病菌 *Phoma asparagi* (Sacc.) Bub

天门冬拟茎点霉 *Phomopsis asparagi* (Sacc.) Bub

天名精白锈病菌 *Albugo tragopogi* var. *pyrethrici ferri* Biga

天南星生尾孢 *Cercospora aricola* Sacc.

天南星尾孢 *Cercospora arisaemae* Tai

天人菊叶黑粉菌 *Entyloma gaillardiae* Speg.

天山柄锈菌 *Puccinia tianshanica* Zhuang et Wei

天仙果层锈菌 *Phakopsora fici-erectae* Ito et Otani

天仙果黑痣菌 *Phyllachora fici-beecheyanae* Saw.

天仙果假单胞菌 *Pseudomonas ficuserectae* Goto

天仙子［莨菪］霜霉［烟草霜霉病菌］ *Peronospora hyoscyami* de Bary

天仙子白粉菌 *Erysiphe hyoscyami* Zheng et Chen

天仙子白锈菌 *Albugo hyoscyami* Z. Y. Zhang, Wang et Fu

天仙子花叶病毒 *Henbane mosaic virus Po-*

tyvirus（HMV）

天仙子霜霉烟草变型 *Peronospora hyoscyami* f. sp. *tabacina* Skalický

天仙子霜霉毡毛变型 *Peronospora hyoscyami* f. sp. *velutina* Sheph.

天竺葵（属）线纹病毒 *Pelargonium line pattern virus Carmovirus*（PLPV）

天竺葵柄锈菌 *Puccinia pelargonii-zonalis* Doidge

天竺葵腐霉 *Pythium debaryanum* var. *pelargonii* Hans Braun

天竺葵褐斑病菌 *Cercospora brunkii* Ell. et Gall.

天竺葵黑斑病菌 *Alternaria pelargonii* Ell. et Ev.

天竺葵花碎锦病毒 *Pelargonium flower break virus Carmovirus*（PFBV）

天竺葵纹纹斑（带斑）病毒 *Pelargonium zonate spot virus*（PZSV）

天竺葵链格孢 *Alternaria pelargonii* Ell. et Ev.

天竺葵脉明病毒 *Pelargonium vein clearing virus Cytorhabdovirus*（PelVCV）

天竺葵曲叶病毒 *Pelargonium leaf curl virus Tombusvirus*（PLCV）

天竺葵尾孢 *Cercospora brunkii* Ell. et Gall.

田村座壳孢 *Aschersonia tamurai* Henn.

田蓟白锈病菌 *Albugo tragopogi* var. *cirsii* Ciferri et Biga

田菁固氮根瘤菌 *Azorhizobium caulinodans* Dreyfus et al.

田菁花叶病毒 *Sesbania mosaic virus Sobemovirus*

田菁假尾孢 *Pseudocercospora sesbaniae*（Henn.）Deighton

田菁生假尾孢 *Pseudocercospora sesbaniicola* Yen

田菁生尾孢 *Cercospora glothidiicola* Tracy et Earle

田菁叶斑病菌 *Xanthomonas axonopodis* pv. *sesbaniae*（Patel）Vauterin, Hoste

田旋花白锈病菌 *Albugo ipomoeae-panduranae*（Schweinitz）Swingle

田旋花楔孢黑粉菌 *Thecaphora seminisconvolvuli*（Desmaz.）Ito

田旋花叶斑病菌 *Xanthomonas campestris* pv. *convolvuli*（Nagarkoti）Dye

田野滑刃线虫 *Aphelenchus agricola* de Man

田野霜霉[蚤缀霜霉病菌] *Peronospora campestris* Gäum.

田野菟丝子 *Cuscuta campestris* Yunck

田中隔担耳[褐色膏药病菌] *Septobasidium tanakae*（Miyabe）Boed et Steinm.

田中黑粉菌 *Ustilago tanakae* Ito

田中卷担菌 *Helicobasidium tanakae* Miyake

田中新煤炱 *Neocapnodium tanakae*（Shitai et Hara）Yamam.

田紫草霜霉 *Peronospora lithospermi* Gäum.

甜菜、天竺葵根腐病菌 *Pythium mamillatum* Meurs

甜菜 Q 病毒 *Beet virus* Q *Pomovirus*（BVQ）

甜菜白粉菌 *Erysiphe betae*（Vanha）Weltz.

甜菜胞囊线虫 *Heterodera schachtii* Schmidt

甜菜猝倒病菌 *Aphanomyces cochlioides* Drechsler

甜菜单胞锈菌[甜菜锈病菌] *Uromyces betae*（Pers.）Tul.

甜菜多黏霉马齿苋变型[马齿苋黏霉病菌] *Polymyxa betae* f. sp. *portulacae* Abe. et Ui

甜菜腐霉 *Pythium betae* Takahashi

甜菜格孢腔菌[甜菜蛇眼病菌] *Pleospora betae*（Berl.）Nevod.

甜菜根腐病菌 *Pythium betae* Takahashi

甜菜果胶杆菌[甜菜软腐病菌] *Pectobacterium betavasculorum*（Thomson et al.）

Gardan et al.

甜菜核瑚菌　*Typhula betae* Rostr.

甜菜褐斑病菌　*Cercospora beticola* Sacc.

甜菜黑色焦枯病毒　*Beet black scorch virus Necrovirus*

甜菜花叶病毒　*Beet mosaic virus Potyvirus*（BtMV）

甜菜坏死黄脉病毒　*Beet necrotic yellow vein virus Benyvirus*（BNYVV）

甜菜坏死黄脉病毒属　**Benyvirus**

甜菜环斑病毒　*Beet ringspot virus Nepovirus*（BRSV）

甜菜黄矮病毒　*Beet yellow stunt virus Closterovirus*（BYSV）

甜菜黄化病毒　*Beet yellows virus Closterovirus*（BYV）

甜菜黄网病毒　*Beet yellow net virus Luteovirus*（BYNV）

甜菜畸形花叶病毒　Beet distortion mosaic virus

甜菜结瘿病菌　*Urophlyctis leproidea*（Trab.）Magnusson

甜菜茎点霉　*Phoma betae* Frank

甜菜卷叶病毒　*Beet leaf curl virus Nucleorhabdovirus*（BLCV）

甜菜壳二孢　*Ascochyta betae*（Chochr.）Chi

甜菜流胶病菌　*Erwinia bussei*（Migula）Magrou

甜菜盘梗霉　*Bremia betae* Bai et Cheng

甜菜潜隐 1 号病毒　*Beet cryptic virus 1 Alphacryptovirus*（BCV-1）

甜菜轻型黄化病毒　*Beet mild yellowing virus Polerovirus*（BMYV）

甜菜曲顶病毒　*Beet curly top virus Curtovirus*（BCTV）

甜菜曲顶加州/洛根病毒　*Beet culry top California /Logan virus Curtovirus*（BCTV-Cal）

甜菜曲顶瓦尔病毒　*Beet curly top Worland virus Curtovirus*（BCTV-Wor）

甜菜曲顶伊朗/CFH病毒　*Beet curly top Iran /CFH virus Curtovirus*（BCTV-CFH）

甜菜软腐病细菌　*Erwinia carotovora subsp. betavasculorum* Thomson et al.

甜菜蛇眼病菌　*Phoma betae* Frank

甜菜蛇眼病菌　*Pleospora betae*（Berl.）Nevod.

甜菜生尾孢［甜菜褐斑病菌］　*Cercospora beticola* Sacc.

甜菜生柱隔孢　*Ramularia beticola* Fautr. et Lambotte

甜菜霜霉病菌　*Peronospora farinosa* f. sp. *betae* Byford

甜菜土传病毒　*Beet soil-borne virus Pomovirus*（BSBV）

甜菜土传花叶病毒　*Beet soil-borne mosaic virus Benyvirus*（BSBMV）

甜菜褪绿病毒　*Beet chlorosis virus Polerovirus*

甜菜伪黄化病毒　*Beet pseudo-yellows virus Closterovirus*（BPYV）

甜菜尾囊壶菌　*Urophlyctis leproidea*（Trab.）Magnusson

甜菜温和曲顶病毒　*Beet mild curly top virus Curtovirus*

甜菜西方黄化 ST-9 伴随 RNA 病毒　*Beet western yellows ST-9 associated RNA virus*

甜菜西方黄化病毒　*Beet western yellows virus Polerovirus*（BWYV）

甜菜西方黄化卫星病毒　*Beet western yellows satellite virus*

甜菜锈病菌　*Uromyces betae*（Pers.）Tul.

甜菜叶斑病菌　*Ramularia beticola* Fautr. et Lambotte

甜菜异皮线虫　*Heterodera schachtii* Schmidt

甜菜异皮线虫茄变型　*Heterodera schachtii* f. sp. *solani* Zimmermann

甜菜银叶病菌　*Curtobacterium flaccu-*

mfaciens pv. *betae*（Keyworth）Collins et al.

甜菜隐潜 1 号病毒　*Beet cryptic virus 1 Alphacryptovirus*（BCV-1）

甜菜隐潜 2 号病毒　*Beet cryptic virus 2 Alphacryptovirus*（BCV-2）

甜菜隐潜 3 号病毒　*Beet cryptic virus 3 Alphacryptovirus*（BCV-3）

甜菜重曲顶病毒　*Beet severe curly top virus Curtovirus*（BSCTV）

甜菜柱隔孢　*Ramularia betae* Rostrup

甜菜子叶点霉　*Phyllosticta artemisiae-lacti-floorae* Saw.

甜大戟栅锈菌　*Melampsora euphorbiae-dulcis* Otth

甜根子草指霜霉［甘蔗、玉米霜霉病菌］　*Peronosclerospora spontanea*（Weston）Shaw

甜根子黑痣菌　*Phyllachora sacchari-spontanei* Syd.

甜瓜矮化疱斑病毒　*Melon stunt blister virus*（MSBV）

甜瓜粗缩花叶病毒　*Melon rugose mosaic virus Tymovirus*（MRMV）

甜瓜黑点根腐病菌　*Monosporascus cannonballus* Pollac

甜瓜坏死斑病毒　*Melon necrotic spot virus Carmovirus*（MNSV）

甜瓜黄单胞菌　*Xanthomonas melonis* Vauterin, Hoste et al.

甜瓜螺旋线虫　*Helicotylenchus melon* Firoza et Maqbool

甜瓜脉带花叶病毒　*Melon vein-banding mosaic virus Potyvirus*（MVBMV）

甜瓜脉黄病毒　*Melon vein yellowing virus*（MVYV）

甜瓜鞘氨醇单胞菌　*Sphingomonas melonis* Buonaurio et al.

甜瓜曲叶病毒　*Melon leaf curl virus Begomovirus*（MLCV）

甜瓜沙门氏菌　*Salmonella melonis*（Giddings）Pridham

甜瓜褪绿曲叶病毒　*Melon chlorotic leaf curl virus Begomovirus*

甜瓜芽孢杆菌　*Bacillus melonis* Giddings

甜瓜杂色病毒　*Melon variegation virus Nucleorhabdovirus*（MVV）

甜椒(灯笼椒)斑驳病毒　*Bell pepper mottle virus*（BPMoV）

甜茅柄锈菌　*Puccinia glyceriae* Ito

甜茅黑粉菌　*Ustilago filiformis*（Schrank）Rostr.

甜茅叶黑粉菌　*Entyloma glyceriae* Frag.

甜香汉逊酵母　*Hansenula suaveolens* Dekk.

甜香卵孢　*Oospora suaveolens*（Lindn.）L.

甜叶菊壳针孢　*Septoria steviae* Ishiba, Yokoyama et Tani

甜樱桃间座壳　*Diaporthe eres* Nits.

蓥菜生尾孢　*Cercospora beticola* Sacc.

蓥菜叶点霉　*Phyllosticta betae* Oudem.

条斑尾孢　*Cercospora zebrina* Pass.

条孢青霉　*Penicillium striatum* Raper et Fenn.

条堆柄锈菌　*Puccinia stichosora* Diet.

条沟拟茎点霉　*Phomopsis lirella*（Desm.）Grove

条黑粉菌属　**Urocystis** Rabenh. ex Fuck.

条纹单胞锈病菌［苜蓿单胞锈菌］　*Uromyces striatus* Schröt.

条纹核黑粉菌　*Cintractia striata* Clint. et Zund.

条纹梨孢壳菌　*Apiospora striola* Sacc.

条纹曲霉　*Aspergillus striatus* Rai, Tewari et Mukerji

条纹叶黑粉菌　*Entyloma lineatun*（Cooke）Davis

条形柄锈菌　*Puccinia striiformis* West.

条形柄锈菌鸭茅变种　*Puccinia striiformis* West. var. *dactylis* Mann.

条形柄锈菌原变种　*Puccinia striiformis*

var. *striiformis* West.

条形黑粉菌　*Ustilago striiformis*（West.）Niessl

条状小鞋孢盘菌　*Soleella striformis* Dark.

铁刀木小煤炱长刚毛变种　*Meliola aethiops* var. *longiseta* Deight.

铁刀木小煤炱细小变种　*Meliola aethiops* var. *minor* Hansf. et Deight.

铁刀木叶点霉　*Phyllosticta siameae* Saw.

铁红假丝酵母　*Candida pulcherrima*（Lindn.）Windish

铁葫芦拟滑刃线虫　*Aphelenchoides lagenoferrus* Baranovskaya

铁角蕨假单胞菌　*Pseudomonas asplenii*（Ark）Săvulescu

铁角蕨叶疫病菌　*Pseudomonas asplenii*（Ark）Săvulescu

铁筷子（属）花叶病毒　*Helleborus mosaic virus Carlavirus*（HeMV）

铁筷子霜霉　*Peronospora helleboripurpurascentis* Săvul. et Rayss

铁杉小双梭孢盘菌　*Bifusella tsugae* Cao et Hou

铁杉叶锈菌　*Melampsora farlowii* Schröt.

铁杉油杉寄生　*Arceuthobium tsugense*（Rosend.）Jones

铁杉栅锈菌［铁杉叶锈菌］　*Melampsora farlowii* Davis

铁苋白粉菌　*Erysiphe acalyphae*（Tai）Zheng et Chen

铁苋菜黄花叶病毒　*Acalypha yellow mosaic virus Begomovirus*（AYMV）

铁苋菜尾孢　*Cercospora acalyphae* Peck

铁线蕨拟夏孢锈菌　*Uredinopsis adianti* Kom

铁线莲柄锈菌　*Puccinia exhausta* Diet.

铁线莲壳二孢　*Ascochyta vitalbae* Bresadola et Hariot

铁线莲壳针孢　*Septoria clematidisflammulae* Roumeguère

铁线莲鞘锈菌　*Coleosporium clematidis* Barcl.

铁线莲生柄锈菌　*Puccinia clematidicola* Tai

铁线莲条黑粉菌　*Urocystis atragenes*（Lindr.）Zund.

铁线莲小煤炱　*Meliola knowltoniae* Doidge

铁线莲锈孢锈菌　*Aecidium clematidis* Barcl.

铁锈薄盘菌　*Cenangium ferruginosum* Fr.

铁锈色尾孢　*Cercospora ferruginea* Fuck.

铁仔小煤炱　*Meliola myrsinacearum* Stev.

葶苈柄锈菌　*Puccinia drabae* Rud.

葶苈根生壶菌　*Rhizophydium drabae* Lüdi

葶苈壳月孢　*Selenophoma drabae*（Fuck.）Petr.

葶苈霜霉雅库变种　*Peronospora drabae* var. *jakutica* Benua

葶苈霜霉原变种　*Peronospora drabae* var. *drabae* Gäum.

葶苈肿胀病菌　*Rhizophydium drabae* Lüdi

通脱木褐柱丝霉　*Phaeoisariopsis tetrapanacis* Saw.

通脱木假尾孢　*Pseudocercospora tetrapanacis*（Sawada ex Jong et Morris）Deighton

通脱木锈孢锈菌　*Aecidium fatsiae* Syd.

同瓣草（直沟）盘旋线虫　*Rotylenchus laurentinus* Scognamiglio et Talame

同甘香果兰病毒　*Tongan vanilla virus Potyvirus*（TVV）

同色镰孢　*Fusarium concolor* Reink.

同丝腐霉　*Pythium hypogynum* Middleton

同腺异短体线虫　*Apratylenchoides homoglands* Siddiqi et al.

同心盾壳霉　*Coniothyrium concentricum*（Desm.）Sacc.

同心盘单毛孢　*Monochaetia concentrica*（Berk. et Br.）Sacc.

同心叶点霉　*Phyllosticta concentrica* Sacc.

同形滑刃线虫　*Aphelenchus isomerus* Anderson et Hooper

同形蜡盘菌　*Rutstroemia conformata*（Karst.）Nannf.

同形平脐蠕孢　*Bipolaris homomorphus*（Luttr. et Rogerson）Subram. et al.

茼蒿和性病毒　Garland chrysanthemum temperate virus（GCTV）

茼蒿和性潜隐病毒　*Garland chrysanthemum temperate virus Alphacryptovirus*（GCTV）

茼蒿霜霉病菌　*Paraperonospora multiformis*（Tao et Qin）Constaninescu

茼蒿轴霜霉　*Plasmopara chrysanthemi-coronarii* Sawada

桐花叶点霉　*Phyllosticta pittospori* Brun

铜黄垫盘菌　*Pulvinula orichalcea* Rifai

铜绿假单胞菌　*Pseudomonas aeruginosa*（Schroeter）Migula

铜绿青霉　*Penicillium aeruginosum* Dierckx

铜色曲霉　*Aspergillus aencus* Sappa

桶孢锈菌属　**Crossopsora** Syd.

桶孢属　**Amblyosporium** Fresen.

筒假尾孢　*Pseudocercospora cylindrata*（Chupp et Linder）Pons et Sutton

筒尾孢　*Cercospora cylindrata* Chupp. et Ev.

筒靴蛇菰　*Balanophora involucrata* Hook.

筒靴蛇菰红色变种　*Balanophora involucrata* var. *rubra* Hook.

筒轴茅（属）黄斑驳病毒　*Rottboellia yellow mottle virus Sobemovirus*（RoYMV）

头孢藻属（橘色藻科）　**Cephaleuros** Kunze

头孢属　**Cephalosporium** Corda

头垢状皮斯霉　*Pithomyces leprosus* Piro-zynski

头巾状柄锈菌　*Puccinia calumnata* Syd.

头毛环线虫　*Criconema cristulatum* Loof et al.

头状单胞锈菌　*Uromyces capitatus* Syd.

头状胶壳炱[茶煤病菌]　*Scorias capitata* Saw.

头状丝孢酵母　*Trichosporon capitatum* Didd. et Lodd.

透斑菌属　**Hyalothyridium** Tassi

透孢光壳炱　*Limacinia chenii* Sawada et Yamam.

透孢穗霉属　**Hyalostachybotrys** Sriniv.

透梗附球霉　*Epicoccum hyalopes* Miyake

透骨草假尾孢　*Pseudocercospora phrymae* Liu et Guo

透骨草轴霜霉　*Plasmopara phrymae* S. Ito et Hara

透毛小煤炱　*Meliola subpellucida* Yam.

透明孢灰冬锈菌　*Poliotelium hyalospora*（Saw.）Mains

透明孢腥黑粉菌　*Tilletia hyalospora* Mass.

透明柄锈菌　*Puccinia hyalina* Diet.

透明根结线虫　*Meloidogyne spartinae*（Rau et Fassu.）Whitehead

透明黄单胞菌[麦类黑颖病菌]　*Xanthomonas translucens*（ex Jones et al.）Vauterin et al.

透明黄单胞菌波形变种[小麦黑颖病菌]　*Xanthomonas translucens* pv. *undulosa*（Smith）Vauterin et al.

透明黄单胞菌大麦变种[大麦条斑病菌]　*Xanthomonas translucens* pv. *hordei*（Egli）Vauterin et al.

透明黄单胞菌谷物变种[禾草条斑病菌]　*Xanthomonas translucens* pv. *cerealis*（Hagborg）Vauterin et al.

透明黄单胞菌禾谷变种[禾草萎蔫病菌]　*Xanthomonas translucens* pv. *graminis*

透明黄单胞菌黑麦变种[黑麦黑颖病菌] *Xanthomonas translucens* pv. *secalis* (Reddy) Vauterin et al.

透明黄单胞菌梯牧草变种[狗尾草条斑病菌] *Xanthomonas translucens* pv. *phlei pratensis* (Wallin) Vauterin et al.

透明黄单胞菌梯牧草属变种 *Xanthomonas translucens* pv. *phlei* (Egli) Vauterin et al.

透明黄单胞菌透明变种 *Xanthomonas translucens* pv. *translucens* (Jones) Vauterin et al.

透明黄单胞菌燕麦变种[燕麦条斑病菌] *Xanthomonas translucens* pv. *arrhenatheri* (Egli) Vauterin et al.

透明黄单胞菌早熟禾变种[早熟禾黑颖病菌] *Xanthomonas translucens* pv. *poae* (Egli) Vauterin et al.

透明壳针孢 *Septoria hyalina* Ell. et Ev.

透明螺旋线虫 *Helicotylenchus nitens* Siddiqi

透明夏孢锈菌 *Uredo hyalina* Diet.

凸腹螺旋线虫 *Helicotylenchus ventroprojectus* Patil et Khan

凸脐蠕孢属 **Exserohilum** Leonard et Suggs

秃孢皱褶青霉 *Penicillium rugulosum* var. *levis* Shih

秃格孢腔菌 *Pleospora calvescens* (Fr.) Tul.

秃壳𩾌属 **Irenina** Stev.

秃尾盘旋线虫 *Rotylenchus phaliurus* Siddiqi et Pinochet

秃小光壳𩾌 *Asteridiella calva* var. *minar* Hansf.

突变曲霉 *Aspergillus mutabilis* Bain et Sart

突出孢堆黑粉菌 *Sporisorium exsertum* (McAlp.) Guo

突出针线虫 *Paratylenchus projectus* Jenkins

突角孢 *Oncopodiella fetraedrica* Arnaud

突角孢属 **Oncopodiella** Arnaud ex Rifai

突尼斯螺旋线虫 *Helicotylenchus tunisiensis* Siddiqi

突尼斯拟毛刺线虫 *Paratrichodorus tunisiensis* Siddiqi

图尔荞麦二孢 *Ascochyta fagopyri* var. *tulensis* Bond.

图拉盘霜霉[欧洲千里光霜霉病菌] *Bremia tulasnei* (Hoffm.) Syd.

图拉球腔菌 *Mycosphaerella tulasnei* (Jancz.) Lindau

图拉斯叉钩丝壳 *Sawadaea tulasnei* (Fuck.) Homma

图氏茎线虫 *Ditylenchus tulaganovi* Karimova

图氏轮线虫 *Criconemoides tulaganovi* (Kirjanova) Raski

图斯卡尼伞滑刃线虫 *Bursaphelenchus tusciae* Ambrogioni et Palmisano

图佐特拟滑刃线虫 *Aphelenchoides tuzeti* B'Chir

茶菱绵腐病菌 *Dictyuchus magnusii* Lindstedt

屠氏根结线虫 *Meloidogyne duytsi* Karssen, Aelst et Putten

土传禾谷花叶病毒 *Soil-borne cereal mosaic virus Furovirus*

土传小麦花叶病毒 *Soil-borne wheat mosaic virus Furovirus* (SBWMV)

土当归尾孢 *Cercospora araliae-cordatae* Hori

土当归叶点霉 *Phyllosticta araliae-cordatae* Saw.

土丁桂白锈病菌 *Albugo evolvuli* var. *mysorensis* Safeeulla

土丁桂白锈菌 *Albugo evolvuli* (Damle) Safeeulla et Thirumalachar

土丁桂白锈菌迈索尔变种[土丁桂白锈病菌] *Albugo evolvuli* var. *mysorensis*

Safeeulla

土丁桂白锈菌鱼黄草变种［鱼黄草白锈病菌］ *Albugo evolvuli* var. *merremiae* Safeeulla et Thirumalachar

土丁桂球壳孢 *Sphaeropsis evolvuli* Pat.

土耳其根结线虫 *Meloidogyne turkestanica* Shagalina, Ivanova et Krall

土荆芥叶点霉 *Phyllosticta ambrosioides* Thüm.

土居线虫属 **Ibipora** Monteiro et Lordello

土库曼单顶孢 *Monacrosporium turkmenicum* (Soprunov) Cooke et Dickinson

土库曼黑粉菌 *Ustilago turcomanica* Tranz. ex Vǎnky

土连翘假尾孢 *Pseudocercospora hymenodictyonis* (Petrak) Guo et Liu

土密树黄单胞菌［土密树叶斑病菌］ *Xanthomonas brideliae* Bhatt et Patel

土密树假尾孢 *Pseudocercospora aberrans* (Petrak) Deighton

土密树叶斑病菌 *Xanthomonas brideliae* Bhatt et Patel

土栖丛梗孢 *Monilia humicola* Oud.

土栖葡萄孢 *Botrytis terrestris* Jens

土栖曲霉 *Aspergillus terricola* March

土曲霉 *Aspergillus terreus* Thom

土壤埃里格孢 *Embellisia telluster* Simmons

土壤粗纹膜垫线虫 *Aglenchus agricola* (de Man) Meyl

土壤杆菌属 **Agrobacterium** Conn

土壤茎点霉 *Phoma terrestris* Hansen

土壤青霉 *Penicillium terrestre* Jens

土壤弯孢 *Curvularia intersiminata* (Berk. et Pav.) Gilman

土三七尾孢 *Cercospora gynurae* Saw. et Kats.

土杉盘多毛孢 *Pestalotia zahlbruckneriana* Henn.

土生串孢壶菌 *Myzocytium humicola* Ba-

rron et Percy

土生盾壳霉 *Coniothyrium terricola* Gilm. et Abbott

土生多头束霉 *Tilachlidium humicola* Oudem.

土生泛菌 *Pantoea terrae* Kageyama et al.

土生假丝酵母 *Candida humicola* (Dasz.) Didd. et Lodd.

土生黏舌孢 *Haptoglossa humicola* Barron

土生疣螨孢 *Cladosporium terrestre* Ackinson

土生枝孢 *Cladosporium terrestre* Ackinson

土田七尾孢 *Cercospora stahlianthi* Z. Jiang et Chi

土星汉逊酵母 *Hansenula saturnus* (Klöck.) Syd.

土星形酵母 *Saccharomyces saturnus* Klöck.

土烟叶尾孢 *Cercospora solanacea* Sacc. et Berl.

土著沟环线虫 *Ogma civellae* (Steiner) Raski et Luč

吐水青霉 *Penicillium guttulosum* Abbott

兔儿风柄锈菌 *Puccinia ainsliaeae* Syd.

兔儿风锈孢锈菌 *Aecidium ainsliaeae* Diet.

兔儿伞鞘锈菌 *Coleosporium cacaliae* Otth

兔耳草柄锈菌 *Puccinia gymnandrae* Tranz.

兔耳草柄锈菌云南亚种 *Puccinia gymnandrae* subsp. *yunnanensis* Savile

兔耳苔草柄锈菌 *Puccinia jaceae-leporinae* Tranz.

兔苣盘梗霉 *Bremia lagoseridis* Yu et Tao

兔尾草假尾孢 *Pseudocercospora urariae* Sawada ex Deihton

兔尾草尾孢 *Cercospora urariae* Saw.

兔尾草腥黑粉菌 *Tilletia laguri* Zhang, Lin et Deng

菟丝子属（菟丝子科）　*Cuscuta* L.

团黑粉菌属　*Sorosporium* Rud.

团集柄锈菌　*Puccinia glomerata* Grev.

团假丝酵母　*Candida glaebosa* Komag.
et Nakase

团炭角菌[苹果根腐病菌]　*Xylaria hypo-xylon*（Fr.）Grev.

团藻壶病菌　*Chytridium ottariense* Roane

团藻壶菌　*Chytridium ottariense* Roane

团藻裂壶病菌　*Loborhiza metzneri* Hanson

吞噬根囊壶菌　*Rhizophlyctis vorax*（strasb.）Fisch.

豚草白锈病菌　*Albugo tragopogi* var. *ambrosiae* Novotelnova

豚草生壳针孢　*Septoria ambrosicola* Spegazzini

豚草叶黑粉菌　*Entyloma ambrosiae-maritimae* Rayss

臀形小光壳炱　*Asteridiella pygei* Hansf.

托尔霜霉[高山卷耳霜霉病菌]　*Peronospora tornensis* Gäum.

托拉氏假单胞菌[蘑菇褐斑病菌]　*Pseudomonas tolaasii* Paine

托利马柄锈菌　*Puccinia tolimensis* Mayor

托氏环线虫　*Criconema tokobaevi* Girtsenko

脱色丛梗孢　*Monilia decolorans* Cast. et Low

脱色假克酵母　*Mycokluyveria decolorans*（Will）Cif. et Red.

陀螺单顶孢　*Monacrosporium bembicoi-*

des（Drechs）Subramanian

陀螺形肉盘菌　*Sarcosoma turbinatum* Wakef.

驼孢锈菌属　*Hemileia* Berk. et Br.

驼绒藜白锈病菌　*Albugo eurotiae* Tranzschel

驼绒藜霜霉　*Peronospora eurotiae* Kalymb.

驼绒藜锈孢锈菌　*Aecidium eurotiae* Ell. et Ev.

橐吾柄锈菌　*Puccinia ligulariae* Thüm.

橐吾单胞锈菌　*Uromyces ligulariae* Hirats. et Hash.

橐吾壳二孢　*Ascochyta ligulariac* Saw.

橐吾鞘锈菌　*Coleosporium ligulariae* Thüm.

橐吾生亚隔孢壳[菊花黑枯疫病菌]　*Didymella ligulicola*（Baker）von Arx

橐吾锈孢锈菌　*Aecidium ligulariae* Thüm.

椭圆孢隔指孢　*Dactylella ellipsospora* Grove

椭圆单顶孢　*Monacrosporium ellipsosporum*（Preuss）Cooke et Dickinson

椭圆酵母　*Saccharomyces ellipsoideus* Hansen

椭圆节丛孢　*Arthrobotrys ellipsospora* Tubaki et Yamanaka

椭圆葡萄孢　*Botrytis elliptica*（Berk.）Cooke

椭圆曲霉　*Aspergillus ellkipticus* Raper et Fenn.

椭圆散斑壳　*Lophodermium ellipticum* Lin

拓拟膜菌　*Hymenopsis cudraniae* Mass.

蛙粪霉属　*Basidiobolus* Eidam

瓦德轮线虫　*Criconemoides vadensis* Loof

瓦尔假丝酵母 *Candida vartiovarai*（Capr.）Uden et Buckl.

瓦胡柄锈菌[马唐柄锈菌] *Puccinia oahuensis* Ell. et Ev.

瓦克青霉 *Penicillium waksmanii* Zal.

瓦泥长喙壳[针叶松黑根病菌] *Ceratocystis wageneri* Goheen et Cobb

歪孢菌寄生 *Hypomyces hyalinus*（Schw.）Tul.

歪脖子果球腔菌[藤黄球腔菌] *Mycosphaerella garciniae* Jiang et Chi

歪单胞锈菌 *Uromyces flectens* Lagerh.

歪头菜单胞锈菌 *Uromyces orobi*（Pers.）Lév.

歪头菜单胞锈菌 *Uromyces viciae-unijugae* Ito

歪头菜霜霉[玫红山黑豆霜霉病菌] *Peronospora orobi* Gäum.

歪斜拟基线虫 *Basiroides obliquus* Thorne et Malek

外孢霉(椴) *Exosporium tiliae* Link ex Schlecht

外孢霉属 **Exosporium** Link

外担菌属 **Exobasidium** Woron.

外高加索地菇 *Terfezia transcaucasica* Tichomirov

外胳虫囊菌属 **Chitonomyces** Peyritsch

外壶菌[羽纹藻、针杆藻、异极藻外壶病菌] *Ectrogella bacillariacearum* Zopf

外壶菌属 **Ectrogella** Zopf

外滑刃线虫属 **Ektaphelenchus** Fuchs

外来双孢负 *Amazonia peregrina*（Syd.）Syd.

外来膝斑菌 *Myrothecium advena* Sacc.

外囊菌属 **Taphrina** Fr.

外拟滑刃线虫属 **Ektaphelenchoides** Baujard

外球囊菌属 **Taphridium** Lagerh. et Juel

外曲歧壶菌[硬毛缩箸歧壶病菌] *Cladochytrium replicatum* Karling

弯孢虫疫霉 *Erynia curvispora*（Nowa-k.）Remaud. et Hennebert

弯孢单顶孢 *Monacrosporium gampsosporum*（Drechs.）Liu et Zhang

弯孢隔指孢 *Dactylella arcuata* Scheuer et Webster

弯孢节丛孢 *Arthrobotrys musiformis* Drechs

弯孢聚壳属 **Eutypella**（Nits.）Sacc.

弯孢壳属 **Eutypa** Tul.

弯孢壳针孢 *Septoria curvula* Miyake

弯孢属 **Curvularia** Boed.

弯孢凸脐蠕孢 *Exserohilum curvisporum* Sivan., Abdullah et Abbas

弯背轮线虫 *Criconemoides dorsoflexus* Boonduang et Ratanaprapa

弯背丝尾垫刃线虫 *Filenchus dorsalis* Brzeski

弯长蠕孢 *Helminthosporium curvatum* Corda

弯齿拟滑刃线虫 *Aphelenchoides curvidentis*（Fuchs）Filipjev

弯刺拟滑刃线虫 *Aphelenchoides curiolis* Gritsenko

弯杆藻根生壶菌[弯杆藻肿胀病菌] *Rhizophydium achnanthis* Friedmann

弯杆藻肿胀病菌 *Rhizophydium achnanthis* Friedmann

弯钩丝孢 *Harposporium arcuatum* Barron

弯管列当 *Orobanche cernua* Loefling

弯管列当直管变种 *Orobanche cernua* var. *hansii*（Kernet）Beck

弯壶菌[毛枝藻肿胀病菌] *Chytridium curvatum* Sparrow

弯假丝酵母 *Candida curvata*（Didd. et Lodd.）Lodder et Kreger

弯剑形柄锈菌 *Puccinia scimitriformis* Cumm.

弯毛柱锈菌 *Cionothrix praelonga*（Wint.）Arth.

弯毛柱锈菌属 **Cionothrix** Arth.

弯囊肋壶菌［双星藻肋壶病菌］ *Harpochytrium hedenii* Wille

弯曲假单胞菌［菜豆荚扭曲病菌］ *Pseudomonas flectens* Johnson

弯曲轮线虫 *Criconemoides curvatus* Raski

弯曲螺旋线虫 *Helicotylenchus curvatus* Roman

弯曲青霉 *Penicillium flexuosum* Dale

弯曲伞滑刃线虫 *Bursaphelenchus incurvus* (Ruhm) Goodey

弯曲伪粒线虫 *Nothanguina arcuatus* (Thorne) Nickle

弯头曲霉 *Aspergillus deflectus* Fenn. et Raper

弯尾螺旋线虫 *Helicotylenchus curvicaudatus* Fernandez et al.

弯尾螺旋线虫 *Helicotylenchus variocaudatus* (Luc) Fortuner

弯指孢属 **Curvidigitus** Sawada

豌豆（属）病毒 *Pisum virus Nucleorhabdovirus* (PisV)

豌豆 Y 病毒 *Pea* virus Y (PeVY)

豌豆白粉菌 *Erysiphe pisi* DC.

豌豆斑点病菌 *Xanthomonas pisi* (ex Goto et Okabe) Vauterin et al.

豌豆病毒 Pea virus *Rhabdovirus*

豌豆长针线虫 *Longidorus pisi* Edward, Misra et Singh

豌豆单胞锈菌 *Uromyces pisi* (Pers.) Schröt.

豌豆耳突花叶 1 号病毒 *Pea enation mosaic virus 1 Enamovirus* (PEMV-1)

豌豆耳突花叶 2 号病毒 *Pea enation mosaic virus 2 Umbravirus* (PEMV-2)

豌豆耳突花叶病毒 *Pea enation mosaic virus Enamovirus* (PEMV)

豌豆根腐病菌 *Aphanomyces euteiches* f. sp. *pisi* Pfender et Hagedorn

豌豆根瘤菌 *Rhizobium leguminosarum* (Frank) Frank

豌豆褐斑病菌 *Ascochyta pisi* Lib.

豌豆黑斑病菌 *Mycosphaerella pinodes* (Berk. et Blox.) Stone

豌豆花叶病毒 *Pea mosaic virus Potyvirus* (PeMV)

豌豆黄单胞菌［豌豆斑点病菌］ *Xanthomonas pisi* (ex Goto et Okabe) Vauterin et al.

豌豆脚腐病菌 *Phoma pinodella* (Jones) Boerema

豌豆结瘿病菌 *Urophlyctis pisi* Korn.

豌豆茎坏死病毒 *Pea stem necrosis virus Carmovirus* (PSNV)

豌豆壳二孢 *Ascochyta pisi* Lib.

豌豆壳针孢 *Septoria pisi* Westend.

豌豆绿色斑驳病毒 *Pea green mottle virus Comovirus* (PGMV)

豌豆螺旋线虫 *Helicotylenchus pisi* Swarup et Sethi

豌豆轻型花叶病毒 *Pea mild mosaic virus Comovirus* (PMiMV)

豌豆球腔菌［豌豆黑斑病菌］ *Mycosphaerella pinodes* (Berk. et Blox.) Stone

豌豆生黑星孢 *Fusicladium pisicola* Linford

豌豆丝囊霉［豌豆根腐病菌］ *Aphanomyces euteiches* f. sp. *pisi* Pfender et Hagedorn

豌豆尾孢 *Cercospora pisi-sativae* Stevens.

豌豆尾囊壶菌［豌豆结瘿病菌］ *Urophlyctis pisi* Körn.

豌豆线条病毒 *Pea streak virus Carlavirus* (PeSV)

豌豆叶点霉 *Phyllosticta pisi* Westend

豌豆异皮线虫 *Heterodera goettingiana* Liebscher

豌豆疫病菌 *Pseudomonas syringae* pv. *pisi* (Sackett) Young et al.

豌豆疫霉 *Phytophthora erythroseptica* var. *pisi* Hickm. et Byw.

豌豆早枯病毒　*Pea early browning virus Tobravirus*（PEBV）

豌豆枝孢　*Cladosporium pisi* Cugini et Macchiati

豌豆种传花叶病毒　*Pea seed-borne mosaic virus Potyvirus*（PSbVM）

豌豆状香豌豆霜霉　*Peronospora lathyripisiformis* Nikolajaeva

完全霜霉　*Peronospora holostii* Casp.

晚生兰斯盘菌　*Lanzia serotina*（Pers. : Fr.）Korf et Zhuang

晚香玉（属）花叶病毒　*Folianthes leaf mosaic virus*（FLMV）

晚香玉矮化线虫　*Tylenchorhynchus tuberosus* Zarina et Maqbool

晚香玉病毒　*Tuberose virus Potyvirus*（TuV）

晚香玉轻型花叶病毒　*Tuberose mild mosaic virus Potyvirus*（TuMMV）

万布叉丝壳　*Microsphaera vanbruntiana* Ger.

万年青锈孢锈菌　*Aecidium ornithogaleum* Bub.

万年青亚球壳　*Sphaerulina rhodeae* Henn. et Shirai

万寿果花腐病菌　*Choanephora americana* Moeller

万寿菊斑驳病毒　*Marigold mottle virus Potyvirus*（MaMOV）

万寿菊黄单胞菌［万寿菊叶斑病菌］　*Xanthomonas campestris* pv. *tagetis* Rangaswami et Sanne

万寿菊假尾孢　*Pseudocercospora tagetiserectae* Goh et Hsieh

万寿菊链格孢　*Alternaria tagetica* Shome et Mustafee

万寿菊拟滑刃线虫　*Aphelenchoides tagetae* Steiner

万寿菊叶斑病菌　*Xanthomonas campestris* pv. *tagetis* Rangaswami et Sanne

万寿竹柄锈菌　*Puccinia dispori* Syd.

万寿竹锈孢锈菌　*Aecidium dispori* Diet.

亡革菌属　**Thanatephorus** Donk

王氏柄锈菌　*Puccinia wangiana* Zhuang et Wei

网孢黑粉菌　*Ustilago reticulata* Liro

网孢黑粉菌属　**Narasimhania** Thirum. et Pavgi

网孢球腔菌［棉白霉病菌］　*Mycosphaerella areola*（Ark.）Ehrl. et Wolf

网孢轴黑粉菌　*Sphacelotheca reticulata* Liu, Li et Du

网捕单顶孢　*Monacrosporium reticulatum*（Peach）Cooke et Dickinson

网隔长蠕孢　*Helminthosporium dictyoseptatum* Hughes

网卵腐霉　*Pythium dictyospermum* Racib.

网囊霉属　**Dictyuchus** Leitg.

网突肥柄锈菌　*Uropyxis arisanensis*（Hirats. et Hash.）Ito et Mur.

网尾螺旋线虫　*Helicotylenchus retusus* Siddiqi et Brown

网纹潜根线虫　*Hirschmanniella areolata* Ebsary et Anderson

网状疮痂链霉菌　*Streptomyces reticuliscabei* Bouchek-Mechiche

网状黑粉菌　*Ustilago polygoni-alati* Thirum. et Pavgi

网状镰孢　*Fusarium reticulatum* Mont.

网状列当　*Orobanche reticulata* Wallr.

网状外担菌［茶网饼病菌］　*Exobasidium reticulatum* Ito et Saw.

网状腥黑粉菌［小麦网腥黑粉菌］　*Tilletia caries*（DC.）Tul.

网状叶下珠假尾孢　*Pseudocercospora phyllanthi-reticulati* Sawada ex Deighton

威德摩尔链霉菌　*Streptomyces wedmorensis*（Millard et Burr）Preobrazhenskaya

威尔酵母　*Saccharomyces willianus* Sacc.

威尔生麦角菌　*Claviceps wilsonii* Cooke

威克毕赤酵母　*Pichia wickerhamii*（Walt) Kreger

威廉木层孔菌　*Phellinus williamsii*（Murr.）Pat.

威廉斯黑粉菌　*Ustilago williamsii*（Griff.）Lavr.

威灵仙柄锈菌　*Puccinia veronicarum* DC.

威氏伞滑刃线虫　*Bursaphelenchus wilfordi* Massey

威斯纳外囊菌　*Taphrina wiesneri*（Roth.）Mix

威斯拟长针线虫　*Longidoroides wiesae* Heyns

威特斯花苞苔潜隐类病毒　*Pouch flower latent viroid*（PLVd）

威岩仙锈孢锈菌　*Aecidium caulophylli* Körn.

威州壳二孢　*Ascochyta wisconsiana* Davie

微白黑粉菌　*Ustilago albida* Bub.

微白黄链霉菌　*Streptomyces albidoflavus*（Rossi-Doria）Waksman et Henrici

微白青霉　*Penicillium albidum* Sopp

微柄小盘多毛孢　*Pestalozziella subsessiles* Sacc. et Ellis

微齿小煤炱　*Meliola denticulala* Wint.

微杆菌属　**Microbacterium** Orla-Jensen

微果油杉寄生［西方云杉矮槲寄生］　*Arceuthobium microcarpum*（Engelm.）Hawksw. et Wiens

微褐藻异皮线虫　*Heterodera elachista* Ohshima

微红颤藻根生壶菌［颤藻肿胀病菌］　*Rhizophydium oscillatoriae-rubescentis* Jaag et Nipkow

微红帚霉　*Scopulariopsis rufulus* Bain.

微尖栲小煤炱　*Meliola subacuminata* Yam.

微孔草霜霉　*Peronospora microulae* Meng et Yin

微亮柄锈菌　*Puccinia nitidula* Tranz.

微亮叶点霉　*Phyllosticta nitidula* Dur.

et Mont.

微蜜皮线虫属　**Meloidoderita** Poghossian

微皮伞属　**Marasmiellus** Murr.

微球菌属　**Micrococcus** Cohn

微细半轮线虫　*Hemicriconemoides parvus* Dasgupta et al.

微细拟滑刃线虫　*Aphelenchoides subtenuis*（Cobb）Steiner et Buhrer

微细鞘线虫　*Hemicycliophora parvana* Tarjan

微细小长针线虫　*Longidorella parva* Thorne

微细小环线虫　*Criconemella parva*（Raski）de Grisse，Loof

微细小盘多毛孢　*Pestalozziella parva* Nag Raj

微小半轮线虫　*Hemicriconemoides minutus* Esser

微小垫盘菌　*Pulvinula minor* Liu

微小隔指孢　*Dactylella minut* Grove

微小黑粉菌　*Ustilago exigua* Syd.

微小环线虫　*Criconema minutum*（Kirjanova）Chitwood

微小茎线虫　*Ditylenchus minutus* Husain et Khan

微小块菌　*Tuber exiguum* Hesse

微小链霉菌　*Streptomyces parvulus* Waksman et Gregory

微小轮线虫　*Criconemoides pauperus*（de Grisse）Luć

微小螺旋线虫　*Helicotylenchus parvus* Williams

微小拟滑刃线虫　*Aphelenchoides minutus*（Fuchs）Filipjev

微小鞘线虫　*Hemicycliophora minuta*（Esser）Goodey

微小霜霉［蓝堇草霜霉病菌］　*Peronospora parvula* Schneid.

微小丝尾垫刃线虫　*Filenchus minutus*（Cobb）Siddiqi

微小油杉寄生　*Arceuthobium pusillum* Peck

微小针线虫 *Paratylenchus minutus* Linford

微小轴霜霉[老鹳草霜霉病菌] *Plasmopara pusilla*（de Bary）Schröter

微疣匍柄霉 *Stemphylium chisha*（Nishik.）Yamam.

微紫青霉 *Penicillium jamthinellum* Biourge

微座孢属 **Microdochium** Syd.

微座盘属 **Microstroma**（Niessl）

韦伯虫座孢 *Aegerita webberi* Fawcett

韦德尔水传病毒 *Weddel waterborne virus Carmovirus*（WWBV）

韦德曼小光壳炱 *Asteridiella werdermannii*（Hansf.）Hansf.

韦尔金锈菌 *Chrysomyxa weirii* Jacks.

韦尔莫塔螺旋线虫 *Helicotylenchus willmottae* Siddiqi

韦尔纤孔菌[松干基褐腐病菌] *Inonotus weirii*（Murrill）Kotlaba et Pouzar

韦杰赫螺旋线虫 *Helicotylenchus wajihi* Sultan

韦氏半轮线虫 *Hemicriconemoides wessoni* Chitwood et Birchfield

韦氏棘皮线虫 *Cactodera weissi*（Steiner）Krall et Krall

韦氏蓼柄锈菌 *Puccinia polygoni-weyrichii* Miyabe

韦氏毛杯菌[落叶松癌肿病菌] *Lachnellula willkommii*（Hart.）Dennis

围层锈菌 *Phakopsora cingens*（Syd.）Hirats.

围绕黑斑黑粉菌 *Melanotaenium cingens*（Beck）Magn.

围绕黑腐皮壳[梨黑腐皮壳] *Valsa ambiens*（Pers. ex Fr.）Fr.

围小丛壳[苹果炭疽病菌] *Glomerella cingulata*（Stonem.）Spauld. et Schrenk

围小丛壳[苹果炭疽病菌] *Marssonina cingulata*（Stonem.）Spauld. et Schre-

nk

桅蛇钩丝孢 *Harposporium cerberi* Gams，Hodge et Viaene

维多利亚平脐蠕孢 *Bipolaris victoriae*（Meehan et Murphy）Shoem.

维管束黄单胞菌 *Xanthomonas vasicola* Vauterin et al.

维管束黄单胞菌绒毛草变种[高粱条斑病菌] *Xanthomonas vasicola* pv. *holicola*（Elliott）Vauterin et al.

维管束假盘菌[葡萄角斑叶焦病菌] *Pseudopeziza tracheiphila*（Mull.-Thurg.）Korf et Zhuang

维克多拟滑刃线虫 *Aphelenchoides viktoris*（Fuchs）Goodey

维拉根结线虫 *Meloidogyne vialae*（Lavergne）Chitwood et Oteifa

维斯假丝酵母 *Candida viswanathii* Sandhu et Randh.

维也纳霜霉 *Peronospora viennotii* Mayor

维也纳特伴孢疣锈菌 *Dicheirinia viennotii* Hugu.

伟氏根壶菌[刚毛藻根壶病菌、畸形病菌] *Rhizidium westii* Mass.

伪病毒科 Pseudoviridae

伪病毒属 **Pseudovirus**

伪垫刃线虫属[不正茎线虫属] **Nothotylenchus** Thorne

伪根结线虫 *Meloidogyne fallax* Karssen

伪环线虫属 **Nothocriconema** de Grisse et Loof

伪粒线虫属 **Nothanguina** Whitehead

伪强盘旋线虫 *Rotylenchus fallorobustus* Sher

伪乔森纳姆线虫 *Geocenamus nothus*（Allen）Brzeski

伪亡线虫属 **Notholetus** Ebsary

伪小环线虫属 **Nothocriconemella** Ebsary

伪悬铃木叶点霉 *Phyllosticta pseudoplatani* Sacc.

尾孢黑粉菌属 **Neovossia** Körn.

尾孢属 **Cercospora** Fres.

尾侧尾腺口盘旋线虫 *Rotylenchus caudaphasmidius* Sher

尾粗巴兹尔线虫 *Basiria tumida*（Colbran）Geraert

尾稃草白叶病毒 *Urochloa hoja blanca virus Tenuivirus*（UHBV）

尾囊壶菌属 **Urophlyctis** Schröt.

尾状镰孢 *Fusarium caudatum* Wollenw.

尾状链壶菌 *Lagenidium caudatum* Barron

尾状盘双端毛孢 *Seimatosporium caudatum*（Preuss）Shoenlaker

尾状炭疽菌 *Colletotrichum caudatum*（Sacc.）PK.

苇散斑壳 *Lophodermium arundinaceum*（Schrad.）Chev.

委陵菜、多瓣木瘿瘤病菌 *Synchytrium cupulatum* Thom

委陵菜短柄多胞锈菌 *Phragmidium fragariastri*（DC.）Schröt.

委陵菜多胞锈菌 *Phragmidium potentillae*（Pers.）Karst.

委陵菜集壶菌[委陵菜瘿瘤病菌] *Synchytrium potentillae* Lagerh.

委陵菜壳针孢 *Septoria potentillica* Thüm.

委陵菜壳针孢 *Septoria tormentillae* Roberge ex Desm.

委陵菜盘二孢菌 *Marssonina potentillae*（Deism）Fisch

委陵菜膨痂锈菌 *Pucciniastrum potentillae* Kom.

委陵菜霜霉 *Peronospora potentillae* de Bary

委陵菜霜霉原变种 *Peronospora potentillae* var. *potentillae* de Bary

委陵菜外囊菌[委陵菜叶肿病菌] *Taphrina potentillae* Johans.

委陵菜尾孢 *Cercospora potentillae* Chupp et Greene

委陵菜小串锈菌 *Fromeëlla tormentillae*（Fuck.）Cumm. et Hirats.

委陵菜叶点霉 *Phyllosticta potentilliae* Sacc.

委陵菜叶肿病菌 *Taphrina potentillae* Johans.

委陵菜瘿瘤病菌 *Synchytrium potentillae* Lagerh.

萎蔫短小杆菌[菜豆细菌性萎蔫病菌] *Curtobacterium flaccumfaciens*（Hedges）Collins et Jones

萎蔫短小杆菌奥氏变种[郁金香黄色疱斑病菌] *Curtobacterium flaccumfaciens* pv. *oortii*（Saaltink）Collins et al.

萎蔫短小杆菌甜菜变种[甜菜银叶病菌] *Curtobacterium flaccumfaciens* pv. *betae*（Keyworth）Collins et al.

萎蔫短小杆菌萎蔫变种[菜豆萎蔫病菌] *Curtobacterium flaccumfaciens* pv. *flaccumfaciens*（Hedges）Collins et Jones

萎蔫短小杆菌一品红变种[一品红叶斑病菌] *Curtobacterium flaccumfaciens* pv. *poinsettiae*（Starr）Collins et Jones

萎蔫腐霉 *Pythium tracheiphilum* Matta

卫矛（属）花叶病毒 *Euonymus mosaic virus Carlavirus*（EuoMV）

卫矛病毒 *Euonymus virus Rhabdovirus*（EuoV）

卫矛带化病毒 *Euonymus fasciation virus Nucleorhabdovirus*（EFV）

卫矛钩丝壳 *Uncinula sengokui* Salm.

卫矛盘多毛孢 *Pestalotia planimi* Vize

卫矛球壳孢 *Sphaeropsis euonymi* Desm.

卫矛生尾孢 *Cercospora euonymigena* Y. Guo et Y, Jiang

卫矛小尾孢 *Cercosporella euonymi* Erikss.

卫矛叶点霉　*Phyllosticta evonymi* Sacc.

卫星 DNA　satellite DNA

卫星 RNA　satellite RNA

卫星病毒　satellite virus

猬刺木霉　*Trichoderma erinaceum*

猬状猴头菌　*Hericium erinaceus*（Bull. ex Fr.）Pers.

温戴斯螺旋线虫　*Helicotylenchus vindex* Siddiqi

温和噬酸菌　*Acidovorax temperans* Willems et al.

温奇汉逊酵母　*Hansenula wingei* Wickerh.

温氏拟滑刃线虫　*Aphelenchoides winchesi*（Goodey）Filipjev

温氏拟滑刃线虫叉尾变种　*Aphelenchoides winchesi* var. *diversus* Paesler

温氏拟滑刃线虫丝尾变种　*Aphelenchoides winchesi* var. *filicaudatus* Christie

温特曲霉　*Aspergillus wentii* Wehmer

温州蜜橘矮缩病毒　*Satsuma dwarf virus Sawavirus*（SDV）

榅桲赤色叶斑病菌　*Entomosporium maculatum* Lév.

榅桲丛梗孢　*Monilia linhartiana* Pr. et Del.

榅桲核盘菌　*Sclerotinia cydoniae* Schellenb.

榅桲假尾孢　*Pseudocercospora cydoniae*（Ell. et Ev.）Guo et Liu

榅桲链核盘菌　*Monilinia cydoniae*（Schell.）Whetz.

榅桲生叶点霉　*Phyllosticta cydoniicola* Allesch

榅桲尾孢　*Cercospora cydoniae* Ell. et Ev.

榅桲锈病菌　*Gymnosporangium clavipes*（Cooke et Peck）Cooke et Peck

榅桲叶点霉　*Phyllosticta cydoniae*（Desm.）Sacc.

文殊兰（属）病毒　*Crinum virus*（CriV）

文殊兰（属）花叶病毒　*Crinum mosaic virus Potyvirus*（CriMV）

纹孢丛赤壳　*Nectria striatospora* Zimm.

纹饰品字锈菌　*Hapalophragmium ornatum* Cumm.

紊乱黑粉菌　*Ustilago confusa* Mass.

紊乱团黑粉菌　*Sorosporium confusum* Jacks.

紊乱枝孢　*Cladosporium confusum* Matsushima

稳定伯克氏菌　*Burkholderia stabilis* Vandamme et al.

汶山角锈孢锈菌　*Roestelia wenshanensis*（Tai）Tai

蕹菜白锈菌　*Albugo ipomoeae-aquaticae* Sawada

蕹菜叶点霉　*Phyllosticta ipomoeae* Ell. et Kell

莴苣传染性黄化病毒　*Lettuce infectious yellows virus Crinivirus*（LIYV）

莴苣根腐病菌　*Pythium uncinulatum* Plaäts-Nit.

莴苣花叶病毒　*Lettuce mosaic virus Potyvirus*（LMV）

莴苣坏死黄化病毒　*Lettuce necrotic yellows virus Cytorhabdovirus*（LNYV）

莴苣环坏死病毒　*Lettuce ring necrosis virus Ophiovirus*

莴苣黄单胞菌［莴苣叶斑病菌］　*Xanthomonas campestris* pv. *lactucae*（Yamamoto）Dowson

莴苣巨脉伴随病毒　*Lettuce big-vein associated virus Varicosavirus*（LBVV）

莴苣壳针孢［莴苣叶枯病菌］　*Septoria lactucae* Pass.

莴苣盘二孢菌　*Marssonina panattoniana*（Berl.）Magn

莴苣盘梗霉　*Bremia lactucae* Regel

莴苣盘梗霉澳洲异蕊芥变型　*Bremia lactucae* f. sp. *dimorphothecae-aurantiacae* Sǎvul. et Vánky

莴苣盘梗霉翅山茶变种　*Bremia lactucae*

var. *pterothecae* Uljan.

莴苣盘梗霉稻槎菜变型［稻槎菜霜霉病菌］ *Bremia lactucae* f. sp. *lapsane* Skidmore et Ingram

莴苣盘梗霉飞廉变种［飞廉霜霉病菌］ *Bremia lactucae* var. *cardui* Uljan.

莴苣盘梗霉旱花变种［旱花霜霉病菌］ *Bremia lactucae* var. *xeranthemi* Uljan.

莴苣盘梗霉红花变型 *Bremia lactucae* f. sp. *carthami* Milovtz.

莴苣盘梗霉还阳参变型［还阳参霜霉病菌］ *Bremia lactucae* f. sp. *crepidis* Skidmore et Ingram

莴苣盘梗霉火线草变型 *Bremia lactucae* f. sp. *leontodi* Skidmore et Ingram

莴苣盘梗霉蓟变种 *Bremia lactucae* var. *cirsii* Jacz. ex Uljan.

莴苣盘梗霉苦苣菜变型 *Bremia lactucae* f. sp. *sonchi* Skidmore et Ingram

莴苣盘梗霉苦荬菜生变型［苦荬菜霜霉病菌］ *Bremia lactucae* f. sp. *sonchicola* Ling et Tai

莴苣盘梗霉马醉木变型［马醉木霜霉病菌］ *Bremia lactucae* f. sp. *picridis* Skidmore et Ingram

莴苣盘梗霉毛莲菜变种 *Bremia lactucae* var. *picridis-hieracioidis* Novotelnova et Pystina

莴苣盘梗霉泥湖菜变型 *Bremia lactucae* f. sp. *saussureae* Saw.

莴苣盘梗霉牛蒡变种 *Bremia lactucae* var. *arctii* Novotelnova et Pystina

莴苣盘梗霉蒲公英变种 *Bremia lactucae* var. *taraxaci* Skidmore et Ingram

莴苣盘梗霉千里光变型 *Bremia lactucae* f. sp. *senecionis* Skidmore et Ingram

莴苣盘梗霉山柳菊变型 *Bremia lactucae* f. sp. *hieracii* Skidmore et Ingram

莴苣盘梗霉山莴苣变型 *Bremia lactucae* f. sp. *mulgedii* Benua

莴苣盘梗霉矢车菊变型 *Bremia lactucae* f. sp. *centaureae* Skidmore et Ingram

莴苣盘梗霉威廉变种 *Bremia lactucae* var. *willemetiae* Uljan.

莴苣盘梗霉异蕊芥变型 *Bremia lactucae* f. sp. *dimorphothecae-pluvialis* Săvul. et Vánky

莴苣盘梗霉原变型 *Bremia lactucae* f. sp. *lactucae* Regel

莴苣盘梗霉原变种 *Bremia lactucae* var. *lactucae* Regel

莴苣盘梗霉中华变型 *Bremia lactucae* f. sp. *chinensis* Ling et Tai

莴苣匍柄霉 *Stemphylium lactucae* Zhang et Zhang

莴苣生壳针孢 *Septoria lactucicola* Ell. et Mart.

莴苣生枝孢 *Cladosporium lactucicola* Cui et Zhang

莴苣霜霉病菌 *Bremia lactucae* f. sp. *lactucae* Regel

莴苣褪绿病毒 *Lettuce chlorosis virus Crinivirus*（LCV）

莴苣尾孢 *Cercospora lactucae-sativae* Sawada

莴苣尾孢叶斑病菌 *Cercospora longissima* Sacc.

莴苣小斑驳病毒 *Lettuce speckles mottle virus Umbravirus*（LSMV）

莴苣叶斑病菌 *Xanthomonas axonopodis* pv. *vitians*（Brown）Vauterin et al.

莴苣叶斑病菌 *Xanthomonas campestris* pv. *lactucae*（Yamamoto）Dowson

莴苣叶枯病菌 *Septoria lactucae* Pass.

莴苣叶缘焦枯病菌 *Pseudomonas fluorescence* Biovar II（Trevisan）Migula

莴苣原囊菌 *Protomyces lactucae* Saw.

莴苣轴霜霉 *Plasmopara lactuca-radicis* Stanghellini et Gilbertson

窝孔星盾炱 *Asterina scrobiculata* Yam.

沃安齐亚属坏死花叶病毒 *Voandzeia ne-*

crotic mosaic virus Tymovirus （VN-MV）

沃安齐亚属畸花叶病毒 Voandzeia distortion mosaic virus Potyvirus （VD-MV）

沃德氏葡萄叶斑病菌 Xanthomonas campestris pv. vitiswoodrowii （Patel）Dye ·

沃蒂柄锈菌 Puccinia wattiana Barcl.

沃尔特煤炱 Capnodium walteri Sacc.

沃格尔叶点霉 Phyllosticta vogelii （Syd.）Died.

沃罗宁菌属 **Woronina** Cornu

沃罗诺壳二孢 Ascochyta woronowiana Siemaszko

沃氏柳栅锈菌 Melampsora saliciswarburgii Saw.

沃氏拟滑刃线虫 Aphelenchoides vaughani Masler

沃氏缬草单胞锈菌 Uromyces valerianae-wallichii Arth. et Cumm.

沃特曼青霉 Penicillium wortmannii Klock

卧孔菌属 **Poria** Pers. ex Gray

乌材柿假尾孢 Pseudocercospora diospyri-erianthae Sawada ex Goh et Hsieh

乌材柿尾孢 Cercospora diospyri-erianthae Saw.

乌饭树叉丝单囊壳 Podosphaera murtillina Kunze et Schmidt

乌饭树盖痂锈菌 Thekopsora vaccini （Wint.）Hirats.

乌饭树黑星菌 Venturia myrtilli Cooke

乌饭树金锈菌 Chrysomyxa taihaensis Hirats. et Hash.

乌饭树木星裂盘菌 Phacidium vaccinii Fr.

乌饭树球座菌 Guignardia vaccini Shear

乌饭树外担菌 Exobasidium vaccinii Woron.

乌饭树小光壳炱 Asteridiella vacciniicola Hansf.

乌黑假尾孢 Pseudocercospora fuligniosa （Ell. et Kell.）Zhao et Guo

乌桕长蠕孢 Helminthosporium sapii Miyake

乌桕假尾孢 Pseudocercospora stillingiae （Ell. et Ev.）Yen et al.

乌桕球针壳 Phyllactinia sapii Saw.

乌桕生小煤炱 Meliola sapiicola Hu et Song

乌克尔丽皮线虫 Atalodera ucri Wouts et Sher

乌克拟油壶菌 Olpidiopsis ucranica Wize

乌拉尔柄锈菌 Puccinia cnici-oleracei

乌拉尔柄锈菌 Puccinia uralensis Tranz.

乌拉尔柔膜菌 Helotium uralense Naum.

乌拉尔霜霉 Peronospora uralensis Jacz.

乌拉腐霉 Pythium uladhum D. Park

乌拉圭小盘环线虫 Discocriconemella uruguayensis Vovlas et Lamberti

乌来小环座囊菌［橡胶树南美叶疫病菌］ Microcyclus ulei （Henning）von Arx

乌蔹莓单囊壳 Sphaerotheca cayratiae Yuan et Wang

乌蔹莓叶斑病菌 Pseudomonas cissicola （Takimoto）Burkholder

乌墨蒲桃小煤炱 Meliola eugeniae-jamboloidis Hansf.

乌墨蒲桃小煤炱澳洲变种 Meliola eugeniae-jamboloidis var. australiensis Hansf.

乌氏异皮线虫 Heterodera ustinovi Kirjanova

乌斯小煤炱 Meliola usteriae Hansf. et Deight.

乌苏里风毛菊野苦麻柄锈菌 Puccinia saussureae-ussuriensis Liou et Wang

乌苏里螺旋线虫 Helicotylenchus ussurensis Eroshenko

乌苏里霜霉 Peronospora ussuriensis Jacz.

乌苏里野苦麻柄锈菌　*Puccinia saussureae-ussuriensis* Liou et Wang

乌头柄锈菌　*Puccinia lycoctoni* Fuck.

乌头单胞锈菌　*Uromyces aconiti* Fuck.

乌头壳二孢　*Ascochyta aconititana* Melnik

乌头壳针孢　*Septoria aconiti* Sacc.

乌头潜隐病毒　*Aconitum latent virus Carlavirus*

乌头鞘锈菌　*Coleosporium aconiti* Thüm.

乌头霜霉菌　*Peronospora aconiti* Yu

乌兹别克异皮线虫　*Heterodera uzbekistanica* Narbaev

污斑假尾孢　*Pseudocercospora spilosticta*（Syd.）Deighton

污斑盘多毛孢　*Pestalotia foedans* Sacc. et Ell.

污斑尾孢　*Cercospora spilosticta* Syd.

污粉栅锈菌　*Melampsora farinosa* Schröt.

污黑腐皮壳［杨树腐烂病菌］　*Valsa sordida* Nits.

污色白粉菌　*Erysiphe sordida* Junell

无斑柄锈菌　*Puccinia emaculata* Schw.

无孢酵母　*Asporomyces asporus* Chab.

无孢酵母属　**Asporomyces** Chaborski

无柄柄锈菌　*Puccinia sessilis* Schn.

无柄伞锈菌［白格锈病菌］　*Ravenelia sessilis* Berk.

无柄无隔藻、双生无隔藻壶菌　*Chytridium piriforme* Reiusch

无唇环盘旋线虫　*Rotylenchus calvus* Sher

无定形肥柄锈菌　*Uropyxis amorphae*（Curt.）Schröt.

无分枝油杉寄生　*Arceuthobium strictum* Hawksw. et Wiens

无隔藻根生壶菌［无隔藻肿胀病菌］　*Rhizophydium vaucheriae* de Wild.

无隔藻接根壶菌　*Zygorhizidium vaucheriae* Rieth

无隔藻囊壶菌　*Phlyctochytrium vauche-*

riae Rieth

无隔藻内壶菌　*Entophlyctis vaucheriae*（Fisch.）Fischer

无隔藻拟根丝壶病菌　*Latrostium comprimens* Zopf

无隔藻丝囊霉　*Aphanomyces gordejevii* Skvortsov

无隔藻沃罗宁菌　*Woronina glomerata* Fisch.

无隔藻肿胀病菌　*Rhizophydium vaucheriae* de Wild.

无根萍腐烂病菌　*Pythium cyctosiphon* Lindstedt

无根藤　*Cassytha filiformis* Linn.

无根藤属（樟科）　**Cassytha** L.

无冠构巢曲霉　*Aspergillus nidulans* var. *acristatus* Fenn et Raper

无花果S病毒　*Fig virus S Carlavirus*（FVS）

无花果棒球壳　*Trabutia elmeri* Theiss. et Syd.

无花果病毒　*Fig virus Potyvirus*（FiV）

无花果钉孢霉　*Passalora bolleana*（de Thüm.）Braun

无花果短胖孢　*Cercosporidium bolleanum*（deThuem.）Liu et Guo

无花果黑痣菌　*Phyllachora ficum* Niessl.

无花果畸形病毒　*Fig deformation virus*（FiDV）

无花果假尾孢　*Pseudocercospora fici*（Heald et Wolf）Liu et Guo

无花果茎线虫　*Ditylenchus sycobius*（Cotte）Filipjev

无花果壳针孢　*Septoria pirottae* Tassi

无花果蜡锈菌　*Cerotelium fici*（Cast.）Arth.

无花果链格孢　*Alternaria fici* Farneti

无花果瘤座孢　*Tubercularia fici* Edg.

无花果葡萄孢　*Botrytis deptadens* Cooke

无花果曲霉　*Aspergillus ficuum*（Rei-*

ch) Henn.

无花果秃壳煲 *Irenina cheoi* Hansf.

无花果尾孢 *Cercospora fici* Heald et Wolf.

无花果心腐病菌 *Phytomonas bancrofti*

无花果叶斑病菌 *Pseudomonas syringae* pv. *fici* Durgapal et Singh

无花果叶斑病菌 *Xanthomonas campestris* pv. *fici* (Cavara) Dye

无花果叶褪绿病毒 *Fig leaf chlorosis virus Potyvirus* (FigLCV)

无花果异长针线虫 *Paralongidorus fici* Edward, Misra et Singh

无花果异皮线虫 *Heterodera fici* Kirjanova

无花果疫霉 *Phytophthora caricae* Hara

无花果瘿螨 *Eriophyes ficus* Cotte

无花果针壳煲 *Irenopsis benguetensis* Stev. et Rold.

无患子钩丝壳 *Uncinula sapindi* Yu

无患子假尾孢 *Pseudocercospora sapindi-emarginati* (Ramak. et Ramak.) Guo et Liu

无患子拟棒束孢 *Isariopsis sapindi* Saw.

无患子生尾孢 *Cercospora sapindicola* Tai

无患子生叶点霉 *Phyllosticta sapindicola* Saw.

无壳曲霉 *Aspergillus athecius* Raper et Fenn.

无毛无根藤 *Cassytha glabella* Br.

无膜孔(异皮)线虫属 **Afenestrata** Baldwin et Bell

无球新垫刃线虫 *Neotylenchus abulbosus* Steiner

无球异头垫刃线虫 *Atetylenchus abulbosus* (Thorne) Khan

无色柄锈菌 *Puccinia achroa* Syd.

无色不眠单胞锈菌 *Maravalia achroa* (Syd.) Arth. et Cumm.

无色梗假尾孢 *Pseudocercospora hyalo-conidiophora* Goh et Hsieh

无色克鲁白粉菌 *Erysiphe cruchetiana* var. *hyalina* Zheng et Chen

无色锈菌 *Achrotelium ichnocarpi* Syd.

无色锈菌属 **Achrotelium** Syd.

无饰根结线虫 *Meloidogyne inornata* Lordello

无饰线虫属,无饰线虫亚属 **Blandicephalanema** Mehta et Raski

无尾轮线虫 *Criconemoides anura* (Kirjanova) Raski

无性腐霉[稻、甘蔗绵腐病菌] *Pythium aftertile* Kanouse et Humphrey

无雄腐霉 *Pythium anandrum* Drechsler

无臭核盘菌 *Sclerotinia kenjiana* Miura

无序腐霉[韭菜腐败病菌] *Pythium perplexum* Kouyeas et Theohari

无缘草霜霉 *Peronospora eritrichii* Ito et Tokun.

无缘草锈孢锈菌 *Aecidium eritrichii* Henn.

无柱兰夏孢锈菌 *Uredo amitostigmae* Hirats. et Hash.

无纵纹螺旋线虫 *Helicotylenchus alinae* Khan et al.

吴茱萸钉孢霉 *Passalora evodiae* (Syd.) Goh et Hsieh

吴茱萸钩丝壳 *Uncinula evodiae* Zheng et Chen

吴茱萸鞘锈菌 *Coleosporium evodiae* Diet.

吴茱萸球腔菌 *Mycosphaerella evodiae* Lue et Chi

吴茱萸球针壳 *Phyllactinia evodiae* Yu

吴茱萸生假尾孢 *Pseudocercospora evodiicola* (Boed.) Chi

吴茱萸生星盾煲 *Asterina evodiicola* Yam.

吴茱萸尾孢 *Cercospora evodiae* Syd.

吴茱萸锈孢锈菌 *Aecidium evodiae* Zhuang

芜菁穿孔线虫 *Radopholus brassicae* Shahina et Maqbool

芜菁丛簇病毒 *Turnip rosette virus Sobemovirus*（TRoV）

芜菁黑斑病菌 *Leptosphaeria napi*（Fuck.）Wint.

芜菁花叶病毒 *Turnip mosaic virus Potyvirus*（TuMV）

芜菁黄花叶病毒 *Turnip yellow mosaic virus Tymovirus*（TYMV）

芜菁黄花叶病毒科 Tymoviridae

芜菁黄花叶病毒属 **Tymovirus**

芜菁黄化病毒 *Turnip yellows virus Polerovirus*（TYV）

芜菁节片线虫 *Macroposthonia napoensis* Talavera et Hunt

芜菁链格孢 *Alternaria napiformis* Purkayastha et Mallik

芜菁脉明病毒 *Turnip vein-clearing virus Tobamovirus*（TVCV）

芜菁潜根线虫 *Hirschmanniella brassicae* Duan，Liu et al.

芜菁小球腔菌［芜菁黑斑病菌］ *Leptosphaeria napi*（Fuck.）Wint.

芜菁皱缩病毒 *Turnip crinkle virus Carmovirus*（TCV）

芜菁皱缩病毒卫星 RNA Turnip crinkle virus Satellite RNA

梧桐白粉菌 *Erysiphe firmianae* Zheng et Chen

五瓣桑寄生 *Helixanthera parasitica* Lour.

五瓣桑寄生 *Loranthus pentapetalus* Roxb.

五倍子新茎线虫 *Neoditylenchus gallica*（Steiner）Mey

五彩苏 1 号类病毒 *Coleus blumei viroid 1 Coleviroid*（CbVd-1）

五彩苏 2 号类病毒 *Coleus blumei viroid2 Coleviroid*（CbVd-2）

五彩苏 3 号类病毒 *Coleus blumei viroid 3 Coleviroid*（CbVd-3）

五彩苏类病毒 *Coleus blumei viroid*

（CbVd）

五层龙生平塚锈菌 *Hiratsukamyces salacicola* Thirum.，Kern et Patil

五福花柄锈菌 *Puccinia adoxae* Hedw.

五福花黑斑黑粉菌 *Melanotaenium adoxae*（Bref.）Ito

五沟线虫属 **Quinisulcius** Siddiqi

五加壳二孢 *Ascochyta acanthopanacis*（Syd.）P. K. Chi

五加锈孢锈菌 *Aecidium acanthopanacis* Diet.

五加叶点霉 *Phyllosticta acanthopanacis* Syd.

五角枫漆斑病菌 *Rhytisma acerinum*（Pers.）Fr.

五角菟丝子 *Cuscuta pentagona* Engelm

五节芒黑痣菌 *Phyllachora miscanthi-japonici* Saw.

五节芒霜霉病菌 *Peronosclerospora spontanea*（Weston）Shaw

五脉槲寄生 *Viscum monoicum* Roxb.

五蕊寄生 *Dendrophthoe pentandra*（Linn.）Miq.

五蕊寄生属（桑寄生科） **Dendrophthoe** Mart.

五通桥毛霉［腐乳菌种］ *Mucor wutungkiao* Fang

五味子叉丝壳 *Microsphaera schizandrae* Sawada

五味子内锈菌 *Endophyllum macheshwarii* Singh et Jalan

五味子色链隔孢 *Phaeoramularia schisandrae* Guo

五味子锈生座孢 *Tuberculina schisandrae*

五月茶桶孢锈菌 *Crossopsora antidesmaedioicae*（Syd.）Arth. et Cumm.

五月茶柱锈菌 *Cronartium antidesmaedioicae*（Racib.）Syd.

五月匍柄霉 *Stemphylium majusculum* Simmons

武尾螺旋线虫 *Helicotylenchus hoploca-*

udus Majreker

武夷顶叉丝壳　*Furcouncinula wuyiensis* Chen et Gao

武夷附丝壳　*Appendiculella wuyiensis* Hu et Song

武夷山叉丝单囊壳　*Podosphaera wuyi-shanensis* Chen et Yao

勿忘草粉孢　*Oidium myosotidis* Rabenh.

勿忘草集壶菌［勿忘草瘿瘤病菌］ *Synchytrium myosotis* Kühn

勿忘草霜霉　*Peronospora myosotidis* de Bary

勿忘草霜霉肺草变型　*Peronospora myosotidis* f. sp. *pulmonariae* Lobik

勿忘草霜霉蓟变种　*Peronospora myoso-tidis* var. *echii* K. Krieg.

勿忘草霜霉较小变种　*Peronospora myoso-tidis* var. *minor* Benua

勿忘草霜霉紫草变型　*Peronospora myoso-tidis* f. sp. *lithospermi* Rabenh.

勿忘草瘿瘤病菌　*Synchytrium myosotis* Kühn

勿忘草轴霜霉　*Plasmopara myosotidis* C. G. Shaw

雾灵柄锈菌　*Puccinia wulingensis* B. Li

雾水葛假尾孢　*Pseudocercospora pouzo-lziae* (Syd.) Guo et Liu

雾水葛球腔菌　*Mycosphaerella pouzol-ziae* Saw.

雾状叶点霉　*Phyllosticta nebulosa* Sacc.

X

西班牙根结线虫　*Meloidogyne hispanica* Hirschmann

西班牙甜瓜褐斑病菌　*Sphingomonas me-lonis* Buonaurio et al.

西班牙掷孢酵母　*Sporobolomyces hispa-nicus* Pel. et Ramir.

西北柄锈菌　*Puccinia boreo-occidentalis* Zhuang et Wei

西伯利亚柄锈菌　*Puccinia sibirica* Tra-nz.

西德奎线虫属　**Siddiqia** Khan, Chawla et Saha

西迪奎粗纹膜垫线虫　*Aglenchus siddiqii* Khan, Khan et Bilqeens

西尔吉尔环线虫　*Criconema sirgeli* Berg et Meyer

西番莲(属)潜病毒　*Passiflora latent vi-rus Carlavirus* (PLV)

西番莲黑斑病菌　*Alternaria guanxiensis* Chen et Zhang

西番莲环斑病毒　*Passiflora ringspot vi-rus Potyvirus* (PaRSV)

西番莲假尾孢　*Pseudocercospora stahlii* (Stev.) Deighton

西番莲南非病毒　Passiflora South Afri-can virus (PSAV)

西番莲球腔菌　*Mycosphaerella passiflorae* Lue et Chi

西番莲生尾孢　*Cercospora passifloricola* Chupp

西番莲叶斑病菌　*Xanthomonas axonopo-dis* pv. *passiflorae* Goncalves et Rasato

西番莲脂斑病菌　*Pseudomonas syringae* pv. *passiflorae* (Reid) Young et al.

西方矮槲寄生　*Arceuthobium campylo-podum* Engelm.

西方白松油杉寄生　*Arceuthobium monticola* Hawksworth，Wiens et Nickrent

西方白锈菌［菠菜白锈病菌］　*Albugo occidentalis* Wilson

西方格孢腔菌［柑橘黑霉病菌］　*Pleospora hesperidearun* Catt.

西方决明假尾孢　*Pseudocercospora cassise-occidentalis*（Yen）Yen

西方松瘤锈病菌　*Endocronartium harknessii*（Moore）Hirats.

西方云杉槲寄生　*Arceuthobium microcarpum*（Engelm.）Hawksw. et Wiens

西方指霜霉［芒稗霜霉病菌］　*Peronosclerospora westonii*（Srinivasan et al.）Show

西方轴黑粉菌　*Sphacelotheca occidentalis*（Seym.）Clint.

西弗汉逊酵母　*Hansenula ciferrii* Lodd.

西弗假丝酵母　*Candida ciferrii* Krieg

西弗小煤炱　*Meliola ciferri* Hansf.

西格河病毒　*Sieg River virus Potexvirus*（SiRV）

西古里球腔菌　*Mycosphaerella cigulicola* Baker

西瓜、豌豆、茄根腐、猝倒病菌　*Pythium acanthicum* Drechsler

西瓜腐烂病菌　*Mucor delicatulus* Berkeley

西瓜果斑病菌　*Acidovorax avenae* subsp. *citrulli*（Schaad）Willems

西瓜花叶1号病毒　*Watermelon mosaic virus 1 Potyvirus*（WMV-1）

西瓜花叶2号病毒　*Watermelon mosaic virus 2 Potyvirus*（WMV-2）

西瓜花叶病毒　*Watermelon mosaic virus Potyvirus*（WMV）

西瓜黄蔓病菌　*Serratia marcescens* Bizic

西瓜卷曲斑驳病毒　*Watermelon curly mottle virus Begomovirus*（WmCMV）

西瓜壳二孢　*Ascochyta citrullina* Smith

西瓜摩洛哥花叶病毒　*Watermelon Moroccan mosaic virus Potyvirus*

西瓜生壳针孢　*Septoria citrullicola* Poteb.

西瓜褪绿矮化病毒　*Watermelon chlorotic stunt virus Begomovirus*（WmCSV）

西瓜芽坏死病毒　*Watermelon bud necrosis virus Tospovirus*（WBNV）

西瓜银色斑驳病毒　*Watermelon silver mottle virus Tospovirus*（WSMOV）

西葫芦黄脉花叶病毒　*Pumpkin yellow vein mosaic virus*（PYVMV）

西葫芦链格孢　*Alternaria peponicola* Simmons

西卡洛针线虫　*Paratylenchus ciccaronei* Raski

西康多胞锈菌　*Phragmidium sikangense* Petr.

西康壳针孢［大孢壳针孢］　*Septoria sikangensis* Petr.

西米里马小煤炱　*Meliola simillima* Ell. et Ev.

西姆拉环线虫　*Criconema simlaensis* Jairajpuri

西拿罗亚番茄曲叶病毒　*Sinaloa tomato leaf curl virus Begomovirus*（STLCV）

西萨氏白粉菌寄生菌　*Cicinobolus cesatii* de Bary

西氏环线虫　*Criconema seymouri* Wu

西氏轮线虫　*Criconemoides siddiqi* Khan

西氏拟滑刃线虫　*Aphelenchoides siddiqii* Fortuner

西双版纳兰伯特盘菌　*Lambertella xishuangbanna* Zhuang

西田柄锈菌　*Puccinia nishidana* Henn.

西田层锈菌　*Phakopsora nishidana* Ito

西田钩丝壳　*Uncinula nishidana* Homma

西洋参叶线虫［拟滑刃线虫］　*Aphelenchoides panaxofolia* Liu，Wu et al.

西印度异毛刺线虫　*Allotrichodorus we-*

stindicus Rashid et al.

西藏矮寄生 *Arceuthobium tibetense* Kiu

西藏柄锈菌 *Puccinia thibetana* J. Y. Zhuang

西藏冷杉油杉寄生(西藏矮寄生) *Arceuthobium tibetense* Kiu

西藏列当 *Orobanche clarkei* Hook.

希尔螺旋线虫 *Helicotylenchus sheri* Jain, Upadhyay et Singh

希金斯顶辐霉 *Dactylaria higginsii* (Lutrell) Ellis

希金斯炭疽菌[白菜炭疽病菌] *Colletotrichum higginsianum* Sacc.

希氏粪盘菌 *Peziza shearii* (Gilkey) Korf

希氏梨孢 *Pyricularia higginsii* Luttrell

希氏梨孢浦那变种 *Pyricularia higginsii* var. *poonensis* Thirumalachar et al.

矽藻油壶菌[拟菱藻、柔线藻肿胀病菌] *Olpidium hantzschioe* Skvortsov

惜古比生小光壳贠 *Asteridiella cecropiicola* Hansf.

菥蓂柄锈菌 *Puccinia thlaspeos* Schub.

稀孢节丛孢 *Arthrobotrys paucispora* Jarowaja

稀少茎线虫 *Ditylenchus manus* Siddiqi

稀少螺旋线虫 *Helicotylenchus sparsus* Fernandez et al.

稀少拟滑刃线虫 *Aphelenchoides rarus* Eroshenko

稀少霜霉 *Peronospora paula* Gustavsson

稀少异皮线虫 *Heterodera mani* Mathews

稀疏链霉菌 *Streptomyces sparsogenes* Owen, Dietz et Camiener

稀疏青霉 *Penicillium sparsum* Grev.

稀疏曲霉 *Aspergillus sparsus* Raper et Thom

稀纹环线虫 *Criconema pauciannulatum* Berg

稀有茎线虫 *Ditylenchus rarus* Meyl

溪流长形胞囊线虫 *Dolichodera fluvialis* Mulvey et Ebsary

锡博尔拟滑刃线虫 *Aphelenchoides cibolensis* Riffle

锡霍特山蜜皮线虫 *Meloidodera sikhotealiniensis* Eroshenko

锡金白粉菌 *Erysiphe sikkimensis* Chona et al.

锡兰兰伯特盘菌 *Lambertella zeylanica* Dumont

锡氏节壶菌[蓑草结瘿病菌] *Physoderma thirumalacharii* Pavgi et Singh

锡特卡河水传病毒 *Sitke water-borne virus Tombusvirus* (SWBV)

锡特柳枝孢 *Cladosporium salicis-sitchensis* Dearness et Barth

锡沃斯螺旋线虫 *Helicotylenchus sieversii* Razjivin

豨莶假尾孢 *Pseudocercospora sugimotoana* (Kats.) Guo et Liu

豨莶壳针孢 *Septoria siegesbeckiae* Saw.

豨莶尾孢 *Cercospora siegesbeckiae* Katsuki

豨莶锈孢锈菌 *Aecidium siegesbeckiae* Syd.

豨莶原囊菌 *Protomyces siegesbeckiae* Saw.

豨莶轴霜霉 *Plasmopara siegesbeckiae* (Lagerheim) Tao

膝梗孢属 ***Gonytrichum*** Nees et Nees

膝接藻畸形病菌 *Micromyces zygogonii* Dang.

膝曲柳穿鱼霜霉 *Peronospora linariae-genistifoliae* Săvul. et Rayss

膝曲弯孢 *Curvularia geniculata* (Tracy et Earle) Boedijn

蟋蟀草平脐蠕孢 *Bipolaris eleusinea* Peng et Lu

蟋蟀草腥黑粉菌 *Tilletia eleusines* Syd.

蟋蟀曲霉 *Aspergillus speluneus* Raper et Fenn.

席卷核盘菌 *Sclerotinia convaluta* (Whetz. et Drayt.) Drayt.

席氏内脐蠕孢　*Drechslera sivanesanii* Mano et Reddy

洗氏野樱樱链核盘菌　*Monilinia seaveri* (Rehm) Honey

喜白蜡树多年卧孔菌　*Perenniporia fraxinophila*（PK.）Ryv.

喜丁香叶点霉　*Phyllosticta syringophila* Oudem.

喜海藻糖毕赤酵母　*Pichia trehalophila* Phaff et al.

喜禾草茎线虫　*Ditylenchus graminophilus*（Goodey）Filipjev

喜花草小球腔菌　*Leptosphaeria eranthemi* Pat.

喜空球藻根生壶菌［喜空球藻肿胀病菌］ *Rhizophydium contractophilum* Canter

喜空球藻肿胀病菌　*Rhizophydium contractophilum* Canter

喜马拉雅草苁蓉（丁座草）　*Boschniakia himalaica* Hook. et Thoms.

喜马拉雅长针线虫　*Longidorus himalayensis*（Khan）Xu et Hooper

喜马拉雅短体线虫　*Pratylenchus himalayaensis* Kapoor

喜马拉雅黑粉菌　*Ustilago himalensis*（Kak. et Ono）Vánky et Oberw.

喜马拉雅寄生花　*Sapria himalayana* Griff.

喜马拉雅鞘锈菌　*Coleosporium himalayense* Durr.

喜马拉雅散斑壳　*Lophodermium himalayense* Cannon et Minter

喜马拉雅五沟线虫　*Quinisulcius himalayae* Nahajan

喜马拉雅新长针线虫　*Neolongidorus himalayensis* Khan

喜马拉雅疫霉　*Phytophthora himalayensis* Dastur

喜马拉雅油杉寄生　*Arceuthobium minutissimum* Hooker

喜马兰伯特盘菌　*Lambertella himalaye-*

nsis Tewari et Pant

喜泉卷耳霜霉病菌　*Peronospora fontana* Gustavsson

喜泉霜霉［喜泉卷耳霜霉病菌］ *Peronospora fontana* Gustavsson

喜树假尾孢　*Pseudocercospora camptothecae* Liu et Guo

喜树尾孢　*Cercospora camptothecae* Tai

喜水小核菌　*Sclerotium hydrophilum* Sacc.

喜土毛束霉　*Trichurus terrophilus* Swift et Povah

喜温矮化线虫　*Tylenchorhynchus thermophilus* Golden, Baldwin et Mundo

喜香胶叶瘿粒线虫　*Anguina balsamophila*（Thorne）Filipjev

喜盐黑粉菌　*Ustilago halophila* Speg.

喜盐曲霉　*Aspergillus halophilicus* Christ et al.

细孢隔指孢　*Dactylella tenuis* Drechsler

细胞毛霉［洋葱软腐病菌］ *Mucor subtilissimus* Berkeley

细胞核弹状病毒属　**Nucleorhabdovirus**

细胞集壶菌［苎麻瘿瘤病菌］ *Synchytrium cellulare* Davis

细胞质弹状病毒属　**Cytorhabdovirus**

细柄草孢堆黑粉菌　*Sporisorium capillipedii*（Ling）Guo

细柄草黑痣菌　*Phyllachora andropogonis-micranthi* Saw.

细长柄锈菌　*Puccinia seposita* Cumm.

细长剑线虫　*Xiphinema elongatum* Schuurmans Stikhoven et Teunissen

细长镰孢　*Fusarium ciliatum* Link

细垫线虫属　**Tetylenchus** Filipjev

细顶单胞锈菌　*Uromyces tenuicutis* McAlp.

细盾霉属　**Leptothyrium** Kunze

细杆滑刃线虫属　**Rhadinaphelenchus** Goodey

细隔指孢　*Dactylella attenuata* Liu, Zhang

et Gao

细管植生滴虫[咖啡韧皮部坏死病菌]
Phytomonas leptovasorum

细基格孢 *Ulocladium botrytis* Preuss

细基格孢属 **Ulocladium** Preuss

细基束梗孢 *Cephalotrichum stemonitis* (Pers.) Link

细基束梗孢属 **Cephalotrichum** Link

细极链格孢 *Alternaria tenuissima* (Fr.) Wiltshire

细极链格孢长春花变种 *Alternaria tenuissima* var. *catharanthi* Zhang et Lin

细极链格孢络石变种 *Alternaria tenuissima* var. *trachelospermi* Zhang, Lin et Chen

细极链格孢络石生变种 *Alternaria tenuissima* var. *trachelospermicola* Zhang, Lin et Chen

细极链格孢蒜生变种 *Alternaria tenuissima* var. *alliicola* Zhang

细极链格孢香椿变种 *Alternaria tenuissima* var. *toonae* Zhang

细极链格孢玉兰变种 *Alternaria tenuissima* var. *magnoliicola* Zhang et Ma

细尖隔担耳 *Septobasidium apiculatum* Couch

细尖螺旋线虫 *Helicotylenchus mucronatus* Siddiqi

细尖拟滑刃线虫 *Aphelenchoides conimucronatus* Bessarabova

细茎菟丝子 *Cuscuta approximata* Bab.

细颈单顶孢 *Monacrosporium parvicolle* (Drechs) Cooke et Dickinson

细丽锤舌菌 *Leotia gracilis* Tai

细丽瘤蠕孢 *Heterosporium gracile* Sacc.

细丽外担菌[油茶饼病菌] *Exobasidium gracile* (Shirai) Syd.

细镰孢隔指孢 *Dactylella tenuifusaria* Liu, Zhang et Gao

细脉枝孢 *Cladosporium nervale* Ellis et Dearness

细球腔菌属 **Leptosphaerella** (Sacc.) Hara

细曲霉 *Aspergillus gracilis* Bain

细弱丽藻根壶病菌 *Rhizidium catenatum* Dang

细瘦茎线虫 *Ditylenchus tenuidens* Gritsenko

细穗草柄锈菌 *Puccinia lepturi* Hirats.

细穗草腥黑粉菌 *Tilletia lepturi* Sigr.

细体茎线虫 *Ditylenchus leptosoma* Geraert et Choi

细尾环线虫 *Criconema tenuicaudatum* Siddiqi

细尾盘旋线虫 *Rotylenchus tenericaudatus* Liu, Zhao et Duan

细纹轮线虫 *Criconemoides tenuiannulatus* (Tulaganov) Raski et Golden

细夏孢锈菌 *Uredo tenuis* (Faull) Hirats.

细小白锈菌[番薯白锈病菌] *Albugo minor* (Spegazzini) Ciferri

细小刺线虫 *Belonolaimus gracilis* Steiner

细小地舌菌 *Geoglossum pusillum* Tai

细小壶菌[藻类壶病菌] *Chytridium pusillum* Sorokin

细小环线虫 *Criconema gracilie* Mehta et Raski

细小茎线虫 *Ditylenchus exilis* Brzeski

细小茎线虫 *Ditylenchus parvus* Zell

细小纽带线虫 *Hoplolaimus angustalatus* Whitehead

细小鞘线虫 *Hemicycliophora gracilis* Thorne

细小青霉 *Penicillium pusillum* Smith

细小霜霉[平俯滨藜霜霉病菌] *Peronospora minor* (Caspary) Gäumann

细小线虫属 **Gracilacus Raski**

细小小环线虫 *Criconemella parvula* (Siddiqi) de Grisse et Loof

细小柱枝孢[番茄枝根腐病菌] *Cylindrocladiella tenuis* Zhang et Chi

细辛柄锈菌　*Puccinia asarina* Kuntze

细辛核盘菌　*Sclerotinia asari* Wu

细辛集壶菌［细辛瘿瘤病菌］　*Synchytrium asari* Arthur et Holway

细辛生柄锈菌　*Puccinia asaricola* Tai et Cheo

细辛生壳针孢　*Septoria asaricola* Allescher

细辛瘿瘤病菌　*Synchytrium asari* Arthur et Holway

细旋钩丝孢　*Harposporium leptospira* Drechsler

细雅白粉菌　*Erysiphe gracilis* Zheng et Chen

细叶芹柄锈菌　*Puccinia chaerophylii* Purt.

细叶芹轴霜霉　*Plasmopara chaerophylli* (Casp.) Trotter

细叶嵩草炭黑粉菌　*Anthracoidea filifoliae* Guo

细圆藤小煤炱　*Meliola pericampyli* Yam.

细窄假尾孢［地锦灰斑病菌］　*Pseudocercospora brachypus* (Ell. et Ev.) Liu et Guo

细窄尾孢　*Cercospora brachypus* Ell. et Ev.

细枝孢　*Cladosporium subtile* Rabenhorst

细枝霜霉［半日花霜霉病菌］　*Peronospora leptoclada* Sacc.

细柱柳钩丝壳　*Uncinula salici-gracilistylae* Homma

细柱日规菌［胡桃叶斑病菌］　*Gnomonia leptostyla* (Fr.) Ces. et de Not.

虾脊兰（属）花叶病毒　Calanthe mosaic virus (CalMV)

虾脊兰轻型花叶病毒　Calanthe mild mosaic virus Potyvirus (CalMMV)

虾子花假尾孢　*Pseudocercospora woodfordiae* (Syd.) Liu et Guo

狭斑平脐蠕孢　*Bipolaris stenospila* (Dre-

chsl.) Shoem.

狭斑旋孢腔菌［甘蔗褐条病菌］　*Cochliobolus stenospilum* (Drechsl.) Malsun. et Yamam.

狭孢枝孢　*Cladosporium stenosporum* Berkeley et Curtis

狭唇兰属 Y 病毒　Sarcochilus virus Y Potyvirus

狭萼绣球假尾孢　*Pseudocercospora hydrangeae-angustipetalae* Goh et Hsieh

狭钩丝孢　*Harposporium angustisporum* Monson et Pikul

狭截盘多孢　*Truncatella angustata* (Peex) Hughes

狭壳柱孢属　**Stenocarpella** Syd. et Syd.

狭镰孢　*Fusarium angustum* Sherb.

狭囊腐霉　*Pythium angustatum* Sparrow

狭穗箭竹煤污病菌　*Capnophaeum ischurochloae* Saw. et Yam.

狭檐薄孔菌　*Antrodia serialis* (Fr.) Donk.

狭叶粉苞苣矮化病毒　Chondrilia juncea stunting virus Nucleorhabdovirus (QSV)

狭叶鼠曲草壳针孢　*Septoria gnaphaliiindici* Saw.

狭籽小煤炱　*Meliola leptospermi* Hansf.

下垂虫草　*Cordyceps nutans* Pat.

下弯曲霉　*Aspergillus recurvatus* Raper et Fenn.

下雄腐霉　*Pythium hypoandrum* Yu et. Wang

夏孢锈菌属　**Uredo** Pers.

夏孢子生枝孢　*Cladosporium uredinicola* Spegazzini

夏柄锈菌　*Puccinia aestivalis* Diet.

夏橙绿斑病原［裂片拟色球藻］　*Apatococcus lobatus* (Chodat) Petersen

夏块菌　*Tuber aestivum* Mittad.

夏威夷平脐蠕孢　*Bipolaris hawaiiensis* (Ellis) Uchida et Aragaki

夏威夷悬钩子曲叶病毒　Hawaiian rubus

leaf curl virus

厦门轮线虫 *Criconemoides xiamensis* Tang

仙客来炭疽病菌 *Glomerella rufomaculans* Berk.

仙客来枝孢 *Cladosporium cyclaminis* Massey et Tilford

仙茅假尾孢 *Pseudocercospora curculiginis* Guo et Liu

仙茅弯孢 *Curvularia curcurliginis* Zhang et Zhang

仙女茎线虫 *Ditylenchus dryadis* Anderson et Mulvey

仙人掌2号病毒 *Cactus virus 2 Carlavirus*（CV-2）

仙人掌X病毒 *Cactus virus X Potexvirus*（CVX）

仙人掌矮化线虫 *Tylenchorhynchus cacti* Shawla et al.

仙人掌腐霉 *Pythium cactacearum* Preti

仙人掌棘皮线虫 *Cactodera cacti*（Filipjev et al.）Krall

仙人掌欧文氏菌[仙人掌软腐病菌] *Erwinia cacticida* Alcorn et al.

仙人掌球腔菌 *Mycosphaerella opuntiae* Ell. et Ev.

仙人掌软腐病菌 *Pectobacterium cacticida*（Alcorn et al.）Hauben et al.

仙人掌软腐病菌 *Pectobacterium carnegieana*（Standring）Brenner et al.

仙人掌无饰线虫 *Blandicephalanema cactum*（Andrassy）Ebsary

仙人掌五沟线虫 *Quinisulcius cacti*（Chawla, et Prasad）Siddiqi

纤孔菌属 **Inonotus** Kotlaba et Pouzar

纤毛病毒属 **Trichovirus**

纤毛鹅观草柄锈菌 *Puccinia agropyriciliaris* Tai et Wei

纤毛荩草柄锈菌 *Puccinia arthraxonisciliaris* Cumm.

纤维卧孔菌 *Poria vaillantii*（DC. ex

Fr.）Cooke

纤细白僵菌 *Beauveria tenella*（Delacr.）Siem

纤细柄锈菌 *Puccinia tenuis* Burrill

纤细病毒属 **Tenuivirus**

纤细单胞锈菌 *Uromyces leptaleus* Syd.

纤细基线虫 *Basiria gracilis*（Thorne）Siddiqi

纤细假丝酵母 *Candida tenuis* Didd. et Lodd.

纤细纽带线虫 *Hoplolaimus gracilidens* Sauer

纤细潜根线虫 *Hirschmanniella gracilis*（de Man）Luċ et Goodey

纤细乔森纳姆线虫 *Geocenamus tenuidens* Thorne et Malek

纤细鞘锈菌 *Coleosporium cletiae* Diet.

纤细青霉 *Penicillium tenuissimum* Corda

纤细掷孢酵母 *Sporobolomyces gracilis* Derx

鲜卑芨芨草柄锈菌 *Puccinia achnatherisibirici* Wang

鲜红青霉 *Penicillium chermesinum* Biourge

鲜黄连拟三胞锈菌 *Triphragmiopsis jeffersoniae* Naum.

鲜壳孢属 **Zythia** Fr.

鲜绿青霉 *Penicillium viridicatum* Westl.

暹罗盾线虫 *Scutellonema siamense* Timm

咸水草柄锈菌 *Puccinia cyperi-tegetiformis*（Henn.）Kern

咸虾花单轴霉,咸虾花霜霉病菌 *Plasmopara vernoniae-chinensis* Sawada

咸虾花轴霜霉[咸虾花单轴霉,咸虾花霜霉病菌] *Plasmopara vernoniae-chinensis* Sawada

涎沫假丝酵母 *Candida zeylanoides*（Cast.）Langer. et Guerra

显粒拟滑刃线虫 *Aphelenchoides idius* Ruhm

显粒伞滑刃线虫　*Bursaphelenchus idius*（Ruhm) Goodey

显缘齿裂菌　*Coccomyces limitatus*（Berk. et Curt.）Sacc.

显著痂圆孢［苹果叶疮痂病菌］　*Sphaceloma prominula*（Begl) Jenkins

显著壳多孢［苹果叶斑病菌］　*Stagonospora prominula*（Berk. et Curt.）Sacc.

显子草柄锈菌　*Puccinia phaenospermae* Hino et Katum.

藓生核瑚菌　*Typhula muscicola* Fr.

苋（属）花叶病毒　*Amaranthus mosaic virus Potyvirus*（AmMV)

苋（属）叶斑驳病毒　*Amaranthus leaf mottle virus Potyvirus*（AmLMV)

苋白锈［苋白锈病菌］　*Albugo bliti*（Bivona-Bernardi) Kuntze

苋白锈病菌　*Albugo bliti*（Bivona-Bernardi) Kuntze

苋孢囊原变型　*Cystopus bliti* f. sp. *bliti*（Biv.）de Bary

苋棘皮线虫　*Cactodera amaranthi*（Stoyanov) Krall et Krall

苋链格孢　*Alternaria amaranthi*（Peck) Hook

苋生假尾孢　*Pseudocercospora amaranthicola*（Yen) Yen

苋尾孢　*Cercospora brachiata* Ell. et Ev.

苋楔孢黑粉菌　*Thecaphora amaranthi*（Hirschh.）Vánky

苋叶斑病菌　*Xanthomonas campestris* pv. *amaranthicola*（Patel) Dye

苋叶点霉　*Phyllosticta amaranthi* Ell. et Kell

线孢光壳负　*Limacinia filiformis* Yamam.

线孢霉属　*Hadronema* Syd.

线孢散斑壳　*Lophodermium filiforme* Dark.

线孢水盘菌　*Vibrissea truncorum* Fr.

线孢水盘菌属　*Vibrissea* Fr.

线苞米面蓊（秦岭）　*Buckleya graebneriana* Diels

线虫侧枝霉　*Meria coniospora* Drechsler

线虫传多面体病毒属　*Nepovirus*

线虫形钩丝孢　*Harposporium anguillulae* Lohde

线虫形链枝菌　*Catenaria anguillulae* Sorokin

线虫油壶菌　*Olpidium nematodeae* Skvortzow

线黑盘孢　*Leptomelanconium allescheri*（Schnabl) Petrak

线黑盘孢属　*Leptomelanconium* Petrak

线纹单胞锈菌　*Uromyces linearis* Berk. et Br.

线形柄锈菌　*Puccinia lineariformis* Syd.

线形病毒科　Flexiviridae

线形层壁黑粉菌　*Tolyposporella linearis*（Berk. et Br.）Ling

线形环线虫　*Criconema lineatum* Loof, Wouts, Yeates

线叶槲寄生　*Viscum fargesii* Lecomte

线疫霉属　*Nematophthora* Kerry et Crump

线藻根生壶菌［柔线藻、绿转板藻根生壶病菌］　*Rhizophydium hormidii* Skvortsov

线状柄锈菌　*Puccinia linearis* Berk. et Br.

线状小双梭孢盘菌　*Bifusella linearis* Höhn.

陷光盘壳菌　*Nummularia discreta*（Schw.）Tul.

陷球壳孢　*Sirosphaera botryosa* Syd.

陷球壳孢属　*Sirosphaera* Syd. et Syd.

陷球壳属　*Trematosphaeria* Fuck.

腺梗莱锈孢锈菌　*Aecidium adenocauli* Syd.

腺果藤小煤负　*Meliola pisoniae* Stev. et Rold. ex Yam.

腺卷耳霜霉　*Peronospora cerastii-glandulosi* Ito et Tokun.

腺毛柄悬钩子叶点霉　*Phyllosticta rubi-adenotrichopodi* Saw.

腺毛槐蓝伞锈菌　*Ravenelia indigoferae-scabridae* Tai

腺毛岩白菜柄锈菌　*Puccinia saxifragae-ciliatae* Barcl.

腺毛疫霉　*Phytophthora tentaculata* Kröber et Marwitz

腺盘双端毛孢　*Seimatosporium glandigemum*（Bub. et Frag.）Sutton

腺生盘多毛孢　*Pestalotia glandicola*（Cast.）Guba

腺体伞锈菌　*Ravenelia glandulosa* Berk. et Curt.

乡村小环线虫　*Criconemella rustica*（Micol.）Luć et Raski

乡居轮线虫　*Criconemoides rusticum*（Micoletzky）Taylor

乡居小环线虫　*Criconemella resticum*（Khan et al.）Luć et Raski

相等茎线虫　*Ditylenchus equalis* Heyns

相关半轮线虫　*Hemicriconemoides affinis* Germani et Luć

相关螺旋线虫　*Helicotylenchus affinis*（Luć）Fortuner

相邻轴霜霉　*Plasmopara affinis* Novot.

相思树剑线虫　*Xiphinema jomercium* Joubert，Kruger et Heyns

相思树尾孢　*Cercospora acaciae-confusae* Saw.

相思树小煤炱　*Meliola koae* Stev.

相思子伞锈菌　*Ravenelia ornata* Syd.

相似穿孔线虫［香蕉穿孔线虫］　*Radopholus similis*（Cobb）Thorne

相似短体线虫　*Pratylenchus similis* Khan et Singh

相似核黑粉菌　*Cintractia affinis* Peck

相似轮线虫　*Criconemoides similis*（Cobb）

相似螺旋线虫　*Helicotylenchus similis* Fernandez et al.

相似毛刺线虫　*Trichodorus similes* Seinhorst

相似纽带线虫　*Hoplolaimus similis*（Cobb）Micoletzky

相似小钩丝壳茶藨子变种　*Uncinuliella simulans* var. *rosae-rubi* Zheng et Chen

相似锥线虫　*Dolichodorus similes* Golden

香薄壳针孢　*Septoria typhae* Saw.

香菜茎瘿病菌　*Protomyces macrosporus* Ung.

香菜潜病毒　*Caraway latent virus Carlavirus*（CawLV）

香草腔黑粉菌　*Polysaccopsis hieronymi*（Schröt.）Henn.

香茶菜白粉菌　*Erysiphe rabdosiae* Zheng et Chen

香茶菜柄锈菌　*Puccinia plectranthi* Thüm.

香茶菜壳针孢　*Septoria plectranthi* Miura

香茶菜鞘锈菌　*Coleosporium plectranthi* Barcl.

香茶菜锈孢锈菌　*Aecidium plectranthi* Barcl.

香茶菜轴霜霉　*Plasmopara plectranthi* Ling et Tai

香茶菜轴霜霉　*Plasmopara plectranthi* Sharma et Munjal

香菖拟毛刺线虫　*Paratrichodorus orrae* Decraemer et Reay

香车叶草、异叶草霜霉病菌　*Peronospora calotheca* de Bary

香椿层锈菌　*Phakopsora cheoana* Cumm.

香椿钩丝壳　*Uncinula cedrelae* Tai

香椿钩丝壳结节变种　*Uncinula cedrelae* var. nodulosa Tai

香椿花孢锈菌　*Nyssopsora cedrelae*（Hori）Tranz.

香椿假尾孢　*Pseudocercospora toonae* Mehrotra et Verma

香椿球针壳　*Phyllactinia toonae* Yu et Lai

香附子夏孢锈菌　*Uredo cyperi-rotundi* Ito

香附子异皮线虫　*Heterodera mothi* Khan et Husain

香港柔膜菌　*Helotium hongkongense*（Berk. et Curt.）Sacc.

香港丝尾垫刃线虫　*Filenchus hongkongensis* Xie et Feng

香根芹柄锈菌　*Puccinia osmorrhizae* Cooke et Peck

香果兰花叶病毒　*Vanilla mosaic virus Potyvirus*（VanMV）

香果兰坏死病毒　*Vanilla necrosis virus Potyvirus*

香荚兰疫病菌　*Phytophthora hibernalis* Carne

香荚兰疫病菌、柑橘冬生疫霉褐腐病菌　*Phytophthora hibernalis* Carne

香蕉、假百合腐烂病菌　*Pectobacterium chrysanthemi* pv. *paradisiaca*（Burkholder et al.）

香蕉暗双孢[香蕉叶斑病菌，香蕉叶灰纹病菌]　*Cordana musae*（Zimm.）Höhn.

香蕉苞片花叶病毒　*Banana bract mosaic virus Potyvirus*（BBrMV）

香蕉穿孔线虫　*Radopholus similis*（Cobb）Thorne

香蕉刺盾炱　*Chaetothyrium musae* Lin et Yen

香蕉大茎点菌　*Macrophoma musae*（Cooke）Berl. et Vogl.

香蕉黑斑病菌　*Metasphaeria musae*（Zimm.）Sawada

香蕉黑斑病菌　*Pseudocercospora fijiensis*（Morelet）Deighton

香蕉黑条叶斑病菌　*Mycosphaerella fijiensis* Morelet

香蕉黑星病菌　*Macrophoma musae*（Cooke）Berl. et Vogl.

香蕉花叶心腐病毒　*Cucumber mosaic virus Cucumovirus* banana strain

香蕉坏死条纹病菌　*Xanthomonas arboricola* pv. *celebensis*（Gaumann）Vauterin et al.

香蕉镰孢霉枯萎病菌　*Fusarium oxysporum* f. sp. *cubense*（Smith）Snyder et Hansen

香蕉盘长孢　*Gloeosporium musarum* Cooke et Massee

香蕉软腐病菌　*Erwinia paradisiaca*（Victoria）Fernandez et Lopez

香蕉束顶病毒　*Banana bunchy top virus Babuvirus*（BBTV）

香蕉束顶病毒属　***Babuvirus***

香蕉温和花叶病毒　Banana mild mosaic virus

香蕉细菌性萎蔫病菌　*Xanthomonas campestris* pv. *musacearum*（Yirgou）Dye et al.

香蕉线条病毒　*Banana streak virus Badnavirus*（BSV）

香蕉小球腔菌[香蕉叶斑病菌]　*Leptosphaeria musae* Lin et Yen

香蕉叶斑病菌　*Cordana musae*（Zimm.）Höhn.；*Leptosphaeria musae* Lin et Yen

香蕉叶灰纹病菌　*Cordana musae*（Zimm.）Höhn.

香科菌绒孢　*Mycovellosiella teucrii*（Schweinitz）Deighton

香科霜霉病菌　*Peronospora teucrii* Gäum.

香科枝孢　*Cladosporium teucrii* Liu. et Zhang

香茅假尾孢　*Pseudocercospora cymbopogonis*（Yen）Yen

香茅粒孢堆黑粉菌　*Sporisorium cymbopogonis-distantis*（Ling）Guo

香茅弯孢　*Curvularia cymbopogonis*（Dodge）Groves et Skolko

香莓环斑病毒　*Thimbleberry ringspot virus*

香蒲球腔菌　*Mycosphaerella typhae*（Lasch.）Wint.

香蒲生小球腔菌 *Leptosphaeria typharum*（Desm.）Karsten

香蒲小球腔菌 *Leptosphaeria typhae*（Auersw.）Wint.

香气掷孢酵母 *Sporobolomyces odrous* Derx

香薷单囊壳 *Sphaerotheca elsholtziae* Zhao

香薷假霜霉［香薷霜霉病菌］ *Pseudoperonospora elsholtziae* Tang

香薷球针壳 *Phyllactinia elshotziae* Yu

香薷霜霉 *Peronospora elsholtziae* Liu et Pai

香薷霜霉病菌 *Pseudoperonospora elsholtziae* Tang

香薷轴霜霉 *Plasmopara elsholtziae* Tao et Qin

香石竹矮化伴随类病毒 *Carnation stunt associated viroid*（CarSaVd）

香石竹斑驳病毒 *Carnation mottle virus Carmovirus*（CarMV）

香石竹斑驳病毒属 **Carmovirus**

香石竹斑枯（白星）病菌 *Septoria dianthi* Desmazières

香石竹病毒 Carnation virus（CarV）

香石竹弹状病毒 *Carnation virus Rhabdovirus*

香石竹杆状病毒 *Carnation bacilliform virus Nucleorhabdovirus*（CBV）

香石竹黑斑病菌 *Alternaria dianthi* Stevens et Hall.

香石竹坏死斑点病毒 *Carnation necrotic fleck virus Closterovirus*（CNFV）

香石竹环斑病毒 *Carnation ringspot virus Dianthovirus*（CRSV）

香石竹环斑病毒属 **Dianthovirus**

香石竹黄条病毒 *Carnation yellow stripe virus Necrovirus*（CYSV）

香石竹脉斑驳病毒 *Carnation vein mottle virus Potyvirus*（CVMOV）

香石竹潜 1 号病毒 *Carnation cryptic virus 1 Alphacryptovirus*（CCV‑1）

香石竹潜 2 号病毒 *Carnation cryptic virus 2 Alphacryptovirus*（CCV‑2）

香石竹潜病毒 *Carnation latent virus Carlavirus*（CLV）

香石竹潜隐病毒属 **Carlavirus**

香石竹生链格孢［香石竹黑斑病菌］ *Alternaria dianthi* Stevens et Hall.

香石竹蚀环病毒 *Carnation etched ring virus Caulimovirus*（CERV）

香石竹萎蔫病菌 *Phialophora cinerescens*（Wollenw.）Beyma

香石竹眼斑病菌 *Hetersporium echinulatum*（Berk.）Cooke

香石竹意大利环斑病毒 *Carnation Italian ringspot virus Tombusvirus*（CIRV）

香栓菌［杨柳心腐病菌］ *Trametes suaveolens*（L.）Fr.

香甜瓜脉坏死病毒 *Muskmelon vein necrosis virus Carlavirus*（MuVNV）

香豌豆带化病菌 *Rhodococcus fascians*（Tilfold）Goodfellow

香豌豆黑痣菌 *Phyllachora lathyri*（Lév.）Theiss. et Syd.

香豌豆假尾孢 *Pseudocercospora lathyri*（Dearness et Linder）Deighton

香豌豆结瘿病菌 *Urophlyctis lathyri* Palm

香豌豆壳二孢 *Ascochyta lathyri* Trail

香豌豆尾囊壶菌［香豌豆结瘿病菌］ *Urophlyctis lathyri* Palm

香豌豆瘿瘤病菌 *Synchytrium viride* Schneid.

香豌豆枝孢 *Cladosporium lathyri* Zhang et Liu

香猥草柄锈菌 *Puccinia asperulae-odoratae* Wurth

香雪兰花叶病毒 *Freesia mosaic virus Potyvirus*（FreMV）

香雪兰叶坏死病毒 *Freesia leaf necrosis*

virus *Varicosavirus*（FLNV）

香雪球霜霉 *Peronospora lobulariae* Ubrizsy et Vörös

香叶芹叶点霉 *Phyllosticta chaerophylli* Massal.

香柱菌属 **Epichloe**（Fr.）Tul.

湘楠柄锈菌 *Puccinia phoebes-hunanensis* J. Y. Zhuang

镶孢霉属 **Coniothecium** Corda

镶边间环线虫 *Mesocriconema limitaneum* Luċ

镶边链霉菌 *Streptomyces fimbriatus*（Millard et Burr）Waksman

镶边小盘环线虫 *Discocriconemella limitanea*（Luċ）de Grisse et Loof

向光夏孢锈菌 *Uredo helioscopiae* Pers.

向日葵柄锈菌 *Puccinia helianthi* Schw.

向日葵黑斑病菌 *Alternaria helianthi*（Hansf.）Tubaki et Nishihara

向日葵花叶病毒 *Sunflower mosaic virus Potyvirus*（SUMV）

向日葵环斑病毒 *Sunflower ringspot virus Ilarvirus*（SuRSV）

向日葵黄斑病毒 *Sunflower yellow blotch virus Umbravirus*（SuYBV）

向日葵集壶菌 *Synchytrium helianthemi* Trotter

向日葵间座壳 *Diaporthe helianthi* Muntanola-Cvetkovic et al.

向日葵茎溃疡病菌 *Diaporthe helianthi* Muntanola - Cvetkovic et al.

向日葵壳针孢 *Septoria helianthi* Ellis et Kellerman

向日葵链格孢 *Alternaria helianthi*（Hansf.）Tubaki et Nishihara

向日葵列当 *Orobanche cumana* Loefl.

向日葵色链隔孢 *Phaeoramularia helianthi* Liu et Guo

向日葵生尾孢 *Cercospora helianthicola* Chupp. et Vieg.

向日葵霜霉 *Peronospora helianthi* Ro-

str.

向日葵霜霉病菌 *Plasmopara asterea* Novotelnova

向日葵尾孢 *Cercospora helianthi* Ell. et Ev.

向日葵叶斑病菌 *Pseudomonas syringae* pv. *helianthi*（Kawamura）Young et al.

向日葵叶瘿病菌 *Synchytrium helianthemi* Trotter

向日葵轴霜霉 *Plasmopara helianthi* Novotelnova

向日葵皱缩病毒 *Sunflower crinkle virus Umbravirus*（SUCV）

项圈藻管根壶病菌 *Rhizosiphon anabaenae*（Rodhe et Skuja）Canter

项羽菊柄锈菌 *Puccinia acroptili* Syd.

象耳豆根结线虫 *Meloidogyne entrolobii* Yang et Eisenback

象牙黄曲霉 *Aspergillus eburneo-cremeus* Sappa

象牙参柄锈菌 *Puccinia roscoeae* Barcl.

橡胶白根病菌 *Rigidoporus lignosus*（Klotzsch）Imaz.

橡胶灵芝 *Ganoderma phlippii*（Bres. et Henn.）Bres.

橡胶树、万年青疫病菌 *Phytophthora meadii* McRae

橡胶树长蠕孢 *Helminthosporium heveas* Petch

橡胶树粉孢 *Oidium heveae* Steinm.

橡胶树灰星病菌 *Phyllosticta heveae* Zimm.

橡胶树南美叶疫病菌 *Microcyclus ulei*（Henning）von Arx

橡胶树平脐蠕孢 *Bipolaris heveae*（Petch）Arx

橡胶树球腔菌 *Mycosphaerella heveicola* Saccas

橡胶树叶点霉［橡胶树灰星病菌］ *Phyllosticta heveae* Zimm.

橡胶树异毛刺线虫 *Allotrichodorus gu-*

ttatus Rodriguez，Sher et Siddiqi

橡胶树疫病菌、草莓果腐病菌　*Phytophthora cactorum* (Lebert et Cohn) Schroter

橡胶树疫霉［凤梨、槟榔疫病菌］　*Phytophthora heveae* Thompson

橡胶硬孔菌［橡胶白根病菌］　*Rigidoporus lignosus* (Klotzsch) Imaz.

消沉螺旋线虫　*Helicotylenchus depressus* Yeates

小白乔森纳姆线虫　*Geocenamus sobaekansis* Choi et Geraert

小斑棒盘孢　*Coryneum microstictum* Berk. et Br.

小斑盖痂锈菌　*Thekopsora guttata* (Schröt.) P. et Syd.

小半壳孢属　**Leptostromella** (Sacc.) Sacc.

小伴孢锈菌属　**Diorchidiella** Lindq.

小孢白柔膜菌　*Helotium subpallidum* (Rehm) Velen.

小孢柄锈菌　*Puccinia microspora* Diet.

小孢隔指孢　*Dactylella leptospora* Drechsfler.

小孢壳二孢　*Ascochyta leptospora* (Trail) Hara

小孢壳明单隔孢　*Diplodina microsperma* (Johnst.) Sutton

小孢壳囊孢　*Cytospora microspora* (Corda) Rabenh.

小孢壳针孢　*Septoria microspora* Speg.

小孢绿盘菌　*Chlorosplenium aeruginascens* (Nyl.) Karst.

小孢木兰叶点霉　*Phyllosticta yuokwa* Saw.

小孢盘多毛孢　*Pestalotia microspora* Speg.

小孢盘梗霉［苦荬菜霜霉病菌］　*Bremia microspora* Sawada

小孢鞘线虫　*Hemicycliophora conida* Thorne

小孢青霉　*Penicillium microsporum* Riv.

小孢曲霉　*Aspergillus microsporus* Böke

小孢炭黑粉菌　*Anthracoidea microspora* Guo

小孢星盾炱　*Asterina microspora* Yam.

小孢叶黑粉菌　*Entyloma microsporium* (Ung.) Schröt.

小孢座盘孢　*Discula microsperma* (Berk. et Br.) Sacc.

小扁豆形沟环线虫　*Ogma lentiforme* Schuurmans et al.

小扁平炭团菌　*Hypoxylon microplacum* (Berk. et Curtis) Mill.

小柄凸脐蠕孢　*Exserohilum pedicellatum* (Henry) Leonard et Suggs

小柄锈菌　*Puccinia pusilla* P. et Syd.

小檗矮化线虫　*Tylenchorhynchus berberidis* Sethi et Swarup

小檗叉丝壳两型变种　*Microsphaera berberdis* var. *dimorpha* Yu et Zhao

小檗叉丝壳原变种　*Microsphaera berberdis* var. *berberdis* Yu et Zhao

小檗粉孢　*Oidium berberidis* Thüm.

小檗壳针孢　*Septoria berberidis* Niessl

小檗普氏腔囊菌　*Plowrightia berberidis* (Wahlenb.) Sacc.

小檗球腔菌　*Mycosphaerella berberidis* (Auersw.) Lind.

小檗散斑壳　*Lophodermium berberidis* (Schleich.) Rehm

小檗生叉丝壳　*Microsphaera berberidicola* Tai

小檗夏孢锈菌　*Uredo clemensiae* (Arth. et Cumm.) Hirats.

小檗锈孢锈菌　*Aecidium berberidis* Pers.

小檗叶斑病菌　*Pseudomonas syringae* pv. *berberidis* (Thornberry et Anderson) Young et al.

小檗叶点霉　*Phyllosticta berberidis* Rabenh.

小槽单胞锈菌　*Uromyces striolatus* Tranz.

小长喙壳属　***Ceratostomella*** Sacc.

小长针线虫属　***Longidorella*** Thorne

小齿茎线虫　*Ditylenchus microdens* Thorne et Malek

小齿裂菌　*Coccomyces leptideus*（Fr.：Fr.）Erikss.

小齿线虫属　***Paurodontus*** Thorne

小赤壳属　***Nectriella*** Nits.

小串锈菌属　***Frommeella*** Cumm. et Hirats.

小疮菊叶黑粉菌　*Entyloma rhagadioli* Pass.

小刺盾炱　*Chaetothyrium echinulatum* Yamam.

小刺腐霉　*Pythium elongatum* Matthews

小刺皮菌　*Heterochaete tenuioula* Pat.

小刺青霉　*Penicillium spinulosum* Thom.

小刺曲霉　*Aspergillus spinulosus* Warc.

小丛长蠕孢　*Helminthosporium microsorum* Sacc.

小丛壳属　***Glomerella*** Schrenk et Spauld.

小单胞属　***Haplosporella*** Speg.

小单轴霉　*Plasmopara pusilla*（de Bary）Schröter

小地舌菌　*Geoglossum subpumilum* Imai

小丁香叶点霉　*Phyllosticta syringella*（Fuck.）Allesch.

小顶分孢属　***Acroconidiella*** Lindq. et Alippi

小顶羊肚菌［黑脉羊肚菌］　*Morchella angusticeps* Peck

小冬青囊孢壳　*Physalospora ilicella* var. *minor* Teng.

小豆蔻小环线虫　*Criconemella cardamomi* Sharma et Edward

小豆蔻小盘环线虫　*Discocriconemella elettariae* Sharma et Edward

小窦氏霉属　***Deightoniella*** Hughes

小堆柄锈菌　*Puccinia microsora* Körn. ex Fuck.

小多胞锈菌　*Phragmidiella markhamiae* Henn.

小多胞锈菌属　***Phragmidiella*** Henn.

小蛾叶点霉　*Phyllosticta tinea* Sacc.

小二孢白粉菌　*Erysiphe biocellala* Ehrenb.

小二仙草柄锈菌　*Puccinia haloragidis* Syd.

小腐霉　*Pythium minor* Ali-Shtayeh

小蛤孢黑粉菌　*Mycosyrinx microspora* Cant.

小隔孢壳属　***Didymellina*** Hohnel

小根生壶菌［转板藻根生壶病菌］　*Rhizophydium minutum* Atkinson

小梗长蠕孢　*Helminthosporium conidiophorella* M. Zhang et T. Y. Zhang

小沟盘菌属　***Lirula*** Darker

小钩丝壳属　***Uncinuliella*** Zheng et Chen

小菇属　***Mycena***（Pers. ex Fr.）Gray

小冠花霜霉［绣球小冠花霜霉病菌］　*Peronospora coronillae* Gäum.

小光壳属　***Leptosphaerulina*** Mcalp.

小光壳炱属　***Asteridiella*** Mcalp.

小棍茎线虫　*Ditylenchus taleolus*（Kirjanova）Kirjanova

小果冬青假尾孢　*Pseudocercospora ilicismicrococcae* Sawada ex Goh et Hsieh

小果根结线虫　*Meloidogyne arabicida* Lopez et Salazer

小汉逊酵母　*Hansenula minuta* Wick.

小禾壳多孢　*Stagonospora graminella* Sacc.

小核菌属　***Sclerotium*** Tode

小核盘菌　*Sclerotinia minor* Jagger

小黑粉菌　*Ustilago minima* Arth.

小黑腐皮壳属　***Valsella*** Fuckel

小黑梨孢　*Stigmella effigurata*（Schw.）Hughes

小黑梨孢属　***Stigmella*** Lév.

小黑痣菌　*Phyllachora minuta* Henn.

小红酵母　*Rhodotorula minuta*（Saito）

Harr.

小红肉杯菌　*Sarcoscypha occidentalis* (Schw.) Sacc.

小壶菌[膝接藻畸形病菌]　*Micromyces zygogonii* Dang.

小壶菌属　**Micromyces** Dang.

小花虎耳草柄锈菌　*Puccinia saxifragae-micranthae* Barcl.

小花锈菌属　**Anthomycetella** Syd.

小滑刃线虫属　**Aphelenchulus** Cobb

小画线壳属　**Monographella** Petrak

小环线虫属　**Criconemella** de Grisse et Loof

小环藻根生壶菌　*Rhizophydium cyclote-llae* Zopf

小环座囊属　**Microcyclus** Sacc.

小鸡草团黑粉菌　*Sorosporium montiae* Rostr.

小集壶菌[野葛瘿瘤病菌]　*Synchytrium minutum* (Pat.) Gaumann

小假毛壳孢　*Pseudolachnella scolecospo-ra* (Teng et Shen) Teng

小假毛壳孢属　**Pseudolachnella** Teng

小尖单毛刺线虫　*Monotrichodorus acu-parvus* Siddiqi

小角伞滑刃线虫　*Bursaphelenchus corne-olus* Massey

小角锈孢锈菌　*Roestelia sikangensis* (Pe-tr.) Jörst.

小节尾孢　*Cercospora micromera* Syd.

小结潜根线虫　*Hirschmanniella micro-tyla* Sher

小茎线虫　*Ditylenchus pumilus* Karimo-va

小菊壳针孢菌[菊花斑枯病菌]　*Septoria chrysanthemella* Sacc.

小锯齿轮线虫　*Criconemoides microser-ratus* Raski et Golden

小菌核丝核菌　*Rhizoctonia microsclero-tia* Matz.

小壳丰孢　*Phloeosporella ceanothi* Höhn.

小壳丰孢属　**Phloeosporella** Höhn.

小壳曲霉　*Aspergillus parvathecius* Ra-per et Fenn.

小壳色单隔孢属　**Diplodiella** (Karst.) Sacc.

小刻点线虫属　**Punctoleptus** Khan

小孔菌属　**Microporus** Beauv. ex Kuntze

小孔硬孔菌　*Rigidoporus microporus* (Fr.) Overeem

小葵子黄单胞菌印度变种　*Xanthomonas guizotiae* pv. *Indicus* Moniz et al.

小葵子叶斑病菌　*Xanthomonas campe-stris* pv. *guizotiae* (Yirgou) Dye

小蜡生小煤炱　*Meliola mayapeicola* Stev.

小梨壳属　**Apiosporina** Höhn.

小笠原小煤炱　*Meliola boninensis* Speg.

小镰孢属　**Fusariella** Sacc.

小列当　*Orobanche minor* Sm.

小裂片螺旋线虫　*Helicotylenchus micro-lobus* Perry, Darling et Thorne

小林柄锈菌　*Puccinia silvaticella* Arth. et Cumm.

小铃轮线虫　*Criconemoides crotaloides* (Cobb) Taylor

小瘤单胞锈菌　*Uromyces tuberculatus* Fuck.

小瘤多胞锈菌　*Phragmidium tubercula-tum* Müll.

小瘤茎点霉　*Phoma tuberculata* McAlp.

小瘤粒线虫　*Anguina pustulicola* (Tho-rne) Goodey

小瘤瓶孢属　**Agyriella** Sacc.

小瘤弯孢　*Curvularia tuberculata* Jain

小瘤细基格孢　*Ulocladium tuberculatum* Simmons

小瘤座孢　*Tubercularia minor* Link

小卵孢属　**Ovularia** Sacc.

小螺旋线虫　*Helicotylenchus minutus* Berg et Cadet

小马鞍菌　*Helvella helvellula* Dur. et Mont.

小迈尔锈菌[耳蕨迈尔锈菌] *Milesina exigua* Faull

小麦矮缩病毒 *Wheat dwarf virus Mastrevirus*（WDV）

小麦矮腥黑穗病菌 *Tilletia controversa* Kühn

小麦白斑病菌 *Bacillus megaterium* pv. *cereaalis* Hosford

小麦白秆病菌 *Selenophoma tritici* Liu et al.

小麦波楯线虫 *Nectopelta triticea*（Doucet）Siddiqi

小麦长尾滑刃线虫 *Seinura tritica* Bajaj et Bhatti

小麦丛簇矮化病毒 *Wheat rosette stunt virus Nuckorhabdovirus*（WRSV）

小麦腐败病菌 *Rhizopus sinensis* Saito

小麦附球霉 *Epicoccum tritici* Henn.

小麦秆黑粉病菌 *Urocystis tritici* Körn.

小麦秆枯病菌 *Gibellina cerealis* Pass.；*Septoria glumarum* Pass.

小麦根多黏霉病菌 *Polymyxa graminis* Ledingham

小麦根腐病菌 *Bipolaris sorokiniana*（Sacc.）Shoem.；*Lagena rodicicola* Vanterpcol et Ledingham；*Pythium polypapillatum* Ito；*Rhizopus tritici* Saito

小麦根霉[小麦根腐病菌] *Rhizopus tritici* Saito

小麦光腥黑粉病菌 *Tilletia laevis* Kühn

小麦核腔菌[小麦梭斑病菌] *Pyrenophora tritici-vulgaris* Dickson

小麦褐斑病菌 *Ascochyta graminicola* Sacc.

小麦黑点病菌 *Epicoccum tritici* Henn.

小麦黑节病菌 *Pseudomonas syringae* pv. *japonica*（Mukoo）Dye et al.

小麦黑颖病菌 *Xanthomonas translucens* pv. *undulosa*（Smith）Vauterin et al.

小麦花叶病毒属 ***Tritimovirus***

小麦花叶病菌 *Clavibacter michiganensis* subsp. *tessellarius*（Carson）Davis et al.

小麦黄花叶病毒 *Wheat yellow mosaic virus Bymovirus*（WYMV）

小麦黄叶病毒 *Wheat yellow leaf virus Closterovirus*（WYLV）

小麦基腐病菌 *Pseudocercosporella herpotrichoides*（Fron）Dei.

小麦角斑病菌 *Pseudoseptoria donacis*（Pass.）Sutton

小麦茎点霉 *Phoma epicoccina* Punit. et al.

小麦卷曲病菌 *Dilophospora alopecuri*（Fr.）Fries

小麦菌核雪腐病菌 *Sclerotium rolfsii* Sacc.

小麦壳月孢[小麦白秆病菌] *Selenophoma tritici* Liu et al.

小麦壳针孢 *Septoria tritici* Rob. et Desm.

小麦拉塞氏杆菌[小麦蜜穗病菌] *Rathayibacter tritici*（Hutchinson）Zgurskaya et al.

小麦粒瘿线虫 *Anguina tritici*（Steinbuch）Chitwood

小麦链格孢 *Alternaria triticina* Prasada et Prabhu

小麦链格孢叶枯病菌 *Alternaria triticina* Prasada et Prabhu

小麦蜜穗病菌 *Rathayibacter tritici*（Hutchinson）Zgurskaya et al.

小麦内脐孢 *Drechslera triticirepentis*（Died.）Shoem.

小麦全蚀病菌 *Gaeumannomyces graminis* var. *tritici* Walker

小麦散黑粉菌 *Ustilago tritici*（Pers.；Pers.）Rostr.

小麦生链格孢 *Alternaria triticicola* Rao

小麦生内脐蠕孢[小麦叶枯病菌] *Drechslera triticicola* Pai, Zhang et Zhu

小麦生平脐蠕孢 *Bipolaris triticicola* Sivanesan

小麦霜霉病菌 *Sclerophthora macrospora* var. *triticina* Wang et Zhang

小麦梭斑病菌 *Pyrenophora triticivulgaris* Dickson

小麦梭条花叶病毒 *Wheat spindle streak mosaic virus Bymovirus* (WSSMV)

小麦炭疽病菌 *Colletotrichum graminicola* (Ces.) Wilson

小麦条黑粉菌[小麦秆黑粉病菌] *Urocystis tritici* Körn.

小麦条锈病菌 *Puccinia striiformis* West.

小麦土传花叶病毒 *Wheat soil-borne mosaic virus Furovirus*

小麦褪绿斑病毒 *Wheat chlorotic spot virus Rhabdovirus* (WCSpV)

小麦褪绿条纹病毒 *Wheat chlorotic streak virus Nucleorhabdovirus* (WCSV)

小麦网腥黑粉菌 *Tilletia caries* (DC.) Tul.

小麦纹枯病菌 *Rhizoctonia cerealis* van der Hoeven

小麦线条病毒 *Wheat streak virus* (WSV)

小麦线条花叶病毒 *Wheat streak mosaic virus Tritimovirus* (WSMV)

小麦小球腔菌 *Leptosphaeria tritici* (Garov.) Pass.

小麦雪腐病菌 *Typhula incarnata* Lasch ex Fr.

小麦雪腐叶枯病菌 *Gerlachia nivale* (Ces.)Gams. et al.

小麦叶枯病菌 *Drechslera triticicola* Pai, Zhang et Zhu; *Septoria graminis* Desm.

小麦叶锈病菌 *Puccinia recondita* f. sp. *tritici* erikss. et Henn.

小麦叶疫病菌 *Alternaria triticina* Prasada et Prabhu

小麦伊朗条纹病毒 *Wheat iranian stripe virus Tenuivirus* (WISV)

小麦异滑刃线虫 *Paraphelenchus tritici* Baranovskaja

小麦颖基腐病菌 *Pseudomonas syringae* pv. *atrofaciens* (McCulloch) Young et al.

小麦颖枯病菌 *Leptosphaeria nodorum* Muller; *Septoria nodorum* Berk.

小麦瘿螨 *Eriophyes tritici* Schevtcheko

小麦游楯线虫 *Peltamigratus triticeus* Doucet

小矛半轮线虫 *Hemicriconemoides microdoratus* Dasgupta et al.

小矛针线虫 *Paratylenchus microdorus* Andrassy

小煤炱属 **Meliola** Fr.

小米草结瘿病菌 *Urophlyctis magnusiana* Neger

小米草歧壶病菌 *Cladochytrium brevierei* Har. et Pat.

小米草鞘锈菌 *Coleosporium euphrasiae* (Schum.) Wint.

小米草霜霉病菌 *Peronospora lapponica* Lagerh.; *Plasmopara densa* (Rabh.) Schröter

小米草状独脚金 *Striga* euphrasioides Bench.

小米黑穗病菌 *Ustilago crameri* Körn.

小苜蓿霜霉 *Peronospora medicaginis-minimea* Gaponenko

小幕草黑痣菌 *Phyllachora leptotheca* Theiss. et Syd.

小芎蕨粒线虫 *Anguina microlaenae* (Fawcett) Steiner

小囊桦叶外囊菌 *Taphrina autumnalis* Palm.

小囊间环线虫 *Mesocriconema microdorum* (de Grisse)

小囊轮线虫 *Criconemoides microdorus* (de Grisse) de Grisse

小囊螺旋线虫 *Helicotylenchus microdorus* Prasad et al.

小拟多胞锈菌 *Xenodochus minor* Arth.

小黏膜黑粉菌 *Testicularia minor* (Juel)

Ling

小黏盘孢 *Myxosporella miniata* Sacc.

小黏盘孢属 ***Myxosporella*** Sacc.

小诺壶菌属 ***Nowakowskiella*** Schroet.

小盘多毛孢属 ***Pestalozziella*** Sacc. et ell.

小盘环线虫属 ***Discocriconemella*** de Grisss et Loof

小盘菌属 ***Pezicula*** Tul. et Tul.

小盘旋线虫属(肾形线虫属) ***Rotylenchulus*** Linford et Oliveira

小皮伞属 ***Marasmius*** Fr.

小皮下盘菌属 ***Hypodermella*** Tub.

小奇针线虫属 ***Mylonchulus*** Yeates

小荨麻霜霉病菌 *Peronospora debaryi* Selmon et Ware

小潜根线虫 *Hirschmanniella nana* Siddiqi

小茄锈孢锈菌 *Aecidium lysimachiaejaponicae* Diet.

小青霉 *Penicillium parvum* Raper et Fenn.

小球皮线虫 *Globodera leptonepia* (Cobb et Taylor) Behrens

小球匐柄霉 *Stemphylium globuliferum* (Vesteren) Simmons

小球腔菌属 ***Leptosphaeria*** Ces. et de Not.

小球状团黑粉菌 *Sorosporium piluliformis* (Berk.) Mcalp.

小球状叶点霉 *Phyllosticta globulosa* Thüm.

小日规菌属 ***Gnomoniella*** Sacc.

小色二孢属 ***Microdiplodia*** Allesch.

小束柄霉 *Podosporium minus* Sacc.

小双梭孢盘菌属 ***Bifusella*** Höhn.

小霜霉[繁缕霜霉病菌] *Peronospora parva* Gäum.

小霜霉 *Peronospora minima* G. W. Wilson

小松伞滑刃线虫 *Bursaphelenchus pinasteri* Baujard

小酸浆叶斑病菌 *Xanthomonas campestris* pv. *physalidis* (Goto et Okabe) Dye

小酸模根腐病菌 *Pythium helicandrum* Drechsler

小穗无根藤 *Cassytha paniculata* Taihoa

小头根结线虫 *Meloidogyne microcephala* Cliff et Hirschmann

小头螺旋线虫 *Helicotylenchus microcephalus* Sher

小头曲霉 *Aspergillus microcysticus* Sappa

小突根结线虫 *Meloidogyne microtyla* Mulvey, Townshend et Potter

小托雷盘菌属 ***Torrendiella*** Boud. et Torrend

小椭圆酵母 *Saccharomyces microellipsoides* Osterw.

小外囊菌[樱桃缩叶病菌] *Taphrina minor* Sadeb.

小晚兰斯盘菌 *Lanzia microserotina* Zhuang

小尾孢属 ***Cercosporella*** Sacc.

小尾盾线虫 *Scutellonema brachyurus* (Steiner) Andrassy

小尾觉器长咽线虫 *Dolichorhynchus microphasmis* (Loof) Mulk et Siddiqi

小尾束霉属 ***Podosporiella*** Ell. et Ev.

小乌头锈孢锈菌 *Aecidium isopyri* Schröt.

小污斑叶点霉 *Phyllosticta microspila* Pass.

小西葫芦黄点病毒 *Zucchini yellow fleck virus Potyvirus* (ZYFV)

小西葫芦黄花叶病毒 *Zucchini yellow mosaic virus Potyvirus* (ZYMV)

小西葫芦致死褪绿病毒 *Zucchini lethal chlorosis virus Tospovirus* (ZLCV)

小线状单链卫星 RNA Small linear satellite RNAs

小陷壳属 ***Trematosphaerella*** Kirschst.

小鞋孢盘菌属 ***Soleella*** Darker

小星盾炱属 ***Asterinella*** Sacc.

小型甜菜异皮线虫　*Heterodera schachtii minor* Schmidt

小型小单孢　*Haplosporella minor* Ell. et Barth.

小悬钩子小煤炱　*Meliola rubiella* Hansf.

小旋孢钩丝孢　*Harposporium microspirales* Liu, Zhang et Gao

小旋花花腐病菌　*Spiroplasma chinense* Guo, Chen, Whitecomb et al.

小旋花壳针孢　*Septoria convolvulina* Speg.

小穴壳菌属　**Dothiorella** Sacc.

小亚团黑粉菌　*Tolyposporium minus* Henn.

小羊肚菌　*Morchella deliciosa* Fr.

小阳多胞锈菌　*Phragmidium okianum* Hara

小野蜀黍、须芒草霜霉病菌　*Peronosclerospora noblei* (Weston) Shaw

小叶白蜡树锈孢锈菌　*Aecidium fraxini-bungeanae* Diet.

小叶点霉　*Phyllosticta minuta* Garb.

小叶钝果寄生　*Taxillus kaempferi* (DC.) Danser.

小叶钝果寄生大花变种　*Taxillus kaempferi* var. *grandiflorus* Kiu

小叶黑粉菌　*Entyloma parvum* Davis

小叶梨果寄生　*Scurrula notothixoides* (Hance) Danser.

小叶轮线虫　*Criconemoides lamellatus* Raski et Golden

小叶女贞长蠕孢　*Helminthosporium ligustrum* M. Zhang et TY. Zhang

小隐孢壳属　**Cryptosporella** Sacc.

小樱桃病毒　*Little cherry virus Closterovirus* (LChV)

小樱外囊菌　*Taphrina cerasi-microcarpae* (Kuschke) Laub.

小疣柄锈菌　*Puccinia obtegens* (Link) Tul.

小疣叉丝壳　*Microsphaera verruculosa* Yu et Lai

小疣黑粉菌　*Ustilago microthelis* Syd.

小疣球针壳　*Phyllactinia verruculosa* Xie

小玉竹盘蛇孢　*Ophiosporella komarovii* (Jacz.) Petr.

小原日规菌　*Gnomonia oharana* Nishik. et Matsum.

小圆孔壳属　**Amphisphaerella** (Sacc.) Kirschst.

小圆尾轮线虫　*Criconemoides rotundicaudata* Wu

小月桂叶点霉　*Phyllosticta laurella* Sacc.

小栅锈菌属　**Melampsorella** Schröt.

小胀垫刃线虫属　**Trophotylenchulus** Raski

小针螺旋线虫　*Helicotylenchus microtylus* Firoza et Maqbool

小针线虫属　**Paratylenchulus** de Grisse

小枝顶孢属　**Acremoniella** Sacc.

小枝形镰孢[北美大豆猝死病菌]　*Fusarium viguliforme* O'Dnnel et Aoki

小舟单顶孢　*Monacrosporium microcaphoides* Liu et Lu

小柱螺旋线虫　*Helicotylenchus paxilli* Yuen

小柱枝孢属　**Cylindrocladiella** Boesew.

小子类霜霉[野菊类霜霉病菌]　*Parapezronospora leptosperma* (de Bary) Constantinescu

小子霜霉[野菊霜霉病菌]　*Peronospora leptosperma* de Bary

小子枝孢　*Cladosporium micropermum* Berkeley et Curtis

小座囊菌属　**Dothidella** Sperg.

小座小煤炱　*Meliola meibomiae* Stev.

孝顺竹黑痣菌　*Phyllachora lelebae* Saw.

孝竹刺炱　*Balladyna lelebae* Yamam.

肖恩伞滑刃线虫　*Bursaphelenchus seani* Giblin et Kaya

楔孢黑粉菌　*Thecaphora cuneata* (Schofield) Clint.

楔孢黑粉菌属　**Thecaphora** Fingerh.

楔形柄锈菌　*Puccinia cuneata* Diet.

蝎子草锈孢锈菌　*Aecidium girardiniae* Syd.

斜螺旋线虫　*Helicotylenchus obliquus* Maqbool et Shahina

斜纹藻、菱形藻肿胀病菌　*Olpidium gilli* de Wild

斜卧青霉　*Penicillium decumbens* Thom

鞋形伞滑刃线虫　*Bursaphelenchus sutoricus* Devdariani

缬草矮化线虫　*Tylenchorhynchus valerianae* Kapoor

缬草白粉菌　*Erysiphe valerianae*（Jacz.）Blum.

缬草单胞锈菌　*Uromyces valerianae*（Schum.）Fuck.

缬草壳二孢　*Ascochyta valerianae* Smith et Ramsbottom

缬草壳针孢　*Septoria valerianae* Sacc. et Fautr.

缬草噬酸菌[缬草叶斑病菌]　*Acidovorax valerianellae* Gardan et al.

缬草霜霉　*Peronospora valerianae* Trail

缬草霜霉　*Peronospora valeranellae* Fuckel

缬草叶斑病菌　*Acidovorax valerianellae* Gardan et al.

缬草柱隔孢　*Ramularia valerianae*（Speg.）Sacc.

泻根（属）斑驳病毒　*Bryonia mottle virus Potyvirus*（BryMoV）

泻剂叶点霉　*Phyllosticta cathartici* Sacc.

谢尔壶菌属　**Scherffeliomyces** Sparrow

谢皮线虫属　**Sherodera** Wouts

谢氏宽节纹线虫　*Amplimerlinius sheri*（Robbins）Siddiqi

谢氏纽带线虫　*Hoplolaimus sheri* Suryawanshi

谢氏异针线虫　*Paratylenchoides sheri* Raski

蟹橙尾孢　*Cercospora penzigii* Sacc.

蟹甲草柄锈菌　*Puccinia cacaliae* Kus.

蟹甲草单胞锈菌　*Uromyces cacaliae* Ung.

蟹爪（属）病毒　Zygocactus virus（ZV）

蟹爪（属）蒙大拿 X 病毒　*Zygocactus Montana virus X Potexvirus*（ZyMVX）

蟹爪（属）无症病毒　*Zygocactus symptomless virus Potexvirus*（ZSLV）

心皮核黑粉菌　*Cintractia carpophyla*（Schum.）Lindr.

心皮核黑粉菌多疣变种　*Cintractia carpophyla* var. *verrucosa* Savile

心皮核黑粉菌嵩草变种　*Cintractia carpophyla* var. *elyane*（Syd.）Savile

心形百合锈孢锈菌　*Aecidium liliicordifolii* Diet.

心叶烟矮化类病毒　*Nicotiana glutinosa stunt viroid*（NGSVd）

辛果漆星盾炱　*Asterina drimycarpi* Kar. et Maity

辛克莱棒束孢　*Isaria sinclirii* Berk.

辛氏拟滑刃线虫　*Aphelenchoides singhi* Das

辛氏纽带线虫　*Hoplolaimus singhi* Das et Shivaswany

辛苏附丝壳　*Appendiculella sinsuiensis*（Yam.）Hansf.

辛章山（印尼）洋葱潜病毒　*Sint-Jem's onion latent virus Carlavirus*（SJOLV）

新矮丝尾垫刃线虫　*Filenchus neonanus* Raski et Geraert

新波特柄锈菌　*Puccinia neoporteri* Hino et Katum.

新长针线虫属　**Neolongidorus** Khan

新齿裂菌属　**Neococcomyces** Lin et al.

新赤壳属　**Neocosmospora** Smith

新穿孔线虫属　**Neoradopholus** Khan et Shakil

新垫刃线虫属（拟茎属）　**Neotylenchus** Steiner

新钝头针线虫　*Paratylenchus neoamblycephalus* Geraert

新风轮菜霜霉[风轮菜霜霉病菌]　*Peronospora calaminthae* Fuckel

新根剑线虫　*Xiphinema neoradiciola* Dhanam et Jairajpuri

新花塔霜霉病菌　*Peronospora ibrahimovii* Achundor

新加坡小煤炱　*Meliola singaporensis* Hansf.

新疆柄锈菌　*Puccinia sinkiangensis* Wang

新疆五针松散斑壳　*Lophodermium pinisibiricum* Hou et Liu

新接霉属　***Neozygites*** Witlaczil

新茎线虫属　***Neoditylenchus*** Meyl

新煤炱属　***Neocapnodium*** Yamam.

新美洲剑线虫　*Xiphinema neoamericanum* Sexena, Chhabra et Joshi

新墨西哥伞滑刃线虫　*Bursaphelenchus newmexicanus* Massey

新木姜短柱锈菌　*Xenostele neolitseae* Teng

新木姜锈孢锈菌　*Aecidium neolitseae* Wang et Zhuang

新木姜子附丝壳　*Appendiculella neolitseae* Song

新木姜子小煤炱　*Meliola neolitseae* Yamam.

新塔花柄锈菌　*Puccinia ziziphorae* P. Syd. et H. Syd.

新太平洋伪环线虫　*Nothocriconema neopacificum* Mehta, Raski et Valenzuela

新突出针线虫　*Paratylenchus neoprojectus* Wu et Hawn

新西兰长蠕孢　*Helminthosporium novaezelandiae* Hughes

新西兰麻条纹病菌　*Xanthomonas campestris* pv. *phormicola* (Takinoto) Dye

新西兰青霉　*Penicillium novae-zeelandiaev* Beyma

新相似新穿孔线虫　*Neoradopholus neosimilis* (Sauer) Khan et Shakil

新小柱螺旋线虫　*Helicotylenchus neopaxilli* inserra, Vovlas et Golden

新型酵母　*Saccharomyces neoformis* Sanf.

新型螺旋线虫　*Helicotylenchus neofor-*

mis Siddiqi et Husain

新蚜虫疠霉　*Pandora neoaphidis* (Remaudière et Hennebert) Humber

新榆枯萎病菌　*Ophiostoma novo-ulmi* Brasier

新榆蛇壳[新榆枯萎病菌]　*Ophiostoma novo-ulmi* Brasier

新月酵母　*Selenotila nivalis* Lagerh.

新月酵母属　***Selenotila*** Lagerh.

新月霉[新月藻新月霉病菌]　*Ancylistes closterii* Pfitz.

新月霉属　***Ancylistes*** Pfitzer

新月拟腊肠茎点霉　*Allantophomopsis cytispora* Carris

新月弯孢　*Curvularia lunata* (Wakker) Boedijn

新月弯孢空气变种　*Curvularia lunata* var. *aeria* (Lima et Vasconc.) Ellis

新月藻囊壶菌　*Phlyctochytrium closterii* (Karl.) Sparrow

新月藻新月霉病菌　*Ancylistes closterii* Pfitz.

新月藻肿胀病菌　*Olpidium rostratum* de Wildeman

新栉环线虫属　***Neolobocriconema*** Mehta et Raski

新栉线虫属　***Neocrossonema*** Ebsary

兴安柄锈菌　*Puccinia hsinganensis* Miura

兴安蛇床轴霜霉　*Plasmopara dahurici* Benua

星斑疮痂链霉菌　*Streptomyces stelliscabiei* Bouchek-Mechiche

星孢属　***Actinospora*** Ingold

星顶疫霉　*Phytophthora stellata* Shanor

星盾炱属　***Asterina*** Lév.

星盾炱枝孢　*Cladosporium asterinae* Deighton

星鼓藻和鼓藻链壶病菌　*Lagenidium canterae* Karling

星尖拟滑刃线虫　*Aphelenchoides astero-*

mucronatus Eroshenko

星裂盘菌属 *Phacidium* Fr.

星拟滑刃线虫属 *Asteroaphelenchoides* Drozdovski

星盘孢属 *Asterosporium* Kunze

星球状腐霉 *Pythium actinosphaerii* T. Brandt

星宿菜壳针孢 *Septoria nambuana* Henn.

星尾拟滑刃线虫 *Aphelenchoides asterocaudatus* Das

星形地霉 *Geotrichum asteroides* (Cast) Basg.

星形短梗霉 *Napicladium asteroma* Allesch.

星形假丝酵母 *Candida stellatoidea* (Jones et Martin) Lang. et Guerra

星形圆孔壳 *Amphisphaeria stellata* Pat.

星枝孢属 *Actinocladium* Ehrenb.

星状叶点霉 *Phyllosticta hesperidearum* Penz.

猩猩木黄单胞菌 *Xanthomonas campestris* pv. *pulcherrima* Quimio

猩猩木叶斑病菌 *Xanthomonas axonopodis* pv. *poinsettiicola* (Patel)

腥黑粉菌属 *Tilletia* Tul.

形影（幽影）病毒属 *Umbravirus*

杏疔病菌 *Polystigma deformans* Syd.

杏链格孢 *Alternaria armeniacae* T. Y. Zhang et al.

杏褪绿卷叶植原体 Apricot chlorotic leafroll phytoplasma

杏叶斑链格孢 *Alternaria vulgaris* T. Y. Zhang et al.

杏叶柯附丝壳 *Appendiculella castanopsifoliae* (Yam.) Hansf.

凶螺旋线虫 *Helicotylenchus fericulus* Siddiqi

凶猛节丛孢 *Arthrobotrys ferox* Onofri et Tosi

匈牙利环线虫 *Criconema hungaricum* Andrassy

匈牙利毛曼陀罗病毒 *Hungarian datura innoxia virus Potyvirus* (HDTV)

熊岛格孢腔菌 *Pleospora bjoerlingii* Byford.

熊果金锈菌[云杉帚锈菌] *Chrysomyxa arctostaphyli* Diet.

休哈塔假丝酵母 *Candida shehatae* Buckl. et Uden

休氏根结线虫 *Meloidogyne sewelli* Mulvey et Anderson

休斯那小煤炱 *Meliola hughesiana* Hansf.

休斯葡孢霉 *Botryosporium hughesii* Vincent et Blackwell

羞怯团黑粉菌 *Sorosporium verecundum* (Syd.) Syd.

秀丽单顶孢 *Monacrosporium elegans* Oudem.

秀丽节丛孢 *Arthrobotrys venusta* Zhang

绣球（属）潜隐病毒 *Hydrangea latent virus Carlavirus* (HdLV)

绣球防风柄锈菌 *Puccinia leucadis* Syd.

绣球红褐斑病菌 *Septoria hydrangeae* Bizz

绣球花尾孢 *Cercospora hydrangeae* Ell. et Ev.

绣球花小光壳炱 *Asteridiella hydrangeae* (Yam.) Hansf.

绣球花星盾炱 *Asterina hydrangeae* Song et Ouyang

绣球花叶病毒 *Hydrangea mosaic virus Ilarvirus* (HdMV)

绣球环斑病毒 *Hydrangea ringspot virus Potexvirus* (HdRSV)

绣球壳针孢[绣球红褐斑病菌] *Septoria hydrangeae* Bizz

绣球生锈孢锈菌 *Aecidium hydrangiicola* Henn.

绣球小冠花霜霉病菌 *Peronospora coronillae* Gäum.

绣球锈孢锈菌 *Aecidium hydrangeae* Pat.

绣球叶点霉　*Phyllosticta hydrangcae* Ell. et Ev.

绣球枝孢　*Cladosporium hydrangeae* Zhang et Li

绣线菊叉丝单囊壳　*Podosphaera minor* Hacke

绣线菊盾壳霉　*Coniothyrium spiraeae* Miyake

绣线菊黄叶斑病毒　*Spirea yellow leaf spot virus Tungrovirus*

绣线菊壳色单隔孢　*Diplodia spiraeina* Sacc.

绣线菊生假尾孢　*Pseudocercospora spiraeicola* (Muller et Chupp) Liu et Guo

绣线菊生尾孢　*Cercospora spiraeicola* Mull et Chupp

绣线菊尾孢　*Cercospora spiraeae* Thüm.

绣线菊叶点霉　*Phyllosticta spiraeaesalicifoliae* Kabát et Bubák

绣线菊瘿瘤病菌　*Synchytrium ulmariae* Falek et Legerh.

锈孢锈菌属　**Aecidium** Pers.

锈腐柱隔孢　*Ramularia destructans* Zinss.

锈菌寄生菌　*Sphaerellopsis filum* (Biv. Bern ex Fr.) Sutton

锈寄生壳属　**Eudarluca** Speg.

锈寄生孢属　**Darluca** Castagne

锈菌生蛇孢赤壳　*Ophionectria uredinicola* Petch

锈菌夏孢子寄生菌　*Pantoea ananatis* pv. *uredovora* (Pon) Saddler

锈毛钝果寄生　*Taxillus levinei* (Merr.) Kiu

锈毛梨果寄生　*Scurrula ferruginea* (Jack) Danser.

锈球钩丝壳　*Uncinula hydrangeae* Chen et Gao

锈色柄锈菌　*Puccinia ferruginea* Lév.

锈色菌绒孢　*Mycovellosiella ferruginea* (Fuckel) Deighton

锈色土壤杆菌　*Agrobacterium ferrugineum* (ex Ahrens et Rheinheimer) Rüger et al.

锈生座孢属　**Tuberculina** Tode ex Sacc.

锈丝单囊壳　*Sphaerotheca ferruginea* (Schlecht. ;Fr.) Junell.

锈子器生枝孢　*Cladosporium aecidiicola* Thuemen

须芒草孢堆黑粉菌　*Sporisorium andropogonis* (Opiz) Vánky

须芒草伯克氏菌[高粱条纹病菌]　*Burkholderia andropogonis* (Smith) Gillis et al.

须芒草单胞锈菌　*Uromyces clignyi* Pat. et Har.

须芒草-高粱指梗霉　*Sclerospora andropogonis-sorghi* (Kulk.) Mundk.

须芒草附球霉　*Epicoccum andropogonis* (Ces.) Schol-shwarz

须芒草黑痣菌　*Phyllachora andropogonis* Karst. et Har.

须芒草粒线虫　*Anguina cecidoplastes* (Goodey) Filipjev

须芒草弯孢　*Curvularia andropogonis* (Zimm.) Boedijn

须芒草伪粒线虫　*Nothanguina cecidoplastes* (Goodey) Whitehead

须芒草尾孢[高粱黄斑病菌]　*Cercospora andropogonis* Ou

须芒草小煤炱　*Meliola andropogonis* Stev. et Rold.

须叶藤假尾孢　*Pseudocercospora flagellariae* Sawada ex Goh et Hsieh

虚球黑粉菌属　**Doassansiopsis** (Setch.) Diet.

续随子色链隔孢　*Phaeoramularia euphorbiae* Ge, Liu, Xu et Guo

萱草壳针孢　*Septoria hemerocallidis* Teng

萱草尾孢[黄花菜灰斑病菌]　*Cercospora hemerocallidis* Tehon.

玄参(属)斑驳病毒　*Scrophularia mottle*

virus *Tymovirus* (ScrMV)

玄参单胞锈菌　*Uromyces scrophulariae* (DC.) Fuck.

玄参花叶病毒　*Figwort mosaic virus Caulimovirus* (FMV)

玄参脚壶菌　*Podochytrium dentatum* Longcore

玄参科白锈病菌　*Albugo evansi* Sydow

玄参科内丝白粉菌　*Leveillula scrophulariacearum* Golov.

玄参壳二孢　*Ascochyta scrophularine* Kab. et Bub.

玄参壳针孢　*Septoria scrophulariae* Peck

玄参生尾孢　*Cercospora scrophularicola* P. K. Chi

玄参霜霉疗齿草变种　*Peronospora sordida* var. *odontitis-serotinae* Massal.

玄参霜霉原变种　*Peronospora sordida* var. *sordida* Berk.

玄参尾孢　*Cercospora scrophulariae* (Moesz) Chupp

玄参小叶点霉　*Phyllosticta scrophularinea* Sacc.

悬垂油杉寄生　*Arceuthobium pendens* Hawksw. et Wiens.

悬钩子(覆盆子)多胞锈菌　*Phragmidium rubi-idaei* (DC.) Karst.

悬钩子阿苏锈菌〔悬钩子橙锈病菌〕　*Arthuriomyces peckianus* (Howe) Cumm. et Hirats.

悬钩子矮化病植原体　Rubus stunt phytoplasma

悬钩子病毒属　***Idaeovirus***

悬钩子橙锈病菌　*Arthuriomyces peckianus* (Howe) Cumm. et Hirats.

悬钩子丛矮病毒　*Raspberry bushy dwarf virus Idaeovirus* (RBDV)

悬钩子多胞锈菌　*Phragmidium rubi* (Pers.) Wint.

悬钩子环斑病毒　*Raspberry ringspot virus Nepovirus* (RpRSV)

悬钩子黄网病毒　*Rubus yellow net virus Badnavirus* (RYNV)

悬钩子茎瘤病菌　*Agrobacterium rubi* (Hildebrand) Starr et Weiss

悬钩子卷丝锈菌　*Gerwasia rubi* Racib.

悬钩子壳针孢　*Septoria rubi* Westend.

悬钩子壳针孢短孢变种　*Septoria rubi* var. *brevispora* Sacc.

悬钩子兰伯特盘菌　*Lambertella rubi* Korf

悬钩子裸锈菌　*Caeoma cheoanum* Cumm.

悬钩子裸双胞锈菌　*Gymnoconia peckiana* (Howe) Trott.

悬钩子脉褪绿病毒　*Raspberry vein chlorosis virus Nucleorhabdovirus* (RVCV)

悬钩子拟细盾霉　*Leptothyrina rubi* (Duby) Höhn.

悬钩子球腔菌　*Mycosphaerella rubi* (Westend.) Roark

悬钩子曲叶病毒　*Raspberry leaf curl virus Luteovirus* (RLCV)

悬钩子生假尾孢　*Pseudocercospora rubicola* (Thuemen) Liu et Guo

悬钩子生叶点霉　*Phyllosticta rubicola* Rabh

悬钩子霜霉　*Peronospora rubi* Rabenh.

悬钩子土壤杆菌〔悬钩子茎瘤病菌〕　*Agrobacterium rubi* (Hildebrand) Starr et Weiss

悬钩子锈病菌　*Hamaspora acutissima* Syd.；*Hamaspora longissima* (Thüm.) Körn.

悬钩子中国种传病毒　*Rubus Chinese seedborne virus Sadwavirus* (RCSV)

悬铃木长喙壳〔法国梧桐溃疡病菌〕　*Ceratocystis fimbriata* f. sp. *platani* Waltere

悬铃木根结线虫　*Meloidogyne platani* Hirschmannn

悬铃木假尾孢　*Pseudocercospora platani* (Yen) Yen

悬铃木日规菌　*Gnomonia plalani* Kleb.

悬铃木叶枯病菌　*Gnomonia veneta*（Sacc. et Speg.）Kleb.

悬铃木状多隔腔孢　*Phragmotrichum platanoides* Otth

悬铃木座坚壳　*Rosellinia platani* Fuck.

悬铃木座盘孢　*Discula platani*（Peck）Sacc.

旋孢霉　*Sirosporium antoniforme*（Berk. et Curtis）Bubak et Serebrian

旋孢霉属　**Sirosporium** Bubak et Serebrianikow

旋孢腔菌属　**Cochliobolus** Drechsl.

旋柄腐霉[大丽花、豌豆根腐、猝倒病菌]　*Pythium helicoides* Drechsler

旋覆花白锈病菌　*Albugo tragopogi* var. *inulae* Ciferri et Biga

旋覆花壳针孢　*Septoria inulae* Sacc. et Speg.

旋覆花鞘锈菌　*Coleosporium inulae*（Kunze）Rabenh.

旋钩丝孢　*Harposporium spirosporum* Bayron

旋花白粉菌　*Erysiphe convolvuli* DC.

旋花白锈[田旋花白锈病菌]　*Albugo ipomoeae-panduranae*（Schweinitz）Swingle

旋花白锈病菌　*Albugo pratapi* Damle

旋花白锈菌[甘薯白锈病菌]　*Albugo ipomoeae-panduranae*（Schweinitz）Swingle

旋花白锈菌提里变种[椴树白锈病菌]　*Albugo ipomoeae-panduranea* var. *tiliaceae* Ciferri et Biga

旋花白锈菌原变种　*Albugo ipomoeae-panduratae* var. *ipomoeae-panduratae* Swingle

旋花孢囊原变种　*Cystopus convolvulacearum* var. *convolvulacearum* Speg.

旋花孢囊獐牙菜变种　*Cystopus convolvulacearum* var. *swertiae* Berl. et Kom.

旋花柄锈菌　*Puccinia convolvuli*（Pers.）Cast.

旋花壳针孢　*Septoria convolvuli* Desm.

旋花蓼霜霉　*Peronospora polygonico-nvolvuli* A. Gustavsson

旋花叶黑粉菌　*Entyloma convolvuli* Bres.

旋花柱盘孢　*Cylindrosporium convolvuli* Miura

旋卷腐霉[稻苗绵腐病菌]　*Pythium helicum* Ito

旋卷黑团孢霉[高粱根腐病菌]　*Periconia circinata*（Mangin）Sacc.

旋丝毛壳　*Chaetomium bostrychodes* Zopf

旋雄腐霉[小酸模根腐病菌]　*Pythium helicandrum* Drechsler

旋织霉[番茄侧根旋织霉病菌]　*Plectospira myriandra* Drechsler

旋织霉属　**Plectospira** Drechsler

选择枝孢　*Cladosporium delectum* Cooke et Ellis

绚丽腐霉　*Pythium pulchrum* Minden

绚丽葡孢霉　*Botryosporium pulchrum* Corda

薛瓦酵母　*Saccharomyces chevalieri* Guill.

穴壳菌属　**Dothiora** Fr.

雪白干皮菌　*Skeletocutis nivea*（Jungh.）Keller

雪白灰孢锈菌　*Polioma nivea*（Holw.）Arth.

雪白链霉菌[马铃薯疮痂病菌]　*Streptomyces niveiscabiei* Park, Kwon, Wilson et al.

雪白青霉　*Penicillium niveum* Bain

雪白曲霉　*Aspergillus niveus* Blochw.

雪腐格氏霉[小麦雪腐叶病病菌]　*Gerlachia nivale*（Ces.）Gams. et al.

雪腐格氏霉[小麦雪腐叶枯病菌]　*Gerlachia nivale*（Ces.）Gams. et al.

雪腐镰孢　*Fusarium nivale*（Fr.）Ces.

雪腐镰孢稻变种　*Fusarium nivale* var. *oryzae* Sacc.

雪腐镰孢粟变种　*Fusarium nivale* var.

setariae Yu et Lou

雪腐条黑粉菌　*Urocystis nivalis*（Liro）Zund.

雪腐小画线壳[麦类雪腐叶枯病菌]　*Monographella nivalis*（Schaffn.）Mull.

雪灰曲霉　*Aspergillus niveo-glaucus* Thom et Raper

雪轮单胞锈菌　*Uromyces inaequalitus* Lasch

雪霉微座孢　*Microdochium nivale*（Fr.）Samuels et Hallett

雪松-苹果锈孢锈菌　*Aecidium pyrolatum* Schm.

雪松-苹果锈菌　*Gymnosporangium juniperi-virginianae* Schwein

雪松螺旋线虫　*Helicotylenchus cedreus* Volkova

雪松毛刺线虫　*Trichodorus cedarus* Yokoo

雪松散斑壳　*Lophodermium cedrinum* Maire

雪松疫霉根腐病菌　*Phytophthora lateralis* Tucker et Milbrath

雪衣藻壶病菌　*Chytridium neochlamydococci* Kobayashi et Ook

雪衣藻壶菌[雪衣藻壶病菌]　*Chytridium neochlamydococci* Kobayashi et Ook

血红大茎点菌　*Macrophoma cruenta*（Fr.）Ferr.

血红多孔菌　*Polyporus sanguineus* Fr.

血红酵母　*Rhodotorula sanguinea* Harr.

血红茎点霉[胡萝卜褐纹病菌]　*Phoma sanguinolenta* Rostr.

血红叶点霉[黄精叶点霉]　*Phyllosticta cruenta*（Fr.）Kickx

血色青霉　*Penicillium sanguineum* Sopp

血水草白锈[血水草白锈病菌]　*Albugo eomeconis* Zhang et Wang

血水草白锈病菌　*Albugo eomeconis* Z. Y. Zhang et Wang

血桐假尾孢　*Pseudocercospora macarangae*（H. Syd. et P. Syd.）Deighton

血桐尾孢　*Cercospora macarangae* H. et Syd.

血桐针壳兔　*Irenopsis macarangae* Hansf.

血苋(属)1号类病毒　*Iresine virus 1 Pospiviroid*（IrVd-1）

枸子假尾孢　*Pseudocercospora cotoneastri*（Kats. et Kobayashi）Deighton

枸子角锈孢锈菌　*Roestelia lacerata* Mer.

炮孔菌属　*Laetiporus* Murr.

迅速螺旋线虫　*Helicotylenchus aquili* Khan et Nanjappa

迅速拟滑刃线虫　*Aphelenchoides capsuloplanus*（Haque）Andrassy

蕈青霉　*Penicillium paxilli* Bain.

蕈树附丝壳　*Appendiculella altingiae* Hu et Song

蕈树小煤兔　*Meliola altingiae* Song et Hu

Y

丫纹夜蛾茎线虫　*Ditylenchus autographi* Ruhm

丫孢锈菌　*Ypsilospora baphiae* Cumm.

丫孢锈菌属　*Ypsilospora* Cumm.

鸦葱柄锈菌　*Puccinia scorzonerae*（Schum.）Jacky

Y

鸦胆子假尾孢 *Pseudocercospora bruceae* (Petch) Liu et Guo

鸦列当 *Orobanche gracilis* Sm.

鸭儿芹柄锈菌 *Puccinia tokyensis* Syd.

鸭儿芹轴霜霉 *Plasmopara cryptotaeniae* Tao et Qin

鸭茅斑驳病毒 *Cocksfoot mottle virus Sobemovirus* (CoMV)

鸭茅病毒 *Cocksfoot virus Alphacryptovirus* (CoV)

鸭茅黑粉菌 *Ustilago salvei* Berk. et Br.

鸭茅蜜穗病菌 *Rathayibacter rathayi* (Smith) Zgurskaya

鸭茅轻型花叶病毒 *Cocksfoot mild mosaic virus Sobemovirus* (CMMV)

鸭茅线条病毒 *Cocksfoot streak virus Potyvirus* (CSV)

鸭母树假尾孢 *Pseudocercospora schefflerae* Hsieh et Goh

鸭跖草(属)X病毒 *Commelina virus X Potexvirus* (ComVX)

鸭跖草(属)花叶病毒 *Commelina mosaic virus Potyvirus* (ComMV)

鸭跖草单胞锈菌 *Uromyces commelinae* Cooke

鸭跖草黑粉菌 *Ustilago commelinae* (Kom.) Zund.

鸭跖草黄色斑驳病毒 *Commelina yellow mottle virus Badnavirus* (ComYMV)

鸭跖草囊孢壳 *Physalospora commelinae* Saw.

鸭跖草生尾孢 *Cercospora commelinicola* Chupp ex Braun

鸭嘴草黑痣菌 *Phyllachora ischaemi* Syd.

鸭嘴草团黑粉菌 *Sorosporium flagellatum* Syd. et Butl.

鸭嘴草锈病菌 *Phakopsora incompleta* (Syd.) Cumm.

牙甲囊霉属 *Phurmomyces* Thaxt.

牙买加小煤炱 *Meliola jamaicensis* Hansf.

牙买加樱桃生假尾孢 *Pseudocercospora muntingiicola* (Yen) Yen

芽暗色孢 *Dematium pullulans* de Bary

芽孢杆菌属 **Bacillus** Cohn

芽孢盘菌属 **Tympanis** Tode

芽孢锈菌属 **Blastospora** Diet.

芽孢状尾孢 *Cercospora cladosporioides* Sacc.

芽单胞锈菌 *Uromyces gemmatus* Berk. et Curt.

芽酵母属 **Blastomyces** Costantin et Rolland

芽生多孢酵母属 **Endoblastomyces** Odinzowa

芽枝酵母属 **Blastodendrion** Cif. et Red

蚜虫瘟霉 *Zoophthora aphidis* (Hoffmann ex Fresenius) Batko

蚜虫枝孢 *Cladosporium aphidis* Thuemen

蚜虫枝孢蝇变种 *Cladosporium aphidis* var. *muscae* Briard et al.

蚜轮枝孢 *Verticillium aphidis* Baeuml.

蚜生欧文氏菌 *Erwinia aphidicola* Harada et al.

崖柏栓菌 *Trametes thujae* Zhao

崖豆藤小煤炱 *Meliola millettiae-rhodanthae* Hansf. et Deight

崖椒生小光壳炱 *Asteridiella fagaricola* (Speg.) Hanf.

雅安钩丝壳 *Uncinula yaanensis* Tao et Li

雅葱黑粉菌 *Ustilago scorzonerae* (Alb. et Schw.) Schröt.

雅氏拟滑刃线虫 *Aphelenchoides jacobi* Husain et Khan

雅致根霉[蚕豆、豌豆、玉米腐烂病菌] *Rhizopus elegans* (Eidam) Berlese et de Toni

雅致黑粉菌 *Ustilago elegans* Griff.

雅致横壶菌[三角藻壶病菌] *Amphicype-*

llus elegans Ingold

雅致酵母　*Saccharomyces elegans* Lodd. et Kreger

雅致歧壶菌［优美胶毛藻歧壶病菌］　*Cladochytrium elegans* Nowak.

雅致曲霉　*Aspergillus elegans* Gasp.

雅致枝孢　*Cladosporium elegans* Penz.

亚北方根结线虫　*Meloidogyne subartica* Gernard

亚赤壳属　**Hyponectria** Sacc.

亚穿刺短体线虫　*Pratylenchus subpenetrans* Taylor et Jenkins

亚大孢座坚壳　*Rosellinia emergens*（Berk. et Br.）Sacc.

亚单胞锈菌　*Uromyces minor* Schröt.

亚隔孢壳属　**Didymella** Sacc.

亚黑管菌［亚烟色黑管菌］　*Bjerkandera fumosa*（Pers.；Fr.）Karst.

亚粒线虫属　**Subanguina** Paramonov

亚麻斑点病菌　*Mycosphaerella linorum*（Wollenw.）Garcia-Rada

亚麻多孢霉　*Polyspora lini* Laff.

亚麻根腐病菌　*Bipolaris sorokiniana*（Sacc.）Shoem.

亚麻根腐病菌　*Pythium buismaniae* Plaäto-Nit.

亚麻褐斑病菌　*Mycosphaerella linicola* Naum.

亚麻褐变病菌　*Kabatiella lini*（Laff.）Karak.

亚麻尖镰孢　*Fusarium oxysporum* f. sp. *lini*（Bolley）Snyder

亚麻枯萎病菌　*Fusarium lini* Bolley

亚麻镰孢　*Fusarium lini* Bolley

亚麻苗枯病菌　*Fusarium culmerum*（Smith）Sacc.

亚麻内丝白粉菌　*Leveillula linacearum* Golov.

亚麻球梗孢［亚麻褐变病菌］　*Kabatiella lini*（Laff.）Karak.

亚麻球腔菌［亚麻斑点病菌］　*Mycospha-*

erella linorum（Wollenw.）Garcia-Rada

亚麻生壳针孢　*Septoria linicola*（Speg.）Carass

亚麻生内脐蠕孢　*Drechslera linicola* Shoem.

亚麻生球腔菌［亚麻褐斑病菌］　*Mycosphaerella linicola* Naum.

亚麻霜霉　*Peronospora lini* Ellis et Kellerm.

亚麻炭疽菌　*Colletotrichum lini*（Wester.）Tochinai

亚麻菟丝子　*Cuscuta epilinum* Weihe.

亚麻夏孢锈菌　*Uredo lini* Schem.

亚麻锈病菌　*Melampsora lini*（Ehrenb.）Lév.

亚麻叶黑粉菌　*Entyloma lini* Oudem.

亚麻栅锈菌［亚麻锈病菌］　*Melampsora lini*（Ehrenb.）Lév.

亚马孙百合斑驳病毒，南美水仙斑驳病毒　*Eucharis mottle virus Nepovirus*

亚马孙百合花叶病毒　*Amazon lily mosaic virus Potyvirus*（ALIMV）

亚马孙核黑粉菌　*Cintractia amazonica* Syd.

亚煤炱属　**Hypocapnodium** Speg.

亚美尼亚蜜皮线虫　*Meloidodera armeniaca* Poghossian

亚膜汉逊酵母　*Hansenula subpelliculosa* Bedf.

亚膜茎点霉　*Phoma subvelata* Sacc.

亚坡轮线虫　*Criconemoides yapoensis* Luć

亚球壳属　**Sphaerulina** Sacc.

亚球腔菌属　**Metasphaeria** Sacc.

亚热带螺旋线虫　*Helicotylenchus subtropicalis* Fernandez et al.

亚氏轮线虫　*Criconemoides adamsi*（Diab et Jenkins）Tarjan

亚特兰大线虫属　**Atlantadorus**（Siddiqi）Rodriguez

亚团黑粉菌属［褶孢黑粉菌属］　**Tolyposporium** Woron.

亚线孢炭疽菌 *Colletotrichum sublinel-um* Henn.

亚小顶分孢属 **Acroconidiellina** Ellis

亚烟色黑管菌 *Bjerkandera fumosa* (Pers. ;Fr.) Karst.

亚洲柄锈菌 *Puccinia asiatica* Syd.

亚洲独脚金 *Striga asiatica* (L.) Kuntze

亚洲独脚金宽叶变种 *Striga asiatica* var. *humilis* Hong

亚洲独脚金原变种 *Striga asiatica* var. *asistica* (Benth.)

亚洲柑橘黄龙病菌 *Candidatus* Liberi-bacter asiaticus Jagoueix et al. [*Candidatus* Liberobacter asiaticus]

亚洲花孢锈菌 *Nyssopsora asiatica* Lütj.

亚洲积雪草柄锈菌 *Puccinia centellaea-siaticae* Wang et Zhuang

亚洲梨火疫病菌[梨黑色枝枯病菌,梨枯梢病菌] *Erwinia pyrifoliae* Kim et al.

亚洲梨欧文氏菌[亚洲梨火疫病菌、梨黑色枝枯病菌] *Erwinia pyrifoliae* Kim et al.

亚洲韧皮层杆菌[亚洲柑橘黄龙病菌] *Candidatus* Liberibacter asiaticus Jago-ueix et al.

亚洲罂粟条黑粉菌 *Urocystis rodgersiae* Miyabe

亚砖红青霉 *Penicillium sublateritium* Biourge

咽滑刃线虫属 **Laimaphelenchus** Fuchs

烟白星叶点霉 *Phyllosticta tabaci* Pass.

烟草、西番莲、黄瓜疫病菌 *Phytophthora nicotianae* Breda et Haan

烟草、玉米茎烧、根腐病菌 *Pythium delie-nse* Meurs

烟草矮化病毒 *Tobacco stunt virus Vari-cosavirus* (TStV)

烟草斑驳病毒 *Tobacco mottle virus Umb-ravirus* (TMoV)

烟草赤星病菌 *Alternaria longipes* (Ell. et Ev.) Tisd. et Wadk.

烟草丛顶病毒 *Tobacco bushy top virus Umbravirus* (TBTV)

烟草猝倒病菌 *Pythium butleri* Subra-maniam

烟草脆裂病毒 *Tobacco rattle virus Tobra-virus* (TRV)

烟草脆裂病毒属 **Tobravirus**

烟草德巴利酵母 *Debaryomyces nicotia-nae* Giov.

烟草粉孢 *Oidium tabaci* Thüm.

烟草根肿病菌 *Plasmodiophora tabica* Jones

烟草根肿菌[烟草根肿病菌] *Plasmodio-phora tabaci* Jones

烟草核盘菌 *Sclerotinia nicotianae* Ou-dem. et Koning

烟草黑腐病菌 *Thielaviopsis basicola* (Berk. et Br.) Ferr.

烟草花叶病毒 *Tobacco mosaic virus To-bamovirus* (TMV)

烟草花叶病毒属 **Tobamovirus**

烟草花叶病毒卫星 *Tobacco mosaic Sate-llite virus*

烟草坏死 A 病毒 *Tobacco necrosis virus A Necrovirus* (TNV-A)

烟草坏死 D 病毒 *Tobacco necrosis virus D Necrovirus* (TNV-D)

烟草坏死矮缩病毒 *Tobacco necrotic dwa-rf virus* (TNDV)

烟草坏死病毒 *Tobacco necrosis virus Necrovirus* (TNV)

烟草坏死病毒卫星 *Tobacco necrosis Sate-llite virus*

烟草坏死卫星病毒亚组 *Tobacco necrosis satellite* virus-like

烟草环斑病毒 *Tobacco ringspot virus Nepovirus* (TRSV)

烟草环斑病毒卫星 RNA *Tobacco ring-spot virus satellite RNA*

烟草环斑卫星病毒 *Tobacco ringspot Sate-llite virus*

烟草黄矮病毒　*Tobacco yellow dwarf virus Mastrevirus*（TYDV）

烟草黄脉病毒　*Tobacco yellow vein virus Umbravirus*（TYVV）

烟草黄脉辅助病毒　*Tobacco yellow vein assistor virus Luteovirus*（TYVAV）

烟草黄网病毒　*Tobacco yellow net virus Luteovirus*（TYNV）

烟草畸脉病毒　*Tobacco vein distorting virus Luteovirus*

烟草假尾孢　*Pseudocercospora nicotianae-benthamianae* Goh et Hsieh

烟草茎线虫　*Ditylenchus istatae* Samibaeva

烟草壳二孢　*Ascochyta nicotianae* Pass.

烟草卵孢　*Oospora nicotianae* Pezz. et Sacc.

烟草脉斑驳病毒　*Tobacco vein mottling virus Potyvirus*（TVMV）

烟草脉带花叶病毒　*Tobacco vein banding mosaic virus Potyvirus*（TVBMV）

烟草扭脉病毒　Tobacco vein distorting virus（TVDV）

烟草纽带线虫　*Hoplolaimus tabacum* Firoza，Kosika et Maqbool

烟草潜隐病毒　*Tobacco latent virus Tobamovirus*

烟草轻型绿花叶病毒　*Tobacco mild green mosaic virus Tobamovirus*（TMGMV）

烟草球皮胞囊线虫　*Globodera tabacum*（Lownsbery et Lownsbery）Behrens

烟草曲顶病毒　*Tobacco curly shoot virus Begomovirus*（Tb CSV）

烟草曲叶病毒　*Tobacco leaf curl virus Begomovirus*（TLCV）

烟草曲叶高知病毒　*Tobacco leaf curl Kochi virus Begomovirus*

烟草曲叶日本病毒　*Tobacco leaf curl Japan virus Begomovirus*

烟草曲叶云南病毒　*Tobacco leaf curl Yunnan virus Begomovirus*

烟草生叶点霉　*Phyllosticta nicotianicola* Speg.

烟草蚀纹病毒　*Tobacco etch virus Potyvirus*（TEV）

烟草霜霉　*Peronospora tabacina* Adam

烟草霜霉病菌　*Peronospora hyoscyami* f. sp. *tabacina* skalický

烟草霜霉茄变种[茄霜霉病菌]　*Peronospora tabacina* var. *solani* Zeng

烟草炭疽菌　*Colletotrichum nicotianae* Averna-Sacca

烟草蛙眼病菌　*Cercospora nicotianae* Ell. et Ev.

烟草尾孢　*Cercospora nicotianae* Ell. et Ev.

烟草萎蔫病毒　*Tobacco wilt virus Potyvirus*（TWV）

烟草细垫线虫　*Tetylenchus nicotianae* Yokoo et Tanaka

烟草线条病毒　*Tobacco streak virus Ilarvirus*（TSV）

烟草小盘旋线虫　*Rotylenchulus nicotiana* Yokoo et Tanaka

烟草锈斑病菌　*Pseudomonas syringae* pv. *mellea*（Johnson）Young et al.

烟草野火病菌　*Pseudomonas syringae* pv. *tabaci*（Wolf et Foster）Young et al.

烟草叶点霉[烟褐斑病菌]　*Phyllosticta nicotianae* Ell. et Ev.

烟草异叶斑、烟草环纹病菌　*Xanthomonas campestris* pv. *heterocea*（Vzorov）Sǎvulescu

烟草疫病菌　*Phytophthora imperfecta* var. *nicotianae*（van Breda）

烟草疫霉[烟草、西番莲、黄瓜疫病菌]　*Phytophthora nicotianae* Breda et Haan

烟草疫霉寄生变种　*Phytophthora nicotianae* var. *parasitica*（Dast.）Waterh.

烟草疫霉芝麻变种　*Phytophthora nicotianae* var. *sesami* Pras

烟草皱叶古巴病毒　*Tobacco leaf rugose virus-*［*Cuba*］*Begomovirus*

烟褐斑病菌　*Phyllosticta nicotianae* Ell. et Ev.

烟曲霉　*Aspergillus fumigatus* Fres

烟色刺壳贠　*Capnophaeum fuliginodes* (Rehm.) Yamam.

烟色黑管菌　*Bjerkandera adusta* (Willd. : Fr.) Karst.

烟色盘多毛孢　*Pestalotia adusta* Ell. et Ev.

烟色青霉　*Penicillium fuliginea* Saito

烟色韧革菌　*Stereum gausapatum* Fr.

烟色小核菌　*Sclerotium fumigatum* Nakata ex Hara

烟棕马鞍菌　*Helvella pulla* Holmsk. ex Fr.

胭脂树生假尾孢　*Pseudocercospora bixicola* Goh et Hsieh

岩手山柄锈菌　*Puccinia iwateyamensis* Hirats.

岩手霜霉　*Peronospora iwatensis* S. Ito et Muray.

盐肤木尾孢　*Cercospora verniciferae* Chupp et Viégas

盐腐霉　*Pythium salinum* Höhnk

盐角草霜霉　*Peronospora salicorniae* Enkina

燕麦病毒属　**Avenavirus**

燕麦滑刃线虫　*Aphelenchus avenae* Bastian

燕麦滑刃线虫三尾型　*Aphelenchus avenae* f. sp. *tricaudatus* Krall

燕麦滑刃线虫双尾型　*Aphelenchus avenae* f. sp. *bicaudatus* Adilova

燕麦壳多孢　*Stagonospora avenae* Johnson

燕麦内脐蠕孢　*Drechslera avenacea* (Curtis ex Cooke) Shoem.

燕麦全蚀病菌　*Gaeumannomyces graminis* var. *avenae* (Turner) Dennis

燕麦噬酸菌卡特莱兰亚种［卡特莱兰褐斑病菌］　*Acidovorax avenae* subsp. *cattleyae* (Pavarino) Willems et al.

燕麦噬酸菌西瓜亚种［西瓜果斑病菌］　*Acidovorax avenae* subsp. *citrulli* (Schaad et al.) Willems et al.

燕麦噬酸菌燕麦亚种　*Acidovorax avenae* subsp. *avenae* Willems et al.

燕麦条点花叶病毒　*Oat striate mosaic virus Nucleorhabdovirus* (OSMV)

燕麦伪丛簇病毒　*Oat pseudorosette virus Tenuivirus* (OPRV)

燕麦叶斑病菌　*Acidovorax avenae* subsp. *avenae* Willems et al.

燕麦叶枯病菌　*Pyrenophora avenae* (Eid.) Ito et Kurib.

燕麦异皮线虫　*Heterodera avenae* Wollenw.

燕麦晕斑疫病菌　*Pseudomonas syringae* pv. *coronafaciens* (Elliott) Young et al.

燕麦状曲霉　*Aspergillus avenaceus* Smith

羊草黑粉菌　*Ustilago aegilopsidis* Picb.

羊齿外囊菌　*Taphrina filicina* Rostr.

羊齿状拟夏孢锈菌　*Uredinopsis filicina* (Niessl.) Magn.

羊臭虎耳草栅锈菌　*Melampsora hirculi* Lindr.

羊肚菌　*Morchella esculenta* (L.) Pers.

羊肚菌属　**Morchella** Dill. ex Pers.

羊胡子草柄锈菌　*Puccinia eriophori* Thüm.

羊角芹柄锈菌　*Puccinia aegopodii* (Strauss) Roehl.

羊毛状青霉　*Penicillium lanosum* Westl.

羊茅(属)坏死病毒　*Festuca necrosis virus Closterovirus* (FNV)

羊茅(属)叶线条病毒　*Festuca leaf streak virus Cytorhabdovirus* (FLSV)

羊茅(属)隐潜病毒　*Festuca cryptic virus* (FCV)

羊茅柄锈菌　*Puccinia festucae-ovinae* Tai

羊茅丽皮线虫　*Atalodera festucae* Baldwin et al.

羊茅潜隐病毒　*Fescue cryptic virus Alphacryptovirus*（FCV）

羊乳鞘锈菌［党参锈病菌］　*Coleosporium horianum* Henn.

羊矢果鞘锈菌　*Coleosporium choerospondiatis* Wang et Zhuang

羊蹄甲长蠕孢　*Helminthosporium bauhiniae* Ellis

羊蹄甲黑痣菌　*Phyllachora bauhiniae* Saw.

羊蹄甲生假尾孢　*Pseudocercospora bauhiniicola*（Yen）Yen

羊蹄甲生小煤炱　*Meliola bauhiniicola* Yam.

羊蹄甲叶斑病菌　*Xanthomonas axonopodis* pv. *bauhiniae*（Patel）Vauterin et al.

羊蹄甲叶点霉　*Phyllosticta bauhiniae* Cooke

杨（属）病毒　Populus virus（PV）

杨（属）簇顶病毒　Populus bushy top virus（PBTV）

杨棒盘孢　*Coryneum populinum* Bres.

杨柴单胞锈菌　*Uromyces hedysari-mongolici* Yuan

杨大茎点菌　*Macrophoma tumeifaciens* Shear

杨黑腐皮壳　*Valsa populina* Fuck.

杨黑星菌　*Venturia populina*（Vuill.）Fabr.

杨灰星叶点霉　*Phyllosticta populea* Sacc.

杨壳二孢　*Ascochyta populi* Delacr

杨壳针孢　*Septoria populi* Desm.

杨链格孢　*Alternaria populi* Zhang

杨陵散斑壳　*Lophodermium yanglingense* Cao et Tian

杨柳心腐病菌　*Trametes suaveolens*（L.）Fr.

杨梅癌肿病菌　*Pseudomonas syringae* pv. *myricae* Ogimi et Higuchi

杨梅球腔菌［杨梅叶斑病菌］　*Mycosphaerella myricae* Saw.

杨梅生小光壳炱　*Asteridiella myricicola* Hansf.

杨梅叶斑病菌　*Mycosphaerella myricae* Saw.

杨梅叶斑病菌　*Pseudomonas syringae* pv. *myricae* Ogimi et al.

杨囊孢壳　*Physalospora populina* Maubl.

杨盘孢　*Discosporium populeum*（Sacc.）Sutton

杨盘二孢菌　*Marssonina populi*（LB.）Magn

杨球腔菌［杨树溃疡病菌］　*Mycosphaerella populi*（Auersw.）Kleb.

杨球针壳　*Phyllactinia populi*（Jacz.）Yu

杨锐孔菌　*Oxyporus populinus*（Schum.：Fr.）Donk.

杨生半内生钩丝壳　*Pleochaeta populicola* Zheng

杨生盾壳霉　*Coniothyrium populicola* Miura

杨生壳二孢　*Ascochyta populicola* Kab. et Bub.

杨生壳针孢　*Septoria populicola* Peck

杨生盘二孢菌　*Marssonina populicola* Miura

杨生尾孢　*Cercospora populicola* Tharp.

杨树白座壳［杨树腐烂病菌］　*Leucostoma nivae* Höhn.

杨树斑枯病菌　*Mycosphaerella populorum* Thompson

杨树丛枝病植原体　Poplar witches broom phytoplasma

杨树大斑溃疡病菌　*Cryptodiaporthe populea*（Sacc.）Butin.

杨树东方垫刃线虫　*Orientylus populus* Kapoor

杨树腐烂病菌　*Leucostoma nivae* Höhn.；*Valsa sordida* Nits.

杨树花叶病毒　*Poplar mosaic virus Carlavirus* (PopMV)

杨树黄单胞菌　*Xanthomonas populi* (ex Ridé) Ridé et Ridé

杨树灰斑病菌　*Mycosphaerella mandshurica* Miura

杨树枯萎病菌、玉米基腐病菌　*Enterobacter cancerogenus* (Urosevie) Dickey et al.

杨树溃疡病菌　*Cytospora chrysosperma* (Pers.) Fr.；*Hypoxylon mammatum* (Wahl.) Miller；*Lasiodiplodia theobromee* (Pat) Griff et Maubl；*Mycosphaerella populi* (Auersw.) Kleb.；*Phomopsis macrospore* Kobayashi et Chiba

杨树脉黄化病毒　*Poplar vein yellowing virus Nucleorhabdovirus* (PopVYV)

杨树生球腔菌[杨树斑枯病菌]　*Mycosphaerella populorum* Thompson

杨树衰退病毒　*Poplar decline virus Potyvirus* (PDV)

杨树细菌性溃疡病菌　*Xanthomonas Populi* (ex Ridé) Ridé et Ridé

杨树叶锈病菌　*Melampsora medusae* Thümen

杨四孢外囊菌　*Taphrina johansonii* Sadeb.

杨桃假尾孢　*Pseudocercospora wellesiana* (Well.) Liu et Guo

杨桃尾孢　*Cercospora averrhoae* Petch

杨桐假尾孢　*Pseudocercospora adinandrae* Guo et Liu

杨桐囊孢壳　*Physalospora cleyerae* Saw.

杨桐生小光壳炱　*Asteridiella adinandricola* Hu

杨外囊菌[杨叶肿病菌]　*Taphrina populina* Fr.

杨疡壳孢菌[杨树溃疡病菌]　*Chondroplea populea* (Sacc.) Kleb.

杨叶点霉　*Phyllosticta populina* Sacc.

杨叶木姜子锈孢锈菌　*Aecidium litseae-populifoliae* J. Y. Zhuang

杨叶肿病菌　*Taphrina populina* Fr.

杨隐间座壳[杨树大斑溃疡病菌]　*Cryptodiaporthe populea* (Sacc.) Butin.

杨隐球壳　*Cryptosphaeria populina* (Pers.) Wint.

杨圆孔壳　*Amphisphaeria populi* Tracy et Earle

杨栅锈菌　*Melampsora rostrupii* Magn.

疡壳孢属　**Chondroplea** Kleb

疡壳菌属　**Dothichiza** Lib. ex Roum.

洋艾粒线虫　*Anguina maxae* Yokoo et Choi

洋艾亚粒线虫　*Subanguina moxae* (Yokoo et Choi) Brzeski

洋葱、大葱、韭菜霜霉病菌　*Peronospora destructor* (Berkeley) Caspary ex Berkeley

洋葱、大葱灰斑病菌　*Cercospora duddiae* Welles.

洋葱伯克氏菌[洋葱酸腐病菌]　*Burkholderia cepacia* (ex Burkholder) Yabuuchi et al.

洋葱黄矮病毒　*Onion yellow dwarf virus Potyvirus* (OYDV)

洋葱茎腐败病菌　*Phytophthora canavaliae* Hara

洋葱螨传潜病毒　*Onion mite-borne latent virus Allexivirus* (OMbLV)

洋葱曲霉　*Aspergillus alliaceus* Thom et Church

洋葱软腐病菌　*Mucor subtilissimus* Berkeley

洋葱酸腐病菌　*Burkholderia cepacia* (ex Burkholder) Yabuuchi et al.

洋葱条黑粉菌[葱类黑粉病菌]　*Urocystis cepulae* Frost.

洋葱心腐病菌　*Enterobacter cloeaca* (Jordon) Hormaece et al.

洋葱枝孢[大蒜霉斑病菌] *Cladosporium allii-cepae* (Ranojivic) Ellis

洋狗尾草（属）斑驳病毒 *Cynosurus mottle virus Sobemovirus* (CnMoV)

洋蜡梅链格孢 *Alternaria calycanthi* (Cav.) Joly

洋李矮缩病毒 *Prune dwarf virus Ilarvirus* (PDV)

洋李软腐病菌 *Rhizopus apiculatus* Mc Alp.

洋麻壳二孢 *Ascochyta hibisci-cannabini* Chochriakov

洋麻脉明病毒 *Kenaf vein -clearing virus Rhabdovirus* (KVCV)

洋麻叶点霉 *Phyllosticta hokusiensis* Hara

洋榛叶斑病菌 *Pseudomonas syringae* pv. *avellanae* Psallidas

仰卧爵床柄锈菌 *Puccinia elytrariae* Henn.

氧化葡糖杆菌 *Gluconobacter oxydans* (Henneberg)de Ley

腰果花枝回枯病菌 *Lasiodiplodia theobromee* (Pat) Griff et Maubl

腰下孔(赤道)柄锈菌 *Puccinia infraaequatorialis* Jørst.

摇蚊虫疫霉 *Erynia chironomis* (Fan et Li) Fan et Li

药鼠李壳针孢 *Septoria rhamni-catharticae* Cesati

药用球果霜霉病菌 *Peronospora affinia* Rossm.

椰枣失绿病菌 *Fusarium oxysporum* f. sp. *albedinis* (Killian et Maire) Gordon

椰子败生类病毒 *Coconut tinangaja virus Cocadviroid* (CTIVd)

椰子腐败病菌 *Pythium palmivorum* Butler

椰子附球霉 *Epicoccum cocos* Stevens

椰子红根腐病菌 *Ganoderma lucidum* (Leyss. ex Fr.) Karst.

椰子红环腐线虫 *Bursaphelenchus cocophilus*(Cobb)Baujard

椰子灰斑病菌 *Pestalotia palmarum* Cooke

椰子鞘线虫 *Hemicycliophora cocophillus* (Loos) Goodey

椰子死亡病毒 *Coconut cadang-cadang Cocadviroid* (CCCVd)

椰子死亡类病毒属 **Cocadviroid**

椰子卧孔菌 *Poria cocos* (Fr.) Wolf

椰子细杆滑刃线虫 *Rhadinaphelenchus cocophilus* (Cobb) Goodey

椰子泻血病菌 *Ceratocystis paradoxa* (Dade) Moreau

椰子叶斑病菌 *Epicoccum cocos* Stevens

椰子叶衰病毒 *Coconut foliar decay virus Nanovirus* (CFDV)

椰子隐矛线虫 *Coslenchus cocophilus* Andrassy

椰子致死黄化植原体 *Coconut lethal yellowing phytoplasma*

椰座坚壳 *Rosellinia cocoes* Henn.

野百合(猪屎豆)尾孢 *Cercospora crotalariae* Sacc.

野百合生假尾孢 *Pseudocercospora crotalaricola* (Yen) Yen

野村叉丝壳 *Microsphaera nomurae* Braun.

野村锈生座孢 *Tuberculina nomuraiana* Sacc.

野岛假尾孢 *Pseudocercospora nojimai* (Togashi et Kats.) Guo et Liu

野甘草尾孢 *Cercospora scopariae* Thirum.

野葛瘿瘤病菌 *Synchytrium minutum* (Pat.) Gaumann

野菰属(列当科) **Aeginetia** L.

野古草黑痣菌 *Phyllachora arundinellae* Saw.

野古草绿核菌 *Ustilaginoidea arundinellae* Henn.

野古草属柄锈菌　*Puccinia arundinellae* Barcl.

野古草团黑粉菌　*Sorosporium arundinellae* H. et P. Syd.

野古草腥黑粉菌　*Tilletia arundinellae* Ling

野古草轴黑粉菌　*Sphacelotheca arundinellae* (Bref.) Mundk.

野黄瓜花叶病毒　*Wild cucumber mosaic virus Tymovirus* (WCMV)

野豇豆尾孢　*Cercospora vexillatae* J. Yen

野菊壳针孢　*Septoria chrysanthemiindici* Bub. et Kab.

野菊类霜霉病菌　*Paraperonospora leptosperma* (de Bary) Constantinescu

野菊霜霉病菌　*Peronospora leptosperma* de Bary

野菊霜霉病菌　*Plasmopara tanaceti* (Gäum.) Skalický

野决明单胞锈菌　*Uromyces thermopsidis* (Thüm.) Syd.

野苦荬菜柄锈菌　*Puccinia sonchi-arvensis* Tokun. et Kawai

野螺旋线虫　*Helicotylenchus ferus* Eroshenko et al.

野马铃薯花叶病毒　*Wild potato mosaic virus Potyvirus* (WPMV)

野麦壳针孢　*Septoria elymi* Ell. et Ev.

野麦生壳针孢　*Septoria elymicola* Died.

野茉莉钩丝壳　*Uncinula togashiana* Braun

野牡丹黑痣菌　*Phyllachora melastomaecandidae* Saw.

野牡丹假尾孢　*Pseudocercospora melastomobia* (Yamam.) Deighton

野牡丹壳针孢　*Septoria melastomatis* Pat.

野牡丹囊孢壳　*Physalospora melastomatis* Saw.

野牡丹尾孢　*Cercospora melastomobia* Yamam.

野牡丹小光壳炱　*Asteridiella melastomatacearum* (Speg.) Hansf.

野木瓜柄锈菌　*Puccinia stauntoniae* Tranz. et Diet.

野牛草平脐蠕孢　*Bipolaris buchloes* (Lefebvre et Johnson) Shoem.

野青茅黑粉菌　*Ustilago deyeuxiae* Guo

野青茅霜霉病菌　*Sclerospora farlowii* Griff.

野青茅腥黑粉菌　*Tilletia deyeuxiae* Ling

野生稻内源 RNA 病毒　*Oryza rufipogon virus RNA Endornavirus*

野生萝卜病毒　Radish wild virus (RWV)

野黍单胞锈菌　*Uromyces eriochloae* Syd. et Butl.

野黍霜霉病菌　*Peronosclerospora globosa* Kubicek et Kenneth

野黍指霜霉　*Peronosclerospora eriochloae* Ryley et Langdon

野霜霉　*Peronospora arvensis* Gäum.

野桐白粉菌　*Erysiphe malloti* Chen et Gao

野桐层锈菌　*Phakopsora malloti* Cumm.

野桐单囊壳　*Sphaerotheca malloti* Zhao

野桐附丝壳　*Appendiculella malloti* Song et Hu

野桐膨痂锈菌　*Pucciniastrum malloti* Hirats.

野桐生假尾孢　*Pseudocercospora malloticola* Goh et Hsieh

野桐桶孢锈菌　*Crossopsora malloti* (Racib.) Cumm.

野桐尾孢　*Cercospora malloti* Ell. et Ev.

野桐夏孢锈菌　*Uredo malloti* Henn.

野桐小光壳炱　*Asteridiella malloticola* (Yam.) Hansf.

野桐星盾炱　*Asterina malloti* Saw. et Yam.

野豌豆(属)病毒　*Vicia virus Alphacryptovirus* (VCV)

野豌豆单胞锈菌　*Uromyces ervi*（Wallr.）West.

野豌豆壳二孢　*Ascochyta viciae* Lib.

野豌豆潜隐病毒　*Vicia cryptic virus Alphacryptovirus*（VCV）

野豌豆（蚕豆）霜霉　*Peronospora viciae*（Berkeley）Caspary

野豌豆霜霉　*Peronospora ervi* Gustavsson

野豌豆楔孢黑粉菌　*Thecaphora viciae* Bub.

野莴苣黄单胞菌［马缨丹叶斑病菌］　*Xanthomonas lactucae-scariolae*（Tornberry et Anderson）Săvulescu

野梧桐欧文氏菌［野梧桐叶斑病菌］　*Erwinia mallotivora* Goto

野梧桐叶斑病菌　*Erwinia mallotivora* Goto

野鸦椿钩丝壳　*Uncinula euscaphidis* Xie

野芝麻（属）轻型斑驳病毒　*Lamium mild mottle virus Fabavirus*（LMMoV）

野芝麻（属）轻型花叶病毒　*Lamium mild mosaic virus Fabavirus*（LMMV）

野芝麻壳针孢　*Septoria lamii* Passerini

野芝麻生壳针孢　*Septoria lamiicola* Sacc.

野芝麻霜霉　*Peronospora lamii* Braun

野芝麻霜霉活血丹变种　*Peronospora lamii* var. *glechomatis* Krieg.

野芝麻霜霉原变种　*Peronospora lamii* var. *lamii*

叶斑虫形孢［椴梓赤色叶斑病菌］　*Entomosporium maculatum* Lév.

叶杯菌属　*Ciborinia* Whetz.

叶背叉丝壳　*Microsphaera hypophylla* Nevod.

叶蝉虫疠霉　*Pandora cicadellis*（Li et Fan）Li et al.

叶底珠叉丝壳　*Microsphaera securinegae* Tai et Wei

叶点霉属　*Phyllosticta* Pers.

叶杆菌属　*Phyllobacterium* Knosel

叶黑粉菌属　*Entyloma* de Bary

叶埋盘属　*Fabraea* Sacc.

叶生棒盘孢　*Coryneum foliiolum* Fuck.

叶生假丝酵母　*Candida foliarum* Ruin.

叶生节丛孢　*Arthrobotrys foliicola* Mats

叶生盘双端毛孢　*Seimatosporium foliicola*（Berk.）Shoem.

叶生柔膜菌　*Helotium epiphyllum*（Pers.）Fr.

叶生栅锈菌　*Melampsora epiphylla* Diet.

叶生枝孢槭变种　*Cladosporium epiphyllum* var. *acerinum*（Pers.）Sacc.

叶氏伞滑刃线虫　*Bursaphelenchus eroshenkii* Kolosova

叶楣藻　*Phycopeltis epiphyton* Mill.

叶楣藻属　*Phycopeltis* Mill.

叶下珠假尾孢　*Pseudocercospora phyllanthi*（Chupp.）Deighton

叶下珠尾孢　*Cercospora phyllanthi* Chupp.

叶下珠锈孢锈菌　*Aecidium phyllanthi* Henn.

叶下珠叶斑病菌　*Xanthomonas axonopodis* pv. *phyllanthi*（Sabet）Vauterin et al.

叶瘿线虫属　*Cynipanguina* Maggenti, Hart et Paxman

叶缘黑粉菌　*Ustilago marginalis*（DC.）Lév.

叶痣孢属　*Melasmia* Lév.

叶状节丛孢大孢变种　*Arthrobotrys drechs* var. *macroides* Drechs

叶状枝节丛孢　*Arthrobotrys cladodes* Drechsler

叶状枝节丛孢大孢变种　*Arthrobotrys cladodes* var. *macroides* Drechsler

叶状枝节丛孢枝孢变种　*Arthrobotrys cladodes* var. *cladodes* Drechsler

叶子花钉孢霉　*Passalora bougainvilleae*（Munt-Cvetk）Castaneda et Braun

夜蛾虫疠霉　*Pandora gammae*（Weiser）

Humber

夜合花中点霉 *Phyllosticta magnoliae-pumilae* Saw.

夜来香小煤炱娃儿藤变种 *Meliola telosmae* var. *tylophorae* Hansf.

夜香树（属）病毒 *Cestrum virus Caulimovirus* (CV)

夜香树黄化曲叶病毒 *Cestrum yellow leaf curling virus Caulimovirus* (CmYLCV)

夜香树金环锈菌 *Chrysocyclus cestri* (Diet. et Henn.) Syd.

腋生球腔菌 *Mycosphaerella alarum* Ell. et Halst.

一点红拟滑刃线虫 *Aphelenchoides emiliae* Romaniko

一点红瘿瘤病菌 *Synchytrium fuscum* Petch

一户氏根结线虫 *Meloidogyne ichnohei* Araki

一年蓬霜霉病菌 *Basidiophora entospora* Roze et Cornu

一品红花叶病毒 Poinsettia mosaic virus (PnMV)

一品红假尾孢 *Pseudocercospora petila* Goh et Hsieh

一品红尾孢 *Cercospora pulcherrimae* Tharp

一品红叶斑病菌 *Curtobacterium flaccumfaciens* pv. *poinsettiiae* (Starr) Collins et Jones

一品红叶斑病菌 *Xanthomonas axonopodis* pv. *poinsettiicola* (Patel) Vauterin et al.

一品红叶斑病菌 *Xanthomonas campestris* pv. *euphorbiae* (Sabet) Dye

一品红隐潜病毒 Poinsettia cryptic virus *Alphacryptovirus* (PnCV)

一色齿毛菌 *Cerrena unicolor* (Bull.；Fr.) Murr.

一叶兰 Y 病毒 *Pleione virus Y Potyvirus*

一叶楸假尾孢 *Pseudocercospora securinegae* (Togashi et Kats.)Deighton

一枝黄花柄锈菌 *Puccinia virgaeaureae* (DC.) Lib.

一枝黄花壳针孢 *Septoria virgaureae* (Libert) Desmazieres

一枝黄花鞘锈菌 *Coleosporium solidaginies* (Schw.) Thüm.

一枝黄花小尾孢 *Cercosporella virgaureae* (Thüm.) Lindau.

一枝黄花轴霜霉 *Plasmopara solidaginis* Novot.

伊贝母葡萄孢盘菌 *Botryotinia fritillarii-pallidiflori* Chen et Li

伊波罗依格螺旋线虫 *Helicotylenchus iperoiguensis* (Carvalho) Andrassy

伊布勒霜霉[新花塔霜霉病菌] *Peronospora ibrahimovii* Achundor

伊朗黑粉菌 *Ustilago iranica* Syd.

伊朗拉塞氏杆菌[伊朗小麦蜜穗病菌] *Rathayibacter iranicus* (ex Scharif) Zgurskaya et al.

伊朗鞘线虫 *Hemicycliophora iranica* Loof

伊朗小麦蜜穗病菌 *Rathayibacter iranicus* (ex Scharif) Zgurskaya et al.

伊朗小麦条纹病毒 *Iranian wheat stripe virus Tenuivirus* (IWSV)

伊朗疫霉[茄疫病菌] *Phytophthora iranica* Ershad

伊朗玉米花叶病毒 *Maize Iranian mosaic virus Nucleorhabdovirus* (MlranMV)

伊乐藻大壶病菌 *Megachytrium westonii* Sparrow

伊乐藻壶菌 *Chytridium elodeae* Dang.

伊利毛茛霜霉 *Peronospora illyrica* Göum.

伊利诺霜霉 *Peronospora illinoensis* Farl.

伊利诺轴霜霉 *Plasmopara illinoensis* (Farl.) Davis

伊利斯螺旋线虫 *Helicotylenchus elise-*

nsis (Carvalho) Carvalho

伊玛姆潜根线虫　*Hirschmanniella imamuri* Sher

伊皮鲁斯樱桃病毒　*epirus cherry virus Ourmiavirus*（EpCV）

伊萨卡虫瘴霉　*Furia ithacensis*（Kramer）Humber

伊塞克螺旋线虫　*Helicotylenchus issykkulensis* Sultanalieva

伊塞里指梗霉　*Sclerospora iseilematis* Thirum. et Naras.

伊氏白锈［玄参科白锈病菌］　*Albugo evansi* Sydow

伊氏轮线虫　*Criconemoides eroshenkoi*（Eroshenko）Siddiqi

伊特亨核瑚菌　*Typhula idahoensis* Remsb.

伊藤单胞锈菌　*Uromyces itoanus* Hirats.

伊藤多胞锈菌　*Phragmidium itoanum* Hirats.

伊藤核瑚菌［小麦雪腐病菌］　*Typhula itoana* Imai

伊藤小栅锈菌　*Melampsorella itoana*（Hirats.）Ito et Homma

伊藤芽孢锈菌　*Blastospora itoana* Togashi et Onuma

伊桐小煤炱［大风子小煤炱］　*Meliola hydnocarpi* Hansf.

伊万斯黑痣菌　*Phyllachora evansii* Syd.

伊文思棘皮线虫　*Cactodera evansi* Prado et Rowe

伊雪克核瑚菌　*Typhula ishikariensis* Imai

衣藻、裸藻壶菌、肿胀病菌　*Polyphagus euglenae*（Bail）Schröt.

衣藻根壶病菌　*Rhizidium aciforme* Zopf

衣藻根壶病菌　*Rhizidium appendiculatum* Zopf

衣藻根壶病菌、畸形病菌　*Rhizidium vernale* Zopf

衣藻畸形病菌　*Rhizophlyctis vorax*

（Strasb.）Fisch.

依塔小煤炱　*Meliola edanoana* Hansf.

宜昌蛇菰（亨氏蛇菰）　*Balanophora henryi* Hemsl.

疑轮线虫　*Criconemoides decipiens* Loof et Barooti

以色列异针线虫　*Paratylenchoides israelensis* Raski Thirum. et Naras.

蚁虫草　*Cordyceps myrmecophila* Ces.

异凹面螺旋线虫　*Helicotylenchus paraconcavus* Rashid et Khan

异孢柄锈菌　*Puccinia heterospora* Berk. et Curt.

异孢单顶孢　*Monacrosporium heterosporum*（Drechs.）Subram.

异孢耳霉　*Conidiobolus incongruus* Drechsler

异孢黑粉菌　*Mundkurella heptapleuri* Thirum.

异孢黑粉菌属　**Mundkurella** Thirum.

异孢镰孢　*Fusarium heterosporium* Nees

异孢曲霉　*Aspergillus diversus* Raper et Fenn.

异孢束格孢　*Sarcinella heterospora* Sacc.

异孢陷球壳　*Trematosphaeria heterospora*（de Not.）Winter

异贝氏螺旋线虫　*Helicotylenchus parabelli* Volkova

异扁尾螺旋线虫　*Helicotylenchus paraplatyurus* Siddiqi

异长尾滑刃线虫属　**Paraseinura** Timm

异长针线虫属　**Paralongidorus** Siddiqi, Hooper et Khan

异常半轮线虫　*Hemicriconemoides aberrans* Phukan et Sanwal

异常盾壳霉　*Coniothyrium anomale* Miyake

异常盾线虫　*Scutellonema aberrans*（Whitehead）Sher

异常汉逊酵母　*Hansenula anomala* (Hans.) H. et P. Syd.

异常茎线虫　*Ditylenchus allocotus* Filipjev et Stekhoven

异常轮线虫　*Criconemoides insigne* Siddiqi

异常盘旋线虫　*Rotylenchus abnormecaudatus* Berg et Heyns

异常鞘线虫　*Hemicycliophora aberrans* Thorne

异常珍珠线虫　*Nacobbus aberrans* (Thorne) Thorne et Allen

异翅尾螺旋线虫　*Helicotylenchus parapteracercus* Sultan

异担子菌属　**Heterobasidion** Bref.

异导管螺旋线虫　*Helicotylenchus paracanalis* Sauer et Winoto

异德氏小环线虫　*Criconemella paradenoudeni* Raski, Geraert, Sharma

异垫刃线虫属　**Atylenchus** Cobb

异短体线虫属　**Apratylenchoides** Sher

异腐生拟滑刃线虫　*Aphelenchoides parasaprophilus* Sanwal

异狗尾草剑线虫　*Xiphinema parasetariae* Luć

异古氏小环线虫　*Criconemella paragoodeyi* Choi, Geraert

异鬼笔拟滑刃线虫　*Aphelenchoides heterophallus* Steiner

异果芥霜霉　*Peronospora diptychocarpi* Kalymb.

异壶菌[水蕴藻异壶病菌]　*Anisolpidium ectocarpii* Varling

异壶菌属　**Anisolpidium** Karling

异花草生柄锈菌　*Puccinia fuirenicola* Arth.

异花寄生藤　*Dendrotrophe heterantha* (Wall. ex DC.) Henry et Roy

异滑刃线虫属　**Paraphelenchus** (Micoletzky) Micoletzky

异黄单胞菌[烟草异叶斑、烟草环纹病菌]　*Xanthomonas campestris* pv. *heterocea* (Vzorov) Săvulescu

异吉尔螺旋线虫　*Helicotylenchus paragirus* Saha et al.

异刻尾螺旋线虫　*Helicotylenchus paracrenaeauda* Phukan et Sanwal

异孔蜂窝菌　*Hexagonia heteropora* Imaz

异类双宫螺旋线虫　*Helicotylenchus paradihysteroides* Darrkar et Khan

异里氏小环线虫　*Criconemella parareedi* (Ebsary) Ebsary

异粒线虫属　**Paranguina** Kirjanova

异六纹拟滑刃线虫　*Aphelenchoides parasexlineatus* Kulinich

异螺旋线虫　*Helicotylenchus exallus* Sher

异落汉逊酵母　*Hansenula bimundalis* Wickerh. et Santa Maria

异毛刺线虫属　**Allotrichodorus** Rodriguez

异木患假尾孢　*Pseudocercospora allophylina* Sawada ex Goh et Hsieh

异木麻黄黄化植原体　*Candidatus* Phytoplasma allocasuarinae Marcona et al.

异纳茜菜柄锈菌　*Puccinia metanarthecii* Pat.

异囊齿裂菌　*Coccomyces dimorphus* Liang, Tang et Lin

异尼卡罗拟滑刃线虫　*Aphelenchoides paranechaleos* Hooper et ibrahim

异拟滑刃线虫属　**Paraphelenchoides** Khak

异黏孢菌属　**Ligniera** Maire et Tison

异盘旋线虫属　**Pararotylenchus** Baldwin et Bell

异皮线虫属(胞囊线虫属)　**Heterodera** Schmidt

异腔线虫属　**Ecphyadophora** de Man

异三叶草异皮线虫　*Heterodera paratrifolii* Kirjanova

异色柄锈菌　*Puccinia heterocoloris* M. M. Chen

异色瘤双胞锈菌　*Tranzschelia discolor*

(Fuck.) Tranz. et Litw.

异生青霉　*Penicillium diversum* Raper et Fenn.

异式假格孢　*Nimbya heteroschemos* (Fautrey) Simmons

异双尾拟滑刃线虫　*Aphelenchoides parabicaudatus* Shavrov

异水患尾孢　*Cercospora allophyli* Saw.

异丝腐霉[稻苗绵腐病菌]　*Pythium diclinum* Tokunaga

异丝绵霉[稻苗绵腐病菌]　*Achlya klebsiana* Pieters

异梯尾拟滑刃线虫　*Aphelenchoides parascalacautus* Chawla et al.

异头垫刃线虫属　***Atetylenchus*** Khan

异头丝尾垫刃线虫　*Filenchus heterocephalus* Xie et Feng

异头小煤炱　*Meliola heterocephala* Syd.

异头锥线虫　*Dolichodorus heterocephalus* Cobb

异土壤粗纹膜垫线虫　*Aglenchus paragricola* (Paetzold) Meyl

异微细拟滑刃线虫　*Aphelenchoides parasubtenuis* Shavrov

异尾螺旋线虫　*Helicotylenchus varicaudatus* Yuen

异尾伞滑刃线虫　*Bursaphelenchus varicauda* Thong et Webster

异细小茎线虫　*Ditylenchus paragracillis* (Micoletzky) Sher

异线壳属　***Anisogramma*** Muller

异小环线虫属　***Xenocriconemella*** de Grisse et Loof

异形多胞锈菌　*Phragmidium heterosporum* Diet.

异形酵母　*Saccharomyces anomalus* Hanson

异形节丛孢　*Arthrobotrys anomala* Barron et Davidson

异形沫锈菌　*Spumula heteromorpha* (Doidge) Thirum.

异形盘双端毛孢　*Seimatosporium anomalum* (Harkn.) Shoem.

异形青霉　*Penicillium anomalum* Corda

异形曲霉　*Aspergillus heteromorphus* Bat et Maia

异形三胞锈菌　*Triphragmium anomalum* Tranz.

异形凸脐蠕孢　*Exserohilum heteromorphum* Sun, Zhang, Zhou et Zhu

异形枝孢　*Cladosporium anomalum* Berkeley et Curtis

异形柱隔孢　*Ramularia anomala* Peck

异旋孢腔菌[玉米小斑病菌]　*Cochliobolus heterostrophus* Drechsl.

异燕麦柄锈菌　*Puccinia helictotrichi* Jörst.

异叶黄钟花假尾孢　*Pseudocercospora tecomae-heterophyllae* (Yen) Guo et Liu

异叶蛇葡萄壳针孢　*Septoria ampelopsidis-heterophyllae* Miura

异油壶菌[鞘藻油壶病菌]　*Olpidium paradoxum* Glockling

异针线虫属　***Paratylenchoides*** Raski

异枝轮枝孢　*Verticillium heterocladum* Peaz.

异质酵母　*Saccharomyces heterogenicus* osterw.

异栉环线虫属　***Paralobocriconema*** Minagawa

异株柄锈菌　*Puccinia dioicae* Magn.

异状腐霉　*Pythium dissimile* Vaartaja

异宗曲霉　*Aspergillus heterothallicus* Kwon et al.

易变单顶孢　*Monacrosporium mutabile* Cooke

易变团黑粉菌　*Sorosporium mutabile* (Syd.) Ling

易断钩丝壳　*Uncinula fragilis* Zheng et Chen

易落叶点霉　*Phyllosticta decidua* Ferr.

疫霉属　***Phytophthora*** de Bary

益母草（属）花叶病毒　*Leonurus mosaic virus Begomovirus*（LeMV）

益母草粉孢　*Oidium leonuri-sibirici* Saw.

益母草尾孢　*Cercospora leonuri* Stev. et Solh.

益母草柱隔孢　*Ramularia lconuri* Sacc. et Fenz

益智草轮纹褐斑病菌　*Pestalosphaeria alpiniae* P. K. Chi et Chen

益智生球腔菌［山姜生球腔菌］　*Mycosphaerella alpinicola* Chen et Chi

逸见腐霉［黄瓜、丝瓜根腐、猝倒病菌］　*Pythium hemmianum* Takahashi

意大利番茄壳针孢　*Septoria lycopersici* f. sp. *italica* Ferr.

意大利剑线虫　*Xiphinema italiae* Meyl

意大利酵母　*Saccharomyces italicus* Cast.

意大利青霉［柑橘青霉病菌］　*Penicillium italicum* Wehmer

意大利青霉白孢变种　*Penicillium italicum* var. *album* Wei

意大利疫霉［番樱桃疫病菌］　*Phytophthora italica* Cacciola，Magnano et Belisario

缒筒列当　*Orobanche kotschyi* Reut.

薏苡黑粉菌　*Ustilago coicis* Bref.

薏苡黑痣菌　*Phyllachora coicis* Henn.

薏苡链格孢　*Alternaria coicis* Zhang

薏苡皮特黑粉菌　*Franzpetrakia okudairae*（Miyabe）Guo, Vánke et Mordue

薏苡平脐蠕孢　*Bipolaris coicis*（Nisikado）Shoem.

薏苡弯孢　*Curvularia coicis* Zhang, Zhang et Sun

薏苡小球腔菌　*Leptosphaeria coicis* Saw.

薏苡叶斑病菌　*Mycosphaerella tassiana*（de Not.）Johans.

薏苡叶枯病菌　*Bipolaris coicis*（Nisikado）Shoem.

翼枝葡萄夏孢锈菌　*Uredo cissi-pterocladae* Hirats.

藕草（草芦）花叶病毒　*Canary reed mosaic virus Potyvirus*（CRMV）

藕草根结线虫　*Meloidogyne ottersoni*（Thorne）Franklin

藕草黑粉菌　*Ustilago echinata* Schröt.

藕草内脐蠕孢　*Drechslera tetrarrhenae* Paul

阴地凤仙柄锈菌　*Puccinia impatientis-uliginosae* Tai

阴沟肠杆菌［洋葱心腐病菌］　*Enterobacter cloeaca*（Jordon）Hormaece et al.

荫蔽地舌菌　*Geoglossum umbratile* Sacc.

荫下根结线虫　*Meloidogyne mersa*（Siddiqi et Booth）Eisenback

音加共基锈菌　*Chaconia ingae*（Syd.）Cumm.

淫羊藿柄锈菌　*Puccinia epimedii*（Henn. et Shirai）Miyabe et Ito

银白花叶点霉　*Phyllosticta argyrea* Speg.

银边点盘菌　*Stictis albomarginata* Ou

银柴星盾炱　*Asterina aporosae* Hansf.

银合欢矮化线虫　*Tylenchorhynchus leucaenus* Azmi

银合欢夏孢锈菌　*Uredo leucaenae-glaucae* Hirats. et Hash.

银桦盘双端毛孢　*Seimatosporium greuilleae*（Loos）Shoem.

银胶菊剑囊线虫　*Xiphidorus parthenus* Monteiro，Lordello et Nakasoni

银胶菊叶黑粉菌　*Entyloma parthenii* Syd.

银莲花柄锈菌　*Puccinia fusca*（Pers.）Wint.

银莲花集壶菌［银莲花瘿瘤病菌］　*Synchytrium anemones* de Bary et Woronin

银莲花集壶菌毛茛变种［掌状毛茛瘿瘤病菌］　*Synchytrium anemones* var. *ranunculi* Pat.

银莲花壳多孢　*Stagonospora anemonea* Pat.

银莲花壳二孢　*Ascochyta anemones* Kabát et Bubák

银莲花瘤双胞锈菌　*Tranzschelia anemones*（Pers.）Nannf.

银莲花拟毛刺线虫　*Paratrichodorus anemones*（Loof）Siddiqi

银莲花黏隔孢　*Septogloeum anemones* Miyake

银莲花霜霉　*Peronospora anemones* Tramier

银莲花霜霉病菌　*Plasmopara pygmaea* f. sp. *anemone* Gaponenko

银莲花瘿瘤病菌　*Synchytrium anemones* de Bary et Woronin

银鹊树生小光壳炱　*Asteridiella tapisciicola* Hu

银鹊树生小煤炱　*Meliola tapisciicola* Hu

银生柄锈菌　*Puccinia argentata*（Schultz.）Wint.

银杏盘多毛孢　*Pestalotia ginkgo* Hori

银杏叶点霉　*Phyllosticta ginkgo* Brun

银叶病菌　*Stereum purpureum* Fr.

银叶花壳针孢　*Septoria argyrea* Sacc.

引鸟叶点霉　*Phyllosticta aucupariae* Thüm.

隐孢霜霉　*Peronospora cryptosporae* annal.

隐蔽叉丝单囊壳　*Podosphaera clandestina*（Wallr.：Fr.）Lév.

隐蔽黑粉菌　*Ustilago operta* Syd. et Butl.

隐蔽环线虫　*Criconema celetum* Wu

隐蔽实球黑粉菌　*Doassansia occulta*（Hoffm.）Cornu

隐蔽叶黑粉菌　*Entyloma occultum* Cif.

隐藏钩丝壳　*Uncinula clandestina*（Biv. et Bern.）Schröt.

隐藏钩丝壳榆叶变种　*Uncinula clandestina* var. *ulmi-foliaceae*（Dzhaf.）Zheng et Chen

隐藏拟丝囊霉［甲角藻拟丝囊病菌］　*Aphanomycopsis cryptica* Cant.

隐翅虫顶枝虫囊菌　*Misgomyces lispini* Thaxt.

隐丛赤壳属　*Cryphonectria*（Sacc.）Sacc.

隐地疫霉［菊花疫病菌］　*Phytophthora cryptogea* Pethybridge et Lofferty

隐地疫霉原变种　*Phytophthora cryptogea* var. *cryptogea* Pethybr. et Laff.

隐点霉属　*Cryptostictis* Fuckel

隐腐皮壳属　*Cryptovalsa* Ces. et de Not.

隐果苔草柄锈菌　*Puccinia yaramesuge* Homma

隐果小煤炱　*Meliola cryptocaryae* Doidge

隐间座壳属　*Cryptodiaporthe* Patrak

隐轮线虫　*Criconemoides arcanum* Raski et Golden

隐矛（纵纹盖垫刃）线虫属　***Coslenchus*** Siddiqi

隐矛线虫属（纵纹盖垫刃属）　***Coslenchus*** Siddiqi

隐匿柄锈菌　*Puccinia recondita* Rob. ex Desm.

隐匿柄锈菌冰草专化型　*Puccinia recondita* f. sp. *agropyri* Arth.

隐匿柄锈菌宿存专化型　*Puccinia recondita* f. sp. *persistens* Plowr.

隐匿柄锈菌黑麦专化型　*Puccinia recondita* f. sp. *secalis* Carl.

隐匿柄锈菌剪股颖专化型　*Puccinia recondita* f. sp. *agrostidis* Oudem.

隐匿柄锈菌雀麦专化型　*Puccinia recondita*. f. sp. *bromina* Erikss.

隐匿柄锈菌三毛草专化型　*Puccinia recondita* f. sp. *triseti* Erikss.

隐匿柄锈菌小冰草专化型　*Puccinia recondita* f. sp. *agropyrina* Erikss.

隐匿柄锈菌小麦专化型［小麦叶锈病菌］　*Puccinia recondita* f. sp. *tritici* Erikss. et Henn.

隐匿腐霉　*Pythium cryptogynum* B. Paul

隐匿疫霉［秋海棠疫病菌］　*Phytophthora*

cryptogea f. sp. *begoniae* Kröber

隐皮线虫属 ***Cryphodera*** Colbaran

隐球壳属 ***Cryptosphaeria*** Grev.

隐生柄锈菌 *Puccinia operta* Mundk. et Thirum.

隐生柄锈菌 *Puccinia inclusa* P. Syd. et H. Syd.

隐细小线虫 *Gracilacus latescens* Raski

隐形黑粉菌［黑麦黑粉病菌］ *Urocystis occulta* (Wallr.) Rabenh.

隐藻壶病菌 *Chytridium simplex* Dang.

隐轴黑粉菌 *Sphacelotheca inconspicua* Zund.

隐轴蛇菰 *Balanophora cryptocaudex* Chang et Tam

印度矮化线虫 *Tylenchorhynchus indicus* Siddiqi

印度刺桐叶斑病菌 *Xanthomonas axonopodis* pv. *erythrinae* (Patel) Vauterin et al.

印度单顶孢 *Monacrosporium indicum* (Chowdhury et Bahl) Liu et Zhang

印度番茄曲叶病毒 *Indian tomato leaf curl virus Begomovirus* (IToLCV)；*Tomato Indian leafcurl virus Begomovirus*

印度柑橘病毒属 ***Mandarivirus***

印度柑橘环斑病毒 *Indian citrus ringspot virus Mandarivirus*

印度根结线虫 *Meloidogyne indica* Whitehead

印度梗孢酵母 *Sterigmatomyces indicus* (Fell.) Fell.

印度黑粉菌 *Ustilago indica* Syd. et Butl.

印度花生丛簇病毒 *Indian peanut clump virus Pecluvirus* (IPCV)

印度茎线虫 *Ditylenchus indicus* (Sethi et Swarup) Fortuner

印度辣椒斑驳病毒 *Indian pepper mottle virus Potyvirus* (iPMoV)

印度辣椒斑驳病毒 *Pepper Indian mottle virus Potyvirus*

印度螺旋线虫 *Helicotylenchus indicus* Siddiqi

印度木薯花叶病毒 *Indian cassava mosaic virus Begomovirus* (ICMV)

印度尼西亚大豆矮缩病毒 Indonesian soybean dwarf virus (ISDV)

印度拟滑刃线虫 *Aphelenchoides indicus* Chawla，Bhamburkar et al.

印度拟油壶菌［番木瓜叶腐病菌］ *Olpidiopsis indica* Srivastara

印度纽带线虫 *Hoplolaimus indicus* Sher

印度盘色梭孢 *Seiridium indicum* Pavgi et Singh

印度潜根线虫 *Hirschmanniella indica* Ahmad

印度蔷薇粉孢 *Oidium rosae-indicae* Saw.

印度鞘线虫 *Hemicycliophora indica* Siddiqi

印度散斑壳 *Lophodermium indianum* Singh et Minter

印度莎草异皮线虫 *Heterodera indocyperi* Husain et Khan

印度蛇菰 *Balanophora indica* Wall.

印度苘麻叶斑病菌 *Xanthomonas axonopodis* pv. *patelii* (Desai et Shah) Vauterin

印度鼠尾粟黑粉菌 *Ustilago sporoboliindici* Ling

印度霜霉［蓟罂粟霜霉病菌］ *Peronospora indica* Gäum.

印度霜霉 *Peronospora indica* Syd.

印度团黑粉菌 *Sorosporium indicum* Mundk.

印度腥黑粉菌［小麦印度腥黑穗病菌］ *Tilletia indica* Mitra

印度野菰 *Aeginetia indica* Roxb.

印度油壶菌 *Olpidium indicum* Turner

印度指梗霉 *Sclerospora indica* Butler

英国胡桃浅皮溃疡病菌［榆树湿木病菌］

Enterobacter nimipressuralis（Carter）Brenner et al.

英诺卡小煤炱　*Meliola inocarpi* Stev.

英帕尔纽带线虫　*Hoplolaimus imphalensis* Khan et Khan

缨黏帚霉　*Gliocladium fimbriatum* Gilm. et Abbott

罂粟、秃疮花霜霉病菌　*Peronospora arborescens*（Berkeley）de Bary

罂粟长蠕孢　*Helminthosporium papaveris* Saw.

罂粟黑斑病菌　*Xanthomonas campestris* pv. *papavericola*（Bryan et McWhorter）Dye

罂粟链格孢　*Alternaria papaveris*（Bres）Ellis

罂粟生尾孢　*Cercospora papavericola* P. K. Chi et Pai.

罂粟霜霉　*Peronospora argemones* Göum.

罂粟尾孢　*Cercospora papaveri* Nakata

罂子粟链格孢　*Alternaria papaveris-somniferi* Sawada

樱楮小座囊菌　*Dothidella mezerei*（Fr.）Theiss. et Syd.

樱粉孢　*Oidium cerasi* Jacz.

樱花 X 病植原体　Prunus X phytoplasma

樱花生尾孢　*Cercospora prunicola* ell. et Ev.

樱桃 A 病毒　*Cherry virus A Capillovirus*（CheVA）

樱桃穿孔褐斑病菌　*Mycosphaerella cerasella* Aderk.

樱桃丛簇病毒　*Cherry rosette virus Nepovirus*（CRV）

樱桃丛枝病菌　*Taphrina cerasi*（Fuck.）Sadeb.

樱桃锉叶病毒　*Cherry rasp leaf virus Cheravirus*（CRLV）

樱桃锉叶病毒属　***Cheravirus***

樱桃核盘菌　*Sclerotinia kusanoi* Henn.

樱桃穿孔褐斑病菌　*Cercospora circumscissa* Sacc.

樱桃黑星孢　*Fusicladium cerasi*（Rabenhorst）Eriksson

樱桃黑星菌　*Venturia cerasi* Adh.

樱桃红车轴草霜霉　*Peronospora trifolii-cherleri* Rayss

樱桃坏死锈斑驳病毒　*Cherry necrotic rusty mottle virus Foveavirus*

樱桃卷叶病毒　*Cherry leaf roll virus Nepovirus*（CLRV）

樱桃李潜环斑病毒　*Myrobalan latent ringspot virus Nepovirus*（MLRSV）

樱桃李潜环斑病毒卫星　*Myrobalan latent ringspot Satellite virus*

樱桃镰孢　*Fusarium cerasi* Roll. et Ferry

樱桃链格孢　*Alternaria cerasi* Poteb.

樱桃链核盘菌　*Monilinia kusanoi* Henn.

樱桃瘤肿病菌　*Pseudomonas syringae* pv. *cerasicola* Kamiunten et al.

樱桃绿环斑驳病毒　*Cherry green ring mottle virus Foveavirus*（CGRMV）

樱桃球腔菌［樱桃穿孔褐斑病菌］　*Mycosphaerella cerasella* Aderk.

樱桃缩叶病菌　*Taphrina minor* Sadeb.

樱桃外囊菌［樱桃丛枝病菌］　*Taphrina cerasi*（Fuck.）Sadeb.

樱桃悬钩子叶病毒　*Cherry raspberry leaf virus*（CRbLV）

樱桃叶斑病菌　*Cylindrosporium prunitomentosi* Miura

樱桃叶斑驳病毒　*Cherry mottle leaf virus Trichovirus*（CMLV）

樱桃叶枯病菌　*Gnomonia erythrostoma*（Pers.）Wint.

鹦鹉绿青霉　*Penicillium psittacinum* Thom

鹰爪豆植原体　*Candidatus* Phytoplasma spartii Marcone et al.

鹰爪枫锈孢锈菌　*Aecidium holboelliae* Wang et Zhuang

鹰爪花星盾㲋 *Asterina artabotrydis* Hansf.

鹰爪夏孢锈菌 *Uredo artabotrydis* Syd.

鹰爪小煤㲋 *Meliola artabotrydis* Hansf.

鹰嘴豆矮化伴随病毒 Chickpea stunt disease associated virus (CpSDaV)

鹰嘴豆矮化病毒 Chickpea stunt virus (CpSV)

鹰嘴豆矮化线虫 *Tylenchorhynchus cicerus* Kakar, Khan et Siddiqi

鹰嘴豆丛矮病毒 *Chickpea bushy dwarf virus Potyvirus* (CpBDV)

鹰嘴豆畸形花叶病毒 *Chickpea distortion mosaic virus Potyvirus* (CpDMV)

鹰嘴豆丝状病毒 *Chickpea filiform virus Potyvirus* (CpFV)

鹰嘴豆褪绿矮缩病毒 *Chickpea chlorotic dwarf virus Mastrevirus* (CpCDV)

鹰嘴豆异皮线虫 *Heterodera ciceri* Vovlas, Greco et Vito

荧光假单胞菌 *Pseudomonas fluorescence* (Trev.) Migula

荧光假单胞菌生物型Ⅱ[莴苣叶缘焦枯病菌] *Pseudomonas fluorescence* Biovar Ⅱ (Trevisan) Migula

蝇虫霉 *Entomophthora muscae* (Cohn) Winter

蝇粪假丝酵母 *Candida sorbosa* Hedr. et Burke ex Uden

蝇干尸霉 *Tarichium cyrtoneurae* Giard

蝇子草(属)X病毒 *Silene virus X Potexvirus* (SVX)

蝇子草霜霉病菌 *Peronospora vexans* Gäum.

颖苞茎点霉 *Phoma glumarum* Ell. et Tracy

颖壳伯克氏菌[稻颖枯病菌] *Burkholderia glumae* (Kurita Tabei) Urakami et al.

颖壳针孢[小麦秆枯病菌] *Septoria glumarum* Pass.

颖枯壳针孢[小麦颖枯病菌] *Septoria nodorum* Berk.

颖枯小球腔菌 *Leptosphaeria nodorum* Muller

颖生叶点霉[稻颖枯病菌] *Phyllosticta glumicola* (Speg.) Hara

瘿果盘菌 *Cyttaria darwini* Berk.

瘿果盘菌属 **Cyttaria** Berk.

瘿螨属 **Eriophyes** von Siebold

瘿青霉 *Penicillium fellutanum* Biourge

硬柄曲霉 *Aspergillus duricaulis* Raper et Fenn.

硬柄小皮伞[牧草根腐病菌] *Marasmius oreades* (Bolt.) Fr.

硬层锈菌属 **Stereostratum** Magn.

硬核腐霉 *Pythium scleroteichum* Drechsler

硬盖木层孔菌 *Phellinus scleropileatus* Zeng

硬梗虫霉 *Stylopage hadra* Drechsler

硬骨草霜霉 *Peronospora holostei* Casp.

硬花草异皮线虫 *Heterodera scleranthii* Kaktina

硬茎线虫 *Ditylenchus durus* (Cobb) Filipjev

硬壳顶尾锈菌 *Atelocauda incrustans* Arth. et Cumm.

硬孔菌属 **Rigidoporus** Murr.

硬瘤菌属 **Scirrhia** Nitschke ex Fuckel

硬毛多孔菌 *Polyporus hispidus* (Bull.) Fr.

硬毛南芥霜霉[垂果南芥霜霉病菌] *Peronospora arabidis-hirsutae* Gäum.

硬毛山黧豆霜霉 *Peronospora lathyrihirsuti* Săvul. et Rayss

硬毛栓菌 *Trametes trogii* Berk.

硬毛缩箸歧壶病菌 *Cladochytrium replicatum* Karling

硬皮豆(属)花叶病毒 *Macrotyloma mosaic virus Begomovirus* (MaMV)

硬头螺旋线虫　*Helicotylenchus osce phalus* Anderson

硬香柱菌　*Epichloë sclerotica* Pat.

硬序重寄生　*Phacellaria rigidula* Benth.

硬羊肚菌　*Morchella rigida* Krombh.

蛹虫草　*Cordyceps militaris* (L.) Link

优美胶毛藻歧壶病菌　*Cladochytrium elegans* Nowak.

优若藜白锈[驼绒藜白锈病菌]　*Albugo eurotiae* Tranzschel

尤因矮化线虫　*Tylenchorhynchus ewingi* Hooper

犹他拟短体线虫　*Pratylenchoides utahensis* Baldwin，Luc̀ et Bell

犹他隐皮线虫　*Cryphodera utahensis* Baldwin et al.

油菜花叶病毒　*Youcai mosaic virus Tobamovirus*（YOMV）

油菜花叶中国病毒　*Rape mosaic Chinese virus*（RaMCV）

油菜黄单胞菌（田野黄单胞菌）　*Xanthomonas campestris*（Pammel）Dowson

油菜黄单胞菌桉变种[桉枝枯病菌]　*Xanthomonas campestris* pv. *eucalypti*（Truman）Dye

油菜黄单胞菌八角枫变种[八角枫叶斑病菌]　*Xanthomonas campestris* pv. *alangii*（Padhya et Patel）Dye

油菜黄单胞菌巴氏变种[苍耳叶斑病菌]　*Xanthomonas campestris* pv. *badrii*（Patel）Dye

油菜黄单胞菌百日菊变种[百日菊叶斑病菌]　*Xanthomonas campestris* pv. *zinniae*（Hopkins et Dowson）Dye

油菜黄单胞菌斑鸠菊变种[斑鸠菊、夜香牛叶斑病菌]　*Xanthomonas campestris* pv. *vernoniae*（Patel）Dye

油菜黄单胞菌蓖麻生变种[蓖麻叶斑病黄单胞菌]　*Xanthomonas campestris* pv. *ricinicola*（Elliott）Dowson

油菜黄单胞菌槟榔变种[槟榔条斑病菌]　*Xanthomonas campestris* pv. *arecae*（Rao et Mohan）Dye

油菜黄单胞菌长豇豆变种　*Xanthomonas campestris* pv. *vignaeunguiculatae* Patel et Jinda

油菜黄单胞菌长蒴黄麻变种[长蒴黄麻叶斑病菌]　*Xanthomonas campestris* pv. *olitorii*（Sabet）Dye

油菜黄单胞菌车前变种[车前叶斑病菌]　*Xanthomonas campestris* pv. *plantaginis*（Thornberry et anderson）Dye

油菜黄单胞菌葱蒜变种[葱疫病菌]　*Xanthomonas campestris* pv. *allii* Kodaka et al.

油菜黄单胞菌大戟（一品红）变种[大戟（一品红）斑点病菌]　*Xanthomonas campestris* pv. *euphorbiae*（Sabet）Dye

油菜黄单胞菌大麻变种[大麻叶斑病菌]　*Xanthomonas campestris* pv. *cannabis* Severin

油菜黄单胞菌大鱼黄草变种[大鱼黄草叶斑病菌]　*Xanthomonas campestris* pv. *merremiae*（Pant et Kulkarni）Dye

油菜黄单胞菌滇芎变种　*Xanthomonas campestris* pv. *arracaiae*（Pereira）Dye

油菜黄单胞菌厄氏变种[尖刺甘薯叶斑病菌]　*Xanthomonas campestris* pv. *uppalii*（Patel）Dye

油菜黄单胞菌甘蓝变种[甘蓝黑腐病菌]　*Xanthomonas campestris* pv. *campestris*（Pammel）Dye

油菜黄单胞菌感应草变种[荒漠草叶斑病菌]　*Xanthomonas campestris* pv. *blepharidis*（Shinivasan et Patel）Dye

油菜黄单胞菌海州常山变种[海州常山叶斑病菌]　*Xanthomonas campestris* pv. *clerodendri*（Patel）Dye

油菜黄单胞菌褐鞘变种[稻褐鞘病菌]　*Xanthomonas campestris* pv. *brunneivaginae* Luo, Liao et al.

油菜黄单胞菌黑斑变种[牛蒡叶斑病菌]
Xanthomonas campestris pv. *nigromaculans* (Takimoto) Dye

油菜黄单胞菌缓草变种[鸢尾叶疫病菌]
Xanthomonas campestris pv. *tardicrescens* (McCulloch) Dye

油菜黄单胞菌灰暗变种 *Xanthomonas campestris* pv. *obscurae* Chand et Singh

油菜黄单胞菌火筒树变种[火筒树疫病菌] *Xanthomonas campestris* pv. *leeana* (Patel) Dye et al.

油菜黄单胞菌积雪草变种[积雪草叶斑病菌] *Xanthomonas campestris* pv. *centellae* Basnyat et Kulkarni

油菜黄单胞菌畸变变种[花椰菜叶斑病菌] *Xanthomonas campestris* pv. *aberrans* (Knosel) Dye

油菜黄单胞菌蒺藜变种[蒺藜叶斑病菌]
Xanthomonas campestris pv. *tribuli* (Srinivasan Patel) Dye

油菜黄单胞菌蓟罂粟变种[蓟罂粟疫病菌] *Xanthomonas campestris* pv. *argemones* (Srinivasan) Dye

油菜黄单胞菌假虎刺变种[刺黄果叶斑病菌] *Xanthomonas campestris* pv. *carissae* (Moniz. Sabley) Dye et al.

油菜黄单胞菌假辣根变种[假辣根叶斑病菌] *Xanthomonas campestris* pv. *armoraciae* (McCulloch)Dye

油菜黄单胞菌假连翘变种[假连翘叶斑病菌] *Xanthomonas campestris* pv. *durantae* Shrinivasan et Patel

油菜黄单胞菌假御谷变种 *Xanthomonas campestris* pv. *pennisiti* Rajagopalan

油菜黄单胞菌姜变种[姜软腐病黄单胞菌]
Xanthomonas campestris pv. *zingiberi* (Uyeda)Săvulescu

油菜黄单胞菌姜生变种[姜叶枯病菌] *Xanthomonas campestris* pv. *zingibericola* (Ren et Fang) Bradbury

油菜黄单胞菌角胡麻变种[角胡麻叶斑病菌] *Xanthomonas campestris* pv. *martynicola* Moniz et Patel

油菜黄单胞菌辣根变种 *Xanthomonas campestris* pv. *armoraceae* (McCulloch) Starr et Burkholder

油菜黄单胞菌李氏禾变种[李氏禾条斑病菌] *Xanthomonas campestris* pv. *leersiae* (Ex Fang et al.) Young

油菜黄单胞菌链荚豆变种[链荚豆叶斑病菌] *Xanthomonas campestris* pv. *alysicarpi* (Bahtt et patei)

油菜黄单胞菌楝树变种[楝树叶斑病菌]
Xanthomonas campestris pv. *azadirachtae* (Desail et al.) Dye

油菜黄单胞菌流胶变种[唐菖蒲叶斑病菌] *Xanthomonas campestris* pv. *gummisudans* (McCulloch) Dye

油菜黄单胞菌萝卜变种[萝卜叶斑病菌]
Xanthomonas campestris pv. *raphani* (White) Dye

油菜黄单胞菌萝藦变种 *Xanthomonas campestris* pv. *asclepiadis* Flynn et Vidaver

油菜黄单胞菌马蹄莲变种[马蹄莲叶斑病菌] *Xanthomonas campestris* pv. *zantedeschiae* (Joubert) Dye

油菜黄单胞菌马缨丹变种[马缨丹、月桂叶斑病菌] *Xanthomonas campestris* pv. *lantanae* (Srinivasan et Patel) Dye

油菜黄单胞菌曼陀罗变种 *Xanthomonas campestris* pv. *daturae* (Jain) Bradbury

油菜黄单胞菌杧果变种 *Xanthomonas campestris* pv. *mangiferaeindicae* (Patel) Robbs et al.

油菜黄单胞菌毛束草变种[毛束草叶斑病菌] *Xanthomonas campestris* pv. *trichodesmae* (Patel) Dye

油菜黄单胞菌美人蕉变种 *Xanthomonas campestris* pv. *cannae* Easww. et al.

油菜黄单胞菌蜜柑变种 *Xanthomonas*

campestris pv. *citrumelo* Gabriel et al.

油菜黄单胞菌魔芋变种[魔芋叶斑病菌] *Xanthomonas campestris* pv. *amorphophalli* (Jindal) Dye

油菜黄单胞菌墨西哥柠檬变种 *Xanthomonas campestris* pv. *aurantifolii* Gabriiel et al.

油菜黄单胞菌奈台斯草变种 *Xanthomonas campestris* pv. *syngonii* Dickey et Zumoff

油菜黄单胞菌泡林腾变种 *Xanthomonas campestris* pv. *paulliniae* Robbs Medeiros et al.

油菜黄单胞菌破布木变种 *Xanthomonas campestris* pv. *cordiae* Robbs Batista et al.

油菜黄单胞菌葡萄变种[葡萄褐斑病菌] *Xanthomonas campestris* pv. *viticola* (Nayudu) Dye

油菜黄单胞菌青苋变种[苋叶斑病菌] *Xanthomonas campestris* pv. *amaranthicola* (Patel) Dye

油菜黄单胞菌秋葵变种[秋葵叶斑病菌] *Xanthomonas campestris* pv. *esculenti* (Rangaswami et Easwaran)

油菜黄单胞菌三叶葡萄变种[三叶葡萄叶斑病菌] *Xanthomonas campestris* pv. *vitistrifolia* (Padhya) Dye

油菜黄单胞菌三叶乌蔹莓变种[三叶乌蔹莓叶斑病菌] *Xanthomonas campestris* pv. *vitiscarnosae* (Moniz) Dye

油菜黄单胞菌散沫花藤变种[散沫花藤叶斑病菌] *Xanthomonas campestris* pv. *lawsoniae* (Patel) Dye

油菜黄单胞菌山芥变种[山芥叶斑病菌] *Xanthomonas campestris* pv. *barbareae* (Burkholder) Dye

油菜黄单胞菌蒴麻变种[长钩刺蒴麻叶病菌] *Xanthomonas campestris* pv. *thirumalacharii* (Padhya et Patel)

油菜黄单胞菌天芥菜变种[天芥菜叶斑病菌] *Xanthomonas campestris* pv. *heliotropii* (Sabet) Dye

油菜黄单胞菌天南星变种[千年芋叶斑病菌] *Xanthomonas campestris* pv. *aracearum* (Berniac) Dye

油菜黄单胞菌甜菜变种 *Xanthomonas campestris* pv. *betae* Robbs et al.

油菜黄单胞菌莴苣变种 *Xanthomonas campestris* pv. *lactucae* (Yamamoto) Dowson

油菜黄单胞菌沃德氏葡萄变种[沃德氏葡萄叶斑病菌] *Xanthomonas campestris* pv. *vitiswoodrowii* (Patel) Dye

油菜黄单胞菌无花果变种[无花果叶斑病菌] *Xanthomonas campestris* pv. *fici* (Cavara) Dye

油菜黄单胞菌西桐棉变种 *Xanthomonas campestris* pv. *thespesiae* Patil et Kulkarni

油菜黄单胞菌细心草变种 *Xanthomonas campestris* pv. *boerhaaviae* (Mathur) Bradbury

油菜黄单胞菌香蕉变种[香蕉萎蔫病菌] *Xanthomonas campestris* pv. *musacearum* (Yirgou et Bradbury) Dye

油菜黄单胞菌小葵子变种[小葵子叶斑病菌] *Xanthomonas campestris* pv. *guizotiae* (Yirgou) Dye

油菜黄单胞菌小酸浆变种[小酸浆叶斑病菌] *Xanthomonas campestris* pv. *physalidis* (Goto et Okabe) Dye

油菜黄单胞菌新西兰麻变种[新西兰麻条纹病菌] *Xanthomonas campestris* pv. *phormicola* (Takinoto) Dye

油菜黄单胞菌旋花变种[田旋花叶斑病菌] *Xanthomonas campestris* pv. *convolvuli* (Nagarkoti) Dye

油菜黄单胞菌鸭舌草变种[丰花草叶斑病菌] *Xanthomonas campestris* pv. *spermacoces* (Srinivasan et Patel) Dye

油菜黄单胞菌芫荽变种[芫荽疫病菌]

Xanthomonas campestris pv. *coriandri* (Srinivasan) Dye

油菜黄单胞菌野梧桐变种［杜果黑斑病菌］ *Xanthomonas campestris* pv. *malloti* Goto

油菜黄单胞菌银胶菊变种 *Xanthomonas campestris* pv. *parthenii* Chand et al.

油菜黄单胞菌印度枳致病变种 *Xanthomonas campestris* pv. *bilave* Chakaravarti et al.

油菜黄单胞菌罂粟变种［罂粟黑斑病菌］ *Xanthomonas campestris* pv. *papavericola* (Bryan et McWhorter) Dye

油菜黄单胞菌月桂变种 *Xanthomonas campestris* pv. *laureliae* Dye

油菜黄单胞菌珍珠黍变种 *Xanthomonas campestris* pv. *pennamericanum* Qhobela et Claflin

油菜黄单胞菌芝麻变种 *Xanthomonas campestris* pv. *sesami* (Sabet et Dowson) Dye

油菜黄单胞菌紫堇木变种［鼠鞭草叶斑病菌］ *Xanthomonas campestris* pv. *ionidii* (Padhya et Patel)

油菜黄单胞菌紫萝兰变种［紫萝兰疫病菌］ *Xanthomonas campestris* pv. *incanae* (Kendrick et Baker) Dye

油菜黄单胞菌紫茉莉变种 *Xanthomonas campestris* pv. *mirabilis* (Durgapal et Trivedi) Young

油菜瘤肿病菌 *Urocystis brassicae* Mundk.

油茶、西番莲幼苗猝倒病菌 *Pythium splendens* Braun

油茶饼病菌 *Exobasidium gracile* (Shirai) Syd.

油茶离瓣寄生 *Helixanthera sampsoni* (Hance) Danser.

油茶煤病菌 *Capnodium tanaka* Shirai et Hara

油茶桑寄生 *Loranthus sampsoni* Hance

油橄榄癌肿病菌 *Pseudomonas savastanoi* pv. *savastanoi* (ex Smith) Gardan

油橄榄病毒属 *Oleavirus*

油橄榄冠瘤病菌 *Pseudomonas savastranoi* pv. *nerii* Janse

油橄榄痂囊腔菌 *Elsinoë oleae* Jenk.

油橄榄煤炱 *Capnodium elaeophilum* Prill.

油橄榄潜1号病毒 *Olive latent virus 1 Sobemovirus* (OLV‐1)

油橄榄潜2号病毒 *Olive latent virus 2 Ourmiavirus* (OLV‐2)

油橄榄潜隐环斑病毒 *Olive latent ringspot virus Nepovirus* (OLRSV)

油壶菌属 *Olpidium* (Braun) Schröt.

油绘茎点霉 *Phoma pigmentivora* Mass.

油卡律属斑驳病毒 *Eucharis motlle virus Neporirus*

油麻藤小煤炱多毛变种 *Meliola mucunae* var. *hirsutae* Hosag. et Goos

油盘孢属 *Elaeodema* Syd.

油杉被孢锈菌 *Peridermium ketelceriae-evelyniana* Zhou et Chen

油杉齿裂菌 *Coccomyces keteleeriae* Lin

油杉寄生属（矮槲寄生属，桑寄生科） *Arceuthobium* Bieb.

油杉金锈菌 *Chrysomyxa keteleeriae* (Tai) Wang et Peterson

油松烂皮病菌 *Valsa kunzei* Nits

油松疱锈病菌 *Cronartium coleosporioides* Arth.

油桐丛赤壳 *Nectria aleuritidia* Chen et Zhang

油桐盾壳霉 *Coniothyrium aleuritis* Teng

油桐黑斑病菌 *Mycosphaerella aleuritidis* (Miyake) Ou

油桐假尾孢 *Pseudocercospora aleuritidis* (Miyake) Deighton

油桐球腔菌［油桐黑斑病菌］ *Mycospha-*

erella aleuritidis（Miyake）Ou

油桐球针壳　*Phyllactinia aleutitidis* Yu-
et Lai.

油桐尾孢　*Cercospora aleuritidis* Miyake

油桐栅锈菌　*Melampsora aleuritidis* Cu-
mm.

油椰纽带线虫　*Hoplolaimus proporicus*
Goodey

油脂酵母　*Saccharomyces oleaginosus*
Maria

油棕枯萎病菌　*Fusarium oxysporum*
f. sp. *claeidis* Toovey

油棕生皮斯霉　*Pithomyces elaeidicola*
ellis

油棕致死黄化类病毒　*Oil palm fatal ye-
llowing viroid*（OPFYVd）

柚木榄孢锈菌　*Olivea tectonae* Thirum.

柚木生枝孢　*Cladosporium tectonicola*
He et Zhang

柚木尾孢　*Cercospora tectoniae* Stev.

柚木夏孢锈菌　*Uredo tectonae* Racib.

柚木叶斑病菌　*Xanthomonas axonopodis*
pv. *melhusii*（Patel）Vauterin et al.

柚木枝孢　*Cladosporium tectonae* Saw.

疣孢盾盘菌　*Scutellinia fimetaria*（Se-
av.）Teng

疣孢褐盘菌　*Peziza badia* Pers.

疣孢兰伯特盘菌　*Lambertella verrucosi-
spora* Zhuang

疣孢霉属　**Mycogone** Link

疣孢青霉　*Penicillium verruculosum* Pe-
yron

疣孢疫霉　*Phytophthora verrucosa* Alco-
ck et Foister

疣顶单胞锈菌［菜豆锈病菌］　*Uromyces
appendiculatus*（Pers.）Ung.

疣顶根壶菌［衣藻根壶病菌］　*Rhizidium
appendiculatum* Zopf

疣状被链孢锈菌　*Dietelia verruciformis*
（Henn.）Henn.

疣状寄生藤　*Dendrotrophe granulata*
（Hook. et Thomas）Henry et Roy

游楯线虫属　**Peltamigratus** Sher

游走环线虫　*Criconema tripum*（Schuu-
rmans et al.）de Coninck

有叉小煤炱大型变种　*Meliola furcata*
var. *major* Hansf.

有盖黄孔菌　*Auriporia pileala* Parm.

有害层孔菌［白缘褐根腐菌］　*Fomes no-
xius* Corner

有害木层孔菌　*Phellinus noxius* Corn.

有害葚孢　*Sporidesmium exitiosum* Kühn.

有害小皮伞［可可枝腐病菌］　*Marasmius
perniciosus* Stahl.

有害疣孢霉［蘑菇白腐病菌］　*Mycogone-
perniciosa* Magn.

有胶团黑粉菌　*Sorosporium glutinosum*
Zund.

有角黑腐皮壳　*Valsa ceratophora* Tul.

有角螺旋线虫　*Helicotylenchus certus*
Eroshenko et al.

有结小煤炱　*Meliola geniculala* Syd. et
Butl.

有孔黑粉菌　*Ustilago pertusa* Tracy et
Earle

有鳞环线虫　*Criconema lepidotum* Skua-
rva

有饰螺旋线虫　*Helicotylenchus phalerus*
Anderson

有头矮化线虫　*Tylenchorhynchus capi-
tatus* Allen

有味耳霉　*Conidiobolus osmodes* Dre-
chsler

有缘壳柱霉　*Piptarthron limbatum*（Pe-
tr.）Sutton

莠竹柄锈菌　*Puccinia polliniae* Barcl.

莠竹黑痣菌　*Phyllachora mictostegii* Saw.

莠竹皮特黑粉菌　*Franzpetrakia micro-
stegii* Thirum. et Pavgi

莠竹生柄锈菌　*Puccinia polliniicola*
Syd.

幼虫芽孢杆菌　*Bacillus larvae* White

幼角镰孢　*Fusarium neoceras* Wollenw. et Reink.

幼桃疱斑病菌　*Bacillus pumilus* Meyer et Gotthelli

幼桃芽孢杆菌[幼桃疱斑病菌]　*Bacillus pumilus* Meyer et Gotthelli

幼小轮线虫　*Criconemoides pullus* (Kirjanova) Raski

幼芽小孔线虫　*Punchaulus gemellensis* Ley et Coomans

幼稚尾纽带线虫　*Hoplolaimus concaudojavencus* Golden et Minton

鼬瓣花白粉菌　*Erysiphe galeopsidis* DC.

鼬瓣花茎线虫　*Ditylenchus galeopsidis* Teploukhova

鼬瓣花霜霉　*Peronospora galeopsidis* Lobik

鼬瓣花异皮线虫　*Heterodera galeopsidis* Filipjev et al.

迂回壳囊孢　*Cytospora ambiens* Sacc.

淤泥腐霉　*Pythium lutarium* Ali-Shtayeh

鱼肝油青霉　*Penicillium piscarium* Westl.

鱼黄草白锈病菌　*Albugo evolvuli* var. *merremiae* Safeeulla et Thirumalachar

鱼鳞藻壶菌、肿胀病菌　*Pseudopileum unum* Canter

鱼藤品字锈菌　*Hapalophragmium derridis* Syd.

鱼腥草生尾孢　*Cercospora houttuyniicola* T. Goh et W. Hsieh

鱼眼草假尾孢　*Pseudocercospora dichrocephalae* (Yamam.) Goh et Hsieh

鱼眼草壳二孢　*Ascochyta dixhrocephalae* Saw.

鱼眼草尾孢　*Cercospora dichrocephalae* Yamam.

鱼眼草锈孢锈菌　*Aecidium dichrocephalae* Henn.

榆斑驳病毒　*Elm mottle virus ilarvirus* (eMoV)

榆斑点病菌　*Pseudomonas syringae* pv. *ulmi* (Sutic et Tesic) Young et al.

榆长喙壳[榆枯萎病菌]　*Ceratocystis ulmi* (Buism.) Moreau

榆黄化丛枝病菌　*Candidatus* Phytoplasma ulmi Lee, Martini, Marcone et al.

榆集壶菌[绣线菊瘿瘤病菌]　*Synchytrium ulmariae* Falek et Legerh.

榆壳二孢　*Ascochyta ulmi* (West) Kleber

榆壳丰孢　*Phloeospora ulmi.* (Fr. ex Kze) Wallr.

榆壳针孢　*Septoria ulmi* ellis et ever.

榆枯萎病菌　*Ceratocystis ulmi* (Buism.) Moreau

榆枯萎病菌　*Ophiostoma ulmi* Nannf.

榆类座囊菌　*Systremma ulmi* (Duv. ex Fr.) Theiss. et Syd.

榆黏束孢　*Graphium ulmi* Schwar

榆钱菠菜霜霉　*Peronospora atriplicis-hortensis* Săvul. et Rayss

榆球座菌　*Guignardia ulmariae* Miura

榆日规菌[榆叶斑病菌]　*Gnomonia ulmea* (Sacc.) Thüm.

榆三胞锈菌　*Triphragmium ulmariae* (Schw.) Link

榆蛇喙壳[榆枯萎病菌]　*Ophiostoma ulmi* Nannf.

榆生叶点霉　*Phyllosticta ulmicola* Sacc.

榆树根结线虫　*Meloidogyne ulmi* Palmisano et Ambrogioni

榆树古德伊线虫　*Goodeyus ulmi* (Goodey) Chitwood

榆树韧皮部坏死植原体　Elm phloem necrosis phytoplasma

榆树湿木病菌　*Enterobacter nimipressuralis* (Carter) Brenner et al.

榆外囊菌[榆叶肿病菌]　*Taphrina ulmi* Johans.

榆维管束黑化病菌　*Pseudomonas lignicola* Westerdijk et Buisman

榆咽滑刃线虫　*Laimaphelenchus ulmi*

Khan

榆叶斑病菌 *Gnomonia ulmea* (Sacc.) Thüm.

榆叶点霉 *Phyllosticta bellunensis* Martin

榆叶梅褐斑病菌 *Ascochyta pruni* Kab. et Bub.

榆叶肿病菌 *Taphrina ulmi* Johans.

榆疫霉 [三叶草疫霉病菌] *Phytophthora clandestina* Taylor, Pascoe et Greenhalgh

榆植原体 [榆黄化丛枝病菌] *Candidatus* Phytoplasma ulmi Lee, Martini, Marcone et al.

榆柱盘孢 *Cylindrosporium ulmi* (Fr.) Vass.

虞美人格孢腔菌 *Pleospora papaveraceae* (de Not.) Sacc.

羽萼夏孢锈菌 *Uredo colebrookeae* Barcl.

羽茅柄锈菌 *Puccinia stipae-sibiricae* Ito

羽扇豆根瘤菌 *Rhizobium lupini* (Schroeter) Eckhardt et al.

羽扇豆黄脉病毒 *Lupin yellow vein virus Nucleorhabdovirus* (LYVV)

羽扇豆黄锈菌 *Chrysocelis lupini* Lagerh et Diet.

羽扇豆剑线虫 *Xiphinema lupini* Roca et Pereira

羽扇豆曲叶病毒 *Lupin leaf curl virus Begomovirus* (LLCV)

羽纹藻、硅藻拟丝囊霉病菌 *Aphanomycopsis bacillariacearum* Schaeffer

羽纹藻、针杆藻外壶病菌 *Ectrogella bacillariacearum* Zopf

羽叶楸小多孢锈菌 *Phragmidiella stereospermi* (Mundk.) Thirum. et Mundk.

羽衣草糙孢锈菌 *Trachyspora alchemillae* Fuck.

羽衣草单囊壳 *Sphaerotheca aphanis* (Wallr.) Braun.

羽衣草霜霉 *Peronospora alchemillae* Otth.

羽衣草越锈菌 *Joerstadia alchemllae* (Sacc.) Gjaer. et Cumm.

羽藻囊壶菌 *Phlyctochytrium bryopsidis* Kobayashi et Ook.

羽藻油壶菌 [羽藻肿胀病菌] *Olpidium bryopsidis* de Bruyne

羽藻肿胀病菌 *Olpidium bryopsidis* de-Brayne

雨久花裸球孢黑粉菌 *Burrillia ajrekari* Thirum.

雨久花丝囊霉根腐病菌 *Aphanomyces cladogamus* Drechsler

玉凤花(属)花叶病毒 *Habenaria mosaic virus Potyvirus* (HaMV)

玉兰痂囊腔菌 *Elsinoë magnoliae* Miller et Jenkins

玉米、蚕豆苗枯、根腐病菌 *Pythium graminicola* Subramanian

玉米、甘蔗、谷子根褐腐病菌 *Pythium arrhernomanes* Drechsler

玉米 MRC 病毒 *Mal de Rio Cuarto virus Fijivirus* (MRCV)

玉米矮花叶病毒 *Maize dwarf mosaic virus Potyvirus* (MDMV)

玉米矮化病菌 *Spiroplasma kunkelii* Whitcomb, Chen et al.

玉米矮化线虫 *Tylenchorhynchus zeae* Sethi et Swarup

玉米白线花叶病毒 Maize white line mosaic virus (MWLMV)

玉米白线花叶卫星病毒 Maize white line mosaic satellite virus

玉米斑枯病菌 *Septoria zeicola* Stout

玉米北方叶斑病菌 *Exserohilum turcicum* (Pass.) Leonard et Suggs

玉米不育矮化病毒 *Maize sterile stunt virus Nucleorhabdovirus* (MSSV)

玉米赤霉病菌 *Gibberella zeae* (Schw.) Petch

玉米丛矮病植原体 Maize bushy stunt phytoplasma

玉米粗缩病毒 *Maize rough dwarf virus Fijivirus*（MRDV）

玉米大孢干腐病菌 *Diplodia macrospora* Earle

玉米弹状病毒 *Zea mays virus Nucleorhabdovirus*（ZMV）

玉米短体线虫 *Pratylenchus zeae* Graham

玉米菲律宾霜霉病菌 *Peronosclerospora philippinensis*（Weston）Shaw

玉米疯顶病菌 *Sclerophthora macrospora* var. *maydis* Liu et Zhang

玉米腐败病菌 *Hyphochytrium catenoides* Karling

玉米腐烂病菌 *Mucor lusitanicus* Bruderlein

玉米腐霉 *Pythium orthogonon* Ahrens

玉米腐霉原变种 *Pythium arrhenomanes* var. *arrhenomanes* Drechsler

玉米干腐病菌 *Diplodia zeae*（Schw.）Lév.

玉米秆腐病菌 *Physalospora zeicola* Ell. et Ev.

玉米高氏细菌萎蔫病菌 *Clavibacter michiganensis* subsp. *nebraskensis*（Vidaver）Davis et al.

玉米根腐病菌 *Pythium graminicola* Subramanian

玉米褐斑病菌 *Physoderma maydis* Miyabe

玉米褐条霜霉病菌 *Sclerophthora rayssiae* var. *zeae* Payak et Renfro

玉米花叶病毒 *Maize mosaic virus Nucleorhabdovirus*（MMV）

玉米黄条病毒 *Maize yellow stripe virus Tenuivirus*（MYSV）

玉米基腐病菌 *Enterobacter cancerogenus*（Urosevie）Dickey et al.

玉米茎腐病菌 *Pseudomonas syringae* pv. *lapsa*（Ark.）Young et al.

玉米壳针孢 *Septoria maydis* Schulzer et Sacc.

玉米雷亚朵非纳病毒属 ***Marafivirus***

玉米裂轴病菌 *Nigrospora oryzae*（Berk. et Br.）Petch

玉米瘤黑粉病菌 *Ustilago maydis*（DC.）Corda

玉米裸垫刃线虫 *Gymnotylenchus zeae* Siddiqi

玉米霉腐病菌 *Mucor olivacellus* Spegazzini

玉米南方叶斑病菌 *Bipolaris maydis* Shoem

玉米内州萎蔫病菌 *Clavibacter michiganensis* subsp. *nebraskensis*（Smith）Davis et al.

玉米平脐蠕孢 *Bipolaris zeae* Sivenesan

玉米青枯病菌 *Pythium inflatum* Matthews

玉米青枯病菌 *Pythium orthogonon* Ahrens

玉米全蚀病菌 *Gaeumannomyces graminis* var. *maydis* Yao，Wang et Zhu

玉米生囊孢壳［玉米秆腐病菌］ *Physalospora zeicola* Ell. et Ev.

玉米生平脐蠕孢 *Bipolaris zeicola*（Stout）Shoem.

玉米霜霉病菌 *Peronosclerospora maydis*（Raciborski）Shaw

玉米丝黑穗病菌 *Sporisorium reilianum*（Kühn）Langd. et Full.

玉米斯氏枯萎病菌 *Pantoea stewartii*（Smith）Mergaert et al.

玉米穗腐病菌 *Physalospora zeae* Stout.

玉米穗粒干腐病菌 *Stenocarpella maydis*（Berk.）Sutton

玉米条纹病毒 *Maize stripe virus Tenuivirus*（MSpV）

玉米头孢［玉米晚枯病菌］ *Cephalosporium maydis* Samra，Sabet et Hingorani

玉米褪绿矮缩病毒 *Maize chlorotic dwarf virus Waikavirus*（MCDV）

玉米褪绿斑驳病毒 *Maize chlorotic mo-*

ttle virus Machlomovirus（MCMV）

玉米褪绿斑驳病毒属 **_Machlomovirus_**

玉米弯孢霉叶斑病菌 _Curvularia lunata_（Wakker）Boedijn

玉米晚枯病菌 _Cephalosporium maydis_ Samra Sabet et Hingorani

玉米伪亡线虫 _Notholetus zeae_（Berg et Heyns）Ebsary

玉米纹枯病菌 _Thanatephorus sasaki_（Shirai）Tu et Kimbrough

玉米细菌性枯萎病菌 _Pantoea stewartii_ subsp. _stewartii_（Smith）Mergaert et al.

玉米细条病毒属 **_Marafivirus_**

玉米细条病毒 _Maize rayado fino virus Marafivirus_（MRFV）

玉米狭壳柱孢［玉米穗粒干腐病菌］ _Stenocarpella maydis_（Berk.）Sutton

玉米线条矮缩病毒 _Maize streak dwarf virus Nucleorhabdovirus_（MSDV）

玉米线条病毒 _Maize streak virus Mastrevirus_（MSV）

玉米线条病毒属 **_Mastrevirus_**

玉米线纹病毒 _Maize line virus_

玉米小斑病菌 _Bipolaris maydis_ Shoem.

玉米小斑病菌 _Cochliobolus heterostrophus_ Drechsl.

玉米形霜霉 _Peronospora hydrophylii_ Waite

玉米锈病菌 _Puccinia polysora_ Underw.

玉米眼斑病毒 _Maize eyespot virus_

玉米眼斑病菌、高粱北方炭疽病菌 _Kabatiella zeae_ Narita et Hirats

玉米叶斑病菌 _Mycosphaerella maydis_（Pass.）Lindau

玉米异滑刃线虫 _Paraphelenchus zeae_ Romanico

玉米异皮线虫 _Heterodera zeae_ Koshy et al.

玉米圆斑病菌 _Bipolaris zeicola_（Stout）Shoem.

玉米圆斑病菌 _Cochliobolus carbonum_ Nelson

玉米属花叶病毒 _Zea mosaic virus Potyvirus_

玉蕊色链隔孢 _Phaeoramularia barringtoniicola_ Guo

玉蜀黍赤霉［玉米赤霉病菌］ _Gibberella zeae_（Schw.）Petch

玉蜀黍大茎点菌 _Macrophoma zeae_ Tehon et Dan.

玉蜀黍根腐病菌 _Pythium arrhenomanes_ var. _philippinensis_ Roldan

玉蜀黍黑粉菌［玉米瘤黑粉病菌］ _Ustilago maydis_（DC.）Corda

玉蜀黍节壶菌［玉米褐斑病菌］ _Physoderma maydis_ Miyabe

玉蜀黍壳色单隔孢 _Diplodia zeae_（Schw.）Lév.

玉蜀黍壳针孢 _Septoria zeae_ Stout

玉蜀黍类腐霉 _Pythiogeton zeae_ Jee, Ho et Cho

玉蜀黍囊孢壳［玉米穗腐病菌］ _Physalospora zeae_ Stout.

玉蜀黍平脐蠕孢 _Bipolaris maydis_ Shoem.

玉蜀黍球梗孢［玉米眼斑病菌、高粱北方炭疽病菌］ _Kabatiella zeae_ Narita et Hirats

玉蜀黍球腔菌［玉米叶斑病菌］ _Mycosphaerella maydis_（Pass.）Lindau

玉蜀黍生壳针孢［玉米斑枯病菌］ _Septoria zeicola_ Stout

玉蜀黍丝核菌 _Rhizoctonia zeae_ Voorh.

玉蜀黍叶点霉 _Phyllosticta zeae_ Stout

玉蜀黍枝孢 _Cladosporium zeae_ Peck

玉蜀黍指霜霉［玉米霜霉病菌］ _Peronosclerospora maydis_（Raciborski）Shaw

玉叶金花叶点霉 _Phyllosticta mussaendae_ Saw.

玉簪尾孢 _Cercospora hostae_ Hori ex Katsuki

玉簪锈孢锈菌　*Aecidium hostae* Diet.

玉簪属(百合科)植物病毒　*Hosta virus X Potexvirus*（HVX）

玉竹条黑粉菌　*Urocystis colchici* (Schlecht.) Rabenh.

芋(属)瘦小病毒　*Colocasia bobone disease virus Nucleorhabdovirus*（CBDV）

芋、橡胶树疫病菌　*Phytophthora botryosa* Chee

芋、野芋疫病菌　*Phytophthora colocasiae* Raciborski

芋杆状病毒　*Dasheen bacilliform virus Badnavirus*

芋杆状病毒　*Taro bacilliform virus Badnavirus*（TaBV）

芋花叶病毒　*Dasheen mosaic virus Potyvirus*（DsMV）

芋球腔菌　*Mycosphaerella colocasia* Hara

芋生球色单隔孢　*Botryodiplodia tubericola* (Ell. et Ev.) Petr.

芋生枝孢　*Cladosporium colocasiicola* Sawada

芋尾孢　*Cercospora caladii* Cooke

芋疫霉［芋、野芋疫病菌］　*Phytophthora colocasiae* Raciborski

芋羽状斑驳病毒　*Taro feathery mottle virus Potyvirus*（TFMoV）

芋枝孢　*Cladosporium colocasiae* Saw.

郁金香 X 病毒　*Tulip virus X Potexvirus*（TVX）

郁金香带状碎色病毒　*Tulip band breaking virus Potyvirus*（TBBV）

郁金香花叶病毒　*Tulip mosaic virus Potyvirus*

郁金香黄色疱斑病菌　*Curtobacterium flaccumfaciens* pv. *oortii* (Saaltink) Collins et Jones

郁金香枯萎病菌　*Botrytis tulipae* Lind

郁金香葡萄孢　*Botrytis tulipae* Lind

郁金香轻斑驳花叶病毒　*Tulip mild mottle mosaic virus ophiovirus*（TMMMV）

郁金香碎色病毒　*Tulip breaking virus Potyvirus*（TBV）

郁金香褪绿斑病毒　*Tulip chlorotic blotch virus Potyvirus*（TCBV）

郁金香晕环坏死病毒　Tulip halo necrosis virus

御谷黄单胞菌［御谷叶斑病菌］　*Xanthomonas campestris* pv. *annamalaiensis* Rangaswami et al.

御谷叶斑病菌　*Xanthomonas campestris* pv. *annamalaiensis* Rangaswami et al.

鹬虹假丝酵母　*Candida rhagii* (Didd. et Lodd.) Jurz. Kühl. et Kreger

鸢尾柄锈菌　*Puccinia iridis* Wallr.

鸢尾柄锈菌多孔变种　*Puccinia iridis* var. *polyporis* Liu

鸢尾柄锈菌原变种　*Puccinia iridis* var. *iridis* Wallr.

鸢尾根腐病菌　*Aphanomyces iridis* iohitani et Kodama

鸢尾褐斑病菌　*Didymellina macrospora* Kleb.

鸢尾黄斑病毒　*Iris yellow spot virus Tospovirus*（iYSV）

鸢尾基腐病菌　*Botryotinia convoluta* (Drayton) Whetz.

鸢尾节壶菌［鸢尾结瘿病菌］　*Physoderma iridis* (de Bary) de Willd.

鸢尾结瘿病菌　*Physoderma iridis* (de Bary) de Willd.

鸢尾壳二孢　*Ascochyta iridis* oudem.

鸢尾歧壶菌［鸢尾肿胀病菌］　*Cladochytrium iridis* de Bary

鸢尾轻型花叶病毒　*Iris mild mosaic virus Potyvirus*（IMMV）

鸢尾球腔菌　*Mycosphaerella iridis* (Auersw.) Schröt.

鸢尾生单隔孢　*Scolicotrichum iridicola* Miura

鸢尾生链格孢　*Alternaria iridicola* (Ell. et Ev.) Elliott

鸢尾丝囊霉［鸢尾根腐病菌］　*Aphanomyces iridis* Iohitani et Kodama

鸢尾叶疫病菌　*Xanthomonas campestris* pv. *tardicrescens* (McCulloch) Dye

鸢尾枝孢　*Cladosporium iridis* (Fautr. et Roum.) de Vries

鸢尾肿胀病菌　*Cladochytrium iridis* deBary;*Cladochytrium tenue* Nowak

鸢尾重型花叶病毒　*Iris severe mosaic virus Potyvirus* (ISMV)

元胡柄锈菌　*Puccinia brandegei* Peck

元江梨果寄生　*Scurrula sootepensis* (Craib) Danser.

元江小煤炱　*Meliola yuanjiangensis* Jiang

原孢锈菌　*Prospodium couraliae* Syd.

原孢锈菌属　**Prospodium** Arth.

原单胞锈菌　*Uromyces haraeanus* Syd.

原环线虫　*Criconema proteae* Berg et Meyer

原喙菊霜霉　*Peronospora dubia* Berl.

原囊菌属　**Protomyces** Ung.

原生单顶孢　*Monacrosporium inguisitor* (Jarow.) Liu et Zhang

原丝体油壶菌［真藓类结瘿病菌］　*Olpidium protonemae* Skvortsov

圆柏油杉寄生　*Arceuthobium oxycedri* (DC.) Bieb.

圆半轮线虫　*Hemicriconemoides rotundus* Ye et Siddiqi

圆孢单端孢　*Trichothecium globosporum* Sopr.

圆孢黑盘孢　*Melanconium sphaerospermum* (Pers.) Link

圆孢炭黑粉菌　*Anthracoidea subinclusa* (Körn.) Bref.

圆盾黑腐皮壳　*Valsa subclypeata* Cooke et Peck

圆盾状车轴草霜霉　*Peronospora trifolii-clypeati* Rayss

圆核腔菌［大麦网斑病菌］　*Pyrenophora teres* (Died.) Drechsler

圆黑痣菌　*Phyllachora orbicula* Rehm.

圆弧青霉　*Penicillium cyclopium* Westl.

圆弧青霉白色变种　*Penicillium cyclopium* var. *albus* smith

圆弧青霉刺孢变种　*Penicillium cyclopium* var. *echinulatum* Raper et Thom

圆痂夏孢锈菌［毛白杨夏孢锈菌］　*Uredo tholopsora* Cumm.

圆脚小光壳炱　*Asteridiella cyclopoda* (Stev.) Hansf.

圆孔壳属　**Amphisphaeria** Ces. et de Not.

圆盘菌属　**Orbilia** Fr.

圆盘轮线虫　*Criconemoides discus* Thorne et Malek

圆球藻根生壶菌［圆球藻肿胀病菌］　*Rhizophydium sphaerocystidis* Canter

圆球藻肿胀病菌　*Rhizophydium sphaerocystidis* Canter

圆筛藻类链壶菌　*Lagenisma coscinodisci* Drebes

圆霜霉属　**Basidiophora** Roze et Cornu

圆丝鼓藻肋壶菌［开裂圆丝鼓藻病菌］　*Harpochytrium hyalothecae* Lagerh.

圆桶毛刺线虫　*Trichodorus cylindricus* Hooper

圆筒形丝尾垫刃线虫　*Filenchus cylindricus* (Thorne et Malek) Niblack et Bernard

圆头顶环单孢　*Acrogenospora sphaerocephala* (Berk. et Br.) Ellis

圆头针线虫　*Paratylenchus perlatus* Raski

圆尾轮线虫　*Criconemoides rotundicauda* Loof

圆尾螺旋线虫　*Helicotylenchus rotundicauda* Sher

圆尾拟滑刃线虫　*Aphelenchoides obtusicaudatus* Eroshenko

圆线孢霉 *Hadronema orbiculare* Syd.

圆形柄锈菌 *Puccinia orbicula* Peck et Clint.

圆形地霉 *Geotrichum rotundatum* (Cast.) Cif. et Red.

圆形丝尾垫刃线虫 *Filenchus orbus* andrassy

圆叶山马蝗叶斑病菌 *Xanthomonas axonopodis* pv. *desmodiirotundifolii* (Desai et Shah) Vauterin et al.

圆柱形茎线虫 *Ditylenchus tericolus* Brzeski

圆锥埃里格孢 *Embellisia conoidea* Simmons

圆锥节丛孢 *Arthrobotrys conoides* Drechsler

圆锥掘氏霉 *Drechmeria coniospora* Gams et Jansson

圆锥螺旋线虫 *Helicotylenchus conicus* Baidulova

圆锥拟基线虫 *Basiroides conurus* Thorne et Malek

圆锥曲霉 *Aspergillus conicus* Blochw.

圆锥伞滑刃线虫 *Bursaphelenchus conurus* (Steiner) Goodey

圆锥苔柄锈菌 *Puccinia caricis-conicae* Homma

缘毛合叶豆瘿腐病菌 *Synchytrium smithiae* Patil

缘座壳孢 *Aschersonia marginata* Ell. et Ev.

远伸锈孢锈菌 *Aecidium prolixum* Syd.

远志生夏孢锈菌 *Uredo polygalaecola* Hirats.

约旦霜霉 *Peronospora jordanovii* Krousheva

约翰集壶菌[婆婆纳瘿瘤病菌] *Synchytrium johansonii* Juel

约翰森棘皮线虫 *Cactodera johanseni* Sharma et al.

约翰逊链核盘菌 *Monilinia johnsonii* (Ell. et Ev.) Honey

月桂树生柄锈菌 *Puccinia lauricola* Cumm.

月桂树生柄柱锈菌 *Kernella lauricola* (Thirum.) Thirum.

月桂树生柄柱锈菌紫楠变种[紫楠柄柱锈菌] *Kernella lauricola* var. *phoebae* Ge et Xu

月桂树外担菌 *Exobasidium lauri* Geyl.

月桂树叶点霉 *Phyllosticta lauri* Wdst.

月桂樱花叶点霉 *Phyllosticta laurocerasi* Sacc. et Speg.

月季疮痂(炭疽)病菌 *Sphaceloma rosarum* (Pass.) Jenk.

月季放线孢[月季黑斑病菌] *Actinonema rosae* (Lib.) Fr.

月季绿瓣病植原体 Rose phyllody phytoplasma

月季枝枯溃疡病菌 *Cryptosporella umbrina* (Jenk.) Jenk. et Wehm.

月见草假尾孢 *Pseudocercospora oenotherae* (Ell. et Ev.) Liu et Guo

月见草壳针孢 *Septoria oenotherae* Westend

月见草宽尾孢 *Cercospora lingii* F. L. Tai

月见草尾孢 *Cercospora oenotherae* Ell. et Ev.

越桔(乌饭树、蓝莓)带化病毒 Blueberry shoestring virus Sobemovirus (BSSV)

越桔(乌饭树、蓝莓)果腐病菌 *Diaporthe vaccinii* Shear

越桔(乌饭树、蓝莓)红环斑病毒 Blueberry red ringspot virus Soymovirus (BRRV)

越桔(乌饭树、蓝莓)花叶类病毒 Blueberry mosaic viroid (BMVd)

越桔(乌饭树、蓝莓)花叶类病毒样 RNA Blueberry mosaic viroid-like RNA (BIMVd-RNA)

越桔(乌饭树、蓝莓)间座壳[蓝莓果腐病

菌］ *Diaporthe vaccinii* Shear

越桔(乌饭树、蓝莓)焦枯病毒　*Blueberry scorch virus Carlavirus*（BlScV）

越桔(乌饭树、蓝莓)休克病毒　*Blueberry shock virus Ilarvirus*（BlShV）

越桔(乌饭树、蓝莓)叶斑驳病毒　*Blueberry leaf mottle virus Nepovirus*（BlMoV）

越桔(乌饭树、蓝莓)骤坏死病毒　*Blueberry necrotic shock virus Ilarvirus*（BNSV）

越桔(蓝莓)瘿瘤病菌　*Nocardia vaccinii* Demaree et Smith

越桔、杜鹃瘿瘤病菌　*Synchytrium vaccinii* Thom

越桔集壶菌［杜鹃瘿瘤病菌］　*Synchytrium vaccinii* Thom

越桔诺卡氏菌［蓝莓瘿瘤病菌］　*Nocardia vaccinii* Demaree et Smith

越桔盘双端毛孢　*Seimatosporium vaccinii*（Fuckel）Eriksson

越桔膨痂锈菌　*Pucciniastrum vaccinii*（Wint.）Jörst.

越南盾线虫　*Scutellonema vietnamiensis* Eroshenko et al.

越南根霉［稻根腐病菌］　*Rhizopus tonkinensis* Vuillemin

越南酵母　*Saccharomyces anamensis* Will et Heinr.

越南螺旋线虫　*Helicotylenchus vietnamiensis* Eroshenko et al.

越南小盘旋线虫　*Rotylenchulus anamictus* Dasgupta，Raski et Sher

越锈菌属　***Joerstadia*** Gjaer. et Cumm.

云南蔗寄生　*Gleadovia yunnanense* Hu

云南柄锈菌　*Puccinia yunnanensis* Tai

云南单顶孢　*Monacrosporium yunnanense* Zhang，Liu et Gao

云南隔指孢　*Dactylella yunnanensis* Zhang，Liu et Gao

云南槲寄生　*Viscum yannanense* Kiu

云南类霜霉［辣子草霜霉病菌］　*Parape-*

ronospora yunnanensis（Tao et Qin）Tao

云南柳栅锈菌　*Melampsora saliciscavaleriei* Tai

云南柔膜菌　*Helotium yunnanense* Ou

云南铁杉金锈菌　*Chrysomyxa tsugae-yunnanensis* Teng

云南小煤炱　*Meliola yunnanensis* Jiang

云杉变色拟滑刃线虫　*Aphelenchoides pissodis-piceae*（Fuchs）Filipjev

云杉长喙壳［云杉蓝变病菌］　*Ceratocystis picea*（Münch）Bakshi

云杉长针线虫　*Longidorus picenus* Roca et al.

云杉寄生　*Arceuthobium pini* var. *sichuanense* Kiu

云杉金锈菌　*Chrysomyxa ledi* de Bary

云杉蓝变病菌　*Ceratocystis piceae*（Münch）Bakshi

云杉落叶散斑壳菌　*Lophodermium macrosporum*（Hartig）Rehm

云杉木层孔菌　*Phellinus yamanoi*（Imaz.）Shaw.

云杉散斑壳　*Lophodermium piceae*（Fuck.）Höhn.

云杉毡枯病菌　*Rosellinia herpotrichioides* Heptings et Davidson

云杉帚锈菌　*Chrysomyxa arctostaphyli* Diet.

云实假尾孢　*Pseudocercospora caesalpiniae* Goh et Hsieh

云实球针壳　*Phyllactinia caesalpiniae* Yu

云实枝孢　*Cladosporium caesalpiniae* Sawada

云雾苔草柄锈菌　*Puccinia caricisnubigenae* Pad. et Khan

云状叶黑粉菌　*Entyloma nubilum* Lindr.

芸薹(属)潜病毒　*Cole latent virus Carlavirus*（CoLV）

芸薹根腐病菌　*Aphanomyces brassicae* Singh et Pavgi

芸薹根腐病菌　*Pythium periilum* Drechsler

芸薹根肿菌[白菜根肿病菌]　*Plasmodiophora brassicae* Woronin

芸薹链格孢　*Alternaria brassicae* (Berk.) Sacc.

芸薹链格孢菜豆变种　*Alternaria brassicae* var. *phaseoli* Brun

芸薹链格孢大孢变种　*Alternaria brassicae* var. *macrospora* Sacc.

芸薹列当(尖药列当)　*Orobanche brassicae* Novopokr.

芸薹生链格孢　*Alternaria brassicicola* (Schw.) Wiltshire

芸薹生球腔菌[甘蓝叶斑病菌]　*Mycosphaerella brassicicola* (Fr. ex Duby) Lindau

芸薹生球腔菌[十字花科蔬菜轮斑病菌、甘蓝叶斑病菌]　*Mycosphaerella brassicicola* (Fr. ex Duby) Lindau

芸薹生尾孢　*Cercospora brassicicola* Henn.

芸薹生叶点霉　*Phyllosticta brassicicola* (Carr.) Westend

芸薹生枝孢　*Cladosporium brassicicola* Sawada

芸薹丝囊霉[芸薹根腐病菌]　*Aphanomyces brassicae* Singh et Pavgi

芸薹条黑粉菌[油菜瘤肿病菌]　*Urocystis brassicae* Mundk.

芸薹小尾孢　*Cercosporella brassicae* (Fautr. et Roum) Höhn.

芸薹叶点霉　*Phyllosticta brassicae* (Carr.) Westend

芸薹疫霉　*Phytophthora brassicae* De Cock et al.

芸薹油壶菌[花柳菜油壶病菌]　*Olpidium brassicae* (Woron.) Dang.

芸薹枝孢　*Cladosporium brassicae* (Ell. et Barth) Ell.

芸薹轴霜霉　*Plasmopara brassicae* Woronin

芸香科内丝白粉菌　*Leveillula rutacearum* Golov.

Z

杂交兰属斑驳病毒　Colmanara mottle virus (ColMV)

杂色多孔菌　*Polyporus varius* (Pers.: Fr.) Fr.

杂色镰孢　*Fusarium diversisporum* Sherb.

杂色曲霉　*Aspergillus versicolor* (Vuill) Tirab

杂色山黧豆霜霉　*Peronospora lathyri-versicoloris* Săvul. et Rayss

杂色星裂盘菌[苹果干癌或梢枯病菌]　*Phacidium discolor* Mont. et Sacc.

杂色柱隔孢　*Ramularia variegata* Ell. et Holw.

早期链霉菌　*Streptomyces praecox* (Millard et Burr) Waksman

早生伞滑刃线虫　*Bursaphelenchus xerokarterus* (Ruhm) Goodey

早熟禾斑枯病菌　*Magnarporthe poae* Barrnov.

早熟禾半潜病毒　*Poa semilatent virus* Hordeivirus (PSLV)

早熟禾柄锈菌 *Puccinia poarum* Niel.

早熟禾大毁壳 *Magnaporthe poae* Barrnov.

早熟禾单胞锈菌 *Uromyces poae* Rabenh.

早熟禾根腐病菌 *Ligniera pilorum* Fron et Gaillate

早熟禾黑粉菌 *Ustilago poarum* McAlp.

早熟禾黑颖病菌 *Xanthomonas translucens* pv. *poae* (Egli et al.) Vauterin

早熟禾黄色斑块病菌 *Ceratobasidium cereale* Murray et Burpee

早熟禾假单胞菌 *Pseudomonas poae* Behrendt, Ulrich et Schumann

早熟禾壳针孢 *Septoria poae* Catt.

早熟禾赖夫生氏菌 *Leifsonia poae* Evtushenko et al.

早熟禾镰孢 *Fusarium poae* (Peck) Wollenw.

早熟禾内脐蠕孢[早熟禾叶斑病菌] *Drechslera poae* (Baudyš) Shoemaker

早熟禾平脐蠕孢 *Bipolaris poaepratensis* Deng et Zhang

早熟禾条黑粉菌 *Urocystis poae* (Liro) Padw. et Khan

早熟禾小球腔菌 *Leptosphaeria poae* Niessl.

早熟禾腥黑粉菌 *Tilletia poae* Nagorn.

早熟禾叶斑病菌 *Drechslera poae* (Baudyš) Shoemaker

枣层锈菌 *Phakopsora ziziphi -vulgaris* (Henn.) Diet.

枣疯病菌 *Candidatus* Phytoplasma ziziphi Jung et al.

枣红核黑粉菌 *Cintractia spadicea* Lindr.

枣痂囊腔菌 *Elsinoë ziziphi* Thirum. et Naras.

枣假尾孢 *Pseudocercospora jujubae* (Chowdhury) Khan et Shamsi

枣壳二孢 *Ascochyta ziziphi* Hara

枣生假尾孢 *Pseudocercospora zizyphi-cola* (Yen) Yen

枣霜霉 *Peronospora ziziphorae* Byzova

枣尾孢 *Cercospora ziziphi* Petch

枣锈病菌 *Phakopsora ziziphivulgaris* (Henn.) Diet.

枣椰球拟酵母 *Torulopsis dattila* (Kluyv.) Lodd.

枣枝孢 *Cladosporium zizyphi* Karsten et Roumeguere

枣植原体[枣疯病菌] *Candidatus* Phytoplasma ziziphi Jung et al.

蚤状赤霉 *Gibberella pulicaris* (Fr.) Sacc.

蚤缀柄锈菌 *Puccinia arenariae* (Schum.)Schröt

蚤缀霜霉[种阜草霜霉病菌] *Peronospora arenariae* (Berk.) Tulasne

蚤缀鞘线虫 *Hemicycliophora arenaria* Raski

蚤缀霜霉大孢变种 *Peronospora arenariae* var. *macrospora* Farl.

蚤缀霜霉原变种 *Peronospora arenariae* var. *arenariae* (Berk.)Tul.

蚤缀异皮线虫 *Heterodera arenaria* Kirjanova et Krall

藻壶菌属 **Endodesmidium** Canter

藻类根壶病菌 *Rhizidium algaecolum* Zopf

藻类根壶畸形病菌 *Rhizidium schenkii* Dang.

藻类壶病菌 *Chytridium pusillum* Sorokin

藻类泡壶病菌 *Phlyctidium mammillatum* (Braun) Schröt.

藻类油壶菌短喙变种 *Olpidium algarum* var. *brevirostrum* Sorokin

藻岩山柄锈菌 *Puccinia moiwensis* Miura

藻状伏革菌 *Corticium fuciforme* (McAlp)Wakef

造毛孢属 **Gonimochaete** Drechsler

泽兰(属)黄脉病毒 *Eupatorium yellow*

vein virus *Begomovirus*(EpYVV)

泽兰鞘锈菌 *Coleosporium eupatorii* Arth.

泽兰球皮胞囊线虫 *Globodera zelandica* Wouts

泽兰曲叶病毒 *Eupatorium leaf curl virus Begomovirus*

泽兰棕粉锈菌 *Baeodromus eupatorii* (Arth.) Arth.

泽芹轴霜霉 *Plasmopara sii* Gaponenko

泽氏环线虫 *Criconema zernovi* (Kirjanova) Chitwood

泽氏纽带线虫 *Hoplolaimus thienemanni* Schneider

泽田刺盾炱 *Chaetothyrium sawadai* Yamam.

泽田假尾孢 *Pseudocercospora sawadae* (Yamam.) Goh et Hsieh

泽田桶孢锈菌 *Crossopsora sawadae* (Syd.) Arth. et Cumm.

泽田外担菌 *Exobasidium sawadae* Yamada

泽田尾孢 *Cercospora sawadae* Yamam.

泽田夏孢锈菌 *Uredo sawadae* Ito

泽泻节壶菌[泽泻结瘿病菌] *Physoderma maculare* Wallroth

泽泻结瘿病菌 *Physoderma maculare* Wallroth

泽泻壳二孢 *Ascochyta alismatis* Trail

泽泻生尾孢 *Cercospora alismaticola* Jiang et Chi

泽泻实球黑粉菌 *Doassansia alismatis* Cornu

泽泻网孢黑粉菌 *Narasimhania alismatis* Pavgi et Thirum.

泽泻叶点霉 *Phyllosticta alismatis* Sacc. et Sper.

泽泻柱隔孢 *Ramularia alismatis* Fautr.

增厚锈孢锈菌 *Aecidium incrassatum* Syd.

栅孢黑粉菌 *Tracya lemnae* (Setch.)

Syd.

栅孢黑粉菌属 *Tracya* Syd.

栅被锈菌属 *Corbulopsora* Cumm.

栅锈菌属 *Melampsora* Cast.

斋藤毕赤酵母 *Pichia saitoi* Kodama et al.

斋藤酵母 *Saccharomyces saitoanus* Walt

斋藤曲霉 *Aspergillus saitoi* Sakag et al.

窄孢柄锈菌 *Puccinia stenospora* J. Y. Zhuang et S. X. Wei

窄尾拟滑刃线虫 *Aphelenchoides angusticaudatus* Eroshenko

窄尾拟滑刃线虫 *Aphelenchoides tenuicaudatus* (de Man) Christie et Arndt

窄小茎线虫 *Ditylenchus angustus* (Butler) Filipjev

窄靴隔指孢 *Dactylella stenocrepis* Drechsler

毡毛柄锈菌 *Puccinia velutina* Kakishima et Sato

毡毛单囊壳[蔷薇白粉病菌] *Sphaerotheca pannosa* (Wallr.:Fr.) Lév.

毡毛青霉 *Penicillium velutinum* Beyma

詹博拉星盾炱 *Asterina jambolanae* Kar et Maity.

詹地壳针孢 *Septoria jenissensis* Sacc.

詹姆斯黏隔孢 *Septogloeum thomasianum* (Sacc.) Hohn

詹森青霉 *Penicillium jensemii* Zal.

展金锈菌 *Chrysomyxa expansa* Diet.

展青霉 *Penicillium patulum* Bain.

盏芝小孔菌 *Microporus xanthopus* Kunt.

獐耳细辛霜霉 *Peronospora hepaticae* Casp.

獐耳细辛轴霜霉 *Plasmopara hepaticae* (Casp.) C. G. Shaw

獐毛草柄锈菌 *Puccinia aeluropodis* Rick.

獐牙菜白锈 *Albugo swertiae* (Berlese et Komarov) Wilso

獐牙菜白锈病菌　*Albugo swertiae*（Berlese et Komarov）Wilso

獐牙菜柄锈菌　*Puccinia swertiae* Wint.

獐牙菜壳针孢　*Septoria swertiae* Pat.

獐牙菜生夏孢锈菌　*Uredo swertiicola* Hirats.

樟柄锈菌　*Puccinia cinnamomi* Tai

樟痂囊腔菌　*Elsinoë cinnamomi* Pollack et Jenkins.

樟生柄锈菌　*Puccinia cinnamomicola* Cumm.

樟尾孢　*Cercospora cinnamomi* Saw. et Kats.

樟小核菌　*Sclerotium cinnamomi* Saw.

樟星盾炱　*Asterina cinnamomi* Syd.

樟锈孢锈菌　*Aecidium cinnamomi* Racib.

樟叶点霉　*Phyllosticta cinnamomi*（Sacc.）Allesch

樟疫霉［金鸡纳树疫病、凤梨心腐、杜鹃根腐病菌］　*Phytophthora cinnamomi* Rands

樟疫霉刺槐变种　*Phytophthora cinnamomi* var. *robiniae* H. H. Ho

樟疫霉原变种　*Phytophthora cinnamomi* var. *cinnamomi* Rands

樟疫霉小孢变种　*Phytophthora cinnamomi* var. *parvispora* Kröber et Marwitz

樟油盘孢　*Elaeodema cinnamomi* Syd.

掌形棒束孢　*Isaria flabelliformis*（Schw.）Lloyd

掌叶大黄柄锈菌　*Puccinia rheipalmati* B. Li

掌状毛茛瘿瘤病菌　*Synchytrium anemones* var. *ranunculi* Pat.

掌状盘多毛孢　*Pestalotia palmarum* Cooke

掌状球色单隔孢　*Botryodiplodia palmarum*（Cooke）Petr. et Syd.

掌状舟皮盘菌　*Ploioderma pedatum* Dark.

胀柄柄锈菌　*Puccinia oedopoda* Zhuang

胀柄多胞锈菌　*Phragmidium bulbosum*（Str.）Schlecht.

爪甲曲霉　*Aspergillus unguis*（Emile-Weil et al.）Thom et Raper

爪生牙甲囊霉　*Phurmomyces unguicola* Thaxt.

爪哇根结线虫　*Meloidogyne javanica*（Treub）Chitwood

爪哇假丝酵母　*Candida javanica* Ruin.

爪哇节丛孢　*Arthrobotrys javanica*（Rifai et Cooke）Jarowaja

爪哇镰孢　*Fusarium javanicum* Koord.

爪哇镰孢根生变种　*Fusarium javanicum* var. *radicicola* Wollenw.

爪哇毛霉［洒曲菌种］　*Mucor javanicus* Wehmer

爪哇拟根前毛菌［胡颓子落果腐败病菌］　*Rhizopodopsis javensis* Boedijn

爪哇拟青霉　*Paecilomyces javanicus*（Fr. et Bail.）Brewn et al.

爪哇青霉　*Penicillium javamicum* Beyma

爪哇肉盘菌　*Sarcosoma javanicum* Rehm

沼生盾盘菌　*Scutellinia paludicola*（Boud.）Le Gal

沼生水苏霜霉病菌　*Peronospora stachydis* Sydow

沼湿草尾孢黑粉菌　*Neovossia moliniae*（Thüm.）Körn.

沼泽短体线虫　*Pratylenchus helophilus* Seinhorst

沼泽黑星菌　*Venturia palustris* Sacc.

沼泽轮线虫　*Criconemoides palustris* Luc

沼泽拟滑刃线虫　*Aphelenchoides helophilus*（de Man）Goodey

沼泽生疫霉　*Phytophthora uliginosa* T. Jung et E. M. Hansen

沼泽丝尾垫刃线虫　*Filenchus uliginosus*（Brzeski）Siddiqi

沼泽线虫属　**Uliginotylenchus** Liu，Duan

et Liu

沼泽小环线虫 *Criconemella heliophilus* Ivanova et Shagalina

沼泽植物根腐病菌 *Ligniera junci* (Schwartz) Maire et Tison

折环长针线虫 *Longidorus diadecturus* Eveleigh et Allen

赭斑叶点霉 *Phyllosticta noackiana* Allesch.

赭痂锈菌属 **Ochropsora** Diet.

赭曲霉 *Aspergillus ochraceus* With.

赭色青霉 *Penicillium wehraceum* (Bain) Thom

赭色掷孢酵母 *Sporobolomyces salmonicolor* (Fisher et Breb.) Kluyv. et Niel

褶孢黑粉菌属 **Tolyposporium** Woron.

柘橙(属)花叶病毒 *Maclura mosaic virus Macluravirus* (MacMV)

柘橙病毒属 **Macluravirus**

柘黑痣菌 *Phyllachora cudrani* Henn.

柘尾孢 *Cercospora vanierae* Chupp et Linder

柘夏孢锈菌 *Uredo cudraniae* Saw.

蔗茅黑痣菌 *Phyllachora erianthi* Saw.

蔗茅轴黑粉菌 *Sphacelotheca erianthi* (Syd.) Mundk.

蔗鞘尾孢 *Cercospora vaginae* Krüg.

针孢酵母属 **Nematospora** Tassi

针刺盾炱 *Chaetothyrium spinigerum* (Höhn.) Yamam.

针棘腐霉[稻苗绵腐病菌] *Pythium echinocarpum* Ito et Tokun.

针壳炱属 **Irenopsis** Stev.

针茅柄锈菌 *Puccinia stipae* Arth.

针茅柄锈菌叶柄变种 *Puccinia stipae* var. *stipina* (Tranz.) Greene et Cumm.

针尾环线虫 *Criconema aculeata* (Schneider) de Coninck

针尾螺旋线虫 *Helicotylenchus stylocercus* Siddiqi et Pinochet

针尾拟滑刃线虫 *Aphelenchoides spinocaudatus* Skarbilovich

针线虫属 **Paratylenchus** Micoletzky

针叶树散斑壳[松落针病菌] *Lophodermium conigenum* (Brunaud) Hilitz.

针叶松黑根病菌 *Ceratocystis wageneri* Goheen et Cobb; *Ophiostoma wageneri* (Goheen) Harr.

针羽条黑粉菌 *Urocystis stipae* McAlp.

针状根壶菌[衣藻根壶病菌] *Rhizidium aciforme* Zopf

珍珠菜壳针孢 *Septoria lysimachae* Westend

珍珠茅柄锈菌 *Puccinia scleriae* (Paz.) Arth.

珍珠茅生柄锈菌 *Puccinia scleriicolas* Arth.

珍珠梅钉孢霉 *Passalora gotoana* (Togashi) Braun

珍珠梅短胖孢 *Cercosporidium gotoanum* (Togashi) Liu et Guo

珍珠粟线条病毒 *Bajra streak virus Mastrevirus* (BaSV)

珍珠线虫属(柯布氏线虫属) **Nacobbus** Thorne et Allen

真节伞滑刃线虫 *Bursaphelenchus eucarpus* (Ruhm) Goodey

真菌传杆状病毒属 **Furovirus**

真菌寄生腐霉 *Pythium mycoparasiticum* Deacon et al.

真菌寄生疫霉[红树疫病菌] *Phytophthora mycoparasitica* Fell et Master

真实细小线虫 *Gracilacus vera* Brzeski

真藓类结瘿病菌 *Olpidium protonemae* Skvortsov

桢楠瘤黑粉菌 *Melamopsichium inouyei* (Henn. et shirai)Ling

榛根畸形病菌 *Rhizidium xylophilum* (Cornu) Dangeard

榛壳二孢 *Ascochyta coryli* Sacc. et Speg.

榛壳针孢 *Septoria corylina* Peck

榛膨痂锈菌［榛锈病菌］ *Pucciniastrum coryli* Kom.

榛球腔菌 *Mycosphaerella corylina* Karst.

榛球针壳 *Phyllactinia guttata* (Wallr.: Fr.) Lév.

榛色青霉 *Penicillium avellancum* Thom et Turess.

榛色饰孢卧孔菌 *Wrightoporia avellanea* Pouz.

榛属球针壳 *Phyllactinia corylea* (Pers.) Karst.

榛尾孢 *Cercospora corylina* Ray.

榛小日规菌 *Gnomoniella coryli* (Batsch) Sacc.

榛叶点霉 *Phyllosticta corylaria* Sacc.

榛疫病菌 *Xanthomonas arboricola* pv. *corylina* (Miller et al.) Vauterin et al.

榛针孢酵母 *Nematospora coryli* Peglion

榛子枯萎病菌 *Anisogramma anomala* (Peck) Muller

震动黑星菌 *Venturia tremulae* (Frank) Aderh.

争议腥黑粉菌［小麦矮腥黑穗病菌］ *Tilletia controversa* Kühn

争议腥黑粉菌平伏变种 *Tilletia controversa* var. *prostrata* Lavr.

征服茎线虫 *Ditylenchus damnatus* (Messey) Fortuncr

整洁半轮线虫 *Hemicriconemoides nitidus* Pinochet et Raski

整洁新垫刃线虫 *Neotylenchus nitidus* Massey

整齐格孢 *Macrosporium concinnum* Berk. et Br.

正规螺旋线虫 *Helicotylenchus regularis* Phillips

正木粉孢 *Oidium euonymi-japonicae* (Arc.) Sacc.

正木黑星孢 *Fusicladium euonymi-japonici* Hori

正木痂囊腔菌 *Elsinoë euonymi-japonici* Jenkins

正圆苜蓿霜霉粗大变型 *Peronospora medicaginis-orbicularis* f. sp. *grossheimii* Gaponenko

正圆苜蓿霜霉坚实变型 *Peronospora medicaginis-orbicularis* f. sp. *rigidulae* Faizieva

正圆苜蓿霜霉深裂变型 *Peronospora medicaginis-orbicularis* f. sp. *schischkinii* Gaponenko

正圆瓶形酵母 *Pityrosporum orbiculare* Gord.

正圆叶点霉 *Phyllosticta orbicularis* Ell. et Ev.

支气管卵孢 *Oospora bronchialis* Sart. et Levass.

芝麻变叶植原体 *Sesame phyllody phytoplasma*

芝麻长蠕孢 *Helminthosporium sesami* Miyake

芝麻格孢 *Macrosporium sesami* Kawam.

芝麻假尾孢 *Pseudocercospora sesami* Deighton

芝麻茎点霉 *Phoma sesami* Saw.

芝麻壳二孢 *Ascochyta sesami* Miura

芝麻枯萎病菌 *Fusarium vasinfectum* var. *sesami* Zapr.

芝麻链格孢 *Alternaria sesami* (Kawamura) Mohanty et Behera

芝麻生壳二孢 *Ascochyta sesamicola* Chi

芝麻生链格孢 *Alternaria sesamicola* Kawam.

芝麻尾孢 *Cercospora sesami* Zimm.

芝麻叶斑病菌 *Pseudomonas syringae* pv. *sesami* (Malkoff) Young et al.

芝麻疫病菌 *Phytophthora nicotianae* var. *sesami* Pras

枝孢泡囊虫霉 *Cystopage cladospora* Drechsler

枝孢属　*Cladosporium* Link

枝柄锈菌属　*Uromycladium* McAlp.

枝顶孢属　*Acremonium* Link

枝梗假尾孢　*Pseudocercospora fagarae*（Yamam.）Deighton

枝梗尾孢　*Cercospora fagarae* Yamam.

枝瘤球壳孢［柑橘枝瘤病菌］　*Sphaeropsis tumefaciens* Hedges.

枝木蓼束丝壳　*Trichocladia atraphaxia* Golov.

枝生腐霉　*Pythium dactyliferum* Drechsler

枝生黑粉菌属　*Pericladium* Pass.

枝生壳色单隔孢　*Diplodia ramulicola* Desm.

枝生小煤炱　*Meliola ramulicola* Yam.

枝条栅被锈菌　*Corbulopsora clemensiae* Cumm.

枝育丝囊霉［雨久花丝囊霉根腐病菌］　*Aphanomyces cladogamus* Drechsler

枝状枝孢　*Cladosporium cladosporioides*（Fresen.）de Vries

知母楔孢黑粉菌　*Thecaphora anemarrhenae* Chow et Chang

栀子斑点病菌　*Phyllosticta gardeniiae* Tassi.

栀子刺炱　*Balladyna gardeniae* Racib.

栀子黑星孢　*Fusicladium gardeniae* Chao et Chi

栀子壳二孢　*Ascochyta gardeniae* Chi

栀子球腔菌　*Mycosphaerella gardeniae*（Che.）Weiss

栀子生叶点霉　*Phyllosticta gardeniicola* Saw.

栀子驼孢锈菌　*Hemileia gardeniae-floridae* Saw.

栀子叶斑病菌　*Xanthomonas axonopodis* pv. *maculifoliigardeniae*（Artet）Vauterin et al.

栀子叶点霉［栀子斑点病菌］　*Phyllosticta gardeniiae* Tassi.

直孢啄孢　*Rhynchosporium orthosporum* Cald

直堆木霉　*Trichoderma strictpile* Bissett

直腐霉　*Pythium diameson* Sideris

直喙镰孢　*Fusarium orthoceras* App. et Wollenw.

直喙镰孢长型变种　*Fusarium orthoceras* var. *longius*（Sherb.）Wollenw.

直喙镰孢豌豆变种［豌豆枯萎病菌］　*Fusarium orthoceras* var. *pisi* Linf.

直立腐霉［玉米腐霉］　*Pythium orthogonon* Ahrens

直立列当　*Orobanche cumana* Loefl.

直立密格孢　*Acrodictys erecta*（Ell. et Everh.）Ellis

直立枝顶孢　*Acremonium strictum* Gams

直链藻根生壶菌［直链藻肿胀病菌］　*Rhizophydium melosirae* Friedman

直链藻接根壶菌　*Zygorhizidium melosirae* Canter

直链藻肿胀病菌　*Chytridium appressum* Sparrow

直链藻肿胀病菌　*Rhizophydium melosirae* Friedman

直生枝孢　*Cladosporium astrodeum* Cesati

直丝斑痣盘菌　*Rhytisma rhododendrioldhamii* Saw.

直索单顶孢　*Monacrosporium stenobrochum*（Drechs.）Cooke et Dickinson

直体茎线虫　*Ditylenchus ortus*（Fuchs）Filipjev et al.

直体螺旋线虫　*Helicotylenchus orthosomaticus* Siddiqi

植生滴虫属（寄植藻属）　*Phytomonas* Donovan

植物呼肠孤病毒属　*Phytoreovirus*

植物菌核病菌　*Sclerotinia sclerotiorum*（Lib.）de Bary

植物炭腐病菌　*Macrophomina phaseolina*（Tassi）Goid

植原体属 **Candidatus Phytoplasma** Firrao et al.

止痢蚤草壳针孢 *Septoria dysentericae* Brunaud

纸链格孢 *Alternaria chartarum* Ell. et al.

纸皮斯霉 *Pithomyces chartarum* (Berk. et Curt.) Ellis

纸细基格孢 *Ulocladium chartarum* (Preuss) Simmons

纸状青霉 *Penicillium chartarum* Cooke

指孢霉属 **Dactylium** Nees

指标剑线虫 *Xiphinema insigue* Loosi

指梗霉属 **Sclerospora** Schroy.

指甲毕赤酵母 *Pichia onychis* Harr.

指霜霉属 **Peronosclerospora** Shaw

指尾拟刃丝线虫 *Aphelenchoides dactylocercus* Hooper

指形根肿黑粉菌 *Entorrhiza digitata* Lagerh.

指形螺旋线虫 *Helicotylenchus digitiformis* Ivanova

指形叶点霉 *Phyllosticta digitalis* Bell

指疫霉属 **Sclerophthora** Thirum., Shaw et Naras

指状节丛孢 *Arthrobotrys dactyloides* Drechsler

指状青霉[柑橘绿霉病菌] *Penicillium digitatum* Sacc.

指状伞滑刃线虫 *Bursaphelenchus digitulus* Loof

指状粟花叶病毒 *Finger millet mosaic virus Nucleorhabdovirus* (FMMV)

枳椇假尾孢 *Pseudocercospora udagawana* (Kats.) Liu et Guo

治疝草霜霉 *Peronospora herniariae* de Bary

栉环线虫属 **Lobocriconema** Berg et Heyns

栉轮线虫 *Criconemoides lobatum* Raski

栉线虫属 **Crossonema** Mehta et Raski

致病侧孢 *Sporotrichum infestans* (Mos. et Vianna) Sart

致病普氏腔囊菌 *Plowrightia morbosum* (Schw) Sacc.

致病丝孢酵母 *Trichosporon infestans* (Mos. et Vianna) Cit. et Red.

致病丝壶菌 *Hyphochytrium infestans* Zopf

致病星裂盘菌 *Phacidium infestans* Karst.

致病疫霉[马铃薯晚疫，番茄、茄疫病菌] *Phytophthora infestans* (Montagne) de Bary

致病疫霉菜豆变种[菜豆疫病菌] *Phytophthora infestans* var. *phaseoli* (Thaxter) Leonian

致病疫霉番茄变种 *Phytophthora infestans* f. sp. *lycopersici* Siemaszko

致病疫霉奇异（紫茉莉）变种 *Phytophthora infestans* f. sp. *mirabilis* e. M. Möller et De Cock

致病疫霉唐松草变种 *Phytophthora infestans* f. sp. *thalictri* Waterh.

致病疫霉原变种 *Phytophthora infestans* var. *infestans* (Mont.)de Bary

致死球腔菌 *Mycosphaerella lethalis* Stone

致死舟皮盘菌 *Ploioderma lethale* Dark.

掷孢酵母 *Sporobolomyces roseus* Kluyv. et Niel

掷孢酵母属 **Sporobolomyces** Kluyv. et Niel

智利柏绿胶杯菌 *Chloroscypha fitzroyae* Butin

智利鞘线虫 *Hemicycliophora chilensis* (Andrassy) Brzeski

智利叶黑粉菌 *Entyloma chilense* Speg.

中国半轮线虫 *Hemicriconemoides sinensis* Vovlas

中国柄锈菌 *Puccinia sinica* Syd.

中国叉丝壳[板栗表白粉菌] *Microsphaera sinensis* Yu

中国齿裂菌 *Coccomyces sinensis* Lin et

Z

Li

中国虫草　*Cordyceps sinensis*（Berk.）Sacc.

中国刺盾炱　*Chaetothyrium sinense* Teng

中国丛赤壳　*Nectria sinensis* Teng

中国地舌菌　*Geoglossum sinense* Tai

中国盾盘菌　*Scutellinia sinensis* Liu

中国多胞锈菌　*Phragmidium sinicum* Tai et Cheo

中国腐霉[辣椒、番茄腐败病菌]　*Pythium sinense* Y. N. Yu

中国附球霉　*Epicoccum sinense* Patr.

中国隔担耳　*Septobasidium sinense* Couch

中国根霉[小麦腐败病菌]　*Rhizopus sinensis* Saito

中国钩丝壳　*Uncinula sinensis* Tai et Wei

中国黑痣菌　*Phyllachora sinensis* Sacc.

中国红酵母　*Rhodotorula sinensis* Lee

中国戟孢锈菌　*Hamaspora sinica* Tai et Cheo

中国聚雄菌　*Synandromyces sinensis* Shen

中国壳单胞　*Amerosporium sinensis* Teng

中国壳锈菌　*Physopella sinensis* Syd.

中国列当（四川列当）　*Orobanche sinensis* Smith

中国列当兰花变种　*Orobanche sinensis* var. *cyanescens*（Smith）Zhang

中国列当原变种　*Orobanche sinensis* var. *sinensis* Smith

中国轮线虫　*Criconemoides sinensis*（Rahm）Goodey

中国(中华)木霉　*Trichoderma sinensis* Bissett et al.

中国拟滑刃线虫　*Aphelenchoides sinensis*（Wu et Hoeppli）Andrassy

中国盘多毛孢　*Pestalotia sinensis* Shen

中国平脐蠕孢　*Bipolaris chinensis* Sun et Zhang

中国鞘柄锈菌　*Coleopuccinia sinensis* Pat.

中国青霉　*Penicillium sinicum* Shih.

中国球针壳　*Phyllactinia sinensis* Yu

中国肉苁蓉　*Cistanche sinensis* Beck.

中国薯蓣坏死花叶病毒　Chinese yam necrotic mosaic virus (ChYNMV)

中国夏孢锈菌　*Uredo sinensis*（Syd.）Trott.

中国小麦花叶病毒　Chinese wheat mosaic virus Furovirus

中国小鞋孢盘菌　*Soleella chinensis* Lin

中国亚赤壳　*Hyponectria sinensis* Sacc.

中国野菰　*Aeginetia sinensis* Beck.

中国疫霉　*Phytophthora sinensis* Yu et Zhuang

中国瘿螨　*Eriophyes chinensis* Trotter

中华棒球壳　*Trabutia chinense* Yales

中华柄锈菌　*Puccinia sinicensis* Cumm.

中华翅托虫囊菌　*Coremyces chinensis* Thaxt.

中华刺孢壶菌[竹枝藻刺孢壶病菌]　*Sporophlyctis chinensis* Sparrow

中华单胞锈菌　*Uromyces chinensis* Diet.

中华单顶孢　*Monacrosporium sinense* Liu et Zhang

中华单主菌　*Autoicomyces chinensis* Ye et Shen

中华根结线虫　*Meloidogyne sinensis* Zhang

中华根瘤菌属　**Sinorhizobium** Chen，Yan et al.

中华钩丝孢　*Harposporium sinense* Zang

中华花孢锈菌　*Nyssopsora chinense*（Tai et Cheo）Tai

中华间矛线虫　*Mesodorylaimus chinensis* Wu et ahmad

中华茎点霉　*Phoma chinensis* Sims

中华橘色藻　*Trentepohlia chinensis*（Harv.）Hariot

中华卷丝锈菌　*Gerwasia chinensis*（Diet.）Hirats.

中华壳针孢　*Septoria chinensis* Miura

中华列当　*Orobanche mongholica* Beck

中华螺原体[小旋花花腐病菌]　*Spiro-plasma chinense* Guo，Chen，Whitecomb et al.

中华拟滑刃线虫　*Aphelenchoides chinensis* Husain et Khan

中华鞘花　*Macrosolen cochinchinensis* (Lour.) Van Tiegh.

中华（松）桑寄生　*Loranthus chinensis* DC.

中华霜霉[卷茎蓼霜霉病菌]　*Peronospora sinensis* Tang

中华松钝果寄生（广寄生）　*Taxillus chinensis* (DC.) Danser.

中华菟丝子　*Cuscuta chinensis* Lam.

中华尾孢　*Cercospora chinensis* Tai

中华异皮线虫　*Heterodera sinensis* Chen et Zheng

中华油杉寄生　*Arceuthobium chinense* Lec.

中华轴霜霉[葡萄霜霉病菌]　*Plasmopara chinensis* Gorlenko

中华帚枝杆孢[稻紫鞘病菌]　*Sarocladium sinensis* Chen et Zhang

中华自蔽虫囊菌[中华单主菌]　*Autoicomyces chinensis* Ye et Shen

中华座壳霉　*Nothopatella chinensis* Miyake

中环小环线虫　*Criconemella meridiana* Mehta，Raski et Valenzuela

中间串孢壶菌　*Myzocytium intermedium* Barron

中间格孢腔菌　*Pleospora media* Niessl.

中间隔指孢　*Dactylella intermedia* Li et Liu

中间型链霉菌　*Streptomyces intermedius* (Kruger) Waksman

中锦柄锈菌　*Puccinia nakanishikii* Diet.

中脉斑球腔菌[三叶草叶斑病菌]　*Mycosphaerella carinthiaca* Jaap.

中田盾壳霉[桃叶斑病菌]　*Coniothyrium nakatae* Hara

中田黄麻叶斑病菌　*Xanthomonas axonopodis* pv. *nakataecorchori* (Padhya) Vauterin et al

中田煤炱[油茶煤病菌]　*Capnodium tanaka* Shirai et Hara

中田透斑菌　*Hyalothyridium nakatae* Hara

中心孢（菌刺孢）属　**Mycocentrospora** Deighton

中心拟滑刃线虫　*Aphelenchoides centralis* Thorne et Malek

中型毕赤酵母　*Pichia media* Boidin et al.

中型核盘菌　*Sclerotinia intermedia* Ramsey

中型曲霉　*Aspergillus medius* Meissn

中型水生镰孢　*Fusarium aquaeductuum* var. *medium* Wollenw.

中之勿忘草轴霜霉　*Plasmopara nakanoi* S. ito et Muray.

终极腐霉[蚕豆、大豆等猝倒病菌]　*Pythium ultimum* Trow

终极腐霉孢囊变种　*Pythium ultimun* var. *sporangiiferum* Drechsler

终极腐霉原变种　*Pythium ultimun* var. *ultimun* Trow

钟萼木假尾孢　*Pseudocercospora bretschneiderae* Liu et Guo

钟杆藻根壶菌、畸形病菌　*Rhizidum fusus* Zopf

钟器腐霉[马铃薯、茶叶猝倒病菌]　*Pythium vexans* de Bary

钟器腐霉较小变种　*Pythium vexans* var. *minutum* G. S. Mer et Khulbe

钟器腐霉原变种　*Pythium vexans* var. *vexans* de Bary

钟形蓼黑粉菌　*Ustilago ocrearum* Berk.

肿柄菊色链隔孢　*Phaeoramularia tithoniae* (Baker et Dale) Deighton

肿节壶菌[市藜结瘿病菌]　*Physoderma*

pulposum Wallroth

肿囊腐霉［玉米青枯病菌］ *Pythium inflatum* Matthews

肿囊疫霉 *Phytophthora inflata* Caros. et Tucker

肿散斑壳 *Lophodermium tumidum* Rehm

肿胀疮痂链霉菌 *Streptomyces turgidicaviscabies* Miyajima et al.

肿胀盘单毛孢 *Monochaetia turgida*（atk.）Sacc.

肿胀油壶菌［扇形仙菜、背枝仙菜肿胀病菌］ *Olpidium tumefaciens*（Magnus）Berl. et al.

种阜草霜霉病菌 *Peronospora arenariae*（Berk.）Tulasne

冢镶孢霉［苹果粗皮病菌］ *Coniothecium chomatosporum* Corda

重型栅被锈菌 *Corbulopsora gravida* Cumm.

重要螺旋线虫 *Helicotylenchus notabilis* Eroshenko et al.

重要潜根线虫 *Hirschmanniella augusta* Kapoor

舟囊油壶菌［胶黏藻肿胀病菌］ *Olpidium laguncula* Petersen

舟皮盘菌属 **Ploioderma** Darker

舟形小球腔菌 *Leptosphaeria pontiformis*（Fuckl.）Sacc.

舟形藻链壶病菌 *Lagenidium enecans* Zopf

舟状单顶孢 *Monacrosporium scaphoides*（Peach）Liu et Zhang

周毛小煤炱 *Meliola amphitricha* Fr.

周毛座霉 *Volutella ciliata* Fr.

周毛座霉属 **Volutella** Tode ex Fr.

周丝柄锈菌 *Puccinia saepta* Jörst.

周位单胞锈菌 *Uromyces perigynius* Halst.

周雄腐霉［芸薹根腐病菌］ *Pythium periilum* Drechsler

轴黑粉菌属 **Sphacelotheca** de Bary

轴藜霜霉 *Peronospora axyridis* Benua

轴桐小煤炱 *Meliola acristae* Hansf.

轴霜霉属 **Plasmopara** Schröt.

帚虫囊菌属［翅托虫囊菌属］ **Coremyces** Thaxt.

帚菊锈孢锈菌 *Aecidium pertyae* Henn.

帚霉属 **Scopulariopsis** Bain

帚石楠茎枯病菌 *Marasmius androsaceus*（L. ex Fr.）

帚枝杆孢属 **Sarocladium** Gams et Hawksworth

帚状伏革菌 *Corticium penicillatum* Petch

帚状丝孢酵母 *Trichosporon penicillatum* Sousa

皱落假丝酵母 *Candida rugosa*（Anders.）Didd. et Lodd.

皱马鞍菌 *Helvella crispa* Scop. ex Fr.

皱球蛇菰 *Balanophora rugosa* Tam

皱绒青霉 *Penicillium raciboskii* Zal.

皱霜霉 *Peronospora rugosa* Jacz. et P. Jacz.

皱纹柄锈菌 *Puccinia rugulosa* Tranzschel

皱纹单胞锈菌 *Uromyces rugulosus* Pat.

皱纹拟滑刃线虫 *Aphelenchoides rhytium* Massey

皱叶狗尾草大夏孢锈菌 *Uredo paniciplicati* Saw.

皱叶狗尾草夏孢锈菌 *Uredo setariaeexcurrens* Wang

皱叶酸模柱隔孢 *Ramularia rumiciscrispi* Saw.

皱缘明痂锈菌 *Hyalopsora cheilanthis* Arth.

皱褶集壶菌［柳叶菜瘿瘤病菌］ *Synchytrium rugulosum* Dietel

皱褶青霉 *Penicillium rugulosum* Thom

皱枝孢 *Cladosporium delicatulum* Cooke

皱嘴霜霉 *Peronospora hariotii* Gäum.

朱迪思长咽线虫 *Dolichorhynchus judithae* (Andrassy) Mulk et Siddiqi

朱顶红(属)花叶病毒 *Hippeastrum mosaic virus Potyvirus* (HiMV)

朱顶兰(属)病毒 *Amaryllis virus* (AmaV)

朱顶兰潜隐病毒 *Amaryllis virus alphacryptovirus*

朱红丛赤壳[果树枝枯病菌,苹果红癌病菌] *Nectria cinnabarina* (Tode) Fr.

朱红轮枝孢 *Verticillium cinnabarium* (Corda) Reinke

朱红笋顶孢 *Acrostalagmus cinnabarinus* Corda

朱红笋顶孢矮小变种 *Acrostalagmus cinnabarimus* var. *nana* Oudem.

朱槿花腐病菌 *Choanephora infundibulifera* (Curr.) Saccardo

朱槿链格孢 *Alternaria rosa-sinensis* Gao et Zhang

朱砂莲艾氏盘孢 *Ahmadia pantatropidis* Syd.

珠博针壳衇 *Irenopsis tjibodense* Hansf.

珠蕨迈尔锈菌 *Milesina cryptogrammes* (Diet.) Hirats.

珠蕨夏孢锈菌 *Uredo cryptogrammes* (Diet.) Hirats.

珠皮(假根结)线虫属 **Nacobbodera** Golden et Jensen

珠芽蓼柄锈菌 *Puccinia vivipari* Jörst.

珠芽蓼黑粉菌 *Ustilago bistortarum* (DC.) Körn.

珠状丝孢酵母 *Trichosporon margaritiferum* (Stautz) Buchw.

猪花菜单胞锈菌 *Uromyces salsolae* Reich.

猪毛菜孢囊 *Cystopus salsolae* Syd.

猪毛菜内丝白粉菌[梭梭树白粉菌] *Leveillula saxaouli* (Sorok.) Golov.

猪屎豆(属)花叶病毒 Crotalaria mosaic virus (CrotMV)

猪屎豆(属)黄花叶病毒 Crotalaria yellow mosaic virus (CroYMV)

猪屎豆单胞锈菌 *Uromyces decoratus* Syd.

猪屎豆尾孢 *Cercospora crotalariae* Sacc.

猪殃殃白粉菌 *Erysiphe galii* Blum.

猪殃殃壳针孢 *Septoria cruciatae* Robinson et Desmazières

猪殃殃膨痂锈菌 *Pucciniastrum galii* (Link) Fisch.

猪殃殃霜霉 *Peronospora aparines* (de Bary) Gaumann

猪殃殃霜霉病菌 *Peronospora insubrica* Gäum.

猪殃殃锈孢锈菌 *Aecidium galii* Alb. et Schw.

蛛丝状小光壳衇 *Asteridiella arachnoidea* (Speg.) Hansf.

蛛网枝霉中国变种[蘑菇蛛网枝霉病菌] *Aphanocladium aranearum* var. *sinense* Chen.

蛛网枝霉属 **Aphanocladium** Gams

槠生小光壳衇 *Asteridiella cyclobalanopsicola* (Yam.) Hansf.

槠小煤衇 *Meliola cyclobalanopsina* Yam.

槠小煤衇圆枝脆变种 *Meliola cyclobalanopsina* var. *globopodia* Jiang

竹柏生小煤衇 *Meliola podocarpicola* Hu et Song

竹丛枝病菌 *Balansia take* (Miyake) Hara

竹秆假黑粉病菌 *Coniosporium shiraianum* (Syd.) Bub.

竹桂林锈菌 *Kweilingia bambusae* Teng

竹黑粉病菌 *Ustilago shiraiana* Henn.

竹黑盘孢 *Melanconium shiraianum* Syd.

竹花叶病毒 Bamboo mosaic virus Potexvirus (BaMV)

竹花叶病毒卫星 RNA Bamboo mosaic

virus virus Satellite RNA

竹黄［竹赤团子病菌］　*Shiraia bambusi-cola* Henn.

竹黄属　***Shiraia*** Henn.

竹喙球菌　*Ceratosphaeria phyllostachys* Zhang

竹节草孢堆黑粉菌　*Sporisorium andropogonis-aciculati* (Petch) Vánky

竹节草黑痣菌　*Phyllachora andropogonis-aciculatis* Saw.

竹节蓼柄锈菌　*Puccinia muehlenbeckiae* (Cooke) Syd.

竹金锈菌［竹锈病菌］　*Chrysomyxa bambusae* Teng

竹枯梢病菌　*Ceratosphaeria phyllostachydis* Liao

竹瘤座菌［竹丛枝病菌］　*Balansia take* (Miyake) Hara

竹螺旋线虫　*Helicotylenchus bambesae* Elmiligy

竹鞘多腔菌　*Myriangium haraeanum* Tai et Wei

竹生柄锈菌　*Puccinia bambusicola* Wei et Zhuang

竹生短胖孢　*Cercosporidium bambusicolum* Saw.

竹生密格孢　*Acrodictys bambusicola* Ellis

竹楯垫线虫　*Scutetylenchus bamboosae* Saha et al.

竹夏孢锈菌　*Uredo ignava* Arth.

竹锈病菌　*Chrysomyxa bambusae* Teng

竹叶草柄锈菌　*Puccinia levigata* (Syd. et Butl.) Hirats.

竹叶草黑痣菌　*Phyllachora oplismenicompositi* Saw.

竹叶点假黑粉病菌　*Coniosporium saccardianum* Teng

竹叶兰鞘锈菌　*Coleosporium arundinae* Syd.

竹叶兰小煤炱　*Meliola arundinis* Pat.

竹叶兰小煤炱有角变种　*Meliola arundinis* var. *angulosa* Hansf.

竹硬皮锈病菌　*Stereostratum corticioides* (Berk. et Br.) Magn.

竹芋长蠕孢　*Helminthosporium marantae* Saw. et Kats.

竹枝藻刺孢壶病菌　*Sporophlyctis chinensis* Sparrow et al.

苎麻、马铃薯块茎腐败病菌　*Pythium hydnosporum* Schroter

苎麻、棉疫病菌　*Phytophthora boehmeriae* Sawada

苎麻根腐病菌　*Ramularia boehmeriae* Fujiwara

苎麻褐斑病菌　*Ascochyta boehmeriae* Woronich.

苎麻假尾孢　*Pseudocercospora boehmeriae* (Peck) Guo et Liu

苎麻茎点霉　*Phoma boehmeriae* Henn.

苎麻壳二孢　*Ascochyta boehmeriae* Woronich.

苎麻膨痂锈菌　*Pucciniastrum boehmeriae* P. et Syd.

苎麻霜霉　*Peronospora boehmeriae* Yin et Yang

苎麻尾孢　*Cercospora boehmeriae* Peck

苎麻小尾孢　*Cercosporella boehmeriae* Saw.

苎麻疫霉［苎麻、棉疫病菌］　*Phytophthora boehmeriae* Sawada

苎麻瘿瘤病菌　*Synchytrium cellulare* Davis

苎麻柱隔孢［苎麻根腐病菌］　*Ramularia boehmeriae* Fujiwara

柱孢大茎点菌　*Macrophoma cylindrospora* (Desm.) Berl. et Vogl.

柱孢腐霉　*Pythium cylindrosporum* B. Paul

柱孢隔指孢　*Dactylella cylindrospora* (Cooke) Rubner

柱孢鼓藻、柱形鼓藻和鼓藻根生壶菌

Rhizophydium gibbosum （Zopf） Fischer

柱孢葡萄穗霉　*Stachybotrys cylindrosporum* Jens

柱孢属　*Cylindrocarpon* Wollenw.

柱孢叶点霉　*Phyllosticta cylindrospora* Saw.

柱捕单顶孢　*Monacrosporium cionopagum* (Drechs) Subram.

柱垫刃线虫属　*Cylindrotylenchus* Yang

柱堆黑粉菌　*Cintractiella lamii* Boed.

柱堆黑粉菌属　*Cintractiella* Boed.

柱隔孢属　*Ramularia* Ung

柱隔霉　*Septocylindrium septatum* Bon.

柱隔霉属　*Septocylindrium* Bon. ex Sacc.

柱黄曲霉　*Aspergillus flavus* var. *columnaris* Link

柱喙链格孢　*Alternaria cylindrostra* T. Y. Zhang

柱盘孢属　*Cylindrosporium* Grev.

柱平脐蠕孢　*Bipolaris cylindrica* Alcorn

柱双胞锈菌　*Gambleola cornuta* Mass.

柱双胞锈菌属　*Gambleola* Mass.

柱弯孢　*Curvularia cylindrica* Zhang et Zhang

柱尾沼泽线虫　*Uliginotylenchus cylindricaudatus* Liu，Duan et Liu

柱香孢属　*Ephelis* Fries

柱形矮化线虫　*Tylenchorhynchus cylindricus* Cobb

柱形长蠕孢　*Helminthosporium cylindrosporum* Matsushima

柱形茎线虫　*Ditylenchus bacillifer* (Micoletzky) Filipjev

柱形轮线虫　*Criconemoides cylindricum* (Kirjanova) Raski

柱锈菌属　*Cronartium* Fr.

柱枝孢属　*Cylindrocladium* Morgan

柱状胶壳炱　*Scorias cylindrica* Yamam.

砖红柄锈菌　*Puccinia lateritia* Berk. et Curt.

砖红镰孢　*Fusarium lateritium* Nees

砖红镰孢桑变种　*Fusarium lateritium* var. *mori* Desm.

砖红卧孔菌[茶红根腐病菌]　*Poria hypolateritia* Berk.

砖火丝菌　*Pyronema domestica* （Sow.） Sacc.

砖子苗黑痣菌　*Phyllachora mariscisieberiani* Saw.

转板藻根生壶病菌　*Rhizophydium minutum* Atkinson

转板藻壶病菌　*Chytridium mesocarpi* Fisch.

转板藻壶病菌[转板藻壶病菌]　*Chytridium mesocarpi* Fisch.

转板藻拟油壶病菌　*Olpidiopsis schenkiana* Zopf

转板藻油壶菌[转板藻肿胀病菌]　*Olpidium mougeotia* Skvortsov

转板藻肿胀病菌　*Olpidium mougeotia* Skvortsov

转主链核盘菌　*Monilinia heteroica* (Woron. et Nav.) Honey

转座病毒科　Metaviridae

转座病毒属　*Metavirus*

装饰黑粉菌　*Ustilago ornata* Tracy et Earle

装饰小环线虫　*Criconemella ornata* (Raski) Luć et Raski

壮丽螺旋线虫　*Helicotylenchus imperialis* Rashid et Khan

壮丽叶点霉　*Phyllosticta nobilis* Thüm.

壮丽指霜霉[小野蜀黍、须芒草霜霉病菌]　*Peronosclerospora noblei* (Weston) Shaw

椎枝孢属　*Spondylocladium* Mart. ex Sacc.

锥孢座坚壳　*Rosellinia bunodes* （Berk. et Br.） Sacc.

锥接曲霉　*Aspergillus conjunctus* Kwon et Fenn

锥毛壳属　*Coniochaeta*（Sacc.）**Cooke**

锥体虫科（原生动物）　*Trypanosomatidae*

锥头螺旋线虫　*Helicotylenchus conicephalus* Siddiqi

锥线虫属　*Dolichodorus* **Cobb**

锥形隔指孢　*Dactylella rhopalota* Drechsler

准噶尔阿魏柄锈菌　*Puccinia ferulaesongoricae* Tranz. et Erem.

准噶尔柄锈菌　*Puccinia junggarensis* Wei et Zhuang

茁芽丝孢酵母　*Trichosporon pullulans*（Lin）Didd. et Lodd.

籽形小核菌　*Sclerotium semen* Tode

梓格孢　*Macrosporium catalpae* Ell. et Mart.

梓壳二孢　*Ascochyta catalpae* Tassi

梓壳色单隔孢　*Diplodia catalpae* Speg.

梓链格孢　*Alternaria catalpae*（Ell. et Mart.）Joly

梓树单囊壳　*Sphaerotheca catalpae* Wang ex Zhao

梓尾孢　*Cercospora catalpae* Wint.

梓叶点霉　*Phyllosticta catalpae* Ell. et Martin

紫百香果花叶病毒　Purple granadilla mosaic virus

紫斑壳多孢　*Stagonospora arenaria* Sacc.

紫苞鸢尾夏孢锈菌　*Uredo iridis-ruthenicae* Wang et Li

紫柄锈菌　*Puccinia purpurea* Cooke

紫草白锈病　*Albugo cynoglossi*（Unamuno）Ciferri et Biga

紫草楔孢黑粉菌　*Thecaphora lithospermi* Vánky et Nannf.

紫草柱隔孢　*Ramularia lithospemmi* Fetr

紫茶藨子栅锈菌　*Melampsora ribesiipurpureae* Kleb.

紫车轴草霜霉（毛状霜霉）　*Peronospora trifolii-purpurei* Rayss

紫丹毛孢锈菌　*Trichopsora tournefortiae* Lagerh.

紫福王草柄锈菌　*Puccinia prenanthispurpureae*（DC.）Lindr.

紫黑刺座孢　*Chaetostroma purpureonigra* Teng.

紫黑曲霉　*Aspergillus atroviolaceus* Moss

紫红假尾孢　*Pseudocercospora rubro-purpurea*（Sun）Yen

紫红链霉菌　*Streptomyces puniciscabiei* Park et al.

紫胡柄锈菌　*Puccinia bupleuri* Rud.

紫胡叶黑粉菌　*Entyloma bupleuri* Lindr.

紫花地丁斑驳病毒　*Asystasia gangetica mottle virus Potyvirus*（AGMoV）

紫花地丁金色花叶病毒　*Asystasia golden mosaic virus Begomovirus*（AGMV）

紫花苜蓿澳洲潜病毒　*Lucerne Australian latent virus Nepovirus*（LALV）

紫花苜蓿澳洲无症病毒　*Lucerne australian symptomless virus Sadwavirus*（LASV）

紫花苜蓿耳突病毒　*Lucerne enation virus Nucleorhabdovirus*（LEV）

紫花苜蓿异皮线虫　*Heterodera medicaginis* Kirjanova

紫花苜蓿暂时性线条病毒　*Lucerne transient streak virus Sobemovirus*（LTSV）

紫花苜蓿暂时性线条病毒卫星 RNA　Lucerne transient streak virus Satellite RNA

紫黄芪霜霉　*Peronospora astragalipurpurei* Mayor et Vienn.-Bourg.

紫金牛盘多毛孢　*Pestalotia canangae* Koord.

紫堇白锈病菌　*Albugo keeneri* Solhein et Gilberston

紫堇霜霉　*Peronospora corydalis* de Bary

紫堇锈孢锈菌　*Aecidium corydalinum* Syd.

紫茎叶点霉　*Phyllosticta stewartiae* Syd.

紫荆白粉菌　*Erysiphe cercidis* Xu

紫荆假尾孢　*Pseudocercospora chionea* (Ell. et Ev.) Liu et Guo

紫荆生茎点霉　*Phoma cercidicola* Phenn

紫荆尾孢　*Cercospora chionea* Ell. et Ev.

紫荆轴霜霉　*Plasmopara cercidis* C. G. Shaw

紫卷担菌　*Helicobasidium purpureum* Pat.

紫列当　*Orobanche purpurea* Jacq.

紫灵芝　*Ganoderma japonicum* (Fr.) Lloyd

紫露草-吊竹梅(属)病毒　*Tradescantia-Zebrina virus Potyvirus* (TZV)

紫露草花叶病毒　*Tradescantia mosaic virus Potyvirus* (TraMV)

紫罗兰芽孢杆菌　*Bacillus matthiolae* Stapp

紫罗兰疫病菌　*Xanthomonas campestris* pv. *incanae* (Kendrick et al.) Dye

紫麦角菌　*Claviceps purpurea* (Fr.) Tul.

紫铆黄单胞菌　*Xanthomonas campestris* pv. *buteae* Bhatt et al.

紫铆小煤炱　*Meliola buteae* Hafiz.

紫铆叶斑病菌　*Xanthomonas campestris* pv. *buteae* Bhatt et al.

紫茉莉(属)花叶病毒　*Mirabilis mosaic virus Caulimovirus* (MiMV)

紫茉莉白锈病菌　*Albugo platensis* (Spegazzini) Swingle

紫茉莉拟柄锈菌　*Cumminsiella mirabilissima* (Peck) Nannf.

紫茉莉霜霉　*Peronospora mirabilis* Jacz.

紫茉莉尾孢　*Cercospora mirabilis* Tharp

紫茉莉叶斑病菌　*Serratia proteamaculans* (Paine et Stansfield)

紫茉莉疫霉　*Phytophthora mirabilis* Galindo et Hohl

紫苜蓿瘿螨　*Eriophyes medicaginis* Kei-

fer

紫楠柱锈菌　*Kernella lauricola* var. *phoebae* Ge et Xu

紫盘果菊柄锈菌　*Puccinia prenanthis-purpureae* (DC.) Lindr.

紫盘菌属　**Smardaea** Svrcěk.

紫萁拟夏孢锈菌　*Uredinopsis osmundae* Magn.

紫韧革菌[苹果银叶病菌]　*Stereum purpureum* Fr.

紫软韧革菌　*Chondrostereum purpureum* (Pers. et Fr.) Pouzar

紫色多胞锈菌　*Phragmidium violaceum* (Schultz) Wint.

紫色杆菌属　*Janthinobacterium* De Ley et al.

紫色链霉菌　*Streptomyces violaceus* (Rossi Doria) Waksman

紫色盘菌　*Peziza violacea* Pers.

紫色丝核菌　*Rhizoctonia violacea* Tul.

紫色梭菌　*Clostridium puniceum* Lund., Brocklehurst et al.

紫色紫盘菌　*Smardaea purpurea* Dissing

紫杉胶孔菌　*Gloeoporus taxicola* Gilbn. et Ryv.

紫杉生卧孔菌　*Poria taxicola* (Pers.) Bres.

紫杉叶点霉　*Phyllosticta taxi* Hollos

紫殊夏孢锈菌　*Uredo callicarpae* Petch

紫树尾孢　*Cercospora nyssae-sylvaticae* H. Green

紫苏斑驳病毒　*Perilla mottle virus Potyvirus* (PerMoV)

紫苏假尾孢　*Pseudocercospora perillulae* (Togashi et Kats.) Liu et al.

紫苏壳二孢　*Ascochyta perillae* Chi

紫苏壳针孢　*Septoria perillae* Miyake

紫苏鞘锈菌　*Coleosporium perillae* Syd.

紫苏霜霉　*Peronospora perillae* Miyabe

紫苏尾孢　*Cercospora perillae* Nakata

紫穗槐小单孢　*Haplosporella amorphae*

（Ell. et Barth.）Togashi

紫檀壳针孢　*Septoria tatarica* Syd.

紫藤（属）脉花叶病毒　*Wisteria vein mosaic virus Potyvirus*（WVMV）

紫藤盾壳霉　*Coniothyrium kraunhiae* Miyake

紫藤生假尾孢　*Pseudocercospora wistariicola*（Yen）Yen

紫铁筷子轴霜霉　*Plasmopara hellebori-purpurascentis* Săvul. et Săvul.

紫菀斑枯病菌　*Mycosphaerella tatarica*（Syd.）Miura

紫菀柄锈菌　*Puccinia asteris* Duby

紫菀钩丝壳　*Uncinula asteris* Saw.

紫菀黄化植原体　*Candidatus* Phytoplasma asteris Lee et al.

紫菀黄化病菌　*Spiroplasma phoeniceum* Saillard, Vignault, Bove et al.

紫菀壳二孢　*Ascochyta asteris*（Bers.）Gloy.

紫菀壳排孢　*Stichospora asterum* Diet.

紫菀鞘锈菌　*Coleosporium asterum*（Diet.）Syd.

紫菀球腔菌　*Mycosphaerella tatarica*（Syd.）Miura

紫菀生壳针孢　*Septoria astericola* Ell. et Ev.

紫菀生枝孢　*Cladosporium astericola* Davis

紫菀霜霉　*Peronospora tatarica* Săvul. et Rayss

紫菀植原体　*Candidatus* Phytoplasma asteris Lee et al.

紫菀轴霜霉［向日葵霜霉病菌］*Plasmopara asterea* Novot.

紫菀轴霜霉翠菊变型　*Plasmopara asterea* f. sp. *callistephi* Novot.

紫菀轴霜霉狗娃花变型　*Plasmopara asterea* f. sp. *heteropappi* Novot.

紫菀轴霜霉乳菀变型　*Plasmopara asterea* f. sp. *galatellae* Novot.

紫菀轴霜霉原变型　*Plasmopara asterea* f. sp. *asterea* Novot.

紫薇白粉病菌　*Uncinuliella australiana*（McAlp.）Zheng et Chen

紫薇褐斑病菌　*Cercospora lythracearum* Heald et Wolf.

紫纹革裥菌　*Lenzites trabea*（Pers.）Fr.

紫纹羽病菌　*Helicobasidium purpureum* Pat.

紫纹羽丝核菌　*Rhizoctonia crocorum* Fr.

紫羊茅拉塞氏杆菌　*Rathayibacter festucae* Dorofeeva et al.

紫羊茅叶瘿病菌　*Rathayibacter festucae* Dorofeeva et al.

紫硬层锈菌　*Stereostratum purpureum* Pers.

紫云英矮缩病毒　*Milk vetch dwarf virus Nanovirus*（MVDV）

紫云英单胞锈菌　*Uromyces astragali*（opiz）Sacc.

紫云英结瘿病菌　*Physoderma trifolii*（Pass.）Karling

紫珠不眠多胞锈菌　*Kuehneola callicarpae* Syd.

紫珠单胞锈菌　*Uromyces callicarpae* Fujik.

紫珠假尾孢　*Pseudocercospora callicarpae*（Cooke）Guo et Zhao

紫珠生小煤炱　*Meliola callicarpicola* Yamam.

紫珠生锈孢锈菌　*Aecidium callicarpicola* Zhuang

紫珠尾孢　*Cercospora callicarpae* Cooke

自蔽虫囊霉属　**Autoicomyces** Thaxt.

棕粉锈菌属　**Baeodromus** Arth.

棕黑盘菌　*Peziza brunneo-atra* Desm.

棕红块菌　*Tuber rufum* Pico

棕黄青霉　*Penicillium fulvum* Rabenh.

棕榈、芭蕉腐烂病菌　*Mucor funebris* Spegazzini

棕榈长蠕孢　*Helminthosporium palmi-*

genum Matsushima

棕榈盾壳霉　*Coniothyrium palmarum* Corda

棕榈腐霉　*Pythium palmivorum* Butler

棕榈花叶病毒　*Palm mosaic virus Potyvirus*（PalMV）

棕榈环线虫　*Criconema palmatum* Siddiqi et Southey

棕榈色串孢　*Torula palmigena* Bub.

棕榈深栉线虫　*Croserinema palmatum*（Siddiqi et Southy）Khaan et al.

棕榈生小煤炱　*Meliola palmicola* Wint.

棕榈生小煤炱非洲变种　*Meliola palmicola* var. *africana* Hansf.

棕榈生叶点霉　*Phyllosticta palmicola* Cooke

棕榈疫霉　*Phytophthora palmivora*（Butler）Butler

棕榈疫霉胡椒变种　*Phytophthora palmivora* var. *piperis* Muller

棕榈疫霉异孢变种　*Phytophthora palmivora* var. *heterocystica* Babacauh

棕榈疫霉原变种　*Phytophthora palmivora* var. *palmivora* Butler

棕榈轴霜霉　*Plasmopara palmae* Campb.

棕色共基锈菌　*Chaconia alutacea* Juel

棕色壳针孢　*Septoria brunneola*（Fr.）Niessl

棕色链格孢　*Alternaria brunnea* Sawade ex Zhang

棕色腥黑粉菌　*Tilletia fusca* Ell. et Ev.

棕色枝孢　*Cladosporium brunneolum* Sacc.

棕丝单囊壳　*Sphaerotheca fusca*（Fr. : Fr.）Blum.

棕卧孔菌　*Poria hypobrunnea* Petch

棕小枝顶孢　*Acremoniella fusca* var. *minor* Corda

棕叶狗尾草黑痣菌　*Phyllachora pazschkeana* Syd.

棕竹生假尾孢　*Pseudocercospora rhapisicola*（Tominaga）Goh et Hsieh

棕紫炭团菌　*Hypoxylon fuscopurpureum*（Schw.）Berk.

总状毛霉　*Mucor racemosus* Fres.

总状绵霉　*Achlya racemosa* Hildebrand

纵带腥黑粉菌　*Tilletia vittata*（Berk.）Mundk.

纵沟柄锈菌　*Puccinia canaliculata*（Schw.）Lagerh.

纵沟小环线虫　*Criconemella lineolata*（Maas et al.）Ebsary

纵纹盖垫刃属　**Coslenchus** Siddiqi

纵纹螺旋线虫　*Helicotylenchus striatus* Firroza et Maqbool

纵向短尖头拟夏孢锈菌　*Uredinopsis longimucronata* Faull.

钻梗顶辐霉　*Dactylaria subuliphora* Matsushima

钻形伞壳孢　*Eleutheromyces subulatus*（Tode）Wint.

嘴（喙）突平脐蠕孢　*Bipolaris rostrata*（Drecks）Shoem.

嘴（喙）突凸脐蠕孢　*Exserohilum rostratum*（Drech.）Leonard et Suggs

嘴（喙）突油壶菌　*Olpidium rostratum* de Wildeman

最大矮化线虫　*Tylenchorhynchus maximus* Allen

最大拟长针线虫　*Paralongidorus maximus*（Bütschli）Siddigi

最短半轮线虫　*Hemicriconemoides brachyurus*（Loos）Chitwood et Birchfield

最短鞘线虫　*Hemicycliophora brachyurus*（Loos）Goodey

最亮纽带线虫　*Hoplolaimus clarissimus* Fortuner

最小拟滑刃线虫　*Aphelenchoides minimus* Meyl

最小针线虫　*Paratylenchus elachistus* Steiner

醉蝶花白粉菌　*Erysiphe cleomes* Li et Wang

醉蝶花黄单胞菌　*Xanthomonas cleomei* Abhynkar et al.

醉蝶花叶斑病菌　*Xanthomonas cleomei* Abhynkar et al.

醉魂藤星盾炱　*Asterina heterostemmae* Yam.

醉马芨芨草柄锈菌　*Puccinia achnatheriinebriantis* Zhao

醉鱼草假尾孢　*Pseudocercospora buddlejae*（Yamam.）Goh et Hsieh

醉鱼草尾孢　*Cercospora buddlejae* Yamam.

左铃吉小煤炱　*Meliola zollingeri* Gaill.

佐贺轮线虫　*Criconemoides sagaensis* Yokoo

佐朱特螺旋线虫　*Helicotylenchus jojutlensis* Zavaleta Mejia et Sasa Moss

佐佐木亡革菌［稻、玉米纹枯病菌］　*Thanatephorus sasakii*（Shirai）Tu et Kimbrough

座坚壳属　**Rosellinia** de Not.

座壳孢属　**Aschersonia** Mont.

座壳霉属　**Nothopatella** Sacc.

座囊菌属　**Dothidea** Fr.

座盘孢属　**Discula** Sacc.

座束梗尾孢　*Cercospora roesleri*（Catt.）Sacc.

座枝孢属　**Ramulispora** Miura

附录 植物病原生物属的简要归类

Scientific Names of Plant Pathogens

1. 原生生物界（Protista）的植物病原主要类属［T］

Cystospora 　囊孢属
Phytomonas Donovon　植滴虫属
Plasmodiophora Woronin　根肿菌属
Polymyxa Ledingham　多黏霉属
Spongospora Brunch.　粉痂菌属
Tetramyxa Goebel　四孢菌属
Woronina Cornu　沃罗宁菌属

2. 藻物界（Chromista）的植物病原主要类属［C］

Achlya Nees　绵霉属
Albugo（Pers.）Roussel　白锈属
Anisolpidium Karling　异壶菌属
Aphanomyces de Bary　丝囊霉属
Aphanomycopsis Scherff.　拟丝囊霉属
Basidiophora Roze et Cornu　圆霜霉属
Bremia Regel　盘梗霉属
Bremiella Wilson　拟盘梗霉属
Cystopus Lév.　孢囊属
Dictyuchus Leitg.　网囊霉属
Diehliomyces Gilkey　地氏裸囊菌属（带赫氏菌属）
Ectrogella Zopf　外壶菌属
Lagena Vanterp. et Ledingham　拟链壶菌属
Lagenidium Schenk　链壶菌属
Lagenisma Drebes　类链壶菌属
Ligniera Maire et Tison　异黏孢菌属
Myzocytium Schenk　串孢壶菌属
Nematophthora Kerry et Crump　线疫霉属
Nematosporangium（A. Fisch.）Schröt.

Olpidiopsis Cornu　拟油壶菌属
Paraperonospora Constant.　类霜霉属
Peronophythora Chen　霜疫霉属
Peronosclerospora Shaw　指霜霉属
Peronospora Corda　霜霉属
Petersenia Sparrow　彼得菌属
Phytophthora de Bary　疫霉属
Plasmopara Schröt.　轴霜霉属
Pontisma Petersen　桥壶菌属
Pseudoperonospora Rostovzev　假霜霉属
Pseudoplasmopara Sawada　假单轴霉属
Pseudosphaerita Dang　假球壶菌属
Pythiogeton Minden　类腐霉属
Pythiomorpha Petersen　类疫霉属
Pythium Pringsh.　腐霉属
Rhipidium Cornu　囊轴霉属
Sclerophthora Thirum., Shaw et Naras　指疫霉属
Sclerospora Schröt.　指梗霉属
Sirolpidium Petersen　离壶菌属
Sphaerita Dang.　球壶菌属

3. 真菌界（Fungi）的植物病原主要类属［F］

3.1　壶菌 Chytridiomycota

Achlyogeton Schenk　绵壶菌属
Amoebochytrium Zopf　变形壶菌属
Catenaria Sorokin　链枝菌属
Catenochytridium Berdan　串珠壶菌属
Chytridium A. Braun　壶菌属
Cladochytrium Nowak.　歧壶菌属
Coenomyces Deckenb.　多壶菌属
Dangeardia Schröd.　胶壶菌属
Diplophlyctis Schröt.　双囊菌属

Endochytrium Sparrow 内囊壶菌属

Endodesmidium Canter 藻壶菌属

Entophlyctis Fisch. 内壶菌属

Harpochytrium Lagerh. 肋壶菌属

Hyphochytrium Zopf 丝壶菌属

Latrostium Zopf 拟根丝壶菌属

Leptothyrina Höhn 拟细盾霉属

Leptothyrium Kunze 细盾霉属

Loborhiza Hanson 裂壶菌属

Megachytrium Sparrow 大壶菌属

Micromyces Dang. 小壶菌属

Nephrochytrium Karling 肾壶菌属

Nowakowskiella Schröt. 小诺壶菌属

Olpidium (A. Braun) Schröt. 油壶菌属

Phlyctidium (A. Braun) Rabenh. 泡壶菌属

Phlyctochytrium Schröt. 囊壶菌属

Physoderma Wallr. 节壶菌属

Physorhizophidium Scherff. 根生壶菌属

Podochytriumm Pfitzer 脚壶菌属

Polyphagus Nowak. 多主壶菌属

Pseudopileum Canter 假盖壶菌属

Reesia Fisch 裸异壶菌属

Rhizidium A. Braun 根壶菌属

Rhizophlyctis A. Fisch. 根囊壶菌属

Rhizophydium Schenk 根生壶菌属

Rhizopodopsis Boedijn 拟根前毛壶菌属

Rhizosiphon Scherff. 管根壶菌属

Saccomyces Serbinow 袋壶菌属

Scherffeliomyces Sparrow 谢尔壶菌属

Septolpidium Sparrow 隔油壶菌属

Sporophlyctis Serbinow 刺孢壶菌属

Synchytrium de Bary et Woronin 集壶菌属

Urophlyctis Schröt. 尾囊壶菌属

Zygorhizidium Low. 接根壶菌属

3.2 接合菌 Zygomycota

Amphicypellus Ingold 槽壶菌属

Ancylistes Pfitzer 新月霉属

Basidiobolus Eidam 蛙粪霉属

Choanephora Curr. 笄霉属

Completoria Lohde 蕨霉属

Conidiobolus Brefeld 耳霉属

Cystopage Drechsler 泡囊虫霉属

Delacroixia Sacc. et Syd. 德拉霉属

Entomophaga Batko 噬虫霉属

Entomophthora Fres. 虫霉属

Erynia (Nowak. ex Batko) Remaudi. et Henn. 虫疫霉属

Euryancale Drechsler 广角捕虫霉属

Furia (Batko) Humber 虫瘴霉属

Macrobiotophthora Reukauf 长寿霉属

Mortierella Coem. 被孢霉属

Mucor Fresen 毛霉属

Neozygites Witlaczil 新接霉属

Pandora Humber 虫疠霉属

Rhizopus Ehrenb. 根霉属

Strongwellsea Batko et Weiser 斯魏霉属

Stylopage Drechsler 梗虫霉属

Syncephalis Tiegh. et Le Monn. 集珠菌属

Tarichium Cohn 干尸霉属

Zoophagus Sommerstorff 轮虫霉属

Zoophthora Batko Weiser 虫瘟霉属

Zygnemomyces Miura 轮线霉属

3.3 子囊菌 Ascomycota

Albotricha Raitv. 白毛盘菌属

Amazonia Theiss. 双孢炱属

Amphisphaerella (Sacc.) Kirschst. 小圆孔壳属

Amphisphaeria Ces. et de Not. 圆孔壳属

Apiospora Sacc. 梨孢假壳属

Apiosporina Höhn 小梨壳属

Appendiculella Höhn 附丝壳属

Armatella Theiss. et Syd. 明孢炱属

Arthrocladiella Vasilk. 节丝壳属

Ascobolus Pers. 粪盘菌属

Ashbya Guill. 阿舒囊霉属

Asteridiella McAlp. 小光壳炱属

Asterina Lév. 星盾炱属

Asterinella Sacc.　小星盾炱属

Atropellis Lohman et al.　僵皮盘菌属

Autoicomyces Thaxt.　自蔽虫囊菌属

Balansia Speg.　瘤座菌属

Balladyna Racib.　刺炱属

Bifusella Höhn.　小双梭孢盘菌属

Blumeria Golovin ex Speer　布氏白粉菌属

Botryosphaeria Ces. et de Not.　葡萄座腔菌属

Botryotinia Whetz.　葡萄孢盘菌属

Boubovia Svrcek　布博维盘菌属

Bulbomicrosphaera Wang　球叉丝壳属

Bulbouncinula Zheng et Chen　球钩丝壳属

Calonectria de Not.　丽赤壳属

Candida Berkh.　假丝酵母属

Capnodaria (Sacc.) Theiss.　槌壳炱属

Capnodium Mont.　煤炱属

Capnophaeum Speg.　刺壳炱属

Cenangium Fr.　薄盘属

Ceratocystis Ell. et Halst.　长喙壳属

Ceratosphaeria Niessl　喙球菌属

Ceratostomella Sacc.　小长喙壳属

Chaetomium Kunze ex Fr.　毛壳属

Chaetoscorias Yamam.　刺隔孢炱属

Chaetosphaeria Tul.　刺球菌属

Chaetothyrium Speg.　刺盾炱属

Chitonomyces Peyritsch　外胞虫囊菌属

Chloroscypha Seaver　绿胶杯菌属

Chlorosplenium Fr.　绿盘菌属

Ciboria Fuck.　杯盘菌属

Ciborinia Whetz.　叶杯菌属

Claviceps Tul.　麦角菌属

Clypeosphaeria Fuck.　盾壳菌属

Coccochorina Hara　球皮座囊菌属

Coccomyces de Not.　齿裂菌属

Cochliobolus Drechsler　旋孢腔菌属

Coniochaeta (Sacc.) Cooke　锥毛壳属

Cordyceps (Fr.) Link.　虫草属

Coremyces Thaxt.　帚虫囊菌属

Cryphonectria (Sacc.) Sacc.　隐丛赤壳属

Cryptodiapothe Patrak　隐间座壳属

Cryptosporella Sacc.　小隐孢壳属

Cryptovalsa Ces. et de Not.　隐腐皮壳属

Cymadothea Wolf　煤烟座囊菌属

Cystotheca Berk. et Curt.　离壁壳属

Cyttaria Berk.　瘿果盘菌属

Debaryomyces Klöck.　德巴利酵母属

Desmea Fr.　皮盘菌属[F]

Diaporthe Nits.　间座壳属

Dicephalospora Spooner　二头孢盘菌属

Didymella Sacc.　亚隔孢壳属

Didymellina Höhn.　小隔孢壳属

Didymosphaeria Fuck.　隔孢球壳属

Dothichiza Lib. ex Roum.　疡壳菌属

Dothidea Fr.　座囊菌属

Dothidella Fr.　小座囊菌属

Dothiora Fr.　穴壳菌属

Dothiorella Sacc.　小穴壳菌属

Dumontinia L. M. Kohn　杜蒙盘菌属

Elaphomyces Nees ex Fr.　大团囊菌属

Elsinoë Racib.　痂囊腔菌属

Endothia Fr.　内座壳属

Endoxylina Rom.　平座壳属

Epichlë (Fr.) Tul.　香柱菌属

Erysiphe Hedw. ex Fr.　白粉菌属

Erysiphopsis Hals.　拟白粉菌属

Eudarluca Speg.　锈寄生壳属

Eurotium Link　散囊菌属

Eutypa Tul.　弯孢壳属

Eutypella (Nits.) Sacc.　弯孢聚壳属

Fabraea Sacc.　叶埋盘菌属

Furcouncinula Chen et Gao　顶叉丝壳属

Gaeumannomyces Arx et Olivier　顶囊壳属

Gibberella Sacc.　赤霉属

Gibellina Pass.　绒座壳属

Glomerella Schrenk et Spauld.　小丛壳属

Gnomonia Ces. et de Not.　　日规菌属

Gnomoniella Sacc.　　小日规菌属

Gremmeniella Morelet　格瑞曼属

Guignardia Viala et Ravaz　球座菌属

Hansenula H. et P. Syd.　　汉逊酵母属

Helotium Tode　柔膜菌属

Helvella L.　　马鞍菌属

Hymenoscyphus Gray　膜盘菌属

Hypocapnodium Speg.　亚煤炱属

Hypoderma DC.　　皮下盘菌属

Hypodermella Tub.　　小皮下盘菌属

Hypomyces (Fr.) Tul.　　菌寄生属

Hyponectria Sacc.　亚赤壳属

Hypoxylon (Fr.) Mill.　　炭团菌属

Irenina Stev.　　秃壳炱属

Irenopsis Stev.　　针壳炱属

Laboulbenia Mont. et Robin　虫囊菌属

Lachnum Retz.　粒毛盘菌属

Lambertella Höhnel　兰伯特盘菌属

Lanzia Sacc.　兰斯盘菌属

Lasiobotrys Kunze　刺球座菌属

Leptosphaerella (Sacc.) Hara　细球腔菌属

Leptosphaeria Ces. et de Not.　　小球腔菌属

Leptosphaerulina McAlp.　小光壳属

Leucostoma (Nitschke) Hohnel　白座壳属

Leveillula Arn.　内丝白粉菌属

Limacinia Neger　光壳炱属

Lirula Darker　小沟盘菌属

Lophiostoma (Fr.) Ces. et de Not.　　扁孔腔菌属

Lophodermella v. Höhn.　小散斑壳属

Lophodermium Chev.　散斑壳属

Magnaporthe Krause et Webster　大毁壳属

Massaria de Not　黑团壳属

Medeolaria Thaxt.　梭绒盘菌属

Medusosphaera Golov. et Gamal.　波丝壳属

Melanconis Tul.　黑盘壳属

Meliola Fr.　小煤炱属

Meloderma Darker　黑皮盘菌属

Metasphaeria Sacc.　亚球腔菌属

Microsphaera Lév.　叉丝壳属

Microstroma (Niessl)　微座盘菌

Misgomyces Thaxt.　顶枝虫囊菌属

Moellerodiscus Henn.　莫勒盘菌属

Monilinia Honey　链核盘菌属

Monographella Petrak　小画线壳属

Monosporascus Pollack et Uecker　单胞囊菌属

Morchella Dill. ex Pers.　羊肚菌属

Mycena (Pers. ex Fr.) Gray　小菇属

Mycosphaerella Johns.　球腔菌属

Myriangium Mont. et Berk.　多腔菌属

Nectria Fr.　丛赤壳属

Nectriella Nits.　小赤壳属

Nematospora Tassi　针孢酵母属

Neocapnodium Yamam.　新煤炱属

Neococcomyces Lin et al.　新齿裂菌属

Neocosmospora Smith　新赤壳属

Neofabraea H. S. Jacks　明孢盘菌属

Nummularia Tul.　光盘壳属

Ophiobolus Riess　蛇孢腔菌属

Ophionectria Sacc.　蛇孢赤壳属

Ophiostoma H. Syd. et P. Syd.　蛇喙壳属

Orbilia Fr.　圆盘菌属

Ostropa Fr.　厚顶盘菌属

Patellaria Fr.　胶皿菌属

Pestalosphaeria Barr.　多毛球壳属

Pezicula Tul. et Tul.　小盘菌属

Peziza Dill. ex Fr.　盘菌属

Phacidium Fr.　星裂盘菌属

Phialophora Medlar.　瓶霉属

Phurmomyces Thaxt.　牙甲囊霉属

Phyllachora Nits.　黑痣菌属

Phyllactinia Lév.　球针壳属

Physalospora Niessl　囊孢壳属

Pichia Hansen　毕赤酵母属

Pleochaeta Sacc. Speg.　半内生钩丝壳属

Pleosphaerulina Pass.　格孢球壳属

Pleospora Rabenh.　格孢腔菌属

Ploioderma Darker　舟皮盘菌属

Plowrightia Sacc.　普氏腔菌属

Pochonia Bat. et Fonseca　普奇尼亚菌属

Podosphaera Kunze　叉丝单囊壳属

Polyscytalum Reiss　蛇孢霉属

Polystigma DC. ex Chev.　疗座霉属

Protomyces Ung.　原囊菌属

Pseudopeziza Fuck.　假盘菌属

Pulvinula Boud.　垫盘菌属

Pyrenophora Fr.　核腔菌属

Pyronema Carus　火丝菌属

Rhodotorula Harr.　红酵母属

Rhytisma Fr.　斑痣盘菌属

Rosellinia de Not.　座坚壳属

Rutstroemia P. Karst.　蜡盘菌属

Saccharicola Hawksw. et Erikss.　酵母腔菌属

Saccharomyces Meyen ex Hansen　酵母属

Sarcoscypha (Fr.) Boud.　肉杯菌属

Sarcosoma Casp.　肉盘菌属

Sarcosphaera Auersw.　球肉盘菌属

Sawadaia Miyabe　叉钩丝壳属

Schizostoma (Ces. et de Not.) Sacc.　裂嘴壳属

Schizothyrium Desm.　裂盾菌属

Scirrhia Nitschke ex Fuckel　硬瘤菌属

Scleromitrula Imai　核地杖菌属

Sclerotinia Fuck.　核盘菌属

Scorias Fr.　胶壳炱属

Scutellinia (Cooke) Lamb.　盾盘菌属

Shiraia Henn.　竹黄属

Shiraiella Hara　假竹黄属

Smadaea Svrcek.　紫盘菌属

Soleella Darker　小鞋孢盘菌属

Spermophthora Ashby et Now.　蚀精霉属

Sphaerellopsis Korsch.　拟球寄生菌属

Sphaerotheca Lév.　单囊壳属

Sphaerulina Sacc.　亚球壳属

Sporobolomyces Kluyv. et Niel　掷孢酵母属

Stictis Pers. ex Fr.　点盘菌属

Stigmatomyces Karst.　点虫囊菌属

Synandromyces Thaxt.　聚雄菌属

Systremma Theiss. et Syd.　类座囊菌属

Taphridium Lagerh. et Juel　外球囊菌属

Taphrina Fr.　外囊菌属

Terfezia (Tul.) Tul.　地菇属

Torrendiella Boud. et Torrend　小托雷菌属

Trabutia Sacc. et Roum.　棒球壳属

Trematosphaerella Kirschst.　小陷壳属

Trematosphaeria Fuck.　陷球壳属

Trichocladia (De Bary) Neger　束丝菌属

Trichosporon Behrend　丝孢酵母属

Tuber Micheli. ex Fr.　块菌属

Tympanis Tode　芽孢盘菌属

Typhulochaeta Ito et Hara　棒丝壳属

Uncinula Lév.　钩丝壳属

Uncinuliella Zheng et Chen　小钩丝壳属

Uncinulopsis Saw.　拟钩丝壳属

Ustilaginoidea Brefeld　绿核菌属

Ustulina Tul.　焦壳菌属

Valsa Fr.　黑腐皮壳属

Valsella Fuckel　小黑腐皮壳属

Venturia Sacc.　黑星菌属

Vibrissea Fr.　线孢水盘菌属

Xylaria Hill ex Grev.　炭角菌属

Xylobotryum Pat.　木葡萄壳属

Zignoella Sacc.　漆球壳属

3.4　担子菌 Basidiomycota

Abortiporus Murr.　残孔菌属

Acarocybella M. B. Ellis　顶棒孔孢属

Achrotelium Syd.　无色锈菌属

Aecidium Pers.　锈孢锈菌属

Alveolaria Lagerh.　蜂窝锈菌属

Anomoporia Pozar.　变孔菌属

Anthomyces Diet.　花锈菌属

Anthomycetella Syd. ex P. Syd.　小花锈

菌属

Anthracoidea Bref.　炭黑粉菌属

Antrodia Donk.　薄孔菌属

Aplopsora Mains　裸栅锈菌属

Apra Henn. et Freire　双长孢锈菌属

Armillaria（Fr.）Staude　蜜环菌属

Armillariella（P. Karst.）P. Karst.　假蜜环菌属

Arthuria H. S. Jacks.　拟金锈菌属

Arthuriomyces Cumm. et Hirats.　阿苏锈菌属

Atelocauda Arth. et Cumm.　顶尾锈菌属

Athelia Pers.　阿太菌属

Auricularia Bull. ex Mer.　木耳属

Auriporia Ryvarden　黄孔菌属

Baeodromus Arth.　棕粉锈菌属

Bjerkandera Karst.　黑（烟）管菌属

Blastospora Diet.　芽孢锈菌属

Boletus Dill. ex Fr.　牛肝菌属

Botryorhiza Whet. et Olive　穗根锈菌属

Burrillia Setch.　裸球孢黑粉菌属

Caeoma Link　裸孢锈菌属

Ceratobasidium Rogers　角（喙）担菌属

Ceriporia Donk　蜡质菌属

Ceriporiopsis Domanski　拟蜡菌属

Ceropsora Bakshi et Singh　蜡壳锈菌属

Cerotelium Arth.　蜡锈菌属

Cerrena Mich.　齿毛菌属

Chaconia Juel　共基锈菌属

Chardoniella F. Kern　假柄柱锈菌属

Chrysella Syd.　金柄锈菌属

Chrysocelis Lagerh. et Diet.　黄锈菌属

Chrysocyclus Syd.　金环锈菌属

Chrysomyxa Ung.　金锈菌属

Chrysopsora Lagerh.　金孢锈菌属

Cintractia Cornu　核黑粉菌属

Cintractiella Boed.　柱堆黑粉菌属

Cintractiomyxa Golovin　黏核黑粉菌属

Cionothrix Arth.　弯毛柱锈菌属

Cleptomyces Arth.　拟毡锈菌属

Clitocybe（Fr.）Kumm.　杯伞（菌）属

Coleopuccinia Pat.　鞘柄锈菌属

Coleosporium Lév.　鞘锈菌属

Climacocystis Kotlaba et Pouzar　梯间囊孔菌属

Corbulopsora Cumm.　栅被锈菌属

Coriolus Quel.　革盖菌属

Corticium Pers. ex Fr.　伏革菌属

Crinipellis Singer　毛皮伞菌属

Cronartium Fr.　柱锈菌属

Crossopsora Syd.　桶孢锈菌属

Cumminsiella Arth.　拟柄锈菌属

Cumminsina Petr.　卡明斯菌属

Cystomyces Syd.　囊孢锈菌属

Daedalea Pers. ex Fr.　迷孔菌属

Daedaleopsis Schröt. et Donk　拟迷孔菌属

Dasturella Mundk. et Khesw.　垫锈菌属

Dasyspora Berk. et Curt.　粗毛孢锈菌属

Dermatosorus Saw.　皮堆黑粉菌属

Desmella Syd.　束柄锈菌属

Diabole Arth.　对孢锈菌属

Dicheirinia Arth.　伴孢疣锈菌属

Didymopsora Diet.　双胞柱锈菌属

Didymopsorella Thirum.　胶双胞锈菌属

Dietelia Henn.　被链孢锈菌属

Diorchidiella Lindq.　小伴孢锈菌属

Diorchidium Kalchbr.　伴孢锈菌属

Diplomitoporus Domanski　二丝孔菌属

Dipyxis Cumm. et Baxt.　肾夏孢锈菌属

Doassansia Cornu　实球黑粉菌属

Doassansiopsis（Setch.）Diet.　虚球黑粉菌属

Edythea Jacks.　聚柄锈菌属

Endocronartium Hirats.　内柱锈菌属

Endophyllum Lév.　内锈菌属

Entorrhiza Weber　根肿黑粉菌属

Entyloma de Bary　叶黑粉菌属

Exobasidium Woron.　外担菌属

Farysia Racib.　丝黑粉菌属

Favolus Fr.　棱孔菌属

Funalia Pat.　粗毛盖菌属

Fomes（Fr.）Kickx　层孔菌属

Fomitopsis Karst.　拟层孔菌属

Franzpetrakia Thirum. et Pavgi　皮特黑粉菌属

Fromeëlla Cumm. et Hirats.　小串锈菌属

Frommea Arth.　串胞锈菌属

Gambleola Mass.　柱双胞锈菌属

Ganoderma Karst.　灵芝属

Geoglossum Pers.　地舌菌属

Gerwasia Racib.　卷丝锈菌属

Gloeoporus Mont.　胶孔菌

Glomosporium Koch　球孢黑粉菌属

Goplana Racib.　拟鞘锈菌属

Graphiola Poiteau　粉座菌属

Gymnoconia Lagerh.　裸双胞锈菌属

Gymnosporangium Hedw. ex DC.　胶锈菌属

Hamaspora Köm.　戟孢锈菌属

Hapalophragmium Syd.　品字锈菌属

Helicobasidium Pat.　卷担菌属

Hemileia Berk. et Br.　驼孢锈菌属

Hericium Pers. ex Gray　猴头菌属

Heterobasidion Bref.　异担子菌属

Heterochaete Pat.　刺皮菌属

Hexagonia Poll ex Fr.　蜂窝菌属

Hiratsukamyces Thirum. et al.　平塚锈菌属

Hirschioporus Donk　囊孔菌属

Hyalopsora Magn.　明痂锈菌属

Hymenochaete Lév.　刺革菌属

Hypochnus Fr.　白绢革菌属

Joerstadia Gjaer. et Cumm.　越锈菌属

Kernella Thirum.　柄柱锈菌属

Kernkampella Rajen.　间孢伞锈菌属

Kuehneola Magn.　不眠多胞锈菌属

Kuntzeomyces Henn. ex Sacc. et P. Syd.　胶膜黑粉菌属

Kweilingia Teng　桂林锈菌属

Lachnellula Karsten　毛杯菌属

Laetiporus Murr.　炯孔菌属

Lampteromyces Sing.　亮耳菌属

Lenzites Fr.　革裥菌属

Leotia Pers.　锤舌菌属

Leucotelium Tranz.　白双胞锈菌属

Lipocystis Cumm.　唇囊锈菌属

Liroa Cif.　利罗黑粉菌属

Macruropyxis Azbu.　筛孔锈菌属

Marasmiellus Murr.　微皮伞属

Marasmius Fr.　小皮伞属

Maravalia Arth.　不眠单胞锈菌属

Masseeella Diet.　胶堆锈菌属

Melampsora Cast.　栅锈菌属

Melampsorella Schröt.　小栅锈菌属

Melampsoridium Kleb.　长栅锈菌属

Melanopsichium Beck　瘤黑粉菌属

Melanotaenium de Bary　黑斑黑粉菌属

Merulius Fr.　干朽菌属

Microporus Beauv. ex Kuntze　小孔菌属

Mikronegeria Diet.　密锈菌属

Milesina Magn.　迈尔锈菌属

Miyagia Miyabe ex Syd.　壳堆锈菌属

Moesziomyces Vánky　莫氏黑粉菌属

Monosporidium Barcl.　单（孢）锈菌属 ［孤孢锈菌属］

Mundkurella Thirum.　异孢黑粉菌属

Mycosyrinx Beck　蛤孢黑粉菌属

Narasimhania Thirum. et Pavgi　网孢黑粉菌属

Neovossia Körm.　尾孢黑粉菌属

Newinia Thaung　双壁串锈菌属

Nothoravenelia Diet.　假伞锈菌属

Nyssopsora Arth.　花孢锈菌属

Ochropsora Diet.　赭痂锈菌属

Oligoporus Bref.　褐腐干酪菌属

Olivea Arth.　榄孢锈菌属

Orphanomyces Savile　独黑粉菌属

Oxyporus Donk　锐孔菌属

Pellicularia Cooke　薄膜革菌属

Perenniporia Murrill　多年卧孔菌属

Pericladium Pass.　枝生黑粉菌属

Peridermium (Link) Schmidt et Kunze 被孢锈菌属

Phaeolus Pat.　暗孔菌属

Phakopsora Diet.　层锈菌属

Phellinus Quel.　木层孔菌属

Phragmidiella Henn.　小多胞锈菌属

Phragmidium Link　多胞锈菌属

Phragmopyxis Diet.　湿多胞锈菌属

Physopella Arth.　壳锈菌属

Pileolaria Cast.　帽孢锈菌属

Piptoporus Karst.　滴孔菌属

Planetella Savile　环带黑粉菌属

Polioma Arth.　灰孢锈菌属

Poliotelium Syd.　灰冬锈菌属

Polyporus (Mich.) Fr. ex Fr.　多孔菌属

Polysaccopsis Henn.　腔黑粉菌属

Poria Pers. ex Gray　卧孔菌属

Porotenus Viégas　顶孔柄锈菌属

Prospodium Arth.　原孢锈菌属

Puccinia Pers.　柄锈菌属

Pucciniastrum Otth　膨痂锈菌属

Pucciniosira Lagerh.　链柄锈菌属

Pucciniostele Tranz. et Kom.　两型锈菌属

Pycnoporus Karst.　密孔菌属

Ravenelia Berk.　伞锈菌属

Rigidoporus Murr.　硬孔菌属

Roestelia Rebent.　角锈孢锈菌属

Schizonella Schröt.　裂孢黑粉菌属

Schizophyllum Fr.　裂褶菌属

Septobasidium Pat.　隔担耳属

Skeletocutis Kotlaba et Pouzar　干皮菌属

Skierka Racib.　角孢柱锈菌属

Sorataea Syd.　梭拉锈菌属

Sorosphaera Schröt.　链球壶菌属

Sorosporium Rud.　团黑粉菌属

Sphacelotheca de Bary　轴黑粉菌属

Sphaerophragmium Magn.　球锈菌属

Sphenospora Diet.　双楔孢锈菌属

Spongipellis Pat.　绵皮孔菌属

Sporisorium Ehrenb. ex Link　孢堆黑粉菌属

Spumula Mains　沫锈菌属

Stereostratum Magn.　硬层锈菌属

Stereum Pers. ex Gray　韧革菌属

Teloconia Syd.　粉孢锈菌属

Testicularia Klotz.　黏膜黑粉菌属

Thanatephorus Donk　亡革菌属

Thecaphora Fingerh.　楔孢黑粉菌属

Thekopsora Magn.　盖痂锈菌属

Thelephora Ehrh. ex Fr.　革菌属

Tilletia Tul.　腥黑粉菌属

Tolyposporella Atk.　层壁黑粉菌属

Tolyposporium Woron.　亚团黑粉菌属［褶孢黑粉菌属］

Trachyspora Fuck.　糙孢锈菌属

Tracya Syd.　栅孢黑粉菌属

Trametes Fr.　栓菌属

Tranzschelia Arth.　瘤双胞锈菌属

Trichaptum Murrill　附毛孔菌属

Trichopsora Lagerh.　毛孢锈菌属

Triphragmiopsis Naum.　拟三胞锈菌属

Triphragmium Link　三胞锈菌属

Typhula (Pers.) Fr.　核瑚菌属

Tyromyces Karst.　干酪菌属

Uredinopsis Magn.　拟夏孢锈菌属

Uredo Pers.　夏孢锈菌属

Uredopeltis Henn　盾锈菌属

Urocystis Rabenh. ex Fuck.　条黑粉菌属

Uromyces (Link) Ung.　单胞锈菌属

Uromycladium McAlp.　枝柄锈菌属

Uropyxis Schröt.　肥柄锈菌属

Ustacystis Zund.　褐双胞黑粉菌属

Ustilago (Pers.) Rouss.　黑粉菌属

Wrightoporia Pouzar　饰孢卧孔菌属

Xenodochus Schlecht.　拟多胞锈菌属

Xenostele Syd.　短柱锈菌属

Ypsilospora Cumm.　丫孢锈菌属

Zaghouania Pat.　基孔单胞锈菌属

3.5　半知菌 Anamorphic fungi

Acarocybe Syd.　色孢属

Acremoniella Sacc.　小枝顶孢属

Acremonium Link　枝顶孢属

Acroconidiella Lindq. et Alippi　小顶分孢属

Acroconidiellina M. B. Ellis　亚小顶分孢属

Acrocylindrium Bonord.　顶柱霉属

Acrodictys Ellis et Halst.　顶格孢属

Acrodontium de Hoog　端单胞属

Acrogenospora M. B. Ellis　顶环单胞属

Acrophragmis Kiffer et Reisinger　顶环多胞属

Acrostalagmus Corda　笋顶孢属

Acrostaurus Deighton et Piroz.　端星孢属

Actinocladium Ehrenb.　星枝孢属

Actinonema Fr.　放线孢属

Actinospora Ingold　星孢属

Actinothyrium Kunze　射线盾壳孢属

Acumispora Matsush.　尖孢属

Aegerita Persoon　虫座孢属

Agaricodochium Liu, Wei et Fan　蘑菇座属

Agyriella Sacc.　小瘤瓶孢属

Agyriellopsis Höhn.　瘤裂壳孢属

Ahmadia Syd.　艾氏盘孢属

Ajrekarella Kamat et Kalani　基毛盘孢属

Akanthomyces Lebert　阿坎苏虫霉属

Alatospora Ingold　翅孢属

Albosynnema Morris　白束梗孢属

Aleurisma Link　粉落霉属

Allantophomoides Wei et Zhang　类腊肠茎点霉属

Allantophomopsis Petr.　拟腊肠孢茎点霉属

Alternaria Nees　链格孢属

Amastigis Clem. et Shear　并柱霉属

Amblyosporium Fresen.　桶孢属

Amerosporium Speg.　壳单孢属

Ampelomyces Ces ex Schlecht　白粉寄生孢属

Ancylospora Sawada　曲孢属

Anthina Fr.　花核霉属

Aphanocladium Gams　蛛网枝霉属

Apiosporium Kunze　梨形孢属

Arthrobotrys Corda　节丛孢属

Arthrobotryum Ces.　笔束霉属

Aschersonia Mont.　座壳孢属

Ascochyta Lib.　壳二胞属

Aspergillus (Mich) Link　曲霉属

Asporomyces Chaborski　无孢酵母属

Asterosporium Kunze　星盘孢属

Aureobasidium Viala et Boyer　金担霉属

Beauveria Vuill.　白僵菌属

Bipolaris Shoem.　平脐蠕孢属（斋脐蠕孢属）

Blastodendrion Cif. et Red　芽枝酵母属

Blastomyces Costantin et Rolland　芽酵母属

Botryodiplodia (Sacc.) Sacc.　球色单隔孢属

Botryosporium Corda　葡孢霉属

Botrytis Pers. ex Fr.　葡萄孢属

Brachysporium Sacc.　短蠕孢属

Camarosporium Schulz　壳格孢属

Cephalosporium Corda　头孢属

Cephalothecium Corda　复端孢属

Cephalotrichum Link　细基束梗孢属

Cercoseptoria Petr.　盘尾孢属

Cercospora Fres.　尾孢属

Cercosporella Sacc.　小尾孢属

Cercosporidium Earle　短胖孢属

Cerebella Ces.　脑形霉属

Chaetostroma Corda　刺座孢属

Chlorocyphella Speg.　杯壳孢属

Chondroplea Kleb　疡壳孢属

Cicinnobolus Ehrenb　白粉寄生菌属

Citromyces Wehmer　橘霉属

Cladosporium Link　枝孢属

Cladotrichum Corda　毛枝孢属

Clasterosporium Schweinitz　刀孢属

Clathrococcum Höhn. 格球孢属

Colletogleum Patrak 黏盘孢属

Colletotrichum Corda 炭疽菌属（毛盘孢属）

Coniosporium Link 假黑粉霉属

Coniothecium Corda 镶孢霉属

Coniothyrium Corda 盾壳霉属

Cordana Preuss 暗双孢属

Corynespora Guss. 棒孢属

Coryneum Nees ex Schw. 棒盘孢属

Cryptosphaeria Ces. et de Not 隐球壳孢属

Cryptosporiopsis Bub. et Kabat 拟隐壳孢属

Cryptostictis Fuckel 隐点霉属

Curvidigitus Sawada 弯指孢属

Curvularia Boed. 弯孢属

Cylindrocarpon Wollenw. 柱孢属

Cylindrocladiella Boesew. 小柱枝孢属

Cylindrocladium Morgan 柱枝孢属

Cylindrosporium Grev. 柱盘孢属

Cytospora Ehrenb. 壳囊孢属

Dactylaria Sacc. 顶辐孢霉属

Dactylella Grove 隔指孢属

Dactylium Nees 指孢霉属

Darluca Castagne 锈寄生孢属

Deightoniella Hughes 小窦氏霉属

Dendrodochium Bonorden 多枝瘤座霉属

Dendrophoma Sacc. 树疱霉属

Didymobotryum Sacc. 束双孢属

Didymosporium Sacc. 双孢霉属

Dilophospora Desm. 双极毛孢属

Diplodia Fr. 壳色单隔孢属

Diplodiella (Karst.) Sacc. 小壳色单隔孢属

Diplodina Westend 壳明单隔孢属

Discella Berk. et Broome 裂壳孢属

Discosia Lib. 双毛壳孢属

Discosporium Höhn. 盘梨孢属

Discula Sacc. 座盘孢属

Drechmeria Gams et Jansson 掘氏霉属

Drechslera Ito 内脐蠕孢属（德氏霉属）

Echinobotryum Corda 棘瓶孢属

Elaeodema Syd. 油盘孢属

Eleutheromyces Fuckel 伞壳孢属

Embellisia Simmons 埃里格孢属

Endoblastomyces Odinzowa 芽生多孢酵母属

Entomosporium Lév. 虫形孢属

Ephelis Fries 柱香孢属

Epicoccum Link 附球霉属

Eremascus Eidam 单囊霉属

Esteya Liou, Shih et Tzean 埃丝特霉属

Exosporium Link 外孢霉属

Exserohilum Leonard et Suggs 凸脐蠕孢属

Fulvia Ceferri 褐孢霉属

Fusariella Sacc. 小镰孢属

Fusarium Link 镰孢属（镰刀菌属）

Fusicladium Bonorden 黑星孢属

Fusicoccum Corda 壳梭孢属

Fusidium Link 梭链孢属

Fusoma Corda 假镰孢属

Geotrichum Link 地霉属

Gerlachia Gams 格氏霉属

Gibbago Simmons 顶苗格孢属

Gliocladium Corda 黏帚霉属

Gliomastix Guég. 黏鞭霉属

Gloeocercospora Bain et Edg ex Deighton 胶尾孢属

Gloeodes Colby 黏壳孢属

Gloeosporium Desm. 盘长孢属

Gonytrichum Nees et T. Nees 膝梗孢属

Graphium Cord 黏束孢属

Greeneria Scribner et Viala 盘梭孢属

Hadronema Syd. 线孢霉属

Hadrotrichum Fuckel 粗毛座霉属

Haplosporella Speg. 小单孢属

Haptocara Drechsler 紧头霉属

Haptoglossa Drechsler 黏舌孢属

Harposporium Lohde 钩丝孢属

Helicoceras Linder 卷角霉属

Helminthosporium Link ex Fr.　长蠕孢属

Hendersonia Sacc.　壳蠕孢属

Hetersporium Kl. ex Cooke　瘤蠕孢属

Hirsutella Pat.　被毛孢属

Hormiscium Kunze　索链孢属

Hyalostachybotrys Sriniv.　透孢霉属

Hyalothyridium Tassi　透斑菌属

Hymenella Fries　膜座霉属

Hymenopsis Sacc.　拟膜菌属

Isaria Fries.　棒束孢属

Isariopsis Fresen.　拟棒束孢属

Itersonilia Derx.　锁霉属

Kabatia Bubák　壳镰孢属

Kabatiella Bubák　球梗孢属

Labridium Vestergr.　壳毛孢属

Lasiodiplodia Ellis et Everh.　毛色二孢属

Leptomelanconium Petrak　线黑盘孢属

Leptostroma Fr.　半壳孢属

Leptostromella (Sacc.) Sacc.　小半壳孢属

Libertella Desm.　盘针孢属

Linochora Höhn.　壳线孢属

Macrophoma (Sacc.) Berl. et Voglino　大茎点菌属

Macrophomina Petrak　壳球孢属

Macrosporium Fries　格孢属

Marielliottia Shoem.　卵蠕孢属

Marssonina Magnus　盘二孢属

Matula Massee　杯座壳菌属

Melanconium Link ex Fr.　黑盘孢属

Melanophoma Papendorf et du Toit　黑茎点属

Melasmia Lév　叶痣孢属

Melophia Sacc.　壳柱孢属

Meria Vuillemin　侧枝霉属

Metarhizium Sorokin　绿僵菌属

Microdiplodia Allesch.　小色二孢属

Microdochium Syd.　微座孢属

Monacrosporium Oudem.　单顶孢属

Monilia Bonord.　丛梗孢属

Moniliophthora Evans et al.　链疫孢属

Monilochaetes Halst. ex Harter　毛链孢属

Monoceras Guba　单角霉属

Monochaetia (Sacc.) Allesch.　盘单毛孢属

Monodictys Hughes　单格孢属

Monostichella Höhn　单排孢属

Multipatina Sawada　多皿菌属

Mycocentrospora Deighton　菌刺孢(中心孢)属

Mycoenterolobrum Goos　扇格孢属

Mycogone Link　疣孢霉属

Mycokluyveria Cif. et Redaelli　假克酵母属

Mycovellosiella Rangel　菌绒孢属

Myrothecium Tode ex Link　漆斑菌属

Myxosporella Sacc.　小黏盘瓶孢属

Myxosporium Link　黏盘瓶孢属

Nakataea Hara　双曲孢属

Napicladium Thüm.　短梗霉属

Nematoctonus Drechsler　毒虫霉属

Nigrospora Zimmerman　黑孢属

Nimbya Simmons　假格孢属

Nothopatella Sacc.　座壳霉属

Oidiopsis Scalia　拟粉孢属

Oidium Link　粉孢属

Oncopodiella Arnaud ex Rifai　突角孢属

Oncopodium Sacc.　囊梗孢属

Oospora Wallr.　卵孢属

Oosporidium Stautz　卵孢酵母属

Ophiosporella Petr.　盘蛇孢属

Ovularia Sacc.　小卵孢属

Ovulariopsis Patouillard et Hariot　拟小卵孢属

Ozonium Link　束丝孢属

Paecilomyces Bainier　拟青霉属

Papularia Fr.　阜孢属

Papulaspora Preuss　丝葚霉属

Passalora Fr.　钉孢霉属

Penicillium Link　青霉属

Periconia Tode　黑团孢属

Pestalotia de Not.　盘多毛孢属

Pestalotiopsis Stey.　拟盘多毛孢属

Pestalozziella Sacc. et Ellis ex Sacc.　小盘多毛孢属

Phaeocytostroma Petrak　暗色座腔孢属

Phaeoisariopsis Ferraris　褐柱丝霉属

Phaeomonostichella Keissl. ex Petr.　褐单列盘孢属

Phaeoramularia Munt. Cvetk　色链隔孢属

Phaeoseptoria Speg.　壳褐针孢属

Phloeospora Wallr.　壳丰孢属

Phloeosporella Höhn.　小壳丰孢属

Phoma Sacc.　茎点霉属

Phomopsis(Sacc.) Bub.　拟茎点霉属

Phragmotrichum Kunze　多隔腔孢属

Phyllosticta Pers.　叶点霉属

Phyllostictina Syd. et P. Syd.　拟叶点霉属

Phymatotrichopsis Hennebert　拟瘤梗孢属

Phymatotrichum Bonord.　瘤梗孢属

Piptarthron Mont. ex Höhn　壳柱霉属

Piricauda Bubák　梨尾格孢属

Pithomyces Berk. et Br.　皮斯霉属

Pityosporum Sabour　瓶形酵母属

Plenophysa Syd. et P. Syd.　丰壳霉属

Plenotrichum Syd.　多毛霉属

Podosporiella Ell. et Ev.　小尾束霉属

Podosporium Schwein.　束柄霉属

Polyspora Laff.　多孢霉属

Polystigmina Sacc.　多点霉属

Polythrincium Kunze　浪梗霉属

Prosthemiella Sacc.　壳附霉属

Pseuderiospora Keissl.　假皮盘孢属

Pseudocercospora Speg.　假尾孢属

Pseudocercosporella Dei　假小尾孢属

Pseudolachnea Ranoj.　假毛壳孢属

Pseudolachnella Teng　假小毛壳孢属

Pseudoseptoria Speg.　假壳针孢属

Pseudotorula Subram.　假色串孢属

Pycnostysanus Lindau　密束硬孢属

Pyrenochaeta de Not　棘壳孢属

Pyricularia Sacc. (= Piricularia)　梨孢属

Radiciseta Saw. et Kats.　根毛孢属

Ramularia Ung　柱隔孢属

Ramulispora Miura　座枝孢属

Rhizoctonia de Candolle　丝核菌属

Rhizosphaera Mangin et Hariot　根球孢属

Rhynchosporium Heinsen ex Frank　喙孢属

Robillarda Sacc.　三毛孢属

Sarcinella Sacc.　束格孢属

Sarocladium Gams et Hawksworth　帚枝杆孢属

Schizoblastosporion Cif.　裂芽酵母属

Sclerophoma Höhn　核茎点霉属

Sclerotium Tode　小核菌属

Scolicotrichum Kunze　单隔孢属

Scopulariopsis Bain　帚霉属

Seimatosporium Corda　盘双端毛孢属

Seiridium Nees　盘色梭孢属

Selenophoma Maire　壳月孢属

Selenotila Lagerh.　新月酵母属

Septocylindrium Bon. ex Sacc.　柱隔霉属

Septocytella Syd.　腔座霉属

Septogloeum Sacc.　黏隔孢属

Septoria Sacc.　壳针孢属

Shearia Petr.　弹壳孢属

Sirosphaera Syd. et P. Syd.　陷球壳孢属

Sirosporium Bubák et Serebrianikow　旋孢霉属

Spegazzinia Sacc.　斯氏格孢属

Sphacelia Léveille　密孢霉属

Sphaceloma de Bary　痂圆孢属

Sphaerellopsis Cke.　锈寄生孢属

Sphaeropsis Sacc.　球壳孢属

Spilocaea Fr. ex Fr.　环黑星霉属

Spondylocladium Mart. ex Sacc.　椎枝孢属

Sporidesmium Link　葚孢属

Sporocybe Fr.　锤束孢属

Sporoschisma Berk. et Broome　裂孢［霉］属

Sporotrichum Link　侧孢［霉］属

Stachybotrys Corda　葡萄穗霉属

Stagonospora (Sacc.) Sacc.　壳多孢属

Stegonsporium Corda　盘砖格孢属

Stemphylium Wallr.　匍柄霉属

Stenocarpella Syd. et P. Syd.　狭壳柱孢属

Sterigmatocysitis Cram　拟曲霉属

Sterigmatomyces Fell　梗孢酵母属

Stichospora Petr.　壳排孢属

Stigmella Lév.　小黑梨孢属

Tetraploa Berk. et Br.　四绺孢属

Thielaviopsis Went　根串珠霉属

Tilachlidium Preuss　多头束霉属

Torula Pers.　色串孢属

Torulopsis Berl.　球拟酵母属

Trichoconis Clem.　毛锥孢属

Trichoderma Persoon　木霉属

Trichosporon Behrend　丝孢酵母属

Trichothecium Link　单端孢属

Trichurus Clem.　毛束霉属

Triglyphium Fres.　三雕孢属

Trigonopsis Schachn.　三角酵母属

Trimmatostroma Corda　粉粒座孢属

Truncatella Steyaert　截盘多孢属

Tubercularia Tode.　瘤座孢属

Tuberculina Tode ex Sacc.　锈生座孢属

Ulocladium Preuss　细基格孢属

Verticillium Nees　轮枝孢属

Virgaria Nees　权枝霉属

Volutella Tode ex Fr.　周毛座霉属

Zythia Fr.　鲜壳孢属

4. 原核生物域细菌界（Bacteria）的植物病原主要类属［B］

4.1　厚壁菌门 Firmicutes

Arthrobacter Conn et Dimmick　节杆菌属

Bacillus Cohn　芽孢杆菌属

Clavibacter Davis, Gillaspie et al.　棒形杆菌属

Clostridium Prazmowski　梭菌属

Corynebacterium Lehmann et Neumann　棒状杆菌属

Curtobacterium Yamada et Komagata　短小杆菌属

Leifsonia Evtushenko et al.　赖夫生氏菌属

Rathayibacter Zgurskaya, et al.　拉塞氏杆菌属

Rhodococcus Zopf　红球菌属

Streptomyces Waksman et Henrieci　链霉菌属

4.2　薄壁菌门 Gracilicutes

Acetobacter Beijerimck　醋杆菌属

Acidovorax Willems et al.　噬酸菌属

Agrobacterium Conn　土壤杆菌属

Alcaligenes Castellani et Chalmes　产碱菌属

Azorhizobium Dreyfus et al.　固氮根瘤菌属

Azotobacter Beijerinck　固氮菌属

Bradyrhizobium Jordan　慢生根瘤菌属

Brenneria Hauben et al.　布伦尼氏菌属

Burkholderia Yabuuchi, Kosako, Oyaizu et al.　伯克氏菌属

Candidatus Xiphinematobacter Vandeckerckhove et al.　剑线虫杆菌属

Comamonas de Vos et al.　丛毛单胞菌属

Enterobacter Hormaeche et Edwards　肠杆菌属

Erwinia Winslow et al.　欧文氏菌属

Escherichia Castellani et Chalmers　埃希氏杆菌属

Gluconobacter Asai 葡糖杆菌属

Herbaspirillum Baldani et al. 草本螺菌属

Janthinobacterium De Ley et al. 紫色杆菌属

Lysobacter Christensen et Cook 溶解杆菌属

Lyticum(Preer et al.)Preer et Preer 溶菌属

Microbacterium Orla-Jensen 微杆菌属

Nocardia Trevisan 诺卡氏菌属

Pantoea Gavini et al. 泛菌属

Pectobacterium Waldee 果胶杆菌属

Phyllobacterium Knosel 叶杆菌属

Proteus Hauser 变形菌属

Pseudomonas Migula 假单胞菌属

Ralstonia Yabuuchi et al. 劳尔氏菌属

Rhizobacter Goto et Kuwata 根杆菌属

Rhizobium Frank 根瘤菌属

Rhizomonas van Bruggen, Jochimsen et Brown 根单胞菌属

Salmonella Lignieres 沙门氏菌属

Samsonia Sutra et al. 萨姆氏菌属

Serratia Bizio 沙雷氏菌属

Sinorhizobium Chen, Yan et al. 中华根瘤菌属

Sphingomonas Yabuuchi et al. 鞘氨醇单胞菌属

Staphylococcus Rosenbach 葡萄球菌属

Stenotrophomonas Palleroni et Bradbury 寡养单胞菌属

Xanthobacter Wiegel et al. 黄色杆菌属

Xanthomonas Dowson 黄单胞菌属

Xylella Wells, Raju, Hung et al. 木质部小菌属

Xylophilus Willems, Gillis, Kersters, et al. 嗜木质菌属

4.3 软壁菌门 Tenericutes

Spiroplasma Sagllio, Hospital, Lafleche et al. 螺原体属

Candidatus Liberibacter Jagoueix et al. 韧皮层杆菌属

Candidatus Phlomobacter Zreik et al. 韧皮部杆菌属

Candidatus Phytoplasma Firrao et al. 植原体属

5. 病毒界（Virus）植物病原的主要类群［V］

5.1 DNA 病毒

dsDNA 病毒

Badnavirus 杆状 DNA 病毒属

Caulimoviridae 花椰菜花叶病毒科

Caulimovirus 花椰菜花叶病毒属

Cavemovirus 木薯脉花叶病毒属

Petuvirus 碧冬茄病毒属

Soymovirus 大豆斑驳病毒属

Tungrovirus 东格鲁杆状病毒属

ssDNA 病毒

Babuvirus 香蕉束顶病毒属

Begomovirus 菜豆金色花叶病毒属

Curtovirus 曲顶病毒属

Geminiviridae 双生病毒科

Geminivirus 双生病毒属

Mastrevirus 玉米线条病毒属

Nanoviridae 矮缩病毒科

Nanovirus 矮缩病毒属

Topocuvirus 番茄伪曲顶病毒属

5.2 RNA 病毒

dsRNA 病毒

Alphacryptovirus α 隐潜病毒属

Betacryptovirus β 隐潜病毒属

Endornavirus 内源 RNA 病毒属

Fijivirus 斐济病毒属

Oryzavirus 水稻病毒属

Partitiviridae 双分病毒科

Phytoreovirus 植物呼肠孤病毒属

Reoviridae 呼肠孤病毒科

ssRNA 病毒

Alfamovirus 苜蓿花叶病毒属

Allexivirus 青葱 X 病毒属

Ampelovirus 葡萄卷叶病毒属

Aureusvirus	绿萝病毒属	*Nepovirus*	线虫传多面体病毒属
Avenavirus	燕麦病毒属	*Nucleorhabdovirus*	细胞核弹状病毒属
Barnavirus	杆菌状 RNA 病毒属	*Oleavirus*	油橄榄病毒属
Benyvirus	甜菜坏死黄脉病毒属	*Ophiovirus*	蛇形病毒属
Bromoviridae	雀麦花叶病毒科	*Ourmiavirus*	欧尔密病毒属
Bromovirus	雀麦花叶病毒属	*Panicovirus*	黍病毒属
Bunyaviridae	布尼亚病毒科	*Pecluvirus*	花生丛簇病毒属
Bymovirus	大麦黄花叶病毒属	*Petuvirus*	碧冬茄病毒属
Capillovirus	发形(样)病毒属	*Polerovirus*	马铃薯卷叶病毒属
Carlavirus	香石竹潜隐病毒属	*Pomovirus*	马铃薯帚顶病毒属
Carmovirus	香石竹斑驳病毒属	*Potexvirus*	马铃薯 X 病毒属
Cavemovirus	木薯脉花叶病毒属	Potyviridae	马铃薯 Y 病毒科
Cheravirus	樱桃锉叶病毒属	*Potyvirus*	马铃薯 Y 病毒属
Closteroviridae	长线形病毒科	Rhabdoviridae	弹状病毒科
Closterovirus	长线形病毒属	Pseudoviridae	伪病毒科
Comoviridae	豇豆花叶病毒科	*Pseudovirus*	伪病毒属
Comovirus	豇豆花叶病毒属	*Rymovirus*	黑麦草花叶病毒属
Crinivirus	毛形病毒属	*Sadwavirus*	蜜橘矮缩病毒属
Cucumovirus	黄瓜花叶病毒属	Sequiviridae	伴生病毒科
Cytorhabdovirus	细胞质弹状病毒属	*Sequivirus*	伴生病毒属
Dianthovirus	香石竹环斑病毒属	*Sirevirus*	塞尔病毒属
Enamovirus	耳突花叶病毒属	*Sobemovirus*	南方菜豆花叶病毒属
Fabavirus	蚕豆病毒属	*Soymovirus*	大豆斑驳病毒属
Flexiviridae	曲线形病毒科	*Tenuivirus*	纤细病毒属
Foveavirus	凹陷病毒属	*Tobamovirus*	烟草花叶病毒属
Furovirus	真菌传杆状病毒属	*Tobravirus*	烟草脆裂病毒属
Hordeivirus	大麦病毒属	Tombusviridae	番茄丛矮病毒科
Idaeovirus	悬钩子病毒属	*Tombusvirus*	番茄丛矮病毒属
Ilarvirus	等轴不稳环斑病毒属	*Tospovirus*	番茄斑萎病毒属
Ipomovirus	甘薯病毒属	*Trichovirus*	纤毛病毒属
Luteoviridae	黄症病毒科	*Tritimovirus*	小麦花叶病毒属
Luteovirus	黄症病毒属	*Tungrovirus*	东格鲁病毒属
Machlomovirus	玉米褪绿斑驳病毒属	Tymoviridae	芜菁黄花叶病毒科
Macluravirus	柘橙病毒属	*Tymovirus*	芜菁黄花叶病毒属
Maculavirus	葡萄斑点病毒属	*Umbravirus*	形影(幽影)病毒属
Mandarivirus	印度柑橘病毒属	*Varicosavirus*	巨脉病毒属
Marafivirus	玉米细条(雷亚朵非纳)病毒属	*Vitivirus*	葡萄病毒属
Metaviridae	转座病毒科	*Waikavirus*	水稻矮化病毒属
Metavirus	转座病毒属	**5.3 亚病毒 Subvirus**	
Necrovirus	坏死病毒属	Viroid 类病毒	
		Apscaviroid	苹果锈果类病毒属

Avsunviroid 鳄梨日斑类病毒属

Avsunviroidae 鳄梨日斑类病毒科

Cocadviroid 椰子死亡类病毒属

Coleviroid 锦紫苏类病毒属

Hostuviroid 啤酒花矮化类病毒属

Pelamoviroid 桃潜隐花叶类病毒属

Pospiviroid 马铃薯纺锤形块茎类病毒属

Pospiviroidae 马铃薯纺锤形块茎类病毒科

Tobacco necrosis satellite virus-like 烟草坏死卫星病毒亚组

Satellite DNA 卫星 DNA

Prion 朊病毒

6. 动物界［Animalia］（线虫［N］）的植物病原主要类属

Colomerus Newkrik et Keifer 缺节瘿螨属

Eriophyes Siebold 瘿螨属

6.1 线虫门侧尾腺口纲 Secernentea

垫刃目 Tylenchida

Afenestrata Baldwin et Bell 无膜孔（异皮）线虫属

Afrina Brzeski 锉皮线虫属

Aglenchus Siddiqi et Khan 粗纹膜垫线虫属

Amplimerlinius Siddiqi 宽节纹线虫属

Anguina Scopoli 粒线虫属

Aorolaimus Sher 剑咽线虫属

Atalodera Wouts et Sher 丽皮线虫属

Atetylenchus Khan 异头垫刃线虫属

Atylenchus Cobb 异垫刃线虫属

Bakernema Wu 贝克线虫属

Basiria Siddiqi 基（巴兹尔）线虫属

Basiroides Thorne et Malek 拟基线虫属

Basirolaimus Shamsi 基唇线虫属

Belonolaimus Steiner 刺线虫属

Bidera Krall et Krall 双皮线虫属

Bitylenchus Filipjev 双垫刃线虫属

Blandicephalanema Mehta et Raski 无饰线虫属

Caballeroides Chaturvedi et Khera 拟针球线虫属

Cactodera Krall et Krall 棘皮线虫属

Coslenchus Siddiqi 隐矛（纵纹盖垫刃）线虫属

Criconema Hofmanner et Menzel 环线虫属

Criconemella de Crisse et Loof 小环线虫属

Criconemoides Taylor 轮（拟环）线虫属

Cryphodera Colbaran 隐皮线虫属

Cylindrotylenchus Yang 柱垫刃线虫属

Cynipanguina Maggenti, Hart et Paxman 叶瘿线虫属

Discocriconemella de Grisse et Loof 小盘环线虫属

Ditylenchus Filipjev 茎线虫属

Dolichodera Mylvey et Ebsary 长形胞囊线虫属

Dolichodorus Cobb 锥线虫属

Dolichorhynchus Mulk et Jairajpuri 长咽线虫属

Ecphyadophora de Man 异腔线虫属

Filenchus Andrassy 丝尾垫刃（丝矛）线虫属

Geocenamus Thorne et Malek 乔森纳姆线虫属

Globodera Skarbilovich 球皮（胞囊）线虫属

Goodeyus Chitwood 古德伊线虫属

Gracilacus Raski 细小线虫属

Gymnotylenchus Siddiqi 裸垫刃线虫属

Helicotylenchus Steiner 螺旋线虫属

Hemicriconemoides Chitwood et Birchfield 半轮线虫属

Hemicycliophora de Man 鞘线虫属

Heterodera Schmidt 异皮（胞囊）线虫属

Hirschmanniella Luć et Goodey 潜根线虫属

Hoplolaimus Daday 纽带线虫属

Hypsoperine Sledge et Golden 高臀线虫

属

Ibipora Monteiro et Lordello   土居线虫属

Macrocriconema Minagawa   大环线虫属

Macroposthonia de Man   大节片线虫属

Meloidodera Chitwood, Hannon et Esser   蜜皮线虫属

Meloidoderita Poghossian   微蜜皮线虫属

Meloidogyne Goeldi   根结线虫属

Meloinema Choi et Geraert   球形线虫属

Merlinius Siddiqi   节纹线虫属

Mesodorylaimus Andrassy   间矛线虫属

Mylonchulus **Yeates**   小奇针线虫属

Nacobbodera Golden et Jensen   珠皮(假根结)线虫属

Nacobbus Thorne et Allen   珍珠线虫属(柯柏氏线虫属)

Neocrossonema Ebsary   新栉线虫属

Neoditylenchus Meyl   新茎线虫属

Neoradopholus **khan et Shakil**   新穿孔线虫属

Neotylenchus Steiner   新垫刃(拟茎)线虫属

Nothanguina Whitehead   伪粒线虫属

Nothocriconema de Grisse et Loof   伪环线虫属

Nothocriconemella Ebsary   伪小环线虫属

Notholetus Ebsary   伪亡线虫属

Nothotylenchus Thorne   伪垫刃线虫属

Ogma Southern   沟环线虫属

Orientylus Jairajpuri et Siddiqi   东方垫刃线虫属

Paralobocriconema Minagawa   异栉环线虫属

Pararotylenchus Baldwin et Bell   异盘旋线虫属

Parasitylenchoides Wachek   拟寄生线虫属

Parasitylenchus Micoletzky   寄生垫刃线虫属

Paratylenchoides Raski   异针线虫属

Paratylenchulus de Grisse   小针线虫属

Paratylenchus Micoletzky   针线虫属

Paurodontus Thorne   小齿线虫属

Postamphidelus Siddigi   后侧器线虫属

Pratylenchoides Winslow   拟短体线虫属

Pratylenchus Filipjev   短体线虫属

Psilenchus de Man   裸矛线虫属

Punctodera Mulvey et Stone   斑皮线虫属

Punctoleptus Khan   小刻点线虫属

Quinisulcius Siddiqi   五沟线虫属

Radopholoides de Guiran   拟穿孔线虫属

Radopholus Thorne   穿孔线虫属

Rotylenchoides Whitehead   拟盘旋线虫属

Rotylenchulus Linford et Oliveira   小盘旋(肾形)线虫属

Rotylenchus Filipjev   盘旋线虫属

Sarisodera Wouts et Sher   长矛胞囊线虫属

Scutellonema Andrassy   盾线虫属

Scutylenchus Farooq et Fatema   楯垫线虫属

Senegalonema Germani et al   塞内加尔线虫属

Siddiqia Khan, Chawla et Saha   西德奎线虫属

Sphaeronema Raski et Sher   球线虫属

Subanguina Paramonov   亚粒线虫属

Tetylenchus Filipjev   细垫线虫属

Trophotylenchulus Raski   小胀垫刃线虫属

Tylenchocriconema Raski et Siddiqi   垫环线虫属

Tylencholaimus Santiago et Coomans   垫咽线虫属

Tylenchorhynchus Cobb   矮化线虫属

Tylenchulus Cobb   半穿刺线虫属

Tylenchus Bastian   垫刃线虫属

Uliginotylenchus Liu et al.   沼泽线虫属

Zygotylenchus Siddiqi   接合垫刃线虫属

滑刃目 Aphelenchida

Aphelenchoides Fischer   拟滑刃线虫属

Aphelenchulus Cobb   小滑刃线虫属

Aphelenchus Bastian   滑刃线虫属

Asteroaphelenchoides Drozdovski   星拟滑刃线虫属

Bursaphelenchus Fuchs   伞滑刃线虫属

Ektaphelenchoides Baujard   外拟滑刃线虫属

Ektaphelenchus (Fuchs) Skrjabin et al.   外滑刃线虫属

Laimaphelenchus Fuchs   咽滑刃线虫属

Paraphelenchus (Micoletzky) Micoletzky   异滑刃线虫属

Paraseinura Timm   异长尾滑刃线虫属

Parasitaphelenchus Fuchs   寄生滑刃线虫属

Rhadinaphelenchus Goodey   细杆滑刃线虫属

Seinura Fuchs   长尾滑刃线虫属

6.2 无侧尾腺口纲 Adenophorea

矛线目 Dorylaimida

Allotrichodorus Rodriquez et al.   异毛刺线虫属

Cricodorylaimus Wasim, Ahmod et Sturhan   环矛线虫属

Longidorella Thorne   小长针线虫属

Longidoroides Khan, Chawla et Saha   拟长针线虫属

Longidorus (Micoletzky) Thorne et Swanger   长针线虫属

Monotrichodorus Andrassy   单毛刺线虫属

Neolongidorus Khan   新长针线虫属

Paralongidorus Siddiqi, Hooper et Khan   异长针线虫属

Paratrichodorus Siddiqi   拟毛刺线虫属

Pungentus Thorne et Swanger   螯线虫属

Trichodorus Cobb   毛刺线虫属

Xiphidorus Monteiro   剑囊线虫属

Xiphinema Cobb   剑线虫属

7. 植物界（Plantae）寄生性植物的主要类属［P］

寄生藻类——橘色藻科

Apatococcus Brand.   拟色（虚幻）球藻属

Cephaleuros Kunze   头孢藻属

Phycopeltis Mill.   叶楯藻属

Trentepohlia Mart.   橘色藻属

桑寄生科 Loranthaceae

Arceuthobium Bicb.   油杉寄生属

Dendrophthoe Mart.   五蕊寄生属

Elytranthe Bl.   大苞鞘花属

Helixanthera Lour.   离瓣寄生属

Korthalsella Van Tiegh   栗寄生属

Loranthus L.   桑寄生属

Macrosolen (Bl.) Reichb.   鞘花属

Phoradendron Nutt.   美洲槲寄生属

Scurrula L.   梨果寄生属

Taxillus Van Tiegh   钝果寄生属

Tolypanthus (Bl.) Reichb.   大苞寄生属

Viscum L.   槲寄生属

列当科 Orobanchaceae

Aeginetia L.   野菰属

Boschniakia Mey. ex Bongard   草苁蓉属

Christisonia Gardn.   假野菰属

Cistanche Hoffmg. et Link   肉苁蓉属

Gleadovia Gamble et Prain.   藨寄生属

Lathraea L.   齿鳞草属

Mannagettaea Smith   豆列当属

Orobanche L.   列当属

Phacellanthus Sieb. et Zucc.   黄筒花属

檀香科 Santalaceae

Buckleya Torr.   米面蓊属

Dendrotrophe Miq.   寄生藤属

Phacellaria Benth.   重寄生属（寄生木属）

Santalum L.   檀香属

蛇菰科 Balanophoraceae

Balanophora Forst.   蛇菰属

Rhopalocnemis Jungh.   盾片蛇菰属

菟丝子科 Cuscutaceae

Cuscuta L.   菟丝子属

樟科 Lauraceae

Cassytha L.   无根藤属

大花草科 Rafflesiaceae

Mitrastemon Makino   帽蕊草属

Sapria Griff.   寄生花属

玄参科 Scrophulariaceae

Striga Lour.   独脚金属

主要参考文献

Ainsworth G. C, Sussman A. S (eds) The Fungi (Vol. Ⅱ.) Academic Press. New York 2:
283~337. 1966

Arx V. J. A Plant Pathogenic Fungi, J. Cramer Berlin, 288 pp. 1987

CABI, EPPO Quarantine Pests for Europe (中国－欧盟农业技术中心译) 中国农业出版
社, 1996

Cavalier-Smith T. Only six kingdoms of life. Proc. R. Soc. Lond. B (2004) 271,
1251~1262

Fauquet, C. M, M. A Mayo, 2005 Virus Taxonomy (Eighth Reports of the International
Committee on Taxonomy of Viruses) [M] AP, Elsevier

Hunt D. J. Aphelenchida, Longidoridae and Trichodoridae: Their systemetics and bionom-
ics. CAB International. The University Press, Cambridge, UK, 1993

Kirk P. M, Cannon P. F, David J. C and Stalpers J. A Ainsworth et Bisby, s Dictionary of the
Fungi, Ninth Edition, CABI Bioscience, 655 pp. 2001.

Mayo M. A Changes to virus taxonomy [J]. Arch Virol, 2005, 150 (1) 189~198.

Nickle, W. R. Marcel Dekker Manual of Agricultural Nematology. Inc., New York,
USA, 1991

Siddiqi M. R. Tylenchida-Parasites of Plant and Insects. CAB International, 1986, UK

Strider D. L Diseases of Floral Crop. Vol. 1, 2, 1985

The IRPCM Phytoplasma/Spiroplasma Working Team-Phytoplasma taxonomy group 'Can-
didatus Phytoplasma', a taxon for the wall-less, non-helical prokaryotes that colonize
plant phloem and insects. IJSEM 54: 1243~1255, 2004

奥野孝夫 田中宽 木村裕等. 1978. 原色草花野菜病害虫图鉴. 保育社

白金铠. 2003. 球壳孢目(茎点霉属、叶点霉属)[中国真菌志(第十五卷)]. 北京:科学出
版社

白金铠. 2003. 球壳孢目(壳二孢,壳针孢)[中国真菌志(第十七卷)]. 北京:科学出版社

白金铠. 1997. 杂粮作物病害. 北京:农业出版社

白金铠教授论文集编委会. 2002. 白金铠教授论文集. 北京:中国农业科学技术出版社

蔡妙英,卢运玉,赵玉峰. 1996. 细菌名称(第二版). 北京:科学出版社

曹支敏,李振岐,庄剑云. 2000. 秦岭的锈菌. 菌物系统, 19(1,2)

曹支敏,杨俊秀,李振岐.1997.秦岭森林锈菌区系.菌物系统,19(2):181~192

戴芳澜.1979.中国真菌总汇.北京:科学出版社

邓叔群.1963.中国的真菌.北京:科学出版社

葛起新.1991.浙江植物病虫志(病害篇).上海科技出版社

郭兰英,刘锡琎.2003.菌绒孢,钉孢菌,色链隔孢[中国真菌志(第二十卷)].北京:科学
　出版社

郭林.1998.孢堆黑粉菌属三个新组合及中国黑粉菌补遗Ⅷ.菌物系统,17(1):1~3

郭林.1999.广西孢堆黑粉菌新种(黑粉菌目).菌物系统,18(3):234~235

郭林.2000.黑粉菌[中国真菌志(第十二卷)].北京:科学出版社

郭林,王宽仓.1992.中国黑粉菌补遗Ⅳ.真菌学报,11(4):324~325

洪健,李德葆,周雪平.2001.植物病毒分类图谱.北京:科学出版社

胡鸿钧等.1980.中国淡水藻类.上海:上海科学技术出版社

胡炎兴.1999.小煤炱目[中国真菌志(第十一卷)].北京:科学出版社

胡炎兴.1996.小煤炱目[中国真菌志(第四卷)].北京:科学出版社

黄丽丽,张管曲,康振生等.2001.果树病害图鉴.西安:西安地图出版社

姜广正.1959.中国禾本科植物上的蠕形菌.植物病理学报,V5(1):21~37

卡明斯 G.B,平塚保之(尚衍重译).1987.锈菌属图解.呼和浩特:内蒙古人民出版社

康振生.1995.植物病原真菌的超微结构.北京:中国科学技术出版社

黎尚豪,毕列爵.1998.绿藻门[中国淡水藻志(第五卷)].北京:科学出版社

李天飞,张克勤,刘杏忠.2000.食线虫菌物分类学.北京:中国科学技术出版社

李增智.2000.虫霉目[中国真菌志(第十三卷)].北京:科学出版社

刘波.1998.层腹菌,黑腹菌[中国真菌志(第七卷)].北京:科学出版社

刘波.1984.低等真菌分类与图解.北京:科学出版社

刘波.1992.银耳目,花耳目[中国真菌志(第二卷)].北京:科学出版社

刘惕若.1984.黑粉菌与黑粉病.北京:农业出版社

刘维志.2004.植物线虫学.北京:中国农业出版社

刘维志.2004.中国检疫性植物线虫.北京:中国农业科学技术出版社

刘锡琎,郭兰英.1998.假尾孢属[中国真菌志(第九卷)].北京:科学出版社

刘仲健等.1999.植原体病理学.北京:中国林业出版社

吕佩珂,段半锁,苏慧兰等.2001.中国花卉病虫原色图鉴.北京:蓝天出版社

卯晓岚,庄剑云.1997.秦岭真菌.北京:中国农业科技出版社

南志标,李春杰.1994.中国牧草真菌病害名录.草业科学,11卷增刊

戚佩坤.2000.广东果树真菌病害志.北京:中国农业出版社

戚佩坤.1994.广东省栽培药用植物真菌病害志.广州:广东科技出版社

戚佩坤,白金铠,朱桂香.1966.吉林栽培植物真菌病害志.北京:科学出版社

齐祖同.1997.曲霉菌[中国真菌志(第五卷)].北京:科学出版社

沈韫芬.1999.原生动物学.北京:科学出版社

王云章.1963.中国黑粉菌.北京:科学出版社

王云章,郭林.1985.中国胶锈菌属的分类研究.真菌学报,4(1):24~34

王云章,魏淑霞.1983.中国禾本科植物锈菌分类研究.北京:科学出版社

王云章,庄剑云.1998.锈菌目(一)[中国真菌志(第十卷)].北京:科学出版社

魏景超.1979.真菌鉴定手册.上海:上海科学技术出版社

萧刚柔.1997.拉汉英昆虫蜱螨蜘蛛线虫名称.北京:中国林业出版社

谢焕儒,曾显雄,傅春旭等.2002.台湾森林常见病害图鉴二.承峰有限公司

谢辉.2000.植物线虫分类学.合肥:安徽科学技术出版社

谢联辉,林其英,吴祖建.1999.植物病毒名称及其归属.北京:中国农业出版社

许志刚主编.2003.普通植物病理学.北京:中国农业出版社

许志刚,胡白石,李怀方.2006.植物病原生物的类别.中国食用菌.第25卷增刊1～5

杨宝君,孔繁瑶.1993.英拉汉线虫学词汇.北京:农业出版社

杨旺.1996.森林病理学.北京:中国林业出版社

耶格著(腾砥平,蒋芝英译).1965.生物名称和生物学术语的词源.北京:科学出版社

伊藤诚哉.1936.日本菌类志(第一卷).藻菌类.养贤堂

余永年.1998.霜霉目[中国真菌志(第六卷)].北京:科学出版社

余永年.1993.余永年菌物学论文选集.北京:化学工业出版社

张陶.2002.园林花卉病虫害图谱.南宁:广西科学技术出版社

张天宇.2003.链格孢属[中国真菌志(第十六卷)].北京:科学出版社

张天宇.2005.砖格分生孢子真菌[中国真菌志(第三十一卷)].北京:科学出版社

张天宇,孙广宇.2005.蠕形分生孢子真菌[中国真菌志(第三十卷)].北京:科学出版社

张中义.1992.观赏植物真菌病害.成都:四川科学技术出版社

张中义.2003.枝孢菌,黑星菌,梨孢菌[中国真菌志(第十四卷)].北京:科学出版社

张中义,冷怀琼,张志铭等.1988.植物病原真菌学.成都:四川科学技术出版社

赵继鼎.1998.多孔菌科[中国真菌志(第三卷)].北京:科学出版社

赵继鼎.2000.灵芝菌[中国真菌志(第十八卷)].北京:科学出版社

郑儒永.1987.白粉菌目[中国真菌志(第一卷)].北京:科学出版社

郑儒永,魏江春,胡鸿钧等.1990.孢子植物名词及名称.北京:科学出版社

中国科学院.1988.桑寄生科,檀香科[中国植物志(第24卷)].北京:科学出版社

中国科学院.1982.樟科[中国植物志(第31卷)].北京:科学出版社

中国科学院.1979.旋花科[中国植物志(第64卷)].北京:科学出版社

中国科学院.1990.列当科[中国植物志(第69卷)].北京:科学出版社

中国科学院微生物研究所.1979.藻类名词及名称.北京:科学出版社

中国科学院微生物研究所.1976.真菌名词及名称.北京:科学出版社

中国农业科学院植物保护研究所.1996.中国农作物病虫害(第二版).北京:中国农业出版社

中国科学院青藏高原综合科学考察队.1983.西藏的真菌.北京:科学出版社

中国科学院小五台山菌物科学考察队.1997.河北小五台山菌物.北京:中国农业出版社

周德庆.2003.关于微生物名称汉译中的一些问题.微生物学通报,30:134～136

周茂繁.1998.中国药用植物病虫图谱.武汉:湖北科学技术出版社

朱家柟等.2001.拉汉英种子植物名称(第二版).北京:科学出版社

庄剑云.1989.北疆荒漠的锈菌.真菌学报,8(4):259～269

庄剑云.2003.锈菌目(二)[中国真菌志(第十九卷)].北京:科学出版社

庄剑云.2005.锈菌目(三)[中国真菌志(第二十五卷)].北京:科学出版社

庄剑云,魏淑霞.1999.柄锈菌属中国种补充记载.菌物系统,18(3):229～233

庄剑云,魏淑霞.1999—2000.青藏高原东缘的锈菌资料 Ⅵ,Ⅶ.菌物系统,18(2),19(2)
庄剑云,魏淑霞.2001.中国西部柄锈菌新资料.菌物系统,20(4):449～453
庄文颖.2004.杯菌,肉盘菌[中国真菌志(第二十一卷)].北京:科学出版社
庄文颖.1998.核盘菌,地舌菌 [中国真菌志(第八卷)].北京:科学出版社
http://www.indexfungorum.org/Names/Names.asp(真菌查询)
http://ictvdb.mirror.ac.cn/(病毒查询)
http://www.bacterio.cict.fr/或 http://www.bacterio.net/(细菌查询)
http://sn 2000.Taxonomy.nl   Systema Naturae 2000

图书在版编目（CIP）数据

拉汉—汉拉植物病原生物名称/许志刚主编 . —北京：
中国农业出版社，2007.4
"十一五"国家重点图书
ISBN 978 - 7 - 109 - 11144 - 8

Ⅰ. 拉… Ⅱ. 许… Ⅲ. 植物—病原微生物—名称—拉丁
语、汉语 Ⅳ. S432 - 61

中国版本图书馆 CIP 数据核字（2006）第 110350 号

中国农业出版社出版
（北京市朝阳区农展馆北路 2 号）
（邮政编码 100026）
责任编辑 张洪光

中国农业出版社印刷厂印刷 新华书店北京发行所发行
2007 年 4 月第 1 版 2007 年 4 月北京第 1 次印刷

开本：880mm×1230mm 1/32 印张：26.5
字数：1 326 千字 印数：1～2 000 册
定价：160.00 元
（凡本版图书出现印刷、装订错误，请向出版社发行部调换）